U0351083

国际化学品安全卡

国际化学品安全规划署
欧洲联盟委员会 合 编

中 国 化 工 学 会
中国石化北京化工研究院 组织翻译

化学工业出版社
·北京·

本书由国际化学品安全卡片整理而成，全书保留了卡片的格式体例，介绍了近1700种化学品的理化性能、基本毒性数据、接触危害、爆炸预防、急救 /消防、储存、泄漏处置、包装与标志和环境数据等基础数据。这些数据经过了国际权威组织的认证，具有科学性、权威性、可靠性。本书适用于在化工生产环境工作的工人、管理人员以及从事工业卫生、安全、环保、事故预防与应急救援人员和管理人员使用。

图书在版编目（CIP）数据

　　国际化学品安全卡 / 国际化学品安全规划署，欧洲
联盟委员会合编；中国化工学会，中国石化北京化工研究
院组织翻译. —北京：化学工业出版社，2014.10
　　ISBN 978-7-122-21468-3

　　Ⅰ. ①国… Ⅱ. ①国… ②欧… ③中… ④中… Ⅲ.
①化学品－危险物品管理－安全管理 Ⅳ. ①TQ086.5

中国版本图书馆 CIP 数据核字（2014）第 170912 号

责任编辑：仇志刚　　　　　　　　　装帧设计：刘丽华
责任校对：宋　夏

出版发行：化学工业出版社（北京市东城区青年湖南街 13 号　邮政编码 100011）
印　　刷：北京永鑫印刷有限责任公司
装　　订：三河市万龙印装有限公司
880mm×1230mm 1/16　印张 109¾　字数 3600 千字　2014 年 10 月北京第 1 版第 1 次印刷

购书咨询：010-64518888（传真：010-64519686）　售后服务：010-64518899
网　　址：http://www.cip.com.cn
凡购买本书，如有缺损质量问题，本社销售中心负责调换。

定　　价（上、下册）：480.00 元　　　　　　　　　　　　　　　版权所有　违者必究

法 律 声 明

欧洲联盟委员会和国际化学品安全规划署或者代表两个组织执行任务的任何人都不对使用本卡片中的信息负有责任。

国际化学品安全规划署的本项活动是一项科学研究。使用者应当认识到国际化学品安全卡和编者指南中包含了 IPCS 同业审查委员会的集体意见。它们可能未完全反映各国立法中对所述化学品的全部详尽要求。因此，使用者应当核对本卡片符合使用国家的有关详尽要求情况。

序

  《国际化学品安全卡》（ICSC）是联合国环境规划署（UNEP）、国际劳工组织（ILO）和世界卫生组织（WHO）的合作机构——国际化学品安全规划署（IPCS）与欧盟委员会（EU）合作编辑的一套具有国际权威性和指导性的化学品安全信息卡片。中国石化北京化工研究院（原化学工业部北京化工研究院）是该组织在中国的唯一授权机构。

  20世纪90年代（1995~1999）在国家环境保护局、国家经贸委安全生产局等单位支持下，《国际化学品安全卡手册》曾经出版过。但《国际化学品安全卡》是一个动态化学品数据库，每年更新两次，所录化学品数量在逐年增加，很有再版必要。为此，中国化工学会和中国石化北京化工研究院组织人员对再版做了一系列工作，并由化学工业出版社承担出版。

  新版《国际化学品安全卡》对我国从事化学品生产、科研、教学、安全环境管理、医疗卫生和劳动保护等领域的专业人员具有重要参考价值。同时根据我国社会、经济、公众等方面的需求，本书在导读和名词解释方面尽可能做到更加通俗易懂，以便政府相关机构、媒体、社会团体、企业等方面的人员能够从本卡中查到有关化学品的科学性质，增强社会各界和公众对化学品安全问题的理性认识。

  感谢马英、栾金义、齐红卫、王燕、洪定一、戴国庆等人为本书出版做的大量工作。

中国化工学会   中国石化北京化工研究院

2014 年 6 月

汉语拼音目录

ISCS 编号目录

导　读

　　《国际化学品安全卡》（International Chemical Safety Cards，ICSC）项目是国际化学品安全规划署（International Programme on Chemical Safety，IPCS）和欧盟合作的一项任务，该规划署的主要目标之一是评估化学品对人类健康和环境造成的危害，并发布评估结果。

　　《国际化学品安全卡》虽然没有立法状态说明，但是卡片清晰扼要地说明了所述化学物质的主要卫生与安全信息，不仅为化工生产、运输、科研等岗位的工作人员提供有关安全指导，也为社会公众提供了有效信息。

　　目前《国际化学品安全卡》已被翻译成 24 种语言，其英文网络版见：http://www.ilo.org/safework/info/publications/WCMS_145760/lang--en/index.htm，中文网络版见：http://icsc.brici.ac.cn/，本书是《国际化学品安全卡》的中文印刷版。

　　翻译过程中不同译者对原文理解会略有不同，翻译中也会存在其他不足,希望读者发现问题能及时指出，我们将在中文网络版上加以修改。卡片的内容更新和卡片补充也将在中文网络版上反映。

　　为了便于阅读，对卡片的各个部分简要说明如下：

　　① 第一栏是化学品名称，如"汽油"，及 ICSC 编号；

　　② 第二栏是化学品的各种登记号（详见"名词解释和符号说明"），中、英文名称和化学式等信息；

　　③ 第三栏至第十栏是"危害/接触类型、急性危害/症状、预防及急救/消防"等信息；

1

④ 第十一栏是"泄漏处置";

⑤ 第十二栏是"包装与标志"。化合物的某些毒性和危险性可以从该栏中查到，如"T"为有毒物质，"T+"为高毒物质（详见"名词解释和符号说明"）；

⑥ 第十三栏和第十四栏为"应急响应"和"储存";

⑦ 第十五栏是"重要数据"，很多重要信息可以从这一栏中查到，如"职业接触限值"、"致癌性"、"吸入危险性"等（详见"名词解释和符号说明"）；

⑧ 第十六栏至第十九栏是"物理性质"、"环境数据"、"注解"和有关国际组织的标识。

《国际化学品安全卡》是十几个国家的众多研究机构的科学研究成果，综合了同业审查委员会的集体意见，因此在表述、引用标准方面较为复杂。在阅读《国际化学品安全卡》时，如果遇到问题，可以向中国石化集团公司北京化工研究院环境保护研究所咨询。

联系人：马英

电话：010-59202232

邮箱：may.bjhy@sinopec.com

通讯地址：北京市朝阳区北三环东路 14 号

　　　　　中国石化北京化工研究院环保所

邮编：100013

名词解释和符号说明

根据"国际化学品安全卡编者指南"等资料将《国际化学品安全卡》中不易理解的名词和符号给以解释和说明，本说明按卡片出现的顺序编写。

1. 编号栏

（1）ICSC 编号

ICSC 是 International Chemical Safety Cards（国际化学品安全卡）的缩写，ICSC 编号指国际化学品安全卡中的编排序号。

（2）CAS 登记号

指美国化学文摘（Chemical Abstracts Service, CAS）登记号。美国化学文摘为每一种出现在文献中的物质分配一个 CAS 登记号，是该物质唯一的数字识别号码。

（3）RTECS 号

RTECS 是 Registry of Toxic Effects of Chemical Substances（化学物质毒性作用登记）的缩写，RTECS 号指美国疾病控制与预防中心的国家职业安全与健康研究院（The National Institute for Occupational Safety and Health，NIOSH）规定的化学物质毒性作用登记号。

（4）UN 编号

UN 是 United Nations（联合国）的缩写，UN 编号指联合国危险货物运输专家委员会对危险物质规定的编号。

（5）EC 编号

EC 是 European Commission（欧洲共同体）的缩写，EC 编号是欧盟根据该物质的特征元素原子序数等制定的数字序列号。现欧盟简称 EU，但卡片仍沿用 EC 编号。

（6）中国危险货物编号

中国危险货物编号同 UN（联合国）编号相同。

2. 包装与标志栏

（1）欧盟危险性类别

欧盟危险性类别有四部分内容，一是危险符号（卡片中为"符号"）；二是风险标记，英文为 Risk Note（卡片中为"标记"）；三是风险术语，英文为 Risk phrases，简称 R 术语（卡片中为"R"）；四是安全术语，英文为 Safety phrases，简称 S 术语（卡片中为"S"）。

① "符号"的含义如下：

C 符号：腐蚀性物质（Corrosive substances）

E 符号：爆炸物质（Explosive substances）

F 符号：易燃物质（Flammable substances）

F+符号：高度易燃物质（Highly flammable substances）

N 符号：环境危险物质（Environmental dangerous substances）

O 符号：氧化性物质（Oxidizing substances）

T 符号：有毒物质（Toxic substances）

T+符号：高毒物质（Very toxic substances）

Xi 符号：刺激性物质（Irritating substances）

Xn 符号：有害物质（Harmful substances）

② "标记"的含义如下：

A 表示该物质名称必须标注在标签上。（卡片中为"标记：A"，以下同）

B 表示该物质的溶液浓度百分数必须标注在包装标签上。

C 表示该物质包装标签上应当清晰地说明该物质是特定异构体还是异构体混合物。

D 表示该物质包装标签必须注明"物质名称（非稳定的）"。

E 表示可被分类为致癌、致突变、致畸的物质。

F 表示如果添加的稳定剂改变了该物质的危险性质，那么应在包装标签上提供所生成的危险物质的相关信息。

G 表示如果该物质以爆炸品形式销售，则应在包装标签上提供能够反映其爆炸性质的信息。

H、J、K、L、M、N、P 适用于某些煤炭和石油衍生物，以及复杂煤炭和复杂石油衍生物。

Q 表示如果可以证明该物质符合某些特定情况，可另行咨询（见"导读"）。

R 可另行咨询（见"导读"）。

S 可另行咨询 IPCS（见"导读"）。

③ "R"（风险术语）（例如卡片中"R：45"）

风险术语（R 术语）指危险物质在使用中的特殊风险性。

详见附录中表 1 "风险术语（R 术语）的代码一览表"。

④ "S"（安全术语）（例如卡中"S：53"）

安全术语表示危险物质安全预防措施建议。

见附录中表 2 "安全术语（S 术语）的代码一览表"。

（2）联合国对危险物品的分类（卡片中以数字表示）

联合国将危险物品分为 9 类，如下：

第 1 类：爆炸品

第 1.1 项：有整体爆炸危险的物质和物品

第 1.2 项：有迸射危险，但无整体爆炸的物质和物品

第 1.3 项：有燃烧危险并有局部爆炸危险或局部迸射危险或这两种危险都有，但无整体爆炸危险的物质和物品

第 1.4 项：不呈现重大危险的物质和物品

第 1.5 项：有整体爆炸危险的非常不敏感物质

第 1.6 项：无整体爆炸危险的极端不敏感物品

第 2 类：气体

第 2.1 项：易燃气体

第 2.2 项：非易燃无毒气体

第 2.3 项：毒性气体

第 3 类：易燃液体

第 4 类：易燃固体、易于自燃的物质、遇水放出易燃气体的物质

第 4.1 项：易燃固体，自反应物质和固态退敏爆炸品

第 4.2 项：易于自燃的物质

第 4.3 项：遇水放出易燃气体的物质

第 5 类：氧化性物质和有机过氧化物

第 5.1 项：氧化性物质

第 5.2 项：有机过氧化物

第 6 类：毒性物质和感染性物质

第 6.1 项：毒性物质

第 6.2 项：感染性物质

第 7 类：放射性物质

第 8 类：腐蚀性物质

第 9 类：杂项危险物质和物品，包括对环境有危险的物质

（3）联合国对危险物品的包装分类

联合国对危险物品的包装分类，第 1 类、第 2 类、第 4 类 4.1 项、第 5 类 5.2 项、第 6 类 6.2 项和第 7 类物品有专门的包装规定，其余的物质根据其危险程度，划分为三个包装类别：

——I 类包装：具有高度危险性的物质

——II 类包装：具有中等危险性的物质

——III 类包装：具有轻度危险性的物质

（4）中国对危险物品的分类

按照 GB12268—2012《危险货物品名表》，中国对危险物品的分类和联合国对危险物品的分类相同。

（5）中国对危险物品的包装分类

按照 GB 6944—2012《危险货物分类和品名编号》，中国对危险物品的包装分类和联合国对危险物品的包装分类相同。

（6）GHS 分类

GHS 即《全球化学品统一分类和标签制度》（Globally Harmonized System of Classification and Labelling of Chemicals）的英文简称，是一套由国际劳工组织、世界经济合作与发展组织和联合国合作制定的化学品分类及危险公示的国际标准。

国际化学品安全卡中，目前在包装与标志部分，从 2005 年开始增加了 GHS 分类中的信号词、图形符号（详见附录中表 3 GHS 的图形符号）和危险说明三项内容。

在中文版本中，GHS 分类的图形符号以文字说明代替，图形符号并未出现。

3. 应急响应栏

（1）运输应急卡

运输应急卡是欧洲化学工业理事会（CEFIC）出版的一套危险货物卡。该运输应急卡形式为：TEC(R)-#####，其中#####为数字和字母的组合。如需了解更多信息，可另行咨询。

（2）美国消防协会法规

美国消防协会（National Fire Protection Association，NFPA）对危险物品紧急处理系统制定了鉴别标准，即 NFPA 704，它提供了一套简单判断化学品危害程度的系统，并将其用蓝、红、黄、白四色的"警示菱形"来表示。

"警示菱形"按颜色分为四部分：

——蓝色表示健康危害性，字母 H 表示

——红色表示可燃性，字母 F 表示

——黄色表示反应活性，字母 R 表示

——白色表示可能的特殊危害性，字母 W 表示

前三部分根据危害程度被分为 0～4，共五个等级，用相应数字标识在颜色区域内。风险性越高，数字越大。

本卡片中以字母数字和文字表示，未出现"警示菱形"和颜色。

4. 重要数据栏

（1）职业接触限值（Occupational Exposure Limits, OELs）

职业接触限值指工作人员在职业活动过程中长期反复接触，对绝大多数接触者的健康不引起有害影响的容许接触水平。

（2）阈限值

阈限值一般指有害物质在车间空气中的容许浓度。"阈"的中文含义是门框、边界。根据美国政府工业卫生学家会议，将阈限值分为三种。

①时间加权平均阈限值（Threshold Limit Value-time Weighted Average, TLV-TWA）：指每天正常工作 8h、每周 40h、每天反复接触、几乎所有工作人员都无不良反应的有害物质时间加权平均浓度，单位为 ppm 或 mg/m^3。

②短时接触阈限值（Threshold Limit Value-Short Term Exposure Limit, TLV-STEL）：指工作人员可以短时连续接触的浓度，工作期间每次接触不超过 15min，每天接触不超过 4 次，前后两次接触至少间隔 60min。

③阈限值上限（Threshold Limit Value-Ceiling, TLV-C）：阈限值上限是美国政府工业卫生专家会议（ACGIH）制订的阈限值表中所规定的车间空气中有害物质的最高容许浓度。在 8h 工作日中任何一次测定均不得超过的浓度。

（3）致癌性（美国政府工业卫生学家会议）

美国政府工业卫生学家会议将致癌物分类为 5 类：

A1——确认的人类致癌物

A2——可疑的人类致癌物

A3——确认的动物致癌物，但未知与人类相关性

A4——不能分类为人类致癌物

A5——不能怀疑为人类致癌物

（4）最高容许浓度（卡片中是德国官方提供的数据，以下6、7、8、9、10均是德国数据）

最高容许浓度是指在工作地点、在一个工作日内、任何时间有毒化学物质均不应超过的浓度。

（5）BEI

BEI 是 Biological exposure indices 的缩写，指生物接触限值。

（6）最高限值种类

I——该物质局部刺激作用决定了其最高容许浓度，也是呼吸道过敏源

II——该物质具有全身作用

（7）致癌物类别（德国）

德国将致癌物分类为5类：

第1类：人类致癌物，具有显著的致癌风险

第2类：认为是人类致癌物（通过长期动物研究和流行病学研究证明）

第3类：该类物质可能是人类致癌物，但缺乏足够数据

第4类：具有致癌可能的物质，具有非遗传性毒性

第5类：具有致癌和遗传毒性影响的物质，但其毒性效力非常低，以至于不会产生明显的人类致癌风险

（8）妊娠风险等级

A——确切证据证明具有损害胚胎或胎儿的风险

B——很可能具有损害胚胎或胎儿的风险

C——没有理由担心损害胚胎或胎儿的风险

D——无数据或目前可用数据不足以分类为 A 至 C 等级

（9）BAT

BAT 是德文 Biologische Arbeitsstoff-Toleranzwerte 的缩写，指工作物质的生物容许值，指基于每天接触 8h、一周接触 40h 不会对工作人员造成健康影响的物质浓度。

国际化学品安全卡

氢			ICSC 编号：0001

CAS 登记号：1333-74-0　　　　　中文名称：氢（钢瓶）
RTECS 号：MW8900000　　　　　英文名称：HYDROGEN (cylinder)
UN 编号：1049
EC 编号：001-001-00-9
中国危险货物编号：1049

分子量：2.0　　　　　　　　　　化学式：H₂

危害/接触类型	急性危害/症状	预防	急救/消防
火　灾	极易燃。许多反应可能引起火灾或爆炸	禁止明火、禁止火花和禁止吸烟	切断气源，如不可能并对周围环境无危险，让火自行燃尽；其他情况用雾状水，干粉，二氧化碳灭火
爆　炸	气体/空气混合物有爆炸性	密闭系统、通风、防爆型电气设备和照明。使用无火花手工具。不要用油污的手触摸钢瓶	着火时，喷雾状水保持钢瓶冷却。从掩蔽位置灭火
接　触			
# 吸入	窒息	密闭系统和通风	新鲜空气，休息。必要时进行人工呼吸，给予医疗护理
# 皮肤	严重冻伤	保温手套	给予医疗护理
# 眼睛		安全护目镜	
# 食入			

泄漏处置	移除全部引燃源。撤离危险区域！向专家咨询！通风，喷洒雾状水驱除蒸气
包装与标志	欧盟危险性类别：F+符号　　R:12　　S:2-9-16-33 联合国危险性类别：2.1 中国危险性类别：第 2.1 项 易燃气体
应急响应	运输应急卡：TEC(R)-20S1049 美国消防协会法规：H0（健康危险性）；F4（火灾危险性）；R0（反应危险性）
储存	耐火设备（条件）。阴凉场所
重要数据	物理状态、外观：无色，无气味压缩气体 物理危险性：气体与空气充分混合，容易形成爆炸性混合物。该气体比空气轻 化学危险性：加热可能引起激烈燃烧或爆炸。与空气，氧，卤素和强氧化剂激烈反应，有着火和爆炸的危险。金属催化剂，如铂和镍大大增进这些反应 职业接触限值：单纯窒息剂（美国政府工业卫生学家会议，2002 年） 接触途径：该物质可通过吸入吸收到体内 吸入危险性：容器漏损时，迅速达到空气中该气体的有害浓度 短期接触的影响：单纯窒息剂。见注解
物理性质	沸点：−253℃ 蒸气相对密度（空气=1）：0.07 闪点：易燃气体 自燃温度：500~571℃ 爆炸极限：空气中 4%~76%（体积）
环境数据	
注解	空气中高浓度造成缺氧，有神志不清或死亡危险。进入工作区域前，检验氧含量。中毒浓度时，无气味报警。使用适当的气体检测仪检测氢浓度（普通的易燃气体检测仪不适用）

本卡片由 IPCS 和 EC 合作编写 © 2004~2012

国际化学品安全卡

1,2-二溴-3-氯丙烷			ICSC 编号：0002

CAS 登记号：96-12-8
RTECS 号：TX8750000
UN 编号：2872
EC 编号：602-021-00-6
中国危险货物编号：2872

中文名称：1,2-二溴-3-氯丙烷；3-氯-1,2-二溴丙烷；二溴氯丙烷；1-氯-2,3-二溴丙烷

英文名称：1,2-DIBROMO-3-CHLOROPROPANE; 3-Chloro-1,2-dibromopropane; DBCP; 1-Chloro-2,3-dibromopropane

分子量：236.4　　　　　　　　　化学式：$C_3H_5Br_2Cl$

危害/接触类型	急性危害/症状	预防	急救/消防
火 灾	可燃的。含有机溶剂的液体制剂可能是易燃的。在火焰中释放出刺激性或有毒烟雾（或气体）	禁止明火	干粉，雾状水，泡沫，二氧化碳
爆 炸	高于 77℃,可能形成爆炸性蒸气/空气混合物。	高于 77℃，使用密闭系统、通风	着火时，喷雾状水保持料桶等冷却
接 触		避免一切接触！防止产生烟云！避免孕妇接触！	一切情况均向医生咨询！
# 吸入	灼烧感，咳嗽，咽喉痛，头痛，气促，虚弱	局部排气通风或呼吸防护	新鲜空气，休息。给予医疗护理
# 皮肤	发红	防护手套。防护服	脱去污染的衣服。冲洗，然后用水和肥皂清洗皮肤。给予医疗护理
# 眼睛	发红。疼痛	护目镜，或眼睛防护结合呼吸防护	先用大量水冲洗几分钟（如可能尽量摘除隐形眼镜），然后就医
# 食入	灼烧感。咽喉疼痛。恶心。呕吐	工作时不得进食，饮水或吸烟	漱口。大量饮水。给予医疗护理
泄漏处置	撤离危险区域！向专家咨询！通风。尽可能将泄漏液收集在可密闭的容器中。用砂土或惰性吸收剂吸收残液，并转移到安全场所。不要让该化学品进入环境（个人防护用具：全套防护服包括自给式呼吸器）		
包装与标志	不易破碎包装，将易破碎包装放在不易破碎的密闭容器中。不得与食品和饲料一起运输 欧盟危险性类别：T 符号　标记：E　R:45-46-60-25-48/20/22-52/53　　S:53-45-61 联合国危险性类别：6.1　　　联合国包装类别：III 中国危险性类别：第 6.1 项　毒性物质　中国包装类别：III		
应急响应	运输应急卡：TEC(R)-61GT1-III 美国消防协会法规：H2（健康危险性）；F1（火灾危险性）；R1（反应危险性）		
储 存	与食品和饲料、金属（如铝或镁）分开存放。严格密封		
重要数据	物理状态、外观：无色液体，有刺鼻气味。工业品为琥珀色至暗棕色液体 物理危险性：蒸气比空气重。可能沿地面流动，可能造成远处着火 化学危险性：加热至沸点以上和燃烧时，该物质分解生成含溴化氢、氯化氢的有毒烟雾。有水存在时，与铝、镁、锡及其合金发生反应。浸蚀某些橡胶和涂层 职业接触限值：阈限值未制定标准。最高容许浓度：皮肤吸收；致癌物类别：2；胚细胞突变物类别：2（德国，2002 年） 接触途径：该物质可通过吸入其蒸气，经皮肤和食入吸收到体内 吸入危险性：20℃时，该物质蒸发，迅速达到空气中有害污染浓度 短期接触的影响：该物质刺激眼睛，皮肤和呼吸道。该物质可能对中枢神经系统和肾有影响，导致功能损伤。接触能够造成意识降低 长期或反复接触的影响：该物质可能对肝、肺、肾和睾丸有影响，导致功能损伤和组织损伤。该物质可能是人类致癌物。造成人类生殖或发育毒性		
物理性质	沸点：196℃（分解） 熔点：6.7℃ 相对密度（水=1）：2.1 水中溶解度：微溶	蒸气压：20℃时 0.1kPa 蒸气/空气混合物的相对密度（20℃，空气=1）：1.01 闪点：77℃ 辛醇/水分配系数的对数值：2.96	
环境数据	该物质对水生生物是有害的		
注解	根据接触程度，建议定期进行医疗检查。添加稳定剂或阻聚剂会影响该物质的毒理学性质。向专家咨询。商业制剂中使用的载体溶剂可能改变其物理和毒理学性质。不要将工作服带回家中		

IPCS
International
Programme on
Chemical Safety

UNEP

本卡片由 IPCS 和 EC 合作编写 © 2004~2012

国际化学品安全卡

铬酸铅（VI）			ICSC 编号：0003

CAS 登记号：7758-97-6	中文名称：铬酸铅（VI）；铬酸铅（II）盐（1:1）
RTECS 号：GB2975000	英文名称：LEAD CHROMATE; Plumbous chromate; Chromic acid, lead (II) salt
UN 编号：3288	(1:1)
EC 编号：082-004-00-2	
中国危险货物编号：3288	
分子量：323.2	化学式：$PbCrO_4$

危害/接触类型	急性危害/症状	预防	急救/消防
火　灾	不可燃。在火焰中释放出刺激性或有毒烟雾（或气体）	禁止明火、禁止火花和禁止吸烟	周围环境着火时，使用适当的灭火剂
爆　炸			
接　触		避免一切接触！防止粉尘扩散！避免孕妇接触！避免青少年和儿童接触！	
# 吸入	咳嗽。头痛。恶心	局部排气通风或呼吸防护	新鲜空气，休息
# 皮肤	见长期或反复接触的影响	防护手套。防护服	冲洗，然后用水和肥皂清洗皮肤
# 眼睛	发红	护目镜，如为粉末，眼睛防护结合呼吸防护	先用大量水冲洗几分钟（如可能尽量摘除隐形眼镜），然后就医
# 食入	腹部疼痛。恶心。呕吐	工作时不得进食，饮水或吸烟	漱口。大量饮水

泄漏处置	真空抽吸泄漏物或将泄漏物清扫进容器中，如果适当，首先润湿防止扬尘。小心收集残余物，然后转移到安全场所。不要让该化学品进入环境。个人防护用具：适用于有毒颗粒物的 P3 过滤呼吸器
包装与标志	不易破碎包装，将易破碎包装放在不易破碎的密闭容器中。污染海洋物质 欧盟危险性类别：T 符号 N 符号　　R:61-33-40-50/53-62　　S:53-45-60-61 联合国危险性类别：6.1　　联合国包装类别：III 中国危险性类别：第 6.1 项 毒性物质　中国包装类别：III
应急响应	运输应急卡：TEC(R)-61GT5-III
储存	与强氧化剂分开存放
重要数据	物理状态、外观：黄色至橙黄色晶体粉末 化学危险性：受热时，该物质分解生成氧化铅有毒烟雾。与强氧化剂，如过氧化氢发生反应。与二硝基萘铝、六氰基高铁酸铁（III）发生反应。在高温下，与有机物发生反应，有着火的危险 职业接触限值：阈限值：$0.05mg/m^3$（以 Pb 计，时间加权平均值），A2（可疑人类致癌物）；公布生物暴露指数（美国政府工业卫生学家会议，2004 年）。阈限值：$0.012mg/m^3$（以 Cr 计，时间加权平均值），A2（可疑人类致癌物）（美国政府工业卫生学家会议，2004 年）。最高容许浓度：致癌物类别：3B（德国，2004 年） 接触途径：该物质可通过吸入其气溶胶及粉尘和经食入吸收到体内 吸入危险性：20℃时蒸发可忽略不计，但喷洒或扩散时可较快达到空气中颗粒物有害浓度，尤其是粉末 短期接触的影响：该物质刺激呼吸道 长期或反复接触的影响：反复或长期与皮肤接触可能引起皮炎和慢性溃疡。可能引起皮肤过敏。反复或长期吸入接触可能引起哮喘，肺可能受损伤。该物质可能对血液、骨髓、中枢神经系统、末梢神经系统和肾有影响，导致贫血、脑病（如惊厥）、末梢神经病、胃痉挛和肾损伤。该物质可能是人类致癌物。可能造成人类生殖或发育毒性
物理性质	沸点：分解 熔点：844℃ 密度：$6.3g/cm^3$ 水中溶解度：25℃时 0.0000058g/100mL
环境数据	该化学品可能沿食物链发生生物蓄积，例如在鱼、植物和哺乳动物中
注解	铬酸盐是人类致癌物，但该物质致癌证据有限。铬酸铅颜料可能含有可鉴别量的水溶性铅化合物。在焊接、切割和加热铬酸盐处理过的物料时，也释放出含铅和铬化合物的有毒烟雾。根据接触程度，建议定期进行医疗检查。不要将工作服带回家中。在自然界中铬酸铅以赤铅矿、红铬铅矿形式存在。商品名称有 Chrome yellow, Cologne yellow, King's yellow, Leipzig yellow, Paris yellow, C.I. Pigment yellow 34 和 C.I. 77600

IPCS
International
Programme on
Chemical Safety

本卡片由 **IPCS** 和 **EC** 合作编写 © 2004～2012

国际化学品安全卡

甲基异氰酸酯			ICSC 编号：0004

CAS 登记号：624-83-9	中文名称：甲基异氰酸酯；异氰酸基甲烷；异氰酸甲酯
RTECS 号：NQ9450000	英文名称：METHYL ISOCYANATE; Isocyanatomethane; Isocyanic acid, methyl ester
UN 编号：2480	
EC 编号：615-001-00-7	
中国危险货物编号：2480	
分子量：57.1	化学式：CH_3NCO

危害/接触类型	急性危害/症状	预防	急救/消防
火　灾	极易燃。许多反应可能引起火灾或爆炸。在火焰中释放出刺激性或有毒烟雾（或气体）	禁止明火，禁止火花和禁止吸烟。禁止与水，酸，碱和氧化剂接触	抗溶性泡沫，干砂，干粉，二氧化碳。禁用含水灭火剂
爆　炸	蒸气/空气混合物有爆炸性	密闭系统，通风，防爆型电气设备和照明。不要使用压缩空气灌装、卸料或转运	着火时，喷雾状水保持料桶等冷却，但避免该物质与水接触。从掩蔽位置灭火
接　触		避免一切接触！避免孕妇接触！	一切情况均向医生咨询！
# 吸入	咳嗽。呼吸困难。气促。咽喉痛。呕吐	通风，局部排气通风或呼吸防护	新鲜空气，休息，半直立体位。必要时进行人工呼吸。给予医疗护理
# 皮肤	可能被吸收！发红。疼痛。灼烧感	防护手套。防护服	脱去污染的衣服。用大量水冲洗皮肤或淋浴。给予医疗护理
# 眼睛	疼痛。发红。视力丧失	面罩或眼睛防护结合呼吸防护	先用大量水冲洗几分钟（如可能尽量摘除隐形眼镜），然后就医
# 食入	腹部疼痛。灼烧感。休克或虚脱	工作时不得进食，饮水或吸烟。进食前洗手	漱口。不要催吐。饮用 1～2 杯水。给予医疗护理
泄漏处置	撤离危险区域！向专家咨询！通风。转移全部引燃源。将泄漏液收集在可密闭的容器中。用苛性钠小心中和泄漏液体。用干砂土或惰性吸收剂吸收残液，并转移到安全场所。不要让该化学品进入环境。个人防护用具：化学防护服，包括自给式呼吸器		
包装与标志	特殊材料 欧盟危险性类别：F+符号　T+符号　R:12-24/25-36/37/38-41-42/43-63 S:1/2-26-27/28-36/37/39-45-63 联合国危险性类别：6.1　联合国次要危险性：3 联合国包装类别：I 中国危险性类别：第 3 类 易燃液体 中国次要危险性：3 中国包装类别：I		
应急响应	运输应急卡：TEC(R)-61S2480 美国消防协会法规：H4（健康危险性）；F3（火灾危险性）；R2（反应危险性）；W(禁止用水)		
储存	耐火设备（条件）。见化学危险性。阴凉场所。干燥。稳定后储存。储存在没有排水管或下水道的场所		
重要数据	物理状态、外观：无色挥发性液体，有刺鼻气味 物理危险性：蒸气比空气重。可能沿地面流动，可能造成远处着火。蒸气与空气充分混合，容易形成爆炸性混合物 化学危险性：纯净时，该物质发生聚合。由于加热和在金属和催化剂的作用下,该物质可能发生聚合。与水接触时，该物质分解。与酸和碱接触时，该物质迅速分解生成氰化氢、氮氧化物和一氧化碳有毒气体。浸蚀某些塑料，橡胶和涂层 职业接触限值：阈限值：0.02ppm, 0.05mg/m³（经皮）（美国政府工业卫生学家会议，2004 年）。最高容许浓度：0.01ppm, 0.024mg/m³；最高限值种类：I(1)；妊娠风险等级：D（德国，2009 年） 接触途径：该物质可通过吸入，经皮肤和经食入吸收到体内 吸入危险性：20℃时，该物质蒸发，迅速达到空气中有害污染浓度 短期接触的影响：该物质严重刺激眼睛、皮肤和呼吸道。食入有腐蚀性。吸入蒸气可能引起肺水肿（见注解）。吸入可能引起类似哮喘反应。接触可能导致死亡。影响可能推迟显现。需进行医疗观察 长期或反复接触的影响：反复或长期接触可能引起皮肤过敏。该物质可能对呼吸道有影响。造成人类生殖或发育毒性		
物理性质	沸点：39℃ 熔点：-80℃ 相对密度（水=1）：0.96 水中溶解度：20℃时反应 蒸气压：20℃时54kPa	蒸气相对密度（空气=1）：2 蒸气/空气混合物的相对密度（20℃，空气=1）：1.44 闪点：-7℃（闭杯） 自燃温度：535℃ 爆炸极限：空气中 5.3%～26%（体积）	
环境数据	该物质可能对环境有危害，对水生生物应给予特别注意		
注解	与灭火剂，如水和含水灭火剂激烈反应。根据接触程度，建议定期进行医疗检查。肺水肿症状常常经过几个小时以后才变得明显。体力劳动使症状加重。因而休息和医疗观察是必要的。因这种物质出现哮喘症状的任何人不应当再接触该物质。哮喘症状常常经过几个小时以后才变得明显，体力劳动使症状加重。因而休息和医疗观察是必要的。超过接触限值时，气味报警不充分。不要将工作服带回家中		

IPCS
International
Programme on
Chemical Safety

UNEP

本卡片由 IPCS 和 EC 合作编写 © 2004～2012

国际化学品安全卡

对草快二氯化物			ICSC 编号：0005

CAS 登记号：1910-42-5	中文名称：对草快二氯化物；对草快；1,1-二甲基-4,4'-联吡啶阳离子二氯
RTECS 号：DW2275000	化物；联二-N-甲基吡啶二氯化物
UN 编号：2781	英文名称：PARAQUAT DICHLORIDE; Paraquat;
EC 编号：613-090-00-7	1,1'-Dimethyl-4,4'-bipyridinium dichloride; Methyl viologen dichloride
中国危险货物编号：2781	
分子量：257.2	化学式：$CH_3(C_5H_4N)_2CH_3Cl_2$

危害/接触类型	急性危害/症状	预防	急救/消防
火　灾	不可燃。在火焰中释放出刺激性或有毒烟雾（或气体）		周围环境着火时，使用干粉，雾状水，泡沫，二氧化碳灭火
爆　炸			
接　触		防止粉尘扩散！严格作业环境管理！	一切情况均向医生咨询！
# 吸入	咳嗽，咽喉痛，呼吸困难，头痛，鼻出血	局部排气通风或呼吸防护	新鲜空气，休息，半直立体位，给予医疗护理
# 皮肤	可能被吸收！发红！	防护手套。防护服	脱去污染的衣服，冲洗，然后用水和肥皂清洗皮肤，给予医疗护理
# 眼睛	发红，疼痛	面罩。如为粉末，眼睛防护结合呼吸防护	先用大量水冲洗几分钟（如可能尽量摘除隐形眼镜），然后就医
# 食入	咽喉疼痛，腹部疼痛，恶心，呕吐，腹泻。见注解	工作时不得进食，饮水或吸烟。进食前洗手	漱口，大量饮水。用水冲服膨润土，或用水冲服活性炭浆。催吐（仅对清醒病人！），给予医疗护理

泄漏处置	向专家咨询！尽可能将泄漏液收集在有盖的容器中。用砂土或惰性吸收剂吸收残液，并转移到安全场所。将泄漏物清扫进可密闭容器中。如果适当，首先润湿防止扬尘。小心收集残余物，然后转移到安全场所。不要让该化学品进入环境。化学防护服包括自给式呼吸器

包装与标志	不易破碎包装，将易破碎包装放在不易破碎的密闭容器中。不得与食品和饲料一起运输 欧盟危险性类别：T+符号　N 符号　　R:24/25-26-36/37/38-48/25-50/53 S:1/2-22-28-36/37/39-45-60-61 联合国危险性类别：6.1　　　　联合国包装类别：II 中国危险性类别：第 6.1 项毒性物质　中国包装类别：II

应急响应	运输应急卡：TEC(R)-61GT7-I

储存	保存在通风良好的室内。严格密封。与食品和饲料分开存放。注意收容灭火产生的废水

重要数据	物理状态、外观：无色吸湿晶体 化学危险性：加热超过 300℃时，该物质分解生成含氮氧化物、氯化氢有毒烟雾。浸蚀金属 职业接触限值：0.1mg/m³（对草快，可吸入组分）（美国政府工业卫生学家会议，2004 年）。0.5mg/m³（对草快）（美国政府工业卫生学家会议，2004 年）。最高容许浓度：0.1ppm；最高限值种类：1（德国，2004 年） 接触途径：该物质可通过吸入其气溶胶，经皮肤和食入吸收到体内 吸入危险性：20℃时蒸发可忽略不计，但喷洒时和扩散时可较快地达到空气中颗粒物有害浓度 短期接触的影响：该物质刺激眼睛、皮肤和呼吸道。吸入可能引起肺水肿（见注解）。该物质可能对肾，肝，胃肠道，心血管系统和肺有影响，导致功能损伤、体组织损伤，包括出血和肺纤维变性。高浓度接触可能导致死亡。需进行医疗观察 长期或反复接触的影响：反复或长期与皮肤接触可能引起皮炎。该物质可能对指甲有影响，导致指甲损伤

物理性质	沸点：300℃（分解） 熔点：175～180℃ 相对密度（水=1）：1.25 水中溶解度：20℃时 70g/100mL 蒸气压：20℃时 0.0001Pa 辛醇/水分配系数的对数值：−4.2

环境数据	该物质对水生生物有极高毒性。该物质可能在水生环境中造成长期影响。避免非正常使用情况下释放到环境中

注解	与对草快（CAS 登记号 4685-14-7）的毒理学信息相同。根据接触程度，须作定期医疗检查。肺水肿症状常常经过几个小时以后才变得明显，体力劳动使症状加重。因而休息和医疗观察是必要的。肺纤维变性（气促或呼吸困难）症状几个天以后才变得明显。不要将工作服带回家中。商业制剂中使用的载体溶剂可能改变其物理和毒理学性质。如果该物质用溶剂配制，可参考溶剂的卡片

IPCS
International Programme on Chemical Safety

UNEP

本卡片由 IPCS 和 EC 合作编写 © 2004～2012

国际化学品安全卡

CAS 登记号：56-38-2
RTECS 号：TF4550000
UN 编号：3018
EC 编号：015-034-00-1
中国危险货物编号：3018
分子量：291.3

中文名称：对硫磷；O,O-二乙基-O-(4-硝基苯基)硫代磷酸酯；硫代磷酸-O,O-二乙基-O-(4-硝基苯基)酯；乙基对硫磷
英文名称：PARATHION; O,O-Diethyl-O-(4-nitrophenyl)phosphorothioate; Phosphorothioic acid O,O-diethyl O-(4-nitrophenyl) ester; Ethyl parathion

化学式：$(C_2H_5O)_2PSOC_6H_4NO_2$

危害/接触类型	急性危害/症状	预防	急救/消防
火　灾	可燃的。在火焰中释放出刺激性或有毒烟雾（或气体）。含有机溶剂的液体制剂可能是易燃的	禁止明火	雾状水，干粉，二氧化碳
爆　炸			着火时，喷雾状水保持料桶等冷却
接　触		防止产生烟云！严格作业环境管理！避免青少年和儿童接触！	一切情况均向医生咨询！
# 吸入	瞳孔收缩，肌肉痉挛，多涎，出汗，恶心，呕吐，头晕，头痛，惊厥，腹泻，虚弱，呼吸困难，喘息，神志不清	通风，局部排气通风或呼吸防护	新鲜空气，休息。必要时进行人工呼吸。给予医疗护理
# 皮肤	可能被吸收！（另见吸入）	防护手套。防护服	脱去污染的衣服，冲洗，然后用水和肥皂清洗皮肤。给予医疗护理
# 眼睛	可能被吸收！发红。疼痛。视力模糊	面罩，或眼睛防护结合呼吸防护	先用大量水冲洗几分钟（如可能尽量摘除隐形眼镜），然后就医
# 食入	胃痉挛。腹泻。呕吐。（另见吸入）	工作时不得进食，饮水或吸烟。进食前洗手	用水冲服活性炭浆。给予医疗护理（见注解）
泄漏处置	撤离危险区域！向专家咨询！尽可能将泄漏液收集在可密闭的容器中。与碱性物质处理残液用砂土或惰性吸收剂吸收残液，并转移到安全场所。不要让该化学品进入环境。个人防护用具：化学防护服包括自给式呼吸器		
包装与标志	不得与食品和饲料一起运输。严重污染海洋物质 欧盟危险性类别：T+符号 N 符号　　R:24-26/28-48/25-50/53　　S:1/2-28-36/37-45-60-61 联合国危险性类别：6.1　　　联合国包装类别：I 中国危险性类别：第 6.1 项 毒性物质　　中国包装类别：I		
应急响应	运输应急卡：TEC(R)-61GT6-I		
储存	注意收容灭火产生的废水。与强氧化剂、食品和饲料分开存放。严格密封。保存在通风良好的室内		
重要数据	物理状态、外观：淡黄色至棕色（工业品）液体，有特殊气味 化学危险性：加热到 200℃ 以上时，该物质分解生成含有一氧化碳、氮氧化物、氧化亚磷和硫氧化物有毒气体。与强氧化剂发生反应。浸蚀某种形式的塑料、橡胶和涂层 职业接触限值：阈限值：(I, V) 0.05mg/m³，A4（不能分类为人类致癌物）；公布生物暴露指数；（经皮）（美国政府工业卫生学家会议，2004 年）。最高容许浓度：(I)，0.1mg/m³，皮肤吸收；最高限值种类：II (8)；妊娠风险等级：D（德国，2003 年） 接触途径：该物质可通过吸入其气溶胶，经皮肤和食入和通过眼睛吸收到体内 吸入危险性：20℃ 时蒸发可忽略不计，但喷洒时可较快地达到空气中颗粒有害浓度 短期接触的影响：该物质可能对神经系统有影响，导致惊厥、呼吸衰竭和肌肉虚弱。胆碱酯酶抑制。接触可能导致死亡。影响可能推迟显现。需进行医疗观察 长期或反复接触的影响：胆碱酯酶抑制剂。可能发生累积影响：见急性危害/症状		
物理性质	沸点：375℃ 熔点：6℃ 相对密度（水=1）：1.26 水中溶解度：25℃时 0.002g/100mL 闪点：120℃ 辛醇/水分配系数的对数值：3.8		
环境数据	该物质对水生生物有极高毒性。该物质可能对环境有危害，对鸟类应给予特别注意。该物质可能在水生环境中造成长期影响。该物质在正常使用过程中进入环境。但是要特别注意避免任何额外的释放，例如通过不适当处置活动		
注解	根据接触程度，建议定期进行医疗检查。该物质中毒时须采取必要的治疗措施。必须提供有指示说明的适当方法。如果该物质用溶剂配制，可参考这些溶剂的卡片。商业制剂中使用的载体溶剂可能改变其物理和毒理学性质。超过接触限值时，气味报警不充分。不要将工作服带回家中		

IPCS
International
Programme on
Chemical Safety

本卡片由 IPCS 和 EC 合作编写 © 2004~2012

国际化学品安全卡

光气			ICSC 编号：0007

CAS 登记号：75-44-5
RTECS 号：SY5600000
UN 编号：1076
EC 编号：006-002-00-8
中国危险货物编号：1076

中文名称：光气；碳酰氯；氯甲酰氯（钢瓶）
英文名称：PHOSGENE; Carbonyl chloride; Chloroformyl chloride (cylinder)

分子量：98.9		化学式：$COCl_2$	
危害/接触类型	急性危害/症状	预防	急救/消防
火灾	不可燃		周围环境着火时，使用适当的灭火剂
爆炸			着火时，喷雾状水保持钢瓶冷却，但避免该物质与水接触。从掩蔽位置灭火
接触		避免一切接触！	一切情况均向医生咨询！
# 吸入	灼烧感。胸闷。咽喉痛。咳嗽。呼吸困难。气促。症状可能推迟显现（见注解）	密闭系统和通风	新鲜空气，休息。半直立体位。必要时进行人工呼吸。给予医疗护理
# 皮肤	发红。疼痛。与液体接触：冻伤	保温手套	脱去污染的衣服。冻伤时,用大量水冲洗,不要脱去衣服。用大量水冲洗皮肤或淋浴。给予医疗护理
# 眼睛	发红。疼痛。视力模糊	面罩，或眼睛防护结合呼吸防护	先用大量水冲洗几分钟（如可能尽量摘除隐形眼镜），然后就医
# 食入			
泄漏处置	撤离危险区域！向专家咨询！通风。化学防护服，包括自给式呼吸器。喷洒雾状水驱除气体。不要让该化学品进入环境		
包装与标志	欧盟危险性类别：T+符号 标记:5 R:26-34 S:1/2-9-26-36/37/39-45 联合国危险性类别：2.3 联合国次要危险性：8 中国危险性类别：第 2.3 项 毒性气体 中国次要危险性：第 8 类 腐蚀性物质		
应急响应	运输应急卡：TEC(R)-20S1076 美国消防协会法规：H4（健康危险性）； F0（火灾危险性）；R1（反应危险性）		
储存	如果在建筑物内，耐火设备（条件）。与工作区隔离开。与性质相互抵触的物质分开存放。见化学危险性。阴凉场所。干燥		
重要数据	物理状态、外观：无色压缩液化气体，有特殊气味 物理危险性：蒸气比空气重，可能沿地面流动 化学危险性：加热至 300℃以上，与水和湿气接触时，该物质分解生成一氧化碳和氯化氢有毒和腐蚀性气体。与铝和异丙醇发生反应 职业接触限值：阈限值：0.1ppm（时间加权平均值）（美国政府工业卫生学家会议，2002 年）。欧盟职业接触限值：0.02ppm，$0.08mg/m^3$（时间加权平均值）；0.1ppm，$0.4mg/m^3$（短期接触限值）（欧盟，2002 年） 接触途径：该物质可通过吸入吸收到体内 吸入危险性：容器漏损时，迅速达到空气中该气体的有害浓度 短期接触的影响：该物质刺激眼睛，皮肤和呼吸道。吸入气体可能引起肺水肿（见注解）。影响可能推迟显现。高浓度接触可能导致死亡。需进行医学观察		
物理性质	沸点：8℃ 熔点：−118℃ 相对密度（水=1）：1.4 水中溶解度：反应 蒸气压：20℃时 161.6kPa 蒸气相对密度（空气=1）：3.4		
环境数据			
注解	肺水肿症状常常经过几个小时以后才变得明显，体力劳动使症状加重。因而休息和医学观察是必要的。应当考虑由医生或医生指定的人立即采取适当吸入治疗法。超过接触限值时，气味报警不充分。不要向泄漏钢瓶上喷水（防止钢瓶腐蚀）。转动泄漏钢瓶使漏口朝上，防止液态气体逸出		

IPCS
International Programme on Chemical Safety

UNEP

国际化学品安全卡

四乙基铅			ICSC 编号：0008

CAS 登记号：78-00-2	中文名称：四乙基铅；四乙基烃基铅；TEL
RTECS 号：TP4550000	英文名称：TETRAETHYL LEAD; Tetraethyl plumbane; Lead tetraethyl; TEL
UN 编号：1649	
EC 编号：082-002-00-1	
中国危险货物编号：1649	
分子量：323.45	化学式：Pb(C₂H₅)₄

危害/接触类型	急性危害/症状	预防	急救/消防
火 灾	可燃的	禁止明火	干粉，雾状水，泡沫，二氧化碳
爆 炸	高于 93℃,可能形成爆炸性蒸气/空气混合物	高于 93℃，使用密闭系统、通风	从掩蔽位置灭火
接 触		防止产生烟云！严格作业环境管理！避免一切接触！避免青少年和儿童接触！	一切情况均向医生咨询！
# 吸入	惊厥，头晕，头痛，呕吐，虚弱，神志不清	通风，局部排气通风或呼吸防护	新鲜空气，休息。给予医疗护理
# 皮肤	可能被吸收！发红。（另见吸入）	防护手套。防护服	脱去污染的衣服，冲洗，然后用水和肥皂清洗皮肤。给予医疗护理
# 眼睛	发红。疼痛。视力模糊	面罩，或眼睛防护结合呼吸防护	先用大量水冲洗几分钟（如可能尽量摘除隐形眼镜),然后就医
# 食入	惊厥，腹泻，头晕，头痛，呕吐，虚弱，神志不清	工作时不得进食，饮水或吸烟。进食前洗手	漱口。用水冲服活性炭浆。给予医疗护理

泄漏处置	撤离危险区域！向专家咨询！通风。将泄漏液收集在可密闭的容器中。用砂土或惰性吸收剂吸收残液，并转移到安全场所。不要让该化学品进入环境。个人防护用具：全套防护服包括自给式呼吸器
包装与标志	不易破碎包装，将易破碎包装放在不易破碎的密闭容器中。严重污染海洋物质 欧盟危险性类别：T+符号 N 符号 标记：A，E，制剂：标记 1 R:61-26/27/28-33-50/53-62　S:53-45-60-61 联合国危险性类别：6.1　　联合国包装类别：I 中国危险性类别：第 6.1 项 毒性物质　中国包装类别：I
应急响应	运输应急卡：TEC(R)-61S1649 美国消防协会法规：H3（健康危险性）；F2（火灾危险性）；R3（反应危险性）
储存	耐火设备（条件）。与强氧化剂、酸类分开存放。保存在暗处。沿地面通风。储存在没有排水管或下水道的场所
重要数据	物理状态、外观：无色黏稠液体，有特殊气味 物理危险性：蒸气比空气重 化学危险性：加热时，该物质分解生成有毒烟雾。与强氧化剂、酸类和卤素激烈反应，有着火和爆炸的危险。浸蚀橡胶、某些塑料和涂层 职业接触限值：阈限值：（以铅计）0.1mg/m³（经皮）；A4（不能分类为人类致癌物）（美国政府工业卫生学家会议，2003 年）。最高容许浓度：（以铅计）0.05mg/m³；最高限值种类：II（2），皮肤吸收，妊娠风险等级：B（德国，2009 年） 接触途径：该物质可通过吸入，经皮肤和经食入吸收到体内 吸入危险性：20℃时，该物质蒸发相当快地达到空气中有害污染浓度 短期接触的影响：该物质刺激眼睛、皮肤和呼吸道。该物质可能对中枢神经系统有影响，导致神志不清。接触高浓度时可能导致死亡。需进行医学观察 长期或反复接触的影响：该物质可能对中枢神经系统有影响。可能造成人类生殖或发育毒性
物理性质	沸点：>110℃时分解 熔点：-136.8℃ 相对密度（水=1）：1.7 水中溶解度：难溶 蒸气压：20℃时 0.027kPa 蒸气相对密度（空气=1）：8.6	蒸气/空气混合物的相对密度（20℃，空气=1）：1.00 闪点：93℃（闭杯） 自燃温度：110℃以上 爆炸极限：空气中 1.8%～?%（体积） 辛醇/水分配系数的对数值：4.15
环境数据	该物质对水生生物有极高毒性。该物质可能在水生环境中造成长期影响。强烈建议不要让该化学品进入环境
注解	作为汽油抗爆剂的四乙基铅还含有二溴乙烯和二氯乙烯杂质。根据接触程度，建议定期进行医疗检查。未指明气味与职业接触限值之间的关系。不要将工作服带回家中

IPCS
International
Programme on
Chemical Safety

UNEP

本卡片由 IPCS 和 EC 合作编写 © 2004～2012

国际化学品安全卡

乙醛			ICSC 编号：0009

CAS 登记号：75-07-0	中文名称：乙醛
RTECS 号：AB1925000	英文名称：ACETALDEHYDE; Acetic aldehyde; Ethanal; Ethyl aldehyde
UN 编号：1089	
EC 编号：605-003-00-6	
中国危险货物编号：1089	
分子量：44.1	化学式：C_2H_4O/CH_3CHO

危害/接触类型	急性危害/症状	预防	急救/消防
火 灾	极易燃	禁止明火，禁止火花和禁止吸烟。禁止与高温表面接触	干粉，抗溶性泡沫，大量水，二氧化碳
爆 炸	蒸气/空气混合物有爆炸性	密闭系统，通风，防爆型电气设备和照明。不要使用压缩空气灌装、卸料或转运。使用无火花手工具	着火时，喷雾状水保持料桶等冷却
接 触		避免一切接触！	
# 吸入	咳嗽	通风。局部排气通风或呼吸防护	新鲜空气，休息。给予医疗护理
# 皮肤	发红。疼痛	防护手套。防护服	脱去污染的衣服，冲洗，然后用水和肥皂清洗皮肤。给予医疗护理
# 眼睛	发红。疼痛	安全护目镜或眼睛防护结合呼吸防护	先用大量水冲洗几分钟（如可能尽量摘除隐形眼镜），然后就医
# 食入	腹泻。头晕。恶心。呕吐	工作时不得进食，饮水或吸烟	漱口。饮用 1～2 杯水。给予医疗护理
泄漏处置		撤离危险区域！转移全部引燃源。尽可能将泄漏液收集在可密闭的容器中。用砂土或惰性吸收剂吸收残液，并转移到安全场所。不要用锯末或其他可燃吸收剂吸收。喷洒雾状水去除蒸气。不要让该化学品进入环境。个人防护用具：适用于该物质空气中浓度的有机气体和蒸气过滤呼吸器	
包装与标志		不易破碎包装，将易破碎包装放在不易破碎的密闭容器中。 欧盟危险性类别：F+符号 Xn 符号 R:12-36/37-40 S:2-16-33-36/37 联合国危险性类别：3　　　联合国包装类别：I 中国危险性类别：第 3 类 易燃液体　中国包装类别：I	
应急响应		运输应急卡：TEC(R)-30S1089 美国消防协会法规：H2（健康危险性）；F4（火灾危险性）；R2（反应危险性）	
储存		耐火设备（条件）。与性质相互抵触的物质分开存放。见化学危险性。冷藏。保存在暗处。稳定后储存。储存在没有排水管或下水道的场所	
重要数据		物理状态、外观：气体或无色液体，有刺鼻气味 物理危险性：蒸气比空气重，可能沿地面流动，可能造成远处着火 化学危险性：与空气接触时，该物质能生成爆炸性过氧化物。在有微量金属（铁）存在时，在酸和碱性氢氧化物作用下，该物质可能发生聚合，有着火或爆炸危险。该物质是一种强还原剂。与氧化剂和胺类激烈反应，有着火和爆炸的危险 职业接触限值：阈限值：25ppm(短期接触限值，上限值)，A3（确认的动物致癌物，但未知与人类相关性)(美国政府工业卫生学家会议，2003 年)。最高容许浓度：50ppm，91mg/m³；最高限值种类：I(1)；致癌物类别：5；妊娠风险等级：C；胚细胞突变种类：5（德国，2009 年） 接触途径：该物质可通过吸入和经食入吸收到体内 吸入危险性：20℃时，该物质蒸发，迅速达到空气中有害污染浓度 短期接触的影响：该物质轻微刺激眼睛，皮肤和呼吸道。该物质可能对中枢神经系统有影响 长期或反复接触的影响：反复或长期与皮肤接触可能引起皮炎。该物质可能对呼吸道有影响，导致体组织损伤。该物质可能是人类致癌物	
物理性质	沸点：20.2℃ 熔点：-123℃ 相对密度（水=1）：0.78 水中溶解度：混溶 蒸气压：20℃时 101kPa		蒸气相对密度（空气=1）：1.5 闪点：-38℃（闭杯） 自燃温度：185℃ 爆炸极限：空气中 4%～60%（体积） 辛醇/水分配系数的对数值：0.63
环境数据		该物质对水生生物是有害的	
注解		根据接触程度，建议定期进行医疗检查。工作接触的任何时刻都不应超过职业接触限值。添加稳定剂或阻聚剂会影响该物质的毒理学性质。向专家咨询。用大量水冲洗工作服（有着火危险）	

IPCS
International
Programme on
Chemical Safety

   UNEP

本卡片由 IPCS 和 EC 合作编写 © 2004～2012

国际化学品安全卡

烯丙基氯			ICSC 编号：0010

CAS 登记号：107-05-1
RTECS 号：UC7350000
UN 编号：1100
EC 编号：602-029-00-X
中国危险货物编号：1100
分子量：76.5

中文名称：烯丙基氯；3-氯-1-丙烯；3-氯丙烯
英文名称：ALLYL CHLORIDE; 3-Chloro-1-propene; 3-Chloropropylene; Chloroallylene

化学式：$C_3H_5Cl/CH_2=CHCH_2Cl$

危害/接触类型	急性危害/症状	预防	急救/消防
火 灾	高度易燃。在火焰中释放出刺激性或有毒烟雾（或气体）	禁止明火，禁止火花和禁止吸烟	干粉，水成膜泡沫，泡沫，二氧化碳
爆 炸	蒸气/空气混合物有爆炸性，与性质相互抵触的物质接触时，有着火和爆炸危险，见化学危险性	密闭系统，通风，防爆型电气设备和照明，不要使用压缩空气灌装、卸料或转运	着火时，喷雾状水保持料桶等冷却
接 触		严格作业环境管理！	一切情况均向医生咨询！
# 吸入	咳嗽，咽喉痛，头痛，头晕，虚弱，呼吸困难，呕吐，神志不清	通风，局部排气通风或呼吸防护	新鲜空气，休息，半直立体位。必要时进行人工呼吸。给予医疗护理
# 皮肤	发红。灼烧感。疼痛	防护手套。防护服	脱去污染的衣服，冲洗，然后用水和肥皂清洗皮肤，给予医疗护理
# 眼睛	发红。疼痛。视力模糊	安全护目镜，或眼睛防护结合呼吸防护	先用大量水冲洗几分钟(如可能尽量摘除隐形眼镜)，然后就医
# 食入	腹部疼痛。灼烧感。呕吐	工作时不得进食，饮水或吸烟	漱口，用水冲服活性炭浆，大量饮水，给予医疗护理

泄漏处置	撤离危险区域！向专家咨询！将泄漏液收集在有盖的容器中。用砂土或惰性吸收剂吸收残液，并转移到安全场所。不要冲入下水道。个人防护用具：全套防护服包括自给式呼吸器
包装与标志	气密。不易破碎包装，将易破碎包装放在不易破碎的密闭容器中。不得与食品和饲料一起运输 欧盟危险性类别：F 符号 Xn 符号 N 符号 标记：D R:11-20/21/22-36/37/38-40-48/20-68-50 S:2-16-25-26-36/37-46-61 联合国危险性类别：3 联合国次要危险性：6.1 联合国包装类别：I 中国危险性类别：第 3 类 易燃液体 中国次要危险性：6.1 中国包装包装类别：I
应急响应	运输应急卡：TEC(R)-30S1100 美国消防协会法规：H3（健康危险性）；F3（火灾危险性）；R1（反应危险性）
储存	耐火设备（条件）。与食品和饲料，性质相互抵触的物质分开存放。见化学危险性。干燥
重要数据	物理状态、外观：无色液体，有刺鼻气味 物理危险性：蒸气比空气重，可能沿地面流动。可能造成远处着火 化学危险性：在酸、受热和过氧化物的作用下，该物质发生聚合，有着火或爆炸危险。燃烧时，生成氯化氢（见卡片#0163）有毒和腐蚀性烟雾。与强氧化剂和金属粉末激烈反应，有着火和爆炸危险。与水反应生成盐酸。浸蚀塑料，橡胶和涂层 职业接触限值：阈限值：1ppm（时间加权平均值）；2ppm（短期接触限值）（经皮）；A3（确认的动物致癌物，但未知与人类相关性）（美国政府工业卫生学家会议，2004 年）。最高容许浓度：皮肤吸收；致癌物类别：3B（德国，2004 年） 接触途径：该物质可通过吸入，经皮肤和食入吸收到体内 吸入危险性：20℃时，该物质蒸发，迅速达到空气中有害污染浓度 短期接触的影响：该物质刺激眼睛、皮肤和呼吸道。该物质可能对中枢神经系统有影响。吸入高浓度蒸气时，可能引起肺水肿（见注解）。影响可能推迟显现 长期或反复接触的影响：该物质可能对末梢神经系统、心血管系统、肾脏和肝脏有影响，导致肾损伤和肝损害
物理性质	沸点：45℃ 熔点：-135℃ 相对密度（水=1）：0.94 水中溶解度：20℃时 0.36g/100mL 蒸气压：20℃时 39.3kPa 蒸气相对密度（空气=1）：2.6	蒸气/空气混合物的相对密度（20℃，空气=1）：1.6 闪点：-32℃（闭杯） 自燃温度：390℃ 爆炸极限：空气中 2.9%～11.2%（体积） 辛醇/水分配系数的对数值：2.1
环境数据	该物质对水生生物是有害的
注解	根据接触程度，建议定期进行医疗检查。肺水肿症状常常经过几个小时以后才变得明显，体力劳动使症状加重。因而休息和医学观察是必要的。应当考虑由医生或医生指定的人立即采取适当吸入治疗法

IPCS
International
Programme on
Chemical Safety

   UNEP

本卡片由 IPCS 和 EC 合作编写 © 2004～2012

国际化学品安全卡

苯胺			ICSC 编号：0011

CAS 登记号：62-53-3
RTECS 号：BW6650000
UN 编号：1547
EC 编号：612-008-00-7
中国危险货物编号：1547
分子量：93.1

中文名称：苯胺；氨基苯
英文名称：ANILINE; Benzeneamine; Aminobenzene; Phenylamine

化学式：$C_6H_7N/C_6H_5NH_2$

危害/接触类型	急性危害/症状	预防	急救/消防
火 灾	可燃的。在火焰中释放出刺激性或有毒烟雾（或气体）	禁止明火，禁止与氧化剂接触	干粉、雾状水、泡沫、二氧化碳
爆 炸	高于 70℃，可能形成爆炸性蒸气/空气混合物	高于 70℃，使用密闭系统、通风	着火时，喷雾状水保持料桶等冷却
接 触		避免一切接触！	
# 吸入	嘴唇发青或手指发青。皮肤发青，头痛，头晕，呼吸困难，惊厥，心跳增加，呕吐，虚弱，神志不清。症状可能推迟显现（见注解）。	通风，局部排气通风或呼吸防护	新鲜空气，休息，给予医疗护理
# 皮肤	可能被吸收！发红。另见吸入	防护手套，防护服	脱去污染的衣服，冲洗，然后用水和肥皂清洗皮肤。给予医疗护理
# 眼睛	发红，疼痛	面罩，或眼睛防护结合呼吸防护	先用大量水冲洗几分钟（如可能尽量摘除隐形眼镜），然后就医
# 食入	另见吸入	工作时不得进食，饮水或吸烟。进食前洗手	漱口。催吐（仅对清醒病人！），给予医疗护理。见注解
泄漏处置	将泄漏液收集在可密闭的容器中。用砂土或惰性吸收剂吸收残液，并转移到安全场所。不要让该化学品进入环境。化学防护服包括自给式呼吸器		
包装与标志	不得与食品和饲料一起运输 欧盟危险性类别：T 符号 N 符号 R:20/21/22-40-48/23/24/25-50 S:1/2-28-36/37-45-61 联合国危险性类别：6.1 联合国包装类别：II 中国危险性类别：第 6.1 项毒性物质 中国包装类别：II		
应急响应	运输应急卡：TEC(R)-62 美国消防协会法规：H3（健康危险性）；F2（火灾危险性）；R0（反应危险性）		
储存	与强氧化剂、强酸、食品和饲料分开存放。严格密封		
重要数据	物理状态、外观：无色油状液体，有特殊气味。遇空气或光时变棕色 化学危险性：加热到 190℃ 以上时，该物质分解生成氨和氮氧化物有毒和腐蚀性烟雾及易燃蒸气。该物质是一种弱碱。与强氧化剂激烈反应，有着火和爆炸危险。与强酸激烈反应。浸蚀铜及其合金 职业接触限值：阈限值（以苯胺和同系物计）：2ppm（经皮），A3（确认动物致癌物，但未知与人类相关性）；公布生物暴露指数（美国政府工业卫生学家会议，2004 年）。最高容许浓度：2ppm；$7.7mg/m^3$，H；最高限值种类：II（2）；致癌物类别：3B；妊娠风险等级：D（德国，2004 年） 接触途径：该物质可通过吸入、经皮肤和食入，还可作为蒸气吸收到体内 吸入危险性：20℃时该物质蒸发相当慢地达到空气中有害浓度，但喷洒或扩散时要快得多 短期接触的影响：该物质刺激眼睛和皮肤。该物质可能对血液有影响，导致形成正铁血红蛋白。高浓度下接触可能导致死亡。需进行医学观察。影响可能推迟显现。见注解 长期或反复接触的影响：反复或长期接触可能引起皮肤过敏。该物质可能对血液有影响，导致形成正铁血红蛋白。		
物理性质	沸点：184℃ 熔点：-6℃ 相对密度（水=1）：1.02 水中溶解度：20℃时 3.4g/100mL 蒸气压：20℃时 40Pa	蒸气相对密度（空气=1）：3.2 闪点：70℃（闭杯） 自燃温度：615℃ 爆炸极限：空气中 1.2%～11%（体积） 辛醇/水分配系数的对数值：0.94	
环境数据	该物质对水生生物有极高毒性		
注解	饮用含酒精饮料增进有害影响。根据接触程度，须定期作医疗检查。该物质中毒时，须采取必要的治疗措施。超过接触限值时，气味报警不充分		

IPCS
International
Programme on
Chemical Safety

本卡片由 IPCS 和 EC 合作编写 © 2004～2012

国际化学品安全卡

三氧化锑				ICSC 编号：0012

CAS 登记号：1309-64-4
RTECS 号：CC5650000
UN 编号：1549（见注解）
EC 编号：051-005-00-X
中国危险货物编号：1549

中文名称：三氧化锑；三氧化二锑；氧化锑（III）；锑白；锑华
英文名称：ANTIMONY TRIOXIDE; Antimony sesquioxide; Antimony(III) oxide; Antimony white; Flowers of antimony

分子量：291.5　　　　　　　　　　　化学式：Sb_2O_3

危害/接触类型	急性危害/症状	预防	急救/消防
火　灾	不可燃。在火焰中释放出刺激性或有毒烟雾（或气体）		周围环境着火时，使用适当的灭火剂
爆　炸			
接　触		防止粉尘扩散！严格作业环境管理！避免孕妇接触！	
# 吸入	咳嗽。头痛。恶心。咽喉痛。呕吐	局部排气通风或呼吸防护	新鲜空气，休息。给予医疗护理
# 皮肤	发红。疼痛。水疱	防护手套	脱去污染的衣服。冲洗，然后用水和肥皂清洗皮肤。给予医疗护理
# 眼睛	发红。疼痛	护目镜，如为粉末，眼睛防护结合呼吸防护	先用大量水冲洗几分钟（如可能尽量摘除隐形眼镜），然后就医
# 食入	腹部疼痛。腹泻。咽喉疼痛。呕吐。胃中灼烧感。（另见吸入）	工作时不得进食，饮水或吸烟	漱口。休息。给予医疗护理
泄漏处置	将泄漏物清扫进可密闭容器中。如果适当，首先润湿防止扬尘。小心收集残余物，然后转移到安全场所。不要让该化学品进入环境。个人防护用具：适用于有害颗粒物的 P2 过滤呼吸器		
包装与标志	不得与食品和饲料一起运输 欧盟危险性类别：Xn 符号　R:40　S:（2）-22-36/37 中国危险性类别：第 6.1 项毒性物质　中国包装类别：III		
应急响应	运输应急卡：TEC(R)-61GT5-III		
储存	与食品和饲料分开存放		
重要数据	物理状态、外观：白色晶体粉末 化学危险性：加热时，该物质分解生成有毒烟雾。在某些情况下，与氢反应生成剧毒气体锑化氢 职业接触限值：阈限值：0.5mg/m³（以 Sb 计）（时间加权平均值）（美国政府工业卫生学家会议，2003 年）。阈限值：三氧化锑（生产）A2（可疑人类致癌物）（美国政府工业卫生学家会议，2003 年）。最高容许浓度：致癌物类别：2；胚细胞突变物类别：3A（德国，2005 年） 接触途径：该物质可通过吸入吸收到体内 吸入危险性：扩散时可较快地达到空气中颗粒物有害浓度 短期接触的影响：该物质刺激眼睛，皮肤和呼吸道 长期或反复接触的影响：反复或长期与皮肤接触可能引起皮炎。反复或长期接触粉尘，肺可能受损伤。在实验动物体内发现肿瘤，但可能与人类无关。动物实验表明，该物质可能造成人类生殖或发育毒性		
物理性质	沸点：1550℃（部分升华） 熔点：656℃（见注解） 密度：5.2/5.7 g/cm³（见注解） 水中溶解度：30℃时 0.0014g/100mL（不溶） 蒸气压：574℃时 130Pa		
环境数据	该物质对水生生物有极高毒性。该化学品可能生物蓄积在甲壳纲动物中。强烈建议不要让该化学品进入环境		
注解	给出的是缺氧时测定的熔点。密度依晶体结构而异。根据接触程度，建议定期进行医疗检查。本卡片的建议对接触生产中的蒸气不适用。工业产品可能含有杂质，改变其对健康的影响。进一步信息参见卡片#0013 砷。联合国规定中 SP45 特别条款适用于 UN 编号 1549（危险性类别 6.1 和包装类别 III）的三氧化锑。当硫化锑和氧化锑中砷含量≤总重量的 0.5 % 时，不执行这些规定		

IPCS
International
Programme on
Chemical Safety

   UNEP

本卡片由 IPCS 和 EC 合作编写　© 2004～2012

国际化学品安全卡

砷		ICSC 编号：0013

CAS 登记号：7440-38-2　　　　　　中文名称：砷；灰砷
UN 编号：1558　　　　　　　　　　英文名称：ARSENIC; Grey arsenic
EC 编号：033-001-00-X
中国危险货物编号：1558
分子量：74.9（原子量）　　　　　化学式：As

危害/接触类型	急性危害/症状	预防	急救/消防
火　灾	可燃的。在火焰中释放出刺激性或有毒烟雾（或气体）	禁止明火。禁止与强氧化剂接触。禁止与高温表面接触	干粉，雾状水，泡沫，二氧化碳
爆　炸	接触有着火和爆炸的危险：见化学危险性	禁止与不相容物质接触：见化学危险性	
接　触		防止粉尘扩散！避免一切接触！	
# 吸入	见食入	密闭系统和通风	新鲜空气，休息。如果感觉不舒服，需就医
# 皮肤		防护手套。防护服	脱去污染的衣服。冲洗，然后用水和肥皂清洗皮肤
# 眼睛		面罩，如为粉末，眼睛防护结合呼吸防护	用大量水冲洗（如可能尽量摘除隐形眼镜）
# 食入	腹部疼痛。腹泻。恶心。呕吐。虚弱。休克或虚脱。神志不清	工作时不得进食，饮水或吸烟。进食前洗手	漱口。立即给予医疗护理
泄漏处置	个人防护用具：适应于该物质空气中浓度的颗粒物过滤呼吸器。不要让该化学品进入环境。将泄漏物清扫进可密闭容器中。小心收集残余物，然后转移到安全场所		
包装与标志	不得与食品和饲料一起运输。 欧盟危险性类别：T 符号　N 符号　　R:23/25-50/53　　S:1/2-20/21-28-45-60-61 联合国危险性类别：6.1　　　联合国包装类别：II 中国危险性类别：第 6.1 项 毒性物质　中国包装类别：II GHS 分类：信号词：危险 图形符号：骷髅和交叉骨-健康危险-环境 危险说明：吞咽会中毒；可能致癌；怀疑对生育能力或未出生胎儿造成伤害；吞咽对胃肠道造成损害；长期或反复接触会对器官造成伤害；对水生生物有毒并具有长期持续影响		
应急响应			
储存	与强氧化剂、酸类、卤素、食品和饲料。严格密封分开存放。注意收容灭火产生的废水。储存在没有排水管或下水道的场所		
重要数据	物理状态、外观：易碎、灰色、似金属晶体 化学危险性：加热时，生成有毒烟雾。激烈地与强氧化剂和卤素发生反应，有着火和爆炸危险。与还原剂发生反应，生成有毒和易燃胂气体（见化学品安全卡#0222） 职业接触限值：阈限值：0.01mg/m³（时间加权平均值）；A1（确认的人类致癌物）；公布生物暴露指数（美国政府工业卫生学家会议，2010 年）。最高容许浓度：。致癌物类别：1；胚细胞突变种类：3A（德国，2009 年） 接触途径：该物质可通过吸入其气溶胶和经食入吸收到体内 吸入危险性：扩散时，尤其是粉末，可较快地达到空气中颗粒物有害浓度 短期接触的影响：该物质可能对胃肠道有影响，导致严重肠胃炎、液体和电解液流失、心脏病、休克和惊厥。远高于职业接触限值接触时，可能导致死亡。影响可能推迟显现。需进行医学观察 长期或反复接触的影响：该物质可能对皮肤、黏膜、末梢神经系统、肝脏和骨髓有影响，导致色素沉着病、角化过度症、鼻中隔穿孔、神经病、贫血、肝损伤。该物质是人类致癌物。动物实验表明，该物质可能造成人类生殖或发育毒性。		
物理性质	沸点：613℃ 密度：5.7g/cm³ 水中溶解度：不溶 自燃温度：180℃		
环境数据	该物质对水生生物是有毒的。强烈建议不要让该化学品进入环境		
注解	该物质是可燃的，但闪点未见文献报道。根据接触程度，建议定期进行医学检查。不要将工作服带回家中		

IPCS

International

Programme on

Chemical Safety

本卡片由 IPCS 和 EC 合作编写 © 2004～2012

国际化学品安全卡

温石棉			ICSC 编号：0014

CAS 登记号：12001-29-5	中文名称：温石棉；纤蛇石棉；白石棉；蛇纹石温石棉
RTECS 号：CI6478500	英文名称：CHRYSOTILE; Asbestos, chrysotile; White asbestos; Serpentine chrysotile
UN 编号：2590	
EC 编号：650-013-00-6	
中国危险货物编号：2590	

分子量：277　　　　　　　　　　化学式：Mg₃Si₂H₄O₉/Mg₃(Si₂O₅)(OH)₄

危害/接触类型	急性危害/症状	预防	急救/消防
火　灾	不可燃		周围环境着火时，使用适当的灭火剂
爆　炸			
接　触		防止粉尘扩散！避免一切接触！	
# 吸入	咳嗽	呼吸防护。密闭系统和通风	新鲜空气，休息
# 皮肤		防护手套。防护服	脱去污染的衣服。用大量水冲洗皮肤或淋浴
# 眼睛		安全护目镜，或如为粉末，眼睛防护结合呼吸防护	先用大量水冲洗几分钟(如可能尽量摘除隐形眼镜)，然后就医
# 食入		工作时不得进食，饮水或吸烟。进食前洗手	漱口

泄漏处置	撤离危险区域！向专家咨询！采用专业设备真空抽吸泄漏物。然后依照地方规定储存和处置。个人防护用具：全套防护服，包括自给式呼吸器
包装与标志	欧盟危险性类别：T 符号 标记：E　　R:45-48/23　　S:53-45 联合国危险性类别：9　　　　　　联合国包装类别：III 中国危险性类别：第 9 类 杂项危险物质和物品　中国包装类别：III GHS 分类：信号词：危险 图形符号：健康危害 危险说明：可能致癌；长期或反复吸入对肺造成损害
应急响应	
储存	严格密封
重要数据	物理状态、外观：白色，灰色，绿色或浅黄色纤维状固体 职业接触限值：阈限值：0.1 纤维/cm³（纤维长度>5μm，长径比≥3:1，膜滤器法放大 400～450 倍（4mm 物镜）、相衬消除进行测定（时间加权平均值）；A1（确认的人类致癌物）（美国政府工业卫生学家会议，2004 年）。最高容许浓度：致癌物类别：1（德国，2004 年）。欧盟职业接触限值：0.1 纤维/cm³（欧盟，2003 年） 接触途径：该物质可通过吸入吸收到体内 吸入危险性：扩散时，可较快地达到空气中颗粒物有害浓度 长期或反复接触的影响：反复或长期接触，该物质可能对肺有影响，导致石棉肺（肺部纤维化）、胸膜斑、增厚或积液。该物质是人类致癌物。该物质引起人类肺癌、间皮瘤、喉癌和卵巢癌。有限证据证明该物质引起大肠癌、咽癌或胃癌
物理性质	熔点：（分解）：见注解 密度：2.2～2.6g/cm³ 水中溶解度：不溶
环境数据	
注解	该物质是耐热至 500℃，1000℃时完全分解。根据接触程度，建议定期进行医学检查。不要将工作服带回家中。本卡片的建议也适用于其他形式的石棉。商品名称有 Avibest C, 7-450 asbestos, Calidria RG 144, Calidria RG 600, Calidria RG 100, Hooker no.1 chrysotile asbestos,K 6-30, Plastibest 20, RG 600, 5RO4, Sylodex, Cassiar AK, Cassiar A 65, Fritmag, P 3-50 和 P 4-20。其他 CAS 登记号：132207-32-0

IPCS

International

Programme on

Chemical Safety

本卡片由 IPCS 和 EC 合作编写 © 2004～2012

国际化学品安全卡

苯			ICSC 编号：0015

CAS 登记号：71-43-2
RTECS 号：CY1400000
UN 编号：1114
EC 编号：601-020-00-8
中国危险货物编号：1114
分子量：78.1

中文名称：苯；环己三烯
英文名称：BENZENE; Cyclohexatriene; Benzol

化学式：C₆H₆

危害/接触类型	急性危害/症状	预防	急救/消防
火灾	高度易燃	禁止明火，禁止火花和禁止吸烟	干粉，水成膜泡沫，泡沫，二氧化碳
爆炸	蒸气/空气混合物有爆炸性。有着火和爆炸危险。见化学危险性	密闭系统，通风，防爆型电气设备和照明。不要使用压缩空气灌装、卸料或转运。使用无火花手工具。防止静电荷聚集（例如，通过接地）	着火时，喷雾状水保持料桶等冷却
接触		避免一切接触！	
# 吸入	头晕，倦睡，头痛，恶心，气促，惊厥，神志不清	通风，局部排气通风或呼吸防护	新鲜空气，休息。给予医疗护理
# 皮肤	可能被吸收！皮肤干燥，发红，疼痛。（另见吸入）	防护手套。防护服	脱去污染的衣服。用大量水冲洗皮肤或淋浴。给予医疗护理
# 眼睛	发红。疼痛	面罩，或眼睛防护结合呼吸防护	先用大量水冲洗几分钟（如可能尽量摘除隐形眼镜），然后就医
# 食入	腹部疼痛。咽喉疼痛。呕吐。（另见吸入）	工作时不得进食，饮水或吸烟	漱口。不要催吐。给予医疗护理
泄漏处置	转移全部引燃源。尽可能将泄漏液收集在可密闭的容器中。用砂土或惰性吸收剂吸收残液，并转移到安全场所。不要冲入下水道。不要让该化学品进入环境。个人防护用具：全套防护服包括自给式呼吸器		
包装与标志	不得与食品和饲料一起运输 欧盟危险性类别：F 符号 T 符号 标记：E R:45-46-11-36/38-48/23/24/25-65 S:53-45 联合国危险性类别：3 联合国包装类别：II 中国危险性类别：第 3 类 易燃液体 中国包装类别：II		
应急响应	运输应急卡：TEC(R)-30S1114/30GF1-II 美国消防协会法规：H2（健康危险性）；F3（火灾危险性）；R0（反应危险性）		
储存	耐火设备（条件）。与食品和饲料、氧化剂和卤素分开存放		
重要数据	物理状态、外观：无色液体，有特殊气味 物理危险性：蒸气比空气重，可能沿地面流动，可能造成远处着火。由于流动、搅拌等，可能产生静电 化学危险性：与氧化剂、硝酸、硫酸和卤素激烈反应，有着火和爆炸危险。浸蚀塑料和橡胶 职业接触限值：阈限值：0.5ppm（时间加权平均值）；2.5ppm（短期接触限值，经皮），A1（确认的人类致癌物）；公布生物暴露指数（美国政府工业卫生学家会议，2004 年）。最高容许浓度：皮肤吸收，致癌物类别：1；胚细胞突变类别：3A（德国，2004 年） 接触途径：该物质可通过吸入，经皮肤和食入吸收到体内 吸入危险性：20℃时该物质蒸发，迅速达到空气中有害污染浓度 短期接触的影响：该物质刺激眼睛、皮肤和呼吸道。如果吞咽液体，吸入肺中，可能有化学肺炎的危险。该物质可能对中枢神经系统有影响，导致意识降低。接触远高于职业接触限值可能导致神志不清和死亡 长期或反复接触的影响：液体使皮肤脱脂。该物质可能对骨髓和免疫系统有影响，导致血细胞减少。该物质是人类致癌物		
物理性质	沸点：80℃ 熔点：6℃ 相对密度（水=1）：0.88 水中溶解度：25℃时 0.18g/100mL 蒸气压：20℃时 10kPa 蒸气相对密度（空气=1）：2.7	蒸气/空气混合物的相对密度（20℃，空气=1）：1.2 闪点：-11℃（闭杯） 自燃温度：498℃ 爆炸极限：空气中 1.2%～8.0%（体积） 辛醇/水分配系数的对数值：2.13	
环境数据	该物质对水生生物有极高毒性		
注解	饮用含酒精饮料增进有害影响。根据接触程度，建议定期进行医疗检查。超过接触限值时，气味报警不充分		

IPCS
International
Programme on
Chemical Safety

UNEP

本卡片由 IPCS 和 EC 合作编写 © 2004～2012

国际化学品安全卡

苄基氯			ICSC 编号：0016

CAS 登记号：100-44-7
RTECS 号：XS8925000
UN 编号：1738
EC 编号：602-037-00-3
中国危险货物编号：1738
分子量：126.6

中文名称：苄基氯；α-氯甲苯；（氯甲基）苯；甲苯基氯
英文名称：BENZYL CHLORIDE; alpha-Chlorotoluene;
(Chloromethyl)benzene; Tolyl chloride

化学式：$C_7H_7Cl/C_6H_5CH_2Cl$

危害/接触类型	急性危害/症状	预防	急救/消防
火 灾	可燃的。在火焰中释放出刺激性或有毒烟雾（或气体）	禁止明火	干粉、水成膜泡沫、泡沫、二氧化碳
爆 炸	高于 67℃ 可能形成爆炸性蒸气/空气混合物	高于 67℃，使用密闭系统,通风	着火时，喷雾状水保持料桶等冷却
接 触		避免一切接触！避免孕妇接触！	
# 吸入	灼烧感，咳嗽，恶心，头痛，气促，头晕	通风，局部排气通风或呼吸防护	新鲜空气,休息,半直立体位,给予医疗护理
# 皮肤	可能被吸收！发红，疼痛	防护手套，防护服	脱去污染的衣服。用大量水冲洗皮肤或淋浴，给予医疗护理
# 眼睛	发红，疼痛，视力模糊，严重深度烧伤	安全护目镜，或眼睛防护结合呼吸防护	先用大量水冲洗几分钟（如可能尽量摘除隐形眼镜），然后就医
# 食入	腹部疼痛，腹泻，呕吐，灼烧感	工作时不得进食，饮水或吸烟。进食前洗手	漱口，给予医疗护理
泄漏处置	将泄漏液收集在有盖的非金属容器中。用砂土或惰性吸收剂吸收残液，并转移到安全场所。不要让该化学品进入环境。化学防护服包括自给式呼吸器		
包装与标志	不得与食品和饲料一起运输 欧盟危险性类别：T 符号 标记：E R:45-22-23-37/38-41-48/22 S:53-45 联合国危险性类别：6.1 联合国次要危险性：8 联合国包装类别：II 中国危险性类别：第 6.1 项毒性物质 中国次要危险性：8 中国包装类别：II		
应急响应	运输应急卡：TEC(R)-61S1738 美国消防协会法规：H2（健康危险性）；F2（火灾危险性）；R1（反应危险性）		
储存	与食品和饲料分开存放。与性质相互抵触的物质（见化学危险性）分开存放。干燥。沿地面通风。稳定后储存		
重要数据	物理状态、外观：无色液体，有刺鼻气味 化学危险性：在所有常见金属（镍和铅除外）的作用下，该物质会发生聚合，释放出氯化氢（见卡片 #0163）腐蚀性烟雾，有着火或爆炸危险。燃烧时，生成氯化氢有毒和腐蚀性烟雾。与强氧化剂激烈反应。有水存在时，浸蚀许多金属 职业接触限值：阈限值：1ppm(时间加权平均值)；A3（确认动物致癌物，但未知与人类相关性）（美国政府工业卫生学家会议，2001 年）。最高容许浓度：皮肤吸收；致癌物类别：2（德国，2004 年）。 接触途径：该物质可通过吸入，经皮肤和食入吸收到体内 吸入危险性：20℃时该物质蒸发相当快地达到空气中有害浓度，喷洒时要快得多 短期接触的影响：该物质腐蚀眼睛。蒸气刺激眼睛、皮肤和呼吸道。吸入蒸气或气溶胶可引起肺水肿（见注解）。该物质可能对中枢神经系统有影响，导致神志不清、流泪 长期或反复接触的影响：该物质可能对肝和肾有影响，导致体组织损伤。该物质可能是人类致癌物。动物实验表明，该物质可能对人类生殖或发育造成毒作用		
物理性质	沸点：179℃ 熔点：大约-43℃ 相对密度（水=1）：1.1 水中溶解度：不溶（0.1 g/100 mL） 蒸气压：20℃时 120Pa 蒸气相对密度（空气=1）：4.4	蒸气/空气混合物的相对密度（20℃，空气=1）：1.00 闪点：67℃（闭杯） 自燃温度：585℃ 爆炸极限：空气中 1.1%～14.0%（体积） 辛醇/水分配系数的对数值：2.3	
环境数据	该物质对水生生物是有毒的		
注解	根据接触程度，须定期作医疗检查。肺水肿症状常常经过几个小时以后才变得明显，体力劳动使症状加重。因而休息和医学观察是必要的。应当考虑由医生或医生指定的人立即采取适当喷药治疗。添加稳定剂或阻聚剂会影响该物质的毒理学性质。向专家咨询		

IPCS
International
Programme on
Chemical Safety

   UNEP

本卡片由 IPCS 和 EC 合作编写 © 2004～2012

国际化学品安全卡

1,3-丁二烯			ICSC 编号：0017

CAS 登记号：106-99-0
RTECS 号：EI9275000
UN 编号：1010 (稳定的)
EC 编号：601-013-00-X
中国危险货物编号：1010
分子量：54.1

中文名称：1,3-丁二烯；丁二烯；丁烯基乙烯
英文名称：1,3-BUTADIENE; Divinyl; Vinylethylene

化学式：C$_4$H$_6$/CH$_2$=(CH)$_2$=CH$_2$

危害/接触类型	急性危害/症状	预防	急救/消防
火 灾	极易燃	禁止明火、禁止火花和禁止吸烟	切断气源，如不可能并对周围环境无危险，让火自行燃尽。其他情况用雾状水，干粉，二氧化碳灭火
爆 炸	气体/空气混合物有爆炸性	密闭系统、通风、防爆型电气设备和照明。如果为液体，防止静电荷积聚，（例如通过接地）	着火时，喷雾状水保持钢瓶冷却
接 触		避免一切接触！避免孕妇接触！	
# 吸入	咳嗽，咽喉痛，头晕，头痛，倦睡，出汗，恶心，神志不清	通风，局部排气通风或呼吸防护	新鲜空气，休息，给予医疗护理
# 皮肤	与液体接触：冻伤	保温手套	冻伤时，用大量水冲洗，不要脱去衣服，给予医疗护理
# 眼睛	发红，疼痛，视力模糊（另见皮肤）	护目镜	先用大量水冲洗几分钟（如可能尽量摘除隐形眼镜），然后就医
# 食入		工作时不得进食，饮水或吸烟	

泄漏处置	撤离危险区域！向专家咨询！通风。切勿直接向液体上喷水。移除全部引燃源。化学防护服包括自给式呼吸器
包装与标志	不得与食品和饲料一起运输 欧盟危险性类别：F+符号 T 符号 标记：D R:45-46-12 S:53-45 联合国危险性类别：2.1 中国危险性类别：第 2.1 项 易燃气体
应急响应	运输应急卡：TEC(R)-20S1010 美国消防协会法规：H2（健康危险性）；F4（火灾危险性）；R2（反应危险性）
储存	耐火设备（条件）。阴凉场所。与食品和饲料分开存放
重要数据	物理状态、外观：无色压缩液化气体，有特殊气味 物理危险性：该气体比空气重，可能沿地面流动，可能造成远处着火。由于流动、搅拌等，可能产生静电。蒸气未经阻聚，可能在通风口或储槽的阻火器中生成聚合物，导致通风口堵塞 化学危险性：在特定条件下（暴露在空气中），该物质能生成过氧化物，引发爆炸性聚合。由于受热，该物质可能聚合，有着火或爆炸危险。与铜及其合金（见注解）生成撞击敏感的化合物。该物质在加压下迅速加热发生爆炸性分解。与氧化剂和许多其他物质激烈反应，有着火和爆炸危险 职业接触限值：阈限值：2 ppm（时间加权平均值）；A2（可疑人类致癌物）（美国政府工业卫生学家会议，2004 年）。最高容许浓度：致癌物类别：1；胚细胞突变等级：2（德国，2004 年） 接触途径：该物质可通过吸入吸收到体内 吸入危险性：容器漏损时，迅速达到空气中该气体的有害浓度 短期接触的影响：该物质刺激眼睛和呼吸道。液体迅速蒸发可能引起冻伤。该物质可能对中枢神经系统有影响，导致意识降低 长期或反复接触的影响：该物质可能对骨髓有影响，导致白血病。该物质很可能是人类致癌物。可能引起人类可继承的遗传损伤。动物实验表明，该物质可能对人类生殖产生毒性影响
物理性质	沸点：-4℃ 熔点：-109℃ 相对密度（水=1）：0.6 水中溶解度：0.1g/100mL （不溶） 蒸气压：20℃时 245kPa	蒸气相对密度（空气=1）：1.9 闪点：-76℃ 自燃温度：414℃ 爆炸极限：空气中 1.1%～16.3%（体积） 辛醇/水分配系数的对数值：1.99
环境数据	
注解	该气体使用的管路材料的铜含量不得超过 63%。饮用含酒精饮料增进有害影响。超过接触限值时，气味报警不充分

IPCS
International
Programme on
Chemical Safety

本卡片由 IPCS 和 EC 合作编写 © 2004～2012

国际化学品安全卡

正丁基硫醇			ICSC 编号：0018

CAS 登记号：109-79-5
RTECS 号：EK6300000
UN 编号：2347
中国危险货物编号：2347
分子量：90.2

中文名称：正丁基硫醇；1-丁基硫醇；丁硫醇；硫代丁基硫醇
英文名称：n-BUTYL MERCAPTAN; 1-Butanethiol; Butyl mercaptan; Thiobutyl alcohol

化学式：$C_4H_{10}S/CH_3(CH_2)_3SH$

危害/接触类型	急性危害/症状	预防	急救/消防
火　灾	高度易燃。在火焰中释放出刺激性或有毒烟雾（或气体）	禁止明火、禁止火花和禁止吸烟	抗溶性泡沫，干粉，二氧化碳
爆　炸	蒸气/空气混合物有爆炸性	密闭系统、通风、防爆型电气设备和照明。不要使用压缩空气灌装、卸料或转运	着火时，喷雾状水保持料桶等冷却
接　触		严格作业环境管理！	
# 吸入	虚弱，意识模糊，咳嗽，头晕，倦睡，头痛，恶心，呕吐，气促	通风，局部排气通风或呼吸防护	新鲜空气，休息，必要时进行人工呼吸，给予医疗护理
# 皮肤	发红，疼痛	防护手套	脱去污染的衣服，用大量水冲洗皮肤或淋浴，给予医疗护理
# 眼睛	发红，疼痛	护目镜，或眼睛防护结合呼吸防护	先用大量水冲洗几分钟（如可能尽量摘除隐形眼镜），然后就医
# 食入	（见吸入）	工作时不得进食，饮水或吸烟	漱口，给予医疗护理

泄漏处置	撤离危险区域！移除全部引燃源。尽可能将泄漏液收集在可密闭的容器中。用砂土或惰性吸收剂吸收残液，并转移到安全场所。不要冲入下水道。不要让该化学品进入环境。化学防护服包括自给式呼吸器
包装与标志	污染海洋物质 联合国危险性类别：3　　　　联合国包装类别：II 中国危险性类别：第 3 类 易燃液体　中国包装类别：II
应急响应	运输应急卡：TEC(R)-30GF1-I+II 美国消防协会法规：H2（健康危险性）；F3（火灾危险性）；R0（反应危险性）
储存	耐火设备（条件）。与强氧化剂、酸类分开存放
重要数据	物理状态、外观：无色至黄色液体，有特殊气味 物理危险性：蒸气比空气重，可能沿地面流动，可能造成远处着火 化学危险性：加热时，该物质分解生成硫氧化物(见卡片#0074)有毒烟雾。与酸类，碱类和强氧化剂发生反应 职业接触限值：阈限值：0.5ppm（时间加权平均值）（美国政府工业卫生学家会议，2004 年）；最高容许浓度：0.5ppm；1.9mg/m³；最高限值种类：II（2）；妊娠风险等级：C（德国，2004 年） 接触途径：该物质可通过吸入吸收到体内 吸入危险性：20℃时该物质蒸发，迅速地达到空气中有害浓度 短期接触的影响：该物质刺激眼睛，皮肤和呼吸道。该物质可能对甲状腺有影响。远高于职业接触限值接触可能对神经系统有影响，造成意识降低
物理性质	沸点：98℃ 熔点：-116℃ 相对密度（水=1）：0.83 水中溶解度：0.06g/100mL 蒸气压：20℃时 4.0kPa 蒸气相对密度（空气=1）：3.1 蒸气/空气混合物的相对密度（20℃，空气=1）：1.2 闪点：2℃（闭杯） 自燃温度：低于 225℃ 爆炸极限：空气中 1.4%～10.2%(体积) 辛醇/水分配系数的对数值：2.28
环境数据	该物质对水生生物是有毒的
注解	

IPCS

International Programme on Chemical Safety

   UNEP

本卡片由 IPCS 和 EC 合作编写 © 2004～2012

26

国际化学品安全卡

2-甲基-2-丙硫醇			ICSC 编号：0019

CAS 登记号：75-66-1	中文名称：2-甲基-2-丙硫醇；叔丁基硫醇
RTECS 号：TZ7660000	英文名称：2-METHYL-2-PROPANETHIOL; tert-Butyl mercaptan
UN 编号：2347	
中国危险货物编号：2347	
分子量：90.2	化学式：$(CH_3)_3CSH/C_4H_{10}S$

危害/接触类型	急性危害/症状	预防	急救/消防
火 灾	高度易燃	禁止明火，禁止火花和禁止吸烟	泡沫，二氧化碳，干粉
爆 炸	蒸气/空气混合物有爆炸性	密闭系统，通风，防爆型电气设备和照明。不要使用压缩空气灌装、卸料或转运	着火时，喷雾状水保持料桶等冷却
接 触			
# 吸入	咳嗽。头晕。头痛。恶心。倦睡	通风，局部排气通风或呼吸防护	新鲜空气，休息。给予医疗护理
# 皮肤		防护手套	脱去污染的衣服。冲洗，然后用水和肥皂清洗皮肤
# 眼睛	发红	安全护目镜，或眼睛防护结合呼吸防护	先用大量水冲洗几分钟（如可能尽量摘除隐形眼镜），然后就医
# 食入	恶心。呕吐	工作时不得进食，饮水或吸烟	漱口

泄漏处置	撤离危险区域！转移全部引燃源。尽可能将泄漏液收集在可密闭的容器中。用砂土或惰性吸收剂吸收残液，并转移到安全场所。不要冲入下水道。小心收集残余物，然后转移到安全场所。个人防护用具：适用于有机气体和蒸气的过滤呼吸器
包装与标志	联合国危险性类别：3 联合国包装类别：II 中国危险性类别：第 3 类 易燃液体 中国包装类别：II
应急响应	运输应急卡：TEC(R)-30GFI-I+II
储存	耐火设备（条件）。与强氧化剂、强碱、强酸、金属和强还原剂分开存放
重要数据	物理状态、外观：无色液体，有特殊气味 物理危险性：蒸气比空气重，可能沿地面流动，可能造成远处着火 化学危险性：燃烧时，该物质分解生成含有硫氧化物的有毒气体。与强酸、强碱、金属、强氧化剂和强还原剂发生反应，生成硫氧化物 职业接触限值：阈限值未制定标准。最高容许浓度未制定标准 接触途径：该物质可通过吸入吸收到体内 吸入危险性：20℃时，该物质蒸发相当快地达到空气中有害污染浓度 短期接触的影响：该物质刺激眼睛和呼吸道。接触高浓度时可能导致知觉降低
物理性质	沸点：64℃ 熔点：0℃ 相对密度（水=1）：0.80 蒸气压：20℃时 19.0kPa 蒸气相对密度（空气=1）：3.1 蒸气/空气混合物的相对密度（20℃，空气=1）：1.4 闪点：−26℃（闭杯）
环境数据	
注解	自燃温度未见文献报道。虽然该物质是可燃的，且闪点≤61℃，但爆炸极限未见文献报道。对接触该物质的健康影响未进行充分调查

IPCS

International
Programme on
Chemical Safety

本卡片由 IPCS 和 EC 合作编写 © 2004～2012

国际化学品安全卡

镉			ICSC 编号：0020

CAS 登记号：7440-43-9　　　中文名称：镉
RTECS 号：EU9800000
UN 编号：2570　　　英文名称：CADMIUM
EC 编号：048-002-00-0
中国危险货物编号：2570
分子量：112.4　　　化学式：Cd

危害/接触类型	急性危害/症状	预防	急救/消防
火　灾	粉末是易燃的，引火物是自燃的。在火焰中释放出刺激性或有毒烟雾（或气体）	禁止明火，禁止火花和禁止吸烟。禁止与高温或酸接触	干砂土、专用粉末、禁用其他灭火剂
爆　炸	微细分散的颗粒物在空气中形成爆炸性混合物	防止粉尘沉积、密闭系统、防止粉尘爆炸型电气设备和照明	
接　触		防止粉尘扩散！避免一切接触！	一切情况均向医生咨询！
# 吸入	咳嗽。咽喉痛	局部排气通风或呼吸防护	新鲜空气，休息。给予医疗护理
# 皮肤		防护手套	脱去污染的衣服。冲洗，然后用水和肥皂清洗皮肤
# 眼睛	发红。疼痛	安全护目镜，或眼睛防护结合呼吸防护	先用大量水冲洗几分钟（如可能尽量摘除隐形眼镜），然后就医
# 食入	腹部疼痛，腹泻，头痛，恶心，呕吐	工作时不得进食，饮水或吸烟	休息。给予医疗护理
泄漏处置	撤离危险区域！转移全部引燃源。将泄漏物清扫进容器中。小心收集残余物，然后转移到安全场所。个人防护用具：化学防护服包括自给式呼吸器		
包装与标志	气密。不易破碎包装，将易破碎包装放在不易破碎的密闭容器中。不得与食品和饲料一起运输 欧盟危险性类别：T+符号 N 符号　标记：E　R:45-26-48/23/25-62-63-68-50/53　S:53-45-60-61 联合国危险性类别：6.1 中国危险性类别：第 6.1 项 毒性物质		
应急响应			
储存	耐火设备（条件）。干燥。保存在惰性气体下。与引燃源、氧化剂、酸类、食品和饲料分开存放		
重要数据	**物理状态、外观**：蓝白色柔软金属块或灰色粉末，有延展性。暴露在 80℃ 时变脆。接触潮湿空气时，失去光泽 **物理危险性**：以粉末或颗粒形状与空气混合，可能发生粉尘爆炸 **化学危险性**：与酸类反应，生成易燃/爆炸性气体氢（见卡片#0001）。镉粉尘与氧化剂、叠氮化氢、锌、硒或碲反应，有着火和爆炸危险 **职业接触限值**：阈限值：$0.01mg/m^3$（总尘）；$0.002mg/m^3$（可吸入粉尘）（时间加权平均值）；A2（可疑人类致癌物）；公布生物暴露指数（美国政府工业卫生学家会议,2005 年）。最高容许浓度:皮肤吸收（H）；致癌物类别:1；胚细胞突变物类别:3（德国,2004 年） **接触途径**：该物质可通过吸入其气溶胶和食入吸收到体内 **吸入危险性**：扩散时可较快地达到空气中颗粒物有害浓度，尤其是粉末 **短期接触的影响**：烟雾刺激呼吸道。吸入烟雾可能引起肺水肿（见注解）。吸入烟雾可能引起金属烟雾热。影响可能推迟显现。需进行医学观察 **长期或反复接触的影响**：反复或长期接触粉尘颗粒，肺可能受损伤。该物质可能对肾有影响，导致肾损伤。该物质是人类致癌物		
物理性质	沸点：765℃ 熔点：321℃ 密度：$8.6g/cm^3$ 水中溶解度：不溶 自燃温度：250℃（镉金属粉尘）		
环境数据			
注解	与灭火剂，如水、泡沫、二氧化碳和哈龙激烈反应。根据接触程度，建议定期进行医疗检查。肺水肿症状常常经过几个小时以后才变得明显，体力劳动使症状加重。因而休息和医学观察是必要的。不要将工作服带回家中。镉还以引火物（EC 编号：048-011-00-X，欧盟标志：F 符号，R17 和 S7/8-43）的形式存在。UN 编号和包装类别依该物质的物理形态而异		

IPCS
International
Programme on
Chemical Safety

   UNEP

本卡片由 IPCS 和 EC 合作编写 © 2004～2012

国际化学品安全卡

二氧化碳			ICSC 编号：0021

CAS 登记号：124-38-9	中文名称：二氧化碳；碳酸气；碳酸酐（钢瓶）
RTECS 号：FF6400000	英文名称：CARBON DIOXIDE; Carbonic acid gas; Carbonic anhydride;
UN 编号：1013	(cylinder)
中国危险货物编号：1013	

分子量：44.0	化学式：CO_2

危害/接触类型	急性危害/症状	预防	急救/消防
火 灾	不可燃		周围环境着火时，使用适当的灭火剂
爆 炸	在火焰加热下容器可能爆裂！		着火时，喷雾状水保持钢瓶冷却。从掩蔽位置灭火
接 触			
# 吸入	头晕。头痛。血压升高，心率增加。窒息。神志不清	通风	新鲜空气，休息。必要时进行人工呼吸。给予医疗护理
# 皮肤	与液体接触：冻伤	保温手套。防护服	冻伤时，用大量水冲洗，不要脱去衣服。给予医疗护理
# 眼睛	与液体接触：冻伤	安全护目镜，或面罩	先用大量水冲洗几分钟（如可能尽量摘除隐形眼镜），然后就医
# 食入			

泄漏处置	通风。切勿直接向液体上喷水。个人防护用具：自给式呼吸器
包装与标志	联合国危险性类别：2.2 中国危险性类别：第 2.2 项 非易燃无毒气体
应急响应	运输应急卡：TEC(R)-20S1013 或 20G2A
储存	如果在建筑物内，耐火设备（条件）。阴凉场所。沿地面通风
重要数据	物理状态、外观：无色压缩液化气体，无气味 物理危险性：该气体比空气重。可能积聚在低层空间，造成缺氧。流速快时，可发生静电荷积聚并可能引燃存在的爆炸性混合物。自由流动的液体冷凝，形成极低温的干冰 化学危险性：加热到 2000℃ 以上时，该物质分解生成有毒的一氧化碳 职业接触限值：阈限值：5000ppm（时间加权平均值）；30000ppm（短期接触限值）（美国政府工业卫生学家会议，2006 年）。最高容许浓度：5000ppm，9100mg/m³；最高限值种类：II（2）（德国，2006 年） 接触途径：该物质可通过吸入吸收到体内 吸入危险性：容器漏损时，该液体迅速蒸发造成封闭空间空气中过饱和，有窒息的严重危险 短期接触的影响：液体迅速蒸发可能引起冻伤。吸入高浓度时可能引起神志不清。窒息 长期或反复接触的影响：该物质可能对新陈代谢有影响
物理性质	升华点：−79℃ 水中溶解度：20℃时 88mL/100mL 蒸气压：20℃时 5720kPa 蒸气相对密度（空气=1）：1.5 辛醇/水分配系数的对数值：0.83
环境数据	
注解	许多发酵过程（葡萄酒、啤酒等）释放出二氧化碳，它是烟道气的主要成分。空气中高浓度造成缺氧，有神志不清或死亡危险。进入工作区域前检验氧含量。中毒浓度时无气味报警。转动泄漏钢瓶使漏口朝上，防止液态气体逸出。其他 UN 编号：UN 1845 二氧化碳，固体（干冰）；UN 2187 二氧化碳，冷冻液体

IPCS
International
Programme on
Chemical Safety

UNEP

本卡片由 IPCS 和 EC 合作编写 © 2004~2012

国际化学品安全卡

二硫化碳			ICSC 编号：0022

CAS 登记号：75-15-0
RTECS 号：FF6650000
UN 编号：1131
EC 编号：006-003-00-3
中国危险货物编号：1131
分子量：76.1

中文名称：二硫化碳；硫化碳
英文名称：CARBON DISULFIDE; Carbon disulphide; Carbon bisulfide; Carbon sulfide
化学式：CS₂

危害/接触类型	急性危害/症状	预防	急救/消防
火　灾	高度易燃。许多反应可能引起火灾或爆炸。在火焰中释放出刺激性或有毒烟雾（或气体）	禁止明火、禁止火花和禁止吸烟。禁止与高温表面接触	干粉、雾状水、泡沫、二氧化碳
爆　炸	蒸气/空气混合物有爆炸性	密闭系统，通风，防爆型电气设备和照明。防止静电荷积聚（如通过接地）。不要使用压缩空气灌装、卸料或转运。不要受摩擦或撞击	着火时，喷雾状水保持料桶等冷却
接　触		严格作业环境管理！避免孕妇接触！	一切情况下均向医生咨询！
# 吸入	头晕，头痛，恶心，气促，呕吐，虚弱，易怒，幻觉	通风，局部排气通风或呼吸防护	新鲜空气，休息，给予医疗护理
# 皮肤	可能被吸收!皮肤干燥，发红。（另见吸入）	防护手套，防护服	先用大量水冲洗，然后脱去污染的衣服并再次冲洗，给予医疗护理
# 眼睛	发红，疼痛	护目镜，面罩或眼睛防护结合呼吸防护	先用大量水冲洗几分钟（如可能尽量摘除隐形眼镜），然后就医
# 食入	（另见吸入）	工作时不得进食，饮水或吸烟	不要饮用任何东西，给予医疗护理
泄漏处置	撤离危险区域！向专家咨询！移除全部引燃源，用砂土或惰性吸收剂吸收残液，并转移到安全场所。不要冲入下水道。个人防护用具：全套防护服包括自给式呼吸器		
包装与标志	气密。不易破碎包装，将易破碎包装放在不易破碎的密闭容器中。不得与食品和饲料一起运输 欧盟危险性类别：F 符号 T 符号 R:11-36/38-48/23-62-63　　S:1/2-16-33-36/37-45 联合国危险性类别：3　联合国次要危险性:6.1 联合国包装类别:I 中国危险性类别：第 3 类 易燃液体　中国次要危险性：6.1　　中国包装类别：I		
应急响应	运输应急卡：TEC(R)-30S1131 美国消防协会法规：H3（健康危险性）；F4（火灾危险性）；R0（反应危险性）		
储存	耐火设备（条件）。与氧化剂、食品和饲料分开存放。阴凉场所。储存在没有排水管或下水道的场所		
重要数据	物理状态、外观：无色液体，有特殊气味 物理危险性：蒸气比空气重，可能沿地面流动，可能造成远处着火。由于流动、搅拌等，可能产生静电 化学危险性：受撞击、摩擦或震动时，可能爆炸分解。加热时可能发生爆炸。与空气和与高温表面接触时，该物质可能自燃，生成二氧化硫有毒烟雾（见卡片#0074）。与氧化剂激烈反应，有着火和爆炸危险。浸蚀某些塑料，橡胶和涂层 职业接触限值：阈限值：10ppm（经皮）预计修改；公布生物暴露指数（美国政府工业卫生学家会议，2004 年）。最高容许浓度：5ppm，16mg/m³（皮肤吸收）；最高限值种类：II（2）；妊娠风险等级：B（德国，2004 年） 接触途径：该物质可通过吸入，经皮肤和食入吸收到体内 吸入危险性：20℃时该物质蒸发，可迅速地达到空气中有害污染浓度 短期接触的影响：该物质刺激眼睛，皮肤和呼吸道。如果吞咽液体，吸入肺中可能发生化学肺炎。该物质可能对中枢神经系统有影响。接触能造成意识降低。接触 200～500 ppm 浓度能造成死亡 长期或反复接触的影响：反复或长期与皮肤接触可能引起皮炎。该物质可能对心血管系统和神经系统有影响，导致冠心病和严重神经行为影响，多神经炎和精神病。动物实验表明，该物质可能对人类生殖造成毒性影响		
物理性质	沸点：46℃ 熔点：-111℃ 相对密度（水=1）：1.26 水中溶解度：20℃时 0.2g/100mL 蒸气压：25℃时 48kPa	蒸气相对密度（空气=1）：2.63 闪点：-30℃（闭杯） 自燃温度：90℃ 爆炸极限：空气中 1%～50%（体积） 辛醇/水分配系数的对数值：1.84	
环境数据	该物质对水生生物是有毒的		
注解	根据接触程度，需定期进行医学检查		

IPCS
International Programme on Chemical Safety

   UNEP

本卡片由 IPCS 和 EC 合作编写 © 2004～2012

国际化学品安全卡

一氧化碳			ICSC 编号：0023

CAS 登记号：630-08-0
RTECS 号：FG3500000
UN 编号：1016
EC 编号：006-001-00-2
中国危险货物编号：1016
分子量：28.0

中文名称：一氧化碳；氧化物（钢瓶）

英文名称：CARBON MONOXIDE; Carbon oxide; Carbonic oxide; (cylinder)

化学式：CO

危害/接触类型	急性危害/症状	预防	急救/消防
火灾	极易燃。加热引起压力升高，容器有破裂危险	禁止明火，禁止火花和禁止吸烟	切断气源，如不可能并对周围环境无危险，让火自行燃尽；其他情况用二氧化碳，雾状水，干粉灭火
爆炸	气体/空气混合物有爆炸性	密闭系统，通风，防爆型电气设备和照明。使用无火花手工工具	着火时，喷雾状水保持钢瓶冷却。从掩蔽位置灭火
接触		避免孕妇接触！	一切情况均向医生咨询！
# 吸入	头痛，意识模糊，头晕，恶心，虚弱，神志不清	通风，局部排气通风或呼吸防护	新鲜空气，休息。必要时进行人工呼吸。给予医疗护理。见注解
# 皮肤			
# 眼睛			
# 食入			
泄漏处置	撤离危险区域！转移全部引燃源。向专家咨询！通风。个人防护用具：自给式呼吸器		
包装与标志	欧盟危险性类别：F+符号 T 符号 标记：E　　R:12-23-48/23-61　　S:53-45 联合国危险性类别：2.3　　　联合国次要危险性：2.1 中国危险性类别：第 2.3 项 毒性气体　中国次要危险性：2.1 GHS 分类：警示词：危险　图形符号：火焰-气瓶-骷髅和交叉骨-健康危险　危险说明：极易燃气体；内含高压气体，遇热可能爆炸；吸入致命；吸入可能对生育能力或未出生婴儿造成伤害；吸入会对血液造成损害；长期或反复吸入会对血液和中枢神经系统造成损害。		
应急响应	运输应急卡：TEC(R)-20S1016 或 20G1TF 美国消防协会法规：H3（健康危险性）；F4（火灾危险性）；R0（反应危险性）		
储存	耐火设备（条件）。阴凉场所。保存在通风良好的室内		
重要数据	物理状态、外观：无嗅、无味、无色压缩气体 物理危险性：气体与空气充分混合，容易形成爆炸性混合物。气体容易穿透墙壁和天花板 化学危险性：可能与氧、乙炔、氯、氟、一氧化二氮剧烈反应 职业接触限值：阈限值：25ppm（时间加权平均值）；公布生物暴露指数（美国政府工业卫生学家会议，2006 年）。最高容许浓度：30ppm，35mg/m³；最高限值种类：II（1）；妊娠风险等级：B；公布生物容许值（德国，2008 年） 接触途径：该物质可通过吸入吸收到体内 吸入危险性：容器漏损时，迅速达到空气中该气体的有害浓度 短期接触的影响：该物质可能对血液有影响，导致碳氧血红蛋白血（症）和心脏病。高浓度接触时可能导致死亡。需进行医学观察 长期或反复接触的影响：该物质可能对心血管系统和中枢神经系统有影响。可能造成人类生殖或发育毒性		
物理性质	沸点：-191℃ 熔点：-205℃ 水中溶解度：20℃时 2.3mL/100mL 蒸气相对密度（空气=1）：0.97 闪点：易燃气体 自燃温度：605℃ 爆炸极限：空气中 12.5%～74.2%（体积）		
环境数据			
注解	一氧化碳是煤炭、石油、木材不完全燃烧的产物。它存在于机动车尾气和吸烟烟雾中。根据接触程度，建议定期进行医学检查。中毒浓度时无气味报警。该物质中毒时，需采取必要的治疗措施；必须提供有指示说明的适当方法		

IPCS
International
Programme on
Chemical Safety

UNEP

本卡片由 IPCS 和 EC 合作编写 © 2004～2012

国际化学品安全卡

四氯化碳			ICSC 编号：0024

CAS 登记号：56-23-5
RTECS 号：FG4900000
UN 编号：1846
EC 编号：602-008-00-5
中国危险货物编号：1846
分子量：153.8

中文名称：四氯化碳；氯甲烷
英文名称：CARBON TETRACHLORIDE; Tetrachloromethane; Tetrachlorocarbon

化学式：CCl$_4$

危害/接触类型	急性危害/症状	预防	急救/消防
火 灾	不可燃。在火焰中释放出刺激性或有毒烟雾（或气体）		周围环境着火时，允许使用各种灭火剂
爆 炸			着火时，喷雾状水保持料桶等冷却
接 触		避免一切接触！	
# 吸入	头晕，倦睡，头痛，恶心，呕吐	通风，局部排气通风或呼吸防护	新鲜空气，休息。必要时进行人工呼吸，给予医疗护理
# 皮肤	可能被吸收！发红，疼痛	防护手套，防护服	脱去污染的衣服，用大量水冲洗皮肤或淋浴，给予医疗护理
# 眼睛	发红，疼痛	面罩，或眼睛防护结合呼吸防护	先用大量水冲洗几分钟（如可能尽量摘除隐形眼镜），然后就医
# 食入	腹部疼痛，腹泻。（另见吸入）	工作时不得进食，饮水或吸烟。进食前洗手	漱口，大量饮水，给予医疗护理

泄漏处置	将泄漏液收集在有盖的容器中。用砂土或惰性吸收剂吸收残液，并转移到安全场所。不要让该化学品进入环境。个人防护用具：全套防护服包括自给式呼吸器
包装与标志	不易破碎包装，将易破碎包装放在不易破碎的密闭容器中。不得与食品和饲料一起运输。污染海洋物质 欧盟危险性类别：T 符号 N 符号 R:23/24/25-40-48/23-52/53-59 S:1/2-23-36/37-45-59-61 联合国危险性类别：6.1 联合国包装类别：II 中国危险性类别：第 6.1 项毒性物质 中国包装类别：II
应急响应	运输应急卡：TEC(R)-61S1846 美国消防协会法规：H3（健康危险性）；F0（火灾危险性）；R0（反应危险性）
储存	与食品和饲料，金属分开存放（见化学危险性）。沿地面通风。阴凉场所
重要数据	物理状态、外观：无色液体，有特殊气味 物理危险性：蒸气比空气重 化学危险性：与高温表面或火焰接触，该物质分解生成有毒和腐蚀性烟雾氯化氢（见卡片#0163）、氯气（见卡片#0126）和光气（见卡片#0007）。与某些金属，如铝，镁，锌发生反应，有着火和爆炸危险 职业接触限值：阈限值：5ppm（时间加权平均值），10ppm（短期接触限值）（经皮）；A2（可疑人类致癌物）（美国政府工业卫生学家会议，2004 年）。最高容许浓度：0.5ppm；3.2mg/m^3；最高限值种类：II（2）；皮肤吸收；致癌物类别：4；妊娠风险等级：D（德国，2004 年） 接触途径：该物质可通过吸入，经皮肤和食入吸收到体内 吸入危险性：20℃时该物质蒸发，迅速地达到空气中有害污染浓度 短期接触的影响：该物质刺激眼睛。该物质可能对肝、肾和中枢神经系统有影响，导致神志不清。需进行医学观察 长期或反复接触的影响：反复或长期与皮肤接触可能引起皮炎。该物质可能是人类致癌物
物理性质	沸点：76.5℃ 熔点：−23℃ 相对密度（水=1）：1.59 水中溶解度：20℃时 0.1g/100mL （微溶） 蒸气压：20℃时 12.2kPa 蒸气相对密度（空气=1）：5.3 蒸气/空气混合物的相对密度（20℃，空气=1）：1.5 辛醇/水分配系数的对数值：2.64
环境数据	该物质对水生生物是有害的。该物质可能对环境有危害，对臭氧层的影响应给予特别注意
注解	饮用含酒精饮料增进有害影响。根据接触程度，需定期进行医疗检查。超过接触限值时，气味报警不充分。不要在火焰或高温表面附近或焊接时使用

IPCS
International
Programme on
Chemical Safety

   UNEP

本卡片由 IPCS 和 EC 合作编写 © 2004～2012

国际化学品安全卡

1-十六烷硫醇			ICSC 编号：0025

CAS 登记号：2917-26-2	中文名称：1-十六烷硫醇；十六烷硫醇；1-硫羟十六烷；十六烷-1-硫醇
	英文名称：1-HEXADECANETHIOL; Hexadecyl mercaptan; 1-Mercaptohexadecane; Cetyl mercaptan; Hexadecane-1-thiol

分子量：258.5	化学式：$CH_3(CH_2)_{15}SH/C_{16}H_{34}S$

危害/接触类型	急性危害/症状	预防	急救/消防
火 灾	可燃的。在火焰中释放出刺激性或有毒烟雾（或气体）	禁止明火	泡沫，二氧化碳，干粉
爆 炸			
接 触			
# 吸入	咳嗽。头痛。恶心	通风	新鲜空气，休息
# 皮肤	发红	防护手套	脱去污染的衣服。冲洗，然后用水和肥皂清洗皮肤
# 眼睛	发红	安全护目镜，或眼睛防护结合呼吸防护	先用大量水冲洗几分钟（如可能尽量摘除隐形眼镜），然后就医
# 食入	恶心。呕吐	工作时不得进食，饮水或吸烟	漱口
泄漏处置	尽可能将泄漏液收集在可密闭的容器中。用砂土或惰性吸收剂吸收残液，并转移到安全场所。小心收集残余物		
包装与标志			
应急响应			
储存	与强氧化剂、还原剂、金属和酸类分开存放		
重要数据	**物理状态、外观：**液体，有特殊气味 **化学危险性：**燃烧时，该物质分解生成含有硫氧化物的有毒气体。与强氧化剂、酸类、还原剂和金属激烈反应 **职业接触限值：**阈限值未制定标准。最高容许浓度未制定标准 **吸入危险性：**20℃时，该物质蒸发不会或很缓慢地达到空气中有害污染浓度 **短期接触的影响：**该物质轻微刺激眼睛、皮肤和呼吸道		
物理性质	**沸点：**184℃时 0.93kPa **熔点：**18℃ **相对密度（水=1）：**0.84 **水中溶解度：**不溶 **蒸气压：**20℃时 10Pa **蒸气相对密度（空气=1）：**8.9 **蒸气/空气混合物的相对密度（20℃，空气=1）：**1.00 **闪点：**135℃（开杯）		
环境数据			
注解	自燃温度未见文献报道。对接触该物质的健康影响未进行充分调查		

IPCS
International
Programme on
Chemical Safety

本卡片由 IPCS 和 EC 合作编写 © 2004～2012

国际化学品安全卡

4-氯苯胺			ICSC 编号：0026

CAS 登记号：106-47-8
RTECS 号：BX0700000
UN 编号：2018
EC 编号：612-137-00-9
中国危险货物编号：2018
分子量：127.6

中文名称：4-氯苯胺；对氯氨基苯；对氯苯胺

英文名称：4-CHLOROANILINE; p-Chloroaminobenzene; p-Chloroaniline

化学式：$C_6H_6ClN/ClC_6H_4NH_2$

危害/接触类型	急性危害/症状	预防	急救/消防
火 灾	可燃的。在火焰中释放出刺激性或有毒烟雾（或气体）	禁止明火	干粉、雾状水、泡沫、二氧化碳
爆 炸			
接 触		防止粉尘扩散！严格作业环境管理！	一切情况均向医生咨询！
# 吸入	嘴唇发青或手指发青。皮肤发青，意识模糊，惊厥，头晕，头痛，恶心，神志不清	局部排气通风或呼吸防护	新鲜空气，休息，给予医疗护理
# 皮肤	可能被吸收！另见吸入	防护手套，防护服	脱去污染的衣服。冲洗，然后用水和肥皂清洗皮肤，给予医疗护理
# 眼睛	发红，疼痛	安全护目镜，或眼睛防护结合呼吸防护	先用大量水冲洗几分钟（如可能尽量摘除隐形眼镜），然后就医
# 食入	见吸入	工作时不得进食，饮水或吸烟	漱口，给予医疗护理
泄漏处置	将泄漏物清扫进可密闭容器中。如果适当，首先润湿防止扬尘。小心收集残余物，然后转移到安全场所。不要让该化学品进入环境。个人防护用具：适用于该物质空气中浓度的颗粒物过滤呼吸器。化学防护服		
包装与标志	不得与食品和饲料一起运输 欧盟危险性类别：T 符号 N 符号 标记：E R:45-23/24/25-43-50/53 S:53-45-60-61 联合国危险性类别：6.1 联合国包装类别：II 中国危险性类别：第 6.1 项 毒性物质 中国包装类别：II		
应急响应	运输应急卡：TEC(R)-61S2018		
储存	与强氧化剂、食品和饲料分开存放。储存在没有排水管或下水道的场所		
重要数据	物理状态、外观：无色至黄色晶体，有特殊气味 化学危险性：燃烧时，该物质分解生成含氯化氢、氮氧化物有毒和腐蚀性烟雾。与氧化剂激烈反应。 职业接触限值：阈限值未制定标准。最高容许浓度：皮肤吸收；皮肤致敏剂；致癌物类别：2（德国,2009年） 接触途径：该物质可通过吸入，经皮肤和食入吸收到体内 吸入危险性：扩散时，可较快达到空气中颗粒物有害浓度 短期接触的影响：该物质刺激眼睛。该物质可能对红血细胞有影响，导致血细胞损伤和形成正铁血红蛋白。需进行医学观察。影响可能推迟显现 长期或反复接触的影响：反复或长期接触可能引起皮肤过敏。该物质可能对脾脏有影响。在实验动物身上发现肿瘤，但是可能与人类无关（见注解）		
物理性质	沸点：232℃ 熔点：69～72.5℃ 相对密度（水=1）：1.4 水中溶解度：20℃时 0.39g/100mL 蒸气压：20℃时 2Pa 蒸气相对密度（空气=1）：4.4 蒸气/空气混合物的相对密度（20℃，空气=1）：1.00 闪点：120～123℃（开杯） 自燃温度：685℃ 辛醇/水分配系数的对数值：1.8		
环境数据	该物质对水生生物是有毒的。强烈建议不要让该化学品进入环境		
注解	根据接触程度，需定期进行医疗检查。该物质中毒时须采取必要的治疗措施。必须提供有指示说明的适当方法		

IPCS
International
Programme on
Chemical Safety

   UNEP

国际化学品安全卡

氯仿			ICSC 编号：0027

CAS 登记号：67-66-3
RTECS 号：FS9100000
UN 编号：1888
EC 编号：602-006-00-4
中国危险货物编号：1888

中文名称：氯仿；三氯甲烷；三氯化甲酰

英文名称：CHLOROFORM; Trichloromethane; Methane trichloride; Formyl trichloride

分子量：119.4　　　　　　　　　　化学式：CHCl₃

危害/接触类型	急性危害/症状	预防	急救/消防
火 灾	不可燃（见注解）。在火焰中释放出刺激性或有毒烟雾（或气体）		周围环境着火时，允许使用各种灭火剂
爆 炸			着火时，喷雾状水保持料桶等冷却
接 触		严格作业环境管理！避免青少年和儿童接触！	
# 吸入	咳嗽，头晕，倦睡，头痛，恶心，神志不清	通风，局部排气通风或呼吸防护	新鲜空气，休息。必要时进行人工呼吸，给予医疗护理
# 皮肤	发红，疼痛，皮肤干燥	防护手套，防护服	脱去污染的衣服，用大量水冲洗皮肤或淋浴，给予医疗护理
# 眼睛	发红，疼痛	面罩，或眼睛防护结合呼吸防护	先用大量水冲洗几分钟（如可能尽量摘除隐形眼镜），然后就医
# 食入	腹部疼痛，呕吐。（另见吸入）	工作时不得进食，饮水或吸烟	漱口，大量饮水。休息，给予医疗护理

泄漏处置	撤离危险区域！向专家咨询！尽可能将泄漏液收集在有盖的容器中。用砂土或惰性吸收剂吸收残液，并转移到安全场所。不要让该化学品进入环境。个人防护用具：全套防护服包括自给式呼吸器
包装与标志	不易破碎包装，将易破碎包装放在不易破碎的密闭容器中。不得与食品和饲料一起运输 欧盟危险性类别：Xn 符号　R:22-38-40-48/20/22　S:2-36/37 联合国危险性类别：6.1　联合国包装类别：III 中国危险性类别：第 6.1 项毒性物质　中国包装类别：III
应急响应	运输应急卡：TEC(R)-61S1888 美国消防协会法规：H2（健康危险性）；F0（火灾危险性）；R0（反应危险性）
储存	与食品和饲料、性质相互抵触的物质（见化学危险性）分开存放。沿地面通风
重要数据	物理状态、外观：无色挥发性液体，有特殊气味 物理危险性：蒸气比空气重 化学危险性：与高温表面或火焰接触，该物质分解生成有毒和腐蚀性烟雾氯化氢（见卡片#0163）、光气（见卡片#0007）和氯气（见卡片#0126）。与强碱，强氧化剂，某些金属，如铝，镁和锌激烈反应，有着火和爆炸的危险。浸蚀塑料，橡胶和涂层 职业接触限值：阈限值：10ppm（时间加权平均值）；A3（确认动物致癌物，但未知与人类相关性）（美国政府工业卫生学家会议，2004 年）。最高容许浓度：0.5ppm；2.5mg/m³；最高限值种类：II（2）；皮肤吸收；致癌物类别：4；妊娠风险等级：C（德国，2004 年） 接触途径：该物质可通过吸入，经皮肤和食入吸收到体内 吸入危险性：20℃时该物质蒸发，迅速地达到空气中有害污染浓度 短期接触的影响：该物质刺激眼睛。该物质可能对中枢神经系统、肝和肾有影响。影响可能推迟显现。需进行医学观察 长期或反复接触的影响：液体使皮肤脱脂。该物质可能对肝和肾有影响。该物质可能是人类致癌物
物理性质	沸点：62℃ 熔点：-64℃ 相对密度（水=1）：1.48 水中溶解度：20℃时 0.8g/100mL	蒸气压：20℃时 21.2kPa 蒸气相对密度（空气=1）：4.12 蒸气/空气混合物的相对密度（20℃，空气=1）：1.7 辛醇/水分配系数的对数值：1.97
环境数据	该物质对水生生物是有毒的
注解	添加少量易燃物质或增加空气中的氧含量转变为可燃的。饮用含酒精饮料增进有害影响。根据接触程度，需定期进行医疗检查。超过接触限值时，气味报警不充分。不要在火焰或高温表面附近或焊接时使用

IPCS
International
Programme on
Chemical Safety

本卡片由 IPCS 和 EC 合作编写 © 2004～2012

国际化学品安全卡

2-氯-1-硝基苯				ICSC 编号：0028

CAS 登记号：88-73-3
RTECS 号：CZ0875000
UN 编号：1578
中国危险货物编号：1578

中文名称：2-氯-1-硝基苯；邻氯硝基苯；邻硝基氯苯；1-氯-2-硝基苯

英文名称：2-CHLORO-1-NITROBENZENE; o-Chloronitrobenzene; o-Nitrochlorobenzene; 1-Chloro-2-nitrobenzene

分子量：157.6　　　　　　　　　　　　化学式：$C_6H_4ClNO_2$

危害/接触类型	急性危害/症状	预防	急救/消防
火灾	可燃的。许多反应可能引起火灾或爆炸。在火焰中释放出刺激性或有毒烟雾（或气体）	禁止明火。禁止与易燃物质接触	干粉，雾状水，泡沫，二氧化碳
爆炸	微细分散的颗粒物在空气中形成爆炸性混合物	防止粉尘沉积。密闭系统。防止粉尘爆炸型电气设备和照明	
接触		防止粉尘扩散！严格作业环境管理！	
# 吸入	嘴唇发青或手指发青，皮肤发青，头晕，头痛，恶心，气促，意识模糊，惊厥。神志不清	局部排气通风或呼吸防护	新鲜空气，休息。必要时进行人工呼吸。给予医疗护理
# 皮肤	可能被吸收！（另见吸入）	防护手套。防护服	先用大量水冲洗，然后脱去污染的衣服并再次冲洗。给予医疗护理
# 眼睛	发红，疼痛	护目镜，或眼睛防护结合呼吸防护	先用大量水冲洗几分钟（如可能尽量摘除隐形眼镜），然后就医
# 食入	（另见吸入）	工作时不得进食，饮水或吸烟	漱口。用水冲服活性炭浆。给予医疗护理

泄漏处置	将泄漏物清扫进可密闭容器中。如果适当，首先润湿防止扬尘。小心收集残余物，然后转移到安全场所。不要用锯末或其他可燃吸收剂吸收。不要让该化学品进入环境。个人防护用具：全套防护服包括自给式呼吸器
包装与标志	不得与食品和饲料一起运输 **联合国危险性类别：6.1　　联合国包装类别：II** **中国危险性类别：第 6.1 项 毒性物质　　中国包装类别：II**
应急响应	运输应急卡：TEC(R)-61S1578-S 美国消防协会法规：H3（健康危险性）；F1（火灾危险性）；R1（反应危险性）
储存	与可燃物质和还原性物质、食品和饲料分开存放
重要数据	**物理状态、外观**：黄色至绿色晶体，有特殊气味 **物理危险性**：以粉末或颗粒形状与空气混合，可能发生粉尘爆炸 **化学危险性**：燃烧时，该物质分解生成氮氧化物、氯（见卡片#0126）、氯化氢（见卡片#0163）和光气（见卡片#0007）有毒和腐蚀性烟雾。该物质是一种强氧化剂，与可燃物质和还原性物质发生反应 **职业接触限值**：阈限值未制定标准（见注解）。公布生物暴露指数（美国政府工业卫生学家会议，2004年）。最高容许浓度：皮肤吸收，致癌物类别：3B（德国，2004 年） **接触途径**：该物质可通过吸入，经皮肤和食入吸收到体内 **吸入危险性**：20℃时该物质蒸发，迅速达到空气中有害污染浓度 **短期接触的影响**：该物质轻微刺激眼睛。该物质可能对血液有影响，导致形成正铁血红蛋白。影响可能推迟显现。需进行医疗观察。见注解 **长期或反复接触的影响**：该物质可能对血液和肝有影响，导致形成正铁血红蛋白、贫血和肝损伤
物理性质	沸点：246℃ 熔点：33℃ 密度：1.4g/cm³ 水中溶解度：不溶 蒸气压：20℃时 0.6kPa 蒸气相对密度（空气=1）：5.4　　　　蒸气/空气混合物的相对密度（20℃，空气=1）：1.03 闪点：124℃（闭杯） 自燃温度：487℃ 爆炸极限：空气中 1.15%～13.1%（体积） 辛醇/水分配系数的对数值：2.24
环境数据	该物质对水生生物是有害的
注解	阈限值（对硝基氯苯）：0.1 ppm（皮肤）；A3（确认的动物致癌物，但未知与人类相关性）（美国政府工业卫生学家会议，2004 年）。根据接触程度，建议定期进行医疗检查。该物质中毒时须采取必要的治疗措施。用大量水冲洗工作服（有着火危险）

国际化学品安全卡

铬			ICSC 编号：0029

CAS 登记号：7440-47-3	中文名称：铬；铬（粉末）
RTECS 号：GB4200000	英文名称：CHROMIUM; Chrome; (powder)

化学式：Cr

危害/接触类型	急性危害/症状	预防	急救/消防
火 灾	在特定条件下是可燃的	如为粉末，禁止明火	周围环境着火时，使用适当的灭火剂
爆 炸		防止粉尘沉积、密闭系统、防止粉尘爆炸型电气设备和照明	
接 触		防止粉尘扩散！	
# 吸入	咳嗽	局部排气通风或呼吸防护	新鲜空气，休息
# 皮肤		防护手套	脱去污染的衣服。用大量水冲洗皮肤或淋浴
# 眼睛	发红	安全护目镜	先用大量水冲洗几分钟（如可能尽量摘除隐形眼镜），然后就医
# 食入		工作时不得进食，饮水或吸烟	漱口

泄漏处置	将泄漏物清扫进容器中，如果适当，首先润湿防止扬尘。个人防护用具：适用于有害颗粒物的 P2 过滤呼吸器
包装与标志	
应急响应	
储存	
重要数据	**物理状态、外观**：灰色粉末 **物理危险性**：以粉末或颗粒形状与空气混合，可能发生粉尘爆炸 **化学危险性**：铬是一种催化性物质。与许多有机物和无机物接触时，可能发生反应，有着火和爆炸危险 **职业接触限值**：阈限值：0.5mg/m^3（以金属 Cr 和三价铬化合物计）（时间加权平均值）；A4（不能分类为人类致癌物）（美国政府工业卫生学家会议，2004 年）。最高容许浓度未制定标准 **吸入危险性**：扩散时可较快地达到空气中颗粒物有害浓度 **短期接触的影响**：可能对眼睛和呼吸道引起机械刺激
物理性质	**沸点**：2642℃ **熔点**：1900℃ **密度**：7.15g/cm^3 **水中溶解度**：不溶
环境数据	
注解	在空气中，铬颗粒物的表面被氧化成氧化铬（III）。参见卡片#1531

IPCS
International
Programme on
Chemical Safety

UNEP

本卡片由 **IPCS** 和 **EC** 合作编写 © 2004～2012

国际化学品安全卡

邻甲酚			ICSC 编号：0030

CAS 登记号：95-48-7
RTECS 号：GO6300000
UN 编号：3455
EC 编号：604-004-00-9
中国危险货物编号：3455
分子量：108.1

中文名称：邻甲酚；2-羟基-1-甲苯；2-甲基苯酚；邻羟基甲苯；2-甲酚

英文名称：*o*-CRESOL; 2-Hydroxy-1-methylbenzene; 2-Methylphenol; ortho-Hydroxytoluene; 2-Cresol

化学式：C_7H_8O / $CH_3C_6H_4OH$

危害/接触类型	急性危害/症状	预防	急救/消防
火 灾	可燃的，在火焰中释放出刺激性或有毒烟雾（或气体）	禁止明火	雾状水，泡沫，干粉，二氧化碳
爆 炸	高于81℃，可能形成爆炸性蒸气/空气混合物	高于81℃，使用密闭系统、通风	
接 触		避免一切接触！	一切情况均向医生咨询！
# 吸入	咳嗽，咽喉痛，灼烧感，头痛，恶心，呕吐，呼吸短促，呼吸困难	局部排气通风或呼吸防护	新鲜空气，休息，半直立体位，必要时进行人工呼吸，立即给予医疗护理
# 皮肤	可能被吸收！发红。疼痛。水疱。皮肤烧伤	防护手套。防护服	脱去污染的衣服。用大量水冲洗皮肤或淋浴。立即给予医疗护理
# 眼睛	发红。疼痛。严重深度烧伤	面罩，眼睛防护结合呼吸防护	用大量水冲洗（如可能尽量摘除隐形眼镜）。立即给予医疗护理
# 食入	口腔和咽喉烧伤，咽喉和胸腔有灼烧感，恶心，呕吐，腹部疼痛，休克或虚脱	工作时不得进食，饮水或吸烟。进食前洗手	漱口。不要催吐。立即给予医疗护理
泄漏处置	将泄漏物清扫进容器中，如果适当，首先润湿防止扬尘。小心收集残余物，然后转移到安全场所。不要让该化学品进入环境。个人防护用具：适应于该物质空气中浓度的有机气体和颗粒物过滤呼吸器。化学防护服		
包装与标志	不得与食品和饲料一起运输。污染海洋物质 欧盟危险性类别：T 符号 C 符号 标记：C R:24/25-34 S:1/2-36/37/39-45 联合国危险性类别：6.1 联合国次要危险性：8 联合国包装类别：II 中国危险性类别：第 6.1 项 毒性物质 中国次要危险性：8 中国包装类别：II GHS 分类：信号词：危险 图形符号：腐蚀-骷髅和交叉骨-健康危险 危险说明：吞咽会中毒；皮肤接触会中毒；造成严重皮肤灼伤和眼睛损伤；对中枢神经系统和血液细胞造成损害；长期或反复接触对神经系统和血液细胞造成损害；对水生生物有毒		
应急响应	运输应急卡：TEC(R)-61GTC2-II 美国消防协会法规：H3（健康危险性）；F2（火灾危险性）；R0（反应危险性）		
储存	与强氧化剂、食品和饲料分开存放。储存在没有排水管或下水道的场所。注意收容灭火产生的废水		
重要数据	物理状态、外观：无色晶体，有特殊气味。遇空气和光时变暗 化学危险性：与强氧化剂发生激烈反应。水溶液是一种弱酸 职业接触限值：阈限值：5ppm（时间加权平均值）（经皮）（美国政府工业卫生学家会议，2008 年）。最高容许浓度：皮肤吸收；致癌物类别：3A；BAT（德国，2008 年） 接触途径：该物质可通过吸入、经皮肤和经食入吸收到体内。各种接触途径均产生严重局部影响 吸入危险性：20℃时，该物质蒸发相当慢地达到空气中有害污染浓度 短期接触的影响：该物质腐蚀眼睛，皮肤和呼吸道。食入有腐蚀性。吸入可能引起肺水肿，但只在对眼睛和（或）呼吸道的最初刺激影响显现以后。该物质可能对中枢神经系统有影响，导致意识降低。该物质可能对血液有影响，导致血细胞破坏。远高于职业接触限值接触可能导致死亡。需进行医学观察 长期或反复接触的影响：反复或长期与皮肤接触可能引起皮炎。该物质可能对神经系统有影响，导致功能损伤。该物质可能对血液有影响，导致贫血		
物理性质	沸点：191℃ 熔点：31℃ 密度：1.05g/cm³ 水中溶解度：25℃时 2.5g/100mL（适度溶解） 蒸气压：25℃时 33Pa 蒸气相对密度（空气=1）：3.7	蒸气/空气混合物的相对密度（20℃，空气=1）：1.00（20℃） 闪点：81℃（闭杯） 自燃温度：555℃ 爆炸极限：空气中 1.3%～?%(体积) 辛醇/水分配系数的对数值：1.95	
环境数据	该物质对水生生物是有毒的。强烈建议不要让该化学品进入环境		
注解			

IPCS
International Programme on Chemical Safety

本卡片由 IPCS 和 EC 合作编写 © 2004～2012

国际化学品安全卡

对甲酚			ICSC 编号：0031

CAS 登记号：106-44-5
RTECS 号：GO6475000
UN 编号：3455
EC 编号：604-004-00-9
中国危险货物编号：3455
分子量：108.1

中文名称：对甲酚；4-羟基-1-甲苯；4-甲酚；对羟基甲苯

英文名称：*p*-CRESOL; 4-Hydroxy-1-methylbenzene; 4-Methylphenol; para-Hydroxytoluene; 4-Cresol

化学式：C_7H_8O / $CH_3C_6H_4OH$

危害/接触类型	急性危害/症状	预防	急救/消防
火 灾	可燃的，在火焰中释放出刺激性或有毒烟雾（或气体）	禁止明火	雾状水，泡沫，干粉，二氧化碳
爆 炸	高于86℃，可能形成爆炸性蒸气/空气混合物	高于86℃，使用密闭系统、通风	
接 触		避免一切接触！	一切情况均向医生咨询!
# 吸入	咳嗽，咽喉痛，灼烧感，头痛，恶心，呕吐，呼吸短促，呼吸困难	局部排气通风或呼吸防护	新鲜空气，休息，半直立体位，必要时进行人工呼吸，立即给予医疗护理
# 皮肤	可能被吸收！发红。疼痛。水疱。皮肤烧伤	防护手套，防护服	脱去污染的衣服。用大量水冲洗皮肤或淋浴。立即给予医疗护理
# 眼睛	发红。疼痛。严重深度烧伤	面罩或眼睛防护结合呼吸防护	用大量水冲洗（如可能尽量摘除隐形眼镜）。立即给予医疗护理
# 食入	口腔和咽喉烧伤，咽喉和胸腔中有灼烧感，恶心，呕吐，腹部疼痛，休克或虚脱	工作时不得进食，饮水或吸烟。进食前洗手	漱口。不要催吐。立即给予医疗护理

泄漏处置	将泄漏物清扫进容器中，如果适当，首先润湿防止扬尘。小心收集残余物，然后转移到安全场所。不要让该化学品进入环境。个人防护用具:适应于该物质空气中浓度的有机气体和颗粒物过滤呼吸器。化学防护服
包装与标志	不得与食品和饲料一起运输。污染海洋物质 欧盟危险性类别：T 符号 C 符号 标记：C R:24/25-34 S:1/2-36/37/39-45 联合国危险性类别：6.1 联合国次要危险性：8 联合国包装类别：II 中国危险性类别：第 6.1 项 毒性物质 中国次要危险性：8 中国包装类别：II GHS 分类：信号词：危险 图形符号：腐蚀-骷髅和交叉骨-健康危险 危险说明：吞咽会中毒；皮肤接触会中毒；吸入蒸气致命；造成严重皮肤灼伤和眼睛损伤；对中枢神经系统和血液细胞造成损害；长期或反复接触对神经系统和血液细胞造成损害；对水生生物有毒
应急响应	运输应急卡：TEC(R)-61GTC2-II 美国消防协会法规：H3（健康危险性）；F2（火灾危险性）；R0（反应危险性）
储存	与强氧化剂食品和饲料分开存放。储存在没有排水管或下水道的场所。注意收容灭火产生的废水
重要数据	物理状态、外观：无色晶体，有特殊气味。遇空气和光时变暗 化学危险性：与强氧化剂发生激烈反应。水溶液是一种弱酸 职业接触限值：阈限值：5ppm（时间加权平均值）（经皮）（美国政府工业卫生学家会议，2008 年）。最高容许浓度：皮肤吸收；致癌物类别：3；BAT（德国，2008 年） 接触途径：该物质可通过吸入、经皮肤和经食入吸收到体内。各种接触途径均产生严重的局部影响。 吸入危险性：20℃时，该物质蒸发相当慢地达到空气中有害污染浓度 短期接触的影响：该物质腐蚀眼睛、皮肤和呼吸道。食入有腐蚀性。吸入可能引起肺水肿，但只在对眼睛和（或）呼吸道的最初刺激影响显现以后。该物质可能对中枢神经系统有影响，导致意识降低。该物质可能对血液有影响，导致血细胞破坏。远高于职业接触限值接触可能导致死亡。需进行医学观察 长期或反复接触的影响：反复或长期与皮肤接触可能引起皮炎。该物质可能对神经系统有影响，导致功能损伤。该物质可能对血液有影响，导致贫血
物理性质	沸点：202℃ 熔点：35℃ 密度：1.02g/cm³ 水中溶解度：25℃时 1.9g/100mL（适度溶解） 蒸气压：25℃时 15Pa 蒸气相对密度（空气=1）：3.7	蒸气/空气混合物的相对密度（20℃，空气=1）：1.00 闪点：86℃(闭杯) 自燃温度：555℃ 爆炸极限：空气中 1.0%～?%(体积) 辛醇/水分配系数的对数值：1.94
环境数据	该物质对水生生物是有毒的。强烈建议不要让该化学品进入环境
注解	

IPCS
International Programme on Chemical Safety

本卡片由 IPCS 和 EC 合作编写 © 2004～2012

国际化学品安全卡

环己硫醇			ICSC 编号：0032

CAS 登记号：1569-69-3
RTECS 号：GV7525000
UN 编号：3054
中国危险货物编号：3054
分子量：3054

中文名称：环己硫醇；环己基硫醇

英文名称：CYCLOHEXANETHIOL; Cyclohexyl mercaptan

化学式：C₆H₁₁SH

危害/接触类型	急性危害/症状	预防	急救/消防
火 灾	易燃的	禁止明火，禁止火花和禁止吸烟	泡沫，二氧化碳，干粉
爆 炸	高于43℃，可能形成爆炸性蒸气/空气混合物	高于43℃，使用密闭系统、通风和防爆型电气设备	着火时，喷雾状水保持料桶等冷却
接 触			
# 吸入	咳嗽。头晕。头痛。恶心。倦睡。呕吐。虚弱。神志不清	通风，局部排气通风或呼吸防护	新鲜空气，休息。给予医疗护理
# 皮肤	发红。疼痛	防护手套	脱去污染的衣服。用大量水冲洗皮肤或淋浴
# 眼睛	发红。疼痛	安全护目镜，或眼睛防护结合呼吸防护	先用大量水冲洗几分钟（如可能尽量摘除隐形眼镜），然后就医
# 食入	（另见吸入）	工作时不得进食，饮水或吸烟	漱口。大量饮水。给予医疗护理

泄漏处置	尽可能将泄漏液收集在可密闭的容器中。用砂土或惰性吸收剂吸收残液，并转移到安全场所。个人防护用具：自给式呼吸器
包装与标志	联合国危险性类别：3 联合国包装类别：III 中国危险性类别：第3类 易燃液体 中国包装类别：III
应急响应	运输应急卡：TEC(R)-30GFI-II 美国消防协会法规：H（健康危险性）；F2（火灾危险性）；R0（反应危险性）
储存	耐火设备（条件）。与还原剂、金属和强氧化剂分开存放
重要数据	物理状态、外观：无色液体，有特殊气味 化学危险性：燃烧时，该物质分解生成含有二氧化硫（见卡片#0074）的有毒气体。与强氧化剂、还原剂和金属发生反应 职业接触限值：阈限值未制定标准。最高容许浓度未制定标准 接触途径：该物质可通过吸入和经食入吸收到体内 吸入危险性：20℃时，该物质蒸发相当快地达到空气中有害污染浓度 短期接触的影响：该物质刺激眼睛、皮肤和呼吸道。接触可能导致知觉降低
物理性质	沸点：158℃ 熔点：-118℃ 相对密度（水=1）：0.98 水中溶解度：不溶 蒸气压：20℃时1.3kPa 蒸气相对密度（空气=1）：4.0 蒸气/空气混合物的相对密度（20℃，空气=1）：1.04 闪点：43℃（闭杯）
环境数据	
注解	自燃温度未见文献报道。虽然该物质是可燃的，且闪点≤61℃，但爆炸极限未见文献报道

IPCS
International
Programme on
Chemical Safety

UNEP

国际化学品安全卡

2,4-滴			ICSC 编号：0033

CAS 登记号：94-75-7	中文名称：2,4-滴；2,4-二氯苯氧乙酸；2,4-D 酸
RTECS 号：AG6825000	
UN 编号：3077	英文名称：2,4-D; 2,4-Dichlorophenoxyacetic acid; 2,4-D acid
EC 编号：607-039-00-8	
中国危险货物编号：3077	
分子量：221.0	化学式：$C_8H_6Cl_2O_3/Cl_2C_6H_3OCH_2COOH$

危害/接触类型	急性危害/症状	预防	急救/消防
火 灾	不可燃。含有机溶剂的液体制剂可能是易燃的。在火焰中释放出刺激性或有毒烟雾（或气体）	禁止与氧化剂接触	周围环境着火时，使用适当的灭火剂
爆 炸			
接 触		严格作业环境管理！	
# 吸入	头痛，恶心，虚弱，咳嗽，咽喉痛	局部排气通风或呼吸防护	新鲜空气，休息，给予医疗护理
# 皮肤	发红	防护手套	脱去污染的衣服,冲洗，然后用水和肥皂洗皮肤
# 眼睛	发红，疼痛	安全护目镜或眼睛防护结合呼吸防护	先用大量水冲洗数分钟（如果可能尽量摘除隐形眼镜），然后就医
# 食入	腹部疼痛，灼烧感，腹泻，头痛，恶心，呕吐，虚弱，神志不清	工作时不得进食、饮水或吸烟，进食前洗手	漱口。用水冲服活性炭浆。给予医疗护理
泄漏处置	将泄漏物清扫进有盖的塑料容器中，如果适当，首先润湿防止扬尘。小心收集残余物，然后转移到安全场所。不要让该化学品进入环境。个人防护用具：适用于有害颗粒物的 P2 过滤呼吸器		
包装与标志	不得与食品和饲料一起运输。污染海洋物质 欧盟危险性类别：Xn 符号　R:22-37-41-43-52/53　S:2-24/25-26-36/37/39-46-61 联合国危险性类别：9　　　　　联合国包装类别：III 中国危险性类别：第 9 类杂项危险物质和物品　中国包装类别：III		
应急响应	运输应急卡：TEC（R）-90GM7-III		
储存	储存在没有排水管或下水道的场所。与强氧化剂分开存放		
重要数据	物理状态、外观：无色晶体或白色粉末 化学危险性：加热时，该物质分解生成含有氯化氢有毒烟雾。与强氧化剂发生反应，有着火和爆炸危险。浸蚀某些涂层和金属 职业接触限值：阈限值：10mg/m³（时间加权平均值）；A4（不能分类为人类致癌物）（美国政府工业卫生学家会议，2005 年）。最高容许浓度：（可吸入粉尘）1mg/m³，皮肤吸收；最高限值种类：II（8）；妊娠风险等级：C（德国，2005 年） 接触途径：该物质可通过吸入其气溶胶，经皮肤和食入吸收进体内 吸入危险性：喷洒和扩散时能较快达到空气中颗粒物有害浓度，尤其是粉末 短期接触的影响：该物质刺激皮肤、呼吸道和眼睛。高浓度时，该物质可能对神经系统有影响 长期或反复接触的影响：见注解		
物理性质	沸点：低于沸点分解 熔点：140℃ 相对密度（水=1）：0.7～0.8 水中溶解度：25℃时 0.031g/100mL（难溶） 蒸气压：25℃时 0.01Pa（可忽略不计） 辛醇/水分配系数的对数值：2.81		
环境数据	该物质对水生生物是有害的。该物质在正常使用过程中进入环境，但是要特别注意避免任何额外的释放，例如通过不适当处置活动		
注解	2,4-滴是一种氯苯氧基除草剂，作为一类物质被国际癌症研究机构（IARC）分类为可能是人类致癌物（1987 年），但是关于该物质的数据是非结论性的。商业制剂中使用的载体溶剂可能改变其物理和毒理学性质		

IPCS
International
Programme on
Chemical Safety

国际化学品安全卡

滴滴涕			ICSC 编号：0034

CAS 登记号：50-29-3
RTECS 号：KJ3325000
UN 编号：2761
EC 编号：602-045-00-7
中国危险货物编号：2761

分子量：354.5`

中文名称：滴滴涕；二氯二苯基三氯乙烷；1,1,1-三氯-2,2-双(对氯苯基)乙烷；2,2-双(对氯苯基)-1,1,1-三氯乙烷；1,1'-(2,2,2-三氯亚乙基)双（4-氯苯）；p,p'-DDT
英文名称：DDT; Dichlorodiphenyltrichloroethane;
1,1,1-Trichloro-2,2-bis(p-chlorophenyl)ethane;
2,2-bis(p-Chlorophenyl)-1,1,1-trichloroethane;
1,1'-(2,2,2-Trichloroethylidene)bis(4-chlorobenzene); p,p'-DDT
化学式：$C_{14}H_9Cl_5$

危害/接触类型	急性危害/症状	预防	急救/消防
火 灾	可燃的。含有机溶剂的液体制剂可能是易燃的。在火焰中释放出刺激性或有毒烟雾（或气体）	禁止明火	干粉，雾状水，泡沫，二氧化碳
爆 炸			
接 触		防止粉尘扩散！严格作业环境管理！避免孕妇接触！	
# 吸入	咳嗽	局部排气通风或呼吸防护	新鲜空气，休息
# 皮肤		防护手套	脱去污染的衣服,冲洗,然后用水和肥皂清洗皮肤
# 眼睛	发红	安全护目镜，如为粉末，眼睛防护结合呼吸防护	先用大量水冲洗几分钟（如可能尽量摘除隐形眼镜），然后就医
# 食入	震颤，腹泻，头晕，头痛，呕吐，麻木，感觉异常，过度兴奋，惊厥	工作时不得进食，饮水或吸烟。进食前洗手	漱口。用水冲服活性炭浆。休息。给予医疗护理

泄漏处置	不要让该化学品进入环境。将泄漏物清扫进可密闭非金属容器中。如果适当，首先润湿防止扬尘。小心收集残余物，然后转移到安全场所。个人防护用具：适用于有毒颗粒物的P3过滤呼吸器
包装与标志	不得与食品和饲料一起运输。严重污染海洋物质 欧盟危险性类别：T 符号 N 符号 R:25-40-48/25-50/53 S:1/2-22-36/37-45-60-61 联合国危险性类别：6.1 联合国包装类别：III 中国危险性类别：第 6.1 项毒性物质 中国包装类别：III
应急响应	运输应急卡：TEC(R)-61GT7-III
储存	注意收容灭火产生的废水。与铁，铝及其盐，食品和饲料分开存放。见化学危险性
重要数据	物理状态、外观：无色晶体或白色粉末。原药为蜡状固体 化学危险性：燃烧时，生成含有氯化氢的有毒和腐蚀性烟雾。与铝和铁发生反应 职业接触限值：阈限值：1mg/m³（时间加权平均值）；A3（确认的动物致癌物，但未知与人类相关性）（美国政府工业卫生学家会议，2004 年）。最高容许浓度：1mg/m³，皮肤吸收；最高限值种类：II（8）（德国，2003 年） 接触途径：该物质可经食入吸收到体内 吸入危险性：20℃时蒸发可忽略不计，但可较快地达到空气中颗粒物有害浓度，尤其是粉末 短期接触的影响：可能引起机械刺激。该物质可能对中枢神经系统有影响，导致惊厥和呼吸抑制。接触高浓度时可能导致死亡。需进行医学观察 长期或反复接触的影响：该物质可能对中枢神经系统和肝有影响。该物质可能是人类致癌物。动物实验表明，该物质可能造成人类生殖或发育毒性
物理性质	沸点：260℃ 熔点：109℃ 密度：1.6g/cm³ 水中溶解度：微溶 辛醇/水分配系数的对数值：6.36
环境数据	该物质对水生生物有极高毒性。该物质可能对环境有危害，对鸟类应给予特别注意。该化学品可能沿食物链，例如在牛奶和水生生物中发生生物蓄积。该物质在正常使用过程中进入环境。但是要特别注意避免任何额外的释放，例如通过不适当处置活动
注解	根据接触程度，建议定期进行医疗检查。商业制剂中使用的载体溶剂可能改变其物理和毒理学性质。不要将工作服带回家中。参照国内立法.商品名称有：Agritan, Azotox, Anofex, Ixodex, Gesapon, Gesarex, Gesarol, Guesapon, Clofenotane, Zeidane, Dicophane 和 Neocid

IPCS
International
Programme on
Chemical Safety

   UNEP

本卡片由 IPCS 和 EC 合作编写 © 2004～2012

国际化学品安全卡

1-癸硫醇			ICSC 编号：0035

CAS 登记号：143-10-2	中文名称：1-癸硫醇；癸硫醇
	英文名称：1-DECANETHIOL; Decyl mercaptan

分子量：174.3	化学式：C₁₀H₂₁SH

化学式：$C_{10}H_{21}SH$

危害/接触类型	急性危害/症状	预防	急救/消防
火 灾	可燃的	禁止明火，禁止火花和禁止吸烟	泡沫，二氧化碳，干粉
爆 炸	高于 98℃，可能形成爆炸性蒸气/空气混合物	高于 98℃，使用密闭系统、通风和防爆型电气设备	
接 触			
# 吸入	头晕。头痛。恶心	通风，局部排气通风或呼吸防护	新鲜空气，休息
# 皮肤		防护手套	脱去污染的衣服。冲洗，然后用水和肥皂清洗皮肤
# 眼睛	严重深度烧伤。疼痛	安全护目镜，或眼睛防护结合呼吸防护	先用大量水冲洗几分钟（如可能尽量摘除隐形眼镜），然后就医
# 食入	恶心。呕吐。头晕。倦睡。头痛。虚弱	工作时不得进食，饮水或吸烟	漱口。大量饮水。给予医疗护理

泄漏处置	尽可能将泄漏液收集在可密闭的容器中。用砂土或惰性吸收剂吸收残液，并转移到安全场所。个人防护用具：适用于有机气体和蒸气的过滤呼吸器
包装与标志	
应急响应	美国消防协会法规：H2（健康危险性）；F2（火灾危险性）；R0（反应危险性）
储存	与强氧化剂、强碱分开存放
重要数据	物理状态、外观：无色液体，有特殊气味 化学危险性：燃烧时，该物质分解生成含有二氧化硫（见卡片#0074）的有毒气体。与强碱和强氧化剂发生反应 职业接触限值：阈限值未制定标准。最高容许浓度未制定标准 接触途径：该物质可通过吸入其气溶胶和经食入吸收到体内 吸入危险性：未指明 20℃时该物质蒸发达到空气中有害浓度的速率 短期接触的影响：该物质腐蚀眼睛。该物质可能对中枢神经系统有影响
物理性质	沸点：241℃ 熔点：−26℃ 相对密度（水=1）：0.84 水中溶解度：不溶 蒸气压：20℃时<10Pa 蒸气相对密度（空气=1）：6.0 蒸气/空气混合物的相对密度（20℃，空气=1）：1.00 闪点：98℃
环境数据	
注解	

IPCS
International
Programme on
Chemical Safety

   UNEP

本卡片由 IPCS 和 EC 合作编写 © 2004～2012

国际化学品安全卡

邻苯二甲酸二丁酯			ICSC 编号：0036

CAS 登记号：84-74-2	中文名称：邻苯二甲酸二丁酯；1,2-苯二羧酸二丁酯；二正丁基邻苯二甲酸酯	
RTECS 号：TI0875000		
UN 编号：3082	英文名称：DIBUTYL PHTHALATE; 1,2-Benzenedicarboxylic acid dibutyl ester; Di-n-butyl phthalate	
EC 编号：607-318-00-4		
中国危险货物编号：3082		
分子量：278.3	化学式：$C_{16}H_{22}O_4/C_6H_4(COOC_4H_9)_2$	

危害/接触类型	急性危害/症状	预防	急救/消防
火 灾	可燃的	禁止明火	泡沫,干粉,二氧化碳
爆 炸			
接 触		防止产生烟云！避免一切接触！	
# 吸入		通风	新鲜空气，休息
# 皮肤		防护手套	脱去污染的衣服，用大量水冲洗皮肤或淋浴
# 眼睛	发红，疼痛	安全护目镜	先用大量水冲洗几分钟（如可能尽量摘除隐形眼镜），然后就医
# 食入	腹部疼痛，腹泻，恶心，呕吐	工作时不得进食，饮水或吸烟	漱口，给予医疗护理

泄漏处置	将泄漏液收集在有盖的容器中。用蛭石、砂土或惰性吸收剂吸收残液，并转移到安全场所。不要让该化学品进入环境
包装与标志	欧盟危险性类别：T 符号 N 符号 R:61-62-50 S:53-45-61 联合国危险性类别：9　　　　　　　　联合国包装类别：III 中国危险性类别：第 9 类　杂项危险物质和物品　中国包装类别：III
应急响应	运输应急卡：TEC(R)-90GM6-III 美国消防协会法规：H0（健康危险性）；F1（火灾危险性）；R0（反应危险性）
储存	与强氧化剂分开存放。储存在没有排水管或下水道的场所
重要数据	物理状态、外观：无色至黄色黏稠液体，有特殊气味 物理危险性：由于流动、搅拌等，可能产生静电 化学危险性：燃烧时，该物质分解生成苯二甲酸酐（见卡片#0315）有毒和刺激性烟雾。与强氧化剂发生反应 职业接触限值：阈限值：5mg/m³（时间加权平均值）（美国政府工业卫生学家会议，2001 年）。 最高容许浓度：0.05ppm，0.58mg/m³；最高限值种类：I(2)；致癌物类别：4；妊娠风险等级：C（德国，2009 年） 接触途径：该物质可通过吸入其气溶胶和经食入吸收到体内 吸入危险性：20℃时该物质蒸发,不会或很缓慢地达到空气中有害浓度 长期或反复接触的影响：该物质可能对肝有影响，导致功能损伤。动物实验表明，该物质可能对人类生殖或发育造成毒性影响
物理性质	沸点：340℃ 熔点：−35℃ 相对密度（水=1）：1.05 水中溶解度：25℃时 0.001g/100mL 蒸气压：20℃时<0.01kPa 蒸气相对密度（空气=1）：9.58 蒸气/空气混合物的相对密度（20℃，空气=1）：1.00 闪点：157℃（闭杯） 自燃温度：402℃ 爆炸极限：空气中 0.5%（在 235℃）到大约 2.5%（体积） 辛醇/水分配系数的对数值：4.72
环境数据	该物质对水生生物是有毒的
注解	

IPCS
International Programme on Chemical Safety

本卡片由 IPCS 和 EC 合作编写 © 2004～2012

国际化学品安全卡

1,4-二氯苯			ICSC 编号：0037

CAS 登记号：106-46-7	中文名称：1,4-二氯苯；对二氯苯；PDCB
RTECS 号：CZ4550000	
UN 编号：3077	英文名称：1,4-DICHLOROBENZENE; p-Dichlorobenzene; PDCB
EC 编号：602-035-00-2	
中国危险货物编号：3077	
分子量：147	化学式：$C_6H_4Cl_2$

危害/接触类型	急性危害/症状	预防	急救/消防
火 灾	可燃的。在火焰中释放出刺激性或有毒烟雾（或气体）	禁止明火	干粉，雾状水，泡沫，二氧化碳
爆 炸	高于 66℃，可能形成爆炸性蒸气/空气混合物	高于 66℃，使用密闭系统、通风和防爆型电气设备	着火时，喷雾状水保持料桶等冷却
接 触		避免一切接触！	
# 吸入	灼烧感。咳嗽。倦睡。头痛。恶心。气促。呕吐	通风，局部排气通风或呼吸防护	新鲜空气，休息。给予医疗护理
# 皮肤		防护手套	脱去污染的衣服。冲洗，然后用水和肥皂清洗皮肤
# 眼睛	发红。疼痛	安全护目镜或眼睛防护结合呼吸防护	先用大量水冲洗几分钟（如可能尽量摘除隐形眼镜），然后就医
# 食入	腹泻（另见吸入）	工作时不得进食，饮水或吸烟	大量饮水。给予医疗护理

泄漏处置	将泄漏物清扫进容器中。如果适当，首先润湿防止扬尘。小心收集残余物，然后转移到安全场所。不要让该化学品进入环境。个人防护用具：适用于有机气体和蒸气的过滤呼吸器
包装与标志	不得与食品和饲料一起运输。污染海洋物质 欧盟危险性类别：Xn 符号 N 符号 R:36-40-50/53 S:2-36/37-46-60-61 联合国危险性类别：9 联合国包装类别：III 中国危险性类别：第 9 类 杂项危险物质和物品 中国包装类别：III
应急响应	运输应急卡：TEC(R)-90GM7-III 美国消防协会法规：H2（健康危险性）；F2（火灾危险性）；R0（反应危险性）
储存	注意收容灭火产生的废水。与强氧化剂、食品和饲料分开存放。保存在通风良好的室内
重要数据	物理状态、外观：无色至白色晶体，有特殊气味 化学危险性：燃烧时，生成含有氯化氢的有毒和腐蚀性烟雾。与强氧化剂发生反应 职业接触限值：阈限值：10ppm（时间加权平均值）；A3（确认的动物致癌物，但未知与人类相关性）（美国政府工业卫生学家会议，2004 年）。最高容许浓度：皮肤吸收；致癌物类别：2；胚细胞突变物类别：3B（德国，2004 年） 接触途径：该物质可通过吸入和经食入吸收到体内 吸入危险性：20℃时，该物质蒸发相当慢地达到空气中有害污染浓度 短期接触的影响：该物质刺激眼睛和呼吸道。该物质可能对血液有影响，导致溶血性贫血。该物质可能对中枢神经系统有影响。需进行医学观察 长期或反复接触的影响：该物质可能对肝，肾和血液有影响。该物质可能是人类致癌物
物理性质	沸点：174℃ 熔点：53℃ 密度：1.2g/cm^3 水中溶解度：25℃时 80 mg/L 蒸气压：20℃时 170Pa 蒸气相对密度（空气=1）：5.08 蒸气/空气混合物的相对密度（20℃，空气=1）：1.01 闪点：66℃（闭杯） 爆炸极限：空气中 6.2%～16%（体积） 辛醇/水分配系数的对数值：3.37
环境数据	该物质对水生生物是有毒的。该化学品可能在鱼体内发生生物蓄积作用
注解	根据接触程度，建议定期进行医疗检查。不要将工作服带回家中

IPCS
International
Programme on
Chemical Safety

本卡片由 IPCS 和 EC 合作编写 © 2004～2012

国际化学品安全卡

2,4-滴丙酸			ICSC 编号：0038

CAS 登记号：120-36-5
RTECS 号：UF1050000
UN 编号：3077
EC 编号：607-045-00-0
中国危险货物编号：3077
分子量：235.1

中文名称：2,4-滴丙酸；2-(2,4-二氯苯氧基)丙酸

英文名称：DICHLORPROP; 2-(2,4-Dichlorophenoxy)propionic acid; 2,4-DP; Dichloroprop

化学式：$C_9H_8Cl_2O_3C_6H_3Cl_2OCH(CH_3)COOH$

危害/接触类型	急性危害/症状	预防	急救/消防
火 灾	可燃的。含有机溶剂的液体制剂可能是易燃的。在火焰中释放出刺激性或有毒烟雾（或气体）	禁止明火。禁止与高温表面接触	周围环境着火时，使用适当的灭火剂
爆 炸			
接 触		防止粉尘扩散！避免青少年和儿童接触！	
# 吸入	咳嗽。咽喉痛	局部排气通风或呼吸防护	新鲜空气，休息。如果感觉不舒服，需就医
# 皮肤	发红	防护手套	脱去污染的衣服。冲洗，然后用水和肥皂清洗皮肤。如果发生皮肤刺激，给予医疗护理
# 眼睛	发红。疼痛。严重烧伤	安全护目镜，或如为粉末，眼睛防护结合呼吸防护	先用大量水冲洗几分钟（如可能尽量摘除隐形眼镜），然后就医
# 食入	咽喉疼痛。头痛。恶心。呕吐。腹泻	工作时不得进食，饮水或吸烟。进食前洗手	漱口。饮用 1～2 杯水。立即给予医疗护理

泄漏处置	个人防护用具：适用于该物质空气中浓度的颗粒物过滤呼吸器。不要让该化学品进入环境。将泄漏物清扫进可密闭容器中，如果适当，首先润湿防止扬尘。小心收集残余物
包装与标志	不得与食品和饲料一起运输。污染海洋物质 欧盟危险性类别：Xn 符号　R:21/22-38-41　S:2-26-36/37 联合国危险性类别：9　　　　　　　　联合国包装类别：III 中国危险性类别：第 9 类 杂项危险物质和物品　中国包装类别：III GHS 分类：信号词：危险 图形符号：感叹号-腐蚀-健康危险-环境 危险说明：吞咽有害；造成皮肤刺激；造成严重眼睛损伤；长期或反复吞咽可能对肾造成损害；对水生生物毒性非常大并具有长期持续影响
应急响应	
储存	注意收容灭火产生的废水。储存在没有排水管或下水道的场所。与食品和饲料分开存放
重要数据	物理状态、外观：无气味、无色至浅黄色晶体 化学危险性：加热时或燃烧时和与热表面接触时，该物质分解，生成含有光气（化学品安全卡#0007）和氯化氢（化学品安全卡#0163）的有毒和腐蚀性气体。含水溶液是一种弱酸。有水存在时，浸蚀许多金属 职业接触限值：阈限值未制定标准。最高容许浓度未制定标准 接触途径：该物质可经食入吸收到体内 吸入危险性：扩散时，尤其是粉末，可较快地达到空气中颗粒物有害浓度 短期接触的影响：该物质腐蚀眼睛，该物质刺激皮肤 长期或反复接触的影响：该物质可能对肾有影响，导致组织损伤
物理性质	熔点：117～118℃ 相对密度（水=1）：1.4 水中溶解度：不溶 蒸气压：20℃时，可忽略不计 闪点：204℃（开杯） 辛醇/水分配系数的对数值：3.43
环境数据	该物质对水生生物有极高毒性。该物质可能在水生环境中造成长期影响。该物质在正常使用过程中进入环境。但是要特别注意避免任何额外的释放，例如不适当处置产生的释放
注解	可能含有致癌污染物，应当特别注意，避免接触。其他熔点：114℃（原药）。根据接触程度，建议定期进行医学检查。如果该物质用溶剂配制，可参考这些溶剂的卡片。商业制剂中使用的载体溶剂可能改变其物理和毒理学性质

IPCS
International
Programme on
Chemical Safety

   UNEP

本卡片由 IPCS 和 EC 合作编写 © 2004～2012

国际化学品安全卡

二甘醇单乙醚			ICSC 编号：0039

CAS 登记号：111-90-0	中文名称：二甘醇单乙醚；二乙二醇单乙醚；2-(2-乙氧基乙氧基)乙醇；3,6-二氧杂-1-辛醇；DEGEE
RTECS 号：KK8750000	英文名称：DIETHYLENE GLYCOL MONOETHYL ETHER; 2-(2-Ethoxyethoxy) ethanol; 3, 6-Dioxa-1-octanol; DEGEE

分子量：76.5	化学式： C₃H₅Cl/CH₂=CHCH₂Cl

危害/接触类型	急性危害/症状	预防	急救/消防
火　灾	可燃的	禁止明火	干粉，抗溶性泡沫，雾状水，二氧化碳
爆　炸	高于 96℃，可能形成爆炸性蒸气/空气混合物	高于 96℃，使用密闭系统、通风	
接　触			
# 吸入		通风	新鲜空气，休息
# 皮肤	皮肤干燥	防护手套	脱去污染的衣服。用大量水冲洗皮肤或淋浴
# 眼睛	发红	安全眼镜	先用大量水冲洗几分钟（如可能尽量摘除隐形眼镜），然后就医
# 食入		工作时不得进食，饮水或吸烟	漱口
泄漏处置	尽可能将泄漏液收集在可密闭的容器中。用大量水冲净残余物		
包装与标志			
应急响应	美国消防协会法规：H1（健康危险性）；F1（火灾危险性）；R0（反应危险性）		
储存	与强氧化剂分开存放。沿地面通风		
重要数据	物理状态、外观：无色吸湿的液体 化学危险性：与强氧化剂发生反应。该物质可能生成爆炸性过氧化物 职业接触限值：阈限值未制定标准。最高容许浓度未制定标准 吸入危险性：未指明 20℃时该物质蒸发达到空气中有害浓度的速率 短期接触的影响：该物质轻微刺激眼睛 长期或反复接触的影响：液体使皮肤脱脂		
物理性质	沸点：196～202℃ 熔点：-76℃ 相对密度（水=1）：0.99 水中溶解度：易溶 蒸气压：25℃时 19Pa 蒸气相对密度（空气=1）：4.6 蒸气/空气混合物的相对密度（20℃，空气=1）：1.00 闪点：96℃（开杯） 自燃温度：204℃ 辛醇/水分配系数的对数值：-0.15（估计值）		
环境数据			
注解	商品名称有：Poly-solv DE, Dowanal DE, Dioxitol, Carbitol, Carbitol cellosolve 和 Transcutol。此外，可参见卡片#0040（二乙二醇单甲醚）。蒸馏前检验过氧化物，如有，将其去除		

IPCS
International
Programme on
Chemical Safety

UNEP

本卡片由 IPCS 和 EC 合作编写 © 2004～2012

国际化学品安全卡

二乙二醇单甲醚			ICSC 编号：0040

CAS 登记号：111-77-3	中文名称：二乙二醇单甲醚；二甘醇单甲醚；2-(2-甲氧基乙氧基)乙醇；DEGME
RTECS 号：KL6125000	
EC 编号：603-107-00-6	英文名称：DIETHYLENE GLYCOL MONOMETHYL ETHER; 2-(2-Methoxyethoxy)ethanol; DEGME

分子量：120.2　　　　　　　　　化学式：$C_5H_{12}O_3/CH_3O(CH_2)_2O(CH_2)_2OH$

危害/接触类型	急性危害/症状	预防	急救/消防
火 灾	可燃的	禁止明火	干粉，抗溶性泡沫，雾状水，二氧化碳
爆 炸	高于93℃，可能形成爆炸性蒸气/空气混合物	高于93℃，使用密闭系统、通风	
接 触		防止产生烟云！避免孕妇接触！	
# 吸入		通风	新鲜空气，休息
# 皮肤	皮肤干燥	防护手套	脱去污染的衣服。用大量水冲洗皮肤或淋浴
# 眼睛		安全眼镜	先用大量水冲洗几分钟（如可能尽量摘除隐形眼镜），然后就医
# 食入		工作时不得进食，饮水或吸烟	漱口
泄漏处置	尽可能将泄漏液收集在可密闭的容器中。用大量水冲净残余物		
包装与标志	欧盟危险性类别：Xn 符号　　R:63　　S:2-36/37		
应急响应	美国消防协会法规：H1（健康危险性）；F2（火灾危险性）；R0（反应危险性）		
储存	与强氧化剂分开存放。沿地面通风		
重要数据	物理状态、外观：无色液体 化学危险性：该物质可能生成爆炸性过氧化物。与强氧化剂发生反应 职业接触限值：阈限值未制定标准。最高容许浓度未制定标准 接触途径：该物质可通过吸入，经皮肤和食入吸收到体内 吸入危险性：未指明20℃时该物质蒸发达到空气中有害浓度的速率 长期或反复接触的影响：液体使皮肤脱脂。动物实验表明，该物质可能造成人类生殖或发育毒性		
物理性质	沸点：193℃ 相对密度（水=1）：1.04 水中溶解度：易溶 蒸气压：20℃时30Pa 蒸气相对密度（空气=1）：4.1 蒸气/空气混合物的相对密度（20℃，空气=1）：1.001 闪点：93℃（开杯） 自燃温度：215℃ 爆炸极限：空气中1.6%～18.1%（体积） 辛醇/水分配系数的对数值：−1.14/−0.93（计算值）		
环境数据			
注解	商品名称有：Methyl carbitol, Poly-Solv DM, Methyl Digol 和 Dowanol DM。蒸馏前检验过氧化物，如有，将其去除		

IPCS
International
Programme on
Chemical Safety

UNEP

本卡片由 IPCS 和 EC 合作编写 © 2004～2012

国际化学品安全卡

1,4-二噁烷			ICSC 编号：0041

CAS 登记号：123-91-1
RTECS 号：JG8225000
UN 编号：1165
EC 编号：603-024-00-5
中国危险货物编号：1165
分子量：88.1

中文名称：1,4-二噁烷；1,4-二亚乙基二氧化物；二噁烷；对二噁烷

英文名称：1,4-DIOXANE; 1,4-Diethylene dioxide; Dioxane; para-Dioxane

化学式：$C_4H_8O_2$

危害/接触类型	急性危害/症状	预防	急救/消防
火 灾	高度易燃。在火焰中释放出刺激性或有毒烟雾（或气体）	禁止明火，禁止火花和禁止吸烟，禁止与强氧化剂接触，禁止与高温表面接触	干粉，抗溶性泡沫，雾状水，二氧化碳
爆 炸	蒸气/空气混合物有爆炸性。与性质相互抵触的物质接触时有着火和爆炸危险：见化学危险性	密闭系统，通风，防爆型电气设备和照明，防止静电荷积聚（例如，通过接地）。不要使用压缩空气灌装、卸料或转运。使用无火	着火时，喷雾状水保持料桶等冷却
接 触		防止产生烟云！	
# 吸入	咳嗽，咽喉痛，恶心，头晕，头痛，倦睡，呕吐，神志不清，腹部疼痛	通风（如果没有粉末时），局部排气通风或呼吸防护	新鲜空气，休息，立即给予医疗护理
# 皮肤	可能被吸收！	防护手套，防护服	脱去污染的衣服，用大量水冲洗皮肤或淋浴
# 眼睛	发红。疼痛	面罩或眼睛防护结合呼吸防护	用大量水冲洗（如可能尽量摘除隐形眼镜）
# 食入	（另见吸入）	工作时不得进食，饮水或吸烟	漱口，不要催吐，如果感觉不舒服，需就医
泄漏处置	将泄漏液收集在可密闭的气密容器中。用砂土或惰性吸收剂吸收残液，并转移到安全场所。不要冲入下水道。个人防护用具：适应于该物质空气中浓度的有机气体和蒸气过滤呼吸器		
包装与标志	气密。　欧盟危险性类别：F 符号 Xn 符号 标记：D　R:11-19-36/37-40-66　　S:2-9-16-36/37-46 联合国危险性类别：3　　联合国包装类别：II 中国危险性类别：第 3 类 易燃液体 中国包装类别：II GHS 分类：信号词：危险 图形符号：火焰-感叹号-健康危险 危险说明：高度易燃液体和蒸气；造成眼睛刺激；可能导致呼吸刺激；怀疑致癌；吞咽和进入呼吸道可能有害		
应急响应	运输应急卡：TEC(R)-30S1165 or 30GF1-I+II 美国消防协会法规：H2（健康危险性）；F3（火灾危险性）；R1（反应危险性）		
储存	耐火设备（条件）。与强氧化剂、强酸和性质相互抵触的物质分开存放。阴凉场所。干燥。严格密封。保存在暗处。稳定后储存。储存在没有排水管或下水道的场所		
重要数据	物理状态、外观：无色液体，有特殊气味 物理危险性：蒸气比空气重。可能沿地面流动；可能造成远处着火 化学危险性：与空气接触时，该物质能生成爆炸性过氧化物。与氧化剂和强酸发生反应。与某些催化剂发生激烈反应 职业接触限值：阈限值：20ppm（时间加权平均值）（经皮）；A3（确认动物致癌物，但未知与人类相关性）（美国政府工业卫生学家会议，2008 年）。最高容许浓度：20ppm，73mg/m³；最高限值种类：I(2)；皮肤吸收；致癌物类别：4；妊娠风险等级：C（德国，2008 年） 接触途径：该物质可通过吸入其蒸气和经皮肤吸收到体内 吸入危险性：20℃时，该物质蒸发相当快地达到空气中有害污染浓度，但喷洒或扩散时要快得多 短期接触的影响：该物质刺激眼睛和呼吸道。如果吞咽该物质，可能引起呕吐，可能导致吸入性肺炎。高浓度接触时能够造成意识降低 长期或反复接触的影响：液体使皮肤脱脂。该物质可能对中枢神经系统、肾和肝有影响。该物质可能是人类致癌物		
物理性质	沸点：101℃ 熔点：12℃ 相对密度（水=1）：1.03 水中溶解度：混溶 蒸气压：20℃时 3.9kPa 蒸气相对密度（空气=1）：3.0	蒸气/空气混合物的相对密度（20℃，空气=1）：1.08 黏度：在 25℃时 1.17mm²/s 闪点：12℃（闭杯） 自燃温度：180℃ 爆炸极限：空气中 2.0%～22.0%(体积) 辛醇/水分配系数的对数值：-0.27	
环境数据			
注解	蒸馏前检验过氧化物，如有，将其去除。如果呼吸困难和/或发烧，就医		

IPCS
International
Programme on
Chemical Safety

UNEP

本卡片由 IPCS 和 EC 合作编写 © 2004～2012

国际化学品安全卡

CAS 登记号：112-55-0	中文名称：1-十二烷基硫醇；十二烷硫醇；月桂基硫醇
RTECS 号：JR3155000	英文名称：1-DODECANETHIOL; Dodecyl mercaptan; Lauryl mercaptan

分子量：202.4	化学式：C₁₂H₂₅SH

危害/接触类型	急性危害/症状	预防	急救/消防
火 灾	可燃的	禁止明火	干粉，水成膜泡沫，泡沫，二氧化碳
爆 炸	在88℃以上时，可能形成爆炸性蒸气/空气混合物	高于88℃，使用密闭系统、通风	
接 触		严格作业环境管理！	
# 吸入	咳嗽。头痛。恶心。咽喉痛	通风，局部排气通风或呼吸防护	新鲜空气，休息。给予医疗护理
# 皮肤	发红	防护手套。防护服	脱去污染的衣服。用大量水冲洗皮肤或淋浴
# 眼睛	发红。疼痛	安全护目镜，或眼睛防护结合呼吸防护	先用大量水冲洗几分钟（如可能尽量摘除隐形眼镜），然后就医
# 食入	恶心。呕吐。头痛。腹部疼痛。腹泻	工作时不得进食，饮水或吸烟	漱口。大量饮水。给予医疗护理

泄漏处置	尽可能将泄漏液收集在可密闭的容器中。小心收集残余物。个人防护用具：自给式呼吸器
包装与标志	
应急响应	美国消防协会法规：H2（健康危险性）；F1（火灾危险性）；R0（反应危险性）
储存	与强氧化剂分开存放
重要数据	**物理状态、外观：**无色至淡黄色液体，有特殊气味 **化学危险性：**燃烧时，该物质分解生成有毒气体。与强氧化剂发生反应 **职业接触限值：**阈限值：0.1ppm（可吸入粉尘）（时间加权平均值）；致敏剂（美国政府工业卫生学家会议，2004年）。最高容许浓度未制定标准 **吸入危险性：**20℃时，该物质蒸发，迅速达到空气中有害污染浓度 **短期接触的影响：**该物质刺激眼睛、皮肤和呼吸道 **长期或反复接触的影响：**反复或长期接触可能引起皮肤过敏
物理性质	沸点：266～285℃ 熔点：-7～-9℃ 相对密度（水=1）：0.85 水中溶解度：不溶 蒸气压：25℃时0.33kPa 蒸气相对密度（空气=1）：7.0 蒸气/空气混合物的相对密度（20℃，空气=1）：1.02 闪点：88℃（开杯）
环境数据	
注解	不要将工作服带回家中

IPCS
International
Programme on
Chemical Safety

本卡片由 IPCS 和 EC 合作编写 © 2004～2012

国际化学品安全卡

表氯醇			ICSC 编号：0043

| CAS 登记号：106-89-8
RTECS 号：TX4900000
UN 编号：2023
EC 编号：603-026-00-6
中国危险货物编号：2023
分子量：92.5 | 中文名称：表氯醇；环氧氯丙烷；1-氯-2,3-环氧丙烷；γ-氯环氧丙烷；2-
（氯甲基）环氧乙烷；3-氯-1,2-环氧丙烷
英文名称：EPICHLOROHYDRIN; 1-Chloro-2,3-epoxypropane;
gamma-Chloropropylene oxide; 2-(Chloromethyl)oxirane

化学式：C_3H_5ClO |

危害/接触类型	急性危害/症状	预防	急救/消防
火 灾	易燃的。在火焰中释放出刺激性或有毒烟雾（或气体）	禁止明火，禁止火花和禁止吸烟	干粉，雾状水，泡沫，二氧化碳
爆 炸	高于 31℃，可能形成爆炸性蒸气/空气混合物	高于31℃，使用密闭系统、通风和防爆型电气设备	着火时，喷雾状水保持料桶等冷却
接 触		避免一切接触！	一切情况均向医生咨询！
# 吸入	灼烧感，咳嗽，咽喉痛，头痛，呼吸困难，恶心，气促，呕吐，震颤，症状可能推迟显现（见注解）	通风，局部排气通风或呼吸防护	新鲜空气，休息。半直立体位。必要时进行人工呼吸。给予医疗护理
# 皮肤	可能被吸收！发红。严重皮肤烧伤。灼烧感。疼痛。水疱	防护手套。防护服	脱去污染的衣服。用大量水冲洗皮肤或淋浴。给予医疗护理
# 眼睛	疼痛。发红。永久性视力丧失。严重深度烧伤	面罩或眼睛防护结合呼吸防护	先用大量水冲洗几分钟（如可能尽量摘除隐形眼镜），然后就医
# 食入	胃痉挛，咽喉和胸腔灼烧感，腹泻，头痛，恶心，咽喉疼痛，呕吐，休克或虚脱	工作时不得进食，饮水或吸烟。进食前洗手	漱口，不要催吐，大量饮水，休息，给予医疗护理

泄漏处置	撤离危险区域！向专家咨询！将泄漏液收集在可密闭的容器中。用砂土或惰性吸收剂吸收残液，并转移到安全场所。不要让化学品进入环境。化学防护服，包括自给式呼吸器
包装与标志	不易破碎包装，将易破碎包装放在不易破碎的密闭容器中。不得与食品和饲料一起运输 欧盟危险性类别：T 符号 标记：E R:45-10-23/24/25-34-43 S:53-45 联合国危险性类别：6.1 联合国次要危险性：3 联合国包装类别：II 中国危险性类别：第 6.1 项毒性物质 中国次要危险性：3 中国包装类别：II
应急响应	运输应急卡：TEC(R)-61S2023 美国消防协会法规：H3（健康危险性）；F3（火灾危险性）；R2（反应危险性）
储存	耐火设备（条件）。与强氧化剂、酸类、碱类、铝、锌、胺类、食品和饲料分开存放。严格密封
重要数据	物理状态、外观：无色液体，有特殊气味 化学危险性：由于加热或在强酸、碱的作用下，该物质发生聚合。燃烧时，生成氯化氢（见卡片#0163）有毒和腐蚀性烟雾和氯气烟雾（见卡片#0126）。与强氧化剂激烈反应。与铝、锌、醇类、苯酚，胺类（尤其苯胺）和有机酸激烈反应，有着火和爆炸危险。有水存在时浸蚀钢 职业接触限值：阈限值：0.5ppm（时间加权平均值）（经皮）；A3（确认的动物致癌物，但未知与人类相关性）（美国政府工业卫生学家会议，2003 年）。最高容许浓度：皮肤吸收，皮肤致敏剂；致癌物类别：2；胚细胞突变物类别：3B（德国，2003 年） 接触途径：该物质可通过吸入，经皮肤和经食入吸收到体内 吸入危险性：20℃时，该物质蒸发，迅速达到空气中有害污染浓度 短期接触的影响：该物质腐蚀眼睛，皮肤和呼吸道。食入有腐蚀性。吸入蒸气可能引起肺水肿（见注解）。吸入蒸气可能引起类似哮喘反应。该物质可能对中枢神经系统，肾和肝有影响，导致惊厥，肾损伤和肝损害。接触高浓度时，可能导致死亡。影响可能推迟显现。需进行医学观察 长期或反复接触的影响：反复或长期接触可能引起皮肤过敏。该物质可能对肾，肝和肺有影响，导致功能损伤。该物质很可能是人类致癌物。动物实验表明，该物质可能造成人类生殖或发育毒性
物理性质	沸点：116℃ 熔点：-48℃（见注解） 相对密度（水=1）：1.2 水中溶解度：6g/100mL 蒸气压：20℃时 1.6kPa 蒸气相对密度（空气=1）：3.2	蒸气/空气混合物的相对密度（20℃，空气=1）：1.05 闪点：31℃（闭杯） 自燃温度：385℃ 爆炸极限：空气中 3.8%～21%（体积） 辛醇/水分配系数的对数值：0.26
环境数据	该物质对水生生物是有害的
注解	其他熔点：-25.6℃和-57℃。根据接触程度，建议定期进行医疗检查。肺水肿症状常常经过几个小时以后才变得明显，体力劳动使症状加重。因而休息和医学观察是必要的。应当考虑由医生或医生指定的人立即采取适当吸入治疗法。超过接触限值时，气味报警不充分。不要将工作服带回家中

IPCS
International
Programme on
Chemical Safety

  UNEP

本卡片由 IPCS 和 EC 合作编写 © 2004～2012

51

国际化学品安全卡

乙醇（无水）			ICSC 编号：0044

CAS 登记号：64-17-5
RTECS 号：KQ6300000
UN 编号：1170
EC 编号：603-002-00-5
中国危险货物编号：1170
分子量：46.1

中文名称：乙醇（无水）；乙醇

英文名称：ETHANOL (ANHYDROUS); Ethyl alcohol

化学式：CH_3CH_2OH/C_2H_6O

危害/接触类型	急性危害/症状	预防	急救/消防
火 灾	高度易燃	禁止明火、禁止火花和禁止吸烟。禁止与强氧化剂接触	干粉、抗溶性泡沫、大量水、二氧化碳
爆 炸	蒸气/空气混合物有爆炸性	密闭系统、通风、防爆型电气设备和照明。不要使用压缩空气灌装、卸料或转运	着火时，喷雾状水保持料桶等冷却
接 触			
# 吸入	咳嗽，头痛，疲劳，倦睡	通风，局部排气通风或呼吸防护	新鲜空气，休息
# 皮肤	皮肤干燥	防护手套	脱去污染的衣服。冲洗，然后用水和肥皂清洗皮肤
# 眼睛	发红，疼痛，灼烧感	护目镜	先用大量水冲洗几分钟（如可能尽量摘除隐形眼镜），然后就医
# 食入	灼烧感，头痛，意识模糊，头晕，神志不清	工作时不得进食，饮水或吸烟	漱口，给予医疗护理
泄漏处置	通风。移除全部引燃源。尽可能将泄漏液收集在有盖的容器中。用大量水冲净残余物		
包装与标志	欧盟危险性类别：F 符号 R:11 S:2-7-16 联合国危险性类别：3 联合国包装类别：II 中国危险性类别：第 3 类 易燃液体 中国包装类别：II		
应急响应	运输应急卡：TEC(R)-30S1170 美国消防协会法规：H0（健康危险性）；F3（火灾危险性）；R0（反应危险性）		
储存	耐火设备（条件）。与强氧化剂分开存放		
重要数据	**物理状态、外观：** 无色液体，有特殊气味 **物理危险性：** 蒸气与空气充分混合，容易形成爆炸性混合物 **化学危险性：** 与次氯酸钙，氧化银和氨缓慢反应，有着火和爆炸危险。与强氧化剂如硝酸、硝酸银、硝酸汞或氯化镁激反应，有着火和爆炸的危险 **职业接触限值：** 阈限值：1000ppm（时间加权平均值），A4（不能分类为人类致癌物）（美国政府工业卫生学家会议，2004 年）。最高容许浓度：500ppm，960mg/m³；最高限值种类：II（2）；致癌物类别：5；妊娠风险等级：C；胚细胞突变等级：5（德国，2004 年） **接触途径：** 该物质可通过吸入其蒸气和经食入吸收到体内 **吸入危险性：** 20℃时该物质蒸发，相当慢地达到空气中有害污染浓度 **短期接触的影响：** 该物质刺激眼睛。吸入高浓度蒸气可能引起眼睛和呼吸道刺激。该物质可能对中枢神经系统有影响 **长期或反复接触的影响：** 液体使皮肤脱脂。该物质可能对上呼吸道和中枢神经系统有影响，导致刺激、头痛、疲劳和注意力不集中。见注解		
物理性质	沸点：79℃ 熔点：-117℃ 相对密度（水=1）：0.8 水中溶解度：混溶 蒸气压：20℃时 5.8kPa 蒸气相对密度（空气=1）：1.6	蒸气/空气混合物的相对密度（20℃，空气=1）：1.03 闪点：13℃（闭杯） 自燃温度：363℃ 爆炸极限：空气中 3.3%～19%（体积） 辛醇/水分配系数的对数值：-0.32	
环境数据			
注解	怀孕期间饮酒可能对未出生婴儿产生不良影响。长期饮用乙醇可能引起肝硬变。50%水溶液的闪点为24℃		

IPCS
International
Programme on
Chemical Safety

   UNEP

本卡片由 IPCS 和 EC 合作编写 © 2004～2012

国际化学品安全卡

二溴乙烷			ICSC 编号：0045

CAS 登记号：106-93-4
RTECS 号：KH9275000
UN 编号：1605
EC 编号：602-010-00-6
中国危险货物编号：1605
分子量：189.7

中文名称：二溴乙烷；二溴化乙烯；1,2-二溴乙烷

英文名称：ETHYLENE DIBROMIDE; 1,2-Dibromoethane; EDB

化学式：C$_2$H$_4$Br$_2$/Br(CH$_2$)$_2$Br

危害/接触类型	急性危害/症状	预防	急救/消防
火 灾	在特定条件下是可燃的。不可燃。在火焰中释放出刺激性或有毒烟雾（或气体）		周围环境着火时，允许使用各种灭火剂
爆 炸	与金属粉末接触时，有着火和爆炸危险。见化学危险性		
接 触		避免一切接触！	一切情况均向医生咨询！
# 吸入	灼烧感，咳嗽，气促，神志不清	通风，局部排气通风或呼吸防护	新鲜空气，半直立体位。必要时进行人工呼吸
# 皮肤	可能被吸收！发红，疼痛，起水泡	防护手套，防护服	脱去污染的衣服，冲洗，然后用水和肥皂洗皮肤，并给予医疗护理
# 眼睛	疼痛，发红，严重深度烧伤	面罩或眼睛防护结合呼吸防护	先用大量水冲洗数分钟（如果可能尽量摘除隐形眼镜），然后就医
# 食入	胃痉挛，意识模糊，腹泻，头痛（另见吸入）		漱口。不要催吐。给予医疗护理
泄漏处置	撤离危险区域！向专家咨询！尽可能将溢漏液收集于可密闭容器内。用干砂土或惰性吸收剂吸收残液并转移至安全处。不要让该物质进入环境。个人防护用具：全套防护服包括自给式呼吸器		
包装与标志	不得与食品和饲料一起运输 欧盟危险性类别：T 符号 N 符号 标记：E R:45-23/24/25-36/37/38-51/53 S:53-45-61 联合国危险性类别：6.1 联合国包装类别：II 中国危险性类别：第 6.1 项毒性物质 中国包装类别：II		
应急响应	运输应急卡：TEC（R）-61S1605 美国消防协会法规：H3（健康危险性）；F0（火灾危险性）；R0（反应危险性）		
储存	与强氧化剂、强碱和金属粉末、食品和饲料分开存放。干燥。保存在阴暗处。沿地面通风		
重要数据	物理状态、外观：无色液体，有特殊气味 化学危险性：与高温表面或明火接触时，该物质分解生成有毒和腐蚀性气体溴化氢（见卡片#0282）和溴（见卡片#0107）。遇光或受潮湿会缓慢分解，生成腐蚀性的溴化氢（见卡片#0282）。与铝粉或镁粉、金属钠、钾和钙，强碱、强氧化剂激烈反应，有着火和爆炸危险。浸蚀脂肪和某些塑料、涂料 职业接触限值：阈限值：皮肤；A3（确认动物致癌物，但未知与人类相关性）（美国政府工业卫生学家会议，2004 年）。最高容许浓度：皮肤吸收；致癌物类别：2（德国，2004 年） 接触途径：该物质可通过吸入其蒸气、经皮肤和食入吸收进体内 吸入危险性：20℃时该物质蒸发能迅速达到空气中有害污染浓度 短期接触的影响：该物质刺激眼睛、皮肤和呼吸道。该物质可有对中枢神经系统有影响，导致意识降低 长期或反复接触的影响：反复或时间与皮肤接触肺可能受影响，引起支气管炎。该物质可能对肝和肾有影响。该物质很可能是人类致癌物。动物实验表明，该物质可能对人类生殖有毒性影响		
物理性质	沸点：131℃ 熔点：10℃ 相对密度（水=1）：2.2 水中溶解度：微溶 蒸气压：20℃时 1.5kPa 蒸气相对密度（空气=1）：6.5 蒸气/空气混合物的相对密度（20℃，空气=1）：1.08 辛醇/水分配系数的对数值：1.93		
环境数据	该物质可能对环境有危害，对水体应给予特别注意		
注解	根据接触程度，需定期进行医疗检查		

IPCS
International Programme on Chemical Safety

本卡片由 IPCS 和 EC 合作编写 © 2004～2012

国际化学品安全卡

氟			ICSC 编号：0046

CAS 登记号：7782-41-4
RTECS 号：LM6475000
UN 编号：1045
EC 编号：009-001-00-0
中国危险货物编号：1045

中文名称：氟（钢瓶）

英文名称：FLUORINE; (cylinder)

分子量：38.0　　　　　　　　　　　化学式：F_2

危害/接触类型	急性危害/症状	预防	急救/消防
火　灾	不可燃，但可助长其他物质燃烧。许多反应可能引起火灾或爆炸。	禁止与水、可燃物质和还原剂（见化学危险性）接触	禁止用水。周围环境着火时，使用干粉和二氧化碳灭火（见注解）
爆　炸	与许多物质（见化学危险性）接触时，有着火和爆炸危险		着火时，喷雾状水保持钢瓶冷却，但避免该物质与水接触。从掩蔽位置灭火（见注解）
接　触		避免一切接触！	一切情况均向医生咨询！
# 吸入	灼烧感，咳嗽，咽喉痛，气促，呼吸困难。症状可能推迟显现（见注解）	通风，局部排气通风或呼吸防护	新鲜空气，休息。半直立体位，必要时进行人工呼吸，给予医疗护理
# 皮肤	发红，疼痛，皮肤烧伤。与液体接触：冻伤	保温手套，防护服	先用大量水冲洗，然后脱去污染的衣服并再次冲洗。给予医疗护理
# 眼睛	发红，疼痛，严重深度烧伤	面罩，或眼睛防护结合呼吸防护	先用大量水冲洗几分钟（如可能尽量摘除隐形眼镜），然后就医
# 食入			

泄漏处置	撤离危险区域！向专家咨询！通风。气密式化学防护服，包括自给式呼吸器
包装与标志	欧盟危险性类别：T+符号 C 符号　　R:7-26-35　　S:1/2-9-26-36/37/39-45 联合国危险性类别：2.3　　联合国次要危险性：5.1, 8 中国危险性类别：第 2.3 项毒性气体　中国次要危险性：5.1, 8
应急响应	运输应急卡：TEC(R)-20G1TOC 美国消防协会法规：H4（健康危险性）；F0（火灾危险性）；R4（反应危险性）。W（禁止用水）
储存	如果在室内，耐火设备（条件）。阴凉场所
重要数据	物理状态、外观：黄色压缩气体，有刺鼻气味 物理危险性：该气体比空气重 化学危险性：该物质是一种强氧化剂，与可燃物质和还原性物质激烈反应。与水激烈反应，生成臭氧（见卡片#0068）和氟化氢（见卡片#0283）有毒和腐蚀性蒸气。与氢、金属、氧化剂和许多其他物质激烈反应，有着火和爆炸的危险 职业接触限值：阈限值：1ppm（时间加权平均值），2ppm（短期接触限值）（美国政府工业卫生学家会议，2004 年）。最高容许浓度：IIb（未制定标准，但可提供数据）（德国，2005 年） 接触途径：该物质可通过吸入吸收到体内 吸入危险性：容器漏损时，迅速达到空气中该气体的有害浓度 短期接触的影响：该物质严重腐蚀眼睛、皮肤和呼吸道。吸入气体可能引起肺水肿（见注解）。该液体可能引起冻伤。影响可能推迟显现。需进行医学观察
物理性质	沸点：−188℃ 熔点：−219℃ 水中溶解度：反应 蒸气相对密度（空气=1）：1.3
环境数据	
注解	与灭火剂，如水激烈反应。肺水肿症状常常几个小时以后才变得明显，体力劳动使症状加重。因而休息和医学观察是必要的。应当考虑由医生或医生指定的人立即采取适当吸入治疗法。不要向泄漏钢瓶上喷水（防止钢瓶腐蚀）。转动泄漏钢瓶使漏口朝上，防止液态气体逸出

IPCS
International
Programme on
Chemical Safety

UNEP

本卡片由 IPCS 和 EC 合作编写 © 2004～2012

国际化学品安全卡

三氯氟甲烷			ICSC 编号：0047

CAS 登记号：75-69-4
RTECS 号：PB6125000

中文名称：三氯氟甲烷；一氟三氯甲烷；R11

英文名称：TRICHLOROFLUOROMETHANE; Trichloromonofluoromethane; Fluorotrichloromethane; CFC 11; R 11

分子量：137.4　　　　　　　　　　化学式：CCl₃F

危害/接触类型	急性危害/症状	预防	急救/消防
火　灾	不可燃。在火焰中释放出刺激性或有毒烟雾（或气体）		周围环境着火时，允许使用各种灭火剂
爆　炸			着火时，喷雾状水保持料桶等冷却
接　触			
# 吸入	心律失常，意识模糊，倦睡，神志不清	通风，局部排气通风或呼吸防护	新鲜空气，休息。必要时进行人工呼吸，给予医疗护理
# 皮肤	与液体接触：冻伤。皮肤干燥	保温手套	冻伤时，用大量水冲洗，不要脱去衣服。给予医疗护理
# 眼睛	发红，疼痛	护目镜	先用大量水冲洗几分钟（如可能尽量摘除隐形眼镜），然后就医
# 食入		工作时不得进食，饮水或吸烟	
泄漏处置	通风		
包装与标志			
应急响应			
储存	与性质相互抵触的物质分开存放。见化学危险性。阴凉场所		

重要数据	物理状态、外观：无色气体或高挥发性液体，有特殊气味 物理危险性：气体比空气重。蒸气比空气重，可能积聚在低层空间，造成缺氧 化学危险性：与高温表面或火焰接触时，该物质分解生成有毒和腐蚀性气体氯化氢（见卡片#0163）、光气（见卡片#0007）、氟化氢（见卡片#0283）和羰基氟化物（见卡片#0633）。与铝粉、锌粉、镁粉、锂片及钡颗粒发生反应 职业接触限值：阈限值：1000ppm（上限值），A4（不能分类为人类致癌物）（美国政府工业卫生学家会议，2004 年）。最高容许浓度：1000ppm；5700mg/m³；最高限值种类：II（2）；妊娠风险等级：C（德国，2004 年） 接触途径：该物质可通过吸入吸收到体内 吸入危险性：容器漏损时，该液体迅速蒸发，置换空气，在封闭空间中有窒息的严重危险 短期接触的影响：该液体可能引起冻伤。该物质可能对心血管系统和中枢神经系统有影响，导致心脏病和中枢神经系统抑郁。接触能够造成意识降低。见注解 长期或反复接触的影响：液体使皮肤脱脂

物理性质	沸点：24℃ 熔点：-111℃ 相对密度（水=1）：1.49 水中溶解度：20℃时 0.1g/100mL 蒸气压：20℃时 89.0kPa 蒸气相对密度（空气=1）：4.7 蒸气/空气混合物的相对密度（20℃，空气=1）：4.4 辛醇/水分配系数的对数值：2.53

环境数据	该物质可能对环境有危害，对臭氧层的影响应给予特别注意

注解	空气中高浓度造成缺氧，有神志不清或死亡危险。进入工作区域前，检验氧含量。工作接触的任何时刻不应超过职业接触限值。超过接触限值时，气味报警不充分。不要在火焰或高温表面附近或焊接时使用。转动泄漏钢瓶使漏口朝上，防止液态气体逸出。商品名称有 Freon 11, Frigen 11 和 Halon 11

IPCS
International
Programme on
Chemical Safety

UNEP

本卡片由 IPCS 和 EC 合作编写 © 2004～2012

国际化学品安全卡

二氯二氟甲烷氯			ICSC 编号：0048

CAS 登记号：75-71-8	中文名称：二氯二氟甲烷；二氟二氯甲烷；R12；CFC12（钢瓶）
RTECS 号：PA8200000	英文名称：DICHLORODIFLUOROMETHANE; Difluorodichloromethane; R 12; CFC 12; (cylinder)
UN 编号：1028	
中国危险货物编号：1028	

分子量：120.9	化学式：CCl$_2$F$_2$

危害/接触类型	急性危害/症状	预防	急救/消防
火 灾	不可燃。在火焰中释放出刺激性或有毒烟雾（或气体）		周围环境着火时，允许使用各种灭火剂
爆 炸			着火时，喷雾状水保持钢瓶冷却
接 触			
# 吸入	心律失常。意识模糊，倦睡，神志不清	通风，局部排气通风或呼吸防护	新鲜空气，休息。必要时进行人工呼吸，给予医疗护理
# 皮肤	与液体接触：冻伤	保温手套	冻伤时，用大量水冲洗，不要脱去衣服。给予医疗护理
# 眼睛	发红，疼痛	护目镜	先用大量水冲洗几分钟（如可能尽量摘除隐形眼镜），然后就医
# 食入		工作时不得进食，饮水或吸烟	

泄漏处置	通风
包装与标志	特殊绝缘钢瓶 联合国危险性类别：2.2 中国危险性类别：第 2.2 项 非易燃无毒气体
应急响应	运输应急卡：TEC(R)-20G2A
储存	与性质相互抵触的物质（见化学危险性）分开存放。阴凉场所。沿地面通风
重要数据	物理状态、外观：无色压缩液化气体，有特殊气味 物理危险性：气体比空气重，可能积聚在低层空间，造成缺氧 化学危险性：与高温表面或火焰接触时，该物质分解生成有毒和腐蚀性气体氯化氢（见卡片#0163）、光气（见卡片#0007）、氟化氢（见卡片#0283）和羰基氟化物（见卡片#0633）。与金属，如锌和铝粉激烈反应。浸蚀镁及其合金 职业接触限值：阈限值：1000ppm（时间加权平均值），A4（不能分类为人类致癌物）（美国政府工业卫生学家会议，2001 年）。最高容许浓度：1000ppm；5000mg/m³，IV，C（德国，2001 年） 接触途径：该物质可通过吸入吸收到体内。 吸入危险性：容器漏损时，该液体迅速蒸发置换空气，在封闭空间中有窒息的严重危险 短期接触的影响：液体迅速蒸发可能引起冻伤。该物质可能对心血管系统和中枢神经系统有影响，导致心脏病和中枢神经系统抑郁。接触能够造成意识降低。见注解
物理性质	沸点：-30℃ 熔点：-158℃ 相对密度（水=1）：1.5 水中溶解度：20℃时 0.03g/100mL 蒸气压：20℃时 568kPa 蒸气相对密度（空气=1）：4.2 辛醇/水分配系数的对数值：2.16
环境数据	该物质可能对环境有危害，对臭氧层的影响应给予特别注意
注解	空气中高浓度造成缺氧，有神志不清或死亡危险。进入工作区域前，检验氧含量。超过接触限值时，气味报警不充分。不要在火焰或高温表面附近或焊接时使用。转动泄漏钢瓶使漏口朝上，防止液态气体逸出。商品名称有 Freon 12, Frigen 12 和 Halon 122

IPCS International Programme on Chemical Safety			UNEP	

本卡片由 IPCS 和 EC 合作编写 © 2004~2012

国际化学品安全卡

一氯二氟甲烷				ICSC 编号：0049

CAS 登记号：75-45-6	中文名称：一氯二氟甲烷；二氟一氯甲烷；HCFC22；R22（钢瓶）
RTECS 号：PA6390000	英文名称：CHLORODIFLUOROMETHANE; Monochlorodifluoromethane;
UN 编号：1018	Methane, chlorodifluoro-; HCFC 22; R 22; (cylinder)
中国危险货物编号：1018	

分子量：86.5	化学式：CHClF$_2$

危害/接触类型	急性危害/症状	预防	急救/消防
火　灾	在特定情况下是可燃的。在火焰中释放出刺激性或有毒烟雾（或气体）	禁止明火	周围环境着火时，允许使用各种灭火剂
爆　炸			着火时，喷雾状水保持钢瓶冷却
接　触			
# 吸入	心律失常。意识模糊，倦睡，神志不清	通风，局部排气通风或呼吸防护	新鲜空气，休息。必要时进行人工呼吸，给予医疗护理
# 皮肤	与液体接触：冻伤	保温手套	冻伤时，用大量水冲洗，不要脱去衣服，给予医疗护理
# 眼睛	发红，疼痛	护目镜	先用大量水冲洗几分钟（如可能尽量摘除隐形眼镜），然后就医
# 食入		工作时不得进食，饮水或吸烟	

泄漏处置	通风
包装与标志	特殊绝缘钢瓶 联合国危险性类别：2.2 中国危险性类别：第 2.2 项　非易燃无毒气体
应急响应	运输应急卡：TEC(R)-20G2A
储存	耐火设备（条件）。阴凉场所。沿地面通风
重要数据	**物理状态、外观：**无色压缩液化气体 **物理危险性：**气体比空气重，可能积聚在低层空间，造成缺氧 **化学危险性：**与高温表面或火焰接触时，该物质分解生成有毒和腐蚀性气体氯化氢（见卡片#0163）、光气（见卡片#0007）、氟化氢（见卡片#0283）和羰基氟化物（见卡片#0633）。浸蚀镁及其合金。 **职业接触限值：**阈限值：1000ppm（时间加权平均值），A4（不能分类为人类致癌物）（美国政府工业卫生学家会议，2001 年）。最高容许浓度：500ppm，1800mg/m^3，IV，C（德国，2001 年） **接触途径：**该物质可通过吸入吸收到体内 **吸入危险性：**容器漏损时，由于降低封闭空间中的氧含量能够造成缺氧。 **短期接触的影响：**液体迅速蒸发，可能引起冻伤。该物质可能对心血管系统和中枢神经系统有影响，导致心脏病和中枢神经系统抑郁。接触能够造成意识降低。见注解
物理性质	沸点：-41℃ 熔点：-146℃ 相对密度（水=1）：1.21 水中溶解度：25℃时 0.3g/100mL 蒸气压：20℃时 908kPa 蒸气相对密度（空气=1）：3.0 自燃温度：632℃ 辛醇/水分配系数的对数值：1.08
环境数据	该物质可能对环境有危害，对臭氧层的影响应给予特别注意
注解	空气中高浓度造成缺氧，有神志不清或死亡危险。进入工作区域前，检验氧含量。超过接触限值时，气味报警不充分。不要在火焰或高温表面附近或焊接时使用。转动泄漏钢瓶使漏口朝上，防止液态气体逸出。商品名称有 Freon 22, Frigen 22 和 Halon 22

IPCS
International
Programme on
Chemical Safety

UNEP

本卡片由 IPCS 和 EC 合作编写 © 2004～2012

国际化学品安全卡

1,2,2-三氟-1,1,2-三氯乙烷			ICSC 编号：0050

CAS 登记号：76-13-1
RTECS 号：KJ4000000

中文名称：1,2,2-三氟-1,1,2-三氯乙烷；三氟三氯乙烷；CFC113；R113
英文名称：1,1,2-TRICHLORO-1,2,2-TRIFLUOROETHANE；
Trichlorotrifluoroethane；CFC113；R113

分子量：187.4

化学式：C₂Cl₃F₃/Cl₂FCCClF₂

化学式：$C_2Cl_3F_3/Cl_2FCCClF_2$

危害/接触类型	急性危害/症状	预防	急救/消防
火 灾	在特定情况下是可燃的。在火焰中释放出刺激性或有毒烟雾（或气体）	禁止明火	周围环境着火时，允许使用各种灭火剂
爆 炸			着火时，喷雾状水保持料桶等冷却
接 触			
# 吸入	心律失常，意识模糊，倦睡，神志不清	通风，局部排气通风或呼吸防护	新鲜空气，休息。必要时进行人工呼吸，给予医疗护理
# 皮肤	发红	防护手套	脱去污染的衣服，用大量水冲洗皮肤或淋浴，给予医疗护理
# 眼睛	发红，疼痛	护目镜	先用大量水冲洗几分钟（如可能尽量摘除隐形眼镜），然后就医
# 食入		工作时不得进食，饮水或吸烟	漱口，给予医疗护理

泄漏处置	尽可能将泄漏液收集在可密闭的容器中。用砂土或惰性吸收剂吸收残液，并转移到安全场所。不要让该化学品进入环境。个人防护用具：自给式呼吸器
包装与标志	
应急响应	
储存	与金属与合金分开存放。见化学危险性。阴凉场所。沿地面通风
重要数据	物理状态、外观：无色挥发性液体，有特殊气味 物理危险性：蒸气比空气重，可能积聚在低层空间，造成缺氧 化学危险性：与高温表面或火焰接触时，该物质分解生成有毒和腐蚀性气体氯化氢（见卡片#0163）、光气（见卡片#0007）、氟化氢（见卡片#0283）和羰基氟化物（见卡片#0633）。与金属粉末激烈反应，有着火和爆炸的危险。浸蚀镁及其合金 职业接触限值：阈限值：1000ppm（时间加权平均值），1250ppm（短期接触限值）；A4（不能分类为人类致癌物）（美国政府工业卫生学家会议，2004年）。最高容许浓度：500ppm；3900mg/m³；最高限值种类：II（2）；妊娠风险等级：IIc（德国，2004年） 接触途径：该物质可通过吸入和经食入吸收到体内 吸入危险性：容器漏损时，液体迅速蒸发，置换空气并造成封闭空间有窒息的严重危险 短期接触的影响：该物质刺激眼睛。该物质可能对心血管系统和中枢神经系统有影响，导致心脏病和中枢神经系统抑郁。接触能够造成意识降低。见注解 长期或反复接触的影响：反复或长期与皮肤接触可能引起皮炎
物理性质	沸点：48℃ 熔点：−36℃ 相对密度（水=1）：1.56 水中溶解度：20℃时 0.02g/100mL 蒸气压：20℃时 36kPa 蒸气相对密度（空气=1）：6.5 蒸气/空气混合物的相对密度（20℃，空气=1）：3.0 自燃温度：680℃ 辛醇/水分配系数的对数值：3.30
环境数据	该物质对水生生物是有毒的。该物质可能对环境有危害，对臭氧层的影响应给予特别注意
注解	空气中高浓度造成缺氧，有神志不清或死亡危险。进入工作区域前，检验氧含量。超过接触限值时，气味报警不充分。不要在火焰或热表面附近或焊接时使用。商品名称有 Freon 113, Frigen 113 和 Halon 113

IPCS
International
Programme on
Chemical Safety

UNEP

本卡片由 IPCS 和 EC 合作编写 © 2004～2012

国际化学品安全卡

六氯乙烷			ICSC 编号：0051

CAS 登记号：67-72-1
RTECS 号：KI4025000
UN 编号：3077（未另列明的）
中国危险货物编号：3077（未另列明的）

中文名称：六氯乙烷；全氯乙烷；六氯化碳
英文名称：HEXACHLOROETHANE; Perchloroethane; Carbon hexachloride

分子量：236.7　　　　　　　　　　化学式：C_2Cl_6/Cl_3CCCl_3

危害/接触类型	急性危害/症状	预防	急救/消防
火　灾	不可燃。在火焰中释放出刺激性或有毒烟雾（或气体）		周围环境着火时，使用适当的灭火剂
爆　炸			着火时，喷雾状水保持料桶等冷却
接　触		防止粉尘扩散！防止产生烟云！	
# 吸入	咳嗽	局部排气通风或呼吸防护	新鲜空气，休息
# 皮肤		防护手套	脱去污染的衣服。冲洗，然后用水和肥皂清洗皮肤
# 眼睛	发红	安全护目镜	先用大量水冲洗几分钟(如可能尽量摘除隐形眼镜)，然后就医
# 食入		工作时不得进食，饮水或吸烟	漱口。给予医疗护理

泄漏处置	不要让该化学品进入环境。将泄漏物清扫进有盖的容器中。小心收集残余物，然后转移到安全场所。个人防护用具：适应于该物质空气中浓度的颗粒物过滤呼吸器
包装与标志	联合国危险性类别：9　　　　　联合国包装类别：III 中国危险性类别：第9类 杂项危险物质和物品　中国包装类别：III GHS 分类：信号词：危险　图形符号：健康危险-环境-感叹号　危险说明：吞咽有害；可能引起昏昏欲睡或眩晕；长期或反复接触，对中枢神经系统、肾和肝造成损害；对水生生物毒性非常大
应急响应	
储存	与强氧化剂、碱金属、食品和饲料分开存放。见化学危险性。储存在没有排水管或下水道的场所。注意收容灭火产生的废水
重要数据	物理状态、外观：无色晶体，有特殊气味 化学危险性：加热时高于300℃时，该物质分解生成光气（见卡片#0007）和氯化氢（见卡片#0163）的有毒和腐蚀性烟雾。与锌、铝粉末和钠发生反应。与碱金属、强氧化剂发生剧烈反应 职业接触限值：阈限值：1ppm（经皮）；A3（确认的动物致癌物，但未知与人类相关性）（美国政府工业卫生学家会议，2010 年）。最高容许浓度：1ppm，$9.8mg/m^3$；最高限值种类：II（2）（德国，2010 年） 接触途径：该物质可经食入吸收到体内 吸入危险性：扩散时，可较快地达到空气中颗粒物有害浓度 短期接触的影响：该蒸气刺激眼睛 长期或反复接触的影响：该物质可能对肝脏和肾脏有影响。该物质可能对中枢神经系统有影响，导致共济失调和震颤。在实验动物身上发现肿瘤，但是可能与人类无关
物理性质	沸点：183～185℃ 相对密度（水=1）：2.1 水中溶解度：不溶 蒸气压：20℃时53Pa 蒸气相对密度（空气=1）：8.2 蒸气/空气混合物的相对密度（20℃，空气=1）：1.0 辛醇/水分配系数的对数值：3.9
环境数据	该物质对水生生物有极高毒性。该物质可能在水生环境中造成长期影响
注解	饮用含酒精饮料增进有害影响。超过接触限值时，气味报警不充分。不要在火焰或高温表面附近或焊接时使用

IPCS
International
Programme on
Chemical Safety

本卡片由 IPCS 和 EC 合作编写 © 2004～2012

国际化学品安全卡

铅			ICSC 编号：0052

CAS 登记号：7439-92-1	中文名称：铅；铅金属；铅粉
RTECS 号：OF7525000	英文名称：LEAD; Lead metal; Plumbum; (powder)

分子量：207.2	化学式：Pb

危害/接触类型	急性危害/症状	预防	急救/消防
火 灾	不可燃。在火焰中释放出刺激性或有毒烟雾（或气体）		周围环境着火时，使用适当的灭火剂
爆 炸	微细分散的颗粒物在空气中形成爆炸性混合物	防止粉尘沉积。密闭系统。防止粉尘爆炸型电气设备和照明	
接 触		防止粉尘扩散！避免孕妇接触！	
# 吸入	见长期或反复接触的影响	局部排气通风或呼吸防护	新鲜空气，休息
# 皮肤		防护手套	脱去污染的衣服。冲洗，然后用水和肥皂清洗皮肤
# 眼睛		安全护目镜	先用大量水冲洗几分钟（如可能尽量摘除隐形眼镜），然后就医
# 食入	腹部疼痛。恶心。呕吐	工作时不得进食，饮水或吸烟。进食前洗手	漱口。大量饮水。给予医疗护理
泄漏处置	将泄漏物清扫进容器中。如果适当，首先润湿防止扬尘。小心收集残余物，然后转移到安全场所。不要让该化学品进入环境。个人防护用具：适用于有毒颗粒物的 P3 过滤呼吸器		
包装与标志			
应急响应	运输应急卡：TEC(R)-51S1872		
储存	与食品与饲料、性质相互抵触的物质分开存放。见化学危险性		
重要数据	**物理状态、外观**：浅蓝白色或银灰色各种形态固体。遇空气时失去光泽 **物理危险性**：以粉末或颗粒形状与空气混合，可能发生粉尘爆炸 **化学危险性**：加热时，生成有毒烟雾。与氧化剂发生反应。与热浓硝酸，沸腾浓盐酸和硫酸发生反应。有氧存在时，受纯净水和弱有机酸浸蚀 **职业接触限值**：阈限值：$0.05mg/m^3$（时间加权平均值）；A3（确认动物致癌物，但未知与人类相关性）；公布生物暴露指数（美国政府工业卫生学家会议，2004 年）。最高容许浓度：致癌物类别：3B;胚细胞突变等级：3A（德国，2004 年）欧盟职业接触限值：$0.15mg/m^3$（时间加权平均值）（欧盟，2002 年） **接触途径**：该物质可通过吸入和食入吸收到体内 **吸入危险性**：扩散时可较快达到空气中颗粒物有害浓度，尤其是粉末 **长期或反复接触的影响**：该物质可能对血液、骨髓、中枢神经系统、末梢神经系统和肾有影响，导致贫血、脑病（如惊厥）、末梢神经病，胃痉挛和肾损伤。造成人类生殖或发育毒性		
物理性质	沸点：1740℃ 熔点：327.5℃ 密度：$11.34g/cm^3$ 水中溶解度：不溶		
环境数据	该化学品可能在植物和哺乳动物中发生生物蓄积。强烈建议不要让该化学品进入环境		
注解	根据接触程度，建议定期进行医疗检查。不要将工作服带回家中		

IPCS
International
Programme on
Chemical Safety

本卡片由 **IPCS** 和 **EC** 合作编写 © 2004～2012

国际化学品安全卡

林丹			ICSC 编号：0053

CAS 登记号：58-89-9
RTECS 号：GV4900000
UN 编号：2761
EC 编号：602-043-00-6
中国危险货物编号：2761
分子量：290.8

中文名称：林丹；γ-1,2,3,4,5,6-六氯环己烷；γ-六六六

英文名称：LINDANE; gamma-1,2,3,4,5,6-Hexachlorocyclohexane; gamma-BHC; gamma-HCH

化学式：$C_6H_6Cl_6$

危害/接触类型	急性危害/症状	预防	急救/消防
火 灾	不可燃。含有机溶剂的液体制剂可能是易燃的。在火焰中释放出刺激性或有毒烟雾（或气体）		周围环境着火时，使用适当的灭火剂
爆 炸	如果制剂中含有易燃/爆炸性溶剂，有着火和爆炸危险		着火时，喷雾状水保持料桶等冷却
接 触		避免一切接触！避免哺乳妇女接触！	
# 吸入	咳嗽。咽喉痛（另见食入）	避免吸入粉尘	新鲜空气，休息。给予医疗护理
# 皮肤	可能被吸收！	防护手套。防护服	急救时戴防护手套。脱去污染的衣服。冲洗，然后用水和肥皂清洗皮肤。给予医疗护理
# 眼睛	发红	面罩，或眼睛防护结合呼吸防护	先用大量水冲洗几分钟（如可能尽量摘除隐形眼镜），然后就医
# 食入	恶心。呕吐。腹泻。头痛。头晕。震颤。惊厥。	工作时不得进食，饮水或吸烟。进食前洗手	漱口。用水冲服活性炭浆，但是如果发生惊厥则不可行。立即给予医疗护理

泄漏处置	将泄漏物清扫进可密闭的非金属容器中，如果适当，首先润湿防止扬尘。小心收集残余物，然后转移到安全场所。不要让该化学品进入环境。个人防护用具：适应于该物质空气中浓度的有机气体和颗粒物过滤呼吸器。化学防护服包括自给式呼吸器、防护手套
包装与标志	不得与食品和饲料一起运输。　　　　欧盟危险性类别：T 符号 N 符号 标记：C R:20/21-25-48/22-64-50/53　　S:1/2-36/37-45-60-61 **联合国危险性类别**：6.1　　**联合国包装类别**：III **中国危险性类别**：第 6.1 项 毒性物质 **中国包装类别**：III **GHS 分类**：信号词：危险 图形符号：骷髅和交叉骨-健康危险-环境 危险说明：吞咽会中毒；皮肤接触会中毒；吸入粉尘有害；怀疑致癌；可能对母乳喂养的孩子造成伤害；对中枢神经系统造成损害；长期或反复接触可能对神经系统、骨髓和肝脏造成损害；对水生生物毒性非常大并具有长期持续影响
应急响应	
储存	严格密封。储存在没有排水管或下水道的场所。注意收容灭火产生的废水。与碱、金属、食品和饲料分开存放
重要数据	**物理状态、外观**：白色晶体粉末 **化学危险性**：与高温表面或火焰接触，该物质分解生成含有氯、氯化氢和光气(见卡片#0007、#0126和#0163)的有毒和腐蚀性烟雾。与碱发生反应，生成三氯苯；与金属粉末反应 **职业接触限值**：阈限值：$0.5mg/m^3$(时间加权平均值)(经皮)；A3(确认的动物致癌物，但未知与人类相关性)(美国政府工业卫生学家会议，2009 年)。最高容许浓度：$0.1mg/m^3$(以上呼吸道可吸入部分计)；最高限值种类：II(8)；皮肤吸收；致癌物类别：4；妊娠风险等级：C；发布生物容许值(德国，2009 年) **接触途径**：该物质可通过吸入其气溶胶、经皮肤和经食入吸收到体内 **吸入危险性**：扩散时，可较快地达到空气中颗粒物有害浓度 **短期接触的影响**：该物质可能对中枢神经系统有影响，导致惊厥。接触可能导致死亡。需进行医学观察 **长期或反复接触的影响**：该物质可能对神经系统、骨髓和肝脏有影响。在实验动物身上发现肿瘤，但是可能与人类无关。动物实验表明，该物质可能造成人类生殖或发育毒性
物理性质	沸点：323℃　　熔点：113℃　　密度：$1.9g/cm^3$ 水中溶解度：20℃时 0.0007g/100mL(难溶) 蒸气压：20℃时 0.0012Pa　　蒸气/空气混合物的相对密度（20℃，空气=1）：1 辛醇/水分配系数的对数值：3.61～3.72
环境数据	该物质对水生生物有极高毒性。该化学品可能沿食物链，例如在鱼体内和在海产食品中发生生物蓄积。该物质可能在水生环境中造成长期影响。该物质在正常使用过程中进入环境。但是要特别注意避免任何额外的释放，例如通过不适当处置活动
注解	根据接触程度，建议定期进行医学检查。商业制剂中使用的载体溶剂可能改变其物理和毒理学性质。不要将工作服带回家中。不要在火焰或高温表面附近或焊接时使用。另见国际化学品安全卡：#0487 六六六(混合异构体)，#0795 α-六六六，#0796 β-六六六

IPCS
International
Programme on
Chemical Safety

UNEP

本卡片由 IPCS 和 EC 合作编写 © 2004～2012

国际化学品安全卡

				ICSC 编号：0054

2 甲 4 氯

CAS 登记号：94-74-6
RTECS 号：AG1575000
UN 编号：3077
EC 编号：607-051-00-3
中国危险货物编号：3077

中文名称：2 甲 4 氯；4-氯-2-甲基苯基乙酸；4-氯邻甲苯氧基乙酸；2-甲基-4-氯苯基乙酸
英文名称：MCPA; 4-Chloro-2-methylphenoxyacetic acid; 4-Chloro-o-tolyloxyacetic acid; 2-Methyl-4-chlorophenoxyacetic acid

分子量：200.6　　　　　　　　化学式：$C_9H_9ClO_3$

危害/接触类型	急性危害/症状	预防	急救/消防
火　灾	不可燃。含有机溶剂的液体制剂可能是易燃的。在火焰中释放出刺激性或有毒烟雾（或气体）		周围环境着火时，使用适当的灭火剂
爆　炸	如果制剂中含有易燃/爆炸性溶剂，有着火和爆炸的危险		
接　触		防止粉尘扩散！	
# 吸入	咳嗽。咽喉痛。头痛。恶心	局部排气通风或呼吸防护	新鲜空气，休息。给予医疗护理
# 皮肤	发红。疼痛	防护手套。防护服	脱去污染的衣服。冲洗，然后用水和肥皂清洗皮肤。给予医疗护理
# 眼睛	发红。疼痛。烧伤。视力模糊	安全护目镜，或如为粉末，眼睛防护结合呼吸防护	用大量水冲洗（如可能尽量摘除隐形眼镜）。立即给予医疗护理
# 食入	咽喉和胸腔有灼烧感。腹部疼痛。恶心。腹泻。神志不清。呕吐。虚弱。休克或虚脱	工作时不得进食，饮水或吸烟。进食前洗手	漱口。饮用 1～2 杯水。立即给予医疗护理

泄漏处置	将泄漏物清扫进可密闭容器中，如果适当，首先润湿防止扬尘。小心收集残余物，然后转移到安全场所。不要让该化学品进入环境。个人防护用具：适应于该物质空气中浓度的有机气体和颗粒物过滤呼吸器
包装与标志	不得与食品和饲料一起运输 欧盟危险性类别：Xn 符号 N 符号　　R:22-38-41-50/53　　S:2-26-37-39-60-61 联合国危险性类别：9　　　　　　　　联合国包装类别：III 中国危险性类别：第 9 类 杂项危险物质和物品 中国包装类别：III GHS 分类：信号词：危险 图形符号：腐蚀-感叹号-环境 危险说明：吞咽有害；吸入粉尘有害；造成皮肤刺激；造成严重眼睛损伤；可能造成呼吸刺激作用；对水生生物毒性非常大并具有长期持续影响
应急响应	
储存	注意收容灭火产生的废水。与强碱、食品和饲料分开存放。储存在没有排水管或下水道的场所。阴凉场所
重要数据	物理状态、外观：白色晶体粉末，有特殊气味 化学危险性：加热时该物质分解，生成含有氯化氢和光气的有毒和腐蚀性烟雾。该物质是一种弱酸。有水存在时，浸蚀许多金属 职业接触限值：阈限值未制定标准。最高容许浓度未制定标准 接触途径：该物质可通过吸入其气溶胶、经皮肤和经食入吸收到体内 吸入危险性：20℃时蒸发可忽略不计，但喷洒或扩散时，尤其是粉末可较快地达到空气中颗粒物有害浓度 短期接触的影响：该物质刺激皮肤和呼吸道。该物质腐蚀眼睛。大量食入时，该物质可能对神经系统和心脏有影响
物理性质	熔点：113～119℃ 相对密度（水=1）：1.3 水中溶解度：不溶 蒸气压：20℃时可忽略不计 辛醇/水分配系数的对数值：2.8
环境数据	该物质对水生生物有极高毒性。该物质在正常使用过程中进入环境。但是要特别注意避免任何额外的释放，例如通过不适当处置活动
注解	2 甲 4 氯是氯苯氧基除草剂，已被分类为可能人类致癌物。根据接触程度，建议定期进行医学检查。商业制剂中使用的载体溶剂可能改变其物理和毒理学性质

IPCS
International
Programme on
Chemical Safety

本卡片由 IPCS 和 EC 合作编写 © 2004～2012

国际化学品安全卡

2甲4氯丙酸			ICSC 编号：0055

CAS 登记号：93-65-2	中文名称：2甲4氯丙酸；2-(4-氯邻甲苯基氧基)丙酸；2-（4-氯-2-甲基苯
RTECS 号：UE9750000	氧基）丙酸；MCPP
UN 编号：2765	英文名称：MECOPROP; 2-(4-Chloro-o-tolyloxy) propionic acid;
EC 编号：607-049-00-2	2-(4-Chloro-2-methylphenoxy) propanoic acid; MCPP
中国危险货物编号：2765	

分子量：214.7	化学式：$C_{10}H_{11}ClO_3$/ $ClC_6H_3(CH_3)OCH(CH_3)COOH$

危害/接触类型	急性危害/症状	预防	急救/消防
火 灾	不可燃。含有机溶剂的液体制剂可能是易燃的。在火焰中释放出刺激性或有毒烟雾（或气体）		周围环境着火时，使用适当的灭火剂
爆 炸			
接 触		严格作业环境管理！	
# 吸入	灼烧感，咳嗽，恶心	局部排气通风或呼吸防护	新鲜空气，休息。给予医疗护理
# 皮肤	发红	防护手套	脱去污染的衣服。冲洗，然后用水和肥皂清洗皮肤
# 眼睛	发红。疼痛	安全护目镜	先用大量水冲洗数分钟（如果可能尽量摘除隐形眼镜），然后就医
# 食入	腹部疼痛。头痛。恶心。呕吐。虚弱。神志不清	工作时不得进食、饮水或吸烟。进食前洗手	漱口。用水冲服活性炭浆。给予医疗护理
泄漏处置	将泄漏物扫入有盖的塑料容器中。如果适当，首先润湿防止扬尘。小心收集残余物，然后转移至安全处。个人防护用具：适用于的有害颗粒物的 P2 过滤呼吸器		
包装与标志	不得与食品和饲料一起运输 欧盟危险性类别：Xn 符号 R:22-38-41-50/53 S:2-13-26-37/39-60-61 联合国危险性类别：6.1 联合国包装类别：III 中国危险性类别：第 6.1 项毒性物质 中国包装类别：III		
应急响应	运输应急卡：TEC（R）-61GT7-III		
储存	储存在没有排水管或下水道的场所。与食物和饲料分开存放		
重要数据	物理状态、外观：无色至棕色晶体粉末 化学危险性：加热时，该物质分解生成含有氯化氢有毒烟雾。水溶液是一种弱酸。潮气存在时，浸蚀某些涂层和金属 职业接触限值：阈限值未制定标准。最高容许浓度未制定标准 接触途径：该物质可通过吸入其气溶胶、经皮肤及食入吸收进体内 吸入危险性：喷洒和扩散时能较快达到空气中颗粒物有害浓度，尤其是粉末 短期接触的影响：该物质刺激眼睛，皮肤和呼吸道 长期或反复接触的影响：见注解		
物理性质	沸点：94℃ 密度：1.28g/cm³ 水中溶解度：25℃时 0.07g/100mL 蒸气压：22.5℃时 0.08Pa 辛醇/水分配系数的对数值：1.17		
环境数据	该物质对水生生物是有害的。该物质在正常使用过程中进入环境，但是要特别注意避免任何额外的释放，例如通过不适当处置活动		
注解	2甲4氯丙酸是一种氯苯氧基除草剂。作为一类物质已被国际癌症研究机构（IARC）划定为可能是人类致癌物，但是该物质的数据是非结论性的。商业制剂中使用的载体溶剂可能改变其物理和毒理学性质。其他 CAS 编号 7085-19-0		

IPCS
International
Programme on
Chemical Safety

国际化学品安全卡

汞		ICSC 编号：0056

CAS 登记号：7439-97-6 中文名称：汞；水银

RTECS 号：OV4550000

UN 编号：2809 英文名称：MERCURY; Quicksilver; Liquid silver

EC 编号：080-001-00-0

中国危险货物编号：2809

化学式：Hg

危害/接触类型	急性危害/症状	预防	急救/消防
火 灾	不可燃。在火焰中释放出刺激性或有毒烟雾（或气体）		周围环境着火时，使用适当的灭火剂
爆 炸	有着火和爆炸危险		着火时，喷雾状水保持料桶等冷却
接 触		严格作业环境管理！避免孕妇接触！避免青少年和儿童接触！	一切情况均向医生咨询！
# 吸入	腹部疼痛。咳嗽。腹泻。气促。呕吐。发烧或体温升高	局部排气通风或呼吸防护	新鲜空气，休息。必要时进行人工呼吸。给予医疗护理
# 皮肤	可能被吸收！发红	防护手套。防护服	脱去污染的衣服。冲洗，然后用水和肥皂清洗皮肤。给予医疗护理
# 眼睛		面罩，或眼睛防护结合呼吸防护	先用大量水冲洗几分钟（如可能尽量摘除隐形眼镜），然后就医
# 食入		工作时不得进食，饮水或吸烟。进食前洗手。	给予医疗护理

泄漏处置	大量泄漏时，撤离危险区域！向专家咨询！通风。尽可能将泄漏液收集在可密闭的非金属容器中。不要冲入下水道。不要让该化学品进入环境。化学防护服，包括自给式呼吸器
包装与标志	专用材料。不得与食品和饲料一起运输 欧盟危险性类别：T 符号 N 符号 R:23-33-50/53 S:1/2-7-45-60-61 联合国危险性类别：8 联合国包装类别：III 中国危险性类别：第 8 类 腐蚀性物质 中国包装类别：III
应急响应	运输应急卡：TEC(R)-80GC9-II+III
储存	注意收容灭火产生的废水。与食品和饲料分开存放。严格密封
重要数据	物理状态、外观：银色沉重、可流动的液态金属，无气味 化学危险性：加热时，生成有毒烟雾。与氨和卤素激烈反应，有着火和爆炸危险。浸蚀铝和许多其他金属，生成汞齐 职业接触限值：阈限值：0.025mg/m³（时间加权平均值）（经皮），A4（不能分类为人类致癌物）；公布生物暴露指数（美国政府工业卫生学家会议，2004 年）。最高容许浓度：0.1mg/m³，皮肤致敏剂；最高限值种类：II（8）；致癌物类别：3B（德国，2003 年） 接触途径：该物质可通过吸入其蒸气和经皮肤（还可作为蒸气！）吸收到体内 吸入危险性：20℃时，该物质蒸发，迅速达到空气中有害污染浓度 短期接触的影响：该物质刺激皮肤。吸入蒸气可能引起肺炎。该物质可能对中枢神经系统和肾有影响。影响可能推迟显现。需进行医疗观察 长期或反复接触的影响：该物质可能对中枢神经系统和肾有影响，导致易怒、情绪不稳、震颤、心理和记忆障碍以及言语障碍。可能引起牙龈炎和变色。有累积影响的危险。动物实验表明，该物质可能造成人类生殖或发育毒性
物理性质	沸点：357℃ 熔点：−39℃ 相对密度（水=1）：13.5 水中溶解度：不溶 蒸气压：20℃时 0.26Pa 蒸气相对密度（空气=1）：6.93 蒸气/空气混合物的相对密度（20℃，空气=1）：1.009
环境数据	该物质对水生生物有极高毒性。该化学品可能在鱼体内发生生物蓄积
注解	根据接触程度，建议定期进行医疗检查。中毒浓度时无气味报警。不要将工作服带回家中

IPCS
International
Programme on
Chemical Safety

本卡片由 IPCS 和 EC 合作编写 © 2004～2012

国际化学品安全卡

甲醇			ICSC 编号：0057

CAS 登记号：67-56-1
RTECS 号：PC1400000
UN 编号：1230
EC 编号：603-001-00-X
中国危险货物编号：1230
分子量：32

中文名称：甲醇；木醇

英文名称：METHANOL; Methyl alcohol; Carbinol; Wood alcohol

化学式：CH₄O/CH₃OH

危害/接触类型	急性危害/症状	预防	急救/消防
火 灾	高度易燃。见注解	禁止明火、禁止火花和禁止吸烟。禁止与氧化剂接触	干粉、抗溶性泡沫、大量水、二氧化碳
爆 炸	蒸气/空气混合物有爆炸性	密闭系统、通风、防爆型电气设备和照明。不要使用压缩空气灌装、卸料或转运。使用无火花手工具	着火时，喷雾状水保持料桶等冷却
接 触		避免青少年和儿童接触！	
# 吸入	咳嗽，头晕，头痛，恶心，虚弱，视力障碍	通风，局部排气通风或呼吸防护	新鲜空气，休息，给予医疗护理
# 皮肤	可能被吸收！皮肤干燥，发红	防护手套，防护服	脱去污染的衣服，用大量水冲洗皮肤或淋浴，给予医疗护理
# 眼睛	发红，疼痛	护目镜或眼睛防护结合呼吸防护	先用大量水冲洗几分钟(如可能易行，摘除隐形眼镜)，然后就医
# 食入	腹部疼痛，气促，呕吐，惊厥，神志不清。（另见吸入）	工作时不得进食，饮水或吸烟。进食前洗手	催吐（仅对清醒病人！），给予医疗护理
泄漏处置	撤离危险区域！通风。将泄漏液收集在可密闭的容器中。用大量水冲净残余物。喷洒雾状水去除蒸气。化学防护服包括自给式呼吸器		
包装与标志	不得与食品和饲料一起运输 欧盟危险性类别：F 符号 T 符号 R:11-23/24/25-39/23/24/25 S:1/2-7-16-36/37-45 联合国危险性类别：3 联合国次要危险性：6.1 联合国包装类别：II 中国危险性类别：第 3 类 易燃液体 中国次要危险性：6.1 中国包装类别：II		
应急响应	运输应急卡：TEC(R)-30S1230 美国消防协会法规：H1（健康危险性）；F3（火灾危险性）；R0（反应危险性）		
储存	耐火设备（条件）。与强氧化剂、食品和饲料分开存放。阴凉场所		
重要数据	物理状态、外观：无色液体，有特殊气味 物理危险性：蒸气与空气充分混合，容易形成爆炸性混合物 化学危险性：与氧化剂激烈反应，有着火和爆炸的危险 职业接触限值：阈限值：200ppm（时间加权平均值）（经皮）；公布生物暴露指数（美国政府工业卫生学家会议，2004 年）。最高容许浓度：200ppm，270mg/m³；最高限值种类：II（4）；皮肤吸收；妊娠风险等级：C（德国，2004 年） 接触途径：该物质可通过吸入、经皮肤和食入吸收到体内 吸入危险性：20℃时该物质蒸发，相当快地达到空气中有害污染浓度 短期接触的影响：该物质刺激眼睛，皮肤和呼吸道。该物质可能对中枢神经系统有影响，导致失去知觉、失明和死亡。影响可能推迟显现。需进行医学观察 长期或反复接触的影响：反复或长期与皮肤接触可能引起皮炎。该物质可能对中枢神经系统有影响，导致持久的或复发性头痛和视力损伤		
物理性质	沸点：65℃ 熔点：-98℃ 相对密度（水=1）：0.79 水中溶解度：混溶 蒸气压：20℃时 12.3kPa 蒸气相对密度（空气=1）：1.1	蒸气/空气混合物的相对密度（20℃，空气=1）：1.01 闪点：12℃（闭杯） 自燃温度：464℃ 爆炸极限：空气中 5.5%～44.%（体积） 辛醇/水分配系数的对数值：-0.82/-0.66	
环境数据			
注解	燃烧时有不发光浅蓝色火焰。根据接触程度，需定期进行医疗检查		

IPCS
International
Programme on
Chemical Safety

本卡片由 IPCS 和 EC 合作编写 © 2004～2012

国际化学品安全卡

二氯甲烷			ICSC 编号：0058

CAS 登记号：75-09-2	中文名称：二氯甲烷
RTECS 号：PA8050000	
UN 编号：1593	英文名称：DICHLOROMETHANE; Methylene chloride; DCM
EC 编号：602-004-00-3	
中国危险货物编号：1593	
分子量：84.9	化学式：CH_2Cl_2

危害/接触类型	急性危害/症状	预防	急救/消防
火 灾	在特定情况下是可燃的。在火焰中释放出刺激性或有毒烟雾（或气体）		周围环境着火时，允许使用各种灭火剂
爆 炸	有着火和爆炸危险（见化学危险性）	防止静电荷积聚，例如通过接地	着火时，喷雾状水保持料桶等冷却
接 触		防止产生烟云！严格作业环境管理！	
# 吸入	头晕，倦睡，头痛，恶心，虚弱，神志不清，死亡	通风，局部排气通风或呼吸防护	新鲜空气，休息。必要时进行人工呼吸，给予医疗护理
# 皮肤	皮肤干燥，发红，灼烧感	防护手套，防护服	脱去污染的衣服，冲洗，然后用水和肥皂清洗皮肤
# 眼睛	发红，疼痛，严重深度烧伤	护目镜，面罩或眼睛防护结合呼吸防护	先用大量水冲洗几分钟（如可能尽量摘除隐形眼镜），然后就医
# 食入	腹部疼痛。（另见吸入）	工作时不得进食，饮水或吸烟。进食前洗手	漱口。不要催吐。大量饮水。休息

泄漏处置	通风，尽可能将泄漏液收集在有盖的容器中。用砂土或惰性吸收剂吸收残液，并转移到安全场所。个人防护用具：适用于有机气体和蒸气的过滤呼吸器
包装与标志	不得与食品和饲料一起运输 欧盟危险性类别：Xn 符号　　R:40 S:2-23-24/25-36/37 联合国危险性类别：6.1　　　　联合国包装类别：III 中国危险性类别：第 6.1 项 毒性物质　中国包装类别：III
应急响应	运输应急卡：TEC(R)-61S1593 美国消防协会法规：H2（健康危险性）；F1（火灾危险性）；R0（反应危险性）
储存	与金属（见化学危险性）、食品和饲料分开存放。阴凉场所。沿地面通风
重要数据	物理状态、外观：无色液体，有特殊气味 物理危险性：蒸气比空气重。由于流动、搅拌等，可能产生静电 化学危险性：与高温表面或火焰接触时，该物质分解生成有毒和腐蚀性烟雾。与金属，如铝粉和镁粉、强碱和强氧化剂激烈反应，有着火和爆炸危险。浸蚀某些塑料，橡胶和涂层 职业接触限值：阈限值：50ppm（时间加权平均值）；A3（确认动物致癌物，但未知与人类相关性）；公布生物暴露指数（美国政府工业卫生学家会议，2004 年）。最高容许浓度：致癌物类别：3A（德国，2004 年） 接触途径：该物质可通过吸入和经食入吸收到体内 吸入危险性：20℃时该物质蒸发，迅速地达到空气中有害污染浓度 短期接触的影响：该物质刺激眼睛，皮肤和呼吸道。接触能够造成意识降低。接触能形成碳氧肌红蛋白 长期或反复接触的影响：反复或长期与皮肤接触可能引起皮炎。该物质可能对中枢神经系统和肝有影响。该物质可能是人类致癌物
物理性质	沸点：40℃ 熔点：-95.1℃ 相对密度（水=1）：1.3 水中溶解度：20℃时 1.3g/100mL 蒸气压：20℃时 47.4kPa	蒸气相对密度（空气=1）：2.9 蒸气/空气混合物的相对密度（20℃，空气=1）：1.9 自燃温度：556℃ 爆炸极限：空气中 12%～25%（体积） 辛醇/水分配系数的对数值：1.25
环境数据	该物质可能对环境有危害，对地下水应给予特别注意
注解	添加少量易燃物质或增加空气中的氧含量大大增加其可燃性。根据接触程度，需定期进行医疗检查。超过接触限值时，气味报警不充分。不要在火焰或高温表面附近或焊接时使用。商品名称为 R30

IPCS
International Programme on Chemical Safety

本卡片由 IPCS 和 EC 合作编写 © 2004～2012

国际化学品安全卡

乙二醇一丁醚			ICSC 编号：0059

CAS 登记号：111-76-2
RTECS 号：KJ8575000
UN 编号：2810
EC 编号：603-014-00-0
中国危险货物编号：2810

中文名称：乙二醇一丁醚；2-丁氧基乙醇；一丁基乙二醇醚；EGBE；丁基溶纤剂

英文名称：ETHYLENE GLYCOL MONOBUTYL ETHER; 2-Butoxyethanol; Monobutyl glycol ether; Butyl oxitol; EGBE; Butyl cellosolve

分子量：118.2

化学式：$C_6H_{14}O_2/CH_3(CH_2)_2CH_2OCH_2CH_2OH$

危害/接触类型	急性危害/症状	预防	急救/消防
火 灾	可燃的	禁止明火	干粉，抗溶性泡沫，雾状水，二氧化碳
爆 炸	高于60℃，可能形成爆炸性蒸气/空气混合物	高于60℃，使用密闭系统、通风	着火时，喷雾状水保持料桶等冷却
接 触		防止产生烟云！	
# 吸入	咳嗽。头晕。倦睡。头痛。恶心。虚弱	通风，局部排气通风或呼吸防护	新鲜空气，休息。给予医疗护理
# 皮肤	可能被吸收！皮肤干燥（另见吸入）	防护手套。防护服	脱去污染的衣服。用大量水冲洗皮肤或淋浴。给予医疗护理
# 眼睛	发红。疼痛。视力模糊。	护目镜，或眼睛防护结合呼吸防护	先用大量水冲洗几分钟（如可能尽量摘除隐形眼镜），然后就医
# 食入	腹部疼痛。腹泻。恶心。呕吐（另见吸入）	工作时不得进食，饮水或吸烟	漱口。大量饮水。给予医疗护理
泄漏处置	尽可能将泄漏液收集在可密闭的容器中。用大量水冲净残余物。转移全部引燃源。个人防护用具：适用于该物质空气中浓度的有机气体和蒸气过滤呼吸器		
包装与标志	气密。不得与食品和饲料一起运输 欧盟危险性类别：Xn 符号 R:20/21/22-36/38 S:2-36/37-46 联合国危险性类别：6.1 联合国包装类别：III 中国危险性类别：第6.1项毒性物质 中国包装类别：III		
应急响应	运输应急卡：TEC(R)-61GT1-III。 美国消防协会法规：H2（健康危险性）；F2（火灾危险性）；R0（反应危险性）		
储存	与强氧化剂、食品和饲料分开存放。阴凉场所。保存在暗处		
重要数据	物理状态、外观：无色液体，有特殊气味 化学危险性：该物质能生成爆炸性过氧化物。与强氧化剂反应，有着火和爆炸危险 职业接触限值：阈限值：20ppm（时间加权平均值）；A3（确认动物致癌物，但未知与人类相关性）（美国政府工业卫生学家会议，2004年）。最高容许浓度：（以乙二醇一丁醚和乙二醇一丁醚乙酸酯的总和计）10ppm，49mg/m³；最高限值种类：I(2)；皮肤吸收；致癌物类别：4；妊娠风险等级：C（德国，2009年） 接触途径：该物质可通过吸入、经皮肤和食入吸收到体内 吸入危险性：20℃时该物质蒸发相当慢达到空气中有害污染浓度 短期接触的影响：该物质刺激眼睛、皮肤和呼吸道。该物质可能对中枢神经系统、血液、肾和肝有影响 长期或反复接触的影响：液体使皮肤脱脂		
物理性质	沸点：171℃ 熔点：-75℃ 相对密度（水=1）：0.90 水中溶解度：混溶 蒸气压：20℃时0.10kPa 蒸气相对密度（空气=1）：4.1	蒸气/空气混合物的相对密度（20℃，空气=1）：1.03 闪点：60℃（闭杯） 自燃温度：238℃ 爆炸极限：空气中1.1%(93℃)～12.7%(135℃)(体积) 辛醇/水分配系数的对数值：0.830	
环境数据			
注解	蒸馏前检验过氧化物，如有将其去除		

IPCS
International
Programme on
Chemical Safety

本卡片由 IPCS 和 EC 合作编写 © 2004～2012

国际化学品安全卡

乙二醇一乙醚			ICSC 编号：0060

CAS 登记号：110-80-5
RTECS 号：KK8050000
UN 编号：1171
EC 编号：603-012-00-X
中国危险货物编号：1171

中文名称：乙二醇一乙醚；2-乙氧基乙醇；一乙基乙二醇醚；EGEE；溶纤剂
英文名称：ETHYLENE GLYCOL MONOETHYL ETHER; 2-Ethoxyethanol; Monoethyl glycol ether; Oxitol; EGEE; Cellosolve

分子量：90.1

化学式：$C_4H_{10}O_2/CH_3CH_2OCH_2CH_2OH$

危害/接触类型	急性危害/症状	预防	急救/消防
火 灾	易燃的	禁止明火，禁止火花和禁止吸烟	干粉，抗溶性泡沫，雾状水，二氧化碳
爆 炸	高于 44℃，可能形成爆炸性蒸气/空气混合物	高于 44℃，使用密闭系统，通风和防爆型电气设备	着火时，喷雾状水保持料桶等冷却
接 触		避免孕妇接触！严格作业环境管理！	一切情况均向医生咨询！
# 吸入	咳嗽。倦睡。头痛。气促。咽喉痛。虚弱。神志不清	通风，局部排气通风或呼吸防护	新鲜空气，休息。给予医疗护理
# 皮肤	可能被吸收！（另见吸入）	防护手套。防护服	脱去污染的衣服。用大量水冲洗皮肤或淋浴。给予医疗护理
# 眼睛	视力模糊。发红。疼痛	面罩，或眼睛防护结合呼吸防护	先用大量水冲洗几分钟（如可能尽量摘除隐形眼镜），然后就医
# 食入	腹部疼痛。恶心。呕吐。（另见吸入）	工作时不得进食，饮水或吸烟	漱口。不要催吐。大量饮水。给予医疗护理
泄漏处置	通风。转移全部引燃源。尽可能将泄漏液收集在可密闭的容器中。用大量水冲净残余物。个人防护用具：适用于有机气体和蒸气的过滤呼吸器		
包装与标志	气密。不得与食品和饲料一起运输 欧盟危险性类别：T 符号 标记：E R:60-61-10-20/21/22 S:53-45 联合国危险性类别：3 联合国包装类别：III 中国危险性类别：第 3 类易燃液体 中国包装类别：III		
应急响应	运输应急卡：TEC(R)-30GF1-III 美国消防协会法规：H2（健康危险性）；F2（火灾危险性）；R0（反应危险性）		
储存	耐火设备（条件）。与强氧化剂、食品和饲料分开存放。保存在暗处。阴凉场所		
重要数据	物理状态、外观：无色油状液体，有特殊气味 化学危险性：该物质能生成爆炸性过氧化物。与强氧化剂反应，有着火和爆炸的危险。浸蚀许多塑料和橡胶 职业接触限值：阈限值：5ppm（时间加权平均值，经皮）；公布生物暴露指数（美国政府工业卫生学家会议，2003 年）。最高容许浓度：5ppm，19mg/m³，皮肤吸收；妊娠风险等级：B；最高限值种类：II（8）（德国，2002 年） 接触途径：该物质可通过吸入、经皮肤和食入吸收到体内 吸入危险性：20℃时该物质蒸发相当快达到空气中有害污染浓度 短期接触的影响：该物质轻微刺激眼睛和呼吸道。该物质可能对中枢神经系统、血液、骨髓、肾和肝有影响。高浓度接触可能导致神志不清。需进行医学观察 长期或反复接触的影响：液体使皮肤脱脂。该物质可能对血液和骨髓有影响，导致贫血和血细胞损伤。可能造成人类生殖或发育毒性		
物理性质	沸点：135℃ 熔点：-70℃ 相对密度（水=1）：0.93 水中溶解度：混溶 蒸气压：20℃时 0.5kPa 蒸气相对密度（空气=1）：3.1	蒸气/空气混合物的相对密度（20℃，空气=1）：1.00 闪点：44℃（闭杯） 自燃温度：235℃ 爆炸极限：空气中（在 93℃）1.7%～15.6%（体积） 辛醇/水分配系数的对数值：-0.540	
环境数据			
注解	根据接触程度，建议定期进行医疗检查。超过接触限值时，气味报警不充分。蒸馏前检验过氧化物，如有，将其去除		

IPCS
International Programme on Chemical Safety

   UNEP

本卡片由 IPCS 和 EC 合作编写 © 2004～2012

国际化学品安全卡

乙二醇一甲醚			ICSC 编号： 0061

CAS 登记号： 109-86-4	中文名称：乙二醇一甲醚 2-甲氧基乙醇；一甲基乙二醇醚； EGME；甲基溶纤剂
RTECS 号： KL5775000	
UN 编号： 1188	英文名称：ETHYLENE GLYCOL MONOMETHYL ETHER;
EC 编号： 603-011-00-4	2-Methoxyethanol; Monomethyl glycol ether; Methyl oxitol; EGME; Methyl
中国危险货物编号： 1188	cellosolve

分子量： 76.1	化学式：$C_3H_8O_2/CH_3OCH_2CH_2OH$

危害/接触类型	急性危害/症状	预防	急救/消防
火　灾	易燃的	禁止明火，禁止火花和禁止吸烟	干粉，抗溶性泡沫，雾状水，二氧化碳
爆　炸	高于 39℃，可能形成爆炸性蒸气/空气混合物	高于 39℃，使用密闭系统、通风和防爆型电气设备	着火时，喷雾状水保持料桶等冷却
接　触		避免孕妇接触！严格作业环境管理！	一切情况均向医生咨询！
# 吸入	意识模糊，咳嗽，咽喉痛，头晕，头痛，恶心，神志不清，呕吐，虚弱	通风，局部排气通风或呼吸防护	新鲜空气，休息。给予医疗护理
# 皮肤	可能被吸收！（另见吸入）	防护手套。防护服	脱去污染的衣服。用大量水冲洗皮肤或淋浴。给予医疗护理
# 眼睛	发红。疼痛。视力模糊	面罩，或眼睛防护结合呼吸防护	先用大量水冲洗几分钟（如可能尽量摘除隐形眼镜），然后就医
# 食入	腹部疼痛。腹泻。恶心。呕吐（另见吸入）	工作时不得进食，饮水或吸烟	漱口。大量饮水。给予医疗护理
泄漏处置	通风。转移全部引燃源。尽可能将泄漏液收集在可密闭的容器中。用大量水冲净残余物。个人防护用具：适用于有机气体和蒸气的过滤呼吸器		
包装与标志	气密。不得与食品和饲料一起运输 欧盟危险性类别：T 符号 标记：E R:60-61-10-20/21/22 S:53-45 联合国危险性类别：3 联合国包装类别：III 中国危险性类别：第 3 类 易燃液体 中国包装类别：III		
应急响应	运输应急卡：TEC(R)-30GF1-III 美国消防协会法规：H2（健康危险性）；F2（火灾危险性）；R0（反应危险性）		
储存	耐火设备（条件）。与强氧化剂、食品和饲料分开存放。保存在暗处。阴凉场所		
重要数据	物理状态、外观：无色液体，有特殊气味 化学危险性：该物质能生成爆炸性过氧化物。与强氧化剂反应，有着火和爆炸的危险。浸蚀某些塑料和涂层 职业接触限值：阈限值：5ppm（时间加权平均值）（经皮）；公布生物暴露指数（美国政府工业卫生学家会议，2003 年）。最高容许浓度：5ppm，16mg/m³，皮肤吸收；妊娠风险等级：B；最高限值种类：II（8）（德国，2002 年） 接触途径：该物质可通过吸入、经皮肤和食入吸收到体内 吸入危险性：20℃时该物质蒸发相当快到空气中有害污染浓度 短期接触的影响：该物质轻微刺激眼睛和呼吸道。该物质可能对中枢神经系统、血液、骨髓、肾和肝有影响。高浓度接触可能导致神志不清。需进行医学观察 长期或反复接触的影响：液体使皮肤脱脂。该物质可能对血液和骨髓有影响，导致贫血和血细胞损伤。可能造成人类生殖或发育毒性		
物理性质	沸点：125℃ 熔点：-85℃ 相对密度（水=1）：0.96 水中溶解度：混溶 蒸气压：20℃时 0.83kPa 蒸气相对密度（空气=1）：2.6		蒸气/空气混合物的相对密度（20℃，空气=1）：1.01 闪点：39℃（闭杯） 自燃温度：285℃ 爆炸极限：空气中 2.3%～24.5%（体积） 辛醇/水分配系数的对数值：-0.503
环境数据			
注解	根据接触程度，建议定期进行医疗检查。超过接触限值时，气味报警不充分。蒸馏前检验过氧化物，如有，将其去除		

IPCS
International
Programme on
Chemical Safety

本卡片由 IPCS 和 EC 合作编写 © 2004～2012

国际化学品安全卡

镍			ICSC 编号：0062

CAS 登记号：7440-02-0	中文名称：镍（粉末）
RTECS 号：QR5950000	
EC 编号：028-002-00-7	英文名称：NICKEL; (powder)
分子量：58.7	化学式：Ni

危害/接触类型	急性危害/症状	预防	急救/消防
火 灾	粉尘是易燃的。着火时可能释放出有毒烟雾		干砂土。禁用二氧化碳。禁止用水
爆 炸	微细分散的颗粒物在空气中形成爆炸性混合物	防止粉尘沉积。密闭系统。防止粉尘爆炸型电气设备和照明	
接 触		防止粉尘扩散！避免一切接触！	
# 吸入	咳嗽，气促	局部排气通风或呼吸防护	新鲜空气。休息
# 皮肤		防护手套，防护服	脱去污染的衣服，冲洗，然后用水和肥皂清洗皮肤
# 眼睛		安全护目镜或眼睛防护结合呼吸防护	先用大量水冲洗几分钟（如可能尽量摘除隐形眼镜），然后就医
# 食入		工作时不得进食，饮水或吸烟	漱口

泄漏处置	真空抽吸泄漏物。小心收集残余物，然后转移到安全场所。个人防护用具：适用于有害颗粒物的 P2 过滤呼吸器
包装与标志	欧盟危险性类别：Xn 符号　R:40-43　S:2-22-36
应急响应	
储存	与强酸分开存放
重要数据	**物理状态、外观**：银白色各种形态金属固体 **物理危险性**：以粉末或颗粒形态与空气混合，可能发生粉尘爆炸 **化学危险性**：镍粉与钛、高氯酸钾和氧化剂，如硝酸铵激烈反应，有着火和爆炸危险。与非氧化性酸缓慢反应，与氧化性酸迅速反应。镍着火时，可能释放出镍羰基有毒气体和蒸气 **职业接触限值**：阈限值：1.5mg/m³（时间加权平均值）；A5（非可疑人类致癌物）（美国政府工业卫生学家会议，2004 年）。最高容许浓度：可吸入粉尘；呼吸道和皮肤致敏剂；致癌物类别：1（德国，2004 年） **接触途径**：该物质可通过吸入粉尘吸收到体内 **吸入危险性**：20℃时蒸发可忽略不计，但扩散时可较快地达到空气中颗粒物有害浓度 **短期接触的影响**：可能引起机械刺激作用。吸入烟雾可能引起肺炎 **长期或反复接触的影响**：反复或长期接触可能引起皮肤过敏。反复或长期吸入接触可能引起哮喘。反复或长期接触，肺可能受损伤。该物质可能是人类致癌物
物理性质	沸点：2730℃ 熔点：1455℃ 密度：8.9g/cm³ 水中溶解度：不溶
环境数据	
注解	高温时，生成氧化镍烟雾。根据接触程度，需定期进行医疗检查。哮喘症状常常经过几个小时以后才变得明显，体力劳动使症状加重。因而休息和医学观察是必要的。因该物质而发生哮喘症状的任何人不应当再接触该物质

IPCS
International
Programme on
Chemical Safety

本卡片由 IPCS 和 EC 合作编写 © 2004～2012

国际化学品安全卡

硫酸镍(II)			ICSC 编号：0063

CAS 登记号：7786-81-4	中文名称：硫酸镍(II)；硫酸镍；硫酸镍（2+）
RTECS 号：QR9350000	英文名称：NICKEL (II) SULPHATE; Nickelous sulphate; Nickel(2+) sulfate
EC 编号：028-009-00-5	

分子量：154.8	化学式：$NiSO_4$

危害/接触类型	急性危害/症状	预防	急救/消防
火 灾	不可燃。在火焰中释放出刺激性或有毒烟雾（或气体）		周围环境着火时，允许使用各种灭火剂
爆 炸			
接 触		防止粉尘扩散！避免一切接触！	
# 吸入	咳嗽，咽喉痛	通风（如果没有粉末时）。局部排气通风或呼吸防护	新鲜空气，休息。给予医疗护理
# 皮肤	发红	防护手套，防护服	脱去污染的衣服，用大量水冲洗皮肤或淋浴
# 眼睛	发红	安全护目镜或面罩。如为粉末，眼睛防护结合呼吸防护	先用大量水冲洗几分钟（如可能尽量摘除隐形眼镜），然后就医
# 食入	腹部疼痛，头晕，头痛，恶心，呕吐	工作时不得进食，饮水或吸烟	漱口。大量饮水，给予医疗护理

泄漏处置	真空抽吸泄漏物。小心收集残余物，然后转移到安全场所。不要让该化学品进入环境。个人防护用具：适用于有害颗粒物的 P2 过滤呼吸器
包装与标志	欧盟危险性类别：Xn 符号 N 符号　　R:22-40-42/43-50/53　　S:2-22-36/37-60-61
应急响应	
储存	

重要数据	**物理状态、外观：**黄色至绿色晶体 **化学危险性：**加热至 848℃时，该物质分解生成三氧化硫和一氧化镍有毒烟雾。水溶液是一种弱酸 **职业接触限值：**阈限值：$0.1mg/m^3$（以镍计）（可吸入粉尘）（时间加权平均值）；A4（不能分类为人类致癌物）（美国政府工业卫生学家会议，2004 年）。最高容许浓度：可吸入粉尘；呼吸道和皮肤致敏剂；致癌物类别：1（德国，2004 年） **接触途径：**该物质可通过吸入，经皮肤和食入吸收到体内 **吸入危险性：**20℃时蒸发可忽略不计，但扩散时可较快地达到空气中颗粒物有害浓度 **短期接触的影响：**该物质刺激眼睛、皮肤和呼吸道 **长期或反复接触的影响：**反复或长期接触可能引起皮肤过敏。反复或长期吸入接触可能引起哮喘。反复或长期接触其气溶胶，肺可能受损伤。该物质可能对鼻窦有影响，导致炎症和溃疡。该物质是人类致癌物
物理性质	**熔点：**840℃时分解（见注解） **密度：**$3.7g/cm^3$ **水中溶解度：**0℃时 29.3 g/100 mL（溶解）
环境数据	该物质对水生生物是有毒的
注解	温度升高至 330℃时，含有结晶水的硫酸镍（II）将逐渐失去所有水分。根据接触程度，需定期进行医疗检查。哮喘症状常常经过几个小时以后才变得明显，体力劳动使症状加重。因而休息和医学观察是必要的。因该物质而发生哮喘症状的任何人不应当再接触该物质。不要将工作服带回家中。本卡片的建议也适用于六水合硫酸镍（CAS 登记号 10101-97-0）和七水合硫酸镍（CAS 登记号 10101-98-1）

IPCS
International
Programme on
Chemical Safety

本卡片由 IPCS 和 EC 合作编写 © 2004～2012

国际化学品安全卡

羰基镍			ICSC 编号：0064

CAS 登记号：13463-39-3
RTECS 号：QR6300000
UN 编号：1259
EC 编号：028-001-00-1
中国危险货物编号：1259
分子量：170.7

中文名称：羰基镍；四羰基镍

英文名称：NICKEL CARBONYL; Nickel tetracarbonyl

化学式：$C_4NiO_4/Ni(CO)_4$

危害/接触类型	急性危害/症状	预防	急救/消防
火灾	高度易燃	禁止明火、禁止火花和禁止吸烟。禁止与氧化剂接触	干粉、雾状水、泡沫、二氧化碳
爆炸	蒸气/空气混合物有爆炸性。加热至60℃以上时，有着火和爆炸危险。在直接日晒下液体和蒸气会突然燃烧	密闭系统,通风，防爆型电气设备和照明,不要使用压缩空气灌装、卸料或转运	着火时，喷雾状水保持料桶等冷却。从掩蔽位置灭火
接触		避免一切接触！	一切情况均向医生咨询！
# 吸入	头痛，头晕，恶心，呕吐，咳嗽，气促，皮肤发青。症状可能推迟显现（见注解）	密闭系统和通风	新鲜空气，休息。半直立体位。必要时进行人工呼吸，给予医疗护理
# 皮肤		防护手套，防护服	脱去污染的衣服。冲洗，然后用水和肥皂清洗皮肤。给予医疗护理
# 眼睛		面罩或眼睛防护结合呼吸防护	先用大量水冲洗几分钟（如可能尽量摘除隐形眼镜），然后就医
# 食入	见注解	工作时不得进食，饮水或吸烟，进食前洗手	漱口。给予医疗护理

泄漏处置	撤离危险区域！向专家咨询！移除全部引燃源。尽可能将泄漏液收集在可密闭的容器中。用砂土或惰性吸收剂吸收残液，并转移到安全场所。不要冲入下水道。不要让该化学品进入环境。个人防护用具：全套防护服包括自给式呼吸器
包装与标志	气密。不得与食品和饲料一起运输。严重污染海洋物质 欧盟危险性类别：F 符号 T+符号 N 符号 标记：E R:61-11-26-40-50/53 S:53-45-60-61 联合国危险性类别:6.1 联合国次要危险性:3 联合国包装类别:I 中国危险性类别:第 6.1 项毒性物质 中国次要危险性:3 中国包装类别：I
应急响应	运输应急卡：TEC(R)-61GTF1-I 美国消防协会法规：H4（健康危险性）；F3（火灾危险性）；R3（反应危险性）
储存	耐火设备（条件）。与强氧化剂、强酸、食品和饲料分开存放。阴凉场所。保存在暗处。保存在惰性气体下
重要数据	物理状态、外观：无色挥发性液体，有特殊气味 物理危险性：蒸气比空气重，可能沿地面流动，可能造成远处着火 化学危险性：加热到 60℃时可能发生爆炸。与空气接触时，该物质可能自燃。与酸类接触时，该物质分解生成高毒的一氧化碳（见卡片#0023）。与氧化剂激烈反应，有着火和爆炸的危险。在空气中被氧化，生成的过氧化沉积物，有着火的危险 职业接触限值：阈限值：0.05ppm（以 Ni 计）（时间加权平均值）（美国政府工业卫生学家会议，2001 年） 接触途径：该物质可通过吸入和经皮肤吸收到体内 吸入危险性：20℃时该物质蒸发，迅速达到空气中有害污染浓度 短期接触的影响：该物质刺激呼吸道。该物质可能对中枢神经系统有影响。吸入蒸气可能引起肺水肿（见注解）。接触可能导致死亡。影响可能推迟显现。需进行医学观察 长期或反复接触的影响：反复或长期吸入接触可能引起哮喘。该物质可能是人类致癌物
物理性质	沸点：43℃ 熔点：-19℃ 相对密度（水=1）：1.3 水中溶解度：不溶解 蒸气压：25.8℃时 53kPa	蒸气相对密度（空气=1）：5.9 蒸气/空气混合物的相对密度（20℃，空气=1）：3.0 闪点：-20℃（闭杯） 自燃温度：60℃ 爆炸极限：空气中 2%~34%（体积）
环境数据	该物质可能对环境有危害，对水生生物应给予特别注意	
注解	没有食入中毒案例报道。根据接触程度，须定期进行医疗检查。肺水肿症状常常经过几个小时以后才变得明显，体力劳动使症状加重。因而休息和医学观察是必要的。应当考虑由医生或医生指定的人立即采取适当喷药治疗法。哮喘症状常常经过几个小时以后才变得明显，体力劳动使症状加重。因而休息和医学观察是必要的。由于这种物质出现哮喘症状的任何人应当避免再接触该物质。超过职业接触限值，气味报警不充分。用大量水冲洗污染的衣服（有着火危险）	

IPCS
International
Programme on
Chemical Safety

   UNEP

本卡片由 IPCS 和 EC 合作编写 © 2004~2012

国际化学品安全卡

硝基苯			ICSC 编号：0065

CAS 登记号：98-95-3　　　　　　　　　中文名称：硝基苯
RTECS 号：DA6475000
UN 编号：1662　　　　　　　　　　　　英文名称：NITROBENZENE
EC 编号：609-003-00-7
中国危险货物编号：1662
分子量：123.1　　　　　　　　　　化学式：$C_6H_5NO_2$

危害/接触类型	急性危害/症状	预防	急救/消防
火 灾	可燃的。在火焰中释放出刺激性或有毒烟雾（或气体）	禁止明火	雾状水，抗溶性泡沫，干粉，二氧化碳
爆 炸	高于 88℃，可能形成爆炸性蒸气/空气混合物。有着火和爆炸危险（见化学危险性）	高于 88℃，使用密闭系统、通风	着火时，喷雾状水保持料桶等冷却
接 触		避免一切接触！	一切情况均向医生咨询！
# 吸入	头痛，嘴唇发青或指甲发青，皮肤发青，头晕，恶心，虚弱，意识模糊，惊厥，神志不清	通风，局部排气通风或呼吸防护	新鲜空气，休息。必要时进行人工呼吸。给予医疗护理
# 皮肤	可能被吸收！（另见吸入）	防护手套。防护服	脱去污染的衣服。冲洗，然后用水和肥皂清洗皮肤。给予医疗护理
# 眼睛		安全护目镜	先用大量水冲洗几分钟（如可能尽量摘除隐形眼镜），然后就医
# 食入	（另见吸入）	工作时不得进食，饮水或吸烟	漱口。用水冲服活性炭浆。休息。给予医疗护理
泄漏处置	尽可能将泄漏液收集在可密闭的容器中。用砂土或惰性吸收剂吸收残液，并转移到安全场所。不要让该化学品进入环境。个人防护用具：全套防护服包括自给式呼吸器		
包装与标志	不得与食品和饲料一起运输 欧盟危险性类别：T 符号 N 符号　　R:23/24/25-40-48/23/24-51/53-62　　S:1/2-28-36/37-45-61 联合国危险性类别：6.1　　　　联合国包装类别：II 中国危险性类别：第 6.1 项 毒性物质　中国包装类别：II GHS 分类：警示词：危险　图形符号：骷髅和交叉骨-健康危险　危险说明：吞咽有害；吸入蒸气会中毒；皮肤接触会中毒；怀疑致癌；怀疑对生育能力或未出生儿童造成伤害；可能对血细胞造成损害；对水生生物有害并具有长期持久影响		
应急响应	运输应急卡：TEC(R)-61S1662 或 61GT1-II 美国消防协会法规：H3（健康危险性）；F2（火灾危险性）；R1（反应危险性）		
储存	与可燃物质和还原性物质、强氧化剂、强酸、食品和饲料分开存放。储存在没有排水管或下水道的场所		
重要数据	物理状态、外观：淡黄色油状液体，有特殊气味 化学危险性：燃烧时，生成含有氮氧化物有毒和腐蚀性烟雾。与强氧化剂、还原剂激烈反应，有着火和爆炸的危险。与强酸和氮氧化物激烈反应，有爆炸的危险 职业接触限值：阈限值：1ppm（时间加权平均值）（经皮）；A3（确认的动物致癌物，但未知与人类相关性）；公布生物暴露指数（美国政府工业卫生学家会议，2005 年）。最高容许浓度：皮肤吸收；致癌物类别：3B（德国，2005 年） 接触途径：该物质可通过吸入、经皮肤和食入吸收到体内 吸入危险性：20℃时该物质蒸发，相当慢地达到空气中有害污染浓度，但喷洒或扩散时要快得多 短期接触的影响：该物质可能对血液有影响，导致形成正铁血红蛋白。接触能够造成意识降低。影响可能推迟显现。需进行医学观察 长期或反复接触的影响：该物质可能对血液、脾和肝脏有影响。该物质可能是人类致癌物。动物实验表明，该物质可能造成人类生殖或发育毒性		
物理性质	沸点：211℃ 熔点：5℃ 相对密度（水=1）：1.2 水中溶解度：0.2g/100mL 蒸气压：20℃时 20Pa 蒸气相对密度（空气=1）：4.2	蒸气/空气混合物的相对密度（20℃，空气=1）：1.00 闪点：88℃（闭杯） 自燃温度：480℃ 爆炸极限：空气中 1.8%～40%（体积） 辛醇/水分配系数的对数值：1.86	
环境数据	该物质对水生生物是有害的。强烈建议不要让该化学品进入环境		
注解	饮用含酒精饮料增进有害影响。根据接触程度，建议定期进行医学检查。该物质中毒时，需采取必要的治疗措施，必须提供有指示说明的适当方法。不要将工作服带回家中		

IPCS
International
Programme on
Chemical Safety

   UNEP

本卡片由 IPCS 和 EC 合作编写 © 2004～2012

国际化学品安全卡

对硝基苯酚			ICSC 编号：0066

CAS 登记号：100-02-07
RTECS 号：SM2275000
UN 编号：1663
EC 编号：609-015-00-2
中国危险货物编号：1663
分子量：139.1

中文名称：对硝基苯酚；4-硝基苯酚；4-羟基硝基苯

英文名称：*p*-NITROPHENOL; 4-Nitrophenol; 4-Hydroxynitrobenzene

化学式：$C_6H_5NO_3$

危害/接触类型	急性危害/症状	预防	急救/消防
火 灾	可燃的。在火焰中释放出刺激性或有毒烟雾（或气体）	禁止明火	干粉，雾状水，泡沫，二氧化碳
爆 炸	微细分散的颗粒物在空气中形成爆炸性混合物。	防止粉尘沉积。密闭系统。防止粉尘爆炸型电气设备和照明	着火时喷雾状水保持料桶等冷却
接 触		防止粉尘扩散!严格作业环境管理!	
# 吸入	嘴唇或指甲发青，皮肤发青，咳嗽，灼烧感，慌乱，惊厥，头晕，头痛，恶心，咽喉痛，神志不清	局部排气通风或呼吸防护	新鲜空气，休息，给予医疗护理
# 皮肤	可能被吸收!发红。（另见吸入）	防护手套，防护服。	脱去污染的衣服，冲洗，然后用水和肥皂洗皮肤，并给予医疗护理
# 眼睛	发红，疼痛	面罩或眼睛防护结合呼吸防护	先用大量水冲洗数分钟（如可能尽量摘除隐形眼镜），然后就医。
# 食入	腹痛，咽喉痛，呕吐。（另见吸入）	工作时不得进食、饮水或吸烟	漱口。休息。给予医疗护理

泄漏处置	将泄漏物扫入可密闭容器中。如果适当，首先润湿防止扬尘。小心收集残余物，然后转移至安全处。不要让该化学品进入环境。个人防护用具：适用于有害颗粒物的 P2 过滤呼吸器
包装与标志	不得与食品和饲料一起运输 欧盟危险性类别:Xn 符号　　R:20/21/22-33　　S:2-28 联合国危险性类别：6.1　　联合国包装类别：III 中国危险性类别：第 6.1 项毒性物质　中国包装类别：III
应急响应	运输应急卡：TEC(R)-61S1663 美国消防协会法规：H3（健康危险性）；F1（火灾危险性）；R2（反应危险性）
储存	与可燃物质、还原性物质、食品和饲料分开存放。严格密封
重要数据	物理状态、外观：无色至淡黄色晶体 物理危险性：如以粉末或颗粒形式与空气混合，可能发生粉尘爆炸 化学危险性：加热可能爆炸。加热时，该物质分解生成氮氧化物有毒烟雾。与氢氧化钾的混合物有爆炸性 职业接触限值：阈限值未制定标准 接触途径：该物质可通过吸入、经皮肤和食入吸收进体内 吸入危险性：20℃时蒸发可忽略不计，但可较快地达到空气中颗粒物有害浓度 短期接触的影响：该物质刺激眼睛、皮肤和呼吸道。皮肤黄斑。该物质可能对血液有影响，导致形成正铁血红蛋白。影响可能推迟显现。需进行医学观察 长期或反复接触的影响：反复或长期接触可能引起皮肤过敏
物理性质	沸点：279℃（分解） 熔点：111~116℃ 密度：1.5g/cm³ 水中溶解度：20℃时 1.24g/100mL	蒸气压：20℃时 0.0032Pa 闪点：169℃ 自燃温度：490℃ 辛醇/水分配系数的对数值：1.91
环境数据	该物质对水生生物是有毒的
注解	根据接触程度，需定期进行医疗检查。该物质中毒时须采取必要的治疗措施。必须提供有指示说明的适当方法

IPCS
International Programme on Chemical Safety

本卡片由 **IPCS** 和 **EC** 合作编写 © 2004~2012

国际化学品安全卡

氧化亚氮		ICSC 编号：0067

CAS 登记号：10024-97-2
RTECS 号：QX1350000
UN 编号：1070（压缩的）
中国危险货物编号：1070

中文名称：氧化亚氮；一氧化二氮；连二次硝酸酐；笑气

英文名称：NITROUS OXIDE; Dinitrogen monoxide; Hyponitrous acid anhydride; Laughing gas

分子量：44.0　　　　　　　　　　　化学式：N_2O

危害/接触类型	急性危害/症状	预防	急救/消防
火　灾	不可燃，但可助长其他物质燃烧。在火焰中释放出刺激性或有毒烟雾（或气体）	禁止明火，禁止火花和禁止吸烟	周围环境着火时，使用适当的灭火剂
爆　炸	着火和爆炸危险性：见化学危险性	密闭系统，通风，防爆型电气设备和照明	着火时，喷雾状水保持钢瓶冷却。从掩蔽位置灭火
接　触		避免孕妇接触！	
# 吸入	欣快症。倦睡。神志不清	通风。局部排气通风或呼吸防护	新鲜空气，休息。给予医疗护理
# 皮肤	与液体接触：冻伤	保温手套	冻伤时，用大量水冲洗，不要脱去衣服。给予医疗护理
# 眼睛		护目镜或眼睛防护结合呼吸防护	先用大量水冲洗几分钟（如可能尽量摘除隐形眼镜），然后就医
# 食入		工作时不得进食，饮水或吸烟	

泄漏处置	撤离危险区域！向专家咨询！通风。如果是液体，不要用锯末或其他可燃吸收剂吸收。切勿直接向液体上喷水。个人防护用具：自给式呼吸器
包装与标志	联合国危险性类别：2.2　　　　联合国次要危险性：5.1 中国危险性类别：第 2.2 项非易燃无毒气体　中国次要危险性：5.1
应急响应	运输应急卡：TEC(R)-20S1070
储存	如果在建筑物内，耐火设备（条件）。与性质相互抵触的物质分开存放。见化学危险性。阴凉场所
重要数据	**物理状态、外观：**无色压缩液化气体，有特殊气味 **物理危险性：**气体比空气重，可能积聚在低层空间，造成缺氧 **化学危险性：**与亚硫（酸）酐、无定形硼、磷化氢、醚类、铝、肼、苯基锂和碳化钨激烈反应，有着火和爆炸的危险。高于 300℃时，气体是强氧化剂，可能与氨、一氧化碳、硫化氢、油、油脂和燃料生成爆炸性混合物 **职业接触限值：**阈限值：50ppm（时间加权平均值），A4（不能分类为人类致癌物）（美国政府工业卫生学家会议，2004 年）。最高容许浓度：100ppm，$180mg/m^3$；最高限值种类：II（2）；妊娠风险等级：D（德国，2004 年） **接触途径：**该物质可通过吸入吸收到体内 **吸入危险性：**容器漏损时，迅速达到空气中该气体的有害浓度 **短期接触的影响：**液体可能引起冻伤。该物质可能对中枢神经系统有影响，导致意识降低 **长期或反复接触的影响：**该物质可能对骨髓和末梢神经系统有影响。可能造成人类生殖或发育毒性。
物理性质	沸点：-88.5℃ 熔点：-90.8℃ 相对密度（水=1）：1.23（-89℃时） 水中溶解度：15℃时 0.15g/100mL 蒸气压：20℃时 5150kPa 蒸气相对密度（空气=1）：1.53 辛醇/水分配系数的对数值：0.35
环境数据	
注解	转动泄漏钢瓶使漏口朝上，防止液态气体溢出。其他 UN 编号：2201（冷冻液体）

本卡片由 IPCS 和 EC 合作编写 © 2004～2012

国际化学品安全卡

臭氧			ICSC 编号：0068

CAS 登记号：10028-15-6	中文名称：臭氧（钢瓶）
RTECS 号：RS8225000	英文名称：OZONE; (cylinder)

分子量：48.0 　　　　　　　化学式：　O₃

危害/接触类型	急性危害/症状	预防	急救/消防
火　灾	不可燃，但可助长其他物质燃烧。许多反应可能引起火灾或爆炸	禁止明火，禁止火花和禁止吸烟。禁止与可燃物质接触	周围环境着火时，使用适当的灭火剂
爆　炸	当接触可燃物质，有着火和爆炸危险	密闭系统，通风，防爆型电气设备和照明	着火时，喷雾状水保持钢瓶冷却。从掩蔽位置灭火
接　触		严格作业环境管理！	
# 吸入	咽喉痛。咳嗽。头痛。呼吸短促。呼吸困难	通风，局部排气通风或呼吸防护	新鲜空气，休息。半直立体位。立即给予医疗护理
# 皮肤	与液体接触：冻伤	保温手套	冻伤时，用大量水冲洗，不要脱去衣服。给予医疗护理
# 眼睛	发红。疼痛	面罩，眼睛防护结合呼吸防护	先用大量水冲洗几分钟（如可能尽量摘除隐形眼镜），然后就医
# 食入			
泄漏处置	撤离危险区域！向专家咨询！通风。个人防护用具：化学防护服，包括自给式呼吸器		
包装与标志			
应急响应			
储存	如果在建筑物内，耐火设备（条件）。与所有物质分开存放。阴凉场所		
重要数据	**物理状态、外观**：无色或浅蓝色气体，有特殊气味 **物理危险性**：该气体比空气重 **化学危险性**：加温时该物质分解，生成氧气，有着火和爆炸的危险。与无机和有机化合物激烈地发生反应，有着火和爆炸的危险。浸蚀橡胶 **职业接触限值**：阈限值：（轻松工作）0.1ppm（时间加权平均值），（中等工作）0.08ppm（时间加权平均值），（繁重工作）0.05ppm（时间加权平均值），[繁重、中等或轻松工作（2h 以内）]0.2ppm（时间加权平均值）；A4（不能分类为人类致癌物）（美国政府工业卫生学家会议，2009 年）。最高容许浓度：致癌物类别：3B（德国，2008 年） **接触途径**：该物质可通过吸入吸收到体内 **吸入危险性**：容器漏损时，迅速达到空气中该气体的有害浓度 **短期接触的影响**：该物质刺激眼睛和呼吸道。该物质可能对中枢神经系统有影响，导致功能损伤。吸入浓度超过 5ppm 的气体可能引起肺水肿（见注解）。影响可能推迟显现。该液体可能引起冻伤 **长期或反复接触的影响**：反复或长期接触其气体，肺可能受损伤		
物理性质	**沸点**：-112℃ **熔点**：-193℃ **水中溶解度**：不溶 **蒸气相对密度（空气=1）**：1.6		
环境数据	该物质可能对环境有危害，对植物应给予特别注意		
注解	肺水肿症状常常经过几个小时以后才变得明显，体力劳动使症状加重。因而休息和医学观察是必要的。应当考虑由医生或医生指定的人立即采取适当吸入治疗法。转动泄漏钢瓶使漏口朝上，防止液态气体逸出		

IPCS
International
Programme on
Chemical Safety

  UNEP

本卡片由 **IPCS** 和 **EC** 合作编写 © 2004～2012

国际化学品安全卡

五氯苯酚			ICSC 编号：0069

CAS 登记号：87-86-5　　　　　　　中文名称：五氯苯酚
RTECS 号：SM6300000
UN 编号：3155　　　　　　　　　　英文名称：PENTACHLOROPHENOL
EC 编号：604-002-00-8
中国危险货物编号：3155

分子量：266.4　　　　　　　　　　化学式：C_6Cl_5OH

危害/接触类型	急性危害/症状	预防	急救/消防
火　灾	不可燃。含有机溶剂的液体制剂可能是易燃的		周围环境着火时，使用适当的灭火剂
爆　炸			
接　触		防止粉尘扩散！严格作业环境管理！避免孕妇接触！避免一切接触！	一切情况均向医生咨询！
# 吸入	咳嗽。头晕。倦睡。头痛。发烧或体温升高。呼吸困难。咽喉痛	局部排气通风或呼吸防护	新鲜空气，休息。半直立体位。必要时进行人工呼吸。给予医疗护理
# 皮肤	可能被吸收！发红。水疱。（另见吸入）	防护手套。防护服。	脱去污染的衣服。冲洗，然后用水和肥皂清洗皮肤。给予医疗护理。急救时戴防护手套
# 眼睛	发红。疼痛	护目镜，面罩或眼睛防护结合呼吸防护	先用大量水冲洗几分钟（如可能尽量摘除隐形眼镜），然后就医
# 食入	胃痉挛，腹泻，恶心，神志不清，呕吐，虚弱。（另见吸入）	工作时不得进食，饮水或吸烟。进食前洗手	漱口。用水冲服活性炭浆。大量饮水。给予医疗护理
泄漏处置	将泄漏物清扫进可密闭容器中。如果适当，首先润湿防止扬尘。小心收集残余物，然后转移到安全场所。不要让该化学品进入环境。个人防护用具：适用于有毒颗粒物的 P3 过滤呼吸器。全套防护服		
包装与标志	不得与食品和饲料一起运输。严重污染海洋物质 欧盟危险性类别：T+符号 N 符号　　R:24/25-26-36/37/38-40-50/53　　S:1/2-22-36/37-45-52-60-61 联合国危险性类别：6.1　　联合国包装类别：II 中国危险性类别：第 6.1 项毒性物质　中国包装类别：II		
应急响应	运输应急卡：TEC(R)-61GT2-II 美国消防协会法规：H3（健康危险性）；F0（火灾危险性）；R0（反应危险性）		
储存	注意收容灭火产生的废水。与强氧化剂、食品和饲料分开存放。保存在通风良好的室内		
重要数据	**物理状态、外观**：白色晶体或各种形态固体，有特殊气味 **化学危险性**：加热至 200℃以上时，该物质分解生成含二噁英有毒和腐蚀性烟雾。与强氧化剂激烈反应 **职业接触限值**：阈限值：0.5mg/m³（经皮），A3（确认动物致癌物，但未知与人类相关性）；公布生物暴露指数（美国政府工业卫生学家会议，2003 年）。最高容许浓度：皮肤吸收，致癌物类别：2（德国，2002 年） **接触途径**：该物质可通过吸入、经皮肤和食入吸收到体内 **吸入危险性**：20℃时蒸发可忽略不计，但扩散时可较快达到空气中颗粒物有害浓度 **短期接触的影响**：该物质刺激眼睛、皮肤和呼吸道。该物质可能对心血管系统有影响，导致心脏病和心脏衰竭 **长期或反复接触的影响**：该物质可能对中枢神经系统、肾、肝、肺、免疫系统和甲状腺有影响。该物质可能是人类致癌物。动物实验表明，该物质可能造成人类生殖或发育毒性		
物理性质	沸点：309℃（分解） 熔点：191℃ 密度：1.98g/cm³ 水中溶解度：20℃时 0.001g/100mL	蒸气压：20℃时 0.02Pa 蒸气相对密度（空气=1）：9.2 蒸气/空气混合物的相对密度（20℃，空气=1）：1.00 辛醇/水分配系数的对数值：5.01	
环境数据	该物质对水生生物有极高毒性。该物质可能在水生环境中造成长期影响。虽然该物质在正常使用过程中进入环境，但要特别注意避免任何额外的释放，例如通过不适当处置活动的释放		
注解	工业产品可能含有极高毒性的杂质（二噁英）。超过职业接触限值时，气味报警不充分		

IPCS
International
Programme on
Chemical Safety

本卡片由 IPCS 和 EC 合作编写 © 2004～2012

国际化学品安全卡

苯酚			ICSC 编号：0070

CAS 登记号：108-95-2	中文名称：苯酚；石炭酸；羟基苯
RTECS 号：SJ3325000	
UN 编号：1671	英文名称：PHENOL; Carbolic acid; Phenic acid; Hydroxybenzene
EC 编号：604-001-00-2	
中国危险货物编号：1671	
分子量：94.1	化学式：C_6H_6O/C_6H_5OH

危害/接触类型	急性危害/症状	预防	急救/消防
火 灾	可燃的	禁止明火，禁止与强氧化剂接触	抗溶性泡沫、干粉、雾状水、泡沫、二氧化碳
爆 炸	高于79℃,可能形成爆炸性蒸气/空气混合物	高于79℃，密闭系统、通风。	着火时，喷雾状水保持料桶等冷却
接 触		避免一切接触！	一切情况均向医生咨询！
# 吸入	咽喉痛，灼烧感，咳嗽，头晕，头痛，恶心，呕吐，气促，呼吸困难，神志不清，症状可能推迟显现（见注解）	避免吸入微细粉尘和烟云。通风，局部排气通风或呼吸防护	新鲜空气，休息。半直立体位，给予医疗护理
# 皮肤	容易被吸收。严重皮肤烧伤。麻木，惊厥，虚脱，昏迷，死亡	防护手套，防护服	脱去污染的衣服，用大量水冲洗皮肤或淋浴。使用聚乙二醇300或植物油可以去除该物质。给予医疗护理。急救时戴防护手套
# 眼睛	疼痛，发红，永久失明，严重深度烧伤	面罩或眼睛防护结合呼吸防护	先用大量水冲洗几分钟（如可能尽量摘除隐形眼镜），然后就医
# 食入	腐蚀。腹部疼痛，惊厥，腹泻，休克或虚脱，咽喉疼痛。烟灰色、浅绿-暗色尿液	工作时不得进食，饮水或吸烟。进食前洗手	漱口。饮用1～2杯水。不要催吐。给予医疗护理

泄漏处置	将泄漏物清扫进可密闭容器中。如果适当，首先润湿防止扬尘。小心收集残余物，然后转移到安全场所。不要让该化学品进入环境。个人防护用具：全套防护服包括自给式呼吸器
包装与标志	不得与食品和饲料一起运输 欧盟危险性类别：T 符号 C 符号　　　R:23/24/25-34-48/20/21/22-68　　　S:1/2-24/25-26-28-36/37/39-45 联合国危险性类别：6.1　　　　联合国包装类别：II 中国危险性类别：第6.1项 毒性物质　中国包装类别：II
应急响应	运输应急卡：TEC(R)-61S1671 美国消防协会法规：H3（健康危险性）；F2（火灾危险性）；R0（反应危险性）
储存	注意收容灭火产生的废水。与强氧化剂、食品和饲料分开存放。干燥。严格密封。保存在通风良好的室内。储存在没有排水管或下水道的场所
重要数据	物理状态、外观：无色至黄色或浅粉红色晶体，有特殊气味 化学危险性：加热时生成有毒烟雾。水溶液是一种弱酸，与氧化剂发生反应，有着火和爆炸危险 职业接触限值：阈限值：5ppm（时间加权平均值）（经皮），A4（不能分类为人类致癌物）；公布生物暴露指数（美国政府工业卫生学家会议，2004年）。最高容许浓度：皮肤吸收；致癌物类别：3B；胚细胞突变种类：3B（德国，2009年） 接触途径：该物质可迅速地通过吸入其蒸气，经皮肤和食入吸收到体内 吸入危险性：20℃时该物质蒸发，相当慢地达到空气中有害污染浓度 短期接触的影响：该物质和蒸气腐蚀眼睛，皮肤和呼吸道。吸入蒸气可能引起肺水肿（见注解）。该物质可能对中枢神经系统、心脏和肾脏有影响，导致惊厥、昏迷、心脏病、呼吸衰竭和虚脱。接触可能导致死亡。影响可能推迟显现。需进行医学观察 长期或反复接触的影响：反复或长期与皮肤接触可能引起皮炎。该物质可能对肝和肾有影响
物理性质	沸点：182℃ 熔点：43℃ 密度：1.06g/cm³ 水中溶解度：适度溶解 蒸气压：20℃时47Pa 蒸气相对密度（空气=1）：3.2	蒸气/空气混合物的相对密度（20℃，空气=1）：1.001 闪点：79℃（闭杯） 自燃温度：715℃ 爆炸极限：空气中1.36%～10%（体积） 辛醇/水分配系数的对数值：1.46
环境数据	该物质对水生生物是有毒的
注解	其他UN编号：2312（熔融）；2821（溶液）。饮用含酒精饮料增进有害影响。根据接触程度，需定期进行医疗检查。肺水肿症状常常经过几个小时以后才变得明显，体力劳动使症状加重。因而休息和医学观察是必要的。应当考虑由医生或医生指定的人立即采取适当喷药治疗法

本卡片由 IPCS 和 EC 合作编写 © 2004～2012

国际化学品安全卡

喹啉			ICSC 编号：0071

CAS 登记号：91-22-5
RTECS 号：VA9275000
UN 编号：2656
中国危险货物编号：2655
分子量：129.2

中文名称：喹啉；苯并(b)吡啶；1-偶氮萘；氮杂萘
英文名称：QUINOLINE; 1-Benzazene; Benzo (b) pyridine; 1-Azanaphthalene; Leucoline
化学式：C₉H₇N

化学式：C_9H_7N

危害/接触类型	急性危害/症状	预防	急救/消防
火 灾	可燃的。在火焰中释放出刺激性或有毒烟雾（或气体）	禁止明火	雾状水，泡沫，干粉，二氧化碳
爆 炸	高于101℃，可能形成爆炸性蒸气/空气混合物	高于101℃，使用密闭系统、通风	着火时，喷雾状水保持料桶等冷却
接 触		避免一切接触！	
# 吸入	咳嗽。咽喉痛	通风，局部排气通风或呼吸防护	新鲜空气，休息。给予医疗护理
# 皮肤	发红	防护手套。防护服	脱去污染的衣服。冲洗，然后用水和肥皂清洗皮肤
# 眼睛	发红。疼痛	安全眼镜	用大量水冲洗（如可能尽量摘除隐形眼镜）。给予医疗护理
# 食入	咽喉疼痛	工作时不得进食，饮水或吸烟	漱口。饮用1～2杯水。给予医疗护理

泄漏处置	不要让该化学品进入环境。尽可能将泄漏液收集在可密闭的容器中。用砂土或惰性吸收剂吸收残液，并转移到安全场所。个人防护用具：适应于该物质空气中浓度的有机气体和蒸气过滤呼吸器
包装与标志	不得与食品和饲料一起运输 联合国危险性类别：6.1 联合国包装类别：III 中国危险性类别：第6.1项 毒性物质 中国包装类别：III GHS 分类：信号词：危险 图形符号：骷髅和交叉骨-健康危险-环境 危险说明：吞咽会中毒；接触皮肤有害；造成轻微皮肤刺激；造成眼睛刺激；怀疑致癌；怀疑导致遗传性缺陷；对水生生物毒性非常大
应急响应	运输应急卡：TEC(R)-61GT1-III 美国消防协会法规：H3（健康危险性）；F2（火灾危险性）；R0（反应危险性）
储存	注意收容灭火产生的废水。与强氧化剂、酸类、酐类、食品和饲料分开存放。干燥。保存在暗处。严格密封。储存在没有排水管或下水道的场所
重要数据	物理状态、外观：无色吸湿液体，有特殊气味。遇光后变棕色 化学危险性：加热时和燃烧时该物质分解，生成含有氮氧化物的有毒烟雾。与强氧化剂，酸类和酐类发生反应 职业接触限值：阈限值未制定标准。最高容许浓度未制定标准 接触途径：该物质可通过吸入、经皮肤和经食入吸收到体内 吸入危险性：20℃时，该物质蒸发相当慢地达到空气中有害污染浓度；但喷洒或扩散时要快得多 短期接触的影响：该物质刺激眼睛和皮肤 长期或反复接触的影响：该物质可能对肝有影响。该物质可能是人类致癌物
物理性质	沸点：238℃ 熔点：-15℃ 相对密度（水=1）：1.09 水中溶解度：20℃时 0.61g/100mL(难溶) 蒸气压：20℃时 8Pa 蒸气相对密度（空气=1）：4.5	蒸气/空气混合物的相对密度（20℃，空气=1）：1.00 闪点：闪点：101℃（闭杯） 自燃温度：480℃ 爆炸极限：空气中1.2%～7%（体积） 辛醇/水分配系数的对数值：2.06
环境数据	该物质对水生生物有极高毒性。强烈建议不要让该化学品进入环境
注解	对接触该物质的健康影响未进行充分调查。根据接触程度，建议定期进行医学检查

IPCS
International
Programme on
Chemical Safety

   UNEP

本卡片由 IPCS 和 EC 合作编写 © 2004～2012

国际化学品安全卡

硒			ICSC 编号：0072

CAS 登记号：7782-49-2
RTECS 号：VS7700000
UN 编号：2658
EC 编号：034-001-00-2
中国危险货物编号：2658
分子量：79.0（原子量）

中文名称：硒（粉末）

英文名称：SELENIUM; (powder)

化学式：Se

危害/接触类型	急性危害/症状	预防	急救/消防
火 灾	不可燃。在火焰中释放出刺激性或有毒烟雾（或气体）	禁止明火。禁止与氧化剂接触	泡沫，干粉，二氧化碳。禁止用水
爆 炸	与氧化剂接触时，有着火和爆炸的危险		
接 触		严格作业环境管理！	
# 吸入	咽喉痛。咳嗽。流鼻涕。失去嗅觉。头痛	通风，局部排气通风或呼吸防护	新鲜空气，休息。给予医疗护理
# 皮肤	发红	防护手套	冲洗，然后用水和肥皂清洗皮肤
# 眼睛	发红	安全眼镜，或眼睛防护结合呼吸防护	用大量水冲洗（如可能尽量摘除隐形眼镜）
# 食入	呼吸有大蒜味。腹泻	工作时不得进食，饮水或吸烟	漱口。给予医疗护理

泄漏处置	将泄漏物清扫进容器中，如果适当，首先润湿防止扬尘。小心收集残余物，然后转移到安全场所。不要让该化学品进入环境。个人防护用具：适应于该物质空气中浓度的颗粒物过滤呼吸器
包装与标志	气密。不得与食品和饲料一起运输 欧盟危险性类别：T 符号　R:23/25-33-53　S:1/2-20/21-28-45-61 GHS 分类：信号词：警告 图形符号：感叹号-健康危险-环境 危险说明：可能造成呼吸刺激作用；可能对神经系统和胃肠道造成损害；长期或反复接触可能对神经系统和胃肠道造成损害；对水生生物毒性非常大
应急响应	
储存	与强氧化剂、强酸、食品和饲料分开存放。干燥。储存在没有排水管或下水道的场所。注意收容灭火产生的废水
重要数据	物理状态、外观：灰色各种形态固体 化学危险性：加热时，生成有毒烟雾。与氧化剂和强酸发生激烈反应。如果为无定形态，与水在 50℃ 发生反应，生成易燃/爆炸性气体（氢，见卡片#0001）和亚硒酸 职业接触限值：阈限值：0.2mg/m³（时间加权平均值）（美国政府工业卫生学家会议，2009 年）。最高容许浓度：0.05mg/m³（以上呼吸道可吸入部分计）；最高限值种类：II（4）；致癌物类别：3B；妊娠风险等级：C（德国，2009 年） 接触途径：该物质可通过吸入和经食入吸收到体内 吸入危险性：可较快地达到空气中颗粒物有害浓度 短期接触的影响：该物质刺激呼吸道。该物质可能对胃肠道和神经系统产生影响 长期或反复接触的影响：该物质可能对呼吸道、胃肠道和皮肤有影响
物理性质	沸点：685℃ 熔点：217℃ 相对密度（水=1）：4.8 水中溶解度：不溶 蒸气压：20℃时 0.1Pa
环境数据	该物质对水生生物有极高毒性。强烈建议不要让该化学品进入环境
注解	不要将工作服带回家中

IPCS
International
Programme on
Chemical Safety

本卡片由 IPCS 和 EC 合作编写 © 2004～2012

国际化学品安全卡

苯乙烯			ICSC 编号：0073

CAS 登记号：100-42-5
RTECS 号：WL3675000
UN 编号：2055（苯乙烯单体，稳定的）
EC 编号：601-026-00-0
中国危险货物编号：2055
分子量：104.2

中文名称：苯乙烯；乙烯基苯

英文名称：STYRENE; Vinylbenzene; Phenylethylene; Ethenylbenzene

化学式：$C_8H_8/C_6H_5CHCH_2$

危害/接触类型	急性危害/症状	预防	急救/消防
火 灾	易燃的。在火焰中释放出刺激性或有毒烟雾（或气体）	禁止明火，禁止火花和禁止吸烟	干粉，水成膜泡沫，泡沫，二氧化碳
爆 炸	高于31℃，可能形成爆炸性蒸气/空气混合物。见注解	高于31℃，使用密闭系统、通风和防爆型电气设备	着火时，喷雾状水保持料桶等冷却
接 触		严格作业环境管理！	
# 吸入	头晕。倦睡。头痛。恶心。呕吐。虚弱。神志不清	通风，局部排气通风或呼吸防护	新鲜空气，休息。给予医疗护理
# 皮肤	发红。疼痛	防护服。防护手套	脱去污染的衣服，冲洗，然后用水和肥皂清洗皮肤
# 眼睛	发红。疼痛	安全护目镜，眼睛防护结合呼吸防护	先用大量水冲洗几分钟（如可能尽量摘除隐形眼镜），然后就医
# 食入	恶心。呕吐	工作时不得进食，饮水或吸烟	漱口。不要催吐。大量饮水。休息
泄漏处置	转移全部引燃源。个人防护用具：化学防护服包括自给式呼吸器。不要让该化学品进入环境。不要冲入下水道。将泄漏液收集在有盖的容器中。用砂土或惰性吸收剂吸收残液，并转移到安全场所		
包装与标志	气密。污染海洋物质 欧盟危险性类别：Xn 符号 标记：D R:10-20-36/38 S:2-23 联合国危险性类别：3 联合国包装类别：III 中国危险性类别：第3类 易燃液体 中国包装类别：III GHS 分类：警示词：危险 图形符号：火焰-感叹号-健康危险 危险说明：易燃液体和蒸气；吸入蒸气有害；造成皮肤刺激；造成眼睛刺激；怀疑致癌；长期或反复接触对中枢神经系统造成损害和肝；对水生生物有毒		
应急响应	运输应急卡：TEC(R)-30S2055; 30GF1-III-9 美国消防协会法规：H2（健康危险性）；F3（火灾危险性）；R2（反应危险性）		
储存	耐火设备（条件）。与性质相互抵触的物质分开存放。见化学危险性。阴凉场所。保存在暗处。稳定后储存。储存在没有排水管或下水道的场所		
重要数据	物理状态、外观：无色至黄色油状液体 化学危险性：该物质能生成爆炸性过氧化物。由于加温，在光、氧化剂、氧和过氧化物的作用下，该物质可能发生聚合，有着火和爆炸危险。与强酸、强氧化剂激烈反应，有着火和爆炸的危险。浸蚀橡胶、铜和铜合金 职业接触限值：阈限值：20ppm（时间加权平均值）；40ppm（短期接触限值）；A4（不能分类为人类致癌物）；公布生物暴露指数（美国政府工业卫生学家会议，2005年）。最高容许浓度：20ppm，86mg/m³；最高限值种类：II（2）；致癌物类别：5；妊娠风险等级：C（德国，2005年） 接触途径：该物质可通过吸入其蒸气吸收到体内 吸入危险性：20℃时，该物质蒸发相当慢地达到空气中有害污染浓度 短期接触的影响：该物质刺激眼睛、皮肤和呼吸道。如果吞咽的液体吸入肺中，有引起化学肺炎的危险。该物质可能对中枢神经系统有影响。高浓度时，接触可能导致神志不清 长期或反复接触的影响：液体使皮肤脱脂。该物质可能对中枢神经系统有影响。接触物质可能加重因噪声引起的听力损伤。该物质可能是人类致癌物。见注解		
物理性质	沸点：145℃ 熔点：-30.6℃ 相对密度（水=1）：0.91 水中溶解度：20℃时0.03g/100mL 蒸气压：20℃时0.67kPa 蒸气相对密度（空气=1）：3.6	蒸气/空气混合物的相对密度（20℃，空气=1）：1.02 闪点：31℃（闭杯） 自燃温度：490℃ 爆炸极限：空气中0.9%～6.8%（体积） 辛醇/水分配系数的对数值：3.0	
环境数据	该物质对水生生物是有毒的。强烈建议不要让该化学品进入环境		
注解	根据接触程度，建议定期进行医学检查。蒸馏前检验过氧化物，如有，将其去除。苯乙烯单体蒸气未经阻聚，可能在通风口或贮槽的阻火器中生成聚合物，导致堵塞通风口。不要将工作服带回家中		

IPCS
International
Programme on
Chemical Safety

本卡片由 IPCS 和 EC 合作编写 © 2004～2012

国际化学品安全卡

二氧化硫			ICSC 编号：0074

CAS 登记号：7446-09-5	中文名称：二氧化硫；氧化亚硫；亚硫酸酐；硫氧化物（钢瓶）
RTECS 号：WS4550000	
UN 编号：1079	英文名称：SULPHUR DIOXIDE; Sulfurous oxide; Sulfurous anhydride;
EC 编号：016-011-00-9	Sulfur oxide; (cylinder)
中国危险货物编号：1079	
分子量：64.1	化学式：SO₂

危害/接触类型	急性危害/症状	预防	急救/消防
火　灾	不可燃。加热引起压力升高，容器有破裂危险		周围环境着火时，使用适当的灭火剂
爆　炸			着火时，喷雾状水保持钢瓶冷却，但避免该物质与水接触。从掩蔽位置灭火
接　触		严格作业环境管理！	一切情况均向医生咨询！
# 吸入	咳嗽。呼吸短促。咽喉痛。呼吸困难	通风，局部排气通风或呼吸防护	新鲜空气，休息。必要时进行人工呼吸。给予医疗护理
# 皮肤	与液体接触：冻伤	保温手套	冻伤时，用大量水冲洗，不要脱去衣服。给予医疗护理
# 眼睛	发红。疼痛	安全护目镜，面罩，或眼睛防护结合呼吸防护	先用大量水冲洗（如可能尽量摘除隐形眼镜）。给予医疗护理
# 食入			

泄漏处置	撤离危险区域！向专家咨询！通风。切勿直接向液体上喷水。个人防护用具：全套防护服包括自给式呼吸器
包装与标志	欧盟危险性类别：T 符号 标记：5 R:23-34 S:1/2-9-26-36/37/39-45 联合国危险性类别：2.3　　　联合国次要危险性：8 中国危险性类别：第 2.3 项 毒性气体　中国次要危险性：8
应急响应	运输应急卡：TEC(R)-20S1079 或 20G2TC 美国消防协会法规：H3（健康危险性）；F0（火灾危险性）；R0（反应危险性）
储存	沿地面通风。干燥
重要数据	物理状态、外观：无色气体或压缩液化气体，有刺鼻气味 物理危险性：该气体比空气重 化学危险性：水溶液是一种中强酸。与氢化钠激烈反应。浸蚀塑料 职业接触限值：阈限值：2ppm（时间加权平均值），5ppm（短期接触限值）；A4（不能分类为人类致癌物）（美国政府工业卫生学家会议，2006 年）。最高容许浓度：0.5ppm，1.3mg/m³；最高限值种类：I（1）；妊娠风险等级：C（德国，2006 年） 接触途径：该物质可通过吸入吸收到体内 吸入危险性：容器漏损时，迅速达到空气中该气体的有害浓度 短期接触的影响：液体迅速蒸发可能引起冻伤。该物质刺激眼睛和呼吸道。吸入可能引起类似哮喘反应 长期或反复接触的影响：反复或长期吸入接触可能引起哮喘
物理性质	沸点：-10℃ 熔点：-75.5℃ 相对密度（水=1）：-10℃时 1.4（液体） 水中溶解度：25℃时 8.5mL/100mL 蒸气压：20℃时 330kPa 蒸气相对密度（空气=1）：2.25
环境数据	该物质对水生生物是有害的
注解	根据接触程度，建议定期进行医学检查。哮喘症状常常经过几个小时以后才变得明显，体力劳动使症状加重。因而休息和医学观察是必要的。因这种物质出现哮喘症状的任何人不应当再接触该物质。不要向泄漏钢瓶上喷水（防止钢瓶腐蚀）。转动泄漏钢瓶使漏口朝上，防止液态气体逸出

IPCS
International
Programme on
Chemical Safety

UNEP

本卡片由 IPCS 和 EC 合作编写 © 2004～2012

国际化学品安全卡

2,4,5-三氯苯氧乙酸			ICSC 编号：0075

CAS 登记号：93-76-5	中文名称：2,4,5-三氯苯氧乙酸；2,4,5-涕
RTECS 号：AJ8400000	
UN 编号：3345	
EC 编号：607-041-00-9	
中国危险货物编号：3345	英文名称：(2,4,5-TRICHLOROPHENOXY) ACETIC ACID; 2,4,5-T
分子量：255.5	化学式：$C_8H_5Cl_3O_3/C_6H_2Cl_3OCH_2COOH$

危害/接触类型	急性危害/症状	预防	急救/消防
火　灾	在特定条件下是可燃的。含有机溶剂的液体制剂可能是易燃的。在火焰中释放出刺激性或有毒烟雾（或气体）	禁止明火	雾状水，干粉
爆　炸			
接　触	见注解	防止粉尘扩散！避免孕妇接触！	
# 吸入	咳嗽。咽喉痛	局部排气通风或呼吸防护	新鲜空气，休息
# 皮肤		防护手套	脱去污染的衣服。冲洗，然后用水和肥皂清洗皮肤
# 眼睛	发红。疼痛	安全护目镜	先用大量水冲洗几分钟（如可能尽量摘除隐形眼镜），然后就医
# 食入	腹泻。倦睡。头痛。恶心。呕吐	工作时不得进食，饮水或吸烟。进食前洗手	漱口。用水冲服活性炭浆。给予医疗护理

泄漏处置	将泄漏物清扫进有盖的容器中，如果适当，首先润湿防止扬尘。小心收集残余物，然后转移到安全场所。不要让该化学品进入环境。个人防护用具：适用于有害颗粒物的P2过滤呼吸器
包装与标志	不得与食品和饲料一起运输 欧盟危险性类别：Xn 符号　N 符号 R:22-36/37/38-50/53 S:2-24-60-61 联合国危险性类别：6.1　联合国包装类别：III 中国危险性类别：第6.1项毒性物质 中国包装类别：III
应急响应	运输应急卡：TEC(R)-61GT7-III
储存	注意收容灭火产生的废水。与食品和饲料分开存放。储存在没有排水管或下水道的场所
重要数据	物理状态、外观：白色晶体粉末 化学危险性：加热时和燃烧时，该物质分解生成含光气（见卡片#0007）和氯化氢（见卡片#0163）的有毒和腐蚀性气体。水溶液是一种弱酸 职业接触限值：阈限值：10mg/m³（时间加权平均值）；A4（不能分类为人类致癌物）（美国政府工业卫生学家会议，2005年）。最高容许浓度：10mg/m³（可吸入粉尘）；最高限值种类：II（2）；皮肤吸收（H）；妊娠风险等级：C（德国，2004年） 接触途径：该物质可通过吸入其气溶胶和食入吸收到体内 吸入危险性：喷洒或扩散时可较快地达到空气中颗粒物有害浓度，尤其是粉末 短期接触的影响：该物质刺激眼睛和呼吸道 长期或反复接触的影响：动物实验表明，该物质可能造成人类生殖或发育毒性。见注解
物理性质	沸点：低于沸点发生分解 熔点：153～158℃ 密度：1.80g/cm³ 水中溶解度：25℃时 0.03g/100mL 蒸气压：25℃时可忽略不计 辛醇/水分配系数的对数值：4
环境数据	该物质对水生生物有极高毒性的。该物质在正常使用过程中进入环境，但是应当注意避免任何额外的释放，例如通过不适当处置活动
注解	分解温度未见文献报道。商业产品可能含有毒二噁英（见卡片#1467 2,3,7,8-TCDD）。如果该物质用溶剂配制，可参考这些溶剂的卡片。商业制剂中使用的载体溶剂可能改变其物理和毒理学性质。本卡片的建议也适用于2,4,5-三氯苯氧乙酸盐。商品名称有 Esterone 245, Trioxone 和 Weedo

IPCS
International
Programme on
Chemical Safety

UNEP

本卡片由 IPCS 和 EC 合作编写 © 2004～2012

国际化学品安全卡

四氯乙烯		ICSC 编号：0076

CAS 登记号：127-18-4
RTECS 号：KX3850000
UN 编号：1897
EC 编号：602-028-00-4
中国危险货物编号：1897
分子量：165.8

中文名称：四氯乙烯；1,1,2,2-四氯乙烯；全氯乙烯

英文名称：TETRACHLOROETHYLENE; 1,1,2,2-Tetrachloroethylene; Perchloroethylene; Tetrachloroethene

化学式：$C_2Cl_4/Cl_2C=CCl_2$

危害/接触类型	急性危害/症状	预防	急救/消防
火 灾	不可燃。在火焰中释放出刺激性或有毒烟雾（或气体）		周围环境着火时，允许使用各种灭火剂
爆 炸			
接 触		严格作业环境管理！防止产生烟云！	
# 吸入	头晕，倦睡，头痛，恶心，虚弱，神志不清	通风，局部排气通风或呼吸防护	新鲜空气，休息。必要时进行人工呼吸，给予医疗护理
# 皮肤	皮肤干燥，发红	防护手套，防护服	脱去污染的衣服，冲洗，然后用水和肥皂清洗皮肤
# 眼睛	发红，疼痛	护目镜，面罩	先用大量水冲洗几分钟（如可能尽量摘除隐形眼镜），然后就医
# 食入	腹部疼痛（另见吸入）	工作时不得进食，饮水或吸烟	漱口。不要催吐。大量饮水，休息

泄漏处置	通风。尽可能将泄漏液收集在有盖的容器中。用砂土或惰性吸收剂吸收残液，并转移到安全场所。不要让该化学品进入环境。个人防护用具：适用于有机气体和蒸气的过滤呼吸器
包装与标志	不得与食品和饲料一起运输。污染海洋物质 欧盟危险性类别：Xn 符号 N 符号 R:40-51/53 S:(2-)23-36/37-61 联合国危险性类别：6.1 联合国包装类别：III 中国危险性类别：第 6.1 项毒性物质 中国包装类别：III
应急响应	运输应急卡：TEC(R)-61S1897 美国消防协会法规：H2（健康危险性）；F0（火灾危险性）；R0（反应危险性）
储存	与金属（见化学危险性）、食品和饲料分开存放。保存在暗处。沿地面通风
重要数据	物理状态、外观：无色液体，有特殊气味 物理危险性：蒸气比空气重 化学危险性：与高温表面或火焰接触时，该物质分解生成氯化氢、光气和氯有毒和腐蚀性烟雾。与湿气接触时，该物质缓慢分解生成三氯乙酸和盐酸。与金属铝、锂、钡和铍发生反应 职业接触限值：阈限值：25ppm（时间加权平均值）；100 ppm（短期接触限值）；A3（确认动物致癌物，但未知与人类相关性）；公布生物暴露指数（美国政府工业卫生学家会议，2004 年）。最高容许浓度：皮肤吸收；致癌物类别：3B（德国，2004 年） 接触途径：该物质可通过吸入和经食入吸收到体内 吸入危险性：20℃时该物质蒸发，相当慢地达到空气中有害污染浓度 短期接触的影响：该物质刺激眼睛，皮肤和呼吸道。如果吞咽液体吸入肺中，可能发生化学肺炎。该物质可能对中枢神经系统有影响。高浓度下接触可能导致神志不清 长期或反复接触的影响：反复或长期与皮肤接触可能引起皮炎。该物质可能对肝和肾有影响。该物质很可能是人类致癌物
物理性质	沸点：121℃ 熔点：-22℃ 相对密度（水=1）：1.6 水中溶解度：20℃时 0.015g/100mL 蒸气压：20℃时 1.9kPa 蒸气相对密度（空气=1）：5.8 蒸气/空气混合物的相对密度（20℃，空气=1）：1.09 辛醇/水分配系数的对数值：2.9
环境数据	该物质对水生生物是有毒的。该物质可能在水生环境中造成长期影响
注解	根据接触程度，需定期进行医疗检查。超过接触限值时，气味报警不充分。不要在火焰或高温表面附近或焊接时使用。添加稳定剂或阻聚剂会影响该物质的毒理学性质。向专家咨询

IPCS
International Programme on Chemical Safety

UNEP

本卡片由 IPCS 和 EC 合作编写 © 2004～2012

国际化学品安全卡

铊			ICSC 编号：0077

CAS 登记号：7440-28-0	中文名称：铊；铊（金属）
RTECS 号：XG3425000	
UN 编号：3288	英文名称：THALLIUM; Ramor; Thallium (metal)
EC 编号：081-001-00-3	
中国危险货物编号：3288	

分子量：204.4	化学式：Tl

危害/接触类型	急性危害/症状	预防	急救/消防
火 灾	在火焰中释放出刺激性或有毒烟雾（或气体）		周围环境着火时，允许使用各种灭火剂
爆 炸			
接 触		防止粉尘扩散！严格作业环境管理！	一切情况均向医生咨询！
# 吸入	（见食入）	局部排气通风或呼吸防护	新鲜空气，休息。必要时进行人工呼吸，给予医疗护理
# 皮肤	可能被吸收！见食入	防护手套，防护服	脱去污染的衣服，冲洗。然后用水和肥皂清洗皮肤，给予医疗护理
# 眼睛		护目镜，或眼睛防护结合呼吸防护	先用大量水冲洗几分钟（如可能尽量摘除隐形眼镜），然后就医
# 食入	腹痛，恶心，呕吐，头痛，虚弱，腿疼，视力模糊，脱发，烦躁不安，惊厥，心跳快。见注解	工作时不得进食，饮水或吸烟。进食前洗手	催吐（仅对清醒病人！）。用水冲服活性炭浆，给予医疗护理

泄漏处置	将泄漏物清扫进可密闭容器中。小心收集残余物，然后转移到安全场所。不要让该化学品进入环境。个人防护用具：适用于有毒颗粒物的 P3 过滤呼吸器
包装与标志	不得与食品和饲料一起运输 欧盟危险性类别：T+符号　R:26/28-33-53　　S:1/2-13-28-45-61 联合国危险性类别：6.1　　联合国包装类别：I 中国危险性类别：第 6.1 项毒性物质　中国包装类别：I
应急响应	运输应急卡：TEC(R)-61GT5-I
储存	与强酸、氟、其他卤素分开存放。与食品和饲料分开存放
重要数据	物理状态、外观：浅蓝白色柔软的金属。遇空气时变灰色 化学危险性：与强酸发生反应。在室温下与氟和其他卤素发生反应 职业接触限值：阈限值：0.1mg/m³（时间加权平均值，经皮）（美国政府工业卫生学家会议，2001 年）。 最高容许浓度：IIb（未制定标准，但可提供数据）（德国，2005 年） 接触途径：该物质可通过吸入其气溶胶，经皮肤和食入吸收到体内 吸入危险性：20℃时蒸发可忽略不计，但扩散时可较快地达到空气中颗粒物有害浓度，尤其是粉末。 短期接触的影响：该物质可能对胃肠道、神经系统、肾和心血管系统有影响。可能引起脱发和指甲萎缩。接触可能导致死亡。食入时，影响可能推迟显现。需进行医学观察 长期或反复接触的影响：该物质可能对心血管系统、神经系统有影响，可能引起脱发。动物实验表明，该物质可能对人类生殖或发育有毒性影响
物理性质	沸点：1457℃ 熔点：304℃ 相对密度（水=1）：11.9 水中溶解度：不溶解
环境数据	该物质对水生生物是有毒的。该化学品可能在食物链中发生生物蓄积，例如在淡水生物中。该物质可能对环境有危害，对鸟类和哺乳动物应给予特别注意。强烈建议不要让该化学品进入环境。该物质可能在水生环境中造成长期影响
注解	急性铊中毒症状通常发展缓慢。胃肠道症状（恶心，呕吐，腹痛）通常在接触几小时之后显现，但神经紊乱和其他症状可能要 2～5 天之后才出现。根据接触程度，需定期进行医学检查。不要将工作服带回家中。参见卡片#0336（硫酸铊）和#1221（碳酸铊）

IPCS
International
Programme on
Chemical Safety

本卡片由 IPCS 和 EC 合作编写 © 2004～2012

国际化学品安全卡

甲苯			ICSC 编号：0078

CAS 登记号：108-88-3	中文名称：甲苯；甲基苯；苯基甲烷
RTECS 号：XS5250000	
UN 编号：1294	
EC 编号：601-021-00-3	英文名称：TOLUENE; Methylbenzene; Toluol; Phenylmethane
中国危险货物编号：1294	
分子量：92.1	化学式：$C_6H_5CH_3/C_7H_8$

危害/接触类型	急性危害/症状	预防	急救/消防
火 灾	高度易燃	禁止明火，禁止火花和禁止吸烟	干粉，水成膜泡沫，泡沫，二氧化碳
爆 炸	蒸气/空气混合物有爆炸性	密闭系统，通风，防爆型电气设备和照明。防止静电荷积聚（例如，通过接地）。不要使用压缩空气灌装、卸料或转运。使用无火花手工具	着火时，喷水保持料桶等冷却
接 触		严格作业环境管理！避免孕妇接触！	
# 吸入	咳嗽。咽喉痛。头晕。倦睡。头痛。恶心。神志不清	通风，局部排气通风或呼吸防护	新鲜空气，休息。给予医疗护理
# 皮肤	皮肤干燥。发红	防护手套	脱去污染的衣服，冲洗，然后用水和肥皂清洗皮肤。给予医疗护理
# 眼睛	发红。疼痛	护目镜	先用大量水冲洗几分钟（如可能尽量摘除隐形眼镜），然后就医
# 食入	灼烧感。腹部疼痛。（另见吸入）	工作时不得进食，饮水或吸烟	漱口。不要催吐。给予医疗护理

泄漏处置	大量泄漏时，撤离危险区域！向专家咨询！转移全部引燃源。通风。将泄漏液收集在可密闭的容器中。用砂土或惰性吸收剂吸收残液，并转移到安全场所。不要冲入下水道。不要让该化学品进入环境。个人防护用具：自给式呼吸器
包装与标志	欧盟危险性类别：F 符号 Xn 符号 R:11-38-48/20-63-65-67 S:2-36/37-46-62 联合国危险性类别：3 联合国包装类别：II 中国危险性类别：第 3 类 易燃液体 中国包装类别：II
应急响应	运输应急卡：TEC(R)-30S1294 美国消防协会法规：H2（健康危险性）；F3（火灾危险性）；R0（反应危险性）
储存	耐火设备（条件）。与强氧化剂分开存放
重要数据	物理状态、外观：无色液体，有特殊气味 物理危险性：蒸气与空气充分混合，容易形成爆炸性混合物。由于流动、搅拌等，可能产生静电 化学危险性：与强氧化剂激烈反应，有着火和爆炸的危险 职业接触限值：阈限值：50ppm（时间加权平均值，经皮），A4（不能分类为人类致癌物）；公布生物暴露指数（美国政府工业卫生学家会议，2004 年）。最高容许浓度：50ppm，190mg/m³；皮肤吸收；最高限值种类：II（4）；妊娠风险等级：C（德国，2004 年） 接触途径：该物质可通过吸入，经皮肤和食入吸收到体内 吸入危险性：20℃时，该物质蒸发相当快达到空气中有害污染浓度 短期接触的影响：该物质刺激眼睛和呼吸道。该物质可能对中枢神经系统有影响。如果吞咽液体吸入肺中，可能引起化学肺炎。高浓度接触可能导致心脏节律障碍和神志不清 长期或反复接触的影响：液体使皮肤脱脂。该物质可能对中枢神经系统有影响。接触该物质可能加重因噪声引起的听力损害。动物实验表明，该物质可能造成人类生殖或发育毒性
物理性质	沸点：111℃ 熔点：-95℃ 相对密度（水=1）：0.87 水中溶解度：不溶 蒸气压：25℃时 3.8kPa 蒸气相对密度（空气=1）：3.1	蒸气/空气混合物的相对密度（20℃，空气=1）：1.01 闪点：4℃（闭杯） 自燃温度：480℃ 爆炸极限：空气中 1.1%～7.1%（体积） 辛醇/水分配系数的对数值：2.69
环境数据	该物质对水生生物是有毒的
注解	根据接触程度，建议定期进行医疗检查。饮用含酒精饮料增进有害影响

IPCS
International
Programme on
Chemical Safety

本卡片由 IPCS 和 EC 合作编写 © 2004～2012

国际化学品安全卡

1,1,1-三氯乙烷			ICSC 编号：0079

CAS 登记号：71-55-6
RTECS 号：KJ2975000
UN 编号：2831
EC 编号：602-013-00-2
中国危险货物编号：2831
分子量：133.4

中文名称：1,1,1-三氯乙烷；甲基氯仿；甲基三氯甲烷；α-三氯乙烷

英文名称：1,1,1-TRICHLOROETHANE; Methyl chloroform; Methyltrichloromethane; alpha-Trichloroethane

化学式：$C_2H_3Cl_3/CCl_3CH_3$

危害/接触类型	急性危害/症状	预防	急救/消防
火 灾	在特定条件下是可燃的。加热引起压力升高，容器有破裂危险。在火焰中释放出刺激性或有毒烟雾（或气体）。见注解		周围环境着火时，使用适当的灭火剂
爆 炸			着火时，喷雾状水保持料桶等冷却
接 触		防止产生烟云！	
# 吸入	咳嗽，咽喉痛，头痛，头晕，倦睡，恶心，运动失调，神志不清	通风，局部排气通风或呼吸防护	新鲜空气，休息，必要时进行人工呼吸，给予医疗护理
# 皮肤	皮肤干燥，发红	防护手套	脱去污染的衣服，冲洗，然后用水和肥皂清洗皮肤
# 眼睛	发红，疼痛	安全护目镜，或眼睛防护结合呼吸防护	先用大量水冲洗几分钟（如可能尽量摘除隐形眼镜），然后就医
# 食入	恶心，呕吐，腹部疼痛，腹泻。（另见吸入）	工作时不得进食，饮水或吸烟	不要催吐，漱口，用水冲服活性炭浆，给予医疗护理

泄漏处置	通风。尽可能将泄漏液收集在可密闭的适当容器中。用砂土或惰性吸收剂吸收残液，并转移到安全场所。不要让该化学品进入环境。个人防护用具：自给式呼吸器
包装与标志	不得与食品和饲料一起运输 欧盟危险性类别：Xn 符号 N 符号 标记：F R:20-59 S:2-24/25-59-61 联合国危险性类别：6.1　　　联合国包装类别：III 中国危险性类别：第 6.1 项 毒性物质 中国包装类别：III GHS 分类：警示词：警告 图形符号：感叹号-健康危险 危险说明：造成轻微皮肤刺激；造成眼睛刺激；可能引起昏昏欲睡或眩晕；吸入对心血管系统造成损害；对水生生物有害
应急响应	运输应急卡：TEC(R)-61S2831 或 61GTI-III 美国消防协会法规：H2（健康危险性）；F1（火灾危险性）；R0（反应危险性）
储存	与食品和饲料及强氧化剂、铝、镁和锌分开存放。阴凉场所。干燥。储存在没有排水管或下水道的场所
重要数据	物理状态、外观：无色液体，有特殊气味 物理危险性：蒸气比空气重 化学危险性：燃烧时，该物质分解生成有毒和腐蚀性烟雾。 与铝和铝镁合金、碱类、强氧化剂、丙酮和锌发生激烈反应 职业接触限值：阈限值：350ppm（时间加权平均值），450ppm（短期接触限值）；A4（不能分类为人类致癌物）；公布生物暴露指数（美国政府工业卫生学家会议，2006 年）。最高容许浓度：200ppm，1100mg/m³；最高限值种类：II(1)；皮肤吸收；妊娠风险等级：C（德国，2006 年） 接触途径：该物质可通过吸入其蒸气和食入吸收到体内 吸入危险性：20℃时，该物质蒸发相当快地达到空气中有害污染浓度 短期接触的影响：该物质轻微刺激眼睛、呼吸道和皮肤。该物质可能对中枢神经系统有影响，导致意识降低。高浓度接触时，可能导致心脏节律障碍 长期或反复接触的影响：液体使皮肤脱脂
物理性质	沸点：74℃　　熔点：-30℃ 相对密度（水=1）：1.34 水中溶解度：微溶 蒸气压：20℃时 13.3kPa 蒸气相对密度（空气=1）：4.6 闪点：见注解 自燃温度：537℃ 爆炸极限：空气中 8%～16%(体积) 辛醇/水分配系数的对数值：2.49
环境数据	该物质对水生生物是有害的
注解	在一定条件下，可能形成难引燃的可燃蒸气/空气混合物。该物质只有在过量氧或强引燃源存在时才燃烧。不要在火焰或高温表面附近或焊接时使用。饮用含酒精饮料加重有害影响。根据接触程度，建议定期进行医学检查。添加稳定剂或阻聚剂会影响该物质的毒理学性质，向专家咨询

IPCS
International Programme on Chemical Safety

本卡片由 IPCS 和 EC 合作编写 © 2004～2012

国际化学品安全卡

1,1,2-三氯乙烷			ICSC 编号：0080

CAS 登记号：79-00-5　　　　　　　中文名称：1,1,2-三氯乙烷；β-三氯乙烷
RTECS 号：KJ3150000　　　　　　　英文名称：1,1,2-TRICHLOROETHANE; Vinyl trichloride;
EC 编号：602-014-00-8　　　　　　　beta-Trichloroethane

分子量：133.4　　　　　　　　　　化学式：C₂H₃Cl₃/CHCl₂CH₂Cl

分子量：133.4　　　　　　　　　　化学式：$C_2H_3Cl_3/CHCl_2CH_2Cl$

危害/接触类型	急性危害/症状	预防	急救/消防
火　灾	在特定条件下是可燃的。加热引起压力升高，容器有破裂危险。见注解	禁止明火。禁止与高温表面接触	干粉，雾状水，泡沫，二氧化碳
爆　炸			着火时，喷雾状水保持料桶等冷却
接　触		防止产生烟云！	
# 吸入	咳嗽。头晕。倦睡。头痛。恶心	通风，局部排气通风或呼吸防护	新鲜空气，休息。给予医疗护理
# 皮肤	可能被吸收！皮肤干燥。发红	防护手套。防护服	脱去污染的衣服。冲洗，然后用水和肥皂清洗皮肤。给予医疗护理
# 眼睛	发红	安全眼镜，或面罩	用大量水冲洗（如可能尽量摘除隐形眼镜）。给予医疗护理
# 食入	吸入危险！（另见吸入）	工作时不得进食，饮水或吸烟	漱口。给予医疗护理。不要催吐
泄漏处置	尽可能将泄漏液收集在可密闭的容器中。用砂土或惰性吸收剂吸收残液，并转移到安全场所。不要让该化学品进入环境。个人防护用具：适应于该物质空气中浓度的有机气体和蒸气过滤呼吸器。		
包装与标志	污染海洋物质 欧盟危险性类别：Xn 符号　　R:20/21/22-40-66　　S:2-9-36/37-46		
应急响应	美国消防协会法规：H3（健康危险性）；F1（火灾危险性）；R0（反应危险性）		
储存	与强氧化剂、强碱、金属分开存放。严格密封。沿地面通风。注意收容灭火产生的废水。储存在没有排水管或下水道的场所		
重要数据	物理状态、外观：无色液体，有特殊气味 物理危险性：蒸气比空气重 化学危险性：与高温表面或火焰接触，该物质分解生成含有氯化氢、和光气的有毒和腐蚀性气体。与强碱、强氧化剂和金属发生反应，有着火和爆炸危险 职业接触限值：阈限值：10ppm（时间加权平均值）（经皮）；A3（确认的动物致癌物，但未知与人类相关性）（美国政府工业卫生学家会议，2009 年）。最高容许浓度：10ppm，55mg/m³；最高限值种类：II（2）；皮肤吸收致癌物类别：3B（德国，2008 年） 接触途径：该物质可通过吸入其蒸气、经皮肤和经食入吸收到体内 吸入危险性：20℃时，该物质蒸发相当快地达到空气中有害污染浓度 短期接触的影响：该物质刺激眼睛、皮肤和呼吸道。该物质可能对中枢神经系统有影响，导致意识水平下降，对肾脏和肝脏有影响，导致功能损伤。如果吞咽，可能导致呕吐，可引起吸入性肺炎 长期或反复接触的影响：液体使皮肤脱脂。反复与皮肤接触可能导致皮肤干燥和皲裂		
物理性质	沸点：114℃ 熔点：-36℃ 相对密度（水=1）：1.4 水中溶解度：20℃时 0.45g/100mL(难溶) 蒸气压：20℃时 2.5kPa	蒸气相对密度（空气=1）：4.6 蒸气/空气混合物的相对密度（20℃，空气=1）：1.09 黏度：在25℃时 1.17mm²/s 爆炸极限：空气中 6%～15.5%(体积) 辛醇/水分配系数的对数值：2.35	
环境数据	该物质对水生生物是有害的		
注解	在一定条件下，可能形成难引燃的可燃蒸气/空气混合物。饮用含酒精饮料增强有害影响。未指明气味与职业接触限值之间的关系。不要在火焰或高温表面附近或焊接时使用		

IPCS
International
Programme on
Chemical Safety

  UNEP

本卡片由 **IPCS** 和 **EC** 合作编写 © 2004～2012

国际化学品安全卡

三氯乙烯			ICSC 编号：0081

CAS 登记号：79-01-6
RTECS 号：KX4550000
UN 编号：1710　　　　　　　　　中文名称：三氯乙烯；1,1,2-三氯乙烯
EC 编号：602-027-00-9
中国危险货物编号：1710　　　　英文名称：TRICHLOROETHYLENE; 1,1,2-Trichloroethylene;
　　　　　　　　　　　　　　　　Trichloroethene; Ethylene trichloride; Acetylene trichloride

分子量：131.4　　　　　　　　　化学式：$C_2HCl_3/ClCH=CCl_2$

危害/接触类型	急性危害/症状	预防	急救/消防
火　灾	在特定情况下是可燃的。见注解		周围环境着火时，使用适当的灭火剂
爆　炸		防止静电荷积聚（例如，通过接地）	着火时，喷雾状水保持料桶等冷却
接　触		防止产生烟云！严格作业环境管理！	
# 吸入	头晕。倦睡。头痛。虚弱。恶心。神志不清	通风，局部排气通风或呼吸防护	新鲜空气，休息。必要时进行人工呼吸。给予医疗护理
# 皮肤	皮肤干燥。发红	防护手套	脱去污染的衣服。冲洗，然后用水和肥皂清洗皮肤
# 眼睛	发红。疼痛	安全护目镜，或眼睛防护结合呼吸防护	先用大量水冲洗几分钟（如可能尽量摘除隐形眼镜），然后就医
# 食入	腹部疼痛。（另见吸入）	工作时不得进食，饮水或吸烟	漱口。不要催吐。饮用1～2杯水。休息

泄漏处置	通风。尽可能将泄漏液收集在可密闭的容器中。用砂土或惰性吸收剂吸收残液，并转移到安全场所。不要让该化学品进入环境。个人防护用具：适用于该物质空气中浓度的有机气体和蒸气过滤呼吸器
包装与标志	不得与食品和饲料一起运输。污染海洋物质 欧盟危险性类别：T 符号　R:45-36/38-52/53-67 S:53-45-61 联合国危险性类别：6.1　　　　联合国包装类别：III 中国危险性类别：第 6.1 项 毒性物质　中国包装类别：III
应急响应	运输应急卡：TEC(R)-61S1710 美国消防协会法规：H2（健康危险性）；F1（火灾危险性）；R0（反应危险性）
储存	与金属、强碱、食品和饲料分开存放。见化学危险性。干燥。保存在暗处。沿地面通风。储存在没有排水管或下水道的场所
重要数据	**物理状态、外观**：无色液体，有特殊气味 **物理危险性**：蒸气比空气重。由于流动、搅拌等，可能产生静电 **化学危险性**：与高温表面或火焰接触时，该物质分解生成光气，氯化氢有毒和腐蚀性烟雾。与强碱接触时，该物质分解生成二氯乙炔，增大着火的危险。与金属粉末，如镁、铝、钛和钡激烈反应。有湿气存在时，在阳光作用下缓慢分解，生成腐蚀性盐酸 **职业接触限值**：阈限值：50ppm（时间加权平均值），100 ppm（短期接触限值）：A5（非可疑人类致癌物）（美国政府工业卫生学家会议，2004 年）。最高容许浓度：皮肤吸收；致癌物类别：1；胚细胞突变 种类：3B（德国，2009 年） **接触途径**：该物质可通过吸入和经食入吸收到体内 **吸入危险性**：20℃时，该物质蒸发相当快达到空气中有害污染浓度 **短期接触的影响**：该物质刺激眼睛和皮肤。如果吞咽液体吸入肺中，可能引起化学肺炎。该物质可能对中枢神经系统有影响，导致呼吸衰竭。接触能够造成意识降低 **长期或反复接触的影响**：反复或长期与皮肤接触可能引起皮炎。该物质可能对中枢神经系统有影响，导致记忆丧失。该物质可能对肝和肾有影响（见注解）。该物质很可能是人类致癌物
物理性质	沸点：87℃ 熔点：−73℃ 相对密度（水=1）：1.5 水中溶解度：20℃时 0.1g/100mL 蒸气压：20℃时 7.8kPa	蒸气相对密度（空气=1）：4.5 蒸气/空气混合物的相对密度（20℃，空气=1）：1.3 自燃温度：410℃ 爆炸极限：空气中 8%～10.5%（体积） 辛醇/水分配系数的对数值：2.42
环境数据	该物质对水生生物是有害的。该物质可能在水生环境中造成长期影响
注解	在一定条件下，可能形成可燃蒸气/空气混合物。饮用含酒精饮料增进有害影响。根据接触程度，建议定期进行医疗检查。超过接触限值时，气味报警不充分。不要在火焰或高温表面附近或焊接时使用。添加稳定剂或阻聚剂会影响该物质的毒理学性质。向专家咨询

IPCS
International Programme on Chemical Safety

UNEP

本卡片由 IPCS 和 EC 合作编写 © 2004～2012

国际化学品安全卡

氯乙烯			ICSC 编号：0082

CAS 登记号：75-01-4
RTECS 号：KU9625000
UN 编号：1086 (稳定的)
EC 编号：602-023-00-7
中国危险货物编号：1086
分子量：62.5

中文名称：氯乙烯；乙烯基氯；氯乙烯（钢瓶）

英文名称：VINYL CHLORIDE; Chloroethene; Chloroethylene; VCM (cylinder)

化学式：$C_2H_3Cl/H_2C=CHCl$

危害/接触类型	急性危害/症状	预防	急救/消防
火 灾	极易燃。在火焰中释放出刺激性或有毒烟雾（或气体）	禁止明火、禁止火花和禁止吸烟	切断气源，如不可能并对周围环境无危险，让火自行燃尽。其他情况用干粉，二氧化碳灭火
爆 炸	气体/空气混合物有爆炸性	密闭系统。通风。防爆型电气设备和照明。使用无火花手工具	着火时，喷雾状水保持钢瓶冷却。从掩蔽位置灭火
接 触		避免一切接触！	一切情况下均向医生咨询！
# 吸入	头晕，倦睡，头痛，神志不清	通风，局部排气通风或呼吸防护	新鲜空气，休息，给予医疗护理
# 皮肤	与液体接触：冻伤	防护手套，保温手套，防护服。	冻伤时，用大量水冲洗，不要脱去衣服
# 眼睛	发红，疼痛	护目镜或眼睛防护结合呼吸防护	先用大量水冲洗几分钟（如可能尽量摘除隐形眼镜），然后就医
# 食入		工作时不得进食，饮水或吸烟	

泄漏处置	撤离危险区域！向专家咨询！通风。移除全部引燃源。个人防护用具：全套防护服包括自给式呼吸器
包装与标志	欧盟危险性类别：F+符号 T 符号 标记：D R:45-12 S:53-45 联合国危险性类别：2.1 中国危险性类别：第 2.1 项 易燃气体
应急响应	运输应急卡：TEC(R)-20S1086 美国消防协会法规：H2（健康危险性）；F4（火灾危险性）；R2（反应危险性）
储存	耐火设备（条件）。与性质相互抵触的物质（见化学危险性）分开存放。阴凉场所。稳定后储存
重要数据	**物理状态、外观**：无色压缩液化气体，有特殊气味 **物理危险性**：气体比空气重，可能沿地面流动，可能造成远处着火。氯乙烯单体蒸气未经阻聚可能在储槽通风口或阻火器生成聚合物，导致通风口堵塞 **化学危险性**：在特定条件下，该物质能生成过氧化物，引发爆炸性聚合。加热和在空气、光、催化剂、强氧化剂和金属铜和铝的作用下，该物质容易发生聚合，有着火或爆炸危险。燃烧时，该物质分解生成氯化氢、光气有毒和腐蚀性烟雾。有湿气存在时，浸蚀铁和钢 **职业接触限值**：阈限值：1ppm（时间加权平均值）；A1（确认的人类致癌物）（美国政府工业卫生学家会议，2004 年）。最高容许浓度：致癌物类别：1（德国，2004 年） **接触途径**：该物质可通过吸入吸收到体内 **吸入危险性**：容器漏损时，迅速达到空气中该气体的有害浓度 **短期接触的影响**：该物质刺激眼睛。该液体可能引起冻伤。该物质可能对中枢神经系统有影响。接触能够造成意识降低。需进行医学观察 **长期或反复接触的影响**：该物质可能对肝、脾、血液、末梢血管和手指组织和骨骼有影响。该物质是人类致癌物
物理性质	沸点：-13℃ 熔点：-154℃ 密度：15℃时 8g/L（蒸气） 水中溶解度：不溶 蒸气相对密度（空气=1）：2.2	闪点：-78℃（闭杯） 自燃温度：472℃ 爆炸极限：空气中 3.6%～33%（体积） 辛醇/水分配系数的对数值：0.6
环境数据	该物质可能对环境有危害，对地下水应给予特别注意	
注解	根据接触程度，需定期进行医疗检查。超过接触限值时，气味报警不充分。不要在火焰或高温表面附近或焊接时使用。添加稳定剂或阻聚剂会影响该物质的毒理学性质。向专家咨询	

IPCS
International Programme on Chemical Safety

本卡片由 IPCS 和 EC 合作编写 © 2004～2012

国际化学品安全卡

1,1-二氯乙烯			ICSC 编号：0083

CAS 登记号：75-35-4
RTECS 号：KV9275000
UN 编号：1303 (稳定的)
EC 编号：602-025-00-8
中国危险货物编号：1303
分子量：97

中文名称：1,1-二氯乙烯；亚乙烯基二氯

英文名称：VINYLIDENE CHLORIDE; 1,1-Dichloroethene;
1,1-Dichloroethylene; VDC

化学式：$C_2H_2Cl_2/H_2C=CCl_2$

危害/接触类型	急性危害/症状	预防	急救/消防
火 灾	极易燃。在火焰中释放出刺激性或有毒烟雾（或气体）	禁止明火、禁止火花和禁止吸烟	干粉、雾状水、泡沫、二氧化碳
爆 炸	蒸气/空气混合物有爆炸性	密闭系统、通风、防爆型电气设备和照明。使用无火花手工具	着火时，喷雾状水保持料桶等冷却
接 触		防止产生烟云！	
# 吸入	头晕，倦睡，神志不清	通风，局部排气通风或呼吸防护	新鲜空气，休息。必要时进行人工呼吸，给予医疗护理
# 皮肤	发红，疼痛	防护手套，防护服	脱去污染的衣服，冲洗，然后用水和肥皂清洗皮肤
# 眼睛	发红，疼痛	护目镜，或眼睛防护结合呼吸防护	先用大量水冲洗几分钟（如可能尽量摘除隐形眼镜），然后就医
# 食入	腹部疼痛,咽喉疼痛(另见吸入)	工作时不得进食，饮水或吸烟	漱口，不要催吐，大量饮水，休息
泄漏处置	撤离危险区域！向专家咨询！移除全部引燃源。尽可能将泄漏液收集在有盖的容器中。用砂土或惰性吸收剂吸收残液，并转移到安全场所。不要冲入下水道。不要让该化学品进入环境。个人防护用具：全套防护服包括自给式呼吸器		
包装与标志	气密。不易破碎包装，将易破碎包装放在不易破碎的密闭容器中。污染海洋物质 欧盟危险性类别：F+符号 Xn 符号 标记：D R:12-20-40 S:2-7-16-29-36/37-46 联合国危险性类别：3 联合国包装类别：I 中国危险性类别：第 3 类易燃液体 中国包装类别：I		
应急响应	运输应急卡：TEC(R)-30S-1303 美国消防协会法规：H2（健康危险性）；F4（火灾危险性）；R2（反应危险性）		
储存	耐火设备（条件）。注意收容灭火产生的废水。与性质相互抵触的物质（见化学危险性）分开存放。阴凉场所。保存在暗处。稳定后储存		
重要数据	物理状态、外观：无色挥发性液体，有特殊气味 物理危险性：蒸气比空气重，可能沿地面流动，可能造成远处着火。该物质单体蒸气未经阻聚可能在储槽的通风口或阻火器生成聚合物，导致通风口堵塞 化学危险性：该物质容易生成爆炸性过氧化物。加热或在氧、阳光、铜或铝的作用下，该物质容易发生聚合，有着火或爆炸危险。加热或与火焰接触时，可能发生爆炸。燃烧时，该物质分解生成氯化氢、光气有毒和腐蚀性烟雾。与氧化剂激烈反应 职业接触限值：阈限值：5ppm（时间加权平均值）；A4（不能分类为人类致癌物）（美国政府工业卫生学家会议，2004 年）。最高容许浓度：2ppm，8.0mg/m³；最高限值种类：II（2）；致癌物类别：3B；妊娠风险等级：C（德国，2004 年） 接触途径：该物质可通过吸入和经食入吸收到体内 吸入危险性：20℃时该物质蒸发，迅速地达到空气中有害污染浓度 短期接触的影响：该物质刺激眼睛，皮肤和呼吸道。如果吞咽液体吸入肺中，可能引起化学肺炎。接触高浓度能够造成意识降低 长期或反复接触的影响：反复或长期与皮肤接触可能引起皮炎。该物质可能对肾和肝有影响		
物理性质	沸点：32℃ 熔点：-122℃ 相对密度（水=1）：1.2 水中溶解度：25℃时 0.25g/100mL 蒸气压：20℃时 66.5kPa 蒸气相对密度（空气=1）：3.3	蒸气/空气混合物的相对密度（20℃，空气=1）：2.5 闪点：-25℃（闭杯） 自燃温度：570℃ 爆炸极限：空气中 5.6%～16%（体积） 辛醇/水分配系数的对数值：1.32	
环境数据	该物质对水生生物是有害的		
注解	根据接触程度，需定期进行医疗检查。添加稳定剂或阻聚剂会影响该物质的毒理学性质。向专家咨询。超过接触限值时，气味报警不充分。不要在火焰或高温表面附近或焊接时使用		

IPCS
International
Programme on
Chemical Safety

UNEP

本卡片由 IPCS 和 EC 合作编写 © 2004～2012

国际化学品安全卡

邻二甲苯			ICSC 编号：0084

CAS 登记号：95-47-6
RTECS 号：ZE2450000
UN 编号：1307
EC 编号：601-022-00-9
中国危险货物编号：1307

中文名称：邻二甲苯；1,2-二甲苯

英文名称：*o*-XYLENE; ortho-Xylene; 1,2-Dimethylbenzene; *o*-Xylol

分子量：106.2

化学式：$C_6H_4(CH_3)_2/C_8H_{10}$

危害/接触类型	急性危害/症状	预防	急救/消防
火 灾	易燃的	禁止明火、禁止火花和禁止吸烟	干粉、雾状水、泡沫、二氧化碳
爆 炸	高于32℃，可能形成爆炸性蒸气/空气混合物	高于32℃，密闭系统、通风和防爆型电气设备。防止静电荷积聚（例如，通过接地）	着火时，喷雾状水保持料桶等冷却
接 触		严格作业环境管理！避免孕妇接触！	
# 吸入	头晕，倦睡，头痛，恶心	通风，局部排气通风或呼吸防护	新鲜空气，休息，给予医疗护理
# 皮肤	皮肤干燥，发红	防护手套	脱去污染的衣服，冲洗，然后用水和肥皂清洗皮肤
# 眼睛	发红，疼痛	安全护目镜	先用大量水冲洗几分钟（如可能尽量摘除隐形眼镜），然后就医
# 食入	灼烧感，腹部疼痛。另见吸入	工作时不得进食，饮水或吸烟	漱口，不要催吐，给予医疗护理
泄漏处置	通风。移除全部引燃源。尽可能将泄漏液收集在可密闭的容器中。用砂土或惰性吸收剂吸收残液，并转移到安全场所。不要让该化学品进入环境。个人防护用具：适用于有机气体和蒸气的过滤呼吸器		
包装与标志	欧盟危险性类别：Xn 符号　标记：C　　R:10-20/21-38　　S:2-25 联合国危险性类别：3　　　　联合国包装类别：III 中国危险性类别：第 3 类 易燃液体　中国包装类别：III		
应急响应	运输应急卡：TEC(R)-30S1307-III 美国消防协会法规：H2（健康危险性）；F3（火灾危险性）；R0（反应危险性）		
储存	耐火设备（条件）。与强氧化剂和强酸分开存放		
重要数据	物理状态、外观：无色液体，有特殊气味 物理危险性：由于流动、搅拌等，可能产生静电 化学危险性：与强酸和强氧化剂发生反应 职业接触限值：阈限值：100ppm（时间加权平均值）；150ppm（短期接触限值），A4（不能分类为人类致癌物）。公布生物暴露指数（美国政府工业卫生学家会议，2001 年）。欧盟职业接触限值：50ppm（时间加权平均值）；100 ppm（短期接触限值）（经皮）（欧盟，2000 年） 接触途径：该物质可通过吸入，经皮肤和食入吸收到体内 吸入危险性：20℃时，该物质蒸发相当慢地达到空气中有害污染浓度 短期接触的影响：该物质刺激眼睛和皮肤。该物质可能对中枢神经系统有影响。如果吞咽液体吸入肺中，可能引起化学肺炎 长期或反复接触的影响：液体使皮肤脱脂。该物质可能对中枢神经系统有影响。接触该物质可能增加噪声引起的听力损害。动物实验表明，该物质可能对人类生殖或发育造成毒性影响		
物理性质	沸点：144℃ 熔点：-25℃ 相对密度（水=1）：0.88 水中溶解度：不溶解 蒸气压：20℃时 0.7kPa 蒸气相对密度（空气=1）：3.7	蒸气/空气混合物的相对密度（20℃，空气=1）：1.02 闪点：32℃（闭杯） 自燃温度：463℃ 爆炸极限：空气中 0.9%～6.7%（体积） 辛醇/水分配系数的对数值：3.12	
环境数据	该物质对水生生物是有毒的		
注解	根据接触程度，需定期进行医学检查。本卡片的建议也适用于工业级二甲苯。参见卡片#0086（对二甲苯）和#0085（间二甲苯）		

IPCS
International
Programme on
Chemical Safety

   UNEP

本卡片由 IPCS 和 EC 合作编写 © 2004～2012

国际化学品安全卡

间二甲苯			ICSC 编号：0085

CAS 登记号：108-38-3			
RTECS 号：ZE2275000		中文名称：间二甲苯；1,3-二甲苯	
UN 编号：1307			
EC 编号：601-022-00-9			
中国危险货物编号：1307		英文名称：*m*-XYLENE; meta-Xylene; 1,3-Dimethylbenzene; *m*-Xylol	
分子量：106.2		化学式：$C_6H_4(CH_3)_2/C_8H_{10}$	

危害/接触类型	急性危害/症状	预防	急救/消防
火 灾	易燃的	禁止明火、禁止火花和禁止吸烟	干粉、雾状水、泡沫、二氧化碳
爆 炸	高于27℃，可能形成爆炸性蒸气/空气混合物	高于27℃，密闭系统、通风和防爆型电气设备。防止静电荷积聚（例如，通过接地）	着火时，喷雾状水保持料桶等冷却
接 触		严格作业环境管理！	
# 吸入	头晕，倦睡，头痛，恶心	通风，局部排气通风或呼吸防护	新鲜空气，休息，给予医疗护理
# 皮肤	皮肤干燥，发红	防护手套	脱去污染的衣服，冲洗，然后用水和肥皂清洗皮肤
# 眼睛	发红，疼痛	安全护目镜	先用大量水冲洗几分钟（如可能尽量摘除隐形眼镜），然后就医
# 食入	灼烧感，腹部疼痛。另见吸入	工作时不得进食，饮水或吸烟	漱口。不要催吐，给予医疗护理
泄漏处置	通风。移除全部引燃源。尽可能将泄漏液收集在可密闭的容器中。用砂土或惰性吸收剂吸收残液，并转移到安全场所。不要让该化学品进入环境。个人防护用具：适用于有机气体和蒸气的过滤呼吸器		
包装与标志	欧盟危险性类别：Xn 符号 标记：C R:10-20/21-38 S:2-25 联合国危险性类别：3　　　　联合国包装类别：III 中国危险性类别：第 3 类 易燃液体　　中国包装类别：III		
应急响应	运输应急卡：TEC(R)-30S1307-III 美国消防协会法规：H2（健康危险性）；F3（火灾危险性）；R0（反应危险性）		
储存	耐火设备（条件）。与强氧化剂和强酸分开存放		
重要数据	物理状态、外观：无色液体，有特殊气味 物理危险性：由于流动、搅拌等，可能产生静电 化学危险性：与强酸和强氧化剂发生反应 职业接触限值：阈限值：100ppm（时间加权平均值）；150ppm（短期接触限值），A4（不能分类为人类致癌物）；公布生物暴露指数（美国政府工业卫生学家会议，2001 年）。欧盟职业接触限值：50ppm（时间加权平均值）；100ppm（短期接触限值）（经皮）（欧盟，2000 年） 接触途径：该物质可通过吸入，经皮肤和食入吸收到体内 吸入危险性：20℃时，该物质蒸发相当慢地达到空气中有害污染浓度 短期接触的影响：该物质刺激眼睛和皮肤。该物质可能对中枢神经系统有影响。如果吞咽液体吸入肺中，可能引起化学性肺炎 长期或反复接触的影响：液体使皮肤脱脂。该物质可能对中枢神经系统有影响。接触该物质可能增加噪声引起的听力损害。动物实验表明，该物质可能对人类生殖或发育造成毒 性作用		
物理性质	沸点：139℃ 熔点：-48℃ 相对密度（水=1）：0.86 水中溶解度：不溶解 蒸气压：20℃时 0.8kPa 蒸气相对密度（空气=1）：3.7		蒸气/空气混合物的相对密度（20℃，空气=1）：1.02 闪点：27℃（闭杯） 自燃温度：527℃ 爆炸极限：空气中 1.1%～7.0%（体积） 辛醇/水分配系数的对数值：3.20
环境数据	该物质对水生生物是有毒的		
注解	根据接触程度，需定期进行医疗检查。本卡片的建议也适用于工业级二甲苯。参见卡片#0084（邻二甲苯）和#0086（对二甲苯）		

IPCS
International
Programme on
Chemical Safety

本卡片由 **IPCS** 和 **EC** 合作编写 © 2004～2012

国际化学品安全卡

对二甲苯			ICSC 编号：0086

CAS 登记号：106-42-3
RTECS 号：ZE2625000
UN 编号：1307
EC 编号：601-022-00-9
中国危险货物编号：1307

中文名称：对二甲苯；1,4-二甲苯

英文名称：*p*-XYLENE; para-Xylene; 1,4-Dimethylbenzene; *p*-Xylol

分子量：106.2

化学式：$C_6H_4(CH_3)_2/C_8H_{10}$

危害/接触类型	急性危害/症状	预防	急救/消防
火 灾	易燃的	禁止明火、禁止火花和禁止吸烟	干粉、雾状水、泡沫、二氧化碳
爆 炸	高于 27℃，可能形成爆炸性蒸气/空气混合物	高于 27℃，使用密闭系统。通风和防爆型电气设备。防止静电荷积聚（例如，通过接地）	着火时，喷雾状水保持料桶等冷却
接 触		严格作业环境管理！避免孕妇接触！	
# 吸入	头晕，倦睡，头痛，恶心	通风，局部排气通风或呼吸防护	新鲜空气，休息，给予医疗护理
# 皮肤	皮肤干燥，发红	防护手套	脱去污染的衣服，冲洗，然后用水和肥皂清洗皮肤
# 眼睛	发红，疼痛	安全护目镜	先用大量水冲洗几分钟（如可能尽量摘除隐形眼镜），然后就医
# 食入	灼烧感，腹部疼痛。另见吸入	工作时不得进食，饮水或吸烟	漱口。不要催吐，给予医疗护理
泄漏处置	通风。移除全部引燃源。尽可能将泄漏液收集在可密闭的容器中。用砂土或惰性吸收剂吸收残液，并转移到安全场所。不要让该化学品进入环境。个人防护用具：适用于有机气体和蒸气的过滤呼吸器		
包装与标志	欧盟危险性类别：Xn 符号 标记：C　R:10-20/21-38　S:2-25 联合国危险性类别：3　　　　联合国包装类别：III 中国危险性类别：第 3 类 易燃液体　中国包装类别：III		
应急响应	运输应急卡：TEC(R)-30S1307-III 美国消防协会法规：H2（健康危险性）；F3（火灾危险性）；R0（反应危险性）		
储存	耐火设备（条件）。与强氧化剂和强酸分开存放		
重要数据	**物理状态、外观：** 无色液体，有特殊气味 **物理危险性：** 由于流动、搅拌等，可能产生静电 **化学危险性：** 与强酸和强氧化剂发生反应 **职业接触限值：** 阈限值：100ppm（时间加权平均值）；150ppm（短期接触限值），A4（不能分类为人类致癌物）；公布生物暴露指数（美国政府工业卫生学家会议，2001 年）。欧盟职业接触限值：50ppm（时间加权平均值）；100ppm（短期接触限值）（经皮）（欧盟，2000 年） **接触途径：** 该物质可通过吸入、经皮肤和食入吸收到体内 **吸入危险性：** 20℃时，该物质蒸发相当慢地达到空气中有害污染浓度 **短期接触的影响：** 该物质刺激眼睛和皮肤。该物质可能对中枢神经系统有影响。如果吞咽液体吸入肺中，可能引起化学肺炎 **长期或反复接触的影响：** 液体使皮肤脱脂。该物质可能对中枢神经系统有影响。接触该物质可能增加噪声引起的听力损害。动物实验表明，该物质可能对人类生殖或发育造成毒性作用		
物理性质	沸点：138℃ 熔点：13℃ 相对密度（水=1）：0.86 水中溶解度：不溶解 蒸气压：20℃时 0.9kPa 蒸气相对密度（空气=1）：3.7	蒸气/空气混合物的相对密度（20℃，空气=1）：1.02 闪点：27℃（闭杯） 自燃温度：528℃ 爆炸极限：空气中 1.1%～7.0%（体积） 辛醇/水分配系数的对数值：3.15	
环境数据	该物质对水生生物是有毒的		
注解	根据接触程度，需定期进行医疗检查。本卡片的建议也适用于工业级二甲苯。参见卡片#0084（邻二甲苯）和#0085（间二甲苯）		

IPCS
International
Programme on
Chemical Safety

本卡片由 IPCS 和 EC 合作编写 © 2004～2012

国际化学品安全卡

丙酮			ICSC 编号：0087

CAS 登记号：67-64-1	中文名称：丙酮；2-丙酮；二甲基酮；甲基酮
RTECS 号：AL3150000	
UN 编号：1090	英文名称：ACETONE; 2-Propanone; Dimethyl ketone; Methyl ketone
EC 编号：606-001-00-8	
中国危险货物编号：1090	

分子量：58.1	化学式：C_3H_6O/CH_3—CO—CH_3

危害/接触类型	急性危害/症状	预防	急救/消防
火 灾	高度易燃	禁止明火，禁止火花和禁止吸烟	干粉，抗溶性泡沫，大量水，二氧化碳
爆 炸	蒸气/空气混合物有爆炸性。受热引起压力升高，有爆裂危险	密闭系统，通风，防爆型电气设备和照明。不要使用压缩空气灌装、卸料或转运。使用无火花手工工具	着火时，喷雾状水保持料桶等冷却
接 触			
# 吸入	咽喉痛，咳嗽，意识模糊，头痛，头晕，倦睡，神志不清	通风，局部排气通风或呼吸防护	新鲜空气，休息。给予医疗护理
# 皮肤	皮肤干燥	防护手套	脱去污染的衣服。冲洗，然后用水和肥皂清洗皮肤
# 眼睛	发红。疼痛。视力模糊	安全眼镜	用大量水冲洗（如可能尽量摘除隐形眼镜）。给予医疗护理
# 食入	恶心，呕吐（另见吸入）	工作时不得进食，饮水或吸烟。进食前洗手	漱口。给予医疗护理
泄漏处置	转移全部引燃源。通风。不要冲入下水道。将泄漏液收集在可密闭的容器中。用砂土或惰性吸收剂吸收残液，并转移到安全场所。然后用大量水冲净。个人防护用具：适应于该物质空气中浓度的低沸点有机气体和蒸气过滤呼吸器		
包装与标志	欧盟危险性类别：F 符号 Xi 符号 R:11-36-66-67 S:2-9-16-26-46 联合国危险性类别：3 联合国包装类别：II 中国危险性类别：第 3 类 易燃液体 中国包装类别：II		
应急响应	美国消防协会法规：H1（健康危险性）；F3（火灾危险性）；R0（反应危险性）		
储存	耐火设备（条件）。（见化学危险性）。储存在没有排水管或下水道的场所		
重要数据	物理状态、外观：无色液体，有特殊气味 物理危险性：蒸气比空气重。可能沿地面流动；可能造成远处着火 化学危险性：与强氧化剂如乙酸，硝酸，过氧化氢接触时，该物质能生成爆炸性过氧化物。在碱性条件下，与氯仿和三溴甲烷发生反应，有着火和爆炸危险。浸蚀塑料 职业接触限值：阈限值：500ppm（时间加权平均值），750ppm（短期接触限值）；A4（不能分类为人类致癌物）；公布生物暴露指数；（美国政府工业卫生学家会议，2009 年）。欧盟职业接触限值：500ppm，$1210mg/m^3$（时间加权平均值）（欧盟，2000 年） 接触途径：该物质可通过吸入吸收到体内 吸入危险性：20℃时，该物质蒸发相当快地达到空气中有害污染浓度，但喷洒或扩散时要快得多 短期接触的影响：该物质刺激眼睛和呼吸道。高浓度时接触可能导致意识水平下降 长期或反复接触的影响：液体使皮肤脱脂。反复与皮肤接触可能导致皮肤干燥和皲裂		
物理性质	沸点：56℃ 熔点：-95℃ 相对密度（水=1）：0.8 水中溶解度：混溶 蒸气压：20℃时 24kPa 蒸气相对密度（空气=1）：2.0	蒸气/空气混合物的相对密度（20℃，空气=1）：1.2 黏度：在 40℃时 $0.34mm^2/s$ 闪点：-18℃（闭杯） 自燃温度：465℃ 爆炸极限：空气中 2.2%～13%(体积) 辛醇/水分配系数的对数值：-0.24	
环境数据			
注解	饮用酒精饮料加重有害影响		

本卡片由 IPCS 和 EC 合作编写 © 2004～2012

国际化学品安全卡

乙腈			ICSC 编号：0088

CAS 登记号：75-05-8
RTECS 号：AL7700000
UN 编号：1648
EC 编号：608-001-00-3
中国危险货物编号：1648
分子量：41.0

中文名称：乙腈；甲基氰；氰甲烷；乙烷腈

英文名称：ACETONITRILE; Methyl cyanide; Cyanomethane; Ethanenitrile; Methanecarbonitrile

化学式：C_2H_3N/CH_3CN

危害/接触类型	急性危害/症状	预防	急救/消防
火 灾	高度易燃。在火焰中释放出刺激性或有毒烟雾（或气体）	禁止明火，禁止火花和禁止吸烟。禁止与高温表面接触	干粉，泡沫，水可能无效
爆 炸	蒸气/空气混合物有爆炸性。与强氧化剂接触时有着火和爆炸危险。受热引起压力升高，有爆裂危险	密闭系统，通风，防爆型电气设备和照明。不要使用压缩空气灌装、卸料或转运。使用无火花手工工具	着火时，喷雾状水保持料桶等冷却
接 触		防止产生烟云！严格作业环境管理！	一切情况均向医生咨询！
# 吸入	咽喉痛。虚弱。胸闷。呼吸短促。头晕。恶心。呕吐。惊厥。神志不清。症状可能推迟显现（见注解）	通风，局部排气通风或呼吸防护	新鲜空气，休息。必要时进行人工呼吸。禁止口对口进行人工呼吸。立即给予医疗护理。见注解
# 皮肤	易于吸收	防护手套。防护服	脱去污染的衣服。用大量水冲洗皮肤或淋浴。给予医疗护理
# 眼睛	发红。疼痛	面罩，或眼睛防护结合呼吸防护	先用大量水冲洗几分钟（如可能尽量摘除隐形眼镜），然后就医
# 食入	（另见吸入）	工作时不得进食，饮水或吸烟。进食前洗手	漱口。饮用1～2杯水。不要催吐。立即给予医疗护理

泄漏处置	向专家咨询！通风。转移全部引燃源。将泄漏液收集在可密闭的容器中。用干燥砂土或惰性吸收剂吸收残液，并转移到安全场所。个人防护用品：全套防护服包括自给式呼吸器
包装与标志	欧盟危险性类别：F 符号 Xn 符号 R:11-20/21/22-36 S:1/2-16-36/37 联合国危险性类别：3　　　联合国包装类别：II 中国危险性类别：第 3 类 易燃液体　中国包装类别：II GHS 分类:信号词：险 图形符号：焰-骷髅和交叉骨-健康危险 危险说明：高度易燃液体和蒸气；皮肤接触或吸入有毒；吞咽有害；造成严重眼睛刺激；吞咽和进入呼吸道可能有害；长期或反复接触可能对血液造成损害
应急响应	美国消防协会法规：H2（健康危险性）；F3（火灾危险性）；R0（反应危险性）
储存	耐火设备（条件）。保存在通风良好的室内。与酸、碱、强氧化剂、食品和饲料分开存放。严格密封
重要数据	物理状态、外观：无色液体，有特殊气味 物理危险性：蒸气与空气充分混合，容易形成爆炸性混合物 化学危险性：加热或燃烧或与热表面接触时，该物质分解，生成含有氰化氢和氮氧化物的有毒烟雾。与强氧化剂发生剧烈反应，有着火和爆炸的危险。与酸、碱发生反应，生成有毒和易燃的氰化氢。浸蚀某些塑料、橡胶和涂层 职业接触限值：阈限值：20ppm（时间加权平均值）（经皮）；A4（不能分类为人类致癌物）（美国政府工业卫生学家会议，2010 年）。欧盟职业接触限值：70mg/m³；40ppm（时间加权平均值）（经皮）（欧盟，2006 年） 接触途径：该物质可通过吸入其蒸气、经皮肤和经食入吸收到体内 吸入危险性：20℃时，该物质蒸发相当快地达到空气中有害污染浓度 短期接触的影响：该物质刺激眼睛。该物质可能对细胞呼吸作用有影响（抑制），导致惊厥和呼吸衰竭。远高于职业接触限值接触时，可能导致死亡。影响可能推迟显现。需进行医学观察 长期或反复接触的影响：该物质可能对血液有影响，导致贫血。该物质可能对肾有影响，导致功能损伤
物理性质	沸点：82℃　　熔点：-46℃ 相对密度（水=1）：0.8 水中溶解度：20℃时 1390g/100mL 蒸气压：25℃时 9.9kPa 蒸气相对密度（空气=1）：1.4	蒸气/空气混合物的相对密度（20℃，空气=1）：1.04 黏度：在 20℃时 0.35mm²/s　闪点：2℃（闭杯） 自燃温度：524℃ 爆炸极限：空气中 3.0%～17%（体积） 辛醇/水分配系数的对数值：-0.3
环境数据	见注解
注解	该物质中毒时，需采取必要的治疗措施；必须提供有指示说明的适当方法。应当由经过特殊培训的急救或医护人员给予专门氧气治疗。不要将工作服带回家中。对该物质的环境影响进行过调查，但未发现任何数据

IPCS
International Programme on Chemical Safety

  UNEP

本卡片由 IPCS 和 EC 合作编写 © 2004～2012

国际化学品安全卡

乙炔			ICSC 编号：0089

CAS 登记号：74-86-2	中文名称：乙炔；炔；（钢瓶）
RTECS 号：AO9600000	
UN 编号：1001	英文名称：ACETYLENE; Ethine; Ethyne; (cylinder)
EC 编号：601-015-00-0	
中国危险货物编号：1001	
分子量：26.0	化学式：C_2H_2

危害/接触类型	急性危害/症状	预防	急救/消防
火 灾	极易燃	禁止明火，禁止火花和禁止吸烟	切断气源，如不可能并对周围环境无危险，让火自行燃尽。其他情况用干粉，二氧化碳灭火
爆 炸	气体/空气混合物有爆炸性	密闭系统，通风，防爆型电气设备和照明。防止静电荷积聚（如通过接地）。使用无火花手工具。使用火焰消除装置防止从燃烧器向钢瓶回火	着火时，喷雾状水保持钢瓶冷却
接 触			
# 吸入	头晕。迟钝。头痛。窒息	通风，局部排气通风或呼吸防护	新鲜空气，休息。必要时进行人工呼吸。给予医疗护理
# 皮肤			
# 眼睛			先用大量水冲洗几分钟（如可能尽量摘除隐形眼镜），然后就医
# 食入		工作时不得进食，饮水或吸烟	

泄漏处置	撤离危险区域！向专家咨询！通风。转移全部引燃源。个人防护用具：自给式呼吸器
包装与标志	特殊绝缘钢瓶 欧盟危险性类别：F+符号　　R:5-6-12　　S:2-9-16-33 联合国危险性类别：2.1 中国危险性类别：第 2.1 项 易燃气体
应急响应	运输应急卡：TEC(R)-20S1001 美国消防协会法规：H1（健康危险性）；F4（火灾危险性）；R3（反应危险性）
储存	耐火设备（条件）。见化学危险性。阴凉场所
重要数据	物理状态、外观：无色，加压下溶解在丙酮中的气体 物理危险性：气体与空气充分混合，容易形成爆炸性混合物 化学危险性：加热时可能发生聚合。加热和加压时，该物质分解，有着火和爆炸危险。该物质是一种强还原剂，与氧化剂激烈反应。在光作用下与氟或氯激烈反应，有着火和爆炸危险。与铜、银和汞及其盐反应，生成撞击敏感化合物（乙炔化物） 职业接触限值：阈限值：单纯窒息剂（美国政府工业卫生学家会议，2003 年）。最高容许浓度未制定标准 接触途径：该物质可通过吸入吸收到体内 吸入危险性：容器漏损时，由于降低封闭空间的氧含量该气体能够造成窒息 短期接触的影响：窒息
物理性质	沸点：-85℃ 熔点：-81℃ 水中溶解度：20℃时 0.12g/100mL 蒸气压：20℃时 4460kPa 蒸气相对密度（空气=1）：0.907 闪点：易燃气体 自燃温度：305℃ 爆炸极限：空气中 2.5%～100%（体积） 辛醇/水分配系数的对数值：0.37
环境数据	
注解	该气体使用的管路材料的铜含量不得超过 63%。进入工作区域前，检验氧含量。焊接使用后，关闭阀门，定期检查管路等，并用肥皂水试漏。工业产品中可能含有杂质，改变对健康的影响。进一步信息参见卡片#0694 磷化氢

IPCS
International
Programme on
Chemical Safety

   UNEP

本卡片由 IPCS 和 EC 合作编写 © 2004～2012

97

国际化学品安全卡

丙烯醛			ICSC 编号：0090

CAS 登记号：107-02-8
RTECS 号：AS1050000
UN 编号：1092
EC 编号：605-008-00-3
中国危险货物编号：1092
分子量：56.06

中文名称：丙烯醛；2-丙烯醛；2-丙烯-1-醛

英文名称：ACROLEIN; 2-Propenal; Acrylic aldehyde; 2-Propen-1-al

化学式：CH_2=CHCHO

危害/接触类型	急性危害/症状	预防	急救/消防
火 灾	高度易燃	禁止明火、禁止火花和禁止吸烟。见化学危险性	抗溶性泡沫，干粉，二氧化碳
爆 炸	蒸气/空气混合物有爆炸性。与碱、酸或强氧化剂混合时，有着火和爆炸危险	密闭系统、通风、防爆型电气设备和照明。使用无火花手工具	着火时，喷雾状水保持料桶等冷却。从掩蔽位置灭火
接 触		严格作业环境管理！	一切情况均向医生咨询！
# 吸入	灼烧感，咳嗽，呼吸困难，气促，咽喉痛，恶心。症状可能推迟显现（见注解）	通风，局部排气通风或呼吸防护	新鲜空气，休息。半直立体位，给予医疗护理
# 皮肤	发红，疼痛，水疱，皮肤烧伤	防护手套，防护服	脱去污染的衣服，用大量水冲洗皮肤或淋浴，给予医疗护理
# 眼睛	发红，疼痛，严重深度烧伤	面罩，或眼睛防护结合呼吸防护	先用大量水冲洗几分钟（如可能尽量摘除隐形眼镜），然后就医
# 食入	灼烧感，惊厥，恶心	工作时不得进食,饮水或吸烟。进食前洗手	漱口。不要催吐，给予医疗护理
泄漏处置	撤离危险区域！移除全部引燃源。向专家咨询！将泄漏液收集在有盖的容器中。用砂土或惰性吸收剂吸收残液，并转移到安全场所。不要让该化学品进入环境。化学防护服包括自给式呼吸器		
包装与标志	不易破碎包装，将易破碎包装放在不易破碎的密闭容器中。不得与食品和饲料一起运输。污染海洋物质 欧盟危险性类别：F 符号 T+符号 N 符号 R:11-24/25-26-34-50 S:23-26-28-36/37/39-45-61 联合国危险性类别：6.1 联合国次要危险性：3 联合国包装类别：I 中国危险性类别：第6.1项 毒性物质 中国次要危险性：3 中国包装类别：I		
应急响应	运输应急卡：TEC(R)-61S1092 美国消防协会法规：H3（健康危险性）；F3（火灾危险性）；R3（反应危险性）		
储存	耐火设备（条件）。与强氧化剂、强碱、强酸、食品和饲料分开存放。阴凉场所。沿地面通风。稳定后储存		
重要数据	物理状态、外观：黄色至无色液体，有刺鼻气味 物理危险性：蒸气比空气重，可能沿地面流动，可能造成远处着火 化学危险性：该物质能生成爆炸性过氧化物。该物质可能聚合，有着火和爆炸危险。加热时生成有毒烟雾。与强酸、强碱和强氧化剂发生反应，有着火和爆炸的危险 职业接触限值：阈限值：0.1ppm（上限值）（经皮），A4（不能分类为人类致癌物）（美国政府工业卫生学家会议，2004年）。最高容许浓度：致癌物类别：3B（德国，2004年） 接触途径：该物质可通过吸入其蒸气，经皮肤和食入吸收到体内 吸入危险性：20℃时该物质蒸发，迅速地达到空气中有害污染浓度 短期接触的影响：流泪。该物质严重刺激眼睛、皮肤和呼吸道。高浓度吸入可能引起肺水肿（见注解）。影响可能推迟显现。需进行医学观察		
物理性质	沸点：53℃ 熔点：-88℃ 相对密度（水=1）：0.8 水中溶解度：20℃时20g/100mL 蒸气压：20℃时29kPa 蒸气相对密度（空气=1）：1.9	蒸气/空气混合物的相对密度（20℃，空气=1）：1.2 闪点：-26℃（闭杯） 自燃温度：234℃ 爆炸极限：空气中2.8%～31%（体积） 辛醇/水分配系数的对数值：0.9	
环境数据	该物质对水生生物有极高毒性		
注解	肺水肿症状常常经过几个小时以后才变得明显，体力劳动使症状加重。因而休息和医学观察是必要的。应当考虑由医生或医生指定的人立即采取适当喷药治疗法。添加稳定剂或阻聚剂会影响该物质的毒理学性质。向专家咨询。工作接触的任何时刻不应超过职业接触限值。超过接触限值时，气味报警不充分。蒸馏前检验过氧化物，如有，使其无害化		

IPCS
International Programme on Chemical Safety

UNEP

本卡片由 IPCS 和 EC 合作编写 © 2004～2012

国际化学品安全卡

丙烯酰胺			ICSC 编号：0091

CAS 登记号：79-06-1
RTECS 号：AS3325000
UN 编号：2074
EC 编号：616-003-00-0
中国危险货物编号：2074

中文名称：丙烯酰胺；2-丙烯酰胺；丙烯酸酰胺；乙烯基酰胺
英文名称：ACRYLAMIDE;2-Propene amide; Acrylic acid amide; Vinyl amide

分子量：71.1

化学式：$C_3H_5NO/CH_2=CHCONH_2$

危害/接触类型	急性危害/症状	预防	急救/消防
火 灾	可燃的。在火焰中释放出刺激性或有毒烟雾（或气体）	禁止明火	干粉、抗溶性泡沫、雾状水、二氧化碳
爆 炸	微细分散的颗粒物在空气中形成爆炸性混合物	防止粉尘沉积。密闭系统。防止粉尘爆炸型电气设备和照明	
接 触		防止粉尘扩散！避免一切接触！	一切情况下均向医生咨询！
# 吸入	咳嗽，咽喉痛，虚弱	局部排气通风或呼吸防护	新鲜空气，休息，给予医疗护理
# 皮肤	可能被吸收！发红，疼痛。（另见吸入）	防护手套，防护服	脱去污染的衣服，用大量水冲洗皮肤或淋浴，给予医疗护理
# 眼睛	发红，疼痛	面罩或眼睛防护结合呼吸防护	先用大量水冲洗几分钟（如可能尽量摘除隐形眼镜），然后就医
# 食入	腹部疼痛，虚弱	工作时不得进食，饮水或吸烟。进食前洗手	漱口，催吐（仅对清醒病人！），大量饮水，给予医疗护理

泄漏处置	向专家咨询！将泄漏物清扫进容器中。小心收集残余物，然后转移到安全场所。化学防护服包括自给式呼吸器
包装与标志	特殊材料 欧盟危险性类别：T 符号 标记：D，E R:45-46-20/21-25-36/38-43-48/23/24/25-62 S:53-45 联合国危险性类别：6.1 联合国包装类别：III 中国危险性类别：第 6.1 项毒性物质 中国包装类别：III
应急响应	运输应急卡：TEC(R)-61GT2-III 美国消防协会法规：H3（健康危险性）；F2（火灾危险性）；R2（反应危险性）
储存	与氧化剂分开存放。阴凉场所。保存在阴暗处。严格密封
重要数据	物理状态、外观：白色晶体 化学危险性：加热到 85℃ 以上或在光和氧化剂的作用下，该物质激烈发生聚合 职业接触限值：0.03mg/m³（时间加权平均值，经皮）；A3（确认的动物致癌物，但未知与人类相关性）（美国政府工业卫生学家会议，2004 年）。最高容许浓度：皮肤吸收；致癌物类别：2；胚细胞突变物类别：2（德国，2004 年） 接触途径：该物质可通过吸入，经皮肤和食入吸收到体内 吸入危险性：20℃ 时蒸发可忽略不计，但可较快地达到空气中颗粒物有害浓度 短期接触的影响：该物质刺激眼睛、皮肤和呼吸道，该物质可能对中枢神经系统有影响 长期或反复接触的影响：该物质可能对神经系统有影响，导致末梢神经损害。该物质很可能是人类致癌物。可能引起人类可继承的遗传损伤
物理性质	熔点：84.5℃ 密度：1.13g/cm³ 水中溶解度：25℃ 时 204g/100mL 蒸气压：20℃ 时 1Pa 蒸气相对密度（空气=1）：2.45 闪点：138℃（闭杯） 自燃温度：424℃ 辛醇/水分配系数的对数值：-1.65～-0.67
环境数据	该物质可能对环境有危害，对鱼类应给予特别注意
注解	根据接触程度，需定期进行医疗检查。不要将工作服带回家中

IPCS
International
Programme on
Chemical Safety

本卡片由 IPCS 和 EC 合作编写 © 2004～2012

国际化学品安全卡

丙烯腈			ICSC 编号：0092

CAS 登记号：107-13-1	中文名称：丙烯腈；氰乙烯；2-丙烯腈；乙烯基氰
RTECS 号：AT5250000	
UN 编号：1093	英文名称：ACRYLONITRILE; Cyanoethylene; 2-Propenenitrile; Vinyl cyanide
EC 编号：608-003-00-4	
中国危险货物编号：1093	
分子量：53.1	化学式：C₃H₃N/CH₂=CH—CN

化学式：$C_3H_3N/CH_2=CH-CN$

危害/接触类型	急性危害/症状	预防	急救/消防
火 灾	高度易燃。在火焰中释放出刺激性或有毒烟雾（或气体）	禁止明火、禁止火花和禁止吸烟。禁止与强碱和强酸接触	干粉、抗溶性泡沫、雾状水、二氧化碳
爆 炸	蒸气/空气混合物有爆炸性。与强碱和强酸接触时，有着火和爆炸危险	密闭系统、通风、防爆型电气设备和照明。使用无火花手工具	着火时，喷雾状水保持料桶等冷却
接 触		避免一切接触！	一切情况均向医生咨询！
# 吸入	头晕，头痛，恶心，气促，呕吐，虚弱，惊厥，胸闷	密闭系统和通风	新鲜空气，休息，给予医疗护理。见注解
# 皮肤	可能被吸收！发红，疼痛，水疱。另见吸入	防护手套，防护服	先用大量水，然后脱去污染的衣服并再次冲洗，给予医疗护理
# 眼睛	发红，疼痛	护目镜或眼睛防护结合呼吸防护	先用大量水冲洗几分钟（如可能尽量摘除隐形眼镜），然后就医
# 食入	腹部疼痛，呕吐（另见吸入）	工作时不得进食，饮水或吸烟。进食前洗手	漱口，用水冲服活性炭浆，催吐（仅对清醒病人！），给予医疗护理

泄漏处置	撤离危险区域！向专家咨询！通风。将泄漏液收集在有盖的容器中。用砂土或惰性吸收剂吸收残液，并转移到安全场所。不要冲入下水道。不要让该化学品进入环境。化学防护服包括自给式呼吸器
包装与标志	不易破碎包装，将易破碎包装放在不易破碎的密闭容器中。不得与食品和饲料一起运输 欧盟危险性类别：F 符号 T 符号 N 符号 标记：D，E R:45-11-23/24/25-37/38-41-43-51/53 S:9-16-53-45-61 联合国危险性类别：3 联合国次要危险性：6.1 联合国包装类别：I 中国危险性类别：第 3 类易燃液体 中国次要危险性：6.1 中国包装类别：I
应急响应	运输应急卡：TEC(R)-30S1093 美国消防协会法规：H4（健康危险性）；F3（火灾危险性）；R2（反应危险性）
储存	耐火设备（条件）。与强氧化剂、强碱、食品和饲料分开存放。阴凉场所。保存在暗处。沿地面通风。稳定后储存
重要数据	物理状态、外观：无色或灰白色液体，有刺鼻气味 物理危险性：蒸气比空气重，可能沿地面流动，可能造成远处着火 化学危险性：加热或在光和碱的作用下，该物质发生聚合，有着火和爆炸危险。加热时该物质分解生成含氰化氢、氮氧化物有毒烟雾。与强酸和强氧化剂激烈反应。浸蚀塑料和橡胶 职业接触限值：阈限值：2ppm（时间加权平均值）（经皮）；A3（确认动物致癌物，但未知与人类相关性）（美国政府工业卫生学家会议，2004 年）。最高容许浓度：皮肤吸收；皮肤致敏；致癌物类别：2（德国，2004 年） 接触途径：该物质可通过吸入其蒸气，经皮肤和食入吸收到体内 吸入危险性：20℃时，该物质蒸发迅速地达到空气中有害污染浓度 短期接触的影响：该物质和蒸气刺激眼睛、皮肤和呼吸道。该物质可能对中枢神经系统有影响。远高于职业接触限值接触，可能导致死亡。影响可能推迟显现。见注解。需进行医学观察 长期或反复接触的影响：反复或长期接触可能引起皮肤过敏。该物质可能对中枢神经系统和肝脏有影响。该物质可能是人类致癌物
物理性质	沸点：77℃ 熔点：-84℃ 相对密度（水=1）：0.8 水中溶解度：20℃时 7g/100mL 蒸气压：20℃时 11.0kPa 蒸气相对密度（空气=1）：1.8	蒸气/空气混合物的相对密度（20℃，空气=1）：1.05 闪点：-1℃（闭杯） 自燃温度：481℃ 爆炸极限：空气中 3.0%~17.0%（体积） 辛醇/水分配系数的对数值：0.25
环境数据	该物质对水生生物是有害的
注解	根据接触程度，需定期进行医疗检查。接触该物质将导致氰化物形成。还可参考卡片#0671（氰化物盐）。该物质中毒时，需采取必要的治疗措施。超过接触限值时，气味报警不充分。用大量水冲洗工作服（有着火危险）。

IPCS
International
Programme on
Chemical Safety

UNEP

本卡片由 IPCS 和 EC 合作编写 © 2004~2012

国际化学品安全卡

2,2'-联吡啶			ICSC 编号：0093

CAS 登记号：366-18-7
RTECS 号：DW1750000

中文名称：2,2'-联吡啶；α,α'-联吡啶；2-（2-吡啶基）吡啶
英文名称：2,2'-DIPYRIDYL; 2,2'-Bipyridine; alpha,alpha'-Bipyridyl; 2,2'-Bipyridyl; 2-(2-Pyridyl)pyridine

分子量：156.2　　　　　　　　　　　化学式：$C_{10}H_8N_2$

危害/接触类型	急性危害/症状	预防	急救/消防
火　灾	可燃的。在火焰中释放出刺激性或有毒烟雾（或气体）	禁止明火	喷水，抗溶性泡沫，干粉，二氧化碳
爆　炸	微细分散的颗粒物在空气中形成爆炸性混合物	防止粉尘沉积。密闭系统，防止粉尘爆炸型电气设备和照明	
接　触		防止粉尘扩散！	
# 吸入	咳嗽。咽喉痛	通风（如果没有粉末）	新鲜空气，休息
# 皮肤	发红。疼痛	防护手套	冲洗，然后用水和肥皂清洗皮肤
# 眼睛	发红。疼痛	安全护目镜	先用大量水冲洗几分钟（如可能尽量摘除隐形眼镜），然后就医
# 食入	咽喉和胸腔灼烧感。恶心。呕吐	工作时不得进食，饮水或吸烟	漱口。给予医疗护理
泄漏处置	将泄漏物清扫进容器中。如果适当，首先润湿防止扬尘。小心收集残余物，然后转移到安全场所。个人防护用具：适用于惰性颗粒物的 P1 过滤呼吸器		
包装与标志			
应急响应			
储存	与强氧化剂分开存放		
重要数据	**物理状态、外观：** 白色晶体 **物理危险性：** 以粉末或颗粒形状与空气混合，可能发生粉尘爆炸 **化学危险性：** 燃烧时，生成含氮氧化物有毒气体。与氧化剂发生反应 **职业接触限值：** 阈限值未制定标准 **接触途径：** 该物质可通过吸入和经食入吸收到体内 **吸入危险性：** 扩散时可较快达到空气中颗粒物公害污染浓度 **短期接触的影响：** 该物质刺激眼睛，皮肤和呼吸道		
物理性质	**沸点：** 272~273℃ **熔点：** 70℃ **水中溶解度：** 6.4g/100mL		
环境数据			
注解	对接触该物质的健康影响未进行充分调查。对接触该物质的环境影响未进行调查		

IPCS
International
Programme on
Chemical Safety

本卡片由 IPCS 和 EC 合作编写 © 2004~2012

国际化学品安全卡

涕灭威			ICSC 编号：0094

CAS 登记号：116-06-3	中文名称：涕灭威；2-甲基-2-(甲硫基)丙醛-O-甲基氨基甲酰基肟；2-甲基
RTECS 号：UE2275000	-2-(甲硫基)丙醛-O-((甲氨基)羰基)肟
UN 编号：2757	英文名称：ALDICARB; 2-Methyl-2-(methylthio)propionaldehyde
EC 编号：006-017-00-X	O-(methylcarbamoyl)oxime; 2-Methyl-2-(methylthio)propanal
中国危险货物编号：2757	O-((methylamino)carbonyl)oxime

分子量：190.3	化学式：$C_7H_{14}N_2O_2S/CH_3SC(CH_3)_2CH=NOCONHCH_3$

危害/接触类型	急性危害/症状	预防	急救/消防
火 灾	可燃的。在火焰中释放出刺激性或有毒烟雾（或气体）	禁止明火	干粉，雾状水，泡沫，二氧化碳
爆 炸			
接 触		避免一切接触！避免青少年和儿童接触！	一切情况均向医生咨询！
# 吸入	出汗。瞳孔收缩，肌肉痉挛，多涎。头晕。呼吸困难。恶心。呕吐。惊厥。神志不清	通风（如果没有粉末时），局部排气通风或呼吸防护	新鲜空气，休息。必要时进行人工呼吸。给予医疗护理。见注解
# 皮肤	可能被吸收！（另见吸入）	防护手套。防护服	脱去污染的衣服。冲洗，然后用水和肥皂清洗皮肤。给予医疗护理。见注解
# 眼睛		面罩，或眼睛防护结合呼吸防护	先用大量水冲洗几分钟（如可能尽量摘除隐形眼镜），然后就医
# 食入	胃痉挛。腹泻。恶心。（另见吸入）	工作时不得进食，饮水或吸烟。进食前洗手	用水冲服活性炭浆。给予医疗护理（见注解）

泄漏处置	将泄漏物清扫进容器中。如果适当，首先润湿防止扬尘。小心收集残余物，然后转移到安全场所。不要让该化学品进入环境。个人防护用具：化学防护服包括自给式呼吸器
包装与标志	不得与食品和饲料一起运输。污染海洋物质 欧盟危险性类别：T+符号 N 符号 R:24-26/28-50/53 S:1/2-22-36/37-45-60-61 联合国危险性类别：6.1 联合国包装类别：I 中国危险性类别：第 6.1 项毒性物质 中国包装类别：I
应急响应	运输应急卡：TEC(R)-61GT7-I
储存	注意收容灭火产生的废水。与食品和饲料分开存放
重要数据	物理状态、外观：无色晶体 化学危险性：燃烧时，生成含有氮氧化物和硫氧化物的有毒烟雾 职业接触限值：阈限值未制定标准。最高容许浓度未制定标准 接触途径：该物质可通过吸入，经皮肤和食入吸收到体内 吸入危险性：20℃时该物质蒸发不会或很缓慢地达到空气中有害污染浓度，但喷洒或扩散时要快得多 短期接触的影响：该物质可能对神经系统有影响，导致惊厥和呼吸阻抑。胆碱酯酶抑制剂。接触可能导致死亡。影响可能推迟显现。需进行医学观察
物理性质	沸点：沸点以下分解（见注解） 熔点：100℃ 相对密度（水=1）：1.2 水中溶解度：25℃时 0.6g/100mL 蒸气压：25℃时 0.01Pa 辛醇/水分配系数的对数值：1.36
环境数据	该物质对水生生物有极高毒性。该物质可能对环境有危害，对鸟类、蜜蜂、哺乳动物、土壤中生物和水体质量应给予特别注意。该物质在正常使用过程中进入环境。但是要特别注意避免任何额外的释放，例如通过不适当处置活动
注解	分解温度未见文献报道。该物质中毒时需采取必要的治疗措施。必须提供有指示说明的适当方法。不要将工作服带回家中

IPCS
International
Programme on
Chemical Safety

国际化学品安全卡

烯丙醇			ICSC 编号：0095

CAS 登记号：107-18-6
RTECS 号：BA5075000
UN 编号：1098
EC 编号：603-015-00-6
中国危险货物编号：1098
分子量：58.1

中文名称：烯丙醇；蒜醇；乙烯基甲醇；丙烯醇；2-丙烯-1-醇；3-羟基丙烯

英文名称：ALLYL ALCOHOL; Vinyl carbinol; Propenyl alcohol; 2-Propen-1-ol; 3-Hydroxypropene

化学式：$C_3H_6O/CH_2=CHCH_2OH$

危害/接触类型	急性危害/症状	预防	急救/消防
火 灾	易燃的	禁止明火、禁止火花和禁止吸烟	干粉、抗溶性泡沫、大量水、二氧化碳
爆 炸	高于 21℃，可能形成爆炸性蒸气/空气混合物	高于 21℃，使用密闭系统、通风和防爆型电气设备	着火时，喷雾状水保持料桶等冷却
接 触		严格作业环境管理！防止产生烟云！	
# 吸入	头痛，恶心，呕吐	通风，局部排气通风或呼吸防护	新鲜空气，休息
# 皮肤	可能被吸收！痛苦，疼痛，水疱	防护手套，防护服	脱去污染的衣服,冲洗,然后用水和肥皂清洗皮肤
# 眼睛	发红，疼痛，视力模糊，暂时失明，严重深度烧伤，对光过敏	面罩或眼睛防护结合呼吸防护	先用大量水冲洗几分钟（如可能尽量摘除隐形眼镜），然后就医
# 食入	腹部疼痛，神志不清	工作时不得进食，饮水或吸烟。进食前洗手	漱口。大量饮水。催吐（仅对清醒病人！），休息，给予医疗护理

泄漏处置	移除全部引燃源。尽可能将泄漏液收集在有盖的容器中。用砂土或惰性吸收剂吸收残液，并转移到安全场所。不要让该化学品进入环境。个人防护用具：全套防护服包括自给式呼吸器
包装与标志	不易破碎包装，将易破碎包装放在不易破碎的密闭容器中。不得与食品和饲料一起运输 欧盟危险性类别：T 符号 N 符号 R:10-23/24/25-36/37/38-50 S:1/2-36/37/39-38-45-61 联合国危险性类别：6.1 联合国次要危险性：3 联合国包装类别：I 中国危险性类别：第 3 类易燃液体 中国次要危险性：3 中国包装类别：I
应急响应	运输应急卡：TEC(R)-61S1098 美国消防协会法规：H3（健康危险性）；F3（火灾危险性）；R0（反应危险性）
储存	耐火设备（条件）。与强氧化剂、食品和饲料分开存放
重要数据	物理状态、外观：无色液体，有刺鼻气味 化学危险性：与四氯化碳、硝酸和氯磺酸反应，有着火和爆炸危险 职业接触限值：阈限值：0.5ppm（时间加权平均值）（经皮）；A4（不能分类为人类致癌物）（美国政府工业卫生学家会议，2004 年）。最高容许浓度：皮肤吸收；致癌物类别：3B（德国，2004 年）。 接触途径：该物质可通过吸入其蒸气，经皮肤和食入吸收到体内 吸入危险性：20℃时，该物质蒸发迅速地达到空气中有害污染浓度 短期接触的影响：流泪。该物质刺激眼睛、皮肤和呼吸道。该物质可能对肌肉有影响，导致局部痉挛和痛苦。影响可能推迟显现。该物质可能对肾和肝有影响
物理性质	沸点：97℃ 熔点：-129℃ 相对密度（水=1）：0.9 水中溶解度：混溶 蒸气压：20℃时 2.5kPa 蒸气相对密度（空气=1）：2.0 蒸气/空气混合物的相对密度（20℃，空气=1）：1.03 闪点：21℃（闭杯） 自燃温度：378℃ 爆炸极限：空气中 2.5%～18.0%（体积） 辛醇/水分配系数的对数值：0.17
环境数据	该物质对水生生物有极高毒性
注解	根据接触程度，需定期进行医疗检查。超过接触限值时,气味报警不充分

IPCS
International Programme on Chemical Safety

UNEP

本卡片由 IPCS 和 EC 合作编写 © 2004～2012

国际化学品安全卡

烯丙基缩水甘油醚			ICSC 编号：0096

CAS 登记号：106-92-3	中文名称：烯丙基缩水甘油醚；[(2-丙烯基氧基)甲基]环氧乙烷；烯丙基-2,3-环氧丙基醚；1-(烯丙氧基)-2,3-环氧丙烷
RTECS 号：RR0875000	
UN 编号：2219	英文名称：ALLYL GLYCIDYL ETHER; ((2-Propenyloxy)methyl) oxirane; Allyl-2,3-epoxypropyl ether; 1-(Allyloxy)-2,3-epoxypropane
EC 编号：603-038-00-1	
中国危险货物编号：2219	

分子量：114.2   化学式：$C_6H_{10}O_2$

危害/接触类型	急性危害/症状	预防	急救/消防
火　灾	易燃的	禁止明火，禁止火花，禁止吸烟	干粉，水成膜泡沫，泡沫，二氧化碳
爆　炸	48℃以上时可能形成爆炸性蒸气/空气混合物	48℃以上时密闭系统，通风和防爆型电气设备	着火时，喷雾状水保持料桶等冷却
接　触		避免一切接触！	
# 吸入	灼烧感，气促，头痛，恶心，倦睡，迟钝，呕吐	通风，局部排气通风或呼吸防护	新鲜空气，休息。必要时进行人工呼吸并给予医疗护理
# 皮肤	可能被吸收！皮肤干燥，发红，疼痛，起水疱	防护手套，防护服	脱掉污染衣服，冲洗，然后用水和肥皂洗皮肤，并给予医疗护理
# 眼睛	发红，疼痛，视力模糊	安全护目镜，面罩	先用大量水冲洗几分钟（如可能易行，摘除隐形眼镜），然后就医
# 食入	灼烧感，头痛，迟钝，倦睡，恶心，呕吐	工作时不得进食、饮水或吸烟	漱口。饮用大量水并给予医疗护理

泄漏处置	通风。尽可能将泄漏液收集到可密闭容器中。用大量水冲掉残余物。个人防护用具：自给式呼吸器
包装与标志	欧盟危险性类别：Xn 符号 R:10-20/22-37/38-40-41-43-52/53-62-68 S:2-24/25-26-36/37/39-61 联合国危险性类别：3　联合国次要危险性：6.1 联合国包装类别：III 中国危险性类别：第 3 类易燃液体　中国次要危险性：6.1 中国包装类别：III
应急响应	运输应急卡：TEC(R)-30S2219
储存	耐火设备（条件）。与强氧化剂、强碱、强酸分开存放。阴凉场所。保存在阴暗处
重要数据	物理状态、外观：无色液体，有特殊气味 化学危险性：该物质可能生成爆炸性过氧化物。该物质可能容易聚合。燃烧时该物质分解生成有毒气体。与强氧化剂、酸和碱激烈反应 职业接触限值：阈限值：1ppm（时间加权平均值）；A4（不能分类为人类致癌物）（美国政府工业卫生学家会议，2004 年）。最高容许浓度：皮肤吸收，皮肤致敏剂；致癌物类别：2（德国，2004 年） 接触途径：该物质可通过吸入、经皮肤和食入吸收到体内 吸入危险性：20℃时，该物质蒸发可相当快达到空气中有害污染浓度 短期接触的影响：该物质腐蚀眼睛、皮肤和呼吸道。吸入蒸气可能引起肺水肿（见注解）。急性接触可能引起中枢神经系统抑制。接触会引起意识降低。需进行医学观察 长期或反复接触的影响：长期或反复与皮肤接触可能引起皮炎，皮肤过敏。可能引起人类遗传损害。引起严重人类生殖毒性
物理性质	沸点：154℃ 熔点：-100℃ 相对密度（水=1）：0.97 水中溶解度：14g/100mL 蒸气压：25℃0.63kPa	蒸气相对密度（空气=1）：3.9 蒸气/空气混合物的相对密度（20℃，空气=1）：1.02 闪点：48℃（开杯） 自燃温度：见注解 爆炸极限：见注解
环境数据	
注解	该物质是可燃的且闪点<55℃，但自燃温度和爆炸极限未见文献报道。饮用含酒精饮料加重有害影响。根据接触程度，需定期进行医疗检查。肺水肿症状常常几小时以后才变得明显，体力劳动使症状加重，因此休息和医学观察是必要的。超过接触限值时，气味报警不充分。蒸馏前检验过氧化物，若有，将其无害化

IPCS
International
Programme on
Chemical Safety

国际化学品安全卡

灭害威			ICSC 编号：0097

CAS 登记号： 2032-59-9
RTECS 号： FC0175000
UN 编号： 2757
EC 编号： 006-018-00-5
中国危险货物编号： 2757

中文名称： 灭害威；4-二甲基氨基间甲苯基-N-甲基氨基甲酸酯；4-二甲胺间甲苯基氨基甲酸甲酯
英文名称： AMINOCARB; 4-Dimethylamino-m-tolyl N-methylcarbamate; 4-Dimethylamine m-cresyl methylcarbamate

分子量： 208.3　　　　　　　**化学式：** $C_{11}H_{16}N_2O_2$

危害/接触类型	急性危害/症状	预防	急救/消防
火　灾	可燃的，含有机溶剂的液体制剂可能是易燃的，在火焰中释放出刺激性或有毒烟雾（或气体）	禁止明火	干粉，雾状水，泡沫，二氧化碳
爆　炸	如果制剂中含有易燃/爆炸性溶剂，有着火和爆炸的危险		
接　触		避免一切接触!避免青少年和儿童接触!	一切情况均向医生咨询！
# 吸入	见食入	局部排气通风或呼吸防护	新鲜空气，休息。半直立体位。给予医疗护理。见注解
# 皮肤	可能被吸收！（见食入）	防护手套。防护服	脱去污染的衣服，冲洗，然后用水和肥皂清洗皮肤，给予医疗护理（见注解）
# 眼睛		面罩，或眼睛防护结合呼吸防护	用大量水冲洗（如可能尽量摘除隐形眼镜）。给予医疗护理
# 食入	咳嗽，肌肉抽搐，头晕，瞳孔收缩，肌肉痉挛，多涎，呼吸困难，恶心，呕吐，腹泻，神志不清	工作时不得进食，饮水或吸烟。进食前洗手	漱口。给予医疗护理。（见注解）

泄漏处置	将泄漏物清扫进容器中，如果适当，首先润湿防止扬尘。小心收集残余物，然后转移到安全场所。不要让该化学品进入环境。个人防护用具：适应于该物质空气中浓度的颗粒物过滤呼吸器
包装与标志	不得与食品和饲料一起运输。污染海洋物质 欧盟危险性类别：T 符号　N 符号　　R:24/25-50/53　　S:1/2-28-36/37-45-60-61 联合国危险性类别：6.1　　联合国包装类别：II 中国危险性类别：第 6.1 项　毒性物质　　中国包装类别：II
应急响应	
储存	注意收容灭火产生的废水。储存在没有排水管或下水道的场所。与食品和饲料分开存放
重要数据	**物理状态、外观：** 白色晶体 **化学危险性：** 加热时该物质分解，生成含有氮氧化物的有毒烟雾和刺激性烟雾 **职业接触限值：** 阈限值未制定标准。最高容许浓度未制定标准 **接触途径：** 该物质可经皮肤和经食入吸收到体内 **吸入危险性：** 喷洒时可较快地达到空气中颗粒物浓度 **短期接触的影响：** 胆碱酯酶抑制剂。该物质可能对神经系统有影响。接触可能导致死亡。影响可能推迟显现。需进行医学观察 **长期或反复接触的影响：** 该物质可能对神经系统有影响
物理性质	熔点：93℃ 水中溶解度：20℃时 0.09g/100mL（难溶） 蒸气压：20℃时 0.0023Pa 蒸气相对密度（空气=1）：7.2 蒸气/空气混合物的相对密度（20℃，空气=1）：1.00 辛醇/水分配系数的对数值：1.73
环境数据	该物质对水生生物有极高毒性。该物质在正常使用过程中进入环境。但是要特别注意避免任何额外的释放，例如通过不适当处置活动
注解	根据接触程度，建议定期进行医学检查。该物质中毒时，需采取必要的治疗措施，必须提供有指示说明的适当方法。商业制剂中使用的载体溶剂可能改变其物理和毒理学性质。不要将工作服带回家中

IPCS
International Programme on Chemical Safety

本卡片由 **IPCS** 和 **EC** 合作编写 © 2004～2012

国际化学品安全卡

双甲脒			ICSC 编号：0098

CAS 登记号：33089-61-1	中文名称：双甲脒；N-双（2,4-二甲苯基亚氨基甲基）甲胺；N,N'-（甲基
RTECS 号：ZF0480000	亚氨基二次甲基）双-2,4-二甲代苯胺
EC 编号：612-086-00-2	英文名称：AMITRAZ; N-Methylbis (2,4-xylyliminomethyl) amine; N,N'- (Methyliminodimethylidyne) bis-2,4-xylidine

分子量：293.4 化学式：$C_{19}H_{23}N_3$

危害/接触类型	急性危害/症状	预防	急救/消防
火　灾	可燃的。含有机溶剂的液体制剂可能是易燃的。在火焰中释放出刺激性或有毒烟雾（或气体）	禁止明火	干粉，雾状水，泡沫，二氧化碳
爆　炸	如果制剂中含有易燃/爆炸性溶剂，有着火和爆炸的危险		
接　触		严格作业环境管理！避免哺乳妇女接触！避免青少年和儿童接触！	
# 吸入		通风（如果没有粉末时）	新鲜空气，休息。如果感觉不舒服，需就医
# 皮肤	短暂皮肤发红	防护手套。防护服	脱去污染的衣服。冲洗，然后用水和肥皂清洗皮肤。给予医疗护理
# 眼睛		安全眼镜，或面罩	用大量水冲洗（如可能尽量摘除隐形眼镜）。给予医疗护理
# 食入	心跳减慢。低血压。镇静作用。体温降低	工作时不得进食，饮水或吸烟。进食前洗手	漱口。用水冲服活性炭浆。给予医疗护理。（见注解）
泄漏处置	不要让该化学品进入环境。将泄漏物清扫进容器中，如果适当，首先润湿防止扬尘。小心收集残余物，然后转移到安全场所。个人防护用具：适应于该物质空气中浓度的颗粒物过滤呼吸器		
包装与标志	欧盟危险性类别：Xn 符号　N 符号　　R:22-43-48/22-50/53　　S:2-22-24-36/37-60-61		
应急响应			
储存	注意收容灭火产生的废水。储存在没有排水管或下水道的场所		
重要数据	**物理状态、外观**：无色晶体 **化学危险性**：燃烧时该物质分解，生成含有氮氧化物的有毒烟雾 **职业接触限值**：阈限值未制定标准。最高容许浓度未制定标准 **接触途径**：该物质可通过吸入和经食入吸收到体内 **吸入危险性**：未指明该物质达到空气中有害浓度的速率 **短期接触的影响**：该物质可能对中枢神经系统和心血管系统有影响中枢		
物理性质	熔点：86℃ 相对密度（水=1）：1.1 水中溶解度：不溶 蒸气压：20℃时可忽略不计 辛醇/水分配系数的对数值：5.50		
环境数据	该物质对水生生物是有毒的。该物质在正常使用过程中进入环境。但是要特别注意避免任何额外的释放，例如通过不适当处置活动		
注解	如果该农药以含烃溶剂制剂的形式存在时，可能不要催吐。商业制剂中使用的载体溶剂可能改变其物理和毒理学性质。如果该物质用溶剂配制，可参考这些溶剂的国际化学品安全卡片		

IPCS
International
Programme on
Chemical Safety

UNEP

本卡片由 IPCS 和 EC 合作编写 © 2004～2012

国际化学品安全卡

阿特拉津				ICSC 编号：0099

CAS 登记号：1912-24-9
RTECS 号：XY5600000
EC 编号：613-068-00-7

中文名称：阿特拉津；2-氯-4-乙氨基-6-异丙基氨基-1,3,5-三嗪；6-氯-N-乙基-N'-(1-甲基乙基)-1,3,5-三嗪-2,4-二胺；2-氯-4-乙氨基-6-异丙基氨基-s-三嗪
英文名称：ATRAZINE; 2-Chloro-4-ethylamino-6-isopropylamino-1,3,5-triazine; 6-Chloro-N-ethyl-N'-(1-methylethyl)-1,3,5-triazine-2,4-diamine; 2-Chloro-4-ethylamino-6-isopropylamino-s-triazine

分子量：215.7　　　　　　　　化学式：$C_8H_{14}ClN_5$

危害/接触类型	急性危害/症状	预防	急救/消防
火　灾	在特定条件下是可燃的。含有机溶剂的液体制剂可能是易燃的。在火焰中释放出刺激性或有毒烟雾（或气体）	禁止明火	雾状水，泡沫，干粉，二氧化碳
爆　炸	如果制剂中含有易燃/爆炸性溶剂，有着火和爆炸的危险		
接　触		防止粉尘扩散！	
# 吸入		通风（如没有粉末）	新鲜空气，休息
# 皮肤		防护手套	冲洗，然后用水和肥皂清洗皮肤
# 眼睛	发红。疼痛	安全眼镜	用大量水冲洗（如可能尽量摘除隐形眼镜）。给予医疗护理
# 食入		工作时不得进食，饮水或吸烟。进食前洗手	漱口。给予医疗护理

泄漏处置	将泄漏物清扫进容器中，如果适当，首先润湿防止扬尘。小心收集残余物，然后转移到安全场所。不要让该化学品进入环境。个人防护用具：适应于该物质空气中浓度的颗粒物过滤呼吸器
包装与标志	欧盟危险性类别：Xn 符号 N 符号 R:43-48/22-50/53 S:2-36/37-60-61 GHS 分类：信号词：警告 图形符号：感叹号-健康危险 危险说明：造成严重眼睛刺激；长期或反复接触可能对肝脏造成损害；对水生生物有毒
应急响应	
储存	注意收容灭火产生的废水。与食品和饲料分开存放。储存在没有排水管或下水道的场所

重要数据	物理状态、外观：无色晶体 化学危险性：加热时该物质分解，生成含有氯化氢、氮氧化物的有毒烟雾 职业接触限值：阈限值：5mg/m³（时间加权平均值）；A4（不能分类为人类致癌物）（美国政府工业卫生学家会议，2009 年）。最高容许浓度：（以上呼吸道可吸入部分计）2mg/m³；最高限值种类：II（8）（德国，2009 年） 接触途径：该物质可经食入吸收到体内 吸入危险性：扩散时，可较快地达到空气中颗粒物有害浓度 短期接触的影响：该物质严重刺激眼睛 长期或反复接触的影响：该物质可能对肝脏有影响，导致组织损伤
物理性质	沸点：分解℃ 熔点：173～177℃ 相对密度（水=1）：1.2 水中溶解度：25℃时不溶 蒸气压：20℃时可忽略不计 辛醇/水分配系数的对数值：2.34
环境数据	该物质对水生生物是有毒的。该物质在正常使用过程中进入环境。但是要特别注意避免任何额外的释放，例如通过不适当处置活动
注解	分解温度未见文献报道。商业制剂中使用的载体溶剂可能改变其物理和毒理学性质。如果该物质用溶剂配制，可参考这些溶剂的卡片

IPCS
International
Programme on
Chemical Safety

本卡片由 IPCS 和 EC 合作编写 © 2004～2012

107

国际化学品安全卡

吖丙啶			ICSC 编号：0100

CAS 登记号：151-56-4	中文名称：吖丙啶；亚乙基亚胺；氮丙啶；1-氮杂环丙烷
RTECS 号：KX5075000	
UN 编号：1185	英文名称：ETHYLENEIMINE; Aziridine; Azacyclopropane;
EC 编号：613-001-00-1	Dihydro-1H-azirine
中国危险货物编号：1185	
分子量：43.1	化学式：C_2H_5N/CH_2NHCH_2

危害/接触类型	急性危害/症状	预防	急救/消防
火 灾	高度易燃。在火焰中释放出刺激性或有毒烟雾（或气体）	禁止明火，禁止火花和禁止吸烟。禁止与酸接触	大量水，抗溶性泡沫，干粉。禁用二氧化碳
爆 炸	蒸气/空气混合物有爆炸性。与酸和氧化剂接触时，有着火和爆炸危险	密闭系统，通风。防爆型电气设备和照明。不要用压缩空气灌装、卸料或转运。使用无火花手工具	着火时，喷雾状水保持料桶等冷却。从掩蔽位置灭火
接 触		避免一切接触！	一切情况均向医生咨询！
# 吸入	咳嗽，头晕，头痛，呼吸困难，恶心，呕吐，症状可能推迟显现（见注解）	通风，局部排气通风或呼吸防护	新鲜空气，休息。半直立体位。必要时进行人工呼吸。给予医疗护理
# 皮肤	可能被吸收！发红。皮肤烧伤。水疱	防护手套。防护服	脱去污染的衣服。用大量水冲洗皮肤或淋浴。给予医疗护理
# 眼睛	发红。疼痛。严重深度烧伤	面罩或眼睛防护结合呼吸防护	先用大量水冲洗几分钟（如可能尽量摘除隐形眼镜），然后就医
# 食入	腹部疼痛，灼烧感，呕吐，休克或虚脱。（另见吸入）	工作时不得进食，饮水或吸烟。进食前洗手	漱口。不要催吐。大量饮水。给予医疗护理
泄漏处置	撤离危险区域！转移全部引燃源。向专家咨询！尽可能将泄漏液收集在可密闭容器中。用砂土或惰性吸收剂吸收残液，并转移到安全场所。不要让该化学品进入环境。个人防护用具：全套防护服包括自给式呼吸器		
包装与标志	不易破碎包装，将易破碎包装放在不易破碎的密闭容器中。不得与食品和饲料一起运输 欧盟危险性类别：F 符号 T+符号 N 符号 标记:D R:45-46-11-26/27/28-34-51/53 S:53-45-61 联合国危险性类别：6.1 联合国次要危险性：3 联合国包装类别：I 中国危险性类别：第 6.1 项毒性物质 中国次要危险性：3 中国包装类别：I		
应急响应	运输应急卡：TEC(R)-61GTF-1 美国消防协会法规：H3（健康危险性）；F3（火灾危险性）；R3（反应危险性）		
储存	耐火设备（条件）。与酸类、氧化剂、食品和饲料分开存放。干燥。稳定后储存		
重要数据	**物理状态、外观**：无色液体，有刺鼻气味 **物理危险性**：蒸气比空气重，可能沿地面流动，可能造成远处着火。蒸气与空气充分混合，容易形成爆炸性混合物 **化学危险性**：在酸、氧化性物质作用下，该物质可能发生聚合,有着火或爆炸危险。燃烧时，生成氮氧化物有毒和腐蚀性烟雾。该物质是一种中强碱 **职业接触限值**：阈限值：0.5ppm（经皮），A3（确认动物致癌物，但未知与人类相关性）（美国政府工业卫生学家会议，2002 年）。最高容许浓度：皮肤吸收；致癌物类别：2；胚细胞突变类别：3（德国，2002 年） **接触途径**：该物质可通过吸入其蒸气，经皮肤和食入吸收到体内 **吸入危险性**：20℃时，该物质蒸发，迅速达到空气中有害污染浓度 **短期接触的影响**：该物质腐蚀眼睛、皮肤和呼吸道。食入有腐蚀性。吸入蒸气可能引起肺水肿（见注解）。该物质可能对中枢神经系统，肾和肝有影响。接触远高于职业接触限值可导致死亡。影响可能推迟显现 **长期或反复接触的影响**：反复或长期与皮肤接触可能引起皮炎。反复或长期接触可能引起皮肤过敏。该物质可能是人类致癌物。可能引起人类胚细胞可继承的遗传损伤		
物理性质	沸点：56～57℃ 熔点：-74℃ 相对密度（水=1）：0.8 水中溶解度：混溶 蒸气压：20℃时 21.3kPa 蒸气相对密度（空气=1）：1.5	蒸气/空气混合物的相对密度（20℃，空气=1）：1.1 闪点：-11℃（闭杯） 自燃温度：322℃ 爆炸极限：空气中 3.3%～55%（体积） 辛醇/水分配系数的对数值：-0.36	
环境数据	该物质对水生生物是有害的		
注解	根据接触程度，建议定期进行医疗检查。肺水肿症状常常经过几个小时以后才变得明显，体力劳动使症状加重。因而休息和医学观察是必要的。超过接触限值时，气味报警不充分。吖丙啶蒸气未经阻聚可能在通风口或火焰消除装置处生成聚合物，造成通风口阻塞。不要将工作服带回家中		

IPCS
International
Programme on
Chemical Safety

UNEP

本卡片由 IPCS 和 EC 合作编写 © 2004～2012

国际化学品安全卡

亚苄基二氯			ICSC 编号：0101

CAS 登记号：98-87-3
RTECS 号：CZ5075000
UN 编号：1886
EC 编号：602-058-00-8
中国危险货物编号：1886

中文名称：亚苄基二氯；二氯甲苯；二氯甲基苯；α,α-二氯甲苯

英文名称：BENZAL CHLORIDE; Dichloromethyl benzene; Benzylidene chloride; alpha, alpha-Dichlorotoluene; Benzyl dichloride

分子量：161.03　　　　　化学式：$C_7H_6Cl_2/C_6H_5CHCl_2$

危害/接触类型	急性危害/症状	预防	急救/消防
火　灾	可燃的。在火焰中释放出刺激性或有毒烟雾（或气体）	禁止明火	干粉、雾状水、泡沫、二氧化碳
爆　炸			着火时，喷雾状水保持料桶等冷却
接　触		避免一切接触！	
# 吸入	咳嗽，呼吸困难，咽喉痛	通风	新鲜空气，休息，半直立体位，给予医疗护理
# 皮肤	发红，疼痛	防护手套	脱去污染的衣服，用大量水冲洗皮肤或淋浴，给予医疗护理
# 眼睛	发红，疼痛	面罩	先用大量水冲洗几分钟（如可能尽量摘除隐形眼镜），然后就医
# 食入	灼烧感。（另见吸入）	工作时不得进食，饮水或吸烟。进食前洗手	漱口。不要催吐，给予医疗护理
泄漏处置	尽可能将泄漏液收集在有盖的容器中。用砂土或惰性吸收剂吸收残液，并转移到安全场所。个人防护用具：全套防护服包括自给式呼吸器		
包装与标志	不得与食品和饲料一起运输 欧盟危险性类别：T 符号 R:22-23-37/38-40-41　　S:1/2-36/37-38-45 联合国危险性类别：6.1 联合国包装类别：II 中国危险性类别：第 6.1 项毒性物质 中国包装类别：II		
应急响应	运输应急卡：TEC(R)-61S1886		
储存	与食品和饲料分开存放。见化学危险性。沿地面通风		
重要数据	物理状态、外观：无色液体，有刺鼻气味 化学危险性：燃烧时或与酸类和水接触时，该物质分解生成含氯化氢（见卡片#0163）有毒烟雾。与强氧化剂发生反应 职业接触限值：阈限值未制定标准。最高容许浓度：皮肤吸收；致癌物类别：2（德国，2004 年） 接触途径：该物质可通过吸入其气溶胶和经食入吸收到体内 吸入危险性：20℃时，该物质蒸发不会或很缓慢地达到空气中有害污染浓度 短期接触的影响：该物质严重刺激眼睛，皮肤和呼吸道 长期或反复接触的影响：该物质很可能是人类致癌物		
物理性质	沸点：205℃ 熔点：-17℃ 相对密度（水=1）：1.26 水中溶解度：不溶 蒸气压：35.4℃时 0.13kPa 闪点：93℃（闭杯） 自燃温度：525℃ 爆炸极限：空气中 1.1%～11%（体积） 辛醇/水分配系数的对数值：3.22		
环境数据			
注解			

IPCS
International Programme on Chemical Safety

本卡片由 IPCS 和 EC 合作编写 © 2004～2012

国际化学品安全卡

苯甲醛			ICSC 编号：0102

CAS 登记号：100-52-7
RTECS 号：CU4375000
UN 编号：1990
EC 编号：605-012-00-5
中国危险货物编号：1990
分子量：106.1

中文名称：苯甲醛；人工杏仁油；安息香醛

英文名称：BENZALDEHYDE; Benzoic aldehyde; Artificial almond oil; Benzenecarbonal

化学式：C_7H_6O/C_6H_5CHO

危害/接触类型	急性危害/症状	预防	急救/消防
火灾	可燃的。在火焰中释放出刺激性或有毒烟雾（或气体）	禁止明火	干粉，雾状水，泡沫，二氧化碳
爆炸	高于63℃，可能形成爆炸性蒸气/空气混合物	高于63℃，使用密闭系统、通风	
接触			
# 吸入	咳嗽。咽喉痛	通风，局部排气通风或呼吸防护	新鲜空气，休息
# 皮肤	发红	防护手套。防护服	脱去污染的衣服。用大量水冲洗皮肤或淋浴
# 眼睛	发红。疼痛	安全眼镜或面罩	先用大量水冲洗几分钟（如可能尽量摘除隐形眼镜），然后就医
# 食入	咽喉疼痛	工作时不得进食，饮水或吸烟	漱口。休息
泄漏处置	将泄漏液收集在可密闭的容器中。用砂土或惰性吸收剂吸收残液，并转移到安全场所。不要让该化学品进入环境。个人防护用具：适用于有机气体和蒸气的过滤呼吸器		
包装与标志	欧盟危险性类别：Xn 符号　　R:22　　S:2-24 联合国危险性类别：9　　　　　　联合国包装类别：III 中国危险性类别：第9类 杂项危险物质和物品　中国包装类别：III		
应急响应	运输应急卡：TEC(R)-90S1990 美国消防协会法规：H2（健康危险性）；F2（火灾危险性）；R0（反应危险性）		
储存	与性质相互抵触物质分开存放。见化学危险性。严格密封。沿地面通风。储存在没有排水管或下水道的场所。阴凉场所。保存在暗处		
重要数据	**物理状态、外观**：无色至黄色液体，有特殊气味 **化学危险性**：在特定条件下，该物质能生成爆炸性过氧化物。与铝、碱、铁、氧化剂和苯酚激烈反应，有着火和爆炸危险 **职业接触限值**：阈限值未制定标准。最高容许浓度：IIb（未制定标准但可提供数据）（德国，2005年） **接触途径**：该物质可通过吸入其蒸气，经皮肤和食入吸收到体内 **吸入危险性**：未指明20℃时该物质蒸发达到空气中有害浓度的速率 **短期接触的影响**：该物质刺激眼睛		
物理性质	沸点：179℃ 熔点：-26℃ 相对密度（水=1）：1.05 水中溶解度：25℃时微溶 蒸气压：26℃时133Pa 蒸气相对密度（空气=1）：3.7 闪点：63℃（闭杯） 自燃温度：192℃ 爆炸极限：空气中1.4%（体积） 辛醇/水分配系数的对数值：1.48		
环境数据	该物质对水生生物是有害的		
注解	用大量水冲洗工作服（因有着火的危险）。蒸馏前检验过氧化物，如有，将其去除		

IPCS
International
Programme on
Chemical Safety

本卡片由 IPCS 和 EC 合作编写 © 2004～2012

国际化学品安全卡

苯甲酸			ICSC 编号：0103

CAS 登记号：65-85-0　　　　　中文名称：苯甲酸；苯羧酸；苯基羧酸

RTECS 号：DG0875000　　　　　英文名称：BENZOIC ACID; Benzenecarboxylic acid; Phenyl carboxylic acid

分子量：122.1　　　　　　　　化学式：$C_7H_6O_2/C_6H_5COOH$

危害/接触类型	急性危害/症状	预防	急救/消防
火　灾	可燃的	禁止明火	干粉、雾状水、泡沫、二氧化碳
爆　炸	微细分散的颗粒物在空气中形成爆炸性混合物	防止粉尘沉积。密闭系统。防止粉尘爆炸型电气设备和照明	着火时,喷雾状水保持料桶等冷却
接　触			
# 吸入	咳嗽，咽喉痛	局部排气通风或呼吸防护	新鲜空气，休息
# 皮肤	发红，灼烧感，发痒	防护手套	脱去污染的衣服，冲洗，然后用水和肥皂清洗皮肤
# 眼睛	发红，疼痛	安全护目镜	先用大量水冲洗几分钟（如可能尽量摘除隐形眼镜），然后就医
# 食入	腹部疼痛，恶心，呕吐	工作时不得进食，饮水或吸烟。进食前洗手	漱口。催吐（仅对清醒病人！），给予医疗护理
泄漏处置	将泄漏物清扫进塑料容器中。如果适当，首先润湿防止扬尘。用大量水冲净残余物。使用面罩和防护服		
包装与标志			
应急响应	美国消防协会法规：H2（健康危险性）；F1（火灾危险性）；R0（反应危险性）		
储存			
重要数据	物理状态、外观：白色晶体或粉末 物理危险性：以粉末或颗粒形状与空气混合，可能发生粉尘爆炸 化学危险性：水溶液是一种弱酸。与氧化剂发生反应 职业接触限值：阈限值未制定标准。最高容许浓度：未制定标准，但可提供数据（德国，2005 年） 接触途径：该物质可通过吸入和经食入吸收到体内 吸入危险性：未指明 20℃时该物质蒸发达到空气中有害浓度的速率 短期接触的影响：该物质刺激眼睛、皮肤和呼吸道。接触该物质可能引起非过敏性皮疹		
物理性质	沸点：249℃ 熔点：122℃（见注解） 密度：1.3g/cm³ 水中溶解度：20℃时 0.29g/100mL 蒸气压：25℃时 0.1Pa 蒸气相对密度（空气=1）：4.2 蒸气/空气混合物的相对密度（20℃，空气=1）：1 闪点：121℃（闭杯） 自燃温度：570℃ 辛醇/水分配系数的对数值：1.87		
环境数据			
注解	该物质在 100℃开始升华		

IPCS
International Programme on Chemical Safety

本卡片由 IPCS 和 EC 合作编写 © 2004～2012

国际化学品安全卡

苯并(a)芘			ICSC 编号：0104

CAS 登记号：50-32-8	中文名称：苯并(a)芘；3,4-苯并芘；苯并(d,e,f)屈
RTECS 号：DJ3675000	英文名称：BENZO (a) PYRENE; Benz (a) pyrene; 3,4-Benzopyrene;
EC 编号：601-032-00-3	Benzo (d,e,f) chrysene

分子量：252.3	化学式：$C_{20}H_{12}$

危害/接触类型	急性危害/症状	预防	急救/消防
火　灾	可燃的	禁止明火	干粉，雾状水，泡沫，二氧化碳
爆　炸			
接　触	见长期或反复接触的影响	避免一切接触！	
# 吸入		局部排气通风或呼吸防护	新鲜空气，休息
# 皮肤	可能被吸收！	防护手套，防护服	脱掉污染的衣服，然后用水和肥皂洗皮肤
# 眼睛		安全护目镜或眼睛防护结合呼吸防护	先用大量水冲洗几分钟（如可能尽量摘除隐形眼镜），然后就医
# 食入		工作时，不得进食、饮水或吸烟	催吐（仅对清醒病人！）。给予医疗护理

泄漏处置	撤离危险区域。将泄漏物收集到密闭容器中。如果适当，首先润湿防止扬尘。小心收集残余物，然后转移至安全场所。不要让该化学品进入环境。个人防护用具：全套防护服包括自给式呼吸器
包装与标志	欧盟危险性类别：T 符号　N 符号　R:45-46-60-61-43-50/53　S:53-45-60-61
应急响应	
储存	与强氧化剂分开存放
重要数据	物理状态、外观：淡黄色晶体 化学危险性：与强氧化剂发生反应，有着火和爆炸的危险 职业接触限值：阈限值：应当小心地将各种途径的接触控制在尽可能低的水平；A2（可疑人类致癌物）（美国政府工业卫生学家会议，2005 年）。最高容许浓度： 皮肤吸收；致癌物类别：2；胚细胞突变种类：2（德国，2009 年） 接触途径：该物质可通过吸入其气溶胶、经皮肤和食入吸收到体内 吸入危险性：20℃时蒸发可忽略不计，但扩散时可较快地达到空气中颗粒物有害浓度 长期或反复接触的影响：该物质是人类致癌物。可能引起人类胚细胞可继承的遗传损伤。动物实验表明，该物质可能造成人类生殖或发育毒性
物理性质	沸点：496℃ 熔点：178.1℃ 密度：1.4g/cm³ 水中溶解度：<0.1g/100mL（不溶） 蒸气压：可忽略不计 辛醇/水分配系数的对数值：6.04
环境数据	该物质对水生生物有极高毒性。该化学品可能在鱼类、植物和软体动物中发生生物蓄积。该物质可能在水生环境中造成长期影响
注解	不要将工作服带回家中。苯并（a）芘作为多环芳香烃（PAHs）的一种成分存在于环境中，通常来自有机物，尤其是矿物燃料和烟草的不完全燃烧或热解

IPCS
International
Programme on
Chemical Safety

   UNEP

本卡片由 IPCS 和 EC 合作编写 © 2004～2012

国际化学品安全卡

三氯甲苯			ICSC 编号：0105

CAS 登记号：98-07-7
RTECS 号：XT9275000
UN 编号：2226
EC 编号：602-038-00-9
中国危险货物编号：2226
分子量：195.5

中文名称：三氯甲苯；α，α，α-三氯甲苯；三氯苯基甲烷；苯基氯仿；三氯甲基苯
英文名称：BENZOTRICHLORIDE; alpha,alpha,alpha-Trichlorotoluene; Trichlorophenylmethane; Phenylchloroform; (Trichloromethyl) benzene

化学式：$C_7H_5Cl_3$ / $C_6H_5CCl_3$

危害/接触类型	急性危害/症状	预防	急救/消防
火　灾	可燃的。在火焰中释放出刺激性或有毒烟雾（或气体）	禁止明火	干粉，泡沫，二氧化碳
爆　炸			
接　触		防止产生烟云！	
# 吸入	咳嗽。咽喉痛。呼吸短促。咳嗽。咽喉痛	通风，局部排气通风或呼吸防护	新鲜空气，休息。立即给予医疗护理
# 皮肤	发红。疼痛	防护手套。防护服	脱去污染的衣服，冲洗，然后用水和肥皂清洗皮肤，给予医疗护理
# 眼睛	发红。疼痛。烧伤	安全护目镜，面罩，或眼睛防护结合呼吸防护	用大量水冲洗（如可能尽量摘除隐形眼镜）。立即给予医疗护理
# 食入		工作时不得进食，饮水或吸烟	漱口。不要催吐。饮用 1～2 杯水。如果感觉不舒服，需就医

泄漏处置	通风。将泄漏液收集在可密闭的容器中。用干砂土或惰性吸收剂吸收残液，并转移到安全场所。个人防护用具：全套防护服包括自给式呼吸器
包装与标志	气密。不得与食品和饲料一起运输 欧盟危险性类别：T 符号　标记：E　R:45-22-23-37/38-41　S:53-45 联合国危险性类别：8　　　　联合国包装类别：II 中国危险性类别：第 8 类 腐蚀性物质　中国包装类别：II GHS 分类：信号词：危险 图形符号：骷髅和交叉骨-健康危险 危险说明：吸入蒸气致命；吞咽有害；造成皮肤刺激；造成严重眼睛损伤；怀疑导致遗传性缺陷；可能致癌；可能导致呼吸刺激；长期或反复吸入对肺造成损害；长期或反复吞咽可能对肝脏、肾和甲状腺造成损害；吞咽和进入呼吸道可能有害
应急响应	运输应急卡：TEC(R)-80S2226 或 80GC9-II+III 美国消防协会法规：H4（健康危险性）；F1（火灾危险性）；R0（反应危险性）
储存	与食品、饲料和性质相互抵触的物质分开存放。见化学危险性。干燥。严格密封。沿地面通风
重要数据	物理状态、外观：无色至黄色发烟油状液体，有刺鼻气味 化学危险性：加热时，与酸和水接触时，该物质分解生成含有氯化氢的有毒和腐蚀性烟雾。与强氧化剂、胺类和轻金属激烈地发生反应，有着火和爆炸的危险。与空气接触时，释放出氯化氢（见卡片#0163）。浸蚀塑料 职业接触限值：阈限值：0.1ppm（短期接触限值）（上限值）（经皮）；A2（可疑人类致癌物）（美国政府工业卫生学家会议，2008 年）。最高容许浓度：皮肤吸收；致癌物类别：2（德国，2008 年） 接触途径：该物质可通过吸入、经皮肤和食入吸收到体内 吸入危险性：20℃时，该物质蒸发相当快地达到空气中有害污染浓度 短期接触的影响：该物质刺激皮肤和呼吸道，严重刺激眼睛。如果吞咽该物质，可能引起呕吐，可能导致吸入性肺炎 长期或反复接触的影响：该物质可能对肺、肝脏、肾和甲状腺有影响。该物质很可能是人类致癌物
物理性质	沸点：221℃ 熔点：−5℃ 相对密度（水=1）：1.4 水中溶解度：反应 蒸气压：20℃时 20Pa 蒸气相对密度（空气=1）：6.8	蒸气/空气混合物的相对密度（20℃，空气=1）：1.00 黏度：在 20℃时 1.7mm²/s 闪点：108℃（闭杯） 自燃温度：211℃ 辛醇/水分配系数的对数值：2.92
环境数据	
注解	在一定条件下，可能形成难引燃的可燃蒸气/空气混合物。工作时接触，任何时刻都不应超过职业接触限值。根据接触程度，建议定期进行医学检查。如果呼吸困难和/或发烧，就医

IPCS
International
Programme on
Chemical Safety

本卡片由 IPCS 和 EC 合作编写 © 2004～2012

国际化学品安全卡

联(二)苯		ICSC 编号：0106

CAS 登记号：92-52-4	中文名称：联（二）苯；联苯；苯基苯
RTECS 号：DU8050000	
UN 编号：3077	英文名称：BIPHENYL; Diphenyl; Phenylbenzene; Dibenzene
EC 编号：601-042-00-8	
中国危险货物编号：3077	
分子量：154.2	化学式：$C_{12}H_{10}/C_6H_5C_6H_5$

危害/接触类型	急性危害/症状	预防	急救/消防
火 灾	可燃的	禁止明火	干粉，雾状水，泡沫，二氧化碳
爆 炸	微细分散的颗粒物在空气中形成爆炸性混合物	防止粉尘沉积、密闭系统、防止粉尘爆炸型电气设备和照明。防止静电荷积聚（例如，通过接地）	
接 触		防止粉尘扩散！	
# 吸入	咳嗽。恶心。呕吐	避免吸入微细粉尘和烟云。局部排气通风或呼吸防护	新鲜空气，休息。给予医疗护理
# 皮肤	发红	防护手套	脱去污染的衣服，冲洗，然后用水和肥皂清洗皮肤
# 眼睛	发红。疼痛	安全护目镜，或如为粉末，眼睛防护结合呼吸防护	用大量水冲洗（如可能尽量摘除隐形眼镜）
# 食入	另见吸入	工作时不得进食，饮水或吸烟。进食前洗手	漱口。给予医疗护理

泄漏处置	将泄漏物清扫进可密闭容器中，如果适当，首先润湿防止扬尘。小心收集残余物，然后转移到安全场所。不要让该化学品进入环境。个人防护用具：适用于有机蒸气和有害粉尘的 A/P2 过滤呼吸器
包装与标志	不得与食品和饲料一起运输 欧盟危险性类别：Xi 符号 N 符号　R:36/37/38-50/53 S:2-23-60-61 联合国危险性类别：9　　　　　联合国包装类别：III 中国危险性类别：第 9 类 杂项危险物质和物品 中国包装类别：III GHS 分类：警示词：警告 图形符号：健康危险-环境 危险说明：造成眼睛刺激；长期或反复吸入可能对肝和神经系统造成损害；对水生生物毒性非常大
应急响应	运输应急卡：TEC(R)-90GM7-III 美国消防协会法规：H1（健康危险性）；F1（火灾危险性）；R0（反应危险性）
储存	与食品和饲料、氧化剂分开存放。注意收容灭火产生的废水。储存在没有排水管或下水道的场所
重要数据	**物理状态、外观**：白色晶体或薄片，有特殊气味 **物理危险性**：以粉末或颗粒形状与空气混合，可能发生粉尘爆炸 **化学危险性**：与氧化剂发生反应 **职业接触限值**：阈限值：0.2ppm（时间加权平均值）（美国政府工业卫生学家会议，2006 年）。最高容许浓度：皮肤吸收；致癌物类别：3B（德国，2006 年） **接触途径**：该物质可通过吸入，经皮肤和食入吸收到体内 **吸入危险性**：扩散时可较快地达到空气中颗粒物有害浓度 **短期接触的影响**：该物质刺激眼睛，皮肤和呼吸道 **长期或反复接触的影响**：该物质可能对肝脏和神经系统有影响，导致功能损伤

物理性质	沸点：256℃ 熔点：70℃ 相对密度（水=1）：1.04 水中溶解度：20℃时 0.0004g/100mL 蒸气压：25℃时 1.19Pa 蒸气相对密度（空气=1）：5.3	蒸气/空气混合物的相对密度（20℃，空气=1）：1.0 闪点：113℃（闭杯） 自燃温度：540℃ 爆炸极限：空气中 0.6%（111℃）～5.8%（166℃）（体积） 辛醇/水分配系数的对数值：3.16/4.09

环境数据	该物质对水生生物有极高毒性。该化学品可能沿食物链发生生物蓄积，例如在植物中。强烈建议不要让该化学品进入环境
注解	不要将工作服带回家中

IPCS
International
Programme on
Chemical Safety

本卡片由 IPCS 和 EC 合作编写 © 2004～2012

国际化学品安全卡

溴			ICSC 编号：0107

CAS 登记号：7726-95-6　　　　　　　中文名称：溴
RTECS 号：EF9100000
UN 编号：1744　　　　　　　　　　　英文名称：BROMINE
EC 编号：035-001-00-5
中国危险货物编号：1744
分子量：159.8　　　　　　　　　　　化学式：Br_2

危害/接触类型	急性危害/症状	预防	急救/消防
火灾	不可燃，但可促进其他物质燃烧，许多反应可能引起火灾或爆炸，加热引起压力升高，容器有破裂危险，在火焰中释放出刺激性或有毒烟雾（或气体）	禁止与性质相互抵触的物质（见化学危险性接触）	周围环境着火时，使用适当的灭火剂
爆炸	有着火和爆炸的危险（见化学危险性）	禁止接触性质相互抵触的物质（见化学危险性）	着火时，喷雾状水保持钢瓶冷却
接触		避免一切接触！	一切情况均向医生咨询！
# 吸入	咳嗽，咽喉痛，呼吸短促，喘息，呼吸困难，症状可能推迟显现（见注解）	呼吸防护，密闭系统和通风	新鲜空气，休息，半直立体位，立即给予医疗护理，必要时进行人工呼吸，见注解
# 皮肤	发红，灼烧感，疼痛，严重的皮肤烧伤	防护手套，防护服	先用大量水冲洗至少 15min，然后脱去污染的衣服并再次冲洗，将衣服放入可密闭容器中，立即给予医疗护理
# 眼睛	引起流泪。发红。视力模糊。疼痛。烧伤	面罩，和眼睛防护结合呼吸防护	用大量水冲洗（如可能尽量摘除隐形眼镜）。立即给予医疗护理
# 食入	口腔和咽喉烧伤。咽喉和胸腔有灼烧感。腹部疼痛。休克或虚脱	工作时不得进食，饮水或吸烟	漱口。不要催吐。立即给予医疗护理
泄漏处置	撤离危险区域！向专家咨询！不要让该化学品进入环境。通风。喷洒雾状水去除蒸气。将泄漏液收集在可密闭的容器中与氟化涂层。不要用锯末或其他可燃吸收剂吸收。用干燥砂土或惰性吸收剂吸收残液，并转移到安全场所。个人防护用具：气密式化学防护服，包括自给式呼吸器		
包装与标志	专用材料。不易破碎包装，将易破碎包装放在不易破碎的密闭容器中。不得与食品和饲料一起运输 欧盟危险性类别：T+符号 C 符号 N 符号　　R:26-35-50　　S:1/2-7/9-26-45-61 联合国危险性类别：8 联合国次要危险性：6.1 联合国包装类别：I 中国危险性类别：第 8 类 腐蚀性物质　　中国次要危险性：第 6.1 项 毒性物质　　中国包装类别：I		
应急响应	美国消防协会法规：H3（健康危险性）；F0（火灾危险性）；R0（反应危险性）。OX（氧化剂）		
储存	注意收容灭火产生的废水。与食品和饲料分开存放，见化学危险性。阴凉场所。干燥。严格密封。保存在通风良好的室内。只能储存在原始容器中。储存在没有排水管或下水道的场所		
重要数据	物理状态、外观：发烟红色至棕色液体，有刺鼻气味 物理危险性：蒸气比空气重 化学危险性：加热时，生成有毒烟雾。该物质是一种强氧化剂，与可燃物质和还原性物质激烈地发生反应。该物质与多数有机和无机化合物反应，有着火和爆炸危险。浸蚀金属 职业接触限值：阈限值：0.1ppm（时间加权平均值）；0.2ppm（短期接触限值）（美国政府工业卫生学家会议，2009 年）。欧盟职业接触限值：0.1ppm，$0.7mg/m^3$（时间加权平均值）（欧盟，2006 年） 接触途径：各种接触途径均产生严重的局部影响 吸入危险性：20℃时，该物质蒸发，迅速达到空气中有害污染浓度 短期接触的影响：流泪。该物质腐蚀眼睛，皮肤和呼吸道。食入有腐蚀性。吸入可能引起类似哮喘反应。吸入可能引起肺炎。吸入可能引起肺水肿，但只在对眼睛和/或呼吸道的最初腐蚀性影响已经显现以后。见注解。接触可能导致死亡 长期或反复接触的影响：该物质可能对呼吸道和肺有影响，导致慢性炎症和功能损伤		
物理性质	沸点：58.8℃ 熔点：-7.2℃ 相对密度（水=1）：3.1 水中溶解度：20℃时 4.0g/100mL	蒸气压：20℃时 23.3kPa 蒸气相对密度（空气=1）：5.5 蒸气/空气混合物的相对密度（20℃，空气=1）：2.0 黏度：在 40℃时 $0.264mm^2/s$	
环境数据	该物质对水生生物有极高毒性。强烈建议不要让该化学品进入环境		
注解	肺水肿症状常常经过几个小时以后才变得明显，体力劳动使症状加重。因而休息和医学观察是必要的。应当考虑由医生或医生指定的人立即采取适当吸入治疗法		

IPCS
International
Programme on
Chemical Safety

本卡片由 IPCS 和 EC 合作编写 © 2004～2012

国际化学品安全卡

溴仿			ICSC 编号：0108

CAS 登记号：75-25-2
RTECS 号：PB5600000
UN 编号：2515
EC 编号：602-007-00-X
中国危险货物编号：2515

中文名称：溴仿；三溴甲烷；甲基三溴

英文名称：BROMOFORM; Tribromomethane; Methenyl tribromide; Methyl tribromide

分子量：252.7   化学式：CHBr₃

危害/接触类型	急性危害/症状	预防	急救/消防
火 灾	不可燃。在火焰中释放出刺激性或有毒烟雾（或气体）		周围环境着火时，使用适当的灭火剂
爆 炸			
接 触			
# 吸入	咳嗽。（另见食入）	通风，局部排气通风或呼吸防护	新鲜空气，休息。必要时进行人工呼吸。给予医疗护理
# 皮肤	发红。（见食入）	防护手套。防护服	冲洗，然后用水和肥皂清洗皮肤。如果感觉不舒服，需就医
# 眼睛	引起流泪。发红。疼痛	安全眼镜，或眼睛防护结合呼吸防护	用大量水冲洗（如可能尽量摘除隐形眼镜）
# 食入	头痛。头晕。倦睡	工作时不得进食，饮水或吸烟	漱口。不要催吐。给予医疗护理
泄漏处置	撤离危险区域！向专家咨询！通风。尽可能将泄漏液收集在可密闭的容器中。用砂土或惰性吸收剂吸收残液，并转移到安全场所。不要让该化学品进入环境。个人防护用具：全套防护服包括自给式呼吸器		
包装与标志	不得与食品和饲料一起运输。污染海洋物质 欧盟危险性类别：T 符号 N 符号 R:23-36/38-51/53 S:1/2-28-45-61 联合国危险性类别：6.1 联合国包装类别：III 中国危险性类别：第 6.1 项 毒性物质 中国包装类别：III		
应急响应			
储存	与强碱氧化剂、金属、食品和饲料分开存放。保存在暗处。沿地面通风。稳定后储存。储存在没有排水管或下水道的场所。注意收容灭火产生的废水		
重要数据	物理状态、外观：无色液体，有特殊气味。遇光和空气时变黄色 化学危险性：加热时该物质分解，生成含有溴化氢的有毒和腐蚀性烟雾。与氧化剂和碱类发生激烈反应。与金属粉末发生反应，有着火和爆炸的危险。浸蚀某些塑料、橡胶和涂层 职业接触限值：阈限值：0.5ppm（时间加权平均值）；A3（确认的动物致癌物，但未知与人类相关性）（美国政府工业卫生学家会议，2009 年）。最高容许浓度：致癌物类别：3B（德国，2008 年） 接触途径：该物质可通过吸入和经食入吸收到体内 吸入危险性：20℃时，该物质蒸发，迅速达到空气中有害污染浓度 短期接触的影响：该物质刺激眼睛，皮肤和呼吸道。该物质可能对中枢神经系统有影响 长期或反复接触的影响：该物质可能对肝脏和肾脏有影响		
物理性质	沸点：149.5℃ 熔点：8.3℃ 相对密度（水=1）：2.9 水中溶解度：20℃时 0.1g/100mL(微溶) 蒸气压：20℃时 0.67kPa 蒸气相对密度（空气=1）：8.7 蒸气/空气混合物的相对密度（20℃，空气=1）：1.05 黏度：在 15℃时 0.74mm²/s 辛醇/水分配系数的对数值：2.38		
环境数据	该物质对水生生物是有害的。该物质可能在水生环境中造成长期影响。强烈建议不要让该化学品进入环境。该物质可能对环境有危害，对水生生物应给予特别注意		
注解	添加稳定剂或阻聚剂会影响该物质的毒理学性质。向专家咨询		

IPCS
International
Programme on
Chemical Safety

   UNEP

本卡片由 IPCS 和 EC 合作编写 © 2004～2012

116

国际化学品安全卡

甲基溴			ICSC 编号：0109

CAS 登记号：74-83-9
RTECS 号：PA4900000
UN 编号：1062
EC 编号：602-002-00-2
中国危险货物编号：1062
分子量：94.9

中文名称：甲基溴；溴甲烷；一溴甲烷（钢瓶）
英文名称：METHYL BROMIDE; Bromomethane; Monobromomethane; (cylinder)
化学式：CH₃Br

危害/接触类型	急性危害/症状	预防	急救/消防
火灾	在特定条件下是可燃的。在火焰中释放出刺激性或有毒烟雾（或气体）	禁止明火。禁止与铝、锌、镁或纯氧接触	切断气源，如不可能并对周围环境无危险，让火自行燃尽；其他情况用适当的灭火剂灭火
爆炸	与铝、锌、镁或氧接触时，有着火和爆炸的危险		着火时，喷雾状水保持钢瓶冷却
接触		严格作业环境管理！	一切情况均向医生咨询！急救：使用个人防护用具
# 吸入	咳嗽。咽喉痛。头晕。头痛。腹部疼痛。呕吐。虚弱。呼吸短促。意识模糊。幻觉。丧失语言能力。运动失调。惊厥。症状可能推迟显现（见注解）	通风，局部排气通风或呼吸防护	新鲜空气，休息。半直立体位。必要时进行人工呼吸。立即给予医疗护理
# 皮肤	可能被吸收！麻刺感。发痒。灼烧感。发红。水疱。疼痛。与液体接触：冻伤。（另见吸入）	保温手套。防护服	用大量水冲洗皮肤或淋浴。冻伤时，用大量水冲洗，不要脱去衣服。立即给予医疗护理
# 眼睛	发红。疼痛。视力模糊。暂时失明。	安全护目镜，面罩，或眼睛防护结合呼吸防护	用大量水冲洗（如可能尽量摘除隐形眼镜）。立即给予医疗护理
# 食入			

泄漏处置	撤离危险区域！向专家咨询！通风。切勿直接向液体上喷水。个人防护用具：全套防护服包括自给式呼吸器
包装与标志	欧盟危险性类别：T 符号 N 符号　R:23/25-36/37/38-48/20-68-50-59　　S:1/2-15-27-36/39-38-45-59-61 联合国危险性类别：2.3　　中国危险性类别：第 2.3 项 毒性气体 GHS 分类：信号词：危险 图形符号：钢瓶-骷髅和交叉骨-健康危险 危险说明：内含高压气体，遇热可能爆炸；吸入（气体）有毒；造成皮肤刺激；造成眼睛刺激；吸入对肺、肾脏和中枢神经系统造成损害；长期或反复吸入对肝、肾和中枢神经系统造成损害；破坏高层大气中的臭氧，危害公共健康和环境
应急响应	美国消防协会法规：H3（健康危险性）；F1（火灾危险性）；R0（反应危险性）
储存	如果在建筑物内，耐火设备（条件）。与强氧化剂、铝和氧气瓶分开存放。阴凉场所。沿地面通风
重要数据	**物理状态、外观**：无气味和无色压缩液化气体 **物理危险性**：该气体比空气重，可能积聚在低层空间，造成缺氧 **化学危险性**：加热时该物质分解，生成有毒和腐蚀性烟雾。与强氧化剂发生反应。有水存在时，浸蚀许多金属。浸蚀铝、锌和镁，形成发火化合物，有着火和爆炸的危险 **职业接触限值**：阈限值：1ppm（时间加权平均值）（经皮）；A4（不能分类为人类致癌物）（美国政府工业卫生学家会议，2009 年）。最高容许浓度：皮肤吸收；致癌物类别：3B（德国，2009 年） **接触途径**：该物质以蒸气形式通过吸入和经皮肤吸收到体内 **吸入危险性**：容器漏损时，迅速达到空气中该气体的有害浓度 **短期接触的影响**：该物质（液体）严重刺激皮肤、刺激眼睛和呼吸道。吸入可能引起肺水肿（见注解）。液体迅速蒸发可能引起冻伤。该物质可能对中枢神经系统和肾脏造成影响。影响可能推迟达 48h 出现。高浓度接触时可能导致死亡。需进行医学观察 **长期或反复接触的影响**：该物质可能对中枢神经系统有影响。动物实验表明，该物质可能造成人类生殖或发育毒性
物理性质	沸点：4℃ 熔点：-94℃ 相对密度（水=1）：1.7 在 0℃ 水中溶解度：20℃时 1.5g/100mL 蒸气压：20℃时 1893kPa 蒸气相对密度（空气=1）：3.3 闪点：194℃ 自燃温度：537℃ 爆炸极限：空气中 10%～16%(体积) 辛醇/水分配系数的对数值：1.19
环境数据	该物质对水生生物是有毒的。该物质可能对环境有危害，对臭氧层的影响应给予特别注意。该物质在正常使用过程中进入环境。但是要特别注意避免任何额外的释放，例如通过不适当的处置活动
注解	根据接触程度，建议定期进行医学检查。肺水肿症状常常经过几个小时以后才变得明显，体力劳动使症状加重。因而休息和医学观察是必要的。对神经系统的毒性作用可能延迟几小时出现。应当考虑由医生或医生指定的人员立即采取适当的吸入治疗法。转动泄漏钢瓶使漏口朝上，防止液态气体逸出

IPCS
International
Programme on
Chemical Safety

UNEP

本卡片由 IPCS 和 EC 合作编写 © 2004～2012

国际化学品安全卡

1,4-丁二醇二缩水甘油醚			ICSC 编号：0110

CAS 登记号：2425-79-8	中文名称：1,4-丁二醇二缩水甘油醚；1,4-双（环氧丙氧基）丁烷；1,4-丁烷二环氧甘油醚
RTECS 号：EJ5100000	
EC 编号：603-072-00-7	英文名称：1,4-BUTANEDIOL DIGLYCIDYL ETHER; 1,4-Bis (2,3-epoxypropoxy) butane; 1,4-Butane diglycidyl ether

分子量：202.3	化学式：$C_{10}H_{18}O_4$

危害/接触类型	急性危害/症状	预防	急救/消防
火 灾	可燃的	禁止明火	干粉，抗溶性泡沫，二氧化碳
爆 炸			
接 触		避免一切接触！	
# 吸入	咳嗽，咽喉痛	通风，局部排气通风或呼吸防护	新鲜空气，休息
# 皮肤	发红。疼痛	防护手套。防护服	脱去污染的衣服。冲洗，然后用水和肥皂清洗皮肤。如果造成皮肤刺激，给予医疗护理
# 眼睛	发红。疼痛	安全护目镜，或眼睛防护结合呼吸防护	用大量水冲洗（如可能尽量摘除隐形眼镜）。立即给予医疗护理
# 食入	灼烧感。咽喉疼痛	工作时不得进食，饮水或吸烟	漱口。饮用 1～2 杯水。如果感觉不舒服，需就医

泄漏处置	将泄漏液收集在可密闭的容器中。用大量水冲净残余物。个人防护用具：适用于该物质空气中浓度的有机气体和蒸气的过滤呼吸器
包装与标志	欧盟危险性类别：Xn 符号　　R:20/21-36/38-43　　S:2-26-28-37/39 GHS 分类：警示词：警告　图形符号：感叹号　危险说明：吞咽有害；接触皮肤有害；造成皮肤刺激；造成严重眼睛刺激；可能导致皮肤过敏反应；可能引起呼吸道刺激
应急响应	
储存	与强氧化剂、酸类和碱类分开存放。阴凉场所。保存在暗处。沿地面通风
重要数据	物理状态、外观：无色至黄色液体 化学危险性：该物质很可能生成爆炸性过氧化物。与强氧化剂、酸类和碱类发生反应 职业接触限值：阈限值未制定标准。最高容许浓度：皮肤致敏剂（德国，2007 年） 接触途径：该物质可经皮肤和食入吸收到体内 吸入危险性：未指明 20℃时该物质蒸发达到空气中有害浓度的速率 短期接触的影响：该物质刺激呼吸道。该物质严重刺激眼睛和皮肤 长期或反复接触的影响：反复或长期接触可能引起皮肤过敏
物理性质	沸点：266℃ 密度：1.1g/cm³ 水中溶解度：混溶 蒸气压：20℃时 1.3kPa 蒸气相对密度（空气=1）：7.0 蒸气/空气混合物的相对密度（20℃，空气=1）：1.08 闪点：129℃ 辛醇/水分配系数的对数值：−0.15
环境数据	
注解	蒸馏前检验过氧化物，如有，将其去除。不要将工作服带回家中

IPCS
International
Programme on
Chemical Safety

   UNEP

本卡片由 IPCS 和 EC 合作编写 © 2004～2012

国际化学品安全卡

1-丁醇		ICSC 编号：0111

CAS 登记号：71-36-3
RTECS 号：EO1400000
UN 编号：1120
EC 编号：603-004-00-6
中国危险货物编号：1120

中文名称：1-丁醇；丙基甲醇；正丁基醇；正丁醇

英文名称：1-BUTANOL; n-Butanol; n-Butyl alcohol; Propyl carbinol; Butan-1-ol; Butyl alcohol

分子量：74.1　　　　　化学式：$C_4H_{10}O/CH_3(CH_2)_3OH$

危害/接触类型	急性危害/症状	预防	急救/消防
火　灾	易燃的	禁止明火，禁止火花和禁止吸烟	干粉，雾状水，泡沫，二氧化碳
爆　炸	高于 29℃，可能形成爆炸性蒸气/空气混合物	高于 29℃，使用密闭系统、通风和防爆型电气设备	着火时，喷雾状水保持料桶等冷却
接　触			
# 吸入	咳嗽。咽喉痛。头痛。头晕。倦睡。	通风，局部排气通风或呼吸防护	新鲜空气，休息
# 皮肤	发红。疼痛。皮肤干燥	防护手套	脱去污染的衣服。用大量水冲洗皮肤或淋浴
# 眼睛	发红。疼痛	安全护目镜	先用大量水冲洗几分钟（如可能尽量摘除隐形眼镜），然后就医
# 食入	腹部疼痛。倦睡。头晕。恶心。腹泻。呕吐。	工作时不得进食，饮水或吸烟	漱口。大量饮水。不要催吐。给予医疗护理

泄漏处置	将泄漏液收集在可密闭的容器中。用砂土或惰性吸收剂吸收残液，并转移到安全场所。用大量水冲净残余物。个人防护用具：适用于有机气体和蒸气的过滤呼吸器
包装与标志	欧盟危险性类别：Xn 符号 R:10-22-37/38-41-67　　S:2-7/9-13-26-37/39-46 联合国危险性类别：3　　联合国包装类别：III 中国危险性类别：第 3 类易燃液体　中国包装类别：III
应急响应	运输应急卡：TEC(R)-30S1120-III 美国消防协会法规：H1（健康危险性）；F3（火灾危险性）；R0（反应危险性）
储存	耐火设备（条件）。与强氧化剂、铝分开存放
重要数据	物理状态、外观：无色液体，有特殊气味 化学危险性：加热到 100℃ 时，与铝发生反应。与强氧化剂，如三氧化铬反应，生成易燃/爆炸性气体氢（见卡片#0001）。浸蚀某些塑料、橡胶和涂层 职业接触限值：阈限值：20ppm（时间加权平均值）（美国政府工业卫生学家会议，2005 年）。最高容许浓度：100ppm，$310mg/m^3$；最高限值种类：I（1）；妊娠风险等级：C（德国，2004 年） 接触途径：该物质可通过吸入其蒸气和食入吸收到体内 吸入危险性：20℃ 时，该物质蒸发相当慢地达到空气中有害污染浓度 短期接触的影响：该物质刺激皮肤，严重刺激眼睛。蒸气刺激眼睛和呼吸道。远高于职业接触限值接触能够造成意识降低。如果吞咽的液体吸入肺中，可能引起化学肺炎 长期或反复接触的影响：液体使皮肤脱脂
物理性质	沸点：117℃ 熔点：-90℃ 相对密度（水=1）：0.81 水中溶解度：20℃ 时 7.7g/100mL 蒸气压：20℃ 时 0.58kPa 蒸气相对密度（空气=1）：2.6 蒸气/空气混合物的相对密度（20℃，空气=1）：1.01 闪点：29℃（闭杯） 自燃温度：345℃ 爆炸极限：空气中 1.4%～11.3%（体积） 辛醇/水分配系数的对数值：0.9
环境数据	
注解	

国际化学品安全卡

2-丁醇			ICSC 编号：0112

CAS 登记号：78-92-2
RTECS 号：EO1750000
UN 编号：1120
EC 编号：603-127-00-5
中国危险货物编号：1120
分子量：74.1

中文名称：2-丁醇；仲丁醇；甲基乙基甲醇；水合丁烯

英文名称：2-BUTANOL; sec-Butyl alcohol; Butan-2-ol; 1-Methyl propanol; Methyl ethyl carbinol; Butylene hydrate

化学式：$C_4H_{10}O/CH_3CHOHCH_2CH_3$

危害/接触类型	急性危害/症状	预防	急救/消防
火 灾	易燃的	禁止明火，禁止火花和禁止吸烟	干粉，雾状水，泡沫，二氧化碳
爆 炸	高于24℃，可能形成爆炸性蒸气/空气混合物	高于24℃，使用密闭系统、通风和防爆型电气设备	着火时，喷雾状水保持料桶等冷却
接 触			
# 吸入	头痛。头晕。倦睡	通风，局部排气通风或呼吸防护	新鲜空气，休息。给予医疗护理
# 皮肤	皮肤干燥	防护手套	脱去污染的衣服。用大量水冲洗皮肤或淋浴
# 眼睛	发红。疼痛	安全护目镜	先用大量水冲洗几分钟（如可能尽量摘除隐形眼镜），然后就医
# 食入	头晕。倦睡	工作时不得进食，饮水或吸烟	漱口。大量饮水。不要催吐。给予医疗护理
泄漏处置		将泄漏液收集在可密闭的容器中。用砂土或惰性吸收剂吸收残液，并转移到安全场所。用大量水冲净残余物。个人防护用具：适用于有机气体和蒸气的过滤呼吸器	
包装与标志		欧盟危险性类别：Xi 符号 标记：C R:10-36/37-67 S:2-7/9-13-24/25-26-46 联合国危险性类别：3 联合国包装类别：III 中国危险性类别：第3类易燃液体 中国包装类别：III	
应急响应		运输应急卡：TEC(R)-30S1120-III 美国消防协会法规：H1（健康危险性）；F3（火灾危险性）；R0（反应危险性）	
储存		耐火设备（条件）。与强氧化剂、铝分开存放	
重要数据		物理状态、外观：无色液体，有特殊气味 化学危险性：该物质能生成爆炸性过氧化物。与铝（加热到100℃时）、强氧化剂，如三氧化铬发生反应，生成易燃/爆炸性气体氢（见卡片#0001）。浸蚀某些塑料、橡胶和涂层 职业接触限值：阈限值：100ppm（时间加权平均值）（美国政府工业卫生学家会议，2005年）。最高容许浓度：IIb（未制定标准，但可以提供数据）（德国，2004年） 接触途径：该物质可通过吸入其蒸气和食入吸收到体内 吸入危险性：20℃时该物质蒸发，相当慢地达到空气中有害污染浓度 短期接触的影响：该物质刺激眼睛。远高于职业接触限值接触能够造成意识降低。如果吞咽的液体吸入肺中，可能引起化学肺炎 长期或反复接触的影响：液体使皮肤脱脂	
物理性质		沸点：100℃ 熔点：-115℃ 相对密度（水=1）：0.81 水中溶解度：20℃时 12.5g/100mL 蒸气压：20℃时 1.7kPa 蒸气相对密度（空气=1）：2.55 蒸气/空气混合物的相对密度（20℃，空气=1）：1.03 闪点：24℃（闭杯） 自燃温度：406℃ 爆炸极限：空气中 1.7%～9.0%（体积） 辛醇/水分配系数的对数值：0.6	
环境数据			
注解		蒸馏前检验过氧化物，如有，将其去除	

IPCS
International
Programme on
Chemical Safety

   UNEP

本卡片由 IPCS 和 EC 合作编写 © 2004～2012

国际化学品安全卡

异丁醇			ICSC 编号：0113

CAS 登记号：78-83-1
RTECS 号：NP9625000
UN 编号：1212
EC 编号：603-108-00-1
中国危险货物编号：1212
分子量：74.1

中文名称：异丁醇；2-甲基-1-丙醇；异丙基甲醇

英文名称：ISOBUTANOL; 2-Methyl-1-propanol; Isopropyl carbinol; Isobutyl alcohol

化学式：$C_4H_{10}O/(CH_3)_2CHCH_2OH$

危害/接触类型	急性危害/症状	预防	急救/消防
火 灾	易燃的	禁止明火，禁止火花和禁止吸烟	干粉，雾状水，泡沫，二氧化碳
爆 炸	高于28℃，可能形成爆炸性蒸气/空气混合物	高于28℃，使用密闭系统、通风和防爆型电气设备	着火时，喷雾状水保持料桶等冷却
接 触			
# 吸入	头痛。头晕。倦睡	通风，局部排气通风或呼吸防护	新鲜空气，休息
# 皮肤	发红。疼痛。皮肤干燥	防护手套	脱去污染的衣服。用大量水冲洗皮肤或淋浴
# 眼睛	发红。疼痛	安全护目镜	先用大量水冲洗几分钟（如可能尽量摘除隐形眼镜），然后就医
# 食入	腹部疼痛。倦睡。头晕。恶心。腹泻。呕吐	工作时不得进食，饮水或吸烟	漱口。大量饮水。不要催吐。给予医疗护理

泄漏处置	将泄漏液收集在可密闭的容器中。用砂土或惰性吸收剂吸收残液，并转移到安全场所。用大量水冲净残余物。个人防护用具：适用于有机气体和蒸气的过滤呼吸器
包装与标志	欧盟危险性类别：Xi 符号 R:10-37/38-41-67 S:2-7/9-13-26-37/39-46 联合国危险性类别：3 联合国包装类别：III 中国危险性类别：第3类易燃液体 中国包装类别：III
应急响应	运输应急卡：TEC(R)-30S1120-III 美国消防协会法规：H1（健康危险性）；F3（火灾危险性）；R0（反应危险性）
储存	耐火设备（条件）。与强氧化剂、铝分开存放
重要数据	物理状态、外观：无色液体，有特殊气味 化学危险性：与铝、强氧化剂，如三氧化铬反应，生成易燃/爆炸性气体氢（见卡片#0001）。浸蚀某些塑料、橡胶和涂层 职业接触限值：阈限值：50ppm（时间加权平均值）（美国政府工业卫生学家会议，2005年）。最高容许浓度：100ppm；310mg/m³。最高限值种类：I（1）；妊娠风险等级：C（德国，2004年） 接触途径：该物质可通过吸入其蒸气和食入吸收到体内 吸入危险性：20℃时该物质蒸发，相当慢地达到空气中有害污染浓度 短期接触的影响：该物质刺激皮肤，严重刺激眼睛。远高于职业接触限值接触能够造成意识降低。如果吞咽的液体吸入肺中，可能引起化学肺炎 长期或反复接触的影响：液体使皮肤脱脂
物理性质	沸点：108℃ 熔点：-108℃ 相对密度（水=1）：0.80 水中溶解度：20℃时 8.7g/100mL 蒸气压：20℃时 1.2kPa 蒸气相对密度（空气=1）：2.55 蒸气/空气混合物的相对密度（20℃，空气=1）：1.02 闪点：28℃（闭杯） 自燃温度：415℃ 爆炸极限：空气中 1.7%～10.9%（体积） 辛醇/水分配系数的对数值：0.8
环境数据	
注解	

IPCS
International Programme on Chemical Safety

本卡片由 IPCS 和 EC 合作编写 © 2004～2012

国际化学品安全卡

叔丁醇			ICSC 编号：0114

CAS 登记号：75-65-0	中文名称：叔丁醇；特丁醇；2-甲基-2-丙醇；三甲基甲醇；2-甲基丙-2-醇；
RTECS 号：EO1925000	1,1-二甲基乙醇
UN 编号：1120	英文名称：tert-BUTANOL; tert-Butyl alcohol; 2-Methyl-2-propanol; Trimethyl
EC 编号：603-005-00-1	carbinol; 2-Methylpropan-2-ol; 1,1-Dimethylethanol
中国危险货物编号：1120	

分子量：74.1	化学式：$C_4H_{10}O$ / $(CH_3)_3COH$

危害/接触类型	急性危害/症状	预防	急救/消防
火 灾	高度易燃	禁止明火，禁止火花和禁止吸烟	雾状水，抗溶性泡沫，干粉，二氧化碳
爆 炸	蒸气/空气混合物有爆炸性。受热引起压力升高，有爆裂危险	密闭系统，通风，防爆型电气设备和照明。不要使用压缩空气灌装、卸料或转运	着火时，喷雾状水保持料桶等冷却
接 触			
# 吸入	头晕，倦睡，恶心，头痛，呕吐	通风，局部排气通风或呼吸防护	新鲜空气，休息。给予医疗护理
# 皮肤	发红	防护手套	脱去污染的衣服。用大量水冲洗皮肤或淋浴
# 眼睛	发红，疼痛	安全护目镜	先用大量水冲洗几分钟（如可能尽量摘除隐形眼镜），然后就医
# 食入	另见吸入	工作时不得进食、饮水或吸烟	漱口，饮用 1 杯或 2 杯水。不要催吐。给予医疗护理
泄漏处置	转移全部引燃源。撤离危险区域！向专家咨询！通风。将泄漏液收集在可密闭的容器中。用砂土或惰性吸收剂吸收残液，并转移到安全场所。用大量水冲净残余物。个人防护用具：自给式呼吸器		
包装与标志	欧盟危险性类别：F 符号 Xn 符号 R:11-20 S:2-9-16 联合国危险性类别：3 联合国包装类别：II 中国危险性类别：第 3 类 易燃液体 中国包装类别：II GHS 分类：警示词：危险 图形符号：火焰-感叹号 危险说明：高度易燃液体和蒸气；吞咽可能有害；可能引起昏昏欲睡或眩晕；造成眼睛刺激		
应急响应	运输应急卡：TEC(R)-30S1120-II 或 30GF1-I+II 美国消防协会法规：H2（健康危险性）；F3（火灾危险性）；R0（反应危险性）		
储存	耐火设备（条件）。与强氧化剂、强酸分开存放		
重要数据	物理状态、外观：无色液体或晶体，有特殊气味 物理危险性：蒸气与空气充分混合，容易形成爆炸性混合物 化学危险性：与强无机酸和强氧化剂接触时，该物质分解，有着火和爆炸的危险 职业接触限值：阈限值：100ppm（时间加权平均值）；A4（不能分类为人类致癌物）（美国政府工业卫生学家会议，2007 年）。最高容许浓度：20ppm，$62mg/m^3$；最高限值种类：II（4）；妊娠风险等级：C（德国，2007 年） 接触途径：该物质可通过吸入其蒸气和经食入吸收到体内 吸入危险性：20℃时，该物质蒸发相当快地达到空气中有害污染浓度 短期接触的影响：该物质刺激眼睛。该物质可能对中枢神经系统有影响。远高于职业接触限值接触时，能够造成意识降低 长期或反复接触的影响：反复或长期与皮肤接触可能引起皮炎		
物理性质	沸点：83℃ 熔点：25℃ 相对密度（水=1）：0.8 水中溶解度：混溶 蒸气压：20℃时 4.1kPa 蒸气相对密度（空气=1）：2.6	蒸气/空气混合物的相对密度（20℃，空气=1）：1.06 闪点：11℃（闭杯） 自燃温度：470℃ 爆炸极限：空气中 1.7%～8.0%（体积） 辛醇/水分配系数的对数值：0.3	
环境数据			
注解	超过接触限值时，气味报警不充分		

IPCS
International
Programme on
Chemical Safety

   UNEP

本卡片由 IPCS 和 EC 合作编写 © 2004～2012

国际化学品安全卡

缩水甘油丁醚			ICSC 编号：0115

CAS 登记号：2426-08-6
RTECS 号：TX4200000
UN 编号：1993
EC 编号：603-039-00-7
中国危险货物编号：1993

中文名称：缩水甘油丁醚；1-丁氧基-2,3-环氧丙烷；2,3-环氧丙基醚；（丁氧甲基）环氧乙烷
英文名称：n-BUTYL GLYCIDYL ETHER; BGE; 1-Butoxy-2,3-epoxypropane; 2,3-Epoxypropyl ether; (Butoxymethyl)oxirane

分子量：130.2　　　　　　　　化学式：$C_7H_{14}O_2$

危害/接触类型	急性危害/症状	预防	急救/消防
火　灾	易燃的	禁止明火，禁止火花和禁止吸烟	干粉，雾状水，泡沫，二氧化碳
爆　炸	54℃以上时可能形成爆炸性蒸气/空气混合物	54℃以上时密闭系统，通风和防爆型电气设备	着火时，喷雾状水保持料桶等冷却
接　触		避免一切接触！	
# 吸入	咳嗽，咽喉痛	通风，局部排气通风或呼吸防护	新鲜空气，休息
# 皮肤	发红，疼痛	防护手套，防护服	脱去污染的衣服。冲洗，然后用水和肥皂清洗皮肤
# 眼睛	发红，疼痛	护目镜或眼睛防护结合呼吸防护	先用大量水冲洗几分钟（如可能尽量摘除隐形眼镜），然后就医
# 食入		工作时，不得进食、饮水或吸烟	漱口

泄漏处置	将泄漏液收集在有盖的容器中。用砂土或惰性吸收剂吸收残液，并转移到安全场所。个人防护用具：适用于有害颗粒物的P2过滤呼吸器
包装与标志	欧盟危险性类别：Xn 符号　R:10-20/22-37-40-43-68-52/53　　S:2-24/25-36/37-61 联合国危险性类别：3　　联合国包装类别：III 中国危险性类别：第3类易燃液体　中国包装类别：III
应急响应	运输应急卡：TEC（R）-30GF1-III
储存	耐火设备（条件）。与强氧化剂、强碱、强酸和胺类分开存放。阴凉场所。保存在阴暗处
重要数据	物理状态、外观：无色液体，有特殊气味 化学危险性：该物质可能生成爆炸性过氧化物。与强氧化剂、酸、碱和胺类发生反应 职业接触限值：阈限值：3ppm（时间加权平均值）（经皮）；（致敏剂）（美国政府工业卫生学家会议，2005年）。最高容许浓度：皮肤吸收；皮肤致敏剂；致癌物类别：3B；胚细胞突变物类别：2（德国，2005年） 接触途径：该物质可通过吸入其气溶胶和经食入吸收到体内 吸入危险性：20℃时，该物质蒸发相当快地达到空气中有害污染浓度 短期接触的影响：该物质刺激眼睛、皮肤和呼吸道 长期或反复接触的影响：反复或长期接触可能引起皮肤过敏。可能引起人类胚细胞可继承的遗传损伤
物理性质	沸点：164℃ 相对密度（水=1）：0.91 水中溶解度：20℃时 2g/100mL 蒸气压：25℃时 0.43kPa 蒸气相对密度（空气=1）：3.78 蒸气/空气混合物的相对密度（20℃，空气=1）：1.01 闪点：54℃（闭杯） 爆炸极限：见注解 辛醇/水分配系数对数值：0.63
环境数据	
注解	虽然该物质是可燃的，且闪点≤61℃，但爆炸极限未见文献报道。蒸馏前检验过氧化物，如有，将其去除

IPCS
International
Programme on
Chemical Safety

   UNEP

本卡片由 IPCS 和 EC 合作编写 © 2004～2012

国际化学品安全卡

氯化镉			ICSC 编号：0116

CAS 登记号：10108-64-2
RTECS 号：EV0175000
UN 编号：2570
EC 编号：048-008-00-3
中国危险货物编号：2570

中文名称：氯化镉；二氯化镉

英文名称：CADMIUM CHLORIDE; Cadmium dichloride

分子量：183.3　　　　　　　　　　化学式：$CdCl_2$

危害/接触类型	急性危害/症状	预防	急救/消防
火　灾	不可燃。在火焰中释放出刺激性或有毒烟雾（或气体）		周围环境着火时，使用适当的灭火剂
爆　炸			
接　触		防止粉尘扩散！避免一切接触！	一切情况均向医生咨询！
# 吸入	咳嗽。呼吸困难。症状可能推迟显现（见注解）	密闭系统和通风	新鲜空气，休息。半直立体位。必要时进行人工呼吸。给予医疗护理
# 皮肤	发红	防护手套。防护服	脱去污染的衣服。用大量水冲洗皮肤或淋浴
# 眼睛	发红。疼痛	安全护目镜，或如为粉末，眼睛防护结合呼吸防护	先用大量水冲洗几分钟（如可能尽量摘除隐形眼镜），然后就医
# 食入	腹部疼痛。灼烧感。腹泻。恶心。呕吐	工作时不得进食，饮水或吸烟。进食前洗手	漱口。大量饮水。给予医疗护理

泄漏处置	不要让该化学品进入环境。将泄漏物清扫进可密闭容器中，如果适当，首先润湿防止扬尘。小心收集残余物，然后转移到安全场所。个人防护用具：化学防护服包括自给式呼吸器
包装与标志	不易破碎包装，将易破碎包装放在不易破碎的密闭容器中。不得与食品和饲料一起运输。严重污染海洋物质 欧盟危险性类别：T+符号　N符号　标记：E　R:45-46-60-61-25-26-48/23/25-50/53　　S:53-45-60-61 联合国危险性类别：6.1　联合国包装类别：III 中国危险性类别：第6.1项毒性物质　中国包装类别：III
应急响应	运输应急卡：TEC(R)-61GT5-III
储存	与强氧化剂、食品和饲料分开存放。干燥。严格密封
重要数据	物理状态、外观：无色吸湿晶体，无气味 化学危险性：加热时，该物质分解生成含镉和氯极高毒性烟雾。与强氧化剂反应，生成氯有毒烟雾 职业接触限值：阈限值：0.01mg/m³（以镉计，总尘）；0.002mg/m³（可吸入粉尘）（时间加权平均值）；A2（可疑人类致癌物）；公布生物暴露指数（美国政府工业卫生学家会议，2005年）。最高容许浓度：皮肤吸收（H）；致癌物类别：1；胚细胞突变物类别：3（德国，2004年） 接触途径：该物质可通过吸入其气溶胶和食入吸收到体内 吸入危险性：扩散时可较快地达到空气中颗粒物有害浓度，尤其是粉末 短期接触的影响：该物质严重刺激眼睛、刺激皮肤和呼吸道。该物质严重刺激胃肠道。吸入气溶胶可能引起肺水肿（见注解）。远高于职业接触限值接触可能导致死亡。影响可能推迟显现。需进行医学观察 长期或反复接触的影响：该物质可能对肾和肺有影响，导致肾损伤和体组织损伤。该物质是人类致癌物
物理性质	沸点：960℃ 熔点：568℃ 密度：4.1g/cm³ 水中溶解度：溶解
环境数据	该物质对水生生物是有毒的。该化学品可能在植物中发生生物蓄积作用。强烈建议不要让该化学品进入环境
注解	根据接触程度，建议定期进行医疗检查。不要将工作服带回家中。肺水肿症状常常经过几个小时以后才变得明显，体力劳动使症状加重。因而休息和医学观察是必要的。应当考虑由医生或医生指定的人立即采取适当吸入治疗法

IPCS
International
Programme on
Chemical Safety

   UNEP

本卡片由 IPCS 和 EC 合作编写 © 2004～2012

国际化学品安全卡

一氧化镉			ICSC 编号：0117

CAS 登记号：1306-19-0
RTECS 号：EV1925000
UN 编号：2570（镉化合物）
EC 编号：048-002-00-0
中国危险货物编号：2570

中文名称：一氧化镉

英文名称：CADMIUM OXIDE; Cadmium monoxide

分子量：128.4

化学式：CdO

危害/接触类型	急性危害/症状	预防	急救/消防
火 灾	不可燃。在火焰中释放出刺激性或有毒烟雾（或气体）		周围环境着火时使用适当的灭火剂
爆 炸			
接 触		防止粉尘扩散!避免一切接触!	一切情况下均向医生咨询!
# 吸入	咳嗽，呼吸困难，气短，症状可能推迟显现（见注解）	密闭系统，通风	新鲜空气，休息。半直立体位，给予医疗护理
# 皮肤			用大量水冲洗皮肤或淋浴
# 眼睛	发红，疼痛	安全护目镜，或如为粉末，眼睛防护结合呼吸防护	先用大量水冲洗几分钟（如可能尽量摘除隐形眼镜），然后就医
# 食入	胃痉挛，腹泻，恶心，呕吐	工作时不得进食、饮水或吸烟。进食前洗手	漱口。给予医疗护理

泄漏处置	真空抽吸泄漏物。用特殊设备或将泄漏物清扫进容器中，如果适当，首先润湿防止扬尘。小心收集残余物，然后转移到安全场所。不要让该化学品进入环境。个人防护用具：适用于有毒颗粒物的 P3 过滤呼吸器
包装与标志	不得与食品和饲料一起运输。不易破碎包装，将易破碎包装放在不易破碎容器中。严重污染海洋物质 欧盟危险性类别：T 符号 N 符号 标记：E R:45-26-48/23/25-62-63-68-50/53 S:53-45-60-61 联合国危险性类别：6.1 中国危险性类别：第 6.1 项毒性物质
应急响应	运输应急卡：TEC（R）-61GT5-III
储存	与食品和饲料分开存放。储存在没有排水管或下水道的场所
重要数据	物理状态、外观：棕色晶体或无定形粉末，无气味 化学危险性：加热时与镁激烈反应，有着火和爆炸危险 职业接触限值：阈限值：以 Cd 计 0.01mg/m³（总尘）（时间加权平均值）；0.002mg/m³（可呼吸粉尘）（时间加权平均值）；A2（可疑人类致癌物）；公布生物暴露指数（美国政府工业卫生学家会议，2005 年）。最高容许浓度：（可吸入粉尘）皮肤吸收；致癌物类别：1；胚细胞突变物类别：3（德国，2005 年） 接触途径：该物质可通过吸入其气溶胶和食入吸收到体内 吸入危险性：扩散时能较快达到空气中颗粒物有害浓度 短期接触的影响：该物质刺激呼吸道。可能对眼睛引起机械刺激。吸入气溶胶可能引起肺水肿（见注解）。远高于职业接触限值接触可能导致死亡。影响可能推迟显现。需进行医学观察 长期或反复接触的影响：该物质可能对肾脏和肺有影响，导致肾损伤和体组织损伤。该物质是人类致癌物
物理性质	升华点：1559℃（晶体） 熔点：900～1000℃时，分解（无定形体） 密度：6.95g/cm³（无定形体）；8.15g/cm³（晶体） 水中溶解度：不溶
环境数据	该化学品可能在植物和海产食品中发生生物蓄积。强烈建议不要让该化学品进入环境
注解	根据接触程度，需定期进行医疗检查。肺水肿症状常常经过几小时后才变得明显，体力劳动使症状加重。因此，休息和医学观察是必要的。应当考虑由医生或医生指定的人员立即采取适当吸入治疗法。不要将工作服带回家中

IPCS
International
Programme on
Chemical Safety

   UNEP

本卡片由 IPCS 和 EC 合作编写 © 2004～2012

国际化学品安全卡

己内酰胺			ICSC 编号：0118

CAS 登记号：105-60-2
RTECS 号：CM3675000
EC 编号：613-069-00-2

中文名称：己内酰胺；六氢-2*H*-氮杂-2-酮；氨基己内酰胺；ε-己内酰胺
英文名称：CAPROLACTAM; Hexahydro-2*H*-azepin-2-one; Aminocaproic lactam; epsilon-Caprolactam

分子量：113.2

化学式：$C_6H_{11}NO$

危害/接触类型	急性危害/症状	预防	急救/消防
火　灾	可燃的。在火焰中释放出刺激性或有毒烟雾（或气体）	禁止明火	泡沫，干粉，二氧化碳，大量水
爆　炸			
接　触		防止粉尘扩散！	
# 吸入	咳嗽。胃痉挛。头晕。头痛。意识模糊	局部排气通风或呼吸防护	新鲜空气，休息。给予医疗护理
# 皮肤	发红	防护手套。防护服	脱去污染的衣服。用大量水冲洗皮肤或淋浴
# 眼睛	发红。疼痛	面罩，或眼睛防护结合呼吸防护	用大量水冲洗（如可能尽量摘除隐形眼镜）。给予医疗护理
# 食入	恶心。呕吐。腹部疼痛。腹泻	工作时不得进食、饮水或吸烟	漱口。给予医疗护理

泄漏处置	如果已熔化，让其凝固。将泄漏物清扫进容器中，如果适当，首先润湿防止扬尘。用大量水冲净残余物。个人防护用具：适应于该物质空气中浓度的颗粒物过滤呼吸器
包装与标志	欧盟危险性类别：Xn 符号　　R:20/22-36/37/38　　S:(2) GHS 分类：信号词：警告　图形符号：感叹号　危险说明：吞咽有害；造成皮肤刺激；造成眼睛刺激；可能引起昏昏欲睡或眩晕
应急响应	
储存	与强氧化剂分开存放。干燥
重要数据	物理状态、外观：白色、吸湿的薄片或晶体 化学危险性：加热时该物质分解，生成含有氮氧化物、氨的有毒烟雾。与强氧化剂发生剧烈反应 职业接触限值：阈限值：（以可吸入部分和蒸气计）5mg/m³（时间加权平均值）；A5（非可疑人类致癌物）（美国政府工业卫生学家会议，2009 年）。最高容许浓度：（以蒸气和粉尘计）（可吸入部分）5mg/m³；最高限值种类：I（2）；妊娠风险等级：C（德国，2009 年） 接触途径：该物质可通过吸入其气溶胶吸收到体内 吸入危险性：扩散时可较快地达到空气中颗粒物有害浓度 短期接触的影响：该物质刺激皮肤、眼睛和呼吸道。该物质可能对中枢神经系统造成影响 长期或反复接触的影响：反复或长期与皮肤接触可能引起皮炎。该物质可能对神经系统和肝脏有影响
物理性质	沸点：267℃ 熔点：70℃ 相对密度（水=1）：1.02 水中溶解度：溶解 蒸气压：25℃时 0.26Pa 蒸气相对密度（空气=1）：3.91 蒸气/空气混合物的相对密度（20℃，空气=1）：1.0 闪点：125℃（开杯） 自燃温度：375℃ 爆炸极限：空气中 1.4%～8%（体积） 辛醇/水分配系数的对数值：−0.19
环境数据	该物质在正常使用过程中进入环境。但是要特别注意避免任何额外的释放，例如通过不适当处置活动
注解	该物质是通常在约 80℃以液化（熔融）形式使用、储存和运输

IPCS
International
Programme on
Chemical Safety

本卡片由 **IPCS** 和 **EC** 合作编写 © 2004～2012

国际化学品安全卡

敌菌丹			ICSC 编号：0119

CAS 登记号：2425-06-1 RTECS 号：GW4900000 EC 编号：613-046-00-7	中文名称：敌菌丹；N-(1,1,2,2-四氯乙硫基)环己-4-烯-1,2-二羧酰亚胺；3a,4,7,7a-四氢-N-(1,1,2,2-四氯乙烷氧硫基)邻苯二甲酰亚胺 英文名称：CAPTAFOL； N-(1,1,2,2-Tetrachloroethylthio)cyclohex-4-ene-1,2-dicarboximide； 3a,4,7,7a-Tetrahydro-N-(1,1,2,2-tetrachloroethanesulphenyl) phthalimide

分子量：349.1	化学式：$C_{10}H_9Cl_4NO_2S$

危害/接触类型	急性危害/症状	预防	急救/消防
火灾	可燃的。含有机溶剂的液体制剂可能是易燃的。在火焰中释放出刺激性或有毒烟雾（或气体）	禁止明火	雾状水，泡沫，干粉，二氧化碳
爆炸			
接触		避免一切接触！	一切情况均向医生咨询！
# 吸入	咳嗽。咽喉痛。喘息。呼吸短促	通风（如果没有粉末时），局部排气通风或呼吸防护	新鲜空气，休息。给予医疗护理
# 皮肤	可能被吸收！发红。皮疹。水疱	防护手套。防护服	脱去污染的衣服。冲洗，然后用水和肥皂清洗皮肤。给予医疗护理
# 眼睛	发红。疼痛。发痒	面罩，或眼睛防护结合呼吸防护	用大量水冲洗（如可能尽量摘除隐形眼镜）。给予医疗护理
# 食入	有灼烧感。腹部疼痛	工作时不得进食，饮水或吸烟。进食前洗手	漱口。给予医疗护理
泄漏处置	将泄漏物清扫进容器中，如果适当，首先润湿防止扬尘。小心收集残余物，然后转移到安全场所。不要让该化学品进入环境。个人防护用具：适应于该物质空气中浓度的颗粒物过滤呼吸器		
包装与标志	不得与食品和饲料一起运输 欧盟危险性类别：T 符号 N 符号　　R:45-43-50/53　　S:53-45-60-61 GHS 分类：信号词：危险 图形符号：感叹号-健康危险-环境 危险说明：造成眼睛刺激；造成皮肤刺激；吸入可能导致过敏或哮喘症状或呼吸困难；可能导致皮肤过敏反应；可能致癌；可能造成呼吸刺激作用；对水生生物毒性非常大		
应急响应			
储存	注意收容灭火产生的废水。与强碱、食品和饲料分开存放。储存在没有排水管或下水道的场所。		
重要数据	物理状态、外观：无色晶体粉末 化学危险性：加热时该物质分解，生成含有氯化氢、氮氧化物、硫氧化物的有毒和腐蚀性烟雾。浸蚀金属 职业接触限值：阈限值：0.1mg/m³（时间加权平均值）；（经皮）；A4（不能分类为人类致癌物）（美国政府工业卫生学家会议，2008 年）。最高容许浓度未制定标准 接触途径：该物质可经食入吸收到体内 吸入危险性：扩散时可较快地达到空气中颗粒物有害浓度 短期接触的影响：该物质刺激眼睛、皮肤和呼吸道 长期或反复接触的影响：反复或长期与皮肤接触可能引起皮炎。反复或长期接触可能引起皮肤过敏和过敏性结膜炎。反复或长期吸入接触可能引起哮喘。该物质很可能是人类致癌物		
物理性质	熔点：160～161℃ 水中溶解度：不溶 蒸气相对密度（空气=1）：12 蒸气/空气混合物的相对密度（20℃，空气=1）：1.00 辛醇/水分配系数的对数值：3.8		
环境数据	该物质对水生生物有极高毒性。该物质在正常使用过程中进入环境。但是要特别注意避免任何额外的释放，例如通过不适当处置活动		
注解	根据接触程度，建议定期进行医学检查。哮喘症状常常经过几个小时以后才变得明显，体力劳动使症状加重。因而休息和医学观察是必要的。因该物质出现哮喘症状的任何人不应当再接触该物质。商业制剂中使用的载体溶剂可能改变其物理和毒理学性质。不要将工作服带回家中		

IPCS
International Programme on Chemical Safety

本卡片由 IPCS 和 EC 合作编写　© 2004～2012

127

国际化学品安全卡

克菌丹			ICSC 编号：0120

CAS 登记号：133-06-2
RTECS 号：GW5075000
UN 编号：2588
EC 编号：613-044-00-6
中国危险货物编号：2588

中文名称：克菌丹；1,2,3,6-四氢-*N*-(三氯甲基硫代)邻苯二甲酰胺；3a,4,7,7a-四氢-2-((三氯甲基)硫代)-1*H*-异吲哚-1,3(2*H*)-二酮
英文名称：CAPTAN; 1,2,3,6-Tetrahydro-*N*-(trichloromethylthio) phthalimide; 3a,4,7,7a-Tetrahydro-2-((trichloromethyl)thio)-1*H*-isoindole-1,3(2*H*)-dione

分子量：76.5

化学式：$C_3H_5Cl/CH_2=CHCH_2Cl$

危害/接触类型	急性危害/症状	预防	急救/消防
火 灾	在特定条件下是可燃的。含有机溶剂的液体制剂可能是易燃的。在火焰中释放出刺激性或有毒烟雾（或气体）	禁止明火	雾状水，泡沫，干粉，二氧化碳
爆 炸			
接 触		避免一切接触！	
# 吸入		通风（如果没有粉末时）	新鲜空气，休息。如果感觉不舒服，需就医
# 皮肤	发红	防护手套。防护服	脱去污染的衣服。冲洗，然后用水和肥皂清洗皮肤。给予医疗护理
# 眼睛	发红	安全眼镜，或面罩	用大量水冲洗（如可能尽量摘除隐形眼镜）。给予医疗护理
# 食入	呕吐。腹泻	工作时不得进食，饮水或吸烟。进食前洗手	漱口。如果感觉不舒服，需就医

泄漏处置	将泄漏物清扫进容器中，如果适当，首先润湿防止扬尘。小心收集残余物，然后转移到安全场所。不要让该化学品进入环境。个人防护用具：适应于该物质空气中浓度的颗粒物过滤呼吸器
包装与标志	不得与食品和饲料一起运输 欧盟危险性类别：T 符号 N 符号　　R:23-40-41-43-50　　S:1/2-26-29-36/37/39-45-61 GHS 分类：信号词：警告 图形符号：感叹号-环境 危险说明：造成皮肤刺激；造成眼睛刺激；可能导致皮肤过敏反应；对水生生物毒性非常大
应急响应	
储存	注意收容灭火产生的废水。与食品和饲料分开存放。储存在没有排水管或下水道的场所
重要数据	物理状态、外观：白色晶体 化学危险性：加热时该物质分解，生成含有硫氧化物、氮氧化物、氯化氢和光气的有毒烟雾 职业接触限值：阈限值：（可吸入粉尘）5mg/m³（时间加权平均值）；A3（确认的动物致癌物，但未知与人类相关性）；致敏剂（美国政府工业卫生学家会议，2009 年）。最高容许浓度未制定标准 接触途径：该物质可通过吸入其气溶胶吸收到体内 吸入危险性：扩散时可较快地达到空气中颗粒物有害浓度 短期接触的影响：该物质刺激眼睛和皮肤 长期或反复接触的影响：反复或长期与皮肤接触可能引起皮炎。反复或长期接触可能引起皮肤过敏
物理性质	沸点：（分解） 熔点：178℃（分解） 相对密度（水=1）：1.74 水中溶解度：25℃时不溶 辛醇/水分配系数的对数值：2.35
环境数据	该物质对水生生物有极高毒性。该物质在正常使用过程中进入环境。但是要特别注意避免任何额外的释放，例如通过不适当的处置活动
注解	商业制剂中使用的载体溶剂可能改变其物理和毒理学性质。不要将工作服带回家中

IPCS
International
Programme on
Chemical Safety

本卡片由 IPCS 和 EC 合作编写 © 2004～2012

国际化学品安全卡

西维因			ICSC 编号：0121

CAS 登记号：63-25-2	中文名称：西维因；1-萘基甲基氨基甲酸酯；甲基氨基甲酸-1-萘酯
RTECS 号：FC5950000	英文名称：CARBARYL; 1-Naphthalenol methylcarbamate; 1-Naphthyl
UN 编号：2757	methylcarbamate; Methyl carbamic acid 1-naphthyl ester; 1-Naphthalenyl
EC 编号：006-011-00-7	methylcarbamate
中国危险货物编号：2757	
分子量：201.2	化学式：$C_{12}H_{11}NO_2$

危害/接触类型	急性危害/症状	预防	急救/消防
火 灾	可燃的。含有机溶剂的液体制剂可能是易燃的	禁止明火	干粉，雾状水，泡沫，二氧化碳
爆 炸			着火时，喷雾状水保持料桶等冷却
接 触		防止粉尘扩散！避免青少年和儿童接触！	一切情况均向医生咨询！
# 吸入	恶心。呕吐。瞳孔收缩，肌肉痉挛，多涎	局部排气通风或呼吸防护	新鲜空气，休息。给予医疗护理
# 皮肤	发红。疼痛。（见吸入）	防护手套。防护服	脱去污染的衣服。冲洗，然后用水和肥皂清洗皮肤
# 眼睛	发红。疼痛	安全护目镜，或眼睛防护结合呼吸防护	先用大量水冲洗几分钟（如可能尽量摘除隐形眼镜），然后就医
# 食入	胃痉挛。腹泻。恶心。呕吐。瞳孔收缩，肌肉痉挛，多涎	工作时不得进食，饮水或吸烟。进食前洗手	漱口。用水冲服活性炭浆。大量饮水。给予医疗护理（见注解）

泄漏处置	将泄漏物清扫进可密闭容器中。如果适当，首先润湿防止扬尘。小心收集残余物，然后转移到安全场所。不要让该化学品进入环境。转移全部引燃源。个人防护用具：适用于有害颗粒物的 P2 过滤呼吸器
包装与标志	不得与食品和饲料一起运输。污染海洋物质 欧盟危险性类别：Xn 符号 N 符号 R:22-40-50 S:2-22-24-36/37-46-61 联合国危险性类别：6.1 联合国包装类别：III 中国危险性类别：第 6.1 项毒性物质 中国包装类别：III
应急响应	运输应急卡：TEC(R)-61GT7-III
储存	与氧化剂、食品和饲料分开存放。严格密封。保存在通风良好的室内
重要数据	物理状态、外观：白色晶体或各种形态固体，无气味 化学危险性：加热或燃烧时，该物质分解生成含有氮氧化物的有毒烟雾。与强氧化剂激烈反应，有着火和爆炸的危险 职业接触限值：阈限值：5mg/m³（时间加权平均值）；A4（不能分类为人类致癌物）（美国政府工业卫生学家会议，2004 年）。最高容许浓度：5mg/m³，皮肤吸收；最高限值种类：II（4）（德国，2003年） 接触途径：该物质可通过吸入其气溶胶、经皮肤和食入吸收到体内 吸入危险性：20℃时该物质蒸发不会或很缓慢地达到空气中有害污染浓度，但喷洒或扩散时要快得多。 短期接触的影响：该物质刺激眼睛和皮肤。该物质可能对神经系统有影响，导致惊厥和呼吸阻抑。胆碱酯酶抑制剂。影响可能推迟显现。需进行医学观察 长期或反复接触的影响：胆碱酯酶抑制剂。可能发生累积影响：见急性危害/症状。该物质可能是人类致癌物
物理性质	沸点：在沸点以下分解 熔点：142℃ 密度：1.2g/cm³ 水中溶解度：30℃时 0.004 ～ 0.012g/100mL（难溶） 蒸气压：20℃时可忽略不计 闪点：193～202℃ 辛醇/水分配系数的对数值：1.59
环境数据	该物质对水生生物有极高毒性。该物质可能对环境有危害，对鸟类和蜜蜂应给予特别注意。该物质在正常使用过程中进入环境。但是要特别注意避免任何额外的释放，例如通过不适当处置活动
注解	根据接触程度，建议定期进行医疗检查。该物质中毒时须采取必要的治疗措施。必须提供有指示说明的适当方法。如果该物质用溶剂配制，可参考这些溶剂的卡片。商业制剂中使用的载体溶剂可能改变其物理和毒理学性质

IPCS
International
Programme on
Chemical Safety

   UNEP

本卡片由 IPCS 和 EC 合作编写 © 2004～2012

国际化学品安全卡

虫螨威			ICSC 编号: 0122

CAS 登记号: 1563-66-2 RTECS 号: FB9450000 UN 编号: 2757 EC 编号: 006-026-00-9 中国危险货物编号: 2757	中文名称: 虫螨威; 2,3-二氢-2,2-二甲基苯并呋喃-7-基甲基氨基甲酸酯; 2,3-二氢-2,2-二甲基-7-苯并呋喃基甲基氨基甲酸酯; 2,2-二甲基-2,3-二氢-7- 苯并呋喃基-N-甲基氨基甲酸酯 英文名称: CARBOFURAN; 2,3-Dihydro-2,2-dimethylbenzofuran-7-yl methylcarbamate; 2,3-Dihydro-2,2-dimethyl-7-benzofuranyl methylcarbamate; 2,2-Dimethyl-2,3-dihydro-7-benzofuranyl-N-methylcarbamate

分子量: 221.0	化学式: $C_{12}H_{15}NO_3$

危害/接触类型	急性危害/症状	预防	急救/消防
火 灾	不可燃。含有机溶剂的液体制剂可能是易燃的。在火焰中释放出刺激性或有毒烟雾（或气体）		周围环境着火时，使用适当的灭火剂
爆 炸	如果制剂中含有易燃/爆炸性溶剂，有着火和爆炸危险		
接 触		防止粉尘扩散！严格作业环境管理！避免青少年和儿童接触！	一切情况均向医生咨询！
# 吸入	出汗，瞳孔收缩，肌肉痉挛，多涎，头晕，呕吐，呼吸困难，神志不清	通风（如果没有粉末时），局部排气通风或呼吸防护	新鲜空气，休息。必要时进行人工呼吸。给予医疗护理。见注解
# 皮肤		防护手套	脱去污染的衣服，冲洗，然后用水和肥皂清洗皮肤
# 眼睛		安全眼镜，或眼睛防护结合呼吸防护	先用大量水冲洗几分钟（如可能尽量摘除隐形眼镜），然后就医
# 食入	胃痉挛，腹泻，头痛，恶心，呕吐，虚弱。（另见吸入）	工作时不得进食，饮水或吸烟，进食前洗手	用水冲服活性炭浆。给予医疗护理（见注解）
泄漏处置	将泄漏物清扫进容器中。如果适当，首先润湿防止扬尘。小心收集残余物，然后转移到安全场所。不要让该化学品进入环境。个人防护用具：自给式呼吸器		
包装与标志	不得与食品和饲料一起运输。污染海洋物质 欧盟危险性类别: T+符号 N 符号 R:26/28-50/53 S:1/2-36/37-45-60-61 联合国危险性类别: 6.1 联合国包装类别: I 中国危险性类别: 第 6.1 项毒性物质 中国包装类别: I		
应急响应	运输应急卡: TEC(R)-61GT7-I		
储存	注意收容灭火产生的废水。与食品和饲料分开存放。保存在通风良好的室内		
重要数据	物理状态、外观: 无色晶体 化学危险性: 加热时，该物质分解生成含有氮氧化物的有毒烟雾 职业接触限值: 阈限值: 0.1mg/m³，A4（不能分类为人类致癌物）；公布生物暴露指数（美国政府工业卫生学家会议，2004 年）。最高容许浓度未制定标准 接触途径: 该物质可通过吸入和经食入吸收到体内 吸入危险性: 20℃时蒸发可忽略不计，但喷洒或扩散时可较快地达到空气中颗粒物有害浓度，尤其是粉末 短期接触的影响: 该物质可能对神经系统有影响，导致惊厥和呼吸阻抑。胆碱酯酶抑制剂。影响可能推迟显现。接触可能导致死亡。需进行医学观察 长期或反复接触的影响: 胆碱酯酶抑制剂。可能发生累积影响: 见急性危害/症状		
物理性质	沸点: 低于沸点在 150℃分解 熔点: 153℃ 密度: 1.2g/cm³	水中溶解度: 25℃时 0.07g/100mL 蒸气压: 33℃时 0.0027Pa 辛醇/水分配系数的对数值: 2.32	
环境数据	该物质对水生生物有极高毒性。该物质可能对环境有危害，对土壤生物、蜜蜂和鸟类应给予特别注意。该物质在正常使用过程中进入环境，但是要特别注意避免任何额外的释放，例如通过不适当处置活动		
注解	该物质中毒时需采取必要的治疗措施。必须提供有指示说明的适当方法。商业制剂中使用的载体溶剂可能改变其物理和毒理学性质。不要将工作服带回家中。如果该物质用溶剂配制，可参考这些溶剂的卡片		

IPCS
International
Programme on
Chemical Safety

本卡片由 IPCS 和 EC 合作编写 © 2004~2012

国际化学品安全卡

陶瓷纤维			ICSC 编号：0123

EC 编号：650-017-00-8	中文名称：陶瓷纤维（硅铝酸盐）；耐火陶瓷纤维；RCF
	英文名称：CERAMIC FIBRES (ALUMINOSILICATE); Refractory ceramic fibres; RCF

危害/接触类型	急性危害/症状	预防	急救/消防
火　灾	不可燃		周围环境着火时，允许使用各种灭火剂
爆　炸			
接　触		防止粉尘扩散！	
# 吸入	咳嗽，呼吸困难，咽喉痛，喘息	局部排气通风或呼吸防护。避免吸入粉尘	新鲜空气，休息，给予医疗护理
# 皮肤	发红，发痒	防护手套，防护服	
# 眼睛	发红，疼痛	护目镜	先用大量水冲洗几分钟（如可能尽量摘除隐形眼镜），然后就医
# 食入		工作时不得进食，饮水或吸烟	
泄漏处置	将泄漏物清扫进可密闭容器中。如果适当，首先润湿防止扬尘。个人防护用具：适用于有害颗粒物的P2过滤呼吸器		
包装与标志	欧盟危险性类别：　T 符号　标记：A，R R:49-38　　S:53-45		
应急响应			
储存			
重要数据	物理状态、外观：无气味，纤维状固体。加热到1000℃以上形成晶体物 接触途径：该物质可通过吸入吸收到体内 吸入危险性：20℃时蒸发可忽略不计，但扩散时可较快地达到空气中颗粒物有害浓度 长期或反复接触的影响：反复或长期接触，肺可能受损伤。该物质可能是人类致癌物		
物理性质	熔点：1700～2040℃ 密度：2.6～2.7g/cm³ 水中溶解度：不溶		
环境数据			
注解	加热到1000℃以上形成的晶体物对工人的危险性可能增大		

IPCS
International
Programme on
Chemical Safety

本卡片由 IPCS 和 EC 合作编写 © 2004～2012

国际化学品安全卡

杀虫脒		ICSC 编号：0124

CAS 登记号：6164-98-3
RTECS 号：LQ4375000
UN 编号：2588
EC 编号：650-007-00-3
中国危险货物编号：2588

中文名称：杀虫脒；克死螨；N'-(4-氯邻甲苯基)-N,N-二甲基甲脒；N'-(4-氯-2-甲基苯基)-N,N-二甲基甲亚胺酰胺

英文名称：CHLORDIMEFORM; Chlorphenamidine; N'-(4-Chloro-o-tolyl)-N,N-dimethylformamidine; N'-(4-Chloro-2-methylphenyl)-N,N-dimethylmethanimidamide

分子量：196.7 　　　　　　　化学式：$C_{10}H_{13}ClN_2$

危害/接触类型	急性危害/症状	预防	急救/消防
火 灾	含有机溶剂的液体制剂可能是易燃的。在火焰中释放出刺激性或有毒烟雾（或气体）		干粉，雾状水，泡沫，二氧化碳
爆 炸	如果制剂中含有易燃/爆炸性溶剂，有着火和爆炸的危险		
接 触		防止粉尘扩散！严格作业环境管理!避免青少年和儿童接触！	
# 吸入	口中有甜味。头晕。倦睡。头痛	避免吸入微细粉尘和烟云	新鲜空气，休息。给予医疗护理
# 皮肤	可能被吸收！	防护手套。防护服	脱去污染的衣服。冲洗，然后用水和肥皂清洗皮肤。如果感觉不舒服，需就医
# 眼睛		安全眼镜	用大量水冲洗（如可能尽量摘除隐形眼镜）
# 食入	恶心。呕吐	工作时不得进食、饮水或吸烟。进食前洗手	漱口。如果感觉不舒服，需就医
泄漏处置	将泄漏物清扫进容器中，如果适当，首先润湿防止扬尘。小心收集残余物，然后转移到安全场所。不要让该化学品进入环境。个人防护用具：适应于该物质空气中浓度的颗粒物过滤呼吸器		
包装与标志	不得与食品和饲料一起运输 欧盟危险性类别：Xn 符号 N 符号　　R:21/22-40-50/53　　S:2-22-36/37-60-61 联合国危险性类别：6.1　　　　联合国包装类别：III 中国危险性类别：第 6.1 项 毒性物质　中国包装类别：III GHS 分类：信号词：危险 图形符号：骷髅和交叉骨-健康危险 危险说明：吞咽有害；皮肤接触会中毒；可能引起昏昏欲睡或眩晕；长期或反复接触可能对尿道造成损害；对水生生物有毒		
应急响应			
储存	注意收容灭火产生的废水。与食品和饲料分开存放。储存在没有排水管或下水道的场所		
重要数据	物理状态、外观：无色晶体 化学危险性：加热时该物质分解，生成含有氯化氢和氮氧化物的有毒和腐蚀性烟雾 职业接触限值：阈限值未制定标准。最高容许浓度未制定标准 接触途径：该物质可通过吸入、经皮肤和食入吸收到体内 吸入危险性：扩散时，可较快地达到空气中颗粒物有害浓度 短期接触的影响：该物质可能对神经系统造成影响，导致功能损伤 长期或反复接触的影响：反复或长期与皮肤接触可能引起皮炎。该物质可能对膀胱和肾脏有影响，导致尿道炎		
物理性质	沸点：在 1.8kPa 时 164℃ 熔点：32℃ 相对密度（水=1）：1.1 水中溶解度：20℃时 0.025g/100mL（难溶） 蒸气压：20℃时 0.05Pa 可忽略不计 蒸气相对密度（空气=1）：6.8 辛醇/水分配系数的对数值：2.89		
环境数据	该物质对水生生物是有毒的		
注解	商业制剂中使用的载体溶剂可能改变其物理和毒理学性质		

IPCS
International Programme on Chemical Safety

   UNEP

本卡片由 IPCS 和 EC 合作编写 © 2004～2012

国际化学品安全卡

杀虫脒盐酸盐			ICSC 编号：0125

CAS 登记号：19750-95-9
RTECS 号：LQ4550000
EC 编号：650-009-00-4

中文名称：杀虫脒盐酸盐；N'-(4-氯邻甲苯基)-N,N-二甲基甲脒盐酸盐；N'-(4-氯-2-甲基苯基)-N,N-二甲基甲亚胺盐酸盐

英文名称：CHLORDIMEFORM HYDROCHLORIDE;
N'-(4-Chloro-o-tolyl)-N,N-dimethylformamidine hydrochloride;
N'-(4-Chloro-2-methylphenyl)-N,N-dimethylmethanimidamide hydrochloride

分子量：233.2　　　　　化学式：$C_{10}H_{13}ClN_2 \cdot HCl$

危害/接触类型	急性危害/症状	预防	急救/消防
火　灾	含有机溶剂的液体制剂可能是易燃的。在火焰中释放出刺激性或有毒烟雾（或气体）		干粉，雾状水，泡沫，二氧化碳
爆　炸	如果制剂中含有易燃/爆炸性溶剂，有着火和爆炸的危险		
接　触		防止粉尘扩散！严格作业环境管理！避免青少年和儿童接触！	
# 吸入	口中有甜味。头晕。倦睡。头痛	避免吸入微细粉尘和烟云	新鲜空气，休息。给予医疗护理
# 皮肤	发红	防护手套	脱去污染的衣服。用大量水冲洗皮肤或淋浴。如果感觉不舒服，需就医
# 眼睛		安全眼镜	用大量水冲洗（如可能尽量摘除隐形眼镜）
# 食入	恶心。呕吐	工作时不得进食，饮水或吸烟。进食前洗手	漱口。如果感觉不舒服，需就医

泄漏处置	将泄漏物清扫进容器中，如果适当，首先润湿防止扬尘。小心收集残余物，然后转移到安全场所。不要让该化学品进入环境。个人防护用具：适应于该物质空气中浓度的颗粒物过滤呼吸器
包装与标志	不得与食品和饲料一起运输 欧盟危险性类别：Xn 符号　N 符号　　R:22-40-50/53　S:2-22-36/37-60-61 GHS 分类：信号词：警告　图形符号：感叹号-健康危险　危险说明：吞咽有害；可能引起昏昏欲睡或眩晕；长期或反复接触可能对尿道造成损害；对水生生物有毒
应急响应	
储存	注意收容灭火产生的废水。与食品和饲料分开存放。储存在没有排水管或下水道的场所
重要数据	物理状态、外观：无色晶体 化学危险性：加热时该物质分解，生成含有氯化氢和氮氧化物的有毒和腐蚀性烟雾。有水存在时，浸蚀许多金属 职业接触限值：阈限值未制定标准。最高容许浓度未制定标准 接触途径：该物质可通过吸入和经食入吸收到体内 吸入危险性：扩散时，可较快地达到空气中颗粒物有害浓度 短期接触的影响：该物质可能对神经系统造成影响，导致功能损伤 长期或反复接触的影响：反复或长期与皮肤接触可能引起皮炎。该物质可能对膀胱和肾脏有影响，导致尿道炎
物理性质	熔点：225～227℃（分解） 相对密度（水=1）： 水中溶解度：20℃时溶解 蒸气压：20℃时 0.00003Pa 可忽略不计 蒸气相对密度（空气=1）：8.03 蒸气/空气混合物的相对密度（20℃，空气=1）：1.00
环境数据	该物质对水生生物是有毒的
注解	商业制剂中使用的载体溶剂可能改变其物理和毒理学性质

IPCS
International Programme on Chemical Safety

本卡片由 IPCS 和 EC 合作编写 © 2004～2012

国际化学品安全卡

氯			ICSC 编号：0126

CAS 登记号：7782-50-5
RTECS 号：FO2100000
UN 编号：1017
EC 编号：017-001-00-7
中国危险货物编号：1017

中文名称：氯（钢瓶）氯气

英文名称：CHLORINE; (cylinder)

分子量：70.9

化学式：Cl₂

危害/接触类型	急性危害/症状	预防	急救/消防
火 灾	不可燃，但可助长其他物质燃烧。许多反应可能引起火灾或爆炸	禁止与性质相互抵触的物质接触（见化学危险性）	周围环境着火时，使用适当的灭火剂
爆 炸	有着火和爆炸危险（见化学危险性）	禁止与性质相互抵触的物质接触（见化学危险性）	着火时，喷雾状水保持钢瓶冷却，但避免该物质与水接触
接 触		避免一切接触！	一切情况均向医生咨询！
# 吸入	咳嗽，咽喉痛，呼吸短促，喘息，呼吸困难，症状可能推迟显现（见注解）	呼吸防护。密闭系统和通风	新鲜空气，休息，半直立体位，立即给予医疗护理，必要时进行人工呼吸，见注解
# 皮肤	与液体接触：冻伤。发红。灼烧感。疼痛。皮肤烧伤	保温手套。防护服	先用大量水冲洗至少 15min，然后脱去污染的衣服并再次冲洗。立即给予医疗护理
# 眼睛	引起流泪。发红。疼痛。烧伤	面罩，和眼睛防护结合呼吸防护	用大量水冲洗（如可能尽量摘除隐形眼镜）。立即给予医疗护理
# 食入		工作时不得进食，饮水或吸烟	

泄漏处置	撤离危险区域！向专家咨询！通风。如果可能，关闭钢瓶。隔离该区域直到气体已经扩散为止。切勿直接向液体上喷水。喷洒雾状水去除气体。不要让该化学品进入环境。个人防护用具：气密式化学防护服，包括自给式呼吸器
包装与标志	特殊绝缘钢瓶。污染海洋物质 欧盟危险性类别：T 符号 N 符号 R:23-36/37/38-50 S:1/2-9-45-61 联合国危险性类别：2.3 联合国次要危险性：8 中国危险性类别：第 2.3 项 毒性气体 中国包装类别：第 8 类
应急响应	美国消防协会法规：H4（健康危险性）；F0（火灾危险性）；R0（反应危险性）；OX（氧化剂）
储存	如果在建筑物内，耐火设备（条件）。注意收容灭火产生的废水。与食品和饲料分开存放，见化学危险性。阴凉场所。干燥。保存在通风良好的室内。储存在没有排水管或下水道的场所
重要数据	物理状态、外观：绿色至黄色压缩液化气体，有刺鼻气味 物理危险性：该气体比空气重 化学危险性：水溶液是一种强酸，与碱激烈反应并具有腐蚀性。该物质是一种强氧化剂，与可燃物质和还原性物质激烈地发生反应。该物质与多数有机和无机化合物反应，有着火和爆炸的危险。浸蚀金属 职业接触限值：阈限值：0.5ppm（时间加权平均值），1ppm（短期接触限值）；A4（不能分类为人类致癌物）（美国政府工业卫生学家会议，2009 年）。欧盟职业接触限值：0.5ppm，1.5mg/m³（短期接触限值）（欧盟，2006 年） 接触途径：各种接触途径均严重的局部影响 吸入危险性：容器漏损时，迅速达到空气中该气体的有害浓度 短期接触的影响：流泪。该物质腐蚀眼睛、皮肤和呼吸道。液体迅速蒸发可能引起冻伤。吸入可能引起类似哮喘反应。吸入可能引起肺炎。吸入可能引起肺水肿，但只在对眼睛和/或呼吸道的最初腐蚀性影响已经显现以后。见注解。接触可能导致死亡 长期或反复接触的影响：该物质可能对呼吸道和肺有影响，导致慢性炎症和功能损伤。该物质可能对牙齿有影响，导致牙齿侵蚀
物理性质	沸点：-34℃ 熔点：-101℃ 水中溶解度：20℃时 0.7g/100mL	蒸气压：20℃时 673kPa 蒸气相对密度（空气=1）：2.5
环境数据	该物质对水生生物有极高毒性。强烈建议不要让该化学品进入环境	
注解	肺水肿症状常常经过几个小时以后才变得明显，体力劳动使症状加重。因而休息和医学观察是必要的。应当考虑由医生或医生指定的人立即采取适当吸入治疗法。超过接触限值时，气味报警不充分。不要在火焰或高温表面附近或焊接时使用。不要向泄漏钢瓶上喷水（防止钢瓶腐蚀）。转动泄漏钢瓶使漏口朝上，防止液态气体逸出	

IPCS
International
Programme on
Chemical Safety

UNEP

本卡片由 IPCS 和 EC 合作编写 © 2004~2012

134

国际化学品安全卡

二氧化氯			ICSC 编号：0127

CAS 登记号：10049-04-4
RTECS 号：FO3000000
EC 编号：006-089-00-2

中文名称：二氧化氯；氧化氯；过氧化氯；氧化氯（IV）
英文名称：CHLORINE DIOXIDE; Chlorine oxide; Chlorine peroxide;
Chlorine (IV) oxide

分子量：67.5　　　　　　　　　　　　化学式：ClO_2

危害/接触类型	急性危害/症状	预防	急救/消防
火　灾	不可燃，但可助长其他物质燃烧。许多反应可能引起火灾或爆炸	禁止与可燃物质接触	周围环境着火时，用大量水、雾状水灭火
爆　炸	有着火和爆炸危险（见化学危险性）	密闭系统，通风，防爆型电气设备和照明。不要受摩擦或撞击	着火时，喷雾状水保持料桶等冷却。从掩蔽位置灭火
接　触		避免一切接触！	一切情况均向医生咨询！
# 吸入	咳嗽，头痛，呼吸困难，恶心，气促，咽喉痛，症状可能推迟显现。（见注解）	密闭系统和通风	新鲜空气，休息。半直立体位，给予医疗护理
# 皮肤	发红，疼痛	防护手套，防护服	先用大量水，然后脱去污染的衣服并再次冲洗，给予医疗护理
# 眼睛	发红，疼痛	护目镜或眼睛防护结合呼吸防护	先用大量水冲洗几分钟（如可能尽量摘除隐形眼镜），然后就医
# 食入			
泄漏处置	撤离危险区域！向专家咨询！通风。喷洒雾状水驱除气体。个人防护用具：全套防护服包括自给式呼吸器		
包装与标志	欧盟危险性类别：O 符号　T+符号　N 符号　　R:6-8-26-34-50　　S:1/2-23-26-28-36/37/39-38-45-61		
应急响应			
储存	如果在建筑物内，耐火设备（条件）。与可燃物质和还原性物质分开存放。阴凉场所。保存在暗处。沿地面通风		
重要数据	物理状态、外观：红黄色气体，有刺鼻气味 物理危险性：气体比空气重 化学危险性：加热，遇阳光或受到撞击或火花时，可能发生爆炸。该物质是一种强氧化剂，与可燃物质和还原性物质激烈反应。与有机物、磷、氢氧化钾和硫激烈反应，有着火和爆炸的危险。与水反应，生成盐酸和氯酸 职业接触限值：阈限值：0.1ppm（时间加权平均值）；0.3ppm（短期接触限值）（美国政府工业卫生学家会议，2004 年）。最高容许浓度：0.1ppm，0.28mg/m^3；最高限值种类：I（1）；妊娠风险等级：IIc（德国，2004 年） 接触途径：该物质可通过吸入吸收到体内 吸入危险性：容器漏损时，迅速达到空气中该气体的有害浓度 短期接触的影响：该物质严重刺激眼睛、皮肤和呼吸道。吸入气体可能引起肺水肿（见注解）。远高于职业接触限值接触可能导致死亡。影响可能推迟显现。需进行医学观察 长期或反复接触的影响：该物质可能对肺有影响，导致慢性支气管炎		
物理性质	沸点：11℃ 熔点：−59℃ 相对密度（水=1）：0℃时 1.6（液体） 水中溶解度：20℃时 0.8g/100mL 蒸气压：20℃时 101kPa 蒸气相对密度（空气=1）：2.3 爆炸极限：空气中>10%（体积）		
环境数据	该物质可能对环境有危害，对水生生物应给予特别注意		
注解	肺水肿症状常常经过几个小时以后才变得明显，体力劳动使症状加重。因而休息和医学观察是必要的。应当考虑由医生或医生指定的人立即采取适当喷药治疗法。用大量水冲洗工作服（有着火危险）		

IPCS
International
Programme on
Chemical Safety

UNEP

本卡片由 IPCS 和 EC 合作编写 © 2004～2012

国际化学品安全卡

2-氯乙酰苯			ICSC 编号：0128

CAS 登记号：532-27-4
RTECS 号：AM6300000
UN 编号：1697
中国危险货物编号：1697
分子量：154.6

中文名称：2-氯乙酰苯；2-氯-1-苯乙酮；α-氯代苯乙酮；苯（甲）酰甲基氯

英文名称：2-CHLOROACETOPHENONE; 2-Chloro-1-phenylethanone; alpha-Chloroacetophenone; Phenacyl chloride

化学式：$C_8H_7ClO/C_6H_5COCH_2Cl$

危害/接触类型	急性危害/症状	预防	急救/消防
火 灾	可燃的。在火焰中释放出刺激性或有毒烟雾（或气体）	禁止明火	干粉，雾状水，泡沫，二氧化碳
爆 炸			着火时，喷雾状水保持料桶等冷却
接 触		严格作业环境管理！	
# 吸入	灼烧感。咳嗽。咽喉痛。恶心。气促	局部排气通风或呼吸防护	新鲜空气，休息。半直立体位。必要时进行人工呼吸。给予医疗护理
# 皮肤	发红。疼痛	防护手套。防护服	脱去污染的衣服。冲洗，然后用水和肥皂清洗皮肤。给予医疗护理
# 眼睛	发红。疼痛。视力模糊。永久性部分失明	安全护目镜，或眼睛防护结合呼吸防护	先用大量水冲洗几分钟（如可能尽量摘除隐形眼镜），然后就医
# 食入	灼烧感	工作时不得进食，饮水或吸烟。进食前洗手	漱口。大量饮水。用水冲服活性炭浆。给予医疗护理。休息
泄漏处置	将泄漏物清扫进可密闭的塑料容器中。如果适当，首先润湿防止扬尘。小心收集残余物，然后转移到安全场所。个人防护用具：自给式呼吸器		
包装与标志	不得与食品和饲料一起运输 联合国危险性类别：6.1　　联合国包装类别：II 中国危险性类别：第 6.1 项毒性物质　中国包装类别：II		
应急响应	运输应急卡：TEC(R)-61GT2-II 美国消防协会法规：H2（健康危险性）；F1（火灾危险性）；R0（反应危险性）		
储存	与食品和饲料分开存放。保存在通风良好的室内		
重要数据	物理状态、外观：无色至灰色晶体 化学危险性：燃烧时，该物质分解生成氯化氢有毒和腐蚀性烟雾 职业接触限值：阈限值：0.05ppm，A4（不能分类为人类致癌物）（美国政府工业卫生学家会议，2002年） 接触途径：该物质可通过吸入和经食入吸收到体内 吸入危险性：20℃时，该物质蒸发相当慢达到空气中有害污染浓度 短期接触的影响：流泪。该物质严重刺激眼睛。刺激皮肤和呼吸道。吸入蒸气或气溶胶可能引起肺水肿（见注解）。影响可能推迟显现。需进行医学观察 长期或反复接触的影响：反复或长期与皮肤接触可能引起皮炎。反复或长期接触可能引起皮肤过敏		
物理性质	沸点：244～245℃ 熔点：54～59℃ 密度：1.3g/cm³ 水中溶解度：25℃时 1.64g/100mL 蒸气压：20℃时 0.7Pa 蒸气相对密度（空气=1）：5.3 蒸气/空气混合物的相对密度（20℃，空气=1）：1.0 闪点：118℃（闭杯） 辛醇/水分配系数的对数值：2.08		
环境数据			
注解	肺水肿症状常常经过几个小时以后才变得明显，体力劳动使症状加重。因而休息和医学观察是必要的。超过接触限值时，气味报警不充分。商品名称有 Chemical Mace, CAP 和 CN。不要将工作服带回家中		

IPCS
International Programme on Chemical Safety

本卡片由 IPCS 和 EC 合作编写 © 2004～2012

国际化学品安全卡

2-氯苯胺			ICSC 编号：0129

CAS 登记号：95-51-2	中文名称：2-氯苯胺; 2-氯氨基苯; 1-氨基-2-氯苯; 坚牢黄 *GC* 色基; 邻氯苯胺
RTECS 号：BX0525000	
UN 编号：2019	英文名称：2-CHLOROANILINE; 2-Chloroaminobenzene;
EC 编号：612-010-00-8	1-Amino-2-chlorobenzene; Fast yellow *GC* base; o-Chloroaniline
中国危险货物编号：2019	
分子量：127.6	化学式：$C_6H_6ClN/(C_6H_4)Cl(NH_2)$

危害/接触类型	急性危害/症状	预防	急救/消防
火 灾	可燃的。在火焰中释放出刺激性或有毒烟雾（或气体）	禁止明火	干粉，泡沫，二氧化碳
爆 炸			
接 触		防止产生烟云！	
# 吸入	嘴唇发青或手指发青。皮肤发青，头晕，头痛，气促，恶心，呕吐，惊厥，虚弱，意识模糊，神志不清	通风，局部排气通风或呼吸防护	新鲜空气，休息。必要时进行人工呼吸，给予医疗护理
# 皮肤	可能被吸收！（另见吸入）	防护手套，防护服	脱去污染的衣服,冲洗,然后用水和肥皂清洗皮肤,给予医疗护理
# 眼睛	发红，疼痛	护目镜或面罩	先用大量水冲洗几分钟（如可能尽量摘除隐形眼镜），然后就医
# 食入	腹部疼痛。（另见吸入）	工作时不得进食，饮水或吸烟。进食前洗手	漱口，饮用 1～2 杯水。给予医疗护理

泄漏处置	尽可能将泄漏液收集在有盖容器中。用砂土或惰性吸收剂吸收残液，并转移到安全场所。不要让该化学品进入环境。化学防护服包括自给式呼吸器
包装与标志	不得与食品和饲料一起运输 欧盟危险性类别：T 符号 N 符号 标记：C R:23/24/25-33-50/53 S:1/2-28-36/37-45-60-61 联合国危险性类别：6.1 联合国包装类别：II 中国危险性类别：第 6.1 项 毒性物质 中国包装类别：II
应急响应	运输应急卡：TEC(R)-61S2019
储存	与食品和饲料分开存放。保存在暗处。严格密封
重要数据	物理状态、外观：无色至黄色液体，有特殊气味。遇空气时变暗 化学危险性：燃烧时，该物质分解生成含氮氧化物、氯化氢(见卡片 #0163)有毒烟雾 职业接触限值：阈限值:未制定标准（美国政府工业卫生学家会议，2004 年）。最高容许浓度：IIb（未制定标准，但可提供数据）；皮肤吸收（德国，2004 年） 接触途径：该物质可通过吸入，经皮肤和食入吸收到体内 吸入危险性：未指明 20℃时该物质蒸发达到空气中有害浓度的速率 短期接触的影响：该物质刺激眼睛。该物质可能对血液有影响，导致形成正铁血红蛋白。需进行医学观察。影响可能推迟显现 长期或反复接触的影响：该物质可能对血液有影响，导致形成正铁血红蛋白症
物理性质	沸点：209℃ 熔点：–2℃ 密度：1.213g/cm³ 水中溶解度：20℃时 0.5g/100mL 蒸气压：20℃时 50Pa 蒸气相对密度（空气=1）：4.41 蒸气/空气混合物的相对密度（20℃，空气=1）：1.00 闪点：108℃ 自燃温度：500℃ 辛醇/水分配系数的对数值：1.92
环境数据	该物质对水生生物是有毒的
注解	用 0.1%水合肼进行稳定。根据接触程度，需定期进行医学检查。该物质中毒时需采取必要的治疗措施。必须提供有指示说明的适当方法

IPCS
International
Programme on
Chemical Safety

UNEP

本卡片由 IPCS 和 EC 合作编写 © 2004～2012

国际化学品安全卡

3-氯苯胺			ICSC 编号：0130

CAS 登记号：108-42-9
RTECS 号：BX0350000
UN 编号：2019
EC 编号：612-010-00-8
中国危险货物编号：2019
分子量：127.6

中文名称：3-氯苯胺；1-氨基-3-氯苯；橙 GC 色基；间氯苯胺

英文名称：3-CHLOROANILINE; 1-Amino-3-chlorobenzene; 3-Chlorobenzeneamine; Orange GC base; m-Chloroaniline

化学式：$C_6H_6ClN/(C_6H_4)Cl(NH_2)$

危害/接触类型	急性危害/症状	预防	急救/消防
火 灾	可燃的。在火焰中释放出刺激性或有毒烟雾（或气体）	禁止明火	干粉、水成膜泡沫、泡沫、二氧化碳
爆 炸			
接 触		防止产生烟云！	
# 吸入	嘴唇发青或手指发青。皮肤发青，头晕，头痛，气促，恶心，呕吐，惊厥，虚弱，意识模糊，神志不清	通风，局部排气通风或呼吸防护	新鲜空气，休息。必要时进行人工呼吸，给予医疗护理
# 皮肤	可能被吸收！发红，灼烧感。（另见吸入）	防护手套，防护服	脱去污染的衣服，冲洗，然后用水和肥皂清洗皮肤，给予医疗护理
# 眼睛	发红，疼痛	护目镜或面罩	先用大量水冲洗几分钟（如可能尽量摘除隐形眼镜），然后就医
# 食入	腹部疼痛。（另见吸入）	工作时不得进食，饮水或吸烟。进食前洗手	漱口，大量饮水，给予医疗护理
泄漏处置	尽可能将泄漏液收集在有盖的容器中。用砂土或惰性吸收剂吸收残液，并转移到安全场所。不要让该化学品进入环境。化学防护服包括自给式呼吸器		
包装与标志	不得与食品和饲料一起运输 欧盟危险性类别：T 符号 N 符号 标记：C R:23/24/25-33-50/53 S:1/2-28-36/37-45-60-61 联合国危险性类别：6.1 联合国包装类别：II 中国危险性类别：第 6.1 项毒性物质 中国包装类别：II		
应急响应	运输应急卡：TEC(R)-61S2019		
储存	与食品和饲料分开存放。保存在暗处。严格密封		
重要数据	物理状态、外观：淡黄色液体，有特殊气味。遇空气时变暗 化学危险性：燃烧时该物质分解生成含氮氧化物，氯化氢（见卡片#0163）有毒烟雾 职业接触限值：阈限值未制定标准。最高容许浓度：IIb（未制定标准，但可提供数据）；皮肤吸收；皮肤致敏（德国，2004 年） 接触途径：该物质可通过吸入，经皮肤和食入吸收到体内 吸入危险性：未指明 20℃时该物质蒸发达到空气中有害浓度的速率 短期接触的影响：该物质刺激眼睛和皮肤。该物质可能对血液有影响，导致形成正铁血红蛋白。需进行医学观察。影响可能推迟显现 长期或反复接触的影响：该物质可能对血液有影响，导致形成正铁血红蛋白		
物理性质	沸点：230℃（分解） 熔点：-10℃ 相对密度（水=1）：1.216 水中溶解度：20℃时 0.6g/100mL 蒸气压：20℃时 9Pa 蒸气相对密度（空气=1）：4.4 蒸气/空气混合物的相对密度（20℃，空气=1）：1.00 闪点：118℃（闭杯） 自燃温度：540℃ 辛醇/水分配系数的对数值：1.9		
环境数据	该物质对水生生物是有毒的		
注解	用 0.1%水合肼稳定处理。根据接触程度，需定期进行医疗检查。该物质中毒时需采取必要的治疗措施。必须提供有指示说明的适当方法		

IPCS
International
Programme on
Chemical Safety

本卡片由 IPCS 和 EC 合作编写 © 2004～2012

国际化学品安全卡

CAS 登记号：59-50-7	中文名称：4-氯间甲酚；对氯间甲酚；2-氯-5-羟基甲苯；4-氯-3-甲酚
RTECS 号：GO7100000	
UN 编号：2669	英文名称：4-CHLORO-m-CRESOL; p-Chloro-m-cresol;
EC 编号：604-014-00-3	2-Chloro-5-hydroxytoluene; 4-Chloro-3-methylphenol
中国危险货物编号：2669	

分子量：142.58   化学式：$C_7H_7ClO/C_6H_3OHCH_3Cl$

危害/接触类型	急性危害/症状	预防	急救/消防
火 灾	可燃的。在火焰中释放出刺激性或有毒烟雾（或气体）	禁止明火	雾状水，干粉
爆 炸			
接 触		防止粉尘扩散!避免一切接触!	
# 吸入	咳嗽，咽喉痛（见食入）	局部排气通风或呼吸防护	新鲜空气，休息，给予医疗护理
# 皮肤	发红，疼痛	防护服	脱掉污染的衣服，用大量水冲洗皮肤或淋浴，并给予医疗护理
# 眼睛	发红，疼痛，严重深度烧伤	安全护目镜或眼睛防护结合呼吸防护	先用大量水冲洗几分钟（如可能尽量摘除隐形眼镜），然后就医
# 食入	头痛，头晕，气促，腹痛，腹泻	工作时不得进食、饮水或吸烟	漱口，给予医疗护理
泄漏处置	将泄漏物扫入可密闭容器中。如果适当，首先润湿防止扬尘。然后转移到安全场所。不要让该物质进入环境。个人防护用具：化学防护服包括自给式呼吸器		
包装与标志	欧盟危险性类别：Xn 符号 N 符号 R:21/22-41-43-50 S:2-26-36/37/39-61 联合国危险性类别：6.1 联合国包装类别：II 中国危险性类别：第 6.1 项毒性物质 中国包装类别：II		
应急响应	运输应急卡：TEC（R）-61GT2-II		
储存	与食品和饲料分开存放。干燥		
重要数据	物理状态、外观：白色或淡粉色吸湿晶体或晶体粉末 化学危险性：燃烧时，该物质分解生成氯和光气有毒和腐蚀性烟雾 职业接触限值：阈限值未制定标准。最高容许浓度：IIb（未制定标准，但可提供数据）；皮肤致敏剂（德国，2005 年） 接触途径：该物质可通过吸入、经皮肤和食入吸收到体内 吸入危险性：在 20℃时蒸发可忽略不计，但可较快达到空中颗粒物有害浓度 短期接触的影响：该物质刺激眼睛、皮肤或呼吸道 长期或反复接触的影响：反复或长期接触可能引起皮肤过敏		
物理性质	沸点：235℃ 熔点：66℃ 密度：1.4g/cm³ 水中溶解度：20℃时 0.38g/100mL 闪点：118℃ 自燃温度：590℃ 辛醇/水分配系数的对数值：3.1		
环境数据	该物质对水生生物是有毒的。在对人类重要的食物链中发生生物蓄积，特别是在鱼类中		
注解	商品名称有：Aptal, Baktolan, Parmetol 和 Raschit		

IPCS
International
Programme on
Chemical Safety

本卡片由 IPCS 和 EC 合作编写 © 2004～2012

国际化学品安全卡

1-氯乙烷			ICSC 编号：0132

CAS 登记号：75-00-3
RTECS 号：KH7525000
UN 编号：1037
EC 编号：602-009-00-0
中国危险货物编号：1037
分子量：64.5

中文名称：1-氯乙烷；乙基氯；一氯乙烷（钢瓶）

英文名称：1-CHLOROETHANE; Ethyl chloride; Monochloroethane; (cylinder)

化学式：C_2H_5Cl/CH_3CH_2Cl

危害/接触类型	急性危害/症状	预防	急救/消防
火　灾	极易燃。在火焰中释放出刺激性或有毒烟雾（或气体）	禁止明火、禁止火花和禁止吸烟	切断气源，如不可能并对周围环境无危险，让火自行燃尽。其他情况用干粉、二氧化碳灭火
爆　炸	气体/空气混合物有爆炸性	密闭系统、通风、防爆型电气设备和照明。如为液体，防止静电荷积聚（例如，通过接地）。使用无火花手工具	着火时，喷水保持钢瓶冷却
接　触		严格作业环境管理！	
# 吸入	头晕，迟钝，头痛，胃痉挛	通风，局部排气通风或呼吸防护	新鲜空气，休息，给予医疗护理。
# 皮肤	与液体接触：冻伤	隔冷手套，防护服	冻伤时，用大量水冲洗，不要脱去衣服。用大量水冲洗皮肤或淋浴，给予医疗护理。
# 眼睛	发红，疼痛，视力模糊	面罩或眼睛防护结合呼吸防护	先用大量水冲洗几分钟（如可能尽量摘除隐形眼镜），然后就医
# 食入		工作时不得进食，饮水或吸烟	
泄漏处置	撤离危险区域！向专家咨询！通风。不要让该化学品进入环境。个人防护用具：自给式呼吸器。		
包装与标志	专用绝缘钢瓶。专用配件 欧盟危险性类别：F+符号 Xn 符号 R:12-40-52/53　　S:2-9-16-33-36/37-61 联合国危险性类别：2.1 中国危险性类别：第 2.1 项 易燃气体		
应急响应	运输应急卡：TEC(R)-20S1037 或 20G2F 美国消防协会法规：H2（健康危险性）；F4（火灾危险性）；R0（反应危险性）		
储存	耐火设备（条件）		
重要数据	物理状态、外观：无色压缩液化气体，有特殊气味 物理危险性：气体比空气重，可能沿地面流动，可能造成远处着火 化学危险性：加热或燃烧时，该物质分解生成氯化氢（见卡片#0163）、光气（见卡片#0007）有毒气体 职业接触限值：阈限值：100ppm(时间加权平均值)(经皮)；A3（确认动物致癌物，但未知与人类相关性）（美国政府工业卫生学家会议，2004 年）。最高容许浓度：皮肤吸收；致癌物类别：3B（德国，2004 年） 接触途径：该物质可通过吸入吸收到体内 吸入危险性：容器漏损时，迅速达到空气中该气体的有害浓度 短期接触的影响：该物质轻微刺激眼睛、皮肤和呼吸道。液体迅速蒸发可能引起冻伤。该物质可能对中枢神经系统有影响。远高于职业接触限值接触，可能导致神志不清、心脏节律障碍和死亡		
物理性质	沸点：12.5℃ 熔点：−138℃ 相对密度（水=1）：0.918 水中溶解度：20℃时 0.574g/100mL 蒸气压：20℃时 133.3kPa 蒸气相对密度（空气=1）：2.22 闪点：−50℃（闭杯） 自燃温度：519℃ 爆炸极限：空气中 3.6%～14.8%（体积） 辛醇/水分配系数的对数值：1.54		
环境数据	该物质对水生生物是有害的		
注解	饮用含酒精饮料增进有害影响。用大量水冲洗工作服（有着火危险）。不要在火焰或高温表面附近或焊接时使用。转动泄漏钢瓶使漏口朝上，防止液态气体逸出		

IPCS
International
Programme on
Chemical Safety

UNEP

本卡片由 IPCS 和 EC 合作编写 © 2004～2012

国际化学品安全卡

氯丁二烯			ICSC 编号：0133

CAS 登记号：126-99-8	中文名称：氯丁二烯；2-氯-1,3-丁二烯；2-氯丁二烯；β-氯丁二烯
RTECS 号：EI9625000	
UN 编号：1991（稳定的）	英文名称：CHLOROPRENE; 2-Chloro-1,3-butadiene; 2-Chlorobutadiene;
EC 编号：602-036-00-8	beta-Chloroprene
中国危险货物编号：1991（稳定的）	
分子量：88.5	化学式：$C_4H_5Cl/CH_2=CClCH=CH_2$

危害/接触类型	急性危害/症状	预防	急救/消防
火　灾	高度易燃。许多反应可能引起火灾或爆炸。在火焰中释放出刺激性或有毒烟雾（或气体）	禁止明火，禁止火花和禁止吸烟	干粉，雾状水，泡沫，二氧化碳
爆　炸	蒸气/空气混合物有爆炸性	密闭系统，通风，防爆型电气设备和照明。防止静电荷积聚（例如，通过接地）。使用无火花手工工具	着火时，喷雾状水保持料桶等冷却
接　触		严格作业环境管理！	一切情况均向医生咨询！
# 吸入	咳嗽。咽喉痛。头痛。头晕。倦睡。呼吸困难。心脏心悸	通风，局部排气通风或呼吸防护	新鲜空气，休息。半直立体位。立即给予医疗护理
# 皮肤	可能被吸收！发红。疼痛。灼烧感。（见吸入）	防护手套。防护服	脱去污染的衣服，冲洗，然后用水和肥皂清洗皮肤，立即给予医疗护理
# 眼睛	发红。疼痛。角膜损害	安全护目镜。面罩，或眼睛防护结合呼吸防护	用大量水冲洗（如可能尽量摘除隐形眼镜）。给予医疗护理
# 食入	（另见吸入）	工作时不得进食，饮水或吸烟	漱口。不要催吐。立即给予医疗护理

泄漏处置	撤离危险区域！向专家咨询！转移全部引燃源。通风。将泄漏液收集在可密闭的容器中。用砂土或惰性吸收剂吸收残液，并转移到安全场所。不要冲入下水道。个人防护用具：全套防护服包括自给式呼吸器
包装与标志	气密。不易破碎包装，将易破碎包装放在不易破碎的密闭容器中。不得与食品和饲料一起运输 欧盟危险性类别：F 符号 T 符号 标记：D, E　R:45-11-20/22-36/37/38-48/20　S:53-45 联合国危险性类别：3　　联合国次要危险性：6.1　　联合国包装类别：I 中国危险性类别:第 3 类 易燃液体 中国次要危险性:第 6.1 项 毒性物质 中国包装类别：I
应急响应	美国消防协会法规：H2（健康危险性）；F3（火灾危险性）；R1（反应危险性）
储存	耐火设备（条件）。与食品、饲料和性质相互抵触的物质分开存放。见化学危险性。阴凉场所。保存在暗处。严格密封。只能稳定后储存。储存在没有排水管或下水道的场所
重要数据	物理状态、外观：无色液体，有刺鼻气味 物理危险性：蒸气比空气重，可能沿地面流动；可能造成远处着火。由于流动、搅拌等，可能产生静电 化学危险性：在特定条件下，该物质容易生成过氧化物，引发爆炸性聚合。如果不稳定，该物质将发生聚合，有着火和爆炸的危险。燃烧时，生成含有光气和氯化氢（见国际化学品安全卡#0007 和#0163）的有毒和腐蚀性气体。与氧化剂和金属粉末发生反应，有着火和爆炸的危险 职业接触限值：阈限值：10ppm，$36mg/m^3$（时间加权平均值）（经皮）（美国政府工业卫生学家会议，2009 年）。最高容许浓度：皮肤吸收；致癌物类别：2（德国，2008 年） 接触途径：该物质可通过吸入其蒸气、经皮肤和经食入吸收到体内 吸入危险性：20℃时，该物质蒸发，迅速达到空气中有害污染浓度 短期接触的影响：该物质严重刺激眼睛、皮肤和呼吸道。高浓度接触时，可能导致肺水肿。该物质可能对多个器官有影响，导致多器官衰竭和萎陷。高于职业接触限值接触可能导致死亡 长期或反复接触的影响:反复或长期与皮肤接触可能引起皮炎和脱发。该物质可能对多器官有影响,导致功能损伤。该物质可能是人类致癌物
物理性质	沸点：59.4℃　　熔点：-130℃ 相对密度（水=1）：0.96 水中溶解度：20℃时 0.03g/100mL（难溶） 蒸气压：20℃时 23.2kPa 蒸气相对密度（空气=1）：3.1	蒸气/空气混合物的相对密度（20℃，空气=1）：1.5 闪点：-20℃（闭杯） 自燃温度：440℃ 爆炸极限：空气中 1.9%～20%（体积） 辛醇/水分配系数的对数值：2.2（计算值）
环境数据	添加稳定剂或阻聚剂会影响该物质的毒理学性质，向专家咨询。超过接触限值时，气味报警不充分。不要在火焰或高温表面附近或焊接时使用。蒸馏前检验过氧化物，如有，将其去除。储存时，通常添加阻聚剂对苯二酚或吩噻嗪。不要将工作服带回家中
注解	

IPCS
International
Programme on
Chemical Safety

   UNEP

本卡片由 IPCS 和 EC 合作编写 © 2004～2012

国际化学品安全卡

百菌清			ICSC 编号：0134

CAS 登记号：1897-45-6
RTECS 号：NT2600000
UN 编号：2588
EC 编号：608-014-00-4
中国危险货物编号：2588

中文名称：百菌清；四氯间苯二氰；2,4,5,6-四氯-1,3-苯二腈；2,4,5,6-四氯-3-氰基苄腈
英文名称：CHLOROTHALONIL; Tetrachloroisophthalonitrile;
2,4,5,6-Tetrachloro-1,3-benzenedicarbonitrile;
2,4,5,6-Tetrachloro-3-cyanobenzonitrile

分子量：265.9　　　　　　　　　化学式：$C_8Cl_4N_2$

危害/接触类型	急性危害/症状	预防	急救/消防
火　灾	含有机溶剂的液体制剂可能是易燃的。在火焰中释放出刺激性或有毒烟雾（或气体）		雾状水，泡沫，干粉，二氧化碳
爆　炸	如果制剂中含有易燃/爆炸性溶剂，有着火和爆炸的危险		
接　触		避免一切接触！	
# 吸入		局部排气通风或呼吸防护	新鲜空气，休息
# 皮肤	发红	防护手套。防护服	脱去污染的衣服。冲洗，然后用水和肥皂清洗皮肤。给予医疗护理
# 眼睛	发红。疼痛。视力模糊	安全眼镜，或如为粉末，眼睛防护结合呼吸防护	用大量水冲洗（如可能尽量摘除隐形眼镜）。立即给予医疗护理
# 食入	咽喉和胸腔有灼烧感。腹疼	工作时不得进食，饮水或吸烟。进食前洗手	漱口。给予医疗护理

泄漏处置	将泄漏物清扫进容器中，如果适当，首先润湿防止扬尘。小心收集残余物，然后转移到安全场所。不要让该化学品进入环境。个人防护用具：化学防护服，防护手套
包装与标志	不得与食品和饲料一起运输。污染海洋物质 欧盟危险性类别：T+符号 N 符号　　R:26-37-40-41-43-50/53　　　S:2-28-36/37/39-45-60-61 联合国危险性类别：6.1　　中国危险性类别：第 6.1 项 毒性物质 GHS 分类：信号词：危险 图形符号：骷髅和交叉骨-环境 危险说明：吸入（粉尘）致命；造成轻微皮肤刺激；造成严重眼睛刺激；可能导致皮肤过敏反应；可能引起呼吸刺激作用；对水生生物毒性非常大
应急响应	
储存	注意收容灭火产生的废水。与食品和饲料分开存放。储存在没有排水管或下水道的场所
重要数据	物理状态、外观：无味无色晶体 化学危险性：加热时该物质分解，生成含有氯化氢和氮氧化物的有毒和腐蚀性烟雾 职业接触限值：阈限值未制定标准。最高容许浓度：皮肤致敏剂；致癌物类别：3B（德国，2009 年） 接触途径：该物质可通过吸入吸收到体内 吸入危险性：扩散时，可较快地到达空气中颗粒物有害浓度 短期接触的影响：该物质严重刺激眼睛，轻微刺激皮肤。该物质刺激呼吸道 长期或反复接触的影响：反复或长期与皮肤接触可能引起皮炎。反复或长期接触可能引起皮肤过敏
物理性质	沸点：350℃ 熔点：250～251℃ 相对密度（水=1）：1.8 水中溶解度：25℃时（不溶）<0.01 蒸气压：40℃时<1.3Pa 可忽略不计 辛醇/水分配系数的对数值：3.05
环境数据	该物质对水生生物有极高毒性。该物质在正常使用过程中进入环境。但是要特别注意避免任何额外的释放，例如通过不适当处置活动
注解	商业制剂中使用的载体溶剂可能改变其物理和毒理学性质

IPCS
International
Programme on
Chemical Safety

本卡片由 IPCS 和 EC 合作编写 © 2004～2012

国际化学品安全卡

缩水甘油邻甲苯基醚			ICSC 编号：0135

CAS 登记号：2210-79-9
RTECS 号：TZ3700000
EC 编号：603-056-00-X

中文名称：缩水甘油邻甲苯基醚；1,2-环氧-3-(邻甲苯氧基)丙烷；缩水甘油-2-甲基苯基醚；2,3-环氧邻甲苯醚；((2-甲基苯氧基)甲基)环氧乙烷

英文名称：o-CRESYL GLYCIDYL ETHER; 1,2-Epoxy-3-(o-tolyloxy) propane; Glycidyl-2-methylphenyl ether; 2,3-Epoxy-o-tolyl ether; ((2-Methylphenoxy)methyl)oxirane

分子量：164.2   化学式：$C_{10}H_{12}O_2$

危害/接触类型	急性危害/症状	预防	急救/消防
火 灾	可燃的	禁止明火	干粉，雾状水，泡沫，二氧化碳
爆 炸			
接 触		避免一切接触！	
# 吸入	咳嗽，咽喉痛	通风，局部排气通风或呼吸防护	新鲜空气，休息
# 皮肤	发红，疼痛	防护手套，防护服	脱掉污染的衣服，冲洗，然后用水和肥皂洗皮肤
# 眼睛	发红	护目镜或眼睛防护结合呼吸防护	先用大量水冲洗几分钟（如可能尽量摘除隐形眼镜），然后就医
# 食入		工作时不得进食、饮水或吸烟	漱口

泄漏处置	将泄漏液收集在有盖的容器中。用砂土或惰性吸收剂吸收残液，并转移到安全场所。个人防护用具：适用于有害颗粒物的 P2 过滤呼吸器
包装与标志	欧盟危险性类别：Xn 符号 N 符号 标记：C R:38-43-68-51/53 S:2-36/37-61
应急响应	
储存	与强氧化剂、强碱、强酸和胺类分开存放。阴凉场所。保存在暗处
重要数据	物理状态、外观：无色液体 化学危险性：该物质可能生成爆炸性过氧化物。与酸类、胺类、碱类和强氧化剂发生反应 职业接触限值：阈限值未制定标准。最高容许浓度未制定标准 吸入危险性：未指明 20℃时该物质蒸发达到空气中有害污染浓度的速率 短期接触的影响：该物质刺激皮肤，轻微刺激眼睛和呼吸道 长期或反复接触的影响：反复或长期接触，可能引起皮肤过敏
物理性质	沸点：0.533kPa 时 109～111℃ 相对密度（水=1）：1.08 蒸气相对密度（空气=1）：5.7 闪点：113℃（闭杯）
环境数据	
注解	蒸馏以前检验过氧化物，如有，将其去除

IPCS
International Programme on Chemical Safety

本卡片由 IPCS 和 EC 合作编写 © 2004～2012

国际化学品安全卡

溴化氰			ICSC 编号：0136

CAS 登记号：506-68-3
RTECS 号：GT2100000
UN 编号：1889
中国危险货物编号：1889

中文名称：溴化氰；溴氰化物；氰溴化物
英文名称：CYANOGEN BROMIDE; Bromine cyanide; Cyanobromide; Bromocyan

分子量：105.9

化学式：BrCN

危害/接触类型	急性危害/症状	预防	急救/消防
火 灾	不可燃。加热时生成易燃气体。在火焰中释放出刺激性或有毒烟雾（或气体）		周围环境着火时，允许使用各种灭火剂
爆 炸			
接 触		避免一切接触！	一切情况下均向医生咨询！
# 吸入	咽喉痛，咳嗽，灼烧感，惊厥，头晕，头痛，气促，呼吸困难，恶心，神志不清，呕吐	密闭系统和通风	新鲜空气，休息。半直立体位，必要时进行人工呼吸，给予医疗护理
# 皮肤	可能被吸收！发红，疼痛，水疱。（另见吸入）	防护手套，防护服	脱去污染的衣服，用大量水冲洗皮肤或淋浴，给予医疗护理
# 眼睛	发红，疼痛	护目镜，面罩或眼睛防护结合呼吸防护	先用大量水冲洗几分钟（如可能尽量摘除隐形眼镜），然后就医
# 食入	腹部疼痛。（另见吸入）	工作时不得进食，饮水或吸烟。进食前洗手	给予医疗护理。见注解。漱口，催吐（仅对清醒病人！）
泄漏处置	撤离危险区域！向专家咨询！通风。将泄漏物清扫进可密闭容器中。小心收集残余物，然后转移到安全场所。不要让该化学品进入环境。个人防护用具：全套防护服包括自给式呼吸器		
包装与标志	气密。不得与食品和饲料一起运输。污染海洋物质 联合国危险性类别：6.1　　联合国次要危险性：8 联合国包装类别：I 中国危险性类别：第 6.1 项毒性物质　中国次要危险性：8 中国包装类别：I		
应急响应	运输应急卡：TEC(R)-61GTC2-I 美国消防协会法规：H3（健康危险性）；F0（火灾危险性）；R1（反应危险性）		
储存	与食品和饲料分开存放。见化学危险性。干燥。严格密封		
重要数据	物理状态、外观：无色或白色晶体，有刺鼻气味 物理危险性：蒸气比空气重 化学危险性：加热时和与酸类接触时，该物质分解生成高毒和易燃的氰化氢（见卡片# 0492）和腐蚀性溴化氢（见卡片# 0282）。与强氧化剂发生反应。与水和湿气缓慢反应，生成溴化氢和氰化氢。有水存在时，浸蚀许多金属 职业接触限值：阈限值未制定标准 接触途径：该物质可通过吸入其蒸气，经皮肤和食入吸收到体内 吸入危险性：20℃时，该物质蒸发迅速达到空气中有害污染浓度 短期接触的影响：该物质严重刺激眼睛，皮肤和呼吸道。吸入蒸气可能引起肺水肿（见注解）。影响可能推迟显现。该物质可能对细胞呼吸有影响，导致惊厥，神志不清和呼吸衰竭。需进行医学观察。接触可能导致死亡		
物理性质	沸点：61～62℃ 熔点：52℃ 密度：2.0g/cm³ 水中溶解度：缓慢反应 蒸气压：25℃时 16.2kPa 蒸气相对密度（空气=1）：3.6 蒸气/空气混合物的相对密度（20℃，空气=1）：1.53		
环境数据	强烈建议不要让该化学品进入环境		
注解	该物质中毒时需采取必要的治疗措施。必须提供有指示说明的适当方法，在室温下升华。肺水肿症状常常经过几个小时以后才变得明显，体力劳动使症状加重。因而休息和医学观察是必要的。应当考虑由医生或医生指定的人立即采取适当吸入治疗法。商品通常置于氯仿溶液中。对该物质的环境影响未进行调查		

IPCS
International
Programme on
Chemical Safety

本卡片由 IPCS 和 EC 合作编写 © 2004～2012

国际化学品安全卡

二嗪农			ICSC 编号：0137

CAS 登记号：333-41-5	中文名称：二嗪农；O,O-(2-异丙基-6-甲基-4-嘧啶基)硫逐磷酸酯；O,O-二
RTECS 号：TF3325000	乙基-O-(6-甲基-2-(1-甲基乙基)-4-嘧啶基)硫逐磷酸酯
UN 编号：3018	英文名称：DIAZINON; O,O-Diethyl-O-(2-isopropyl-6-methylpyrimidin-4-yl)
EC 编号：015-040-00-4	phosphorothioate; Phosphorothioic acid O,O-diethyl
中国危险货物编号：3018	O-(6-methyl-2-(1-methylethyl)-4-pyrimidinyl) ester

分子量：304.4	化学式：$C_{12}H_{21}N_2O_3PS/(CH_3)_2CHC_4N_2H(CH_3)OPS(OC_2H_5)_2$

危害/接触类型	急性危害/症状	预防	急救/消防
火 灾	可燃的。含有机溶剂的液体制剂可能是易燃的。在火焰中释放出刺激性或有毒烟雾（或气体）	禁止明火	干粉，雾状水，泡沫，二氧化碳
爆 炸	如果制剂中含有易燃/爆炸性溶剂有着火和爆炸危险		
接 触		避免青少年和儿童接触！	一切情况均向医生咨询！
# 吸入	瞳孔收缩，肌肉痉挛，多涎，呼吸困难，恶心，呕吐，头晕，惊厥，神志不清	通风，局部排气通风或呼吸防护。避免吸入烟云	新鲜空气，休息。必要时进行人工呼吸。给予医疗护理
# 皮肤	可能被吸收！发红，疼痛（见吸入）	防护手套。防护服	脱去污染的衣服。冲洗，然后用水和肥皂清洗皮肤。给予医疗护理
# 眼睛	发红，疼痛	面罩，或眼睛防护结合呼吸防护	先用大量水冲洗几分钟（如可能尽量摘除隐形眼镜），然后就医
# 食入	胃痉挛。腹泻。（另见吸入）	工作时不得进食，饮水或吸烟，进食前洗手	漱口，用水冲服活性炭浆，催吐（仅对清醒病人！）。给予医疗护理
泄漏处置	将泄漏液收集在可密闭的容器中。用干砂土或惰性吸收剂吸收残液，并转移到安全场所。不要让该化学品进入环境。个人防护用具：化学防护服包括自给式呼吸器		
包装与标志	不得与食品和饲料一起运输。严重污染海洋物质 欧盟危险性类别：Xn 符号 N 符号 R:22-50/53 S:2-24/25-60-61 联合国危险性类别：6.1 联合国包装类别：III 中国危险性类别：第 6.1 项毒性物质 中国包装类别：III		
应急响应	运输应急卡：TEC(R)-61GT6-III		
储存	注意收容灭火产生的废水。与强氧化剂、强酸、碱类、食品和饲料分开存放。保存在通风良好的室内		
重要数据	物理状态、外观：无色油状液体，原药为淡黄色到暗棕色，有特殊气味 化学危险性：加热到 120℃ 以上时，该物质分解生成含有氮氧化物、氧化亚磷和硫氧化物有毒烟雾。与强酸和碱反应，可能生成高毒的四乙基硫代焦磷酸酯。与强氧化剂发生反应 职业接触限值：阈限值：0.01mg/m³（可吸入蒸气和气溶胶）（经皮）；A4（不能分类为人类致癌物）；公布生物暴露指数（美国政府工业卫生学家会议，2004 年）。最高容许浓度：0.1mg/m³（以可吸入气溶胶计）；皮肤吸收；最高限值种类：II（2）；妊娠风险等级：C（德国，2004 年） 接触途径：该物质可通过吸入其气溶胶，经皮肤和食入吸收到体内 吸入危险性：20℃ 时该物质蒸发不会或很缓慢地达到空气中有害污染浓度，但喷洒或扩散时要快得多。 短期接触的影响：该物质轻微刺激眼睛和皮肤。该物质可能对神经系统有影响，导致惊厥和呼吸抑制。胆碱酯酶抑制剂。影响可能推迟显现。需进行医学观察 长期或反复接触的影响：胆碱酯酶抑制剂。可能发生累积作用：见急性危害/症状		
物理性质	沸点：低于沸点在 120℃ 分解 相对密度（水=1）：1.1 水中溶解度：20℃ 时 0.006g/100mL 蒸气压：20℃ 时可忽略不计	蒸气相对密度（空气=1）：10.4 蒸气/空气混合物的相对密度（20℃，空气=1）：1 辛醇/水分配系数的对数值：3.11	
环境数据	该物质对水生生物有极高毒性的。该物质可能对环境有危害，对鸟类和蜜蜂应给予特别注意。该物质在正常使用过程中进入环境，但是应当注意避免任何额外的释放，例如通过不适当处置活动		
注解	根据接触程度，建议定期进行医疗检查。该物质中毒时须采取必要的治疗措施；必须提供有指示说明的适当方法。商业制剂中使用的载体溶剂可能改变其物理和毒理学性质。不要将工作服带回家中		

IPCS
International
Programme on
Chemical Safety

本卡片由 IPCS 和 EC 合作编写 © 2004～2012

145

国际化学品安全卡

氧			ICSC 编号：0138

CAS 登记号：7782-44-7　　　　　　　中文名称：氧（钢瓶）

RTECS 号：RS2060000

UN 编号：1072　　　　　　　　　　英文名称：OXYGEN; (cylinder)

EC 编号：008-001-00-8

中国危险货物编号：1072

分子量：32　　　　　　　　　　　　化学式：O₂

危害/接触类型	急性危害/症状	预防	急救/消防
火　灾	不可燃，但可助长其他物质燃烧。加热引起压力升高，有爆炸危险	禁止明火、禁止火花和禁止吸烟。禁止与易燃物质接触	周围环境着火时，允许使用各种灭火剂
爆　炸			着火时，喷雾状水保持钢瓶冷却。从掩蔽位置灭火
接　触			
# 吸入	咳嗽，头晕，咽喉痛，视力障碍（见注解）		给予医疗护理
# 皮肤			
# 眼睛		安全护目镜	
# 食入			
泄漏处置	通风		
包装与标志	欧盟危险性类别：O 符号　　R:8　S:2-17 联合国危险性类别：2.2　联合国次要危险性：5.1 中国危险性类别：第 2.2 项非易燃无毒气体 中国次要危险性：5.1		
应急响应	运输应急卡：TEC(R)-20S1072 或 20G1O		
储存	耐火设备（条件）。与可燃物质和还原性物质分开存放。阴凉场所		
重要数据	物理状态、外观：无气味，压缩气体 物理危险性：气体比空气重 化学危险性：该物质是一种强氧化剂。与可燃物质和还原性物质发生反应，有着火和爆炸危险 职业接触限值：阈限值未制定标准 接触途径：该物质可通过吸入吸收到体内 短期接触的影响：在极高浓度时，该物质刺激呼吸道。该物质可能对中枢神经系统、肺和眼睛有影响 长期或反复接触的影响：吸入高浓度，肺可能受损伤		
物理性质	沸点：-183℃ 熔点：-218.4℃ 相对密度（水=1）： 水中溶解度：20℃时 3.1mL/100mL 蒸气相对密度（空气=1）：1.1 辛醇/水分配系数的对数值：0.65		
环境数据			
注解	只有吸入极高浓度氧才会产生吸入症状。可参考卡片#0880：氧（冷冻液体）		

IPCS
International
Programme on
Chemical Safety

本卡片由 IPCS 和 EC 合作编写 © 2004～2012

国际化学品安全卡

麦草畏			ICSC 编号：0139

CAS 登记号：1918-00-9
RTECS 号：DG7525000
EC 编号：607-043-00-X

中文名称：麦草畏；3,6-二氯邻甲氧基苯甲酸；3,6-二氯-2-甲氧基苯甲酸
英文名称：DICAMBA; 3,6-Dichloro-o-anisic acid;
3,6-Dichloro-2-methoxybenzoic acid

分子量：221　　　　　　　　　　　　化学式：$C_8H_6Cl_2O_3$

危害/接触类型	急性危害/症状	预防	急救/消防
火　灾	不可燃。含有机溶剂的液体制剂可能是易燃的。在火焰中释放出刺激性或有毒烟雾（或气体）		周围环境着火时，使用适当的灭火剂
爆　炸			
接　触		防止粉尘扩散!避免青少年和儿童接触!	
# 吸入	咳嗽，咽喉痛	局部排气通风或呼吸防护	新鲜空气，休息。给予医疗护理。
# 皮肤	发红，疼痛	防护手套	脱掉污染的衣服，冲洗，然后用水和肥皂洗皮肤
# 眼睛	发红，疼痛，视力模糊	安全护目镜	先用大量水冲洗几分钟（如可能尽量摘除隐形眼镜），然后就医
# 食入	恶心。呕吐。虚弱。惊厥	工作时不得进食、饮水或吸烟。进食前洗手	漱口，给予医疗护理
泄漏处置	不要让该化学品进入环境。将泄漏物扫入容器中。如果适当，首先润湿防止扬尘。小心收集残余物，然后转移到安全场所。个人防护用具：适用于有害颗粒物的P2过滤呼吸器		
包装与标志	不得与食品和饲料一起运输 欧盟危险性类别：Xn 符号　标记：A　　R:22-41-52/53　　S:2-26-61		
应急响应	运输应急卡：TEC（R）-61G53		
储存	储存在没有排水管或下水道的场所。与食品和饲料分开存放		
重要数据	物理状态、外观：无色晶体 化学危险性：加热时，该物质分解生成氯化氢（见卡片#0163）腐蚀性和有毒烟雾 职业接触限值：阈限值未制定标准。最高容许浓度未制定标准 接触途径：该物质可经食入吸收到体内 吸入危险性：扩散时可较快地达到空气中颗粒物有害浓度 短期接触的影响：该物质刺激皮肤和呼吸道，严重刺激眼睛		
物理性质	沸点：低于沸点在200℃时分解 熔点：114～116℃ 相对密度（水=1）：1.57 水中溶解度：25℃时 0.79g/100mL 蒸气压：25℃时 0.0045Pa 辛醇/水分配系数的对数值：2.21		
环境数据	该物质对水生生物是有害的。该物质在正常使用过程中进入环境，但是要特别注意避免任何额外的释放，例如通过不适当处置活动		
注解	商业制剂中使用的载体溶剂可能改变其物理和毒理学性质。如果该物质用溶剂配制，可参考这些溶剂的卡片		

IPCS
International
Programme on
Chemical Safety

本卡片由 IPCS 和 EC 合作编写 © 2004～2012

国际化学品安全卡

2,3-二氯苯胺			ICSC 编号：0140

CAS 登记号：608-27-5
RTECS 号：CX9862625
UN 编号：1590
EC 编号：612-010-00-8
中国危险货物编号：1590

中文名称：2,3-二氯苯胺

英文名称：2,3-DICHLOROANILINE; 2,3-Dichlorobenzenamine

分子量：162.0

化学式：$C_6H_5Cl_2N/(C_6H_3)Cl_2(NH_2)$

危害/接触类型	急性危害/症状	预防	急救/消防
火 灾	可燃的。在火焰中释放出刺激性或有毒烟雾（或气体）。加热引起压力升高，有爆裂危险	禁止明火	干粉、抗溶性泡沫、雾状水、二氧化碳
爆 炸			着火时，喷雾状水保持料桶等冷却
接 触		防止粉尘扩散！防止产生烟云！	
# 吸入	皮肤发青，嘴唇发青或指甲发青，头晕，头痛，恶心，气促，意识模糊，惊厥，神志不清	局部排气通风或呼吸防护	新鲜空气，休息。必要时进行人工呼吸，给予医疗护理
# 皮肤	可能被吸收！另见吸入	防护手套，防护服	脱去污染的衣服，冲洗，然后用水和肥皂清洗皮肤，给予医疗护理
# 眼睛	发红，疼痛	护目镜或面罩	先用大量水冲洗几分钟（如可能尽量摘除隐形眼镜），然后就医
# 食入	腹部疼痛。另见吸入	工作时不得进食，饮水或吸烟。进食前洗手	漱口。大量饮水，给予医疗护理
泄漏处置	移除全部引燃源。不要冲入下水道。将泄漏物清扫进容器中。如果适当，首先润湿防止扬尘。将泄漏液收集在可密闭的容器中。小心收集残余物，然后转移到安全场所。不要让该化学品进入环境。化学防护服包括自给式呼吸器		
包装与标志	不得与食品和饲料一起运输。污染海洋物质 欧盟危险性类别：T 符号 N 符号 标记：C R:23/24/25-33-50/53　　S:1/2-28-36/37-45-60-61 联合国危险性类别：6.1 联合国包装类别：II 中国危险性类别：第 6.1 项毒性物质 中国包装类别：II		
应急响应	运输应急卡：TEC(R)-61GT1-II 美国消防协会法规：H3（健康危险性）；F1（火灾危险性）；R0（反应危险性）		
储存	与强氧化剂、食品和饲料分开存放。注意收容灭火产生的废水		
重要数据	物理状态、外观：无色晶体或液体 化学危险性：燃烧时,该物质分解生成氮氧化物、氯化氢(见卡片#0163)有毒烟雾 职业接触限值：阈限值未制定标准。最高容许浓度未制定标准 接触途径：该物质可通过吸入、经皮肤和食入吸收到体内 吸入危险性：未指明20℃时该物质蒸发达到空气中有害浓度的速率 短期接触的影响：该物质可能对血液有影响，导致形成正铁血红蛋白。接触可能导致死亡。影响可能推迟显现。需进行医学观察 长期或反复接触的影响：该物质可能对血液有影响，导致形成正铁血红蛋白		
物理性质	沸点：252℃ 熔点：24℃ 相对密度（水=1）：1.383 水中溶解度：不溶 蒸气压：25℃时 0.01Pa 蒸气相对密度（空气=1）：5.6 闪点：112℃（闭杯） 辛醇/水分配系数的对数值：2.78		
环境数据	该物质对水生生物是有毒的		
注解	根据接触程度，需定期进行医疗检查。该物质中毒时，须采取必要的治疗措施。必须提供有指示说明的适当方法		

IPCS
International
Programme on
Chemical Safety

本卡片由 **IPCS** 和 **EC** 合作编写 © 2004～2012

国际化学品安全卡

2,4-二氯苯胺			ICSC 编号：0141

CAS 登记号：554-00-7　　　　　中文名称：2,4-二氯苯胺
RTECS 号：BX2600000
UN 编号：1590　　　　　　　　英文名称：2,4-DICHLOROANILINE; Aniline, 2,4-dichloro-;
EC 编号：612-010-00-8　　　　　1-Amino-2,4-dichlorobenzene; 2,4-Dichlorobenzenamine
中国危险货物编号：1590

分子量：162.02　　　　　　　　化学式：$C_6H_5Cl_2N$

危害/接触类型	急性危害/症状	预防	急救/消防
火　灾	可燃的。在火焰中释放出刺激性或有毒烟雾（或气体）。加热引起压力升高，有爆裂危险	禁止明火	干粉、抗溶性泡沫、雾状水、二氧化碳
爆　炸			着火时，喷雾状水保持料桶等冷却
接　触		防止粉尘扩散！	
# 吸入	皮肤发青，嘴唇发青或手指发青。头晕，头痛，恶心，气促，意识模糊，惊厥，神志不清	局部排气通风或呼吸防护	新鲜空气，休息。必要时进行人工呼吸，给予医疗护理
# 皮肤	可能被吸收！发红。（另见吸入）	防护手套，防护服	脱去污染的衣服，冲洗，然后用水和肥皂清洗皮肤，给予医疗护理
# 眼睛	发红，疼痛	护目镜或面罩	先用大量水冲洗几分钟（如可能尽量摘除隐形眼镜），然后就医
# 食入	腹部疼痛。（另见吸入）	工作时不得进食，饮水或吸烟。进食前洗手	漱口，大量饮水，给予医疗护理

泄漏处置	移除全部引燃源。不要冲入下水道。将泄漏物清扫进容器中。如果适当，首先润湿防止扬尘。小心收集残余物，然后转移到安全场所。化学防护服包括自给式呼吸器
包装与标志	不得与食品和饲料一起运输。污染海洋物质 欧盟危险性类别：T 符号 N 符号 标记：C　　R:23/24/25-33-50/53　　S:1/2-28-36/37-45-60-61 联合国危险性类别：6.1 联合国包装类别：II 中国危险性类别：第 6.1 项毒性物质 中国包装类别：II
应急响应	运输应急卡：TEC(R)-61GT2-II 美国消防协会法规：H3（健康危险性）；F1（火灾危险性）；R0（反应危险性）
储存	与强氧化剂、食品和饲料分开存放
重要数据	物理状态、外观：无色晶体，有特殊气味 化学危险性：加热到 370℃时或燃烧时，该物质分解生成含氮氧化物、氯化氢（见卡片#0163）有毒烟雾 职业接触限值：阈限值未制定标准。最高容许浓度未制定标准 接触途径：该物质可通过吸入和经皮肤和食入吸收到体内 吸入危险性：未指明 20℃时该物质蒸发达到空气中有害浓度的速率 短期接触的影响：该物质轻微刺激皮肤。该物质可能对血液有影响，导致形成正铁血红蛋白。接触可能导致死亡。影响可能推迟显现。需进行医学观察 长期或反复接触的影响：该物质可能对血液有影响，导致形成正铁血红蛋白
物理性质	沸点：245℃ 熔点：63～64℃ 密度：1.57g/cm³ 水中溶解度：不溶 蒸气压：25℃时 1Pa 蒸气相对密度（空气=1）：5.6 闪点：115℃ 辛醇/水分配系数的对数值：2.78
环境数据	该物质对水生生物是有毒的
注解	根据接触程度，需定期进行医疗检查。该物质中毒时须采取必要的治疗措施。必须提供有指示说明的适当方法

IPCS
International
Programme on
Chemical Safety

UNEP

本卡片由 IPCS 和 EC 合作编写 © 2004～2012

国际化学品安全卡

2,5-二氯苯胺			ICSC 编号：0142

CAS 登记号：95-82-9	中文名称：2,5-二氯苯胺; 对二氯苯胺; 1-氨基-2,5-二氯苯
RTECS 号：BX2610000	
UN 编号：1590	英文名称：2,5-DICHLOROANILINE; p-Dichloroaniline;
EC 编号：612-010-00-8	1-Amino-2,5-dichlorobenzene; 2,5-Dichlorobenzenamine
中国危险货物编号：1590	
分子量：162	化学式：$C_6H_5Cl_2N$

危害/接触类型	急性危害/症状	预防	急救/消防
火 灾	可燃的。在火焰中释放出刺激性或有毒烟雾（或气体）。加热引起压力升高，有爆裂危险	禁止明火	干粉、抗溶性泡沫、雾状水、二氧化碳
爆 炸			着火时，喷雾状水保持料桶等冷却，但避免该物质与水接触
接 触		防止粉尘扩散！	
# 吸入	皮肤发青，嘴唇发青或手指发青。头晕,头痛,恶心,气促,意识模糊，惊厥，神志不清	局部排气通风或呼吸防护	新鲜空气，休息，必要时进行人工呼吸，给予医疗护理
# 皮肤	可能被吸收！（另见吸入）	防护手套，防护服	脱去污染的衣服,冲洗,然后用水和肥皂清洗皮肤，给予医疗护理
# 眼睛	发红，疼痛，视力模糊	护目镜或面罩	先用大量水冲洗几分钟（如可能尽量摘除隐形眼镜），然后就医
# 食入	腹部疼痛。（另见吸入）	工作时不得进食，饮水或吸烟。进食前洗手	漱口，大量饮水，给予医疗护理

泄漏处置	移除全部引燃源。不要冲入下水道。将泄漏物清扫进容器中。如果适当，首先润湿防止扬尘。小心收集残余物，然后转移到安全场所。不要让该化学品进入环境。化学防护服包括自给式呼吸器
包装与标志	不得与食品和饲料一起运输。污染海洋物质 欧盟危险性类别：T 符号 N 符号 标记：C R:23/24/25-33-50/53 S:1/2-28-36/37-45-60-61 联合国危险性类别：6.1 联合国包装类别：II 中国危险性类别：第 6.1 项毒性物质 中国包装类别：II
应急响应	运输应急卡：TEC(R)-61S1590S 美国消防协会法规：H3（健康危险性）；F1（火灾危险性）；R0（反应危险性）
储存	与强氧化剂、食品和饲料分开存放
重要数据	物理状态、外观：无色至棕色针状晶体或薄片状，有特殊气味 化学危险性：加热到380℃时或燃烧时，该物质分解生成含氮氧化物、氯化氢（见卡片#0163）有毒烟雾 职业接触限值：阈限值未制定标准。最高容许浓度未制定标准 接触途径：该物质可通过吸入和经皮肤和食入吸收到体内 吸入危险性：未指明20℃时该物质蒸发达到空气中有害浓度的速率 短期接触的影响：该物质严重刺激眼睛。该物质可能对血液有影响，导致形成正铁血红蛋白。接触可能导致死亡。影响可能推迟显现。需进行医学观察 长期或反复接触的影响：反复或长期接触可能引起皮肤过敏。该物质可能对血液有影响，导致形成正铁血红蛋白
物理性质	沸点：251℃ 熔点：50℃ 密度：1.54g/cm³ 水中溶解度：不溶 蒸气压：25℃时 1Pa 蒸气相对密度（空气=1）：5.6 蒸气/空气混合物的相对密度（20℃，空气=1）：1.01 闪点：139℃ 自燃温度：540℃ 辛醇/水分配系数的对数值：2.75
环境数据	该物质对水生生物是有毒的
注解	根据接触程度，需定期进行医疗检查。该物质中毒时须采取必要的治疗措施。必须提供有指示说明的适当方法

IPCS
International
Programme on
Chemical Safety

本卡片由 IPCS 和 EC 合作编写 © 2004～2012

国际化学品安全卡

CAS 登记号：608-31-1	中文名称：2,6-二氯苯胺
UN 编号：1590	
EC 编号：612-010-00-8	英文名称：2,6-DICHLOROANILINE; 2,6-Dichlorobenzenamine
中国危险货物编号：1590	

分子量：162.0	化学式：$(C_6H_3)Cl_2(NH_2)$

危害/接触类型	急性危害/症状	预防	急救/消防
火灾	可燃的。在火焰中释放出刺激性或有毒烟雾（或气体）	禁止明火	干粉、抗溶性泡沫、雾状水、二氧化碳
爆炸			着火时，喷雾状水保持料桶等冷却
接触		防止粉尘扩散！	
# 吸入	皮肤发青，嘴唇发青或手指发青。头晕，头痛，恶心，气促，意识模糊，惊厥，神志不清	局部排气通风或呼吸防护	新鲜空气，休息。必要时进行人工呼吸，给予医疗护理
# 皮肤	可能被吸收！另见吸入	防护手套，防护服	脱去污染的衣服，冲洗，然后用水和肥皂清洗皮肤。给予医疗护理
# 眼睛	发红，疼痛	护目镜或面罩	先用大量水冲洗几分钟（如可能尽量摘除隐形眼镜），然后就医
# 食入	腹部疼痛。另见吸入	工作时不得进食，饮水或吸烟。进食前洗手	漱口，大量饮水，给予医疗护理

泄漏处置	移除全部引燃源。不要冲入下水道。将泄漏物清扫进容器中。如果适当，首先润湿防止扬尘。小心收集残余物，然后转移到安全场所。不要让该化学品进入环境。化学防护服包括自给式呼吸器
包装与标志	不得与食品和饲料一起运输。污染海洋物质 欧盟危险性类别：T 符号 N 符号 标记：C　R:23/24/25-33-50/53　S:1/2-28-36/37-45-60-61 联合国危险性类别：6.1 联合国包装类别：II 中国危险性类别：第 6.1 项毒性物质 中国包装类别：II
应急响应	运输应急卡：TEC(R)-61GT2-II 美国消防协会法规：H3（健康危险性）；F1（火灾危险性）；R0（反应危险性）
储存	与强氧化剂、食品和饲料分开存放。注意收容灭火产生的废水
重要数据	物理状态、外观：无色晶体 化学危险性：燃烧时，该物质分解生成氮氧化物、氯化氢（见卡片#0163）有毒烟雾 职业接触限值：阈限值未制定标准。最高容许浓度未制定标准 接触途径：该物质可通过吸入、经皮肤和食入吸收到体内 吸入危险性：未指明 20℃时该物质蒸发达到空气中有害浓度的速率 短期接触的影响：该物质可能对血液有影响，导致形成正铁血红蛋白。接触可能导致死亡。影响可能推迟显现。需进行医学观察 长期或反复接触的影响：该物质可能对血液有影响，导致形成正铁血红蛋白
物理性质	沸点：0.7kPa 时 97℃ 熔点：39℃ 水中溶解度：微溶 蒸气相对密度（空气=1）：5.6 闪点：112℃
环境数据	该物质对水生生物是有毒的
注解	根据接触程度，需定期进行医疗检查。该物质中毒时，须采取必要的治疗措施。必须提供有指示说明的适当方法

IPCS
International Programme on Chemical Safety

本卡片由 **IPCS** 和 **EC** 合作编写 © 2004～2012

国际化学品安全卡

3,4-二氯苯胺			ICSC 编号：0144

CAS 登记号：95-76-1	中文名称：3,4-二氯苯胺；1-氨基-3,4-二氯苯
RTECS 号：BX7175000;BX2625000	
UN 编号：1590	英文名称：3,4-DICHLOROANILINE; 1-Amino-3,4-dichlorobenzene;
EC 编号：612-202-00-1	3,4-Dichlorobenzenamine
中国危险货物编号：1590	
分子量：162	化学式：$C_6H_5Cl_2N$

危害/接触类型	急性危害/症状	预防	急救/消防
火 灾	可燃的。在火焰中释放出刺激性或有毒烟雾（或气体）。加热引起压力升高，有爆裂危险	禁止明火	干粉、抗溶性泡沫、雾状水、二氧化碳
爆 炸			着火时，喷雾状水保持料桶等冷却，但避免该物质与水接触
接 触		防止粉尘扩散！	
# 吸入	皮肤发青，嘴唇发青或手指发青。头晕，头痛，恶心，气促，意识模糊，惊厥，神志不清	局部排气通风或呼吸防护	新鲜空气，休息，必要时进行人工呼吸，给予医疗护理
# 皮肤	可能被吸收！（另见吸入）	防护手套，防护服	脱去污染的衣服，冲洗，然后用水和肥皂清洗皮肤，给予医疗护理
# 眼睛	发红，疼痛，视力模糊	护目镜或面罩	先用大量水冲洗几分钟（如可能尽量摘除隐形眼镜），然后就医
# 食入	腹部疼痛。（另见吸入）	工作时不得进食，饮水或吸烟。进食前洗手	漱口，饮用 1～2 杯水。给予医疗护理

泄漏处置	移除全部引燃源。不要冲入下水道。将泄漏物清扫进容器中。如果适当，首先润湿防止扬尘。小心收集残余物，然后转移到安全场所。不要让该化学品进入环境。化学防护服包括自给式呼吸器
包装与标志	不得与食品和饲料一起运输。污染海洋物质 欧盟危险性类别：T 符号 N 符号 R:23/24/25-41-43-50/53 S:1/2-26-36/37/39-45-60-61 联合国危险性类别：6.1 联合国包装类别：II 中国危险性类别：第 6.1 项 毒性物质 中国包装类别：II
应急响应	运输应急卡：TEC(R)-61S1590-S 美国消防协会法规：H3（健康危险性）；F1（火灾危险性）；R0（反应危险性）
储存	与强氧化剂、食品和饲料分开存放。注意收容灭火产生的废水。储存在没有排水管或下水道的场所
重要数据	物理状态、外观：浅棕色晶体，有特殊气味 化学危险性：加热到 340℃时或燃烧时，该物质分解生成含氮氧化物，氯化氢（见卡片#0163）有毒烟雾 职业接触限值：阈限值未制定标准。最高容许浓度：IIb（未制定标准，但可提供数据）皮肤吸收；皮肤致敏剂（德国，2005 年） 接触途径：该物质可通过吸入和经皮肤和食入吸收到体内 吸入危险性：未指明 20℃时该物质蒸发到空气中有害浓度的速率 短期接触的影响：该物质刺激眼睛。该物质可能对血液有影响，导致形成正铁血红蛋白。接触可能导致死亡。影响可能推迟显现。需进行医学观察 长期或反复接触的影响：反复或长期接触可能引起皮肤过敏。该物质可能对血液系统有影响，导致形成正铁血红蛋白症
物理性质	沸点：272℃ 熔点：72℃ 密度：1.57g/cm³ 水中溶解度：不溶 蒸气压：20℃时 1.3Pa 蒸气相对密度（空气=1）：5.6	蒸气/空气混合物的相对密度（20℃，空气=1）：1.00 闪点：166℃（开杯） 自燃温度：269℃ 爆炸极限：空气中 2.8%～7.2%（体积） 辛醇/水分配系数的对数值：2.69
环境数据	该物质对水生生物是有毒的
注解	根据接触程度，需定期进行医学检查。该物质中毒时须采取必要的治疗措施。必须提供有指示说明的适当方法

IPCS
International
Programme on
Chemical Safety

国际化学品安全卡

二（2,3-环氧丙基）醚			ICSC 编号：0145	

CAS 登记号：2238-07-5
RTECS 号：KN2350000

中文名称：二(2,3-环氧丙基)醚；双(2,3-环氧丙基)醚;二缩水甘油醚; 2,2'-(氧化双(亚甲基))双环氧乙烷
英文名称：DI(2,3-Epoxypropyl)ETHER; Bis(2,3-epoxypropyl)ether;Diglycidyl ether; DGE; 2,2'-(Oxybis(methylene)) bisoxirane

分子量：130.2

化学式：C₆H₁₀O₃/C₂H₃OCH₂OCH₂C₂H₃O

化学式：$C_6H_{10}O_3/C_2H_3OCH_2OCH_2C_2H_3O$

危害/接触类型	急性危害/症状	预防	急救/消防
火 灾	可燃的	禁止明火	干粉，雾状水，泡沫，二氧化碳
爆 炸	高于 64℃时可能形成爆炸性蒸气/空气混合物	高于 64℃时密闭系统,通风和防爆型电气设备	
接 触		严格作业环境管理！	
# 吸入	头晕，呼吸短促，喉痛，神志不清，虚弱	通风，局部排气通风或呼吸防护	新鲜空气，休息，半直立体位，给予医疗护理
# 皮肤	可能被吸收！皮肤干燥，发红，粗糙，皮肤烧伤，疼痛，水疱	防护手套，防护服	脱掉污染的衣服，用大量水冲洗或淋，必要时给予医疗护理
# 眼睛	发红，疼痛，视力模糊	面罩或眼睛防护结合呼吸防护	先用大量水冲洗几分钟（如可能尽量摘除隐形眼镜），然后就医
# 食入	恶心，呕吐	工作时不得进食、饮水或吸烟	漱口，饮用大量水，给予医疗护理
泄漏处置	尽可能将泄漏液收集在密闭的容器中。用大量水冲净残余物		
包装与标志			
应急响应			
储存	与强氧化剂分开存放。沿地面通风		
重要数据	**物理状态、外观**：无色液体，有刺鼻气味 **化学危险性**：该物质可能生成爆炸性过氧化物。加热时可能发生爆炸。与强氧化剂发生反应 **职业接触限值**：阈限值：0.1ppm（时间加权平均值）；A4（不能分类为人类致癌物）（美国政府工业卫生会议，2004 年）。最高容许浓度：皮肤吸收；致癌物类别：3B（德国，2004 年） **接触途径**：该物质可通过吸入、经皮肤或食入吸收到体内 **吸入危险性**：20℃时，该物质蒸发相当快地达到空气中有害污染浓度 **短期接触的影响**：该物质刺激眼睛，皮肤和呼吸道。该物质可能对血液、肾、肝和味觉有影响。吸入蒸气可能引起肺水肿（见注解）。接触可能引起意识降低。需进行医学观察 **长期或反复接触的影响**：反复或长期与皮肤接触可能引起皮炎。反复或长期接触可能引起皮肤过敏。动物实验表明，该物质可能对人类生殖有毒性影响		
物理性质	**沸点**：100kPa 时 260℃ **相对密度（水=1）**：1.26 **水中溶解度**：见注解 **蒸气压**：25℃时 12Pa **蒸气相对密度（空气=1）**：4.5 **蒸气/空气混合物的相对密度（20℃，空气=1）**：1.00 **闪点**：64℃ **爆炸极限**：见注解		
环境数据			
注解	水中溶解度、熔点、自燃温度和爆炸极限未见文献报道。超过接触限值时，气味报警不充分。在蒸馏前检验过氧化物，如果存在，使其无害化。 肺水肿症状常常经过几个小时以后才变得明显，体力劳动使症状加重。因而休息和医学观察是必要的。应当考虑由医生或医生指定的人员立即采取适当喷药治疗法		

IPCS
International
Programme on
Chemical Safety

   UNEP

本卡片由 IPCS 和 EC 合作编写 © 2004～2012

153

国际化学品安全卡

二甘醇二缩水甘油醚			ICSC 编号：0146

CAS 登记号：4206-61-5	中文名称：二甘醇二缩水甘油醚；双(2-(2,3-环氧丙氧基)乙基)醚；2,2'-(氧双(2,1-二乙烷基氧化亚甲基))双环氧乙烷
RTECS 号：KN2330000	英文名称：DIETHYLENE GLYCOL DIGLYCIDYL ETHER; Bis(2-(2,3-epoxypropoxy)ethyl) ether; ,2'-(Oxybis(2,1-ethanediyloxymethylene))bisoxirane

分子量：218.3	化学式：$C_{10}H_{18}O_5$

危害/接触类型	急性危害/症状	预防	急救/消防
火 灾	可燃的	禁止明火	干粉，雾状水，泡沫，二氧化碳
爆 炸			
接 触		严格作业环境管理！	
# 吸入	咳嗽，咽喉痛		新鲜空气，休息
# 皮肤	发红	防护手套	脱掉污染的衣服，冲洗，然后用水和肥皂洗皮肤
# 眼睛	发红	安全护目镜或面罩	先用大量水冲洗几分钟（如可能尽量摘除隐形眼镜），然后就医
# 食入		工作时不得进食、饮水或吸烟	漱口，休息

泄漏处置	通风。尽可能将泄漏液收集在可密闭的容器中。用大量水冲净残余物
包装与标志	
应急响应	
储存	与强氧化剂分开存放
重要数据	**物理状态、外观：**液体 **化学危险性：**该物质可能生成爆炸性过氧化物。与强氧化剂发生反应 **职业接触限值：**阈限值未制定标准 **接触途径：**该物质可通过吸入吸收到体内 **吸入危险性：**未指明20℃时该物质蒸发达到空气中有害污染浓度的速率 **短期接触的影响：**该物质刺激眼睛、皮肤和呼吸道 **长期或反复接触的影响：**反复或长期接触可能引起皮肤过敏
物理性质	**相对密度（水=1）：**见注解 **水中溶解度：**见注解 **蒸气相对密度（空气=1）：**7.5 **蒸气/空气混合物的相对密度（20℃，空气=1）：**见注解 **爆炸极限：**见注解
环境数据	
注解	沸点、熔点、相对密度、水中溶解度、蒸气压、蒸气/空气混合物相对密度和自燃温度未见文献报道。该物质是可燃的，但闪点未见文献报道。在蒸馏前检验过氧化物，如果存在，使其无害化

IPCS
International Programme on Chemical Safety

   UNEP

本卡片由 **IPCS** 和 **EC** 合作编写 © 2004～2012

国际化学品安全卡

1,1-二甲基肼			ICSC 编号：0147

CAS 登记号：57-14-7
RTECS 号：MV2450000
UN 编号：1163
EC 编号：007-012-00-5
中国危险货物编号：1163
分子量：60.1

中文名称：1,1-二甲基肼；二甲基肼；*N,N*-二甲基肼；不对称二甲基肼；UDMH

英文名称：1,1-DIMETHYLHYDRAZINE; Dimethylhydrazine; *N,N*-Dimethylhydrazine; unsym-Dimethylhydrazine; UDMH

化学式：$C_2H_8N_2$ / $NH_2—N(CH_3)_2$

危害/接触类型	急性危害/症状	预防	急救/消防
火灾	高度易燃。在火焰中释放出刺激性或有毒烟雾（或气体）	禁止明火，禁止火花和禁止吸烟。禁止与氧化剂和酸（类）接触	干粉，抗溶性泡沫，大量水，二氧化碳
爆炸	蒸气/空气混合物有爆炸性。与氧化剂接触时有着火和爆炸危险	密闭系统，通风，防爆型电气设备和照明。不要使用压缩空气灌装、卸料或转运。使用无火花手工工具	着火时，喷雾状水保持料桶等冷却
接触		避免一切接触！	一切情况均向医生咨询！
# 吸入	咳嗽，咽喉痛，灼烧感，恶心，头痛，呕吐，呼吸困难，惊厥	通风，局部排气通风或呼吸防护	新鲜空气，休息，半直立体位，立即给予医疗护理
# 皮肤	可能被吸收！发红，疼痛。（另见吸入）	防护手套。防护服	先用大量水冲洗，然后脱去污染的衣服并再次冲洗，给予医疗护理
# 眼睛	发红。疼痛	面罩，或眼睛防护结合呼吸防护	用大量水冲洗（如可能尽量摘除隐形眼镜）
# 食入	咽喉疼痛。（另见吸入）	工作时不得进食，饮水或吸烟。进食前洗手	漱口，休息，不要催吐，立即给予医疗护理
泄漏处置	撤离危险区域！向专家咨询！转移全部引燃源。不要让该化学品进入环境。将泄漏液收集在可密闭的非塑料容器中。不要用锯末或其他可燃吸收剂吸收。用砂土或惰性吸收剂吸收残液，并转移到安全场所。个人防护用具：全套防护服包括自给式呼吸器		
包装与标志	不易破碎包装，将易破碎包装放在不易破碎的密闭容器中。不得与食品和饲料一起运输 欧盟危险性类别：F 符号 T 符号 N 符号 标记：E R:45-11-23/25-34-51/53 S:53-45-61 联合国危险性类别:6.1 联合国次要危险性:3 和 8 联合国包装类别:I 中国危险性类别:第 6.1 项 毒性物质 中国次要危险性:3 和 8 中国包装类别:I GHS 分类：信号词：危险 图形符号：火焰-骷髅和交叉骨-健康危险 危险说明：高度易燃液体和蒸气；吞咽会中毒；皮肤接触会中毒；吸入蒸气致命；造成轻微皮肤刺激；造成眼睛刺激；怀疑导致遗传性缺陷；怀疑致癌；对器官造成损害；长期或反复吸入对神经系统和血液造成损害；对水生生物有毒		
应急响应	运输应急卡：TEC(R)-61GTFC-I 美国消防协会法规：H4（健康危险性）；F3（火灾危险性）；R1（反应危险性）		
储存	耐火设备（条件）。注意收容灭火产生的废水。与强氧化剂和强酸分开存放。干燥。严格密封。保存在通风良好的室内。不要用塑料容器储存或运输。储存在没有排水管或下水道的场所		
重要数据	**物理状态、外观**：无色发烟吸湿液体，有刺鼻气味。与空气接触时变成黄色 **物理危险性**：蒸气比空气重，可能沿地面流动，可能造成远处着火 **化学危险性**：燃烧时，生成含有氮氧化物的有毒烟雾。该物质是一种强还原剂，与氧化剂激烈发生反应。该物质是一种强碱，与酸激烈反应并有腐蚀性。与氧发生反应，有着火和爆炸的危险。浸蚀塑料 **职业接触限值**：阈限值：0.01ppm（时间加权平均值）（经皮）；A3（确认的动物致癌物，但未知与人类相关性）（美国政府工业卫生学家会议，2008 年）。最高容许浓度：皮肤吸收，皮肤致敏剂；致癌物类别：2（德国，2008 年） **接触途径**：该物质可通过吸入、经皮肤和经食入吸收到体内 **吸入危险性**：20℃时，该物质蒸发，迅速达到空气中有害污染浓度 **短期接触的影响**：该物质刺激眼睛、皮肤和呼吸道。吸入蒸气可能引起肺水肿（见注解）。该物质可能对中枢神经系统和肝脏有影响 **长期或反复接触的影响**：该物质可能对血液有影响，导致贫血。该物质可能是人类致癌物		
物理性质	沸点：64℃ 熔点：-58℃ 相对密度（水=1）：0.8 水中溶解度：易溶 蒸气压：20℃时 13.7kPa 蒸气相对密度（空气=1）：2.1	蒸气/空气混合物的相对密度（20℃，空气=1）：1.2 黏度：在 25℃时 0.6mm²/s 闪点：-15℃(闭杯) 自燃温度：249℃ 爆炸极限：空气中 2.4%～20%(体积) 辛醇/水分配系数的对数值：-1.19	
环境数据	该物质对水生生物是有毒的。强烈建议不要让该化学品进入环境		
注解	根据接触程度，建议定期进行医学检查。肺水肿症状常常经过几个小时以后才变得明显，体力劳动使症状加重。因而休息和医学观察是必要的。应当考虑由医生或医生指定的人员立即采取适当吸入治疗。超过接触限值时，气味报警不充分。不要将工作服带回家中。用大量水冲洗工作服（有着火危险）。商品名称有 Dimazine		

IPCS
International
Programme on
Chemical Safety

   UNEP

本卡片由 IPCS 和 EC 合作编写 © 2004～2012

155

国际化学品安全卡

硫酸二甲酯			ICSC 编号：0148

CAS 登记号：77-78-1
RTECS 号：WS8225000
UN 编号：1595
EC 编号：016-023-00-4
中国危险货物编号：1595
分子量：126.1

中文名称：硫酸二甲酯；二甲基硫酸酯；DMS

英文名称：DIMETHYL SULFATE; Sulfuric acid dimethyl ester; Dimethyl monosulfate; DMS

化学式：C$_2$H$_6$O$_4$S / (CH$_3$O)$_2$SO$_2$

危害/接触类型	急性危害/症状	预防	急救/消防
火 灾	可燃的。在火焰中释放出刺激性或有毒烟雾（或气体）	禁止明火	干粉，泡沫，二氧化碳，雾状水
爆 炸	高于 83℃，可能形成爆炸性蒸气/空气混合物	高于 83℃，使用密闭系统、通风	
接 触		避免一切接触！	一切情况均向医生咨询！
# 吸入	咳嗽，咽喉痛，灼烧感，呼吸短促，头痛，症状可能推迟显现（见注解）	通风，局部排气通风或呼吸防护	新鲜空气，休息，半直立体位，必要时进行人工呼吸，立即给予医疗护理
# 皮肤	可能被吸收！发红。疼痛。水疱。皮肤烧伤	防护手套。防护服	脱去污染的衣服。用大量水冲洗皮肤或淋浴。立即给予医疗护理
# 眼睛	发红。疼痛。烧伤。永久丧失视力	面罩或眼睛防护结合呼吸防护	用大量水冲洗（如可能尽量摘除隐形眼镜）。立即给予医疗护理
# 食入	口腔和咽喉烧伤，咽喉有灼烧感，胃痉挛，呕吐，惊厥，休克或虚脱。（另见吸入）	工作时不得进食，饮水或吸烟。进食前洗手	漱口。饮用 1～2 杯水。不要催吐。立即给予医疗护理

泄漏处置	撤离危险区域！向专家咨询！不要让该化学品进入环境。通风。将泄漏液收集在可密闭的容器中。用干燥砂土或惰性吸收剂吸收残液，并转移到安全场所。个人防护用具：全套防护服包括自给式呼吸器。
包装与标志	不易破碎包装，将易破碎包装放在不易破碎的密闭容器中。不得与食品和饲料一起运输 欧盟危险性类别：T+符号 标记：E R:45-25-26-34-43-68 S:53-45 联合国危险性类别：6.1 联合国次要危险性：8 联合国包装类别：I 中国危险性类别：第 6.1 项 毒性物质 中国次要危险性：8 中国包装类别：I GHS 分类：信号词：危险 图形符号：腐蚀-骷髅和交叉骨-健康危险 危险说明：可燃液体；吸入蒸气致命；吞咽会中毒；造成严重皮肤灼伤和眼睛损伤；可能导致皮肤过敏反应；怀疑导致遗传性缺陷；可能致癌；对肝、肾、肺造成损害；长期或反复接触对肺造成损害；对水生生物有害
应急响应	运输应急卡：TEC(R)-61S1595 或 61GTC1-I 美国消防协会法规：H4（健康危险性）；F2（火灾危险性）；R1（反应危险性）
储存	与食品和饲料及性质相互抵触的物质分开存放（见化学危险性）。阴凉场所。干燥。严格密封。沿地面通风。储存在没有排水管或下水道的场所
重要数据	物理状态、外观：无色，油状液体 化学危险性：加热或燃烧时，该物质分解生成含有硫氧化物的有毒烟雾。水溶液是一种中强酸。与水发生反应产生硫酸伴随放热。与浓氨、碱、酸和强氧化剂发生激烈反应，有着火和爆炸危险 职业接触限值：阈限值：0.1ppm（时间加权平均值）（经皮）；A3（确认的动物致癌物，但未知与人类相关性）（美国政府工业卫生学家会议，2008 年）。最高容许浓度：皮肤吸收；致癌物类别：2（德国，2008 年） 接触途径：该物质可通过吸入其蒸气、经皮肤和经食入吸收到体内 吸入危险性：20℃时，该物质蒸发相当快地达到空气中有害污染浓度 短期接触的影响：该物质腐蚀眼睛，皮肤和呼吸道。食入有腐蚀性。吸入可能引起肺水肿（见注解）。该物质可能对肝、肾有影响，导致功能损伤。远高于职业接触限值接触可能导致死亡。影响可能推迟显现。需进行医学观察 长期或反复接触的影响：反复或长期接触其蒸气，肺可能受损伤。该物质很可能是人类致癌物。反复或长期接触可能引起皮肤过敏
物理性质	沸点：188℃时分解。 熔点：-32℃ 相对密度（水=1）：1.3 水中溶解度：18℃时 2.8g/100mL 蒸气压：20℃时 65Pa 蒸气相对密度（空气=1）：4.4	蒸气/空气混合物的相对密度（20℃，空气=1）：1.00 闪点：83℃（闭杯） 自燃温度：470℃ 爆炸极限：空气中 3.6%～23.3%(体积) 辛醇/水分配系数的对数值：0.16
环境数据	该物质对水生生物是有害的
注解	商业二甲基硫酸盐可能含有微量硫酸。根据接触程度，建议定期进行医学检查。肺水肿症状常常经过几个小时以后才变得明显，体力劳动使症状加重。因而休息和医学观察是必要的。应当考虑由医生或医生指定的人员立即采取适当吸入治疗。中毒浓度时无气味报警。不要将工作服带回家中

IPCS
International
Programme on
Chemical Safety

   UNEP

本卡片由 IPCS 和 EC 合作编写 © 2004～2012

国际化学品安全卡

地乐酚			ICSC 编号：0149

CAS 登记号：88-85-7	中文名称：地乐酚；2-仲丁基-4,6-二硝基酚；2-(1-甲基丙基)-4,6-二硝基酚；
RTECS 号：SJ9800000	2,4-二硝基-6-(1-甲基丙基)酚；2,4-二硝基-6-仲丁基酚
UN 编号：2779	英文名称：DINOSEB; 2-sec-Butyl-4,6-dinitrophenol;
EC 编号：609-025-00-7	2-(1-Methylpropyl)-4,6-dinitrophenol; 2,4-Dinitro-6-(1-methylpropyl)phenol;
中国危险货物编号：2779	2,4-Dinitro-6-sec-butylphenol
分子量：240.2	化学式：$C_{10}H_{12}N_2O_5$

危害/接触类型	急性危害/症状	预防	急救/消防
火灾	可燃的。含有机溶剂的液体制剂可能是易燃的。在火焰中释放出刺激性或有毒烟雾（或气体）	禁止明火	干粉，雾状水，泡沫，二氧化碳
爆炸	置于和接触高温，有着火和爆炸危险		从掩蔽位置灭火
接触		避免一切接触！避免青少年和儿童接触！	一切情况均向医生咨询！
# 吸入	出汗，头痛，呼吸困难，恶心，呕吐，发烧，惊厥，神志不清，发绀	通风（如果没有粉末时），局部排气通风或呼吸防护	新鲜空气，休息。必要时进行人工呼吸。给予医疗护理
# 皮肤	易于吸收。发红。（另见吸入）	防护手套。防护服	脱去污染的衣服。冲洗，然后用水和肥皂清洗皮肤。立即给予医疗护理
# 眼睛	发红。疼痛	面罩，或眼睛防护结合呼吸防护	先用大量水冲洗几分钟（如可能尽量摘除隐形眼镜），然后就医
# 食入	腹部疼痛。（另见吸入）	工作时不得进食，饮水或吸烟。进食前洗手	漱口。休息。用水冲服活性炭浆。立即给予医疗护理

泄漏处置	不要让该化学品进入环境。将泄漏物清扫进可密闭容器中，如果适当，首先润湿防止扬尘。小心收集残余物，然后转移到安全场所。个人防护用具：适应于该物质空气中浓度的有机气体和颗粒物过滤呼吸器
包装与标志	不得与食品和饲料一起运输。污染海洋物质。**欧盟危险性类别**：T 符号 N 符号 标记：E R:61-62-24/25-36-44-50/53　　S:53-45-60-61 **联合国危险性类别**：6.1　　　　**联合国包装类别**：II **中国危险性类别**：第 6.1 项 毒性物质　**中国包装类别**：II **GHS 分类**：信号词：危险 图形符号：骷髅和交叉骨-健康危险-环境；危险说明：吞咽、皮肤接触或吸入致命；造成严重眼睛刺激；可能对生育能力或未出生胎儿造成伤害；对水生生物毒性非常大并具有长期持续影响
应急响应	
储存	注意收容灭火产生的废水。与碱类、食品和饲料分开存放。阴凉场所。保存在通风良好的室内。严格密封。储存在没有排水管或下水道的场所
重要数据	**物理状态、外观**：橙色晶体，有刺鼻气味 **化学危险性**：加热时该物质分解，生成含有氮氧化物的有毒烟雾。水溶液是一种弱酸。有水存在时，浸蚀许多金属 **职业接触限值**：阈限值未制定标准。最高容许浓度未制定 **接触途径**：该物质可通过吸入、经皮肤和经食入吸收到体内 **吸入危险性**：20℃时，该物质蒸发不会或很缓慢地达到空气中有害污染浓度。喷洒或扩散时要快得多 **短期接触的影响**：该物质刺激眼睛。该物质可能对中枢神经系统有影响。高浓度接触时可能导致死亡 **长期或反复接触的影响**：该物质可能对造血系统有影响。可能造成人类生殖毒性
物理性质	**沸点**：332℃ **熔点**：38~42℃ **相对密度**（水=1）：1.3 在 30℃ **水中溶解度**：20℃时 0.005g/100mL（难溶） **蒸气压**：20℃时 0.007Pa	**蒸气相对密度**（空气=1）：8.3 **蒸气/空气混合物的相对密度**（20℃，空气=1）：1.00 **闪点**：>100℃ **辛醇/水分配系数的对数值**：3.69
环境数据	该物质对水生生物有极高毒性。该物质可能对环境有危害，对蜜蜂、鸟类和哺乳动物应给予特别注意。该物质在正常使用过程中进入环境。但是要特别注意避免任何额外的释放，例如通过不适当处置活动
注解	分解温度未见文献报道。根据接触程度，建议定期进行医学检查。商业制剂中使用的载体溶剂可能改变其物理和毒理学性质。如果该物质用溶剂配制，可参考这些溶剂的卡片。不要将工作服带回家

IPCS
International
Programme on
Chemical Safety

本卡片由 IPCS 和 EC 合作编写 © 2004~2012

国际化学品安全卡

间氯苯酚			ICSC 编号：0150

CAS 登记号：108-43-0
RTECS 号：SK2450000
UN 编号：2020
EC 编号：604-008-00-0
中国危险货物编号：2020
分子量：128.6

中文名称：间氯苯酚；3-氯苯酚；3-氯-1-羟基苯

英文名称：*m*-CHLOROPHENOL; 3-Chlorophenol;
3-Chloro-1-hydroxybenzene; 3-Hydroxychlorobenzene

化学式：C_6H_5ClO/C_6H_4ClOH

危害/接触类型	急性危害/症状	预防	急救/消防
火 灾	可燃的。在火焰中释放出刺激性或有毒烟雾（或气体）	禁止明火	干粉、雾状水、泡沫、二氧化碳
爆 炸			
接 触		严格作业环境管理！	
# 吸入	咳嗽，咽喉痛	局部排气通风	新鲜空气，休息，给予医疗护理
# 皮肤	发红，疼痛	防护手套，防护服	脱去污染的衣服，冲洗，然后用水和肥皂清洗皮肤，给予医疗护理
# 眼睛	发红，疼痛	护目镜	先用大量水冲洗几分钟（如可能尽量摘除隐形眼镜），然后就医
# 食入		工作时不得进食，饮水或吸烟	漱口，催吐（仅对清醒病人！），给予医疗护理

泄漏处置	将泄漏物清扫进容器中。如果适当，首先润湿防止扬尘。小心收集残余物，然后转移到安全场所。不要让该化学品进入环境。个人防护用具：适用于有害颗粒物的P2过滤呼吸器
包装与标志	不得与食品和饲料一起运输。污染海洋物质 欧盟危险性类别：Xn 符号 N 符号 标记：C R:20/21/22-51/53 S:2-28-61 联合国危险性类别：6.1 联合国包装类别：III 中国危险性类别：第6.1项毒性物质 中国包装类别：III
应急响应	运输应急卡：TEC(R)-61S2020 或 61GT2-III
储存	与强氧化剂、食品和饲料分开存放。严格密封
重要数据	物理状态、外观：无色晶体，有特殊气味 化学危险性：加热时，该物质分解生成氯化氢和氯气有毒和腐蚀性烟雾。与氧化剂发生反应 职业接触限值：阈限值未制定标准 接触途径：该物质可通过吸入其蒸气，经皮肤和经食入吸收到体内 吸入危险性：未指明20℃时该物质蒸发达到空气中有害浓度的速率 短期接触的影响：该物质刺激眼睛，皮肤和呼吸道
物理性质	沸点：214℃ 熔点：33℃ 相对密度（水=1）：1.245 水中溶解度：20℃时 2.6g/100mL 蒸气压：44.2℃时 133Pa 闪点：112℃ 辛醇/水分配系数的对数值：2.47～2.52
环境数据	该物质可能对环境有危害，对鱼应给予特别注意
注解	该物质对人体健康作用数据不充分，因此应当特别注意。还可参考卡片#0849 邻氯苯酚和#0850 对氯苯酚

IPCS
International
Programme on
Chemical Safety

   UNEP

本卡片由 IPCS 和 EC 合作编写 © 2004～2012

国际化学品安全卡

二苯基醇丙烷二环氧甘油醚			ICSC 编号：0151

CAS 登记号：1675-54-3	中文名称：二苯基醇丙烷二环氧甘油醚；2,2-双(2,3-环氧丙氧基)苯基)丙烷；二甲基甲烷二环氧甘油醚；双酚-A-二环氧甘油醚
RTECS 号：TX3800000	
EC 编号：603-073-00-2	英文名称：DIPHENYLOL PROPANE DIGLYCIDYL ETHER; 2,2-Bis(4-(2,3-epoxypropxy)phenyl)propane; Dimethylmethane diglycidyl ether; Bisphenol-A-diglycidyl ether

分子量：340.5	化学式：$C_{21}H_{24}O_4/C_2H_3OCH_2OC_6H_3C_3H_6C_6H_5OCH_2C_2H_3O$

危害/接触类型	急性危害/症状	预防	急救/消防
火 灾	可燃的	禁止明火	干粉，雾状水，泡沫，二氧化碳
爆 炸			
接 触		避免一切接触！	
# 吸入		局部排气通风或呼吸防护	新鲜空气，休息，并给予医疗护理
# 皮肤	皮肤干燥，发红	防护手套，防护服	脱掉污染的衣服，冲洗并用水和肥皂洗皮肤
# 眼睛	发红，疼痛	安全护目镜，或眼睛防护结合呼吸防护	先用大量水冲洗几分钟（如可能尽量摘除隐形眼镜），然后就医
# 食入	头晕，倦睡	工作时不得进食、饮水或吸烟	漱口，饮用大量水，并给予医疗护理
泄漏处置	通风。尽可能将泄漏液收集在可密闭容器中。用大量水冲净残液。个人防护用具：适用于有机蒸气和蒸气的过滤呼吸器		
包装与标志	欧盟危险性类别：Xi 符号 R:36/38-43 S:2-28-37/39		
应急响应			
储存	与强氧化剂分开存放		
重要数据	物理状态、外观：淡黄棕色黏稠液体，无气味 化学危险性：该物质可能生成爆炸性过氧化物。与强氧化剂发生反应 职业接触限值：阈限值未制定标准。最高容许浓度：皮肤吸收；皮肤致敏；致癌物类别：3A（德国，2004 年） 接触途径：该物质可通过吸入其蒸气吸收到体内 吸入危险性：未指明 20℃时该物质蒸发达到空气中有害污染浓度的速率 短期接触的影响：该物质刺激眼睛和皮肤。接触会引起意识降低 长期或反复接触的影响：反复或长期与皮肤接触可能引起皮炎。反复或长期接触可能引起皮肤过敏		
物理性质	熔点：8～12℃ 相对密度（水=1）：1.17 水中溶解度：见注解 蒸气相对密度（空气=1）：11.7 蒸气/空气混合物的相对密度（20℃，空气=1）：见注解 闪点：79℃（开杯）		
环境数据			
注解	沸点、水中溶解度、蒸气压、蒸气/空气混合物的相对密度、自燃温度未见文献报道。蒸馏前检查过氧化物，如果存在，使其无害化		

IPCS
International
Programme on
Chemical Safety

   UNEP

本卡片由 **IPCS** 和 **EC** 合作编写 © 2004～2012

国际化学品安全卡

乙醇胺			ICSC 编号：0152

CAS 登记号：141-43-5　　　　　　　中文名称：乙醇胺；2-羟基乙胺；2-氨基乙醇
RTECS 号：KJ5775000
UN 编号：2491　　　　　　　　　　英文名称：ETHANOLAMINE; 2-Hydroxyethylamine; 2-Aminoethanol
EC 编号：603-030-00-8
中国危险货物编号：2491
分子量：61.1　　　　　　　　　　　化学式：C₂H₇NO/H₂NCH₂CH₂OH

化学式：$C_2H_7NO/H_2NCH_2CH_2OH$

危害/接触类型	急性危害/症状	预防	急救/消防
火　灾	可燃的。在火焰中释放出刺激性或有毒烟雾（或气体）	禁止明火	干粉，抗溶性泡沫，雾状水，二氧化碳
爆　炸	高于85℃可能形成爆炸性蒸气/空气混合物	高于85℃，使用密闭系统，通风	
接　触		严格作业环境管理！防止产生烟云！	
# 吸入	咳嗽。头痛。气促。咽喉痛	通风，局部排气通风或呼吸防护	新鲜空气，休息。给予医疗护理
# 皮肤	发红。疼痛。皮肤烧伤	防护手套。防护服	脱去污染的衣服。用大量水冲洗皮肤或淋浴。给予医疗护理
# 眼睛	发红。疼痛。严重深度烧伤	面罩或眼睛防护结合呼吸防护	先用大量水冲洗几分钟（如可能尽量摘除隐形眼镜），然后就医
# 食入	腹部疼痛。灼烧感。休克或虚脱	工作时不得进食，饮水或吸烟	漱口。大量饮水。不要催吐。给予医疗护理

泄漏处置	将泄漏液收集在可密闭的容器中。小心中和泄漏液体。然后用大量水冲净。个人防护用具：适用于有机气体和蒸气的过滤呼吸器
包装与标志	不得与食品和饲料一起运输 欧盟危险性类别：C 符号　　R:20/21/22-34　　S:(1/2)-26-36/37/39-45 联合国危险性类别：8　联合国包装类别：III 中国危险性类别：第8类 腐蚀性物质　中国包装类别：III
应急响应	运输应急卡：TEC(R)-80GC7-II+III 美国消防协会法规：H3（健康危险性）；F2（火灾危险性）；R0（反应危险性）
储存	与强氧化剂、强酸、铝、食品和饲料分开存放。干燥。沿地面通风
重要数据	物理状态、外观：无色吸湿黏稠液体，有特殊气味 化学危险性：加热和燃烧时，该物质分解生成含氮氧化物有毒和腐蚀性气体。该物质是一种中强碱。与硝酸纤维素反应，有着火和爆炸危险。与强酸和强氧化剂激烈反应。浸蚀铜、铝及其合金和橡胶 职业接触限值：阈限值：3ppm（时间加权平均值）；6ppm（短期接触限值）（美国政府工业卫生学家会议，2004年）。最高容许浓度：2ppm，5.1mg/m³，皮肤致敏剂；最高限值种类：I（2）；妊娠风险等级：C（德国，2004年） 接触途径：该物质可通过吸入，经食入和皮肤吸收到体内 吸入危险性：20℃时，该物质蒸发相当慢达到空气中有害污染浓度，但喷洒或扩散时要快得多 短期接触的影响：该物质腐蚀呼吸道、皮肤和眼睛。食入有腐蚀性。蒸气刺激眼睛、皮肤和呼吸道。该物质可能对中枢神经系统有影响。接触能够造成意识降低 长期或反复接触的影响：反复或长期接触可能引起皮肤过敏
物理性质	沸点：171℃ 熔点：10℃ 相对密度（水=1）：1.02 水中溶解度：易溶 蒸气压：20℃时53Pa 蒸气相对密度（空气=1）：2.1 蒸气/空气混合物的相对密度（20℃，空气=1）：1.00 闪点：85℃（闭杯） 自燃温度：410℃ 爆炸极限：空气中5.5%~17%（体积） 辛醇/水分配系数的对数值：−1.31（估计值）
环境数据	
注解	根据接触程度，建议定期进行医疗检查。超过接触限值时，气味报警不充分。不要将工作服带回家中

IPCS
International
Programme on
Chemical Safety

UNEP

本卡片由 IPCS 和 EC 合作编写 © 2004~2012

国际化学品安全卡

乙胺			ICSC 编号：0153

CAS 登记号：75-04-7
RTECS 号：KH2100000
UN 编号：1036
EC 编号：612-002-00-4
中国危险货物编号：1036
分子量：45.1

中文名称：乙胺；乙烷胺；氨基乙烷；（钢瓶）

英文名称：ETHYLAMINE; Ethanamine; Aminoethane; (cylinder)

化学式：$C_2H_5NH_2/C_2H_7N$

危害/接触类型	急性危害/症状	预防	急救/消防
火 灾	极易燃。在火焰中释放出刺激性或有毒烟雾（或气体）	禁止明火，禁止火花和禁止吸烟	切断气源，如不可能并对周围环境无危险，让火自行燃尽。其他情况用干粉，二氧化碳灭火
爆 炸	气体/空气混合物有爆炸性	密闭系统，通风，防爆型电气设备和照明	着火时，喷雾状水保持钢瓶冷却。从掩蔽位置灭火
接 触		严格作业环境管理！	
# 吸入	咳嗽。呼吸困难。咽喉痛	通风，局部排气通风或呼吸防护	新鲜空气，休息。半直立体位。必要时进行人工呼吸。给予医疗护理
# 皮肤	与液体接触：冻伤	保温手套。防护服	冻伤时，用大量水冲洗，不要脱去衣服。给予医疗护理
# 眼睛	发红。疼痛。视力模糊	护目镜或眼睛防护结合呼吸防护	先用大量水冲洗几分钟（如可能尽量摘除隐形眼镜），然后就医
# 食入		工作时不得进食，饮水或吸烟	

泄漏处置	撤离危险区域！向专家咨询！通风。转移全部引燃源。切勿直接向液体上喷水。个人防护用具：全套防护服包括自给式呼吸器
包装与标志	欧盟危险性类别：F+符号 Xi 符号　R:12-36/37　S:2-16-26-29 联合国危险性类别：2.1 中国危险性类别：第 2.1 项 易燃气体
应急响应	运输应急卡：TEC(R)-20G2F 美国消防协会法规：H3（健康危险性）；F4（火灾危险性）；R0（反应危险性）
储存	耐火设备（条件）。阴凉场所
重要数据	物理状态、外观：无色压缩液化气体，有刺鼻气味 物理危险性：气体比空气重，可能沿地面流动；可能造成远处着火 化学危险性：燃烧时，该物质分解生成含氮氧化物有毒气体。水溶液是一种强碱，与酸激烈反应并有腐蚀性。与强氧化剂和有机物激烈反应，有着火和爆炸的危险。浸蚀许多有色金属和塑料 职业接触限值：阈限值：5ppm（时间加权平均值）；15ppm（短期接触限值）（经皮）（美国政府工业卫生学家会议，2002 年）。欧盟职业接触限值：5ppm，9.4mg/m³（欧盟，2000 年） 接触途径：该物质可通过吸入吸收到体内 吸入危险性：容器漏损时，迅速达到空气中该气体的有害浓度 短期接触的影响：该物质严重刺激眼睛和呼吸道。液体迅速蒸发，可能引起冻伤
物理性质	沸点：16.6℃ 熔点：-81℃ 相对密度（水=1）：0.7（液体） 水中溶解度：混溶 蒸气压：20℃时 121kPa 蒸气相对密度（空气=1）：1.55 蒸气/空气混合物的相对密度（20℃，空气=1）：1.66 闪点：-17℃（闭杯） 自燃温度：385℃ 爆炸极限：空气中 3.5%～14%（体积） 辛醇/水分配系数的对数值：-0.27/-0.08（计算值）
环境数据	该物质对水生生物是有害的
注解	乙胺商品还以 50%～70%的水溶液形式供应（UN 编号：2270）。转动泄漏钢瓶使漏口朝上，防止液态气体逸出

IPCS
International
Programme on
Chemical Safety

本卡片由 IPCS 和 EC 合作编写 © 2004～2012

国际化学品安全卡

氩			ICSC 编号：0154

CAS 登记号：7440-37-1　　　　　　　　中文名称：氩（液化的，冷却的）
RTECS 号：CF2300000
UN 编号：1951　　　　　　　　　　　　英文名称：ARGON; (liquefied, cooled)
中国危险货物编号：1951

原子量：39.95　　　　　　　　　　化学式：Ar

危害/接触类型	急性危害/症状	预防	急救/消防
火　灾	不可燃。加热引起压力升高，容器有爆裂危险		周围环境着火时，使用适当的灭火剂
爆　炸			
接　触			
# 吸入	头晕。迟钝。头痛。窒息	通风	新鲜空气，休息。必要时进行人工呼吸。给予医疗护理
# 皮肤	与液体接触：冻伤	保温手套。防护服	冻伤时，用大量水冲洗，不要脱去衣服。给予医疗护理
# 眼睛		护目镜，或面罩	先用大量水冲洗几分钟（如可能尽量摘除隐形眼镜），然后就医
# 食入			

泄漏处置	通风。切勿直接向液体上喷水。个人防护用具：自给式呼吸器
包装与标志	联合国危险性类别：2.2 中国危险性类别：第 2.2 项 非易燃无毒气体
应急响应	运输应急卡：TEC(R)-20S1951
储存	如果在建筑物内，耐火设备（条件）。保存在通风良好的室内
重要数据	物理状态、外观：无色液化气体，无气味 物理危险性：气体比空气重，可能积聚在低层空间，造成缺氧 职业接触限值：阈限值：单纯窒息剂（美国政府工业卫生学家会议，2003 年）。最高容许浓度未制定标准 接触途径：该物质可通过吸入吸收到体内 吸入危险性：容器漏损时，由于降低封闭空间的氧含量能够造成窒息 短期接触的影响：液体可能引起冻伤
物理性质	沸点：−185.9℃ 熔点：−189.2℃ 水中溶解度：20℃时 3.4mL/100mL 蒸气相对密度（空气=1）：1.66 辛醇/水分配系数的对数值：0.94
环境数据	
注解	其他 UN 编号：1006（氩，压缩的）。空气中高浓度造成缺氧，有神志不清或死亡危险。进入工作区域前，检验氧含量

IPCS
International
Programme on
Chemical Safety

本卡片由 IPCS 和 EC 合作编写 © 2004～2012

国际化学品安全卡

环氧乙烷		ICSC 编号：0155

CAS 登记号：75-21-8 RTECS 号：KX2450000 UN 编号：1040 EC 编号：603-023-00-X 中国危险货物编号：1040	中文名称：环氧乙烷；1,2-环氧乙烷；氧化乙烯；二亚甲基氧化物（钢瓶） 英文名称：ETHYLENE OXIDE; 1,2-Epoxyethane; Oxirane; Dimethylene oxide; (cylinder)
分子量：44.1	化学式：C₂H₄O

危害/接触类型	急性危害/症状	预防	急救/消防
火 灾	极易燃	禁止明火、禁止火花和禁止吸烟	切断气源，如不可能并对周围环境无危险，让火自行燃尽。其他情况用干粉、抗溶性泡沫、雾状水、二氧化碳灭火
爆 炸	气体/空气混合物有爆炸性。加热时激烈分解，有着火和爆炸危险	密闭系统、通风、防爆型电气设备和照明。使用无火花手工具	着火时，喷雾状水保持钢瓶冷却。从掩蔽位置灭火
接 触		严格作业环境管理！避免一切接触！	一切情况均向医生咨询！
# 吸入	咳嗽，倦睡，头痛，恶心，咽喉痛，呕吐，虚弱	密闭系统和通风	新鲜空气，休息，给予医疗护理
# 皮肤	与液体接触：冻伤。皮肤干燥，发红，疼痛	防护手套，保温手套，防护服	脱去污染的衣服。冻伤时，用大量水冲洗，不要脱去衣服。用大量水冲洗皮肤或淋浴，给予医疗护理
# 眼睛	发红，疼痛，视力模糊	眼睛防护结合呼吸防护	先用大量水冲洗几分钟（如可能尽量摘除隐形眼镜），然后就医
# 食入		工作时不得进食，饮水或吸烟。进食前洗手	

泄漏处置	撤离危险区域！向专家咨询！通风。切勿直接向液体上喷水。喷洒雾状水去除气体。不要冲入下水道。气密式化学防护服，包括自给式呼吸器
包装与标志	欧盟危险性类别：F+符号 T符号 标记：E R:45-46-12-23-36/37/38 S:53-45 联合国危险性类别：2.3 联合国次要危险性：2.1 中国危险性类别：第2.3项毒性气体 中国次要危险性：2.1
应急响应	运输应急卡：TEC(R)-20S1040 或 20GTF 美国消防协会法规：H2（健康危险性）；F4（火灾危险性）；R3（反应危险性）
储存	耐火设备（条件）。阴凉场所
重要数据	**物理状态、外观**：无色压缩液化气体，有特殊气味 **物理危险性**：气体比空气重，可能沿地面流动，可能造成远处着火 **化学危险性**：该物质可能发生聚合。加热时，在酸类、碱类、金属氯化物和金属氧化物的作用下，有着火或爆炸危险。缺少空气时，该物质加热到560℃以上时发生分解，有着火和爆炸危险。与许多化合物激烈反应 **职业接触限值**：阈限值：1ppm（时间加权平均值）；A2（可疑人类致癌物）（美国政府工业卫生学家会议，2004年）。最高容许浓度：皮肤吸收；致癌物类别：2；胚细胞突变等级：2（德国，2004年） **接触途径**：该物质可通过吸入和经皮肤（在水溶液中）吸收到体内 **吸入危险性**：容器漏损时，迅速达到空气中该气体的有害浓度 **短期接触的影响**：蒸气刺激眼睛、皮肤和呼吸道。水溶液可能使皮肤起水疱。液体迅速蒸发可能引起冻伤 **长期或反复接触的影响**：反复或长期接触可能引起皮肤过敏。重复或长期吸入接触，可能引起哮喘。该物质可能对神经系统有影响。该物质是人类致癌物。可能引起人类生殖细胞可遗传的基因损害
物理性质	沸点：11℃ 熔点：-111℃ 相对密度（水=1）：0.9 水中溶解度：混溶 蒸气压：20℃时146kPa	蒸气相对密度（空气=1）：1.5 闪点：易燃气体 自燃温度：429℃ 爆炸极限：空气中3%～100%（体积） 辛醇/水分配系数的对数值：-0.3
环境数据	该物质对水生生物是有害的
注解	转动泄漏钢瓶使漏口朝上，防止液态气体溢出。因该物质而发生哮喘症状的任何人不应当再接触该物质。哮喘症状常经过几个小时以后才变得明显，体力劳动使症状加重。因而休息和医学观察是必要的。超过接触限值时，气味报警不充分

IPCS
International
Programme on
Chemical Safety

   UNEP

本卡片由 IPCS 和 EC 合作编写 © 2004～2012

国际化学品安全卡

灭菌丹			ICSC 编号：0156

CAS 登记号：133-07-3
RTECS 号：TI5685000
UN 编号：3077 (未另列明的)
EC 编号：613-045-00-1
中国危险货物编号：3077 (未另列明的)

中文名称：灭菌丹；N-(三氯甲硫基)邻苯二甲酰亚胺；2-((三氯甲基)硫代)-1H-异吲哚-1,3(2H)-二酮
英文名称：FOLPET; N-(Trichloromethylthio)phthalimide; 2-{(Trichloromethyl)thio}-1H-isoindole-1,3(2H)-dione

分子量：296.6

化学式：$C_9H_4Cl_3NO_2S$

危害/接触类型	急性危害/症状	预防	急救/消防
火 灾	在特定条件下是可燃的。含有机溶剂的液体制剂可能是易燃的。在火焰中释放出刺激性或有毒烟雾（或气体）	禁止明火	干粉，雾状水，泡沫，二氧化碳
爆 炸			
接 触		避免一切接触！	
# 吸入		通风（如为粉末则不可）	新鲜空气，休息。给予医疗护理
# 皮肤	皮肤干燥	防护手套。防护服	脱去污染的衣服。冲洗，然后用水和肥皂清洗皮肤。如果感觉不舒服，需就医
# 眼睛	发红	安全眼镜	先用大量水冲洗几分钟（如可能尽量摘除隐形眼镜），然后就医
# 食入		工作时不得进食，饮水或吸烟	漱口。如果感觉不舒服，需就医

泄漏处置	将泄漏物清扫进有盖的容器中，如果适当，首先润湿防止扬尘。小心收集残余物，然后转移到安全场所。不要让该化学品进入环境。个人防护用具：化学防护服。防护手套
包装与标志	不得与食品和饲料一起运输 欧盟危险性类别：Xn 符号 N 符号 R:20-36-40-43-50 S:2-36/37-46-61 联合国危险性类别：9 联合国包装类别：III 中国危险性类别：第 9 类 杂项危险物质或物品 中国包装类别：III GHS 分类：信号词：危险 图形符号：健康危险-感叹号-环境 危险说明：长期或反复吞咽对胃肠道造成损害；造成眼睛刺激；可能引起皮肤过敏反应；对水生生物毒性非常大
应急响应	
储存	注意收容灭火产生的废水。储存在没有排水管或下水道的场所与分开存放。食品和饲料
重要数据	物理状态、外观：白色晶体 化学危险性：加热时或燃烧时，该物质分解生成含有硫氧化物、氮氧化物、氯化氢（见卡片#0163）的有毒和腐蚀性烟雾 职业接触限值：阈限值未制定标准。最高容许浓度未制定标准 接触途径：该物质可吸收到体内。通过吸入 吸入危险性：扩散时，可较快地达到空气中颗粒物公害污染浓度 短期接触的影响：该物质刺激眼睛 长期或反复接触的影响：反复或长期与皮肤接触可能引起皮炎。反复或长期接触可能引起皮肤过敏。该物质可能对胃肠道有影响。在实验动物身上发现肿瘤，但是可能与人类无关
物理性质	熔点：177℃ 水中溶解度：不溶 蒸气压：20℃时<0.0013Pa 辛醇/水分配系数的对数值：2.85
环境数据	该物质对水生生物有极高毒性。该物质在正常使用过程中进入环境。但是要特别注意避免任何额外的释放，例如通过不适当处置活动
注解	如果该农药以含烃类溶剂的制剂形式存在，不能催吐。如果该物质用溶剂配制，可参考这些溶剂的卡片。商业制剂中使用的载体溶剂可能改变其物理和毒理学性质

IPCS
International
Programme on
Chemical Safety

UNEP

本卡片由 IPCS 和 EC 合作编写 © 2004～2012

国际化学品安全卡

玻璃棉			ICSC 编号：0157
EC 编号：650-016-00-2		中文名称：玻璃棉	
		英文名称：GLASS WOOL	

危害/接触类型	急性危害/症状	预防	急救/消防
火　灾	不可燃		周围环境着火时，允许使用各种灭火剂
爆　炸			
接　触		防止粉尘扩散！	
# 吸入	咽喉疼痛，嘶哑，咳嗽，呼吸困难	局部排气通风或呼吸防护	新鲜空气，休息，给予医疗护理
# 皮肤	发红，发痒	防护手套	冲洗，然后用水和肥皂清洗皮肤
# 眼睛	发红，疼痛，发痒	护目镜或眼睛防护结合呼吸防护	先用大量水冲洗几分钟（如可能尽量摘除隐形眼镜），然后就医
# 食入		工作时不得进食，饮水或吸烟	漱口
泄漏处置	将泄漏物清扫进容器中。如果适当，首先润湿防止扬尘。小心收集残余物，然后转移到安全场所。个人防护用具：适用于有害颗粒物的 P2 过滤呼吸器		
包装与标志	欧盟危险性类别：Xn 符号　标记：A，Q，R　　R:38-40　　S:2-36/37		
应急响应			
储存			
重要数据	物理状态、外观：纤维状固体，无气味 职业接触限值：阈限值：1 纤维/cm³（时间加权平均值），A3（确认动物致癌物，但未知与人类相关性）（美国政府工业卫生学家会议，1997 年） 接触途径：该物质可通过吸入吸收到体内 吸入危险性：20℃时蒸发可忽略不计，但可较快地达到空气中颗粒物有害浓度 短期接触的影响：该物质刺激眼睛、皮肤和呼吸道 长期或反复接触的影响：反复或长期与皮肤接触可能引起皮炎。在实验动物上发现肿瘤，但可能与人类无关（见注解）		
物理性质	相对密度（水=1）：2.5～2.6 水中溶解度：不溶		
环境数据			
注解	玻璃毛是用玻璃制作的无定形硅酸盐。可能含有抑制粉尘的黏合剂和油。不要将工作服带回家中。商品名称有：JM (John Manville) 100, JM102, JM104, and JM110		

IPCS
International Programme on Chemical Safety

本卡片由 IPCS 和 EC 合作编写 © 2004～2012

国际化学品安全卡

戊二醛			ICSC 编号：0158

CAS 登记号：111-30-8	中文名称：戊二醛；1,5-戊二醛
RTECS 号：MA2450000	英文名称：GLUTARALDEHYDE; 1,5-Pentanedial; Glutaric dialdehyde;
UN 编号：2810	Glutaral
EC 编号：605-022-00-X	
中国危险货物编号：2810	

分子量：100.1	化学式：$C_5H_8O_2$/OHC(CH$_2$)$_3$CHO

危害/接触类型	急性危害/症状	预防	急救/消防
火 灾	不可燃		周围环境着火时，允许使用各种灭火剂
爆 炸			
接 触		严格作业环境管理！	
# 吸入	咳嗽，头痛，呼吸困难，恶心，喘息	通风，局部排气通风或呼吸防护	新鲜空气，休息，必要时进行人工呼吸，给予医疗护理
# 皮肤	发红	防护手套，防护服	脱去污染的衣服，冲洗，然后用水和肥皂清洗皮肤
# 眼睛	发红，疼痛	护目镜或眼睛防护结合呼吸防护	先用大量水冲洗几分钟（如可能尽量摘除隐形眼镜），然后就医
# 食入	腹部疼痛，恶心，腹泻，呕吐	工作时不得进食，饮水或吸烟。进食前洗手	漱口，大量饮水，给予医疗护理

泄漏处置	尽可能将泄漏液收集在有盖的容器中。用大量水冲净残余物。不要让该化学品进入环境。化学防护服包括自给式呼吸器
包装与标志	不得与食品和饲料一起运输 欧盟危险性类别：T 符号 N 符号　R:23/25-34-42/43-50　　S:1/2-26-36/37/39-45-61 联合国危险性类别：6.1 联合国包装类别：III 中国危险性类别：第 6.1 项毒性物质 中国包装类别：III
应急响应	运输应急卡：TEC(R)-61GT1-III
储存	与食品和饲料分开存放
重要数据	物理状态、外观：无色清澈黏稠液体，有刺鼻气味 职业接触限值：阈限值：0.05ppm（上限值）；A4（不能分类为人类致癌物）（致敏剂）（美国政府工业卫生学家会议，2004 年）。最高容许浓度：0.05ppm，0.21mg/m³；最高限值种类：I（2）；吸入和皮肤致敏剂；致癌物类别：4；妊娠风险等级：C（德国，2005 年） 接触途径：该物质可通过吸入其蒸气，经皮肤和食入吸收到体内 吸入危险性：20℃时，该物质蒸发相当慢地达到空气中有害污染浓度 短期接触的影响：该物质刺激眼睛，皮肤和呼吸道 长期或反复接触的影响：反复或长期与皮肤接触可能引起皮炎。反复或长期接触可能引起皮肤过敏。反复或长期吸入接触可能引起哮喘（见注解）
物理性质	沸点：187～189℃（分解） 熔点：-14℃ 相对密度（水=1）：0.7 水中溶解度：混溶 蒸气压：20℃时 2.3kPa 蒸气相对密度（空气=1）：3.5 辛醇/水分配系数的对数值：-0.22
环境数据	该物质对水生生物有极高毒性
注解	工作接触的任何时刻都不应超过职业接触限值。哮喘症状常常经过几个小时以后才变得明显，体力劳动使症状加重。因而休息和医学观察是必要的。因接触该物质而发生哮喘症状的任何人不应当再接触该物质。还可参考卡片#0352 戊二醛（50%的溶液）

IPCS
International
Programme on
Chemical Safety

UNEP

本卡片由 IPCS 和 EC 合作编写 © 2004～2012

国际化学品安全卡

缩水甘油			ICSC 编号：0159

CAS 登记号： 556-52-5
RTECS 号： UB4375000
UN 编号： 2810
EC 编号： 603-063-00-8
中国危险货物编号： 2810
分子量： 74.1

中文名称： 缩水甘油；2,3-环氧-1-丙醇；环氧乙烷甲醇；3-羟基环氧丙烷

英文名称： GLYCIDOL; 2,3-Epoxy-1-propanol; 2,3-Epoxypropanol; Oxiranemethanol; 3-Hydroxypropylene oxide

化学式： $C_3H_6O_2$

危害/接触类型	急性危害/症状	预防	急救/消防
火 灾	可燃的	禁止明火。禁止与性质相互抵触的物质（见化学危险性）接触	干粉，抗溶性泡沫，雾状水，二氧化碳
爆 炸	高于72℃时可能形成爆炸性蒸气/空气混合物	72℃以上时密闭系统，通风	着火时，喷雾状水保持料桶等冷却
接 触		避免一切接触！避免孕妇接触！	
# 吸入	咳嗽。咽喉痛。头晕。倦睡	通风，局部排气通风或呼吸防护	新鲜空气，休息。给予医疗护理
# 皮肤	可能被吸收！发红	防护手套。防护服	脱掉污染的衣服，用大量水冲洗皮肤或淋浴
# 眼睛	发红，疼痛	面罩，或眼睛防护结合呼吸防护	先用大量水冲洗几分钟（如可能尽量摘除隐形眼镜），然后就医
# 食入	腹部疼痛。腹泻。恶心。呕吐	工作时不得进食、饮水或吸烟。进食前洗手	漱口，不要催吐，饮用大量水，给予医疗护理

泄漏处置	尽可能将泄漏液收集在可密闭的玻璃或低碳钢容器中。用干砂土或惰性吸收剂吸收残液，并转移到安全场所。个人防护用具：化学防护服包括自给式呼吸器
包装与标志	不得与食品和饲料一起运输 欧盟危险性类别：T 符号 R:45-60-21/22-23-36/37/38-68　　S:53-45 联合国危险性类别：6.1　联合国包装类别：III 中国危险性类别：第 6.1 项毒性物质　中国包装类别：III
应急响应	运输应急卡：TEC（R）-61GT1-III
储存	稳定后储存。阴凉场所。干燥。严格密封。沿地面通风。与强碱、强酸、食品和饲料分开存放
重要数据	**物理状态、外观：** 无色轻微黏稠液体 **化学危险性：** 该物质可能聚合。与强酸和碱、金属盐或金属接触时，该物质分解，有着火和爆炸危险。浸蚀塑料和橡胶 **职业接触限值：** 阈限值：2ppm（时间加权平均值）；A3（确认的动物致癌物，但未知与人类相关性）（美国政府工业卫生学家会议，2005年）。最高容许浓度：皮肤吸收；致癌物类别：2（德国，2005年） **接触途径：** 该物质可通过吸入其蒸气和经皮肤和食入吸收到体内 **吸入危险性：** 20℃时，该物质蒸发相当快地达到空气中有害污染浓度 **短期接触的影响：** 该物质刺激眼睛，皮肤和呼吸道。该物质可能对中枢神经系统有影响。远高于职业接触限值接触能够造成意识降低 **长期或反复接触的影响：** 该物质很可能是人类致癌物。动物实验表明，该物质可能造成人类生殖或发育毒性
物理性质	沸点：166℃（分解） 熔点：-45℃ 相对密度（水=1）：1.1 水中溶解度：混溶 蒸气压：25℃时 120Pa 蒸气相对密度（空气=1）：2.15 蒸气/空气混合物的相对密度（20℃，空气=1）：1.0 闪点：72℃（闭杯） 自燃温度：415℃ 辛醇/水分配系数对数值：-0.95
环境数据	
注解	根据接触程度，建议定期进行医疗检查。对该物质的环境影响未进行充分调查。其他 CAS 登记号：d-缩水甘油 CAS 57044-25-4；l-缩水甘油 CAS 60456-23-7；dl-缩水甘油 CAS 61915-27-3

IPCS
International
Programme on
Chemical Safety

本卡片由 **IPCS** 和 **EC** 合作编写 © 2004～2012

国际化学品安全卡

草甘膦			ICSC 编号：0160

CAS 登记号：1071-83-6　　　　　　　中文名称：草甘膦；N-(膦羧基甲基)甘氨酸
RTECS 号：MC1075000　　　　　　　英文名称：GLYPHOSATE; N-(Phosphonomethyl)glycine
EC 编号：607-315-00-8

分子量：169.1　　　　　　　　　化学式：C₃H₈NO₅P/HOOCCH₂NHCH₂PO(OH)₂

分子量：169.1　　　　　　　　　化学式：$C_3H_8NO_5P/HOOCCH_2NHCH_2PO(OH)_2$

危害/接触类型	急性危害/症状	预防	急救/消防
火　灾	可燃的。在火焰中释放出刺激性或有毒烟雾（或气体）	禁止明火，禁止火花和禁止吸烟	干粉，抗溶性泡沫，雾状水，二氧化碳
爆　炸	微细分散的颗粒物在空气中形成爆炸性混合物	防止静电荷积聚（例如，通过接地）。防止粉尘沉积、密闭系统、防止粉尘爆炸型电气设备和照明	
接　触		防止粉尘扩散！	
# 吸入	咳嗽	避免吸入微细粉尘和烟云	新鲜空气，休息
# 皮肤	发红	防护手套	脱去污染的衣服。冲洗，然后用水和肥皂清洗皮肤
# 眼睛	发红。疼痛	安全护目镜	先用大量水冲洗几分钟（如可能尽量摘除隐形眼镜），然后就医
# 食入	咽喉和胸腔灼烧感	工作时不得进食，饮水或吸烟。进食前洗手	漱口。不要催吐
泄漏处置	将泄漏物清扫进塑料容器中，如果适当，首先润湿防止扬尘。小心收集残余物，然后转移到安全场所。不要让该化学品进入环境。个人防护用具：适用于有害颗粒物的 P2 过滤呼吸器		
包装与标志	不得与食品和饲料一起运输 欧盟危险性类别：Xi 符号 N 符号　　R:41-51/53　　S:2-26-39-61		
应急响应			
储存	注意收容灭火产生的废水。与食品和饲料分开存放。严格密封。不要储存在镀锌钢制或未衬里的钢制容器中。储存在没有排水管或下水道的场所		
重要数据	物理状态、外观：无色晶体 物理危险性：以粉末或颗粒形状与空气混合，可能发生粉尘爆炸。如果在干燥状态，由于搅拌、空气输送和注入等能够产生静电 化学危险性：加热时，该物质分解生成含有氮氧化物，氧化亚磷有毒烟雾。浸蚀铁和镀锌钢 职业接触限值：阈限值未制定标准 吸入危险性：喷洒时可较快地达到空气中颗粒物有害浓度 短期接触的影响：该物质严重刺激眼睛，轻微刺激皮肤		
物理性质	熔点：低于 234℃（分解） 密度：1.7g/cm³ 水中溶解度：25℃时 1.2g/100mL 蒸气压：20℃时可忽略不计 辛醇/水分配系数的对数值：-1.0		
环境数据	该物质对水生生物是有毒的。该物质在正常使用过程中进入环境。但是应当注意避免任何额外的释放，例如通过不适当处置活动		
注解	该物质的钠、钾和胺盐易溶于水。商品名称有 Roundup（一异丙基铵盐）和 Polado（倍半钠盐）。商业制剂中使用的载体溶剂可能改变其物理和毒理学性质		

IPCS
International
Programme on
Chemical Safety

本卡片由 IPCS 和 EC 合作编写 © 2004～2012

国际化学品安全卡

菌螨酚		ICSC 编号：0161

CAS 登记号：70-30-4	中文名称：菌螨酚；2,2'-亚甲基双-(3,4,6-三氯酚)
RTECS 号：SM0700000	
UN 编号：2875	英文名称：HEXACHLOROPHENE; 2,2'-Methylenebis(3,4,6-trichlorophenol); HCP
EC 编号：604-015-00-9	
中国危险货物编号：2875	

分子量：406.9	化学式：$C_{13}H_6Cl_6O_2/C_6H(OH)Cl_3CH_2Cl_3(OH)C_6H$

危害/接触类型	急性危害/症状	预防	急救/消防
火 灾	可燃的。在火焰中释放出刺激性或有毒烟雾（或气体）	禁止明火	干粉、雾状水、泡沫、二氧化碳
爆 炸			
接 触		防止粉尘扩散！避免一切接触！避免孕妇接触！避免青少年和儿童接触！	一切情况均向医生咨询！
# 吸入		局部排气通风或呼吸防护	给予医疗护理
# 皮肤	可能被吸收！（另见食入）	防护手套，防护服	脱掉污染的衣服，冲洗，然后用水和肥皂洗皮肤，并给予医疗护理
# 眼睛	畏光	面罩	先用大量水冲洗几分钟（如可能尽量摘除隐形眼镜），然后就医
# 食入	发烧，无光反射，胃痉挛，惊厥，腹泻，倦睡，恶心，休克或虚脱，呕吐，虚弱	工作时不得进食、饮水或吸烟	催吐（仅对清醒病人！），休息，给予医疗护理

泄漏处置	将泄漏物清扫入可密闭容器中。如果适当，首先润湿防止扬尘。小心收集残余物，然后移至安全场所。不要让该物质进入环境。个人防护用具：适用于有毒颗粒物的 P3 过滤呼吸器
包装与标志	不得与食品和饲料一起运输 欧盟危险性类别：T 符号 N 符号 R:24/25-50/53 S:1/2-20-37-45-60-61 联合国危险性类别：6.1 联合国包装类别：III 中国危险性类别：第 6.1 项毒性物质 中国包装类别：III
应急响应	运输应急卡：TEC（R）-61GT2-III
储存	注意收容灭火产生的废水。与食品和饲料分开存放
重要数据	物理状态、外观：白色晶体粉末，无气味 化学危险性：加热或燃烧时，该物质分解生成氯化氢腐蚀性烟雾 职业接触限值：阈限值未制定标准 接触途径：该物质可通过吸入、经皮肤和食入吸收到体内 吸入危险性：20℃时蒸发可忽略不计，但喷洒或扩散时能较快达到空气中颗粒物有害污染浓度，尤其是粉末 短期接触的影响：该物质可能对中枢神经系统有影响，导致惊厥和呼吸衰竭 长期或反复接触的影响：反复或长期与皮肤接触可能引起皮炎。反复或长期接触可能引起皮肤过敏。反复或长期吸入接触可能引起哮喘。该物质可能对神经系统有影响，导致组织损伤、失明和死亡。动物实验表明该物质可能引起人类婴儿畸形
物理性质	熔点：164～165℃ 水中溶解度：不溶 辛醇/水分配系数的对数值：7.54（计算值）
环境数据	该物质对水生生物是有毒的。在对人类重要的食物链中，发生生物蓄积，特别是在母乳和水生生物中。该物质可能对水生环境有长期影响
注解	根据接触程度，需要定期进行医疗检查。商业制剂使用的载体溶剂可能改变其物理和毒理学性质。商品名有：Acigena, Almederm, AT7, AT17, Bilevon, Exofene, Fostril, Gamophen, G-11, Germa-Medica, Hexosan, Septisol 和 Surofene

IPCS
International
Programme on
Chemical Safety

本卡片由 IPCS 和 EC 合作编写 © 2004～2012

国际化学品安全卡

六甲基磷酰三胺			ICSC 编号：0162

CAS 登记号：680-31-9	中文名称：六甲基磷酰三胺；六甲基磷酰胺；六甲基磷
RTECS 号：TD0875000	
EC 编号：015-106-00-2	英文名称：HEXAMETHYLPHOSPHORIC TRIAMIDE;
	Hexamethylphosphoramide; Hexamethylphosphamide; HEMPA
分子量：179.2	化学式：$C_6H_{18}N_3OP$/$\{(CH_3)_2N\}_3P(O)$

危害/接触类型	急性危害/症状	预防	急救/消防
火 灾	可燃的。在火焰中释放出刺激性或有毒烟雾（或气体）	禁止明火	干粉，抗溶性泡沫，雾状水，二氧化碳
爆 炸			
接 触		避免一切接触！	一切情况均向医生咨询！
# 吸入		通风，局部排气通风或呼吸防护	给予医疗护理
# 皮肤	可能被吸收！	防护手套，防护服	脱掉污染的衣服，冲洗，然后用水和肥皂洗皮肤，并给予医疗护理
# 眼睛		安全护目镜或面罩	先用大量水冲洗几分钟（如可能尽量摘除隐形眼镜），然后就医
# 食入		工作时不得进食、饮水或吸烟	漱口，给予医疗护理
泄漏处置	尽可能将泄漏液收集到可密闭的容器中。用砂土或惰性吸收剂吸收残液并转移到安全场所。个人防护用具：自给式呼吸器		
包装与标志	欧盟危险性类别：T 符号　　R:45-46　　S:53-45		
应急响应			
储存	沿地面通风		
重要数据	物理状态、外观：无色可移动液体 化学危险性：加热或燃烧时，该物质分解生成磷氧化物和氮氧化物有毒烟雾 职业接触限值：阈限值：A3（确认的动物致癌物，但未知与人类相关性）（美国政府工业卫生学家会议，2004 年）。最高容许浓度：皮肤吸收；致癌物类别：2；胚细胞突变种类：2（德国，2009 年） 接触途径：该物质可通过吸入和经皮肤吸收到体内 吸入危险性：未指明 20℃时该物质蒸发达到有害空气污染浓度的速率 短期接触的影响：该物质可能对肺、肾和中枢神经系统有影响，导致组织损伤和抑郁 长期或反复接触的影响：该物质可能对呼吸道、肾和骨髓有影响。该物质可能是人类致癌物。可能引起人类遗传损害		
物理性质	沸点：232℃ 熔点：5～7℃ 相对密度（水=1）：1.03 水中溶解度：易溶 蒸气压：20℃时 4Pa 蒸气相对密度（空气=1）：6.18 蒸气/空气混合物的相对密度（20℃，空气=1）：1 闪点：105℃		
环境数据			
注解	根据接触程度，需要定期进行医疗检查。商品名为 Hexametapol		

IPCS
International
Programme on
Chemical Safety

本卡片由 IPCS 和 EC 合作编写 © 2004～2012

国际化学品安全卡

氯化氢			ICSC 编号：0163

CAS 登记号：7647-01-0
RTECS 号：MW4025000
UN 编号：1050
EC 编号：017-002-00-2
中国危险货物编号：1050
分子量：36.5

中文名称：氯化氢；无水氯化氢；无水盐酸（钢瓶）

英文名称：HYDROGEN CHLORIDE; Anhydrous hydrogen chloride; Hydrochloric acid, anhydrous (cylinder)

化学式：HCl

危害/接触类型	急性危害/症状	预防	急救/消防
火 灾	不可燃		周围环境着火时，允许使用各种灭火剂
爆 炸			着火时，喷雾状水保持钢瓶冷却
接 触		避免一切接触！	一切情况下均向医生咨询！
# 吸入	腐蚀作用，灼烧感，咳嗽，呼吸困难，气促，咽喉痛。症状可能推迟显现。（见注解）	通风，局部排气通风或呼吸防护	新鲜空气，休息，半直立体位。必要时进行人工呼吸，给予医疗护理
# 皮肤	与液体接触：冻伤。腐蚀作用，严重皮肤烧伤，疼痛	保温手套，防护服	先用大量水冲洗，然后脱去污染的衣服并再次冲洗，给予医疗护理
# 眼睛	腐蚀作用，疼痛，视力模糊，严重深度烧伤	护目镜或眼睛防护结合呼吸防护	先用大量水冲洗几分钟（如可能尽量摘除隐形眼镜），然后就医
# 食入			

泄漏处置	撤离危险区域！向专家咨询！通风。喷洒雾状水去除气体。个人防护用具：全套防护服包括自给式呼吸器
包装与标志	欧盟危险性类别：T 符号 C 符号 R:23-35 S:1/2-9-26-36/37/39-45 联合国危险性类别：2.3 联合国次要危险性：8 中国危险性类别：第 2.3 项毒性气体 中国次要危险性：8
应急响应	运输应急卡：TEC(R)-20S1050 美国消防协会法规：H3（健康危险性）；F0（火灾危险性）；R1（反应危险性）
储存	与可燃物质和还原性物质、强氧化剂、强碱、金属分开存放。保存在通风良好的室内。阴凉场所。干燥
重要数据	物理状态、外观：无色压缩液化气体，有刺鼻气味 物理危险性：气体比空气重 化学危险性：水溶液是一种强酸，与碱激烈反应，有腐蚀性。与氧化剂激烈反应，生成有毒氯气（见卡片 # 0126）。有水存在时，浸蚀许多金属 职业接触限值：阈限值：2ppm（上限值）；A4（不能分类为人类致癌物）（美国政府工业卫生学家会议，2004 年）。最高容许浓度：2ppm，3mg/m³；最高限值种类：I（2）；妊娠风险等级：C（德国，2004 年） 接触途径：该物质可通过吸入吸收到体内 吸入危险性：容器漏损时，迅速达到空气中该气体的有害浓度 短期接触的影响：液体迅速蒸发可能引起冻伤。该物质腐蚀眼睛、皮肤和呼吸道。吸入高浓度气体可能引起肺炎和肺水肿，导致反应性空气道机能障碍综合征（RADS）（见注解）。影响可能推迟显现。需进行医学观察 长期或反复接触的影响：该物质可能对肺有影响，导致慢性支气管炎。该物质可能对牙齿有影响，造成腐蚀
物理性质	沸点：-85℃ 熔点：-114℃ 密度：1.00045g/l（气体） 水中溶解度：30℃时 67g/100mL 蒸气相对密度（空气=1）：1.3 辛醇/水分配系数的对数值：0.25
环境数据	
注解	工作接触的任何时刻都不应超过职业接触限值。肺水肿症状常常经过几个小时以后才变得明显，体力劳动使症状加重。因而休息和医学观察是必要的。应当考虑由医生或医生指定的人立即采取适当喷药治疗法。不要向泄漏钢瓶上喷水（防止钢瓶腐蚀）。转动泄漏钢瓶使漏口朝上，防止液态气体逸出。 其他 UN 编号：2186（冷冻液体），危险性类别：2.3，次要风险等级：8；UN 编号：1789（盐酸），危险性类别：8；包装级别：II 或 III。水溶液可能含有高达 38% 的氯化氢

IPCS
International
Programme on
Chemical Safety

国际化学品安全卡

过氧化氢			ICSC 编号：0164

CAS 登记号：7722-84-1
RTECS 号：见注解
UN 编号：2015
EC 编号：008-003-00-9
中国危险货物编号：2015
分子量：34

中文名称：过氧化氢（>60%水溶液）；过氧化氢；二氧化氢；二氧化二氢

英文名称：HYDROGEN PEROXIDE (>60% SOLUTION IN WATER); Hydroperoxide; Hydrogen dioxide; Dihydrogen dioxide

化学式：H_2O_2

危害/接触类型	急性危害/症状	预防	急救/消防
火 灾	不可燃。可能引燃可燃物质。许多反应可引起火灾或爆炸	禁止与可燃物质或还原剂接触。禁止与高温表面接触	周围环境着火时，用大量水，喷雾状水灭火
爆 炸	遇热或与金属催化剂接触时，有着火和爆炸危险		着火时，喷雾状水保持料桶等冷却
接 触		防止产生烟云！避免一切接触！	一切情况均向医生咨询！
# 吸入	咽喉痛，咳嗽，头晕，头痛，恶心，气促	通风，局部排气通风或呼吸防护	新鲜空气,休息,半直立体位,给予医疗护理
# 皮肤	腐蚀作用，白色斑点，发红，皮肤烧伤，疼痛	防护手套，防护服	先用大量水冲洗，然后脱去污染的衣服并再次冲洗，给予医疗护理
# 眼睛	腐蚀作用，发红，疼痛，视力模糊，严重深度烧伤	护目镜或面罩	先用大量水冲洗几分钟（如可能尽量摘除隐形眼镜），然后就医
# 食入	咽喉疼痛，腹部疼痛，腹胀，恶心，呕吐	工作时不得进食，饮水或吸烟	漱口，不要催吐，给予医疗护理
泄漏处置	通风。用大量水冲净泄漏液。不要用锯末或其他可燃吸收剂吸收。不要让该化学品进入环境。个人防护用具：化学防护服包括自给式呼吸器		
包装与标志	特殊材料 欧盟危险性类别：O 符号 C 符号 标记：B R:5-8-20/22-35 S:(1/2)-17-26-28-36/37/39-45 联合国危险性类别：5.1 联合国次要危险性：8 联合国包装类别：I 中国危险性类别：第 5.1 项氧化性物质 中国次要危险性：8 中国包装类别：I		
应急响应	运输应急卡：TEC(R)-51S2015 美国消防协会法规：H2（健康危险性）；F0（火灾危险性）；R3（反应危险性）；OX（氧化剂）		
储存	与可燃物质、还原性物质、食品和饲料及强碱、金属分开存放。阴凉场所。保存在阴暗处。储存在通风的容器中。稳定后储存		
重要数据	物理状态、外观：无色液体 化学危险性：加热时或在光的作用下，该物质分解生成氧气，增加着火的危险。该物质是一种强氧化剂，与可燃物质和还原性物质激烈反应，有着火和爆炸危险，特别是有金属存在时。浸蚀许多有机物质，如纺织品和纸张 职业接触限值：阈限值：1ppm（时间加权平均值），A3（确认动物致癌物，但未知与人类相关性）（美国政府工业卫生学家会议，2004 年）。最高容许浓度：0.5ppm，$7.1mg/m^3$；最高限值种类：I（1）；致癌物类别：4；妊娠风险等级：C（德国，2005 年） 接触途径：该物质可通过吸入其蒸气和经食入吸收到体内 吸入危险性：20℃时，该物质蒸发相当快地达到空气中有害污染浓度 短期接触的影响：该物质腐蚀眼睛和皮肤。蒸气刺激呼吸道。食入可能在血液中产生氧气泡（栓塞），导致休克 长期或反复接触的影响：吸入高浓度时，肺可能受损伤。该物质可能对头发有影响，造成漂白		
物理性质	沸点：141℃（90%），125℃（70%） 熔点：-11℃（90%），-39℃（70%） 相对密度（水=1）：1.4（90%），1.3（70%） 水中溶解度：混溶	蒸气压：20℃时 0.2kPa（90%），0.1kPa（70%） 蒸气相对密度（空气=1）：1 蒸气/空气混合物的相对密度（20℃，空气=1）：1.0 辛醇/水分配系数的对数值：-1.36	
环境数据	该物质对水生生物是有毒的		
注解	用大量水冲洗工作服（有着火危险）。RTECS 号： MX900000 指 90%的溶液；MX0887000 指 30%的溶液。其他 UN 编号：2014（过氧化氢，20%-60%的水溶液）：危险性类别： 5.1，次要危险性：8，包装类别： II；UN 编号：2984（过氧化氢，8%-20%的水溶液），危险性类别： 5.1，包装类别：III		

IPCS
International
Programme on
Chemical Safety

UNEP

本卡片由 IPCS 和 EC 合作编写 © 2004~2012

国际化学品安全卡

硫化氢			ICSC 编号：0165

CAS 登记号：7783-06-4
RTECS 号：MX1225000
UN 编号：1053
EC 编号：016-001-00-4
中国危险货物编号：1053
分子量：34.1

中文名称：硫化氢；氢硫化物（钢瓶）

英文名称：HYDROGEN SULFIDE; Sulfur hydride (cylinder)

化学式：H_2S

危害/接触类型	急性危害/症状	预防	急救/消防
火 灾	极易燃	禁止明火，禁止火花和禁止吸烟	切断气源，如不可能并对周围环境无危险，让火自行燃尽。其他情况用雾状水，干粉，二氧化碳灭火
爆 炸	气体/空气混合物有爆炸性	密闭系统，通风，防爆型电气设备和照明。如为液体，防止静电荷积聚（如，通过接地）。不要使用压缩空气灌装、卸料或转运	着火时，喷雾状水保持钢瓶冷却
接 触		避免一切接触！	一切情况下均向医生咨询！
# 吸入	头痛，头晕，咳嗽，咽喉痛，恶心，呼吸困难，神志不清。症状可能推迟显现。（见注解）	通风，局部排气通风或呼吸防护	新鲜空气，休息，半直立体位。必要时进行人工呼吸。禁止口对口进行人工呼吸。给予医疗护理
# 皮肤	与液体接触:冻伤	保温手套	冻伤时，用大量水冲洗。不要脱去衣服。给予医疗护理
# 眼睛	发红，疼痛，严重深度烧伤	护目镜或眼睛防护结合呼吸防护	先用大量水冲洗几分钟（如可能尽量摘除隐形眼镜），然后就医
# 食入		工作时不得进食，饮水或吸烟	

泄漏处置	撤离危险区域！向专家咨询！移除全部引燃源。通风。喷洒雾状水去除气体。个人防护用具：气密式化学防护服包括自给式呼吸器
包装与标志	欧盟危险性类别：F+符号 T+符号 N 符号　R:12-26-50　S:1/2-9-16-36-38-45-61 联合国危险性类别：2.3　联合国次要危险性：2.1 中国危险性类别：第 2.3 项 毒性气体　中国次要危险性：2.1
应急响应	运输应急卡：TEC(R)-20G21F 或 20S1053 美国消防协会法规：H4（健康危险性）；F4（火灾危险性）；R0（反应危险性）
储存	耐火设备（条件）。与强氧化剂分开存放。阴凉场所。保存在通风良好的室内。安装连续监测和报警系统
重要数据	物理状态、外观：无色压缩液化气体，有腐败鸡蛋的特殊气味 物理危险性：气体比空气重，可能沿地面流动，可能造成远处着火。由于流动、搅拌等，可能产生静电 化学危险性：加热可能引起激烈燃烧或爆炸。燃烧时，该物质分解生成硫氧化物有毒气体。与强氧化剂激烈反应，有着火和爆炸危险。浸蚀许多金属和某些塑料 职业接触限值：阈限值：10ppm（时间加权平均值），15ppm（短期接触限值）（美国政府工业卫生学家会议，2004 年）。最高容许浓度：10ppm；14mg/m³；最高限值种类：II（2）；妊娠风险等级：IIc（德国，2004 年） 接触途径：该物质可通过吸入吸收到体内 吸入危险性：容器漏损时，迅速达到空气中该气体的有害浓度 短期接触的影响：该物质刺激眼睛和呼吸道。该物质可能对中枢神经系统有影响。接触可能导致神志不清。接触可能导致死亡。吸入气体可能引起肺水肿（见注解）。影响可能推迟显现。需进行医学观察。液体迅速蒸发可能引起冻伤

物理性质	沸点：-60℃ 熔点：-85℃ 水中溶解度：20℃时 0.5g/100mL 蒸气相对密度（空气=1）：1.19	闪点：易燃气体 自燃温度：260℃ 爆炸极限：空气中 4.3%～46%（体积）

环境数据	该物质对水生生物有极高毒性
注解	肺水肿症状常常经过几个小时以后才变得明显，体力劳动使症状加重。因而休息和医学观察是必要的。该物质中毒时须采取必要的治疗措施。必须提供有指示说明的适当方法。该物质干扰嗅觉。超过接触限值时，气味报警不充分

IPCS
International
Programme on
Chemical Safety

   UNEP

本卡片由 IPCS 和 EC 合作编写 © 2004～2012

国际化学品安全卡

对苯二酚			ICSC 编号：0166

CAS 登记号：123-31-9
RTECS 号：MX3500000
UN 编号：2662
EC 编号：604-005-00-4
中国危险货物编号：2662
分子量：110.1

中文名称：对苯二酚；1,4-二羟基苯；苯二酚；醌醇；氢醌
英文名称：HYDROQUINONE; 1,4-Dihydroxybenzene; Hydroquinol; Quinol
化学式：$C_6H_6O_2/C_6H_4(OH)_2$

危害/接触类型	急性危害/症状	预防	急救/消防
火 灾	可燃的	禁止明火	干粉、雾状水、泡沫、二氧化碳
爆 炸	微细分散的颗粒物在空气中形成爆炸性混合物	防止粉尘沉积。密闭系统，防止粉尘爆炸型电气设备和照明	
接 触		防止粉尘扩散！避免一切接触！	
# 吸入	咳嗽，呼吸困难	局部排气通风或呼吸防护	新鲜空气，休息。必要时进行人工呼吸，给予医疗护理
# 皮肤	发红	防护手套，防护服	脱去污染的衣服。冲洗，然后用水和肥皂清洗皮肤
# 眼睛	发红，疼痛，视力模糊	护目镜	先用大量水冲洗几分钟（如可能尽量摘除隐形眼镜），然后就医
# 食入	头晕，头痛，恶心，气促，惊厥，呕吐，耳鸣	工作时不得进食，饮水或吸烟。进食前洗手	漱口，催吐（仅对清醒病人！）。给予医疗护理

泄漏处置	将泄漏物清扫进可密闭容器中。如果适当，首先润湿防止扬尘。小心收集残余物，然后转移到安全场所。不要让该化学品进入环境。个人防护用具：适用于该物质空气中浓度的颗粒物过滤呼吸器
包装与标志	不得与食品和饲料一起运输 欧盟危险性类别：Xn 符号 N 符号 R:22-40-41-43-50-68 S:2-26-36/37/39-61 联合国危险性类别：6.1 联合国包装类别：III 中国危险性类别：第 6.1 项 毒性物质 中国包装类别：III
应急响应	运输应急卡：TEC(R)-61GT2-III 美国消防协会法规：H2（健康危险性）；F1（火灾危险性）；R0（反应危险性）
储存	与强碱、食品和饲料分开存放。储存在没有排水管或下水管的场所
重要数据	物理状态、外观：无色晶体 物理危险性：以粉末或颗粒形状与空气混合，可能发生粉尘爆炸 化学危险性：与氢氧化钠激烈反应 职业接触限值：阈限值：$2mg/m^3$（时间加权平均值）；A3（确认动物致癌物，但未知与人类相关性）（美国政府工业卫生学家会议，2004 年）。最高容许浓度：皮肤吸收；皮肤致敏剂；致癌物类别：2；胚细胞突变种类：3A（德国，2009 年） 接触途径：该物质可通过吸入、经皮肤和食入吸收到体内 吸入危险性：20℃时，该物质蒸发不会或很缓慢地达到空气中有害污染浓度 短期接触的影响：该物质严重刺激眼睛。该物质刺激皮肤和呼吸道 长期或反复接触的影响：反复或长期与皮肤接触可能引起皮炎。反复或长期接触可能引起皮肤过敏。该物质可能对眼睛和皮肤有影响，导致结膜和角膜变色和皮肤脱色素。该物质可能是人类致癌物
物理性质	沸点：287℃ 熔点：172℃ 相对密度（水=1）：1.3 水中溶解度：15℃时 5.9g/100mL 蒸气压：20℃时 0.12Pa 蒸气相对密度（空气=1）：3.8 蒸气/空气混合物的相对密度（20℃，空气=1）：1 闪点：165℃ 自燃温度：515℃ 辛醇/水分配系数的对数值：0.59
环境数据	该物质对水生生物有极高毒性
注解	根据接触程度，需定期进行医疗检查。中毒浓度时无气味报警。商品名称有：Black & White Bleaching Cream, Diak 5, Eldopaque, Eldoquin, Tecquinol 和 Tenox HQ

IPCS
International
Programme on
Chemical Safety

本卡片由 IPCS 和 EC 合作编写 © 2004～2012

国际化学品安全卡

碘			ICSC 编号：0167

CAS 登记号：7553-56-2 RTECS 号：NN1575000 EC 编号：053-001-00-3	中文名称：碘 英文名称：IODINE; Jod; Iode; Iodio; Yodo

分子量：253.8	化学式：I_2

危害/接触类型	急性危害/症状	预防	急救/消防
火 灾	不可燃，但可助长其他物质燃烧。许多反应可能引起火灾或爆炸。在火焰中释放出刺激性或有毒烟雾（或气体）	禁止与易燃物质接触	周围环境着火时，使用适当的灭火剂
爆 炸			
接 触		严格作业环境管理！	
# 吸入	咳嗽。喘息。呼吸困难。症状可能推迟显现（见注解）	通风（如果没有粉末时），局部排气通风或呼吸防护	新鲜空气，休息。半直立体位。必要时进行人工呼吸。给予医疗护理
# 皮肤	发红。疼痛	防护手套。防护服	先用大量水冲洗，然后脱去污染的衣服并再次冲洗
# 眼睛	引起流泪。发红。疼痛	面罩，或眼睛防护结合呼吸防护	先用大量水冲洗几分钟（如可能尽量摘除隐形眼镜），然后就医
# 食入	腹部疼痛。腹泻。恶心。呕吐	工作时不得进食，饮水或吸烟	漱口。饮用1～2杯水。给予医疗护理
泄漏处置	将泄漏物清扫进可密闭容器中。如果适当，首先润湿防止扬尘。小心收集残余物，然后转移到安全场所。不要用锯末或其他可燃吸收剂吸收。不要让该化学品进入环境。个人防护用具：适用于无机气体、蒸气和卤素的过滤呼吸器		
包装与标志	欧盟危险性类别：Xn 符号 N 符号　R:20/21-50　S:2-23-25-61		
应急响应			
储存	与性质相互抵触的物质分开存放。见化学危险性。严格密封。沿地面通风		
重要数据	物理状态、外观：浅蓝黑色或暗紫色晶体，有刺鼻气味 物理危险性：碘容易升华 化学危险性：加热时，生成有毒烟雾。该物质是一种强氧化剂。与可燃物质和还原性物质发生反应。与金属粉末、锑、氨、乙醛和乙炔激烈反应，有着火和爆炸的危险 职业接触限值：阈限值：0.1ppm（上限值）（美国政府工业卫生学家会议，2004年）。最高容许浓度：IIb（未制定标准，但可提供数据）（德国，2005年） 接触途径：该物质可通过吸入其蒸气，经皮肤和食入吸收到体内 吸入危险性：20℃时，该物质蒸发相当快达到空气中有害污染浓度 短期接触的影响：流泪。该物质严重刺激眼睛和呼吸道和刺激皮肤。吸入蒸气可能引起类似哮喘反应（RADS）。吸入蒸气可能引起肺水肿（见注解）。影响可能推迟显现。需进行医学观察 长期或反复接触的影响：在偶尔情况下，反复或长期接触可能引起皮肤过敏。反复或长期吸入接触可能引起类似哮喘综合征（RADS）。该物质可能对甲状腺有影响		
物理性质	沸点：184℃　　　　　熔点：114℃ 相对密度（水=1）：4.9 水中溶解度：20℃时 0.03g/100mL 蒸气压：25℃时 0.04kPa 蒸气相对密度（空气=1）：8.8 蒸气/空气混合物的相对密度（20℃，空气=1）：1 辛醇/水分配系数的对数值：2.49		
环境数据	该物质可能对环境有危害，对鱼应给予特别注意		
注解	工作接触的任何时刻都不应超过职业接触限值。用大量水冲洗工作服（有着火危险）。肺水肿症状常常经过几个小时以后才变得明显，体力劳动使症状加重。因而休息和医学观察是必要的。应当考虑由医生或医生指定的人立即采取适当吸入治疗法。哮喘症状常常经过几个小时以后才变得明显，体力劳动使症状加重。因而休息和医学观察是必要的		

IPCS
International
Programme on
Chemical Safety

本卡片由 IPCS 和 EC 合作编写 © 2004～2012

国际化学品安全卡

五羰基铁			ICSC 编号：0168

CAS 登记号：13463-40-6	中文名称：五羰基铁；羰基铁
RTECS 号：NO4900000	
UN 编号：1994	英文名称：IRON PENTACARBONYL; Iron carbonyl
中国危险货物编号：1994	
分子量：195.9	化学式：$C_5FeO_5/Fe(CO)_5$

危害/接触类型	急性危害/症状	预防	急救/消防
火 灾	高度易燃	禁止明火，禁止火花和禁止吸烟	干粉，大量水，泡沫，二氧化碳
爆 炸	蒸气/空气混合物有爆炸性。(见注解)	密闭系统，通风，防爆型电气设备和照明。不要使用压缩空气灌装、卸料或转运	着火时喷雾状水保持料桶等冷却
接 触		严格作业环境管理！	一切情况均向医生咨询！
# 吸入	头痛，头晕，呕吐，呼吸困难。症状可能推迟显现。（见注解）	通风，局部排气通风或呼吸防护	新鲜空气，休息，给予医疗护理
# 皮肤	可能被吸收！	防护手套，防护服	先用大量水冲洗，然后脱掉污染的衣服，再次冲洗，给予医疗护理
# 眼睛		面罩或眼睛防护结合呼吸防护	先用大量水冲洗几分钟（如可能尽量摘除隐形眼镜），然后就医
# 食入		工作时不得进食、饮水或吸烟	催吐（仅对清醒病人！）并给予医疗护理

泄漏处置	脱离危险区域。向专家咨询！尽可能将泄漏液收集在可密闭的容器中。用砂土或惰性吸收剂吸收残液并转移至安全场所。不要冲入下水道。不要用锯末或其他可燃吸收剂吸收。个人防护用具：自给式呼吸器
包装与标志	气密。使用不易破碎包装，将易碎包装放入不易碎密闭的容器中。不得与食品和饲料一起运输 联合国危险性类别：6.1 联合国次要危险性：3 联合国包装类别：I 中国危险性类别：第 6.1 项毒性物质 中国次要危险性：3 中国包装类别：I
应急响应	运输应急卡：TEC（R）-61GTF1-I 美国消防协会法规：H2（健康危险性）；F3（火灾危险性）；R1（反应危险性）
储存	耐火设备（条件）。与强氧化剂、食品和饲料分开存放。阴凉场所。储存在阴暗处。严格密封。在惰性气体保护下储存
重要数据	**物理状态、外观：** 无色至黄色或暗红色黏稠液体 **物理危险性：** 气体比空气重。蒸气较空气重并可沿地面流动，可能造成远处着火 **化学危险性：** 加热时可能发生爆炸。与空气接触时，可能自燃。加热和燃烧时或在光作用下，该物质分解生成氧化铁和一氧化碳（见卡片#0023）有毒气体。该物质是强还原剂，与氧化剂激烈反应 **职业接触限值：** 阈限值：0.1ppm（时间加权平均值），0.2ppm（短期接触限值）（美国政府工业卫生学家会议，2004 年）。最高容许浓度：0.1ppm，$0.81mg/m^3$；最高限值种类：II（2）；妊娠风险等级：IIc（德国，2004 年） **接触途径：** 该物质可通过吸入其蒸气和经皮肤和食入吸收到体内 **吸入危险性：** 20℃时，该物质蒸发，迅速达到空气中有害污染浓度 **短期接触的影响：** 该物质可能对肺有影响。超过职业接触限值时可能导致死亡。影响可能推迟显现。需进行医学观察 **长期或反复接触的影响：** 该物质可能对肝有影响，导致功能损伤
物理性质	沸点：103℃ 熔点：-20℃ 相对密度（水=1）：1.5 水中溶解度：不溶 蒸气压：25℃时 4.7kPa	蒸气相对密度（空气=1）：6.8 蒸气/空气混合物的相对密度（20℃，空气=1）：1.2 闪点：-15℃（闭杯） 爆炸极限：空气中，3.7%～12.5%（体积） 自燃温度：50℃
环境数据	
注解	对该物质的环境影响未进行调查。气促、咳嗽、发绀、发热症状经过 12～36h 后才变得明显。中毒浓度存在时，无气味报警。用大量水冲洗污染的衣服（有着火的危险）

IPCS
International
Programme on
Chemical Safety

本卡片由 IPCS 和 EC 合作编写 © 2004～2012

国际化学品安全卡

异佛尔酮			ICSC 编号：0169

CAS 登记号：78-59-1
RTECS 号：GW7700000
EC 编号：606-012-00-8

中文名称：异佛尔酮；1,1,3-三甲基-3-环己烯-5-酮；3,5,5-三甲基环己-2-烯酮；异乙酰佛尔酮

英文名称：ISOPHORONE; 1,1,3-Trimethyl-3-cyclohexene-5-one; 3,5,5-Trimethylcyclohex-2-enone; Isoacetophorone

分子量：138.2　　　　　　　　　　　化学式：$C_9H_{14}O$

危害/接触类型	急性危害/症状	预防	急救/消防
火　灾	可燃的	禁止明火	干粉、雾状水、泡沫、二氧化碳
爆　炸	高于84℃，可能形成爆炸性蒸气/空气混合物	高于84℃，使用密闭系统、通风	
接　触		防止产生烟云！	
# 吸入	灼烧感，咽喉痛，咳嗽，头晕，头痛，恶心，气促	通风，局部排气通风或呼吸防护	新鲜空气，休息，必要时进行人工呼吸，给予医疗护理
# 皮肤		防护手套	脱去污染的衣服，冲洗，然后用水和肥皂清洗皮肤
# 眼睛	发红，疼痛，视力模糊	安全护目镜	先用大量水冲洗几分钟（如可能尽量摘除隐形眼镜），然后就医
# 食入	腹部疼痛。（另见吸入）	工作时不得进食，饮水或吸烟	漱口，用水冲服活性炭浆，不要催吐
泄漏处置	尽可能将斜漏液收集在有盖的容器中。用砂土或惰性吸收剂吸收残液，并转移到安全场所。个人防护用具：适用于有机气体和蒸气的过滤呼吸器		
包装与标志	欧盟危险性类别：Xn 符号　　R:21/22-36/37-40　　S:2-13-23-36/37/39-46		
应急响应	美国消防协会法规：H2（健康危险性）；F2（火灾危险性）；R0（反应危险性）		
储存	与强氧化剂、强碱、胺类分开存放		
重要数据	物理状态、外观：无色液体，有特殊气味 化学危险性：与强氧化剂、强碱和胺类发生反应 职业接触限值：阈限值：5ppm（上限值）；A3（确认动物致癌物，但未知与人类相关性）（美国政府工业卫生学家会议，2004年）。最高容许浓度：2ppm，$11mg/m^3$；最高限值种类：I（2）；致癌物类别：3B；妊娠风险等级：C（德国，2004年） 接触途径：该物质可通过吸入，经皮肤和食入吸收到体内 吸入危险性：20℃时，该物质蒸发相当慢地达到空气中有害污染浓度 短期接触的影响：该物质和蒸气刺激眼睛和呼吸道。该物质可能对中枢神经系统有影响		
物理性质	沸点：215℃ 熔点：−8℃ 相对密度（水=1）：0.92 水中溶解度：25℃时 1.2g/100mL 蒸气压：20℃时 40Pa 蒸气相对密度（空气=1）：4.8 闪点：84℃（闭杯） 自燃温度：460℃ 爆炸极限：空气中 0.8%～3.8%（体积） 辛醇/水分配系数的对数值：1.67		
环境数据			
注解	工作接触的任何时刻都不应超过职业接触限值		

IPCS
International
Programme on
Chemical Safety

本卡片由 IPCS 和 EC 合作编写 © 2004～2012

国际化学品安全卡

枯烯			ICSC 编号：0170

CAS 登记号：98-82-8
RTECS 号：GR8575000
UN 编号：1918
EC 编号：601-024-00-X
中国危险货物编号：1918
分子量：120.2

中文名称：枯烯；(1-甲基乙基) 苯；2-苯基丙烷；异丙苯

英文名称：CUMENE; (1-Methylethyl)benzene;
2-Phenylpropane; Isopropylbenzene

化学式：$C_9H_{12}/C_6H_5CH(CH_3)_2$

危害/接触类型	急性危害/症状	预防	急救/消防
火 灾	易燃的	禁止明火、禁止火花和禁止吸烟	干粉、水成膜泡沫、泡沫、二氧化碳
爆 炸	高于 31℃，可能形成爆炸性蒸气/空气混合物	高于 31℃，使用密闭系统，通风和防爆型电气设备。防止静电荷积聚（例如，通过接地）	着火时，喷雾状水保持料桶等冷却
接 触		防止产生烟云！	
# 吸入	头晕，共济失调，倦睡，头痛，神志不清	通风，局部排气通风或呼吸防护	新鲜空气，休息，给予医疗护理
# 皮肤	皮肤干燥	防护手套，防护服	脱去污染的衣服，冲洗，然后用水和肥皂清洗皮肤
# 眼睛	发红，疼痛	安全护目镜	先用大量水冲洗几分钟（如可能尽量摘除隐形眼镜），然后就医
# 食入	（见吸入）	工作时不得进食，饮水或吸烟	漱口。不要催吐，给予医疗护理
泄漏处置	尽可能将泄漏液收集在有盖的容器中。用砂土或惰性吸收剂吸收残液，并转移到安全场所。不要让该化学品进入环境。个人防护用具：适用于有机气体和蒸气的过滤呼吸器		
包装与标志	污染海洋物质 欧盟危险性类别：Xn 符号 N 符号 标记：C R:10-37-50/53-65 S:2-24-37-61-62 联合国危险性类别：3 联合国包装类别：III 中国危险性类别：第 3 类易燃液体 中国包装类别：III		
应急响应	运输应急卡：TEC(R)-30S1918 或 30GF1-III 美国消防协会法规：H2（健康危险性）；F3（火灾危险性）；R1（反应危险性）		
储存	耐火设备（条件）。与强氧化剂、酸类分开存放。阴凉场所。保存在暗处。稳定后储存		
重要数据	物理状态、外观：无色液体，有特殊气味 物理危险性：由于流动、搅拌等，可能产生静电 化学危险性：与酸类和强氧化剂激烈反应，有着火和爆炸的危险。该物质能生成爆炸性过氧化物 职业接触限值：阈限值：50ppm（时间加权平均值）（美国政府工业卫生学家会议，2004 年）。最高容许浓度：50ppm；250mg/m³；最高限值种类：II（4）；皮肤吸收；妊娠风险等级：C（德国，2004年） 接触途径：该物质可通过吸入和经皮肤吸收到体内 吸入危险性：20℃时，该物质蒸发相当慢地达到空气中有害污染浓度 短期接触的影响：该物质刺激眼睛和皮肤。如果吞咽液体吸入肺中，可能引起化学肺炎。该物质可能对中枢神经系统有影响。远高于职业接触限值接触可能导致神志不清 长期或反复接触的影响：反复或长期与皮肤接触可能引起皮炎		
物理性质	沸点：152℃ 熔点：-96℃ 相对密度（水=1）：0.90 水中溶解度：不溶 蒸气压：20℃时 427Pa 蒸气相对密度（空气=1）：4.2 蒸气/空气混合物的相对密度（20℃，空气=1）：1.01 闪点：31℃（闭杯） 自燃温度：420℃ 爆炸极限：空气中 0.9%～6.5%（体积） 辛醇/水分配系数的对数值：3.66		
环境数据	该物质对水生生物是有毒的		
注解	蒸馏前检验过氧化物，如有，将其去除		

IPCS
International
Programme on
Chemical Safety

本卡片由 IPCS 和 EC 合作编写 © 2004～2012

国际化学品安全卡

缩水甘油异丙醚			ICSC 编号：0171

CAS 登记号：4016-14-2
RTECS 号：TZ3500000
UN 编号：1993
中国危险货物编号：1993

中文名称：缩水甘油异丙醚；1,2-环氧-3-异丙氧基丙烷；(异丙氧基甲基)环氧乙烷
英文名称：ISOPROPYL GLYCIDYL ETHER; 1,2-Epoxy-3-isopropoxypropane;
(Isopropoxymethyl)oxirane

分子量：116.2　　　　化学式：$C_6H_{12}O_2$

危害/接触类型	急性危害/症状	预防	急救/消防
火　灾	易燃的	禁止明火，禁止火花，禁止吸烟	干粉，水成膜泡沫，泡沫，二氧化碳
爆　炸	33℃以上时可能形成爆炸性蒸气/空气混合物	33℃以上时密闭系统，通风和防爆型电气设备	着火时喷雾状水保持料桶等冷却
接　触		防止粉尘扩散！	
# 吸入	灼烧感，咳嗽，头痛，头晕，呼吸困难，气促，咽喉痛。症状可能推迟显现。（见注解）	通风，局部排气通风或呼吸防护	新鲜空气，休息。必要时进行人工呼吸，给予医疗护理
# 皮肤	发红，疼痛	防护手套	脱掉污染的衣服，冲洗然后用水和肥皂洗皮肤
# 眼睛	发红，疼痛	安全护目镜或眼睛防护结合呼吸防护	先用大量水冲洗几分钟（如可能尽量摘除隐形眼镜），然后就医
# 食入		工作时不得进食、饮水或吸烟	漱口，饮用大量水

泄漏处置	尽可能将泄漏液收集在可密闭容器中。小心收集残余物，然后转移到安全场所。个人防护用具：适用于有机气体和蒸气的过滤呼吸器
包装与标志	联合国危险性类别：3　　联合国包装类别：III 中国危险性类别：第3类 易燃液体 中国包装类别：III
应急响应	运输应急卡：TEC（R）-30GF1-III
储存	耐火设备（条件）。与强氧化剂和酸类分开存放。阴凉场所。干燥。保存在阴暗处。严格密封
重要数据	物理状态、外观：无色液体 化学危险性：接触空气或光时，该物质可能生成爆炸性过氧化物。与强氧化剂和酸发生反应 职业接触限值：阈限值：50ppm（时间加权平均值）；75ppm（短期接触限值）（美国政府工业卫生学家会议，2004年）。最高容许浓度：致癌物类别：3B（德国，2004年） 接触途径：该物质可通过吸入其蒸气吸收到体内 吸入危险性：20℃时，该物质蒸发能相当快达到空气中有害污染浓度 短期接触的影响：该物质刺激眼睛、皮肤和呼吸道。吸入蒸气可能引起肺水肿（见注解）。该物质可能对中枢神经系统有影响。超过职业接触限值接触可能导致意识降低
物理性质	沸点：137℃ 相对密度（水=1）：0.92 水中溶解度：19g/100mL 蒸气压：25℃时 1.25kPa 蒸气相对密度（空气=1）：4.15 蒸气/空气混合物的相对密度（20℃，空气=1）：1.04 闪点：33℃（闭杯） 爆炸极限：见注解 辛醇/水分配系数的对数值：0.5
环境数据	
注解	该物质是可燃的且闪点为<55℃，但爆炸极限未见文献报道。肺水肿症状常常经过几个小时以后才变得明显，体力劳动使症状加重。因而休息和医学观察是必要的。应当考虑由医生或医生指定的人员立即采取适当吸入治疗法。蒸馏前检验过氧化物，如果存在，使其无害化

国际化学品安全卡

马拉硫磷		ICSC 编号：0172

CAS 登记号：121-75-5 RTECS 号：WM8400000 UN 编号：3082 EC 编号：015-041-00-X 中国危险货物编号：3082	中文名称：马拉硫磷；马拉松；S-1,2-双(乙氧基羰基)乙基-O,O-二甲基二硫代磷酸酯;((二甲氧基硫膦基)硫代)丁二酸二乙酯 英文名称：MALATHION; S-1,2-bis(Ethoxycarbonyl)ethyl O,O-dimethylphosphorodithioate; Butanedioic acid,{(dimethoxyphosphinothioyl)thio}-, diethyl ester

分子量：330.4	化学式：$C_{10}H_{19}O_6PS_2$

危害/接触类型	急性危害/症状	预防	急救/消防
火 灾	可燃的。含有机溶剂的液体制剂可能是易燃的。在火焰中释放出刺激性或有毒烟雾（或气体）	禁止明火	泡沫、干粉、二氧化碳
爆 炸			
接 触		严格作业环境管理！避免青少年和儿童接触！	
# 吸入	头晕,瞳孔收缩,肌肉痉挛,多涎,出汗，呼吸困难，神志不清。症状可能推迟显现。（见注解）	通风，局部排气通风或呼吸防护	新鲜空气，休息。半直立体位，给予医疗护理
# 皮肤		防护手套，防护服	脱去污染的衣服,冲洗,然后用水和肥皂清洗皮肤。给予医疗护理
# 眼睛		安全护目镜，或眼睛防护结合呼吸防护	先用大量水冲洗几分钟（如可能尽量摘除隐形眼镜），然后就医
# 食入	胃痉挛，腹泻，恶心，呕吐。另见吸入	工作时不得进食，饮水或吸烟。进食前洗手	漱口。用水冲服活性炭浆。休息。给予医疗护理
泄漏处置	不要让该化学品进入环境。尽可能将泄漏液收集在可密闭的容器中。见化学危险性。用砂土或惰性吸收剂吸收残液，并转移到安全场所。个人防护用具：适用于有机气体和蒸气的过滤呼吸器		
包装与标志	不得与食品和饲料一起运输。污染海洋物质 欧盟危险性类别：Xn 符号 N 符号 R:22-50/53 S:2-24-60-61 联合国危险性类别：9 联合国包装类别：III 中国危险性类别：第 6.1 项毒性物质 中国包装类别：III		
应急响应	运输应急卡：TEC(R)-90GM6-III		
储存	储存在没有排水管或下水道的场所。与强氧化剂、食品和饲料分开存放。保存在通风良好的室内		
重要数据	物理状态、外观：黄色至棕色液体，有特殊气味 化学危险性：加热或燃烧时，该物质分解生成含氧化亚磷和硫氧化物有毒烟雾。与强氧化剂激烈反应。浸蚀铁和某些其他金属、塑料和橡胶。加热时可能生成毒性更大的异马拉松 职业接触限值：阈限值：1mg/m³（时间加权平均值）（经皮）；A4（不能分类为人类致癌物）；公布生物暴露指数（美国政府工业卫生学家会议，2005 年）。最高容许浓度：（可吸入粉尘）15mg/m³；最高限值种类：II（4）；妊娠风险等级：D（德国，2005 年） 接触途径：该物质可通过吸入、经皮肤和食入吸收到体内 吸入危险性：20℃时该物质蒸发不会或很缓慢地达到空气中有害污染浓度，但喷洒或扩散时要快得多 短期接触的影响：该物质可能对中枢神经系统有影响，导致惊厥和呼吸抑制。影响可能推迟显现。需进行医学观察 长期或反复接触的影响：反复或长期接触可能引起皮肤过敏。胆碱酯酶抑制剂。可能发生累积作用：见急性危害/症状		
物理性质	沸点：0.093kPa 时 156～157℃ 熔点：3℃ 相对密度（水=1）：1.2 水中溶解度：145 mg/L 蒸气压：30℃时可忽略不计	蒸气相对密度（空气=1）：11.4 蒸气/空气混合物的相对密度（20℃，空气=1）：1.00 闪点：163℃（闭杯） 辛醇/水分配系数的对数值：2.89	
环境数据	该物质对水生生物有极高毒性。该物质可能对环境有危害，对蜜蜂应给予特别注意。该物质在正常使用过程中进入环境。但是要特别注意避免任何额外的释放，例如通过不适当处置活动		
注解	根据接触程度，建议定期进行医疗检查。该物质中毒时，需采取必要的治疗措施；必须提供有指示说明的适当方法。如果该物质用溶剂配制，可参考这些溶剂的卡片。商业制剂中使用的载体溶剂可能改变其物理和毒理学性质		

IPCS
International Programme on Chemical Safety

本卡片由 IPCS 和 EC 合作编写 © 2004～2012

国际化学品安全卡

代森锰			ICSC 编号：0173

CAS 登记号：12427-38-2
RTECS 号：OP0700000
UN 编号：2210
EC 编号：006-077-00-7
中国危险货物编号：2210

中文名称：代森锰；乙烯双(二硫代氨基甲酸)锰；（1,2-乙烷二基双（氨基二硫代甲酸）（2-）锰；乙烯-1,2-二硫代氨基甲酸锰
英文名称：MANEB; Manganese, ethylenebis(dithiocarbamato); ((1,2-Ethanediylbis(carbamodithioato))(2-))manganese; Manganese ethylene-1,2-dithiocarbamate

分子量：265.3　　　　　　　　　化学式：$C_4H_6N_2S_4 \cdot Mn$

危害/接触类型	急性危害/症状	预防	急救/消防
火 灾	可燃的。含有机溶剂的液体制剂可能是易燃的。在火焰中释放出刺激性或有毒烟雾（或气体）	禁止明火。禁止与水接触	二氧化碳，干粉，禁用含水灭火剂。禁止用水
爆 炸			
接 触		防止粉尘扩散！避免一切接触！	
# 吸入	咳嗽。咽喉痛	局部排气通风或呼吸防护	新鲜空气，休息
# 皮肤	发红	防护手套。防护服	脱去污染的衣服。冲洗，然后用水和肥皂清洗皮肤
# 眼睛	发红。疼痛	安全护目镜或眼睛防护结合呼吸防护	先用大量水冲洗几分钟（如可能尽量摘除隐形眼镜），然后就医
# 食入		工作时不得进食，饮水或吸烟	漱口。给予医疗护理

泄漏处置	不要冲入下水道。将泄漏物清扫进可密闭容器中。小心收集残余物，然后转移到安全场所。不要让该化学品进入环境。个人防护用具：适用于有害颗粒物的 P2 过滤呼吸器
包装与标志	不得与食品和饲料一起运输。污染海洋物质 欧盟危险性类别：Xi 符号　　R:37-43　S:2-8-24/25-46 联合国危险性类别：4.2　联合国次要危险性：4.3 联合国包装类别：III 中国危险性类别：第 4.2 项 易于自燃的物质 中国次要危险性：4.3 中国包装类别：III
应急响应	运输应急卡：TEC(R)-42S2210
储存	与酸类、食品和饲料分开存放。干燥。严格密封。保存在通风良好的室内。稳定后储存
重要数据	物理状态、外观：黄色粉末或晶体 化学危险性：与酸和湿气接触时，该物质分解生成含有硫化氢和二硫化碳的有毒和易燃气体 职业接触限值：阈限值未制定标准。最高容许浓度：皮肤致敏剂（德国，2003 年） 接触途径：该物质可通过吸入其气溶胶和经食入吸收到体内 吸入危险性：20℃时蒸发可忽略不计，但扩散时可较快地达到空气中颗粒物有害浓度 短期接触的影响：该物质刺激眼睛，皮肤和呼吸道 长期或反复接触的影响：反复或长期接触可能引起皮肤过敏。该物质可能对肾和中枢神经系统有影响，导致肾损伤和神经失调及神经精神失调（锰中毒）
物理性质	熔点：熔点以下在 192～204℃分解 相对密度（水=1）：1.92g/cm³ 水中溶解度：难溶
环境数据	该物质对水生生物有极高毒性的。该物质在正常使用过程中进入环境。但是,要特别注意避免任何额外的释放，例如通过不适当处置活动
注解	UN 编号:2968；危险性类别：4.3；包装类别:III。该物质对自身受热是稳定的。商业制剂中使用的载体溶剂可能改变其物理和毒理学性质。商品名称有 Chloroble M, Dithane M 22, Kypman 80, Manebgan, Manesan, Manzate, Polyram M, Rhodianebe, Sopranebe 和 Trimangol

IPCS
International
Programme on
Chemical Safety

本卡片由 **IPCS** 和 **EC** 合作编写 © 2004～2012

国际化学品安全卡

锰			ICSC 编号：0174

CAS 登记号：7439-96-5	中文名称：锰（粉末）
RTECS 号：OO9275000	英文名称：MANGANESE (powder)

原子量：54.9	化学式：Mn

危害/接触类型	急性危害/症状	预防	急救/消防
火 灾	可燃的	禁止明火	干砂，专用粉末
爆 炸	微细分散的颗粒物在空气中形成爆炸性混合物	防止粉尘沉积、密闭系统、防止粉尘爆炸型电气设备和照明	
接 触		防止粉尘扩散！避免孕妇接触！	
# 吸入	咳嗽	局部排气通风或呼吸防护	新鲜空气，休息。给予医疗护理
# 皮肤		防护手套	冲洗，然后用水和肥皂清洗皮肤
# 眼睛		安全护目镜，如为粉末，眼睛防护结合呼吸防护	先用大量水冲洗几分钟（如可能尽量摘除隐形眼镜），然后就医
# 食入	腹部疼痛。恶心	工作时不得进食，饮水或吸烟	漱口。给予医疗护理
泄漏处置	将泄漏物清扫进容器中。小心收集残余物，然后转移到安全场所。个人防护用具：适用于有害颗粒物的 P2 过滤呼吸器		
包装与标志			
应急响应			
储存	与酸类分开存放。干燥		
重要数据	**物理状态、外观**：灰白色粉末 **物理危险性**：以粉末或颗粒形状与空气混合，可能发生粉尘爆炸 **化学危险性**：与水缓慢反应。与蒸汽和酸较快反应，生成易燃/爆炸性气体氢（见卡片 0001），有着火和爆炸的危险 **职业接触限值**：阈限值：0.2mg/m^3（时间加权平均值）（美国政府工业卫生学家会议，2003 年）。最高容许浓度：（可吸入粒径）0.5 mg/m^3；妊娠风险等级：C（德国，2007 年） **接触途径**：该物质可通过吸入其气溶胶和经食入吸收到体内 **吸入危险性**：20℃时蒸发可忽略不计，但扩散时可较快地达到空气中颗粒物有害浓度 **短期接触的影响**：气溶胶刺激呼吸道 **长期或反复接触的影响**：该物质可能对肺和中枢神经系统有影响，导致增加对支气管炎，肺炎、神经失调和神经精神失调的易感性（锰中毒）。动物实验表明，该物质可能造成人类生殖或发育毒性		
物理性质	**沸点**：1962℃ **熔点**：1244℃ **密度**：7.47g/cm^3 **水中溶解度**：不溶		
环境数据	该物质可能对环境有危害，对水生生物应给予特别注意		
注解	根据接触程度，建议定期进行医学检查。本卡片的建议也适用于铁锰		

IPCS
International
Programme on
Chemical Safety

本卡片由 IPCS 和 EC 合作编写 © 2004～2012

国际化学品安全卡

二氧化锰			ICSC 编号：0175

CAS 登记号：1313-13-9	中文名称：二氧化锰；氧化锰（IV）；过氧化锰
RTECS 号：OP0350000	英文名称：MANGANESE DIOXIDE; Manganese(IV)oxide; Manganese peroxide
EC 编号：025-001-00-3	

分子量：86.9	化学式：MnO_2

危害/接触类型	急性危害/症状	预防	急救/消防
火　灾	不可燃,但可助长其他物质燃烧	禁止与可燃物质接触	周围环境着火时,使用适当的灭火剂
爆　炸			
接　触		防止粉尘扩散！避免孕妇接触！	
# 吸入	咳嗽	局部排气通风或呼吸防护	新鲜空气，休息。给予医疗护理
# 皮肤		防护手套	冲洗，然后用水和肥皂清洗皮肤
# 眼睛		安全护目镜，如为粉末，眼睛防护结合呼吸防护	先用大量水冲洗几分钟（如可能尽量摘除隐形眼镜），然后就医
# 食入	腹部疼痛。恶心	工作时不得进食，饮水或吸烟	漱口。给予医疗护理

泄漏处置	将泄漏物清扫进容器中，如果适当，首先润湿防止扬尘。不要用锯末或其他可燃吸收剂吸收。不要让该化学品进入环境。个人防护用具：适用于有害颗粒物的 P2 过滤呼吸器
包装与标志	欧盟危险性类别：Xn 符号　　R:20/22　　S:2-25
应急响应	
储存	与可燃物质和还原性物质分开存放
重要数据	**物理状态、外观：** 黑色至棕色粉末 **化学危险性：** 加热到 553℃ 以上时，该物质分解生成氧化锰（III）和氧，增加着火的危险。该物质是一种强氧化剂，与可燃物质和还原性物质激烈反应，有着火和爆炸的危险。加热时，与铝激烈反应 **职业接触限值：** 阈限值：$0.2mg/m^3$（以 Mn 计）（时间加权平均值）（美国政府工业卫生学家会议，2006 年）。最高容许浓度：$0.5mg/m^3$（以 Mn 计）（可吸入粉尘）；妊娠风险等级：C（德国，2005年） **接触途径：** 该物质可通过吸入其气溶胶和经食入吸收到体内 **吸入危险性：** 20℃时蒸发可忽略不计，但扩散时可较快地达到空气中颗粒物有害浓度 **短期接触的影响：** 气溶胶刺激呼吸道 **长期或反复接触的影响：** 该物质可能对肺和中枢神经系统有影响，导致对支气管炎、肺炎和神经障碍，神经精神障碍（锰中毒）的易感性增加。动物实验表明，该物质可能造成人类生殖或发育毒性
物理性质	熔点：在 535℃ 分解 密度：$5.0g/cm^3$ 水中溶解度：不溶
环境数据	该物质可能对环境有危害，对水生生物应给予特别注意
注解	根据接触程度，建议定期进行医学检查

IPCS
International
Programme on
Chemical Safety

UNEP

本卡片由 **IPCS** 和 **EC** 合作编写 © 2004~2012

国际化学品安全卡

甲胺磷			ICSC 编号：0176

CAS 登记号：10265-92-6
RTECS 号：TB4970000
UN 编号：2783
EC 编号：015-095-00-4
中国危险货物编号：2783
分子量：141.1

中文名称：甲胺磷；O,S-二甲基氨基硫代磷酸酯

英文名称：METHAMIDOPHOS; O,S-Dimethyl phosphoramidothioate;
Phosphoramidothioic acid, O,S-dimethyl ester

化学式：$C_2H_8NO_2PS$

危害/接触类型	急性危害/症状	预防	急救/消防
火 灾	在特定条件下是可燃的。含有机溶剂的液体制剂可能是易燃的。在火焰中释放出刺激性或有毒烟雾（或气体）	禁止明火	干粉、抗溶性泡沫、雾状水、二氧化碳
爆 炸	如果制剂中含有易燃/爆炸性溶剂，有着火和爆炸的危险		
接 触		防止粉尘扩散!严格作业环境管理!避免孕妇接触!避免青少年和儿童接触!	
# 吸入	头晕，出汗，呼吸困难，神志不清，肌肉痉挛，瞳孔缩窄，多涎。（见食入）	通风（如果不是粉末），局部排气或呼吸防护	新鲜空气，休息。半直立体位，给予医疗护理。（见注解）
# 皮肤	可能被吸收!（另见吸入）	防护手套，防护服	脱掉污染的衣服，用大量水冲洗皮肤或淋浴，给予医疗护理。（见注解）
# 眼睛	发红，疼痛，视力模糊	如为粉末，面罩或眼睛防护结合呼吸防护	先用大量水冲洗几分钟（如可能尽量摘除隐形眼镜），然后就医
# 食入	胃痉挛，惊厥，腹泻，恶心，呕吐，肌肉震颤(另见吸入)	工作时不得进食、饮水或吸烟。进食前洗手	漱口，用水冲服活性炭浆。休息，给予医疗护理
泄漏处置	不要冲入下水道。将泄漏物扫入容器中。如果适当，首先润湿防止扬尘。小心收集残余物，然后移至安全场所。不要让该化学品进入环境。个人防护用具：全套防护服包括自给式呼吸器		
包装与标志	不易破碎包装，将易破碎包装放在不易破碎容器中。不得与食品和饲料一起运输。污染海洋物质 欧盟危险性类别：T+符号 N 符号 R:24-26/28-50 S:（1/2）-28-36/37-45-61 联合国危险性类别：6.1 联合国包装类别：II 中国危险性类别：第 6.1 项 毒性物质 中国包装类别：II		
应急响应	运输应急卡：TEC（R）-61G41b		
储存	注意收容灭火产生的废水。与食品和饲料分开存放。干燥。保存在通风良好的室内		
重要数据	物理状态、外观：无色晶体 化学危险性：加热或燃烧时，该物质分解生成氮氧化物、硫氧化物和氧化磷有毒和刺激性烟雾。腐蚀低碳钢与含铜合金（工业级） 职业接触限值：阈限值未制定标准 接触途径：该物质可通过吸入、经皮肤和食入吸收到体内 吸入危险性：20℃时蒸发可忽略不计，但喷洒和扩散时可较快地达到空气中颗粒物有害浓度，尤其是粉末 短期接触的影响：该物质刺激眼睛。该物质可能对神经系统有影响，导致惊厥和呼吸衰竭。胆碱酯酶抑制剂。接触可能导致死亡。影响可能推迟显现。需进行医学观察 长期或反复接触的影响：该物质可能对神经系统有影响，导致延迟性神经病。胆碱酯酶抑制剂。可能发生累积作用（见急性危害/症状）		
物理性质	熔点：44℃ 相对密度（水=1）：1.3 水中溶解度：溶解	蒸气压：20℃时 0.002Pa 辛醇/水分配系数的对数值：-0.66	
环境数据	该物质可能对环境有危害，对鸟类、蜜蜂和鱼类应给予特别注意		
注解	饮用含酒精饮料增进有害影响。根据接触程度，需定期进行医学检查。中毒时需采取必要的治疗措施。必须提供有指示说明的适当方法。不要将工作服带回家中。如果该物质以含烃类溶剂的制剂形式存在，不要催吐。如果该物质用溶剂配制，也可参考该溶剂的卡片。商品名有：Bay 71628, Monitor, Pillaron, SRA 5172 和 Tamaron		

IPCS
International
Programme on
Chemical Safety

本卡片由 IPCS 和 EC 合作编写 © 2004~2012

国际化学品安全卡

灭多虫			ICSC 编号：0177

CAS 登记号：16752-77-5
RTECS 号：AK2975000
UN 编号：2757
EC 编号：006-045-00-2
中国危险货物编号：2757

中文名称：灭多虫；灭多威；S-甲基-N-[(甲基氨基甲酰基)氧基]乙酰亚氨硫代酸酯；N-((甲基氨基)羰基)氧基)乙酰亚氨硫代酸酯；甲基 N-{[(甲氨基)羰基]氧基}乙酰亚氨硫代酸酯

英文名称：METHOMYL; S-Methyl-N-[(methylcarbamoyl) oxy)thioacetimidate; Ethanimidothioic acid, N-{{(methylamino)carbonyl}oxy}-, methyl ester; Methyl N-{[(methylamino)carbonyl]oxy} ethanimidothioate

分子量：162   化学式：$C_5H_{10}N_2O_2S$

危害/接触类型	急性危害/症状	预防	急救/消防
火 灾	在特定条件下是可燃的。含有机溶剂的液体制剂可能是易燃的。在火焰中释放出刺激性或有毒烟雾（或气体）	禁止明火	干粉、雾状水、泡沫、二氧化碳
爆 炸			
接 触		防止粉尘扩散!严格作业环境管理!避免青少年和儿童接触!	
# 吸入	瞳孔收缩，肌肉痉挛，多涎。肌肉抽搐。头晕。头痛。出汗。呼吸困难。神志不清	局部排气通风或呼吸防护	新鲜空气，休息。半直立体位，给予医疗护理。见注解
# 皮肤		防护手套	脱去污染的衣服，用大量水冲洗皮肤或淋浴
# 眼睛	发红，视力模糊	安全护目镜，或眼镜防护结合呼吸防护	先用大量水冲洗几分钟（如果可能尽量摘除隐形眼镜），然后就医
# 食入	胃痉挛。惊厥。腹泻。恶心。呕吐。虚弱。（另见吸入）	工作时不得进食、饮水或吸烟。进食前洗手	用水冲服活性炭浆。立即给予医疗护理
泄漏处置	不要让该化学品进入环境。将泄漏物清扫进可密闭容器中，如果适当，首先润湿防止扬尘。小心收集残余物，然后转移到安全场所。个人防护用具：适用于有毒颗粒物的P3过滤呼吸器		
包装与标志	不易破碎包装，将易破碎包装放在不易破碎容器中。不得与食品和饲料一起运输。污染海洋物质 欧盟危险性类别:T+符号 N 符号 R:28-50/53 S:1/2-22-36/37-45-60-61 联合国危险性类别：6.1 联合国包装类别：II 中国危险性类别：第 6.1 项 毒性物质 中国包装类别：II		
应急响应	运输应急卡：TEC（R）-61GT7-II		
储存	储存在没有排水管或下水道的场所干燥。储存在通风良好的室内。与强碱、食品和饲料分开存放		
重要数据	物理状态、外观：白色晶体，有特殊气味 化学危险性：加热和燃烧时，该物质分解生成氮氧化物、硫氧化物、氰化氢和甲基异氰酸酯有毒刺激性烟雾。与强碱发生反应 职业接触限值：阈限值：2.5mg/m³（时间加权平均值）；A4（不能分类为人类致癌物）；公布生物暴露指数（美国政府工业卫生学家会议，2005 年）。最高容许浓度未制定标准 接触途径：该物质可通过吸入其气溶胶和经食入吸收到体内 吸入危险性：20℃时该物质蒸发不会或很缓慢地达到空气中有害污染浓度，但喷洒或扩散时要快得多 短期接触的影响：该物质刺激眼睛。该物质可能对神经系统有影响，导致惊厥和呼吸抑制。胆碱酯酶抑制剂。远高于职业接触限值接触可能导致死亡 长期或反复接触的影响：该物质可能对血液有影响，导致贫血		
物理性质	熔点：78℃ 密度：1.3g/cm³ 水中溶解度：25℃时 5.8g/100mL（适度溶解）	蒸气压：25℃时可忽略不计 辛醇/水分配系数的对数值：1.24	
环境数据	该物质对水生生物有极高毒性。该物质可能对环境有危害，对鸟类和蜜蜂应给予特别注意。该物质在正常使用过程中进入环境，但是要特别注意避免任何额外的释放，例如通过不适当处置活动		
注解	灭多虫是（Z）异构体和（E）异构体的混合物。如果该农药以含烃类溶剂的制剂形式存在，不要催吐。中毒时需采取必要的治疗措施，必须提供有指示说明的适当方法。不要将工作服带回家中。商业制剂中使用的载体溶剂可能改变其物理和毒理学性质。如果该农药是由一种有机溶剂配制，也可参考该有机溶剂的卡片。根据接触程度，建议定期进行医学检查。商品名有：Du Pont 1179, Flytek, Lannate, Lanox, Methavin, Methomex 和 Nudrin		

IPCS
International
Programme on
Chemical Safety

本卡片由 IPCS 和 EC 合作编写 © 2004～2012

国际化学品安全卡

甲胺				ICSC 编号：0178

CAS 登记号：74-89-5
RTECS 号：PF6300000
UN 编号：1061 （无水的）
EC 编号：612-001-00-9
中国危险货物编号：1061
分子量：31.1

中文名称：甲胺；甲烷胺；氨基甲烷；一甲胺；（钢瓶）

英文名称：METHYLAMINE; Methanamine; Aminomethane; Monomethylamine; (cylinder)

化学式：CH_5N/CH_3NH_2

危害/接触类型	急性危害/症状	预防	急救/消防
火 灾	极易燃。在火焰中释放出刺激性或有毒烟雾（或气体）	禁止明火，禁止火花和禁止吸烟	切断气源,如不可能并对周围环境无危险,让火自行燃尽。其他情况用干粉，二氧化碳灭火
爆 炸	气体/空气混合物有爆炸性	密闭系统，通风，防爆型电气设备和照明。使用无火花手工具	着火时，喷雾状水保持钢瓶冷却。从掩蔽位置灭火
接 触		严格作业环境管理！	
# 吸入	灼烧感。咳嗽。头痛。呼吸困难。气促。咽喉痛。（见注解）	通风，局部排气通风或呼吸防护	新鲜空气，休息，半直立体位，必要时进行人工呼吸，给予医疗护理
# 皮肤	与液体接触：冻伤	保温手套。防护服	冻伤时，用大量水冲洗，不要脱去衣服。给予医疗护理
# 眼睛	发红。疼痛。视力模糊。严重深度烧伤	护目镜或眼睛防护结合呼吸防护	先用大量水冲洗几分钟（如可能尽量摘除隐形眼镜），然后就医
# 食入		工作时不得进食，饮水或吸烟	

泄漏处置	撤离危险区域！向专家咨询！通风。转移全部引燃源。切勿直接向液体上喷水。喷洒雾状水去除蒸气。个人防护用具：全套防护服包括自给式呼吸器
包装与标志	欧盟危险性类别：F+符号 Xn 符号　　R:12-20-37/38-41　　S:2-16-26-39 联合国危险性类别：2.1 中国危险性类别：第 2.1 项 易燃气体
应急响应	运输应急卡：TEC(R)-20S1061 美国消防协会法规：H3（健康危险性）；F4（火灾危险性）；R0（反应危险性）
储存	耐火设备（条件）。阴凉场所
重要数据	物理状态、外观：无色压缩液化气体，有特殊气味 物理危险性：气体与空气充分混合，容易形成爆炸性混合物 化学危险性：燃烧时，该物质分解生成含氮氧化物有毒烟雾。水溶液是一种强碱，与酸激烈反应并有腐蚀性。与强氧化剂激烈反应。浸蚀塑料，橡胶和涂层。浸蚀铜，锌合金，铝和镀锌表面 职业接触限值：阈限值：5ppm（时间加权平均值）；15ppm（短期接触限值）（美国政府工业卫生学家会议，2002 年）。最高容许浓度：10ppm，$13mg/m^3$（德国，2002 年）。最高容许浓度：最高限值种类：I（1）上限值；妊娠风险等级 IIc（2002 年） 接触途径：该物质可通过吸入吸收到体内 吸入危险性：容器漏损时，迅速达到空气中该气体的有害浓度 短期接触的影响：该物质腐蚀眼睛和呼吸道。吸入高浓度时可能引起肺水肿（见注解）。影响可能推迟显现。需进行医疗观察。液体迅速蒸发，可能引起冻伤
物理性质	沸点：-6℃ 熔点：-93℃ 相对密度（水=1）：0.7（液体） 水中溶解度：25℃易溶 蒸气压：20℃时 304kPa 蒸气相对密度（空气=1）：1.07 闪点：易燃气体 自燃温度：430℃ 爆炸极限：空气中 4.9%～20.7%（体积） 辛醇/水分配系数的对数值：-0.71
环境数据	
注解	转动泄漏钢瓶使漏口朝上，防止液态气体溢出。肺水肿症状常常经过几个小时以后才变得明显，体力劳动使症状加重。因而休息和医学观察是必要的。应当考虑由医生或医生指定的人立即采取适当吸入治疗法

IPCS
International
Programme on
Chemical Safety

UNEP

本卡片由 IPCS 和 EC 合作编写 © 2004～2012

国际化学品安全卡

甲基乙基（甲）酮		ICSC 编号：0179

CAS 登记号：78-93-3
RTECS 号：EL6475000
UN 编号：1193
EC 编号：606-002-00-3
中国危险货物编号：1193

中文名称：甲基乙基（甲）酮；乙基甲基酮；2-丁酮；甲基丙酮

英文名称：METHYL ETHYL KETONE; Ethyl methyl ketone 2-Butanone; Methyl acetone; MEK

分子量：72.1

化学式：$C_4H_8O/CH_3COCH_2CH_3$

危害/接触类型	急性危害/症状	预防	急救/消防
火 灾	高度易燃	禁止明火，禁止火花和禁止吸烟	干粉，水成膜泡沫，泡沫，二氧化碳
爆 炸	蒸气/空气混合物有爆炸性	密闭系统，通风，防爆型电气设备和照明。不要使用压缩空气灌装，卸料或转运。使用无火花手工具	着火时喷雾状水保持桶等冷却
接 触		防止产生烟雾！	
# 吸入	咳嗽，头晕，倦睡，头痛，恶心，呕吐	通风，局部排气通风或呼吸防护	新鲜空气，休息。给予医疗护理
# 皮肤	可能被吸收！发红	防护手套	脱掉污染的衣服，用大量水冲洗皮肤或淋浴
# 眼睛	发红，疼痛	安全护目镜	先用大量水冲洗几分钟（如可能尽量摘除隐形眼镜），然后就医
# 食入	神志不清。（另见吸入）	工作时不得进食，饮水或吸烟	漱口，饮用大量水，给予医疗护理
泄漏处置	尽可能将泄漏液收集到可密闭容器中。用砂土或惰性吸收剂吸收残液并转移到安全场所。不要冲入下水道。个人防护用具：自给式呼吸器		
包装与标志	欧盟危险性类别：F 符号 Xi 符号 标记：6 R:11-36-66-67 S:(2)-9-16 联合国危险性类别：3 联合国包装类别：II 中国危险性类别：第 3 类易燃液体 中国包装类别：II		
应急响应	运输应急卡：TEC(R)-30S1193 美国消防协会法规：H1（健康危险性）；F3（火灾危险性）；R0（反应危险性）		
储存	耐火设备（条件）。与强氧化剂和强酸分开。严格密封。阴凉场所		
重要数据	物理状态、外观：无色液体，有特殊气味 物理危险性：蒸气比空气重，可沿地面移动，可能引起着火 化学危险性：与强氧化剂和无机酸激烈反应，有着火和爆炸危险。浸蚀某些塑料 职业接触限值：阈限值：200ppm（时间加权平均值），300ppm（短期接触限值）；公布生物暴露指数（美国政府工业卫生学家会议，2004 年）。最高容许浓度：200ppm、600mg/m³，皮肤吸收；最高限值种类：I（1）；妊娠风险等级：C（德国，2004 年） 接触途径：该物质可通过吸入和食入吸收到体内 吸入危险性：20℃时该物质蒸发，能相当快到空气中有害污染浓度 短期接触的影响：该物质刺激眼睛和呼吸道。该物质可能对中枢神经系统有影响。远高于职业接触限值接触可能导致神志不清 长期或反复接触的影响：液体使皮肤脱脂。动物实验表明，该物质可能对人类生殖有毒性影响		
物理性质	沸点：80℃ 熔点：−86℃ 相对密度（水=1）：0.80 水中溶解度：20℃时 29g/100mL 蒸气压：20℃时 10.5kPa 蒸气相对密度（空气=1）：2.41 蒸气/空气混合物的相对密度（20℃，空气=1）：1.1 闪点：−9℃（闭杯） 自燃温度：505℃ 爆炸极限：在空气中 1.8%～11.5%（体积） 辛醇/水分配系数的对数值：0.29		
环境数据			
注解	超过接触限值时，气味报警不充分		

IPCS
International Programme on Chemical Safety

UNEP

本卡片由 IPCS 和 EC 合作编写 © 2004～2012

国际化学品安全卡

甲肼			ICSC 编号：0180

CAS 登记号：60-34-4	中文名称：甲肼；一甲基肼；MMH
RTECS 号：MV5600000	
UN 编号：1244	英文名称：METHYL HYDRAZINE; Monomethylhydrazine; MMH
中国危险货物编号：1244	
分子量：46.1	化学式：CH_6N_2/CH_3NHNH_2

危害/接触类型	急性危害/症状	预防	急救/消防
火 灾	高度易燃。许多反应可能引起火灾或爆炸。在火焰中释放出刺激性或有毒烟雾（或气体）	禁止明火，禁止火花和禁止吸烟。禁止与强氧化剂接触。禁止与高温表面接触	干粉，抗溶性泡沫，大量水，二氧化碳
爆 炸	蒸气/空气混合物有爆炸性。与氧化剂和金属氧化物接触时，有着火和爆炸危险	密闭系统，通风，防爆型电气设备和照明	着火时，喷雾状水保持料桶等冷却。从掩蔽位置灭火
接 触		避免一切接触！	一切情况均向医生咨询！
# 吸入	灼烧感，咳嗽，恶心，呕吐，嘴唇发青或指甲发青，皮肤发青，头晕，头痛，气促，呼吸困难，惊厥，症状可能推迟显现（见注解）	通风，局部排气通风或呼吸防护	新鲜空气，休息。必要时进行人工呼吸。给予医疗护理
# 皮肤	可能被吸收！发红，皮肤烧伤，疼痛。（另见吸入）	防护手套。防护服	先用大量水冲洗，然后脱去污染的衣服并再次冲洗。给予医疗护理
# 眼睛	发红。疼痛。严重深度烧伤	面罩，或眼睛防护结合呼吸防护	先用大量水冲洗几分钟（如可能尽量摘除隐形眼镜），然后就医
# 食入	胃痉挛，灼烧感，休克或虚脱。（另见吸入）	工作时不得进食，饮水或吸烟。进食前洗手	漱口。不要催吐。大量饮水。给予医疗护理
泄漏处置	撤离危险区域！向专家咨询！不要让该化学品进入环境。个人防护用具：全套防护服包括自给式呼吸器		
包装与标志	不易破碎包装，将易破碎包装放在不易破碎的密闭容器中。不得与食品和饲料一起运输 **联合国危险性类别：6.1 联合国次要危险性：3 和 8 联合国包装类别：I** **中国危险性类别：第 3 类 易燃液体 中国次要危险性：3 和 8 中国包装类别：I**		
应急响应	运输应急卡：TEC(R)-61GTFC-I 美国消防协会法规：H4（健康危险性）；F3（火灾危险性）；R2（反应危险性）		
储存	耐火设备（条件）。与强氧化剂、强酸、金属氧化物、多孔物品、食品和饲料分开存放。干燥。严格密封。保存在惰性气体下。		
重要数据	**物理状态、外观：** 无色吸湿液体，有特殊气味 **物理危险性：** 蒸气与空气充分混合，容易形成爆炸性混合物 **化学危险性：** 受热或与金属氧化物接触时，可能发生爆炸。与空气和多孔物品，如泥土、石棉、木头或布匹接触时，该物质可能自燃。燃烧时，该物质分解生成含氮氧化物有毒和腐蚀性气体。该物质是一种强还原剂，与氧化剂激烈反应，有着火危险。该物质是一种中强碱。与强酸激烈反应 **职业接触限值：** 阈限值：0.01ppm（时间加权平均值）（经皮）；A3（确认的动物致癌物，但未知与人类相关性）（美国政府工业卫生学家会议，2004 年）。最高容许浓度：IIb（未制定标准，但可提供数据）；皮肤吸收（H）；皮肤致敏剂（德国，2004 年） **接触途径：** 该物质可通过吸入其蒸气，经皮肤和食入吸收到体内 **吸入危险性：** 20℃时，该物质蒸发，迅速达到空气中有害污染浓度 **短期接触的影响：** 该物质腐蚀眼睛、皮肤和呼吸道。食入有腐蚀性。该物质可能对中枢神经系统、肝和血液有影响，导致肝损害和形成正铁血红蛋白。远高于职业接触限值接触可能导致死亡。影响可能推迟显现。需进行医学观察 **长期或反复接触的影响：** 该物质可能对肝和血液有影响，导致肝损害和形成正铁血红蛋白。该物质可能是人类致癌物		
物理性质	沸点：87.5℃ 熔点：-52.4℃ 相对密度（水=1）：0.87 水中溶解度：混溶 蒸气压：20℃时 4.8kPa 蒸气相对密度（空气=1）：1.6	蒸气/空气混合物的相对密度（20℃，空气=1）：1.03 闪点：-8.3℃（闭杯） 自燃温度：196℃ 爆炸极限：空气中 2.5%～97%（体积） 辛醇/水分配系数的对数值：-1.05	
环境数据	该物质对水生生物是有毒的		
注解	根据接触程度，建议定期进行医疗检查。该物质中毒时需采取必要的治疗措施；必须提供有指示说明的适当方法。不要将工作服带回家中。用大量水冲洗工作服（有着火危险）		

IPCS
International
Programme on
Chemical Safety

   UNEP

本卡片由 IPCS 和 EC 合作编写 © 2004～2012

国际化学品安全卡

久效磷			ICSC 编号：0181

CAS 登记号：6923-22-4
RTECS 号：TC4375000
UN 编号：2783
EC 编号：015-072-00-9
中国危险货物编号：2783
分子量：223.2

中文名称：久效磷；二甲基（E）-1-甲基-2-（氨基甲酰基）乙烯基磷酸酯；二甲基(1-甲基-3-(甲氨基)-3-氧代-1-丙烯磷酸酯(E)
英文名称：MONOCROTOPHOS; Dimethyl (E)-1-methyl-2-(methylcarbamoyl) vinyl phosphate; Phosphoric acid, dimethyl 1-methyl-3-(methylamino)-3-ox-1-propenyl phosphate
化学式：$C_7H_{14}NO_5P/(CH_3O)_2PO—OC(CH_3)=CHCO—NHCH_3$

危害/接触类型	急性危害/症状	预防	急救/消防
火　灾	在特定情况下是可燃的。含有机溶剂的液体制剂可能是易燃的。在火焰中释放出刺激性或有毒烟雾（或气体）	禁止明火	干粉、抗溶性泡沫、雾状水、二氧化碳
爆　炸	如果制剂中含有易燃/爆炸性溶剂，有着火和爆炸危险		
接　触		防止粉尘扩散!严格作业环境管理!避免青少年和儿童接触!	一切情况均向医生咨询!
# 吸入	肌肉抽搐，瞳孔收缩，肌肉痉挛，多涎，头晕，呼吸困难，出汗，神志不清。症状可能推迟显现（见注解）	通风（如果没有粉末），局部排气通风或呼吸防护	新鲜空气，休息。半直立体位，给予医疗护理
# 皮肤	可能被吸收！见吸入	防护手套，防护服	脱去污染的衣服。冲洗，然后用水和肥皂清洗皮肤，给予医疗护理，急救时戴防护手套
# 眼睛	气溶胶被吸收。（另见吸入）	面罩，如为粉末，眼睛防护结合呼吸防护	先用大量水冲洗几分钟（如可能尽量摘除隐形眼镜），然后就医
# 食入	头痛，恶心，呕吐，胃痉挛，腹泻，惊厥。另见吸入	工作时不得进食,饮水或吸烟。进食前洗手	漱口。用水冲服活性炭浆。催吐（仅对清醒病人!），给予医疗护理

泄漏处置	不要冲入下水道。将泄漏物清扫进可密闭容器中。如果适当，首先润湿防止扬尘。小心收集残余物，然后转移到安全场所。个人防护用具：全套防护服包括自给式呼吸器
包装与标志	不易破碎包装，将易破碎包装放在不易破碎的密闭容器中。不得与食品和饲料一起运输。污染海洋物质 欧盟危险性类别：T+符号 N 符号　　R:24-26/28-68-50/53　S:1/2-36/37-45-60-61 联合国危险性类别：6.1　联合国包装类别：II 中国危险性类别：第 6.1 项毒性物质　中国包装类别：II
应急响应	运输应急卡：TEC(R)-61GT7-II
储存	注意收容灭火产生的废水。与食品和饲料分开存放。干燥。严格密封。保存在通风良好的室内
重要数据	物理状态、外观：无色吸湿的晶体 化学危险性：加热或燃烧时，该物质分解生成含氮氧化物，氧化亚磷的有毒和刺激性烟雾。浸蚀铁、钢和黄铜 职业接触限值：阈限值：（以蒸气和气溶胶计）0.05mg/m³（可吸入粉尘）（时间加权平均值）（经皮）；A4（不能分类为人类致癌物）；公布生物暴露指数（美国政府工业卫生学家会议，2004 年）。最高容许浓度未制定标准 接触途径：该物质可通过吸入、经皮肤和食入吸收到体内 吸入危险性：20℃时蒸发可忽略不计，但喷洒或扩散时可较快地达到空气中颗粒物有害浓度，尤其是粉末 短期接触的影响：该物质可能对神经系统有影响，导致惊厥、呼吸衰竭。胆碱酯酶抑制剂。接触可能导致死亡。影响可能推迟显现。需进行医学观察 长期或反复接触的影响：胆碱酯酶抑制剂。可能发生累积影响。见急性危害/症状
物理性质	沸点：0.00007kPa 时 125℃ 熔点：54～55℃ 相对密度（水=1）：1.3	水中溶解度：20℃时 100g/100mL（溶解） 蒸气压：20℃时 0.0003Pa
环境数据	该物质对水生生物有极高毒性。该物质可能对环境有危害，对蜜蜂、鸟类，哺乳动物应给予特别注意。该物质可能在水生环境中造成长期影响。避免非正常使用情况下释放到环境中
注解	根据接触程度，需定期进行医疗检查。该物质中毒时，需采取必要的治疗措施。必须提供有指示说明的适当方法。如果该物质用溶剂配制，可参考该溶剂的卡片。商业制剂中使用的载体溶剂可能改变其物理和毒理学性质。不要将工作服带回家中。商品名称有：Azodrin, Bilobran, Crisodrin, Monocron, Nuvacron, Plantdrin 和 Susvin

IPCS
International Programme on Chemical Safety

    UNEP

本卡片由 IPCS 和 EC 合作编写 © 2004～2012

国际化学品安全卡

新戊二醇二缩水甘油醚			ICSC 编号：0182

CAS 登记号：17557-23-2 RTECS 号：TX3760000 EC 编号：603-094-00-7	中文名称：新戊二醇二缩水甘油醚；1,3-双（2,3-环氧丙氧基）2,2-二甲基丙烷；2,2'-（2,2-二甲基-1,3-二丙烷基）双（甲醛）双环氧乙烷 英文名称：NEOPENTYL GLYCOL DIGLYCIDYL ETHER; 1,3-Bis-(2,3-epoxypropoxy)-2,2-dimethylpropane; 2,2'-(2,2-Dimethyl-1,3-propanediyl)bis(oxymethylene)bisoxirane

分子量：216.3	化学式：$C_{11}H_{20}O_4$

危害/接触类型	急性危害/症状	预防	急救/消防
火 灾	可燃的	禁止明火	干粉，水成膜泡沫，泡沫，二氧化碳
爆 炸	88℃以上时可能形成爆炸性蒸气/空气混合物	88℃以上时密闭系统，通风	
接 触		防止烟雾产生！	
# 吸入	咳嗽，咽喉痛	通风	新鲜空气，休息
# 皮肤	发红	防护手套，防护服	脱掉污染的衣服，冲洗，然用大量水和肥皂洗皮肤，给予医疗护理
# 眼睛	发红，疼痛	面罩	先用大量水冲洗几分钟（如可能尽量摘除隐形眼镜），然后就医
# 食入		工作时不得进食，饮水或吸烟	漱口，饮用大量水

泄漏处置	尽可能将泄漏液收集在可密闭的容器中。用大量水冲净残液
包装与标志	欧盟危险性类别：Xi 符号　R:38-43　S:2-24-37
应急响应	
储存	与强氧化剂分开存放。保存在阴暗处
重要数据	物理状态、外观：液体 化学危险性：该物质可能生成爆炸性过氧化物。与强氧化剂发生反应 职业接触限值：阈限值未确定标准 接触途径：该物质可通过吸入吸收到体内 吸入危险性：未指明 20℃时该物质蒸发达到空气中有害污染浓度的速率 短期接触的影响：该物质刺激眼睛和皮肤 长期或反复接触的影响：反复或长期接触可能引起皮肤过敏
物理性质	相对密度（水=1）：1.07 密度（空气=1）：7.5 闪点：88℃（开杯） 爆炸极限：见注解
环境数据	
注解	爆炸极限未见文献报道。蒸馏前检查过氧化物，如果存在，使其无害化

IPCS
International Programme on Chemical Safety

本卡片由 **IPCS** 和 **EC** 合作编写 © 2004～2012

国际化学品安全卡

硝酸			ICSC 编号：0183

CAS 登记号：7697-37-2	中文名称：硝酸；浓硝酸（70%）

RTECS 号：QU5775000

UN 编号：2031

EC 编号：007-004-00-1 英文名称：NITRIC ACID; Concentrated Nitric Acid (70%)

中国危险货物编号：2031

分子量：63.0 化学式：HNO₃

危害/接触类型	急性危害/症状	预防	急救/消防
火 灾	不可燃，但可助长其他物质燃烧。在火焰中释放出刺激性或有毒烟雾（或气体）。加热引起压力升高，容器有破裂危险	禁止与易燃物质接触。禁止与可燃物质或有机化学品接触	周围环境着火时，禁止使用泡沫灭火剂
爆 炸	与许多普通有机化合物接触时，有着火和爆炸危险		着火时，喷雾状水保持料桶等冷却
接 触		避免一切接触！	一切情况均向医生咨询！
# 吸入	灼烧感，咳嗽，呼吸困难，呼吸短促，咽喉痛，症状可能推迟显现（见注解）	通风，局部排气通风或呼吸防护	新鲜空气，休息，半直立体位，必要时进行人工呼吸，立即给予医疗护理
# 皮肤	严重皮肤烧伤。疼痛。黄色斑渍	防护手套。防护服	脱去污染的衣服。用大量水冲洗皮肤或淋浴。给予医疗护理
# 眼睛	发红。疼痛。烧伤	面罩，或眼睛防护结合呼吸防护	先用大量水冲洗（如可能尽量摘除隐形眼镜）。立即给予医疗护理
# 食入	咽喉疼痛。腹部疼痛。咽喉和胸腔灼烧感。休克或虚脱。呕吐	工作时不得进食，饮水或吸烟	不要催吐。饮用 1 杯或 2 杯水。休息。给予医疗护理
泄漏处置	撤离危险区域！向专家咨询！通风。将泄漏液收集在可密闭的容器中。与碳酸钠小心中和残余物。然后用大量水冲净。不要用锯末或其他可燃吸收剂吸收。个人防护用具：全套防护服包括自给式呼吸器		
包装与标志	不易破碎包装，将易破碎包装放在不易破碎的密闭容器中。不得与食品和饲料一起运输 欧盟危险性类别：O 符号 C 符号 标记：B R:8-35 S:1/2-23-26-36-45 联合国危险性类别：8 联合国次要危险性：5.1 联合国包装类别：I 中国危险性类别：第 8 类 腐蚀性物质 中国次要危险性：第 5.1 项 氧化性物质 中国包装类别：I GHS 分类：警示词：危险 图形符号：腐蚀-骷髅和交叉骨-健康危险 危险说明：可能腐蚀金属；吞咽致命；造成严重皮肤灼伤和眼睛损伤；吸入对呼吸道造成损害；吞咽对消化道造成损害；长期或反复吸入对呼吸道和牙齿造成损害		
应急响应	运输应急卡：TEC(R)-80S2031-I 美国消防协会法规：H4（健康危险性）；F0（火灾危险性）；R0（反应危险性）；OX（氧化剂）		
储存	与可燃物质和还原性物质、碱、有机物、食品和饲料分开存放。阴凉场所。干燥。保存在通风良好的室内		
重要数据	物理状态、外观：无色至黄色液体，有刺鼻气味 化学危险性：加温时，该物质分解生成氮氧化物。该物质是一种强氧化剂，与可燃物质和还原性物质，如松节油、焦炭和酒精激烈反应。该物质是一种强酸，与碱激烈反应并腐蚀金属 职业接触限值：阈限值：2ppm（时间加权平均值），4ppm（短期接触限值）（美国政府工业卫生学家会议，2006 年）。最高容许浓度：未制定标准但可提供数据（德国，2008 年） 接触途径：所有接触途径都有严重的局部影响 吸入危险性：20℃时，该物质蒸发，迅速达到空气中有害污染浓度 短期接触的影响：该物质腐蚀眼睛，皮肤和呼吸道。食入有腐蚀性。吸入可能引起肺水肿（见注解）。影响可能推迟 出现 长期或反复接触的影响：反复或长期接触其蒸气，肺可能受损伤。该物质可能对牙齿有影响，导致牙齿侵蚀		
物理性质	沸点：121℃ 熔点：-41.6℃ 相对密度（水=1）：1.4 水中溶解度：混溶	蒸气压：20℃时 6.4kPa 蒸气相对密度（空气=1）：2.2 蒸气/空气混合物的相对密度（20℃，空气=1）：1.07 辛醇/水分配系数的对数值：-0.21	
环境数据			
注解	根据接触程度，建议定期进行医学检查。肺水肿症状直到几小时甚至几天以后才变得明显，体力劳动使症状加重		

IPCS
International
Programme on
Chemical Safety

   UNEP

本卡片由 IPCS 和 EC 合作编写 © 2004～2012

国际化学品安全卡

硝酸钾			ICSC 编号：0184

CAS 登记号：7757-79-1	中文名称：硝酸钾；硝石
RTECS 号：TT3700000	
UN 编号：1486	英文名称：POTASSIUM NITRATE; Saltpeter
中国危险货物编号：1486	

分子量：101.1	化学式：KNO₃

危害/接触类型	急性危害/症状	预防	急救/消防
火灾	不可燃，但可助长其他物质燃烧。在火焰中释放出刺激性或有毒烟雾（或气体）	禁止与可燃物质或还原剂接触	周围环境着火时，允许使用各种灭火剂
爆炸	与还原剂接触时，有着火和爆炸危险		
接触		防止粉尘扩散！	
# 吸入	咳嗽，咽喉痛	局部排气通风或呼吸防护	新鲜空气，休息，给予医疗护理
# 皮肤	发红	防护手套	脱去污染的衣服。冲洗，然后用水和肥皂清洗皮肤
# 眼睛	发红，疼痛	护目镜	先用大量水冲洗几分钟（如可能尽量摘除隐形眼镜），然后就医
# 食入	腹部疼痛，嘴唇发青或指甲发青，皮肤发青，头晕，呼吸困难，意识模糊，惊厥，腹泻，头痛，恶心，神志不清	工作时不得进食，饮水或吸烟。进食前洗手	漱口，给予医疗护理

泄漏处置	将泄漏物清扫进塑料或玻璃容器中。用大量水冲净残余物
包装与标志	联合国危险性类别：5.1 联合国包装类别：III 中国危险性类别：第 5.1 项 氧化性物质 中国包装类别：III
应急响应	运输应急卡：TEC(R)-51S1486 美国消防协会法规：H1（健康危险性）；F0（火灾危险性）；R0（反应危险性）
储存	与可燃物质和还原性物质分开存放
重要数据	物理状态、外观：无色至白色晶体粉末 化学危险性：加热时，该物质分解生成氮氧化物和氧，增加着火的危险。该物质是一种强氧化剂。与可燃物质和还原性物质发生反应 职业接触限值：阈限值未制定标准 接触途径：该物质可通过吸入其气溶胶和经食入吸收到体内 吸入危险性：20℃时蒸发可忽略不计，但扩散时可较快地达到空气中颗粒物有害浓度 短期接触的影响：该物质刺激眼睛、皮肤和呼吸道。食入时，该物质可能对血液有影响，导致形成正铁血红蛋白。影响可能推迟显现。需进行医学观察
物理性质	沸点：低于沸点时在 400℃分解 熔点：333~334℃ 密度：2.1g/cm³ 水中溶解度：25℃时 35.7g/100mL
环境数据	
注解	用大量水冲洗工作服（有着火危险）。该物质中毒时，需采取必要的治疗措施。必须提供有指示说明的适当方法

IPCS International Programme on Chemical Safety				

本卡片由 IPCS 和 EC 合作编写 © 2004~2012

国际化学品安全卡

硝酸钠		ICSC 编号：0185

CAS 登记号：7631-99-4　　　中文名称：硝酸钠；智利硝石

RTECS 号：WC5600000　　　英文名称：SODIUM NITRATE; Chile saltpeter

UN 编号：1498

中国危险货物编号：1498

分子量：85.0　　　　　　　　　化学式：NaNO₃

危害/接触类型	急性危害/症状	预防	急救/消防
火　灾	不可燃，但可助长其他物质燃烧。在火焰中释放出刺激性或有毒烟雾（或气体）	禁止与可燃物质和还原剂接触	周围环境着火时，使用适当的灭火剂
爆　炸	与还原剂接触时，有着火和爆炸危险		
接　触		防止粉尘扩散！	
# 吸入	咳嗽，咽喉痛	局部排气通风或呼吸防护	新鲜空气，休息，给予医疗护理
# 皮肤	发红	防护手套	先用大量水，然后脱去污染的衣服并再次冲洗
# 眼睛	发红，疼痛	护目镜	先用大量水冲洗几分钟（如可能尽量摘除隐形眼镜），然后就医
# 食入	腹部疼痛，嘴唇发青或指甲发青，皮肤发青，惊厥，腹泻，头晕，头痛，呼吸困难，意识模糊，恶心，神志不清	工作时不得进食，饮水或吸烟。进食前洗手	漱口，给予医疗护理

泄漏处置	将泄漏物清扫进塑料或玻璃容器中。用大量水冲净残余物
包装与标志	联合国危险性类别：5.1　联合国包装类别：III 中国危险性类别：第 5.1 项氧化性物质　中国包装类别：III
应急响应	运输应急卡：TEC(R)-51S1498
储存	与可燃物质和还原性物质分开存放。干燥
重要数据	**物理状态、外观**：无色吸湿的晶体 **化学危险性**：加热时，该物质分解生成氮氧化物和氧，增加着火的危险。该物质是一种强氧化剂。与可燃物质和还原性物质发生反应，有着火和爆炸危险 **职业接触限值**：阈限值未制定标准 **接触途径**：该物质可通过吸入其气溶胶和经食入吸收到体内 **吸入危险性**：20℃时蒸发可忽略不计，但扩散时可较快地达到空气中颗粒物有害浓度 **短期接触的影响**：该物质刺激眼睛、皮肤和呼吸道。食入时，该物质可能对血液有影响，导致形成正铁血红蛋白。影响可能推迟显现。需进行医学观察
物理性质	沸点：380℃（分解） 熔点：308℃ 密度：2.3g/cm³ 水中溶解度：25℃时 92.1g/100mL
环境数据	
注解	用大量水冲洗工作服（有着火危险）。该物质中毒时，需采取必要的治疗措施。必须提供有指示说明的适当方法

IPCS
International
Programme on
Chemical Safety

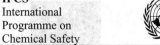 UNEP

本卡片由 IPCS 和 EC 合作编写 © 2004～2012

国际化学品安全卡

硝化甘油			ICSC 编号：0186

CAS 登记号：55-63-0
RTECS 号：QX2100000
UN 编号：0143（减敏的）
EC 编号：603-034-00-X
中国危险货物编号：0143
分子量：227.1

中文名称：硝化甘油；甘油基三硝酸酯；1,2,3-丙三醇三硝酸酯；爆炸油

英文名称：NITROGLYCERIN; Glyceryl trinitrate; Glycerol trinitrate; 1,2,3-Propanetriol trinitrate; Blasting oil

化学式：$C_3H_5N_3O_9/C_3H_5(NO_3)_3$

危害/接触类型	急性危害/症状	预防	急救/消防
火 灾	爆炸性的。许多反应可能引起火灾或爆炸。在火焰中释放出刺激性或有毒烟雾（或气体）	禁止明火，禁止火花，禁止吸烟。禁止与高温表面接触	干粉，雾状水，泡沫，二氧化碳
爆 炸	有着火和爆炸危险	密闭系统，通风，防爆型电气设备和照明。使用无火花的手工具。不要受摩擦和撞击	着火时喷雾状水保持料桶等冷却。从掩蔽位置灭火
接 触		严格作业环境管理！	一切情况均向医生咨询！
# 吸入	头痛。脸红。头晕	通风，局部排气通风或呼吸防护	新鲜空气，休息，给予医疗护理
# 皮肤	可能被吸收！（另见吸入）	防护手套，防护服	脱掉污染的衣服，冲洗，然后用水和肥皂洗皮肤，并给予医疗护理
# 眼睛	发红，疼痛	面罩或眼睛防护结合呼吸防护	先用大量水冲洗几分钟（如可能尽量摘除隐形眼镜），然后就医
# 食入	脸红。头痛。头晕。恶心。呕吐。休克或虚脱	工作时不得进食，饮水或吸烟。进食前洗手	漱口，催吐（仅对清醒病人!），用水冲服活性炭浆，立即给予医疗护理

泄漏处置	撤离危险区域！向专家咨询！转移全部引燃源。不要冲入下水道。不要让该化学品进入环境。尽可能将泄漏液收集在可密闭的容器中。用砂土或惰性吸收剂吸收残液，并转移到安全场所。个人防护用具：全套防护服包括自给式呼吸器
包装与标志	不得与食品和饲料一起运输 欧盟危险性类别：E 符号 T+符号 N 符号 R:3-26/27/28-33-51/53 S:1/2-33-35-36/37-45-61 联合国危险性类别：1.1D（减敏的） 联合国次要危险性：6.1（减敏的） 中国危险性类别：第 1.1 项有整体爆炸危险的物质和物品 中国次要危险性：6.1
应急响应	运输应急卡：TEC(R)-10G1.1 美国消防协会法规：H2（健康危险性）；F2（火灾危险性）；R4（反应危险性）
储存	稳定后储存。储存在没有排水管或下水道的场所。耐火设备（条件）。严格密封。与食品和饲料分开存放
重要数据	物理状态、外观：无色至黄色黏稠液体或浅黄色晶体 化学危险性：加热可能引起激烈燃烧或爆炸。受撞击、摩擦或震动时，可能爆炸性分解。燃烧时生成氮氧化物有毒烟雾。与臭氧反应，有着火和爆炸危险 职业接触限值：阈限值：0.05ppm（时间加权平均值）（经皮）（美国政府工业卫生学家会议，2005年）。最高容许浓度：BAT；致癌物类别：3B；皮肤吸收（德国，2005年） 接触途径：该物质可通过吸入其气溶胶、经皮肤或食入吸收到体内 吸入危险性：20℃时，该物质蒸发不会或很缓慢地达到空气中有害污染浓度，但喷洒和扩散时快得多。 短期接触的影响：该物质刺激眼睛。该物质可能对心血管系统有影响，导致血压降低。需进行医学观察 长期或反复接触的影响：反复或长期接触可能引起皮肤过敏。反复接触导致显著容忍性。短期脱离接触可能导致突然死亡
物理性质	沸点：低于沸点在218℃分解 熔点：13℃ 相对密度（水=1）：1.6 水中溶解度：微溶	蒸气压：20℃时 0.03Pa 蒸气相对密度（空气=1）：7.8 自燃温度：270℃ 辛醇/水分配系数的对数值：1.62
环境数据	该物质对水生生物是有毒的
注解	在封闭空间燃烧可能转变为爆燃。饮用含酒精饮料增进有害影响。其他 UN 编号:0144 硝化甘油乙醇溶液(1%<硝化甘油<10%)，联合国危险性类别：1.1D；UN 编号：1204 硝化甘油乙醇溶液（硝化甘油不超过 1%），联合国危险性类别：3，联合国包装类别：II；UN 编号：3064 硝化甘油乙醇溶液（1%<硝化甘油<5%），联合国危险性类别：3，联合国包装类别：II。 添加稳定剂或阻聚剂会影响该物质的毒理学性质。向专家咨询

IPCS
International
Programme on
Chemical Safety

UNEP

本卡片由 IPCS 和 EC 合作编写 © 2004～2012

国际化学品安全卡

2-硝基丙烷			ICSC 编号：0187

CAS 登记号：79-46-9	中文名称：2-硝基丙烷；异硝基丙烷；二甲基硝基甲烷；仲硝基丙烷；2-NP
RTECS 号：TZ5250000	
UN 编号：2608	英文名称：2-NITROPROPANE; Isonitropropane; Dimethylnitromethane;
EC 编号：609-002-00-1	sec-Nitropropane; 2-NP
中国危险货物编号：2608	

分子量：89.1	化学式：$C_3H_7NO_2/CH_3CHNO_2CH_3$

危害/接触类型	急性危害/症状	预防	急救/消防
火　灾	易燃的。许多反应可能引起火灾或爆炸。在火焰中释放出刺激性或有毒烟雾（或气体）	禁止明火，禁止火花和禁止吸烟	干粉，抗溶性泡沫，雾状水，二氧化碳
爆　炸	高于24℃，可能形成爆炸性蒸气/空气混合物	高于24℃，使用密闭系统、通风和防爆型电气设备	着火时，喷雾状水保持料桶等冷却。从掩蔽位置灭火
接　触		避免一切接触！	
# 吸入	咳嗽。头晕。倦睡。头痛。恶心。呕吐。腹泻。虚弱。呼吸短促	通风，局部排气通风或呼吸防护	给予医疗护理
# 皮肤	皮肤干燥。发红	防护手套。防护服	脱去污染的衣服。用大量水冲洗皮肤或淋浴
# 眼睛	发红。疼痛	面罩，或眼睛防护结合呼吸防护	先用大量水冲洗几分钟（如可能尽量摘除隐形眼镜），然后就医
# 食入	（另见吸入）	工作时不得进食，饮水或吸烟。进食前洗手	漱口。给予医疗护理

泄漏处置	转移全部引燃源。一旦出现大量泄漏，撤离危险区域！向专家咨询！尽可能将泄漏液收集在可密闭的容器中。用砂土或惰性吸收剂吸收残液，并转移到安全场所。个人防护用具：自给式呼吸器
包装与标志	欧盟危险性类别：T 符号　标记：E　R:45-10-20/22　S:53-45 联合国危险性类别：3　　　联合国包装类别：III 中国危险性类别：第 3 类 易燃液体　中国包装类别：III　　GHS 分类：警示词：危险　图形符号：感叹号-健康危险　危险说明：吞咽有害；吸入蒸气有害；怀疑导致遗传性缺陷；可能致癌；对肝脏造成损害
应急响应	运输应急卡：TEC(R)-30GF1-III 美国消防协会法规：H1（健康危险性）；F3（火灾危险性）；R2（反应危险性）
储存	耐火设备（条件）。与强碱、强酸、胺类、金属粉末、食品和饲料分开存放
重要数据	物理状态、外观：无色油状液体 化学危险性：燃烧时，该物质分解生成含氮氧化物有毒烟雾。与酸、胺类、无机碱和重金属氧化物反应，生成震动敏感的化合物。浸蚀某些塑料、橡胶和涂层 职业接触限值：阈限值：10ppm；A3（确认的动物致癌物，但未知与人类相关性）（美国政府工业卫生学家会议，2005 年）。最高容许浓度：皮肤吸收；致癌物类别：2（德国，2005 年） 接触途径：该物质可通过吸入其蒸气和经食入吸收到体内 吸入危险性：20℃时，该物质蒸发相当快地达到空气中有害污染浓度 短期接触的影响：该物质的蒸气刺激眼睛和呼吸道。该物质轻微刺激皮肤。该物质可能对中枢神经系统有影响。远高于职业接触限值接触能够造成肝损害。远高于职业接触限值接触可能导致死亡 长期或反复接触的影响：液体使皮肤脱脂。该物质可能是人类致癌物
物理性质	沸点：120℃ 熔点：-91℃ 相对密度（水=1）：0.99 水中溶解度：25℃时 1.7g/100mL 蒸气压：20℃时 1.7kPa 蒸气相对密度（空气=1）：3.1	蒸气/空气混合物的相对密度（20℃，空气=1）：1.04 闪点：24℃（闭杯） 自燃温度：428℃ 爆炸极限：空气中 2.6%～11%（体积） 辛醇/水分配系数的对数值：0.93
环境数据	
注解	根据接触程度，建议定期进行医学检查。超过接触限值时，气味报警不充分。商品名称有 NiPar S-20 和 NiPar S-30。不要将工作服带回家中

IPCS
International
Programme on
Chemical Safety

   UNEP

本卡片由 IPCS 和 EC 合作编写 © 2004～2012

国际化学品安全卡

缩水甘油苯基醚			ICSC 编号：0188

CAS 登记号：122-60-1	中文名称：缩水甘油苯基醚；1,2-环氧-3-苯氧基丙烷；2,3-环氧丙基苯基醚；
RTECS 号：TZ3675000	苯氧基甲基环氧乙烷
EC 编号：603-067-00-X	英文名称：PHENYL GLYCIDYL ETHER; 1,2-Epoxypropylphenyl ether; Phenoxy methyloxirane; PGE

分子量：150.1	化学式：$C_9H_{10}O_2$

危害/接触类型	急性危害/症状	预防	急救/消防
火 灾	可燃的	禁止明火	干粉，雾状水，泡沫，二氧化碳
爆 炸			
接 触	见长期或反复接触的影响	避免一切接触！	
# 吸入	咳嗽，咽喉痛	通风，局部排气通风或呼吸防护	新鲜空气，休息
# 皮肤	可能被吸收！发红。疼痛	防护手套，防护服	脱掉污染的衣服，冲洗，然后用水和肥皂洗皮肤
# 眼睛	发红，疼痛	面罩或眼睛防护结合呼吸防护	先用大量水冲洗几分钟（如可能尽量摘除隐形眼镜），然后就医
# 食入		工作时不得进食，饮水或吸烟	漱口

泄漏处置	不要让该化学品进入环境。将泄漏液收集在有盖的容器中。用砂土或惰性吸收剂吸收残液，并转移到安全场所。个人防护用具：化学防护服包括自给式呼吸器
包装与标志	欧盟危险性类别：T 符号 R:45-20-37/38-43-68-52/53 S:53-45-61
应急响应	
储存	储存在没有排水管或下水道的场所。与强氧化剂、强碱、强酸和胺类分开存放。阴凉场所。保存在暗处
重要数据	物理状态、外观：无色液体，有特殊气味 化学危险性：该物质可能生成爆炸过氧化物。在酸、碱和胺类的作用下，该物质发生聚合。与强氧化剂激烈反应，有着火和爆炸的危险 职业接触限值：阈限值：0.1ppm（时间加权平均值）（经皮）；A3（确认的动物致癌物，但未知与人类相关性）；（致敏剂）（美国政府工业卫生学家会议，2005 年）。最高容许浓度：皮肤吸收；皮肤致敏剂；致癌物类别：2（德国，2005 年） 接触途径：该物质可通过吸入其气溶胶和经皮肤吸收到体内 吸入危险性：20℃时，该物质蒸发相当慢地达到空气中有害污染浓度，但喷洒或扩散时快得多 短期接触的影响：该物质刺激眼睛、皮肤和呼吸道 长期或反复接触的影响：反复或长期接触可能引起皮肤过敏。该物质可能是人类致癌物
物理性质	沸点：245℃ 熔点：3.5℃ 相对密度（水=1）：1.11 水中溶解度：0.24g/100mL 蒸气压：20℃时 1.33Pa 蒸气相对密度（空气=1）：4.37 蒸气/空气混合物的相对密度（20℃，空气=1）：1.00 闪点：114℃（闭杯） 辛醇/水分配系数的对数值：1.12
环境数据	该物质对水生生物是有害的。该物质可能在水生环境中造成长期影响
注解	不要将工作服带回家中。蒸馏前检验过氧化物，如果有，将其去除

IPCS
International
Programme on
Chemical Safety

本卡片由 IPCS 和 EC 合作编写 © 2004～2012

国际化学品安全卡

磷胺		ICSC 编号：0189

CAS 登记号：13171-21-6 RTECS 号：TC2800000 UN 编号：3018 EC 编号：015-022-00-6 中国危险货物编号：3018	中文名称：磷胺；2-氯-2-二乙基氨基甲酰基-1-甲基二甲基磷酸酯；2-氯-3-（二乙基氨基）-1-甲基-3-氧-1-丙烯基二甲基磷酸酯；2-氯-N,N-二乙基-3-羟基丁烯酰胺二甲基硫酸酯 英文名称：PHOSPHAMIDON; 2-Chloro-2-diethylcarbamoyl- 1-methylvinyl phosphate; 2-Chloro-3-(diethylamino) -1-methyl-3-oxo-1-propenyl dimethyl phosphate; Dimethyl phosphate ester 2-chloro-N,N-diethyl-3-hydroxycrotonamide

分子量：299.7	化学式：$C_{10}H_{19}ClNO_5P$

危害/接触类型	急性危害/症状	预防	急救/消防
火 灾	含有机溶剂的液体制剂可能是易燃的。在火焰中释放出刺激性或有毒烟雾（或气体）		周围环境着火时，使用适当的灭火剂
爆 炸			
接 触		严格作业环境管理！避免青少年和儿童接触！	一切情况均向医生咨询！
# 吸入	出汗，肌肉抽搐，瞳孔收缩，肌肉痉挛，多涎，腹泻，头晕，呼吸困难，呕吐，惊厥，神志不清，症状可能推迟显现（见注解）	通风，局部排气通风或呼吸防护	新鲜空气，休息。必要时进行人工呼吸，给予医疗护理
# 皮肤	可能被吸收！（另见吸入）	防护手套，防护服	脱去污染的衣服，冲洗，然后用水和肥皂清洗皮肤，给予医疗护理
# 眼睛	发红，疼痛	面罩或眼睛防护结合呼吸防护	先用大量水冲洗几分钟（如可能尽量摘除隐形眼镜），然后就医
# 食入	胃痉挛。（见吸入）	工作时不得进食，饮水或吸烟。进食前洗手	漱口，催吐（仅对清醒病人！），用水冲服活性炭浆，立即给予医疗护理，见注解
泄漏处置	不要让该化学品进入环境。尽可能将泄漏液收集在可密闭的非金属容器中。用砂土或惰性吸收剂吸收残液，并转移到安全场所。个人防护用具：化学防护服包括自给式呼吸器		
包装与标志	不得与食品和饲料一起运输。严重污染海洋物质 欧盟危险性类别：T+符号 N 符号 R:24-28-68-50/53 S:1/2-23-36/37-45-60-61 联合国危险性类别：6.1 联合国包装类别：II 中国危险性类别：第 6.1 项毒性物质 中国包装类别：II		
应急响应	运输应急卡：TEC(R)-61GT6-II		
储存	储存在没有排水管或下水道的场所。严格密封。保存在通风良好的室内。与碱类、食品和饲料分开存放		
重要数据	物理状态、外观：无色至或黄色液体 化学危险性：加热或燃烧时，该物质分解生成氯化氢、磷氧化物和氮氧化物高毒烟雾。与碱发生水解反应。浸蚀铁、锡和铝 职业接触限值：阈限值：公布生物暴露指数（美国政府工业卫生学家会议，2005 年）。最高容许浓度未制定标准 接触途径：该物质可通过吸入其气溶胶、经皮肤和食入吸收到体内 吸入危险性：20℃时蒸发可忽略不计，但是喷洒时可较快达到空气中颗粒物有害浓度 短期接触的影响：该物质刺激眼睛。可能对神经系统和胆有影响，导致惊厥、呼吸衰竭和死亡。接触高浓度时可能导致死亡。胆碱酯酶抑制剂。影响可能推迟显现。需进行医学观察 长期或反复接触的影响：碱酯酶抑制剂。可能发生累积影响：（见急性危害/症状）		
物理性质	沸点：0.2kPa 时 162℃ 熔点：-45℃ 相对密度（水=1）：1.2	水中溶解度：混溶 蒸气压：20℃时 0.0033Pa 辛醇/水分配系数的对数值：0.8	
环境数据	该物质对水生生物有极高毒性。该物质可能对环境有危害，对鸟类和蜜蜂应给予特别注意。该物质在正常使用过程中进入环境，但是要特别注意避免任何额外的释放，例如通过不适当处置活动		
注解	根据接触程度，建议定期进行医疗检查。该物质中毒时，需采取必要的治疗措施；必须提供有指示说明的适当方法。工业品是异构体混合物。商业制剂中使用的载体溶剂可能改变其物理和毒理学性质。不要将工作服带回家中。商品名称有 Pillarcron, Dimecron 和 Phosron		

IPCS
International
Programme on
Chemical Safety

本卡片由 IPCS 和 EC 合作编写 © 2004～2012

国际化学品安全卡

磷酰氯				ICSC 编号：0190

CAS 登记号：10025-87-3
RTECS 号：TH4897000
UN 编号：1810
EC 编号：015-009-00-5
中国危险货物编号：1810
分子量：153.35

中文名称：磷酰氯；氧氯化磷；三氯氧化磷；三氯氧化膦

英文名称：PHOSPHORUS OXYCHLORIDE; Phosphoryl chloride; Trichlorophosphorus oxide; Trichlorophosphine oxide

化学式：$POCl_3$

危害/接触类型	急性危害/症状	预防	急救/消防
火 灾	不可燃。在火焰中释放出刺激性或有毒烟雾（或气体）	禁止与水接触	周围环境着火时，使用干粉，二氧化碳和干沙土灭火。禁用含水灭火剂。禁止用水
爆 炸		密闭系统，通风，防爆型电气设备和照明	着火时喷雾状水保持料桶等冷却，但避免与水直接接触
接 触		避免一切接触！	一切情况均向医生咨询！
# 吸入	咽喉痛，咳嗽，灼烧感，头晕，头痛，神志不清，恶心，呼吸困难，呕吐，虚弱，气促。症状可能推迟显现。（见注解）	通风，局部排气通风或呼吸防护	新鲜空气，休息，半直立体位。必要时进行人工呼吸，给予医疗护理
# 皮肤	发红，皮肤烧伤，疼痛，水疱	防护手套，防护服	脱掉污染的衣服，用大量水冲洗皮肤或淋浴，并给予医疗护理
# 眼睛	发红，疼痛，严重深度烧伤，视力丧失	面罩或眼睛防护结合呼吸防护	先用大量水冲洗几分钟（如可能尽量摘除隐形眼镜），然后就医
# 食入	灼烧感，腹痛，休克或虚脱。（另见吸入）	工作时不得进食，饮水或吸烟	漱口，不要催吐，并给予医疗护理
泄漏处置	撤离危险区域，向专家咨询！通风，避免与水或湿气接触。尽可能将溢漏液收集在可密闭的干容器中。用砂子或惰性吸收剂吸收残液并转移到安全场所。个人防护：化学防护服包括自给式呼吸器		
包装与标志	气密。使用不易碎包装，将易破碎包装放入不易碎的密闭容器中 欧盟危险性类别：T+符号　C 符号　R:14-22-26-29-35-48/23　　S:1/2-7/8-26-36/37/39-45 联合国危险性类别：8　　　　联合国包装类别：II 中国危险性类别：第 8 类腐蚀性物质　中国包装类别：II		
应急响应	运输应急卡：TEC（R）-80S1810 或 80GC1-II-X 美国消防协会法规：H3（健康危险性）；F0（火灾危险性）；R2（反应危险性），W （禁止用水）		
储存	与性质相互抵触的物质（见化学危险性）分开存放。阴凉场所。干燥。保存在通风良好的室内		
重要数据	物理状态、外观：无色发烟液体，有刺鼻气味 物理危险性：蒸气比空气重 化学危险性：加热时，该物质分解生成氯化氢和氧化磷有毒腐蚀性烟雾。与水激烈反应，放热，生成盐酸和磷酸分解产物，有着火和爆炸危险。与醇类、酚类、胺类和许多其他物质激烈反应 职业接触限值：阈限值：0.1ppm（时间加权平均值）（美国政府工业卫生学家会议，2004 年）。最高容许浓度：0.2ppm，$1.3mg/m^3$；最高限值种类：I（1）；妊娠风险等级：C（德国，2005 年） 接触途径：该物质可通过吸入其蒸气和食入吸收到体内 吸入危险性：容器漏损时，该气体迅速达到空气中有害污染浓度 短期接触的影响：该物质腐蚀眼睛、皮肤和呼吸道。吸入蒸气可能引起肺水肿（见注解）。高浓度接触可能导致死亡。影响可能推迟显现。需进行医学观察		
物理性质	沸点：105.8℃ 熔点：1.25℃ 相对密度（水=1）：1.645 水中溶解度：发生反应 蒸气压：27.3℃时 5.3kPa 蒸气相对密度（空气=1）：5.3		
环境数据			
注解	肺水肿症状通常几小时之后才变得明显，体力劳动使症状加重。因此，休息和医学观察是必要的。应考虑由医生或医生指定的人立即采取适当吸入治疗法		

IPCS
International
Programme on
Chemical Safety

UNEP

本卡片由 IPCS 和 EC 合作编写 © 2004～2012

国际化学品安全卡

残杀威			ICSC 编号：0191

CAS 登记号：114-26-1
RTECS 号：FC3150000
UN 编号：2757
EC 编号：006-16-00-4
中国危险货物编号：2757
分子量：209.2

中文名称：残杀威；2-异丙氧基苯基甲基氨基甲酸酯；2-(1-甲基乙氧基)苯基甲基氨基甲酸酯
英文名称：PROPOXUR; 2-Isopropoxyphenyl methylcarbamate; Phenol,2-(1-methylethoxy)-, methylcarbamate; 2-(1-Methylethoxy)phenyl methylcarbamate; PHC
化学式：$C_{11}H_{15}NO_3$

危害/接触类型	急性危害/症状	预防	急救/消防
火 灾	在特定条件下是可燃的。含有机溶剂的液体制剂可能是易燃的。在火焰中释放出刺激性或有毒烟雾（或气体）	禁止明火	干粉、雾状水、泡沫、二氧化碳
爆 炸			
接 触		防止粉尘扩散！严格作业环境管理！避免青少年和儿童接触！	一切情况均向医生咨询！
# 吸入	头痛，头晕，出汗，呼吸困难，恶心，神志不清，呕吐，瞳孔缩窄，多涎	局部排气通风或呼吸防护	新鲜空气，休息，半直立体位。给予医疗护理（见注解）
# 皮肤	可能被吸收。（另见吸入）	防护手套，防护服	脱掉污染的衣服，冲洗，然后用水和肥皂洗皮肤，并给予医疗护理
# 眼睛	针状瞳孔，视力模糊	如为粉末，安全护目镜，面罩或眼睛防护结合呼吸防护	先用大量水冲洗几分钟（如可能尽量摘除隐形眼镜），然后就医
# 食入	胃痉挛，惊厥，虚弱，肌肉震颤。（另见吸入）	工作时不得进食，饮水或吸烟。进食前洗手	用水冲服活性炭浆，催吐（仅对清醒病人！），休息，给予医疗护理（见注解）

泄漏处置	不要冲入下水道。将泄漏物质清扫入容器中。如果适当，首先润湿防止扬尘。小心地收集残余物，然后转移至安全场所。个人防护用具：全套防护服包括自给式呼吸器
包装与标志	不得与食品和饲料一起运输。污染海洋物质 欧盟危险性类别：T 符号 N 符号 R:25-50/53 S:1/2-37-45-60-61 联合国危险性类别：6.1　　　　联合国包装类别：III 中国危险性类别：第 6.1 项毒性物质　中国包装类别：III
应急响应	应急运输卡：TEC(R)-61GT7-III
储存	注意收容灭火产生的废水。与食品和饲料分开存放。保存在通风良好的室内
重要数据	物理状态、外观：白色晶体粉末 化学危险性：加热、燃烧时，该物质分解生成异氰酸甲酯和氮氧化物有毒烟雾 职业接触限值：阈限值：0.5mg/m³（时间加权平均值）；A3（确认的动物致癌物，但未知与人类相关性）；公布生物暴露指数（美国政府工业卫生学家会议，2004 年）。最高容许浓度：2mg/m³（可吸入粉尘）；最高限值种类：II（8）（德国，2004 年） 接触途径：该物质可通过吸入、经皮肤和食入吸收到体内 吸入危险性：20℃时蒸发可忽略不计，但喷洒或扩散时可较快达到空中颗粒物有害浓度 短期接触的影响：该物质可能对神经系统、肝与肾有影响，导致呼吸衰竭、惊厥和组织损伤。胆碱酯酶抑制剂。接触可能导致死亡
物理性质	熔点：91℃ 水中溶解度：20℃时 0.2g/100mL（微溶） 蒸气压：20℃时 0.001Pa 辛醇/水分配系数的对数值：1.52
环境数据	该物质可能对环境有危害，对哺乳动物、鸟类、水生生物、土壤中生物和蜜蜂应给予特别注意
注解	根据接触程度，需定期进行医疗检查。该物质中毒时，需采取必要的治疗措施。必须提供有指示说明的适当方法。如果该物质以含烃类溶剂的制剂形式存在，不能催吐。如果该物质用溶剂配制，也可参考溶剂的卡片。商业制剂中使用的载体溶剂可能改变其物理和毒理学性质。商品名有：Baygon, Blattanex, Bolfo, Invisi-Gard, Isocarb, o-IMPC, Propyon, Rhoden, Sendran, Suncide, Tendex, Tugon Fliegenkugel, Unden 和 Undene

IPCS
International Programme on Chemical Safety

本卡片由 IPCS 和 EC 合作编写 © 2004～2012

国际化学品安全卡

环氧丙烷			ICSC 编号：0192

CAS 登记号：75-56-9
RTECS 号：TZ2975000
UN 编号：1280
EC 编号：603-055-00-4
中国危险货物编号：1280
分子量：58.1

中文名称：环氧丙烷；1,2-环氧丙烷；甲基环氧乙烷；氧化丙烯

英文名称：PROPYLENE OXIDE; 1,2-Epoxypropane; Methyloxirane; Methyl ethylene oxide; Propene oxide

化学式：C_3H_6O/CH_3CHCH_2O

危害/接触类型	急性危害/症状	预防	急救/消防
火　灾	极易燃。加热引起压力升高，容器有破裂危险	禁止明火，禁止火花和禁止吸烟	抗溶性泡沫，泡沫，雾状水
爆　炸	蒸气/空气混合物有爆炸性	密闭系统，通风，防爆型电气设备和照明。防止静电荷积聚（例如，通过接地）。不要使用压缩空气灌装、卸料或转运。使用无火花手工工具	着火时，喷雾状水保持料桶等冷却
接　触		严格作业环境管理！	
# 吸入	咳嗽。咽喉痛	通风，局部排气通风或呼吸防护	新鲜空气，休息。如果感觉不舒服，需就医
# 皮肤	发红	防护手套。防护服	脱去污染的衣服。用大量水冲洗皮肤或淋浴
# 眼睛	发红。疼痛	安全护目镜，或眼睛防护结合呼吸防护	用大量水冲洗（如可能尽量摘除隐形眼镜）。给予医疗护理
# 食入	咽喉疼痛	工作时不得进食，饮水或吸烟	漱口。不要催吐。如果呼吸困难和/或发烧，就医

泄漏处置	撤离危险区域！向专家咨询！转移全部引燃源。通风。将泄漏液收集在可密闭的干燥容器中。用干砂或惰性吸收剂吸收残液，并转移到安全场所。转移全部引燃源。通风。个人防护用具：全套防护服包括自给式呼吸器
包装与标志	不易破碎包装，将易破碎包装放在不易破碎的密闭容器中 欧盟危险性类别：F+符号 T符号 标记：E　R:45-46-12-20/21/22-36/37/38　S:53-45 联合国危险性类别：3　　　联合国包装类别：I 中国危险性类别：第 3 类 易燃液体　中国包装类别：I GHS 分类：信号词：危险 图形符号：火焰-感叹号-健康危险 危险说明：极易燃液体和蒸气；吞咽有害；皮肤接触有害；吸入(蒸气)有害；造成皮肤刺激；造成眼睛刺激；怀疑导致遗传性缺陷；怀疑致癌；可能引起呼吸道刺激；吞咽和进入呼吸道可能有害
应急响应	美国消防协会法规：H3（健康危险性）；F4（火灾危险性）；R2（反应危险性）
储存	耐火设备(条件)。与酸、碱和强氧化剂分开存放。干燥。阴凉场所。严格密封。保存在暗处
重要数据	物理状态、外观：极易挥发无色液体，有特殊气味 物理危险性：蒸气比空气重，可能沿地面流动；可能造成远处着火。由于流动、搅拌等，可能产生静电 化学危险性：在碱、酸和金属氯化物的作用下，该物质可能发生剧烈聚合，有着火或爆炸的危险。与氯、氨、强氧化剂和酸发生剧烈反应，有着火和爆炸的危险 职业接触限值：阈限值：2ppm（时间加权平均值）；A3（确认的动物致癌物，但未知与人类相关性）；致敏剂（美国政府工业卫生学家会议，2009 年）。最高容许浓度：皮肤吸收；致癌物类别：2（德国，2009 年） 接触途径：该物质可通过吸入、经皮肤和经食入吸收到体内 吸入危险性：20℃时，该物质蒸发，迅速达到空气中有害污染浓度 短期接触的影响：该物质刺激眼睛、皮肤和呼吸道。如果吞咽该物质，可能引起呕吐，可导致吸入性肺炎 长期或反复接触的影响：反复或长期与皮肤接触可能引起皮炎。该物质可能是人类致癌物
物理性质	沸点：34℃ 熔点：−112℃ 相对密度（水=1）：0.83 水中溶解度：20℃时 40g/100mL 蒸气压：20℃时 59kPa 蒸气相对密度（空气=1）：2.0 || 蒸气/空气混合物的相对密度（20℃，空气=1）：1.6 闪点：−37℃(闭杯) 自燃温度：430℃ 爆炸极限：空气中 1.9%～36.3%（体积） 辛醇/水分配系数的对数值：0.03
环境数据	
注解	不要将工作服带回家中

IPCS
International
Programme on
Chemical Safety

  UNEP

本卡片由 IPCS 和 EC 合作编写 © 2004～2012

国际化学品安全卡

间苯二酚二缩水甘油醚			ICSC 编号：0193

CAS 登记号：101-90-6
RTECS 号：VH1050000
EC 编号：603-065-00-9

中文名称：间苯二酚二缩水甘油醚；二缩水甘油间苯二酚醚；间双(2,3-环氧丙氧基)苯；1,3-二缩水甘油羟苯；1,3-二缩水甘油苯酚
英文名称：RESORCINOL DIGLYCIDYL ETHER; Diglycidyl resorcinol ether; m-Bis(2,3-epoxypropoxy)benzene; 1,3-Diglycidyloxybenzene

分子量：222.2　　　　　　　　　化学式：$C_{12}H_{14}O_4$

危害/接触类型	急性危害/症状	预防	急救/消防
火　灾	可燃的	禁止明火	干粉，雾状水，泡沫，二氧化碳
爆　炸			
接　触	见长期或反复接触的影响	避免一切接触！	
# 吸入	咳嗽，咽喉痛	局部排气通风或呼吸防护	新鲜空气，休息
# 皮肤	可能被吸收！发红，疼痛	防护手套，防护服	脱掉污染的衣服，冲洗，然后用水和肥皂洗皮肤
# 眼睛	发红，疼痛	安全护目镜，或眼睛防护结合呼吸防护	先用大量水冲洗几分钟（如可能尽量摘除隐形眼镜），然后就医
# 食入		工作时不得进食，饮水或吸烟	漱口

泄漏处置	将泄漏液收集在有盖的容器中。用砂土或惰性吸收剂吸收残液，并转移到安全场所。个人防护用具：化学防护服包括自给式呼吸器
包装与标志	欧盟危险性类别：Xn 符号　　R:21/22-36/38-40-43-68-52/53　　S:2-23-36/37-61
应急响应	
储存	与强氧化剂、强碱、强酸和胺类分开存放。阴凉场所。保存在暗处
重要数据	**物理状态、外观：** 黄色膏状或液体，有特殊气味 **化学危险性：** 该物质可能生成爆炸性过氧化物。与酸类、胺类、碱类和强氧化剂发生反应 **职业接触限值：** 阈限值未制定标准。最高容许浓度：皮肤吸收；皮肤致敏剂；致癌物类别：2（德国，2005 年） **接触途径：** 该物质可经皮肤和食入吸收到体内 **吸入危险性：** 未指明 20℃时该物质蒸发达到有害空气污染浓度的速率 **短期接触的影响：** 该物质严重刺激眼睛，刺激皮肤和呼吸道 **长期或反复接触的影响：** 反复或长期接触可能引起皮肤过敏。该物质可能是人类致癌物
物理性质	沸点：在 0.0001kPa 时 172℃ 熔点：32～33℃ 相对密度（水=1）：1.21 蒸气相对密度（空气=1）：7.7 闪点：113℃（闭杯）
环境数据	
注解	本卡片所述的对健康的影响是指工业级产品。不要将工作服带回家中。蒸馏前检验过氧化物，如有，将其去除

IPCS
International Programme on Chemical Safety

本卡片由 IPCS 和 EC 合作编写 © 2004～2012

国际化学品安全卡

褐块石棉			ICSC 编号：0194

EC 编号：650-016-00-2	中文名称：褐块石棉；石毛		
	英文名称：ROCK WOOL;Stone wool		

危害/接触类型	急性危害/症状	预防	急救/消防
火　灾	不可燃		周围环境着火时，允许使用各种灭火剂
爆　炸			
接　触	见长期或反复接触的影响	防止粉尘扩散！	
# 吸入	咽喉痛，呼吸困难	局部排气通风或呼吸防护	新鲜空气，休息，给予医疗护理
# 皮肤	发红，发痒	防护手套，防护服	
# 眼睛	发红，疼痛，发痒	护目镜	先用大量水冲洗几分钟（如可能尽量摘除隐形眼镜），然后就医
# 食入		工作时不得进食，饮水或吸烟	

泄漏处置	将泄漏物清扫进容器中。如果适当，首先润湿防止扬尘。小心收集残余物，然后转移到安全场所。个人防护用具：适用于有害颗粒物的 P2 过滤呼吸器
包装与标志	欧盟危险性类别：Xn 符号　标记：A，Q，R　　R:38-40　　S:2-36/37
应急响应	
储存	
重要数据	物理状态、外观：纤维状固体 职业接触限值：阈限值：1 纤维/cm^3（时间加权平均值），A3（确认的动物致癌物，但未知与人类相关性）（美国政府工业卫生学家会议，1999 年） 接触途径：该物质可通过吸入吸收到体内 吸入危险性：20℃时蒸发可忽略不计，但可较快地达到空气中颗粒物有害浓度 短期接触的影响：该物质刺激眼睛、皮肤和呼吸道 长期或反复接触的影响：该物质可能是人类致癌物。致癌潜力取决于纤维长度、直径、化学组成和生物持久性。储运该物质时，应当征询专家建议
物理性质	水中溶解度：不溶
环境数据	
注解	褐块石棉是由岩石制作的无定形硅酸盐。可能含有抑制粉尘的黏合剂和油

IPCS
International
Programme on
Chemical Safety

UNEP

本卡片由 IPCS 和 EC 合作编写 © 2004～2012

国际化学品安全卡

EC 编号：650-016-00-2	中文名称：矿渣棉 英文名称：SLAG WOOL

危害/接触类型	急性危害/症状	预防	急救/消防
火　灾	不可燃		周围环境着火时，允许使用各种灭火剂
爆　炸			
接　触	见长期或反复接触的影响	防止粉尘扩散！	
# 吸入	咽喉痛，呼吸困难	局部排气通风或呼吸防护	新鲜空气，休息，给予医疗护理
# 皮肤	发红，发痒	防护手套，防护服	
# 眼睛	发红，疼痛，发痒	护目镜	先用大量水冲洗几分钟（如可能尽量摘除隐形眼镜），然后就医
# 食入		工作时不得进食，饮水或吸烟	

泄漏处置	将泄漏物清扫进容器中。如果适当，首先润湿防止扬尘。小心收集残余物，然后转移到安全场所。个人防护用具：适用于有害颗粒物的 P2 过滤呼吸器
包装与标志	欧盟危险性类别：Xn 符号　标记：A，Q，R　　R:38-40　　S:2-36/37
应急响应	
储存	
重要数据	**物理状态、外观：** 纤维状固体 **职业接触限值：** 阈限值：1 纤维/cm³（时间加权平均值），A3（确认的动物致癌物，但未知与人类相关性）（美国政府工业卫生学家会议，1999 年） **接触途径：** 该物质可通过吸入吸收到体内 **吸入危险性：** 20℃时蒸发可忽略不计，但可较快地达到空气中颗粒物有害浓度 **短期接触的影响：** 该物质刺激眼睛，皮肤和呼吸道 **长期或反复接触的影响：** 该物质可能是人类致癌物。致癌潜力取决于纤维长度、直径、化学组成和生物持久性。储运该物质时应当征求专家意见
物理性质	水中溶解度：不溶
环境数据	
注解	矿渣棉是由岩石制作的无定形硅酸盐。可能含有抑制粉尘使用的黏合剂和油

IPCS
International
Programme on
Chemical Safety

UNEP

本卡片由 IPCS 和 EC 合作编写 © 2004～2012

国际化学品安全卡

溴酸钠			ICSC 编号：0196

CAS 登记号：7789-38-0　　　　　　　　　　中文名称：溴酸钠；溴酸钠盐

RTECS 号：EF8750000

UN 编号：1494　　　　　　　　　　英文名称：SODIUM BROMATE; Bromic acid, sodium salt

中国危险货物编号：1494

分子量：150.9　　　　　　　　　　化学式：$NaBrO_3$

危害/接触类型	急性危害/症状	预防	急救/消防
火 灾	不可燃，但可助长其他物质燃烧。在火焰中释放出刺激性或有毒烟雾（或气体）	禁止与可燃物质和还原剂接触	大量水
爆 炸	与可燃物质和还原剂接触时，有着火和爆炸危险		
接 触		防止粉尘扩散！	
# 吸入	咳嗽。咽喉痛。（见食入）	局部排气通风或呼吸防护	新鲜空气，休息。给予医疗护理
# 皮肤	发红	防护手套	冲洗，然后用水和肥皂清洗皮肤
# 眼睛	发红。疼痛	安全护目镜或如为粉末，眼睛防护结合呼吸防护	先用大量水冲洗几分钟（如可能尽量摘除隐形眼镜），然后就医
# 食入	腹部疼痛。腹泻。倦睡。呼吸困难。恶心。呕吐。耳聋。神志不清。见短期接触的影响	工作时不得进食，饮水或吸烟	漱口。用水冲服活性炭浆。给予医疗护理
泄漏处置	将泄漏物清扫进可密闭容器中。如果适当，首先润湿防止扬尘。小心收集残余物，然后转移到安全场所。不要用锯末或其他可燃吸收剂吸收。个人防护用具：适用于有毒颗粒物的P3过滤呼吸器		
包装与标志	联合国危险性类别：5.1　　　　联合国包装类别：II 中国危险性类别：第 5.1 项 氧化性物质　　中国包装类别：II　　　　GHS 分类：警示词：危险 图形符号：火焰在圆环上-健康危险 危险说明：可能引起燃烧或爆炸，强氧化剂；吞咽对肾和神经系统造成损害		
应急响应	运输应急卡：TEC(R)-51GO2-I+II+III		
储存	与可燃物质和还原性物质分开存放。见化学危险性		
重要数据	物理状态、外观：无色晶体 化学危险性：加热时，该物质分解生成含有溴化氢有毒和腐蚀性烟雾。该物质是一种强氧化剂，与可燃物质和还原性物质、燃料和金属粉末、油脂、含硫化合物激烈反应，有着火和爆炸危险 职业接触限值：阈限值未制定标准。最高容许浓度未制定标准 接触途径：该物质可通过吸入其气溶胶和经食入吸收到体内 吸入危险性：扩散时，可较快地达到空气中颗粒物有害浓度，尤其是粉末 短期接触的影响：该物质刺激眼睛、皮肤和呼吸道。食入时，该物质可能对肾脏和神经系统有影响，导致肾衰竭、呼吸抑制、听力损伤和末梢神经病。影响可能推迟显现		
物理性质	熔点：381℃时分解 相对密度（水=1）：3.34 水中溶解度：20℃时 36.4g/100mL		
环境数据			
注解	如果被有机物、金属和碳污染，转变为对撞击敏感物质。用大量水冲洗工作服（因有着火的危险）		

IPCS
International
Programme on
Chemical Safety

本卡片由 IPCS 和 EC 合作编写 © 2004～2012

国际化学品安全卡

马钱子碱			ICSC 编号：0197

CAS 登记号：57-24-9
RTECS 号：WL2275000
UN 编号：1692
EC 编号：614-003-00-5
中国危险货物编号：1692
分子量：334.4

中文名称：马钱子碱；马钱子碱-10-酮
英文名称：STRYCHNINE; Strychnidin-10-one

化学式：$C_{21}H_{22}N_2O_2$

危害/接触类型	急性危害/症状	预防	急救/消防
火 灾	不可燃。在火焰中释放出刺激性或有毒烟雾（或气体）	禁止与氧化剂接触	周围环境着火时，使用适当的灭火剂
爆 炸			
接 触		避免一切接触！	一切情况均向医生咨询！
# 吸入	（见食入）	局部排气通风或呼吸防护	新鲜空气，休息，必要时进行人工呼吸，给予医疗护理
# 皮肤		防护手套	脱去污染的衣服，冲洗，然后用水和肥皂清洗皮肤，给予医疗护理
# 眼睛		护目镜	先用大量水冲洗几分钟（如可能尽量摘除隐形眼镜），然后就医
# 食入	惊厥，肌肉僵硬，休克或虚脱	工作时不得进食，饮水或吸烟。进食前洗手	漱口，给予医疗护理。让患者完全不受打扰
泄漏处置	将泄漏物清扫进容器中。如果适当，首先润湿防止扬尘。小心收集残余物，然后转移到安全场所。个人防护用具：自给式呼吸器		
包装与标志	不得与食品和饲料一起运输。污染海洋物质 欧盟危险性类别：T+符号 N 符号　　R:27/28-50/53　　S:1/2-36/37-45-60-61 联合国危险性类别：6.1 联合国包装类别：I 中国危险性类别：第 6.1 项毒性物质 中国包装类别：I		
应急响应	运输应急卡：TEC(R)-61GT2-I		
储存	注意收容灭火产生的废水。与强氧化剂、食品和饲料分开存放。严格密封		
重要数据	物理状态、外观：无气味无色晶体，有苦味 化学危险性：加热时，该物质分解生成氮氧化物有毒烟雾。该物质是一种弱碱。与强氧化剂发生反应，有着火和爆炸危险 职业接触限值：阈限值：$0.15mg/m^3$（时间加权平均值）（美国政府工业卫生学家会议，2004 年）。最高容许浓度：IIb（未制定标准，但可提供数据）（德国，2004 年） 接触途径：该物质可通过吸入其气溶胶和经食入吸收到体内 吸入危险性：20℃时蒸发可忽略不计，但扩散时可较快地达到空气中颗粒物有害浓度，尤其是粉末。 短期接触的影响：该物质可能对中枢神经系统有影响，导致惊厥，肌肉挛缩和呼吸衰竭。接触可能导致死亡		
物理性质	沸点：低于沸点时分解 熔点：275～285℃ 密度：$1.36g/cm^3$ 水中溶解度：不溶 辛醇/水分配系数的对数值：1.68		
环境数据	该物质对水生生物有极高毒性。该物质可能对环境有危害，对鸟类应给予特别注意。该物质在正常使用过程中进入环境，但是应当注意避免任何额外的释放，例如通过不适当的处置活动		
注解	该物质中毒时需采取必要的治疗措施。必须提供有指示说明的适当方法		

IPCS
International
Programme on
Chemical Safety

本卡片由 **IPCS** 和 **EC** 合作编写 © 2004～2012

国际化学品安全卡

磺酰氯			ICSC 编号：0198

CAS 登记号：7791-25-5	中文名称：磺酰氯；磺酰二氯；氧氯化硫
RTECS 号：WT4870000	
UN 编号：1834	英文名称：SULPHURYL CHLORIDE; Sulphuryl dichloride; Sulfonyl
EC 编号：016-016-00-6	chloride; Sulfur chloride oxide
中国危险货物编号：1834	

分子量：134.96	化学式：SO$_2$Cl$_2$

危害/接触类型	急性危害/症状	预防	急救/消防
火 灾	不可燃		周围环境着火时，使用干粉、二氧化碳灭火。禁止用水
爆 炸			着火时喷雾状水保持料桶等冷却，但避免该物质与水接触
接 触		避免一切接触！	一切情况均向医生咨询！
# 吸入	灼烧感，咳嗽，恶心，呼吸困难，呼吸短促，咽喉痛。症状可能推迟显现。（见注解）	通风，局部排气通风或呼吸防护	新鲜空气，休息，半直立体位，必要时进行人工呼吸，并给予医疗护理
# 皮肤	发红，疼痛，皮肤烧伤，水疱	防护手套，防护服	脱掉污染的衣服，用大量水冲洗皮肤或淋浴，并给予医疗护理
# 眼睛	发红，疼痛，失明，严重深度烧伤	面罩或眼睛防护结合呼吸防护	先用大量水冲洗几分钟（如可能尽量摘除隐形眼镜），然后就医
# 食入	腹痛，灼烧感，休克或虚脱。（另见吸入）	工作时不得进食，饮水或吸烟	漱口，不得催吐

泄漏处置	撤离危险区域。向专家咨询！尽可能将泄漏液收集到可密闭的容器中。用干砂土或惰性吸收剂吸收残液，并转移到安全场所。不要让该化学品进入环境。个人防护用具：全套防护服包括自给式呼吸器
包装与标志	欧盟危险性类别：C 符号　R:14-34-37　S:1/2-26-45 联合国危险性类别：8　　联合国包装类别：I 中国危险性类别：第 8 类腐蚀性物质　中国包装类别：I
应急响应	运输应急卡：TEC(R)-80S1894 或 80SGC1-I-X 美国消防协会法规：H3（健康危险性）；F0（火灾危险性）；R2（反应危险性）
储存	与强碱分开存放。干燥
重要数据	物理状态、外观：无色至黄色液体，有刺鼻气味。接触空气/光时，变成黄色 物理危险性：蒸气比空气重 化学危险性：在潮湿空气作用下，该物质分解生成氯气、硫氧化物、硫酸和氯化氢。与水激烈反应。有水存在时，浸蚀许多金属 职业接触限值：阈限值未制定标准。最高容许浓度未制定标准 接触途径：该物质可通过吸入其蒸气吸收到体内 吸入危险性：20℃时该物质蒸发，可迅速达到空气中有害污染浓度 短期接触的影响：该物质腐蚀眼睛、皮肤和呼吸道。吸入蒸气可能引起肺水肿（见注解）。该物质可能对呼吸道有影响。接触可能导致死亡。作用可能推迟显现。需定期进行医学观察
物理性质	沸点：69.1℃ 熔点：−54.1℃ 相对密度（水=1）：1.67 水中溶解度：反应 蒸气压：在20℃时 14.8kPa 蒸气相对密度（空气=1）：4.65 蒸气/空气混合物的相对密度（20℃，空气=1）：1.5
环境数据	该物质可能对环境有危害，对水体应给予特别注意
注解	肺水肿症状常常几小时以后才变得明显，体力劳动使症状加重，因此，休息和医学观察是必要的。应考虑由医生或医生指定的立即采取适当吸入治疗法。不要将工作服带回空中。不要在火焰或高温表面附近或焊接时使用

IPCS
International
Programme on
Chemical Safety

本卡片由 IPCS 和 EC 合作编写 © 2004～2012

国际化学品安全卡

双硫磷			ICSC 编号：0199

CAS 登记号：3383-96-8	中文名称：双硫磷；*O,O,O',O'*-四甲基-*O,O*-硫代二对亚苯基双(硫代磷酸
RTECS 号：TF6890000	酯)；*O,O'*-(硫代二-4,1-亚苯基)双(*O,O*-二甲基硫代磷酸酯)；*O,O'*-(硫代二
UN 编号：2783	-4,1-亚苯基)-*O,O,O',O'*-四甲基硫代磷酸酯
EC 编号：	英文名称：TEMEPHOS; *O,O,O',O'*-Tetramethyl *O,O'*-thiodi-p-phenylene
中国危险货物编号：2783	bis(phosphorothioate); *O,O'*-(Thiodi-4,1-phenylene)
	bis(*O,O*-dimethylphosphorothioate); Phosphorothioic acid,
	O,O'-(thiodi-4,1-phenylene) *O,O,O',O'*-tetramethyl ester
分子量：466.5	化学式：$C_{16}H_{20}O_6P_2S_3$

危害/接触类型	急性危害/症状	预防	急救/消防
火 灾	可燃的，含有机溶剂的液体制剂可能是易燃的，在火焰中释放出刺激性或有毒烟雾（或气体）	禁止明火	干粉，雾状水，泡沫，二氧化碳
爆 炸			着火时，喷雾状水保持料桶等冷却
接 触		防止粉尘扩散！防止产生烟云！	
# 吸入	头晕，恶心，肌肉抽搐，出汗，瞳孔收缩，肌肉疼挛，多涎，呕吐，腹泻，呼吸困难，惊厥，神志不清	通风（如果没有粉末时），局部排气通风或呼吸防护	新鲜空气，休息。给予医疗护理
# 皮肤	可能被吸收！（另见吸入）	防护手套。防护服。	脱去污染的衣服，冲洗，然后用水和肥皂清洗皮肤，立即给予医疗护理
# 眼睛	视力模糊。	面罩，或眼睛防护结合呼吸防护	用大量水冲洗（如可能尽量摘除隐形眼镜）。给予医疗护理
# 食入	胃痉挛。（另见吸入）	工作时不得进食，饮水或吸烟，进食前洗手	漱口。给予医疗护理

泄漏处置	不要让该化学品进入环境。将泄漏物清扫进有盖的容器中，如果适当，首先润湿防止扬尘。小心收集残余物，然后转移到安全场所。个人防护用具：适应于该物质空气中浓度的有机气体和颗粒物过滤呼吸器
包装与标志	不得与食品和饲料一起运输。污染海洋物质。 联合国危险性类别：6.1　　　　联合国包装类别：III 中国危险性类别：第 6.1 项 毒性物质　中国包装 类别：III
应急响应	运输应急卡：TEC(R)-61GT7-III
储存	注意收容灭火产生的废水。与食品和饲料分开存放。严格密封。储存在没有排水管或下水道的场所
重要数据	物理状态、外观：无色或白色晶体或液体 化学危险性：加热或燃烧时该物质分解，生成含有磷氧化物和硫氧化物的有毒烟雾 职业接触限值：阈限值：1mg/m³（以时间加权平均值计），可吸入粉尘和蒸气（经皮）；A4（不能分类为人类致癌物）；公布生物暴露指数（美国政府工业卫生学家会议，2006 年）。最高容许浓度未制定标准。 接触途径：该物质可通过吸入、经皮肤和经食入吸收到体内 吸入危险性：20℃时，该物质蒸发不会或很缓慢地达到空气中有害污染浓度 短期接触的影响：胆碱酯酶抑制剂。该物质可能对神经系统有影响，导致惊厥和呼吸抑制。影响可能推迟显现。需进行医学观察。远高于职业接触限值接触时可能导致死亡。该物质可能对有影响 长期或反复接触的影响：胆碱酯酶抑制剂。可能发生累积作用：见急性危害/症状
物理性质	沸点：120～125℃（分解） 熔点：30℃ 密度：1.3g/cm³ 水中溶解度：不溶	蒸气压：25℃时可忽略不计 蒸气相对密度（空气=1）： 辛醇/水分配系数的对数值：5.96
环境数据	该物质对水生生物有极高毒性。该物质可能对环境有危害，对蜜蜂应给予特别注意。该化学品可能发生生物蓄积。该物质在正常使用过程中进入环境。但是要特别注意避免任何额外的释放，例如通过不适当处置活动
注解	根据接触程度，建议定期进行医学检查。该物质中毒时，需采取必要的治疗措施；必须提供有指示说明的适当方法。商业制剂中所用的载体溶剂可能改变其物理和毒理学性质。双硫磷原药（90%～95%）为棕色黏稠液体。商品名称有：Abate, Abathion, Swebate, Nimitex 和 Biothion

IPCS
International
Programme on
Chemical Safety

本卡片由 IPCS 和 EC 合作编写 © 2004～2012

国际化学品安全卡

四甲基铅			ICSC 编号：0200

CAS 登记号：75-74-1	中文名称：四甲基铅
RTECS 号：TP4725000	
UN 编号：1649	英文名称：TETRAMETHYL LEAD; Tetramethyl plumbane
EC 编号：082-002-00-1	
中国危险货物编号：1649	
分子量：267.4	化学式：Pb(CH₃)₄/C₄H₁₂Pb

化学式：$Pb(CH_3)_4/C_4H_{12}Pb$

危害/接触类型	急性危害/症状	预防	急救/消防
火 灾	易燃的。在火焰中释放出刺激性或有毒烟雾（或气体）	禁止明火，禁止火花和禁止吸烟	干粉，雾状水，泡沫，二氧化碳
爆 炸	高于 37.8℃，可能形成爆炸性蒸气/空气混合物	高于 37.8℃，使用密闭系统、通风和防爆型电气设备	着火时，喷雾状水保持料桶等冷却。从掩蔽位置灭火
接 触		严格作业环境管理！	一切情况均向医生咨询！
# 吸入	惊厥，头晕，头痛，恶心，神志不清，症状可能推迟显现（见注解）	通风，局部排气通风或呼吸防护	新鲜空气，休息。给予医疗护理
# 皮肤	可能被吸收。（另见吸入）	防护手套。防护服	脱去污染的衣服。冲洗，然后用水和肥皂清洗皮肤。给予医疗护理
# 眼睛		面罩，或眼睛防护结合呼吸防护	先用大量水冲洗几分钟（如可能尽量摘除隐形眼镜），然后就医
# 食入	腹部疼痛，灼烧感，腹泻，迟钝。（另见吸入）	工作时不得进食，饮水或吸烟。进食前洗手	漱口。用水冲服活性炭浆。给予医疗护理

泄漏处置	撤离危险区域！向专家咨询！尽可能将泄漏液收集在可密闭的容器中。用砂土或惰性吸收剂吸收残液，并转移到安全场所。不要让该化学品进入环境。个人防护用具：全套防护服包括自给式呼吸器
包装与标志	不易破碎包装，将易破碎包装放在不易破碎的密闭容器中。不得与食品和饲料一起运输。污染海洋物质 欧盟危险性类别：T+符号 N 符号 标记：A、E ， l R:61-26/27/28-33-62-50/53 S:53-45-60-61 联合国危险性类别：6.1 联合国包装类别：I 中国危险性类别：第 6.1 项 毒性物质 中国包装类别：I
应急响应	运输应急卡：TEC(R)-61S1649 美国消防协会法规：H3（健康危险性）；F3（火灾危险性）；R3（反应危险性）
储存	耐火设备（条件）。与强氧化剂、强酸、食品和饲料分开存放。阴凉场所。严格密封。储存在没有排水管或下水道的场所。
重要数据	**物理状态、外观**：无色液体，有特殊气味 **物理危险性**：蒸气比空气重 **化学危险性**：加热到90℃以上时，可能发生爆炸。燃烧时，该物质分解生成含铅和氧化铅有毒烟雾。与强氧化剂激烈反应。与强酸反应，与硝酸激烈反应。浸蚀橡胶 **职业接触限值**：阈限值：0.15mg/m³（以铅计）（时间加权平均值）（经皮）（美国政府工业卫生学家会议，2005 年）。最高容许浓度：0.05mg/m³；最高限值种类：II（2）；皮肤吸收；妊娠风险等级：B（德国，2009 年） **接触途径**：该物质可通过吸入，经皮肤和食入吸收到体内 **吸入危险性**：20℃时，该物质蒸发，迅速达到空气中有害污染浓度 **短期接触的影响**：该物质可能对中枢神经系统有影响，导致脑紊乱。影响可能推迟显现。接触可能导致死亡。需进行医学观察
物理性质	沸点：在 1.33kPa 时 110℃ 熔点：-27.5℃ 相对密度（水=1）：2.0 水中溶解度：不溶 蒸气压：20℃时 3.0kPa 蒸气相对密度（空气=1）：6.5	蒸气/空气混合物的相对密度（20℃，空气=1）：1.23 闪点：37.8℃（闭杯） 自燃温度：254℃ 爆炸极限：空气中 1.8%～?%（体积） 辛醇/水分配系数的对数值：6.2
环境数据	该物质对水生生物有极高毒性。该化学品可能沿食物链，例如在软体动物和鱼体内发生生物蓄积
注解	商业产品不纯净，带有红色、橙色或蓝色及添加的稳定剂（1,2-二氯乙烷、甲苯）。根据接触程度，建议定期进行医学检查。未指明气味与职业接触限值之间的关系。不要将工作服带回家中

IPCS
International
Programme on
Chemical Safety

UNEP

本卡片由 IPCS 和 EC 合作编写 © 2004～2012

国际化学品安全卡

野麦畏			ICSC 编号：0201

CAS 登记号：2303-17-5　　　　　　　中文名称：野麦畏；S-2,3,3-三氯烯丙基二异丙基硫代氨基甲酸酯；S-(2,3,3-
RTECS 号：EZ8575000　　　　　　　三氯-2-丙烯基)双(1-甲基乙基)硫代氨基甲酸酯
EC 编号：006-039-00-X　　　　　　　英文名称：TRI-ALLATE; S-(2,3,3-Trichloroallyl) diisopropylthiocarbamate;
　　　　　　　　　　　　　　　　　　S-(2,3,3-Trichloro-2-propenyl) bis (1-methylethyl) carbamothioate

分子量：304.7　　　　　　　　　　　化学式：$C_{10}H_{16}Cl_3NOS/((CH_3)_2CH)_2NCOSCH_2CCl=CCl_2$

危害/接触类型	急性危害/症状	预防	急救/消防
火　　灾	可燃的。含有机溶剂的液体制剂可能是易燃的。在火焰中释放出刺激性或有毒烟雾（或气体）	禁止明火	周围环境着火时，使用适当的灭火剂
爆　　炸			
接　　触			
# 吸入		避免吸入微细粉尘和烟云	新鲜空气，休息
# 皮肤	发红	防护手套	脱去污染的衣服。用大量水冲洗皮肤或淋浴
# 眼睛	发红	安全眼镜	先用大量水冲洗几分钟（如可能尽量摘除隐形眼镜），然后就医
# 食入		工作时不得进食，饮水或吸烟。进食前洗手	漱口。给予医疗护理

泄漏处置	将泄漏液收集在可密闭的容器中。用砂土或惰性吸收剂吸收残液，并转移到安全场所。不要让该化学品进入环境。个人防护用具：适用于有机蒸气和有害粉尘的 A/P2 过滤呼吸器
包装与标志	不得与食品和饲料一起运输 欧盟危险性类别：Xn 符号 N 符号　　R:22-43-48/22-50/53　　S:(2)-24-37-60-61
应急响应	
储存	与食品和饲料分开存放
重要数据	物理状态、外观：清澈液体或无色晶体 化学危险性：加热到200℃以上时，该物质分解生成含氯化氢、氮氧化物和硫氧化物的有毒和腐蚀性气体。浸蚀许多金属 职业接触限值：阈限值未制定标准。最高容许浓度未制定标准 接触途径：该物质可通过吸入和经食入吸收到体内 吸入危险性：喷洒或扩散时可较快地达到空气中颗粒物有害浓度，尤其是粉末 短期接触的影响：该物质刺激眼睛和皮肤
物理性质	沸点：0.04kPa 时 117℃ 熔点：29～30℃ 相对密度（水=1）：1.27 水中溶解度：25℃时 0.0002g/100mL 蒸气压：25℃时 0.016Pa 蒸气相对密度（空气=1）：10.5 闪点：90℃（闭杯） 辛醇/水分配系数的对数值：3.98（计算值）
环境数据	该物质对水生生物有极高毒性。该化学品可能在水生生物中发生生物蓄积作用。该物质在正常使用过程中进入环境。但是应当注意避免任何额外的释放，例如通过不适当处置活动
注解	原药为琥珀色油状液体。如果该物质用溶剂配制，可参考这些溶剂的卡片。商业制剂中使用的载体溶剂可能改变其物理和毒理学性质。商品名称有 Avadex BW、 Dipthal 和 Far-Go

IPCS
International
Programme on
Chemical Safety

本卡片由 IPCS 和 EC 合作编写 © 2004～2012

国际化学品安全卡

草达律			ICSC 编号：0202

CAS 登记号：1912-26-1
RTECS 号：XY5425000

中文名称：草达律；2-氯-4-二乙基氨基-6-乙基氨基-S-三吖嗪；6-氯-N,N,N'-三乙基-1,3,5-三吖嗪-2,4-二胺
英文名称：TRIETAZINE; 2-Chloro-4-diethylamino-6-(ethylamino)-S-triazine; 1,3,5-Triazine-2,4-diamine, 6-chloro-N,N,N'-triethyl-

分子量：229.7   化学式：C₉H₁₆ClN₅

危害/接触类型	急性危害/症状	预防	急救/消防
火　灾	在特定条件下是可燃的。含有机溶剂的液体制剂可能是易燃的。在火焰中释放出刺激性或有毒烟雾（或气体）	禁止明火	干粉、雾状水、泡沫、二氧化碳
爆　炸			
接　触		防止粉尘扩散！	一切情况均向医生咨询！
# 吸入		通风（如果没有粉末）	给予医疗护理
# 皮肤			
# 眼睛		安全护目镜	首先用大量水冲洗几分钟（如可能尽量摘除隐形眼镜）然后就医
# 食入		工作时不得进食、饮水或吸烟。进食前洗手	休息和给予医疗护理
泄漏处置	不要冲入下水道。将泄漏物收集在可密闭容器中。如果适当，首先润湿防止扬尘。小心收集残余物，然后转移到安全场所。个人防护用具：适用于有害颗粒的 P2 过滤呼吸器		
包装与标志	不得与食品和饲料一起运输		
应急响应			
储存	注意收容灭火产生的废水。与食品和饲料分开存放		
重要数据	物理状态、外观：无色晶体 化学危险性：加热和燃烧时，该物质分解生成氯化氢和氮氧化物刺激性和有毒烟雾 职业接触限值：阈限值未制定标准 接触途径：该物质可通过吸入和食入进入到体内 吸入危险性：20℃时蒸发可忽略不计，但喷洒或扩散时可较快地达到空气中颗粒物有害浓度，尤其是粉末		
物理性质	熔点：100～101℃ 水中溶解度：不溶 辛醇/水分配系数的对数值：3.34		
环境数据	该物质可能对环境有危害，对鱼应给予特别注意		
注解	该物质对人体健康影响数据不充分，因此应当特别注意。商业制剂中使用的载体溶剂可能改变其物理和毒理学性质。商品名有：Bronox, G 27901, Gesafloc, NC 1667 和 Remtal		

IPCS
International Programme on Chemical Safety

本卡片由 IPCS 和 EC 合作编写 © 2004～2012

国际化学品安全卡

三乙胺			ICSC 编号：0203

CAS 登记号：121-44-8
RTECS 号：YE0175000
UN 编号：1296
EC 编号：612-004-00-5
中国危险货物编号：1296
分子量：101.2

中文名称：三乙胺；N,N-二乙基乙胺
英文名称：TRIETHYLAMINE; N,N-Diethylethanamine

化学式：$C_6H_{15}N/(C_2H_5)_3N$

危害/接触类型	急性危害/症状	预防	急救/消防
火 灾	高度易燃。在火焰中释放出刺激性或有毒烟雾（或气体）	禁止明火，禁止火花和禁止吸烟	抗溶性泡沫，干粉，水成膜泡沫，泡沫，二氧化碳
爆 炸	蒸气/空气混合物有爆炸性	密闭系统、通风、防爆型电气设备和照明	着火时，喷雾状水保持料桶等冷却
接 触		避免一切接触！	
# 吸入	咳嗽，咽喉痛，气促，呼吸困难，头痛，头晕，虚弱，恶心，症状可能推迟显现（见注解）	通风，局部排气通风或呼吸防护	新鲜空气，休息。半直立体位。必要时进行人工呼吸。给予医疗护理
# 皮肤	发红。皮肤烧伤。疼痛	防护手套。防护服	脱去污染的衣服。用大量水冲洗皮肤或淋浴。给予医疗护理
# 眼睛	疼痛。发红。视力模糊。青眼晕。暂时失明。严重深度烧伤	面罩或眼睛防护结合呼吸防护	先用大量水冲洗几分钟（如可能尽量摘除隐形眼镜），然后就医
# 食入	腹部疼痛。灼烧感。休克或虚脱	工作时不得进食，饮水或吸烟	漱口。不要催吐。大量饮水。给予医疗护理
泄漏处置	撤离危险区域!向专家咨询!通风。转移全部引燃源。将泄漏液收集在可密闭的容器中。用砂土或惰性吸收剂吸收残液，并转移到安全场所。不要让该化学品进入环境。个人防护用具：全套防护服包括自给式呼吸器		
包装与标志	不得与食品和饲料一起运输 欧盟危险性类别：F 符号 C 符号 R:11-20/21/22-35 S:1/2-3-16-26-29-36/37/39-45 联合国危险性类别：3 联合国次要危险性：8 联合国包装类别：II 中国危险性类别：第 3 类 易燃液体 中国次要危险性：第 8 类腐蚀性物质 中国包装类别：II		
应急响应	运输应急卡：TEC(R)-30S1296 美国消防协会法规：H3（健康危险性）；F3（火灾危险性）；R0（反应危险性）		
储存	耐火设备（条件）。与性质相互抵触的物质，食品和饲料分开存放。见化学危险性		
重要数据	物理状态、外观：无色液体，有特殊气味 物理危险性：蒸气比空气重，可能沿地面流动，可能造成远处着火 化学危险性：燃烧时，该物质分解生成含氮氧化物刺激性和有毒气体。该物质是一种强碱。与酸激烈反应。有潮气存在时，对铝、锌、铜及其合金有腐蚀性。与强氧化剂激烈反应，有着火和爆炸的危险。浸蚀某些塑料，橡胶和涂层 职业接触限值：阈限值：1ppm（时间加权平均值）；3ppm（短期接触限值）（经皮），A4（不能分类为人类致癌物）（美国政府工业卫生学家会议，2002 年）。欧盟职业接触限值：2ppm，8.4mg/m³（时间加权平均值）；3ppm，12.6mg/m³（短期接触限值）（经皮）（欧盟，2002 年） 接触途径：该物质可通过吸入，经皮肤和食入吸收到体内 吸入危险性：20℃时，该物质蒸发，迅速达到空气中有害污染浓度 短期接触的影响：该物质腐蚀眼睛，皮肤和呼吸道。食入有腐蚀性。吸入可能引起肺水肿（见注解）。影响可能推迟显现。需进行医学观察。该物质可能对中枢神经系统有影响		
物理性质	沸点：89℃ 熔点：-115℃ 相对密度（水=1）：0.7 水中溶解度：20℃时 17g/100mL（溶解） 蒸气压：20℃时 7.2kPa 蒸气相对密度（空气=1）：3.5		蒸气/空气混合物的相对密度（20℃，空气=1）：1.2 闪点：-17℃（闭杯） 自燃温度：230℃ 爆炸极限：空气中 1.2%～8%（体积） 辛醇/水分配系数的对数值：1.45
环境数据	该物质对水生生物是有害的		
注解	肺水肿症状常常经过几个小时以后才变得明显，体力劳动使症状加重。因而休息和医学观察是必要的。应当考虑由医生或医生指定的人立即采取适当吸入治疗法。超过接触限值时，气味报警不充分		

IPCS
International
Programme on
Chemical Safety

   UNEP

本卡片由 IPCS 和 EC 合作编写 © 2004～2012

国际化学品安全卡

三甘醇二缩水甘油醚			ICSC 编号：0204

CAS 登记号：1954-28-5
RTECS 号：XF0700000

中文名称：三甘醇二缩水甘油醚；二缩水甘油三甘醇；2,2'-(2,5,8,11-四氧杂-1,12-十二烷二基)双环氧乙烷；1,2:15,16-二环氧-4,7,10,13-四氧杂十六烷
英文名称：TRIETHYLENE GIYCOL DIGLYCIDYL ETHER; Diglycidyl triethylene glycol; 2,2'-(2,5,8,11-Tetraoxa-1,12-dodecane diyl) bisoxirane; 1,2:15,16-Diepoxy-4,7,10,13- tetraoxahexadecane

分子量：262.3

化学式：$C_{12}H_{22}O_6$

危害/接触类型	急性危害/症状	预防	急救/消防
火　灾	可燃的	禁止明火	干粉，雾状水，泡沫，二氧化碳
爆　炸			
接　触			
# 吸入		通风	新鲜空气，休息
# 皮肤		防护手套	脱掉污染的衣服，冲洗，然后用大量水和肥皂洗皮肤，给予医疗护理
# 眼睛		安全护目镜	首先用大量水冲洗几分钟，（如可能尽量摘除隐形眼镜），然后就医
# 食入		工作时不得进食，饮水或吸烟	漱口，饮用大量水，并给予医疗护理
泄漏处置	尽可能将泄漏液收集在可密闭的容器中。用大量水冲净残液。见注解		
包装与标志			
应急响应			
储存	与强氧化剂分开存放		
重要数据	物理状态、外观：无色液体 化学危险性：该物质可能生成过氧化物。与强氧化剂发生反应 职业接触限值：阈限值未制定标准 接触途径：该物质可通过吸入吸收到体内 吸入危险性：未指明20℃时该物质蒸发达到空气中有害污染浓度的速率 长期或反复接触的影响：见注解		
物理性质	沸点：0.27kPa 时 195～197℃ 熔点：-15～-11℃ 相对密度（水=1）：1.13 蒸气相对密度（空气=1）：9.0		
环境数据			
注解	该物质是可燃的，但闪点未见文献报道。接触该物质的健康影响未进行充分调查。该物质的人体健康影响数据不充分，因此，应当特别注意。蒸馏前检验过氧化物，如果有，使其无害化		

IPCS
International
Programme on
Chemical Safety

本卡片由 IPCS 和 EC 合作编写 © 2004～2012

国际化学品安全卡

氟乐灵			ICSC 编号：0205

CAS 登记号：1582-09-8	中文名称：氟乐灵；2,6-二硝基-*N,N*-二丙基-4-(三氟甲基)苯胺；*α,α,α*-三氟-2,6-三硝基-*N,N*-二丙基对甲苯胺
RTECS 号：XU9275000	
EC 编号：609-046-00-1	英文名称：TRIFLURALIN; 2,6-Dinitro-*N,N*-dipropyl-4-(tri fluoromethyl) benzeneamine; *α,α,α*-Trifluoro-2,6-dinitro-*N,N*-dipropyl-p-toluidine

分子量：335	化学式：$C_{13}H_{16}F_3N_3O_4$

危害/接触类型	急性危害/症状	预防	急救/消防
火 灾	在特定条件下是可燃的。含有机溶剂的液体制剂可能是易燃的。在火焰中释放出刺激性或有毒烟雾（或气体）	禁止明火	干粉、雾状水、泡沫、二氧化碳
爆 炸			
接 触		防止粉尘扩散！严格作业环境管理！避免青少年和儿童接触！	
# 吸入		通风（如果没有粉末）	新鲜空气，休息
# 皮肤		防护手套，防护服	脱掉污染的衣服，冲洗，然后用大量水和肥皂洗衣服，并给予医疗护理
# 眼睛	发红，疼痛	安全护目镜	首先用大量水冲洗几分钟（如方便取下隐形眼镜），然后就医
# 食入		工作时不得进食、饮水或吸烟	漱口，休息

泄漏处置	不要冲入下水道。尽可能将泄漏物清扫进可密闭容器中。如果适当，首先润湿防止扬尘。小心收集残余物，然后转移到安全场所。个人防护用具：适用于有害颗粒物的 P2 过滤呼吸器
包装与标志	不得与食品和饲料一起运输 欧盟危险性类别：Xi 符号　N 符号　R:36-43-50/53 S:2-24-37-60-61
应急响应	
储存	注意收容灭火产生的废水。与食品和饲料分开存放

重要数据	物理状态、外观：橘黄色晶体，无气味 化学危险性：　加热或燃烧时，该物质分解生成含氮氧化物，氟化氢有毒和腐蚀性烟雾 职业接触限值：阈限值未制定标准 接触途径：该物质可通过吸入其气溶胶吸收到体内 吸入危险性：20℃时蒸发可忽略不计，但是喷洒或扩散时可较快达到空中颗粒物有害污染浓度，尤其是粉末 短期接触的影响：该物质刺激眼睛 长期或反复接触的影响：反复或长期接触可能引起皮肤过敏
物理性质	沸点：0.5kPa 时 139～140℃ 熔点：49℃ 相对密度（水=1）： 水中溶解度：不溶 蒸气压：25℃时 0.014Pa 辛醇/水分配系数的对数值：5.07
环境数据	该物质可能对环境有危害，对水生生物和蜜蜂应给予特别注意。在对人类重要的食物链中发生生物蓄积。该物质可能对水生环境有长期影响
注解	该物质对人体健康作用数据不充分，因此应当特别注意。商业制剂中使用的载体溶剂可能改变其物理和毒理学性质。商品名有：Agreflan, Agriflan 24, Crisalin, Digermin, Elancolan, Nitran, Olitref, Treflanocide, Treficon, Treflam, Treflan 和 Trifurex

IPCS
International
Programme on
Chemical Safety

本卡片由 IPCS 和 EC 合作编写 © 2004～2012

国际化学品安全卡

三甲胺			ICSC 编号：0206

CAS 登记号：75-50-3
RTECS 号：PA0350000
UN 编号：1083 （无水的）
EC 编号：612-001-00-9
中国危险货物编号：1083
分子量：59.1

中文名称：三甲胺；*N,N*-二甲基甲烷胺；TMA；（钢瓶）
英文名称：TRIMETHYLAMINE；*N,N*-Dimethylmethanamine；TMA；(cylinder)

化学式：C₃H₉N/(CH₃)₃N

危害/接触类型	急性危害/症状	预防	急救/消防
火 灾	极易燃。在火焰中释放出刺激性或有毒烟雾（或气体）	禁止明火，禁止火花和禁止吸烟	切断气源，如不可能并对周围环境无危险，让火自行燃尽。其他情况用干粉，二氧化碳灭火
爆 炸	气体/空气混合物有爆炸性	密闭系统，通风，防爆型电气设备和照明。使用无火花手工具	着火时，喷雾状水保持钢瓶冷却。从掩蔽位置灭火
接 触		严格作业环境管理！	
# 吸入	灼烧感，咳嗽，头痛，咽喉痛，呼吸困难，气促，症状可能推迟显现（见注解）	通风，局部排气通风或呼吸防护	新鲜空气，休息。半直立体位。必要时进行人工呼吸。给予医疗护理
# 皮肤	与液体接触：冻伤	保温手套。防护服	冻伤时，用大量水冲洗，不要脱去衣服。给予医疗护理
# 眼睛	发红。疼痛。视力模糊	护目镜或眼睛防护结合呼吸防护	先用大量水冲洗几分钟（如可能尽量摘除隐形眼镜），然后就医
# 食入		工作时不得进食，饮水或吸烟	

泄漏处置	撤离危险区域！向专家咨询！通风。转移全部引燃源。切勿直接向液体上喷水。喷洒雾状水去除蒸气。个人防护用具：全套防护服包括自给式呼吸器
包装与标志	欧盟危险性类别：F+符号 Xn 符号 R:12-20-37/38-41 S:2-16-26-39 联合国危险性类别：2.1 中国危险性类别：第 2.1 项易燃气体
应急响应	运输应急卡：TEC(R)-20S1083 美国消防协会法规：H3（健康危险性）；F4（火灾危险性）；R0（反应危险性）
储存	耐火设备（条件）。阴凉场所
重要数据	物理状态、外观：无色压缩液化气体，有特殊气味 物理危险性：气体比空气重，可能沿地面流动；可能造成远处着火 化学危险性：燃烧时，该物质分解生成含氮氧化物有毒烟雾。水溶液是一种强碱。与酸激烈反应，有腐蚀性。与氧化剂、环氧乙烷激烈反应。浸蚀金属，如铜、锌、铝、锡及其合金 职业接触限值：阈限值：5ppm（时间加权平均值）；15ppm（短期接触限值）（美国政府工业卫生学家会议，2002 年）。最高容许浓度：2ppm，4.9mg/m³；最高限值种类：I（2）；妊娠风险等级：D（德国，2005 年） 接触途径：该物质可通过吸入吸收到体内 吸入危险性：容器漏损时，迅速达到空气中该气体的有害浓度 短期接触的影响：该物质严重刺激眼睛和呼吸道。液体迅速蒸发，可能引起冻伤。吸入可能引起肺水肿（见注解）。影响可能推迟显现。需进行医学观察
物理性质	沸点：3℃ 熔点：−117℃ 相对密度（水=1）：0.6（液体） 水中溶解度：易溶 蒸气压：20℃时 187kPa 蒸气相对密度（空气=1）：2 闪点：易燃气体　　　　　自燃温度：190℃ 爆炸极限：空气中 2.0%～11.6%（体积） 辛醇/水分配系数的对数值：0.2
环境数据	
注解	转动泄漏钢瓶使漏口朝上，防止液态气体逸出。肺水肿症状常常经过几个小时以后才变得明显，体力劳动使症状加重。因而休息和医学观察是必要的。应当考虑由医生或医生指定的人立即采取适当吸入治疗法

IPCS
International
Programme on
Chemical Safety

本卡片由 IPCS 和 EC 合作编写 © 2004～2012

国际化学品安全卡

氧化锌			ICSC 编号：0208

CAS 登记号：1314-13-2	中文名称：氧化锌；锌白；一氧化锌；C.I.颜料白 4
RTECS 号：ZH4810000	英文名称：ZINC OXIDE; Zinc white; Zinc monoxide; C.I. Pigment White 4
EC 编号：030-013-00-7	

分子量：81.4	化学式：ZnO

危害/接触类型	急性危害/症状	预防	急救/消防
火 灾	不可燃		周围环境着火时，使用适当的灭火剂
爆 炸			
接 触		防止粉尘扩散！	
# 吸入	咽喉痛。头痛。发烧或体温升高。恶心。呕吐。虚弱。寒战。肌肉疼痛。症状可能推迟显现（见注解）	局部排气通风或呼吸防护	新鲜空气，休息。给予医疗护理
# 皮肤		防护手套	冲洗，然后用水和肥皂清洗皮肤
# 眼睛		安全护目镜	先用大量水冲洗几分钟（如可能尽量摘除隐形眼镜），然后就医
# 食入	腹部疼痛。腹泻。恶心。呕吐	工作时不得进食，饮水或吸烟	漱口。给予医疗护理
泄漏处置	将泄漏物清扫进容器中。如果适当，首先润湿防止扬尘。小心收集残余物，然后转移到安全场所。个人防护用具：适用于该物质空气中浓度的颗粒物过滤呼吸器		
包装与标志	欧盟危险性符号：N 符号 R：50/53 S：60-61		
应急响应			
储存			
重要数据	物理状态、外观：白色粉末 化学危险性：与铝粉和镁粉激烈反应。加热时与氯化橡胶反应，有着火和爆炸的危险 职业接触限值：阈限值：2mg/m³（可呼吸粉尘，时间加权平均值），10mg/m³（短期接触限值）（美国政府工业卫生学家会议，2004 年）。最高容许浓度：0.1mg/m³（以下呼吸道吸入部分计），最高限值种类：I（4）；2mg/m³（以上呼吸道吸入部分计），最高限值种类：I(2)；妊娠风险等级：C（德国，2009 年） 接触途径：该物质可通过吸入其气溶胶和经食入吸收到体内 吸入危险性：可较快地达到空气中颗粒物有害浓度，尤其是氧化锌烟雾颗粒 短期接触的影响：吸入烟雾可能引起金属烟雾热。该物质的烟雾刺激呼吸道。影响可能推迟显现。见注解		
物理性质	熔点：1975℃ 密度：5.6g/cm³ 水中溶解度：不溶		
环境数据			
注解	金属烟雾热症状直到几小时以后才变得明显		

IPCS
International
Programme on
Chemical Safety

UNEP

本卡片由 IPCS 和 EC 合作编写 © 2004～2012

215

国际化学品安全卡

乙酸酐			ICSC 编号：0209

CAS 登记号：108-24-7
RTECS 号：AK1925000
UN 编号：1715
EC 编号：607-008-00-9
中国危险货物编号：1715
分子量：102.1

中文名称：乙酸酐；醋酸酐；氧化乙酰；乙酰化氧
英文名称：ACETIC ANHYDRIDE; Acetic acid, anhydride; Acetic oxide; Ethanoic anhydride; Acetyl oxide

化学式：$C_4H_6O_3/(CH_3CO)_2O$

危害/接触类型	急性危害/症状	预防	急救/消防
火灾	易燃的	禁止明火，禁止火花和禁止吸烟	抗溶性泡沫，干粉，二氧化碳（见注解）
爆炸	高于49℃，可能形成爆炸性蒸气/空气混合物	高于49℃，使用密闭系统、通风和防爆型电气设备	着火时，喷雾状水保持料桶等冷却，但避免该物质与水接触
接触		避免一切接触！	一切情况均向医生咨询！
# 吸入	咳嗽。呼吸困难。呼吸短促。咽喉痛	通风，局部排气通风或呼吸防护	新鲜空气，休息。半直立体位。必要时进行人工呼吸。给予医疗护理
# 皮肤	发红。皮肤烧伤。疼痛。水疱。影响可能推迟显现	防护手套。防护服	脱去污染的衣服。用大量水冲洗皮肤或淋浴。给予医疗护理
# 眼睛	引起流泪。发红。疼痛。灼伤	面罩，眼睛防护结合呼吸防护	先用大量水冲洗几分钟（如可能尽量摘除隐形眼镜），然后就医
# 食入	腹部疼痛。灼烧感。休克或虚脱	工作时不得进食，饮水或吸烟	漱口。不要催吐。饮用1～2杯水。给予医疗护理

泄漏处置	使用面罩。向专家咨询！通风。尽可能将泄漏液收集在可密闭的容器中。用砂土或惰性吸收剂吸收残液，并转移到安全场所。个人防护用具：适用于酸性气体的过滤呼吸器。化学防护服
包装与标志	不得与食品和饲料一起运输 欧盟危险性类别：C 符号 R:10-20/22-34 S:1/2-26-36/37/39-45 联合国危险性类别：8 联合国次要危险性：3 联合国包装类别：II 中国危险性类别：第 8 类 腐蚀性物质 中国次要危险性：第 3 类易燃液体 中国包装类别：II GHS 分类：警示词：危险 图形符号：火焰-腐蚀-感叹号 危险说明：易燃液体和蒸气；吞咽有害；造成严重皮肤灼伤和眼睛损伤；造成严重眼睛损伤
应急响应	运输应急卡：TEC(R)-80S1715 美国消防协会法规：H2（健康危险性）；F2（火灾危险性）；R1（反应危险性）。W（禁止用水）
储存	耐火设备（条件）。与食品和饲料、性质相互抵触的物质（见化学危险性）分开存放。干燥
重要数据	物理状态、外观：无色液体，有刺鼻气味 化学危险性：燃烧时，该物质分解生成含有乙酸烟雾的有毒气体和烟雾。与醇类、胺类、氧化剂、强碱和水激烈反应。有水存在时或干燥时，浸蚀许多金属 职业接触限值：阈限值：5ppm（时间加权平均值）（美国政府工业卫生学家会议，2006 年）。最高容许浓度：5ppm，21mg/m³；最高限值种类：I（I）；妊娠风险等级：D（德国，2007 年） 接触途径：该物质可通过吸入其蒸气和食入吸收到体内 吸入危险性：20℃时，该物质蒸发相当快地达到空气中有害污染浓度 短期接触的影响：流泪。该物质腐蚀眼睛、皮肤和呼吸道。食入有腐蚀性。吸入该物质可能引起类似哮喘反应 长期或反复接触的影响：吸入该物质可能引起类似哮喘反应（RADS）
物理性质	沸点：139℃ 熔点：-73℃ 相对密度（水=1）：1.08 水中溶解度：反应 蒸气压：20℃时 0.5kPa 蒸气相对密度（空气=1）：3.5	蒸气/空气混合物的相对密度（20℃，空气=1）：1.01 闪点：49℃（闭杯） 自燃温度：316℃ 爆炸极限：空气中 2.7%～10.3%（体积） 辛醇/水分配系数的对数值：-0.27
环境数据	
注解	与水混合时生成乙酸。重大火灾时，必须间隔一定距离，用大量水灭火

IPCS
International Programme on Chemical Safety

UNEP

本卡片由 IPCS 和 EC 合作编写 © 2004～2012

国际化学品安全卡

乙酰氯			ICSC 编号：0210

CAS 登记号：75-36-5	中文名称：乙酰氯；乙酰基氯；氯乙酸
RTECS 号：AO6390000	英文名称：ACETYL CHLORIDE; Acetic chloride; Ethanoyl chloride; Acetic acid chloride
UN 编号：1717	
EC 编号：607-011-00-5	
中国危险货物编号：1717	
分子量：78.5	化学式：C_2H_3ClO/C_2ClH_3O

危害/接触类型	急性危害/症状	预防	急救/消防
火 灾	高度易燃。许多反应可能引起着火和爆炸。在火焰中释放出刺激性或有毒烟雾（或气体）	禁止明火，禁止火花和禁止吸烟。禁止与高温表面接触	干粉，二氧化碳。禁止用水。禁用含水灭火剂
爆 炸	蒸气/空气有爆炸性	密闭系统，通风，防爆型电气设备和照明。防止静电荷积聚（例如，通过接地）。不要使用压缩空气灌装、卸料或转运。使用无火花手工具	着火时喷雾状水保持料桶等冷却，但避免该物质与水接触
接 触		避免一切接触！	一切情况均向医生咨询！
# 吸入	灼烧感，咳嗽，呼吸短促，咽喉痛	呼吸防护，密闭系统和通风	新鲜空气，休息，半直立体位，必要时进行人工呼吸，给予医疗护理
# 皮肤	皮肤发干，发红，严重皮肤烧伤，灼烧感，疼痛，水疱	防护手套，防护服	脱掉污染的衣服，用大量水冲洗皮肤或淋浴，并给予医疗护理
# 眼睛	发红，疼痛，严重深度烧伤	安全护目镜或眼睛防护结合呼吸防护	首先用大量水冲洗几分钟（如可能尽量摘除隐形眼镜），然后就医
# 食入	腹痛，灼烧感，咳嗽，呼吸短促，咽喉疼痛。（另见吸入）	工作时不得进食，饮水或吸烟	漱口，不要催吐。不饮用任何东西，给予医疗护理
泄漏处置	撤离危险区域，向专家咨询！将泄漏液收集在可密闭容器中。用砂土或惰性吸收剂吸收剩余液并转移至安全场所。不要冲入下水道。个人防护用具：全套防护服包括自给式呼吸器		
包装与标志	气密。使用不易破碎包装，将易碎包装放入不易碎的密闭容器中 欧盟危险性类别：F 符号 C 符号 R:11-14-34 S:(1/2)-9-16-26-45 联合国危险性类别：3 联合国次要危险性：8 联合国包装类别：II 中国危险性类别：第 3 类易燃液体 中国次要危险性：8 中国包装类别：II		
应急响应	运输应急卡：TEC（R）-30S1717 美国消防协会法规：H3（健康危险性）；F3（火灾危险性）；R2（反应危险性）；W（禁止用水）		
储存	耐火设备（条件）。与性质相互抵触的物质分开存放(见化学危险性)。干燥。严格密封		
重要数据	物理状态、外观：无色发烟液体，有刺鼻气味 物理危险性：蒸气较空气重，可沿地面流动，可能造成远处着火 化学危险性：加热或燃烧时，该物质分解生成光气（见卡片#0007）和氯化氢（见卡片#0163）有毒和腐蚀性烟雾。与水、醇类、酸、二甲基亚砜、碱、金属粉末和许多其他化合物激烈反应，有着火和爆炸危险。水解反应产物为盐酸和醋酸 职业接触限值：阈限值未制定标准。最高容许浓度未制定标准 接触途径：该物质可通过吸入其蒸气和食入吸收到体内 吸入危险性：20℃时该物质蒸发，可迅速达到空气中有害污染浓度 短期接触的影响：该物质对眼睛和皮肤有腐蚀性。蒸气刺激眼睛和呼吸道。吸入蒸气可能导致肺水肿（见注解）。接触可能导致神志不清。影响可能推迟显现。需进行医学观察 长期或反复接触的影响：反复或长期与皮肤接触可能导致皮炎。吸入高浓度蒸气，肺可能受损伤		
物理性质	沸点：51℃ 熔点：-112℃ 相对密度（水=1）：1.11 水中溶解度：反应 蒸气压：20℃时 32kPa	蒸气相对密度（空气=1）：2.7 闪点：5℃（闭杯） 自燃温度：390℃ 爆炸极限：在空气中 7.3%～19%（体积）	
环境数据	该物质可能对环境有危害，对水体应给予特别注意		
注解	与灭火剂，如水、泡沫激烈反应。肺水肿症状几个小时以后才变得明显，体力劳动使症状加重。因此，休息和医学是必要的。应考虑由医生或医生指定的人立即采取适当吸入治疗法。不要在火焰或高温表面附近或焊接时使用		

IPCS
International
Programme on
Chemical Safety

   UNEP

本卡片由 IPCS 和 EC 合作编写 © 2004～2012

国际化学品安全卡

己二腈			ICSC 编号：0211

CAS 登记号：111-69-3
RTECS 号：AV2625000
UN 编号：2205
中国危险货物编号：2205

中文名称：己二腈；1,4-二腈丁烷；己二酸二腈；四甲基氰
英文名称：ADIPONITRILE; 1,4-Dicyanobutane; Adipic acid dinitrile; Tetramethylene cyanide

分子量：108.1　　　　　　　　化学式：$C_6H_8N_2/CN(CH_2)_4CN$

危害/接触类型	急性危害/症状	预防	急救/消防
火 灾	可燃的。在火焰中释放出刺激性或有毒烟雾（或气体）	禁止明火	干粉，雾状水，泡沫，二氧化碳
爆 炸			着火时，喷雾状水保持料桶等冷却
接 触		严格作业环境管理！	一切情况均向医生咨询！
# 吸入	意识模糊，惊厥，头晕，头痛，呼吸困难，恶心，呕吐（见注解）	通风，局部排气通风或呼吸防护	新鲜空气，休息，必要时进行人工呼吸，给予医疗护理
# 皮肤	发红，疼痛。可能被吸收！	防护手套，防护服	脱去污染的衣服，冲洗，然后用水和肥皂清洗皮肤，给予医疗护理
# 眼睛	发红，视力模糊，严重深度烧伤	面罩	首先用大量水冲洗几分钟（如可能尽量摘除隐形眼镜)，然后就医
# 食入	腹部疼痛。（另见吸入）	工作时不得进食、饮水或吸烟	漱口，催吐（仅对清醒病人！），饮用大量水，并给予医疗护理（见注解）
泄漏处置	将泄漏液收集在可密闭容器中。用砂土或惰性吸收剂吸收剩余液并转移至安全场所。不要冲入下水道。个人防护用具：全套防护服包括自给式呼吸器		
包装与标志	不得与食品和饲料一起运输 联合国危险性类别：6.1　联合国包装类别：III 中国危险性类别：第 6.1 项毒性物质　中国包装类别：III		
应急响应	运输应急卡：TEC(R)-61S2205 或 61GT1-III。 美国消防协会法规：H4（健康危险性）；F2（火灾危险性）；R1（反应危险性）		
储存	与强氧化剂、强酸、食品和饲料分开存放。沿地面通风		
重要数据	物理状态、外观：无气味，无色油状液体 化学危险性：加热或燃烧时，该物质分解生成高毒氰化氢（见卡片#0452）。与强氧化剂发生反应 职业接触限值：阈限值：2ppm（时间加权平均值）（经皮）（美国政府工业卫生学家会议，2004 年） 接触途径：该物质可通过吸入、经皮肤和食入吸收到体内 吸入危险性：20℃时该物质蒸发不会或很缓慢地达到空气中有害污染浓度 短期接触的影响：该物质刺激眼睛、皮肤。接触可能导致惊厥、神志不清和死亡。需进行医学观察。 长期或反复接触的影响：该物质可能对血液和肾上腺有影响，导致贫血和组织损伤		
物理性质	沸点：295℃ 熔点：1℃ 相对密度（水=1）：0.97 水中溶解度：适度溶解 蒸气压：20℃时 0.03kPa 蒸气相对密度（空气=1）：3.7 闪点：159℃（闭杯）（见注解） 自燃温度：550℃ 爆炸极限：在空气中 1.7%～4.9%（体积） 辛醇/水分配系数的对数值：-0.32		
环境数据			
注解	发生己二腈中毒时，需采取特别急救和治疗措施。向医生咨询。闪点（工业品）：93℃（开杯）。不要将工作服带回家中。可参考卡片#0492		

IPCS
International Programme on Chemical Safety

本卡片由 IPCS 和 EC 合作编写 © 2004～2012

国际化学品安全卡

丙烯除虫菊			ICSC 编号：0212

CAS 登记号：584-79-2
RTECS 号：GZ1476000
UN 编号：3352
EC 编号：006-025-00-3
中国危险货物编号：3352

中文名称：丙烯除虫菊；（RS）-3-烯丙基-2-甲基-4-氧代环戊烯-2-基（1RS)-顺-反-菊酸酯；2-甲基-4-氧代-3-（2-丙烯基）-2-环戊烯-1-基-2,2-二甲基-3-（2-甲基-1-丙烯基）环丙烷羧酸酯

英文名称：ALLETHRIN; (RS)-3-Allyl-2-methyl-4-oxocyclopent-2-enyl (1RS)-cis-trans-chrysanthemate; 2-Methyl-4-oxo-3-(2-propenyl)-2-cyclopenten-1-yl 2,2-dimethyl-3-(2-methyl-1-propenyl)cyclopropanecarboxylate

分子量：302.4   化学式：$C_{19}H_{26}O_3$

危害/接触类型	急性危害/症状	预防	急救/消防
火 灾	可燃的。含有机溶剂的液体制剂可能是易燃的	禁止明火	干粉，水成膜泡沫，泡沫，二氧化碳
爆 炸			着火时，喷雾状水保持料桶等冷却
接 触		防止产生烟云！	
# 吸入	咳嗽	通风，局部排气通风或呼吸防护	新鲜空气，休息
# 皮肤	发红	防护手套	脱去污染的衣服。冲洗，然后用水和肥皂清洗皮肤
# 眼睛	发红	护目镜	先用大量水冲洗几分钟（如可能尽量摘除隐形眼镜），然后就医
# 食入		工作时不得进食，饮水或吸烟。进食前洗手	漱口

泄漏处置	尽可能将泄漏液收集在可密闭的容器中。用砂土或惰性吸收剂吸收残液，并转移到安全场所。不要冲入下水道。不要让该化学品进入环境。个人防护用具：适用于有机蒸气和有害粉尘的 A/P2 过滤呼吸器
包装与标志	不得与食品和饲料一起运输 欧盟危险性类别：Xn 符号 N 符号 标记：C R:20/22-50/53 S:2-36-60-61 联合国危险性类别：6.1 联合国包装类别：III 中国危险性类别：第 6.1 项毒性物质 中国包装类别：III
应急响应	运输应急卡：TEC(R)-61GT6-III
储存	注意收容灭火产生的废水。与食品和饲料分开存放。保存在通风良好的室内
重要数据	物理状态、外观：淡黄色黏稠液体 化学危险性：加热至 400℃ 以上时，该物质分解生成刺激性烟雾 职业接触限值：阈限值未制定标准 接触途径：该物质可通过吸入其气溶胶和经食入吸收到体内 吸入危险性：未指明 20℃ 时该物质蒸发达到空气中有害浓度的速率 短期接触的影响：该物质刺激眼睛，皮肤和呼吸道
物理性质	沸点：在 0.013kPa 时 140℃ 熔点：约 4℃ 相对密度（水=1)：1.01 水中溶解度：不溶 蒸气压：20℃时<10Pa 辛醇/水分配系数的对数值：4.78
环境数据	该物质对水生生物有极高毒性。避免非正常使用情况下释放到环境中
注解	商业制剂中使用的载体溶剂可能改变其物理和毒理学性质。商品名称有 Pynamin 和 Pyresin。可参考国际化学品安全规划署的出版物"卫生与安全指南"第 24 期 Allethrins 和"环境卫生基准"第 87 期 Allethrins。也可参考卡片#0228（右旋反丙烯除虫菊）、#0213（右旋丙烯除虫菊）和#0227（反丙烯除虫菊）

IPCS
International
Programme on
Chemical Safety

本卡片由 IPCS 和 EC 合作编写 © 2004～2012

国际化学品安全卡

右旋丙烯除虫菊			ICSC 编号：0213

CAS 登记号：584-79-2	中文名称：右旋丙烯除虫菊；(RS)-3-烯丙基-2-甲基-4-氧代环戊烯-2-基（1R）
RTECS 号：GZ1925000	-顺-反-菊酸酯；2-甲基-4-氧代-3-（2-丙烯基）-2-环戊烯-1-基-2,2-二甲基-3-（2-
UN 编号：3352	甲基-1-丙烯基）环丙烷羧酸酯
EC 编号：006-025-00-3	英文名称：d-ALLETHRIN; (RS)-3-Allyl-2-methyl-4-oxocyclopent-2-enyl
中国危险货物编号：3352	(1R)-cis-trans-chrysanthemate; 2-Methyl-4-oxo-3-(2-propenyl)-2-cyclopenten-1-yl
	2,2-dimethyl-3-(2-methyl-1-propenyl)cyclopropanecarboxylate

分子量：302.4	化学式：$C_{19}H_{26}O_3$

危害/接触类型	急性危害/症状	预防	急救/消防
火　灾	可燃的。含有机溶剂的液体制剂可能是易燃的	禁止明火	干粉，水成膜泡沫，泡沫，二氧化碳
爆　炸			着火时，喷雾状水保持料桶等冷却
接　触		防止产生烟云！	
# 吸入	咳嗽	通风，局部排气通风或呼吸防护	新鲜空气，休息。给予医疗护理
# 皮肤	发红	防护手套	脱去污染的衣服。冲洗，然后用水和肥皂清洗皮肤
# 眼睛	发红	护目镜	先用大量水冲洗几分钟（如可能尽量摘除隐形眼镜），然后就医
# 食入		工作时不得进食，饮水或吸烟。进食前洗手	漱口。给予医疗护理

泄漏处置	尽可能将泄漏液收集在可密闭的容器中。用砂土或惰性吸收剂吸收残液，并转移到安全场所。不要冲入下水道。不要让该化学品进入环境。个人防护用具：适用于有机蒸气和有害粉尘的 A/P2 过滤呼吸器
包装与标志	不得与食品和饲料一起运输 欧盟危险性类别：Xn 符号　N 符号　标记：C　R:20/22-50/53　　S:2-36-60-61 联合国危险性类别：6.1　联合国包装类别：III 中国危险性类别：第 6.1 项毒性物质　中国包装类别：III
应急响应	运输应急卡：TEC(R)-61GT6-III
储存	注意收容灭火产生的废水。与食品和饲料分开存放。保存在通风良好的室内
重要数据	物理状态、外观：黏稠液体 化学危险性：加热至 400℃ 以上时，该物质分解生成刺激性烟雾 职业接触限值：阈限值未制定标准 接触途径：该物质可通过吸入其气溶胶和经食入吸收到体内 吸入危险性：未指明 20℃时该物质蒸发达到空气中有害浓度的速率 短期接触的影响：该物质刺激眼睛，皮肤和呼吸道
物理性质	相对密度（水=1）：1.01 水中溶解度：不溶 闪点：130℃ 辛醇/水分配系数的对数值：4.78
环境数据	该物质对水生生物有极高毒性。该物质在正常使用过程中进入环境。避免非正常使用情况下释放到环境中
注解	商业制剂中使用的载体溶剂可能改变其物理和毒理学性质。商品名称为 Pynamin Forte。可参考国际化学品安全规划署出版物"卫生与安全指南"第 24 期 Allethrins 和"环境卫生基准"第 87 期 Allethrins。也可参考卡片#0228（右旋反丙烯除虫菊），#0212（丙烯除虫菊）和#0227（反丙烯除虫菊）

IPCS
International
Programme on
Chemical Safety

UNEP

本卡片由 IPCS 和 EC 合作编写 © 2004～2012

国际化学品安全卡

2-氨基吡啶			ICSC 编号：0214

CAS 登记号：504-29-0	中文名称：2-氨基吡啶；邻氨基吡啶；α-氨基吡啶
RTECS 号：US1575000	英文名称：2-AMINOPYRIDINE; o-Aminopyridine; alpha-Aminopyridine
UN 编号：2671	
中国危险货物编号：2671	
分子量：94.1	化学式：C₅H₆N₂/NH₂C₅H₄N

化学式：$C_5H_6N_2/NH_2C_5H_4N$

危害/接触类型	急性危害/症状	预防	急救/消防
火　灾	可燃的。在火焰中释放出刺激性或有毒烟雾（或气体）	禁止明火	干粉，抗溶性泡沫，雾状水，二氧化碳
爆　炸	微细分散的颗粒物在空气中形成爆炸性混合物	防止粉尘沉积、密闭系统、防止粉尘爆炸型电气设备和照明	
接　触		严格作业环境管理！	一切情况均向医生咨询！
# 吸入	惊厥。头晕。头痛。恶心。气促。虚弱	局部排气通风或呼吸防护	新鲜空气，休息。必要时进行人工呼吸。给予医疗护理
# 皮肤	可能被吸收！发红。（另见吸入）	防护手套。防护服	脱去污染的衣服。用大量水冲洗皮肤或淋浴
# 眼睛	发红	面罩，或眼睛防护结合呼吸防护	先用大量水冲洗几分钟（如可能尽量摘除隐形眼镜），然后就医
# 食入	（另见吸入）	工作时不得进食，饮水或吸烟。进食前洗手	漱口。用水冲服活性炭浆。给予医疗护理
泄漏处置	将泄漏物清扫进可密闭容器中。小心收集残余物，然后转移到安全场所。不要让该化学品进入环境。个人防护用具：适用于有毒颗粒物的 P3 过滤呼吸器		
包装与标志	气密。不得与食品和饲料一起运输 联合国危险性类别：6.1 联合国包装类别：II 中国危险性类别：第 6.1 项毒性物质 中国包装类别：II		
应急响应	运输应急卡：TEC(R)-61GT2-II		
储存	与食品和饲料、强氧化剂、强酸分开存放		
重要数据	物理状态、外观：无色或白色粉末或晶体，有特殊气味 物理危险性：以粉末或颗粒形状与空气混合，可能发生粉尘爆炸 化学危险性：燃烧时，该物质分解生成氮氧化物。与强氧化剂反应，有着火和爆炸危险。水溶液是一种强碱。与酸激烈反应并有腐蚀性 职业接触限值：阈限值：0.5ppm（时间加权平均值）（美国政府工业卫生学家会议，2004 年）。最高容许浓度：IIb（最高容许浓度未制定标准，但可提供完整文件）（德国，2003 年） 接触途径：该物质可通过吸入其气溶胶，经皮肤和食入吸收到体内 吸入危险性：20℃时，该物质蒸发，迅速达到空气中有害污染浓度 短期接触的影响：该物质刺激眼睛和皮肤。该物质可能对中枢神经系统有影响，导致惊厥和呼吸抑制。该物质可能引起血压升高。接触远高于职业接触限值，可能导致死亡		
物理性质	沸点：211℃ 熔点：58℃ 水中溶解度：易溶 蒸气压：25℃时 0.8kPa 蒸气相对密度（空气=1）：3.2 闪点：68℃（闭杯） 辛醇/水分配系数的对数值：0.49		
环境数据	该物质对水生生物是有毒的		
注解	中毒浓度时，无气味报警。未指明气味与职业接触限值之间的关系		

IPCS
International Programme on Chemical Safety

本卡片由 IPCS 和 EC 合作编写 © 2004～2012

国际化学品安全卡

氢氧化铵			ICSC 编号：0215

CAS 登记号：1336-21-6
RTECS 号：BQ9625000
UN 编号：2672
EC 编号：007-001-01-2
中国危险货物编号：2672
分子量：35.1

中文名称：氢氧化铵；氨水溶液；水合铵；氨水
英文名称：AMMONIUM HYDROXIDE; Ammonium hydrate; Aqua ammonia

化学式：NH_4OH

危害/接触类型	急性危害/症状	预防	急救/消防
火 灾	不可燃		周围环境着火时，使用适当的灭火剂
爆 炸	见注解		着火时喷雾状水保持料桶等冷却
接 触		严格作业环境管理！	一切情况均向医生咨询！
# 吸入	灼烧感，咳嗽，呼吸困难，呼吸短促，咽喉痛	通风，局部排气通风或呼吸防护。保持容器适当密闭	新鲜空气，休息，半直立体位。必要时进行人工呼吸，给予医疗护理
# 皮肤	腐蚀作用，发红，严重皮肤烧伤，疼痛，水疱	防护手套，防护服	脱掉污染的衣服，用大量水冲洗皮肤或淋浴，给予医疗护理
# 眼睛	腐蚀作用，发红，疼痛，视力模糊，严重深度烧伤	面罩或眼睛防护结合呼吸防护	首先用大量水冲洗几分钟（如可能尽量摘除隐形眼镜），然后就医
# 食入	腐蚀作用，胃痉挛，腹痛，咽喉痛，呕吐。（见注解）	工作时不得进食，饮水或吸烟	漱口，饮用大量水，不要催吐，给予医疗护理
泄漏处置	撤离危险区域。大量溢漏时，向专家咨询！通风。小心用稀酸，如稀硫酸中和泄漏液。用大量水冲净残液。不要让该化学品进入环境。个人防护用具：全套防护服包括自给式呼吸器		
包装与标志	不易破碎包装，将易破碎包装放在不易破碎容器中 欧盟危险性类别：C 符号 N 符号 标记：B R:34-50 S:（1/2）-26-36/37/39-45-61 联合国危险性类别：8 联合国次要危险性：3 联合国包装类别：III 中国危险性类别：第 8 类腐蚀性物质 中国次要危险性：3 中国包装类别：III		
应急响应	运输应急卡/TEC（R）-80S2672 美国消防协会法规：H3（健康危险性）；F1（火灾危险性）；R0（反应危险性）		
储存	与食品和饲料分开存放。见化学危险性。阴凉场所。严格密封。保存在通风良好的室内。见注解		
重要数据	物理状态、外观：无色极易挥发溶液，有刺鼻气味 化学危险性：水溶液是一种强碱。与酸激烈反应。与许多重金属及其盐反应，生成爆炸性化合物。浸蚀许多金属，生成易燃气体氢（见卡片#0001） 职业接触限值：阈限值（氨）：25ppm（时间加权平均值），40ppm(短期接触限值)（美国政府工业卫生学家会议，2004 年）。最高容许浓度：20ppm，14mg/m³；最高限值种类：I（2）；妊娠风险等级：C（德国，2004 年） 接触途径：该物质可通过吸入其蒸气或气溶胶和食入吸收到体内 吸入危险性：20℃时该物质蒸发，可迅速达到空气中有害污染浓度 短期接触的影响：该物质腐蚀眼睛、皮肤和呼吸道。食入有腐蚀性。吸入高浓度蒸气可能引起喉部水肿、呼吸道炎症和肺炎。影响可能推迟显现 长期或反复接触的影响：反复或长期接触蒸气或气溶胶，肺部可能受损害		
物理性质	沸点：（25%）38℃ 熔点：（25%）-58℃ 相对密度（水=1）：0.9 水中溶解度：混溶 蒸气压：20℃时 48kPa（25%） 蒸气相对密度（空气=1）：0.6~1.2		
环境数据	该物质对水生生物有极高毒性		
注解	在一定条件下，氨是易燃和爆炸性的。氨可从氨溶液中挥发出来。不要将该物质完全充满瓶子。浓溶液压力可能增加。小心开启瓶盖。其他 UN 编号：UN 1005 氨（无水，液化的或氨溶液）。15℃时 50%以上水溶液的相对密度< 0.880； UN 2073 氨溶液（35%~50%）。可参考卡片 # 0414 （氨）		

IPCS
International
Programme on
Chemical Safety

本卡片由 **IPCS** 和 **EC** 合作编写 ©2004~2012

国际化学品安全卡

硝酸铵			ICSC 编号：0216

CAS 登记号：6484-52-2	中文名称：硝酸铵；硝酸铵盐
RTECS 号：BR9050000	
UN 编号：1942	英文名称：AMMONIUM NITRATE; Nitric acid, ammonium salt
中国危险货物编号：1942	

分子量：80.1	化学式：NH_4NO_3

危害/接触类型	急性危害/症状	预防	急救/消防
火 灾	不可燃，但可助长其他物质燃烧。爆炸性的。在火焰中释放出刺激性或有毒烟雾（或气体）	禁止与可燃物质或还原剂接触	大量水。禁止使用其他灭火剂。周围环境着火时，在初始阶段使用淹没量水灭火
爆 炸	在封闭和高温情况下，有着火和爆炸危险		着火时，喷雾状水保持料桶等冷却。从掩蔽位置灭火
接 触		防止粉尘扩散！	
# 吸入	咳嗽，头痛，咽喉痛。（见食入）	局部排气通风或呼吸防护	新鲜空气，休息。必要时进行人工呼吸，给予医疗护理
# 皮肤	发红	防护手套	先用大量水，然后脱去污染的衣服并再次冲洗，给予医疗护理
# 眼睛	发红，疼痛	护目镜	先用大量水冲洗几分钟（如可能尽量摘除隐形眼镜），然后就医
# 食入	腹部疼痛，嘴唇发青或指甲发青，皮肤发青，惊厥，腹泻，头晕，呕吐，虚弱	工作时不得进食，饮水或吸烟	漱口，给予医疗护理
泄漏处置	撤离危险区域！向专家咨询！将泄漏物清扫进不可燃的容器中。用大量水冲净残余物		
包装与标志	联合国危险性类别：5.1 联合国包装类别：III 中国危险性类别：第 5.1 项氧化性物质 中国包装类别：III		
应急响应	运输应急卡：TEC(R)-51S1942 或 51GO2-I+II+III 美国消防协会法规：H2（健康危险性）；F0（火灾危险性）；R3（反应危险性）。OX（氧化剂）		
储存	注意收容灭火产生的废水。与可燃物质和还原性物质分开存放。干燥		
重要数据	物理状态、外观：无色至白色，吸湿的各种形态固体 化学危险性：加热可能引起激烈燃烧或爆炸。加热时，该物质分解或生成氮氧化物有毒烟雾。该物质是一种强氧化剂。与可燃物质和还原性物质发生反应 职业接触限值：阈限值未制定标准 接触途径：该物质可通过吸入其气溶胶吸收到体内 吸入危险性：20℃时蒸发可忽略不计，但可较快地达到空气中颗粒物有害浓度 短期接触的影响：该物质刺激眼睛、皮肤和呼吸道。该物质可能对血液有影响，导致形成正铁血红蛋白。需进行医学观察。影响可能推迟显现		
物理性质	沸点：低于沸点在大约 210℃分解 熔点：170℃ 密度：1.7g/cm³ 水中溶解度：20℃时 190g/100mL		
环境数据	该物质可能对环境有危害，对水质应给予特别注意		
注解	与有机物混合时，变为撞击敏感的物质。用大量水冲洗工作服（有着火危险）。根据接触程度，需定期进行医疗检查。该物质中毒时，需采取必要的治疗措施。必须提供有指示说明的适当方法		

IPCS
International
Programme on
Chemical Safety

本卡片由 IPCS 和 EC 合作编写 © 2004～2012

国际化学品安全卡

磷酸氢二铵			ICSC 编号：0217

CAS 登记号：7783-28-0	中文名称：磷酸氢二铵；二代磷酸铵 英文名称：AMMONIUM PHOSPHATE DIBASIC; Diammonium hydrogen phosphate; Ammonium phosphate secondary

分子量：132.1	化学式：$(NH_4)_2HPO_4$

危害/接触类型	急性危害/症状	预防	急救/消防
火　灾	不可燃。在火焰中释放出刺激性或有毒烟雾（或气体）		周围环境着火时，使用适当的灭火剂
爆　炸			
接　触			
# 吸入		局部排气通风	新鲜空气，休息
# 皮肤		防护手套	用大量水冲洗皮肤或淋浴
# 眼睛	发红，疼痛	安全护目镜	首先用大量水冲洗几分钟（如可能尽量摘除隐形眼镜），然后就医
# 食入		工作时不得进食，饮水或吸烟	漱口，给予医疗护理

泄漏处置	将泄漏物清扫入有盖容器中。如果适当，首先润湿防止扬尘。用大量水冲净残余物。个人防护用具：适用于有害颗粒物的P2过滤呼吸器
包装与标志	
应急响应	
储存	与强氧化剂、强碱和强酸分开存放。置于通风良好的室内
重要数据	**物理状态、外观：** 白色晶体或粉末，无气味 **物理危险性：** 与空气接触时，逐渐失去氨 **化学危险性：** 加热至100℃以上和与强碱接触时，该物质分解生成氨、氮氧化物与磷氧化物有毒和腐蚀性烟雾。水溶液是一种弱减。与强酸、强氧化剂激烈反应。接触空气逐渐释放出氨 **职业接触限值：** 阈限值未制定标准 **接触途径：** 该物质可通过吸入其气溶胶吸收到体内 **吸入危险性：** 20℃蒸发可忽略不计，但扩散时可较快达到空中颗粒物有害污染浓度，尤其是粉末 **短期接触的影响：** 该物质刺激眼睛
物理性质	**熔点：** 低于熔点在100℃时分解 **相对密度（水=1）：** 1.6 **水中溶解度：** 10℃时 57.5g/100mL
环境数据	
注解	

IPCS International Programme on Chemical Safety				

本卡片由 **IPCS** 和 **EC** 合作编写 © 2004～2012

224

国际化学品安全卡

乙酸正戊酯			ICSC 编号：0218

CAS 登记号：628-63-7
RTECS 号：AJ1925000
UN 编号：1104
EC 编号：607-130-70-2
中国危险货物编号：1104

中文名称：乙酸正戊酯；醋酸正戊酯；1-乙酸戊酯；乙酸-1-戊酯
英文名称：*n*-AMYL ACETATE; *n*-Pentyl acetate;1-Pentyl acetate; Acetic acid, 1-pentyl ester

分子量：130.2　　　　　　　　　　　　化学式：$C_7H_{14}O_2/CH_3COO(CH_2)_4CH_3$

危害/接触类型	急性危害/症状	预防	急救/消防
火灾	易燃的	禁止明火、禁止火花和禁止吸烟	抗溶性泡沫，干粉，二氧化碳
爆炸	高于 25℃，可能形成爆炸性蒸气/空气混合物	高于 25℃，使用密闭系统、通风和防爆型电气设备	着火时，喷雾状水保持料桶等冷却
接触			
# 吸入	咳嗽，头晕，倦睡，头痛，咽喉痛	通风，局部排气通风或呼吸防护	新鲜空气，休息
# 皮肤	皮肤干燥，发红	防护手套	脱去污染的衣服，用大量水冲洗皮肤或淋浴
# 眼睛	发红，疼痛	面罩，或眼睛防护结合呼吸防护	先用大量水冲洗几分钟（如可能尽量摘除隐形眼镜），然后就医
# 食入		工作时不得进食，饮水或吸烟	漱口，饮用 1～2 杯水
泄漏处置	移除全部引燃源。尽可能将泄漏液收集在有盖的容器中。用砂土或惰性吸收剂吸收残液，并转移到安全场所		
包装与标志	欧盟危险性类别：标记：C　R:10-66　S:2-23-25 联合国危险性类别：3　　　　　联合国包装类别：III 中国危险性类别：第 3 类 易燃液体　　中国包装类别：III		
应急响应	运输应急卡：TEC(R)-30S1104 或 30GF1-III 美国消防协会法规：H1（健康危险性）；F3（火灾危险性）；R0（反应危险性）		
储存	耐火设备（条件）。与氧化剂分开存放		
重要数据	物理状态、外观：无色液体，有特殊气味 物理危险性：蒸气比空气重 化学危险性：与氧化剂反应，有着火和爆炸的危险。浸蚀许多塑料 职业接触限值：阈限值：50ppm（时间加权平均值）；100ppm（短期接触限值）（美国政府工业卫生学家会议，2004 年）。欧盟职业接触限值：50ppm，270mg/m³（时间加权平均值）；100ppm，540mg/m³（短期接触限值）（欧盟，2000 年） 接触途径：该物质可通过吸入其蒸气吸收到体内 吸入危险性：20℃时，该物质蒸发相当慢达到空气中有害污染浓度 短期接触的影响：该物质刺激眼睛，皮肤和呼吸道。高浓度下接触可能导致意识降低 长期或反复接触的影响：液体使皮肤脱脂		
物理性质	沸点：149℃ 熔点：-71℃ 相对密度（水=1）：0.88 水中溶解度：微溶 蒸气压：25℃时 0.65kPa 蒸气相对密度（空气=1）：4.5 蒸气/空气混合物的相对密度（20℃，空气=1）：1.02 闪点：25℃（闭杯） 自燃温度：360℃ 爆炸极限：空气中 1.1%～7.5%（体积） 辛醇/水分配系数的对数值：2.18		
环境数据			
注解	饮用含酒精饮料增进有害影响		

IPCS
International
Programme on
Chemical Safety

本卡片由 IPCS 和 EC 合作编写 © 2004～2012

国际化学品安全卡

乙酸仲戊酯			ICSC 编号：0219

CAS 登记号：626-38-0
RTECS 号：AJ2100000
UN 编号：1104
EC 编号：607-130-00-2
中国危险货物编号：1104

中文名称：乙酸仲戊酯；2-乙酸戊酯；乙酸-2-戊酯；1-甲基丁基乙酸酯
英文名称：sec-AMYL ACETATE; 2-Pentyl acetate; Acetic acid, 2-pentyl ester;1-Methylbutyl acetate

分子量：130.2

化学式：$C_7H_{14}O_2/CH_3COOCH(CH_3)C_3H_7$

危害/接触类型	急性危害/症状	预防	急救/消防
火 灾	易燃的	禁止明火、禁止火花和禁止吸烟	抗溶性泡沫，干粉，二氧化碳
爆 炸	高于 32℃，可能形成爆炸性蒸气/空气混合物	高于 32℃，密闭系统、通风和防爆型电气设备	着火时，喷雾状水保持料桶等冷却
接 触			
# 吸入	咳嗽，头晕，倦睡，头痛，咽喉痛	通风，局部排气通风或呼吸防护	新鲜空气，休息
# 皮肤	皮肤干燥，发红	防护手套	脱去污染的衣服，用大量水冲洗皮肤或淋浴
# 眼睛	发红，疼痛	面罩或眼睛防护结合呼吸防护	先用大量水冲洗几分钟（如可能尽量摘除隐形眼镜），然后就医
# 食入		工作时不得进食，饮水或吸烟	漱口，饮用 1～2 杯水

泄漏处置	移除全部引燃源。尽可能将泄漏液收集在有盖的容器中。用砂土或惰性吸收剂吸收残液，并转移到安全场所
包装与标志	欧盟危险性类别：标记：C R:10-66 S:2-23-25 联合国危险性类别：3 联合国包装类别：III 中国危险性类别：第 3 类 易燃液体 中国包装类别：III
应急响应	运输应急卡：TEC(R)-30S1104 或 30GF1-III 美国消防协会法规：H1（健康危险性）；F3（火灾危险性）；R0（反应危险性）
储存	耐火设备（条件）。与强氧化剂分开存放
重要数据	物理状态、外观：无色液体，有特殊气味 物理危险性：蒸气比空气重 化学危险性：与氧化剂发生反应，有着火和爆炸的危险。浸蚀许多塑料 职业接触限值：阈限值：50ppm（时间加权平均值）；100ppm（短期接触限值）（美国政府工业卫生学家会议，2004 年）。欧盟职业接触限值：50ppm，270mg/m³（时间加权平均值）；100ppm，540mg/m³（短期接触限值）（欧盟，2000 年） 接触途径：该物质可通过吸入其蒸气吸收到体内 吸入危险性：20℃时，该物质蒸发相当慢地达到空气中有害污染浓度 短期接触的影响：该物质刺激眼睛，皮肤和呼吸道。高浓度下接触可能导致意识降低 长期或反复接触的影响：液体使皮肤脱脂
物理性质	沸点：121℃ 熔点：-148℃ 相对密度（水=1）：0.86 水中溶解度：微溶 蒸气压：20℃时 0.93kPa 蒸气相对密度（空气=1）：4.5 蒸气/空气混合物的相对密度（20℃，空气=1）：1.03 闪点：32℃（闭杯） 自燃温度：380℃ 爆炸极限：空气中 1.0%～7.5%（体积） 辛醇/水分配系数的对数值：2.26
环境数据	
注解	饮用含酒精饮料增进有害影响

IPCS
International
Programme on
Chemical Safety

本卡片由 IPCS 和 EC 合作编写 © 2004～2012

国际化学品安全卡

五氟化锑			ICSC 编号：0220

CAS 登记号：7783-70-2
RTECS 号：CC5800000
UN 编号：1732
EC 编号：051-003-00-9
中国危险货物编号：1732

中文名称：五氟化锑；氟化锑(V)
英文名称：ANTIMONY PENTAFLUORIDE; Antimony(V) fluoride

分子量：216.8　　　　　　　　　化学式：SbF$_5$

危害/接触类型	急性危害/症状	预防	急救/消防
火 灾	不可燃，但可助长其他物质燃烧。在火焰中释放出刺激性或有毒烟雾（或气体）		干粉，二氧化碳，禁用含水灭火剂。禁止用水
爆 炸			着火时，喷雾状水保持料桶等冷却，但避免该物质与水接触
接 触		避免一切接触！	一切情况均向医生咨询！
# 吸入	灼烧感。咳嗽。呼吸困难。恶心。呼吸短促。咽喉痛	通风，局部排气通风或呼吸防护	新鲜空气，休息。半直立体位。立即给予医疗护理。见注解
# 皮肤	发红。严重皮肤烧伤。疼痛	防护手套。防护服	脱去污染的衣服。用大量水冲洗皮肤或淋浴。立即给予医疗护理。在烧伤处涂敷葡萄糖酸钙
# 眼睛	发红。疼痛。严重深度烧伤	面罩，或眼睛防护结合呼吸防护	先用大量水冲洗几分钟（如可能尽量摘除隐形眼镜），然后就医
# 食入	口腔和咽喉烧伤。咽喉疼痛。有灼烧感。腹部疼痛。腹泻。呕吐。休克或虚脱	工作时不得进食，饮水或吸烟	漱口。不要催吐。立即给予医疗护理
泄漏处置	撤离危险区域！向专家咨询！个人防护用具：全套防护服包括自给式呼吸器。尽可能将泄漏液收集在可密闭的容器中。然后转移到安全场所。不要冲入下水道。不要用锯末或其他可燃吸收剂吸收。不要让该化学品进入环境		
包装与标志	不易破碎包装，将易破碎包装放在不易破碎的密闭容器中。不得与食品和饲料一起运输 欧盟危险性类别：Xn 符号 N 符号 标记：A，1　　R:20/22-51/53　　S:2-61 联合国危险性类别：8 联合国次要危险性：6.1 联合国包装类别：II 中国危险性类别：第 8 类 腐蚀性物质　　中国次要危险性：第 6.1 项 毒性物质 中国包装类别：II GHS 分类：信号词：危险 图形符号：腐蚀-健康危险；　危险说明：可能腐蚀金属；造成严重皮肤灼伤和眼睛损伤；对呼吸系统造成损害；长期或反复接触对心血管系统和呼吸道造成损害；对水生生物有毒		
应急响应	美国消防协会法规：H3（健康危险性）；F0（火灾危险性）；R1（反应危险性）		
储存	与可燃物质和还原性物质、食品和饲料分开存放。干燥。严格密封。保存在通风良好的室内。不要用金属或玻璃容器储存或运输。注意收容灭火产生的废水。储存在没有排水管或下水道的场所		
重要数据	**物理状态、外观**：油状无色吸湿液体，有刺鼻气味 **化学危险性**：加热或燃烧时，该物质分解，生成含有锑和氟的有毒和腐蚀性烟雾。与水发生激烈反应，生成有毒和腐蚀性氟化氢（见化学品安全卡片#0283）。浸蚀许多金属，生成易燃/爆炸性气体（氢，见化学品安全卡片#0001） **职业接触限值**：阈限值：（以 Sb 计）0.5mg/m^3（时间加权平均值）（美国政府工业卫生学家会议，2010 年）。最高容许浓度：（以 Sb 计）致癌物类别：2；生殖细胞突变种类：3（德国，2010 年） **接触途径**：各种接触途径均产生严重的局部影响和系统影响 **吸入危险性**：20℃时，该物质蒸发，迅速达到空气中有害污染浓度 **短期接触的影响**：腐蚀作用。吸入可能引起严重咽喉肿胀，导致窒息。吸入可能引起肺水肿，但只在最初的对眼睛和/或呼吸道的腐蚀性影响已经显现后。高浓度接触时，能够造成严重肺损害。见注解。需进行医学观察 **长期或反复接触的影响**：该物质可能对心血管系统和呼吸道有影响，导致功能损伤		
物理性质	沸点：141℃ 熔点：8.3℃ 相对密度（水=1）：3.00	水中溶解度：反应 蒸气压：25℃时 1.33kPa	
环境数据	该物质对水生生物是有毒的		
注解	与灭火剂，如水激烈反应。肺水肿症状常常经过几个小时以后才变得明显，体力劳动使症状加重。因而休息和医学观察是必要的。应当考虑由医生或医生指定的人立即采取适当吸入治疗法。还可参考化学安全卡片#0283（氟化氢）。该物质中毒时，需采取必要的治疗措施；必须提供有指示说明的适当方法		

IPCS
International
Programme on
Chemical Safety

本卡片由 IPCS 和 EC 合作编写 © 2004～2012

227

国际化学品安全卡

三氯化砷			ICSC 编号：0221

CAS 登记号：7784-34-1
RTECS 号：CG1750000
UN 编号：1560
EC 编号：033-002-00-5
中国危险货物编号：1560
分子量：181.2

中文名称：三氯化砷；氯化砷（III）；氯化亚砷
英文名称：ARSENIC TRICHLORIDE; Arsenic III chloride; Arsenous chloride

化学式：AsCl₃

危害/接触类型	急性危害/症状	预防	急救/消防
火 灾	不可燃。在火焰中释放出刺激性或有毒烟雾（或气体）	禁止与水和金属接触	周围环境着火时，禁止用水
爆 炸	与水和金属接触时，有着火和爆炸危险		
接 触		避免一切接触！	一切情况均向医生咨询！
# 吸入	头痛。咳嗽。呼吸困难。咽喉痛。（见食入）	密闭系统和通风	新鲜空气，休息。半直立体位。给予医疗护理
# 皮肤	发红。疼痛	防护手套。防护服	脱去污染的衣服。用大量水冲洗皮肤或淋浴。给予医疗护理
# 眼睛	发红。疼痛	安全护目镜，面罩，或眼睛防护结合呼吸防护	先用大量水冲洗几分钟（如可能尽量摘除隐形眼镜），然后就医
# 食入	腹部疼痛,腹泻,恶心,呕吐,休克或虚脱	工作时不得进食，饮水或吸烟。进食前洗手	漱口。不要催吐。给予医疗护理

泄漏处置	撤离危险区域！向专家咨询！尽可能将泄漏液收集在可密闭的塑料容器中。用干砂土或惰性吸收剂吸收残液，并转移到安全场所。不要让该化学品进入环境。个人防护用具：全套防护服包括自给式呼吸器
包装与标志	不易破碎包装，将易破碎包装放在不易破碎的密闭容器中。不得与食品和饲料一起运输。污染海洋物质 欧盟危险性类别：T 符号 N 符号 标记：A R:23/25-50/53 S:1/2-20/21-28-45-60-61 联合国危险性类别：6.1 联合国包装类别：I 中国危险性类别：第 6.1 项毒性物质 中国包装类别：I
应急响应	运输应急卡：TEC(R)-61GT4-I 美国消防协会法规：H3（健康危险性）；F0（火灾危险性）；R0（反应危险性）
储存	与食品和饲料分开存放。阴凉场所。干燥。沿地面通风
重要数据	物理状态、外观：无色油状发烟液体，有刺鼻气味 化学危险性：加热时，该物质分解生成氯化氢（见卡片# 0163）和氧化砷有毒烟雾。与潮湿空气或水激烈反应，生成氯化氢（见卡片 0163）。浸蚀许多金属，生成易燃/爆炸性气体氢（见卡片#0001） 职业接触限值：阈限值：0.01mg/m³(时间加权平均值)；A1（确认的人类致癌物）；公布生物暴露指数；（美国政府工业卫生学家会议，2004 年）。最高容许浓度：致癌物类别：1；胚细胞突变物类别：3（德国，2004 年） 接触途径：该物质可通过吸入其蒸气和经食入吸收到体内 吸入危险性：20℃时，该物质蒸发，迅速达到空气中有害污染浓度 短期接触的影响：该物质严重刺激眼睛、皮肤和呼吸道。该物质可能对胃肠道、心血管系统、中枢神经系统有影响，导致严重胃肠炎，体液和电解质流失、心脏病、休克和惊厥。高于职业接触限值接触可能导致死亡。影响可能推迟显现。需进行医学观察 长期或反复接触的影响：反复或长期与皮肤接触可能引起皮炎。该物质可能对黏膜、皮肤、末梢神经系统、肝和骨髓有影响，导致色素沉着病，角化过度症，鼻中隔穿孔，神经病，肝损害和贫血。该物质是人类致癌物。动物实验表明，该物质可能造成人类婴儿畸形
物理性质	沸点：130.2℃ 熔点：-16℃ 密度：2.1g/cm³ 水中溶解度：反应	蒸气压：20℃时 1.17kPa 蒸气相对密度（空气=1）：6.3 蒸气/空气混合物的相对密度（20℃，空气=1）：1.06
环境数据	该物质可能对环境有危害，对土壤和水生生物应给予特别注意。强烈建议不要让该化学品进入环境
注解	给出的是失去结晶水的表观熔点。根据接触程度，建议定期进行医疗检查。不要将工作服带回家中

IPCS
International
Programme on
Chemical Safety

本卡片由 IPCS 和 EC 合作编写 © 2004～2012

国际化学品安全卡

胂		ICSC 编号：0222

CAS 登记号：7784-42-1
RTECS 号：CG6475000
UN 编号：2188
EC 编号：033-006-00-7
中国危险货物编号：2188
分子量：77.9

中文名称：胂；砷化三氢；砷化(三)氢

英文名称：ARSINE; Arsenic trihydride; Hydrogen arsenide; Arsenic hydride; (cylinder)

化学式：AsH$_3$

危害/接触类型	急性危害/症状	预防	急救/消防
火 灾	极易燃。爆炸性的	禁止明火、禁止火花和禁止吸烟	切断气源，如不可能并对周围环境无危险，让火自行燃尽。其他情况用干粉、二氧化碳灭火
爆 炸	气体/空气混合物有爆炸性	密闭系统，通风，防爆型电气设备和照明。如果为液体，防止静电荷积聚（例如，通过接地）。不要受摩擦或撞击	着火时，喷雾状水保持钢瓶冷却。从掩蔽位置灭火
接 触		避免一切接触！	一切情况均向医生咨询！
# 吸入	腹部疼痛，意识模糊，头晕，头痛，恶心，气促，呕吐，虚弱。症状可能推迟显现（见注解）	通风，局部排气通风或呼吸防护	新鲜空气，休息，给予医疗护理
# 皮肤	与液体接触：冻伤	保温手套，防护服	冻伤时，用大量水冲洗，不要脱去衣服，给予医疗护理
# 眼睛	与液体接触：冻伤	面罩或眼睛防护结合呼吸防护	先用大量水冲洗几分钟（如可能尽量摘除隐形眼镜），然后就医
# 食入		工作时不得进食，饮水或吸烟	

泄漏处置	撤离危险区域！向专家咨询！移除全部引燃源。如果为液态，关闭钢瓶或转移到露天和安全的场所。不要冲入下水道。切勿直接向液体上喷水。不要让该化学品进入环境。气密式化学防护服，包括自给式呼吸器
包装与标志	欧盟危险性类别：T+符号 F+符号 N 符号　　R:12-26-48/20-50/53　S:1/2-9-16-28-33-36/37-45-60-61 联合国危险性类别：2.3　　　联合国次要危险性：2.1 中国危险性类别：第 2.3 项毒性气体　中国次要危险性：2.1
应急响应	运输应急卡：TEC(R)-20G2TF 美国消防协会法规：H4（健康危险性）；　F4（火灾危险性）；　R2（反应危险性）
储存	如果在建筑物内，耐火设备（条件）。阴凉场所。沿地面通风
重要数据	**物理状态、外观**：无色压缩液化气体，有特殊气味 **物理危险性**：气体比空气重，可能沿地面流动，可能造成远处着火。由于流动、搅拌等，可能产生静电 **化学危险性**：加热时和在光与湿气的作用下，该物质分解生成砷有毒烟雾。与强氧化剂反应，有爆炸的危险。受撞击、摩擦或震动时，可能发生爆炸性分解 **职业接触限值**：阈限值：0.05ppm（时间加权平均值）；预计修改（阈限值：0.005ppm）；A4（不能分类为人类致癌物）（美国政府工业卫生学家会议，2005 年）。最高容许浓度：IIb（未制定标准，但可提供数据）（德国，2004 年） **接触途径**：该物质可通过吸入吸收到体内 **吸入危险性**：容器漏损时，迅速达到空气中该气体的有害浓度 **短期接触的影响**：液体迅速蒸发，可能引起冻伤。该物质可能对血液有影响，导致血细胞破坏和肾衰竭。影响可能推迟显现。接触可能导致死亡。需进行医学观察 **长期或反复接触的影响**：该物质是人类致癌物
物理性质	沸点：−62℃ 熔点：−116℃ 水中溶解度：20℃时 20mL/100mL 蒸气压：20℃时 1043kPa	蒸气相对密度（空气=1）：2.7 闪点：易燃气体 爆炸极限：空气中 4.5%～78%（体积）
环境数据	强烈建议不要让该化学品进入环境
注解	中毒症状几小时甚至几天以后才变得明显。该物质中毒时，需采取必要的治疗措施。必须提供有指示说明的适当方法。转动泄漏钢瓶使漏口朝上，防止液态气体逸出。可参考卡片#0013（砷）

IPCS
International
Programme on
Chemical Safety

UNEP

本卡片由 IPCS 和 EC 合作编写 © 2004～2012

国际化学品安全卡

苯胂酸			ICSC 编号：0223

CAS 登记号：98-05-5

RTECS 号：CY3150000

UN 编号：3465

EC 编号：033-002-00-5

中国危险货物编号：3465

中文名称：苯胂酸；苯基胂酸

英文名称：BENZENE ARSONIC ACID; Phenylarsonic acid

分子量：202.05　　　　　　　　化学式：$C_6H_7AsO_3/C_6H_5AsO(OH)_2$

危害/接触类型	急性危害/症状	预防	急救/消防
火 灾	不可燃。在火焰中释放出刺激性或有毒烟雾（或气体）		周围环境着火时，允许使用各种灭火剂
爆 炸			
接 触		防止粉尘扩散！避免一切接触！	一切情况均向医生咨询！
# 吸入	腹痛，意识模糊，腹泻，头晕，倦睡，头痛，肌肉协调丧失，瘫痪。症状可能推迟显现。（见注解）	密闭系统和通风	新鲜空气，休息，给予医疗护理
# 皮肤	皮肤病。（另见吸入）	防护手套，防护服	脱掉污染的衣服，用大量水冲洗皮肤或淋浴，并给予医疗护理
# 眼睛		安全护目镜或眼睛防护结合呼吸防护	首先用大量水冲洗几分钟（如可能尽量摘除隐形眼镜），然后就医
# 食入	吞咽困难，腹痛，意识模糊，腹泻，头晕，迟钝，头痛，呕吐，肌肉协调丧失，瘫痪。（另见吸收）	工作时不得进食、饮水或吸烟	
泄漏处置	将泄漏物扫入可密闭的容器中。不要冲入下水道。小心收集残余物，然后转移到安全场所。个人防护用具：全套防护服包括自给式呼吸器		
包装与标志	气密。不易破碎包装，将易碎包装放入不易碎的密闭容器内。不得与食品和饲料一起运输。污染海洋物质 欧盟危险性类别：　T 符号 N 符号　标记：A　R:23/25-50/53　　S:1/2-20/21-28-45-60-61 联合国危险性类别：6.1 中国危险性类别：第 6.1 项毒性物质		
应急响应	运输应急卡：TEC（R）-61GT5-II		
储存	与食品和饲料分开存放。干燥。沿地面通风		
重要数据	物理状态、外观：各种形状的无色固体。 化学危险性：加热时，该物质分解生成砷有毒烟雾（见卡片#0013） 职业接触限值：阈限值未制定标准 接触途径：该物质可通过吸入和食入吸收到体内 吸入危险性：20℃时蒸发可忽略不计，但是扩散时可较快达到空气中颗粒物污染浓度，尤其是粉末 短期接触的影响：见注解		
物理性质	熔点：160℃（分解） 相对密度（水=1）：1.76 水中溶解度：微溶		
环境数据			
注解	根据接触程度，需定期进行医学检查。全身砷中毒症状几个小时后才变得明显		

IPCS
International
Programme on
Chemical Safety

UNEP

本卡片由 IPCS 和 EC 合作编写 © 2004～2012

国际化学品安全卡

联苯胺			ICSC 编号：0224

CAS 登记号： 92-87-5

RTECS 号： DC9625000

UN 编号： 1885

EC 编号： 612-042-00-2

中国危险货物编号： 1885

分子量： 184.2

中文名称： 联苯胺；(1,1'-二苯基)-4,4'-二胺；4,4'-二氨基联苯；对二氨基联苯

英文名称： BENZIDINE; (1,1'-Biphenyl)-4,4'-diamine; 4,4'-Diaminobiphenyl; p-Diaminodiphenyl; Biphenyl-4,4'-ylenediamine

化学式： $C_{12}H_{12}N_2/NH_2C_6H_4-C_6H_4NH_2$

危害/接触类型	急性危害/症状	预防	急救/消防
火 灾	可燃的。在火焰中释放出刺激性或有毒烟雾（或气体）	禁止明火	雾状水，泡沫，干粉，二氧化碳
爆 炸			
接 触	见长期或反复接触的影响	避免一切接触！	
# 吸入		密闭系统和通风	新鲜空气，休息
# 皮肤	可能被吸收！	防护手套。防护服	脱去污染的衣服。冲洗，然后用水和肥皂清洗皮肤。急救时戴防护手套
# 眼睛		面罩，或如为粉末，眼睛防护结合呼吸防护	用大量水冲洗（如可能尽量摘除隐形眼镜）
# 食入		工作时不得进食，饮水或吸烟。进食前洗手	漱口

泄漏处置	将泄漏物清扫进可密闭容器中，如果适当，首先润湿防止扬尘。小心收集残余物，然后转移到安全场所。不要让该化学品进入环境。个人防护用具：化学防护服包括自给式呼吸器
包装与标志	不易破碎包装，将易破碎包装放在不易破碎密闭容器中。不得与食品和饲料一起运输 欧盟危险性类别：T 符号 N 符号 标记：E R:45-22-50/53 S:53-45-60-61 联合国危险性类别：6.1 联合国包装类别：II 中国危险性类别：第 6.1 项 毒性物质 中国包装类别：II GHS 分类：信号词：危险 图形符号：感叹号-健康危险-环境 危险说明：吞咽有害；怀疑导致遗传性缺陷；可能致癌；对水生生物毒性非常大并具有长期持续影响
应急响应	
储存	注意收容灭火产生的废水。与强氧化剂、食品和饲料分开存放。保存在暗处。严格密封。储存在没有排水管或下水道的场所
重要数据	**物理状态、外观：** 无色或微红色晶体粉末，遇空气和光变暗 **化学危险性：** 加热时或燃烧时该物质分解，生成含有氮氧化物的有毒烟雾。与强氧化剂，尤其硝酸发生剧烈反应 **职业接触限值：** 阈限值：（经皮），A1（确认的人类致癌物）（美国政府工业卫生学家会议，2009年）。最高容许浓度：皮肤吸收；致癌物类别：1（德国，2009年） **接触途径：** 该物质可通过吸入其气溶胶、经皮肤和经食入吸收到体内 **吸入危险性：** 20℃时蒸发可忽略不计，但扩散时，尤其是粉末可较快地达到空气中颗粒物有害浓度。 **长期或反复接触的影响：** 该物质是人类致癌物
物理性质	**沸点：** 401℃ **熔点：** 120℃ **密度：** 1.3g/cm³ **水中溶解度：** 25℃时<0.05g/100mL（难溶） **辛醇/水分配系数的对数值：** 1.34
环境数据	该物质对水生生物有极高毒性。强烈建议不要让该化学品进入环境
注解	不要将工作服带回家中

IPCS
International Programme on Chemical Safety

本卡片由 **IPCS** 和 **EC** 合作编写 © 2004～2012

国际化学品安全卡

过氧化苯甲酰			ICSC 编号：0225

CAS 登记号：94-36-0
RTECS 号：DM8575000
UN 编号：3104
EC 编号：617-008-00-0
中国危险货物编号：3104

中文名称：过氧化苯甲酰；过氧化二苯（甲）酰
英文名称：BENZOYL PEROXIDE; Dibenzoyl peroxide; Benzoyl superoxide

分子量：242.2　　　　　　　　　　　化学式：$C_{14}H_{10}O_4$

危害/接触类型	急性危害/症状	预防	急救/消防
火　灾	爆炸性的。许多反应可能引起火灾或爆炸	禁止明火,禁止火花和禁止吸烟。禁止与易燃物质接触。禁止与高温 表面接触	大量水
爆　炸	有着火和爆炸危险。见化学危险性	不要受摩擦或撞击。使用无火花手工具	着火时，喷雾状水保持料桶等冷却。从掩蔽位置灭火
接　触		防止粉尘扩散！	
# 吸入	咳嗽，咽喉痛	局部排气通风或呼吸防护	新鲜空气，休息
# 皮肤	发红	防护手套，防护服	脱去污染的衣服，冲洗，然后用水和肥皂清洗皮肤
# 眼睛	发红	护目镜	先用大量水冲洗几分钟（如可能尽量摘除隐形眼镜），然后就医
# 食入		工作时不得进食,饮水或吸烟	漱口。大量饮水，给予医疗护理
泄漏处置	大量泄漏时，撤离危险区域！移除全部引燃源。用大量水冲净残余物。不要使用锯末或其他可燃吸收剂吸收		
包装与标志	欧盟危险性类别：E 符号　Xi 符号　R:2-36-43　S:1/2-3/7-14-36/37/39 联合国危险性类别：5.2　　　　　联合国包装类别：II 中国危险性类别：第 5.2 项有机过氧化物　中国包装类别：II		
应急响应	运输应急卡：TEC(R)-52GP1-S 美国消防协会法规：H1（健康危险性）；F4（火灾危险性）；R4（反应危险性）；OX（氧化剂）		
储存	耐火设备（条件）。与可燃物质和还原性物质分开存放。储存在原包装容器中。见化学危险性		
重要数据	物理状态、外观：白色晶体或粉末 化学危险性：受撞击、摩擦或震动时，可能爆炸性分解。加热至 103-105℃以上时，可能发生爆炸。燃烧时，生成含苯甲酸（见卡片#0103）和一氧化碳（见卡片#0023）刺激性和有毒烟雾。该物质是一种强氧化剂。与可燃物质和还原性物质激烈反应。与许多有机酸和无机酸、醇类和胺类激烈反应，有着火和爆炸的危险 职业接触限值：阈限值：5mg/m³（时间加权平均值），A4（不能分类为人类致癌物）（美国政府工业卫生学家会议，2001 年）。最高容许浓度：5mg/m³(可吸入粉尘)；最高限值种类：I（1）（德国，2005 年） 接触途径：该物质可通过吸入其气溶胶吸收到体内 吸入危险性：20℃时蒸发可忽略不计，但扩散时可较快地达到空气中颗粒物有害浓度，尤其是粉末 短期接触的影响：该物质刺激眼睛、皮肤和呼吸道 长期或反复接触的影响：反复或长期接触可能引起皮肤过敏		
物理性质	熔点：103～105℃（分解） 密度：1.3g/cm³ 水中溶解度：微溶 蒸气压：20℃时 0.1kPa 自燃温度：80℃ 辛醇/水分配系数的对数值：3.46		
环境数据			
注解	商业制剂中使用的载体溶剂可能改变其物理和毒理学性质。用大量水冲洗工作服（有着火危险）		

IPCS
International
Programme on
Chemical Safety

本卡片由 IPCS 和 EC 合作编写 © 2004～2012

国际化学品安全卡

铍			ICSC 编号：0226

CAS 登记号：7440-41-7　　　　　中文名称：铍
RTECS 号：DS1750000
UN 编号：1567　　　　　　　　英文名称：BERYLLIUM; Glucinium
EC 编号：004-001-00-7
中国危险货物编号：1567

原子量：9　　　　　　　　　　　化学式：Be

危害/接触类型	急性危害/症状	预防	急救/消防
火　灾	可燃的	禁止明火	特殊粉末。干砂。禁用其他灭火剂
爆　炸	微细分散的颗粒物在空气中形成爆炸性混合物	防止粉尘沉积，密闭系统，防止粉尘爆炸型电气设备和照明	
接　触		防止粉尘扩散！避免一切接触！	一切情况均向医生咨询！
# 吸入	咳嗽，气促，咽喉痛，虚弱。症状可能推迟显现。（见注解）	局部排气通风，呼吸防护	新鲜空气，休息，给予医疗护理
# 皮肤	发红	防护手套，防护服	脱去污染的衣服，用大量水冲洗皮肤或淋浴
# 眼睛	发红，疼痛	面罩，如为粉末，眼睛防护结合呼吸防护	先用大量水冲洗几分钟（如可能尽量摘除隐形眼镜），然后就医
# 食入		工作时不得进食，饮水或吸烟。进食前洗手	漱口，不要催吐，给予医疗护理
泄漏处置	撤离危险区域！向专家咨询！小心将泄漏物收集到容器中。如果适当先润湿防止扬尘，然后转移到安全场所。不要让该化学品进入环境。化学防护服包括自给式呼吸器		
包装与标志	不易破碎包装，将易破碎包装放在不易破碎的密闭容器中。不得与食品和饲料一起运输 欧盟危险性类别：T+符号　标记：E　R:49-25-26-36/37/38-43-48/23　　S:53-45 联合国危险性类别：6.1　　　联合国次要危险性：4.1　　　联合国包装类别：II 中国危险性类别：第 6.1 项 毒性物质　中国次要危险性：第 4.1 项 易燃固体 中国包装类别：II		
应急响应	运输应急卡：TEC(R)-61GTF3-II 美国消防协会法规：H3（健康危险性）；F1（火灾危险性）；R0（反应危险性）		
储存	与强酸、碱类、氯代溶剂、食品和饲料分开存放。　储存在没有排水管或下水道的场所		
重要数据	物理状态、外观：灰色至白色粉末 物理危险性：以粉末或颗粒形状与空气混合，可能发生粉尘爆炸 化学危险性：与强酸和强碱反应，生成易燃/爆炸性气体氢（见卡片#0001）。与某些氯代溶剂，如四氯化碳和三氯乙烯反应，生成撞击敏感的混合物 职业接触限值：阈限值：0.002mg/m³（时间加权平均值），0.01mg/m³（短期接触限值）；A1（确认的人类致癌物）（美国政府工业卫生学家会议，2004 年）。预计修改为：0.00002mg/m³，皮肤，吸入，致敏剂（美国政府工业卫生学家会议，2005 年）。最高容许浓度：呼吸道和皮肤致敏剂；致癌物类别：1（德国，2004 年） 接触途径：该物质可通过吸入其气溶胶和经食入吸收到体内 吸入危险性：20℃时蒸发可忽略不计，但扩散时可较快地达到空气中颗粒物有害浓度 短期接触的影响：该物质的气溶胶刺激呼吸道。吸入粉尘或烟雾可能引起化学肺炎。接触可能导致死亡。影响可能延缓。需进行医学观察 长期或反复接触的影响：反复或长期接触可能引起皮肤过敏。反复或长期接触粉尘颗粒，肺可能受损伤，导致慢性铍病（咳嗽，体重减轻，虚弱）。该物质是人类致癌物		
物理性质	沸点：2500℃以上 熔点：1287℃ 密度：1.9g/cm³ 水中溶解度：不溶		
环境数据	该物质对水生生物有极高毒性		
注解	根据接触程度，需定期进行医学检查。不要将工作服带回家中		

IPCS
International
Programme on
Chemical Safety

本卡片由 IPCS 和 EC 合作编写 © 2004～2012

国际化学品安全卡

反丙烯除虫菊		ICSC 编号：0227

CAS 登记号：584-79-2
RTECS 号：GZ1925000
UN 编号：3352
EC 编号：006-025-00-3
中国危险货物编号：3352

中文名称：反丙烯除虫菊；(RS)-3-烯丙基-2-甲基-4-氧代环戊烯-2-基(1R)-反菊酸酯；2-甲基-4-氧代-3-(2-丙烯基)-2-环戊烯-1-基-2,2-二甲基-3-（2-甲基-1-丙烯基）环丙烷羧酸酯

英文名称：BIOALLETHRIN; (RS)-3-Allyl-2-methyl-4-oxocyclopent-2-enyl (1R)-trans-chrysanthemate; 2-Methyl-4-oxo-3-(2-propenyl)-2-cyclopenten-1-yl 2,2-dimethyl-3-(2-methyl-1-propenyl)cyclopropanecarboxylate

分子量：302.4   化学式：$C_{19}H_{26}O_3$

危害/接触类型	急性危害/症状	预防	急救/消防
火　灾	可燃的。含有机溶剂的液体制剂可能是易燃的	禁止明火	干粉、水成膜泡沫、泡沫、二氧化碳
爆　炸	高于 65.6℃，可能形成爆炸性蒸气/空气混合物	高于 65.6℃，使用密闭系统、通风	着火时，喷雾状水保持料桶等冷却
接　触		防止产生烟云！	
# 吸入	咳嗽	通风，局部排气通风或呼吸防护	新鲜空气，休息，给予医疗护理
# 皮肤	发红	防护手套	脱去污染的衣服，冲洗，然后用水和肥皂清洗皮肤
# 眼睛	发红	护目镜	先用大量水冲洗几分钟（如可能尽量摘除隐形眼镜），然后就医
# 食入		工作时不得进食，饮水或吸烟。进食前洗手	漱口，给予医疗护理

泄漏处置	尽可能将泄漏液收集在可密闭的容器中。用砂土或惰性吸收剂吸收残液，并转移到安全场所。不要冲入下水道。不要让该化学品进入环境。个人防护用具：适用于有机蒸气和有害粉尘的 A/P2 过滤呼吸器
包装与标志	不得与食品和饲料一起运输 欧盟危险性类别：Xn 符号　N 符号　标记：C R:20/22-50/53　S:2-36-60-61 联合国危险性类别：6.1 联合国包装类别：III 中国危险性类别：第 6.1 项毒性物质　中国包装类别：III
应急响应	运输应急卡：TEC(R)-61GT6-III
储存	注意收容灭火产生的废水。与食品和饲料分开存放。保存在通风良好的室内
重要数据	物理状态、外观：黄色黏稠液体 化学危险性：加热至 400℃以上时，该物质分解生成刺激性烟雾 职业接触限值：阈限值未制定标准 接触途径：该物质可通过吸入其气溶胶和食入吸收到体内 吸入危险性：未指明 20℃时该物质蒸发达到空气中有害浓度的速率 短期接触的影响：该物质刺激眼睛、皮肤和呼吸道
物理性质	沸点：0.05kPa 时 153℃ 相对密度（水=1）：1.00 水中溶解度：不溶 蒸气压：25℃时<10Pa 闪点：65.6℃（开杯） 辛醇/水分配系数的对数值：4.7
环境数据	该物质对水生生物有极高毒性。避免非正常使用情况下释放到环境中
注解	商业制剂中使用的载体溶剂可能改变其物理和毒理学性质。商品名为 Depallethrin。可参考国际化学品安全规划署的出版物"卫生和安全指南"第 24 期丙烯菊酯类和"环境卫生基准"第 87 期丙烯菊酯类。也可参考卡片#0228、#0212 和#0213

IPCS
International
Programme on
Chemical Safety

本卡片由 IPCS 和 EC 合作编写 © 2004～2012

国际化学品安全卡

右旋反丙烯除虫菊			ICSC 编号：0228

CAS 登记号：28434-00-6	中文名称：右旋反丙烯除虫菊；（S）-3-烯丙基-2-甲基-4-氧代环戊烯-2-基
RTECS 号：GZ1472000	（1R）-反菊酸酯；2-甲基-4-氧代-3-（2-丙烯基）-2-环戊烯-1-基-2,2-二甲
UN 编号：3352	基-3-（2-甲基-1-丙烯基）环丙烷羧酸酯
EC 编号：006-025-00-3	英文名称：S-BIOALLETHRIN; (S)-3-Allyl-2-methyl-4-oxocyclopent-2-enyl
中国危险货物编号：3352	(1R)-trans-chrysanthemate; 2-Methyl-4-oxo-3-(2-propenyl)-2-cyclopenten-1-yl
	2,2-dimethyl-3-(2-methyl-1-propenyl)cyclopropanecarboxylate

分子量：302.4　　　　　　　　　化学式：$C_{19}H_{26}O_3$

危害/接触类型	急性危害/症状	预防	急救/消防
火　灾	可燃的。含有机溶剂的液体制剂可能是易燃的	禁止明火	干粉，水成膜泡沫，泡沫，二氧化碳
爆　炸			着火时，喷雾状水保持料桶等冷却
接　触		防止产生烟云！	
# 吸入	咳嗽	通风，局部排气通风或呼吸防护	新鲜空气，休息。给予医疗护理
# 皮肤	发红	防护手套	脱去污染的衣服。冲洗，然后用水和肥皂清洗皮肤
# 眼睛	发红	护目镜	先用大量水冲洗几分钟（如可能尽量摘除隐形眼镜），然后就医
# 食入		工作时不得进食，饮水或吸烟。进食前洗手	漱口

泄漏处置	尽可能将泄漏液收集在可密闭的容器中。用砂土或惰性吸收剂吸收残液，并转移到安全场所。不要冲入下水道。不要让该化学品进入环境。个人防护用具：适用于有机蒸气和有害粉尘的A/P2过滤呼吸器
包装与标志	不得与食品和饲料一起运输 欧盟危险性类别：Xn 符号　N 符号　标记：C　R:20/22-50/53　　S:2-36-60-61 联合国危险性类别：6.1　联合国包装类别：III 中国危险性类别：第 6.1 项毒性物质　中国包装类别：III
应急响应	运输应急卡：TEC(R)-61GT6-III
储存	注意收容灭火产生的废水。与食品和饲料分开存放。保存在通风良好的室内
重要数据	物理状态、外观：黄色黏稠液体 化学危险性：加热至 400℃ 以上时，该物质分解生成刺激性烟雾 职业接触限值：阈限值未制定标准 接触途径：该物质可通过吸入其气溶胶和经食入吸收到体内 吸入危险性：未指明 20℃时该物质蒸发达到空气中有害浓度的速率 短期接触的影响：该物质刺激眼睛，皮肤和呼吸道
物理性质	相对密度（水=1）：0.98 水中溶解度：不溶 闪点：约 120℃
环境数据	该物质对水生生物有极高毒性。避免非正常使用情况下释放到环境中
注解	商业制剂中使用的载体溶剂可能改变其物理和毒理学性质。商品名称有 Esbiol 和 Esdepallethrin。可参考国际化学品安全规划署的出版物"卫生和安全指南"第 24 期丙烯菊酯类和"环境卫生基准"第 87 期丙烯菊酯类。也可参考卡片#0212（丙烯除虫菊），#0213（右旋丙烯除虫菊）和#0227（反丙烯除虫菊）

IPCS
International
Programme on
Chemical Safety

本卡片由 IPCS 和 EC 合作编写 © 2004～2012

国际化学品安全卡

右旋反灭虫菊酯			ICSC 编号：0229

CAS 登记号：28434-01-7
RTECS 号：GZ1310500
UN 编号：3352
EC 编号：613-120-00-9
中国危险货物编号：3352

中文名称：右旋反灭虫菊酯；(5-苯基-3-呋喃基)甲基(1R)-反菊酸酯；[5-(苯基甲基)-3-呋喃基]甲基 2,2-二甲基-3-(2-甲基-1-丙烯基)环丙烷酸酯
英文名称：BIORESMETHRIN; (5-Benzyl-3-furyl) methyl (1R)-trans-chrysanthemate; (5-(Phenylmethyl)-3-furanyl) methyl 2,2-dimethyl-3-(2-methyl-1-propeny) cyclopropanecarbxylate

分子量：338.5   化学式：$C_{22}H_{26}O_3$

危害/接触类型	急性危害/症状	预防	急救/消防
火灾	可燃的。含有机溶剂的液体制剂可能是易燃的	禁止明火	干粉，泡沫，二氧化碳
爆炸			着火时，喷雾状水保持料桶等冷却
接触			
# 吸入		通风，局部排气通风或呼吸防护	新鲜空气，休息
# 皮肤		防护手套	脱去污染的衣服，冲洗，然后用水和肥皂清洗皮肤
# 眼睛		护目镜	先用大量水冲洗几分钟（如可能尽量摘除隐形眼镜),然后就医
# 食入		工作时不得进食，饮水或吸烟。进食前洗手	漱口

泄漏处置	尽可能将泄漏液收集在可密闭的容器中。用砂土或惰性吸收剂吸收残液，并转移到安全场所。不要冲入下水道。不要让该化学品进入环境
包装与标志	欧盟危险性类别：N 符号 R:50/53 S:60-61 联合国危险性类别：6.1 联合国包装类别：III 中国危险性类别：第 6.1 项 毒性物质 中国包装类别：III
应急响应	运输应急卡：TEC(R)-61GT6-III
储存	注意收容灭火产生的废水。储存在没有排水管或下水道的场所
重要数据	物理状态、外观：黄色黏稠的油状或膏状（工业品）；纯品实际上是无色的 职业接触限值：阈限值未制定标准 接触途径：该物质可通过吸入其气溶胶和食入吸收到体内 吸入危险性：未指明 20℃时该物质蒸发达到空气中有害浓度的速率
物理性质	熔点：30～35℃ 相对密度（水=1）：1.05 水中溶解度：不溶 蒸气压：25℃时 10Pa 辛醇/水分配系数的对数值：4.79
环境数据	该物质对水生生物有极高毒性。避免非正常使用情况下释放到环境中
注解	商业制剂中使用的载体溶剂可能改变其物理和毒理学性质。可参考国际化学品安全规划署的出版物"卫生和安全指南"第 24 期丙烯菊酯类和"环境卫生基准"第 87 期丙烯菊酯类。也可参考卡片#0228、#0212 和#0213

IPCS
International
Programme on
Chemical Safety

本卡片由 IPCS 和 EC 合作编写 © 2004～2012

国际化学品安全卡

三溴化硼			ICSC 编号：0230

CAS 登记号：10294-33-4
RTECS 号：ED7400000
UN 编号：2692
EC 编号：005-003-00-0
中国危险货物编号：2692
分子量：250.5

中文名称：三溴化硼；三溴甲硼烷；溴化硼(III)
英文名称：BORON BROMIDE; Tribromoborane; Boron(III) bromide

化学式：BBr₃

危害/接触类型	急性危害/症状	预防	急救/消防
火 灾	不可燃。加热引起压力升高，容器有爆裂危险	禁止与水或蒸汽接触。禁止与高温表面接触	周围环境着火时，使用粉末、二氧化碳灭火。禁止用水
爆 炸	与水接触时，或加热到分解时，有着火和爆炸危险		着火时，喷雾状水保持料桶等冷却，但避免该物质与水接触
接 触		严格作业环境管理！	一切情况均向医生咨询！
# 吸入	咳嗽，气促，咽喉痛，灼烧感，呼吸困难。症状可能推迟显现（见注解）	通风，局部排气通风或呼吸防护	新鲜空气，休息。半直立体位，必要时进行人工呼吸，给予医疗护理
# 皮肤	发红，皮肤烧伤，疼痛，水疱	防护手套，防护服	先用大量水，然后脱去污染的衣服并再次冲洗，给予医疗护理
# 眼睛	发红，疼痛，严重深度烧伤	面罩或眼睛防护结合呼吸防护	先用大量水冲洗几分钟（如可能尽量摘除隐形眼镜），然后就医
# 食入	胃痉挛，灼烧感，虚弱，腹泻，呕吐，腹部疼痛，休克或虚脱	工作时不得进食，饮水或吸烟	漱口。不要催吐，给予医疗护理

泄漏处置	撤离危险区域！向专家咨询！通风。尽可能将泄漏液收集在可密闭的容器中。用砂土或惰性吸收剂吸收残液，并转移到安全场所。切勿直接向液体上喷水。化学防护服，包括自给式呼吸器
包装与标志	气密。不易破碎包装，将易破碎包装放在不易破碎的密闭容器中 欧盟危险性类别：T+符号　C符号　R:14-26/28-35　S:1/2-9-26-28-36/37/39-45 联合国危险性类别：8　联合国包装类别：I 中国危险性类别：第8类腐蚀性物质　中国包装类别：I
应急响应	运输应急卡：TEC(R)-80GC1-I-X 美国消防协会法规：H4（健康危险性）；F0（火灾危险性）；R2（反应危险性）；W（禁止用水）
储存	与性质相互抵触的物质分开存放。见化学危险性。阴凉场所。干燥。沿地面通风
重要数据	物理状态、外观：无色发烟液体，有刺鼻气味 物理危险性：蒸气比空气重 化学危险性：加热时可能发生爆炸。与醇接触时，该物质分解生成溴化氢有毒和腐蚀性烟雾。与水激烈反应生成溴化氢气体，有爆炸的危险 职业接触限值：阈限值：1ppm（上限值）（美国政府工业卫生学家会议，2000年） 接触途径：该物质可通过吸入和食入吸收到体内 吸入危险性：20℃时该物质蒸发，迅速达到空气中有害污染浓度 短期接触的影响：该物质腐蚀眼睛、皮肤和呼吸道。腐蚀摄食系统。吸入可能引起肺水肿（见注解）
物理性质	沸点：91℃ 熔点：-46℃ 相对密度（水=1）：2.7 水中溶解度：反应 蒸气压：14℃时 5.3kPa 蒸气相对密度（空气=1）：8.6 蒸气/空气混合物的相对密度（20℃，空气=1）：1.4
环境数据	
注解	与灭火剂，如水或泡沫激烈反应。工作接触的任何时刻，都不应超过职业接触限值。超过接触限值时，气味报警不充分。肺水肿症状常常几个小时以后才变得明显，体力劳动使症状加重。因而休息和医学观察是必要的。应当考虑由医生或医生指定的人立即采取适当吸入治疗法。不要将工作服带回家中

IPCS
International
Programme on
Chemical Safety

本卡片由 IPCS 和 EC 合作编写 © 2004～2012

237

国际化学品安全卡

三氟化硼			ICSC 编号：0231

CAS 登记号：7637-07-02
RTECS 号：ED2275000
UN 编号：1008
EC 编号：005-001-00-X
中国危险货物编号：1008

中文名称：三氟化硼；三氟甲硼烷（钢瓶）
英文名称：BORON TRIFLUORIDE; Trifluoroborane (cylinder)

分子量：67.8　　　　　　　　　化学式：BF_3

危害/接触类型	急性危害/症状	预防	急救/消防
火　灾	不可燃		周围环境着火时，允许使用各种灭火剂
爆　炸			着火时喷雾状水保持钢瓶冷却，但避免该物质与水接触
接　触		严格作业环境管理！	一切情况均向医生咨询！
# 吸入	腐蚀作用，灼烧感，咳嗽，呼吸困难，神志不清	通风，局部排气通风或呼吸防护	新鲜空气，休息，半直立体位。必要时进行人工呼吸，给予医疗护理
# 皮肤	发红，烧灼感，疼痛；与液体接触时：冻伤	防护手套，保温手套，防护服	用大量水冲洗，然后脱掉污染的衣服，再次冲洗，给予医疗护理
# 眼睛	发红，疼痛，视力模糊	面罩或眼睛防护结合呼吸防护	先用大量水冲洗数分钟（如可能尽量摘除隐形眼镜），然后就医
# 食入		工作时不得进食、饮水或吸烟	

泄漏处置	撤离危险区域，向专家咨询！通风。 切勿直接将水喷洒在液体上。喷水雾驱除烟雾。个人防护用具：全套防护服包括自给式呼吸器
包装与标志	欧盟危险性类别：T+符号 C 符号 R:14-26-35 S:1/2-9-26-28-36/37/39-45 联合国危险性类别：2.3 联合国次要危险性：8 中国危险性类别：第 2.3 项毒性气体 中国次要危险性：8
应急响应	运输应急卡：TEC（R）-20G1TC
储存	如果在建筑物内，耐火设备（条件）。阴凉场所。与碱金属、碱土金属、烷基硝酸酯和石灰分开存放
重要数据	物理状态、外观：无色压缩性气体，有刺鼻的气味。在潮湿空气中形成白色烟雾 物理危险性：气体比空气重 化学危险性：该物质聚合生成不饱和化合物。与水或潮湿空气接触时，该物质分解生成氟化氢（见卡片#0283）、氟硼酸和硼酸有毒和腐蚀性烟雾。与许多物质，如钠、钾和钙以及烷基硝酸酯发生反应。有水存在时浸蚀许多金属 职业接触限值：阈限值 1ppm（上限值）（美国政府工业卫生学家会议，2004 年）。最高容许浓度：IIb（未制定标准，但可提供数据）（德国，2004 年） 接触途径：该物质可通过吸入吸收进体内 吸入危险性：容器破损时，该物质迅速达到空气中有害浓度 短期接触的影响：腐蚀作用。该物质腐蚀眼睛、皮肤和呼吸道。吸入气体可能引起肺水肿（见注解）。液体迅速蒸发可能引起冻伤 长期或反复接触的影响：该物质可能对肾有影响
物理性质	沸点：-100℃ 熔点：-127℃ 水中溶解度：反应（见注解） 蒸气相对密度（空气=1）：2.4
环境数据	该物质可能对环境有危害，对水生生物应给予特别注意
注解	根据接触程度，需定期进行医疗检查。工作接触的任何时刻不应超过职业接触限值。肺水肿症状通常几个小时以后才明显，体力劳动使症状加重。因此，休息和医学观察是必要的。应考虑由医生或医生指定人员立即采取适当吸入治疗法

IPCS
International
Programme on
Chemical Safety

本卡片由 IPCS 和 EC 合作编写 © 2004~2012

国际化学品安全卡

丁烷			ICSC 编号：0232

CAS 登记号：106-97-8	中文名称：丁烷；正丁烷（液化的）（钢瓶）
RTECS 号：EJ4200000	英文名称：BUTANE; n-Butane (cylinder); (liquefied)

CAS 登记号：106-97-8
RTECS 号：EJ4200000
UN 编号：1011
EC 编号：601-004-00-0
中国危险货物编号：1011
分子量：58.1 化学式：C_4H_{10}

危害/接触类型	急性危害/症状	预防	急救/消防
火 灾	极易燃	禁止明火，禁止火花和禁止吸烟	切断气源，如不可能并对周围环境无危险，让火自行燃尽。其他情况用干粉，二氧化碳灭火
爆 炸	气体/空气混合物有爆炸性	密闭系统，通风，防爆型电气设备和照明。如果为液体，防止静电荷积聚（例如，通过接地）。使用无火花手工具	着火时，喷雾状水保持钢瓶冷却。从掩蔽位置灭火
接 触			
# 吸入	倦睡。神志不清	密闭系统和通风	新鲜空气，休息。必要时进行人工呼吸。给予医疗护理
# 皮肤	与液体接触：冻伤	保温手套。防护服	冻伤时，用大量水冲洗，不要脱去衣服。给予医疗护理
# 眼睛	与液体接触：冻伤	面罩	先用大量水冲洗几分钟（如可能尽量摘除隐形眼镜），然后就医
# 食入			

泄漏处置	撤离危险区域！向专家咨询！转移全部引燃源。通风。切勿直接向液体上喷水。个人防护用具：自给式呼吸器
包装与标志	欧盟危险性类别：F+符号 标记：C R:12 S:2-9-16-33 联合国危险性类别：2.1 中国危险性类别：第 2.1 项易燃气体
应急响应	运输应急卡：TEC(R)-20S1011 美国消防协会法规：H1（健康危险性）；F4（火灾危险性）；R0（反应危险性）
储存	耐火设备（条件）。阴凉场所
重要数据	物理状态、外观：无气味，无色压缩液化气体 物理危险性：该气体比空气重，可能沿地面流动，可能造成远处着火。可能积聚在低层空间，造成缺氧。由于流动、搅拌等，可能产生静电 职业接触限值：阈限值：1000ppm（C1-C4 链烷烃气体）（时间加权平均值）（美国政府工业卫生学家会议，2005 年）。最高容许浓度：1000ppm，2400mg/m³；最高限值种类：II（4）；妊娠风险等级：IIc（德国，2003 年） 接触途径：该物质可通过吸入吸收到体内 吸入危险性：容器漏损时，该液体迅速蒸发造成封闭空间空气中过饱和，有窒息的严重危险 短期接触的影响：液体迅速蒸发可能引起冻伤。该物质可能对中枢神经系统有影响
物理性质	沸点：-0.5℃ 熔点：-138℃ 相对密度（水=1）：0.6 水中溶解度：20℃时 0.0061g/100mL 蒸气压：21.1℃时 213.7kPa 蒸气相对密度（空气=1）：2.1 闪点：-60℃ 自燃温度：365℃ 爆炸极限：空气中 1.8%～8.4%（体积） 辛醇/水分配系数的对数值：2.89
环境数据	
注解	进入工作区域前检验氧含量。转动泄漏钢瓶使漏口朝上，防止液态气体逸出。本卡片信息（物理性质除外）也适用于异丁烷（CAS 登记号 75-28-5）。空气中高浓度造成缺氧，有神志不清或死亡危险

IPCS
International
Programme on
Chemical Safety

本卡片由 IPCS 和 EC 合作编写 © 2004～2012

239

国际化学品安全卡

乙酰胺			ICSC 编号：0233

CAS 登记号：60-35-5	中文名称：乙酰胺；乙酰胺酸；甲烷羧基酰胺
RTECS 号：AB4025000	英文名称：ACETAMIDE; Acetic acid amide; Ethanamide; Acetamidic
EC 编号：616-022-00-4	acid; Methanecarboxamide

分子量：59	化学式：CH_3CONH_2/C_2H_5NO

危害/接触类型	急性危害/症状	预防	急救/消防
火　灾	可燃的。在火焰中释放出刺激性或有毒烟雾（或气体）	禁止明火	雾状水，干粉
爆　炸			
接　触		防止粉尘扩散！严格作业环境管理！	
# 吸入		局部排气通风或呼吸防护	新鲜空气，休息
# 皮肤	发红，疼痛	防护手套，防护服	脱去污染的衣服，用大量水冲洗皮肤或淋浴
# 眼睛	发红，疼痛	安全护目镜	先用大量水冲洗数分钟（如可能尽量摘除隐形眼镜），然后就医
# 食入		工作时不得进食、饮水或吸烟	漱口，给予医疗护理

泄漏处置	将泄漏物清扫入容器中。如果适当，首先润湿防止扬尘。小心收集残余物，然后转移到安全场所。个人防护用具：适用于有害颗粒物的 P2 过滤呼吸器
包装与标志	欧盟危险性类别：Xn 符号　　R:40　　S:2-36/37
应急响应	
储存	严格密封。干燥

重要数据	物理状态、外观：无色易潮解的晶体 化学危险性：燃烧时，该物质分解生成氮氧化物有毒烟雾。与强氧化剂和酸类发生反应 职业接触限值：阈限值未制定标准。最高容许浓度：致癌物类别：3B（德国，2005 年） 接触途径：该物质可通过吸入其气溶胶吸收进体内 吸入危险性：20℃时蒸发可忽略不计，但是扩散时可较快达到空气中颗粒物有害污染浓度，尤其是粉末 短期接触的影响：该物质刺激眼睛和皮肤 长期或反复接触的影响：该物质可能是人类致癌物
物理性质	沸点：222℃ 熔点：81℃ 相对密度（水=1）：1.16 水中溶解度：200g/100mL 蒸气压：65℃时 133Pa 辛醇/水分配系数的对数值：–1.26
环境数据	
注解	

IPCS
International
Programme on
Chemical Safety

本卡片由 IPCS 和 EC 合作编写 © 2004～2012

国际化学品安全卡

水合氯醛			ICSC 编号：0234

CAS 登记号：302-17-0	中文名称：水合氯醛；一水合三氯乙醛；2,2,2-三氯-1,1-乙二醇
RTECS 号：FM8750000	英文名称：CHLORAL HYDRATE; Trichloroacetaldehyde monohydrate;
UN 编号：2811	2,2,2-Trichloro-1,1-ethanediol
EC 编号：605-014-00-6	
中国危险货物编号：2811	
分子量：165.4	化学式：$C_2H_3Cl_3O_2/Cl_3CCH(OH)_2$

危害/接触类型	急性危害/症状	预防	急救/消防
火　灾	不可燃。在火焰中释放出刺激性或有毒烟雾（或气体）		周围环境着火时，允许使用各种灭火剂
爆　炸			着火时，喷雾状水保持料桶等冷却
接　触		防止粉尘扩散！	
# 吸入	意识模糊，倦睡，恶心，神志不清	局部排气通风或呼吸防护	新鲜空气，休息。必要时进行人工呼吸，给予医疗护理
# 皮肤	发红	防护手套	用大量水冲洗皮肤或淋浴
# 眼睛	发红	安全护目镜，如为粉末，眼睛防护结合呼吸防护	先用大量水冲洗几分钟（如可能尽量摘除隐形眼镜），然后就医
# 食入	腹部疼痛，呕吐。（另见吸入）	工作时不得进食，饮水或吸烟。进食前洗手	漱口。用水冲服活性炭浆，给予医疗护理

泄漏处置	将泄漏物清扫进容器中。如果适当，首先润湿防止扬尘。小心收集残余物，然后转移到安全场所。个人防护用具：适用于有毒颗粒物的 P3 过滤呼吸器
包装与标志	不得与食品和饲料一起运输 欧盟危险性类别：T 符号　　R:25-36/38　　S:1/2-25-45 联合国危险性类别：6.1 中国危险性类别：第 6.1 项毒性物质
应急响应	运输应急卡：TEC(R)-61GT2-II
储存	与强碱、食品和饲料分开存放
重要数据	物理状态、外观：无色透明晶体，有特殊气味 化学危险性：加热时，该物质分解生成含氯化氢的有毒和腐蚀性烟雾。与强碱反应，生成氯仿 职业接触限值：阈限值未制定标准 接触途径：该物质可通过吸入其气溶胶和经食入吸收到体内 吸入危险性：20℃时，该物质蒸发相当慢地达到空气中有害污染浓度 短期接触的影响：该物质刺激眼睛、皮肤和呼吸道。该物质可能对中枢神经系统、心血管系统、肝和肾有影响，导致意识降低、心脏病和功能损伤。高浓度下接触，可能导致神志不清
物理性质	沸点：97℃（分解） 熔点：57~60℃ 密度：1.9g/cm³ 水中溶解度：易溶 辛醇/水分配系数的对数值：0.99
环境数据	该物质可能对环境有危害，对水生生物应给予特别注意
注解	饮用含酒精饮料增进有害影响

IPCS
International
Programme on
Chemical Safety

本卡片由 IPCS 和 EC 合作编写 © 2004～2012

国际化学品安全卡

氯乙酸			ICSC 编号：0235

CAS 登记号：79-11-8
RTECS 号：AF8575000
UN 编号：1751
EC 编号：607-003-00-1
中国危险货物编号：1751

中文名称：氯乙酸；一氯乙酸；MCA
英文名称：CHLOROACETIC ACID; Chloroethanoic acid; Monochloroacetic acid; MCA

分子量：94.5　　　　　　　　　　化学式：$C_2H_3ClO_2/ClCH_2COOH$

危害/接触类型	急性危害/症状	预防	急救/消防
火　灾	可燃的。在火焰中释放出刺激性或有毒烟雾（或气体）	禁止明火	干粉，抗溶性泡沫，雾状水，二氧化碳
爆　炸			着火时，喷雾状水保持料桶等冷却
接　触		避免一切接触！	一切情况均向医生咨询！
# 吸入	灼烧感，咳嗽，咽喉痛，呼吸困难，呕吐，惊厥，神志不清。症状可能推迟显现。（见注解）	通风，局部排气通风或呼吸防护	新鲜空气，休息。半直立体位。必要时进行人工呼吸。给予医疗护理
# 皮肤	可能被吸收！发红，疼痛，皮肤烧伤	防护手套。防护服	脱去污染的衣服。用大量水冲洗皮肤或淋浴。给予医疗护理
# 眼睛	发红。疼痛。严重深度烧伤	面罩，如为粉末，眼睛防护结合呼吸防护	先用大量水冲洗几分钟（如可能尽量摘除隐形眼镜），然后就医
# 食入	腹部疼痛，灼烧感，休克或虚脱，惊厥，神志不清	工作时不得进食，饮水或吸烟	漱口。不要催吐。大量饮水。给予医疗护理

泄漏处置	将泄漏物清扫进容器中。如果适当，首先润湿防止扬尘。小心收集残余物，然后转移到安全场所。个人防护用具：化学防护服包括自给式呼吸器
包装与标志	不得与食品和饲料一起运输 欧盟危险性类别：T 符号 N 符号 R:25-34-50　　S:1/2-23-37-45-61 联合国危险性类别：6.1　联合国次要危险性：8 联合国包装类别：II 中国危险性类别：第 8 类腐蚀性物质 中国次要危险性：8 中国包装类别：II
应急响应	运输应急卡：TEC(R)-61S1751 美国消防协会法规：H3（健康危险性）；F1（火灾危险性）；R0（反应危险性）
储存	与强碱、食品和饲料分开存放。干燥。严格密封
重要数据	物理状态、外观：无色吸湿的晶体，有刺鼻气味 化学危险性：燃烧时，该物质分解生成含氯化氢和光气有毒烟雾。水溶液是一种中强酸。浸蚀金属 职业接触限值：阈限值未制定标准。最高容许浓度：IIb（未制定标准，但可提供数据）（德国，2004年） 接触途径：该物质可通过吸入，经皮肤和食入吸收到体内 吸入危险性：未指明 20℃时该物质蒸发达到空气中有害浓度的速率 短期接触的影响：该物质腐蚀眼睛，皮肤和呼吸道。吸入气溶胶可能引起肺水肿（见注解）。该物质可能对心血管系统和中枢神经系统有影响，导致心脏病，惊厥和肾损伤。高浓度接触可能导致死亡。影响可能推迟显现。需进行医学观察
物理性质	沸点：189℃ 熔点：见注解 密度：1.58g/cm³ 水中溶解度：易溶 蒸气压：25℃时 8.68Pa	蒸气相对密度（空气=1）：3.26 闪点：126℃（闭杯） 自燃温度：470℃ 爆炸极限：空气中 8%～?%（体积） 辛醇/水分配系数的对数值：0.34
环境数据	该物质对水生生物是有害的
注解	熔点：α-异构体为 63℃，β-异构体为 56.2℃，γ-异构体为 52.5℃。肺水肿症状常常经过几个小时以后才变得明显，体力劳动使症状加重。因而休息和医学观察是必要的。应当考虑由医生或医生指定的人立即采取适当吸入治疗法。其他 UN 编号：1750，氯乙酸溶液；3250，熔融氯乙酸

IPCS
International
Programme on
Chemical Safety

本卡片由 IPCS 和 EC 合作编写 © 2004～2012

国际化学品安全卡

2-氯乙醇			ICSC 编号：0236

CAS 登记号：107-07-3	中文名称：2-氯乙醇；氯乙醇；乙二醇氯乙醇
RTECS 号：KK0875000	英文名称：2-CHLOROETHANOL; 2-Chloroethyl alcohol; Ethylene chlorohydrin; Glycol chlorohydrin
UN 编号：1135	
EC 编号：603-028-00-7	
中国危险货物编号：1135	
分子量：80.5	化学式：$C_2H_5ClO/ClCH_2CH_2OH$

危害/接触类型	急性危害/症状	预防	急救/消防
火 灾	易燃的。在火焰中释放出刺激性或有毒烟雾（或气体）	禁止明火，禁止火花和禁止吸烟	干粉，抗溶性泡沫，雾状水，二氧化碳
爆 炸	高于 60℃，可能形成爆炸性蒸气/空气混合物	高于 60℃，使用密闭系统，通风和防爆型电气设备	着火时，喷雾状水保持料桶等冷却
接 触		避免一切接触！	一切情况均向医生咨询！
# 吸入	咳嗽。头晕。头痛。恶心。咽喉痛。呕吐	通风，局部排气通风或呼吸防护	新鲜空气，休息。半直立体位。必要时进行人工呼吸。给予医疗护理
# 皮肤	可能被吸收！（另见吸入）	防护手套。防护服	脱去污染的衣服。冲洗，然后用水和肥皂清洗皮肤。给予医疗护理
# 眼睛	发红。疼痛。严重深度烧伤	护目镜，面罩或眼睛防护结合呼吸防护	先用大量水冲洗几分钟（如可能尽量摘除隐形眼镜），然后就医
# 食入	（另见吸入）	工作时不得进食，饮水或吸烟。进食前洗手	漱口。催吐（仅对清醒病人！）。给予医疗护理

泄漏处置	尽可能将泄漏液收集在可密闭的容器中。用砂土或惰性吸收剂吸收残液，并转移到安全场所。个人防护用具：全套防护服包括自给式呼吸器
包装与标志	不易破碎包装，将易破碎包装放在不易破碎的密闭容器中。不得与食品和饲料一起运输 欧盟危险性类别：T+符号 R:26/27/28 S:1/2-7/9-28-45 联合国危险性类别：6.1 联合国次要危险性：3 联合国包装类别：I 中国危险性类别：第 6.1 项毒性物质 中国次要危险性：3 中国包装类别：I
应急响应	运输应急卡：TEC(R)-61S1135 美国消防协会法规：H4（健康危险性）；F2（火灾危险性）；R0（反应危险性）
储存	耐火设备（条件）。与强碱、氧化剂、食品和饲料分开存放。干燥。严格密封
重要数据	物理状态、外观：无色液体，有特殊气味 化学危险性：燃烧时，该物质分解生成氯化氢和光气有毒和腐蚀性气体。与氧化剂激烈反应，有着火和爆炸危险。与水或蒸汽反应，生成有毒和腐蚀性烟雾。与强碱反应生成环氧乙烷，有中毒和着火的危险 职业接触限值：阈限值：1ppm（上限值）（经皮），A4（不能分类为人类致癌物）（美国政府工业卫生学家会议，2003 年）。最高容许浓度：1ppm，3.3mg/m³，皮肤吸收；最高限值种类：II（1），妊娠风险等级：C（德国，2002 年） 接触途径：该物质可通过吸入，经皮肤和食入吸收到体内 吸入危险性：20℃时，该物质蒸发，迅速达到空气中有害污染浓度 短期接触的影响：该物质严重刺激眼睛和呼吸道。该物质可能对中枢神经系统，心血管系统，肾和肝有影响，导致心脏病，低血压，肾损伤，肝损害和呼吸衰竭。接触可能导致死亡
物理性质	沸点：128～130℃ 熔点：-67℃ 相对密度（水=1）：1.2 水中溶解度：混溶 蒸气压：20℃时 0.65kPa 蒸气相对密度（空气=1）：2.78	蒸气/空气混合物的相对密度（20℃，空气=1）：1.01 闪点：60℃（闭杯） 自燃温度：425℃ 爆炸极限：空气中 4.9%～15.9%（体积） 辛醇/水分配系数的对数值：-0.06
环境数据	该物质对水生生物是有害的
注解	工作接触的任何时刻不应超过职业接触限值。不要在火焰或高温表面附近或焊接时使用

IPCS
International Programme on Chemical Safety

本卡片由 IPCS 和 EC 合作编写 © 2004～2012

国际化学品安全卡

二氯甲基醚			ICSC 编号：0237

| CAS 登记号：542-88-1
RTECS 号：KN1575000
UN 编号：2249
EC 编号：603-046-00-5
中国危险货物编号：2249
分子量：115.0 | | 中文名称：二氯甲基醚；对称二氯二甲醚；1,1'-二氯二甲醚；氧二(氯甲烷)；氯(氯甲氧基)甲烷；BCME
英文名称：bis(CHLOROMETHYL) ETHER; sym-Dichloromethyl ether; 1,1'-Dichlorodimethyl ether; Oxybis(chloromethane); Chloro(chloromethoxy)methane; BCME
化学式：$(CH_2Cl)_2O$ | |

危害/接触类型	急性危害/症状	预防	急救/消防
火　灾	高度易燃	禁止明火，禁止火花和禁止吸烟	干粉，抗溶性泡沫，雾状水，二氧化碳
爆　炸	蒸气/空气混合物有爆炸性	密闭系统，通风，防爆型电气设备和照明	着火时，喷雾状水保持料桶等冷却，但避免该物质与水接触
接　触		避免一切接触！	一切情况均向医生咨询！
# 吸入	灼烧感。咳嗽。头痛。呼吸困难。气促。呕吐。喘息。症状可能推迟显现（见注解）	密闭系统和通风	新鲜空气，休息。半直立体位。必要时进行人工呼吸。给予医疗护理
# 皮肤	可能被吸收！发红。灼烧感。皮肤烧伤	防护服。防护手套	脱去污染的衣服。用大量水冲洗皮肤或淋浴。给予医疗护理
# 眼睛	发红。疼痛。视力模糊。严重深度烧伤	面罩，或眼睛防护结合呼吸防护	先用大量水冲洗几分钟（如可能尽量摘除隐形眼镜），然后就医
# 食入	腹部疼痛。咽喉和胸腔灼烧感。休克或虚脱	工作时不得进食，饮水或吸烟。进食前洗手	漱口。不要催吐。给予医疗护理
泄漏处置	撤离危险区域！向专家咨询!将泄漏液收集在可密闭的容器中。用砂土或惰性吸收剂吸收残液，并转移到安全场所。个人防护用具：全套防护服包括自给式呼吸器		
包装与标志	气密。专用材料。不得与食品和饲料一起运输 欧盟危险性类别：T+符号　标记：E　R:45-10-22-24-26　S:53-45 联合国危险性类别：6.1 联合国次要危险性：3 联合国包装类别：I 中国危险性类别：第 6.1 项毒性物质 中国次要危险性：3 中国包装类别：I		
应急响应	运输应急卡：TEC(R)-20G1TC 美国消防协会法规：H4（健康危险性）；F0（火灾危险性）；R0（反应危险性）		
储存	耐火设备（条件）。与食品和饲料分开存放。干燥。阴凉场所		
重要数据	**物理状态、外观**：无色液体，有刺鼻气味 **物理危险性**：蒸气与空气充分混合，容易形成爆炸性混合物 **化学危险性**：加热时和与水接触时，该物质分解生成含氯化氢（见卡片#0163）和甲醛有毒和腐蚀性烟雾。浸蚀许多金属、塑料和树脂 **职业接触限值**：阈限值：0.001ppm（时间加权平均值）；A1（确认的人类致癌物）（美国政府工业卫生学家会议，2005 年）。最高容许浓度：致癌物类别：1（德国，2004 年） **接触途径**：该物质可通过吸入其蒸气，经皮肤和食入吸收到体内 **吸入危险性**：20℃时，该物质蒸发，迅速达到空气中有害污染浓度 **短期接触的影响**：该物质腐蚀眼睛、皮肤和呼吸道。食入有腐蚀性。吸入高浓度可能引起肺水肿（见注解）。影响可能推迟显现。接触可能导致死亡 **长期或反复接触的影响**：该物质是人类致癌物		
物理性质	沸点：104～106℃ 熔点：-42℃ 相对密度（水=1）：1.3 水中溶解度：反应 蒸气压：25℃时 3.9kPa 蒸气相对密度（空气=1）：4.0 闪点：<19℃（闭杯） 辛醇/水分配系数的对数值：1.05		
环境数据			
注解	根据接触程度，建议定期进行医疗检查。肺水肿症状常常经过几个小时以后才变得明显，体力劳动使症状加重。因而休息和医学观察是必要的。应当考虑由医生或医生指定的人立即采取适当吸入治疗法		

IPCS
International
Programme on
Chemical Safety

UNEP

本卡片由 IPCS 和 EC 合作编写 © 2004～2012

国际化学品安全卡

氯甲基甲醚			ICSC 编号：0238

CAS 登记号：107-30-2
RTECS 号：KN6650000
UN 编号：1239
EC 编号：603-075-00-3
中国危险货物编号：1239
分子量：80.5

中文名称：氯甲基甲醚；氯二甲醚；氯甲氧甲烷；氯甲基甲基醚
英文名称：CHLOROMETHYL METHYL ETHER; Dimethylchloro ether;
Chloromethoxymethane

化学式：CH_3OCH_2Cl/C_2H_5ClO

危害/接触类型	急性危害/症状	预防	急救/消防
火 灾	高度易燃。在火焰中释放出刺激性或有毒烟雾（或气体）。加热引起压力升高，容器有破裂的危险	禁止明火，禁止火花和禁止吸烟	干粉，水可能无效
爆 炸	蒸气/空气混合物有爆炸性	密闭系统，通风，防爆型电气设备和照明。防止静电荷积聚（例如，通过接地）	着火时，喷雾状水保持料桶等冷却
接 触		避免一切接触！	一切情况均向医生咨询！
# 吸入	灼烧感。咳嗽。咽喉痛。头晕。头痛。恶心。呼吸短促。呼吸困难	密闭系统和通风	新鲜空气，休息。半直立体位。必要时进行人工呼吸。立即给予医疗护理
# 皮肤	发红。疼痛。皮肤烧伤。水疱	防护手套。防护服	脱去污染的衣服。用大量水冲洗皮肤或淋浴。给予医疗护理
# 眼睛	发红。疼痛。视力模糊。视力丧失。严重烧伤	面罩，或眼睛防护结合呼吸防护	用大量水冲洗（如可能尽量摘除隐形眼镜）。立即给予医疗护理
# 食入	口腔和咽喉烧伤。胃痉挛。呕吐。腹泻。休克或虚脱	工作时不得进食，饮水或吸烟。进食前洗手	漱口。不要催吐。立即给予医疗护理

泄漏处置	撤离危险区域！向专家咨询！转移全部引燃源。通风。将泄漏液收集在可密闭的容器中。用砂土或惰性吸收剂吸收残液，并转移到安全场所。不要冲入下水道。个人防护用具：全套防护服包括自给式呼吸器
包装与标志	不易破碎包装，将易破碎包装放在不易破碎的密闭容器中。不得与食品和饲料一起运输 欧盟危险性类别：F 符号 T 符号 标记：E R:45-11-20/21/22 S:53-45 联合国危险性类别：6.1 联合国次要危险性：3 联合国包装类别：I 中国危险性类别：第 6.1 项 毒性物质 中国次要危险性：第 3 类 易燃液体 中国包装类别：I GHS 分类：信号词：危险 图形符号：火焰-腐蚀-健康危险 危险说明：高度易燃液体和蒸气；造成严重皮肤灼伤和眼睛损伤；可能致癌
应急响应	
储存	耐火设备（条件）。注意收容灭火产生的废水。严格密封。与食品和饲料分开存放。储存在没有排水管或下水道的场所
重要数据	物理状态、外观：无色液体，有特殊气味 物理危险性：蒸气比空气重，可能沿地面流动；可能造成远处着火。由于流动、搅拌等，可能产生静电 化学危险性：燃烧时，生成含有光气和氯化氢的有毒气体。与水接触时该物质分解，生成氯化氢和甲醛。有水存在时，浸蚀许多金属 职业接触限值：阈限值：各种途径的接触均应小心控制在尽可能低的程度；A2（可疑人类致癌物）（美国政府工业卫生学家会议，2009 年）。最高容许浓度：致癌物类别：1（适用于含有二氯二甲醚杂质最高为7%的工业品）（德国，2009 年） 接触途径：各种接触途径均产生严重的局部影响 吸入危险性：20℃时，该物质蒸发相当快地达到空气中有害污染浓度 短期接触的影响：该物质腐蚀眼睛、皮肤和呼吸道。吸入可能引起肺水肿，但只在最初的对眼睛和（或）呼吸道的腐蚀性影响已经显现后。需进行医学观察 长期或反复接触的影响：该物质是人类致癌物。反复或长期接触，肺可能受损伤
物理性质	沸点：59℃ 熔点：-104℃ 相对密度（水=1）：1.06 水中溶解度：分解 蒸气压：20℃时 21.6kPa	蒸气相对密度（空气=1）：2.8 蒸气/空气混合物的相对密度（20℃，空气=1）：1.4 闪点：闪点 -8℃ 闭杯 自燃温度：见注解 爆炸极限：见注解
环境数据		
注解	自燃温度未见文献报道。不要在火焰或高温表面附近或焊接时使用。蒸馏前检验过氧化物，如有，将其去除	

IPCS
International
Programme on
Chemical Safety

本卡片由 IPCS 和 EC 合作编写 © 2004～2012

国际化学品安全卡

右旋顺灭虫菊酯			ICSC 编号：0239

CAS 登记号：35764-59-1	中文名称：右旋顺灭虫菊酯；(5-苯基-3-呋喃基)甲基(1R)-顺菊酸酯；[5-(苯基甲基)-3-呋喃基]甲基-2,2-二甲基-3-(2-甲基-1-丙烯基)环丙烷羧酸酯
RTECS 号：GZ1430000	
UN 编号：3349	英文名称：CISMETHRIN; (5-Benzyl-3-furyl)methyl (1R)-cis-chrysanthemate; (5-(Phenylmethyl)-3-furanyl)methyl 2,2-dimethyl-3-(2-methyl-1-propenyl)cyclopropanecarboxylate
中国危险货物编号：3349	

分子量：338.5　　　　　　　　　　　化学式：$C_{22}H_{26}O_3$

危害/接触类型	急性危害/症状	预防	急救/消防
火　灾	可燃的。含有机溶剂的液体制剂可能是易燃的	禁止明火	泡沫，干粉，二氧化碳
爆　炸			着火时，喷雾状水保持料桶等冷却
接　触		防止粉尘扩散！	
# 吸入		通风（如果没有粉末），局部排气通风或呼吸防护	新鲜空气，休息，给予医疗护理
# 皮肤	发红	防护手套	脱去污染的衣服。冲洗,然后用水和肥皂清洗皮肤
# 眼睛	发红	护目镜	先用大量水冲洗几分钟（如可能尽量摘除隐形眼镜），然后就医
# 食入		工作时不得进食，饮水或吸烟。进食前洗手	漱口，给予医疗护理
泄漏处置	不要冲入下水道。不要让该化学品进入环境。将泄漏物清扫进容器中。如果适当，首先润湿防止扬尘。小心收集残余物，然后转移到安全场所		
包装与标志	不得与食品和饲料一起运输 联合国危险性类别：6.1　联合国包装类别：III 中国危险性类别：第 6.1 项毒性物质　中国包装类别：III		
应急响应	运输应急卡：TEC(R)-61GT6-I		
储存	注意收容灭火产生的废水。与食品和饲料分开存放		
重要数据	**物理状态、外观：**白色粉末 **职业接触限值：**阈限值未制定标准 **接触途径：**该物质可通过吸入其气溶胶和经食入吸收到体内 **吸入危险性：**20℃时蒸发可忽略不计，但喷洒或扩散时可较快地达到空气中颗粒物有害浓度，尤其是粉末 **短期接触的影响：**该物质刺激轻微眼睛和皮肤。该物质可能对神经系统有影响		
物理性质	水中溶解度：不溶		
环境数据	该物质对水生生物有极高毒性。避免非正常使用情况下释放到环境中		
注解	商业制剂中使用的载体溶剂可能改变其物理和毒理学性质。参见卡片#0229（右旋反灭虫菊酯）和#0324（灭虫菊）		

IPCS
International
Programme on
Chemical Safety

本卡片由 IPCS 和 EC 合作编写 © 2004～2012

国际化学品安全卡

铜			ICSC 编号：0240

CAS 登记号：7440-50-8	中文名称：铜（粉末）
RTECS 号：GL5325000	英文名称：COPPER (powder)

原子量：63.5	化学式：Cu

危害/接触类型	急性危害/症状	预防	急救/消防
火 灾	可燃的	禁止明火	特殊粉末。干砂土。禁用其他灭火剂
爆 炸			
接 触		防止粉尘扩散！	
# 吸入	咳嗽，头痛，气促，咽喉疼痛	局部排气通风或呼吸防护	新鲜空气，休息，给予医疗护理
# 皮肤	发红	防护手套	脱去污染的衣服，冲洗，然后用水和肥皂清洗皮肤
# 眼睛	发红，疼痛	安全护目镜	先用大量水冲洗几分钟（如可能尽量摘除隐形眼镜），然后就医
# 食入	腹部疼痛，恶心，呕吐	工作时不得进食、饮水或吸烟	漱口，给予医疗护理

泄漏处置	将泄漏物清扫入容器中。小心收集残余物，然后转移到安全场所。个人防护用具：适用有害颗粒物的 P2 过滤呼吸器
包装与标志	
应急响应	
储存	与性质相互抵触的物质（见化学危险性）分开存放
重要数据	**物理状态、外观：** 红色粉末。接触到潮湿空气变为绿色 **化学危险性：** 与炔类化合物、环氧乙烷和叠氮化合物反应，生成撞击敏感的化合物。与强氧化剂，如氯酸盐、溴酸盐和碘酸盐反应，有爆炸危险 **职业接触限值：** 阈限值：$0.2mg/m^3$（烟雾）；$1mg/m^3$（粉尘和烟云）（美国政府工业卫生学家会议，2007 年）。最高容许浓度：$0.1mg/m^3$（可吸入组分）；最高限值种类：II（2）；妊娠风险等级：C（德国，2007 年） **接触途径：** 该物质可通过吸入其气溶胶和食入吸收进体内 **吸入危险性：** 20℃时蒸发可忽略不计，但是扩散时可较快达到空气中颗粒物有害浓度 **短期接触的影响：** 吸入蒸气可能造成金属烟雾热（见注解） **长期或反复接触的影响：** 反复或长期接触可能引起皮肤过敏
物理性质	沸点：2595℃ 熔点：1083℃ 相对密度（水=1）：8.9 水中溶解度：不溶
环境数据	
注解	金属烟雾热症状常常经过几个小时以后才变得明显

IPCS
International
Programme on
Chemical Safety

本卡片由 **IPCS** 和 **EC** 合作编写 © 2004～2012

国际化学品安全卡

巴豆醛			ICSC 编号：0241

CAS 登记号：4170-30-3	中文名称：巴豆醛；丙烯基（甲）醛；2-丁烯醛；β-甲基丙烯醛；甲基丙烯醛
RTECS 号：GP9499000	
UN 编号：1143	英文名称：CROTONALDEHYDE; Propylene aldehyde; 2-Butenal;
EC 编号：605-009-00-9	beta-Methylacrolein; Methyl propenal
中国危险货物编号：1143	
分子量：70.1	化学式：$C_4H_6O/CH_3CH=CHCHO$

危害/接触类型	急性危害/症状	预防	急救/消防
火 灾	高度易燃。许多反应可能引起火灾或爆炸	禁止明火，禁止火花和禁止吸烟。禁止与氧化剂及性质相互抵触的物质（见化学危险性）接触	干粉，抗溶性泡沫，雾状水，二氧化碳
爆 炸	蒸气/空气混合物有爆炸性	密闭系统，通风，防爆型电气设备和照明。不要使用压缩空气灌装、卸料或转运	着火时，喷雾状水保持料桶等冷却。从掩蔽位置灭火
接 触		防止产生烟云！严格作业环境管理！	一切情况均向医生咨询！
# 吸入	灼烧感，咳嗽，呼吸困难，气促，咽喉痛，症状可能推迟显现（见注解）	通风，局部排气通风或呼吸防护	新鲜空气，休息，给予医疗护理，半直立体位，必要时进行人工呼吸
# 皮肤	发红，灼烧感，疼痛	防护手套。防护服	脱去污染的衣服。用大量水冲洗皮肤或淋浴。给予医疗护理
# 眼睛	腐蚀作用。发红。疼痛。严重深度烧伤	面罩或眼睛防护结合呼吸防护	先用大量水冲洗几分钟（如可能尽量摘除隐形眼镜），然后就医
# 食入	腹部疼痛，灼烧感，腹泻，恶心，呕吐	工作时不得进食，饮水或吸烟。进食前洗手	漱口。大量饮水。给予医疗护理

泄漏处置	撤离危险区域！向专家咨询！通风。转移全部引燃源。尽可能将泄漏液收集在可密闭的容器中。用砂土或惰性吸收剂吸收残液，并转移到安全场所。不要用锯末或其他可燃吸收剂吸收。不要让该化学品进入环境。化学防护服，包括自给式呼吸器

包装与标志	气密。不易破碎包装，将易破碎包装放在不易破碎的密闭容器中。不得与食品和饲料一起运输。污染海洋物质 欧盟危险性类别：F 符号 T+符号 N 符号 R:11-24/25-26-37/38-41-48/22-50-68 S:1/2-26-28-36/37/39-45-61 联合国危险性类别：6.1 联合国次要危险性：3 联合国包装类别：I 中国危险性类别：第 3 类易燃液体 中国次要危险性：3 中国包装类别：I

应急响应	运输应急卡：TEC(R)-61GTF1-I 美国消防协会法规：H4（健康危险性）；F3（火灾危险性）；R2（反应危险性）

储存	耐火设备（条件）。与食品和饲料分开存放。见化学危险性。阴凉场所。保存在暗处。严格密封。稳定后储存

重要数据	物理状态、外观：无色液体，有刺鼻气味。遇光和空气时变淡黄色 物理危险性：蒸气比空气重，可能沿地面流动；可能造成远处着火 化学危险性：该物质可能生成爆炸性过氧化物。该物质可能聚合，有着火或爆炸危险。该物质是一种强还原剂。与氧化剂和许多其他物质激烈反应，有着火和爆炸危险。浸蚀塑料和许多其他物质 职业接触限值：阈限值：0.3ppm（上限值）（经皮），A3（确认的动物致癌物，但未知与人类相关性）（美国政府工业卫生学家会议，2003 年）。最高容许浓度：皮肤吸收，致癌物类别：3B（德国，2002 年） 接触途径：该物质可通过吸入其蒸气，经皮肤和食入吸收到体内 吸入危险性：20℃时，该物质蒸发，迅速达到空气中有害污染浓度 短期接触的影响：流泪。蒸气严重刺激皮肤和呼吸道，腐蚀眼睛。吸入高浓度可能引起肺水肿（见注解）。吸入高浓度可能引起死亡。需进行医学观察

物理性质	沸点：104℃ 熔点：−76.5（反式）；−69℃（顺式） 相对密度（水=1）：0.85 水中溶解度：15～18g/100mL 蒸气压：20℃时 4.0kPa 蒸气相对密度（空气=1）：2.41	蒸气/空气混合物的相对密度（20℃，空气=1）：1.06 闪点：13℃（开杯） 自燃温度：232.2℃ 爆炸极限：空气中 2.1%～15.5%（体积） 辛醇/水分配系数的对数值：0.63

环境数据	该物质对水生生物是有毒的

注解	工作接触的任何时刻都不应超过职业接触限值。用大量水冲洗工作服（有着火危险）。蒸馏前检验过氧化物，如存在，将其去除。巴豆醛水溶液是稳定的。肺水肿症状常常经过几个小时以后才变得明显，体力劳动使症状加重。因而休息和医学观察是必要的

IPCS
International
Programme on
Chemical Safety

UNEP

本卡片由 IPCS 和 EC 合作编写 © 2004～2012

国际化学品安全卡

环己烷			ICSC 编号：0242

CAS 登记号：110-82-7
RTECS 号：GU6300000
UN 编号：1145
EC 编号：601-017-00-1
中国危险货物编号：1145
分子量：84.2

中文名称：环己烷；六氢化苯；1,6-亚己基；己环烷
英文名称：CYCLOHEXANE; Hexahydrobenzene; Hexamethylene; Hexanaphthene

化学式：C_6H_{12}

危害/接触类型	急性危害/症状	预防	急救/消防
火灾	高度易燃	禁止明火，禁止火花和禁止吸烟	雾状水，抗溶性泡沫，二氧化碳，干粉。水可能无效
爆炸	蒸气/空气混合物有爆炸性。受热引起压力升高，有爆裂危险	密闭系统，通风，防爆型电气设备和照明。不要使用压缩空气灌装、卸料或转运。使用无火花手工工具。防止静电荷积聚（例如，通过接地）	着火时，喷雾状水保持料桶等冷却
接触		防止产生烟云！	
# 吸入	咳嗽。恶心。头痛。头晕。虚弱。倦睡	通风，局部排气通风或呼吸防护	新鲜空气，休息。给予医疗护理
# 皮肤	发红。皮肤干燥	防护手套	脱去污染的衣服。冲洗，然后用水和肥皂清洗皮肤
# 眼睛	发红	安全护目镜，或眼睛防护结合呼吸防护	用大量水冲洗（如可能尽量摘除隐形眼镜）
# 食入	腹部疼痛。恶心。呕吐。吸入危险！（另见吸入）	工作时不得进食，饮水或吸烟	漱口。不要催吐。给予医疗护理
泄漏处置	撤离危险区域！向专家咨询！转移全部引燃源。个人防护用具：自给式呼吸器。通风。不要让该化学品进入环境。尽可能将泄漏液收集在可密闭的容器中。用砂土或惰性吸收剂吸收残液，并转移到安全场所。不要冲入下水道		
包装与标志	欧盟危险性类别：F 符号 Xn 符号 N 符号 标记：4 R:11-38-65-67-50/53 S:2-9-16-25-33-60-61-62 联合国危险性类别：3 联合国包装类别：II 中国危险性类别：第 3 类 易燃液体 中国包装类别：II GHS 分类：信号词：危险 图形符号：火焰-感叹号-健康危险-环境 危险说明：高度易燃液体和蒸气；吞咽和进入呼吸道可能致命；造成眼睛刺激；造成轻微皮肤刺激；可能引起昏昏欲睡或眩晕；对水生生物毒性非常大并具有长期持续影响		
应急响应	美国消防协会法规：H1（健康危险性）；F3（火灾危险性）；R0（反应危险性）		
储存	耐火设备(条件)。注意收容灭火产生的废水。与强氧化剂分开存放。储存在没有排水管或下水道的场所		
重要数据	物理状态、外观：无色液体，有特殊气味 物理危险性：蒸气比空气重，可能沿地面流动；可能造成远处着火。由于流动、搅拌等，可能产生静电 化学危险性：加热可能引起激烈燃烧或爆炸。与强氧化剂发生反应 职业接触限值：阈限值：100ppm（时间加权平均值）（美国政府工业卫生学家会议，2010 年）。欧盟职业接触限值：200ppm，700mg/m³（时间加权平均值）（欧盟，2006 年） 接触途径：该物质可通过吸入其蒸气和食入吸收到体内 吸入危险性：20℃时，该物质蒸发相当快达到空气中有害污染浓度 短期接触的影响：该物质轻微刺激眼睛、皮肤和呼吸道。该物质可能对中枢神经系统有影响。吞入液体可能吸入肺中，有引起化学肺炎的危险。接触能够造成意识降低 长期或反复接触的影响：反复或长期与皮肤接触可能导致干燥及开裂和皮炎		
物理性质	沸点：81℃ 熔点：7℃ 相对密度（水=1）：0.8 水中溶解度：25℃时 0.0058g/100mL（难溶） 蒸气压：20℃时 10.3kPa 蒸气相对密度（空气=1）：2.9	蒸气/空气混合物的相对密度（20℃，空气=1）：1.2 黏度：26℃时 $1.26x10\sim6mm^2/s$ 闪点：-18℃（闭杯） 自燃温度：260℃ 爆炸极限：空气中 1.3%～8.4%(体积) 辛醇/水分配系数的对数值：3.4	
环境数据	该物质对水生生物有极高毒性。该物质可能在水生环境中造成长期影响。强烈建议不要让该化学品进入环境		
注解	超过接触限值时，气味报警不充分		

IPCS
International
Programme on
Chemical Safety

UNEP

本卡片由 IPCS 和 EC 合作编写 © 2004～2012

国际化学品安全卡

环己醇			ICSC 编号：0243

CAS 登记号：108-93-0　　　　　中文名称：环己醇；六氢化（苯）酚

RTECS 号：GV7875000　　　　　英文名称：CYCLOHEXANOL; Cyclohexyl alcohol; Hexahydrophenol;

EC 编号：603-009-00　　　　　Hexalin

分子量：100.2　　　　　　　　化学式：$C_6H_{11}OH$

危害/接触类型	急性危害/症状	预防	急救/消防
火　灾	可燃的	禁止明火	干粉，水成膜泡沫，泡沫，二氧化碳
爆　炸	68℃时以上时可能形成爆炸性蒸气/空气混合物	68℃以上时，密闭系统，通风	
接　触		防止烟雾产生！	
# 吸入	咳嗽，头晕，倦睡，头痛，恶心，咽喉痛	通风，局部排气通风或呼吸防护	新鲜空气，休息。必要时进行人工呼吸，给予医疗护理
# 皮肤	皮肤干燥，发红	防护手套，防护服	脱去污染的衣服，用大量水冲洗皮肤或淋浴，给予医疗护理
# 眼睛	发红，疼痛	安全护目镜或眼睛防护结合呼吸防护	先用大量水冲洗数分钟（如可能尽量摘除隐形眼镜），然后就医
# 食入	腹部疼痛，腹泻。（另见吸入）	工作时不得进食、饮水或吸烟	漱口，大量饮水，给予医疗护理

泄漏处置	尽可能将泄漏液收集在可密闭的容器中。将泄漏物装入可密闭的容器中。如果适当，首先润湿防止扬尘。用大量水冲净残余物。个人防护用具：适用于 该物质空气中浓度的有机气体和蒸气过滤呼吸器
包装与标志	欧盟危险性类别：Xn 符号 R:20/22-37/38　　　S:2-24/25
应急响应	美国消防协会法规：H1（健康危险性）；F2（火灾危险性）；R0（反应危险性）
储存	与强氧化剂分开存放。干燥
重要数据	物理状态、外观：无色吸湿液体或白色晶体，有特殊气味 化学危险性：与强氧化剂剧烈反应。浸蚀塑料 职业接触限值：阈限值：50ppm（时间加权平均值）（经皮）（美国政府工业卫生学家会议，2004 年）。 最高容许浓度：IIb（未制定标准，但可提供数据）；皮肤吸收（德国，2009 年） 接触途径：该物质可通过吸入和食入吸收进体内 吸入危险性：20℃时，该物质蒸发不会或很缓慢地达到空气中有害污染浓度 短期接触的影响：该物质刺激眼睛、皮肤和呼吸道。该物质可能对中枢神经系统有影响 长期或反复接触的影响：液体使皮肤脱脂
物理性质	沸点：161℃ 熔点：23℃ 相对密度（水=1）：0.96 水中溶解度：20℃时 4g/100mL 蒸气压：20℃时 0.13kPa 蒸气相对密度（空气=1）：3.5 蒸气/空气混合物的相对密度（20℃，空气=1）：1.00 闪点：68℃（闭杯） 自燃温度：300℃ 爆炸极限：空气中，2.4%～12%（体积） 辛醇/水分配系数的对数值：1.2
环境数据	
注解	

IPCS
International
Programme on
Chemical Safety

国际化学品安全卡

放线菌酮			ICSC 编号：0244

CAS 登记号：66-81-9	中文名称：放线菌酮；4-(2-(3,5-二甲基-2-氧环己基）-2-羟基乙基）；2,6-哌啶二酮
RTECS 号：MA4375000	
UN 编号：2588	英文名称：CYCLOHEXIMIDE;
EC 编号：613-140-00-8	4-(2-(3,5-Dimethyl-2-oxocyclohexyl)-2-hydroxyethyl); 2,6-Piperidinedione
中国危险货物编号：2588	

分子量：281.35	化学式：$C_{15}H_{23}NO_4$

危害/接触类型	急性危害/症状	预防	急救/消防
火灾	在火焰中释放出刺激性或有毒烟雾（或气体）		周围环境着火时，使用适当的灭火剂
爆炸			
接触		防止粉尘扩散！严格作业环境管理！	
# 吸入		局部排气通风或呼吸防护	新鲜空气，休息
# 皮肤	发红，疼痛	防护手套，防护服	脱去污染的衣服，冲洗，然后用水和肥皂冲洗皮肤，给予医疗护理
# 眼睛	发红，疼痛	安全护目镜或眼睛防护结合呼吸防护	先用大量水冲洗数分钟（如可能尽量摘除隐形眼镜）。见注解
# 食入	腹泻，神志不清。（见注解）	工作时不得进食、饮水或吸烟	漱口。催吐（仅对清醒病人！），休息

泄漏处置	撤离危险区域。向专家咨询！不要冲入下水道。将泄漏液清扫入可密闭的容器中。小心收集残余物，然后转移到安全场所。个人防护用具：适用于有害颗粒物的P2过滤呼吸器
包装与标志	不易破碎包装，将易破碎包装放入不易破碎的密闭容器内。不得与食品和饲料一起运输 欧盟危险性类别：T+符号 N 符号 R：61-28-51/53-68 S：53-45-61 联合国危险性类别：6.1 联合国包装类别：I 中国危险性类别：第6.1项毒性物质 中国包装类别：I
应急响应	运输应急卡：TEC（R）-61G41a
储存	与食品和饲料分开存放。严格密封。保存在通风良好的室内
重要数据	物理状态、外观：无色晶体 化学危险性：加热时，该物质分解生成含氮氧化物有毒烟雾 职业接触限值：阈限值未制定标准 接触途径：该物质可通过吸入和食入吸收进体内 吸入危险性：20℃时蒸发可忽略不计，但可较快地达到空气中颗粒物有害浓度 短期接触的影响：该物质刺激眼睛和皮肤。接触可能导致死亡。见注解
物理性质	熔点：119.5～121℃ 水中溶解度：2℃时 2.1g/100mL 辛醇/水分配系数的对数值：0.55
环境数据	避免非正常使用时释放到环境中
注解	根据接触程度，需定期进行医疗检查。该物质的人体健康影响数据不充分，因此，应当特别注意。动物实验表明，通过食入接触该物质可能有极高毒性。商品名称有：Hizarocin, Acti-dione, Acti-aid, Naramycin, Naramycin A 和 Neocycloheximide

IPCS
International
Programme on
Chemical Safety

本卡片由 IPCS 和 EC 合作编写 © 2004～2012

国际化学品安全卡

环己胺			ICSC 编号：0245

CAS 登记号：108-91-8
RTECS 号：GX0700000
UN 编号：2357
EC 编号：612-050-00-6
中国危险货物编号：2357

中文名称：环己胺；氨基环己烷；氨基六氢苯；六氢苯胺
英文名称：CYCLOHEXYLAMINE; Cyclohexanamine; Aminocyclohexane; Aminohexahydrobenzene; Hexahydroaniline

分子量：99.2

化学式：$C_6H_{11}NH_2/C_6H_{13}N$

危害/接触类型	急性危害/症状	预防	急救/消防
火 灾	易燃的	禁止明火，禁止火花和禁止吸烟	干粉，抗溶性泡沫，大量水，二氧化碳
爆 炸	高于28℃，可能形成爆炸性蒸气/空气混合物	高于28℃，使用密闭系统、通风和防爆型电气设备	着火时，喷雾状水保持料桶等冷却
接 触		避免一切接触！	一切情况均向医生咨询！
# 吸入	灼烧感。咳嗽。呼吸困难。恶心。呕吐	通风，局部排气通风或呼吸防护	新鲜空气,休息,半直立体位,给予医疗护理
# 皮肤	发红。疼痛。皮肤烧伤	防护手套。防护服	脱去污染的衣服。用大量水冲洗皮肤或淋浴。给予医疗护理
# 眼睛	发红。疼痛。严重深度烧伤	面罩或眼睛防护结合呼吸防护	先用大量水冲洗几分钟（如可能尽量摘除隐形眼镜),然后就医
# 食入	头晕。胃痉挛。灼烧感。呕吐。腹部疼痛。休克或虚脱。恶心	工作时不得进食,饮水或吸烟	漱口。不要催吐。给予医疗护理。大量饮水

泄漏处置	撤离危险区域！将泄漏液收集在可密闭的容器中。用砂土或惰性吸收剂吸收残液，并转移到安全场所。个人防护用具：自给式呼吸器
包装与标志	不得与食品和饲料一起运输 欧盟危险性类别：C 符号 R:10-21/22-34　S:1/2-36/37/39-45 联合国危险性类别：8　联合国次要危险性：3 联合国包装类别：II 中国危险性类别：第8类腐蚀性物质 中国次要危险性：3 中国包装类别：II
应急响应	运输应急卡：TEC(R)-80S2357 美国消防协会法规：H2（健康危险性）；F3（火灾危险性）；R0（反应危险性）
储存	耐火设备（条件）。与酸类、氧化剂、铝、铜、锌、食品和饲料分开存放。严格密封
重要数据	物理状态、外观：无色至黄色液体，有刺鼻气味 化学危险性：燃烧时，该物质分解生成含氮氧化物有毒和腐蚀性烟雾。该物质是一种强碱。与酸激烈反应并有腐蚀性。与强氧化剂激烈反应，有着火的危险。浸蚀铝、铜和锌 职业接触限值：阈限值：10ppm（时间加权平均值）；A4（不能分类为人类致癌物）（美国政府工业卫生学家会议，2004年）。最高容许浓度：2ppm，8.2mg/m³；最高限值种类：I（2）；妊娠风险等级：C（德国，2004年） 接触途径：该物质可通过吸入，经皮肤和食入吸收到体内 吸入危险性：20℃时，该物质蒸发相当快达到空气中有害污染浓度 短期接触的影响：该物质腐蚀眼睛，皮肤和呼吸道。食入有腐蚀性。该物质可能对中枢神经系统有影响

物理性质	沸点：134.5℃ 熔点：-17.7℃ 相对密度（水=1）：0.86 水中溶解度：混溶 蒸气压：20℃时 1.4kPa 蒸气相对密度（空气=1）：3.42	蒸气/空气混合物的相对密度（20℃，空气=1）：1.03 闪点：28℃（闭杯） 自燃温度：293℃ 爆炸极限：空气中 1.5%～9.4%（体积） 辛醇/水分配系数的对数值：1.4
环境数据	该物质对水生生物是有害的	
注解		

IPCS
International
Programme on
Chemical Safety

UNEP

本卡片由 IPCS 和 EC 合作编写 © 2004～2012

国际化学品安全卡

氯氰菊酯			ICSC 编号：0246

CAS 登记号：52315-07-8
RTECS 号：GZ1250000
EC 编号：607-433-00-X
UN 编号：3352
中国危险货物编号：3352

中文名称：氯氰菊酯；(RS)-2-氰基-3-苯氧苄基(1RS)-顺-反-3(2,2-二氯乙烯基)-2,2-二甲基环丙烷羧酸酯；氰基(3-苯氧苄基)甲基-3-(2,2-二氯乙烯基)-2,2-二甲基环丙烷羧酸酯
英文名称：CYPERMETHRIN;(RS)-alpha-Cyano-3-phenoxybenzyl (1RS)-cis-trans-3-(2,2-dichlorovinyl)-2,2-dimethylcyclopropanecarboxylate; Cyano (3-phenoxyphenyl) methyl 3-(2,2-dichloroethenyl)-2,2-dimethylcyclopropanecarboxylate

分子量：416.3　　　　　　　　　　化学式：$C_{22}H_{19}Cl_2NO_3$

危害/接触类型	急性危害/症状	预防	急救/消防
火　灾	可燃的。含有机溶剂的液体制剂可能是易燃的。在火焰中释放出刺激性或有毒烟雾（或气体）	禁止明火	干粉、水成膜泡沫、泡沫、二氧化碳
爆　炸			着火时，喷雾状水保持料桶等冷却
接　触		防止产生烟云！	
# 吸入	灼烧感，咳嗽，头晕，头痛，恶心，气促	通风，局部排气通风或呼吸防护	新鲜空气，休息，给予医疗护理
# 皮肤	发红，灼烧感，麻木，刺痛，发痒	防护手套，防护服	脱去污染的衣服。冲洗，然后用水和肥皂清洗皮肤
# 眼睛	发红，疼痛	面罩	先用大量水冲洗几分钟（如可能尽量摘除隐形眼镜），然后就医
# 食入	腹部疼痛，惊厥，呕吐。另见吸入	工作时不得进食，饮水或吸烟。进食前洗手	漱口，给予医疗护理
泄漏处置	尽可能将泄漏液收集在可密闭的容器中。用砂土或惰性吸收剂吸收残液并转移到安全场所。不要冲入下水道。不要让该化学品进入环境。个人防护用具：适用于有机蒸气和有害粉尘的A/P2过滤呼吸器		
包装与标志	不得与食品和饲料一起运输。严重污染海洋物质 欧盟危险性类别：Xn 符号　N 符号　R：22-37/38-43-50/53　S：（2）-36/37/39-60-61 联合国危险性类别：6.1　联合国包装类别：II 中国危险性类别：第6.1项毒性物质　中国包装类别：II		
应急响应	运输应急卡：TEC(R)-61GT6-II		
储存	注意收容灭火产生的废水。与食品和饲料分开存放。保存在通风良好的室内		
重要数据	物理状态、外观：黄色黏稠的液体至膏状，有特殊气味 化学危险性：加热到220℃以上时，该物质分解生成含氰化氢、氯化氢有毒烟雾 职业接触限值：阈限值未制定标准 接触途径：该物质可通过吸入其气溶胶和食入吸收到体内 吸入危险性：未指明20℃时该物质蒸发达到空气中有害浓度的速率 短期接触的影响：该物质刺激眼睛、皮肤和呼吸道。该物质可能对神经系统有影响，导致面部刺痛、发痒或灼烧感		
物理性质	沸点：220℃（分解） 熔点：60～80℃ 相对密度（水=1）：1.1 水中溶解度：不溶 蒸气压：20℃时10Pa 辛醇/水分配系数的对数值：6.3		
环境数据	该物质对水生生物有极高毒性。避免非正常使用情况下释放到环境中		
注解	商业制剂中使用的载体溶剂可能改变其物理和毒理学性质。商品名称有：Ripcord, Barricade, Cymbush, Agrothrin。可参考国际化学品安全规划署出版物"卫生和安全指南"第22期氯氰菊酯和"环境卫生基准"第82期氯氰菊酯		

IPCS
International
Programme on
Chemical Safety

本卡片由 IPCS 和 EC 合作编写 © 2004～2012

国际化学品安全卡

溴氰菊酯			ICSC 编号：0247

CAS 登记号：52918-63-5	中文名称：溴氰菊酯；(S)-α-氰基-3-苯氧苄基-右旋-顺-3-(2,2-二溴乙烯基)-2,2-二甲基环丙烷羧酸酯
RTECS 号：GZ1233000	
UN 编号：3349	英文名称：DELTAMETHRIN; (S)-alpha-Cyano-3-phenoxybenzyl (1R)-cis-3-(2,2-dibromovinyl)-2,2-dimethylcyclopropanecarboxylate
EC 编号：607-319-00-X	
中国危险货物编号：3349	

分子量：505.2　　　　　　　　　　　化学式：C$_{22}$H$_{19}$Br$_2$NO$_3$

危害/接触类型	急性危害/症状	预防	急救/消防
火 灾	可燃的。含有机溶剂的液体制剂可能是易燃的。在火焰中释放出刺激性或有毒烟雾（或气体）	禁止明火	干粉、水成膜泡沫、泡沫、二氧化碳
爆 炸			着火时，喷雾状水保持料桶等冷却
接 触		防止粉尘扩散！	
# 吸入	灼烧感，咳嗽，头晕，头痛，恶心	通风（如果没有粉末），局部排气通风或呼吸防护	新鲜空气，休息，给予医疗护理
# 皮肤	发红，灼烧感，麻木，刺痛，发痒	防护手套，防护服	脱去污染的衣服。冲洗，然后用水和肥皂清洗皮肤
# 眼睛	发红，疼痛	面罩	先用大量水冲洗几分钟（如可能尽量摘除隐形眼镜），然后就医
# 食入	腹部疼痛，惊厥，呕吐，神志不清。另见吸入	工作时不得进食，饮水或吸烟。进食前洗手	漱口。催吐（仅对清醒病人！），给予医疗护理
泄漏处置	不要冲入下水道。不要让该化学品进入环境。将泄漏物清扫进容器中。如果适当，首先润湿防止扬尘。小心收集残余物，然后转移到安全场所。个人防护用具：适用于有机蒸气和有害粉尘的 A/P2 过滤呼吸器		
包装与标志	不得与食品和饲料一起运输 欧盟危险性类别：T 符号　N 符号　R：23/25-50/53　S：（1/2）-24-28-36/37/39-38-45-60-61 联合国危险性类别：6.1　联合国包装类别：II 中国危险性类别：第 6.1 项毒性物质　中国包装类别：II		
应急响应	运输应急卡：TEC(R)-61GT7-II		
储存	注意收容灭火产生的废水。与食品和饲料分开存放		
重要数据	物理状态、外观：无色晶体粉末，无气味 化学危险性：加热至 300℃ 以上时，该物质分解生成含氰化氢、溴化氢有毒烟雾 职业接触限值：阈限值未制定标准 接触途径：该物质可通过吸入其气溶胶和食入吸收到体内 吸入危险性：20℃时蒸发可忽略不计，但喷洒时可较快地达到空气中颗粒物有害浓度 短期接触的影响：该物质刺激眼睛、皮肤和呼吸道。该物质可能对神经系统有影响，导致面部刺痛、发痒或灼烧感。食入可能导致死亡		
物理性质	熔点：98～101℃ 密度：0.5g/cm³ 水中溶解度：不溶 蒸气压：20℃时 10Pa 辛醇/水分配系数的对数值：5.43		
环境数据	该物质对水生生物有极高毒性。避免非正常使用情况下释放到环境中		
注解	商业制剂中使用的载体溶剂可能改变其物理和毒理学性质。商品名称有 Decis, K-Othrin 和 Butox。可参考国际化学品安全规划署出版物"卫生和安全指南"第 30 期溴氰菊酯和"环境卫生基准"第 97 期溴氰菊酯		

IPCS
International
Programme on
Chemical Safety

本卡片由 IPCS 和 EC 合作编写　© 2004～2012

国际化学品安全卡

硅藻土			ICSC 编号：0248

CAS 登记号：61790-53-2	中文名称：硅藻土（未经煅烧）；无定形硅藻土；硅藻土；天然硅藻土
RTECS 号：VV7311000	英文名称：DIATOMACEOUS EARTH (UNCALCINED); Amorphous diatomaceous earth; Diatomite, uncalcined; Diatomaceous earth, natural

分子量：60.8	化学式：SiO_2

危害/接触类型	急性危害/症状	预防	急救/消防
火　灾	不可燃		周围环境着火时，使用适当的灭火剂
爆　炸			
接　触		防止粉尘扩散！	
# 吸入	咳嗽	局部排气通风或呼吸防护	新鲜空气，休息，给予医疗护理
# 皮肤	皮肤干燥，粗糙	防护手套	冲洗，然后用水和肥皂清洗皮肤
# 眼睛	发红，疼痛	护目镜	先用大量水冲洗几分钟（如可能尽量摘除隐形眼镜），然后就医
# 食入		工作时不得进食，饮水或吸烟	

泄漏处置	将泄漏物清扫进容器中。如果适当，首先润湿防止扬尘。用大量水冲净残余物。个人防护用具：适用于惰性颗粒物的 P1 过滤呼吸器
包装与标志	
应急响应	
储存	

重要数据	物理状态、外观：白色细粉末 物理危险性：加热至高温时，该物质生成晶体二氧化硅（见卡片#0809 方英石） 职业接触限值：阈限值：10mg/m³（以无定形二氧化硅计），E，I（美国政府工业卫生学家会议，2000年）。阈限值（以无定形二氧化硅计）：3mg/m³，E，R（美国政府工业卫生学家会议，2000 年）。预计修改。最高容许浓度：4mg/m³（可吸入组分）；妊娠风险等级：C（德国，2005 年） 接触途径：该物质可通过吸入吸收到体内 吸入危险性：20℃时蒸发可忽略不计，但扩散时可较快地达到空气中颗粒物有害浓度 长期或反复接触的影响：该物质可能对肺有影响，导致轻微纤维变性（见注解）
物理性质	沸点：2200℃ 熔点：1710℃ 密度：2.3g/cm³ 水中溶解度：不溶
环境数据	
注解	文献指出纤维变性可能是由于晶体污染物引起的。根据接触程度，需定期进行医疗检查。别名：Kieselguhr（硅藻土）

IPCS
International Programme on Chemical Safety

本卡片由 IPCS 和 EC 合作编写 © 2004～2012

国际化学品安全卡

1,1-二氯乙烷		ICSC 编号：0249

CAS 登记号：75-34-3　　　　　中文名称：1,1-二氯乙烷；亚乙基二氯
RTECS 号：KI0175000　　　　　英文名称：1,1-DICHLOROETHANE; Ethane, 1,1-dichloro-; Ethylidene
UN 编号：2362　　　　　　　　Chloride
EC 编号：602-011-00-1
中国危险货物编号：2362
分子量：99　　　　　　　　　　化学式：CH_3CHCl_2

危害/接触类型	急性危害/症状	预防	急救/消防
火　灾	高度易燃。在火焰中释放出刺激性或有毒烟雾（或气体）	禁止明火，禁止火花，禁止吸烟	干粉，雾状水，泡沫，二氧化碳
爆　炸	蒸气/空气混合物有爆炸性	密闭系统，通风，防爆型电气设备和照明。不要使用压缩空气灌装、卸料或转运	着火时喷雾状水保持料桶等冷却
接　触		防止烟雾产生！	
# 吸入	头晕，倦睡，迟钝，恶心，神志不清	通风，局部排气通风或呼吸防护	新鲜空气，休息，给予医疗护理
# 皮肤	皮肤干燥，粗糙	防护手套	脱去污染的衣服，用大量水冲洗皮肤或淋浴
# 眼睛	发红，疼痛	安全护目镜	先用大量水冲洗数分钟（如可能尽量摘除隐形眼镜），然后就医
# 食入	烧灼感。（另见吸入）	工作时不得进食、饮水或吸烟	漱口，给予医疗护理
泄漏处置	将泄漏液收集在可密闭的容器中。用砂土或惰性吸收剂吸收残液，并转移到安全场所。不要冲入下水道。个人防护用具：自给式呼吸器		
包装与标志	污染海洋物质 欧盟危险性类别：F 符号　Xn 符号　R:11-22-36/37-52/53 S:2-16-23-61 联合国危险性类别：3　　　联合国包装类别：Ⅱ 中国危险性类别：第 3 类易燃液体　中国包装类别：Ⅱ		
应急响应	运输应急卡：TEC（R）-30GF1-I+II 美国消防协会法规：H2（健康危险性）；F3（火灾危险性）；R0（反应危险性）		
储存	耐火设备（条件）。与性质相互抵触的物质（见化学危险性）分开存放		
重要数据	物理状态、外观：无色液体，有特殊气味 物理危险性：蒸气比空气重，可沿地面流动，可能造成远处着火 化学危险性：加热和燃烧时，该物质分解生成光气（见卡片#0007）和氯化氢（见卡片#0163）有毒腐蚀性烟雾。与强氧化剂、碱金属、碱土金属和金属粉末激烈反应，有着火和爆炸危险。浸蚀铝、铁和聚乙烯。与强碱反应，生成乙醛易燃有毒气体 职业接触限值：阈限值：100ppm（时间加权平均值）；A4（不能分类为人类致癌物）（美国政府工业卫生学家会议，2004 年）。最高容许浓度：100ppm，410mg/m³；最高限值种类：Ⅱ（2）；妊娠风险等级：D（德国，2004 年） 接触途径：该物质可通过吸入和食入吸收进体内 吸入危险性：20℃时该物质蒸发可以相当快达到空气中有害污染浓度 短期接触的影响：该物质可能对中枢神经系统有影响。高浓度接触可能导致神志不清 长期或反复接触的影响：该物质使皮肤脱脂。该物质可能对肝和肾有影响		
物理性质	沸点：57℃ 熔点：-98℃ 相对密度（水=1）：1.2 水中溶解度：20℃时 0.6g/100mL 蒸气压：20℃时 24kPa	蒸气相对密度（空气=1）：3.4 闪点：-6℃（闭杯） 自燃温度：458℃ 爆炸极限：在空气中 5.6%～11.4%（体积） 辛醇/水分配系数的对数值：1.8	
环境数据			
注解	不要在火焰或高温表面附近或焊接时使用		

IPCS
International
Programme on
Chemical Safety

国际化学品安全卡

1,2-二氯乙烷			ICSC 编号：0250

CAS 登记号：107-06-2	中文名称：1,2-二氯乙烷；1,2-二氯化乙烯；二氯乙烷
RTECS 号：KI0525000	英文名称：1,2-DICHLOROETHANE; 1,2-Ethylene dichloride; Ethane
UN 编号：1184	dichloride
EC 编号：602-012-00-7	
中国危险货物编号：1184	
分子量：98.96	化学式：$ClCH_2CH_2Cl/C_2H_4Cl_2$

危害/接触类型	急性危害/症状	预防	急救/消防
火 灾	高度易燃。在火焰中释放出刺激性或有毒烟雾（或气体）	禁止明火，禁止火花，禁止吸烟。禁止与高温表面接触	干粉，雾状水，泡沫，二氧化碳
爆 炸	蒸气/空气混合物有爆炸性	密闭系统，通风，防爆型电气设备和照明。防止静电荷积聚（例如，通过接地）。不要使用压缩空气灌装、卸料或转运	着火时喷雾状水保持料桶等冷却
接 触		避免一切接触！	一切情况均向医生咨询！
# 吸入	腹痛，咳嗽，头晕，头痛，恶心，咽喉痛，神志不清，呕吐，症状可能推迟显现（见注解）	通风，局部排气通风或呼吸防护	新鲜空气，休息，半直立体位，必要时进行人工呼吸，给予医疗护理
# 皮肤	发红	防护手套，防护服	脱去污染的衣服，冲洗，然后用水和肥皂冲洗皮肤，并给予医疗护理
# 眼睛	发红，疼痛，视力模糊	安全护目镜、面罩或眼睛防护结合呼吸防护	先用大量水冲洗数分钟（如可能尽量摘除隐形眼镜），然后就医
# 食入	胃痉挛，腹泻。（另见吸入）	工作时不得进食、饮水或吸烟。进食前洗手	不要饮用任何东西，给予医疗护理

泄漏处置	撤离危险区域！尽量将泄漏液收集在可密闭容器中。用砂土或惰性吸收剂吸收残液，并转移到安全场所。不要冲入下水道。个人防护用具：自给式呼吸器
包装与标志	不易破碎包装，将易破碎包装放入不易破碎的密闭容器内。不得与食品和饲料一起运输。污染海洋物质 欧盟危险性类别：F 符号 T 符号 标记：E R:45-11-22-36/37/38 S:53-45 联合国危险性类别：3 联合国次要危险性：6.1 联合国包装类别：II 中国危险性类别：第 3 类易燃液体 中国次要危险性：6.1 中国包装类别：II
应急响应	运输应急卡：TEC（R）-30GTF1-II 美国消防协会法规：H2（健康危险性）；F3（火灾危险性）；R0（反应危险性）
储存	耐火设备（条件）。与强氧化剂、食品和饲料、其他性质相互抵触的物质（见化学危险性）分开存放。阴凉场所。干燥
重要数据	物理状态、外观：无色黏稠液体，有特殊气味。遇空气、湿气和光变暗 物理危险性：蒸气比空气重，可沿地面流动，可能造成远处着火。由于流动、搅拌等，可能产生静电。 化学危险性：加热或燃烧时，该物质分解生成氯化氢（见卡片#0163）和光气（见卡片#0007）有毒和腐蚀性烟雾。与铝、氨、碱、碱金属、氨基碱金属和强氧化剂激烈反应。在有水存在时，浸蚀许多金属。浸蚀塑料 职业接触限值：阈限值：10ppm（时间加权平均值）；A4（不能分类为人类致癌物）（美国政府工业卫生学家会议，2004 年）。最高容许浓度：皮肤吸收；致癌物类别：2（德国，2004 年） 接触途径：该物质可通过吸入其蒸气、经皮肤和食入吸收进体内 吸入危险性：20℃时，该物质蒸发可以迅速达到空气中有害污染浓度 短期接触的影响：该物质蒸气刺激眼睛、皮肤和呼吸道。吸入蒸气可能引起肺水肿（见注解）。该物质可能对中枢神经系统、肝和肾有影响，导致功能损伤 长期或反复接触的影响：反复或长期接触可能引起皮炎。该物质很可能是人类致癌物
物理性质	沸点：83.5℃ 熔点：-35.7℃ 相对密度（水=1）：1.235 水中溶解度：0.87g/100mL 蒸气压：20℃时 8.7kPa 蒸气相对密度（空气=1）：3.42	蒸气/空气混合物的相对密度（20℃，空气=1）：1.2 闪点：13℃（闭杯） 自燃温度：413℃ 爆炸极限：在空气中 6.2%～16%（体积） 辛醇/水分配系数的对数值：1.48
环境数据	该物质对环境可能有危害，对水体应给予特别注意
注解	根据接触程度，需要定期进行医疗检查。肺水肿症状通常几小时后才变得明显，体力劳动使症状加重。因此，休息和医学观察是必要的。应当考虑由医生或医生指定人员立即采取适当吸入治疗法

IPCS
International
Programme on
Chemical Safety

本卡片由 IPCS 和 EC 合作编写 © 2004～2012

国际化学品安全卡

2,3-二氯-1-硝基苯	ICSC 编号：0251

CAS 登记号：3209-22-1	中文名称：2,3-二氯-1-硝基苯；2,3-二氯硝基苯；1,2-二氯-3-硝基苯；1-硝
RTECS 号：CZ5240000	基-2,3-二氯苯；硝基氯苯
UN 编号：1578	英文名称：2,3-DICHLORO-1-NITROBENZENE; 2,3-Dichloronitrobenzene;
中国危险货物编号：1578	1,2-Dichloro-3-nitrobenzene; 1-Nitro-2,3-dichlorobenzene

分子量：192.0	化学式：$C_6H_3Cl_2NO_2$

危害/接触类型	急性危害/症状	预防	急救/消防
火　灾	可燃的。在火焰中释放出刺激性或有毒烟雾（或气体）	禁止明火	泡沫，干粉，二氧化碳
爆　炸	微细分散的颗粒物在空气中形成爆炸性混合物	防止粉尘沉积、密闭系统、防止粉尘爆炸型电气设备和照明	
接　触		防止粉尘扩散！	
# 吸入	咳嗽	通风（如果没有粉末时）	新鲜空气，休息
# 皮肤		防护手套	冲洗，然后用水和肥皂清洗皮肤
# 眼睛	发红	安全眼镜	用大量水冲洗（如可能尽量摘除隐形眼镜）
# 食入		工作时不得进食、饮水或吸烟	漱口

泄漏处置	将泄漏物清扫进可密闭容器中，如果适当，首先润湿防止扬尘。不要让该化学品进入环境。个人防护用具：适应于该物质空气中浓度的颗粒物过滤呼吸器
包装与标志	不得与食品和饲料一起运输 联合国危险性类别：6.1　　　联合国包装类别：II 中国危险性类别：第 6.1 项 毒性物质　中国包装类别：II
应急响应	运输应急卡：TEC(R)-61S1578
储存	与碱类、强氧化剂、食品和饲料分开存放
重要数据	物理状态、外观：无色至黄色晶体 化学危险性：与高温表面或火焰接触，该物质分解生成含有氮氧化物和氯化氢的有毒和腐蚀性烟雾（见卡片#0163）。与强氧化剂和碱类发生反应 职业接触限值：阈限值未制定标准。最高容许浓度未制定标准 接触途径：该物质可经食入吸收到体内 吸入危险性：未指明 20℃时该物质蒸发达到空气中有害浓度的速率
物理性质	沸点：257~258℃ 熔点：61℃ 密度：1.7g/cm³ 水中溶解度：不溶 蒸气压：20℃时，可忽略不计 蒸气相对密度（空气=1）：6.6 闪点：123℃ 辛醇/水分配系数的对数值：3.05
环境数据	强烈建议不要让该化学品进入环境。见注解
注解	对接触该物质的健康影响未进行充分调查。对该物质的环境影响未进行充分调查

IPCS
International
Programme on
Chemical Safety

本卡片由 IPCS 和 EC 合作编写 © 2004~2012

国际化学品安全卡

CAS 登记号：611-06-3	中文名称：1,3-二氯-4-硝基苯；2,4-二氯-1-硝基苯；2,4-二氯硝基苯；4-硝
RTECS 号：CZ5420000	基-1,3-二氯苯；硝基氯苯
UN 编号：1578(s);3409(l)	英文名称：1,3-DICHLORO-4-NITROBENZENE;
中国危险货物编号：1578(固态); 3409(液态)	2,4-Dichloro-1-nitrobenzene; 2,4-Dichloronitrobenzene;
	4-Nitro-1,3-dichlorobenzene

分子量：192	化学式：$C_6H_3Cl_2NO_2$

危害/接触类型	急性危害/症状	预防	急救/消防
火 灾	可燃的。在火焰中释放出刺激性或有毒烟雾（或气体）	禁止明火	干粉，雾状水，泡沫，二氧化碳
爆 炸			
接 触		防止粉尘扩散！	
# 吸入	咳嗽	通风（如果没有粉末时）	新鲜空气，休息
# 皮肤		防护手套	冲洗，然后用水和肥皂清洗皮肤
# 眼睛	发红	安全眼镜	用大量水冲洗（如可能尽量摘除隐形眼镜）
# 食入		工作时不得进食、饮水或吸烟	漱口

泄漏处置	将泄漏物清扫进可密闭容器中，如果适当，首先润湿防止扬尘。不要让该化学品进入环境。个人防护用具：适应于该物质空气中浓度的颗粒物过滤呼吸器
包装与标志	不得与食品和饲料一起运输 联合国危险性类别：6.1　　联合国包装类别：II 中国危险性类别：第 6.1 项 毒性物质　中国包装类别：II
应急响应	运输应急卡：TEC(R)-61S1578（固态）；　61GT1-II（液态）
储存	与碱类、强氧化剂、食品和饲料分开存放。注意收容灭火产生的废水
重要数据	物理状态、外观：黄色晶体或液体 化学危险性：与高温表面或火焰接触，该物质分解生成氮氧化物和氯化氢的有毒和腐蚀性烟雾（见卡片#0163）。与强氧化剂和强碱发生反应 职业接触限值：阈限值未制定标准。最高容许浓度未制定标准 吸入危险性：未指明 20℃时该物质蒸发达到空气中有害浓度的速率
物理性质	沸点：258.5℃ 熔点：30~33℃ 相对密度（水=1）：1.54 水中溶解度：20℃时 1.88g/100mL 蒸气压：20℃时 1Pa 蒸气相对密度（空气=1）：6.6 闪点：112℃ 自燃温度：500℃ 辛醇/水分配系数的对数值：3.1
环境数据	强烈建议不要让该化学品进入环境。见注解
注解	对接触该物质的健康影响未进行充分调查。对该物质的环境影响未进行充分调查

IPCS
International
Programme on
Chemical Safety

本卡片由 IPCS 和 EC 合作编写 © 2004～2012

国际化学品安全卡

CAS 登记号：601-88-7

RTECS 号：CZ5255000

中文名称：1,3-二氯-2-硝基苯；2,6-二氯硝基苯；1,3-二氯-2-硝基苯；2,6-二氯-1-硝基苯

英文名称：1,3-DICHLORO-2-NITROBENZENE; 2,6-Dichloronitrobenzene; 1,3-Dichloro-2-nitro-benzene; 2,6-Dichloro-1-nitrobenzene

分子量：192.0   化学式：$Cl_2C_6H_3NO_2$

危害/接触类型	急性危害/症状	预防	急救/消防
火 灾	可燃的	禁止明火	干粉，抗溶性泡沫，雾状水，二氧化碳
爆 炸			
接 触		防止粉尘扩散！	
# 吸入	咳嗽	通风（如果没有粉末时）	新鲜空气，休息
# 皮肤		防护手套	冲洗，然后用水和肥皂清洗皮肤
# 眼睛	发红	安全眼镜	先用大量水冲洗（如可能尽量摘除隐形眼镜）
# 食入		工作时不得进食、饮水或吸烟	漱口

泄漏处置	将泄漏物清扫进容器中，如果适当，首先润湿防止扬尘。不要让该化学品进入环境。个人防护用具：适应于该物质空气中浓度的颗粒物过滤呼吸器
包装与标志	
应急响应	
储存	与碱类和强氧化剂分开存放
重要数据	**物理状态、外观**：晶体 **化学危险性**：加热时，该物质分解生成含有氮氧化物和氯化氢的有毒和腐蚀性烟雾。与强碱和强氧化剂发生反应 **职业接触限值**：阈限值未制定标准。最高容许浓度未制定标准 **吸入危险性**：扩散时，可较快地达到空气中颗粒物公害污染浓度
物理性质	**沸点**：在 1.1kPa 时 130℃ **熔点**：72.5℃ **相对密度（水=1）**：1.6 **蒸气相对密度（空气=1）**：6.6 **辛醇/水分配系数的对数值**：3.1（计算值）
环境数据	强烈建议不要让该化学品进入环境。见注解
注解	该物质是可燃的，但闪点未见文献报道。对接触该物质的健康影响未进行充分调查。对该物质的环境影响未进行充分调查

国际化学品安全卡

1,2-二氯-4-硝基苯			ICSC 编号：0254

CAS 登记号：99-54-7

RTECS 号：CZ5250000

UN 编号：1578

中国危险货物编号：1578

中文名称：1,2-二氯-4-硝基苯；3,4-二氯硝基苯；3,4-二氯-1-硝基苯；1-硝基-3,4-二氯苯；硝基氯苯

英文名称：1,2-DICHLORO-4-NITROBENZENE; 3,4-Dichloronitrobenzene; 3,4-Dichloro-1-nitrobenzene; 1-Nitro-3,4-dichlorobenzene

分子量：192.0

化学式：$C_6H_3Cl_2NO_2$

危害/接触类型	急性危害/症状	预防	急救/消防
火 灾	可燃的。在火焰中释放出刺激性或有毒烟雾（或气体）	禁止明火	干粉，雾状水，泡沫，二氧化碳
爆 炸	微细分散的颗粒物在空气中形成爆炸性混合物	防止粉尘沉积、密闭系统、防止粉尘爆炸型电气设备和照明	
接 触		防止粉尘扩散！	
# 吸入	咳嗽	通风（如果没有粉末时）	新鲜空气，休息
# 皮肤		防护手套	冲洗，然后用水和肥皂清洗皮肤
# 眼睛	发红	安全眼镜	用大量水冲洗（如可能尽量摘除隐形眼镜）
# 食入		工作时不得进食、饮水或吸烟	漱口

泄漏处置	将泄漏物清扫进可密闭容器中，如果适当，首先润湿防止扬尘。不要让该化学品进入环境。个人防护用具：适应于该物质空气中浓度的颗粒物过滤呼吸器
包装与标志	不得与食品和饲料一起运输 联合国危险性类别：6.1　　　联合国包装类别：II 中国危险性类别：第 6.1 项 毒性物质　中国包装类别：II GHS 分类：警示词：警告 图形符号：感叹号 危险说明：吞咽有害；对水生生物有毒
应急响应	运输应急卡：TEC(R)-61S1578
储存	与强氧化剂、强碱分开存放。与食品和饲料分开存放。注意收容灭火产生的废水
重要数据	物理状态、外观：无色到褐色像针状晶体 化学危险性：加热和燃烧时，该物质分解，生成氮氧化物和氯化氢（见卡片#0163）的有毒烟雾。与氧化剂和强碱发生激烈反应 职业接触限值：阈限值未制定标准。最高容许浓度：皮肤吸收；致癌物类别：3B（德国，2007 年） 接触途径：该物质可经食入吸收到体内 吸入危险性：未指明 20℃时该物质蒸发达到空气中有害浓度的速率
物理性质	沸点：255℃ 熔点：39~41℃ 密度：15℃时 1.56g/cm³ 水中溶解度：不溶 蒸气压：25℃时 2Pa 蒸气相对密度（空气=1）：6.6 闪点：124℃ 自燃温度：420℃ 辛醇/水分配系数的对数值：3.12
环境数据	该物质对水生生物是有毒的。该物质可能在水生环境中造成长期影响。强烈建议不要让该化学品进入环境
注解	对接触该物质的健康影响未进行充分调查

IPCS
International Programme on Chemical Safety

本卡片由 IPCS 和 EC 合作编写 © 2004～2012

国际化学品安全卡

1,3-二氯-5-硝基苯	ICSC 编号：0255

CAS 登记号： 618-62-2

中文名称： 1,3-二氯-5-硝基苯；3,5-二氯硝基苯
英文名称： 1,3-DICHLORO-5-NITROBENZENE; 3,5-Dichloronitrobenzene

分子量： 192.0

化学式： Cl₂C₆H₃NO₂

危害/接触类型	急性危害/症状	预防	急救/消防
火　灾	可燃的	禁止明火	干粉，抗溶性泡沫，雾状水，二氧化碳
爆　炸			
接　触		防止粉尘扩散！	
# 吸入	咳嗽	通风（如果没有粉末时）	新鲜空气，休息
# 皮肤		防护手套	冲洗，然后用水和肥皂清洗皮肤
# 眼睛	发红	安全眼镜	先用大量水冲洗（如可能尽量摘除隐形眼镜）
# 食入		工作时不得进食、饮水或吸烟	漱口

泄漏处置	将泄漏物清扫进容器中，如果适当，首先润湿防止扬尘。不要让该化学品进入环境。个人防护用具：适应于该物质空气中浓度的颗粒物过滤呼吸器
包装与标志	GHS 分类：**警示词：** 警告　**图形符号：** 感叹号　**危险说明：** 吞咽有害
应急响应	
储存	与强氧化剂和强碱分开存放
重要数据	**物理状态、外观：** 橙色至棕色晶体 **化学危险性：** 加热时，该物质分解生成含有氮氧化物和氯化氢的有毒和腐蚀性烟雾。与强碱和强氧化剂发生反应 **职业接触限值：** 阈限值未制定标准。最高容许浓度未制定标准 **接触途径：** 该物质可经食入吸收到体内 **吸入危险性：** 扩散时，可较快地达到空气中颗粒物的公害污染浓度
物理性质	**熔点：** 64.5℃ **相对密度（水=1）：** 1.7 **水中溶解度：** 不溶 **蒸气相对密度（空气=1）：** 6.6 **闪点：** 140℃ **辛醇/水分配系数的对数值：** 3.1（计算值）
环境数据	该物质可能对环境有危害，对藻类应给予特别注意。强烈建议不要让该化学品进入环境
注解	对接触该物质的健康影响未进行充分调查

IPCS
International
Programme on
Chemical Safety

本卡片由 **IPCS** 和 **EC** 合作编写 © 2004～2012

262

国际化学品安全卡

丁蜗锡			ICSC 编号：0256

CAS 登记号：818-08-6
RTECS 号：WH7175000
UN 编号：3146
EC 编号：050-008-00-3
中国危险货物编号：3146
分子量：248.9

中文名称：丁蜗锡；二正丁基锡氧化物；二丁锡氧化物；二丁氧锡
英文名称：DI-n-BUTYLTIN OXIDE; Dibutyltin oxide; Dibutyloxostannane; Dibutyloxotin

化学式：$C_8H_{18}OSn/(C_4H_9)_2SnO$

危害/接触类型	急性危害/症状	预防	急救/消防
火 灾	可燃的。在火焰中释放出刺激性或有毒烟雾（或气体）	禁止明火	雾状水，干粉，二氧化碳
爆 炸	微细分散的颗粒物在空气中形成爆炸性混合物	防止粉尘沉积。密闭系统，防止粉尘爆炸型电气设备和照明。防止静电荷积聚（例如，通过接地）	
接 触		防止粉尘扩散！严格作业环境管理！避免一切接触！	一切情况均向医生咨询！
# 吸入	头痛，耳鸣，记忆丧失，定向障碍	局部排气通风或呼吸防护	新鲜空气，休息，给予医疗护理
# 皮肤	可能被吸收！皮肤烧伤，疼痛。（另见吸入）	防护手套	脱去污染的衣服，冲洗，然后用水和肥皂清洗皮肤，给予医疗护理
# 眼睛	发红，疼痛	面罩或眼睛防护结合呼吸防护	先用大量水冲洗数分钟（如可能尽量摘除隐形眼镜），然后就医
# 食入	另见吸入	工作时不得进食、饮水或吸烟。进食前洗手	漱口，用水冲洗活性炭浆，催吐（仅对清醒病人！），给予医疗护理
泄漏处置	不要冲入下水道，将溢漏物清扫入容器中，如果适当，首先润湿防止扬尘。小心收集残余物，然后转移到安全场所。个人防护用具：适用于该物质空气中浓度的颗粒物过滤呼吸器		
包装与标志	不易破碎包装，将易破碎包装放入不易破碎的密闭容器内。不得与食品和饲料一起运输 欧盟危险性类别：T 符号 N 符号 标记：A，1 R：21-25-36/38-48/23/25-50/53 S：1/2-35-36/37/39-45-60-61 联合国危险性类别：6.1 中国危险性类别：第 6.1 项 毒性物质		
应急响应	运输应急卡：TEC（R）-61GT3-II-S		
储存	与食品和饲料分开存放		
重要数据	物理状态、外观：白色粉末 物理危险性：如果以粉末或颗粒形式与空气混合，可能发生粉尘爆炸。如果干燥，由于涡流、空气传输、灌装等可能产生静电 化学危险性：热和燃烧时，该物质生成锡和氧化锡有毒烟雾 职业接触限值：阈限值：0.1ppm（以 Sn 计）（时间加权平均值），0.2ppm（短期接触限值）（经皮）；A4（不能分类为人类致癌物）（美国政府工业卫生学家会议，2004 年）。最高容许浓度：0.004ppm，0.02mg/m³（以 Sn 计）；最高限值种类：II(1)；皮肤吸收；致癌物类别：4；妊娠风险等级：C（德国，2009 年） 接触途径：该物质可通过吸入、经皮肤和食入吸收进体内 吸入危险性：20℃时的蒸发可忽略不计，但扩散时可较快达到空气中有害颗粒物浓度 短期接触的影响：该物质刺激眼睛、皮肤和呼吸道。该物质可能对中枢神经系统有影响，导致功能损伤。接触可能导致死亡。影响可能推迟显现。需进行医学观察 长期或反复接触的影响：该物质可能对肝有影响，导致肝损伤。动物实验表明，该物质可能造成人类婴儿畸形		
物理性质	熔点：低于熔点在 210℃时分解（见注解） 相对密度（水=1）：1.6 水中溶解度：不溶 自燃温度：279℃		
环境数据	该物质可能对环境有危害，对藻类和甲壳纲动物应给予特别注意		
注解	文献中发现不同数值。根据接触程度，需定期进行医疗检查。该物质中毒症状通常几天以后才变得明显		

IPCS
International
Programme on
Chemical Safety

   UNEP

本卡片由 IPCS 和 EC 合作编写 © 2004～2012

国际化学品安全卡

1,2-二乙氨基乙醇			ICSC 编号：0257

CAS 登记号：100-37-8
RTECS 号：KK5075000
UN 编号：2686
EC 编号：603-048-00-6
中国危险货物编号：2686
分子量：117.2

中文名称：1,2-二乙氨基乙醇；*N,N*-二乙基乙醇胺；二乙基氨基乙醇；DEAE

英文名称：2-DIETHYLAMINOETHANOL; *N,N*-Diethylethanolamine; 2-Diethylaminoethyl alcohol; DEAE

化学式：$(C_2H_5)_2NC_2H_4OH$

危害/接触类型	急性危害/症状	预防	急救/消防
火灾	易燃的。在火焰中释放出刺激性或有毒烟雾（或气体）	禁止明火、禁止火花和禁止吸烟	干粉、抗溶性泡沫、雾状水、二氧化碳
爆炸	高于52℃，可能形成爆炸性蒸气/空气混合物	高于52℃，使用密闭系统、通风	着火时，喷雾状水保持料桶等冷却
接触			
# 吸入	咳嗽，恶心，咽喉痛，呕吐，头晕	通风，局部排气通风或呼吸防护	新鲜空气，休息。必要时进行人工呼吸，给予医疗护理
# 皮肤	可能被吸收！发红，疼痛	防护手套，防护服	脱去污染的衣服，用大量水冲洗皮肤或淋浴，给予医疗护理
# 眼睛	发红，疼痛，视力模糊	面罩或眼睛防护结合呼吸防护	先用大量水冲洗几分钟（如可能尽量摘除隐形眼镜），然后就医
# 食入	腹部疼痛，腹泻	工作时不得进食，饮水或吸烟	漱口。大量饮水。不要催吐，给予医疗护理

泄漏处置	尽可能将泄漏液收集在可密闭的容器中。用大量水冲净残余物。个人保护用具：适用于有机气体和蒸气的过滤呼吸器。
包装与标志	欧盟危险性类别：C 符号 R:10-20/21/22-34 S:1/2-25-26-36/37/39-45 联合国危险性类别：8 联合国次要危险性：3 联合国包装类别：II 中国危险性类别：8 中国次要危险性：3 中国包装类别：II
应急响应	运输应急卡：TEC(R)-80GCF1-II 美国消防协会法规：H3（健康危险性）；F2（火灾危险性）；R0（反应危险性）
储存	耐火设备（条件）。与强氧化剂、强酸分开存放。阴凉场所。保持干燥
重要数据	物理状态、外观：无色吸湿液体，有特殊气味 化学危险性：燃烧时，生成氮氧化物有毒气体。与强酸和强氧化剂发生反应 职业接触限值：阈限值：2ppm（时间加权平均值）（经皮）（美国政府工业卫生学家会议，2004年）。最高容许浓度：5ppm，$24mg/m^3$；最高限值种类：I（1）；皮肤吸收；妊娠风险等级：D（德国，2004年） 接触途径：该物质可通过吸入，经皮肤和食入吸收到体内 吸入危险性：20℃时，该物质蒸发迅速地达到空气中有害污染浓度 短期接触的影响：该物质腐蚀眼睛，严重刺激皮肤和呼吸道。该物质可能对神经系统有影响
物理性质	沸点：163℃ 熔点：−70℃ 相对密度（水=1）：0.88 水中溶解度：混溶 蒸气压：20℃时 2.8kPa 蒸气/空气混合物的相对密度（20℃，空气=1）：1.01 闪点：52℃（闭杯） 自燃温度：250℃ 爆炸极限：空气中 1.9%～28%（体积） 辛醇/水分配系数的对数值：0.46
环境数据	
注解	

IPCS
International Programme on Chemical Safety

本卡片由 IPCS 和 EC 合作编写 © 2004～2012

国际化学品安全卡

邻苯二甲酸二乙酯			ICSC 编号：0258

CAS 登记号：84-66-2	中文名称：邻苯二甲酸二乙酯；1,2-苯二甲酸二乙酯；DEP
RTECS 号：TI1050000	英文名称：DIETHYL PHTHALATE; 1,2-Benzenedicarboxylic acid diethyl ester; DEP

分子量：222.3	化学式：$C_6H_4(COOC_2H_5)_2/C_{12}H_{14}O_4$

危害/接触类型	急性危害/症状	预防	急救/消防
火 灾	可燃的。在火焰中释放出刺激性或有毒烟雾（或气体）	禁止明火	抗溶性泡沫，干粉，二氧化碳
爆 炸			
接 触			
# 吸入	头晕，迟钝	通风，局部排气通风	新鲜空气，休息
# 皮肤		防护手套	脱去污染的衣服，用大量水冲洗皮肤或淋浴
# 眼睛		安全护目镜	先用大量水冲洗几分钟（如可能尽量摘除隐形眼镜),然后就医
# 食入	腹部疼痛，恶心	工作时不得进食，饮水或吸烟	漱口，大量饮水，给予医疗护理
泄漏处置	尽可能将泄漏液收集在可密闭的容器中。用砂土或惰性吸收剂吸收残液，并转移到安全场所。不要让该化学品进入环境。个人防护用具：适用于惰性颗粒物的 P1 过滤呼吸器		
包装与标志			
应急响应	美国消防协会法规：H0（健康危险性）；F1（火灾危险性）；R0（反应危险性）		
储存			
重要数据	物理状态、外观：无色油状液体 化学危险性：加热或燃烧时，该物质分解生成苯二甲酸酐（见卡片#0315）有毒烟雾和气体。浸蚀某些塑料 职业接触限值：阈限值：5mg/m³（时间加权平均值）（经皮）；A4（不能分类为人类致癌物）（美国政府工业卫生学家会议，2005 年）。最高容许浓度未制定标准 接触途径：该物质可通过吸入，经皮肤和食入吸收到体内 吸入危险性：20℃时，该物质蒸发不会或很缓慢地达到空气中有害污染浓度		
物理性质	沸点：295℃ 熔点：-67～-44℃ 相对密度（水=1）：1.1 水中溶解度：25℃时不溶 蒸气相对密度（空气=1）：7.7 闪点：117℃（闭杯） 自燃温度：457℃ 爆炸极限：空气中 0.7%～?%（体积） 辛醇/水分配系数的对数值：2.47		
环境数据	该物质可能对环境有危害，对鱼类应给予特别注意		
注解			

IPCS
International
Programme on
Chemical Safety

   UNEP

本卡片由 IPCS 和 EC 合作编写 © 2004～2012

265

国际化学品安全卡

N,N-二甲基乙酰胺			ICSC 编号：0259

CAS 登记号：127-19-5
RTECS 号：AB7700000
EC 编号：616-011-00-4

中文名称：N,N-二甲基乙酰胺；乙酸二甲酰；二甲基乙酰胺
英文名称：N,N-DIMETHYLACETAMIDE; Acetic acid dimethylamide;
Dimethylacetamide

分子量：87.1

化学式：C_4H_9NO / $CH_3CON(CH_3)_2$

危害/接触类型	急性危害/症状	预防	急救/消防
火　灾	可燃的。在火焰中释放出刺激性或有毒烟雾（或气体）	禁止明火	干粉，抗溶性泡沫，雾状水，二氧化碳
爆　炸	高于63℃，可能形成爆炸性蒸气/空气混合物	高于63℃，使用密闭系统、通风	
接　触		严格作业环境管理！避免孕妇接触！	
# 吸入	头痛。恶心	通风，局部排气通风或呼吸防护	新鲜空气，休息。给予医疗护理
# 皮肤	可能被吸收！发红。（另见吸入）	防护手套。防护服	脱去污染的衣服。冲洗，然后用水和肥皂清洗皮肤。给予医疗护理
# 眼睛		面罩	先用大量水冲洗几分钟（如可能尽量摘除隐形眼镜），然后就医
# 食入	胃痉挛。腹泻。（另见吸入）	工作时不得进食，饮水或吸烟	漱口。饮用1～2杯水。不要催吐。如果感觉不适，就医

泄漏处置	尽可能将泄漏液收集在可密闭的容器中。用砂土或惰性吸收剂吸收残液，并转移到安全场所。个人防护用具：化学防护服
包装与标志	欧盟危险性类别：T 符号 标记：E　R:61-20/21　S:53-45 GHS 分类：信号词：危险 图形符号：感叹号-环境 危险说明：长期或反复皮肤接触会对肝脏造成损害
应急响应	美国消防协会法规：H2（健康危险性）；F2（火灾危险性）；R0（反应危险性）
储存	严格密封。沿地面通风。与分开存放。强氧化剂
重要数据	**物理状态、外观**：油状、无色液体，有刺鼻气味 **化学危险性**：该物质加热时分解生成有毒烟雾。与强氧化剂发生反应 **职业接触限值**：阈限值：10ppm（时间加权平均值）（经皮）；A4（不能分类为人类致癌物）；公布生物暴露指数（美国政府工业卫生学家会议，2006 年）。欧盟职业接触限值：$36mg/m^3$（时间加权平均值），$72mg/m^3$（短期接触限值）（经皮）（欧盟，2006 年） **接触途径**：该物质可通过吸入和经皮肤吸收到体内 **吸入危险性**：20℃时，该物质蒸发相当慢地达到空气中有害污染浓度 **长期或反复接触的影响**：该物质可能对肝脏有影响，导致功能损伤。动物实验表明，该物质可能造成人类生殖或发育毒性
物理性质	沸点：165℃ 熔点：-20℃ 相对密度（水=1）：0.94 水中溶解度：混溶 蒸气压：20℃时 0.33kPa 蒸气相对密度（空气=1）：3.01 蒸气/空气混合物的相对密度（20℃，空气=1）：1.01 闪点：63℃(闭杯) 自燃温度：490℃ 爆炸极限：空气中 1.8%～11.5%(体积) 辛醇/水分配系数的对数值：-0.77
环境数据	
注解	根据接触程度，建议定期进行医学检查。中毒浓度时无气味报警

IPCS
International
Programme on
Chemical Safety

UNEP

本卡片由 IPCS 和 EC 合作编写 © 2004～2012

国际化学品安全卡

二甲胺			ICSC 编号：0260

CAS 登记号：124-40-3　　　　　　　中文名称：二甲胺；*N*-甲基甲胺；DMA；（钢瓶）
RTECS 号：IP8750000　　　　　　　英文名称：DIMETHYLAMINE; Methanamine, *N*-methyl; DMA; (cylinder)
UN 编号：1032
EC 编号：612-001-00-9
中国危险货物编号：1032
分子量：45.1　　　　　　　　　　　化学式：$(CH_3)_2NH/C_2H_7N$

危害/接触类型	急性危害/症状	预防	急救/消防
火　灾	极易燃。在火焰中释放出刺激性或有毒烟雾（或气体）	禁止明火，禁止火花和禁止吸烟	切断气源，如不可能并对周围环境无危险，让火自行燃尽，其他情况用雾状水，抗溶性泡沫，干粉，二氧化碳灭火
爆　炸	气体/空气混合物有爆炸性	密闭系统，通风，防爆型电气设备和照明，使用无火花手工具	着火时，喷雾状水保持钢瓶冷却。从掩蔽位置灭火
接　触		严格作业环境管理！	
# 吸入	灼烧感，咳嗽，头痛，呼吸困难，气促，咽喉痛，症状可能推迟显现。（见注解）	通风，局部排气通风或呼吸防护	新鲜空气，休息，半直立体位。必要时进行人工呼吸，给予医疗护理
# 皮肤	与液体接触：冻伤	保温手套。防护服	冻伤时，用大量水冲洗，不要脱去衣服。给予医疗护理
# 眼睛	发红。疼痛。视力模糊	护目镜或眼睛防护结合呼吸防护	先用大量水冲洗几分钟（如可能尽量摘除隐形眼镜），然后就医
# 食入		工作时不得进食，饮水或吸烟	

泄漏处置	撤离危险区域！向专家咨询！通风。转移全部引燃源。切勿直接向液体上喷水。喷洒雾状水去除气体。不要让该化学品进入环境。个人防护用具：全套防护服包括自给式呼吸器
包装与标志	欧盟危险性类别：F+符号 Xn 符号 R:12-20-37/38-41 S:2-16-26-39 联合国危险性类别：2.1 中国危险性类别：第 2.1 项易燃气体
应急响应	运输应急卡：TEC(R)-20S1032 美国消防协会法规：H3（健康危险性）；F4（火灾危险性）；R0（反应危险性）
储存	耐火设备（条件）。阴凉场所
重要数据	物理状态、外观：无色压缩液化气体，有刺鼻气味 物理危险性：气体比空气重，可能沿地面流动；可能造成远处着火 化学危险性：燃烧时，该物质分解生成含氮氧化物有毒烟雾。与强氧化剂和汞激烈反应，有着火和爆炸的危险。浸蚀铜、锌合金、铝、镀锌表面和塑料。水溶液是一种强碱。与酸激烈反应并有腐蚀性。见卡片#1485 二甲胺水溶液 职业接触限值：阈限值：5ppm（时间加权平均值）；15ppm（短期接触限值），A4（不能分类为人类致癌物）（美国政府工业卫生学家会议，2003 年）。欧盟职业接触限值：2ppm，3.8mg/m³（时间加权平均值）；5ppm，9.4mg/m³（短期接触限值）（欧盟，1998 年） 接触途径：该物质可通过吸入吸收到体内 吸入危险性：容器漏损时，迅速达到空气中该气体的有害浓度 短期接触的影响：该物质严重刺激眼睛和呼吸道。吸入高浓度时可能引起肺水肿（见注解）。影响可能推迟显现。需进行医学观察。液体迅速蒸发，可能引起冻伤
物理性质	沸点：7.0℃ 熔点：−92.2℃ 相对密度（水=1）：0.7 水中溶解度：354 g/100mL 蒸气压：25℃时 203kPa	蒸气相对密度（空气=1）：1.6 闪点：易燃气体 自燃温度：400℃ 爆炸极限：空气中 2.8%～14.4%（体积） 辛醇/水分配系数的对数值：−0.2
环境数据	该物质对水生生物是有害的	
注解	转动泄漏钢瓶使瓶口朝上，防止液态气体逸出。肺水肿症状常常经过几个小时以后才变得明显，体力劳动使症状加重。因而休息和医学观察是必要的。应当考虑由医生或医生指定的人立即采取适当吸入治疗法。不要向泄漏钢瓶上喷水（防止钢瓶腐蚀）。参见卡片#1485 二甲胺水溶液	

IPCS
International
Programme on
Chemical Safety

本卡片由 IPCS 和 EC 合作编写 © 2004～2012

国际化学品安全卡

邻苯二甲酸二甲酯			ICSC 编号：0261

CAS 登记号：131-11-3
RTECS 号：TI1575000

中文名称：邻苯二甲酸二甲酯；1,2-二甲基邻苯二甲酸酯
英文名称：DIMETHYL PHTHALATE; Dimethyl 1,2-benzenedicarboxylate; Phthalic acid dimethyl ester

分子量：194.2　　　　　　　　　　　　　化学式：$C_6H_4(COOCH_3)_2/C_{10}H_{10}O_4$

危害/接触类型	急性危害/症状	预防	急救/消防
火　灾	可燃的	禁止明火	干粉、雾状水、泡沫、二氧化碳
爆　炸			
接　触			
# 吸入		通风	新鲜空气，休息
# 皮肤		防护手套	冲洗，然后用水和肥皂冲洗皮肤
# 眼睛		安全眼镜	先用大量水冲洗数分钟（如可能尽量摘除隐形眼镜），然后就医
# 食入		工作时不得进食、饮水或吸烟	漱口

泄漏处置	将泄漏液收集在可密闭容器中。用砂土或惰性吸收剂吸收残液，然后转移至安全场所。不要让该化学品进入环境
包装与标志	
应急响应	美国消防协会法规：H1（健康危险性）；F1（火灾危险性）；R0（反应危险性）
储存	储存在没有排水管或下水道的场所
重要数据	物理状态、外观：无色油状液体 化学危险性：燃烧时该物质分解，生成刺激性烟雾 职业接触限值：阈限值：5mg/m³(时间加权平均值)（美国政府工业卫生学家会议，2005 年）。最高容许浓度未制定标准 吸入危险性：20℃时，该物质蒸发不会或很缓慢地达到空气中有害污染浓度
物理性质	沸点：284℃ 熔点：5.5℃ 相对密度（水=1）：1.19 水中溶解度：20℃时 0.43g/100mL 蒸气压：20℃时 0.8Pa 蒸气相对密度（空气=1）：6.69 闪点：146℃（闭杯） 自燃温度：490℃ 爆炸极限：空气中 0.9%（180℃）～8.0%（109℃）（体积） 辛醇/水分配系数的对数值：1.47～ 2.12
环境数据	该物质对水生生物是有害的
注解	常用名称为DMP。其他熔点：商业产品在 0℃左右凝固

IPCS
International
Programme on
Chemical Safety

UNEP

本卡片由 IPCS 和 EC 合作编写 © 2004～2012

国际化学品安全卡

对苯二甲酸二甲酯			ICSC 编号：0262

CAS 登记号：120-61-6	中文名称：对苯二甲酸二甲酯；二甲基对苯二甲酸酯；二甲基-1,4-苯二甲酸酯
RTECS 号：WZ1225000	英文名称：DIMETHYL TEREPHTHALATE; Dimethyl p-Phthalate; Dimethyl 1,4-benzenedicarboxylate

分子量：194.2	化学式：C₆H₄(COOCH₃)₂/C₁₀H₁₀O₄

分子量：194.2　　化学式：$C_6H_4(COOCH_3)_2/C_{10}H_{10}O_4$

危害/接触类型	急性危害/症状	预防	急救/消防
火 灾	可燃的	禁止明火	干粉、雾状水、泡沫、二氧化碳
爆 炸	微细分散的颗粒物在空气中形成爆炸性混合物	防止粉尘沉积，密闭系统，防止粉尘爆炸型电气设备和照明	
接 触			
# 吸入		通风	新鲜空气，休息
# 皮肤		防护手套	冲洗，然后用水和肥皂清洗皮肤
# 眼睛	发红	安全眼镜	先用大量水冲洗数分钟（如可能尽量摘除隐形眼镜），然后就医
# 食入		工作时不得进食，饮水或吸烟	漱口

泄漏处置	将泄漏物清扫入可密闭容器中。如果适当，首先润湿防止扬尘。小心收集残余物，然后转移到安全场所。不要让该化学品进入环境。个人防护用具：适用于有害颗粒物的 P2 过滤呼吸器
包装与标志	
应急响应	美国消防协会法规：H1（健康危险性）；F1（火灾危险性）；R0（反应危险性）
储存	储存在没有排水管或下水道的场所
重要数据	物理状态、外观：白色薄片 物理危险性：以粉末或颗粒形式与空气混合，可能发生粉尘爆炸 化学危险性：燃烧时，该物质分解生成刺激性烟雾 职业接触限值：阈限值未制定标准。最高容许浓度未制定标准 吸入危险性：20℃时该物质蒸发不会或很缓慢地达到空气中有害污染浓度 短期接触的影响：可能引起机械刺激
物理性质	沸点：288℃ 熔点：140℃ 密度：1.2g/cm³ 水中溶解度：13℃时难溶 蒸气压：2.5℃时 1.4Pa 蒸气相对密度（空气=1）：5.5 闪点：141℃（闭杯） 自燃温度：518℃ 爆炸极限：空气中 0.8%～11.8%（体积） 辛醇/水分配系数的对数值：2.35
环境数据	该物质对水生生物是有害的
注解	DMT 为常用名称。 可以用熔融形式运输，UN 编号：3256

IPCS
International
Programme on
Chemical Safety

本卡片由 IPCS 和 EC 合作编写 © 2004～2012

国际化学品安全卡

1,2-二苯肼			ICSC 编号：0263

CAS 登记号：122-66-7

RTECS 号：MW2625000

EC 编号：007-021-00-4

中文名称：1,2-二苯肼；1,2-亚肼基苯；二苯肼；*N,N'*-二苯胺

英文名称：1,2-DIPHENYLHYDRAZINE; Hydrazobenzene;

Diphenylhydrazine; *N,N'*-Bianiline

分子量：184.3

化学式：$C_{12}H_{12}N_2/C_6H_5NHNHC_6H_5$

危害/接触类型	急性危害/症状	预防	急救/消防
火 灾	可燃的。在火焰中释放出刺激性或有毒烟雾（或气体）	禁止明火	干粉，雾状水，泡沫，二氧化碳
爆 炸			
接 触	见长期或反复接触的影响	避免一切接触！	
# 吸入	咳嗽	局部排气通风或呼吸防护	新鲜空气，休息
# 皮肤		防护手套。防护服	脱去污染的衣服。冲洗，然后用水和肥皂清洗皮肤
# 眼睛	发红	安全眼镜，或眼睛防护结合呼吸防护	先用大量水冲洗几分钟（如可能尽量摘除隐形眼镜），然后就医
# 食入		工作时不得进食，饮水或吸烟。进食前洗手	漱口。给予医疗护理
泄漏处置	将泄漏物清扫进可密闭容器中，如果适当，首先润湿防止扬尘。小心收集残余物，然后转移到安全场所。不要让该化学品进入环境。个人防护用具：适用于有毒颗粒物的 P3 过滤呼吸器		
包装与标志	不得与食品和饲料一起运输 欧盟危险性类别：T 符号 N 符号 标记：E　　R:45-22-50/53　　S:53-45-60-61		
应急响应			
储存	与食品和饲料分开存放。储存在没有排水管或下水道的场所		
重要数据	**物理状态、外观**：白色至黄色晶体 **化学危险性**：燃烧时，该物质分解生成含氮氧化物的有毒烟雾。与无机酸反应生成联苯胺（见卡片#0224） **职业接触限值**：阈限值未制定标准。最高容许浓度：致癌物类别：2（德国，2004 年） **接触途径**：该物质可通过吸入和经食入吸收到体内 **吸入危险性**：扩散时可较快地达到空气中颗粒物有害浓度 **短期接触的影响**：可能引起机械刺激 **长期或反复接触的影响**：该物质很可能是人类致癌物		
物理性质	**熔点**：125～131℃（分解） **密度**：1.16g/cm³ **水中溶解度**：20℃时<0.1g/100mL（微溶） **辛醇/水分配系数的对数值**：2.94		
环境数据	该物质对水生生物有极高毒性。该化学品可能在鱼体内发生生物蓄积作用		
注解	不要将工作服带回家中。根据接触程度，建议定期进行医疗检查		

IPCS
International
Programme on
Chemical Safety

本卡片由 **IPCS** 和 **EC** 合作编写 © 2004～2012

国际化学品安全卡

过氧化十二（烷）酰			ICSC 编号：0264

CAS 登记号：105-74-8
RTECS 号：OF2625000
UN 编号：3106
EC 编号：617-003-00-3
中国危险货物编号：3106

中文名称：过氧化十二（烷）酰；过氧化月桂酰；十二烷酰过氧化物；二（1-氧十二烷酰）过氧化物

英文名称：DODECANOYL PEROXIDE; Lauroyl peroxide; Peroxide, didodecanoyl; bis(1-Oxododecyl)peroxide

分子量：398.7　　　　　　　　化学式：$(C_{11}H_{23}CO)_2O_2$

危害/接触类型	急性危害/症状	预防	急救/消防
火　灾	易燃的	禁止明火，禁止火花，禁止吸烟	大量水，雾状水
爆　炸	与可燃物质、还原剂接触和加热时，有着火和爆炸危险	防止加热到25℃以上	着火时，喷雾状水保持料桶等冷却。从掩蔽位置灭火
接　触		防止粉尘扩散！	
# 吸入	咳嗽，咽喉痛	局部排气通风或呼吸防护	新鲜空气，休息
# 皮肤	发红，疼痛	防护手套	脱去污染的衣服，冲洗，然后用水和肥皂清洗皮肤
# 眼睛	发红，疼痛	护目镜或面罩	先用大量水冲洗几分钟（如可能尽量摘除隐形眼镜），然后就医
# 食入		工作时不得进食，饮水或吸烟	漱口，大量饮水，给予医疗护理

泄漏处置	大量泄漏时，撤离危险区域！向专家咨询！移除全部引燃源。将泄漏物清扫进容器中。如果适当，首先润湿防止扬尘。小心收集残余物，然后转移到安全场所。不要用锯末或其他可燃吸收剂吸收。个人防护用具：适用于有害颗粒物的P2过滤呼吸器
包装与标志	欧盟危险性类别：O 符号　　R:7　　S:2-3/7-14-36-37/39 联合国危险性类别：5.2 中国危险性类别：第5.2项有机过氧化物
应急响应	运输应急卡：TEC(R)-52GP1-S 美国消防协会法规：H0（健康危险性）；F2（火灾危险性）；R3（反应危险性）；OX （氧化剂）
储存	耐火设备（条件）。与可燃物质和还原性物质分开存放。阴凉场所
重要数据	物理状态、外观：白色粉末或各种形态固体 化学危险性：加热可能引起激烈燃烧或爆炸。该物质是一种强氧化剂。与可燃物质和还原性物质发生反应，有着火和爆炸危险 职业接触限值：阈限值未制定标准 接触途径：该物质可通过吸入其气溶胶吸收到体内 吸入危险性：20℃时蒸发可忽略不计，但可较快地达到空气中颗粒物有害浓度 短期接触的影响：该气溶胶刺激眼睛、皮肤和呼吸道
物理性质	熔点：49～57℃ 密度：0.9g/cm³ 水中溶解度：不溶 自燃温度：112℃
环境数据	
注解	商品名称有 Laurox W 40, Alperox 和 LYP97。其他 UN 编号（<42%水溶液）：3109

IPCS
International
Programme on
Chemical Safety

本卡片由 IPCS 和 EC 合作编写 © 2004～2012

国际化学品安全卡

十二烷基苯			ICSC 编号：0265

CAS 登记号：123-01-3	中文名称：十二烷基苯；1-苯基十二烷；月桂基苯
RTECS 号：CZ9540000	英文名称：DODECYLBENZENE; 1-Phenyldodecane; Laurylbenzene

分子量：246.4	化学式：$C_{18}H_{30}/C_6H_5(CH_2)_{11}CH_3$

危害/接触类型	急性危害/症状	预防	急救/消防
火 灾	可燃的	禁止明火	干粉，雾状水，泡沫，二氧化碳
爆 炸			
接 触			
# 吸入	咳嗽。咽喉痛	通风	新鲜空气，休息
# 皮肤	发红	防护手套	脱去污染的衣服。冲洗，然后用水和肥皂清洗皮肤
# 眼睛	发红	安全护目镜	先用大量水冲洗几分钟（如可能尽量摘除隐形眼镜），然后就医
# 食入	恶心	工作时不得进食，饮水或吸烟	漱口。不要催吐。大量饮水

泄漏处置	尽可能将泄漏液收集在可密闭的金属容器中。用水土或惰性吸收剂吸收残液，并转移到安全场所。个人防护用具：适用于有机气体和蒸气的过滤呼吸器
包装与标志	
应急响应	美国消防协会法规：H1（健康危险性）；F1（火灾危险性）；R0（反应危险性）
储存	
重要数据	物理状态、外观：无色液体 职业接触限值：阈限值未制定标准 接触途径：该物质可经食入吸收到体内 吸入危险性：未指明 20℃时该物质蒸发达到空气中有害浓度的速率 短期接触的影响：该物质刺激眼睛和皮肤
物理性质	沸点：290～410℃（见注解） 熔点：3℃ 相对密度（水=1）：0.86 水中溶解度：不溶 蒸气压：20℃时<10Pa 蒸气/空气混合物的相对密度（20℃，空气=1）：1.0 闪点：140.6℃
环境数据	
注解	工业产品为异构体的混合物。沸点和其他物理性质依其组成而异

IPCS
International
Programme on
Chemical Safety

   UNEP

本卡片由 IPCS 和 EC 合作编写 © 2004～2012

国际化学品安全卡

乙烷			ICSC 编号：0266

CAS 登记号：74-84-0
RTECS 号：KH3800000
UN 编号：1035
EC 编号：601-002-00-X
中国危险货物编号：1035
分子量：30.1

中文名称：乙烷（钢瓶）
英文名称：ETHANE (cylinder)

化学式：C_2H_6/CH_3CH_3

危害/接触类型	急性危害/症状	预防	急救/消防
火 灾	极易燃	禁止明火，禁止火花和禁止吸烟	切断气源，如不可能并对周围环境无危险，让火自行燃尽。其他情况用雾状水，干粉灭火
爆 炸	气体/空气混合物有爆炸性	密闭系统，通风，防爆型电气设备和照明。如果为液体，防止静电荷积聚（例如，通过接地）。使用无火花手工具	着火时，喷雾状水保持钢瓶冷却。从掩蔽位置灭火
接 触			
# 吸入	窒息。（见注解）	通风，局部排气通风或呼吸防护	新鲜空气，休息。必要时进行人工呼吸。给予医疗护理
# 皮肤	与液体接触：冻伤	保温手套。防护服	冻伤时，用大量水冲洗，不要脱去衣服。给予医疗护理
# 眼睛	与液体接触：冻伤	面罩	先用大量水冲洗几分钟（如可能尽量摘除隐形眼镜），然后就医
# 食入			

泄漏处置	撤离危险区域！向专家咨询！转移全部引燃源。通风。切勿直接向液体上喷水。个人防护用具：自给式呼吸器
包装与标志	欧盟危险性类别：F+符号　　R:12　　S:2-9-16-33 联合国危险性类别：2.1 中国危险性类别：第 2.1 项 易燃气体　　　　　　　　　GHS 分类：警示词：危险 图形符号：火焰-气瓶 危险说明：极易燃气体；内含高压气体，遇热可能爆炸
应急响应	运输应急卡：TEC(R)-20S1035 美国消防协会法规：H1（健康危险性）；F4（火灾危险性）；R0（反应危险性）
储存	耐火设备（条件）。阴凉场所。与强氧化剂和卤素分开存放
重要数据	物理状态、外观：无色压缩液化气体，纯净时无气味 物理危险性：气体与空气充分混合，容易形成爆炸性混合物。由于流动、搅拌等，可能产生静电 化学危险性：与卤素、强氧化剂激烈反应，有着火和爆炸的危险 职业接触限值：阈限值（以 $C_1 \sim C_4$ 链烷烃气体计）：1000ppm（美国政府工业卫生学家会议，2006年）。最高容许浓度未制定标准 接触途径：该物质可通过吸入吸收到体内 吸入危险性：容器漏损时，该液体迅速蒸发，置换空气，造成封闭空间有窒息的严重危险 短期接触的影响：液体迅速蒸发可能引起冻伤
物理性质	沸点：-89℃ 熔点：-183℃ 水中溶解度：20℃时难溶 蒸气压：20℃时 3850kPa 蒸气相对密度（空气=1）：1.05 闪点：易燃气体 自燃温度：472℃ 爆炸极限：空气中 3.0%～12.5%（体积） 辛醇/水分配系数的对数值：1.81
环境数据	
注解	空气中高浓度造成缺氧，有神志不清或死亡危险。进入工作区域前检验氧含量。转动泄漏钢瓶使漏口朝上，防止液态气体逸出。其他 UN 编号：1961（冷冻液体），UN 危险性类别：2.1

IPCS
International
Programme on
Chemical Safety

本卡片由 IPCS 和 EC 合作编写 © 2004～2012

国际化学品安全卡

丙烯酸乙酯			ICSC 编号：0267

CAS 登记号：140-88-5
RTECS 号：AT0700000
UN 编号：1917
EC 编号：607-032-00-X
中国危险货物编号：1917

中文名称：丙烯酸乙酯；2-丙烯酸乙酯
英文名称：ETHYL ACRYLATE; 2-Propenoic acid, ethyl ester; Acrylic acid ethyl ester; Ethyl propenoate

分子量：100.1

化学式：$CH_2CHCOOC_2H_5/C_5H_8O_2$

危害/接触类型	急性危害/症状	预防	急救/消防
火 灾	高度易燃	禁止明火，禁止火花和禁止吸烟	干粉，抗溶性泡沫，雾状水，二氧化碳
爆 炸	蒸气/空气混合物有爆炸性	密闭系统，通风，防爆型电气设备和照明。不要使用压缩空气灌装、卸料或转运。使用无火花手工具	着火时，喷雾状水保持料桶等冷却
接 触		避免一切接触！	
# 吸入	灼烧感。咳嗽。气促。咽喉痛。	通风，局部排气通风或呼吸防护	新鲜空气，休息。给予医疗护理
# 皮肤	发红。疼痛	防护服。防护手套	脱去污染的衣服。用大量水冲洗皮肤或淋浴。给予医疗护理
# 眼睛	发红。疼痛。视力模糊	安全眼镜或眼睛防护结合呼吸防护	先用大量水冲洗几分钟（如可能尽量摘除隐形眼镜），然后就医
# 食入	腹部疼痛。腹泻。恶心。呕吐	工作时不得进食，饮水或吸烟	漱口。大量饮水。不要催吐。给予医疗护理
泄漏处置	撤离危险区域！转移全部引燃源。向专家咨询！尽可能将泄漏液收集在可密闭的容器中。用砂土或惰性吸收剂吸收残液，并转移到安全场所。不要让该化学品进入环境。个人防护用具：自给式呼吸器		
包装与标志	污染海洋物质 欧盟危险性类别：F 符号 Xn 符号 标记：D　R:11-20/21/22-36/37/38-43　S:2-9-16-33-36/37 联合国危险性类别：3　联合国包装类别：II 中国危险性类别：第 3 类易燃液体 中国包装类别：II		
应急响应	运输应急卡：TEC(R)-30S1917 美国消防协会法规：H2（健康危险性）；F3（火灾危险性）；R2（反应危险性）		
储存	耐火设备（条件）。阴凉场所。保存在暗处。稳定后储存		
重要数据	物理状态、外观：无色液体，有刺鼻气味 物理危险性：蒸气与空气充分混合，容易形成爆炸性混合物。蒸气未经阻聚，可能在通风口或火焰消除装置中生成聚合物，导致通风口阻塞 化学危险性：由于加温，在光的作用下和与过氧化物接触时，该物质可能发生自聚合 职业接触限值：阈限值：5ppm（时间加权平均值），15ppm（短期接触限值）；A4（不能分类为人类致癌物）（美国政府工业卫生学家会议，2004 年）。最高容许浓度：5ppm；21mg/m³；皮肤致敏剂；最高限值种类：I（2）；妊娠风险等级：D（德国，2003 年） 接触途径：该物质可通过吸入，经皮肤和经食入吸收到体内 吸入危险性：20℃时，该物质蒸发相当快地达到空气中有害污染浓度 短期接触的影响：该物质刺激眼睛，皮肤和呼吸道 长期或反复接触的影响：反复或长期接触可能引起皮肤过敏。在实验动物身上发现肿瘤，但是可能与人类无关		
物理性质	沸点：99℃ 熔点：-71℃ 相对密度（水=1）：0.92 水中溶解度：20℃时 1.5g/100mL 蒸气压：20℃时 3.9kPa 蒸气相对密度（空气=1）：3.45		蒸气/空气混合物的相对密度（20℃，空气=1）：1.09 闪点：9℃（闭杯） 自燃温度：345℃ 爆炸极限：空气中 1.4%～14%（体积） 辛醇/水分配系数的对数值：1.32
环境数据	该物质对水生生物是有毒的		
注解	添加稳定剂或阻聚剂会影响该物质的毒理学性质。向专家咨询。不要将工作服带回家中		

IPCS
International
Programme on
Chemical Safety

本卡片由 IPCS 和 EC 合作编写 © 2004～2012

国际化学品安全卡

乙苯			ICSC 编号：0268

CAS 登记号：100-41-4	中文名称：乙苯；乙基苯；苯乙烷；EB
RTECS 号：DA0700000	英文名称：ETHYLBENZENE; Ethylbenzol; Phenylethane; EB
UN 编号：1175	
EC 编号：601-023-00-4	
中国危险货物编号：1175	
分子量：106.2	化学式：$C_8H_{10}/C_6H_5C_2H_5$

危害/接触类型	急性危害/症状	预防	急救/消防
火 灾	高度易燃	禁止明火，禁止火花和禁止吸烟	干粉，泡沫，二氧化碳
爆 炸	蒸气/空气混合物有爆炸性	密闭系统，通风，防爆型电气设备和照明。不要使用压缩空气灌装、卸料或转运	着火时，喷雾状水保持料桶等冷却
接 触		防止产生烟云！	
# 吸入	咳嗽，咽喉痛。头晕，倦睡，头痛	通风，局部排气通风或呼吸防护	新鲜空气，休息。给予医疗护理
# 皮肤	发红	防护手套	脱去污染的衣服。冲洗，然后用水和肥皂清洗皮肤
# 眼睛	发红，疼痛	安全护目镜	先用大量水冲洗几分钟（如可能尽量摘除隐形眼镜），然后就医
# 食入	咽喉和胸腔有灼烧感。（另见吸入）	工作时不得进食，饮水或吸烟	漱口。不要催吐。给予医疗护理

泄漏处置	通风。将泄漏液收集在有盖的容器中。用砂土或惰性吸收剂吸收残液，并转移到安全场所。不要冲入下水道。不要让该化学品进入环境。个人防护用具：适应于该物质空气中浓度的有机气体和蒸气过滤呼吸器
包装与标志	欧盟危险性类别：F 符号 Xn 符号　　R:11-20　　S:2-16-24/25-29 联合国危险性类别：3　　　联合国包装类别：II 中国危险性类别：第 3 类 易燃液体　中国包装类别：II GHS 分类：警示词：危险　图形符号：火焰-感叹号-健康危险　危险说明：高度易燃液体和蒸气；吞咽可能有害；吸入蒸气有害；造成轻微皮肤刺激；造成眼睛刺激；怀疑致癌；可能引起呼吸刺激；可能引起昏昏欲睡或眩晕；吞咽和进入呼吸道可能有害；对水生生物有毒
应急响应	运输应急卡：TEC®-305 1135 或 30GF1- I+II 美国消防协会法规：H2（健康危险性）；F3（火灾危险性）；R0（反应危险性）
储存	耐火设备（条件）。与强氧化剂分开存放。注意收容灭火产生的废水。储存在没有排水管或下水道的场所
重要数据	物理状态、外观：无色液体，具有芳香气味 物理危险性：蒸气与空气充分混合，容易形成爆炸性混合物 化学危险性：与强氧化剂发生反应。浸蚀塑料和橡胶 职业接触限值：阈限值：100ppm（时间加权平均值），125ppm（短期接触限值）；A3（确认的动物致癌物，但未知与人类相关性）；公布生物暴露指数（美国政府工业卫生学家会议，2007 年）。欧盟职业接触限值：442mg/m³，100ppm（时间加权平均值），884mg/m³，200ppm（短期接触限值）（经皮）（欧盟，2006 年） 接触途径：该物质可通过吸入其蒸气和经食入吸收到体内 吸入危险性：20℃时，该物质蒸发相当慢地达到空气中有害污染浓度 短期接触的影响：该物质刺激眼睛、皮肤和呼吸道。吞咽液体可能吸入肺中，有引起化学肺炎的危险。该物质可能对中枢神经系统有影响。高于职业接触限值接触能够造成意识降低 长期或反复接触的影响：该物质可能是人类致癌物。该物质可能对肾脏和肝脏有影响，导致功能损伤。反复与皮肤接触可能导致皮肤干燥和皲裂
物理性质	沸点：136℃ 熔点：-95℃ 相对密度（水=1）：0.9 水中溶解度：20℃时 0.015g/100mL 蒸气压：20℃时 0.9kPa 蒸气相对密度（空气=1）：3.7	蒸气/空气混合物的相对密度（20℃，空气=1）：1.02 闪点：18℃(闭杯) 自燃温度：432℃ 爆炸极限：空气中 1.0%～6.7%(体积) 辛醇/水分配系数的对数值：3.1
环境数据	该物质对水生生物是有毒的。强烈建议不要让该化学品进入环境
注解	超过接触限值时，气味报警不充分

IPCS
International
Programme on
Chemical Safety

  　UNEP

本卡片由 IPCS 和 EC 合作编写 © 2004～2012

国际化学品安全卡

乙二胺			ICSC 编号：0269

CAS 登记号：107-15-3
RTECS 号：KH8575000
UN 编号：1604
EC 编号：612-006-00-6
中国危险货物编号：1604

中文名称：乙二胺；1,2-二氨基乙烷；1,2-乙二胺
英文名称：ETHYLENEDIAMINE; 1,2-Diaminoethane; 1,2-Ethanediamine; Dimethylenediamine

分子量：60.1

化学式：$H_2NCH_2CH_2NH_2/C_2H_8N_2$

危害/接触类型	急性危害/症状	预防	急救/消防
火　灾	易燃的。在火焰中释放出刺激性或有毒烟雾（或气体）	禁止明火，禁止火花和禁止吸烟	干粉，抗溶性泡沫，雾状水，二氧化碳
爆　炸	高于 34℃，可能形成爆炸性蒸气/空气混合物	高于 34℃，使用密闭系统、通风和防爆型电气设备	着火时，喷雾状水保持料桶等冷却
接　触		避免一切接触！	
# 吸入	灼烧感。咳嗽。气促。咽喉痛。喘息	通风，局部排气通风或呼吸防护	新鲜空气，休息。给予医疗护理
# 皮肤	发红。皮肤烧伤。疼痛	防护手套。防护服	脱去污染的衣服。用大量水冲洗皮肤或淋浴。给予医疗护理
# 眼睛	发红。疼痛。视力模糊。严重深度烧伤	面罩或眼睛防护结合呼吸防护	先用大量水冲洗几分钟（如可能尽量摘除隐形眼镜），然后就医
# 食入	腹部疼痛。灼烧感。休克或虚脱	工作时不得进食，饮水或吸烟	漱口。饮用 1～2 杯水。给予医疗护理。不要催吐

泄漏处置	通风。转移全部引燃源。将泄漏液收集在有盖的容器中。用砂土或惰性吸收剂吸收残液，并转移到安全场所。不要让该化学品进入环境。个人防护用具：全套防护服包括自给式呼吸器
包装与标志	不得与食品和饲料一起运输 欧盟危险性类别：C 符号　R:10-21/22-34-42/43　S:1/2-23-26-36/37/39-45 联合国危险性类别：8　联合国次要危险性：3　联合国包装类别：II 中国危险性类别：第 8 类 腐蚀性物质　中国次要危险性：第 3 类 易燃液体　中国包装类别：II
应急响应	运输应急卡：TEC(R)-80S1604 美国消防协会法规：H3（健康危险性）；F2（火灾危险性）；R0（反应危险性）
储存	耐火设备（条件）。与强氧化剂、酸、氯代有机物、食品和饲料分开存放。干燥
重要数据	物理状态、外观：无色至黄色吸湿液体，有刺鼻气味 化学危险性：燃烧时，该物质分解生成氮氧化物有毒烟雾。该物质是一种中强碱。与氯代有机物、强氧化剂和酸激烈反应 职业接触限值：阈限值：10ppm（时间加权平均值，经皮），A4（不能分类为人类致癌物）（美国政府工业卫生学家会议，2003 年）。最高容许浓度：IIb（未制定标准，但可提供数据）；呼吸道和皮肤致敏剂（德国，2005 年） 接触途径：该物质可通过吸入，经皮肤和食入吸收到体内 吸入危险性：20℃时，该物质蒸发相当快达到空气中有害污染浓度 短期接触的影响：该物质腐蚀眼睛，皮肤和呼吸道。食入有腐蚀性 长期或反复接触的影响：反复或长期与皮肤接触可能引起皮炎。反复或长期接触可能引起皮肤过敏。反复或长期吸入接触可能引起哮喘
物理性质	沸点：117℃ 熔点：8.5℃ 相对密度（水=1）：0.9 水中溶解度：混溶 蒸气压：20℃时 1.4kPa 蒸气相对密度（空气=1）：2.1	蒸气/空气混合物的相对密度（20℃，空气=1）：1.01 闪点：34℃（闭杯） 自燃温度：385℃ 爆炸极限：空气中 2.5%～16.6%（体积） 辛醇/水分配系数的对数值：-1.2
环境数据	该物质对水生生物是有害的
注解	哮喘症状常常经过几个小时以后才变得明显，体力劳动使症状加重。因而休息和医学观察是必要的。因这种物质出现哮喘症状的任何人不应当再接触该物质。不要将工作服带回家中

IPCS
International
Programme on
Chemical Safety

本卡片由 IPCS 和 EC 合作编写 © 2004～2012

国际化学品安全卡

1,2-亚乙基二醇			ICSC 编号：0270

CAS 登记号：107-21-1	中文名称：1,2-亚乙基二醇；1,2-乙二醇；1,2-二羟基乙烷
RTECS 号：KW2975000	英文名称：ETHYLENE GLYCOL; 1,2-Ethanediol; 1,2-Dihydroxyethane
EC 编号：603-027-00-1	

分子量：62.1	化学式：HOCH$_2$CH$_2$OH

危害/接触类型	急性危害/症状	预防	急救/消防
火 灾	可燃的	禁止明火	干粉、抗溶性泡沫、雾状水、二氧化碳
爆 炸			
接 触		防止产生烟云！	
# 吸入	咳嗽，头晕，头痛	通风	新鲜空气，休息，必要时进行人工呼吸，给予医疗护理
# 皮肤	皮肤干燥	防护手套	脱去污染的衣服，用大量水冲洗皮肤或淋浴
# 眼睛	发红，疼痛	护目镜	先用大量水冲洗几分钟（如可能尽量摘除隐形眼镜），然后就医
# 食入	腹部疼痛，迟钝，恶心，神志不清，呕吐	工作时不得进食，饮水或吸烟	漱口，催吐（仅对清醒病人！），给予医疗护理。如无医务人员且病人清醒，服用含酒精饮料可能防止肾衰竭

泄漏处置	尽可能将泄漏液收集在可密闭容器中。用大量水冲净残余物。个人防护用具：适用于有机蒸气和有害粉尘的 A/P2 过滤呼吸器
包装与标志	欧盟危险性类别：Xn 符号　　R:22　　S:2
应急响应	美国消防协会法规：H1（健康危险性）；F1（火灾危险性）；R0（反应危险性）
储存	与强氧化剂、强碱分开存放。干燥。沿地面通风
重要数据	物理状态、外观：无色黏稠吸湿液体，无气味 化学危险性：燃烧时生成有毒气体。与强氧化剂和强碱发生反应 职业接触限值：阈限值：100mg/m^3（上限值）；A4（不能分类为人类致癌物）（美国政府工业卫生学家会议，2004 年）。最高容许浓度：10ppm，26mg/m^3；最高限值种类：I（2）；皮肤吸收；妊娠风险等级：C（德国，2004 年） 接触途径：该物质可通过吸入和经皮肤吸收到体内 吸入危险性：20℃时，该物质蒸发相当慢地达到空气中有害污染浓度 短期接触的影响：该物质刺激眼睛和呼吸道。该物质可能对肾和中枢神经系统有影响，导致肾衰竭和脑损伤。接触能够造成意识降低 长期或反复接触的影响：该物质可能对中枢神经系统有影响，导致异常眼动（眼球震颤）
物理性质	沸点：198℃ 熔点：-13℃ 相对密度（水=1）：1.1 水中溶解度：混溶 蒸气压：20℃时 7Pa 蒸气相对密度（空气=1）：2.1 蒸气/空气混合物的相对密度（20℃，空气=1）：1.00 闪点：111℃（闭杯） 自燃温度：398℃ 爆炸极限：空气中 3.2%～15.3%（体积） 辛醇/水分配系数的对数值：-1.93
环境数据	
注解	工作接触的任何时刻都不应超过职业接触限值

IPCS
International
Programme on
Chemical Safety

   UNEP

本卡片由 IPCS 和 EC 合作编写 © 2004～2012

国际化学品安全卡

二(2-乙基己基)邻苯二甲酸酯			ICSC 编号：0271

CAS 登记号：117-81-7	中文名称：二(2-乙基己基)邻苯二甲酸酯；邻苯二甲酸二辛酯；DOP；DEHP；双(2-乙基己基)邻苯二甲酸酯
RTECS 号：TI0350000	
EC 编号：607-317-00-9	英文名称：DI(2-ETHYLHEXYL) PHTHALATE; Dioctylphthalate;DOP; DEHP; Bis-(2-ethylhexyl)phthalate

分子量：390.6	化学式：$C_{24}H_{38}O_4/C_6H_4(COOC_8H_{17})_2$

危害/接触类型	急性危害/症状	预防	急救/消防
火 灾	可燃的。在火焰中释放出刺激性或有毒烟雾（或气体）	禁止明火	干粉、雾状水、泡沫、二氧化碳
爆 炸			
接 触		防止产生烟云！避免青少年和儿童接触！	
# 吸入	咳嗽，咽喉痛	通风，局部排气通风或呼吸防护	新鲜空气，休息
# 皮肤		防护手套	脱去污染的衣服，用大量水冲洗皮肤或淋浴
# 眼睛	发红，疼痛	护目镜	先用大量水冲洗几分钟（如可能尽量摘除隐形眼镜),然后就医
# 食入	胃痉挛，腹泻，恶心	工作时不得进食，饮水或吸烟。进食前洗手	漱口，大量饮水

泄漏处置	移除全部引燃源。尽可能将泄漏液收集在可密闭的容器中。用砂土或惰性吸收剂吸收残液，并转移到安全场所。化学防护服
包装与标志	欧盟危险性类别：T 符号　　R:60-61　　S:53-45
应急响应	美国消防协会法规：H0（健康危险性）；F1（火灾危险性）；R0（反应危险性）
储存	与强氧化剂、酸类、碱和硝酸盐分开存放。阴凉场所。干燥。严格密封
重要数据	**物理状态、外观：** 无色至浅色黏稠液体，有特殊气味 **化学危险性：** 加热时，该物质分解生成刺激性烟雾。与强氧化剂、酸类、碱和硝酸盐发生反应 **职业接触限值：** 阈限值：$5mg/m^3$；A3（确认的动物致癌物，但未知与人类相关性）（美国政府工业卫生学家会议，2004 年）。最高容许浓度：$10mg/m^3$；最高限值种类：II（8）；致癌物类别：4；妊娠风险等级：C（德国，2004 年） **接触途径：** 该物质可通过吸入、经皮肤和食入吸收到体内 **吸入危险性：** 20℃时蒸发可忽略不计，但喷洒时可较快地达到空气中颗粒物有害浓度 **短期接触的影响：** 该物质刺激眼睛和呼吸道 **长期或反复接触的影响：** 该物质可能对味觉有影响。动物实验表明，该物质可能对人类生殖或发育造成毒性影响
物理性质	沸点：385℃ 熔点：-50℃ 相对密度（水=1）：0.986 水中溶解度：不溶 蒸气压：20℃时 0.001kPa 蒸气相对密度（空气=1）：13.45 闪点：215℃（开杯） 自燃温度：350℃ 辛醇/水分配系数的对数值：5.03
环境数据	在对人类重要的食物链中发生生物蓄积，特别是在海产食品中
注解	

IPCS
International Programme on Chemical Safety

本卡片由 IPCS 和 EC 合作编写 © 2004～2012

国际化学品安全卡

甲基丙烯酸乙酯			ICSC 编号：0272

CAS 登记号：97-63-2 RTECS 号：OZ4550000 UN 编号：2277 EC 编号：607-071-00-2 中国危险货物编号：2277	中文名称：甲基丙烯酸乙酯；乙基-2-甲基-2-丙烯酸酯；乙基-2-甲基丙烯酸酯 英文名称：ETHYL METHACRYLATE; Ethyl-2-methyl-2-propenoate; Ethyl-2-methylacrylate

分子量：114.2	化学式：$CH_2=C(CH_3)COO(C_2H_5)/C_6H_{10}O_2$

危害/接触类型	急性危害/症状	预防	急救/消防
火 灾	高度易燃	禁止明火，禁止火花和禁止吸烟。禁止与强氧化剂接触	干粉，水成膜泡沫，泡沫，二氧化碳
爆 炸	蒸气/空气混合物有爆炸性	密闭系统，通风，防爆型电气设备和照明。不要使用压缩空气灌装、卸料或转运	着火时，喷雾状水保持料桶等冷却
接 触		避免一切接触！	
# 吸入	咽喉痛。咳嗽	通风。局部排气通风或呼吸防护	新鲜空气，休息。给予医疗护理
# 皮肤	发红。疼痛	防护服。防护手套	脱去污染的衣服。冲洗，然后用水和肥皂清洗皮肤。给予医疗护理
# 眼睛	引起流泪。发红。疼痛	安全护目镜或眼睛防护结合呼吸防护	先用大量水冲洗几分钟（如可能尽量摘除隐形眼镜），然后就医
# 食入	呕吐。腹部疼痛。腹泻。恶心	工作时不得进食，饮水或吸烟	漱口。大量饮水。不要催吐。给予医疗护理

泄漏处置	撤离危险区域！向专家咨询！通风。转移全部引燃源。尽可能将泄漏液收集在可密闭的容器中。用砂土或惰性吸收剂吸收残液，并转移到安全场所。个人防护用具：适用于有机气体和蒸气的过滤呼吸器。化学防护服

包装与标志	欧盟危险性类别：F 符号 Xi 符号 标记：D R:11-36/37/38-43　S:2-9-16-29-33 联合国危险性类别：3　联合国包装类别：II 中国危险性类别：第 3 类易燃液体　中国包装类别：II

应急响应	运输应急卡：TEC(R)-30S2277 美国消防协会法规：H2（健康危险性）；F3（火灾危险性）；R0（反应危险性）

储存	耐火设备（条件）。与强氧化剂分开存放。阴凉场所。保存在暗处。稳定后储存

重要数据	物理状态、外观：无色液体，有特殊气味 物理危险性：蒸气与空气充分混合，容易形成爆炸性混合物。蒸气未经阻聚，可能发生聚合并阻塞通风口 化学危险性：由于加温，在光的作用下和与强氧化剂接触时，该物质可能激烈聚合 职业接触限值：阈限值未制定标准。最高容许浓度：皮肤致敏剂（德国，2003 年） 接触途径：该物质可通过吸入其蒸气吸收到体内 吸入危险性：未指明 20℃时该物质蒸发达到空气中有害浓度的速率 短期接触的影响：流泪。该物质刺激眼睛，皮肤和呼吸道 长期或反复接触的影响：反复或长期接触可能引起皮肤过敏

物理性质	沸点：117℃ 熔点：-75℃ 相对密度（水=1）：0.91 水中溶解度：微溶 蒸气压：20℃时 2kPa 蒸气相对密度（空气=1）：3.9 蒸气/空气混合物的相对密度（20℃，空气=1）：1.01 闪点：20℃（开杯） 自燃温度：450℃ 爆炸极限：空气中 1.8%～?%（体积） 辛醇/水分配系数的对数值：1.94

环境数据	

注解	添加稳定剂或阻聚剂会影响该物质的毒理学性质。向专家咨询。不要将工作服带回家中

IPCS
International
Programme on
Chemical Safety

本卡片由 IPCS 和 EC 合作编写 © 2004～2012

国际化学品安全卡

杀灭菊酯		ICSC 编号：0273

CAS 登记号：51630-58-1
RTECS 号：CY1576350
UN 编号：3352
中国危险货物编号：3352

中文名称：杀灭菊酯（原药）；(RS)-α-氰基-3-苯氧基苄基(RS)-2-(4-氯苯基)-3-甲基丁酸酯；氰基(3-苯氧苄基)甲基-4-氯-α-(1-甲基乙基)苯乙酸酯

英文名称：FENVALERATE(Technical product); (RS)-alpha-Cyano-3-phenoxybenzyl (RS)-2-(4-chlorophenyl)-3-methylbutyrate; Cyano (3-phenoxyphenyl) methyl 4-chloro-alpha-(1-methylethyl) benzeneacetate

分子量：419.9　　　　　　　　化学式：$C_{25}H_{22}ClNO_3$

危害/接触类型	急性危害/症状	预防	急救/消防
火　灾	可燃的。含有机溶剂的液体制剂可能是易燃的。在火焰中释放出刺激性或有毒烟雾（或气体）	禁止明火	水、泡沫、二氧化碳、干粉
爆　炸			
接　触		防止产生烟云！避免青少年和儿童接触！	
# 吸入	灼烧感，咳嗽，头晕，头痛，恶心	通风，局部排气通风或呼吸防护	新鲜空气，休息，给予医疗护理
# 皮肤	发红，灼烧感，麻木，刺痛，发痒	防护手套，防护服	脱去污染的衣服。冲洗，然后用水和肥皂清洗皮肤
# 眼睛	发红，疼痛	安全护目镜，或眼睛防护结合呼吸防护	先用大量水冲洗几分钟（如可能尽量摘除隐形眼镜），然后就医
# 食入	腹部疼痛，恶心，呕吐，头晕，头痛，惊厥	工作时不得进食，饮水或吸烟。进食前洗手	漱口，给予医疗护理
泄漏处置	不要让该化学品进入环境。尽可能将泄漏液收集在可密闭的容器中。用砂土或惰性吸收剂吸收残液，并转移到安全场所。个人防护用具：适用于有机气体和蒸气的过滤呼吸器		
包装与标志	不得与食品和饲料一起运输 联合国危险性类别：6.1　联合国包装类别：III 中国危险性类别：第 6.1 项毒性物质　中国包装类别：III		
应急响应	运输应急卡：TEC(R)-61GT6-III		
储存	储存在没有排水管或下水道的场所。保存在通风良好的室内。与强氧化剂、强碱、食品和饲料分开存放		
重要数据	物理状态、外观：黄色或棕色黏稠液体 化学危险性：加热至 150～300℃之间，该物质分解生成含氰化氢、氯化氢有毒烟雾。与强碱和强氧化剂发生反应 职业接触限值：阈限值未制定标准。最高容许浓度未制定标准 接触途径：该物质可通过吸入其气溶胶和经食入吸收到体内 吸入危险性：未指明 20℃时该物质蒸发达到空气中有害浓度的速率 短期接触的影响：该物质刺激眼睛、皮肤和呼吸道。该物质可能对神经系统有影响 长期或反复接触的影响：反复或长期接触可能引起皮肤过敏		
物理性质	沸点：在沸点以下分解 相对密度（水=1）：1.2 水中溶解度：不溶 蒸气压：20℃时可忽略不计 辛醇/水分配系数的对数值：4.4～6.2		
环境数据	该物质对水生生物有极高毒性。该物质可能对环境有危害，对蜜蜂应给予特别注意。该物质在正常使用过程中进入环境，但是要特别注意避免任何额外的释放，例如通过不适当处置活动		
注解	商业制剂中使用的载体溶剂可能改变其物理和毒理学性质。如果该物质用溶剂配制，可参考这些溶剂的卡片。不要将工作服带回家中。商品名称有 Sumicidin, Pydrin 和 Belmark。参见卡片#1516 高氰茂菊酯		

IPCS
International
Programme on
Chemical Safety

本卡片由 IPCS 和 EC 合作编写 © 2004～2012

国际化学品安全卡

氟乙酸			ICSC 编号：0274

CAS 登记号：144-49-0
RTECS 号：AH5950000
UN 编号：2642
EC 编号：607-081-00-7
中国危险货物编号：2642

中文名称：氟乙酸；α-氟乙酸；一氟乙酸
英文名称：FLUOROACETIC ACID; alpha-Fluoroacetic acid;
Monofluoroacetic acid; FAA

分子量：78　　　　　　　　　　　　化学式：$C_2H_3FO_2/CH_2FCOOH$

危害/接触类型	急性危害/症状	预防	急救/消防
火　灾	不可燃。在火焰中释放出刺激性或有毒烟雾（或气体）		周围环境着火时允许使用各种灭火剂
爆　炸			
接　触		严格作业环境管理！避免一切接触！	一切情况均向医生咨询！
# 吸入	咳嗽，呼吸困难，恶心，呕吐，多涎，麻木，麻刺感，咽喉疼痛。症状可能推迟显现。（见注解）。心律不齐	通风，局部排气通风或呼吸防护	新鲜空气，休息，半直立体位，必要时进行人工呼吸，给予医疗护理
# 皮肤	可能被吸收！发红，严重皮肤烧伤，疼痛	防护手套，防护服	脱去污染的衣服，用大量水冲洗皮肤或淋浴，给予医疗护理
# 眼睛	视力模糊，严重深度烧伤	面罩或眼睛保护结合呼吸防护	先用大量水冲洗数分钟（如可能尽量摘除隐形眼镜），然后就医
# 食入	腹部疼痛，惊厥。（另见吸入）	工作时不得进食、饮水或吸烟。进食前洗手	漱口，催吐（仅对清醒病人！），给予医疗护理
泄漏处置	撤离危险区域。向专家咨询！将泄漏物清扫入可密闭容器中。不要冲入下水道。小心收集残余物，然后转移到安全场所。个人防护用具：全套防护服包括自给式呼吸器		
包装与标志	气密。不易破碎包装，将易破碎包装放入不易破碎的密闭容器内。 不得与食品和饲料一起运输 欧盟危险性类别：T+ 符号 N 符号 R:28-50 S:1/2-20-22-26-45-61 联合国危险性类别：6.1 联合国包装类别：I 中国危险性类别：第 6.1 项毒性物质 中国包装类别：I		
应急响应	运输应急卡：TEC（R）-61GT2-I		
储存	与食品和饲料分开存放。保存在通风良好的室内		
重要数据	**物理状态、外观**：无气味，无色晶体 **化学危险性**：加热时，该物质分解释放出高毒性氟化物烟雾 **职业接触限值**：阈限值：$0.05mg/m^3$（以氟乙酸钠计）（经皮）（美国政府工业卫生学家会议，2004年）。最高容许浓度：$0.05mg/m^3$（以氟乙酸钠计）（可吸入组分）；最高限值种类：II（2）；皮肤吸收（德国，2005 年） **接触途径**：该物质可通过吸入、经皮肤和食入吸收进体内 **吸入危险性**：20℃时蒸发可忽略不计，但喷洒或扩散时可较快地达到空气中颗粒物有害浓度，尤其是粉末 **短期接触的影响**：该物质腐蚀眼睛、皮肤和呼吸道。该物质可能对心血管系统、中枢神经系统和肾有影响，导致功能损伤，包括心脏衰竭和肾衰竭。影响可能推迟显现。需进行医学观察。见注解		
物理性质	**沸点**：165℃ **熔点**：35.2℃ **相对密度**（水=1）：1.37 **水中溶解度**：可溶解 **辛醇/水分配系数的对数值**：-0.061（估计值）		
环境数据	该物质可能对环境有危害，对哺乳动物应给予特别注意		
注解	中枢神经系统、心脏和肾衰竭的症状数小时以后才变得明显。该物质中毒时须采取必要的治疗措施。 必须提供有指示说明的适当方法		

IPCS
International
Programme on
Chemical Safety

本卡片由 IPCS 和 EC 合作编写 © 2004～2012

国际化学品安全卡

甲醛			ICSC 编号：0275

CAS 登记号：50-00-0　　　　　　　　中文名称：甲醛；亚甲基氧化物（钢瓶）
RTECS 号：LP8925000　　　　　　　英文名称：FORMALDEHYDE; Methanal; Methyl aldehyde; Methylene oxide; (cylinder)

分子量：30.0　　　　　　　　　　　化学式：H$_2$CO

危害/接触类型	急性危害/症状	预防	急救/消防
火　灾	极易燃	禁止明火，禁止火花和禁止吸烟	切断气源，如不可能并对周围环境无危险，让火自行燃尽；其他情况用干粉，二氧化碳灭火
爆　炸	气体/空气混合物有爆炸性	密闭系统，通风，防爆型电气设备和照明	着火时，喷雾状水保持钢瓶冷却
接　触		避免一切接触！	一切情况均向医生咨询！
# 吸入	灼烧感。咳嗽。头痛。恶心。气促	通风，局部排气通风或呼吸防护	新鲜空气，休息。半直立体位。必要时进行人工呼吸。给予医疗护理
# 皮肤		保温手套	脱去污染的衣服。用大量水冲洗皮肤或淋浴。给予医疗护理
# 眼睛	引起流泪。发红。疼痛。视力模糊	安全护目镜，或眼睛防护结合呼吸防护	先用大量水冲洗几分钟（如可能尽量摘除隐形眼镜），然后就医
# 食入		工作时不得进食，饮水或吸烟	
泄漏处置	撤离危险区域！向专家咨询！通风。转移全部引燃源。喷洒雾状水去除气体。不要冲入下水道。个人防护用具：全套防护服包括自给式呼吸器		
包装与标志			
应急响应			
储存	耐火设备（条件）。阴凉场所		
重要数据	物理状态、外观：气体，有特殊气味 物理危险性：气体与空气充分混合，容易形成爆炸性混合物 化学危险性：由于受热，该物质发生聚合。与氧化剂发生反应 职业接触限值：阈限值：0.3ppm（上限值）；A2（可疑人类致癌物）（致敏剂）（美国政府工业卫生学家会议，2004 年）。最高容许浓度：0.3ppm，0.37mg/m³；皮肤致敏剂；最高限值种类：I（2）；致癌物类别：4；胚细胞突变物类别：5；妊娠风险等级：C（德国，2004 年） 接触途径：该物质可通过吸入吸收到体内 吸入危险性：容器漏损时，迅速达到空气中该气体的有害浓度 短期接触的影响：该物质严重刺激眼睛，刺激呼吸道。吸入可能引起肺水肿（见注解） 长期或反复接触的影响：该物质是人类致癌物		
物理性质	沸点：-20℃ 熔点：-92℃ 相对密度（水=1）：0.8 水中溶解度：易溶 蒸气相对密度（空气=1）：1.08 闪点：易燃气体 自燃温度：430℃ 爆炸极限：空气中 7%～73%（体积）		
环境数据			
注解	肺水肿症状常常经过几个小时以后才变得明显，体力劳动使症状加重。因而休息和医学观察是必要的。应当考虑由医生或医生指定的人立即采取适当吸入治疗法。工作接触的任何时刻都不应超过职业接触限值		

IPCS
International
Programme on
Chemical Safety

   UNEP

本卡片由 IPCS 和 EC 合作编写 © 2004～2012

国际化学品安全卡

糠醛			ICSC 编号：0276

CAS 登记号：98-01-1
RTECS 号：LT7000000
UN 编号：1199
EC 编号：605-010-00-4
中国危险货物编号：1199

中文名称：糠醛；2-呋喃羧（基）乙醛；2-糠醛；2-呋喃亚甲基甲醛
英文名称：FURFURAL; 2-Furancarboxyaldehyde; 2-Furaldehyde; 2-Furalmethanal

分子量：96.1　　　　　　　　　　　　化学式：$C_5H_4O_2/C_4H_3OCHO$

危害/接触类型	急性危害/症状	预防	急救/消防
火灾	可燃的	禁止明火	干粉，抗溶性泡沫，雾状水，二氧化碳
爆炸	超过60℃时可能形成爆炸性蒸气/空气混合物	超过60℃时密闭系统，通风，防爆型电气设备	
接触			
# 吸入	咳嗽,头痛,呼吸困难,呼吸短促,咽喉疼痛	通风，局部排气通风或呼吸防护	新鲜空气，休息，给予医疗护理
# 皮肤	可能被吸收！发红，皮肤干燥，疼痛	防护服	脱去污染的衣服，用大量水冲洗皮肤或淋浴，给予医疗护理
# 眼睛	发红，疼痛	面罩	先用大量水冲洗数分钟（如可能尽量摘除隐形眼镜），然后就医
# 食入	腹部疼痛，腹泻，头痛，咽喉疼痛，呕吐	工作时不得进食、饮水或吸烟	漱口，饮用1~2杯水。给予医疗护理
泄漏处置	将泄漏液收集在可密闭容器中。用砂土或惰性吸收剂吸收残液，并转移到安全场所。不要让该化学品进入环境。个人防护用具：自给式呼吸器		
包装与标志	不得与食品和饲料一起运输 欧盟危险性类别：T 符号　R:21-23/25-36/37-40 S:1/2-26-36/37/39-45 联合国危险性类别:6.1　联合国次要危险性:3　联合国包装类别:II 中国危险性类别:第 6.1 项　毒性物质　中国次要危险性:第 3 类　易燃液体　中国包装类别:II		
应急响应	运输应急卡：TEC（R）-61S1199 或 61GTF1-II 美国消防协会法规：H2（健康危险性）；F2（火灾危险性）；R0（反应危险性）		
储存	与强碱、强酸、强氧化剂、食品和饲料分开存放。严格密封。置于阴暗处。沿地面通风		
重要数据	**物理状态、外观**：无色至黄色液体，有特殊气味，遇空气和光线变为红棕色 **物理危险性**：蒸气比空气重 **化学危险性**：在酸或碱的作用下，该物质发生聚合，有着火和爆炸危险。与氧化剂激烈反应。浸蚀许多塑料 **职业接触限值**：阈限值：2ppm（时间加权平均值）（经皮）；A3（确认的动物致癌物，但未知与人类相关性）；公布生物暴露指数（美国政府工业卫生学家会议，2004 年）。最高容许浓度：皮肤吸收；致癌物类别：3B（德国，2004 年） **接触途径**：该物质可通过吸入、经皮肤和食入吸收进体内 **短期接触的影响**：该物质刺激眼睛、皮肤呼吸道 **长期或反复接触的影响**：液体使皮肤脱脂。该物质可能对肝脏有影响		
物理性质	沸点：162℃ 熔点：-36.5℃ 相对密度（水=1）：1.16 水中溶解度：20℃时 8.3g/100mL 蒸气压：20℃时 0.144kPa 蒸气相对密度（空气=1）：3.31 闪点：60℃（闭杯） 自燃温度：315℃ 爆炸极限：在空气中 2.1%~19.3%（体积） 辛醇/水分配系数的对数值：0.41		
环境数据	该物质可能对环境有危害，对水生生物应给予特别注意		
注解	超过接触限值时，气味报警不充分		

本卡片由 IPCS 和 EC 合作编写 © 2004~2012

国际化学品安全卡

氟烷			ICSC 编号：0277

CAS 登记号：151-67-7

RTECS 号：KH6550000

中文名称：氟烷；2-溴-2-氯-1,1,1-三氟乙烷；1-溴-1-氯-2,2,2-三氟乙烷

英文名称：HALOTHANE; 2-Bromo-2-chloro-1,1,1-trifluoroethane;
1-Bromo-1-chloro-2,2,2-trifluoroethane

分子量：197.4   化学式：$BrClHC_2F_3$

危害/接触类型	急性危害/症状	预防	急救/消防
火 灾	不可燃。在火焰中释放出刺激性或有毒烟雾（或气体）		周围环境着火时，使用适当的灭火剂
爆 炸			着火时，喷雾状水保持料桶等冷却
接 触		严格作业环境管理！避免孕妇接触！	
# 吸入	意识模糊。头晕。倦睡。恶心。神志不清	通风，局部排气通风或呼吸防护	新鲜空气，休息。给予医疗护理
# 皮肤	皮肤干燥。粗糙	防护手套	脱去污染的衣服。用大量水冲洗皮肤或淋浴
# 眼睛	发红。疼痛	安全护目镜或眼睛防护结合呼吸防护	先用大量水冲洗几分钟（如可能尽量摘除隐形眼镜），然后就医
# 食入	（另见吸入）	工作时不得进食，饮水或吸烟	漱口。不要催吐。给予医疗护理
泄漏处置	通风。将泄漏液收集在可密闭的容器中。用砂土或惰性吸收剂吸收残液，并转移到安全场所。个人防护用具：自给式呼吸器		
包装与标志			
应急响应			
储存	保存在暗处。沿地面通风		
重要数据	物理状态、外观：无色高挥发性液体，有特殊气味 物理危险性：蒸气比空气重 化学危险性：加热时，该物质分解生成含有溴化氢、氯化氢和氟化氢有毒和腐蚀性烟雾。在光的作用下，该物质分解 职业接触限值：阈限值：50ppm；A4（不能分类为人类致癌物）（美国政府工业卫生学家会议，2003年）。最高容许浓度：5ppm，41mg/m³；最高限值种类：II（8）；妊娠风险等级：B（德国，2002年） 接触途径：该物质可通过吸入其蒸气和经食入吸收到体内 吸入危险性：20℃时，该物质蒸发，迅速达到空气中有害污染浓度 短期接触的影响：该物质刺激眼睛。该物质可能对中枢神经系统和心血管系统有影响。高浓度接触可能导致神志不清 长期或反复接触的影响：液体使皮肤脱脂。该物质可能对肝有影响，导致肝损害。动物实验表明，该物质可能造成人类生殖或发育毒性		
物理性质	沸点：50℃ 熔点：-118℃ 相对密度（水=1）：1.87 水中溶解度：0.45g/100mL 蒸气压：20℃时 32.4kPa 蒸气相对密度（空气=1）：2.87 蒸气/空气混合物的相对密度（20℃，空气=1）：2.9 辛醇/水分配系数的对数值：2.30		
环境数据			
注解	0.01%麝香草酚被用作为稳定剂。商品名称为Fluothane。空气中高浓度造成缺氧，有神志不清或死亡危险。进入工作区域前检验氧含量		

IPCS
International
Programme on
Chemical Safety

UNEP

本卡片由 IPCS 和 EC 合作编写 © 2004～2012

国际化学品安全卡

六亚甲基二异氰酸酯			ICSC 编号：0278

CAS 登记号：822-06-0
RTECS 号：MO1740000
UN 编号：2281
EC 编号：615-011-00-1
中国危险货物编号：2281
分子量：168.2

中文名称：六亚甲基二异氰酸酯；1,6-六亚甲基二异氰酸酯；1,6-二异氰酸己酯
英文名称：HEXAMETHYLENE DIISOCYANATE; HDI; 1,6-Hexamethylene diisocyanate; 1,6-Diisocyanatohexane

化学式：$C_8H_{12}N_2O_2$/OCN-$(CH_2)_6$-NCO

危害/接触类型	急性危害/症状	预防	急救/消防
火 灾	可燃的。在火焰中释放出刺激性或有毒烟雾（或气体）	禁止明火	干粉，二氧化碳
爆 炸			
接 触		防止烟雾产生！避免一切接触！	一切情况均向医生咨询！
# 吸入	烧灼感，咳嗽，呼吸困难，呼吸短促，咽喉疼痛	通风，局部排气通风或呼吸防护	新鲜空气，休息，必要时进行人工呼吸，并给予医疗护理
# 皮肤	可能被吸收！发红，皮肤烧伤，水疱	防护手套	脱去污染的衣服，用大量水冲洗皮肤或淋浴，给予医疗护理
# 眼睛	发红，疼痛，眼睑肿胀	面罩或眼睛防护结合呼吸防护	先用大量水冲洗数分钟（如可能尽量摘除隐形眼镜），然后就医
# 食入		工作时不得进食、饮水或吸烟	漱口，给予医疗护理

泄漏处置	撤离危险区域。向专家咨询！通风。尽量将泄漏液收集在可密闭容器中。用砂土或惰性吸收剂吸收残液，并转移到安全场所。个人防护用具：全套防护服包括自给式呼吸器
包装与标志	不易破碎包装，将易破碎包装放入不易破碎的密闭容器内。不得与食品和饲料一起运输 欧盟危险性类别：T 符号 R:23-36/37/38-42/43 S:1/2-26-28-38-45 联合国危险性类别：6.1 联合国包装类别：II 中国危险性类别：第 6.1 项毒性物质 中国包装类别：II
应急响应	运输应急卡：TEC（R）-61GT1-II
储存	与性质相互抵触的物质（见化学危险性）分开存放。阴凉场所。干燥。置于阴暗处。沿地面通风
重要数据	物理状态、外观：无色清澈液体，有刺鼻气味 化学危险性：加热超过 93℃时，该物质发生聚合。燃烧时，生成氮氧化物和氰化氢（见卡片#0492）有毒和腐蚀性烟雾。与酸、醇类、胺类、碱和氧化剂激烈反应，有着火和爆炸危险。与水接触时，该物质生成胺和聚脲。浸蚀铜 职业接触限值：阈限值：0.005ppm（时间加权平均值）（美国政府工业卫生学家会议，2004 年）。最高容许浓度：0.005ppm，0.035mg/m³；最高限值种类：I（1）；呼吸道和皮肤致敏剂；妊娠风险等级：IIc（德国，2004 年） 接触途径：该物质可通过吸入其气溶胶和经皮肤吸收进体内 吸入危险性：20℃时，该物质蒸发很缓慢地达到空气中有害污染浓度，但喷洒或扩散时快得多 短期接触的影响：该物质刺激眼睛、皮肤和呼吸道。远高于职业接触限值接触时，可能导致呼吸系统过敏 长期或反复接触的影响：反复或长期接触可能引起皮肤过敏。反复或长期吸入接触可能引起哮喘（见注解）
物理性质	沸点：255℃ 熔点：-67℃ 相对密度（水=1）：1.05 水中溶解度：反应 蒸气压：25℃时 7kPa 蒸气相对密度（空气=1）：5.8 蒸气/空气混合物的相对密度（20℃，空气=1）：1.00 闪点：140℃（开杯） 自燃温度：454℃ 爆炸极限：空气中 0.9%～9.5%（体积） 辛醇/水分配系数的对数值：1.08
环境数据	
注解	应当考虑由医生或医生指定的人员立即采取适当吸入治疗法。哮喘症状常常经过几个小时以后才变得明显，体力劳动使症状加重。因而休息和医学观察是必要的。因该物质已出现哮喘症状的任何人切勿再与这种物质接触。接触过物质的工人可能对其他异氰酸酯类过敏（哮喘）。超过接触限值时，气味报警不充分。不要将工作服带回家。商品名为 Desmodur H 和 Desmodur N

IPCS
International Programme on Chemical Safety

   UNEP

本卡片由 IPCS 和 EC 合作编写 © 2004～2012

国际化学品安全卡

正己烷			ICSC 编号：0279

CAS 登记号：110-54-3 RTECS 号：MN9275000 UN 编号：1208 EC 编号：601-037-00-0 中国危险货物编号：1208	中文名称：正己烷；正己酰基氢化物；己基氢化物 英文名称：n-HEXANE; n-Caproyl hydride; Hexyl hydride

分子量：86.2	化学式：C_6H_{14}

危害/接触类型	急性危害/症状	预防	急救/消防
火 灾	高度易燃	禁止明火，禁止火花，禁止吸烟	干粉、水成膜泡沫、泡沫、二氧化碳
爆 炸	蒸气/空气混合物有爆炸性	密闭系统，通风，防爆型电气设备和照明。不要使用压缩空气灌装、卸料或转运。使用无火花手工具	着火时，喷雾状水保持料桶等冷却
接 触			
# 吸入	头晕，倦睡，迟钝，头痛，恶心，虚弱，神志不清	通风，局部排气通风或呼吸防护	新鲜空气，休息，给予医疗护理
# 皮肤	皮肤干燥，发红，疼痛	防护手套	脱去污染的衣服，冲洗，然后用水和肥皂清洗皮肤，给予医疗护理
# 眼睛	发红，疼痛	护目镜，面罩或眼睛防护结合呼吸防护	先用大量水冲洗几分钟（如可能尽量摘除隐形眼镜），然后就医
# 食入	腹部疼痛。（另见吸入）	工作时不得进食，饮水或吸烟	漱口，不要催吐，休息，给予医疗护理

泄漏处置	向专家咨询！移除全部引燃源，尽可能将溢漏液收集在有盖的容器中。用沙子或惰性吸收剂吸收残液，并转移到安全场所。不要冲入下水道，不要让该化学品进入环境。个人保护用具：适用于有机气体和蒸气的过滤呼吸器
包装与标志	欧盟危险性类别：F 符号 Xn 符号 N 符号 R:11-38-48/20-62-65-67-51/53 S:2-9-16-29-33-36/37-61-62 联合国危险性类别：3 联合国包装类别：II 中国危险性类别：第 3 类易燃液体 中国包装类别：II
应急响应	运输应急卡：TEC(R)-30S1208 美国消防协会法规：H1（健康危险性）；F3（火灾危险性）；R0（反应危险性）
储存	耐火设备（条件）。与强氧化剂分开存放。严格密封
重要数据	物理状态、外观：无色挥发性液体，有特殊气味 物理危险性：蒸气比空气重，可能沿地面流动，可能造成远处着火 化学危险性：与强氧化剂发生反应，有着火和爆炸危险。浸蚀某些塑料，橡胶和涂层 职业接触限值：阈限值：50ppm，176mg/m³（时间加权平均值）（经皮）；公布生物暴露指数（美国政府工业卫生学家会议，2004 年）。最高容许浓度：50ppm，180mg/m³；最高限值种类：II（8）；妊娠风险等级：C（德国，2004 年） 接触途径：该物质可通过吸入其蒸气和经食入吸收到体内 吸入危险性：20℃时，该物质蒸发相当快地达到空气中有害污染浓度 短期接触的影响：该物质刺激皮肤。吞咽液体吸入肺中，可能引起化学肺炎。接触高浓度能够造成意识降低 长期或反复接触的影响：反复或长期与皮肤接触可能引起皮炎。该物质可能对中枢神经系统，尤其是末梢神经系统有影响，导致多神经病。动物实验表明，该物质可能对人类生殖造成毒性影响
物理性质	沸点：69℃ 熔点：-95℃ 相对密度（水=1）：0.7 水中溶解度：20℃时 0.0013g/100mL 蒸气压：20℃时 17kPa 蒸气相对密度（空气=1）：3.0	蒸气/空气混合物的相对密度（20℃，空气=1）：1.3 闪点：-22℃（闭杯） 自燃温度：225℃ 爆炸极限：空气中 1.1%～7.5%（体积） 辛醇/水分配系数的对数值：3.9
环境数据	该物质对水生生物是有毒的	
注解	根据接触程度，需定期进行医疗检查	

IPCS
International
Programme on
Chemical Safety

本卡片由 IPCS 和 EC 合作编写 © 2004～2012

国际化学品安全卡

2,5-己二醇			ICSC 编号：0280
CAS 登记号：2935-44-6		中文名称：2,5-己二醇；2,5-二羟基己烷	
RTECS 号：MO2275000		英文名称：2,5-HEXANEDIOL; 2,5-Dihydroxyhexane	

分子量：118.2		化学式：$C_6H_{14}O_2$	
危害/接触类型	**急性危害/症状**	**预防**	**急救/消防**
火　灾	可燃的	禁止明火	干粉、雾状水、泡沫、二氧化碳
爆　炸			
接　触			一切情况均向医生咨询！
# 吸入		通风	
# 皮肤		防护手套	
# 眼睛	发红，疼痛	安全护目镜	先用大量水冲洗数分钟（如可能尽量摘除隐形眼镜），然后就医
# 食入	腹部疼痛	工作时不得进食，饮水或吸烟	漱口，大量饮水，给予医疗护理
泄漏处置	尽量将泄漏液体收集在可密闭的容器中。用大量水冲净残液。个人防护用具：适用于有机蒸气的 A 过滤呼吸器		
包装与标志			
应急响应	美国消防协会法规：H2（健康危险性）；F1（火灾危险性）；R0（反应危险性）		
储存	与强氧化剂分开存放		
重要数据	物理状态、外观：无色液体 物理危险性：蒸气与空气充分混合，容易形成爆炸性混合物 化学危险性：与氧化剂激烈反应，有着火和爆炸危险 职业接触限值：阈限值未制定标准 接触途径：该物质可通过食入吸收进体内 吸入危险性：20℃时，该物质蒸发相当缓慢达到空气中有害污染浓度 短期接触的影响：该物质刺激眼睛。该物质可能对免疫系统有影响，导致胸腺、脾和肾上腺畸变 长期或反复接触的影响：该物质可能对中枢神经系统和末梢神经系统有影响，导致神经变性		
物理性质	沸点：216℃ 熔点：-9℃ 相对密度（水=1）：0.97 水中溶解度：混溶 蒸气相对密度（空气=1）：4.1 蒸气/空气混合物的相对密度（20℃，空气=1）：1.0 闪点：101℃ 自燃温度：490℃		
环境数据			
注解	该化合物为正己烷的一种已知有毒代谢产物。可参考卡片#0279（正己烷）		

IPCS
International
Programme on
Chemical Safety

UNEP

本卡片由 **IPCS** 和 **EC** 合作编写 © 2004～2012

国际化学品安全卡

肼			ICSC 编号：0281

CAS 登记号：302-01-2
RTECS 号：MU7175000
UN 编号：2029
EC 编号：007-008-00-3
中国危险货物编号：2029
分子量：32.1

中文名称：肼（无水）；联氨；二胺；氮氧化物
英文名称：HYDRAZINE; Diamide; Diamine; Nitrogen hydride; (anhydrous)

化学式：N_2H_4/H_2N-NH_2

危害/接触类型	急性危害/症状	预防	急救/消防
火 灾	易燃的	禁止明火，禁止火花和禁止吸烟	抗溶性泡沫，泡沫，雾状水，干粉，二氧化碳
爆 炸	高于40℃，可能形成爆炸性蒸气/空气混合物。与许多物质接触，有着火和爆炸的危险	高于40℃，使用密闭系统、通风和防爆型电气设备	着火时，喷雾状水保持料桶等冷却。从掩蔽位置灭火
接 触		避免一切接触！	一切情况均向医生咨询！
# 吸入	咳嗽。灼烧感。头痛。意识模糊。倦睡。恶心。呼吸短促。惊厥。神志不清	密闭系统和通风	新鲜空气，休息。半直立体位。立即给予医疗护理
# 皮肤	可能被吸收！发红。疼痛。皮肤烧伤	防护手套。防护服	先用大量水冲洗，然后脱去污染的衣服并再次冲洗。（见注解）。立即给予医疗护理
# 眼睛	发红。疼痛。视力模糊。严重烧伤	面罩和眼睛防护结合呼吸防护	用大量水冲洗（如可能尽量摘除隐形眼镜）。立即给予医疗护理
# 食入	口腔和咽喉烧伤。腹部疼痛。腹泻。呕吐。休克或虚脱。（另见吸入）	工作时不得进食、饮水或吸烟。进食前洗手	漱口。不要饮用任何东西。不要催吐。立即给予医疗护理
泄漏处置	撤离危险区域！向专家咨询！将泄漏液收集在可密闭的非金属容器中。用砂土或惰性吸收剂吸收残液，并转移到安全场所。不要用锯末或其他可燃吸收剂吸收。不要让该化学品进入环境。个人防护用具：全套防护服包括自给式呼吸器		
包装与标志	专用材料。不易破碎包装，将易破碎包装放在不易破碎的密闭容器中。不得与食品和饲料一起运输 欧盟危险性类别：T 符号 N 符号 标记：E R:45-10-23/24/25-34-43-50/53 S:53-45-60-61 联合国危险性类别：8 联合国次要危险性：3 和 6.1 联合国包装类别：I 中国危险性类别：第8类 腐蚀性物质 中国次要危险性：3 和 6.1 中国包装类别：I GHS 分类：信号词：危险 图形符号：火焰-腐蚀-骷髅和交叉骨-健康危险-环境 危险说明：易燃液体和蒸气；皮肤接触致命；吸入蒸气致命；吞咽会中毒；造成严重皮肤灼伤和眼睛损伤；可能导致皮肤过敏反应；怀疑导致遗传性缺陷；怀疑致癌；对肝脏和中枢神经系统造成损害；长期或反复接触对对肝脏、肺、肾和中枢神经系统造成损害；对水生生物毒性非常大并具有长期持续影响		
应急响应	美国消防协会法规：H4（健康危险性）；F4（火灾危险性）；R3（反应危险性）		
储存	耐火设备（条件）。与酸、金属、氧化剂、食品和饲料分开存放。保存在惰性气体条件下。注意收容灭火产生的废水。储存在没有排水管或下水道的场所		
重要数据	物理状态、外观：无色发烟油状吸湿液体，有刺鼻气味 化学危险性：该物质分解生成氨、氢和氮氧化物，有着火和爆炸的危险。该物质是一种强还原剂，与氧化剂剧烈反应。该物质是一种中强碱。与酸、许多金属、金属氧化物和多孔物质剧烈反应，有着火和爆炸的危险。分解时不需要空气或氧气 职业接触限值：阈限值：0.01ppm（时间加权平均值）（经皮）；A3（确认的动物致癌物，但未知与人类相关性）（美国政府工业卫生学家会议，2009 年）。最高容许浓度：皮肤吸收；皮肤致敏剂；致癌物类别：2（德国，2009 年） 接触途径：该物质可通过吸入、经皮肤和经食入吸收到体内。各种接触途径均产生严重的局部影响。 吸入危险性：20℃时，该物质蒸发，迅速达到空气中有害污染浓度 短期接触的影响：该物质腐蚀眼睛、皮肤和呼吸道。吸入可能引起肺水肿，但只在最初的对眼睛和（或）呼吸道的腐蚀性影响已经显现后。食入有腐蚀性。该物质可能对肝脏和中枢神经系统有影响。接触可能导致死亡 长期或反复接触的影响：反复或长期接触可能引起皮肤过敏。该物质可能对肝脏、肾脏和中枢神经系统有影响。该物质可能是人类致癌物		
物理性质	沸点：114℃ 熔点：2℃ 相对密度（水=1）：1.01 水中溶解度：混溶 蒸气压：20℃时 2.1kPa 蒸气相对密度（空气=1）：1.1	蒸气/空气混合物的相对密度（20℃，空气=1）：1.00 闪点：40℃(闭杯) 自燃温度：270℃ 爆炸极限：空气中 4.7%～100%(体积) 辛醇/水分配系数的对数值：−2.1	
环境数据	该物质对水生生物有极高毒性。强烈建议不要让该化学品进入环境		
注解	自燃温度因情况而异，在锈铁表面上为24℃，在玻璃表面上为270℃。肺水肿症状常常经过几个小时以后才变得明显，体力劳动使症状加重。因而有必要进行休息和医学观察。该物质中毒时，需采取必要的治疗措施；必须提供有指示说明的适当方法。超过接触限值时，气味报警不充分。因有着火危险，需用大量水冲洗工作服。不要将工作服带回家中。其他 UN 编号：UN2030 肼水溶液，按质量含肼高于37%，闪点不高于60℃，危险性类别：8，次要危险性：3 和(或)6.1，包装类别：I；肼水溶液，按质量含肼高于37%，危险性类别：8，次要危险性：6.1，包装类别：II～III。UN3293 肼水溶液，含肼不超过37%，危险性类别：6.1，包装类别：III。其他 CAS 号：7803-57-8（64%的水溶液）和 10217-52-4（55%的水溶液）		

IPCS
International
Programme on
Chemical Safety

UNEP

本卡片由 IPCS 和 EC 合作编写 © 2004～2012

288

国际化学品安全卡

溴化氢			ICSC 编号：0282

CAS 登记号：10035-10-6
RTECS 号：MW3850000
UN 编号：1048 (无水的)
EC 编号：035-002-00-0
中国危险货物编号：1048

中文名称：溴化氢；氢溴酸（钢瓶）
英文名称：HYDROGEN BROMIDE; Hydrobromic acid; (cylinder)

分子量：80.9		化学式：HBr	

危害/接触类型	急性危害/症状	预防	急救/消防
火　灾	不可燃。加热引起压力升高，容器有爆裂危险		周围环境着火时，允许使用各种灭火剂
爆　炸	与金属接触时，由于生成氢有着火和爆炸危险		着火时，喷雾状水保持钢瓶冷却，但避免该物质与水接触
接　触		避免一切接触！	一切情况均向医生咨询！
# 吸入	灼烧感，咳嗽，咽喉痛，呼吸困难，气促。症状可能推迟显现。（见注解）	通风，局部排气通风或呼吸防护	新鲜空气，休息。半直立体位，给予医疗护理
# 皮肤	与液体接触：冻伤。发红，疼痛，水疱	保温手套，防护服	冻伤时，用大量水冲洗，不要脱去衣服，给予医疗护理
# 眼睛	发红，疼痛，严重深度烧伤	眼睛防护结合呼吸防护	先用大量水冲洗几分钟（如可能尽量摘除隐形眼镜），然后就医
# 食入		工作时不得进食，饮水或吸烟	
泄漏处置	撤离危险区域！向专家咨询！通风。切勿直接向液体上喷水。喷洒雾状水驱除气体。气密式化学防护服，包括自给式呼吸器		
包装与标志	欧盟危险性类别：C 符号 R:35-37 S:1/2-7/9-26-45 联合国危险性类别：2.3 联合国次要危险性：8 中国危险性类别：第 2.3 项毒性气体 中国次要危险性：8		
应急响应	运输应急卡：TEC(R)-20S1048 或 20G2TC 美国消防协会法规：H3（健康危险性）；F0（火灾危险性）；R0（反应危险性）		
储存	与性质相互抵触的物质分开存放。见化学危险性。阴凉场所。干燥。沿地面通风		
重要数据	物理状态、外观：无色压缩液化气体，有刺鼻气味 物理危险性：气体比空气重 化学危险性：水溶液是一种强酸。与碱激烈反应，有腐蚀性。与强氧化剂和许多有机物激烈反应，有着火和爆炸的危险。浸蚀许多金属，生成易燃/爆炸性气体氢（见卡片#0001） 职业接触限值：阈限值：2ppm（上限值）（美国政府工业卫生学家会议，2004 年）。最高容许浓度：2ppm，6.7mg/m³；最高限值种类：I（1）；妊娠风险等级：IIc［德国，2004 年］ 接触途径：该物质可通过吸入吸收到体内 吸入危险性：容器漏损时，迅速达到空气中该气体的有害浓度 短期接触的影响：该物质腐蚀眼睛、皮肤和呼吸道。吸入气体可能引起肺水肿（见注解）。液体迅速蒸发，可能引起冻伤		
物理性质	沸点：–67℃ 熔点：–87℃ 相对密度（水=1）：1.8 水中溶解度：20℃时 193g/100mL 蒸气压：20℃时 2445kPa 蒸气相对密度（空气=1）：2.8		
环境数据			
注解	工作接触的任何时刻，都不应超过职业接触限值。肺水肿症状常常几个小时以后才变得明显，体力劳动使症状加重。因而休息和医学观察是必要的。应当考虑由医生或医生指定的人立即采取适当吸入治疗法。超过接触限值时，气味报警不充分。不要向泄漏钢瓶上喷水（防止钢瓶腐蚀）。转动泄漏钢瓶使漏口朝上，防止液态气体逸出		

IPCS
International
Programme on
Chemical Safety

   UNEP

本卡片由 IPCS 和 EC 合作编写 © 2004～2012

国际化学品安全卡

氟化氢			ICSC 编号：0283

CAS 登记号：7664-39-3	中文名称：氟化氢；无水氢氟酸（钢瓶）
RTECS 号：MW7875000	英文名称：HYDROGEN FLUORIDE; Hydrofluoric acid, anhydrous (cylinder)
UN 编号：1052	
EC 编号：009-002-00-6	
中国危险货物编号：1052	
分子量：20	化学式：HF

危害/接触类型	急性危害/症状	预防	急救/消防
火 灾	不可燃。许多反应可能引起火灾或爆炸		周围环境着火时，使用适当的灭火剂
爆 炸			着火时，喷雾状水保持钢瓶冷却，但避免与水直接接触。从掩蔽位置灭火
接 触		避免一切接触！	一切情况均向医生咨询！
# 吸入	灼烧感，咳嗽，头晕，头痛，呼吸困难，恶心，气促，咽喉痛，呕吐。症状可能推迟显现。（见注解）	通风，局部排气通风或呼吸防护	新鲜空气，休息，半直立体位，给予医疗护理
# 皮肤	可能被吸收！发红，疼痛，严重的皮肤烧伤，水疱。（见吸入）	防护手套，防护服	脱去污染的衣服，用大量水冲洗皮肤或淋浴，给予医疗护理
# 眼睛	发红，疼痛，严重深度烧伤	面罩或眼睛防护结合呼吸防护	先用大量水冲洗几分钟（如可能尽量摘除隐形眼镜），然后就医
# 食入	腹部疼痛，灼烧感，腹泻，恶心，呕吐，虚弱，虚脱	工作时不得进食，饮水或吸烟。进食前洗手	漱口，不要催吐，给予医疗护理

泄漏处置	撤离危险区域！向专家咨询！通风。喷雾状水驱除蒸气。气密式化学防护服包括自给式呼吸器
包装与标志	不得与食品和饲料一起运输 欧盟危险性类别：T+符号 C符号 R:26/27/28-35 S:1/2-7/9-26-36/37/39-45 联合国危险性类别：8 联合国次要危险性：6.1 联合国包装类别：I 中国危险性类别：第8类腐蚀性物质 中国次要危险性：6.1 中国包装类别：I
应急响应	运输应急卡：TEC(R)-80S1052 或 80GCT1-I 美国消防协会法规：H3（健康危险性）；F0（火灾危险性）；R2（反应危险性）
储存	耐火设备（条件）。与食品和饲料分开存放。见化学危险性。阴凉场所。保存在通风良好的室内
重要数据	物理状态、外观：无色气体或无色发烟液体，有刺鼻气味 化学危险性：该物质是一种强酸。与碱激烈反应并有腐蚀性。与许多化合物激烈反应，有着火和爆炸的危险。浸蚀金属，玻璃，某些塑料，橡胶和涂层 职业接触限值：阈限值：（以 F 计）0.5ppm（时间加权平均值），2ppm（上限值）；公布生物暴露指数（美国政府工业卫生学家会议，2005 年）。最高容许浓度：1ppm，0.83mg/m³；最高限值种类：I（2）；妊娠风险等级：C；最高容许浓度：BAT 7 mg/g 肌氨酸酐（德国，2005 年） 接触途径：该物质可通过吸入，经皮肤和食入吸收到体内 吸入危险性：容器漏损时，迅速达到空气中该气体的有害浓度 短期接触的影响：该物质腐蚀眼睛，皮肤和呼吸道。吸入气体或蒸气可能引起肺水肿（见注解）。该物质可能引起低钙血。高于职业接触限值接触，可能导致死亡。影响可能推迟显现。需进行医学观察。 长期或反复接触的影响：该物质可能引起氟中毒
物理性质	沸点：20℃ 熔点：−83℃ 相对密度（水=1）：1.0 （在4℃时液体） 水中溶解度：易溶 蒸气压：25℃时122kPa 蒸气相对密度（空气=1）：0.7
环境数据	
注解	肺水肿症状常常经过几个小时以后才变得明显，体力劳动使症状加重。因而休息和医学观察是必要的。应当考虑由医生或医生指定的人立即采取适当吸入治疗法。工作接触的任何时刻不应超过职业接触限值。转动泄漏钢瓶使漏口朝上，防止液态气体逸出。根据接触程度，需定期进行医疗检查。UN 编号（氢氟酸）：1790，危险性类别：8，次要危险性：6.1，包装类别：I（60%）

IPCS
International
Programme on
Chemical Safety

本卡片由 IPCS 和 EC 合作编写 © 2004～2012

国际化学品安全卡

硒化氢			ICSC 编号：0284

CAS 登记号：7783-07-5
RTECS 号：MX1050000
UN 编号：2202
EC 编号：034-002-00-8
中国危险货物编号：2202

中文名称：硒化氢；氢化硒（钢瓶）
英文名称：HYDROGEN SELENIDE; Selenium hydride (cylinder)

分子量：81　　　　　　　　　　　　　　　　化学式：H$_2$Se

危害/接触类型	急性危害/症状	预防	急救/消防
火　灾	极易燃	禁止明火，禁止火花，禁止吸烟	切断气源，如不可能并对周围环境无危险，让火自行燃尽。其他情况用干粉，二氧化碳灭火
爆　炸	气体/空气混合物有爆炸性	密闭系统，通风，防爆型电气设备和照明	着火时喷水保持钢瓶冷却。从掩蔽位置灭火
接　触		严格作业环境管理！	
# 吸入	烧灼感，咳嗽，呼吸困难，恶心，咽喉痛，虚弱	密闭系统和通风	新鲜空气，休息，半直立体位。必要时进行人工呼吸，给予医疗护理
# 皮肤	与液体接触：发生冻伤	保温手套	冻伤时用大量水冲洗，不要脱衣服
# 眼睛	发红，疼痛	安全护目镜或眼睛防护结合呼吸防护	先用大量水冲洗数分钟（如可能尽量摘除隐形眼镜），然后就医
# 食入			

泄漏处置	撤离危险区域，向专家咨询！通风，切勿直接喷水在液体上。个人防护用具：全套防护服包括自给式呼吸器
包装与标志	欧盟危险性类别：T 符号 N 符号 标记：A R:23/25-33-50/53　S:1/2-20/21-28-45-60-61 联合国危险性类别：2.3 联合国次要危险性：2.1 中国危险性类别：第 2.3 项毒性气体 中国次要危险性：2.1
应急响应	运输应急卡：TEC（R）-20G2TF
储存	耐火设备（条件）。与强氧化剂分开存放。阴凉场所
重要数据	物理状态、外观：无色压缩液化气体，有特殊气味 物理危险性：气体比空气重，可沿地面流动，可能造成远处着火 化学危险性：加热到100℃以上时，该物质分解生成硒（见卡片#0072）和氢（见卡片#0001）有毒易燃气体。该物质是一种强还原剂。与氧化剂激烈反应，有着火和爆炸危险。与空气接触时，释放出二氧化硒（见卡片#0946）有毒腐蚀性烟雾 职业接触限值：阈限值：0.05ppm（时间加权平均值）（美国政府工业卫生学家会议，2004 年）。最高容许浓度：0.015ppm，0.05mg/m^3；最高限值种类：I（2）；致癌物类别：3B；妊娠风险等级：C（德国，2004 年） 接触途径：该物质可通过吸入吸收进体内 吸入危险性：20℃时，该物质蒸发可迅速达到空气中有害污染浓度 短期接触的影响：该物质刺激眼睛和呼吸道。吸入气体可能引起肺炎。高浓度接触可能导致死亡 长期或反复接触的影响：该物质可能对肝脏有影响
物理性质	沸点：-41℃ 熔点：-66℃ 相对密度（水=1）：2.1（液体） 水中溶解度：22.5℃时 270mL/100mL 蒸气压：21℃时 960kPa 蒸气相对密度（空气=1）：2.8 闪点：易燃气体
环境数据	
注解	超过接触限值时，气味报警不充分。转动泄漏钢瓶，使漏口朝上，防止液态气体逸出

IPCS
International
Programme on
Chemical Safety

UNEP

本卡片由 IPCS 和 EC 合作编写 © 2004～2012

国际化学品安全卡

异丁醇胺			ICSC 编号：0285

CAS 登记号：124-68-5	中文名称：异丁醇胺；2-氨基-2-甲基-1-丙醇；2-氨基-2-甲基丙醇；2-氨基
RTECS 号：UA5950000	异丁醇；2-氨基二甲基乙醇
EC 编号：603-070-00-6	英文名称：ISOBUTANOLAMINE; 2-Amino-2-methyl-1-propanol; 2-Amino-2-methylpropanol; 2-Aminoisobutanol; 2-Aminodimethylethanol

分子量：89.1　　　　　　　　　化学式：$C_4H_{11}NO/(CH_3)_2C(NH_2)CH_2OH$

危害/接触类型	急性危害/症状	预防	急救/消防
火　灾	可燃的。在火焰中释放出刺激性或有毒烟雾（或气体）	禁止明火	干粉，抗溶性泡沫，雾状水，二氧化碳
爆　炸	高于 67℃，可能形成爆炸性蒸气/空气混合物	高于 67℃，使用密闭系统、通风	
接　触		严格作业环境管理！防止产生烟云！防止粉尘扩散！	
# 吸入	咳嗽。咽喉痛	局部排气通风或呼吸防护	新鲜空气，休息。给予医疗护理
# 皮肤	发红。疼痛	防护手套	脱去污染的衣服。用大量水冲洗皮肤或淋浴
# 眼睛	发红。疼痛。严重深度烧伤	护目镜，如为粉末，眼睛防护结合呼吸防护	先用大量水冲洗几分钟（如可能尽量摘除隐形眼镜），然后就医
# 食入	腹部疼痛。灼烧感	工作时不得进食，饮水或吸烟	漱口。饮用 1～2 杯水。给予医疗护理
泄漏处置	将泄漏物清扫进有盖的容器中。如果适当，首先润湿防止扬尘。小心收集残余物，然后转移到安全场所。个人防护用具：适用于有机蒸气和有害粉尘的 A/P2 过滤呼吸器		
包装与标志	欧盟危险性类别：Xi 符号　　R:36/38-52/53　　S:2-61		
应急响应	美国消防协会法规：H2（健康危险性）；F2（火灾危险性）；R0（反应危险性）		
储存	与强氧化剂、强酸分开存放		
重要数据	物理状态、外观：晶体或无色液体 化学危险性：燃烧时，该物质分解生成含氮氧化物有毒烟雾。水溶液是一种中强碱。与强酸和强氧化剂发生反应 职业接触限值：阈限值未制定标准。最高容许浓度：IIb（未制定标准，但可提供数据）（德国，2005年） 接触途径：该物质可通过吸入和经食入吸收到体内 吸入危险性：未指明 20℃时该物质蒸发达到空气中有害浓度的速率 短期接触的影响：该物质腐蚀眼睛。该物质严重刺激皮肤。气溶胶刺激呼吸道 长期或反复接触的影响：食入后，该物质可能对肝脏有影响		
物理性质	沸点：165℃ 熔点：31℃ 密度：0.93g/cm³ 水中溶解度：混溶 蒸气压：20℃时 133Pa 蒸气相对密度（空气=1）：3.0 闪点：67℃（闭杯）		
环境数据			
注解	对接触该物质的健康影响未进行充分调查		

IPCS
International
Programme on
Chemical Safety

本卡片由 IPCS 和 EC 合作编写 © 2004～2012

国际化学品安全卡

异丁基氯			ICSC 编号：0286

CAS 登记号：513-36-0

UN 编号：1127 (氯丁烷)

中国危险货物编号：1127

中文名称：异丁基氯；氯丁烷；1-氯-2-甲基丙烷

英文名称：ISOBUTYL CHLORIDE; 1-Chloro-2-methylpropane

分子量：92.6

化学式：C_4H_9Cl/(CH_3)_2CHCH_2Cl

危害/接触类型	急性危害/症状	预防	急救/消防
火 灾	高度易燃。在火焰中释放出刺激性或有毒烟雾(或气体)	禁止明火，禁止火花和禁止吸烟	干粉，水成膜泡沫，泡沫，二氧化碳
爆 炸	蒸气/空气混合物有爆炸性	密闭系统，通风，防爆型电气设备和照明。防止静电荷积聚(例如，通过接地)。不要使用压缩空气灌装、卸料或转运	着火时，喷雾状水保持料桶等冷却
接 触			
# 吸入		通风，局部排气通风或呼吸防护	新鲜空气，休息
# 皮肤		防护手套	脱去污染的衣服。冲洗，然后用水和肥皂清洗皮肤
# 眼睛		安全眼镜	先用大量水冲洗几分钟(如可能尽量摘除隐形眼镜)，然后就医
# 食入		工作时不得进食，饮水或吸烟	漱口。大量饮水。给予医疗护理
泄漏处置	将泄漏液收集在可密闭的容器中。用砂土或惰性吸收剂吸收残液，并转移到安全场所。不要冲入下水道。个人防护用具：适用于有机气体和蒸气的过滤呼吸器		
包装与标志	联合国危险性类别：3　　联合国包装类别：II 中国危险性类别：第 3 类易燃液体　　中国包装类别：II		
应急响应	运输应急卡：TEC(R)-30S1127 美国消防协会法规：H2(健康危险性)；F3(火灾危险性)；R0(反应危险性)		
储存	耐火设备(条件)。与金属粉末和强氧化剂分开存放		
重要数据	物理状态、外观：无色液体 物理危险性：蒸气比空气重，可能沿地面流动，可能造成远处着火。由于流动、搅拌等，可能产生静电 化学危险性：燃烧时，该物质分解生成含有氯化氢(见卡片#0163)和光气(见卡片#0007)有毒和腐蚀性烟雾。与强氧化剂和金属粉末激烈反应，有着火和爆炸的危险 职业接触限值：阈限值未制定标准 吸入危险性：未指明20℃时该物质蒸发达到空气中有害浓度的速率		
物理性质	沸点：69℃ 熔点：-131℃ 相对密度(水=1)：0.9 水中溶解度：不溶 蒸气相对密度(空气=1)：3.2 闪点：-10℃ 爆炸极限：空气中 2.0%～8.8%(体积)		
环境数据			
注解	该物质对人体健康的影响数据不充分，因此应当特别注意		

IPCS
International
Programme on
Chemical Safety

本卡片由 IPCS 和 EC 合作编写 © 2004～2012

国际化学品安全卡

异丙基氯甲酸酯			ICSC 编号：0287

CAS 登记号： 108-23-6
RTECS 号： LQ6475000
UN 编号： 2407
中国危险货物编号： 2407

中文名称： 异丙基氯甲酸酯；氯甲酸异丙酯；氯碳酸-1-甲基乙酯
英文名称： ISOPROPYL CHLOROFORMATE; Isopropyl chlorocarbonate; Chloroformic acid, isopropyl ester; Carbonochloridic acid 1-methylethyl ester; Isopropyl chloromethanate

分子量： 122.6

化学式： $C_4H_7ClO_2$/$(CH_3)_2CHOCOCl$

危害/接触类型	急性危害/症状	预防	急救/消防
火　灾	高度易燃。在火焰中释放出刺激性或有毒烟雾（或气体）	禁止明火，禁止火花和禁止吸烟	二氧化碳，干粉，抗溶性泡沫，干砂土
爆　炸	蒸气/空气混合物有爆炸性	密闭系统、通风、防爆型电气设备和照明。不要使用压缩空气灌装、卸料或转运	着火时喷雾状水保持料桶等冷却，但避免该物质与水接触
接　触		严格作业环境管理！	一切情况均向医生咨询！
# 吸入	灼烧感。咳嗽。呼吸困难。气促。咽喉痛。症状可能推迟显现。（见注解）	通风，局部排气通风或呼吸防护	新鲜空气，休息。半直立体位。必要时进行人工呼吸。给予医疗护理
# 皮肤	发红。皮肤烧伤。疼痛。水疱	防护手套。防护服	脱去污染的衣服。用大量水冲洗皮肤或淋浴。给予医疗护理
# 眼睛	引起流泪。发红。疼痛。严重深度烧伤	护目镜和面罩或眼睛防护结合呼吸防护	先用大量水冲洗几分钟（如可能尽量摘除隐形眼镜），然后就医
# 食入	腹部疼痛。灼烧感。休克或虚脱	工作时不得进食，饮水或吸烟	漱口。不要催吐。给予医疗护理
泄漏处置	通风。转移全部引燃源。尽可能将泄漏液收集在可密闭的容器中。用砂土或惰性吸收剂吸收残液，并转移到安全场所。不要冲入下水道。个人防护用具：化学防护服包括自给式呼吸器		
包装与标志	不得与食品和饲料一起运输 联合国危险性类别：6.1　联合国次要危险性：3 和 8 联合国包装类别：I 中国危险性类别：第 6.1 项毒性物质　中国次要危险性：3 和 8 中国包装类别：I		
应急响应	运输应急卡：TEC(R)-61GTFC-I。		
储存	耐火设备（条件）。与强氧化剂、食品和饲料分开存放。干燥。严格密封		
重要数据	物理状态、外观：无色液体，有刺鼻气味 物理危险性：蒸气比空气重，可能沿地面流动；可能造成远处着火 化学危险性：加热时，该物质分解生成氯化氢和光气有毒和腐蚀性烟雾。与强氧化剂激烈反应。与水反应，生成醇和氯化氢（见卡片#0163） 职业接触限值：阈限值未制定标准 接触途径：该物质可通过吸入其蒸气和经食入吸收到体内 吸入危险性：未指明 20℃时该物质蒸发达到空气中有害浓度的速率 短期接触的影响：流泪。该物质腐蚀眼睛、皮肤和呼吸道。食入有腐蚀性。吸入蒸气可能引起肺水肿（见注解）。影响可能推迟显现。需进行医学观察		
物理性质	沸点：104.6℃ 相对密度（水=1）：1.08 水中溶解度：缓慢反应 蒸气压：20℃时 3kPa 蒸气相对密度（空气=1）：4.2 蒸气/空气混合物的相对密度（20℃，空气=1）：1.1 闪点：20℃（闭杯） 自燃温度：>500℃ 爆炸极限：空气中 4%～15%（体积）		
环境数据			
注解	对接触该物质的健康影响未进行充分调查。肺水肿症状常常经过几个小时以后才变得明显，体力劳动使症状加重。因而休息和医学观察是必要的。应当考虑由医生或医生指定的人立即采取适当吸入治疗法		

IPCS
International
Programme on
Chemical Safety

本卡片由 IPCS 和 EC 合作编写 © 2004～2012

国际化学品安全卡

氧化铅（Ⅱ）			ICSC 编号：0288

CAS 登记号：1317-36-8	中文名称：氧化铅（Ⅱ）；一氧化铅；氧化铅
RTECS 号：OG1750000	英文名称：LEAD (II) OXIDE; Lead monoxide; Plumbous oxide; Lead protoxide; Litharge
UN 编号：3288	
EC 编号：082-001-00-6 (铅化合物)	
中国危险货物编号：3288	

分子量：223.2	化学式：PbO

危害/接触类型	急性危害/症状	预防	急救/消防
火 灾	不可燃。在火焰中释放出刺激性或有毒烟雾（或气体）		周围环境着火时，使用适当的灭火剂
爆 炸			
接 触		避免孕妇接触！防止粉尘扩散！	
# 吸入	见长期或反复接触的影响	局部排气通风或呼吸防护	新鲜空气，休息
# 皮肤		防护手套	脱去污染的衣服，冲洗，然后用水和肥皂清洗皮肤
# 眼睛		安全护目镜	先用大量水冲洗几分钟（如可能尽量摘除隐形眼镜），然后就医
# 食入	腹部疼痛。恶心。呕吐	工作时不得进食，饮水或吸烟。进食前洗手	漱口。大量饮水。给予医疗护理
泄漏处置	将泄漏物清扫进容器中。如果适当，首先润湿防止扬尘。小心收集残余物，然后转移到安全场所。不要让该化学品进入环境。个人防护用具：适用于有毒颗粒物的 P3 过滤呼吸器		
包装与标志	不得与食品和饲料一起运输 欧盟危险性类别：T 符号 N 符号 标记：A 标记：E R:61-20/22-33-50/53-62 S:53-45-60-61 联合国危险性类别：6.1 中国危险性类别：第 6.1 项毒性物质		
应急响应	运输应急卡：TEC(R)-61GT5-II		
储存	与食品和饲料、性质相互抵触的物质分开存放。见化学危险性		
重要数据	物理状态、外观：红色至黄色晶体 化学危险性：与铝粉激烈反应。加热时，生成有毒烟雾 职业接触限值：阈限值：0.05mg/m³（以 Pb 计）（时间加权平均值）；A3（确认的动物致癌物，但未知与人类相关性）；公布生物暴露指数（美国政府工业卫生学家会议，2005 年）。最高容许浓度：0.1mg/m³（以 Pb 计，可吸入粉尘）；致癌物类别：3B；胚细胞突变物类别：3A（德国，2005 年） 接触途径：该物质可通过吸入和经食入吸收到体内 吸入危险性：扩散时可较快达到空气中颗粒物有害浓度，尤其是粉末 长期或反复接触的影响：该物质可能对血液、骨髓、中枢神经系统、末梢神经系统和肾有影响，导致贫血、脑病（如，惊厥）、末梢神经病、胃痉挛和肾损伤。造成人类生殖或发育毒性		
物理性质	沸点：1470℃ 熔点：888℃ 密度：9.5g/cm³ 水中溶解度：不溶		
环境数据	该化学品可能在植物和哺乳动物中发生生物蓄积。强烈建议不要让该化学品进入环境		
注解	根据接触程度，建议定期进行医学检查。不要将工作服带回家中。参见卡片#0052 铅		

IPCS
International Programme on Chemical Safety

本卡片由 IPCS 和 EC 合作编写 © 2004～2012

国际化学品安全卡

镁			ICSC 编号：0289

CAS 登记号：7439-95-4
RTECS 号：OM2100000
UN 编号：1418
EC 编号：012-001-00-3 (pyrophoric
中国危险货物编号：1418

中文名称：镁（粉末）
英文名称：MAGNESIUM (POWDER)

分子量：(原子量)　　　　　　　　　　化学式：Mg

危害/接触类型	急性危害/症状	预防	急救/消防
火　灾	高度易燃。在火焰中释放出刺激性或有毒烟雾（或气体）	禁止明火，禁止火花和禁止吸烟。禁止与湿气或任何其他物质接触	专用粉末，干砂，禁用其他灭火剂。禁止用水。见注解
爆　炸	微细分散的颗粒物在空气中形成爆炸性混合物	防止粉尘沉积、密闭系统、防止粉尘爆炸型电气设备和照明。防止静电荷积聚（例如，通过接地）	
接　触		防止粉尘扩散！	
# 吸入	咳嗽。咽喉痛。呼吸短促	局部排气通风或呼吸防护	新鲜空气，休息
# 皮肤	发红	防护手套	脱去污染的衣服。用大量水冲洗皮肤或淋浴
# 眼睛	发红。疼痛	安全护目镜	先用大量水冲洗几分钟（如可能尽量摘除隐形眼镜），然后就医
# 食入	口腔有灼烧感	工作时不得进食，饮水或吸烟	漱口

泄漏处置	转移全部引燃源。向专家咨询！个人防护用具：适用于该物质空气中浓度的颗粒物过滤呼吸器。将泄漏物清扫进有盖的干燥容器中。小心收集残余物，然后转移到安全场所。不要冲入下水道
包装与标志	气密　　　欧盟危险性类别：F 符号　　R:15-17　　S:2-7/8-43 联合国危险性类别：4.3　　联合国次要危险性：4.2 联合国包装类别：I, ll, III 中国危险性类别：第 4.3 项 遇水放出易燃气体的物质；中国次要危险性：第 4.2 项 易于自燃的物质 中国包装类别：I,II,III GHS 分类：信号词：危险　图形符号：火焰　危险说明：遇水放出易燃气体；暴露在空气中会自发燃烧
应急响应	美国消防协会法规：H0（健康危险性）；F1（火灾危险性）；R2（反应危险性）
储存	耐火设备（条件）。干燥。严格密封。与其他不相容的材料分开存放
重要数据	物理状态、外观：灰色粉末 物理危险性：以粉末或颗粒形状与空气混合，可能发生粉尘爆炸。如果在干燥状态，由于搅拌、空气输送和注入等能产生静电 化学危险性：与空气或湿气接触时，该物质可能发生自燃，生成刺激性或有毒烟雾。与氧化剂和许多其他物质发生反应。与酸类和湿气发生反应，生成易燃/爆炸性气体（氢，见化学品安全卡#0001），有着火和爆炸的危险 职业接触限值：阈限值未制定标准。最高容许浓度未制定标准 接触途径：该物质可通过吸入粉尘吸收到体内 吸入危险性：扩散时，可较快地达到空气中颗粒物公害污染浓度 短期接触的影响：该物质刺激眼睛和呼吸道 长期或反复接触的影响：反复或长期接触其粉尘颗粒，肺可能受损伤
物理性质	沸点：1100℃ 熔点：649℃ 密度：1.7g/cm³ 水中溶解度：反应 自燃温度：473℃ 爆炸极限：空气中见注解
环境数据	
注解	燃烧时伴有强烈火焰。为预防损伤眼睛，不要直视镁火焰。爆炸极限，空气中（V%）：（下限）0.03kg/m³。另见化学品安全卡#0701。与灭火剂，如水，二氧化碳，哈龙，粉末和泡沫激烈反应

IPCS
International
Programme on
Chemical Safety

UNEP

本卡片由 IPCS 和 EC 合作编写 © 2004～2012

国际化学品安全卡

一水合硫酸锰			ICSC 编号：0290

CAS 登记号：10034-96-5
RTECS 号：OP0893500

中文名称：一水合硫酸锰；一水合硫酸亚锰
英文名称：MANGANESE SULPHATE MONOHYDRATE; Manganous sulphate monohydrate

分子量：169.0

化学式：MnSO$_4$·H$_2$O

危害/接触类型	急性危害/症状	预防	急救/消防
火 灾	不可燃。在火焰中释放出刺激性或有毒烟雾（或气体）		周围环境着火时，使用适当的灭火剂
爆 炸			
接 触		防止粉尘扩散！	
# 吸入	咳嗽。呼吸困难。呼吸短促。咽喉痛	局部排气通风或呼吸防护	新鲜空气，休息。半直立体位。给予医疗护理
# 皮肤		防护手套	
# 眼睛	发红	安全眼镜，或如为粉末，眼睛防护结合呼吸防护	先用大量水冲洗（如可能尽量摘除隐形眼镜）
# 食入	咽喉疼痛	工作时不得进食，饮水或吸烟	漱口
泄漏处置	将泄漏物清扫进容器中，如果适当，首先润湿防止扬尘。用大量水冲净残余物。个人防护用具：适用于有害颗粒物的 P2 过滤呼吸器		
包装与标志			
应急响应			
储存	干燥		
重要数据	物理状态、外观：粉红色吸湿的晶体 化学危险性：加热时，该物质分解生成硫氧化物和氧化锰 职业接触限值：阈限值：0.2mg/m^3（以 Mn 计）（时间加权平均值）（美国政府工业卫生学家会议，2006 年）。最高容许浓度：0.5mg/m^3（以 Mn 计）（可吸入粉尘）；妊娠风险等级：C（德国，2005 年） 接触途径：该物质可通过吸入其气溶胶和经食入吸收到体内 吸入危险性：20℃时蒸发可忽略不计，但扩散时可较快地达到空气中颗粒物有害浓度，尤其是粉末 长期或反复接触的影响：该物质可能对中枢神经系统有影响		
物理性质	相对密度（水=1）：2.95 水中溶解度：39.3g/100mL		
环境数据			
注解			

IPCS
International Programme on Chemical Safety

本卡片由 IPCS 和 EC 合作编写 © 2004～2012

国际化学品安全卡

甲烷			ICSC 编号：0291

CAS 登记号：74-82-8
RTECS 号：PA1490000
UN 编号：1971
EC 编号：601-001-00-4
中国危险货物编号：1971

中文名称：甲烷；甲基氢化物（钢瓶）
英文名称：METHANE; Methyl hydride(cylinder)

分子量：16　　　　　　　　　　化学式：CH_4

危害/接触类型	急性危害/症状	预防	急救/消防
火　灾	极易燃	禁止明火、禁止火花和禁止吸烟	切断气源，如不可能并对周围环境无危险，让火自行燃尽。其他情况用雾状水，干粉，二氧化碳灭火
爆　炸	气体/空气混合物有爆炸性	密闭系统、通风、防爆型电气设备和照明。使用无火花手工具	着火时，喷雾状水保持钢瓶冷却。从掩蔽位置灭火
接　触			
# 吸入	窒息。（见注解）	通风。如果浓度高，呼吸防护	新鲜空气，休息。必要时进行人工呼吸，给予医疗护理
# 皮肤	与液体接触：冻伤	保温手套	冻伤时，用大量水冲洗，不要脱去衣服，给予医疗护理
# 眼睛	与液体接触：冻伤	护目镜	先用大量水冲洗几分钟（如可能尽量摘除隐形眼镜），然后就医
# 食入			

泄漏处置	撤离危险区域！向专家咨询！通风。移除全部引燃源。切勿直接向液体上喷水。个人防护用具：自给式呼吸器
包装与标志	欧盟危险性类别：F+符号　　R:12　　S:2-9-16-33 联合国危险性类别：2.1 中国危险性类别：第 2.1 项易燃气体
应急响应	运输应急卡：TEC(R)-20G1F 美国消防协会法规：H1（健康危险性）；F4（火灾危险性）；R0（反应危险性）
储存	耐火设备（条件）。阴凉场所。沿地面和天花板通风
重要数据	物理状态、外观：无色压缩或液化气体，无气味 物理危险性：气体比空气轻 职业接触限值：阈限值：(C1-C4 链烷烃气体)1000ppm（时间加权平均值）（美国政府工业卫生学家会议，2005 年）。最高容许浓度未制定标准 接触途径：该物质可通过吸入吸收到体内 吸入危险性：容器漏损时，由于降低封闭空间的氧含量能够造成缺氧 短期接触的影响：液体迅速蒸发，可能引起冻伤
物理性质	沸点：−161℃ 熔点：−183℃ 水中溶解度：20℃时 3.3mL/100mL 蒸气相对密度（空气=1）：0.6 闪点：易燃气体 自燃温度：537℃ 爆炸极限：空气中 5%～15%（体积） 辛醇/水分配系数的对数值：1.09
环境数据	
注解	沸点时液体密度为 0.42kg/L。空气中高浓度造成缺氧，有神志不清或死亡危险。进入工作区域前检验氧含量。转动泄漏钢瓶使漏口朝上，防止液态气体逸出。焊接使用后，关闭阀门，定期检查管路等，并用肥皂水试漏。预防一节提到的措施也适用于该气体的生产、钢瓶灌装和贮存。其他 UN 编号：1972（冷冻液体），危险性类别：2.1

IPCS
International
Programme on
Chemical Safety

本卡片由 IPCS 和 EC 合作编写 © 2004～2012

国际化学品安全卡

甲基环己醇（混合异构体）			ICSC 编号：0292

CAS 登记号：25639-42-3
RTECS 号：GW0175000
UN 编号：2617
EC 编号：603-010-00-9
中国危险货物编号：2617

中文名称：甲基环己醇（混合异构体）；六氢甲酚
英文名称：METHYLCYCLOHEXANOL (MIXED ISOMERS);
Hexahydromethylphenol; Hexahydrocresol

分子量：114.2　　　　　　　　　　化学式：C$_7$H$_{14}$O

危害/接触类型	急性危害/症状	预防	急救/消防
火　灾	易燃的	禁止明火、禁止火花和禁止吸烟	水成膜泡沫，抗溶性泡沫，干粉，二氧化碳
爆　炸	高于41℃，可能形成爆炸性蒸气/空气混合物	高于41℃，使用密闭系统、通风	着火时，喷雾状水保持料桶等冷却
接　触			
# 吸入	咳嗽，头痛	通风	新鲜空气，休息，给予医疗护理
# 皮肤	发红	防护手套	脱去污染的衣服，冲洗，然后用水和肥皂清洗皮肤
# 眼睛	发红	安全护目镜	先用大量水冲洗几分钟（如可能尽量摘除隐形眼镜），然后就医
# 食入		工作时不得进食，饮水或吸烟	漱口，给予医疗护理

泄漏处置	移除全部引燃源。尽可能将泄漏液收集在可密闭的容器中。用砂土或惰性吸收剂吸收残液，并转移到安全场所。个人防护用具：适用于有机气体和蒸气的过滤呼吸器
包装与标志	欧盟危险性类别：Xn 符号　标记：C　R:20　S:2-24/25 联合国危险性类别：3　联合国包装类别：III 中国危险性类别：第3类易燃液体　中国包装类别：III
应急响应	运输应急卡：TEC(R)-30GF1-III
储存	耐火设备（条件）
重要数据	物理状态、外观：无色黏稠液体，有特殊气味 职业接触限值：阈限值：50ppm（时间加权平均值）（美国政府工业卫生学家会议，2004年）。最高容许浓度：IIb（未制定标准，但可提供数据）（德国，2004年） 接触途径：该物质可通过吸入其蒸气，经皮肤和食入吸收到体内 吸入危险性：20℃时，该物质蒸发不会或很缓慢地达到空气中有害污染浓度 短期接触的影响：该物质轻微刺激眼睛和皮肤。接触高浓度蒸气可能刺激眼睛和上呼吸道 长期或反复接触的影响：反复或长期与皮肤接触可能引起皮炎
物理性质	沸点：174℃ 熔点：−50℃ 相对密度（水=1）：0.92 水中溶解度：20℃时 3～4g/100mL 蒸气压：30℃时 0.20kPa 蒸气相对密度（空气=1）：3.9 闪点：41℃（闭杯） 自燃温度：296℃ 辛醇/水分配系数的对数值：2.05
环境数据	
注解	该物质是邻位、间位和对位异构体的混合物，以间位和对位为主。超过职业接触限值时，气味报警不充分

IPCS
International
Programme on
Chemical Safety

本卡片由 IPCS 和 EC 合作编写 © 2004～2012

国际化学品安全卡

CAS 登记号：590-67-0	中文名称：1-甲基环己醇
	英文名称：1-METHYLCYCLOHEXANOL

分子量：114.2	化学式：$C_7H_{14}O$

危害/接触类型	急性危害/症状	预防	急救/消防
火 灾	可燃的	禁止明火	干粉、水成膜泡沫、泡沫、二氧化碳
爆 炸	高于67℃，可能形成爆炸性蒸气/空气混合物	高于67℃，使用密闭系统、通风	
接 触			
# 吸入			新鲜空气，休息
# 皮肤			冲洗，然后用水和肥皂清洗皮肤
# 眼睛			先用大量水冲洗几分钟（如可能尽量摘除隐形眼镜），然后就医
# 食入			

泄漏处置	尽可能将泄漏液收集在可密闭的容器中。如果是固体，将泄漏物清扫进容器中。如果适当，首先润湿防止扬尘
包装与标志	
应急响应	
储存	
重要数据	物理状态、外观：白色固体或无色清澈液体 职业接触限值：阈限值未制定标准。最高容许浓度：IIb（未制定标准，但可提供数据）（德国，2004年）
物理性质	
环境数据	
注解	该物质对人体健康作用数据不充分，因此应当特别注意。可参考卡片#0292（甲基环己醇，混合异构体）

本卡片由 IPCS 和 EC 合作编写 © 2004～2012

国际化学品安全卡

2-甲基环己醇			ICSC 编号：0294

CAS 登记号：583-59-5
RTECS 号：GW0220000
UN 编号：2617
EC 编号：603-010-00-9
中国危险货物编号：2617

中文名称：2-甲基环己醇；邻甲基环己醇；2-六氢化甲酚；邻六氢化甲酚
英文名称：2-METHYLCYCLOHEXANOL; o-Methylcyclohexanol;
2-Hexahydromethylphenol; o-Hexahydromethylphenol

分子量：114.2　　　　　　　　　化学式：$C_7H_{14}O$

危害/接触类型	急性危害/症状	预防	急救/消防
火 灾	易燃的	禁止明火、禁止火花和禁止吸烟	水成膜泡沫，抗溶性泡沫，干粉，二氧化碳
爆 炸	高于58℃，可能形成爆炸性蒸气/空气混合物	高于58℃，使用密闭系统、通风	着火时，喷雾状水保持料桶等冷却
接 触			
# 吸入	咳嗽，头痛	通风	新鲜空气，休息，给予医疗护理
# 皮肤	发红	防护手套	脱去污染的衣服，冲洗，然后用水和肥皂清洗皮肤
# 眼睛	发红	安全护目镜	先用大量水冲洗几分钟（如可能尽量摘除隐形眼镜），然后就医
# 食入		工作时不得进食，饮水或吸烟	漱口，给予医疗护理

泄漏处置	移除全部引燃源，尽可能将泄漏液收集在可密闭的容器中。用砂土或惰性吸收剂吸收残液，并转移到安全场所。个人防护用具：适用于有机气体和蒸气的过滤呼吸器
包装与标志	欧盟危险性类别：Xn 符号 标记：C R:20 S:2-24/25 联合国危险性类别：3　　联合国包装类别：III 中国危险性类别：第3类易燃液体　中国包装类别：III
应急响应	运输应急卡：TEC(R)-30GF1-III 美国消防协会法规：H（健康危险性）；F2（火灾危险性）；R0（反应危险性）
储存	耐火设备（条件）
重要数据	物理状态、外观：无色黏稠液体，有特殊气味 职业接触限值：阈限值未制定标准。最高容许浓度：IIb（未制定标准，但可提供数据）（德国，2004年） 接触途径：该物质可通过吸入其蒸气和经食入吸收到体内 吸入危险性：20℃时该物质蒸发不会或很缓慢地达到空气中有害污染浓度 短期接触的影响：该物质轻微刺激眼睛和皮肤。接触高浓度蒸气可能刺激眼睛和上呼吸道 长期或反复接触的影响：反复或长期与皮肤接触可能引起皮炎
物理性质	沸点：165~166℃ 熔点：-9.5℃ 相对密度（水=1）：0.93 水中溶解度：微溶 蒸气相对密度（空气=1）：3.9 闪点：58℃（闭杯） 自燃温度：296℃ 辛醇/水分配系数的对数值：1.84
环境数据	
注解	该物质以两种几何异构体（顺式，反式）存在，并有一种光学构型。其他熔点：7℃（顺式）；-4℃（反式）。其他沸点：165℃（顺式）；167.5℃（反式）

IPCS
International
Programme on
Chemical Safety

本卡片由 IPCS 和 EC 合作编写 © 2004~2012

301

国际化学品安全卡

3-甲基环己醇			ICSC 编号：0295

CAS 登记号：591-23-1	中文名称：3-甲基环己醇；间甲基环己醇；3-六氢化甲酚；间六氢化甲酚
RTECS 号：GW0200000	英文名称：3-METHYLCYCLOHEXANOL; m-Methylcyclohexanol; 3-Hexahydromethylphenol; m-Hexahydromethylphenol

分子量：114.2	化学式：$C_7H_{14}O$

危害/接触类型	急性危害/症状	预防	急救/消防
火 灾	可燃的	禁止明火	水成膜泡沫，抗溶性泡沫，干粉，二氧化碳
爆 炸	高于62℃，可能形成爆炸性蒸气/空气混合物	高于62℃，使用密闭系统、通风	
接 触			
# 吸入	咳嗽，头痛	通风	新鲜空气，休息，给予医疗护理
# 皮肤	发红	防护手套	脱去污染的衣服，冲洗，然后用水和肥皂清洗皮肤
# 眼睛	发红	安全护目镜	先用大量水冲洗几分钟（如可能尽量摘除隐形眼镜），然后就医
# 食入		工作时不得进食，饮水或吸烟	漱口，给予医疗护理

泄漏处置	尽可能将泄漏液收集在可密闭的容器中。用砂土或惰性吸收剂吸收残液，并转移到安全场所
包装与标志	
应急响应	美国消防协会法规：H0（健康危险性）；F2（反应危险性）；R0（反应危险性）
储存	沿地面通风

重要数据	物理状态、外观：无色黏稠液体 职业接触限值：阈限值未制定标准。最高容许浓度：IIb（未制定标准，但可提供数据）（德国，2004年） 接触途径：该物质可通过吸入其蒸气和经食入吸收到体内 吸入危险性：20℃时该物质蒸发不会或很缓慢地达到空气中有害污染浓度 短期接触的影响：该物质轻微刺激眼睛和皮肤。接触高浓度蒸气可能刺激眼睛和上呼吸道 长期或反复接触的影响：反复或长期与皮肤接触可能引起皮炎
物理性质	沸点：174℃ 熔点：见注解 相对密度（水=1）：0.92 闪点：62℃（闭杯） 自燃温度：295℃
环境数据	
注解	该物质以两种几何异构体（顺式，反式）形式存在，有一种光学构型。其他沸点：168℃（顺式）；167℃（反式）。其他熔点：-5.5℃（顺式）；-0.5℃（反式）

IPCS
International
Programme on
Chemical Safety

本卡片由 **IPCS** 和 **EC** 合作编写 © 2004～2012

国际化学品安全卡

4-甲基环己醇			ICSC 编号：0296

CAS 登记号：589-91-3	中文名称：4-甲基环己醇；对甲基环己醇；4-六氢化甲酚；对六氢化甲酚
	英文名称：4-METHYLCYCLOHEXANOL; p-Methylcyclohexanol; 4-Hexahydromethylphenol; p-Hexahydromethylphenol

分子量：114.2	化学式：$C_7H_{14}O$

危害/接触类型	急性危害/症状	预防	急救/消防
火 灾	可燃的	禁止明火	水成膜泡沫，抗溶性泡沫，干粉，二氧化碳
爆 炸	高于 70℃，可能形成爆炸性蒸气/空气混合物	高于 70℃，使用密闭系统、通风	
接 触			
# 吸入	咳嗽，头痛	通风	新鲜空气，休息，给予医疗护理
# 皮肤	发红	防护手套	脱去污染的衣服，冲洗，然后用水和肥皂清洗皮肤
# 眼睛	发红	安全护目镜	先用大量水冲洗几分钟（如可能尽量摘除隐形眼镜），然后就医
# 食入		工作时不得进食，饮水或吸烟	漱口，给予医疗护理
泄漏处置	尽可能将泄漏液收集在可密闭的容器中。用砂土或惰性吸收剂吸收残液，并转移到安全场所		
包装与标志			
应急响应	美国消防协会法规：H（健康危险性）；F2（火灾危险性）；R0（反应危险性）		
储存	沿地面通风		
重要数据	物理状态、外观：无色液体 职业接触限值：阈限值未制定标准。最高容许浓度：IIb（未制定标准，但可提供数据）（德国，2004年） 接触途径：该物质可通过吸入其蒸气和经食入吸收到体内 吸入危险性：20℃时该物质蒸发不会或很缓慢地达到空气中有害污染浓度 短期接触的影响：该物质轻微刺激眼睛和皮肤。接触高浓度蒸气可能刺激眼睛和上呼吸道 长期或反复接触的影响：反复或长期与皮肤接触可能引起皮炎		
物理性质	沸点：173℃ 熔点：见注解 相对密度（水=1）：0.92 水中溶解度：微溶 蒸气相对密度（空气=1）：3.9 闪点：70℃（闭杯） 自燃温度：295℃ 辛醇/水分配系数的对数值：1.79		
环境数据			
注解	该物质以两种几何异构体（顺式，反式）形式存在。其他沸点：173℃（顺式）；174℃（反式）。其他熔点：-9.2℃（顺式）		

IPCS
International Programme on Chemical Safety

UNEP

本卡片由 IPCS 和 EC 合作编写 © 2004～2012

国际化学品安全卡

甲基二氯硅烷			ICSC 编号：0297

CAS 登记号：75-54-7	中文名称：甲基二氯硅烷；二氯甲基硅烷；一甲基二氯硅烷
RTECS 号：VV3500000	英文名称：METHYLDICHLOROSILANE; Dichloromethylsilane;
UN 编号：1242	Monomethyldichlorosilane
中国危险货物编号：1242	
分子量：115.0	化学式：CH_4Cl_2Si/CH_3SiHCl_2

危害/接触类型	急性危害/症状	预防	急救/消防
火 灾	高度易燃。在火焰中释放出刺激性或有毒烟雾（或气体）	禁止明火、禁止火花和禁止吸烟。禁止与高温表面接触	水成膜泡沫，干粉，二氧化碳，禁用含水灭火剂。禁止用水
爆 炸	蒸气/空气混合物有爆炸性	密闭系统、通风、防爆型电气设备和照明。不要使用压缩空气灌装、卸料或转运	着火时，喷雾状水保持料桶等冷却，但避免该物质与水接触
接 触		严格作业环境管理！	
# 吸入	灼烧感，咳嗽，咽喉痛，呼吸困难，气促。症状可能推迟显现。（见注解）	密闭系统和通风	新鲜空气，休息。半直立体位。必要时进行人工呼吸，给予医疗护理。（见注解）
# 皮肤	发红，水疱，疼痛，皮肤烧伤	防护手套，防护服	脱去污染的衣服，用大量水冲洗皮肤或淋浴，给予医疗护理
# 眼睛	发红，疼痛，严重深度烧伤	面罩，或眼睛防护结合呼吸防护	先用大量水冲洗几分钟（如可能尽量摘除隐形眼镜），然后就医
# 食入	灼烧感，腹部疼痛，休克或虚脱	工作时不得进食，饮水或吸烟	漱口，不要催吐。不要饮用任何东西。给予医疗护理
泄漏处置	撤离危险区域！向专家咨询！将泄漏液收集在可密闭的干容器中。不要使用塑料容器。用砂土或惰性吸收剂吸收残液，并转移到安全场所。不要冲入下水道。切勿直接向液体上喷水。个人防护用具：全套防护服包括自给式呼吸器		
包装与标志	气密。不易破碎包装，将易破碎包装放在不易破碎的密闭容器中。不得与食品和饲料一起运输 联合国危险性类别：4.3 联合国次要危险性：3 和 8　联合国包装类别：I 中国危险性类别：第 4.3 项遇水放出易燃气体的物质 中国次要危险性：3 和 8　中国包装类别：I		
应急响应	运输应急卡：TEC(R)-43S1242 美国消防协会法规：H3（健康危险性）；F3（火灾危险性）；R2（反应危险性）；W（禁止用水）		
储存	耐火设备（条件）。与氧化剂、食品和饲料、性质相互抵触的物质（见化学危险性）分开存放。阴凉。干燥。严格密封。保存在惰性气体中		
重要数据	物理状态、外观：无色液体，有刺鼻气味 物理危险性：蒸气比空气重，可能沿地面流动，可能造成远处着火 化学危险性：与高温表面或火焰接触时，该物质分解生成含氯化氢和光气有毒和腐蚀性烟雾。与碱接触时，该物质分解生成易燃/爆炸性气体氢（见卡片#0001）。与氧化剂激烈反应。与水激烈反应，生成氯化氢（见卡片#0163）。有高锰酸钾、氧化铅(II)、氧化铜或氧化银存在时发生反应，有着火和爆炸危险。有水存在时，浸蚀许多金属 职业接触限值：阈限值未制定标准 接触途径：该物质可通过吸入其蒸气和经食入吸收到体内 吸入危险性：未指明 20℃时该物质蒸发达到空气中有害浓度的速率 短期接触的影响：该物质腐蚀眼睛、皮肤和呼吸道。食入有腐蚀性。吸入蒸气可能引起肺水肿（见注解）。接触可能导致死亡。需进行医学观察。见注解		
物理性质	沸点：41℃ 熔点：−92℃ 相对密度（水=1）：1.1 水中溶解度：反应 蒸气压：20℃时 47.1kPa	蒸气相对密度（空气=1）：3.97 蒸气/空气混合物的相对密度（20℃，空气=1）：2.38 闪点：−22℃（闭杯） 自燃温度：290℃ 爆炸极限：空气中 2.4%～55%（体积）	
环境数据			
注解	与灭火剂，如水激烈反应。肺水肿症状常常几个小时以后才变得明显，体力劳动使症状加重。因而休息和医学观察是必要的。应当考虑由医生或医生指定的人立即采取适当吸入治疗法		

IPCS
International Programme on Chemical Safety

    UNEP

本卡片由 IPCS 和 EC 合作编写 © 2004～2012

国际化学品安全卡

亚甲基二苯基异氰酸酯			ICSC 编号：0298

CAS 登记号：101-68-8 RTECS 号：NQ9350000 EC 编号：615-005-00-9	中文名称：亚甲基二苯基异氰酸酯；二苯甲烷-4,4'-二异氰酸酯；双（1,4-异氰酸苯基）甲烷；MDI；4,4'-亚甲基二苯基二异氰酸酯 英文名称：METHYLENE BISPHENYL ISOCYANATE; Diphenylmethane-4.4'-diisocyanate; bis (1,4-Isocyanatophenyl) methane; MDI; 4,4'-Methylenediphenyldiisocyanate

分子量：250.3	化学式：$C_{15}H_{10}N_2O_2/OCNC_6H_4CH_2C_6H_4NCO$

危害/接触类型	急性危害/症状	预防	急救/消防
火灾	可燃的。在火焰中释放出刺激性或有毒烟雾（或气体）	禁止明火	干粉、二氧化碳
爆炸			
接触		避免一切接触！	一切情况均向医生咨询！
# 吸入	头痛，恶心，气促，咽喉痛	局部排气通风或呼吸防护	新鲜空气，休息，必要时进行人工呼吸，给予医疗护理
# 皮肤	发红	防护手套，防护服	脱去污染的衣服，用大量水冲洗皮肤或淋浴，给予医疗护理
# 眼睛	疼痛	护目镜或面罩	先用大量水冲洗几分钟（如可能尽量摘除隐形眼镜），然后就医
# 食入		工作时不得进食，饮水或吸烟	漱口。不要催吐，给予医疗护理

泄漏处置	撤离危险区域！向专家咨询！将泄漏物清扫进可密闭容器中。小心收集残余物，然后转移到安全场所。 个人防护用具：化学防护服包括自给式呼吸器
包装与标志	不易破碎包装，将易破碎包装放在不易破碎的密闭容器中。不得与食品和饲料一起运输 欧盟危险性类别：Xn 符号　标记：C R:20-36/37/38-42/43　S:1/2-23-36/37-45
应急响应	
储存	与性质相互抵触的物质（见化学危险性）、食品和饲料分开存放。阴凉场所。干燥。保存在阴暗处
重要数据	物理状态、外观：白色至淡黄色晶体或薄片 化学危险性：在204℃以上温度时，该物质可能发生聚合。燃烧时生成含氮氧化物和氰化氢（见卡片# 0492）的有毒和腐蚀性烟雾。容易与水发生反应，生成不溶性聚脲类。与酸类、醇类、胺类、碱类和氧化剂激烈反应，有着火和爆炸的危险 职业接触限值：阈限值：0.005ppm（时间加权平均值）（经皮）（美国政府工业卫生学家会议，2004年）。最高容许浓度：$0.05mg/m^3$（可吸入 部分）；最高限值种类：I（1）；皮肤吸收；呼吸道和皮肤致敏剂；致癌物类别：4；妊娠风险等级：C（德国，2009 年） 接触途径：该物质可通过吸入吸收到体内 吸入危险性：20℃时蒸发可忽略不计，但扩散时可较快地达到空气中颗粒物有害浓度 短期接触的影响：流泪。该物质刺激眼睛、皮肤和呼吸道。该物质可能对肺有影响，导致功能损伤 长期或反复接触的影响：反复或长期接触可能引起皮肤过敏。反复或长期吸入接触可能引起哮喘（见注解）
物理性质	沸点：在 100kPa 时 314℃ 熔点：37℃ 相对密度（水=1）：1.2 水中溶解度：反应 蒸气压：20℃时可忽略不计 蒸气相对密度（空气=1）：8.6 闪点：196℃（闭杯） 自燃温度：240℃
环境数据	
注解	哮喘症状常常经过几个小时以后才变得明显，体力劳动使症状加重。因而休息和医学观察是必要的。因该物质发生哮喘症状的任何人不应当再接触该物质。该物质可能引起工人致敏，以至对其他异氰酸盐发生过敏反应（哮喘）。不要将工作服带回家中。商品名称有：Caradate 30, Desmodur 44, Hylene M 150, Isonate, Nacconate 300, NCI-C50668 和 Rubinate 44

IPCS
International Programme on Chemical Safety

UNEP

本卡片由 IPCS 和 EC 合作编写 © 2004~2012

国际化学品安全卡

甲硫醇			ICSC 编号：0299

CAS 登记号：74-93-1
RTECS 号：PB4375000
UN 编号：1064
EC 编号：016-021-00-3
中国危险货物编号：1064

中文名称：甲硫醇；巯基甲烷；甲基氢硫化物；硫代甲醇；（钢瓶）
英文名称：METHYL MERCAPTAN; Methanethiol; Mercaptomethane; Methyl sulfhydrate; Thiomethanol; (cylinder)

分子量：48.1

化学式：CH₃SH

危害/接触类型	急性危害/症状	预防	急救/消防
火　灾	极易燃	禁止明火，禁止火花和禁止吸烟	切断气源,如不可能并对周围环境无危险,让火自行燃尽。其他情况用干粉，二氧化碳灭火
爆　炸	气体/空气混合物有爆炸性	密闭系统，通风，防爆型电气设备和照明	着火时，喷雾状水保持钢瓶冷却
接　触		严格作业环境管理！	
# 吸入	咳嗽。咽喉痛。头晕。头痛。恶心。呕吐。神志不清	通风，局部排气通风或呼吸防护	新鲜空气,休息。必要时进行人工呼吸。给予医疗护理
# 皮肤	与液体接触：冻伤	保温手套	脱去污染的衣服。给予医疗护理。冻伤时，用大量水冲洗，不要脱去衣服
# 眼睛	发红。疼痛	护目镜，或眼睛防护结合呼吸防护	先用大量水冲洗几分钟（如可能尽量摘除隐形眼镜），然后就医
# 食入			

泄漏处置	撤离危险区域！向专家咨询！通风。不要让该化学品进入环境。个人防护用具：自给式呼吸器
包装与标志	污染海洋物质 欧盟危险性类别：F+符号　T 符号　N 符号　R:12-23-50/53　S:2-16-25-60-61 联合国危险性类别：2.3　　　　联合国次要危险性：2.1 中国危险性类别：第 2.3 项 毒性气体　中国次要危险性：第 2.1 项 易燃气体
应急响应	运输应急卡：TEC(R)-20G2TF 美国消防协会法规：H4（健康危险性）；F4（火灾危险性）；R0（反应危险性）
储存	耐火设备（条件）。与强氧化剂和酸类分开存放。阴凉场所。储存在没有排水管或下水道的场所
重要数据	物理状态、外观：无色气体，有特殊气味 物理危险性：气体比空气重，可能沿地面流动，可能造成远处着火 化学危险性：燃烧时，该物质分解生成硫氧化物和硫化氢有毒烟雾。与强氧化剂激烈反应。与水、蒸汽或酸发生反应，生成易燃和有毒气体 职业接触限值：阈限值：0.5ppm（时间加权平均值）（美国政府工业卫生学家会议，2004 年）。最高容许浓度：0.5ppm，1mg/m³；最高限值种类：II（2）；妊娠风险等级：IIc（德国，2004 年） 接触途径：该物质可通过吸入吸收到体内 吸入危险性：容器漏损时，迅速达到空气中该气体的有害浓度 短期接触的影响：该物质刺激眼睛和呼吸道。该物质可能对中枢神经系统有影响，导致呼吸抑制。高浓度接触可能导致神志不清和死亡。影响可能推迟显现。需进行医学观察
物理性质	沸点：6℃ 熔点：-123℃ 相对密度（水=1）：0.9 水中溶解度：20℃时 2.3g/100mL 蒸气压：26.1℃时 202kPa 蒸气相对密度（空气=1）：1.66 闪点：易燃气体 爆炸极限：空气中 3.9%～21.8%（体积）
环境数据	该物质对水生生物有极高毒性。强烈建议不要让该化学品进入环境
注解	转动泄漏钢瓶使漏口朝上，防止液态气体逸出

IPCS
International Programme on Chemical Safety

本卡片由 IPCS 和 EC 合作编写 © 2004～2012

国际化学品安全卡

甲基丙烯酸甲酯单体(经阻聚的)		ICSC 编号：0300

CAS 登记号：80-62-6
RTECS 号：OZ5075000
UN 编号：1247
EC 编号：607-035-00-6
中国危险货物编号：1247
分子量：100.1

中文名称：甲基丙烯酸甲酯单体（经阻聚的）；甲基丙烯酸甲酯；甲基-2-甲基丙烯酸酯
英文名称：METHYL METHACRYLATE; Methacrylic acid methyl ester; Methyl 2-methylpropenoate

化学式：$CH_2C(CH_3)COOCH_3/C_5H_8O_2$

危害/接触类型	急性危害/症状	预防	急救/消防
火　灾	高度易燃	禁止明火，禁止火花和禁止吸烟	泡沫，干粉，二氧化碳
爆　炸	蒸气/空气混合物有爆炸性	密闭系统，通风，防爆型电气设备和照明。不要使用压缩空气灌装、卸料或转运	着火时，喷雾状水保持料桶等冷却
接　触		避免一切接触！	
# 吸入	咳嗽。气促。咽喉痛	通风，局部排气通风或呼吸防护	新鲜空气，休息。给予医疗护理
# 皮肤	发红	防护手套。防护服	脱去污染的衣服。冲洗，然后用水和肥皂清洗皮肤
# 眼睛	发红。疼痛	安全护目镜或眼睛防护结合呼吸防护	先用大量水冲洗几分钟（如可能尽量摘除隐形眼镜），然后就医
# 食入	恶心。呕吐。腹部疼痛	工作时不得进食，饮水或吸烟	漱口。大量饮水。给予医疗护理

泄漏处置	尽可能将泄漏液收集在可密闭的容器中。用砂土或惰性吸收剂吸收残液，并转移到安全场所。不要冲入下水道。转移全部引燃源。个人防护用具：适用于有机气体和蒸气的过滤呼吸器。化学防护服
包装与标志	欧盟危险性类别：F 符号 Xi 符号 标记：D R:11-37/38-43　S:2-24-37-46 联合国危险性类别：3 联合国包装类别：II 中国危险性类别：第 3 类易燃液体　中国包装类别：II
应急响应	运输应急卡：TEC(R)-30S1247 美国消防协会法规：H2（健康危险性）；F3（火灾危险性）；R2（反应危险性）
储存	耐火设备（条件）。与强氧化剂、强碱、强酸分开存放。阴凉场所。保存在暗处。保存在通风良好的室内。稳定后储存
重要数据	物理状态、外观：无色液体，有特殊气味 物理危险性：蒸气与空气充分混合，容易形成爆炸性混合物。蒸气未经阻聚，可能聚合并阻塞通风口。 化学危险性：由于加温或加热，在光、聚合催化剂和强氧化剂的作用下，该物质可能发生聚合，有着火或爆炸危险。与强酸、强碱发生反应 职业接触限值：阈限值：50ppm（时间加权平均值），100ppm（短期接触限值）；（致敏剂）；A4（不能分类为人类致癌物）（美国政府工业卫生学家会议，2003 年）。最高容许浓度：50ppm，$210mg/m^3$，皮肤致敏剂；最高限值种类：I（2）；妊娠风险等级：C（德国，2003 年） 接触途径：该物质可通过吸入，经皮肤和食入吸收到体内 吸入危险性：20℃时，该物质蒸发相当快地达到空气中有害污染浓度 短期接触的影响：该物质刺激眼睛，皮肤和呼吸道 长期或反复接触的影响：反复或长期接触可能引起皮肤过敏。该物质可能对末梢神经系统有影响
物理性质	沸点：100.5℃ 熔点：-48℃ 相对密度（水=1）：0.94 水中溶解度：20℃时 1.6g/100mL 蒸气压：20℃时 3.9kPa 蒸气相对密度（空气=1）：3.5 蒸气/空气混合物的相对密度（20℃，空气=1）：1.09 闪点：10℃（开杯） 自燃温度：421℃ 爆炸极限：空气中 1.7%～12.5%（体积） 辛醇/水分配系数的对数值：1.38
环境数据	该物质对水生生物是有害的
注解	作为聚合的阻聚剂，通常含有对苯二酚、对苯二酚甲基醚和二甲基叔丁基苯酚。添加稳定剂或阻聚剂会影响该物质的毒理学性质。向专家咨询。不要将工作服带回家中

IPCS
International
Programme on
Chemical Safety

本卡片由 IPCS 和 EC 合作编写 © 2004～2012

国际化学品安全卡

甲基三氯硅烷			ICSC 编号：0301

CAS 登记号：75-79-6
RTECS 号：VV4550000
UN 编号：1250
EC 编号：014-004-00-5
中国危险货物编号：1250
分子量：149.5

中文名称：甲基三氯硅烷；三氯甲基硅烷
英文名称：METHYLTRICHLOROSILANE; Trichloromethylsilane

化学式：CH₃SiCl₃

危害/接触类型	急性危害/症状	预防	急救/消防
火 灾	高度易燃。在火焰中释放出刺激性或有毒烟雾（或气体）	禁止明火、禁止火花和禁止吸烟。禁止与高温表面接触	水成膜泡沫，干粉，二氧化碳。禁用含水灭火剂。禁止用水
爆 炸	蒸气/空气混合物有爆炸性	密闭系统、通风、防爆型电气设备和照明。不要使用压缩空气灌装、卸料或转运	着火时，喷雾状水保持料桶等冷却，但避免该物质与水接触
接 触		严格作业环境管理！	一切情况均向医生咨询！
# 吸入	灼烧感，咳嗽，咽喉痛，呼吸困难，气促。症状可能推迟显现。（见注解）	密闭系统和通风	新鲜空气，休息。半直立体位。必要时进行人工呼吸，给予医疗护理。见注解
# 皮肤	发红，水疱，疼痛，·皮肤烧伤	防护服	脱去污染的衣服，用大量水冲洗皮肤或淋浴，给予医疗护理
# 眼睛	发红，疼痛，严重深度烧伤	面罩，或眼睛防护结合呼吸防护	先用大量水冲洗几分钟（如可能尽量摘除隐形眼镜），然后就医
# 食入	灼烧感，腹部疼痛，休克或虚脱	工作时不得进食，饮水或吸烟	漱口，不要催吐。不要饮用任何东西。给予医疗护理
泄漏处置	撤离危险区域！向专家咨询！将泄漏液收集在可密闭的干容器中。不要使用塑料容器。用干砂土或惰性吸收剂吸收残液，并转移到安全场所。不要冲入下水道。个人防护用具：全套防护服包括自给式呼吸器		
包装与标志	气密。不易破碎包装，将易破碎包装放在不易破碎的密闭容器中 欧盟危险性类别：F 符号 Xi 符号　　R:11-14-36/37/38　　S:2-26-39 联合国危险性类别：3　联合国次要危险性：8 联合国包装类别：I 中国危险性类别：第 3 类易燃液体　中国次要危险性：8 中国包装包装类别：I		
应急响应	运输应急卡：TEC(R)-30GFC-I-X 美国消防协会法规：H3（健康危险性）；F3（火灾危险性）；R2（反应危险性）；W（禁止用水）		
储存	耐火设备（条件）。与氧化剂分开存放。阴凉场所。干燥。严格密封		
重要数据	**物理状态、外观**：无色液体，有刺鼻气味 **物理危险性**：蒸气比空气重，可能沿地面流动，可能造成远处着火 **化学危险性**：燃烧时，该物质分解生成氯化氢。与强氧化剂激烈反应。与水和潮湿空气激烈反应，生成氯化氢（见卡片#0163）。浸蚀金属，如铝和镁 **职业接触限值**：阈限值未制定标准 **接触途径**：该物质可通过吸入和经食入吸收到体内 **吸入危险性**：未指明 20℃时该物质蒸发达到空气中有害浓度的速率 **短期接触的影响**：该物质腐蚀眼睛、皮肤和呼吸道。食入有腐蚀性。吸入可能引起肺水肿（见注解）。接触可能导致死亡。需进行医学观察。见注解		
物理性质	沸点：66℃ 熔点：-90℃ 相对密度（水=1）：1.3 水中溶解度：反应 蒸气压：20℃时 17.9kPa	蒸气相对密度（空气=1）：5.2 蒸气/空气混合物的相对密度（20℃，空气=1）：1.73 闪点：8℃ 自燃温度：490℃ 爆炸极限：空气中 7.2%～11.9%（体积）	
环境数据			
注解	与灭火剂，如水激烈反应。肺水肿症状常常几个小时以后才变得明显，体力劳动使症状加重。因而休息和医学观察是必要的。应当考虑由医生或医生指定的人立即采取适当吸入治疗法。毒理学性质是由甲基二氯硅烷推定的（见卡片#0297）		

IPCS
International Programme on Chemical Safety

UNEP

本卡片由 IPCS 和 EC 合作编写 © 2004～2012

国际化学品安全卡

吗啉				ICSC 编号：0302

CAS 登记号：110-91-8
RTECS 号：QD6475000
UN 编号：2054
EC 编号：613-028-00-9
中国危险货物编号：2054

中文名称：吗啉；四氢-1,4-噁嗪；二亚乙基草酰亚胺
英文名称：MORPHOLINE; Tetrahydro-1,4-oxazine; Diethylene oximide

分子量：87.1　　　　　　　　　　化学式：C_4H_9NO

危害/接触类型	急性危害/症状	预防	急救/消防
火 灾	易燃的。在火焰中释放出刺激性或有毒烟雾（或气体）	禁止明火、禁止火花和禁止吸烟	干粉、抗溶性泡沫、雾状水、二氧化碳
爆 炸	高于 35℃，可能形成爆炸性蒸气/空气混合物	高于 35℃，使用密闭系统、通风和防爆型电气设备	着火时，喷雾状水保持料桶等冷却
接 触		防止产生烟云！避免一切接触！	一切情况均向医生咨询！
# 吸入	灼烧感，咳嗽，呼吸困难，气促，症状可能推迟显现。（见注解）	通风，局部排气通风或呼吸防护	新鲜空气，休息，半直立体位。必要时进行人工呼吸，给予医疗护理。见注解
# 皮肤	可能被吸收！发红，疼痛，皮肤烧伤，水疱	防护手套，防护服	脱去污染的衣服，用大量水冲洗皮肤或淋浴，给予医疗护理
# 眼睛	发红，疼痛，视力模糊，严重深度烧伤	面罩，或眼睛防护结合呼吸防护	先用大量水冲洗几分钟（如可能尽量摘除隐形眼镜），然后就医
# 食入	腹部疼痛，灼烧感，咳嗽，腹泻，恶心，休克或虚脱，呕吐	工作时不得进食，饮水或吸烟	漱口。大量饮水，不要催吐，给予医疗护理
泄漏处置		尽可能将泄漏液收集在有盖的容器中。用砂土或惰性吸收剂吸收残液，并转移到安全场所。个人防护用具：全套防护服包括自给式呼吸器	

包装与标志	欧盟危险性类别：C 符号　R:10-20/21/22-34　S:(1/2-)23-36-45 联合国危险性类别：8　联合国次要危险性：3 联合国包装类别：I 中国危险性类别：第 3 类易燃液体　中国次要危险性：3 中国包装类别：I
应急响应	运输应急卡：TEC(R)-697 美国消防协会法规：H2（健康危险性）；F3（火灾危险性）；R0（反应危险性）
储存	耐火设备（条件）。与强氧化剂、酸类分开存放。干燥
重要数据	物理状态、外观：无色吸湿液体，有特殊气味 化学危险性：燃烧时，该物质分解生成氮氧化物和一氧化碳有毒烟雾。该物质是一种中强碱。与强氧化剂反应，有着火的危险。浸蚀塑料，橡胶和涂层。如果储存在铜或锌容器中，不稳定 职业接触限值：阈限值（时间加权平均值）：20ppm；A4（不能分类为人类致癌物）（经皮）（美国政府工业卫生学家会议，1999 年）。最高容许浓度：10ppm；36mg/m³；第 I, IIc 类（1999 年） 接触途径：该物质可通过吸入，经皮肤和食入吸收到体内 吸入危险性：20℃时，该物质蒸发相当快地达到空气中有害污染浓度 短期接触的影响：该物质腐蚀眼睛，皮肤和呼吸道和食入系统。吸入可能引起肺水肿（见注解） 长期或反复接触的影响：该物质可能对肝和肾有影响
物理性质	沸点：129℃ 熔点：-5℃ 相对密度（水=1）：1.0 水中溶解度：混溶 蒸气压：20℃时 1.06kPa 蒸气相对密度（空气=1）：3.00　　　蒸气/空气混合物的相对密度（20℃，空气=1）：1.01 闪点：35℃（闭杯） 自燃温度：310℃ 爆炸极限：空气中 1.4%～11.2%（体积） 辛醇/水分配系数的对数值：-0.86
环境数据	
注解	根据接触程度，需定期进行医疗检查。肺水肿症状常常经过几个小时以后才变得明显，体力劳动使症状加重。因而休息和医学观察是必要的。应当考虑由医生或医生指定的人立即采取适当吸入治疗法

IPCS
International
Programme on
Chemical Safety

   UNEP

本卡片由 IPCS 和 EC 合作编写 © 2004～2012

国际化学品安全卡

环烷酸铜			ICSC 编号：0303

CAS 登记号：1338-02-9
RTECS 号：QK9100000
EC 编号：29-003-00-5

中文名称：环烷酸铜；环烷酸铜盐
英文名称：COPPER NAPHTHENATE; Naphthenic acid, copper salt; Copper naphthenates

危害/接触类型	急性危害/症状	预防	急救/消防
火　灾	易燃的。在火焰中释放出刺激性或有毒烟雾（或气体）	禁止明火，禁止火花和禁止吸烟	干粉，泡沫，二氧化碳
爆　炸			着火时，喷雾状水保持料桶等冷却
接　触			
# 吸入	见注解	通风	新鲜空气，休息
# 皮肤	发红。粗糙	防护手套	脱去污染的衣服。冲洗，然后用水和肥皂清洗皮肤
# 眼睛	发红	安全眼镜	先用大量水冲洗（如可能尽量摘除隐形眼镜）
# 食入		工作时不得进食，饮水或吸烟。进食前洗手	漱口。饮用 1～2 杯水。给予医疗护理
泄漏处置	将泄漏液收集在有盖的容器中。小心收集残余物，不要让该化学品进入环境。个人防护用具：适用于有机气体和蒸气的过滤呼吸器。化学防护服		
包装与标志	不得与食品和饲料一起运输 欧盟危险性类别：Xn 符号 N 符号 标记：A　R:10-22-50/53　S:2-60-61		
应急响应			
储存	耐火设备（条件）。与食品和饲料分开存放		
重要数据	**物理状态、外观**：暗绿色黏稠液体 **化学危险性**：燃烧时，生成有毒气体 **职业接触限值**：阈限值未制定标准。最高容许浓度未制定标准 **接触途径**：该物质可通过吸入其蒸气和经食入吸收到体内 **吸入危险性**：20℃时蒸发可忽略不计，但喷洒时可较快地达到空气中颗粒物有害浓度 **短期接触的影响**：该物质刺激眼睛和皮肤		
物理性质	**沸点**：150～250℃ **水中溶解度**：不溶 **闪点**：38℃（闭杯）		
环境数据	该物质在正常使用过程中进入环境。但是要特别注意避免任何额外的释放，例如通过不适当的处置活动		
注解	商业制剂中使用的载体溶剂可能改变其物理和毒理学性质。工业品含铜 1%～12%		

IPCS
International Programme on Chemical Safety

UNEP

本卡片由 IPCS 和 EC 合作编写 © 2004～2012

国际化学品安全卡

环烷酸铅			ICSC 编号：0304

CAS 登记号：61790-14-5
RTECS 号：QK9150000
EC 编号：082-001-00-6

中文名称：环烷酸铅；环烷酸铅盐
英文名称：LEAD NAPHTHENATE; Naphthenic acid, lead salt

危害/接触类型	急性危害/症状	预防	急救/消防
火 灾	可燃的。在火焰中释放出刺激性或有毒烟雾（或气体）	禁止明火	干粉，泡沫，二氧化碳
爆 炸			着火时，喷雾状水保持料桶等冷却
接 触	见长期或反复接触的影响	避免孕妇接触！	
# 吸入	见注解	通风	新鲜空气，休息
# 皮肤		防护手套	脱去污染的衣服。冲洗,然后用水和肥皂清洗皮肤
# 眼睛		安全眼镜	先用大量水冲洗（如可能尽量摘除隐形眼镜）
# 食入		工作时不得进食，饮水或吸烟。进食前洗手	漱口。给予医疗护理
泄漏处置	将泄漏物清扫进有盖的容器中。不要让该化学品进入环境。 化学防护服。使用面罩		
包装与标志	不得与食品和饲料一起运输 欧盟危险性类别：T 符号 N 符号 标记：A E 1　　R:20/22-33-61-62-50/53　　S:53-45-60-61 GHS 分类：警示词：警告 图形符号：健康危险 危险说明：长期或反复接触可能引起中枢神经系统和肾损伤		
应急响应			
储存	与食品和饲料分开存放。储存在没有排水管或下水道的场所		
重要数据	物理状态、外观：黄色半透明的膏状物 化学危险性：燃烧时，生成含氧化铅的有毒烟雾 职业接触限值：阈限值未制定标准。最高容许浓度未制定标准 接触途径：该物质可通过食入和（以溶液形式）经皮肤吸收到体内 吸入危险性：未指明 20℃时该物质蒸发达到空气中有害浓度的速率 长期或反复接触的影响：该物质可能对中枢神经系统和肾脏有影响		
物理性质	水中溶解度：不溶		
环境数据	强烈建议不要让该化学品进入环境		
注解	根据接触程度，建议定期进行医学检查。商业制剂中使用的载体溶剂可能改变其物理和毒理学性质。工业品含铅 8%～28% 。参见卡片#0052		

IPCS
International
Programme on
Chemical Safety

UNEP

本卡片由 IPCS 和 EC 合作编写 © 2004～2012

国际化学品安全卡

新戊基乙二醇			ICSC 编号：0305

CAS 登记号：126-30-7 RTECS 号：TY5775000	中文名称：新戊基乙二醇；2,2-二甲基-1,3-丙二醇；2,2-二甲基丙烷-1,3-二醇；1,3-二羟基-2,2-二甲基丙烷 英文名称：NEOPENTYL GLYCOL; 2,2-Dimethyl-1,3-propanediol; 2,2-Dimethylpropane-1,3-diol; 1,3-Dihydroxy-2,2-dimethylpropane

分子量：104.2	化学式：$C_5H_{12}O_2/(CH_3)_2C(CH_2OH)_2$

危害/接触类型	急性危害/症状	预防	急救/消防
火　灾	可燃的	禁止明火	雾状水、干粉
爆　炸	微细分散的颗粒物在空气中形成爆炸性混合物	防止粉尘沉积、密闭系统、防止粉尘爆炸型电气设备和照明	
接　触			
# 吸入	咳嗽	避免吸入微细粉尘和烟云。通风，局部排气通风或呼吸防护	新鲜空气，休息
# 皮肤	发红	防护手套	脱去污染的衣服，冲洗，然后用水和肥皂清洗皮肤
# 眼睛	发红，疼痛	安全护目镜	先用大量水冲洗几分钟（如可能尽量摘除隐形眼镜），然后就医
# 食入	灼烧感	工作时不得进食，饮水或吸烟	漱口

泄漏处置	将泄漏物清扫进容器中。喷洒雾状水去除残留物。个人防护用具：适用于有害颗粒物的 P2 过滤呼吸器
包装与标志	
应急响应	美国消防协会法规：H1（健康危险性）；F1（火灾危险性）；R0（反应危险性）
储存	与氧化剂分开存放。干燥
重要数据	物理状态、外观：无色至白色吸湿晶体 物理危险性：以粉末或颗粒形状与空气混合，可能发生粉尘爆炸 化学危险性：与氧化剂激烈反应 职业接触限值：阈限值未制定标准 接触途径：该物质可通过吸入其气溶胶和经食入吸收到体内 吸入危险性：20℃时蒸发可忽略不计，但扩散时可较快地达到空气中颗粒物有害浓度，尤其是粉末 短期接触的影响：该物质刺激眼睛和呼吸道
物理性质	沸点：210℃ 熔点：127℃ 密度：1.1g/cm³ 水中溶解度：20℃时 83g/100mL 蒸气压：20℃时 30Pa 蒸气相对密度（空气=1）：3.6 蒸气/空气混合物的相对密度（20℃，空气=1）：1.0 闪点：107℃ 自燃温度：388℃ 爆炸极限：空气中 1.1%～11.4%（体积） 辛醇/水分配系数的对数值：-0.84
环境数据	
注解	对接触该物质的健康影响未进行充分调查

IPCS
International
Programme on
Chemical Safety

UNEP

本卡片由 IPCS 和 EC 合作编写 © 2004～2012

国际化学品安全卡

2-硝基苯胺			ICSC 编号：0306

CAS 登记号：88-74-4
RTECS 号：BY6650000
UN 编号：1661
EC 编号：612-012-00-9
中国危险货物编号：1661
分子量：138.1

中文名称：2-硝基苯胺；邻硝基苯胺；1-氨基-2-硝基苯；C.I.37025
英文名称：2-NITROANILINE; o-Nitroaniline; 1-Amino-2-nitrobenzene; C.I. 37025

化学式：$C_6H_6N_2O_2$

危害/接触类型	急性危害/症状	预防	急救/消防
火灾	可燃的。许多反应可能引起火灾或爆炸	禁止明火。禁止与可燃物质接触	干粉、雾状水、泡沫、二氧化碳
爆炸	微细分散的颗粒物在空气中形成爆炸性混合物	防止粉尘沉积、密闭系统、防止粉尘爆炸型电气设备和照明	着火时，喷雾状水保持料桶等冷却。从掩蔽位置灭火
接触		防止粉尘扩散！	
# 吸入	嘴唇发青或指甲发青。皮肤发青，头痛，头晕，恶心，意识模糊，惊厥，呼吸困难，神志不清	局部排气通风或呼吸防护	新鲜空气，休息。必要时进行人工呼吸，给予医疗护理
# 皮肤	可能被吸收！另见吸入	防护手套，防护服	脱去污染的衣服，用大量水冲洗皮肤或淋浴，给予医疗护理
# 眼睛		面罩，或眼睛防护结合呼吸防护	先用大量水冲洗几分钟（如可能尽量摘除隐形眼镜），然后就医
# 食入	另见吸入	工作时不得进食，饮水或吸烟。进食前洗手	催吐（仅对清醒病人！），给予医疗护理

泄漏处置	将泄漏物清扫进有盖的容器中。如果适当，首先润湿防止扬尘。小心收集残余物。不要让该化学品进入环境。个人防护用具：适用于有毒颗粒物的P3过滤呼吸器
包装与标志	不得与食品和饲料一起运输 欧盟危险性类别：T 符号 标记：C R:23/24/25-33-52/53 S:1/2-28-36/37-45-61 联合国危险性类别：6.1 联合国包装类别：II 中国危险性类别：第6.1项毒性物质 中国包装类别：II
应急响应	运输应急卡：TEC(R)-61G12b 美国消防协会法规：H3（健康危险性）；F1（火灾危险性）；R2（反应危险性）
储存	与强酸、强氧化剂、可燃物质和还原性物质、食品和饲料分开存放
重要数据	物理状态、外观：橙黄色晶体 物理危险性：以粉末或颗粒形状与空气混合，可能发生粉尘爆炸 化学危险性：燃烧时，生成氮氧化物有毒烟雾。与强酸、强氧化剂和强还原剂发生反应。有湿气存在时，与有机物料发生反应，有着火的危险 职业接触限值：阈限值未制定标准 接触途径：该物质可通过吸入其蒸气，经皮肤和食入吸收到体内 吸入危险性：未指明20℃时该物质蒸发达到空气中有害浓度的速率 短期接触的影响：该物质可能对血液有影响，导致形成正铁血红蛋白。影响可能推迟显现。需进行医学观察。见注解 长期或反复接触的影响：该物质可能对血液有影响，导致形成正铁血红蛋白。见注解
物理性质	沸点：284℃ 熔点：71℃ 密度：1.44g/cm³ 水中溶解度：25℃时 0.126g/100mL 蒸气压：20℃时 4Pa 闪点：168℃ 自燃温度：521℃ 辛醇/水分配系数的对数值：1.44
环境数据	该物质对水生生物是有害的。由于在环境中的持久性，强烈建议不要让该化学品进入环境
注解	根据接触程度，需定期进行医疗检查。该物质中毒时须采取必要的治疗措施。必须提供有指示说明的适当方法。可参考卡片#0307（ 3-硝基苯胺）和#0308 （4-硝基苯胺）

IPCS
International
Programme on
Chemical Safety

本卡片由 IPCS 和 EC 合作编写 © 2004～2012

国际化学品安全卡

3-硝基苯胺			ICSC 编号：0307

CAS 登记号：99-09-2
RTECS 号：BY6825000
UN 编号：1661
EC 编号：612-012-00-9
中国危险货物编号：1661

中文名称：3-硝基苯胺；间硝基苯胺；1-氨基-3-硝基苯；C.I.37030
英文名称：3-NITROANILINE; m-Nitroaniline; 1-Amino-3-nitrobenzene; C.I. 37030

分子量：138.1　　　　　　化学式：$C_6H_6N_2O_2$

危害/接触类型	急性危害/症状	预防	急救/消防
火　灾	可燃的。许多反应可能引起火灾或爆炸	禁止明火，禁止与可燃物质接触	干粉、雾状水、泡沫、二氧化碳
爆　炸	微细分散的颗粒物在空气中形成爆炸性混合物	防止粉尘沉积、密闭系统、防止粉尘爆炸型电气设备和照明	着火时，喷雾状水保持料桶等冷却。从掩蔽位置灭火
接　触		防止粉尘扩散！	
# 吸入	嘴唇发青或指甲发青。皮肤发青，头痛，头晕，恶心，意识模糊，惊厥，呼吸困难，神志不清	局部排气通风或呼吸防护	新鲜空气，休息。必要时进行人工呼吸，给予医疗护理
# 皮肤	可能被吸收！另见吸入	防护手套，防护服	脱去污染的衣服，用大量水冲洗皮肤或淋浴，给予医疗护理
# 眼睛		面罩，或眼睛防护结合呼吸防护	先用大量水冲洗几分钟（如可能尽量摘除隐形眼镜），然后就医
# 食入	另见吸入	工作时不得进食，饮水或吸烟。进食前洗手	催吐（仅对清醒病人！），给予医疗护理

泄漏处置	将泄漏物清扫进有盖的容器中。如果适当，首先润湿防止扬尘。小心收集残余物。不要让该化学品进入环境。个人防护用具：适用于有毒颗粒物的 P3 过滤呼吸器
包装与标志	不得与食品和饲料一起运输 欧盟危险性类别：T 符号　标记：C R:23/24/25-33-52/53　S:1/2-28-36/37-45-61 联合国危险性类别：6.1　联合国包装类别：II 中国危险性类别：第 6.1 项毒性物质　中国包装类别：II
应急响应	运输应急卡：TEC(R)-61G12b 美国消防协会法规：H3（健康危险性）；F1（火灾危险性）；R2（反应危险性）
储存	与强酸、强氧化剂、可燃物质和还原性物质、食品和饲料分开存放。干燥
重要数据	物理状态、外观：黄色晶体 物理危险性：以粉末或颗粒形状与空气混合，可能发生粉尘爆炸 化学危险性：燃烧时，生成氮氧化物有毒烟雾。与强酸，强氧化剂和强还原剂发生反应。有湿气存在时，与有机物料发生反应，有着火的危险 职业接触限值：阈限值未制定标准 接触途径：该物质可通过吸入其蒸气，经皮肤和食入吸收到体内 吸入危险性：未指明 20℃时该物质蒸发达到空气中有害浓度的速率 短期接触的影响：该物质可能对血液有影响，导致形成正铁血红蛋白。需进行医学观察。影响可能推迟显现。见注解 长期或反复接触的影响：该物质可能对血液有影响，导致形成正铁血红蛋白。见注解
物理性质	沸点：306℃（分解） 熔点：114℃ 密度：1.4g/cm³ 水中溶解度：25℃时 0.089g/100mL 蒸气压：25℃时 0.005Pa 辛醇/水分配系数的对数值：1.37
环境数据	该物质对水生生物是有害的。由于在环境中的持久性，强烈建议不要让该化学品进入环境
注解	根据接触程度，需定期进行医疗检查。该物质中毒时，需采取必要的治疗措施。必须提供有指示说明的适当方法/可参考卡片#0306（2-硝基苯胺）和#0308（4-硝基苯胺）

IPCS
International
Programme on
Chemical Safety

UNEP

本卡片由 IPCS 和 EC 合作编写 © 2004～2012

国际化学品安全卡

4-硝基苯胺			ICSC 编号：0308

CAS 登记号：100-01-6
RTECS 号：BY7000000
UN 编号：1661
EC 编号：612-012-00-9
中国危险货物编号：1661
分子量：138.1

中文名称：4-硝基苯胺；对硝基苯胺；1-氨基-4-硝基苯；C.I.37035
英文名称：4-NITROANILINE; p-Nitroaniline;1-Amino-4-nitrobenzene; C.I.37035

化学式：$C_6H_6N_2O_2$

危害/接触类型	急性危害/症状	预防	急救/消防
火 灾	可燃的。许多反应可能引起火灾或爆炸	禁止明火，禁止与可燃物质接触	干粉、雾状水、泡沫、二氧化碳
爆 炸	微细分散的颗粒物在空气中形成爆炸性混合物	防止粉尘沉积、密闭系统、防止粉尘爆炸型电气设备和照明	着火时，喷雾状水保持料桶等冷却。从掩蔽位置灭火
接 触		防止粉尘扩散！	
# 吸入	嘴唇发青或指甲发青。皮肤发青，头痛，头晕，恶心，意识模糊，惊厥，呼吸困难，神志不清	局部排气通风或呼吸防护	新鲜空气，休息。必要时进行人工呼吸，给予医疗护理
# 皮肤	可能被吸收！另见吸入	防护手套，防护服	脱去污染的衣服，用大量水冲洗皮肤或淋浴，给予医疗护理
# 眼睛	发红，疼痛	面罩，或眼睛防护结合呼吸防护	先用大量水冲洗几分钟(如可能尽量摘除隐形眼镜)，然后就医
# 食入	另见吸入	工作时不得进食，饮水或吸烟。进食前洗手	催吐(仅对清醒病人!)，给予医疗护理
泄漏处置	将泄漏物清扫进容器中。如果适当，首先润湿防止扬尘。个人防护用具：适用于有毒颗粒物的 P3 过滤呼吸器		
包装与标志	不得与食品和饲料一起运输 欧盟危险性类别：T 符号 标记：C R:23/24/25-33-52/53 S:1/2-28-36/37-45-61 联合国危险性类别：6.1 联合国包装类别：II 中国危险性类别：第 6.1 项毒性物质 中国包装类别：II		
应急响应	运输应急卡：TEC(R)-61G12b 美国消防协会法规：H3（健康危险性）；F1（火灾危险性）；R2（反应危险性）		
储存	与强酸、强氧化剂、可燃物质和还原性物质、食品和饲料分开存放。干燥		
重要数据	物理状态、外观：黄色晶体或粉末 物理危险性：以粉末或颗粒形状与空气混合，可能发生粉尘爆炸 化学危险性：受热时，可能发生爆炸。燃烧时生成氮氧化物有毒烟雾。与强酸、强氧化剂和强还原剂发生反应。有湿气存在时，与有机物料发生反应，有着火的危险 职业接触限值：阈限值：$3mg/m^3$（时间加权平均值，经皮），A4（不能分类为人类致癌物）；公布生物暴露指数（美国政府工业卫生学家会议，2005 年）。最高容许浓度：皮肤吸收；致癌物类别：3A（德国，2005 年） 接触途径：该物质可通过吸入其蒸气，经皮肤和食入吸收到体内 吸入危险性：20℃时该物质蒸发，相当快地达到空气中有害污染浓度，但喷洒或扩散时要快得多 短期接触的影响：该物质轻微刺激眼睛。该物质可能对血液有影响，导致形成正铁血红蛋白。影响可能推迟显现。需进行医学观察。见注解 长期或反复接触的影响：该物质可能对血液有影响，导致形成正铁血红蛋白。见注解		
物理性质	沸点：332℃ 熔点：148℃ 密度：$1.4g/cm^3$ 水中溶解度：18.5℃时 0.08g/100mL 蒸气压：20℃时 0.2Pa 蒸气相对密度（空气=1）：4.8 闪点：199℃ 辛醇/水分配系数的对数值：2.66		
环境数据	该物质对水生生物是有害的。不要让该化学品进入环境		
注解	根据接触程度，需定期进行医学检查。该物质中毒时，需采取必要的治疗措施。必须提供有指示说明的适当方法。可参考卡片#0306（2-硝基苯胺）和#0307 （3-硝基苯胺）		

IPCS
International
Programme on
Chemical Safety

本卡片由 IPCS 和 EC 合作编写 © 2004～2012

国际化学品安全卡

壬基酚（混合异构体）			ICSC 编号：0309

CAS 登记号：25154-52-3
RTECS 号：SM5600000
UN 编号：3145
EC 编号：601-053-00-8
中国危险货物编号：3145

中文名称：壬基酚（混合异构体）；（2,6-二甲基庚烷-4-基）苯酚混合异构体
英文名称：NONYL PHENOL (MIXED ISOMERS);
(2,6-Dimethylheptan-4-yl)phenol, mixed isomers

分子量：220.4　　　　　　　　化学式：$C_{15}H_{24}O$

危害/接触类型	急性危害/症状	预防	急救/消防
火　灾	可燃的	禁止明火	抗溶性泡沫，干粉，二氧化碳
爆　炸			
接　触		严格作业环境管理！ 避免孕妇接触！	
# 吸入	咽喉痛。恶心。灼烧感。咳嗽。呼吸困难。呼吸短促	通风，局部排气通风或呼吸防护	新鲜空气，休息，半直立体位，给予医疗护理
# 皮肤	发红。疼痛。灼烧感。皮肤烧伤	防护手套，防护服	脱去污染的衣服，用大量水冲洗皮肤或淋浴，给予医疗护理
# 眼睛	发红，疼痛，严重深度烧伤	面罩	先用大量水冲洗几分钟（如可能尽量摘除隐形眼镜），然后就医
# 食入	咽喉疼痛，灼烧感，腹部疼痛，腹泻，恶心，休克或虚脱	工作时不得进食，饮水或吸烟	漱口，大量饮水。不要催吐，给予医疗护理
泄漏处置	不要让该化学品进入环境。尽可能将泄漏液收集在可密闭的容器中。用砂土或惰性吸收剂吸收残液，并转移到安全场所。个人防护用具：化学防护服		
包装与标志	污染海洋物质 欧盟危险性类别：C 符号 N 符号 R：22-34-62-63-50/53　S：1/2-26-36/37/39-45-46-60-61 联合国危险性类别：8 联合国包装类别：II 中国危险性类别：第 8 类腐蚀性物质 中国包装类别：II		
应急响应	运输应急卡：TEC(R)-80GC3-II+III 美国消防协会法规：H2（健康危险性）；F1（火灾危险性）；R0（反应危险性）		
储存	储存在没有排水管或下水道的场所。与强氧化剂、强碱分开存放		
重要数据	物理状态、外观：淡黄色黏稠液体，有特殊气味 物理危险性：由于流动、搅拌等，可能产生静电 化学危险性：加热时，该物质分解生成有毒烟雾。与强碱和强氧化剂发生反应 职业接触限值：阈限值未制定标准。最高容许浓度未制定标准 接触途径：该物质可通过吸入，经皮肤和食入吸收到体内 吸入危险性：20℃时蒸发可忽略不计，但喷洒时可较快地达到空气中颗粒物有害浓度 短期接触的影响：该物质腐蚀眼睛，皮肤和刺激呼吸道。食入有腐蚀性。需进行医学观察 长期或反复接触的影响：动物实验表明，该物质可能造成人类生殖或发育毒性		
物理性质			
环境数据	该物质对水生生物有极高毒性。该化学品可能在鱼类、海产食品和植物中发生生物蓄积		
注解	其他 CAS 登记号：84852-15-3。据报道，商业壬基苯酚的纯度为 90%（质量），含有下列杂质：2-壬基苯酚（5%）和 2,4-二壬基苯酚（5%）。本卡片的建议也适用于异壬基苯酚（CAS 登记号：11066-49-2）和支链壬基苯酚（CAS 登记号：90481-04-2）		

IPCS
International
Programme on
Chemical Safety

   UNEP

本卡片由 IPCS 和 EC 合作编写 © 2004～2012

国际化学品安全卡

八甲基环四硅氧烷			ICSC 编号：0310

CAS 登记号：556-67-2
RTECS 号：GZ4397000
EC 编号：014-018-00-1

中文名称：八甲基环四硅氧烷
英文名称：OCTAMETHYLCYCLOTETRASILOXANE; Cyclotetrasiloxane, octamethyl-

分子量：296.6　　　　　　　　　　　化学式：$C_8H_{24}O_4Si_4$

危害/接触类型	急性危害/症状	预防	急救/消防
火　灾	易燃的	禁止明火	干粉，抗溶性泡沫，大量水，二氧化碳
爆　炸			
接　触		防止产生烟云！	
# 吸入		通风	新鲜空气，休息
# 皮肤		防护手套	脱去污染的衣服。冲洗，然后用水和肥皂清洗皮肤
# 眼睛		安全护目镜	先用大量水冲洗几分钟（如可能尽量摘除隐形眼镜），然后就医
# 食入	恶心。呕吐	工作时不得进食，饮水或吸烟	漱口。不要催吐。给予医疗护理

泄漏处置	将泄漏液收集在有盖的容器中
包装与标志	欧盟危险性类别：Xn 符号　　R:53-62　　S:2-36/37-46-51-61
应急响应	
储存	
重要数据	物理状态、外观：无色油状液体 职业接触限值：阈限值未制定标准 接触途径：该物质可通过吸入其蒸气，经皮肤和食入吸收到体内 吸入危险性：未指明 20℃时该物质蒸发达到空气中有害浓度的速率
物理性质	沸点：175℃ 熔点：17.5℃ 相对密度（水=1）：0.96 水中溶解度：不溶 蒸气压：21.7℃时 133.3Pa 闪点：56℃
环境数据	
注解	

IPCS
International
Programme on
Chemical Safety

本卡片由 IPCS 和 EC 合作编写 © 2004～2012

国际化学品安全卡

三氯甲烷亚磺酰氯		ICSC 编号：0311

CAS 登记号：594-42-3
RTECS 号：PB0370000
UN 编号：1670
中国危险货物编号：1670

中文名称：三氯甲烷亚磺酰氯；三氯甲基硫氯化物；硫代羰基四氯；全氯甲硫醇

英文名称：TRICHLOROMETHANESULFENYL CHLORIDE; Trichlormethyl sulfur chloride; Thiocarbonyl tetrachloride; Trichloromethyl sulfochloride; Perchloromethyl mercaptan

分子量：185.9

化学式：CCl$_4$S/CCl$_3$SCl

危害/接触类型	急性危害/症状	预防	急救/消防
火　灾	不可燃。在火焰中释放出刺激性或有毒烟雾（或气体）		周围环境着火时，使用适当的灭火剂
爆　炸			
接　触		严格作业环境管理！	
# 吸入	咳嗽。咽喉痛。呼吸困难。恶心。呕吐。惊厥	通风，局部排气通风或呼吸防护	新鲜空气，休息。半直立体位。必要时进行人工呼吸。给予医疗护理
# 皮肤	发红。疼痛	防护手套	脱去污染的衣服。用大量水冲洗皮肤或淋浴。给予医疗护理
# 眼睛	发红。疼痛	面罩，或眼睛防护结合呼吸防护	先用大量水冲洗几分钟（如可能尽量摘除隐形眼镜），然后就医
# 食入	胃痉挛。（另见吸入）	工作时不得进食，饮水或吸烟	漱口。不要催吐。饮用 1～2 杯水。给予医疗护理

泄漏处置	撤离危险区域！向专家咨询！尽可能将泄漏液收集在可密闭的容器中。用砂土或惰性吸收剂吸收残液，并转移到安全场所。个人防护用具：化学防护服包括自给式呼吸器
包装与标志	不易破碎包装，将易破碎包装放在不易破碎的密闭容器中。不得与食品和饲料一起运输。污染海洋物质 联合国危险性类别：6.1　　联合国包装类别：I 中国危险性类别：第 6.1 项 毒性物质　中国包装类别：I
应急响应	运输应急卡：TEC(R)-61GT1-I
储存	与食品和饲料分开存放。见化学危险性。严格密封
重要数据	物理状态、外观：黄色油状液体，有刺鼻气味 化学危险性：加热时，该物质分解生成含硫化氢和硫氧化物的有毒和腐蚀性烟雾。与水接触时，该物质分解生成氯化氢、二氧化硫和二氧化碳。与碱、氧化剂和还原剂发生反应。浸蚀许多金属 职业接触限值：阈限值：0.1ppm（美国政府工业卫生学家会议，2003 年）。最高容许浓度：IIb（未制定标准，但可提供数据）（德国，2005 年） 接触途径：该物质可通过吸入其蒸气，经皮肤和食入吸收到体内 吸入危险性：20℃时，该物质蒸发，迅速达到空气中有害污染浓度 短期接触的影响：该物质严重刺激眼睛、皮肤和呼吸道。吸入高浓度蒸气可能引起肺水肿（见注解）。高于职业接触限值接触，可能导致死亡。影响可能推迟显现。需进行医学观察
物理性质	沸点：147～148℃ 相对密度（水=1）：1.7 水中溶解度：不溶 蒸气压：20℃时 0.4kPa 蒸气相对密度（空气=1）：6.4
环境数据	
注解	对接触该物质的环境影响未进行充分调查。肺水肿症状常常经过几个小时以后才变得明显，体力劳动使症状加重。因而休息和医学观察是必要的。应当考虑由医生或医生指定的人立即采取适当吸入治疗法。全氯甲硫醇的其他 CAS 登记号为 75-70-7(CCl3SH)

IPCS
International
Programme on
Chemical Safety

本卡片由 IPCS 和 EC 合作编写 © 2004～2012

国际化学品安全卡

氯菊酯			ICSC 编号：0312

CAS 登记号：52645-53-1	中文名称：氯菊酯；3-苯氧苄基(2RS)-顺-反-3-(2,2-二氯乙烯基)-2,2-二甲基
RTECS 号：GZ1255000	环丙烷羧酸酯；(3-苯氧基苯基)甲基 3-(2,2-二氯乙烯基)-2,2-二甲基环丙烷
UN 编号：3352	羧酸酯
EC 编号：613-058-00-2	英文名称：PERMETHRIN;3-Phenoxybenzyl (1RS)-cis-trans-3-
中国危险货物编号：3352	(2,2-dichlorovinyl)-2,2-dimethylcyclopropanecarboxylate; (3-Phenoxyphenyl)
	methyl 3- (2,2-dichloroethenyl)-2,2-dimethylcyclopropanecarboxylate

分子量：391.3　　　　　　　　　　化学式：$C_{21}H_{20}Cl_2O_3$

危害/接触类型	急性危害/症状	预防	急救/消防
火　灾	可燃的。含有机溶剂的液体制剂可能是易燃的。在火焰中释放出刺激性或有毒烟雾（或气体）	禁止明火	干粉、水成膜泡沫、泡沫、二氧化碳
爆　炸			着火时，喷雾状水保持料桶等冷却
接　触		防止粉尘扩散！	
# 吸入	咳嗽	通风，局部排气通风或呼吸防护	新鲜空气，休息
# 皮肤	发红，灼烧感	防护手套，防护服	脱去污染的衣服，冲洗，然后用水和肥皂清洗皮肤
# 眼睛	发红，疼痛	面罩	先用大量水冲洗几分钟（如可能尽量摘除隐形眼镜），然后就医
# 食入	灼烧感，腹泻，呕吐	工作时不得进食，饮水或吸烟，进食前洗手	漱口，给予医疗护理

泄漏处置	不要冲入下水道。不要让该化学品进入环境。将泄漏物清扫进容器中。如果适当，首先润湿防止扬尘。小心收集残余物。然后转移到安全场所。个人防护用具：适用于有机蒸气和有害粉尘的 A/P2 过滤呼吸器
包装与标志	不得与食品和饲料一起运输 欧盟危险性类别：Xn 符号　N 符号　　R:20/22-43-50/53　　S:2-13-24-36/37/39-60-61 联合国危险性类别：6.1　联合国包装类别：III 中国危险性类别：第 6.1 项毒性物质　中国包装类别：III
应急响应	运输应急卡：TEC(R)-61GT6-III
储存	注意收容灭火产生的废水。与食品和饲料分开存放。保存在通风良好的室内
重要数据	物理状态、外观：黄棕色至棕色黏稠液体或晶体 化学危险性：燃烧时，该物质分解生成含氯化氢有毒烟雾 职业接触限值：阈限值未制定标准 接触途径：该物质可通过吸入其气溶胶和经食入吸收到体内 吸入危险性：未指明 20℃时该物质蒸发达到空气中有害浓度的速率 短期接触的影响：该物质刺激眼睛、皮肤和呼吸道
物理性质	熔点：34～39℃ 相对密度（水=1）：1.2 水中溶解度：不溶 蒸气压：20℃时 10Pa 辛醇/水分配系数的对数值：6.5
环境数据	该物质对水生生物有极高毒性。避免非正常使用情况下释放到环境中
注解	商业制剂中使用的载体溶剂可能改变其物理和毒理学性质。商品名称有：Ambush, Eksmin 和 Talcord。可参考国际化学品安全规划署的出版物"卫生和安全指南"第 33 期氯菊酯和"环境卫生基准"第 94 期氯菊酯

IPCS
International
Programme on
Chemical Safety

本卡片由 IPCS 和 EC 合作编写 © 2004～2012

国际化学品安全卡

右旋苯醚菊酯			ICSC 编号：0313

CAS 登记号：26002-80-2
RTECS 号：GZ1975000

中文名称：右旋苯醚菊酯；3-苯氧基苯基(1R)-顺-反菊酸酯；(3-苯氧基苯基)甲基-2,2-二甲基-3-(2-甲基-1-丙烯基)环丙烷羧酸酯

英文名称：d-PHENOTHRIN; 3-Phenoxybenzyl (1R)-cis-trans-chrysanthemate; (3-Phenoxyphenyl)methyl 2,2-dimethyl-3-(2-methyl-1-propenyl) cyclopropanecarboxylate

分子量：350.5   化学式：$C_{23}H_{26}O_3$

危害/接触类型	急性危害/症状	预防	急救/消防
火 灾	可燃的。含有机溶剂的液体制剂可能是易燃的	禁止明火	干粉、水成膜泡沫、泡沫、二氧化碳
爆 炸			着火时，喷雾状水保持料桶等冷却
接 触		防止产生烟云！	
# 吸入		通风，局部排气通风或呼吸防护	新鲜空气，休息
# 皮肤		防护手套	脱去污染的衣服，冲洗，然后用水和肥皂清洗皮肤
# 眼睛	发红	安全护目镜	先用大量水冲洗几分钟（如可能尽量摘除隐形眼镜），然后就医
# 食入		工作时不得进食，饮水或吸烟。进食前洗手	漱口
泄漏处置	尽可能将泄漏液收集在可密闭的容器中。用砂土或惰性吸收剂吸收残液，并转移到安全场所。不要冲入下水道。不要让该化学品进入环境		
包装与标志			
应急响应			
储存	注意收容灭火产生的废水。与食品和饲料分开存放。保存在通风良好的室内		
重要数据	物理状态、外观：淡黄色至黄棕色液体 职业接触限值：阈限值未制定标准 接触途径：该物质可通过吸入其气溶胶和经食入吸收到体内 吸入危险性：未指明20℃时该物质蒸发达到空气中有害浓度的速率 短期接触的影响：该物质刺激眼睛		
物理性质	相对密度（水=1）：1.06 水中溶解度：不溶 蒸气压：20℃时 10Pa		
环境数据	该物质对水生生物有极高毒性。避免非正常使用情况下释放到环境中		
注解	商业制剂中使用的载体溶剂可能改变其物理和毒理学性质。商品名称为 Sumithrin。可参考国际化学品安全规划署的出版物"卫生和安全指南"第 32 期右旋苯醚菊酯和"环境卫生基准"第 96 期右旋苯醚菊酯		

IPCS
International
Programme on
Chemical Safety

UNEP

本卡片由 IPCS 和 EC 合作编写 © 2004～2012

国际化学品安全卡

氨基甲酸乙酯			ICSC 编号：0314

CAS 登记号：51-79-6　　　　　中文名称：氨基甲酸乙酯；尿烷

RTECS 号：FA8400000　　　　　英文名称：ETHYL CARBAMATE; Carbamic acid ethyl ester; Ethyl urethane;

EC 编号：607-149-00-6　　　　　Urethane

分子量：89.09　　　　　　　　化学式：$C_3H_7NO_2/NH_2COOC_2H_5$

危害/接触类型	急性危害/症状	预防	急救/消防
火 灾	可燃的。在火焰中释放出刺激性或有毒烟雾（或气体）	禁止明火	干粉，抗溶性泡沫，雾状水，二氧化碳
爆 炸			
接 触		避免一切接触！	
# 吸入		局部排气通风或呼吸防护	新鲜空气，休息。给予医疗护理
# 皮肤		防护手套	用大量水冲洗皮肤或淋浴
# 眼睛		面罩，或如为粉末，眼睛防护结合呼吸防护	用大量水冲洗（如可能尽量摘除隐形眼镜）
# 食入		工作时不得进食，饮水或吸烟	漱口

泄漏处置	将泄漏物清扫进可密闭容器中，如果适当，首先润湿防止扬尘。小心收集残余物，然后转移到安全场所。个人防护用具：化学防护服，包括自给式呼吸器
包装与标志	欧盟危险性类别：T 符号　　R:45　　S:53-45 GHS 分类：信号词：危险　图形符号：感叹号-健康危险　危险说明：吞咽可能有害；可能致癌；可能对母乳喂养的小儿造成伤害；可能对神经系统造成损害
应急响应	
储存	见化学危险性。严格密封
重要数据	物理状态、外观：无气味，无色晶体，球状颗粒或白色颗粒状粉末 化学危险性：加热时该物质分解，生成含有氮氧化物的有毒烟雾。与强氧化剂、强酸和强碱发生反应 职业接触限值：阈限值未制定标准。最高容许浓度：皮肤吸收；致癌物类别：2；生殖细胞突变种类：3A（德国，2009 年） 接触途径：该物质可经食入吸收到体内 吸入危险性：20℃时蒸发可忽略不计，但可较快地达到空气中颗粒物有害浓度 短期接触的影响：该物质可能对神经系统有影响。接触能够造成意识水平下降 长期或反复接触的影响：该物质很可能是人类致癌物
物理性质	沸点：185℃ 熔点：49℃ 相对密度（水=1）：0.98 水中溶解度：200g/100mL 蒸气压：20℃时 5Pa 蒸气相对密度（空气=1）：3.1 蒸气/空气混合物的相对密度（20℃，空气=1）：1.00 闪点：92℃(闭杯) 辛醇/水分配系数的对数值：-0.15
环境数据	
注解	不要将工作服带回家中

IPCS
International Programme on Chemical Safety

本卡片由 IPCS 和 EC 合作编写 © 2004～2012

国际化学品安全卡

邻苯二甲酸酐			ICSC 编号：0315

CAS 登记号：85-44-9 RTECS 号：TI3150000 EC 编号：607-009-00-4	中文名称：邻苯二甲酸酐；1,2-苯二甲酸酐；1,3-异苯并呋喃二酮 英文名称：PHTHALIC ANHYDRIDE; 1,2-Benzenedicarboxylic acid anhydride; Phthalic acid anhydride; 1,3-Isobenzofurandione

分子量：148.1	化学式：$C_8H_4O_3/C_6H_4(CO)_2O$

危害/接触类型	急性危害/症状	预防	急救/消防
火 灾	可燃的	禁止明火	雾状水，泡沫，干粉，二氧化碳
爆 炸	微细分散的颗粒物在空气中形成爆炸性混合物	防止粉尘沉积，密闭系统，防止粉尘爆炸型电气设备和照明	
接 触		防止粉尘扩散！避免一切接触！	
# 吸入	咳嗽。咽喉痛。喘息	局部排气通风或呼吸防护	新鲜空气，休息。半直立体位。给予医疗护理
# 皮肤	发红。疼痛	防护手套。防护服	脱去污染的衣服。冲洗，然后用水和肥皂清洗皮肤。给予医疗护理
# 眼睛	发红。疼痛	护目镜，或眼睛防护结合呼吸防护	先用大量水冲洗几分钟（如可能尽量摘除隐形眼镜），然后就医
# 食入	腹部疼痛	工作时不得进食，饮水或吸烟	漱口。不要催吐。大量饮水。给予医疗护理

泄漏处置	将泄漏物清扫进有盖的容器中。如果适当，首先润湿防止扬尘。小心收集残余物，然后转移到安全场所。个人防护用具：化学防护服包括自给式呼吸器
包装与标志	不得与食品和饲料一起运输 欧盟危险性类别：Xn 符号 R:22-37/38-41-42/43 S:2-23-24/25-26-37/39-46
应急响应	美国消防协会法规：H3（健康危险性）；F1（火灾危险性）；R0（反应危险性）
储存	与可燃物质、还原性物质、强氧化剂、强碱、强酸、食品和饲料分开存放。。见化学危险性。沿地面通风。干燥。严格密封
重要数据	物理状态、外观：白色有光泽的晶体，有特殊气味 物理危险性：以粉末或颗粒形状与空气混合，可能发生粉尘爆炸 化学危险性：与热水接触时，该物质分解生成苯二甲酸。与强氧化剂、强酸、强碱和还原剂发生反应。加热时，与氧化铜或亚硝酸钠激烈反应，有爆炸的危险。有水存在时，浸蚀许多金属 职业接触限值：阈限值：1ppm；致敏剂；A4（不能分类为人类致癌物）（美国政府工业卫生学家会议，2003 年）。最高容许浓度：IIb（未制定标准，但可提供数据）；吸入致敏剂（德国，2002 年） 接触途径：该物质可通过吸入其气溶胶和经食入吸收到体内 吸入危险性：扩散时可较快达到空气中颗粒物有害浓度，尤其是粉末 短期接触的影响：该物质严重刺激眼睛、皮肤和呼吸道 长期或反复接触的影响：反复或长期接触可能引起皮肤过敏。反复或长期吸入接触，可能引起哮喘（见注解）
物理性质	沸点：284℃（升华） 熔点：131℃ 密度：1.53g/cm³ 水中溶解度：缓慢反应 蒸气压：20℃时<0.3Pa 蒸气相对密度（空气=1）：5.1 闪点：152℃（闭杯） 自燃温度：570℃ 爆炸极限：空气中 1.7%～10.4%（体积） 辛醇/水分配系数的对数值：1.6
环境数据	
注解	该物质可以在熔融状态下运输。哮喘症状常常经过几个小时以后才变得明显，体力劳动使症状加重。因而休息和医学观察是必要的。因这种物质出现哮喘症状的任何人不应当再接触该物质。邻苯二甲酸酐（酸酐含量大于 0.05%）的 UN 编号：2214；联合国危险性类别：8，包装类别：III；应急运输卡：TEC9R0-80S2214。不要将工作服带回家中

IPCS
International Programme on Chemical Safety

UNEP

本卡片由 IPCS 和 EC 合作编写 © 2004～2012

国际化学品安全卡

苦味酸			ICSC 编号：0316

CAS 登记号：88-89-1	中文名称：苦味酸；2,4,6-三硝基苯酚；苦硝酸；三硝基苯酚；2-羟基-1,3,5-三硝基苯；硝基二取代酚；硝基黄原酸
RTECS 号：TJ7875000	
UN 编号：0154，见注解	英文名称：PICRIC ACID; 2,4,6-Trinitrophenol; Picronitric acid; Phenol trinitrate; 2-Hydroxy-1,3,5-trinitrobenzene; Carbazotic acid; Carbonitric acid; Nitrophenesic acid; Nitroxanthic acid
EC 编号：609-009-00-X	
中国危险货物编号：0154，见注解	
分子量：229.1	化学式：$C_6H_2(NO_2)_3OH$

危害/接触类型	急性危害/症状	预防	急救/消防
火 灾	爆炸性的。许多反应可能引起火灾或爆炸。见注解	禁止明火，禁止火花和禁止吸烟	大量水
爆 炸	有着火和爆炸危险	不要受摩擦或撞击。使用无火花手工具。防止粉尘沉积、密闭系统、防止粉尘爆炸型电气设备和照明	着火时，喷雾状水保持料桶等冷却
接 触		防止粉尘扩散！	
# 吸入	头痛，恶心，呕吐	局部排气通风或呼吸防护	新鲜空气，休息。给予医疗护理
# 皮肤		防护手套	冲洗，然后用水和肥皂清洗皮肤。如果感觉不舒服，需就医
# 眼睛	发红	安全护目镜	用大量水冲洗（如可能尽量摘除隐形眼镜）
# 食入	头痛，头晕。恶心，呕吐，腹泻	工作时不得进食、饮水或吸烟	漱口，饮用 1 杯或 2 杯水。给予医疗护理

泄漏处置	转移全部引燃源。撤离危险区域！向专家咨询！将泄漏物清扫进容器中，如果适当，首先润湿防止扬尘。小心收集残余物，然后转移到安全场所。不要让该化学品进入环境。个人防护用具：适应于该物质空气中浓度的颗粒物过滤呼吸器
包装与标志	专用材料。欧盟危险性类别：E 符号 T 符号 R:2-4-23/24/25 S:1/2-28-35-37-45 联合国危险性类别：1.1 D 中国危险性类别：第 1.1 项 有整体爆炸危险的物质和物品 GHS 分类：警示词：危险 图形符号：爆炸的炸弹-骷髅和交叉骨 危险说明：爆炸物，整体爆炸危险；吞咽会中毒；造成眼睛刺激；对水生生物有害
应急响应	运输应急卡：TEC(R)-41G19（UN 编号 0154）；TEC(R)-1GD-I+II（UN 编号 1344 和 3364）。其他 UN 编号：1344，含水不低于 30%（质量），危险性类别：4.1，包装类别：I 美国消防协会法规：H3（健康危险性）；F4（火灾危险性）；R4（反应危险性）
储存	耐火设备（条件）。阴凉场所。保持潮湿。与强氧化剂、金属和还原性物质分开存放。储存在没有排水管或下水道的场所
重要数据	物理状态、外观：黄色晶体 物理危险性：由于流动、搅拌等，可能产生静电。以粉末或颗粒形状与空气混合，可能发生粉尘爆炸 化学危险性：受撞击、摩擦或震动时，可能发生爆炸性分解。受热时可能发生爆炸。与金属，特别是铜、铅、汞和锌，生成震动敏感的化合物。燃烧时，生成有毒的碳和氮氧化物。与氧化剂和还原性物质发生剧烈反应 职业接触限值：阈限值：$0.1mg/m^3$（以时间加权平均值计）(美国政府工业卫生学家会议，2008 年)。最高容许浓度：经皮吸收 接触途径：该物质可经食入吸收到体内 吸入危险性：20℃时蒸发可忽略不计，但可较快地达到空气中颗粒物有害浓度 短期接触的影响：该物质轻微刺激眼睛 长期或反复接触的影响：反复或长期与皮肤接触可能引起皮炎。食入时，该物质可能对胃肠道、肾、肝脏和血液有影响
物理性质	沸点：300℃时分解。 熔点：122℃ 密度：$1.8g/cm^3$ 水中溶解度：1.4g/100mL 蒸气压：可忽略不计	蒸气相对密度（空气=1）：7.9 闪点：150℃（闭杯） 自燃温度：300℃ 辛醇/水分配系数的对数值：2.03
环境数据	该物质对水生生物是有害的	
注解	不要将工作服带回家中。用大量水冲洗(有着火危险的)工作服。UN 编号 0154 是指干的或含水低于 30%（质量)的苦味酸。为了安全运输，通常加入 30%或更多的水。UN 编号 3364 的三硝基苯酚（苦味酸），湿的，含水不低于 10%（质量）；危险性类别：第 4.1 项 易燃固体，包装类别：I	

IPCS
International
Programme on
Chemical Safety

UNEP

本卡片由 IPCS 和 EC 合作编写 © 2004～2012

国际化学品安全卡

哌啶			ICSC 编号：0317

CAS 登记号：110-89-4	中文名称：哌啶；六氢化吡啶；氮杂环己烷；戊亚甲基亚胺
RTECS 号：TM3500000	英文名称：PIPERIDINE; Hexahydropyridine; Azacyclohexane;
UN 编号：2401	Pentamethyleneimine
EC 编号：613-027-00-3	
中国危险货物编号：2401	
分子量：85.2	化学式：C₅H₁₁N/CH₂(CH₂)₄NH

化学式：$C_5H_{11}N/CH_2(CH_2)_4NH$

危害/接触类型	急性危害/症状	预防	急救/消防
火 灾	高度易燃	禁止明火，禁止火花和禁止吸烟	干粉，抗溶性泡沫，大量水，二氧化碳
爆 炸	蒸气/空气混合物有爆炸性	密闭系统，通风，防爆型电气设备和照明。不要使用压缩空气灌装、卸料或转运	着火时，喷雾状水保持料桶等冷却
接 触		严格作业环境管理！	一切情况均向医生咨询！
# 吸入	灼烧感，咳嗽，呼吸困难，气促，咽喉痛，症状可能推迟显现（见注解）	通风，局部排气通风或呼吸防护	新鲜空气，休息，半直立体位，必要时进行人工呼吸，给予医疗护理
# 皮肤	可能被吸收！发红。皮肤烧伤。疼痛	防护手套。防护服	脱去污染的衣服。用大量水冲洗皮肤或淋浴。给予医疗护理
# 眼睛	发红。疼痛。视力模糊。严重深度烧伤	面罩，或眼睛防护结合呼吸防护	先用大量水冲洗几分钟（如可能尽量摘除隐形眼镜），然后就医
# 食入	腹部疼痛。灼烧感。呼吸困难。休克或虚脱	工作时不得进食，饮水或吸烟	漱口。不要催吐。大量饮水。给予医疗护理
泄漏处置	将泄漏液收集在可密闭的容器中。用砂土或惰性吸收剂吸收残液，并转移到安全场所。个人防护用具：自给式呼吸器		
包装与标志	欧盟危险性类别：F 符号 T 符号 R:11-23/24-34 S:1/2-16-26-27-45 联合国危险性类别：8 联合国次要危险性：3 联合国包装类别：I 中国危险性类别：第 3 类易燃液体 中国次要危险性：3 中国包装类别：I		
应急响应	运输应急卡：TEC(R)-80GCF1-I 美国消防协会法规：H3（健康危险性）；F3（火灾危险性）；R3（反应危险性）		
储存	耐火设备（条件）。与强氧化剂、酸类和性质相互抵触的物质分开存放。见化学危险性		
重要数据	物理状态、外观：无色液体，有特殊气味 物理危险性：蒸气比空气重，可能沿地面流动，可能造成远处着火 化学危险性：燃烧时，该物质分解生成含有氮氧化物的有毒烟雾。该物质是一种中速碱。与氧化剂激烈反应。与二氰呋咱、N-亚硝基乙酰苯胺和1-全氯氧基哌啶激烈反应，有爆炸的危险 职业接触限值：阈限值未制定标准 接触途径：该物质可通过吸入其蒸气，经皮肤和食入吸收到体内 吸入危险性：未指明 20℃时该物质蒸发达到空气中有害浓度的速率 短期接触的影响：该物质腐蚀眼睛、皮肤和呼吸道。食入有腐蚀性。吸入高浓度蒸气时可能引起肺水肿（见注解）。影响可能推迟显现。需进行医学观察		
物理性质	沸点：106℃ 熔点：−7℃ 相对密度（水=1）：0.86 水中溶解度：混溶 蒸气压：29.2℃时 5.3kPa 蒸气相对密度（空气=1）：3.0 蒸气/空气混合物的相对密度（20℃，空气=1）：1.10 闪点：16℃（闭杯） 辛醇/水分配系数的对数值：0.84		
环境数据			
注解	肺水肿症状常常经过几个小时以后才变得明显，体力劳动使症状加重。因而休息和医学观察是必要的。应当考虑由医生或医生指定的人立即采取适当吸入治疗法		

IPCS
International
Programme on
Chemical Safety

   UNEP

本卡片由 IPCS 和 EC 合作编写 © 2004～2012

国际化学品安全卡

聚二甲基硅氧烷			ICSC 编号：0318

CAS 登记号：9016-00-6	中文名称：聚二甲基硅氧烷；二甲基聚硅氧烷
RTECS 号：TQ2690000	英文名称：POLYDIMETHYLSILOXANE; Dimethyl polysiloxane

化学式：$(C_2H_6OSi)_n$

危害/接触类型	急性危害/症状	预防	急救/消防
火　灾	可燃的	禁止明火	干粉、水成膜泡沫、泡沫、二氧化碳
爆　炸			
接　触			
# 吸入		通风	新鲜空气，休息
# 皮肤		防护手套	脱去污染的衣服，用大量水冲洗皮肤或淋浴
# 眼睛	发红，疼痛	安全护目镜	先用大量水冲洗几分钟（如可能尽量摘除隐形眼镜），然后就医
# 食入	恶心，呕吐，腹泻	工作时不得进食，饮水或吸烟	漱口，不要催吐
泄漏处置	尽可能将泄漏液收集在可密闭的容器中。用砂土或惰性吸收剂吸收残液，并转移到安全场所		
包装与标志			
应急响应			
储存			
重要数据	物理状态、外观：无色油状液体 职业接触限值：阈限值未制定标准 接触途径：该物质可通过吸入吸收到体内 吸入危险性：未指明 20℃时该物质蒸发达到空气中有害浓度的速率 短期接触的影响：该物质刺激眼睛		
物理性质	熔点：-50℃ 相对密度（水=1）：0.91～1.0 水中溶解度：不溶 闪点：>110℃ 辛醇/水分配系数的对数值：2.6～4.25		
环境数据			
注解			

IPCS
International
Programme on
Chemical Safety

UNEP

本卡片由 IPCS 和 EC 合作编写 © 2004～2012

国际化学品安全卡

丙烷			ICSC 编号：0319

CAS 登记号：74-98-6	中文名称：丙烷；正丙烷（钢瓶）；（液化的）
RTECS 号：TX2275000	英文名称：PROPANE; n-Propane (cylinder); (liquefied)
UN 编号：1978	
EC 编号：601-003-00-5	
中国危险货物编号：1978	

分子量：44.1	化学式：$C_3H_8/CH_3CH_2CH_3$

危害/接触类型	急性危害/症状	预防	急救/消防
火　灾	极易燃	禁止明火，禁止火花和禁止吸烟	切断气源，如不可能并对周围环境无危险，让火自行燃尽。其他情况用干粉，二氧化碳灭火
爆　炸	气体/空气混合物有爆炸性	密闭系统，通风，防爆型电气设备和照明。如果为液体，防止静电荷积聚（例如，通过接地）。使用无火花手工具	着火时，喷雾状水保持钢瓶冷却。从掩蔽位置灭火
接　触			
# 吸入	倦睡。神志不清	密闭系统和通风	新鲜空气，休息。必要时进行人工呼吸。给予医疗护理
# 皮肤	与液体接触：冻伤	保温手套。防护服	冻伤时，用大量水冲洗，不要脱去衣服。给予医疗护理
# 眼睛	与液体接触：冻伤	面罩	先用大量水冲洗几分钟（如可能尽量摘除隐形眼镜），然后就医
# 食入			

泄漏处置	撤离危险区域！向专家咨询！转移全部引燃源。通风。切勿直接向液体上喷水。个人防护用具：自给式呼吸器
包装与标志	欧盟危险性类别：F+符号　　R:12　　S:2-9-16 联合国危险性类别：2.1 中国危险性类别：第 2.1 项易燃气体
应急响应	运输应急卡：TEC(R)-20S1978 美国消防协会法规：H1（健康危险性）；F4（火灾危险性）；R0（反应危险性）
储存	耐火设备（条件）。阴凉场所
重要数据	物理状态、外观：无色压缩液化气体，无气味 物理危险性：该气体比空气重，可能沿地面流动，可能造成远处着火。可能积聚在低层空间，造成缺氧。由于流动、搅拌等，可能产生静电 职业接触限值：阈限值：1000ppm（时间加权平均值）（美国政府工业卫生学家会议，2005 年）。最高容许浓度：1000ppm，1800mg/m³；最高限值种类：II（4）；妊娠风险等级：IIc（德国，2005 年） 接触途径：该物质可通过吸入吸收到体内 吸入危险性：容器漏损时，该液体迅速蒸发造成封闭空间空气中过饱和，有窒息的严重危险 短期接触的影响：液体迅速蒸发可能引起冻伤。该物质可能对中枢神经系统有影响
物理性质	沸点：−42℃ 熔点：−189.7℃ 相对密度（水=1）：0.5 水中溶解度：20℃时 0.007g/100mL 蒸气压：20℃时 840kPa 蒸气相对密度（空气=1）：1.6 闪点：−104℃ 自燃温度：450℃ 爆炸极限：空气中 2.1%～9.5%（体积） 辛醇/水分配系数的对数值：2.36
环境数据	
注解	进入工作区域前检验氧含量。转动泄漏钢瓶使漏口朝上，防止液态气体逸出。空气中高浓度造成缺氧，有神志不清或死亡危险

326

国际化学品安全卡

丙腈			ICSC 编号：0320

CAS 登记号：107-12-0
RTECS 号：UF9625000
UN 编号：2404
中国危险货物编号：2404
分子量：55.1

中文名称：丙腈；丙烷腈；乙烷腈；氰基乙烷
英文名称：PROPIONITRILE; Propanenitrile; Ethyl cyanide; Cyanoethane

化学式：C_3H_5N/CH_3CH_2CN

危害/接触类型	急性危害/症状	预防	急救/消防
火 灾	高度易燃。在火焰中释放出刺激性或有毒烟雾（或气体）。加热引起压力升高，容器有破裂危险	禁止明火，禁止火花和禁止吸烟。禁止与高温表面或强氧化剂接触	干粉，泡沫，二氧化碳。水可能无效
爆 炸	蒸气/空气混合物有爆炸性。受热引起压力升高，有爆裂危险。与强氧化剂接触时，有着火和爆炸危险	密闭系统，通风，防爆型电气设备和照明。不要使用压缩空气灌装、卸料或转运。使用无火花手工工具	着火时，喷雾状水保持料桶等冷却
接 触		严格作业环境管理！	一切情况均向医生咨询！
# 吸入	头痛。咽喉痛。胸闷。呼吸短促。恶心。呕吐。昏睡。神志不清。呼吸和心脏骤停。症状可能推迟显现	通风，局部排气通风或呼吸防护	新鲜空气，休息。必要时进行人工呼吸。禁止口对口进行人工呼吸。立即给予医疗护理。见注解
# 皮肤	易于吸收。发红	防护手套。防护服	脱去污染的衣服。用大量水冲洗皮肤或淋浴。立即给予医疗护理
# 眼睛	发红。疼痛	面罩	先用大量水冲洗几分钟（如可能尽量摘除隐形眼镜），然后就医
# 食入	见吸入	工作时不得进食，饮水或吸烟。进食前洗手	漱口。不要催吐。饮用1～2杯水。立即给予医疗护理
泄漏处置	向专家咨询！撤离危险区域！个人防护用具：化学防护服，包括自给式呼吸器。通风。转移全部引燃源。将泄漏液收集在可密闭的容器中。用砂土或惰性吸收剂吸收残液，并转移到安全场所		
包装与标志			
应急响应	美国消防协会法规：H4（健康危险性）；F3（火灾危险性）；R1（反应危险性）		
储存	耐火设备(条件)。保存在通风良好的室内。与强氧化剂、酸类、食品和饲料分开存放		
重要数据	物理状态、外观：无色液体，有特殊气味 物理危险性：蒸气与空气充分混合，容易形成爆炸性混合物。蒸气比空气重，可能沿地面流动，可能造成远处着火 化学危险性：加热时或燃烧时和与热表面接触时，该物质分解，生成含有氮氧化物和氰化氢的有毒烟雾。与强氧化剂发生剧烈反应，有着火和爆炸危险。与酸、蒸汽、温水发生反应，释放出有毒和易燃的氰化氢 职业接触限值：阈限值未制定标准 接触途径：该物质可通过吸入其蒸气、经皮肤和经食入吸收到体内 吸入危险性：20℃时，该物质蒸发，迅速达到空气中有害污染浓度 短期接触的影响：该物质中度刺激眼睛和皮肤。蒸气刺激上呼吸道。该物质可能对细胞呼吸作用有影响，导致代谢性酸中毒、中枢神经系统抑郁症、心脏病和死亡 长期或反复接触的影响：该物质可能对血液有影响，导致贫血。摄入该物质可能对胃肠道有影响，导致溃疡。该物质可能对肾、肝和甲状腺有影响，导致功能损伤		
物理性质	沸点：97℃ 熔点：-92℃ 相对密度（水=1）：0.78 水中溶解度：20℃时 10g/100mL（溶解） 蒸气压：20℃时 5.2kPa 蒸气相对密度（空气=1）：1.9	蒸气/空气混合物的相对密度（20℃，空气=1）：1.05 黏度：在40℃时 0.56mm²/s 闪点：2℃(闭杯) 自燃温度：510℃ 爆炸极限：空气中 3.1%～?%（体积） 辛醇/水分配系数的对数值：0.16	
环境数据	该物质可能对环境有危害，对水生生物应给予特别注意		
注解	该物质中毒时，需采取必要的治疗措施；必须提供有指示说明的适当方法。应只由接受过专门训练的急救或医护人员给予氧气治疗。不要将工作服带回家中。肺水肿症状常常经过几个小时以后才变得明显。体力劳动使症状加重。因而休息和医学观察是必要的。另见化学品安全卡#0088，#0492，#0671，#1118		

IPCS
International
Programme on
Chemical Safety

UNEP

本卡片由 IPCS 和 EC 合作编写 © 2004～2012

国际化学品安全卡

丙二醇			ICSC 编号：0321

CAS 登记号：57-55-6	中文名称：丙二醇；1,2-丙二醇；1,2-二羟基丙烷;甲基乙二醇
RTECS 号：TY2000000	英文名称：PROPYLENE GLYCOL; 1,2-Propanediol; 1,2-Dihydroxypropane; Methylethylene glycol

分子量：76.09	化学式：$C_3H_8O_2/CH_3CHOHCH_2OH$

危害/接触类型	急性危害/症状	预防	急救/消防
火 灾	可燃的	禁止明火	干粉，抗溶性泡沫，雾状水，二氧化碳
爆 炸	高于99℃时可能形成蒸气/空气混合物	高于99℃时密闭系统，通风	着火时喷雾状水保持料桶等冷却
接 触		严格作业环境管理！	
# 吸入		通风	新鲜空气，休息
# 皮肤		防护手套	脱去污染的衣服，用大量水冲洗皮肤或淋浴
# 眼睛	发红，疼痛	安全护目镜	先用大量水冲洗数分钟（如可能尽量摘除隐形眼镜），然后就医
# 食入		工作时不得进食、饮水或吸烟	漱口

泄漏处置	尽可能将泄漏液收集在可密闭容器内。用大量水冲净残余物
包装与标志	
应急响应	美国消防协会法规：H0（健康危险性）；F1（火灾危险性）；R0（反应危险性）
储存	见化学危险性。干燥。严格密封。沿地面通风
重要数据	物理状态、外观：无气味，无色吸湿黏稠液体 物理危险性：蒸气比空气重 化学危险性：与强氧化剂发生反应，有着火危险 职业接触限值：阈限值未制定标准 接触途径：该物质可通过吸入其蒸气和食入吸收进体内 吸入危险性：20℃该物质蒸发不能或很缓慢地达到空气中有害污染浓度 短期接触的影响：该物质蒸气刺激眼睛 长期或反复接触的影响：反复或长期接触可能引起皮肤过敏
物理性质	沸点：188.2℃ 熔点：−59℃ 相对密度（水=1）：1.04 水中溶解度：混溶 蒸气压：20℃时10.6Pa 蒸气相对密度（空气=1）：2.6 闪点：99℃（闭杯）；107℃（开杯） 自燃温度：371℃ 爆炸极限：在空气中2.6%～12.6%（体积） 辛醇/水分配系数的对数值：−0.92
环境数据	
注解	

IPCS
International Programme on Chemical Safety

本卡片由 IPCS 和 EC 合作编写 © 2004～2012

国际化学品安全卡

2-甲基吖丙啶			ICSC 编号：0322

CAS 登记号：75-55-8
RTECS 号：CM8050000
UN 编号：1921（稳定的）
EC 编号：613-033-00-6
中国危险货物编号：1921
分子量：57.1

中文名称：2-甲基吖丙啶；2-甲基氮丙啶；丙烯亚胺
英文名称：PROPYLENEIMINE; 2-Methylaziridine; Methylethylenimine

化学式：C_3H_7N

危害/接触类型	急性危害/症状	预防	急救/消防
火灾	高度易燃。在火焰中释放出刺激性或有毒烟雾（或气体）	禁止明火，禁止火花和禁止吸烟。禁止与酸（类）接触	雾状水，抗溶性泡沫，干粉，禁止用二氧化碳
爆炸	蒸气/空气混合物有爆炸性。当接触酸（类）、氧化剂时，有着火和爆炸的危险	密闭系统，通风，防爆型电气设备和照明。不要使用压缩空气灌装、卸料或转运。使用无火花手工工具	着火时，喷雾状水保持料桶等冷却。从掩蔽位置灭火
接触		避免一切接触！	一切情况均向医生咨询！
# 吸入	咳嗽。咽喉痛。灼烧感。呼吸短促，呼吸困难。恶心，呕吐。头晕，头痛。症状可能推迟显现	密闭系统	新鲜空气，休息。半直立体位。立即给予医疗护理
# 皮肤	可能被吸收！发红。（另见吸入）	防护手套。防护服	先用大量水冲洗至少 15 分钟，然后脱去污染的衣服并再次冲洗。给予医疗护理
# 眼睛	发红。疼痛。视力模糊	面罩，或眼睛防护结合呼吸防护	先用大量水冲洗几分钟（如可能尽量摘除隐形眼镜），然后就医
# 食入	咽喉疼痛。（另见吸入）	工作时不得进食、饮水或吸烟	漱口。不要催吐。给予医疗护理
泄漏处置	撤离危险区域！向专家咨询！转移全部引燃源。通风。将泄漏液收集在有盖的容器中。用砂土或惰性吸收剂吸收残液，并转移到安全场所。个人防护用具：全套防护服，包括自给式呼吸器。		
包装与标志	气密。不易破碎包装，将易破碎包装放在不易破碎的密闭容器中。不得与食品和饲料一起运输 欧盟危险性类别：F 符号 T+符号 N 符号 标记：E R:45-11-26/27/28-41-51/53 S:53-45-61 联合国危险性类别：3 联合国次要危险性：6.1 联合国包装类别：I 中国危险性类别：第 3 类 易燃液体 中国次要危险性：第 6.1 项 毒性物质 中国包装类别：I GHS 分类：信号词：危险 图形符号：火焰-骷髅和交叉骨-健康危险 危险说明：高度易燃液体和蒸气；吞咽致命；吸入蒸气致命；皮肤接触致命；造成皮肤刺激；造成严重眼睛刺激；可能致癌		
应急响应			
储存	耐火设备（条件）。与酸类、氧化剂、食品和饲料分开存放。阴凉场所。沿地面通风。储存在原始容器中，稳定后储存		
重要数据	物理状态、外观：无色油状发烟液体，有刺鼻气味 物理危险性：蒸气比空气重。可能沿地面流动；可能造成远处着火 化学危险性：在酸的作用下，该物质可能发生聚合，有着火或爆炸的危险。加热时该物质分解，生成含有氮氧化物的有毒烟雾。浸蚀某些塑料、涂层和橡胶 职业接触限值：阈限值：0.2ppm（时间加权平均值）；0.4ppm（短期接触限值）；（经皮）；A3（确认的动物致癌物，但未知与人类相关性）（美国政府工业卫生学家会议，2010 年）。最高容许浓度：皮肤吸收；致癌物类别：2；致生殖细胞突变物类别：3B（德国，2009 年） 接触途径：该物质可通过吸入、经皮肤和经食入吸收到体内 吸入危险性：20℃时，该物质蒸发，迅速达到空气中有害污染浓度 短期接触的影响：该物质严重刺激眼睛、皮肤和呼吸道。吸入可能引起肺水肿（见注解）。需进行医学观察。远高于职业接触限值接触时，可能导致死亡 长期或反复接触的影响：该物质可能是人类致癌物		
物理性质	沸点：67℃ 熔点：-63℃ 相对密度（水=1）：0.8 水中溶解度：混溶 蒸气压：20℃时 14.9kPa	蒸气相对密度（空气=1）：2.0 蒸气/空气混合物的相对密度（20℃，空气=1）：1.21 黏度：在 25℃时 0.6mm²/s 闪点：-18℃（闭杯） 辛醇/水分配系数的对数值：0.13	
环境数据			
注解	虽然该物质是可燃的，且闪点≤61℃，但爆炸极限未见文献报道。与灭火剂，如二氧化碳激烈反应。肺水肿症状常常经过几个小时以后才变得明显，体力劳动使症状加重。因而休息和医学观察是必要的。相似物质数据表明：该物质可能对环境有影响。添加稳定剂或阻聚剂会影响该物质的毒理学性质。向专家咨询。不要将工作服带回家中		

IPCS
International
Programme on
Chemical Safety

UNEP

本卡片由 IPCS 和 EC 合作编写 © 2004～2012

国际化学品安全卡

吡啶			ICSC 编号：0323

CAS 登记号：110-86-1	中文名称：吡啶；吖嗪；氮杂苯
RTECS 号：UR8400000	英文名称：PYRIDINE; Azine; Azabenzene
UN 编号：1282	
EC 编号：613-002-00-7	
中国危险货物编号：1282	

分子量：79.1	化学式：C_5H_5N

危害/接触类型	急性危害/症状	预防	急救/消防
火 灾	高度易燃。在火焰中释放出刺激性或有毒烟雾（或气体）	禁止明火、禁止火花和禁止吸烟	干粉、抗溶性泡沫、大量水、二氧化碳
爆 炸	蒸气/空气混合物有爆炸性	密闭系统、通风、防爆型电气设备和照明。不要使用压缩空气灌装、卸料或转运	着火时，喷雾状水保持料桶等冷却
接 触			
# 吸入	咳嗽，头晕，头痛，恶心，气促，神志不清	通风，局部排气通风或呼吸防护	新鲜空气，休息，必要时进行人工呼吸，给予医疗护理
# 皮肤	可能被吸收！发红，皮肤烧伤。（另见吸入）	防护手套，防护服	脱去污染的衣服，用大量水冲洗皮肤或淋浴，给予医疗护理
# 眼睛	发红，疼痛	安全护目镜，或面罩	先用大量水冲洗几分钟（如可能尽量摘除隐形眼镜）。然后就医
# 食入	腹部疼痛，腹泻，呕吐，虚弱。（另见吸入）	工作时不得进食，饮水或吸烟	漱口。不要催吐，饮用1～2杯水。给予医疗护理
泄漏处置	移除全部引燃源。尽可能将泄漏液收集在有盖的容器中。用砂土或惰性吸收剂吸收残液，并转移到安全场所。不要冲入下水道。个人防护用具：自给式呼吸器		
包装与标志	欧盟危险性类别：F 符号 Xn 符号 R:11-20/21/22 S:2-26-28 联合国危险性类别：3 联合国包装类别：II 中国危险性类别：第 3 类 易燃液体 中国包装类别：II		
应急响应	运输应急卡：TEC(R)-98 美国消防协会法规：H2（健康危险性）；F3（火灾危险性）；R0（反应危险性）		
储存	耐火设备（条件）。与强氧化剂、强酸分开存放。阴凉场所。干燥。严格密封		
重要数据	物理状态、外观：无色液体，有特殊气味 物理危险性：蒸气比空气重，可能沿地面流动，可能造成远处着火 化学危险性：燃烧时，该物质分解生成氮氧化物和氰化氢（见卡片# 0492）有毒烟雾。该物质是一种弱碱。与强氧化剂和强酸激烈反应 职业接触限值：阈限值：1ppm（时间加权平均值）；A3（确认的动物致癌物，但未知与人类的相关性）（美国政府工业卫生学家会议，2005 年）。最高容许浓度：皮肤吸收； 致癌物类别：3B（德国，2009 年） 接触途径：该物质可通过吸入，经皮肤和食入吸收到体内 吸入危险性：20℃时，该物质蒸发相当快地达到空气中有害污染浓度 短期接触的影响：该物质刺激眼睛、皮肤和呼吸道。该物质可能对中枢神经系统、胃肠道有影响。远高于职业接触限值接触能够造成意识降低 长期或反复接触的影响：该物质可能对中枢神经系统、肝、肾有影响		
物理性质	沸点：115℃ 熔点：-42℃ 相对密度（水=1）：0.98 水中溶解度：混溶 蒸气压：20℃时 2.0kPa 蒸气相对密度（空气=1）：2.73	蒸气/空气混合物的相对密度（20℃，空气=1）：1.03 闪点：20℃（闭杯） 自燃温度：482℃ 爆炸极限：空气中 1.8%～12.4%（体积） 辛醇/水分配系数的对数值：0.65	
环境数据	该物质对水生生物是有害的		
注解	在浓度远低于阈限值时，吡啶一般可通过气味察觉到。但是气味感觉可能很快下降。根据接触程度，需定期进行医学检查		

IPCS
International
Programme on
Chemical Safety

本卡片由 IPCS 和 EC 合作编写 © 2004～2012

国际化学品安全卡

灭虫菊				ICSC 编号：0324

CAS 登记号：10453-86-8	中文名称：灭虫菊；5-苄基-3-呋喃基甲基(1*RS*)-顺-反式菊酸酯；（5-（苯基甲基）-3-呋喃基）甲基-2,2-二甲基-3-（2-甲基-1-丙烯基）环丙烷羧酸酯
RTECS 号：GZ1310000	
UN 编号：3349	英文名称：RESMETHRIN; (5-Benzyl-3-furyl) methyl (1*RS*)-cis-trans-chrysanthemate;
EC 编号：613-060-00-3	(5-(Phenylmethyl)-3-furanyl) methyl2,2-dimethyl-3-(2-methyl-1-propenyl)
中国危险货物编号：3349	cyclopropanecarboxylate

分子量：338.5	化学式：$C_{22}H_{26}O_3$

危害/接触类型	急性危害/症状	预防	急救/消防
火　灾	含有机溶剂的液体制剂可能是易燃的	禁止明火	干粉、水成膜泡沫、泡沫、二氧化碳
爆　炸			着火时，喷雾状水保持料桶等冷却
接　触		防止粉尘扩散！	
# 吸入		通风（如果没有粉末时），局部排气通风或呼吸防护	新鲜空气，休息
# 皮肤	发红	防护手套	脱去污染的衣服。冲洗，然后用水和肥皂清洗皮肤
# 眼睛	发红	护目镜	先用大量水冲洗几分钟（如可能尽量摘除隐形眼镜），然后就医
# 食入		工作时不得进食，饮水或吸烟。进食前洗手	漱口

泄漏处置	不要冲入下水道。不要让该化学品进入环境。将泄漏物清扫进容器中。如果适当，首先润湿防止扬尘。小心收集残余物，然后转移到安全场所
包装与标志	不得与食品和饲料一起运输 欧盟危险性类别：Xn 符号　N 符号　R:22-50/53　　S:2-60-61 联合国危险性类别：6.1　　　　联合国包装类别：III 中国危险性类别：第 6.1 项毒性物质　中国包装类别：III
应急响应	运输应急卡：TEC(R)-61GT7-III
储存	注意收容灭火产生的废水
重要数据	物理状态、外观：无色蜡状各种形态固体，有特殊气味 化学危险性：加热时，该物质分解生成刺激性烟雾 职业接触限值：阈限值未制定标准 接触途径：该物质可通过吸入其气溶胶和经食入吸收到体内 吸入危险性：未指明 20℃时该物质蒸发达到空气中有害浓度的速率 短期接触的影响：该物质刺激眼睛和皮肤
物理性质	熔点：43～48℃ 相对密度（水=1）：0.96 水中溶解度：不溶 蒸气压：20℃时 10Pa 辛醇/水分配系数的对数值：3.46
环境数据	该物质对水生生物有极高毒性。该物质可能对环境有危害，对蜜蜂应给予特别注意。避免非正常使用情况下释放到环境中
注解	商业制剂中使用的载体溶剂可能改变其物理和毒理学性质。商品名称有 Chrysron, Synthrin 和 Pynosect。可参考国际化学品安全规划署的出版物"卫生和安全指南"第 25 期灭虫菊和"环境卫生基准"第 92 期灭虫菊。也可参考卡片#0229（右旋反灭虫菊酯）和卡片#0239（右旋顺灭虫菊酯）

IPCS International Programme on Chemical Safety			UNEP	

本卡片由 **IPCS** 和 **EC** 合作编写 © 2004～2012

国际化学品安全卡

若丹明 WT（染料）			ICSC 编号：0325

CAS 登记号：37299-86-8	中文名称：若丹明 WT（染料）；酸性红 388
RTECS 号：KH2737000	英文名称：RHODAMINE *WT*; Acid red 388

分子量：567.0 化学式：$C_{29}H_{29}N_2O_5 \cdot Cl \cdot 2Na$

危害/接触类型	急性危害/症状	预防	急救/消防
火　灾			周围环境着火时，允许使用各种灭火剂
爆　炸			
接　触		防止粉尘扩散！	
# 吸入		局部排气通风或呼吸防护	新鲜空气，休息
# 皮肤		防护手套	脱去污染的衣服，用大量水冲洗皮肤或淋浴
# 眼睛	发红	安全护目镜	先用大量水冲洗几分钟（如可能尽量摘除隐形眼镜），然后就医
# 食入		工作时不得进食，饮水或吸烟。进食前洗手	漱口
泄漏处置	将泄漏物清扫进容器中。如果适当，首先润湿防止扬尘。用大量水冲净残余物。个人防护用具：适用于惰性颗粒物的 P1 过滤呼吸器		
包装与标志			
应急响应			
储存			
重要数据	物理状态、外观：浅黑色粉末 职业接触限值：阈限值未制定标准 接触途径：该物质可通过吸入其气溶胶吸收到体内 吸入危险性：20℃时蒸发可忽略不计，但扩散时可较快地达到空气中颗粒物污染浓度		
物理性质	水中溶解度：溶解		
环境数据			
注解	分解温度未见文献报道。该物质对人体健康作用数据不充分，因此应当特别注意		

IPCS
International
Programme on
Chemical Safety

本卡片由 IPCS 和 EC 合作编写 © 2004～2012

国际化学品安全卡

七水砷酸二钠			ICSC 编号：0326

CAS 登记号：10048-95-0	中文名称：七水砷酸二钠；七水砷酸二钠盐；七水合砷酸钠；七水合碱式
RTECS 号：CG0900000	砷酸钠
UN 编号：1685	英文名称：DISODIUM ARSENATE HEPTAHYDRATE; Arsenic
EC 编号：033-002-00-5	acid,disodium salt, heptahydrate; Sodium arsenate heptahydrate; Sodium
中国危险货物编号：1685	arsenate, dibasic, heptahydrate
分子量：312	化学式：$Na_2HAsO_4 \cdot 7H_2O$

危害/接触类型	急性危害/症状	预防	急救/消防
火 灾	不可燃。在火焰中释放出刺激性或有毒烟雾（或气体）		周围环境着火时，使用适当的灭火剂
爆 炸	与某些金属（见化学危险性）接触，有着火和爆炸危险		
接 触		防止粉尘扩散！避免一切接触。避免孕妇接触！	一切情况均向医生咨询！
# 吸入	咳嗽，头痛，咽喉疼痛，虚弱。（见食入）	密闭系统，通风	新鲜空气，休息，给予医疗护理
# 皮肤	发红，疼痛	防护手套，防护服	脱去污染的衣服，冲洗，然后用水和肥皂清洗皮肤，给予医疗护理
# 眼睛	发红，疼痛	面罩，或如为粉末，眼睛防护结合呼吸防护	先用大量水冲洗数分钟（如可能尽量摘除隐形眼镜），然后就医
# 食入	腹部疼痛，灼烧感，腹泻，呕吐，休克或虚脱	工作时不得进食、饮水或吸烟。进食前洗手	漱口。用水冲服活性炭浆。给予医疗护理

泄漏处置	不要让该化学品进入环境。将泄漏物清扫进容器中，如果适当，首先润湿防止扬尘。小心收集残余物，然后转移到安全场所。化学防护服，包括自给式呼吸器
包装与标志	不易破碎包装，将易破碎包装放在不易破碎容器中。不得与食品和饲料一起运输。污染海洋物质 欧盟危险性类别：T 符号 N 符号 标记：A， E R:45-23/25-50/53 S:53-45-60-61 联合国危险性类别：6.1　　　　联合国包装类别：II 中国危险性类别：第 6.1 项 毒性物质 中国包装类别：II
应急响应	运输应急卡：TEC（R）-61GT5-II
储存	与酸、氧化剂、反应性金属、食品和饲料分开存放。干燥
重要数据	物理状态、外观：无色晶体 化学危险性：加热时，生成有毒烟雾。与酸反应，生成有毒气体胂（见卡片#0222）。有水存在时，浸蚀许多金属，如铁、铝和锌，释放出有毒砷和胂烟雾。 职业接触限值：阈限值：0.01mg/m³（以 As 计）（时间加权平均值）；A1（确认的人类致癌物）；公布生物暴露指数（美国政府工业卫生学家会议，2005 年）。最高容许浓度：致癌物类别：1；胚细胞突变物类别：3A（德国，2005 年） 接触途径：该物质可通过吸入其气溶胶和食入吸收进体内 吸入危险性：扩散时可较快地达到空气中颗粒物有害浓度 短期接触的影响：该物质刺激眼睛、皮肤和呼吸道。该物质可能对心血管系统、胃肠道、中枢神经系统有影响，导致严重出血、体液和电解质损失、虚脱、休克和死亡。接触可能导致死亡。影响可能推迟显现。需进行医学观察 长期或反复接触的影响：反复或长期与皮肤接触可能引起皮炎。该物质可能对末梢神经系统、黏膜、皮肤、心血管系统、骨髓、肾脏和肝脏有影响，导致神经病、色素沉着病、鼻中隔穿孔、血细胞损伤、肾损伤和硬变。该物质是人类致癌物。动物实验表明，该物质可能造成人类生殖或发育毒性
物理性质	沸点：180℃时分解 熔点：130℃ 密度：1.9g/cm³ 水中溶解度：21℃时 39g/100mL
环境数据	该物质可能对环境有危害，对地下水污染，水生生物和土壤生物应给予特别注意。该物质在正常使用过程中进入环境，但是要特别注意避免任何额外的释放，例如通过不适当处置活动
注解	给出的是失去结晶水的表观熔点。根据接触程度，建议定期进行医学检查。不要将工作服带回家中

IPCS
International
Programme on
Chemical Safety

本卡片由 IPCS 和 EC 合作编写 © 2004～2012

国际化学品安全卡

硫酸马钱子碱			ICSC 编号：0327

CAS 登记号：60-41-3
RTECS 号：WL2550000
UN 编号：1692
EC 编号：614-004-00-0
中国危险货物编号：1692

中文名称：硫酸马钱子碱（无水）
英文名称：STRYCHNINE SULFATE (ANHYDROUS); Strychnidin-10-one sulfate (2:1)

分子量：383.5   化学式：$C_{21}H_{22}N_2O_2 \cdot 1/2H_2SO_4$

危害/接触类型	急性危害/症状	预防	急救/消防
火　灾	不可燃。在火焰中释放出刺激性或有毒烟雾（或气体）		周围环境着火时，使用适当的灭火剂
爆　炸			
接　触		避免一切接触！	一切情况均向医生咨询！
# 吸入	（见食入）	局部排气通风或呼吸防护	新鲜空气，休息。必要时进行人工呼吸。给予医疗护理
# 皮肤		防护手套	脱去污染的衣服。冲洗，然后用水和肥皂清洗皮肤。给予医疗护理
# 眼睛		护目镜	先用大量水冲洗几分钟（如可能尽量摘除隐形眼镜），然后就医
# 食入	惊厥。肌肉僵硬。休克或虚脱	工作时不得进食，饮水或吸烟。进食前洗手	漱口。给予医疗护理。让患者完全不受打扰
泄漏处置	将泄漏物清扫进容器中。如果适当，首先润湿防止扬尘。小心收集残余物，然后转移到安全场所。个人防护用具：自给式呼吸器		
包装与标志	不得与食品和饲料一起运输。污染海洋物质 欧盟危险性类别：T+符号 N 符号 标记：A　R:26/28-50/53　S:1/2-13-28-45-60-61 联合国危险性类别：6.1　　联合国包装类别：I 中国危险性类别：第 6.1 项毒性物质　中国包装类别：I		
应急响应	运输应急卡：TEC(R)-61GT2-I		
储存	注意收容灭火产生的废水。与食品和饲料分开存放。严格密封		
重要数据	物理状态、外观：无气味，无色晶体或白色晶体粉末，有苦味道 化学危险性：加热时，该物质分解生成含硫氧化物和氮氧化物的有毒烟雾 职业接触限值：阈限值未制定标准 接触途径：该物质可通过吸入其气溶胶和经食入吸收到体内 吸入危险性：20℃时蒸发可忽略不计，但扩散时可较快达到空气中颗粒物有害浓度，尤其是粉末 短期接触的影响：该物质可能对中枢神经系统有影响，导致肌肉收缩、惊厥和呼吸衰竭。接触可能导致死亡		
物理性质	熔点：约 200℃（分解） 水中溶解度：2.9g/100mL		
环境数据	该物质对水生生物有极高毒性。该物质可能对环境有危害，对鸟类应给予特别注意。避免非正常使用过程释放到环境中		
注解	该物质中毒时需采取必要的治疗措施。必须提供有指示说明的适当方法		

IPCS
International Programme on Chemical Safety

本卡片由 IPCS 和 EC 合作编写 © 2004~2012

国际化学品安全卡

氨基磺酸			ICSC 编号：0328

CAS 登记号：5329-14-6　　　　　　中文名称：氨基磺酸
RTECS 号：WO5950000　　　　　　英文名称：SULFAMIC ACID; Amidosulphonic acid; Amido sulfuric acid;
UN 编号：2967　　　　　　　　　　Sulfamidic acid
EC 编号：016-026-00-0
中国危险货物编号：2967

分子量：97.1　　　　　　　　　　化学式：H_3NO_3S/NH_2SO_3H

危害/接触类型	急性危害/症状	预防	急救/消防
火　灾	在特定条件下是可燃的。在火焰中释放出刺激性或有毒烟雾（或气体）	禁止明火	干粉、雾状水、泡沫、二氧化碳
爆　炸			着火时，喷雾状水保持料桶等冷却
接　触		防止粉尘扩散！严格作业环境管理！	
# 吸入	烧灼感，咳嗽，气促	局部排气或呼吸防护	新鲜空气，休息，半直立体位，必要时进行人工呼吸，给予医疗护理
# 皮肤	发红，疼痛，水泡	防护手套，防护服	脱去污染的衣服，用大量水冲洗或淋浴，给予医疗护理
# 眼睛	发红，疼痛，严重烧伤	面罩或眼睛防护结合呼吸防护	先用大量水冲洗数分钟（如可能尽量摘除隐形眼镜），然后就医
# 食入	胃痉挛，烧灼感，咽喉疼痛，呕吐，休克	工作时不得进食，饮水或吸烟	漱口，不要催吐，给予医疗护理
泄漏处置	将泄漏物清扫入容器中。如果适当，首先润湿防止扬尘。小心中和残余物，用大量水冲净残余物。个人防护用具：适用于有害颗粒物的 P2 过滤呼吸器		
包装与标志	不得与食品和饲料一起运输 欧盟危险性类别：Xi 符号　R:36/38-52/53　S:2-26-28-61 联合国危险性类别：8　　　　　联合国包装类别：III 中国危险性类别：第 8 类腐蚀性物质　中国包装类别：III		
应急响应	运输应急卡：TEC（R）-80GC2-II+III		
储存	与强碱、食品和饲料分开存放。干燥		
重要数据	物理状态、外观：无气味，无色晶体或粉末 化学危险性：加热和燃烧时，该物质分解生成氮氧化物和硫氧化物有毒和腐蚀性烟雾。水溶液是一种中强酸。与碱激烈反应，有腐蚀性。与氯激烈反应生成硝酸，有爆炸危险。与水缓慢反应，生成硫酸二铵 职业接触限值：阈限值未制定标准 接触途径：该物质可通过吸入其气溶胶和食入吸收进体内 吸入危险性：20℃时蒸发可忽略不计，但扩散时可较快达到空气中颗粒物有害浓度，尤其是粉末 短期接触的影响：该物质气溶胶腐蚀眼睛、皮肤和呼吸道。吸入气溶胶可能引起肺水肿（见注解）		
物理性质	熔点：约 205℃（分解） 相对密度（水=1）：2.15 水中溶解度：适度溶解（缓慢反应）		
环境数据			
注解	肺水肿症状通常数小时以后才变得明显，体力劳动使症状加重。因此，休息和医学观察是必要的。应考虑由医生或医生指定人员立即采取适当吸入治疗法		

IPCS
International
Programme on
Chemical Safety

   UNEP

本卡片由 IPCS 和 EC 合作编写　© 2004～2012

国际化学品安全卡

滑石				ICSC 编号：0329

CAS 登记号：14807-96-6	中文名称：滑石（不含二氧化硅和纤维）
RTECS 号：WW2710000	英文名称：TALC (SILICA AND FIBRE FREE)

分子量：379.3	化学式：$Mg_3(OH)_2Si_4O_{10}$

危害/接触类型	急性危害/症状	预防	急救/消防
火　灾	不可燃		周围环境着火时，允许使用各种灭火剂
爆　炸			
接　触		防止粉尘扩散！	
# 吸入	咳嗽，气促	局部排气通风或呼吸防护	新鲜空气，休息，给予医疗护理
# 皮肤			冲洗，然后用水和肥皂清洗皮肤
# 眼睛	发红，疼痛	安全护目镜	先用大量水冲洗几分钟（如可能尽量摘除隐形眼镜），然后就医
# 食入		工作时不得进食，饮水或吸烟	

泄漏处置	将泄漏物清扫进容器中。如果适当，首先润湿防止扬尘。用大量水冲净残余物。个人防护用具：适用于有害颗粒物的 P2 过滤呼吸器
包装与标志	
应急响应	
储存	
重要数据	**物理状态、外观**：白色粉末 **职业接触限值**：阈限值：$2mg/m^3$（可呼吸粉尘）；A4（不能分类为人类致癌物）（美国政府工业卫生学家会议，2004 年）。最高容许浓度：可呼吸粉尘；致癌物类别：3B（德国，2004 年） **接触途径**：该物质可通过吸入吸收到体内 **吸入危险性**：20℃时蒸发可忽略不计，但扩散时可较快地达到空气中颗粒物有害浓度 **长期或反复接触的影响**：该物质可能对肺有影响，导致滑石肺尘病
物理性质	熔点：900～1000℃ 密度：$2.7g/cm^3$ 水中溶解度：不溶
环境数据	
注解	根据接触程度，需定期进行医疗检查

IPCS
International Programme on Chemical Safety

   UNEP

本卡片由 **IPCS** 和 **EC** 合作编写 © 2004～2012

国际化学品安全卡

对苯二酸			ICSC 编号：0330

CAS 登记号：100-21-0	中文名称：对苯二酸；对苯二甲酸；1,4-苯二羧酸
RTECS 号：WZ0875000	英文名称：TEREPHTHALIC ACID; para-Phthalic acid; 1,4-Benzenedicarboxylic acid

分子量：166.1	化学式：$C_8H_6O_4/C_6H_4(COOH)_2$

危害/接触类型	急性危害/症状	预防	急救/消防
火 灾	可燃的	禁止明火	干粉、雾状水、泡沫、二氧化碳
爆 炸	微细分散颗粒物在空气中形成爆炸性混合物	防止粉尘沉积，密闭系统。防止粉尘爆炸型电气设备和照明	
接 触			
# 吸入	咳嗽	局部排气通风或呼吸防护	新鲜空气，休息
# 皮肤	发红	防护手套	脱去污染的衣服，用大量水冲洗或淋浴
# 眼睛	发红	安全护目镜	先用大量水冲洗数分钟（如可能尽量摘除隐形眼镜），然后就医
# 食入		工作时不得进食、饮水或吸烟。进食前洗手	漱口

泄漏处置	将泄漏物清扫入容器中。如果适当，首先润湿防止扬尘。小心收集残余物，然后转移到安全场所。个人防护用具：适用于有害颗粒物的 P2 过滤呼吸器
包装与标志	
应急响应	美国消防协会法规：H0（健康危险性）；F1（火灾危险性）；R0（反应危险性）
储存	与强氧化剂分开存放
重要数据	**物理状态、外观**：白色晶体粉末 **物理危险性**：如果以粉末或颗粒形状与空气混合，可能发生粉尘爆炸 **化学危险性**：与强氧化剂激烈反应 **职业接触限值**：阈限值：$10mg/m^3$（时间加权平均值）（美国政府工业卫生学家会议，2004 年）。最高容许浓度：$0.1mg/m^3$（可吸入粉尘）；最高限值种类：I（2）；妊娠风险等级：D（德国，2005 年） **接触途径**：该物质可通过吸入其气溶胶和食入吸收进体内 **吸入危险性**：20℃时蒸发可忽略不计，但扩散时可较快达到空气中颗粒物有害浓度 **短期接触的影响**：该物质的气溶胶刺激皮肤和眼睛
物理性质	升华点：402℃ 相对密度（水=1）：1.51 水中溶解度：20℃时 0.28g/100mL 蒸气压：20℃时< 1Pa 闪点：260℃ 自燃温度：496℃ 辛醇/水分配系数的对数值：1.96
环境数据	
注解	

IPCS
International
Programme on
Chemical Safety

本卡片由 IPCS 和 EC 合作编写 © 2004～2012

国际化学品安全卡

对苯二酰二氯			ICSC 编号：0331

CAS 登记号：100-20-9
RTECS 号：WZ1797000
EC 编号：202-829-5

中文名称：对苯二酰二氯；1,4-苯二酰二氯；对亚苯基二酰二氯；对苯二酸二氯
英文名称：TEREPHTHALOYL DICHLORIDE; 1.4-Benzenedicarbonyl dichloride; Terephthalyl dichloride; p-Phenylenedicarbonyl dichloride; Terephthalic acid dichloride

分子量：203.0　　　　　　　　　　化学式：$C_8H_4Cl_2O_2$

危害/接触类型	急性危害/症状	预防	急救/消防
火　灾	可燃的。在火焰中释放出刺激性或有毒烟雾（或气体）	禁止明火	干砂，干粉，二氧化碳。禁用含水灭火剂
爆　炸	微细分散的颗粒物在空气中形成爆炸性混合物	防止粉尘沉积、密闭系统、防止粉尘爆炸型电气设备和照明	
接　触		防止粉尘扩散！	
# 吸入	咳嗽。咽喉痛。灼烧感。呼吸困难。呼吸短促。症状可能推迟显现（见注解）	局部排气通风或呼吸防护	新鲜空气，休息。半直立体位。给予医疗护理
# 皮肤	发红。疼痛。皮肤烧伤	防护服。防护手套	脱去污染的衣服。用大量水冲洗皮肤或淋浴。给予医疗护理
# 眼睛	发红。疼痛。视力模糊。严重深度烧伤	安全护目镜，或眼睛防护结合呼吸防护	先用大量水冲洗几分钟（如可能尽量摘除隐形眼镜），然后就医
# 食入	腹部疼痛。恶心。呕吐。腹泻。休克或虚脱。	工作时不得进食，饮水或吸烟	漱口。饮用 1～2 杯水。不要催吐。给予医疗护理

泄漏处置	将泄漏物清扫进有盖的塑料容器中。小心收集残余物，然后转移到安全场所。个人防护用具：适用于有毒颗粒物的 P3 过滤呼吸器。化学防护服
包装与标志	
应急响应	美国消防协会法规：H3（健康危险性）；F1（火灾危险性）；R0（反应危险性）
储存	与强氧化剂分开存放。干燥。严格密封。不要储存在金属容器中

重要数据	**物理状态、外观：** 白色粉末或无色针状物，有刺鼻气味 **物理危险性：** 以粉末或颗粒形状与空气混合，可能发生粉尘爆炸 **化学危险性：** 加热时，该物质分解生成有毒和腐蚀性烟雾。与强氧化剂发生反应。与水反应生成氯化氢（见卡片#0163）。有水存在时，浸蚀许多金属 **职业接触限值：** 阈限值未制定标准。最高容许浓度未制定标准 **接触途径：** 各种接触途径都有严重的局部影响 **吸入危险性：** 扩散时，可较快地到达空气中颗粒物有害浓度 **短期接触的影响：** 该物质腐蚀眼睛、皮肤和呼吸道。食入有腐蚀性。由于咽喉肿胀，接触可能导致窒息。吸入该物质可能引起肺水肿（见注解）
物理性质	沸点：264℃ 熔点：79.5～84℃ 密度：1.32g/cm³ 水中溶解度：反应 蒸气压：20℃时 320Pa 闪点：180℃ 辛醇/水分配系数的对数值：0.88（计算值）
环境数据	
注解	肺水肿症状常常经过几个小时以后才变得明显，体力劳动使症状加重。因而休息和医学观察是必要的

IPCS
International Programme on Chemical Safety

本卡片由 IPCS 和 EC 合作编写 © 2004～2012

国际化学品安全卡

1,1,2,2-四氯乙烷			ICSC 编号：0332

CAS 登记号：79-34-5	中文名称：1,1,2,2-四氯乙烷；四氯化乙炔；对称四氯乙烷；1,1-二氯-2,2-二氯乙烷
RTECS 号：KI8575000	英文名称：1,1,2,2-TETRACHLOROETHANE; Acetylene tetrachloride;
UN 编号：1702	sym-Tetrachloroethane; 1,1-Dichloro-2,2-dichloroethane
EC 编号：602-015-00-3	
中国危险货物编号：1702	
分子量：167.9	化学式：$C_2H_2Cl_4/CHCl_2CHCl_2$

危害/接触类型	急性危害/症状	预防	急救/消防
火　灾	不可燃。在火焰中释放出刺激性或有毒烟雾（或气体）		周围环境着火时，使用适当的灭火剂
爆　炸			
接　触		严格作业环境管理！	一切情况均向医生咨询！
# 吸入	腹部疼痛。咳嗽。咽喉痛。头痛。恶心。呕吐。头晕。倦睡。意识模糊。震颤。惊厥	通风，局部排气通风或呼吸防护	新鲜空气，休息。必要时进行人工呼吸。给予医疗护理
# 皮肤	可能被吸收！发红。皮肤干燥。（另见吸入）	防护手套。防护服	脱去污染的衣服。用大量水冲洗皮肤或淋浴。给予医疗护理
# 眼睛	发红。疼痛	面罩，或眼睛防护结合呼吸防护	先用大量水冲洗几分钟（如可能尽量摘除隐形眼镜），然后就医
# 食入	腹部疼痛。恶心。呕吐。（另见吸入）	工作时不得进食，饮水或吸烟	催吐（仅对清醒病人！）。休息。给予医疗护理

泄漏处置	通风。不要让该化学品进入环境。尽可能将泄漏液收集在可密闭的容器中。用砂土或惰性吸收剂吸收残液，并转移到安全场所。个人防护用具：全套防护服包括自给式呼吸器
包装与标志	不得与食品和饲料一起运输。污染海洋物质 欧盟危险性类别：T+符号 N 符号　R:26/27-51/53　　S:1/2-38-45-61 联合国危险性类别：6.1　　联合国包装类别：II 中国危险性类别：第 6.1 项毒性物质　中国包装类别：II
应急响应	运输应急卡：TEC(R)-61S1702 或 61GT1-II
储存	储存在没有排水管或下水道的场所。与强碱、碱金属、食品和饲料分开存放。阴凉场所。保存在暗处。严格密封。保存在通风良好的室内
重要数据	物理状态、外观：无色液体，有特殊气味 物理危险性：蒸气比空气重 化学危险性：加热时和在空气、紫外光和湿气的作用下，该物质分解生成含氯化氢、光气的有毒和腐蚀性气体。与碱金属、强碱和许多金属粉末激烈反应，生成有毒和腐蚀性气体。浸蚀塑料和橡胶 职业接触限值：阈限值：1ppm（时间加权平均值）（经皮）；A3（确认的动物致癌物，但未知与人类相关性）（美国政府工业卫生学家会议，2005 年）。最高容许浓度：1ppm，$7.0mg/m^3$；最高限值种类：II（2）；皮肤吸收；致癌物类别：3B；妊娠风险等级：IIc（德国，2005 年） 接触途径：该物质可通过吸入其蒸气，经皮肤和食入吸收到体内 吸入危险性：20℃时，该物质蒸发相当快地达到空气中有害污染浓度 短期接触的影响：该物质刺激眼睛、皮肤和呼吸道。该物质可能对中枢神经系统、肝和肾有影响，导致中枢神经系统抑郁和功能损伤。接触可能导致神志不清。接触可能导致死亡 长期或反复接触的影响：液体使皮肤脱脂。该物质可能对中枢神经系统和肝有影响，导致功能损伤
物理性质	沸点：146℃ 熔点：-44℃ 相对密度（水=1）：1.59 水中溶解度：20℃时 0.29g/100mL 蒸气压：20℃时 647Pa 蒸气相对密度（空气=1）：5.8 蒸气/空气混合物的相对密度（20℃，空气=1）：1.03 辛醇/水分配系数的对数值：2.39
环境数据	该物质对水生生物是有毒的
注解	饮用含酒精饮料增进有害影响。超过接触限值时，气味报警不充分。不要在火焰或高温表面附近或焊接时使用

IPCS
International
Programme on
Chemical Safety

本卡片由 IPCS 和 EC 合作编写 © 2004～2012

国际化学品安全卡

四乙基硅酸酯			ICSC 编号：0333

CAS 登记号：78-10-4
RTECS 号：VV9450000
UN 编号：1292
EC 编号：014-005-00-0
中国危险货物编号：1292
分子量：208.3

中文名称：四乙基硅酸酯；四乙基硅烷；硅酸（四）乙酯
英文名称：TETRAETHYL SILICATE; Tetraethoxysilane; Ethylsilicate

化学式：(C₂H₅O)₄Si

危害/接触类型	急性危害/症状	预防	急救/消防
火 灾	易燃的	禁止明火，禁止火花，禁止吸烟	雾状水，泡沫，抗溶性泡沫
爆 炸	高于37℃可能形成爆炸性蒸气/空气的混合物	高于37℃时密闭系统，通风，防爆型电气设备和照明	着火时喷雾状水保持料桶等冷却
接 触			
# 吸入	咳嗽，头晕，头痛，咽喉疼痛	通风，局部排气通风或呼吸防护	新鲜空气，休息
# 皮肤	皮肤干燥，发红	防护手套	脱去污染的衣服，用大量水冲洗或淋浴
# 眼睛	发红，疼痛	安全护目镜或眼睛保护结合呼吸防护	先用大量水冲洗数分钟（如可能尽量摘除隐形眼镜），然后就医
# 食入	意识模糊，呕吐。（另见吸入）		漱口

泄漏处置	通风。移除全部引燃源。将泄漏液收集在可密闭容器中。用砂土或惰性吸收剂吸收残液，然后转移至安全场所。个人防护用具：全套防护服包括自给式呼吸器
包装与标志	欧盟危险性类别：Xn 符号 R:10-20-36/37 S:2 联合国危险性类别：3 联合国包装类别：III 中国危险性类别：第3类易燃液体 中国包装类别：III
应急响应	运输应急卡：TEC（R）-30GF1-III 美国消防协会法规：H2（健康危险性）；F2（火灾危险性）；R2（反应危险性）
储存	耐火设备（条件）。与强酸、氧化剂分开存放。阴凉场所。干燥。保存在通风良好的室内
重要数据	物理状态、外观：无色液体，有特殊气味 化学危险性：与酸、水和氧化剂发生反应 职业接触限值：阈限值：10ppm（时间加权平均值）（美国政府工业卫生学家会议，2004年）。最高容许浓度：10ppm，86mg/m3；最高限值种类：I（1）；妊娠风险等级：IIc（德国，2004年） 接触途径：该物质可通过吸入其蒸气和食入吸收进体内 吸入危险性：20℃时该物质蒸发相当缓慢地达到空气中有害污染浓度 短期接触的影响：该物质刺激眼睛、皮肤和呼吸道。接触可能引起意识降低 长期或反复接触的影响：液体使皮肤脱脂。该物质可能对肾有影响
物理性质	沸点：166℃ 熔点：-77℃ 相对密度（水=1）：0.93 水中溶解度：缓慢水解 蒸气压：20℃时 200Pa 蒸气相对密度（空气=1）：7.22 蒸气/空气混合物的相对密度（20℃，空气=1）：1.01 闪点：37℃（闭杯） 爆炸极限：在空气中1.3%～23%（体积）
环境数据	
注解	

IPCS
International
Programme on
Chemical Safety

本卡片由 IPCS 和 EC 合作编写 © 2004～2012

340

国际化学品安全卡

似虫菊			ICSC 编号：0334

CAS 登记号：7696-12-0
RTECS 号：GZ172 0000

中文名称： 似虫菊；3,4,5,6-四氢化苯二(甲)酰亚氨基甲基(1*RS*)-顺-反菊酸酯；(1,3,4,5,6,7-六氢-1,3-二氧代-2*H*-异吲哚-2-基)甲基 2,2-二甲基-3-(2-甲基-1-丙烯基)环丙烷羧酸酯

英文名称： TETRAMETHRIN; 3,4,5,6-Tetrahydrophthalimidomethyl (1*RS*)-cis-trans-chrysanthemate; (1,3,4,5,6,7-Hexahydro-1,3-dioxo-2*H*-isoindol-2-yl) methyl 2,2-dimethyl-3-(2-methyl-1-propenyl) cyclopropanecarboxylate

分子量：331.4　　　　　　化学式：$C_{19}H_{25}NO_4$

危害/接触类型	急性危害/症状	预防	急救/消防
火 灾	可燃的。含有机溶剂的液体制剂可能是易燃的	禁止明火	干粉、水成膜泡沫、泡沫、二氧化碳
爆 炸			着火时,喷雾状水保持料桶等冷却
接 触		防止粉尘扩散！	
# 吸入		通风,局部排气通风或呼吸防护	新鲜空气,休息
# 皮肤	发红,灼烧感	防护手套	脱去污染的衣服,冲洗,然后用水和肥皂清洗皮肤
# 眼睛	发红	护目镜	先用大量水冲洗几分钟（如可能尽量摘除隐形眼镜），然后就医
# 食入		工作时不得进食,饮水或吸烟。进食前洗手	漱口
泄漏处置	不要冲入下水道。不要让该化学品进入环境。将泄漏物清扫进容器中。如果适当,首先润湿防止扬尘。小心收集残余物,然后转移到安全场所。个人防护用具：适用于有机蒸气和有害粉尘的 A/P2 过滤呼吸器		
包装与标志			
应急响应			
储存	注意收容灭火产生的废水		
重要数据	**物理状态、外观：** 无色晶体粉末,有特殊气味 **职业接触限值：** 阈限值未制定标准 **接触途径：** 该物质可通过吸入其气溶胶和经食入吸收到体内 **吸入危险性：** 未指明 20℃时该物质蒸发到空气中有害浓度的速率 **短期接触的影响：** 该物质刺激眼睛和皮肤		
物理性质	熔点：60～80℃ 密度：1.11g/cm³ 水中溶解度：不溶 蒸气压：20℃时<10Pa		
环境数据	该物质对水生生物有极高毒性。该物质在正常使用过程中进入环境,但是要特别注意避免任何额外的释放,例如通过不适当处置活动		
注解	商业制剂中使用的载体溶剂可能改变其物理和毒理学性质。商品名称为 Neo-pynamin。可参考国际化学品安全规划署出版物"卫生和安全指南"第 31 期拟虫菊和"环境卫生基准"第 98 期拟虫菊		

IPCS
International
Programme on
Chemical Safety

本卡片由 IPCS 和 EC 合作编写 © 2004～2012

341

国际化学品安全卡

右旋似虫菊		ICSC 编号：0335

CAS 登记号：7696-12-0
RTECS 号：GZ1730000

中文名称：右旋似虫菊；3,4,5,6-四氢化苯二(甲)酰亚氨基甲基(1*R*)-顺-反菊酸酯；(1,3,4,5,6,7-六氢-1,3-二氧代-2*H*-异吲哚-2-基)甲基 2,2-二甲基-3-(2-甲基-1-丙烯基)环丙烷羧酸酯

英文名称：d-TETRAMETHRIN; 3,4,5,6-Tetrahydrophthalimidomethyl (1*R*)-cis-trans-chrysanthemate; (1,3,4,5,6,7-Hexahydro-1,3-dioxo-2*H*-isoindol-2-yl) methyl 2,2-dimethyl-3-(2-methyl-1-propenyl) cyclopropanecarboxylate

分子量：331.4　　　　　化学式：$C_{19}H_{25}NO_4$

危害/接触类型	急性危害/症状	预防	急救/消防
火 灾	含有机溶剂的液体制剂可能是易燃的	禁止明火	干粉、水成膜泡沫、泡沫、二氧化碳
爆 炸			着火时，喷雾状水保持料桶等冷却
接 触		防止产生烟云！	
# 吸入		通风，局部排气通风或呼吸防护	新鲜空气，休息
# 皮肤	发红，灼烧感	防护手套	脱去污染的衣服，冲洗，然后用水和肥皂清洗皮肤
# 眼睛	发红	护目镜	先用大量水冲洗几分钟（如可能尽量摘除隐形眼镜),然后就医
# 食入		工作时不得进食，饮水或吸烟。进食前洗手	漱口
泄漏处置	尽可能将泄漏液收集在可密闭的容器中。用碱液处理残余液。用砂土或惰性吸收剂吸收残液，并转移到安全场所。不要冲入下水道。不要让该化学品进入环境。个人防护用具：适用于有机蒸气和有害粉尘的 A/P2 过滤呼吸器		
包装与标志			
应急响应			
储存	注意收容灭火产生的废水。保存在通风良好的室内		
重要数据	物理状态、外观：黄色或棕色黏稠液体，有特殊气味 职业接触限值：阈限值未制定标准 接触途径：该物质可通过吸入其气溶胶和经食入吸收到体内 吸入危险性：未指明 20℃时该物质蒸发达到空气中有害浓度的速率 短期接触的影响：该物质刺激眼睛和皮肤		
物理性质	相对密度（水=1）：1.1 水中溶解度：不溶 蒸气压：20℃时 10Pa		
环境数据	该物质对水生生物有极高毒性。避免非正常使用情况下释放到环境中		
注解	商业制剂中使用的载体溶剂可能改变其物理和毒理学性质。商品名称为 Neo-pynamin Forte。可参考国际化学品安全规划署出版物"卫生和安全指南"第 31 期拟虫菊和"环境卫生基准"第 98 期拟虫菊。也可参考卡片#0334（拟虫菊）		

IPCS
International
Programme on
Chemical Safety

本卡片由 IPCS 和 EC 合作编写 © 2004~2012

国际化学品安全卡

硫酸铊			ICSC 编号：0336

CAS 登记号：7446-18-6
RTECS 号：XG6800000
UN 编号：1707
EC 编号：081-003-00-4
中国危险货物编号：1707

中文名称：硫酸铊；硫酸铊（I）；硫酸二铊；硫酸亚铊
英文名称：THALLIUM SULFATE; Thallium (I) sulfate; Dithallium sulfate; Thallous sulfate

分子量：504.8   化学式：Tl_2SO_4

危害/接触类型	急性危害/症状	预防	急救/消防
火 灾	不可燃。在火焰中释放出刺激性或有毒烟雾（或气体）		周围环境着火时，允许使用各种灭火剂
爆 炸			
接 触		防止粉尘扩散！严格作业环境管理！	一切情况均向医生咨询！
# 吸入	（见食入）	密闭系统和通风	新鲜空气，休息。必要时进行人工呼吸，给予医疗护理
# 皮肤	可能被吸收！发红（见食入）	防护手套，防护服	脱去污染的衣服，用大量水冲洗皮肤或淋浴，给予医疗护理
# 眼睛	发红，疼痛	护目镜，面罩或眼睛防护结合呼吸防护	先用大量水冲洗几分钟（如可能尽量摘除隐形眼镜），然后就医
# 食入	腹部疼痛，惊厥，腹泻，头痛，恶心，呕吐，虚弱，妄想，心律不齐，昏迷。（见注解）	工作时不得进食，饮水或吸烟。进食前洗手	漱口，催吐（仅对清醒病人！），给予医疗护理

泄漏处置	将泄漏物清扫进容器中。如果适当，首先润湿防止扬尘。小心收集残余物，然后转移到安全场所。个人防护用具：全套防护服包括自给式呼吸器
包装与标志	不易破碎包装，将易破碎包装放在不易破碎的密闭容器中。不得与食品和饲料一起运输。污染海洋物质 欧盟危险性类别：T+符号 N 符号 R:28-38-48/25-51/53 S:1/2-13-36/37-45-61 联合国危险性类别：6.1　　　　联合国包装类别：II 中国危险性类别：第 6.1 项毒性物质　中国包装类别：II
应急响应	运输应急卡：TEC(R)-61GT5-III
储存	注意收容灭火产生的废水。与食品和饲料分开存放。严格密封
重要数据	物理状态、外观：无气味，白色或无色晶体 化学危险性：加热时，该物质分解生成含氧化铊和硫氧化物的高毒烟雾 职业接触限值：阈限值：$0.1mg/m^3$（时间加权平均值）（经皮）（美国政府工业卫生学家会议，2004年）。最高容许浓度：IIb（未制定标准，但可提供数据）（德国，2004 年） 接触途径：该物质可通过吸入其气溶胶，经皮肤和食入吸收到体内 吸入危险性：20℃时蒸发可忽略不计，但扩散时可较快地达到空气中颗粒物有害浓度 短期接触的影响：该物质刺激眼睛和皮肤。该物质可能对神经系统，心血管系统和胃肠道有影响。接触可能导致脱头发。影响可能推迟显现。需进行医学观察。接触可能导致死亡
物理性质	熔点：632℃ 密度：$6.77g/cm^3$ 水中溶解度：20℃时 4.87g/100mL
环境数据	该物质对水生生物是有害的。避免非正常使用情况下释放到环境中
注解	根据接触程度，需定期进行医疗检查。急性中毒症状几天以后才变得明显。该物质中毒时需采取必要的治疗措施。必须提供有指示说明的适当方法。不要将工作服带回家中

IPCS
International
Programme on
Chemical Safety

本卡片由 IPCS 和 EC 合作编写 © 2004～2012

国际化学品安全卡

钍			ICSC 编号：0337

CAS 登记号：7440-29-1	中文名称：钍
RTECS 号：XO6400000	英文名称：THORIUM
UN 编号：2912	
中国危险货物编号：2912	
分子量：232.0（原子量）	化学式：Th

危害/接触类型	急性危害/症状	预防	急救/消防
火 灾	如为粉末，高度易燃	禁止明火，禁止火花和禁止吸烟。禁止与高温表面接触	专用粉末，干砂，禁用其他灭火剂
爆 炸	微细分散的颗粒物在空气中形成爆炸性混合物	不要受摩擦或震动。防止粉尘沉积、密闭系统、防止粉尘爆炸型电气设备和照明	着火时，喷雾状水保持料桶等冷却，但避免该物质与水接触
接 触		防止粉尘扩散！避免一切接触！	一切情况均向医生咨询！
# 吸入	咳嗽。（见注解）	密闭系统和通风	新鲜空气，休息
# 皮肤		防护手套。防护服	脱去污染的衣服。冲洗，然后用水和肥皂清洗皮肤。使用辐射检测器确保没有残余污染物
# 眼睛	发红	面罩，或眼睛防护结合呼吸防护	先用大量水冲洗几分钟（如可能尽量摘除隐形眼镜），然后就医
# 食入		工作时不得进食，饮水或吸烟	漱口

泄漏处置	撤离危险区域！向专家咨询！将泄漏物清扫进有盖的容器中。小心收集残余物，然后转移到安全场所。个人防护用具：全套防护服包括自给式呼吸器
包装与标志	不易破碎包装，将易破碎包装放在不易破碎的密闭容器中 **联合国危险性类别：7** **中国危险性类别：第 7 类 放射性物质** **GHS 分类：**信号词：危险 图形符号：火焰-健康危险 危险说明：暴露在空气中会自发燃烧；可能致癌；吸入对肺造成损害；长期或反复吸入对呼吸道造成损害
应急响应	
储存	耐火设备(条件)。与强氧化剂分开存放。阴凉场所。严格密封。保存在通风良好的室内
重要数据	**物理状态、外观：**浅灰色-白色金属粉末 **物理危险性：**以粉末或颗粒形状与空气混合，可能发生粉尘爆炸。如果在干燥状态，由于搅拌、空气输送和注入等能产生静电 **化学危险性：**与空气中接触时，该物质可能发生自燃。受撞击、摩擦或震动时，可能发生爆炸性分解。与强氧化剂发生剧烈反应。与卤素、氢和硫发生反应 **职业接触限值：**阈限值未制定标准。最高容许浓度未制定标准 **接触途径：**该物质可通过吸入吸收到体内 **吸入危险性：**扩散时，可较快地到达空气中颗粒物公害污染浓度 **短期接触的影响：**可能对眼睛产生机械刺激。吸入其气溶胶可能对肺造成损害 **长期或反复接触的影响：**反复或长期接触其气溶胶，肺可能受损伤。该物质是人类致癌物
物理性质	**沸点：**4788℃ **熔点：**1750℃ **相对密度（水=1）：**11.7 **水中溶解度：**不溶 **自燃温度：**270℃
环境数据	
注解	根据接触程度，可接受剂量可能需要按照全身计算方法进行估算。根据接触程度，建议定期进行医学检查。该物质及其衰变产物具有放射性。储存在通风不良的区域，可能导致气态放射性衰变产物的积聚。长期滞留在体内导致组织长期受到 α 射线的辐射。如果呼吸困难和/或发烧，就医

IPCS
International
Programme on
Chemical Safety

UNEP

本卡片由 IPCS 和 EC 合作编写 © 2004～2012

国际化学品安全卡

二氧化钛			ICSC 编号：0338
CAS 登记号：13463-67-7		中文名称：二氧化钛；金红石	
RTECS 号：XR2275000		英文名称：TITANIUM DIOXIDE; Rutile	
分子量：79.9		化学式：TiO₂	

危害/接触类型	急性危害/症状	预防	急救/消防
火 灾	不可燃		周围环境着火时，允许使用各种灭火剂
爆 炸			
接 触		防止粉尘扩散！	
# 吸入		局部排气通风或呼吸防护	新鲜空气，休息
# 皮肤			冲洗，然后用水和肥皂清洗皮肤
# 眼睛	发红	安全护目镜	先用大量水冲洗几分钟（如可能尽量摘除隐形眼镜），然后就医
# 食入		工作时不得进食，饮水或吸烟	漱口
泄漏处置	将泄漏物清扫进容器中。如果适当，首先润湿防止扬尘。个人防护用具：适用于该物质空气中浓度的颗粒物过滤呼吸器		
包装与标志			
应急响应			
储存			
重要数据	物理状态、外观：无色至白色晶体粉末 职业接触限值：阈限值：$10mg/m^3$（时间加权平均值），A4（不能分类为人类致癌物）（美国政府工业卫生学家会议，2001 年）。最高容许浓度：可吸入部分；致癌物类别：3A（德国，2009 年） 接触途径：该物质可通过吸入其气溶胶吸收到体内 吸入危险性：扩散时，可较快达到空气中颗粒物污染浓度		
物理性质	沸点：2500～3000℃ 熔点：1855℃ 密度：3.9～4.3g/cm³ 水中溶解度：不溶		
环境数据			
注解			

IPCS
International
Programme on
Chemical Safety

UNEP

本卡片由 IPCS 和 EC 合作编写 © 2004～2012

345

国际化学品安全卡

2,4-甲苯二异氰酸酯			ICSC 编号：0339

CAS 登记号：584-84-9 RTECS 号：CZ6300000 UN 编号：2078 EC 编号：615-006-00-4 中国危险货物编号：2078 分子量：174.2	中文名称：2,4-甲苯二异氰酸酯；2,4-二异氰酸甲苯；4-甲基间亚苯基二异氰酸酯；2,4-二异氰基-1-甲苯 英文名称：2,4-TOLUENE DIISOCYANATE；2,4-Diisocyanate toluene；4-Methyl-meta-phenylenediisocyanate；2,4-Diisocyanato-1-methylbenzene 化学式：$C_9H_6N_2O_2/CH_3C_6H_3(NCO)_2$

危害/接触类型	急性危害/症状	预防	急救/消防
火灾	可燃的。在火焰中释放出刺激性或有毒烟雾（或气体）	禁止明火，禁止与水和活泼化学物质接触	干粉，二氧化碳。只能使用淹没量的水灭火
爆炸	受热或与水及活泼化学物质接触时，密闭容器可能升压和爆炸		着火时，喷雾状水保持料桶等冷却，但避免该物质与水接触，从掩蔽位置灭火
接触		避免一切接触！	一切情况均向医生咨询！
# 吸入	腹部疼痛，咳嗽，恶心，呼吸短促，咽喉痛，呕吐，症状可能推迟显现（见注解）	局部排气通风或呼吸防护	新鲜空气，休息。半直立体位，必要时进行人工呼吸，给予医疗护理
# 皮肤	发红，疼痛，烧灼感	防护手套，防护服	冲洗，然后用水和肥皂冲洗皮肤，给予医疗护理
# 眼睛	发红，疼痛，视力模糊	面罩或眼睛防护结合呼吸防护	先用大量水冲洗数分钟（如可能尽量摘除隐形眼镜），然后就医
# 食入	另见吸入	工作时不得进食、饮水或吸烟	漱口。用水冲服活性炭浆，给予医疗护理

泄漏处置	撤离危险区域！大量泄漏时向专家咨询！通风。将泄漏液收集在有盖容器中。用氨（4～8%）、洗涤剂（2%）和水的混合物处理残液。用砂土或惰性吸收剂吸收残液并转移到安全场所。如为固体，将泄漏物收集在容器中。个人防护用具：全套防护服包括自给式呼吸器
包装与标志	不得与食品和饲料一起运输 欧盟危险性类别：T+符号 标记：C R:23-36/37/38-40-42/43-52/53 S:1/2-23-36/37-45-61 联合国危险性类别：6.1 联合国包装类别：II 中国危险性类别：第6.1项毒性物质 中国包装类别：II
应急响应	运输应急卡：TEC（R）-61S2078 或 61GT1-II 美国消防协会法规：H3（健康危险性）；F1（火灾危险性）；R1（反应危险性）
储存	建议的储存温度 20℃～25℃。与食品和饲料等（见化学危险性）分开存放。干燥。保存在通风良好的室内
重要数据	物理状态、外观：无色至淡黄色液体或晶体，有刺鼻气味，接触空气变成淡黄色 化学危险性：在碱、叔胺和酰基氯作用下，该物质可能聚合，有着火和爆炸危险。燃烧时生成有氮氧化物和异氰酸酯毒蒸气和气体。与水、酸和醇类反应，引起压力升高，有爆炸危险 职业接触限值：阈限值：0.005ppm（时间加权平均值）；0.02ppm（短期接触限值）；A4（不能分类为人类致癌物）；致敏剂（美国政府工业卫生学家会议，2004年）。最高容许浓度：呼吸道致敏剂；致癌物类别：3A（德国，2004年） 接触途径：该物质可通过吸入其蒸气和气溶胶或食入吸收进体内 吸入危险性：20℃时该物质蒸发可以相当快达到空气中有害污染浓度 短期接触的影响：该物质刺激眼睛、皮肤和呼吸道。吸入蒸气可能引起哮喘（见注解）。吸入蒸气可能引起化学支气管炎、肺炎和肺水肿。过多超过职业接触限值接触可能导致死亡。影响可能推迟显现。需进行医学观察 长期或反复接触的影响：反复或长期接触可能引起皮肤过敏。反复或长期吸入可能引起哮喘。该物质可能是人类致癌物
物理性质	沸点：251℃ 熔点：22℃ 相对密度（水=1）：1.2 水中溶解度：发生反应 蒸气压：20℃时 1.3Pa 蒸气相对密度（空气=1）：6.0	蒸气/空气混合物的相对密度（20℃，空气=1）：1.00 闪点：127℃（闭杯） 自燃温度：620℃ 爆炸极限：在空气中 0.9%～9.5%（体积） 辛醇/水分配系数的对数值：0.21
环境数据	
注解	工业甲苯二异氰酸酯是 2,4-和 2,6-异构体混合物（80：20）。TDI 是常用名称。根据接触程度，需要定期进行医疗检查。哮喘症状常常经过几个小时以后才变得明显，体力劳动使症状加重。因而休息和医学观察是必要的。应当考虑由医生或医生指定的人员立即采取适当吸入治疗法。有哮喘症状的任何人不应再接触该物质。超过接触限值时，气味报警不充分

IPCS
International
Programme on
Chemical Safety

  UNEP

本卡片由 IPCS 和 EC 合作编写 © 2004～2012

国际化学品安全卡

2,6-二氨基甲苯			ICSC 编号：0340

CAS 登记号：823-40-5	中文名称：2,6-二氨基甲苯；2-甲基-1,3-苯二胺；2-甲基间苯二胺；1,3-二
RTECS 号：XS9750000	氨基-2-甲苯；2-甲基间苯二胺
EC 编号：612-111-00-7	英文名称：2,6-DIAMINOTOLUENE; 2-Methyl-1,3-benzenediamine; 1,3-Diamino-2-methylbenzene; 2-Methyl-m-phenylenediamine

分子量：122.0	化学式：$C_6H_3CH_3(NH_2)_2/C_7H_{10}N_2$

危害/接触类型	急性危害/症状	预防	急救/消防
火灾	可燃的	禁止明火	雾状水，泡沫，干粉
爆炸			
接触		避免一切接触！	
# 吸入	嘴唇发青或指甲发青，皮肤发青，咳嗽，头晕，头痛，气促，意识模糊，惊厥，恶心，神志不清	通风，局部排气通风或呼吸防护	新鲜空气，休息。必要时进行人工呼吸，给予医疗护理
# 皮肤	发红	防护手套，防护服	脱去污染的衣服，用大量水冲洗皮肤或淋浴
# 眼睛	发红，疼痛	护目镜	先用大量水冲洗几分钟（如可能尽量摘除隐形眼镜)，然后就医
# 食入	见吸入	工作时不得进食，饮水或吸烟。进食前洗手	漱口，大量饮水，给予医疗护理

泄漏处置	将泄漏物清扫进容器中。如果适当，首先润湿防止扬尘。小心收集残余物，然后转移到安全场所。不要让该化学品进入环境。个人防护用具：适用于有害颗粒物的 P2 过滤呼吸器
包装与标志	欧盟危险性类别：Xn 符号 N 符号 R:21/22-43-51/53-68 S:2-24-36/37-61
应急响应	
储存	严格密封
重要数据	**物理状态、外观：** 无色晶体，遇空气时变棕色 **化学危险性：** 燃烧时，生成氮氧化物有毒烟雾 **职业接触限值：** 阈限值未制定标准 **接触途径：** 该物质可通过吸入，经皮肤和食入吸收到体内 **吸入危险性：** 20℃时蒸发可忽略不计，但扩散时可较快地达到空气中颗粒物有害浓度 **短期接触的影响：** 该物质刺激眼睛、皮肤和呼吸道。该物质可能对血液有影响，导致形成正铁血红蛋白。影响可能推迟显现。需进行医学观察 **长期或反复接触的影响：** 反复或长期与皮肤接触可能引起皮炎。反复或长期接触可能引起皮肤过敏
物理性质	沸点：289℃ 熔点：105～106℃ 水中溶解度：微溶 蒸气压：150℃时 2.13kPa
环境数据	该物质对水生生物是有毒的
注解	该物质中毒时需采取必要的治疗措施。必须提供有指示说明的适当方法。根据接触程度，需定期进行医疗检查

IPCS
International
Programme on
Chemical Safety

本卡片由 IPCS 和 EC 合作编写 © 2004～2012

国际化学品安全卡

邻甲苯胺			ICSC 编号：0341

CAS 登记号：95-53-4
RTECS 号：XU2975000
UN 编号：1708
EC 编号：612-091-00-X
中国危险货物编号：1708
分子量：107.2

中文名称：邻甲苯胺；1-氨基-2-甲苯；2-氨基甲苯；邻甲基苯胺
英文名称：*o*-TOLUIDINE; 1-Amino-2-methylbenzene; 2-Aminotoluene; *o*-Methylaniline

化学式：$C_7H_9N/C_6H_4CH_3NH_2$

危害/接触类型	急性危害/症状	预防	急救/消防
火 灾	可燃的。在火焰中释放出刺激性或有毒烟雾（或气体）	禁止明火	雾状水，泡沫，干粉，二氧化碳
爆 炸	高于 85℃时，可能形成爆炸性蒸气/空气混合物	高于 85℃，使用密闭系统，通风。防止静电荷积聚（例如，通过接地）	着火时，喷雾状水保持料桶等冷却
接 触		避免一切接触！	一切情况均向医生咨询！
# 吸入	嘴唇发青或指甲发青。皮肤发青。意识模糊。头晕。头痛。呼吸短促。虚弱。惊厥。恶心。神志不清	通风、局部排气通风或呼吸防护	新鲜空气，休息。必要时进行人工呼吸。立即给予医疗护理
# 皮肤	可能被吸收！发红。嘴唇发青或指甲发青。皮肤发青。（另见吸入）	防护手套。防护服	脱去污染的衣服。冲洗，然后用水和肥皂清洗皮肤。立即给予医疗护理
# 眼睛	发红。疼痛	安全护目镜	用大量水冲洗（如可能尽量摘除隐形眼镜）。立即给予医疗护理
# 食入	嘴唇发青或指甲发青。皮肤发青。头晕。头痛。呼吸困难。（另见吸入）	工作时不得进食，饮水或吸烟	漱口。立即给予医疗护理

泄漏处置	将泄漏液收集在可密闭的容器中。用砂土或惰性吸收剂吸收残液，并转移到安全场所。不要让该化学品进入环境。个人防护用具：全套防护服包括自给式呼吸器
包装与标志	不得与食品和饲料一起运输 欧盟危险性类别：T 符号 N 符号 标记：E R:45-23/25-36-50 S:53-45-61 联合国危险性类别：6.1 联合国包装类别：II 中国危险性类别：第 6.1 项 毒性物质 中国包装类别：II GHS 分类：信号词：危险 图形符号：感叹号-健康危险-环境 危险说明：可燃液体；吞咽有害；吸入（蒸气）有害；接触皮肤可能有害；造成严重眼睛刺激；可能引起遗传性缺陷；可能致癌；对血液造成损害；对水生生物毒性非常大
应急响应	美国消防协会法规：H3（健康危险性）；F2（火灾危险性）；R0（反应危险性）
储存	注意收容灭火产生的废水。与强氧化剂、强酸、食品和饲料分开存放。严格密封。沿地面通风。保存在暗处。储存在没有排水管或下水道的场所
重要数据	物理状态、外观：无色液体，有特殊气味。遇到空气和光变成浅红棕色 物理危险性：由于流动、搅拌等，可能产生静电 化学危险性：加热时或燃烧时该物质分解，生成含有氮氧化物的有毒烟雾。与强氧化剂和强酸发生反应。浸蚀某些塑料 职业接触限值：阈限值：2ppm（经皮）（时间加权平均值）；A3（确认的动物致癌物，但未知与人类相关性）；公布生物暴露指数（美国政府工业卫生学家会议，2009 年）。最高容许浓度：皮肤吸收；致癌物类别：1；致生殖细胞突变物类别：3（德国，2009 年） 接触途径：该物质可通过吸入、经皮肤和食入吸收到体内 吸入危险性：20℃时蒸发可忽略不计，但喷洒时可较快地达到空气中颗粒物有害浓度 短期接触的影响：该物质刺激严重眼睛。该物质可能对血液造成影响，导致正铁血红蛋白的形成。影响可能推迟显现。需进行医学观察。见注解 长期或反复接触的影响：该物质是人类致癌物。可能引起人类遗传伤害
物理性质	沸点：200℃ 熔点：-16℃(β 形式) 24.4℃(α 形式) 相对密度（水=1）：1.00 水中溶解度：20℃时 1.62g/100mL 微溶 蒸气压：25℃时 34.5Pa 蒸气相对密度（空气=1）：3.7	蒸气/空气混合物的相对密度（20℃，空气=1）：1.00 闪点：闪点：85℃ 闭杯 自燃温度：480℃ 爆炸极限：空气中 1.5%～7.5%(体积) 辛醇/水分配系数的对数值：1.43
环境数据	该物质对水生生物有极高毒性。强烈建议不要让该化学品进入环境
注解	根据接触程度，建议定期进行医学检查。该物质中毒时，需采取必要的治疗措施；必须提供有指示说明的适当方法。超过接触限值时，气味报警不充分。不要将工作服带回家中。另见化学品安全卡#0342（间甲苯胺）和#0343（对甲苯胺）

IPCS
International
Programme on
Chemical Safety

   UNEP

本卡片由 IPCS 和 EC 合作编写 © 2004～2012

国际化学品安全卡

间甲苯胺			ICSC 编号：0342

CAS 登记号：108-44-1	中文名称：间甲苯胺；3-氨基甲苯；间甲基苯胺；1-氨基-3-甲苯
RTECS 号：XU2800000	英文名称：m-TOLUIDINE; 3-Aminotoluene; m-Methylaniline;
UN 编号：1708	1-Amino-3-methylbenzene
EC 编号：612-024-00-4	
中国危险货物编号：1708	
分子量：107.2	化学式：$C_7H_9N/C_6H_4CH_3NH_2$

危害/接触类型	急性危害/症状	预防	急救/消防
火 灾	可燃的。在火焰中释放出刺激性或有毒烟雾（或气体）	禁止明火	雾状水，泡沫，干粉，二氧化碳
爆 炸	高于 85℃时，可能形成爆炸性蒸气/空气混合物	高于 85℃，使用密闭系统，通风	着火时，喷雾状水保持料桶等冷却
接 触		严格作业环境管理！	一切情况均向医生咨询！
# 吸入	嘴唇发青或指甲发青。皮肤发青。意识模糊。头晕。头痛。呼吸短促。虚弱。惊厥。恶心。神志不清	通风，局部排气通风或呼吸防护	新鲜空气，休息。必要时进行人工呼吸。立即给予医疗护理
# 皮肤	发红。（另见吸入）	防护手套。防护服	脱去污染的衣服。冲洗，然后用水和肥皂清洗皮肤。给予医疗护理
# 眼睛	发红。疼痛	安全护目镜	用大量水冲洗（如可能尽量摘除隐形眼镜）。立即给予医疗护理
# 食入	嘴唇发青或指甲发青。皮肤发青。头晕。头痛。呼吸困难。（另见吸入）	工作时不得进食，饮水或吸烟	漱口。立即给予医疗护理

泄漏处置	将泄漏液收集在可密闭的容器中。用砂土或惰性吸收剂吸收残液，并转移到安全场所。不要让该化学品进入环境。个人防护用具：全套防护服包括自给式呼吸器
包装与标志	不得与食品和饲料一起运输 欧盟危险性类别：T 符号 N 符号　R:23/24/25-33-50　S:1/2-28-36/37-45-61 联合国危险性类别：6.1　　　　　　联合国包装类别：II 中国危险性类别：第 6.1 项 毒性物质　中国包装类别：II GHS 分类：信号词：警告 图形符号：感叹号-健康危险-环境 危险说明：可燃液体；吞咽有害；接触皮肤可能有害；造成眼睛刺激；可能对血液造成损害；对水生生物毒性非常大
应急响应	
储存	注意收容灭火产生的废水。与强氧化剂、强酸、食品和饲料分开存放。严格密封。沿地面通风。保存在暗处。储存在没有排水管或下水道的场所
重要数据	物理状态、外观：无色至黄色液体，遇到空气和光变暗 物理危险性：由于流动、搅拌等，可能产生静电 化学危险性：加热时或燃烧时该物质分解，生成含有氮氧化物的有毒烟雾。与强氧化剂和强酸发生反应。浸蚀某些塑料 职业接触限值：阈限值：2ppm（时间加权平均值）（经皮）；A4（不能分类为人类致癌物）；公布生物暴露指数（美国政府工业卫生学家会议，2009 年）。最高容许浓度未制定标准 接触途径：该物质可通过吸入、经皮肤和食入吸收到体内 吸入危险性：20℃时蒸发可忽略不计，但喷洒时可较快地达到空气中颗粒物有害浓度 短期接触的影响：该物质刺激眼睛，轻微刺激皮肤。该物质可能对血液有影响，导致形成正铁血红蛋白。影响可能推迟显现。需进行医学观察。见注解
物理性质	沸点：203℃ 熔点：−30℃ 相对密度（水=1）：0.99 水中溶解度：25℃时 0.1g/100mL 微溶 蒸气压：25℃时 17Pa 蒸气相对密度（空气=1）：3.7	蒸气/空气混合物的相对密度（20℃，空气=1）：1.00 闪点：闪点：85℃ 闭杯 自燃温度：480℃ 爆炸极限：空气中 1.1%～6.6%(体积) 辛醇/水分配系数的对数值：1.40
环境数据	该物质对水生生物有极高毒性。强烈建议不要让该化学品进入环境
注解	根据接触程度，建议定期进行医学检查。该物质中毒时，需采取必要的治疗措施；必须提供有指示说明的适当方法。超过接触限值时，气味报警不充分。不要将工作服带回家中。另见化学品安全卡#0341（邻甲苯胺）和#0343（对甲苯胺）

IPCS
International
Programme on
Chemical Safety

本卡片由 IPCS 和 EC 合作编写 © 2004～2012

国际化学品安全卡

对甲苯胺			ICSC 编号：0343

CAS 登记号：106-49-0
RTECS 号：XU3150000
UN 编号：3451
EC 编号：612-160-00-4
中国危险货物编号：3451
分子量：107.2

中文名称：对甲苯胺；4-氨基甲苯；对甲基苯胺；1-氨基-4-甲苯
英文名称：p-TOLUIDINE; 4-Aminotoluene; p-Methylaniline; 1-Amino-4-methylbenzene

化学式：$C_7H_9N/C_6H_4CH_3NH_2$

危害/接触类型	急性危害/症状	预防	急救/消防
火灾	可燃的。在火焰中释放出刺激性或有毒烟雾（或气体）	禁止明火	雾状水，泡沫，干粉，二氧化碳
爆炸	高于87℃时，可能形成爆炸性蒸气/空气混合物	高于87℃，使用密闭系统，通风	着火时，喷雾状水保持料桶等冷却
接触		避免一切接触！	一切情况均向医生咨询！
# 吸入	嘴唇发青或指甲发青。皮肤发青。意识模糊。头晕。头痛。呼吸短促。虚弱。惊厥。恶心。神志不清。	通风，局部排气通风或呼吸防护	新鲜空气，休息。必要时进行人工呼吸。立即给予医疗护理
# 皮肤	可能被吸收！发红。嘴唇发青或指甲发青。皮肤发青（另见吸入）	防护手套。防护服	脱去污染的衣服。冲洗，然后用水和肥皂清洗皮肤。立即给予医疗护理
# 眼睛	发红。疼痛	安全护目镜	用大量水冲洗（如可能尽量摘除隐形眼镜）。立即给予医疗护理
# 食入	嘴唇发青或指甲发青。皮肤发青。头晕。头痛。呼吸困难。（另见吸入）	工作时不得进食，饮水或吸烟	漱口。立即给予医疗护理

泄漏处置	将泄漏物清扫进可密闭容器中，如果适当，首先润湿防止扬尘。小心收集残余物，然后转移到安全场所。不要让该化学品进入环境。个人防护用具：全套防护服包括自给式呼吸器
包装与标志	不得与食品和饲料一起运输 欧盟危险性类别：T 符号 N 符号　R:23/24/25-36-40-43-50　　S:1/2-28-36/37-45-61 联合国危险性类别：6.1　　　　联合国包装类别：II 中国危险性类别：第 6.1 项 毒性物质　中国包装类别：II GHS 分类：信号词：危险 图形符号：骷髅和交叉骨-健康危险-环境 危险说明：可燃液体；吞咽会中毒；皮肤接触会中毒；吸入有毒；造成眼睛刺激；可能导致皮肤过敏反应；对血液造成损害；对水生生物毒性非常大
应急响应	美国消防协会法规：H3（健康危险性）；F2（火灾危险性）；R0（反应危险性）
储存	注意收容灭火产生的废水。与强氧化剂、强酸、食品和饲料分开存放。严格密封。沿地面通风。保存在暗处。储存在没有排水管或下水道的场所
重要数据	物理状态、外观：无色薄片，遇到空气和光变暗 物理危险性：由于流动、搅拌等，可能产生静电 化学危险性：加热时或燃烧时该物质分解，生成含有氮氧化物的有毒烟雾。与强氧化剂和强酸发生反应。浸蚀某些塑料 职业接触限值：阈限值：2ppm（经皮）（时间加权平均值）；A3（确认的动物致癌物，但未知与人类相关性）；公布生物暴露指数（美国政府工业卫生学家会议，2009 年）。最高容许浓度：皮肤吸收；皮肤致敏剂；致癌物类别：3B（德国，2009 年） 接触途径：该物质可通过吸入、经皮肤和食入吸收到体内 吸入危险性：20℃时蒸发可忽略不计，但扩散时，尤其是粉末可较快地达到空气中颗粒物有害浓度。 短期接触的影响：该物质刺激眼睛。该物质可能对血液有影响，导致形成正铁血红蛋白。影响可能推迟显现。需进行医学观察。见注解 长期或反复接触的影响：反复或长期接触可能引起皮肤过敏。在实验动物身上发现肿瘤，但可能与人类无关
物理性质	沸点：200℃ 熔点：44～45℃ 相对密度（水=1）：1.05 水中溶解度：20℃时 0.75g/100mL 微溶 蒸气压：42℃时 0.13kPa 蒸气相对密度（空气=1）：3.7	蒸气/空气混合物的相对密度（20℃，空气=1）：1.00 闪点：闪点：87℃ 闭杯 自燃温度：480℃ 爆炸极限：空气中 1.1%～6.6%（体积） 辛醇/水分配系数的对数值：1.39
环境数据	该物质对水生生物有极高毒性。强烈建议不要让该化学品进入环境
注解	根据接触程度，需要定期进行医学检查。该物质中毒时，需采取必要的治疗措施；必须提供有指示说明的适当方法。超过接触限值时，气味报警不充分。不要将工作服带回家中。另见化学品安全卡#0341（邻甲苯胺）和#0342（间甲苯胺）。

IPCS
International Programme on Chemical Safety

UNEP

本卡片由 IPCS 和 EC 合作编写 © 2004～2012

国际化学品安全卡

1,3,5-三氯苯			ICSC 编号：0344

CAS 登记号：108-70-3
RTECS 号：DC2100100

中文名称：1,3,5-三氯苯；均三氯苯
英文名称：1,3,5-TRICHLOROBENZENE; sym-Trichlorobenzene

分子量：181.5   化学式：$C_6H_3Cl_3$

危害/接触类型	急性危害/症状	预防	急救/消防
火　灾	可燃的。在火焰中释放出刺激性或有毒烟雾（或气体）	禁止明火	干粉，雾状水，泡沫，二氧化碳
爆　炸			
接　触			
# 吸入	咳嗽。咽喉痛	局部排气通风或呼吸防护	新鲜空气，休息。给予医疗护理
# 皮肤		防护手套	脱去污染的衣服。用大量水冲洗皮肤或淋浴
# 眼睛	发红。疼痛	安全护目镜，或眼睛防护结合呼吸防护	先用大量水冲洗几分钟（如可能尽量摘除隐形眼镜），然后就医
# 食入		工作时不得进食,饮水或吸烟	漱口。大量饮水。给予医疗护理

泄漏处置	将泄漏物清扫进容器中，如果适当，首先润湿防止扬尘。小心收集残余物，然后转移到安全场所。不要让该化学品进入环境。个人防护用具：适用于惰性颗粒物的 P1 过滤呼吸器
包装与标志	
应急响应	
储存	与强氧化剂分开存放。保存在通风良好的室内
重要数据	物理状态、外观：白色至黄色晶体或粉末，有特殊气味 化学危险性：燃烧时，该物质分解生成有毒和腐蚀性烟雾。与氧化剂发生反应 职业接触限值：阈限值未制定标准。最高容许浓度：5ppm，38mg/m³，皮肤吸收；最高限值种类：II（2）；妊娠风险等级：D（德国，2003 年） 接触途径：该物质可通过吸入其气溶胶，经皮肤和食入吸收到体内 吸入危险性：20℃时，该物质蒸发相当慢地达到空气中有害污染浓度，但喷洒或扩散时要快得多 短期接触的影响：该物质刺激眼睛和呼吸道。
物理性质	沸点：208℃ 熔点：63℃ 水中溶解度：25℃时 0.0006g/100mL 蒸气压：25℃时 24Pa 蒸气/空气混合物的相对密度（20℃，空气=1）：1.0 闪点：107℃ 辛醇/水分配系数的对数值：4.15
环境数据	该物质可能对环境有危害，对鱼类应给予特别注意。该化学品可能在鱼体内发生生物蓄积作用
注解	

IPCS
International Programme on Chemical Safety

本卡片由 IPCS 和 EC 合作编写 © 2004～2012

国际化学品安全卡

偏苯三酸酐			ICSC 编号：0345

CAS 登记号：552-30-7
RTECS 号：DC2050000
EC 编号：607-097-00-4

中文名称：偏苯三酸酐；1,2,4-苯三酸酐；1,3-二氢-1,3-二氧-5-异苯并呋喃羧酸
英文名称：TRIMELLITIC ANHYDRIDE; 1,2,4-Benzenetricarboxylic acid anhydride; 1,3-Dihydro-1,3-dioxo-5-isobenzofurancarboxylic acid

分子量：192.2

化学式：$C_9H_4O_5$

危害/接触类型	急性危害/症状	预防	急救/消防
火　灾	可燃的	禁止明火	雾状水，干粉
爆　炸	微细分散的颗粒物在空气中形成爆炸性混合物	防止静电荷积聚（例如，通过接地）。防止粉尘沉积，密闭系统，防止粉尘爆炸型电气设备和照明	
接　触		防止粉尘扩散！严格作业环境管理！	
# 吸入	咳嗽。血污色痰。头痛。恶心。呼吸短促。喘息。症状可能推迟显现（见注解）	局部排气通风或呼吸防护	新鲜空气，休息，给予医疗护理
# 皮肤	发红	防护手套	脱去污染的衣服，用大量水冲洗或淋浴
# 眼睛	发红，疼痛	安全护目镜或眼睛防护结合呼吸防护	先用大量水冲洗数分钟（如可能尽量摘除隐形眼镜），然后就医
# 食入	恶心。腹部疼痛。灼烧感。呕吐。腹泻	工作时不得进食，饮水或吸烟	漱口。大量饮水。给予医疗护理
泄漏处置	将泄漏物清扫进容器中，如果适当，首先润湿防止扬尘。小心收集残余物。个人防护用具：适用于有毒颗粒物的 P3 过滤呼吸器		
包装与标志	欧盟危险性类别：Xn 符号　　R:37-41-42/43　　S:2-22-26-36/37/39		
应急响应			
储存	干燥。与碱类和强氧化剂分开存放。沿地面通风		

重要数据	物理状态、外观：无色晶体或粉末 物理危险性：如果以粉末或颗粒形状与空气混合，可能发生粉尘爆炸。如果在干燥状态，由于搅拌、空气输送和注入等能够产生静电 化学危险性：与碱类和氧化剂激烈反应。与水缓慢反应，生成偏苯三酸 职业接触限值：阈限值：0.04mg/m³（上限值）（美国政府工业卫生学家会议，2005 年）。最高容许浓度：0.04mg/m³；呼吸道致敏剂；最高限值种类：I（1）（德国，2005 年） 接触途径：该物质可通过吸入和食入吸收进体内 吸入危险性：扩散时可较快地达到空气中颗粒物有害浓度 短期接触的影响：该物质刺激皮肤和呼吸道，严重刺激眼睛。吸入粉末或蒸气可能引起哮喘反应 长期或反复接触的影响：反复或长期吸入接触可能引起哮喘。该物质可能引起似流感症状的过敏反应和肺病-贫血症综合征

物理性质	沸点：1.87kPa 时 240～245℃ 熔点：161～163.5℃ 水中溶解度：反应 蒸气压：25℃时可忽略不计 蒸气相对密度（空气=1）：6.6 闪点：227℃（开杯）

环境数据	
注解	过敏反应包括哮喘的症状直到 4～12h 以后才变得明显。因这种物质出现哮喘症状的任何人不应当再接触该物质。工作接触的任何时刻都不应超过职业接触限值。不要将工作服带回家中

IPCS
International
Programme on
Chemical Safety

本卡片由 IPCS 和 EC 合作编写 © 2004～2012

国际化学品安全卡

戊酸			ICSC 编号：0346

CAS 登记号：109-52-4
RTECS 号：YV6100000
UN 编号：3265
EC 编号：607-143-00-3
中国危险货物编号：3265

中文名称：戊酸；丙基乙酸；1-丁烷羧酸；正戊酸
英文名称：VALERIC ACID; Pentanoic acid; Propylacetic acid;
1-Butanecarboxylic acid; n-Pentanoic acid

分子量：102.1

化学式：$C_5H_{10}O_2/CH_3(CH_2)_3COOH$

危害/接触类型	急性危害/症状	预防	急救/消防
火 灾	可燃的	禁止明火	干粉、雾状水、泡沫、二氧化碳
爆 炸	高于 86℃，可能形成爆炸性蒸气/空气混合物	高于 86℃，使用密闭系统、通风	
接 触		避免一切接触！	一切情况均向医生咨询！
# 吸入	灼烧感，咳嗽，咽喉痛	通风，局部排气通风或呼吸防护	新鲜空气，休息，给予医疗护理
# 皮肤	发红，疼痛，皮肤烧伤	防护手套，防护服	脱去污染的衣服。用大量水冲洗皮肤或淋浴，给予医疗护理
# 眼睛	发红，疼痛，严重深度烧伤	面罩	先用大量水冲洗几分钟（如可能尽量摘除隐形眼镜），然后就医
# 食入	灼烧感，腹部疼痛，休克或虚脱	工作时不得进食，饮水或吸烟	漱口，大量饮水，不要催吐，给予医疗护理
泄漏处置	将泄漏液收集在有盖的容器中。用大量水冲净泄漏液。不要让该化学品进入环境		
包装与标志	欧盟危险性类别：C 符号　　R:34-52/53　　S:1/2-26-36-45-61 联合国危险性类别：8 中国危险性类别：第 8.1 类腐蚀性物质		
应急响应	运输应急卡：TEC(R)-80GC3-II+III 美国消防协会法规：H2（健康危险性）；F2（火灾危险性）；R0（反应危险性）		
储存	与强碱分开存放		
重要数据	物理状态、外观：无色液体，有特殊气味 物理危险性：蒸气比空气重 化学危险性：该物质是一种弱酸 职业接触限值：阈限值未制定标准 接触途径：该物质可通过吸入和食入吸收到体内 吸入危险性：未指明 20℃时该物质蒸发达到空气中有害浓度的速率 短期接触的影响：该物质腐蚀眼睛，皮肤和呼吸道。食入有腐蚀性		
物理性质	沸点：186～187℃ 熔点：-34.5℃ 相对密度（水=1）：0.94 水中溶解度：2.4g/100mL 蒸气压：20℃时 0.02kPa 蒸气相对密度（空气=1）：3.52 闪点：86℃（闭杯） 自燃温度：400℃ 爆炸极限：空气中 1.6%～7.6%（体积） 辛醇/水分配系数的对数值：1.39		
环境数据	该物质对水生生物是有害的		
注解			

IPCS
International
Programme on
Chemical Safety

本卡片由 IPCS 和 EC 合作编写 © 2004～2012

国际化学品安全卡

乙烯基乙酸酯（单体）			ICSC 编号：0347

CAS 登记号：108-05-4	中文名称：乙烯基乙酸酯（单体）；乙酸乙烯酯；1-醋酸乙烯
RTECS 号：AK0875000	英文名称：VINYL ACETATE(MONOMER)；Acetica cid ethynylester；
UN 编号：1301	1-Acetoxyethylene；Acetic acid vinyl ester
EC 编号：607-023-00-0	
中国危险货物编号：1301	
分子量：86.1	化学式：$C_4H_6O_2$/$CH_3COOCH=CH_2$

危害/接触类型	急性危害/症状	预防	急救/消防
火灾	高度易燃	禁止明火，禁止火花，禁止吸烟	水成膜泡沫，抗溶性泡沫，干粉，二氧化碳
爆炸	蒸气/空气混合物有爆炸性	密闭系统，通风，防爆型电气设备和照明。不要使用压缩空气灌装、卸料或转运	着火时喷雾状水保持料桶等冷却
接触		防止烟雾产生！	
# 吸入	咳嗽，呼吸短促，咽喉痛	通风，局部排气通风或呼吸防护	新鲜空气，休息，半直立体位，给予医疗护理
# 皮肤	发红，水疱	防护手套	脱去污染的衣服，用大量水冲洗皮肤或淋浴
# 眼睛	发红，疼痛，轻度烧伤	安全护目镜	先用大量水冲洗数分钟（如可能尽量摘除隐形眼镜），然后就医
# 食入	倦睡，头痛	工作时不得进食、饮水或吸烟	漱口，大量饮水，给予医疗护理

泄漏处置	将泄漏液收集在可密闭容器中。用砂子或惰性吸收剂吸收残液，并转移到安全场所。不要冲入下水道。个人防护用具：自给式呼吸器
包装与标志	欧盟危险性类别：F 符号 标记：D　　R:11　　S:2-16-23-29-33 联合国危险性类别：3　　联合国包装类别：Ⅱ 中国危险性类别：第 3 类易燃液体　中国包装类别：Ⅱ
应急响应	运输应急卡：TEC（R）－30S1301 美国消防协会法规：H2（健康危险性）；F3（火灾危险性）；R2（反应危险性）
储存	耐火设备（条件）。与强氧化剂分开存放。阴凉场所。干燥。保存在阴暗处。严格密封。稳定后储存
重要数据	物理状态、外观：无色可流动液体，有特殊气味 物理危险性：蒸气比空气重，可沿地面流动，可能造成远处着火 化学危险性：加热或在光线或过氧化物作用下，该物质容易发生聚合，有着火和爆炸危险。与强氧化剂激烈反应 职业接触限值：阈限值：10ppm（时间加权平均值），15ppm（短期接触限值）；A3（确认的动物致癌物，但未知与人类相关性）（美国政府工业卫生学家会议，2004 年）。最高容许浓度：致癌物类别：3（德国，2004 年） 接触途径：该物质可通过吸入和食入吸收进体内 吸入危险性：20℃时该物质蒸发可迅速达到空气中有害污染浓度 短期接触的影响：该物质刺激眼睛、皮肤和呼吸道。该物质可能对肺有影响，导致组织损伤
物理性质	沸点：72℃ 熔点：-93℃ 相对密度（水=1）：0.9 水中溶解度：20℃时 2.5g/100mL 蒸气压：20℃时 11.7kPa 蒸气相对密度（空气=1）：3.0 闪点：-8℃（闭杯） 自燃温度：402℃ 爆炸极限：在空气中 2.6%～13.4%（体积） 辛醇/水分配系数的对数值：0.73
环境数据	该物质对水生生物是有害的
注解	其他熔点：-100℃。饮用含酒精饮料增进有害影响。添加稳定剂或阻聚剂会影响该物质的毒理学性质。向专家咨询。经对苯二酚稳定处理后质量限定为 60 天。为了长期储存，建议加入其他阻聚剂，如二苯胺

IPCS
International
Programme on
Chemical Safety

UNEP

本卡片由 IPCS 和 EC 合作编写 © 2004～2012

国际化学品安全卡

福美锌			ICSC 编号：0348

CAS 登记号：137-30-4	中文名称：福美锌；二甲基二硫代氨基甲酸锌；(T-4)-双（二甲基二硫代氨
RTECS 号：ZH0525000	基甲酸-S,S'）锌
UN 编号：2771	英文名称：ZIRAM; Zinc dimethyldithiocarbamate; (T-4)-bis
EC 编号：006-012-00-2	(Dimethylcarbamodithioato-S,S')zinc
中国危险货物编号：2771	

分子量：305.8　　　　　　　　　化学式：$((CH_3)_2NCS \cdot S)_2Zn/C_6H_{12}N_2S_4Zn$

危害/接触类型	急性危害/症状	预防	急救/消防
火 灾	可燃的。在火焰中释放出刺激性或有毒烟雾（或气体）	禁止明火	干粉、雾状水、泡沫、二氧化碳
爆 炸	微细分散的颗粒物在空气中形成爆炸性混合物	防止粉尘沉积、密闭系统、防止粉尘爆炸型电气设备和照明	
接 触		防止粉尘扩散！避免一切接触！避免青少年和儿童接触！	
# 吸入	咳嗽。咽喉痛。腹部疼痛。恶心。呕吐	局部排气通风或呼吸防护	新鲜空气，休息。给予医疗护理
# 皮肤	发红疼痛	防护手套	脱去污染的衣服，冲洗，然后用水和肥皂清洗皮肤
# 眼睛	发红。疼痛	安全护目镜，或眼睛防护结合呼吸防护	先用大量水冲洗几分钟（如可能尽量摘除隐形眼镜），然后就医
# 食入	腹部疼痛。恶心。呕吐	工作时不得进食，饮水或吸烟。进食前洗手	漱口，用水冲服活性炭浆。给予医疗护理
泄漏处置	不要让该化学品进入环境。将泄漏物清扫进容器中，如果适当，首先润湿防止扬尘。小心收集残余物，然后转移到安全场所。个人防护用具：适用于有毒颗粒物的 P3 过滤呼吸器		
包装与标志	不得与食品和饲料一起运输。污染海洋物质 欧盟危险性类别：T+符号 N 符号　R:22-26-37-41-43-48/22-50/53　　S:1/2-22-26-28-36/37/39-45-60-61 联合国危险性类别：6.1　联合国包装类别：I 中国危险性类别：第 6.1 项毒性物质　中国包装类别：I		
应急响应	运输应急卡：TEC(R)-61GT7-I		
储存	储存在没有排水管或下水道的场所。与酸类、食品和饲料分开存放。保存在通风良好的室内。严格密封		
重要数据	物理状态、外观：白色粉末 物理危险性：以粉末或颗粒形状与空气混合，可能发生粉尘爆炸 化学危险性：加热时和燃烧时，该物质分解生成含有氮氧化物和硫氧化物有毒和刺激性烟雾。与酸接触时，该物质分解 职业接触限值：阈限值未制定标准。最高容许浓度未制定标准 接触途径：该物质可通过吸入其气溶胶和经食入吸收到体内 吸入危险性：扩散时可较快地达到空气中颗粒物有害浓度 短期接触的影响：该物质严重刺激眼睛，刺激皮肤和呼吸道 长期或反复接触的影响：反复或长期接触可能引起皮肤过敏。在实验动物身上发现肿瘤，但是可能与人类无关		
物理性质	熔点：240~250℃ 密度：1.7g/cm³ 水中溶解度：难溶 辛醇/水分配系数的对数值：1.09		
环境数据	该物质对水生生物有极高毒性。该物质在正常使用过程中进入环境，但是要特别注意避免任何额外的释放，例如通过不适当处置活动		
注解	如果该物质用溶剂配制，可参考该溶剂的卡片。商业制剂中使用的载体溶剂可能改变其物理和毒理学性质		

IPCS
International
Programme on
Chemical Safety

本卡片由 IPCS 和 EC 合作编写 © 2004~2012

国际化学品安全卡

七水硫酸锌			ICSC 编号：0349

CAS 登记号：7446-20-0	中文名称：七水硫酸锌；皓矾
RTECS 号：ZH5300000	英文名称：ZINC SULFATE HEPTAHYDRATE; White Vitriol
EC 编号：030-006-00-9	

分子量：287.6	化学式：$ZnSO_4 \cdot 7H_2O$

危害/接触类型	急性危害/症状	预防	急救/消防
火　灾	不可燃		周围环境着火时，允许使用各种灭火剂
爆　炸			
接　触		防止粉尘扩散！	
# 吸入	咳嗽，咽喉痛，气促	局部排气通风或呼吸防护	新鲜空气，休息，必要时进行人工呼吸
# 皮肤	发红	防护手套	脱去污染的衣服，用大量水冲洗皮肤或淋浴
# 眼睛	发红，疼痛，暂时失明	护目镜	先用大量水冲洗几分钟（如可能尽量摘除隐形眼镜），然后就医
# 食入	腹部疼痛，腹泻，恶心，呕吐	工作时不得进食，饮水或吸烟	漱口，饮用1～2杯水。给予医疗护理

泄漏处置	将泄漏物清扫进容器中。小心收集残余物，然后转移到安全场所。不要让该化学品进入环境。个人防护用具：适用于该物质空气中浓度的颗粒物过滤呼吸器
包装与标志	欧盟危险性类别：Xn 符号　N 符号　　R:22-41-50/53　S:2-22-26-39-46-60-61
应急响应	
储存	严格密封。储存在没有排水管或下水道的场所
重要数据	**物理状态、外观**：细颗粒或晶体粉末 **职业接触限值**：阈限值未制定标准。最高容许浓度：$0.1mg/m^3$，最高限值种类：I(4)（以下呼吸道吸入部分计）；$2mg/m^3$，最高限值种类：I(2)（以上呼吸道吸入部分计）；妊娠风险等级：C（德国，2009年） **接触途径**：该物质可通过吸入其气溶胶和经食入吸收到体内 **吸入危险性**：20℃时蒸发可忽略不计，但扩散时可较快地达到空气中颗粒物有害浓度 **短期接触的影响**：该物质刺激眼睛、皮肤和呼吸道
物理性质	熔点：100℃ 密度：$1.97g/cm^3$ 水中溶解度：20℃时 54g/100mL
环境数据	该物质对水生生物有极高毒性
注解	另见卡片#1698 硫酸锌

IPCS
International Programme on Chemical Safety

UNEP

本卡片由 **IPCS** 和 **EC** 合作编写 © 2004～2012

国际化学品安全卡

代森锌			ICSC 编号：0350

CAS 登记号：1212-67-7	中文名称：代森锌；亚乙基双(二硫代氨基甲酸)锌；{[1,2-亚乙基双(二硫代氨基甲酸)](2-)}锌
RTECS 号：ZH3325000	
UN 编号：2771	英文名称：ZINEB; Zinc ethylene bis(dithiocarbamate);
EC 编号：006-078-00-2	{[1,2-Ethanediylbis(carbamodithioato)](2-)}zinc
中国危险货物编号：2771	

分子量：275.7　　　　　　　　化学式：$(C_4H_6N_2S_4Zn)x/(S \cdot CS \cdot NHCH_2CH_2NHCS \cdot S \cdot Zn-)x$

危害/接触类型	急性危害/症状	预防	急救/消防
火 灾	可燃的。在火焰中释放出刺激性或有毒烟雾（或气体）	禁止明火	干粉，雾状水，泡沫，二氧化碳
爆 炸	微细分散的颗粒物在空气中形成爆炸性混合物	防止粉尘沉积、密闭系统、防止粉尘爆炸型电气设备和照明	着火时，喷雾状水保持料桶等冷却
接 触		防止粉尘扩散！	
# 吸入	咳嗽，恶心，呕吐	局部排气通风或呼吸防护	新鲜空气，休息
# 皮肤	发红	防护手套	脱去污染的衣服，冲洗，然后用水和肥皂洗皮肤
# 眼睛	发红	安全护目镜	先用大量水冲洗数分钟（如可能尽量摘除隐形眼镜），然后就医
# 食入	腹泻，呕吐	工作时不得进食、饮水或吸烟。进食前洗手	漱口，大量饮水，给予医疗护理

泄漏处置	不要冲入下水道。将泄漏物清扫入容器中。如果适当，首先润湿防止扬尘。小心收集残余物，然后转移到安全场所。个人防护用具：适用于有害颗粒物的 P2 过滤呼吸器
包装与标志	不得与食品和饲料一起运输。气密 欧盟危险性类别：Xi 符号 R:37-43　　S:2-8-24/25-46 联合国危险性类别：6.1　　　联合国包装类别：III 中国危险性类别：第 6.1 项毒性物质　中国包装类别：III
应急响应	应急运输卡：TEC(R)-61GT7-III
储存	与食品和饲料分开存放。阴凉场所。干燥。保存在阴暗处。　保存在通风良好的室内
重要数据	物理状态、外观：浅色粉末 物理危险性：如果以粉末或颗粒形状与空气混合，可能发生粉尘爆炸 化学危险性：加热或燃烧时，该物质分解生成氮氧化物和硫氧化物有毒和刺激性烟雾。对光和湿气不稳定 职业接触限值：阈限值未制定标准 接触途径：该物质可通过吸入其气溶胶吸收进体内 吸入危险性：20℃时蒸发可忽略不计，但是扩散时可较快达到空气中的颗粒物有害浓度 短期接触的影响：该物质刺激眼睛、皮肤和呼吸道 长期或反复接触的影响：反复或长期与皮肤接触可能引起皮炎。反复或长期接触可能引起皮肤过敏。该物质可能对血液、中枢神经系统和肝有影响
物理性质	熔点：低于熔点在 157℃分解 水中溶解度：不溶 闪点：90℃ 自燃温度：149℃ 辛醇/水分配系数的对数值：< 20
环境数据	
注解	商品名称有 Parzate, Lonacol 和 Dithane-z-78

本卡片由 IPCS 和 EC 合作编写 © 2004～2012

国际化学品安全卡

氧化铝			ICSC 编号：0351

CAS 登记号：1344-28-1　　**RTECS 号：**BD1200000

中文名称：氧化铝；α-氧化铝；三氧化铝

英文名称：ALUMINIUM OXIDE; alpha-Aluminum oxide; Alumina; Aluminum trioxide

分子量：101.9　　　　　　　　　　　　　**化学式：**Al$_2$O$_3$

危害/接触类型	急性危害/症状	预防	急救/消防
火　灾	不可燃		周围环境着火时，允许使用各种灭火剂
爆　炸			
接　触		防止粉尘扩散！	
# 吸入	咳嗽	局部排气通风或呼吸防护	新鲜空气，休息
# 皮肤		防护手套	冲洗，然后用水和肥皂清洗皮肤
# 眼睛	发红	护目镜，或眼睛防护结合呼吸防护	先用大量水冲洗几分钟（如可能尽量摘除隐形眼镜），然后就医
# 食入		工作时不得进食，饮水或吸烟	漱口

泄漏处置	将泄漏物清扫进容器中。如果适当，首先润湿防止扬尘。用大量水冲净残余物。个人防护用具：适用于惰性颗粒物的 P1 过滤呼吸器
包装与标志	
应急响应	
储存	

重要数据	**物理状态、外观：**白色粉末 **职业接触限值：**阈限值：10mg/m³（时间加权平均值），A4（不能分类为人类致癌物）（不含石棉和含 1%晶体二氧化硅的颗粒物）（美国政府工业卫生学家会议，2000 年）。最高容许浓度：1.5mg/m³（可吸入的气溶胶）（德国，1999 年）最高容许浓度：第 II,2 类（1999 年） **接触途径：**该物质可通过吸入其气溶胶吸收到体内 **吸入危险性：**20℃时蒸发可忽略不计，但可较快地达到空气中颗粒物有害浓度 **短期接触的影响：**吸入高浓度粉尘，可能造成眼睛和上呼吸道刺激 **长期或反复接触的影响：**该物质可能对中枢神经系统有影响
物理性质	沸点：3000℃ 熔点：2054℃ 密度：3.97g/cm³ 水中溶解度：不溶
环境数据	
注解	自然界中存在有大量不同形态的硬晶体氧化铝，称为刚玉（CAS 登记号：1302-74-5）。其他熔点：大约 2015℃（刚玉）。也以铝土矿、三羟铝石、勃姆石、水铝石和三水铝矿形式存在

IPCS
International
Programme on
Chemical Safety

   UNEP

本卡片由 IPCS 和 EC 合作编写 © 2004～2012

国际化学品安全卡

戊二醛（50%溶液）			ICSC 编号：0352

CAS 登记号：111-30-8	中文名称：戊二醛（50%溶液）；1,5-戊二醛（50%溶液）
RTECS 号：MA2450000	英文名称：GLUTARALDEHYDE (50% SOLUTION); 1,5-Pentanedial (50%
UN 编号：2810	solution)
EC 编号：605-022-00-X	
中国危险货物编号：2810	
分子量：100.1	化学式：$C_5H_8O_2$/HCO(CH$_2$)$_3$CHO

危害/接触类型	急性危害/症状	预防	急救/消防
火 灾	不可燃		周围环境着火时，允许使用各种灭火剂
爆 炸			
接 触		严格作业环境管理！	
# 吸入	咳嗽，头痛，呼吸困难，恶心，喘息，咽喉痛	通风，局部排气通风或呼吸防护	新鲜空气，休息，给予医疗护理
# 皮肤	发红，粗糙，皮肤烧伤，水疱，疼痛	防护手套，防护服	脱去污染的衣服，冲洗，然后用水和肥皂清洗皮肤
# 眼睛	发红，疼痛，严重深度烧伤	护目镜，或眼睛防护结合呼吸防护	先用大量水冲洗几分钟（如可能尽量摘除隐形眼镜），然后就医
# 食入	腹部疼痛，恶心，呕吐	工作时不得进食，饮水或吸烟。进食前洗手	漱口，给予医疗护理

泄漏处置	尽可能将泄漏液收集在有盖的容器中。用大量水冲净残余物，不要让该化学品进入环境。化学防护服包括自给式呼吸器
包装与标志	不得与食品和饲料一起运输 欧盟危险性类别：T 符号　N 符号　R:23/25-34-42/43-50　　S:1/2-26-36/37/39-45-61 联合国危险性类别：6.1 联合国包装类别：II 中国危险性类别：第 6.1 项毒性物质　中国包装类别：II
应急响应	运输应急卡：TEC(R)-61GT1-II
储存	与食品和饲料分开存放
重要数据	物理状态、外观：无色清澈液体，有刺鼻气味 职业接触限值：阈限值：0.05ppm（上限值）；A4（不能分类为人类致癌物）；致敏剂（美国政府工业卫生学家会议，2004 年）。最高容许浓度：0.05ppm，0.21mg/m³；最高限值种类：I（2）；呼吸道和皮肤致敏剂；致癌物类别：4；妊娠风险等级：C（德国，2005 年） 接触途径：该物质可通过吸入其蒸气，经皮肤和食入吸收到体内 吸入危险性：20℃时该物质蒸发，相当慢地达到空气中有害污染浓度 短期接触的影响：该物质严重刺激呼吸道，腐蚀眼睛和皮肤 长期或反复接触的影响：反复或长期与皮肤接触可能引起皮炎。反复或长期接触可能引起皮肤过敏。反复或长期吸入接触可能引起哮喘（见注解）
物理性质	沸点：101℃ 熔点：-6℃ 相对密度（水=1）：1.1 水中溶解度：混溶 蒸气压：20℃时 2.3kPa 蒸气相对密度（空气=1）：1.05
环境数据	该物质对水生生物有极高毒性
注解	工作接触的任何时刻都不应超过职业接触限值。哮喘症状常常经过几个小时以后才变得明显，体力劳动使症状加重。因而休息和医学观察是必要的。因这种物质而发生哮喘症状的任何人不应当再接触该物质。还可参考卡片#0158 戊二醛

IPCS
International
Programme on
Chemical Safety

   UNEP

本卡片由 IPCS 和 EC 合作编写 © 2004～2012

国际化学品安全卡

环戊烷			ICSC 编号：0353

CAS 登记号：287-92-3
RTECS 号：GY2390000
UN 编号：1146
EC 编号：601-030-00-2
中国危险货物编号：1146
分子量：70.1

中文名称：环戊烷；1,5-亚甲基
英文名称：CYCLOPENTANE; Pentamethylene

化学式：C_5H_{10}

危害/接触类型	急性危害/症状	预防	急救/消防
火 灾	高度易燃。加热引起压力升高，容器有破裂危险	禁止明火，禁止火花和禁止吸烟	干粉，泡沫，二氧化碳。水可能无效
爆 炸	蒸气/空气混合物有爆炸性。受热引起压力升高，有爆裂危险	密闭系统，通风，防爆型电气设备和照明。防止静电荷积聚（例如，通过接地）。不要使用压缩空气灌装、卸料或转运。使用无火花手工工具	着火时，喷雾状水保持料桶等冷却
接 触		防止产生烟云！	
# 吸入	咳嗽，恶心，头痛，头晕，不协调，倦睡，神志不清	通风，局部排气通风或呼吸防护	新鲜空气，休息。给予医疗护理
# 皮肤	发红	防护手套	脱去污染的衣服，冲洗，然后用水和肥皂清洗皮肤，给予医疗护理
# 眼睛	发红	安全护目镜，或眼睛防护结合呼吸防护	先用大量水冲洗几分钟（如可能尽量摘除隐形眼镜），然后就医
# 食入	咽喉疼痛，腹部疼痛，腹泻，恶心，呕吐，另见吸入	工作时不得进食，饮水或吸烟。进食前洗手	漱口。不要催吐。给予医疗护理

泄漏处置	撤离危险区域！向专家咨询！个人防护用具：适用于该物质空气中浓度的有机气体和低沸点蒸气的过滤呼吸器。转移全部引燃源。不要让该化学品进入环境。不要冲入下水道。通风。尽可能将泄漏液收集在可密闭的容器中。用砂土或惰性吸收剂吸收残液，并转移到安全场所。不要用锯末或其他可燃吸收剂吸收
包装与标志	欧盟危险性类别：F 符号　　R:11-52/53　　S:2-9-16-29-33-61 联合国危险性类别：3　　　　联合国包装类别：II 中国危险性类别：第 3 类 易燃液体　中国包装类别：II GHS 分类：信号词：危险 图形符号：火焰-感叹号-健康危险 危险说明：高度易燃液体和蒸气；造成眼睛刺激；可能引起呼吸道刺激；可能引起昏昏欲睡或眩晕；吞咽和进入呼吸道可能有害；对水生生物有毒
应急响应	运输应急卡：TEC(R)-30S1146 或 30GF1-I+II。 美国消防协会法规：H1（健康危险性）；F3（火灾危险性）；R0（反应危险性）
储存	耐火设备（条件）。严格密封。与强氧化剂及食品和饲料分开存放。储存在没有排水管或下水道的场所。注意收容灭火产生的废水
重要数据	物理状态、外观：无色液体，有轻微气味 物理危险性：蒸气比空气重。可能沿地面流动；可能造成远处着火。由于流动、搅拌等，可能产生静电 化学危险性：与强氧化剂发生反应 职业接触限值：阈限值：600ppm（时间加权平均值）（美国政府工业卫生学家会议，2010 年） 接触途径：该物质可通过吸入其蒸气吸收到体内 吸入危险性：20℃时，该物质蒸发相当快地达到空气中有害污染浓度 短期接触的影响：该物质和高浓度蒸气刺激眼睛和呼吸道。该物质刺激胃肠道。如果吞咽该物质，容易进入气道，可导致吸入性肺炎。该物质可能对中枢神经系统有影响，导致意识水平下降 长期或反复接触的影响：反复或长期与皮肤接触可能引起干燥、开裂和皮炎
物理性质	沸点：49℃ 熔点：-94℃ 相对密度（水=1）：0.8 水中溶解度：不溶 蒸气压：20℃时 45kPa 蒸气相对密度（空气=1）：2.4	蒸气/空气混合物的相对密度（20℃，空气=1）：1.6 黏度：在 20℃时 0.55mm²/s 闪点：-37℃（闭杯） 自燃温度：320℃ 爆炸极限：空气中 1.1%～8.7%（体积） 辛醇/水分配系数的对数值：3.0
环境数据	该物质对水生生物是有毒的。强烈建议不要让该化学品进入环境
注解	如果呼吸困难和/或发烧，就医

IPCS
International Programme on Chemical Safety

本卡片由 IPCS 和 EC 合作编写 © 2004～2012

国际化学品安全卡

二溴甲烷			ICSC 编号：0354

CAS 登记号：74-95-3
RTECS 号：PA7350000
UN 编号：2664
EC 编号：602-003-00-8
中国危险货物编号：2664
分子量：173.8

中文名称：二溴甲烷
英文名称：DIBROMOMETHANE; Methylene bromide; Methylene dibromide

化学式：CH₂Br₂

危害/接触类型	急性危害/症状	预防	急救/消防
火 灾	不可燃		周围环境着火时允许使用各种灭火剂
爆 炸			着火时喷雾状水保持料桶等冷却
接 触		防止烟雾产生！	
# 吸入	头晕，倦睡，头痛，恶心	通风，局部排气通风或呼吸防护	新鲜空气，休息，必要时进行人工呼吸，给予医疗护理
# 皮肤	皮肤干燥，发红	防护手套，防护服	脱去污染的衣服，用大量水冲洗皮肤或淋浴
# 眼睛	发红	安全护目镜或眼睛防护结合呼吸防护	先用大量水冲洗数分钟（若可能尽量摘除隐形眼镜），然后就医
# 食入	（另见吸入）	工作时不得进食、饮水或吸烟	漱口，不要催吐，给予医疗护理
泄漏处置	尽可能将泄漏液收集在可密闭非铝制容器中。用砂土或惰性吸收剂吸收残液，并转移至安全场处。不要冲入下水道。个人防护用具：适用于有机气体和蒸气的 A 过滤呼吸器		
包装与标志	不得与食品和饲料一起运输 欧盟危险性类别：Xn 符号 R:20-52/53 S:2-24-61 联合国危险性类别：6.1 联合国包装类别：III 中国危险性类别：第 6.1 项毒性物质 中国包装类别：III		
应急响应	运输应急卡：TEC(R)-61GT1-III		
储存	与食品和饲料分开存放。沿地面通风		
重要数据	物理状态、外观：无色液体 物理危险性：蒸气较空气重 化学危险性：加热、燃烧时或与高温表面接触时，该物质分解生成溴化氢有毒刺激性烟雾 职业接触限值：阈限值未制定标准 接触途径：该物质可通过吸入吸收进体内 吸入危险性：20℃时该物质蒸发可迅速达到空气中有害污染浓度 短期接触的影响：该物质可能对神经系统和血液有影响，导致形成碳血红蛋白。接触会导致知觉减弱 长期或反复接触的影响：液体使皮肤脱脂。该物质可能对肝和肾有影响		
物理性质	沸点：97℃ 熔点：-52.7℃ 相对密度（水=1）：2.4 水中溶解度：15℃时 1.2g/100mL 蒸气压：20℃时 5kPa 蒸气相对密度（空气=1）：6.0 蒸气/空气混合物的相对密度（20℃，空气=1）：1.25		
环境数据			
注解	不要在火焰或高温表面附近或焊接时使用		

IPCS
International
Programme on
Chemical Safety

本卡片由 IPCS 和 EC 合作编写 © 2004～2012

国际化学品安全卡

(二)乙醚			ICSC 编号：0355

CAS 登记号：60-29-7　　　　　　　中文名称：(二)乙醚；乙醚；乙基氧化物
RTECS 号：KI5775000　　　　　　　英文名称：DIETHYL ETHER; Ethyl ether; Ethyl oxide; Ether
UN 编号：1155
EC 编号：603-022-00-4
中国危险货物编号：1155
分子量：74.1　　　　　　　　　　　化学式：$C_4H_{10}O/(C_2H_5)_2O$

危害/接触类型	急性危害/症状	预防	急救/消防
火　灾	极易燃	禁止明火、禁止火花和禁止吸烟。禁止与高温表面接触	抗溶性泡沫，干粉，二氧化碳
爆　炸	蒸气/空气混合物有爆炸性	密闭系统，通风，防爆型电气设备和照明。防止静电荷积聚（如，通过接地）。不要使用压缩空气灌装、卸料或转运。使用无火花手工具	着火时，喷雾状水保持料桶等冷却
接　触			
# 吸入	咳嗽，咽喉痛，倦睡，呕吐，头痛，呼吸困难，神志不清	通风，局部排气通风或呼吸防护	新鲜空气，休息。必要时进行人工呼吸，给予医疗护理
# 皮肤	皮肤干燥	防护手套	脱去污染的衣服，用大量水冲洗皮肤或淋浴
# 眼睛	发红，疼痛	护目镜	先用大量水冲洗几分钟（如可能尽量摘除隐形眼镜），然后就医
# 食入	头晕，倦睡，呕吐	工作时不得进食，饮水或吸烟	漱口，不要催吐。饮用 1～2 杯水。给予医疗护理

泄漏处置	撤离危险区域！向专家咨询！移除全部引燃源。将泄漏液收集在可密闭的容器中。用砂土或惰性吸收剂吸收残液，并转移到安全场所。个人防护用具：适用于有机气体和蒸气的过滤呼吸器
包装与标志	气密 欧盟危险性类别：F+符号　Xn 符号　　标记：6　R:12-19-22-66-67　　S:2-9-16-29-33 联合国危险性类别：3　　　　联合国包装类别：I 中国危险性类别：第 3 类 易燃液体　中国包装类别：I
应急响应	运输应急卡：TEC(R)-30S1155 美国消防协会法规：H1（健康危险性）；F4（火灾危险性）；R1（反应危险性）
储存	耐火设备（条件）。与强氧化剂分开存放。见化学危险性。阴凉场所。保存在暗处。稳定后储存
重要数据	物理状态、外观：无色易挥发液体，有特殊气味 物理危险性：蒸气比空气重，可能沿地面流动，可能造成远处着火。由于流动、搅拌等，可能产生静电 化学危险性：在光和空气的作用下，该物质能生成爆炸性过氧化物。与卤素、卤间化合物、硫化物和氧化剂激烈反应，有着火和爆炸的危险。浸蚀塑料和橡胶 职业接触限值：阈限值：400ppm（时间加权平均值）；500ppm（短期接触限值）（美国政府工业卫生学家会议，2001 年）。欧盟职业接触限值：100ppm，308mg/m³（时间加权平均值）；200ppm，616mg/m³（短期接触限值）（欧盟，2000 年） 接触途径：该物质可通过吸入其蒸气和经食入吸收到体内 吸入危险性：20℃时，该物质蒸发相当快地达到空气中有害污染浓度 短期接触的影响：该物质刺激眼睛和呼吸道。如果吞咽液体吸入肺中，可能引起化学肺炎。该物质可能对中枢神经系统有影响，导致昏迷 长期或反复接触的影响：液体使皮肤脱脂。该物质可能对中枢神经系统有影响，可能成瘾
物理性质	沸点：35℃　　　　　　　　　　　蒸气/空气混合物的相对密度（20℃，空气=1）：1.9 熔点：-116℃　　　　　　　　　　闪点：-45℃（闭杯） 相对密度（水=1）：0.7　　　　　自燃温度：160～180℃ 水中溶解度：20℃时 6.9g/100mL　爆炸极限：空气中 1.7%～48%（体积） 蒸气压：20℃时 58.6kPa　　　　　辛醇/水分配系数的对数值：0.89 蒸气相对密度（空气=1）：2.6
环境数据	
注解	饮用含酒精饮料增进有害影响。蒸馏前检验过氧化物，如有，使其无害化

IPCS
International
Programme on
Chemical Safety

   UNEP

本卡片由 IPCS 和 EC 合作编写 © 2004～2012

国际化学品安全卡

乙酸异戊酯			ICSC 编号：0356

CAS 登记号：123-92-2	中文名称：乙酸异戊酯；醋酸异戊酯；3-甲基丁基乙酸酯
RTECS 号：NS9800000	英文名称：ISOAMYL ACETATE; Isopentyl acetate; 3-Methylbutyl acetate
UN 编号：1104	
EC 编号：607-130-00-2	
中国危险货物编号：1104	
分子量：130.2	化学式：$C_7H_{14}O_2$/$CH_3COO(CH_2)_2CH(CH_3)_2$

危害/接触类型	急性危害/症状	预防	急救/消防
火 灾	易燃的	禁止明火、禁止火花和禁止吸烟	水成膜泡沫，抗溶性泡沫，干粉，二氧化碳
爆 炸	高于 25℃，可能形成爆炸性蒸气/空气混合物	高于 25℃，使用密闭系统、通风和防爆行电气设备	着火时，喷雾状水保持料桶等冷却
接 触			
# 吸入	咽喉痛，咳嗽，头痛，虚弱，倦睡	通风，局部排气通风或呼吸防护	新鲜空气，休息，给予医疗护理
# 皮肤	皮肤干燥	防护手套	脱去污染的衣服，用大量水冲洗皮肤或淋浴
# 眼睛	发红，疼痛	护目镜	先用大量水冲洗几分钟（如可能尽量摘除隐形眼镜），然后就医
# 食入	咽喉疼痛，恶心，腹部疼痛。（另见吸入）	工作时不得进食，饮水或吸烟	漱口，大量饮水，给予医疗护理

泄漏处置	尽可能将泄漏液收集在有盖的容器中。用砂土或惰性吸收剂吸收残液，并转移到安全场所
包装与标志	欧盟危险性类别：标记：C R:10-66 S:2-23-25 联合国危险性类别：3 联合国包装类别：III 中国危险性类别：第 3 类易燃液体 中国包装类别：III
应急响应	运输应急卡：TEC(R)-30S1104 或 30GF1-III 美国消防协会法规：H1（健康危险性）；F3（火灾危险性）；R0（反应危险性）
储存	耐火设备（条件）。与强氧化剂分开存放
重要数据	物理状态、外观：无色液体，有特殊气味 物理危险性：蒸气与空气充分混合 化学危险性：与强氧化剂激烈反应，有着火和爆炸危险。浸蚀某些树脂 职业接触限值：阈限值：50ppm（时间加权平均值），100ppm（短期接触限值）（美国政府工业卫生学家会议，2004 年）。最高容许浓度：50ppm；270mg/m³；最高限值种类：I（1）；妊娠风险等级：IIc（德国，2004 年） 接触途径：该物质可通过吸入其蒸气和经食入吸收到体内 吸入危险性：20℃时，该物质蒸发相当慢地达到空气中有害污染浓度 短期接触的影响：蒸气刺激眼睛和呼吸道。接触高浓度蒸气可能导致神志不清 长期或反复接触的影响：液体使皮肤脱脂
物理性质	沸点：142℃ 熔点：-79℃ 相对密度（水=1）：0.87 水中溶解度：20℃时 0.2g/100mL 蒸气压：20℃时 0.53kPa 蒸气相对密度（空气=1）：4.5 蒸气/空气混合物的相对密度（20℃，空气=1）：1.018 闪点：25℃（闭杯） 自燃温度：360℃ 爆炸极限：空气中 1.0%（100℃时）～7.5%（体积） 辛醇/水分配系数的对数值：2.13
环境数据	
注解	

IPCS
International
Programme on
Chemical Safety

本卡片由 **IPCS** 和 **EC** 合作编写 © 2004～2012

国际化学品安全卡

氢氧化钾			ICSC 编号：0357

CAS 登记号：1310-58-3
UN 编号：1813
EC 编号：019-002-00-8
中国危险货物编号：1813
分子量：56.1

中文名称：氢氧化钾；苛性钾；钾碱液
英文名称：POTASSIUM HYDROXIDE; Caustic potash; Potassium hydrate; Potassium lye

化学式：KOH

危害/接触类型	急性危害/症状	预防	急救/消防
火 灾	不可燃。接触湿气或水可能产生足够热量引燃可燃物质	禁止与水接触	周围环境着火时，使用适当的灭火剂
爆 炸	接触某些物质有着火和爆炸的危险：见化学危险性	禁止与不相容物质接触：见化学危险性	
接 触		防止粉尘扩散！避免一切接触！	一切情况均向医生咨询！
# 吸入	咳嗽。咽喉痛。灼烧感。呼吸短促	局部排气通风或呼吸防护	新鲜空气，休息。立即给予医疗护理
# 皮肤	发红。疼痛。严重的皮肤烧伤。水疱	防护手套。防护服	脱去污染的衣服。用大量水冲洗皮肤或淋浴至少 15 分钟。立即给予医疗护理
# 眼睛	发红。疼痛。视力模糊。严重烧伤	面罩，或眼睛防护结合呼吸防护	先用大量水冲洗几分钟（如可能尽量摘除隐形眼镜），然后就医
# 食入	腹部疼痛。口腔和咽喉烧伤。咽喉和胸腔有灼烧感。恶心。呕吐。休克或虚脱	工作时不得进食、饮水或吸烟	漱口。不要催吐。在食入后几分钟内，可饮用 1 小杯水。立即给予医疗护理
泄漏处置	不要让该化学品进入环境。将泄漏物清扫进塑料容器中。小心收集残余物，然后转移到安全场所。个人防护用具：化学防护服包括自给式呼吸器		
包装与标志	不得与食品和饲料一起运输 欧盟危险性类别：C 符号　　R:22-35　　S:1/2-26-36/37/39-45 联合国危险性类别：8　　　　联合国包装类别：II 中国危险性类别：第 8 类 腐蚀性物质　中国包装类别：II GHS 分类：信号词：危险 图形符号：腐蚀-感叹号 危险说明：吞咽有害；造成严重皮肤灼伤和眼睛损伤；可能引起呼吸刺激作用		
应急响应	美国消防协会法规：H3（健康危险性）；F0（火灾危险性）；R1（反应危险性）		
储存	与食品和饲料、强酸、金属分开存放。储存在原始容器中，干燥。严格密封。储存在没有排水管或下水道的场所		
重要数据	物理状态、外观：白色、吸湿各种形态固体 化学危险性：水溶液是一种强碱，与酸剧烈反应，并对金属如铝、锡、铅和锌有腐蚀性，生成易燃/爆炸性气体（氢，见卡片 0001）。与铵盐发生反应，生成氨，有着火的危险。接触湿气或水，放热（见注解） 职业接触限值：阈限值：$2mg/m^3$（上限值）（美国政府工业卫生学家会议，2010 年）。最高容许浓度未制定标准 接触途径：各种接触途径均产生严重的局部影响 吸入危险性：扩散时可较快地达到空气中颗粒物有害浓度 短期接触的影响：该物质腐蚀眼睛、皮肤和呼吸道。食入有腐蚀性 长期或反复接触的影响：反复或长期与皮肤接触可能引起皮炎		
物理性质	沸点：1324℃ 熔点：380℃ 密度：$2.04g/cm^3$ 水中溶解度：25℃时 110g/100mL（易溶）		
环境数据	该物质可能对环境有危害，对水生生物应给予特别注意		
注解	工作接触的任何时刻都不应超过职业接触限值。切勿将水喷洒在该物质上，溶解或稀释时要缓慢加入到水中。其他 UN 编号：UN1814，氢氧化钾溶液，危险性类别：8，包装类别：II-III		

IPCS
International
Programme on
Chemical Safety

UNEP

本卡片由 IPCS 和 EC 合作编写 © 2004～2012

国际化学品安全卡

松香			ICSC 编号：0358
CAS 登记号：8050-09-7		中文名称：松香；松脂	
RTECS 号：VL0480000		英文名称：ROSIN; Colophony; Gum rosin	
EC 编号：650-015-00-7			

危害/接触类型	急性危害/症状	预防	急救/消防
火　灾	可燃的	禁止明火	雾状水，干粉
爆　炸			
接　触		防止粉尘扩散！避免一切接触！	
# 吸入	喘息	局部排气通风或呼吸防护	新鲜空气，休息。给予医疗护理
# 皮肤		防护手套。防护服	脱去污染的衣服。冲洗，然后用水和肥皂清洗皮肤
# 眼睛		安全护目镜	先用大量水冲洗几分钟（如可能尽量摘除隐形眼镜），然后就医
# 食入		工作时不得进食，饮水或吸烟	
泄漏处置	将泄漏物清扫进有盖的容器中。如果适当，首先润湿防止扬尘。小心收集残余物，然后转移到安全场所。个人防护用具：适用于有害颗粒物的 P2 过滤呼吸器		
包装与标志	欧盟危险性类别：Xi 符号　　R:43　　S:2-24-37		
应急响应			
储存	储存在有盖的容器中。与强氧化剂分开存放		
重要数据	**物理状态、外观**：淡黄色至琥珀色碎片或粉末，有特殊气味 **化学危险性**：加热时，该物质分解生成刺激性烟雾 **职业接触限值**：阈限值：作为松香核焊接热分解产物，应当小心地将各种途径的接触控制在尽可能低的水平。致敏剂（美国政府工业卫生学家会议，2004 年）。最高容许浓度：皮肤致敏剂（德国，2003年） **接触途径**：该物质可通过吸入其烟雾吸收到体内 **吸入危险性**：扩散时，可较快地达到空气中颗粒物有害浓度，尤其是粉末或烟雾 **长期或反复接触的影响**：反复或长期接触可能引起皮肤过敏。反复或长期吸入接触可能引起哮喘		
物理性质	熔点：100～150℃ 密度：1.07g/cm³ 水中溶解度：不溶 闪点：187℃		
环境数据			
注解	松香是从松树中获取的。可以以木头松香、树胶松香或浮油松香的方式供应。因这种物质出现哮喘症状的任何人不应当再接触该物质		

IPCS
International
Programme on
Chemical Safety

UNEP

本卡片由 IPCS 和 EC 合作编写 © 2004～2012

国际化学品安全卡

无水偏硅酸钠			ICSC 编号：0359

CAS 登记号： 6834-92-0
RTECS 号： VV9275000
UN 编号： 3253
EC 编号： 014-010-00-8
中国危险货物编号： 3253

中文名称： 无水偏硅酸钠；硅酸钠盐；偏硅酸二钠；三氧硅酸二钠
英文名称： SODIUM METASILICATE (ANHYDROUS); Silicic acid, sodium salt; Disodium metasilicate; Disodium trioxosilicate

分子量： 122.1　　　　　　　　　　　　　　**化学式：** Na_2SiO_3

危害/接触类型	急性危害/症状	预防	急救/消防
火　灾	不可燃		周围环境着火时，使用适当的灭火剂
爆　炸			
接　触		防止粉尘扩散！避免一切接触！	一切情况均向医生咨询！
# 吸入	咽喉痛。灼烧感。咳嗽。气促	局部排气通风或呼吸防护	新鲜空气，休息。半直立体位。必要时进行人工呼吸。给予医疗护理
# 皮肤	发红。疼痛。皮肤烧伤	防护手套。防护服	脱去污染的衣服。用大量水冲洗皮肤或淋浴。给予医疗护理
# 眼睛	发红。疼痛。严重深度烧伤	面罩，如为粉末，眼睛防护结合呼吸防护	先用大量水冲洗几分钟（如可能尽量摘除隐形眼镜），然后就医
# 食入	灼烧感。腹部疼痛。休克或虚脱	工作时不得进食，饮水或吸烟	漱口。不要催吐。大量饮水。给予医疗护理

泄漏处置	将泄漏物清扫进塑料容器中。如果适当，首先润湿防止扬尘。用稀酸（最好是乙酸）小心中和残余物。然后用大量水冲净。个人防护用具：适用于有害颗粒物的 P2 过滤呼吸器
包装与标志	不得与食品和饲料一起运输 欧盟危险性类别：C 符号　　R:34-37　　S:1/2-13-24/25-36/37/39-45 联合国危险性类别：8　联合国包装类别：III 中国危险性类别：第 8 类腐蚀性物质　中国包装类别：III
应急响应	运输应急卡：TEC(R)-80GC6-II+III
储存	与强酸、食品和饲料、金属和卤素分开存放。储存在铺有抗腐蚀混凝土地面的场所
重要数据	**物理状态、外观：** 无色至白色，吸湿的各种形态固体 **化学危险性：** 水溶液是一种强碱。与酸激烈反应并对铝、锌有腐蚀性，生成易燃/爆炸性气体氢（见卡片#0001）。与卤素发生反应，有着火的危险 **职业接触限值：** 阈限值未制定标准。最高容许浓度未制定标准 **接触途径：** 该物质可通过吸入其气溶胶和经食入吸收到体内 **吸入危险性：** 20℃时蒸发可忽略不计，但扩散时可较快地达到空气中颗粒物有害浓度 **短期接触的影响：** 该物质腐蚀眼睛、皮肤和呼吸道。食入有腐蚀性
物理性质	熔点：1089℃ 密度：2.6g/cm³ 水中溶解度：溶解
环境数据	
注解	

IPCS
International
Programme on
Chemical Safety

国际化学品安全卡

氢氧化钠			ICSC 编号：0360
CAS 登记号：1310-73-2		中文名称：氢氧化钠；苛性钠；氢氧化钠浓溶液	
UN 编号：1823		英文名称：SODIUM HYDROXIDE; Caustic soda; Sodium hydrate; Soda lye	
EC 编号：011-002-00-6			
中国危险货物编号：1823			

分子量：40.0		化学式：NaOH	
危害/接触类型	**急性危害/症状**	**预防**	**急救/消防**
火 灾	不可燃。接触湿气或水可能产生足够热量引燃可燃物质	禁止与水接触	周围环境着火时，使用适当的灭火剂
爆 炸	接触某些物质有着火和爆炸危险：见化学危险性	禁止与不相容物质接触：见化学危险性	
接 触		防止粉尘扩散！避免一切接触！	一切情况均向医生咨询！
# 吸入	咳嗽。咽喉痛。灼烧感。呼吸短促	局部排气通风或呼吸防护	新鲜空气，休息。立即给予医疗护理
# 皮肤	发红。疼痛。严重的皮肤烧伤。水疱	防护手套。防护服	脱去污染的衣服。用大量水冲洗皮肤或淋浴至少 15min。立即给予医疗护理
# 眼睛	发红。疼痛。视力模糊。严重烧伤	面罩，或眼睛防护结合呼吸防护	先用大量水冲洗几分钟（如可能尽量摘除隐形眼镜），然后就医
# 食入	腹部疼痛。口腔和咽喉烧伤。咽喉和胸腔有灼烧感。恶心。呕吐。休克或虚脱	工作时不得进食、饮水或吸烟	漱口。不要催吐。在食入后几分钟内，可饮用 1 小杯水。立即给予医疗护理

泄漏处置	不要让该化学品进入环境。将泄漏物清扫进塑料容器中。小心收集残余物，然后转移到安全场所。个人防护用具：化学防护服包括自给式呼吸器
包装与标志	不得与食品和饲料一起运输 欧盟危险性类别：C 符号　R:35　S:1/2-26-37/39-45 联合国危险性类别：8　　联合国包装类别：II 中国危险性类别：第 8 类 腐蚀性物质　中国包装类别：II GHS 分类：信号词：危险 图形符号：腐蚀-感叹号 危险说明：吞咽有害；造成严重皮肤灼伤和眼睛损伤；可能引起呼吸刺激作用
应急响应	美国消防协会法规：H3（健康危险性）；F0（火灾危险性）；R1（反应危险性）
储存	与食品和饲料、强酸、金属分开存放。储存在原始容器中。干燥。严格密封。储存在没有排水管或下水道的场所
重要数据	物理状态、外观：白色、吸湿各种形态固体 化学危险性：水溶液是一种强碱，与酸剧烈反应，并对金属如铝、锡、铅和锌有腐蚀性，生成易燃/爆炸性气体（氢，见卡片 0001）。与铵盐发生反应，生成氨，有着火的危险。接触湿气或水，放热（见注解） 职业接触限值：阈限值：$2mg/m^3$（上限值）（美国政府工业卫生学家会议，2010 年）。最高容许浓度：IIb（未制定标准，但可提供数据）（德国，2009 年） 接触途径：各种接触途径均产生严重的局部影响 吸入危险性：扩散时可较快地达到空气中颗粒物有害浓度 短期接触的影响：该物质腐蚀眼睛、皮肤和呼吸道。食入有腐蚀性 长期或反复接触的影响：反复或长期与皮肤接触可能引起皮炎
物理性质	沸点：1388℃ 熔点：318℃ 密度：$2.1g/cm^3$ 水中溶解度：20℃时 109g/100mL（易溶）
环境数据	该物质可能对环境有危害，对水生生物应给予特别注意
注解	工作接触的任何时刻都不应超过职业接触限值。切勿将水喷洒在该物质上，溶解或稀释时要缓慢加入到水中。其他 UN 编号：UN1824，氢氧化钠溶液，危险性类别：8，包装类别：II-III

IPCS
International
Programme on
Chemical Safety

   UNEP

国际化学品安全卡

干洗溶剂汽油			ICSC 编号：0361

CAS 登记号：8052-41-3
RTECS 号：WJ8925000
UN 编号：1268
EC 编号：649-345-00-4
中国危险货物编号：1268

中文名称：干洗溶剂汽油；石油溶剂
英文名称：STODDARD SOLVENT; White spirit

危害/接触类型	急性危害/症状	预防	急救/消防
火 灾	易燃的	禁止明火，禁止火花和禁止吸烟	干粉，水成膜泡沫，泡沫，二氧化碳
爆 炸	高于21℃，可能形成爆炸性蒸气/空气混合物	高于21℃，使用密闭系统、通风和防爆型电气设备	着火时，喷雾状水保持料桶等冷却
接 触			
# 吸入	咳嗽。咽喉痛。头痛。恶心。疲劳。头晕。意识模糊。神志不清	通风，局部排气通风或呼吸防护	新鲜空气，休息。必要时进行人工呼吸。给予医疗护理
# 皮肤	皮肤干燥。发红	防护手套。防护服	脱去污染的衣服。冲洗，然后用水和肥皂清洗皮肤
# 眼睛	发红。疼痛	安全眼镜	先用大量水冲洗几分钟（如可能尽量摘除隐形眼镜），然后就医
# 食入	恶心。呕吐。腹部疼痛。腹泻。（另见吸入）	工作时不得进食，饮水或吸烟。进食前洗手	不要催吐。给予医疗护理
泄漏处置	转移全部引燃源。尽可能将泄漏液收集在可密闭的容器中。用砂土或惰性吸收剂吸收残液，并转移到安全场所。个人防护用具：适用于有机气体和蒸气的过滤呼吸器		
包装与标志	欧盟危险性类别：T 符号 标记：H 和 P R:45-65 S:53-45 联合国危险性类别：3 联合国包装类别：III 中国危险性类别：第3类易燃液体 中国包装类别：III		
应急响应	运输应急卡：TEC(R)-30S1268 美国消防协会法规：H1（健康危险性）；F4（火灾危险性）；R0（反应危险性）		
储存	耐火设备（条件）。与强氧化剂分开存放		
重要数据	物理状态、外观：无色液体，有特殊气味 化学危险性：与强氧化剂反应，有着火和爆炸危险。浸蚀某些塑料、橡胶和涂层 职业接触限值：阈限值：100ppm（时间加权平均值）（美国政府工业卫生学家会议，2004年） 接触途径：该物质可通过吸入其蒸气，经皮肤和经食入吸收到体内 吸入危险性：20℃时，该物质蒸发相当慢地达到空气中有害污染浓度 短期接触的影响：该物质刺激眼睛和皮肤。吸入蒸气可能引起刺激眼睛和上呼吸道。如果吞咽的液体吸入肺中，可能引起化学肺炎。该物质可能对中枢神经系统有影响。接触高浓度蒸气可能导致神志不清 长期或反复接触的影响：液体使皮肤脱脂。该物质可能对中枢神经系统有影响		
物理性质	沸点：130～230℃ 相对密度（水=1）：0.765～0795 水中溶解度：不溶 蒸气压：20℃时 0.1～1.4kPa 蒸气相对密度（空气=1）：4.5～5 蒸气/空气混合物的相对密度（20℃，空气=1）：1.01 闪点：21℃（见注解） 自燃温度：230～240℃ 爆炸极限：空气中 0.6%～8.0%（体积） 辛醇/水分配系数的对数值：3.16～7.06		
环境数据			
注解	该物质饱和脂肪族烃和脂环族烃类（C_7～C_{12}）以及芳香烃（C_7～C_{12}）的混合物。可能含有苯（见卡片#0015），但是现代干洗溶剂通常不含或含有很少的苯。化学肺炎经常症状直到几小时以后才变得明显，体力劳动使症状加重。因而，休息和医学观察是必要的。在高表面积材料存在时，自燃温度可能降低到大约180℃。取决于组成，闪点可能在21至60℃之间变化		

IPCS
International
Programme on
Chemical Safety

本卡片由 IPCS 和 EC 合作编写 © 2004～2012

国际化学品安全卡

硫酸			ICSC 编号：0362

CAS 登记号：7664-93-9
RTECS 号：WS5600000
UN 编号：1830
EC 编号：016-020-00-8
中国危险货物编号：1830
分子量：98.1

中文名称：硫酸；硫酸（100%）；浓硫酸
英文名称：SULFURIC ACID; Sulfuric acid 100%; Oil of vitriol

化学式：H_2SO_4

危害/接触类型	急性危害/症状	预防	急救/消防
火 灾	不可燃。许多反应可能引起火灾或爆炸。在火焰中释放出刺激性或有毒烟雾（或气体）	禁止与易燃物质接触。禁止与可燃物质接触	禁止用水。周围环境着火时，使用干粉，泡沫，二氧化碳灭火
爆 炸	与碱、可燃物质、氧化剂、还原剂或水接触，有着火和爆炸危险		着火时，喷雾状水保持料桶等冷却，但避免与水直接接触
接 触		防止产生烟云！避免一切接触！	一切情况均向医生咨询！
# 吸入	腐蚀作用。灼烧感，咽喉痛，咳嗽，呼吸困难，气促。症状可能推迟显现。（见注解）	通风，局部排气通风或呼吸防护	新鲜空气，休息，半直立体位。必要时进行人工呼吸，给予医疗护理
# 皮肤	腐蚀作用，发红，疼痛，水疱，严重皮肤烧伤	防护手套，防护服	脱去污染的衣服，用大量水冲洗皮肤或淋浴，给予医疗护理
# 眼睛	腐蚀作用发红，疼痛，严重深度烧伤	面罩，或眼睛防护结合呼吸防护	先用大量水冲洗几分钟（如可能尽量摘除隐形眼镜），然后就医
# 食入	腐蚀作用，腹部疼痛，灼烧感，休克或虚脱	工作时不得进食，饮水或吸烟	漱口，不要催吐，给予医疗护理

泄漏处置	向专家咨询！撤离危险区域！不要用锯末或其他可燃吸收剂吸收。不要让该化学品进入环境。个人防护用具:全套防护服包括自给式呼吸器
包装与标志	不易破碎包装，将易破碎包装放在不易破碎的密闭容器中。不得与食品和饲料一起运输 欧盟危险性类别：C 符号 标记：B R:35 S:1/2-26-30-45 联合国危险性类别：8 联合国包装类别：II 中国危险性类别：第 8 类 腐蚀性物质 中国包装类别：II
应急响应	运输应急卡：TEC(R)-80S1830 或 80GC1-II+III 美国消防协会法规：H3（健康危险性）；F0（火灾危险性）；R2（反应危险性）；W（禁止用水）
储存	与可燃物质和还原性物质、强氧化剂、强碱、食品和饲料、性质相互抵触的物质（见化学危险性）分开存放。可以储存在不锈钢容器中。储存在铺有抗腐蚀混凝土地面的场所
重要数据	**物理状态、外观：** 无色油状吸湿液体，无气味 **化学危险性：** 该物质是一种强氧化剂。与可燃物质和还原性物质激烈发生反应。该物质是一种强酸。与碱激烈反应，有腐蚀性。腐蚀大多数普通金属，生成易燃的/爆炸性的气体氢（见卡片#0001）。与水和有机物激烈反应，释放出热量（见注解）。加热时，生成硫氧化物刺激性或有毒烟雾 **职业接触限值：** 阈限值：$0.2mg/m^3$（胸部）；A2（可疑人类致癌物）（强无机酸雾中的硫酸）（美国政府工业卫生学家会议，2005 年）。最高容许浓度：$0.1mg/m^3$（可吸入组分）；最高限值种类：I（1）；致癌物类别：4；妊娠风险等级：C（德国，2004 年） **接触途径：** 该物质可通过吸入其气溶胶和经食入吸收到体内 **吸入危险性：** 20℃时蒸发可忽略不计，但喷洒时可较快地达到空气中颗粒物有害浓度 **短期接触的影响：** 腐蚀作用。该物质极腐蚀眼睛、皮肤和呼吸道。食入有腐蚀性。吸入气溶胶可能引起肺水肿（见注解） **长期或反复接触的影响：** 反复或长期接触到该物质的气溶胶，肺可能受损伤。反复或长期接触气溶胶，有腐蚀牙齿危险。含该物质的浓无机酸雾是人类致癌物
物理性质	沸点：340℃（分解） 熔点：10℃ 相对密度（水=1）：1.8	水中溶解度：混溶 蒸气压：146℃时 0.13kPa 蒸气相对密度（空气=1）：3.4
环境数据	该物质对水生生物是有害的
注解	肺水肿症状常常经过几个小时以后才变得明显，体力劳动使症状加重。因而休息和医学观察是必要的。切勿将水喷洒在该物质上，溶解或稀释时总是缓慢将它加入到水中。其他 UN 编号：1831（发烟硫酸），危险性类别：8，次要危险性：6.1，包装类别：I；UN1832（废硫酸），危险性类别：8，包装类别：II

IPCS
International
Programme on
Chemical Safety

UNEP

国际化学品安全卡

乙酸			ICSC 编号：0363

CAS 登记号：64-19-7
RTECS 号：AF1225000
UN 编号：2789
EC 编号：607-002-00-6
中国危险货物编号：2789
分子量：60.1

中文名称：乙酸；冰醋酸；醋酸；冰乙酸；甲烷羧酸
英文名称：ACETIC ACID; Glacial acetic acid; Ethanoic acid; Ethylic acid; Methanecarboxylic acid

化学式：$C_2H_4O_2/CH_3COOH$

危害/接触类型	急性危害/症状	预防	急救/消防
火　灾	易燃的	禁止明火，禁止火花和禁止吸烟	干粉，抗溶性泡沫，雾状水，二氧化碳
爆　炸	高于39℃，可能形成爆炸性蒸气/空气混合物。与强氧化剂接触时有着火和爆炸的危险	高于39℃，使用密闭系统、通风和防爆型电气设备	着火时，喷雾状水保持料桶等冷却
接　触		避免一切接触！	一切情况均向医生咨询！
# 吸入	咽喉痛。咳嗽。灼烧感。头痛，头晕。呼吸短促，呼吸困难	通风，局部排气通风或呼吸防护	新鲜空气，休息。半直立体位。立即给予医疗护理
# 皮肤	疼痛。发红。皮肤烧伤。水疱	防护手套。防护服	脱去污染的衣服。用大量水冲洗皮肤或淋浴至少15min。立即给予医疗护理
# 眼睛	发红。疼痛。严重烧伤。视力丧失	面罩、或眼睛防护结合呼吸防护	用大量水冲洗(如可能尽量摘除隐形眼镜)。立即给予医疗护理
# 食入	咽喉疼痛。有灼烧感。腹部疼痛。呕吐。休克或虚脱	工作时不得进食，饮水或吸烟	漱口。不要催吐。食入后几分钟内，可饮用1小杯水。立即给予医疗护理

泄漏处置	转移全部引燃源。将泄漏液收集在可密闭的容器中。在专家指导下，小心用碳酸钠中和泄漏液。不要让该化学品进入环境。个人防护用具：化学防护服包括自给式呼吸器
包装与标志	不得与食品和饲料一起运输。　欧盟危险性类别：C 符号　标记：B　R:10-35　S:1/2-23-26-45 联合国危险性类别：8 联合国次要危险性：3 联合国包装类别：II 中国危险性类别：第 8 类 腐蚀性物质 中国次要危险性：第 3 类 易燃液体　中国包装类别：II GHS 分类：信号词：危险 图形符号：火焰-腐蚀-感叹号-健康危险 危险说明：易燃液体和蒸气；吸入蒸气有害；接触皮肤有害；吞咽可能有害；造成严重皮肤灼伤和眼睛损伤；可能引起呼吸刺激作用；长期或反复吸入对呼吸系统造成损害；对水生生物有害
应急响应	美国消防协会法规：H3（健康危险性）；F2（火灾危险性）；R0（反应危险性）
储存	耐火设备（条件）。与强氧化剂、强酸、强碱、食品和饲料分开存放。储存在原始容器中，严格密封。保存在通风良好的室内。储存在没有排水管或下水道的场所
重要数据	物理状态、外观：无色液体，有刺鼻气味 化学危险性：该物质是一种弱酸。与强氧化剂剧烈反应，有着火和爆炸的危险。与强碱、强酸和许多其他化合物发生剧烈反应。浸蚀某些塑料、橡胶和涂层 职业接触限值：阈限值：10ppm（时间加权平均值），15ppm（短期接触限值）（美国政府工业卫生学家会议，2010 年）。欧盟职业接触限值：10ppm，25mg/m³（时间加权平均值）（欧盟，1991 年） 接触途径：各种接触途径均产生严重的局部影响 吸入危险性：20℃时，该物质蒸发相当快地达到空气中有害污染浓度 短期接触的影响：该物质腐蚀眼睛、皮肤和呼吸道。食入有腐蚀性。吸入可能引起肺水肿，但只在最初的对眼睛和/或呼吸道的腐蚀性影响已经显现后 长期或反复接触的影响：反复或长期与皮肤接触可能引起皮炎。反复或长期接触到该物质气溶胶，肺可能受损伤。反复或长期接触该物质的气溶胶，有牙齿侵蚀的危险

物理性质	沸点：118℃ 熔点：16.7℃ 相对密度（水=1）：1.05 水中溶解度：混溶 蒸气压：20℃时 1.5kPa 蒸气相对密度（空气=1）：2.1	蒸气/空气混合物的相对密度（20℃，空气=1）：1.02 闪点：39℃(闭杯) 自燃温度：485℃ 爆炸极限：空气中 6.0%～17%(体积) 辛醇/水分配系数的对数值：-0.17

环境数据	该物质对水生生物是有害的
注解	UN 编号 2789：乙酸，冰醋酸或乙酸溶液，按质量含酸高于 80%。其他 UN 编号：UN2790，乙酸溶液（含 10-80%的乙酸），联合国危险性类别：8，包装类别：II-III

IPCS
International
Programme on
Chemical Safety

   UNEP

本卡片由 IPCS 和 EC 合作编写 © 2004～2012

国际化学品安全卡

2-乙氧基乙酸乙酯			ICSC 编号：0364

CAS 登记号：111-15-9	中文名称：2-乙氧基乙酸乙酯；乙酸乙二醇一乙醚酯；乙酸-2-乙氧基乙酯；
RTECS 号：KK8225000	2-乙氧基乙醇乙酸酯；醋酸溶纤剂；乙基乙二醇醋酸酯
UN 编号：1172	英文名称：2-ETHOXYETHYL ACETATE; Ethylene glycol monoethyl ether
EC 编号：607-037-00-7	acetate; 2-Ethoxyethanol acetate; Acetic acid, 2-ethoxyethyl ester; Cellosolve
中国危险货物编号：1172	acetate; Ethyl glycol acetate

分子量：132.2	化学式：$C_6H_{12}O_3/CH_3COOCH_2CH_2OCH_2CH_3$

危害/接触类型	急性危害/症状	预防	急救/消防
火灾	易燃的	禁止明火，禁止火花和禁止吸烟	干粉，抗溶性泡沫，雾状水，二氧化碳
爆炸	高于 51.1℃时，可能形成爆炸性蒸气/空气混合物	高于 51.1℃时，使用密闭系统、通风和防爆型电气设备	着火时，喷雾状水保持料桶等冷却
接触		避免一切接触！	
# 吸入	头晕。倦睡。头痛。神志不清	通风，局部排气通风或呼吸防护	新鲜空气，休息。给予医疗护理
# 皮肤	可能被吸收！皮肤干燥。（另见吸入）	防护手套。防护服	脱去污染的衣服。用大量水冲洗皮肤或淋浴。给予医疗护理
# 眼睛	发红	安全护目镜，或眼睛防护结合呼吸防护	先用大量水冲洗几分钟（如可能尽量摘除隐形眼镜），然后就医
# 食入	恶心。呕吐。（另见吸入）	工作时不得进食，饮水或吸烟	漱口。不要催吐。给予医疗护理
泄漏处置	通风。转移全部引燃源。尽可能将泄漏液收集在可密闭的容器中。用砂土或惰性吸收剂吸收残液，并转移到安全场所。不要让该化学品进入环境。个人防护用具：适用于有机气体和蒸气的过滤呼吸器		
包装与标志	欧盟危险性类别：T 符号 标记：E R:60-61-20/21/22 S:53-45 联合国危险性类别：3 联合国包装类别：III 中国危险性类别：第 3 类 易燃液体 中国包装类别：III		
应急响应	运输应急卡：TEC(R)-30S1172 美国消防协会法规：H1（健康危险性）；F2（火灾危险性）；R（反应危险性）		
储存	耐火设备（条件）。与强氧化剂、强碱、强酸分开存放。保存在暗处		
重要数据	物理状态、外观：无色液体，有特殊气味 化学危险性：该物质可能生成爆炸性过氧化物。与强酸、强碱和强氧化剂发生反应 职业接触限值：阈限值：5ppm，27mg/m³（时间加权平均值）（经皮）；公布生物暴露指数（美国政府工业卫生学家会议，2005 年）。最高容许浓度：（乙二醇一乙醚及其乙酸酯的总和）2ppm，11mg/m³，皮肤吸收；最高限值种类：II（8）；妊娠风险等级：B（德国，2007 年） 接触途径：该物质可通过吸入其蒸气，经皮肤和食入吸收到体内 吸入危险性：20℃时，该物质蒸发相当慢地达到空气中有害污染浓度 短期接触的影响：该蒸气轻微刺激眼睛。高浓度时，该物质可能对血液有影响，导致血细胞损伤和肾损伤。该物质可能对中枢神经系统有影响。远高于职业接触限值接触，可能导致神志不清 长期或反复接触的影响：液体使皮肤脱脂。该物质可能对血液有影响，导致血细胞损伤、贫血和肾损伤。可能造成人类生殖或发育毒性		
物理性质	沸点：156℃ 熔点：-62℃ 相对密度（水=1）：0.97（20℃时） 水中溶解度：20℃时 23g/100mL 蒸气压：20℃时 0.27kPa 蒸气相对密度（空气=1）：4.7 蒸气/空气混合物的相对密度（20℃，空气=1）：1.01 闪点：51.1℃（闭杯） 自燃温度：379℃ 爆炸极限：空气中 1.3%～14%（体积） 辛醇/水分配系数的对数值：0.24		
环境数据	该物质对水生生物是有害的		
注解	蒸馏前检验过氧化物，如有，将其去除		

IPCS
International
Programme on
Chemical Safety

UNEP

本卡片由 IPCS 和 EC 合作编写 © 2004～2012

国际化学品安全卡

乙酰溴			ICSC 编号：0365

CAS 登记号：506-96-7
RTECS 号：AO5955000
UN 编号：1716
中国危险货物编号：1716

中文名称：乙酰溴；乙酰基溴
英文名称：ACETYL BROMIDE; Ethanoyl bromide

分子量：122.96　　　　　　　　　　化学式：C₂H₃BrO/CH₃COBr

分子量：122.96　　　　　　　　　　化学式：C_2H_3BrO/CH_3COBr

危害/接触类型	急性危害/症状	预防	急救/消防
火　灾	可燃的。在火焰中释放出刺激性或有毒烟雾（或气体）	禁止明火，禁止与水接触	泡沫，干粉，二氧化碳，干砂土，禁止用水
爆　炸			着火时喷雾状水保持料桶等冷却，但避免该物质与水接触
接　触		避免一切接触！	
# 吸入	腹痛，咳嗽，咽喉疼痛，灼烧感，呼吸短促，呼吸困难。症状可能推迟显现。（见注解）	通风，局部排气通风或呼吸防护	新鲜空气，休息，半直立体位。必要时进行人工呼吸，给予医疗护理
# 皮肤	发红，疼痛，水疱，皮肤烧伤	防护手套，防护服	脱去污染的衣服，用大量水冲洗或淋浴，给予医疗护理
# 眼睛	疼痛，发红，严重深度烧伤，失明	面罩或眼睛防护结合呼吸防护	首先用大量水冲洗几分钟（如可能尽量摘除隐形眼镜），然后就医
# 食入	灼烧感，腹部疼痛，休克或虚脱	工作时不得进食、饮水或吸烟	漱口，不要催促，给予医疗护理

泄漏处置	撤离危险区域。通风。尽可能将泄漏液收集在可密闭容器中。用干砂土或惰性吸收剂吸收残液并转移到安全场所。不要让该化学品进入环境。个人防护用具：全套防护服包括自给式呼吸器
包装与标志	不要与食品和饲料一起运输 联合国危险性类别：8　　联合国包装类别：II 中国危险性类别：第8类腐蚀性物质　中国包装类别：II
应急响应	运输应急卡：TEC（R）-80GC3-II+III
储存	与食品和饲料分开存放。见化学危险性。干燥。严格密封。沿地面通风
重要数据	物理状态、外观：无色发烟液体，有刺鼻气味。遇空气变黄色 物理危险性：蒸气比空气重 化学危险性：加热时，该物质分解生成溴化氢和羰基溴腐蚀和有毒烟雾。与水、甲醇和乙醇激烈反应，生成溴化氢。有水存在时，浸蚀许多金属 职业接触限值：阈限值未制定标准 接触途径：该物质可通过吸入其蒸气和食入吸收到体内 吸入危险性：未指明20℃时该物质蒸发达到空气中有害污染浓度的速率 短期接触的影响：该物质和蒸气腐蚀眼睛、皮肤和呼吸道。食入有腐蚀性。吸入蒸气可能引起肺水肿（见注解）。影响可能推迟显现。需进行医学观察 长期或反复接触的影响：反复或长期与皮肤接触可能引起皮炎
物理性质	沸点：76℃ 熔点：-96℃ 相对密度（水=1）：1.5 水中溶解度：发生反应 蒸气压：20℃时13kPa 蒸气相对密度（空气=1）：4.2 蒸气/空气混合物的相对密度（20℃，空气=1）：1.4 闪点：75℃
环境数据	该物质对水生生物是有害的
注解	与灭火剂，如水激烈反应。肺水肿症状几个小时以后才变得明显，体力劳动使症状加重。因此，休息和医学观察是必要的。应当考虑由医生或医生指定的人立即采取适当吸入治疗法

IPCS
International
Programme on
Chemical Safety

   UNEP

本卡片由 IPCS 和 EC 合作编写 © 2004～2012

国际化学品安全卡

1,1,1-三羟甲基丙烷			ICSC 编号：0366

CAS 登记号：77-99-6	中文名称：1,1,1-三羟甲基丙烷；三（羟甲基）丙烷；2-乙基-2-(羟甲基)-1,3-丙二醇；次丙基三甲醇；六甘油；六丙三醇
RTECS 号：TY6470000	
	英文名称：1,1,1-TRIMETHYLOLPROPANE; Tris(hydroxymethyl)propane; 2-Ethyl-2-(hydroxymethyl)-1,3-propanediol; Propylidynetrimethanol; Hexaglycerol; Hexaglycerine

分子量：134.2	化学式：$C_6H_{14}O_3$

危害/接触类型	急性危害/症状	预防	急救/消防
火 灾	可燃的	禁止明火	干粉，抗溶性泡沫，雾状水，二氧化碳
爆 炸	微细分散的颗粒物在空气中形成爆炸性混合物	防止粉尘沉积、密闭系统、防止粉尘爆炸型电气设备和照明	
接 触		防止粉尘扩散！	
# 吸入	咳嗽	局部排气通风或呼吸防护	新鲜空气，休息
# 皮肤		防护手套	脱去污染的衣服。用大量水冲洗皮肤或淋浴
# 眼睛	发红	安全护目镜	先用大量水冲洗几分钟（如可能尽量摘除隐形眼镜），然后就医
# 食入	咳嗽	工作时不得进食，饮水或吸烟	漱口
泄漏处置	将泄漏物清扫进容器中。用大量水冲净残余物。个人防护用具：适用于惰性颗粒物的 P1 过滤呼吸器		
包装与标志			
应急响应			
储存	与强氧化剂分开存放。干燥。严格密封		
重要数据	物理状态、外观：无色至白色吸湿的晶体或球状颗粒 化学危险性：与强氧化剂激烈反应 职业接触限值：阈限值未制定标准。最高容许浓度未制定标准 吸入危险性：扩散时可较快地达到空气中颗粒物公害污染浓度 短期接触的影响：可能对眼睛和呼吸道引起机械刺激		
物理性质	沸点：292～297℃ 熔点：58℃ 密度：1.084g/cm³ 水中溶解度：20℃时混溶 蒸气相对密度（空气=1）：4.63 闪点：172℃（闭杯） 自燃温度：约375℃ 爆炸极限：空气中 2.0%～11.8%（体积） 辛醇/水分配系数的对数值：-0.5		
环境数据			
注解			

IPCS
International
Programme on
Chemical Safety

UNEP

本卡片由 IPCS 和 EC 合作编写 © 2004～2012

国际化学品安全卡

乙酸乙酯			ICSC 编号：0367

CAS 登记号：141-78-6
RTECS 号：AH5425000
UN 编号：1173
EC 编号：607-022-00-5
中国危险货物编号：1173

中文名称：乙酸乙酯；醋酸乙酯
英文名称：ETHYL ACETATE; Acetic acid, ethyl ester; Acetic ether

分子量：88.1　　　　　　　　　　化学式：$C_4H_8O_2/CH_3COOC_2H_5$

危害/接触类型	急性危害/症状	预防	急救/消防
火　灾	高度易燃	禁止明火，禁止火花和禁止吸烟	水成膜泡沫，抗溶性泡沫，干粉，二氧化碳
爆　炸	蒸气/空气混合物有爆炸性	密闭系统，通风，防爆型电气设备和照明。使用无火花的手工具	着火时喷雾状水保持料桶冷却
接　触		防止烟雾产生！	
# 吸入	咳嗽，头晕，瞌睡，头痛，恶心，咽喉疼痛，神志不清，虚弱	通风，局部排气通风或呼吸防护	新鲜空气，休息，必要时进行人工呼吸，给予医疗护理
# 皮肤	皮肤干燥	防护手套，防护服	脱去污染的衣服，用大量水冲洗或淋浴，给予医疗护理
# 眼睛	发红，疼痛	护目镜	先用大量水冲洗几分钟（如果可能尽量摘除隐形眼镜），然后就医
# 食入		工作时不得进食，饮水或吸烟	漱口，给予医疗护理

泄漏处置	撤离危险区域！尽可能将泄漏液收集在可密闭容器中。用砂土或惰性吸收剂吸收残液，并转移到安全场所。不要冲入下水道。个人防护用具：全套防护服包括自给式呼吸器
包装与标志	欧盟危险性类别：F 符号 Xi 符号　R:11-36-66-67　S:2-16-23-29-33 联合国危险性类别：3 联合国包装类别：II 中国危险性类别：第 3 类易燃液体 中国包装类别：II
应急响应	运输应急卡：TEC（R）-30S1173 美国消防协会法规：H1（健康危险性）；F3（火灾危险性）；R0（反应危险性）
储存	耐火设备（条件）。与强氧化剂分开存放。阴凉场所。严格密封
重要数据	物理状态、外观：无色液体，有特殊气味 物理危险性：蒸气比空气重，可能沿地面移动，可能造成远处着火 化学危险性：加热时可能引起激烈燃烧或爆炸。在紫外光、碱和酸作用下，该物质发生分解。与强氧化剂、碱或酸发生反应。浸蚀铝和塑料 职业接触限值：阈限值：400ppm（时间加权平均值）(美国政府工业卫生学家会议，2004 年）。最高容许浓度：400ppm，1500mg/m³；最高限值种类：I（2）；妊娠风险等级：C（德国，2004 年） 接触途径：该物质可通过吸入其蒸气吸收到体内 吸入危险性：20℃时，该物质蒸发可以相当快地达到空气中有害污染浓度 短期接触的影响：该物质刺激眼睛、皮肤和呼吸道。可能对神经系统有影响。过多超过职业接触限值时，可能导致死亡 长期或反复接触的影响：液体使皮肤脱脂
物理性质	沸点：77℃ 熔点：-84℃ 相对密度（水=1）：0.9 水中溶解度：易溶 蒸气压：20℃时 10kPa 蒸气相对密度（空气=1）：3.0 闪点：-4℃（闭杯） 自燃温度：427℃ 爆炸极限：空气中 2.2%～11.5%（体积） 辛醇/水分配系数的对数值：0.73
环境数据	
注解	饮用含酒精饮料增进有害影响。商品名有：Acetidin 和 Vinegar naphtha

IPCS
International
Programme on
Chemical Safety

本卡片由 IPCS 和 EC 合作编写 © 2004～2012

国际化学品安全卡

丙烯酸正癸酯			ICSC 编号：0368

CAS 登记号：2156-96-9	中文名称：丙烯酸正癸酯；2-丙烯酸癸酯；丙烯酸癸酯
RTECS 号：AS7400000	英文名称：*n*-DECYL ACRYLATE; 2-Propenoic acid, decyl ester; Acrylic
EC 编号：607-133-00-9	acid, decyl ester

分子量：212.4	化学式：$C_{13}H_{24}O_2$

危害/接触类型	急性危害/症状	预防	急救/消防
火 灾	可燃的	禁止明火	干粉，抗溶性泡沫，雾状水，二氧化碳
爆 炸			
接 触			
# 吸入	咳嗽。咽喉痛	局部排气通风或呼吸防护	新鲜空气，休息
# 皮肤	发红。疼痛	防护手套。防护服	用大量水冲洗皮肤或淋浴
# 眼睛	发红。疼痛	护目镜，或眼睛防护结合呼吸防护	先用大量水冲洗几分钟（如可能尽量摘除隐形眼镜），然后就医
# 食入	胃痉挛。灼烧感。腹泻	工作时不得进食，饮水或吸烟	漱口。大量饮水。给予医疗护理
泄漏处置	将泄漏液收集在有盖的容器中。全套防护服		
包装与标志	欧盟危险性类别：Xi 符号 N 符号 标记：A R:36/37/38-51/53 S:2-26-28-61		
应急响应	美国消防协会法规：H2（健康危险性）；F1（火灾危险性）；R0（反应危险性）		
储存			
重要数据	物理状态、外观：液体 职业接触限值：阈限值未制定标准。最高容许浓度未制定标准 接触途径：该物质可通过吸入其气溶胶和经食入吸收到体内 吸入危险性：未指明 20℃时该物质蒸发达到空气中有害浓度的速率 短期接触的影响：该物质严重刺激眼睛、皮肤和呼吸道		
物理性质	相对密度（水=1）：0.88 水中溶解度：微溶 闪点：227℃（开杯）		
环境数据			
注解	该物质对人体健康的影响和环境数据不充分。虽然许多丙烯酸盐会引起皮肤过敏，但是没有该物质的相关数据，因此应当特别注意		

IPCS
International
Programme on
Chemical Safety

本卡片由 IPCS 和 EC 合作编写 © 2004～2012

国际化学品安全卡

己二酸			ICSC 编号：0369

CAS 登记号：124-04-9	中文名称：己二酸；1,4-丁烷二羧酸
RTECS 号：AU8400000	英文名称：ADIPIC ACID; Hexanedioic acid; 1,4-Butanedi-carboxylic acid
EC 编号：607-144-00-9	
分子量：146.14	化学式：$C_6H_{10}O_4$/$HOOC(CH_2)_4COOH$

危害/接触类型	急性危害/症状	预防	急救/消防
火 灾	可燃的	禁止明火	干粉，雾状水，泡沫，二氧化碳
爆 炸	微细分散的颗粒物在空气中形成爆炸性混合物	防止粉尘沉积，密闭系统，防止粉尘爆炸型电气设备与照明	着火时，喷雾状水保持料桶等冷却
接 触		防止粉尘扩散！严格作业环境管理！	
# 吸入	咳嗽，呼吸困难，咽喉疼痛	局部排气通风或呼吸防护	新鲜空气，休息，给予医疗护理
# 皮肤	发红	防护手套，防护服	脱掉污染的衣服，用大量水冲洗皮肤或淋浴
# 眼睛	发红，疼痛	安全护目镜或眼睛防护结合呼吸防护	首先用大量水冲洗几分钟（如可能尽量摘除隐形眼镜），然后就医
# 食入		工作时不得进食、饮水或吸烟	漱口，休息，给予医疗护理

泄漏处置	将泄漏物扫入塑料容器中。用大量水冲净残余物
包装与标志	欧盟危险性类别：Xi 符号　R:36
应急响应	美国消防协会法规：H1（健康危险性）；F1（火灾危险性）；R0（反应危险性）
储存	

重要数据	**物理状态、外观：**无气味，无色晶体粉末 **物理危险性：**如以粉末或颗粒形状与空气混合，可能发生粉尘爆炸。如果在干燥状态，由于搅拌、空气输送和注入等能够产生静电 **化学危险性：**加热时，该物质分解生成戊酸和其他物质的挥发性酸性蒸气。该物质是一种弱酸。与氧化性物质发生反应 **职业接触限值：**阈限值未制定标准 **接触途径：**该物质可通过吸入其气溶胶吸收到体内 **吸入危险性：**20℃时蒸发可忽略不计，但扩散时可较快地达到空气中颗粒物有害浓度 **短期接触的影响：**该物质刺激眼睛、皮肤和呼吸道。吸入气溶胶可能引起哮喘性反应（见注解） **长期或反复接触的影响：**反复或长期皮肤接触可能引起皮炎。反复或长期接触可能引起皮肤过敏。反复或长期吸入接触可能引起哮喘
物理性质	沸点：338℃ 熔点：152℃ 相对密度（水=1）：1.36 水中溶解度：15℃时 1.4g/100mL（适度溶解） 蒸气压：18.5℃时 10Pa 闪点：196℃（闭杯） 自燃温度：422℃ 辛醇/水分配系数的对数值：0.08
环境数据	
注解	哮喘症状常常经过几小时以后才变得明显，体力劳动使症状加重。因此休息和医学观察是必要的。因该物质出现哮喘症状的人不应再接触该物质

IPCS
International
Programme on
Chemical Safety

   UNEP

本卡片由 IPCS 和 EC 合作编写 © 2004～2012

国际化学品安全卡

甲草胺			ICSC 编号：0371

| CAS 登记号：15972-60-8
RTECS 号：AE1225000
UN 编号：3077
EC 编号：616-015-00-6
中国危险货物编号：3077 | 中文名称：甲草胺；2-氯-2',6-二乙基-N-(甲氧甲基)乙酰苯胺；2-氯-N-(2,6-二乙基)苯基-N-甲氧甲基乙酰胺
英文名称：ALACHLOR; 2-Chloro-2',6'-diethyl-N-(methoxymethyl) acetanilide; 2-Chloro-N-(2,6-diethyl)phenyl-N-methoxymethyl acetamide; Acetanilide,2-chlor-2',6'-diethyl-N-(methoxymethyl)- |

分子量：269.8	化学式：$C_{14}H_{20}ClNO_2$

危害/接触类型	急性危害/症状	预防	急救/消防
火 灾	可燃的。在火焰中释放出刺激性或有毒烟雾（或气体）	禁止明火。禁止与易燃物质接触	雾状水，泡沫，干粉，二氧化碳
爆 炸			
接 触		防止粉尘扩散！	
# 吸入		避免吸入粉尘。呼吸防护	新鲜空气，休息。给予医疗护理
# 皮肤	发红。疼痛	防护手套。防护服	脱去污染的衣服。用大量水冲洗皮肤或淋浴
# 眼睛	发红。疼痛	安全护目镜，或如为粉末，眼睛防护结合呼吸防护	先用大量水冲洗几分钟（如可能尽量摘除隐形眼镜），然后就医
# 食入		工作时不得进食，饮水或吸烟	漱口。不要催吐。给予医疗护理

泄漏处置	将泄漏物清扫进有盖的容器中。小心收集残余物，然后转移到安全场所。不要让该化学品进入环境。 个人防护用具：适应于该物质空气中浓度的颗粒物过滤呼吸器
包装与标志	不得与食品和饲料一起运输 欧盟危险性类别：Xn 符号 N 符号　R:22-40-43-50/53　S:2-36/37-46-60-61 联合国危险性类别：9　　　　联合国包装类别：III 中国危险性类别：第 9 类 杂项危险物质和物品　中国包装类别：III GHS 分类：信号词：警告 图形符号：健康危险-感叹号-环境 危险说明：吞咽有害；可能引起皮肤过敏反应；怀疑致癌；对水生生物有毒并具有长期持续影响
应急响应	
储存	注意收容灭火产生的废水。与强氧化剂和不相容物质分开存放。保存在通风良好的室内。储存在原始容器中。储存在没有排水管或下水道的场所
重要数据	物理状态、外观：无气味，无色至灰白色不同形态固体 物理危险性：以粉末或颗粒形状与空气混合，可能发生粉尘爆炸 化学危险性：加热时和燃烧时，该物质分解生成含有氯化氢（见卡片 0163）和氮氧化物的有毒烟雾。与强氧化剂发生反应。腐蚀铁和钢 职业接触限值：阈限值：1mg/m³（致敏剂）；A3（确认的动物致癌物，但未知与人类相关性）（美国政府工业卫生学家会议，2009 年）。最高容许浓度未制定标准 接触途径：该物质可通过吸入其气溶胶和经食入吸收到体内 吸入危险性：20℃时蒸发可忽略不计，但喷洒或扩散时，尤其是粉末可较快地达到空气中颗粒物有害浓度 长期或反复接触的影响：反复或长期接触可能引起皮肤过敏。该物质可能对肾和肝有影响。该物质可能对脾脏有影响，导致铁尘肺。该物质可能是人类致癌物
物理性质	沸点：在 101.3kPa 时>400℃ 熔点：40℃ 密度：1.1g/cm³ 水中溶解度：25℃时 0.02g/100mL（不溶） 蒸气压：可忽略不计 蒸气相对密度（空气=1）：9.3 闪点：137℃（闭杯） 辛醇/水分配系数的对数值：3.5
环境数据	该物质对水生生物是有毒的。该物质在正常使用过程中进入环境。但是要特别注意避免任何额外的释放，例如通过不适当处置活动
注解	商业制剂中使用的载体溶剂可能改变其物理和毒理学性质

IPCS
International
Programme on
Chemical Safety

本卡片由 IPCS 和 EC 合作编写 © 2004~2012

377

国际化学品安全卡

异硫氰酸烯丙酯			ICSC 编号：0372

CAS 登记号：57-06-7
RTECS 号：NX8225000
UN 编号：1545(稳定的)
中国危险货物编号：1545

中文名称：异硫氰酸烯丙酯；2-丙烯基异氰酸酯；3-异氰酸-1-丙烯
英文名称：ALLYL ISOTHIOCYANATE; Allyl isosulfocyanate; 2-Propenyl isothiocyanate; 3-Isothiocyanato-1-propene

分子量：99.2

化学式：C₄H₅NS/CH₂=CHCH₂N=C=S

化学式：$C_4H_5NS/CH_2=CHCH_2N=C=S$

危害/接触类型	急性危害/症状	预防	急救/消防
火　灾	易燃的。在火焰中释放出刺激性或有毒烟雾（或气体）	禁止明火，禁止火花和禁止吸烟	干粉，水成膜泡沫，泡沫，二氧化碳
爆　炸	高于 46℃可能形成爆炸性蒸气/空气混合物	高于 46℃密闭系统，通风和防爆型电气设备	着火时喷雾状水保持料桶等冷却
接　触		防止烟雾产生！严格作业环境管理！	
# 吸入	咽喉疼痛，咳嗽	通风，局部排气通风或呼吸防护	新鲜空气，休息，给予医疗护理
# 皮肤	可能被吸收！发红，疼痛	防护手套	脱去污染的衣服，用大量水冲洗或淋浴，给予医疗护理
# 眼睛	疼痛，发红	护目镜	先用大量水冲洗几分钟（如可能尽量摘除隐形眼镜），然后就医
# 食入	咽喉疼痛，灼烧感	工作时不得进食、饮水或吸烟	漱口，催吐（仅对清醒病人！），给予医疗护理

泄漏处置	撤离危险区域。通风。将泄漏液收集在可密闭容器中。用砂土或惰性吸收剂吸收残液并转移到安全场所。个人防护用具：全套防护服包括自给式呼吸器
包装与标志	不得与食品和饲料一起运输 **联合国危险性类别：6.1 联合国次要危险性：3** **联合国包装类别：**Ⅱ **中国危险性类别：第 6.1 项毒性物质 中国次要危险性：3** **中国包装类别：**Ⅱ
应急响应	运输应急卡：TEC(R)-61S1545 美国消防协会法规：H3（健康危险性）；F2（火灾危险性）；R0（反应危险性）
储存	耐火设备（条件）。与食品和饲料、强氧化剂和酸分开存放。严格密封。稳定后储存
重要数据	**物理状态、外观：**无色至淡黄色油状液体，有刺鼻气味 **化学危险性：**加热、燃烧或与酸接触时，该物质分解生成氰化氢、硫氧化物和氮氧化物高毒烟雾。与强氧化剂发生反应 **职业接触限值：**阈限值未制定标准 **接触途径：**该物质可通过吸入其蒸气、经皮肤和食入吸收到体内 **吸入危险性：**未指明该物质 20℃时蒸发达到空气中有害浓度的速率 **短期接触的影响：**该物质刺激眼睛、皮肤和呼吸道 **长期或反复接触的影响：**反复或长期与皮肤接触可能引起皮炎。反复或长期接触可能引起皮肤过敏。该物质可能对肝，肾胃，甲状腺和膀胱有影响
物理性质	沸点：148～154℃ 熔点：-102.5℃ 相对密度（水=1）：1.0 水中溶解度：微溶 蒸气压：20℃时 0.493kPa 蒸气相对密度（空气=1）：3.4 闪点：46℃（闭杯） 辛醇/水分配系数的对数值：2.11
环境数据	
注解	添加稳定剂或阻聚剂可能改变其物理和毒理学性质。向专家咨询。常用名称为 Mustard oil

IPCS
International Programme on Chemical Safety

   UNEP

本卡片由 IPCS 和 EC 合作编写 © 2004～2012

国际化学品安全卡

氢氧化铝			ICSC 编号：0373

CAS 登记号：21645-51-2	中文名称：氢氧化铝；水合氧化铝；三水合氧化铝；三羟基铝
RTECS 号：BD0940000	英文名称：ALUMINUM HYDROXIDE; Alumina hydrate; Aluminm oxide trihydrate; Trihydroxy aluminum

分子量：78	化学式：$AlH_3O_3/Al(OH)_3$

危害/接触类型	急性危害/症状	预防	急救/消防
火 灾	不可燃		周围环境着火时，允许使用各种灭火剂
爆 炸			
接 触		防止粉尘扩散！	
# 吸入		局部排气通风	新鲜空气，休息
# 皮肤		防护手套	用大量水冲洗皮肤或淋浴
# 眼睛		安全护目镜	先用大量水冲洗几分钟（如可能尽量摘除隐形眼镜），然后就医
# 食入			漱口，休息
泄漏处置	将泄漏物扫入容器中。用大量水冲净残余物		
包装与标志			
应急响应			
储存			
重要数据	物理状态、外观：各种形态的白色固体，无气味 职业接触限值：阈限值未制定标准。最高容许浓度：1.5mg/m³（可呼吸粉尘）（德国，2004 年） 接触途径：该物质可通过吸入吸收到体内 吸入危险性：20℃时蒸发可忽略不计，但可以较快地达到空气中颗粒物污染浓度		
物理性质	沸点：300℃（见注解） 密度：2.42g/cm³ 水中溶解度：不溶 蒸气压：20℃时＜10Pa		
环境数据			
注解	给出的是失去结晶水的表观熔点。商品名称有：Alugel,Alumigel, Alusal, Amphogel, Almogastrin, Higilite,Hychol 705, Hydrafil, Alugel, Alumigel, Alusal, Amphogel, Almogastrin, Higilite, Hychol 705, Hydrafil, Hydral 705, Liquigel, Martinal 和 Reheis F 1000		

IPCS
International
Programme on
Chemical Safety

本卡片由 IPCS 和 EC 合作编写 © 2004～2012

国际化学品安全卡

正丁胺			ICSC 编号：0374

CAS 登记号：109-73-9
RTECS 号：EO2975000
UN 编号：1125
EC 编号：612-005-00-0
中国危险货物编号：1125
分子量：73.1

中文名称：正丁胺；1-氨基丁烷；1-丁胺；一丁胺
英文名称：n-BUTYLAMINE; 1-Aminobutane; 1-Butylamine; Monobutylamine

化学式：$C_4H_9NH_2/CH_3(CH_2)_3NH_2$

危害/接触类型	急性危害/症状	预防	急救/消防
火 灾	高度易燃。在火焰中释放出刺激性或有毒烟雾（或气体）	禁止明火，禁止火花和禁止吸烟	干粉，抗溶性泡沫，大量水，二氧化碳
爆 炸	蒸气/空气混合物有爆炸性	密闭系统，通风，防爆电气和照明	着火时，喷雾状水保持料桶等冷却
接 触		避免一切接触！	一切情况均向医生咨询！
# 吸入	咽喉痛，咳嗽，灼烧感，头痛，头晕，脸红，呕吐，气促，呼吸困难。症状可能推迟显现（见注解）	通风，局部排气通风或呼吸防护	新鲜空气，半直立体位。必要时进行人工呼吸，给予医疗护理
# 皮肤	可能被吸收！发红，皮肤烧伤，疼痛，水疱	防护手套，防护服	脱去污染的衣服，用大量水冲洗皮肤或淋浴，给予医疗护理
# 眼睛	疼痛，发红，严重深度烧伤，失明	护目镜或面罩	先用大量水冲洗几分钟（如可能尽量摘除隐形眼镜），然后就医
# 食入	灼烧感，腹痛，腹泻，恶心，呕吐，休克或虚脱	工作时不得进食、饮水或吸烟	漱口，不要催吐，给予医疗护理
泄漏处置	撤离危险区域。向专家咨询！通风。尽可能将泄漏液收集在可密闭容器中。用砂土或惰性吸收剂吸收残液，然后转移至安全场所。不要让该化学品进入环境。个人防护用具：化学防护服包括自给式呼吸器		
包装与标志	不易破碎包装，将易碎包装放在不易破碎的密闭容器中。不得与食品和饲料一起运输 欧盟危险性类别：F 符号 C 符号 R:11-20/21/22-35 S:1/2-3-11-26-29-36/37/39-45 联合国危险性类别：3 联合国次要危险性：8 联合国包装类别：II 中国危险性类别：第 3 类易燃液体 中国次要危险性：8 中国包装类别：II		
应急响应	运输应急卡：TEC（R）-30S1125 或 30GFC-II 美国消防协会法规：H3（健康危险性）；F3（火灾危险性）；R0（反应危险性）		
储存	耐火设备（条件）。与食品和饲料分开存放。见化学危险性		
重要数据	物理状态、外观：无色液体，有特殊气味。久置变黄色 物理危险性：蒸气比空气重，可能沿地面流动，可能造成远处着火 化学危险性：加热或燃烧时，生成氮氧化物有毒烟雾。该物质是一种弱碱。与强氧化剂和酸发生反应，有着火和爆炸危险。有水存在时，浸蚀某些金属 职业接触限值：阈限值：5ppm（上限值）（经皮）（美国政府工业卫生学家会议，2004 年）。最高容许浓度：5ppm，15mg/m³；最高限值种类：I（2）；皮肤吸收；妊娠风险等级：IIc（德国，2004 年） 接触途径：该物质可通过吸入其蒸气、经皮肤和食入吸收到体内 吸入危险性：20℃时该物质蒸发可迅速达到空气中有害污染浓度 短期接触的影响：该物质和蒸气腐蚀眼睛、皮肤和呼吸道。吸入蒸气可能引起肺水肿（见注解）。影响可能推迟显现。需进行医学观察 长期或反复接触的影响：反复或长期与皮肤接触可能引起皮炎		
物理性质	沸点：78℃ 熔点：-50℃ 相对密度（水=1）：0.74 水中溶解度：混溶 蒸气压：20℃时 10.9kPa	蒸气相对密度（空气=1）：2.5 闪点：-12℃（闭杯） 自燃温度：312℃ 爆炸极限：空气中 1.7%～9.8%（体积） 辛醇/水分配系数的对数值：0.86	
环境数据	该物质对水生生物是有害的		
注解	工作中任何时刻都不应超过职业接触限值。肺水肿症状常常经过几个小时以后才变得明显，体力劳动使症状加重。因而休息和医学观察是必要的。应当考虑由医生或医生指定的人员立即采取适当吸入治疗法		

IPCS
International
Programme on
Chemical Safety

   UNEP

本卡片由 IPCS 和 EC 合作编写 © 2004～2012

国际化学品安全卡

间茴香胺			ICSC 编号：0375

CAS 登记号：536-90-3	中文名称：间茴香胺；3-氨基茴香醚；3-甲氧基苯胺；3-氨基苯甲醚
RTECS 号：BZ5408000	英文名称：*m*-ANISIDINE; 3-Aminoanisole; 3-Methoxyaniline;
UN 编号：2431	3-Aminophenol methyl ether; 3-Metoxybenzeneamine
中国危险货物编号：2431	

分子量：123.2	化学式：$C_7H_9NO/H_2NC_6H_4OCH_3$

危害/接触类型	急性危害/症状	预防	急救/消防
火 灾	可燃的。在火焰中释放出刺激性或有毒烟雾（或气体）	禁止明火	干粉，雾状水，泡沫，二氧化碳
爆 炸			
接 触		防止产生烟云！严格作业环境管理！	一切情况均向医生咨询！
# 吸入	嘴唇发青或指甲发青。皮肤发青。意识模糊。惊厥。头晕。头痛。恶心。神志不清	通风，局部排气通风或呼吸防护	新鲜空气，休息。给予医疗护理
# 皮肤		防护手套。防护服	脱去污染的衣服。用大量水冲洗皮肤或淋浴
# 眼睛		面罩，或眼睛防护结合呼吸防护	先用大量水冲洗几分钟（如可能尽量摘除隐形眼镜），然后就医
# 食入	（另见吸入）	工作时不得进食，饮水或吸烟。进食前洗手	漱口。不要催吐。大量饮水。给予医疗护理

泄漏处置	将泄漏液收集在可密闭的容器中。不要让该化学品进入环境。个人防护用具：化学防护服，包括自给式呼吸器
包装与标志	不得与食品和饲料一起运输 联合国危险性类别：6.1　联合国包装类别：III 中国危险性类别：第 6.1 项毒性物质　中国包装类别：III
应急响应	运输应急卡：TEC(R)-61S2431
储存	严格密封。与食品和饲料、强氧化剂分开存放
重要数据	物理状态、外观：淡黄色油状液体 化学危险性：燃烧时，生成氮氧化物有毒烟雾。与强氧化剂反应，有着火的危险 职业接触限值：阈限值未制定标准 接触途径：该物质可通过吸入其蒸气，经皮肤和食入吸收到体内 吸入危险性：20℃时该物质蒸发不会或很缓慢达到空气中有害污染浓度 短期接触的影响：该物质可能对血液有影响，导致形成正铁血红蛋白。需进行医学观察。影响可能推迟显现。见注解
物理性质	沸点：251℃ 熔点：<0℃ 密度：1.1g/cm³ 水中溶解度：20℃时 2.05g/100mL 蒸气压：25℃时 0.31Pa 闪点：>112℃ 自燃温度：515℃ 辛醇/水分配系数的对数值：0.93
环境数据	该物质对水生生物是有毒的
注解	根据接触程度，建议定期进行医疗检查。该物质中毒时须采取必要的治疗措施。必须提供有指示说明的适当方法。对接触该物质的健康效应未进行充分调查。参见卡片#0970 邻茴香胺和#0971 对茴香胺

IPCS
International
Programme on
Chemical Safety

本卡片由 IPCS 和 EC 合作编写 © 2004～2012

国际化学品安全卡

安替比林			ICSC 编号：0376

CAS 登记号：61-80-0	中文名称：安替比林；1,2-二氢-1,5-二甲基-2-苯基-3*H*-吡唑-3-酮；2,3-二甲基-1-苯基-5-吡唑啉酮；非那宗
RTECS 号：CD2450000	
	英文名称：ANTIPYRINE; 1,2-Dihydro-1,5-dimethyl-2-phenyl-3*H*-pyrazol-3-one; 2,3-Dimethyl-l-phenyl-5-pyrazolon; Phenazone

分子量：188.2	化学式：$C_{11}H_{12}N_{20}$

危害/接触类型	急性危害/症状	预防	急救/消防
火 灾	可燃的。在火焰中释放出刺激性或有毒烟雾（或气体）	禁止明火	干粉，雾状水，泡沫，二氧化碳
爆 炸			
接 触		防止粉尘扩散!严格作业环境管理！	
# 吸入	嘴唇发青或指甲发青，皮肤发青，气促	通风，局部排气通风或呼吸防护	新鲜空气，休息，给予医疗护理
# 皮肤		防护手套	
# 眼睛	嘴唇发青或指甲发青，皮肤发青	安全护目镜	先用大量水冲洗几分钟(如可能易行,摘除隐形眼镜),然后就医
# 食入	嘴唇发青或指甲发青，皮肤发青	工作时不得进食，饮水或吸烟	漱口，用水冲服活性炭浆，给予医疗护理

泄漏处置	将泄漏物清扫进容器中。如果适当，首先润湿防止扬尘。小心收集残余物，然后转移到安全场所。个人防护用具：适用于有害颗粒物的P2过滤呼吸器
包装与标志	
应急响应	
储存	与强氧化剂分开存放
重要数据	**物理状态、外观**：无色晶体或白色粉末 **化学危险性**：加热时，该物质分解生成氮氧化物有毒和腐蚀性烟雾。与氧化剂发生反应 **职业接触限值**：阈限值未制定标准 **接触途径**：该物质可通过吸入其粉尘和食入吸收到体内 **吸入危险性**：20℃时蒸发可忽略不计，但扩散时可以较快地达到空气中颗粒物有害浓度，尤其是粉末 **短期接触的影响**：该物质刺激眼睛和呼吸道。该物质可能对血液有影响，导致形成正铁血红蛋白
物理性质	沸点：319℃ 熔点：113℃ 相对密度（水=1）：1.19 水中溶解度：易溶解
环境数据	
注解	

IPCS
International Programme on Chemical Safety

本卡片由 **IPCS** 和 **EC** 合作编写 © 2004～2012

国际化学品安全卡

五氧化二砷			ICSC 编号：0377

CAS 登记号：1303-28-2	中文名称：五氧化二砷；氧化砷(V)；砷酸酐；砷酐
RTECS 号：CG2275000	英文名称：ARSENIC PENTOXIDE; Arsenic(V)oxide; Arsenic acid anhydride;
UN 编号：1559	Arsenic anhydride
EC 编号：033-004-00-6	
中国危险货物编号：1559	

分子量：229.8　　　　　　　　　　化学式：As_2O_5

危害/接触类型	急性危害/症状	预防	急救/消防
火　灾	不可燃。在火焰中释放出刺激性或有毒烟雾（或气体）		周围环境着火时，允许使用各种灭火剂
爆　炸			
接　触		防止粉尘扩散！避免一切接触！	一切情况均向医生咨询！
# 吸入	咳嗽，咽喉痛，头晕，头痛，气促，虚弱，胸痛，症状可能推迟显现（见注解）（见食入）	局部排气通风或呼吸防护	新鲜空气，休息，半直立体位，必要时进行人工呼吸，给予医疗护理
# 皮肤	发红，灼烧感，疼痛	防护手套，防护服	脱去污染的衣服，冲洗，然后用水和肥皂冲洗皮肤，给予医疗护理
# 眼睛	发红，疼痛	如果是粉末，护目镜或眼睛防护结合呼吸防护	首先用大量水冲洗几分钟（如可能尽量摘除隐形眼镜），然后就医
# 食入	呕吐，腹部疼痛，腹泻，严重口渴，肌肉震颤，休克（见吸入）	工作时不得进食、饮水或吸烟。进食前洗手	漱口。催吐（仅对清醒病人！），休息，给予医疗护理
泄漏处置	将溢漏物清扫进容器中，如果适当，首先润湿防止扬尘。小心收集残留物，然后转移到安全场所。不要让该化学品进入环境。个人防护用具：化学防护服，包括自给式呼吸器		
包装与标志	不易破碎包装，将易碎包装放入不易破碎的密闭容器中。不得与食品和饲料一起运输。污染海洋物质 欧盟危险性类别：T 符号 N 符号　标记：E　R:45-23/25-50/53　　S:53-45-60-61 联合国危险性类别：6.1 联合国包装类别：Ⅱ 中国危险性类别：第 6.1 项毒性物质　中国包装类别：Ⅱ		
应急响应	运输应急卡：TEC(R)-61GT5-Ⅱ 美国消防协会法规：H2（健康危险性）；F0（火灾危险性）；R0（反应危险性）		
储存	与食品和饲料、强碱和还原性物质分开存放。干燥。严格密封		
重要数据	物理状态、外观：白色吸湿粉末 化学危险性：加热到 330℃ 以上时，该物质分解生成三氧化砷（见卡片＃0387）和氧气有毒烟雾。水溶液是一种弱酸。与还原性物质反应，生成极高毒性气体胂（见卡片＃0222）。与五氟化溴激烈反应，有着火和爆炸危险。在有水或湿气存在下，浸蚀许多金属 职业接触限值：阈限值：0.01mg/m³（以 As 计）（时间加权平均值）；A1（确认的人类致癌物）；公布生物暴露指数（美国政府工业卫生学家会议，2004 年）。最高容许浓度：致癌物类别：1；胚细胞突变物类别：3（德国，2004 年）。 接触途径：该物质可通过吸入其气溶胶和食入吸收到体内 吸入危险性：20℃时蒸发可忽略不计，但可以较快地达到空气中颗粒物有害浓度 短期接触的影响：该物质刺激眼睛、皮肤和呼吸道。可能对血液、心血管系统、末梢神经系统和肝有影响。过多超过职业接触限值接触时，可能导致死亡。影响可能推迟显现（见注解）。需进行医学观察 长期或反复接触的影响：该物质可能对皮肤（表皮角化病）、心血管系统、末梢神经系统经、骨髓（造血变化）、肝和肺有影响。该物质是人类致癌物		
物理性质	熔点：315℃（分解） 密度：4.3g/cm³ 水中溶解度：20℃时 65.8g/100mL		
环境数据	该物质可能对环境有危害，对于动物区系和水生生物应给予特别注意		
注解	根据接触程度，需定期进行医疗检查。急性中毒症状几小时以后才变得明显。该物质中毒时，需要采取必要的治疗措施，必须提供有指示说明的适当方法。中毒浓度存在时，无气味报警。不要将工作服带回家中。本卡片的建议也适用于五价的无机砷化合物（砷酸盐）		

IPCS
International
Programme on
Chemical Safety

   UNEP

本卡片由 IPCS 和 EC 合作编写　© 2004～2012

国际化学品安全卡

三氧化二砷			ICSC 编号：0378

CAS 登记号：1327-53-3	中文名称：三氧化二砷；氧化砷(III)；亚砷酸酐；白砷
RTECS 号：CG3325000	英文名称：ARSENIC TRIOXODE; Arsenic(III) oxide; Arsenous acid
UN 编号：1561	anhydride; White arsenic; Arsenous acid anhydride
EC 编号：033-003-00-0	
中国危险货物编号：1561	

分子量：197.8	化学式：As_2O_3

危害/接触类型	急性危害/症状	预防	急救/消防
火 灾	不可燃。在火焰中释放出刺激性或有毒烟雾（或气体）		周围环境着火时，允许使用各种灭火剂
爆 炸			
接 触		防止粉尘扩散！避免孕妇接触！避免一切接触！	一切情况均向医生咨询！
# 吸入	灼烧感，咳嗽，气促，喘息，头晕，头痛，虚弱，咽喉痛。症状可能推迟显现。（见注解）。（见食入）	局部排气通风或呼吸防护	新鲜空气，休息，给予医疗护理
# 皮肤	发红，疼痛，皮肤干燥，皮肤烧伤，水疱	防护手套，防护服	脱去污染的衣服，冲洗，然后用水和肥皂冲洗皮肤，给予医疗护理
# 眼睛	发红，疼痛，严重深度烧伤，结膜炎	如果为粉末，安全护目镜或眼睛防护结合呼吸防护	首先用大量水冲洗几分钟（如可能尽量摘除隐形眼镜），然后就医
# 食入	灼烧感，恶心，腹部疼痛，腹泻，呕吐，胃痉挛，肌肉震颤，休克，死亡	工作时不得进食、饮水或吸烟。进食前洗手	漱口，催吐（仅对清醒病人！），休息并给予医疗护理

泄漏处置	真空抽吸泄漏物。小心收集残余物，然后转移到安全场所。不要让该化学品进入环境。个人防护用具：全套防护服包括自给式呼吸器
包装与标志	不易破碎包装，将易破碎包装放在不易破碎容器中。不得与食品和饲料一起运输。污染海洋物质 欧盟危险性类别：T+符号 N 符号 标记：E R:45-28-34-50/53 S:53-45-60-61 **联合国危险性类别：6.1 联合国包装类别：** II **中国危险性类别：第 6.1 项毒性物质 中国包装类别：** II
应急响应	运输应急卡：TEC(R)-61GT5-II 美国消防协会法规：H3（健康危险性）；FO（火灾危险性）；R2（反应危险性）
储存	与食品和饲料、酸类和还原性物质分开存放
重要数据	**物理状态、外观：** 白色或透明的块状或晶体粉末 **化学危险性：** 水溶液是一种弱酸。与还原性物质反应，生成极高毒性气体胂（见卡片＃0222） **职业接触限值：** 阈限值：（以 As 计）$0.01mg/m^3$（时间加权平均值）；A1（确认的人类致癌物）；公布生物暴露指数（美国政府工业卫生学家会议，2004 年）。最高容许浓度：致癌物类别：1；胚细胞突变物类别：3（德国，2004 年） **接触途径：** 该物质可通过吸入其气溶胶和食入吸收到体内 **吸入危险性：** 20℃时蒸发可忽略不计，但可以较快地达到空气中颗粒物有害浓度 **短期接触的影响：** 该物质腐蚀眼睛、皮肤和呼吸道。该物质可能对血液、心血管系统、神经系统和肝有影响。接触可能导致死亡。影响可能推迟显现（见注解）。需进行医血观察 **长期或反复接触的影响：** 该物质可能对呼吸道、皮肤（表皮角化病）、骨髓（造血变化）、心血管系统、神经系统和肝有影响，导致贫血和功能损伤。该物质是人类致癌物
物理性质	升华点：193℃ 熔点：275～313℃ 相对密度（水=1）：3.7～4.2 水中溶解度：20℃时 1.2～3.7g/100mL
环境数据	该物质对水生生物是有害的。该物质可能对环境有危害，对于鸟类、鱼和哺乳动物应给予特别注意
注解	物理性质依该物质的结晶形式而定。根据接触程度，需定期进行医疗检查。该物质中毒时，需采取必要的治疗措施。必须提供有指示说明的适当方法。急性中毒症状在接触 1h 后出现，但可能拖延数小时。中毒浓度存在时，无气味报警。不要将工作服带回家中。本卡片的建议也适用于三价无机砷化合物（亚砷酸盐）

IPCS
International
Programme on
Chemical Safety

本卡片由 **IPCS** 和 **EC** 合作编写 © 2004～2012

国际化学品安全卡

抗坏血酸			ICSC 编号：0379

CAS 登记号：50-81-7	中文名称：抗坏血酸；维生素 C；L-抗坏血酸；L-木糖型抗坏血酸；3-氧代-L-古洛呋喃内酯
RTECS 号：CI7650000	英文名称：ASCORBIC ACID; Vitamin C; *L*-Ascorbic acid; *L*-Xyloascorbic acid; 3-Oxo-*L*-gulofuranolactone (enol form)

分子量：176.1	化学式：$C_6H_8O_6$

危害/接触类型	急性危害/症状	预防	急救/消防
火　灾	可燃的	禁止明火	雾状水,干粉
爆　炸			
接　触		防止粉尘扩散！	
# 吸入	咳嗽，疼痛	局部排气或呼吸防护	新鲜空气，休息
# 皮肤	发红	防护手套	脱去污染的衣服，用大量水冲洗皮肤或淋浴
# 眼睛	发红，疼痛	安全护目镜	先用大量水冲洗几分钟（如可能尽量摘除隐形眼镜），然后就医
# 食入			漱口

泄漏处置	将泄漏物清扫进容器中。如果适当，首先润湿防止扬尘。用大量水冲净残留物。个人防护用具：适用于惰性颗粒物的 P1 过滤呼吸器
包装与标志	
应急响应	
储存	与强氧化剂和强碱分开存放
重要数据	**物理状态、外观：**白色至浅黄色晶体或粉末，无气味 **化学危险性：**该物质是一种强还原剂。与氧化剂反应。水溶液是一种中强酸 **职业接触限值：**阈限值未制定标准 **接触途径：**该物质可通过吸入其气溶胶和食入吸收到体内 **吸入危险性：**未指明 20℃时该物质蒸发达到空气中有害浓度的速率 **短期接触的影响：**该物质刺激眼睛、皮肤和呼吸道
物理性质	熔点：190～192℃（分解） 密度：1.65g/cm³ 水中溶解度：33g/100mL 蒸气压：241℃时 8Pa 辛醇/水分配系数的对数值：−2.15
环境数据	
注解	

IPCS
International Programme on Chemical Safety

   UNEP

本卡片由 IPCS 和 EC 合作编写 ©2004～2012

国际化学品安全卡

二氮烯二羧基酰胺			ICSC 编号：0380

CAS 登记号：123-77-3	中文名称：二氮烯二羧基酰胺；偶氮二酰胺；1,1'-偶氮二甲酰胺
RTECS 号：LQ1040000	英文名称：DIAZENEDICARBOXAMIDE; Azodicarbonamide;
UN 编号：3242	1,1'-Azobisformamide
EC 编号：611-028-00-3	
中国危险货物编号：3242	

分子量：116.1　　　　　　　　　化学式：$C_2H_4N_4O_2$/$NH_2CON=NCONH_2$

危害/接触类型	急性危害/症状	预防	急救/消防
火　灾	易燃的。在火焰中释放出刺激性或有毒烟雾	禁止明火、禁止火花和禁止吸烟	泡沫，干粉
爆　炸			
接　触		防止粉尘扩散！严格作业环境管理！	
# 吸入	咳嗽，头痛，气促，咽喉疼痛，气喘，疲劳，痉挛	局部排气通风或呼吸防护	新鲜空气，休息，给予医疗护理
# 皮肤	发红	防护服	脱掉污染的衣服，冲洗，然后用水和肥皂洗皮肤
# 眼睛	发红，疼痛	安全护目镜或眼睛防护结合呼吸防护	首先用大量水冲洗几分钟（如可能尽量摘除隐形眼镜），然后就医
# 食入		工作时不得进食、饮水或吸烟	漱口，大量饮水，休息

泄漏处置	将泄漏物扫入有盖容器中。如果适当，首先湿润防止扬尘。小心收集残余物，然后转移到安全场所。个人防护用具：适用于有害颗粒物的 P2 过滤呼吸器
包装与标志	欧盟危险性类别：Xn 符号　　R:42-44　　S:2-22-24-37 联合国危险性类别：4.1　联合国包装类别：II 中国危险性类别：第 4.1 项 易燃固体 中国包装类别：II
应急响应	运输应急卡：TEC (R)-41GSR1-S
储存	
重要数据	**物理状态、外观**：橘红色晶体或黄色粉末 **化学危险性**：加热或燃烧时，该物质分解生成氮氧化物有毒烟雾 **职业接触限值**：阈限值未制定标准 **接触途径**：该物质可通过吸入其气溶胶吸收到体内 **吸入危险性**：20℃时蒸发可忽略不计，但可以迅速地达到空气中颗粒物有害浓度 **短期接触的影响**：该物质刺激眼睛和呼吸道。吸入粉尘可能引起哮喘性反应（见注解） **长期或反复接触的影响**：反复或长期皮肤接触可能引起皮炎。反复或长期接触可能引起皮肤过敏。反复或长期吸入接触可能引起哮喘
物理性质	熔点：225℃（分解） 相对密度（水=1）：1.65 水中溶解度：不溶
环境数据	
注解	哮喘症状常常经过几小时以后才变得明显，体力劳动使症状加重。因此休息和医学观察是必要的。因该物质而出现哮喘症状的人应避免再接触该物质。商品名有 Genitron AC, Kempore 25, Porofor LK 1074 和 Unifoam

IPCS
International
Programme on
Chemical Safety

UNEP

本卡片由 IPCS 和 EC 合作编写 © 2004～2012

国际化学品安全卡

过氧化钡				ICSC 编号：0381

CAS 登记号：1304-29-6
RTECS 号：CR0175000
UN 编号：1449
EC 编号：056-001-00-1
中国危险货物编号：1449

中文名称：过氧化钡；二氧化钡；超氧化钡
英文名称：BARIUM PEROXIDE; Barium dioxide; Barium superoxide

分子量：169.3　　　　　　　　　化学式：BaO_2

危害/接触类型	急性危害/症状	预防	急救/消防
火 灾	不可燃，但可助长其他物质燃烧	禁止与可燃物质、还原剂和酸接触	周围环境着火时，允许使用各种灭火剂
爆 炸	与可燃物质和还原剂接触，有着火和爆炸危险		
接 触		防止粉尘扩散！严格作业环境管理！	
# 吸入	灼烧感，咳嗽，呼吸困难，气促，咽喉痛（见食入）	局部排气通风或呼吸防护	新鲜空气，休息，半直立体位，必要时进行人工呼吸，给予医疗护理
# 皮肤	发红，皮肤烧伤，疼痛	防护手套，防护服	先用大量水，然后脱去污染的衣服并再次冲洗
# 眼睛	发红，疼痛，视力模糊	护目镜或面罩，如为粉末，眼睛防护结合呼吸防护	先用大量水冲洗几分钟（如可能尽量摘除隐形眼镜），然后就医
# 食入	腹部疼痛，呕吐，腹泻	工作时不得进食，饮水或吸烟	漱口，不要催吐，给予医疗护理

泄漏处置	将泄漏物清扫进容器中，然后转移到安全场所。不要用锯末或其他可燃吸收剂吸收。不要让该化学品进入环境。个人防护用具：适用于该物质空气中浓度的颗粒物过滤呼吸器
包装与标志	不得与食品和饲料一起运输 欧盟危险性类别：O 符号　Xn 符号　　R:8-20/22　　S:2-13-27 联合国危险性类别：5.1　　　联合国次要危险性：6.1　联合国包装类别：II 中国危险性类别：第 5.1 项 氧化性物质　中国次要危险性：6.1　中国包装类别：II
应急响应	运输应急卡：TEC(R)-51G12 美国消防协会法规：H1（健康危险性）；F0（火灾危险性）；R0（反应危险性）；OX（氧化剂）
储存	与可燃物质和还原性物质、食品和饲料分开存放。干燥。储存在没有排水管或下水道的场所
重要数据	物理状态、外观：白色或灰色至白色粉末 化学危险性：加热和与水或酸类接触时，该物质分解生成氧和过氧化氢，增加着火的危险。该物质是一种强氧化剂。与可燃物质和还原性物质激烈反应 职业接触限值：阈限值（以 Ba 计）：0.5mg/m³（时间加权平均值）；A4（不能分类为人类致癌物）（美国政府工业卫生学家会议，2005 年）。最高容许浓度：以钡计，0.5mg/m³（上呼吸道可吸入部分），最高限值种类：II(8)；妊娠风险等级：D；发布生物物质参考值（德国，2009 年） 接触途径：该物质可通过吸入其气溶胶和经食入吸收到体内 吸入危险性：20℃时蒸发可忽略不计，但扩散时可较快地达到空气中颗粒物有害浓度 短期接触的影响：该物质刺激眼睛、皮肤和呼吸道。该物质可能对神经系统有影响。接触能够造成低钾血，导致心脏和肌肉障碍
物理性质	沸点：低于沸点在 800℃分解 熔点：450℃ 相对密度（水=1）：5.0 水中溶解度：微溶
环境数据	该物质对水生生物是有害的
注解	该物质中毒时，需采取必要的治疗措施。必须提供有指示说明的适当方法。用大量水冲洗工作服（有着火危险）

IPCS
International
Programme on
Chemical Safety

本卡片由 IPCS 和 EC 合作编写 © 2004～2012

国际化学品安全卡

苯菌灵			ICSC 编号：0382

CAS 登记号：17804-35-2
RTECS 号：DD6475000
EC 编号：613-049-00-3

中文名称：苯菌灵；甲基-1-（丁基氨基甲酰基）苯并咪唑-2-基氨基甲酸酯；（（1-（丁基氨基）羰基）-1H-苯并咪唑-2-基）氨基甲酸甲酯

英文名称：BENOMYL; Methyl 1-(butylcarbamoyl) benzimidazol-2-ylcarbamate; Carbamic acid, ((1-(butylamino) carbonyl)-1H-benzimidazol-2-yl), methyl ester

分子量：290.4   化学式：$C_{14}H_{18}N_4O_3$

危害/接触类型	急性危害/症状	预防	急救/消防
火　灾	含有机溶剂的液体制剂可能是易燃的		干粉、抗溶性泡沫、雾状水、二氧化碳
爆　炸			
接　触		避免孕妇接触！	
# 吸入		局部排气通风或呼吸防护	新鲜空气，休息，给予医疗护理
# 皮肤	发红	防护手套	脱去污染的衣服，冲洗，然后用水和肥皂清洗皮肤
# 眼睛		护目镜	先用大量水冲洗几分钟（如可能尽量摘除隐形眼镜），然后就医
# 食入		工作时不得进食，饮水或吸烟。进食前洗手	漱口，给予医疗护理

泄漏处置	不要冲入下水道。将泄漏物清扫进容器中。小心收集残余物，然后转移到安全场所
包装与标志	不得与食品和饲料一起运输 欧盟危险性类别：T 符号 N 符号　　R:46-60-61-37/38-43-50/53　　S:53-45-60-61
应急响应	
储存	注意收容灭火产生的废水。与食品和饲料分开存放。干燥。严格密封
重要数据	物理状态、外观：白色晶体粉末，有特殊气味 化学危险性：加热时，该物质分解生成含氮氧化物的有毒烟雾 职业接触限值：阈限值：10mg/m³（时间加权平均值）；A4（不能分类为人类致癌物）（美国政府工业卫生学家会议，2004 年）。最高容许浓度：皮肤致敏剂；胚细胞突变物类别：3A（德国，2005 年） 接触途径：该物质可通过吸入其气溶胶和经食入吸收到体内 吸入危险性：20℃时蒸发可忽略不计，但喷洒或扩散时可较快地达到空气中颗粒物有害浓度，尤其是粉末 短期接触的影响：该物质刺激皮肤 长期或反复接触的影响：反复或长期接触可能引起皮肤过敏。动物实验表明，该物质可能对人类生殖造成毒性影响。动物实验表明，该物质可能造成人类婴儿畸形
物理性质	熔点：低于熔点时分解 水中溶解度：不溶
环境数据	该物质对水生生物有极高毒性。该物质在正常使用过程中进入环境，但是应当避免任何额外的释放，例如，通过不适当的处置活动
注解	

IPCS
International
Programme on
Chemical Safety

本卡片由 IPCS 和 EC 合作编写 © 2004～2012

388

国际化学品安全卡

地散磷			ICSC 编号：0383

CAS 登记号：741-58-2 RTECS 号：TE0250000 EC 编号：015-083-00-9	中文名称：地散磷；*O,O*-二异丙基 *S*-2-苯磺酰氨基乙基二硫代磷酸酯；二硫代磷酸-*O,O*-二（1-甲基乙基）*S*-（2-（（苯磺酰基）氨基）乙基）酯 英文名称：BENSULIDE; *O,O*-Diisopropyl *S*-2-phenylsulfonylaminoethyl phosphorodithioate; Phosphorodithioic acid, *O,O*-bis (1-methylethyl) *S*-(2-((phenylsulfonyl) amino) ethyl) ester

分子量：397.5　　　　　　　　　　化学式：$C_{14}H_{24}NO_4PS_3$

危害/接触类型	急性危害/症状	预防	急救/消防
火　灾	可燃的。含有机溶剂的液体制剂可能是易燃的。在火焰中释放出刺激性或有毒烟雾（或气体）	禁止明火	干粉，雾状水，泡沫，二氧化碳
爆　炸			
接　触		防止粉尘扩散！避免青少年和儿童接触！	
# 吸入	见注解	局部排气通风或呼吸防护	新鲜空气，休息。给予医疗护理。见注解
# 皮肤	见注解	防护手套	脱去污染的衣服。冲洗，然后用水和肥皂清洗皮肤
# 眼睛		安全护目镜	先用大量水冲洗几分钟（如可能尽量摘除隐形眼镜），然后就医
# 食入	见注解	工作时不得进食，饮水或吸烟。进食前洗手	休息。给予医疗护理。见注解
泄漏处置	不要冲入下水道。将泄漏物清扫进可密闭容器中。如果适当，首先润湿防止扬尘。小心收集残余物，然后转移到安全场所。个人防护用具：适用于有害颗粒物的 P2 过滤呼吸器		
包装与标志	不得与食品和饲料一起运输 欧盟危险性类别：Xn 符号　N 符号　　R:22-50/53　　S:2-24-36-60-61		
应急响应			
储存	注意收容灭火产生的废水。与食品和饲料分开存放		
重要数据	物理状态、外观：无色至白色晶体 化学危险性：受热或燃烧时，该物质分解生成含氮氧化物，氧化亚磷和硫氧化物的有毒和刺激性烟雾。浸蚀铜 职业接触限值：阈限值未制定标准 接触途径：该物质可通过吸入其气溶胶，经皮肤和食入吸收到体内 吸入危险性：20℃时蒸发可忽略不计，但喷洒或扩散时可较快达到空气中颗粒物有害浓度，尤其是粉末 短期接触的影响：该物质可能对神经系统有影响，导致惊厥和呼吸衰竭。胆碱酯酶抑制剂。接触可能导致死亡。影响可能推迟显现缓。需进行医学观察。见注解 长期或反复接触的影响：胆碱酯酶抑制剂。可能发生累积影响：见急性危害/症状。见注解		
物理性质	熔点：34℃ 相对密度（水=1）：1.2 水中溶解度：20℃时 0.0025g/100mL 蒸气压：20℃时<0.001Pa 辛醇/水分配系数的对数值：4.22		
环境数据	该物质对水生生物有极高毒性。该物质可能对环境有危害，对在土壤中的持久性应给予特别注意。避免非正常使用过程释放到环境中		
注解	无该物质的健康危害数据，但是许多有机磷酸酯是胆碱酯酶抑制剂（例如，卡片#0172 马拉硫磷）。如果该物质用溶剂配制，可参考该溶剂的卡片。商业制剂中使用的载体溶剂可能改变其物理和毒理学性质。商品名称有 Betamec, Betasan, Disan, Exporsan, Prefar 和 Presan		

本卡片由 IPCS 和 EC 合作编写 © 2004～2012

国际化学品安全卡

膨润土			ICSC 编号：0384

CAS 登记号：1302-78-9
RTECS 号：CT9450000

中文名称：膨润土；皂土；浆土；蒙脱石
英文名称：BENTONITE; Wilkinite; Montmorillonit

危害/接触类型	急性危害/症状	预防	急救/消防
火 灾	不可燃		周围环境着火时，各种灭火剂均可使用
爆 炸			
接 触		防止粉尘扩散！	
# 吸入	咳嗽	避免吸入粉尘。局部排气通风或呼吸防护	新鲜空气，休息
# 皮肤	发红	防护手套	冲洗，然后用水和肥皂清洗皮肤
# 眼睛	发红。疼痛	安全护目镜，眼睛防护结合呼吸防护	用大量水冲洗（如可能尽量摘除隐形眼镜）
# 食入		工作时不得进食，饮水或吸烟	
泄漏处置	将泄漏物清扫进容器中，如果适当，首先润湿防止扬尘。用大量水冲净残余物。个人防护用具：适应于该物质空气中浓度的颗粒物过滤呼吸器		
包装与标志	GHS 分类：信号词：危险 图形符号：健康危险 危险说明：长期或反复吸入对肺造成损害		
应急响应			
储存	干燥		
重要数据	物理状态、外观：灰色至白色粉末或块状物 职业接触限值：阈限值未制定标准。最高容许浓度未制定标准 接触途径：该物质可通过吸入吸收到体内 吸入危险性：扩散时，尤其是粉末，可较快地达到空气中颗粒物公害污染浓度 短期接触的影响：该物质轻微刺激眼睛和皮肤 长期或反复接触的影响：该物质可能对肺有影响，导致纤维变性（见化学品安全卡片#0808）		
物理性质	熔点：>1200℃ 相对密度（水=1）：2.5 水中溶解度：不溶		
环境数据			
注解	膨润土是硅酸铝，且含有晶体二氧化硅。二氧化硅含量变化很大，小于 1%～60%左右。膨润土是由主要含有蒙脱石的胶体和塑性黏土形成的岩石		

IPCS
International
Programme on
Chemical Safety

UNEP

本卡片由 IPCS 和 EC 合作编写 © 2004～2012

国际化学品安全卡

苯并蒽			ICSC 编号：0385

CAS 登记号：56-55-3	中文名称：苯并蒽；1,2-苯并蒽；2,3-苯基菲；萘并蒽
RTECS 号：CV9275000	英文名称：BENZOANTHRACENE; 1,2-Benzoanthracene;
EC 编号：601-033-00-9	Benzo(a)anthrancene; 2,3-Benzphenanthrene; Naphthanthracene

分子量：228.3	化学式：$C_{18}H_{12}$

危害/接触类型	急性危害/症状	预防	急救/消防
火　灾	可燃的		干粉，雾状水。周围环境着火时，允许使用各种灭火剂
爆　炸	微细分散的颗粒物在空气中形成爆炸性混合物	防止粉尘沉积、密闭系统、防止粉尘爆炸型电气设备和照明	
接　触		避免一切接触！	
# 吸入		局部排气通风或呼吸防护	新鲜空气，休息
# 皮肤		防护手套，防护服	脱去污染的衣服，冲洗，然后用水和肥皂清洗皮肤
# 眼睛		安全护目镜，面罩或眼睛防护结合呼吸防护	先用大量水冲洗几分钟（如可能尽量摘除隐形眼镜），然后就医
# 食入		工作时不得进食、饮水或吸烟。进食前洗手	漱口
泄漏处置	将泄漏物清扫进可密闭容器中。如果适当，首先润湿防止扬尘。小心收集残余物，然后转移到安全场所。个人防护用具：全套防护服，包括自给式呼吸器		
包装与标志	欧盟危险性类别：T 符号　N 符号　R:45-50/53　S:53-45-60-61		
应急响应			
储存	严格密封		
重要数据	物理状态、外观：无色至黄棕色荧光薄片或粉末 物理危险性：如果以粉末或颗粒形状与空气混合，可能发生粉尘爆炸 职业接触限值：阈限值：A2（可疑人类致癌物）（美国政府工业卫生学家会议，2004 年）。最高容许浓度：皮肤吸收；致癌物类别：2；胚细胞突变种类：3A（德国，2009 年） 接触途径：该物质可通过吸入和经皮肤和食入吸收到体内 吸入危险性：20℃时蒸发可忽略不计，但可以较快地达到空气中颗粒物有害浓度 长期或反复接触的影响：该物质很可能是人类致癌物		
物理性质	升华点：435℃ 熔点：162℃ 相对密度（水=1）：1.274 水中溶解度：不溶 蒸气压：20℃时 292Pa 辛醇/水分配系数的对数值：5.61		
环境数据	该化学品可能在海产食品中发生生物蓄积		
注解	该物质是一种多环芳烃。标准的制定通常针对它们的混合物，例如煤焦油沥青挥发物。但是在实验室中也可能遇到纯品。该物质对人类健康作用数据不充分，因此，应当特别注意。不要将工作服带回家中。商品名称为 Tetraphene		

IPCS
International
Programme on
Chemical Safety

本卡片由 IPCS 和 EC 合作编写 © 2004～2012

国际化学品安全卡

1,4-苯二胺二盐酸盐			ICSC 编号：0386

CAS 登记号：624-18-0	中文名称：1,4-苯二胺二盐酸盐；1,4-亚苯基二氯化氢；1,4-二氨基苯
RTECS 号：ST0350000	二氯化氢；4-氨基苯胺二氯化氢；对苯二胺二盐酸盐
UN 编号：1673	英文名称：1,4-BENZENEDIAMINE DIHYDROCHLORIDE;
EC 编号：612-029-00-1	1,4-Phenylenediamine dihydrochloride; 1,4-Diaminobenzene dihydrochloride;
中国危险货物编号：1673	4-Aminoaniline dihydrochloride; p-Phenylenediamine dihydrochloride

分子量：181.1	化学式：$C_6H_8N_2 \cdot 2HCl/C_6H_4(NH_2)_2 \cdot 2HCl$

危害/接触类型	急性危害/症状	预防	急救/消防
火　灾	可燃的。在火焰中释放出刺激性或有毒烟雾（或气体）	禁止明火	干粉、雾状水、泡沫、二氧化碳
爆　炸	微细分散的颗粒物在空气中形成爆炸性混合物	防止粉尘沉积、密闭系统、防止粉尘爆炸型电气设备和照明	
接　触		防止粉尘扩散！严格作业环境管理！	
# 吸入	头晕，头痛，呼吸困难，嘴唇发青或手指发青，皮肤发青，意识模糊，惊厥，恶心，神志不清	局部排气通风或呼吸防护	新鲜空气，休息，给予医疗护理
# 皮肤		防护手套，防护服	脱去污染的衣服，用大量水冲洗皮肤或淋浴，给予医疗护理
# 眼睛	发红	护目镜，或眼睛防护结合呼吸防护	先用大量水冲洗几分钟（如可能尽量摘除隐形眼镜），然后就医
# 食入	（见吸入）	工作时不得进食，饮水或吸烟	漱口，给予医疗护理。催吐（仅对清醒病人！）

泄漏处置	将泄漏物清扫进容器中。小心收集残余物，然后转移到安全场所。个人防护用具：化学防护服包括自给式呼吸器
包装与标志	不得与食品和饲料一起运输 欧盟危险性类别：T 符号 N 符号 R:23/24/25-36-43-50/53 S:1/2-28-36/37-45-60-61 联合国危险性类别：6.1　　联合国包装类别：III 中国危险性类别：第 6.1 项毒性物质 中国包装类别：III
应急响应	运输应急卡：TEC(R)-61GT2-III
储存	与食品和饲料分开存放
重要数据	物理状态、外观：白色至浅红色晶体 物理危险性：以粉末或颗粒形状与空气混合，可能发生粉尘爆炸 化学危险性：加热时，该物质分解生成氮氧化物和氯化氢有毒和腐蚀性烟雾 职业接触限值：阈限值（以 1,4-苯二胺计）：0.1mg/m³（时间加权平均值）；A4（不能分类为人类致癌物）（美国政府工业卫生学家会议，2005 年）。最高容许浓度：0.1mg/m³（以对苯二胺计）（可吸入粉尘）；最高限值种类：II（2）；皮肤吸收，皮肤致敏剂；致癌物类别：3B；妊娠风险等级：D（德国，2005 年） 接触途径：该物质可通过吸入、经皮肤和食入吸收到体内 吸入危险性：20℃时蒸发可忽略不计，但扩散时可较快地达到空气中颗粒物有害浓度 短期接触的影响：该物质刺激眼睛。该物质可能对血液和肾有影响，导致形成正铁血红蛋白和肾损伤。需进行医学观察。影响可能推迟显现 长期或反复接触的影响：反复或长期接触可能引起皮肤过敏。反复或长期吸入接触可能引起哮喘
物理性质	熔点：275℃ 水中溶解度：易溶 蒸气相对密度（空气=1）：6.2
环境数据	
注解	根据接触程度，需定期进行医学检查。哮喘症状常常经过几个小时以后才变得明显，体力劳动使症状加重。因而休息和医学观察是必要的。因该物质发生哮喘症状的任何人不应当再接触该物质。该物质中毒时需采取必要的治疗措施。必须提供有指示说明的适当方法。可参考卡片#0805（苯二胺）

IPCS
International
Programme on
Chemical Safety

   UNEP

本卡片由 IPCS 和 EC 合作编写 © 2004～2012

国际化学品安全卡

苯索氯胺			ICSC 编号：0387

CAS 登记号：121-54-0	中文名称：苯索氯胺；*N*,*N*-二甲基-*N*-(2-(2-(4-(1,1,3,3-四甲基丁基)苯氧基)乙氧基）乙基)苯甲烷氯化铵
RTECS 号：BO7175000	
	英文名称：BENZETHONIUM CHLORIDE; *N*,*N*-Dimethyl-*N*-(2-(2-(4-(1,1,3,3-tetramethylbutyl) phenoxy) ethoxy) ethyl) benzenemethanaminium chloride

分子量：448.1	化学式：$C_{27}H_{42}NO_2 \cdot Cl$

危害/接触类型	急性危害/症状	预防	急救/消防
火 灾	可燃的。在火焰中释放出刺激性或有毒烟雾（或气体）	禁止明火	雾状水，干粉
爆 炸			
接 触			
# 吸入		通风（如果没有粉末时）	新鲜空气，休息
# 皮肤	发红。疼痛	防护手套	脱去污染的衣服。冲洗，然后用水和肥皂清洗皮肤
# 眼睛	发红。视力模糊。疼痛。严重深度烧伤	安全护目镜	先用大量水冲洗几分钟(如可能尽量摘除隐形眼镜)，然后就医
# 食入	恶心。呕吐。腹泻。惊厥。休克或虚脱	工作时不得进食，饮水或吸烟	漱口。饮用 1～2 杯水。给予医疗护理
泄漏处置	不要让该化学品进入环境。将泄漏物清扫进容器中，如果适当，首先润湿防止扬尘。小心收集残余物，然后转移到安全场所。 个人防护用具：适用于有害颗粒物的 P2 过滤呼吸器		
包装与标志			
应急响应			
储存	与食品和饲料分开存放。干燥		
重要数据	**物理状态、外观**：无色或白色吸湿的各种形态固体 **化学危险性**：燃烧时，该物质分解生成含有氯化氢和氮氧化物的有毒和腐蚀性烟雾 **职业接触限值**：阈限值未制定标准。最高容许浓度未制定标准 **接触途径**：该物质可经皮肤和经食入吸收到体内 **短期接触的影响**：该物质腐蚀眼睛和刺激皮肤 **长期或反复接触的影响**：反复或长期与皮肤接触可能引起皮炎		
物理性质	熔点：160～165℃ 水中溶解度：易溶 辛醇/水分配系数的对数值：4.0		
环境数据	该物质对水生生物是有毒的		
注解			

IPCS
International Programme on Chemical Safety

本卡片由 **IPCS** 和 **EC** 合作编写 © 2004～2012

国际化学品安全卡

苯并呋喃			ICSC 编号：0388

CAS 登记号：271-89-6
RTECS 号：DF6423800
UN 编号：1993
中国危险货物编号：1993

中文名称：苯并呋喃；2,3-苯并呋喃；香豆酮
英文名称：BENZOFURAN; 2,3-Benzofuran; Coumarone

分子量：118.1 　　　　　　　　　化学式：C_8H_6O

危害/接触类型	急性危害/症状	预防	急救/消防
火　灾	易燃的	禁止明火、禁止火花和禁止吸烟	泡沫，干粉，二氧化碳
爆　炸	高于 56℃，可能形成爆炸性蒸气/空气混合物	高于 56℃，使用密闭系统、通风和防爆型电气设备	着火时，喷雾状水保持料桶等冷却
接　触		避免一切接触！	
# 吸入	见长期或反复接触的影响		
# 皮肤			
# 眼睛			
# 食入			
泄漏处置	移除全部引燃源。将泄漏液收集在有盖的容器中。不要冲入下水道。不要让该化学品进入环境		
包装与标志	联合国危险性类别：3　联合国包装类别：III 中国危险性类别：第 3 类易燃液体　中国包装类别：III		
应急响应			
储存	耐火设备（条件）。严格密封。阴凉场所		
重要数据	物理状态、外观：无色油状液体，有特殊气味 化学危险性：常温下该物质缓慢发生聚合，但是加热和酸性催化剂的作用下，较快聚合 职业接触限值：阈限值未制定标准 接触途径：该物质可通过吸入其气溶胶吸收到体内 吸入危险性：未指明 20℃时该物质蒸发达到空气中有害浓度的速率 长期或反复接触的影响：该物质可能对肾和肝有影响。该物质可能是人类致癌物		
物理性质	沸点：174℃ 熔点：-18℃ 相对密度（水=1）：1.09 水中溶解度：不溶 蒸气压：25℃时 0.06kPa 蒸气/空气混合物的相对密度（20℃，空气=1）：1.00 闪点：56℃ 辛醇/水分配系数的对数值：2.67		
环境数据	该物质对水生生物是有害的。强烈建议不要让该化学品进入环境		
注解	虽然该物质是可燃的，且闪点≤61℃，但爆炸极限未见文献报道。不要将工作服带回家中。该物质对人体健康作用数据不充分，因此应当特别注意		

IPCS
International
Programme on
Chemical Safety

UNEP

国际化学品安全卡

二苯甲酮		ICSC 编号：0389

CAS 登记号：119-61-9 RTECS 号：DI9950000	中文名称：二苯甲酮；二苯酮；苯酰苯；苯酮；二苯基甲酮 英文名称：BENZOPHENONE; Diphenyl ketone; Benzoylbenzene; Phenyl ketone; Diphenylmethanone

分子量：182.2	化学式：$C_{13}H_{10}O/C_6H_5COC_6H_5$

危害/接触类型	急性危害/症状	预防	急救/消防
火　灾	可燃的	禁止明火	干粉，抗溶性泡沫，雾状水，二氧化碳
爆　炸	当接触某些物质时，有着火和爆炸的危险：见化学危险性		
接　触		防止粉尘扩散！	
# 吸入		局部排气通风或呼吸防护	新鲜空气，休息
# 皮肤	发红	防护手套	冲洗，然后用水和肥皂清洗皮肤
# 眼睛		安全护目镜	用大量水冲洗（如可能尽量摘除隐形眼镜）
# 食入		工作时不得进食、饮水或吸烟	漱口
泄漏处置	不要让该化学品进入环境。将泄漏物清扫进容器中，如果适当，首先润湿防止扬尘。然后转移到安全场所。个人防护用具：适应于该物质空气中浓度的颗粒物过滤呼吸器		
包装与标志	GHS 分类：信号词：警告 图形符号：健康危险 危险说明：造成轻微皮肤刺激；长期或反复吞咽，对肝和肾造成损害；对水生生物有害		
应急响应			
储存	与强氧化剂分开存放。储存在没有排水管或下水道的场所		
重要数据	物理状态、外观：白色晶体，有花香气味 化学危险性：燃烧时，生成有毒气体。与强氧化剂发生反应，有着火和爆炸的危险 职业接触限值：阈限值未制定标准。最高容许浓度未制定标准 接触途径：该物质可经皮肤和经食入吸收到体内 吸入危险性：20℃时蒸发可忽略不计，但扩散时可较快地达到空气中颗粒物公害污染浓度 短期接触的影响：该物质轻微刺激皮肤 长期或反复接触的影响：该物质可能对肝脏和肾脏有影响，导致功能损伤。在实验动物身上发现肿瘤，但是可能与人类无关		
物理性质	沸点：305℃，大于 320℃时分解 熔点：48.5℃ 相对密度（水=1）：1.1 水中溶解度：不溶 蒸气相对密度（空气=1）：6.3 辛醇/水分配系数的对数值：3.38		
环境数据	该物质对水生生物是有害的		
注解			

IPCS
International
Programme on
Chemical Safety

本卡片由 IPCS 和 EC 合作编写 © 2004～2012

国际化学品安全卡

苯甲酸苄酯			ICSC 编号：0390

CAS 登记号：120-51-4
RTECS 号：DG4200000
EC 编号：607-085-009

中文名称：苯甲酸苄酯；苯甲酸苯基甲酯；苄基苯甲酸酯
英文名称：BENZYL BENZOATE; Benzoic acid, Phenylmethyl ester; Benzyl benzenecarboxylate

分子量：212.2   化学式：$C_{14}H_{12}O_2$

危害/接触类型	急性危害/症状	预防	急救/消防
火　灾	可燃的	禁止明火	干粉，雾状水，泡沫，二氧化碳
爆　炸			
接　触			
# 吸入	咳嗽，咽喉疼痛		新鲜空气，休息，必要时进行人工呼吸，给予医疗护理
# 皮肤	可能被吸收！皮肤干燥，发红	防护手套，防护服	脱去污染的衣服，用大量水冲洗皮服或淋浴
# 眼睛	发红	安全护目镜	先用大量水冲洗几分钟（如可能尽量摘除隐形眼镜），然后就医
# 食入		工作时不得进食、饮水或吸烟	

泄漏处置	尽可能将泄漏液收集在可密闭容器中。用干砂土或惰性吸收剂吸收残液并转移到安全场所。将泄漏物清扫到容器中。如果适当，首先润湿防止扬尘。小心收集残余物，然后转移到安全场所。个人防护用具：适用于惰性颗粒物的 P1 过滤呼吸器
包装与标志	欧盟危险性类别：　Xn 符号　R:22　S:2-25
应急响应	运输应急卡：TEC(R)-61G06C 美国消防协会法规：H1（健康危险性）；F1（火灾危险性）；R0（反应危险性）
储存	沿地面通风
重要数据	物理状态、外观：无色液体或白色固体，有特殊气味 物理危险性：蒸气比空气重 职业接触限值：阈限值未制定标准 接触途径：该物质可通过吸入其气溶胶、经皮肤和食入吸收到体内 吸入危险性：未指明该物质 20℃时蒸发达到空气中有害浓度的速率 短期接触的影响：该物质刺激眼睛、皮肤和上呼吸道 长期或反复接触的影响：反复或长期与皮肤接触可能引起皮炎
物理性质	沸点：324℃ 熔点：21℃ 相对密度（水=1）：1.1 水中溶解度：不溶 蒸气相对密度（空气=1）：7.3 闪点：148℃ 自燃温度：480℃ 辛醇/水分配系数的对数值：3.97
环境数据	避免非正常使用时释放到环境中
注解	

IPCS
International Programme on Chemical Safety

   UNEP

本卡片由 IPCS 和 EC 合作编写 © 2004~2012

国际化学品安全卡

草净津			ICSC 编号：0391

CAS 登记号：21725-46-2
RTECS 号：UG1490000
UN 编号：2763
EC 编号：613-013-00-7
中国危险货物编号：2763

中文名称：草净津；2-氯-4-（1-氰基-1-甲基乙基氨基）-6-乙氨基-1,3,5-三吖嗪

英文名称：CYANAZINE; 2-Chloro-4-(1-cyano-1-methylethylamino)-6-ethylamino-1,3,5-triazine

分子量：240.7

化学式：$C_9H_{13}ClN_6$

危害/接触类型	急性危害/症状	预防	急救/消防
火　灾	不可燃。含有机溶剂的液体制剂可能是易燃的		周围环境着火时，允许使用各种灭火剂
爆　炸			
接　触		避免孕妇接触！	一切情况均向医生咨询！
# 吸入		局部排气通风或呼吸防护	新鲜空气，休息，给予医疗护理
# 皮肤		防护手套，防护服	脱去污染的衣服，冲洗，然后用水和肥皂清洗皮肤
# 眼睛		安全护目镜	先用大量水冲洗几分钟（如可能尽量摘除隐形眼镜），然后就医
# 食入		工作时不得进食，饮水或吸烟。进食前洗手	给予医疗护理

泄漏处置	不要冲入下水道。将泄漏物清扫进容器中。如果适当，首先润湿防止扬尘。小心收集残余物，然后转移到安全场所
包装与标志	不得与食品和饲料一起运输 欧盟危险性类别：Xn 符号 N 符号 R:22-50/53　　S:2-37-60-61 联合国危险性类别：6.1 联合国包装类别：III 中国危险性类别：第 6.1 项毒性物质 中国包装类别：III
应急响应	运输应急卡：TEC(R)-61GT7-III
储存	注意收容灭火产生的废水。与食品和饲料分开存放。阴凉场所。干燥
重要数据	物理状态、外观：白色晶体粉末 化学危险性：加热时，该物质分解生成氯化氢（见卡片#0163）、氮氧化物和氰化物有毒和腐蚀性烟雾 职业接触限值：阈限值未制定标准 接触途径：该物质可通过吸入和经皮肤和食入吸收到体内 吸入危险性：20℃时蒸发可忽略不计，但可较快地达到空气中颗粒物有害浓度 长期或反复接触的影响：动物实验表明，该物质可能造成人类婴儿畸形
物理性质	熔点：168℃ 密度：1.26g/cm³ 水中溶解度：25℃时 0.02g/100mL 蒸气压：20℃时可忽略不计 辛醇/水分配系数的对数值：2.24
环境数据	该物质对水生生物是有毒的。避免非正常使用情况下释放到环境中
注解	如果该物质用溶剂配制，可参考该溶剂的卡片。商业制剂中使用的载体溶剂可能改变其物理和毒理学性质。商品名称为 Bladex

IPCS
International
Programme on
Chemical Safety

本卡片由 IPCS 和 EC 合作编写 © 2004～2012

国际化学品安全卡

氯溴甲烷			ICSC 编号：0392

CAS 登记号：74-97-5
RTECS 号：PA5250000
UN 编号：1887
中国危险货物编号：1887

中文名称：氯溴甲烷；溴氯甲烷
英文名称：BROMOCHLOROMETHANE; Chlorobromomethane; Methylene chlorobromide

分子量：129.4　　　　　　　　　　化学式：CH_2BrCl

危害/接触类型	急性危害/症状	预防	急救/消防
火　灾	不可燃		周围环境着火时，允许使用各种灭火剂
爆　炸			消防人员应当穿着自给式呼吸器
接　触		防止烟雾产生！	
# 吸入	头晕，倦睡，头痛，恶心，神志不清	通风，局部排气通风或呼吸防护	新鲜空气，休息，必要时进行人工呼吸，给予医疗护理
# 皮肤	皮肤发干，发红	防护手套	脱去污染的衣服，用大量水冲洗或淋浴
# 眼睛	发红	安全护目镜或眼睛防护结合呼吸防护	首先用大量水冲洗几分钟（如可能尽量摘除隐形眼镜），然后就医
# 食入	（另见吸入）	工作时不得进食、饮水或吸烟	不要催吐，给予医疗护理
泄漏处置	将泄漏液收集在可密闭容器中。　用砂土或惰性吸收剂吸收残液，然后转移至安全场所。不要冲入下水道。个人防护用具：适用于有机蒸气的 A 过滤呼吸器		
包装与标志	不得与食品和饲料一起运输 联合国危险性类别：6.1　联合国包装类别：III 中国危险性类别：第 6.1 项毒性物质　中国包装类别：III		
应急响应	运输应急卡：TEC(R)-61GT1-III		
储存	与食品和饲料分开存放。干燥。沿地面通风		
重要数据	**物理状态、外观：**无色至黄色液体，有特殊气味 **化学危险性：**加热时，该物质分解生成氯化氢、光气和溴化氢有毒和腐蚀性烟雾。除非进行防护，浸蚀许多金属，包括钢、铝、镁和锌 **职业接触限值：**阈限值：200ppm（时间加权平均值）（美国政府工业卫生学家会议，2004 年）。最高容许浓度：皮肤吸收；致癌物类别：3B（德国，2004 年） **接触途径：**该物质可通过吸入吸收到体内 **吸入危险性：**20℃时，该物质蒸发可相当快地达到空气中有害污染浓度 **短期接触的影响：**吸入可能引起肺水肿（见注解）。该物质可能对中枢神经系统和血液有影响，导致功能损伤和形成碳血红蛋白。接触可能导致意识降低 **长期或反复接触的影响：**反复或长期与皮肤接触可能引起皮炎。反复或长期接触肺可能受到损伤。该物质可能对肾和肝有影响，导致功能损伤		
物理性质	沸点：68℃ 熔点：−88℃ 相对密度（水=1）：1.93 水中溶解度：微溶 蒸气压：20℃时 15.6kPa 蒸气相对密度（空气=1）：4.5		
环境数据			
注解	肺水肿症状常常经过几个小时以后才变得明显，体力劳动使症状加重。因而休息和医学观察是必要的。应当考虑由医生或医生指定的人员立即采取适当吸入治疗法。商品名称为哈龙 1011		

IPCS
International
Programme on
Chemical Safety

本卡片由 **IPCS** 和 **EC** 合作编写 © 2004～2012

398

国际化学品安全卡

二氯一溴甲烷			ICSC 编号：0393

CAS 登记号：75-27-4
RTECS 号：PA5310000

中文名称：二氯一溴甲烷；一溴二氯甲烷
英文名称：BROMODICHLOROMETHANE; Dichlorobromomethane; Methane, bromodichloro-

分子量：163.8　　　　　　　　　　化学式：$CHBrCl_2$

危害/接触类型	急性危害/症状	预防	急救/消防
火 灾	不可燃。在火焰中释放出刺激性或有毒烟雾（或气体）		周围环境着火时，使用适当的灭火剂
爆 炸			
接 触		避免一切接触！	
# 吸入	见注解	通风，局部排气通风或呼吸防护	新鲜空气，休息
# 皮肤		防护手套	冲洗，然后用水和肥皂清洗皮肤
# 眼睛		安全眼镜	先用大量水冲洗几分钟（如可能尽量摘除隐形眼镜），然后就医
# 食入	见长期或反复接触的影响	工作时不得进食，饮水或吸烟	漱口
泄漏处置			
包装与标志			
应急响应			
储存	与强氧化剂、强碱和镁分开存放。沿地面通风		
重要数据	物理状态、外观：无色液体 物理危险性：蒸气比空气重 化学危险性：与高温表面或火焰接触时，该物质分解生成含氯化氢和溴化氢的有毒和腐蚀性气体。与强碱、强氧化剂和镁发生反应 职业接触限值：阈限值未制定标准。最高容许浓度：皮肤吸收；致癌物类别：2；胚细胞突变种类：3B（德国，2009 年） 接触途径：该物质可经食入吸收到体内 吸入危险性：20℃时，该物质蒸发，迅速达到空气中有害污染浓度 长期或反复接触的影响：食入时，该物质可能对肾脏和肝脏有影响，导致功能损伤。该物质可能是人类致癌物		
物理性质	沸点：90℃ 熔点：-57℃ 密度：1.9g/cm³ 水中溶解度：20℃时 0.45g/100mL（微溶） 蒸气压：20℃时 6.6kPa 蒸气相对密度（空气=1）：5.6 蒸气/空气混合物的相对密度（20℃，空气=1）：1.3 辛醇/水分配系数的对数值：2		
环境数据			
注解	商品名称为哈龙 1021。在氯化处理的水中可以检测出二氯一溴甲烷。除食入以外，对接触该物质的健康影响未进行充分调查		

IPCS
International
Programme on
Chemical Safety

本卡片由 IPCS 和 EC 合作编写 © 2004～2012

国际化学品安全卡

1,2-丁二醇			ICSC 编号：0395

CAS 登记号：584-03-2	中文名称：1,2-丁二醇；1,2-二羟基丁烷
RTECS 号：KE0380000	英文名称：1,2-BUTANEDIOL; 1,2-Butylene glycol; 1,2-Dihydroxybutane

分子量：90.1	化学式：C$_4$H$_{10}$O$_2$/HOCH$_2$CHOHCH$_2$CH$_3$

危害/接触类型	急性危害/症状	预防	急救/消防
火　灾	可燃的	禁止明火	干粉，抗溶性泡沫，雾状水，二氧化碳
爆　炸	高于 90℃时可能形成爆炸蒸气/空气混合物	高于 90℃密闭系统，通风和防爆型电气设备	
接　触		防止烟雾产生！	
# 吸入		通风	新鲜空气，休息
# 皮肤		防护手套	脱去污染的衣服，用大量水冲洗皮肤或沐浴
# 眼睛	发红，疼痛	护目镜	首先用大量水冲洗几分钟（如可能尽量摘除隐形眼镜），然后就医
# 食入	腹部疼痛，腹泻，头晕，倦睡，头痛，恶心	工作时不得进食、饮水或吸烟	漱口，给予医护护理
泄漏处置	将泄漏液收集到可密闭容器中。用砂土或惰性吸收剂吸收残液，然后转移至安全场所		
包装与标志			
应急响应	美国消防协会法规：H1（健康危险性）；F2（火灾危险性）；R0（反应危险性）		
储存	与强氧化剂分开存放。沿地面通风		
重要数据	物理状态、外观：无色黏稠液体 化学危险性：与强氧化剂发生反应 职业接触限值：阈限值未制定标准 接触途径：该物质可通过吸入和食入吸收到体内 吸入危险性：20℃时该物质蒸发不会或很缓慢地达到空气中有害污染浓度 短期接触的影响：该物质刺激眼睛。高浓度接触能引起意识降低 长期或反复接触的影响：如果被食入，该物质可能对肾有影响，导致组织和肾损伤		
物理性质	沸点：194℃ 熔点：-114℃ 相对密度（水=1）：1.01 水中溶解度：易溶 蒸气压：20℃时 10Pa 蒸气相对密度（空气=1）：3.1 蒸气/空气混合物的相对密度（20℃，空气=1）：1.00 闪点：90℃		
环境数据			
注解	对该物质的环境影响未进行充分调查		

IPCS
International
Programme on
Chemical Safety

UNEP

本卡片由 IPCS 和 EC 合作编写 © 2004～2012

国际化学品安全卡

正丁烯			ICSC 编号：0396

CAS 登记号：106-98-9	中文名称：正丁烯；1-丁烯；乙基乙烯
UN 编号：1012	英文名称：*n*-BUTENE; *n*-Butylene; 1-Butene; Ethylethylene
EC 编号：601-012-00-4	
中国危险货物编号：1012	

分子量：56.1	化学式：$C_4H_8/CH_3CH_2CH=CH_2$

危害/接触类型	急性危害/症状	预防	急救/消防
火 灾	极易燃	禁止明火、禁止火花和禁止吸烟	切断气源，如不可能并对周围环境无危险，让火自行燃尽。其他情况用干粉、二氧化碳灭火
爆 炸	气体/空气混合物有爆炸性	密闭系统、通风、防爆型电气设备和照明	着火时，喷雾状水保持钢瓶冷却。从掩蔽位置灭火
接 触			
# 吸入	窒息	通风	新鲜空气，休息，必要时进行人工呼吸，给予医疗护理
# 皮肤	与液体接触：冻伤	保温手套	冻伤时，用大量水冲洗，不要脱去衣服，给予医疗护理
# 眼睛	与液体接触：冻伤	面罩，或眼睛防护结合呼吸防护	先用大量水冲洗几分钟（如可能尽量摘除隐形眼镜），然后就医
# 食入		工作时不得进食，饮水或吸烟	

泄漏处置	撤离危险区域！通风。移除全部引燃源。个人防护用具：全套防护服包括自给式呼吸器
包装与标志	欧盟危险性类别：F+符号 标记：C R:12 S:2-9-16-33 联合国危险性类别：2.1 中国危险性类别：第 2.1 项 易燃气体
应急响应	运输应急卡：TEC(R)-20S1012 或 20G2F 美国消防协会法规：H1（健康危险性）；F4（火灾危险性）；R0（反应危险性）
储存	耐火设备（条件）。阴凉场所。沿地面通风
重要数据	物理状态、外观：无色压缩液化气体，无气味 物理危险性：气体比空气重，可能沿地面流动，可能造成远处着火 化学危险性：该物质可能发生聚合。与氧和氧化剂激烈反应，有着火和爆炸危险 职业接触限值：阈限值未制定标准。最高容许浓度未制定标准 接触途径：该物质可通过吸入吸收到体内 吸入危险性：容器漏损时，由于降低封闭空间的氧含量能够造成缺氧 短期接触的影响：液体迅速蒸发可能引起冻伤
物理性质	沸点：−6℃ 熔点：−185℃ 水中溶解度：不溶 蒸气压：21℃时 464kPa 蒸气相对密度（空气=1）：1.93 闪点：易燃气体 自燃温度：385℃ 爆炸极限：空气中 1.6%～10.0%（体积）
环境数据	
注解	对接触该物质的健康效应未进行调查。进入工作区域前，检验氧含量

IPCS
International Programme on Chemical Safety

UNEP

本卡片由 IPCS 和 EC 合作编写 © 2004～2012

国际化学品安全卡

顺-2-丁烯			ICSC 编号：0397

CAS 登记号：590-18-1
UN 编号：1012
EC 编号：610-012-00-4
中国危险货物编号：1012

中文名称：顺-2-丁烯；(Z)-2-丁烯；顺二甲基乙烯；β-顺丁烯(钢瓶)
英文名称：*cis*-2-BUTENE; 2-Butylene,(Z)-; *cis*-Dimethyl ethylene;
beta-*cis*-Butylene (cylinder)

分子量：56.1   化学式：$C_4H_8/CH_3HC=CHCH_3$

危害/接触类型	急性危害/症状	预防	急救/消防
火　灾	极易燃	禁止明火，禁止火花和禁止吸烟	切断气源，如不可能并对周围环境无危险，让火自行燃烧完全。其它情况喷雾状水灭火
爆　炸	气体/空气混合物有爆炸性。钢瓶受热有火灾和爆炸的危险	密闭系统，通风，防爆型电气设备与照明。防止静电荷积聚（如，通过接地）。使用无火花手工具。使用阻火器防止从烧嘴向钢瓶回火	着火时，喷雾状水保持钢瓶冷却。从掩蔽位置灭火
接　触			
# 吸入	头晕，神志不清	通风，局部排气通风或呼吸防护	新鲜空气，休息，给予医疗护理
# 皮肤	与液体接触：发生冻伤	保温手套	冻伤时，用大量水冲洗，不要脱去衣服，给予医疗护理
# 眼睛	（见皮肤）	面罩	先用大量水冲洗几分钟（如可能尽量摘除隐形眼镜），然后就医
# 食入		工作时不得进食，饮水或吸烟	

泄漏处置	撤离危险区域。向专家咨询！通风。切勿直接将水喷洒在液体上。个人防护用具：化学防护服，包括自给式呼吸器
包装与标志	欧盟危险性类别：F+符号　标记：C　　R:12　　S:2-9-16-33 联合国危险性类别：2.1 中国危险性类别：第 2.1 项易燃气体
应急响应	运输应急卡：TEC(R)-20S1012 或 20G2F 美国消防协会法规：H1（健康危险性）；F4（火灾危险性）；R0（反应危险性）
储存	耐火设备（条件）。贮存在室外或通风良好的单独建筑物内。阴凉场所
重要数据	物理状态、外观：无色压缩液化气体 物理危险性：气体比空气重，可能沿地面流动，可能造成远处着火。可能积聚在天花板下层空间，造成缺氧。由于流动、搅拌等能产生静电 职业接触限值：阈限值未制定标准 接触途径：该物质可通过吸入吸收进体内 吸入危险性：容器漏损时，该液体迅速蒸发造成封闭空间空气中过饱和，有严重窒息风险 短期接触的影响：液体迅速蒸发，可能造成冻伤。该物质可能对中枢神经系统有影响。接触可能导致神志不清
物理性质	沸点：4℃ 熔点：-139℃ 相对密度（水=1）：0.6 水中溶解度：不溶 蒸气压：21℃时 188kPa 蒸气相对密度（空气=1）：1.9 闪点：易燃气体 自燃温度：324℃ 爆炸极限：空气中 1.7%～9%（体积） 辛醇/水分配系数的对数值：2.33
环境数据	
注解	空气中高浓度引起缺氧，有神志不清或死亡危险。进入工作区域以前，检验空气中氧含量。转动泄漏钢瓶，使漏口朝上，防止液态气体逸出。本卡片的建议也适用于反-2-丁烯（卡片#0398）

IPCS
International
Programme on
Chemical Safety

   UNEP

本卡片由 IPCS 和 EC 合作编写 © 2004～2012

国际化学品安全卡

反-2-丁烯			ICSC 编号：0398

CAS 登记号：624-64-6
UN 编号：1012
EC 编号：601-012-00-4
中国危险货物编号：1012

中文名称：反-2-丁烯；(E)-2-丁烯；反二甲基乙烯；β-反丁烯(钢瓶)
英文名称：*trans*-2-BUTENE; 2-Butene, (E)-; trans-Dimethyl ethylene; beta-*trans*-Butylene (cylinder)

分子量：56.1

化学式：$C_4H_8/CH_3HC=CHCH_3$

危害/接触类型	急性危害/症状	预防	急救/消防
火灾	极易燃	禁止明火，禁止火花和禁止吸烟	切断气源，如不可能并对周围环境无危险，让火自行燃烧完全。其它情况喷雾状水灭火
爆炸	气体/空气混合物有爆炸性。有着火和爆炸的危险	密闭系统,通风,防爆型电气设备与照明。防止静电荷积聚（如，通过接地）。使用无火花手工具。使用阻火器防止从烧嘴向钢瓶回火	着火时喷雾状水保持钢瓶冷却。从掩蔽位置灭火
接触			
# 吸入	头晕，神志不清	通风，局部排气通风或呼吸防护	新鲜空气，休息，给予医疗护理
# 皮肤	与液体接触：冻伤	保温手套	冻伤时，用大量水冲洗，不要脱去衣服，给予医疗护理
# 眼睛	（见皮肤）	面罩	先用大量水冲洗几分钟（如可能尽量摘除隐形眼镜），然后就医
# 食入		工作时不得进食，饮水或吸烟	

泄漏处置	撤离危险区域。向专家咨询！通风。切勿直接将水喷洒在液体上。个人防护用具：化学防护服，包括自给式呼吸器
包装与标志	欧盟危险性类别：F+符号 标记：C R:12 S:2-9-16-33 联合国危险性类别：2.1 中国危险性类别：第 2.1 类易燃气体
应急响应	运输应急卡：TEC(R)-20S1012 或 20G2F 美国消防协会法规：H1（健康危险性）；F4（火灾危险性）；R0（反应危险性）
储存	贮存在室外或通风良好的单独建筑物内。阴凉场所
重要数据	物理状态、外观：无色压缩液化气体 物理危险性：气体比空气重，可能沿地面流动，可能造成远处着火。可能积聚在天花板下层空间，造成缺氧。由于流动、搅拌等，可能产生静电 职业接触限值：阈限值未制定标准 接触途径：该物质可通过吸入吸收进体内 吸入危险性：容器漏损时，该液体迅速蒸发，造成封闭空间空气中过饱和，有严重窒息危险 短期接触的影响：液体迅速蒸发可能造成冻伤。该物质可能对中枢神经系统有影响。接触可能导致神志不清
物理性质	沸点：1℃ 熔点：-105℃ 相对密度（水=1）：0.6 水中溶解度：不溶 蒸气压：21℃时 212kPa 蒸气相对密度（空气=1）：1.9 闪点：易燃气体 自燃温度：324℃ 爆炸极限：空气中 1.8%～9.7%（体积） 辛醇/水分配系数的对数值：2.31
环境数据	
注解	空气中高浓度引起缺氧，有神志不清或死亡危险。进入工作区域以前，检验空气中氧含量。转动泄漏钢瓶，使漏口朝上，防止液态气体逸出。本卡片的建议也适用于顺-2-丁烯（卡片#0397）

IPCS
International
Programme on
Chemical Safety

   UNEP

本卡片由 IPCS 和 EC 合作编写 © 2004～2012

国际化学品安全卡

醋酸正丁酯			ICSC 编号：0399

CAS 登记号：123-86-4
RTECS 号：AF7350000
UN 编号：1123
EC 编号：607-025-00-1
中国危险货物编号：1123

中文名称：醋酸正丁酯；乙酸正丁酯
英文名称：n-BUTYL ACETATE; Acetic acid, n-butyl ester; Butyl ethanoate

分子量：116.2
化学式：$C_6H_{12}O_2/CH_3COO(CH_2)_3CH_3$

危害/接触类型	急性危害/症状	预防	急救/消防
火灾	易燃的	禁止明火，禁止火花和禁止吸烟	水成膜泡沫，抗溶性泡沫，干粉，二氧化碳
爆炸	高于 22℃，可能形成爆炸性蒸气/空气混合物	高于 22℃，使用密闭系统、通风和防爆型电气设备	着火时，喷雾状水保持料桶等冷却
接触			
# 吸入	咳嗽。咽喉痛。头晕。头痛	通风，局部排气通风或呼吸防护	新鲜空气，休息。给予医疗护理
# 皮肤	皮肤干燥	防护手套	脱去污染的衣服。用大量水冲洗皮肤或淋浴
# 眼睛	发红。疼痛	安全护目镜，或眼睛防护结合呼吸防护	先用大量水冲洗几分钟（如可能尽量摘除隐形眼镜），然后就医
# 食入	恶心	工作时不得进食，饮水或吸烟	漱口。不要催吐。给予医疗护理
泄漏处置	通风。转移全部引燃源。尽可能将泄漏液收集在可密闭的金属或玻璃容器中。用砂土或惰性吸收剂吸收残液，并转移到安全场所。个人防护用具：适用于有机气体和蒸气的过滤呼吸器		
包装与标志	欧盟危险性类别：标记：6 R:10-66-67 S:2-25 联合国危险性类别：3 联合国包装类别：II 中国危险性类别：第 3 类易燃液体 中国包装类别：II		
应急响应	运输应急卡：TEC(R)-30S1123-II 美国消防协会法规：H1（健康危险性）；F3（火灾危险性）；R0（反应危险性）		
储存	耐火设备（条件）。与强氧化剂、强碱、强酸分开存放。阴凉场所		
重要数据	物理状态、外观：无色液体，有特殊气味 物理危险性：蒸气比空气重，可能沿地面流动，可能造成远处着火 化学危险性：与强氧化剂、强酸和强碱发生反应，有着火和爆炸危险。浸蚀许多塑料和橡胶 职业接触限值：阈限值：150ppm（时间加权平均值），200ppm（短期接触限值）（美国政府工业卫生学家会议，2003 年）。最高容许浓度：100ppm，480mg/m³；最高限值种类：I（2）；妊娠风险等级：C（德国，2003 年） 接触途径：该物质可通过吸入其蒸气吸收到体内 吸入危险性：20℃时，该物质蒸发相当慢地达到空气中有害污染浓度 短期接触的影响：该物质刺激眼睛和呼吸道。该物质可能对中枢神经系统有影响。远高于职业接触限值接触，能够造成意识降低 长期或反复接触的影响：液体使皮肤脱脂		
物理性质	沸点：126℃ 熔点：-78℃ 相对密度（水=1）：0.88 水中溶解度：20℃时 0.7g/100mL 蒸气压：20℃时 1.2kPa 蒸气相对密度（空气=1）：4.0 蒸气/空气混合物的相对密度（20℃，空气=1）：1.04 闪点：22℃（闭杯） 自燃温度：420℃ 爆炸极限：空气中 1.2%～7.6%（体积） 辛醇/水分配系数的对数值：1.82		
环境数据	该物质对水生生物是有害的		
注解			

IPCS
International
Programme on
Chemical Safety

UNEP

本卡片由 IPCS 和 EC 合作编写 © 2004～2012

国际化学品安全卡

丙烯酸丁酯			ICSC 编号：0400

CAS 登记号：141-32-2	中文名称：丙烯酸丁酯；丙烯酸正丁酯；2-丙烯酸丁酯
RTECS 号：UD3150000	英文名称：BUTYL ACRYLATE; Acrylic acid *n*-butyl ester; 2-Propenoic acid,
UN 编号：2348	butyl ester; Butyl 2-propenoate
EC 编号：607-062-00-3	
中国危险货物编号：2348	

分子量：128.2	化学式：$CH_2=CHCOOC_4H_9/C_7H_{12}O_2$

危害/接触类型	急性危害/症状	预防	急救/消防
火灾	易燃的	禁止明火，禁止火花和禁止吸烟。见化学危险性	干粉，水成膜泡沫，泡沫，二氧化碳
爆炸	高于37℃，可能形成爆炸性蒸气/空气混合物	高于37℃，使用密闭系统、通风和防爆型电气设备	着火时，喷雾状水保持料桶等冷却
接触		防止产生烟云！避免一切接触！	
# 吸入	灼烧感。咳嗽。气促。咽喉痛	通风，局部排气通风或呼吸防护	新鲜空气，休息。给予医疗护理
# 皮肤	发红。疼痛	防护手套。防护服	脱去污染的衣服。用大量水冲洗皮肤或淋浴。给予医疗护理
# 眼睛	发红。疼痛	安全护目镜，或眼睛防护结合呼吸防护	先用大量水冲洗几分钟（如可能尽量摘除隐形眼镜），然后就医
# 食入	腹部疼痛。恶心。呕吐。腹泻	工作时不得进食，饮水或吸烟	漱口。不要催吐。大量饮水。给予医疗护理

泄漏处置	转移全部引燃源。将泄漏液收集在有盖的容器中。用砂土或惰性吸收剂吸收残液，并转移到安全场所。化学防护服。不要让该化学品进入环境。个人防护用具：适用于有机气体和蒸气的过滤呼吸器
包装与标志	欧盟危险性类别：Xi 符号 标记：D R:10-36/37/38-43 S:2-9 联合国危险性类别：3 联合国包装类别：III 中国危险性类别：第 3 类易燃液体 中国包装类别：III
应急响应	运输应急卡：TEC(R)-30S2348 美国消防协会法规：H2（健康危险性）；F2（火灾危险性）；R2（反应危险性）
储存	耐火设备（条件）。阴凉场所。保存在暗处。与强氧化剂分开存放。稳定后储存
重要数据	物理状态、外观：无色液体，有特殊气味 物理危险性：蒸气未经阻聚可能发生聚合，堵塞通风口 化学危险性：由于加温，在光的作用下和与过氧化物接触时，该物质可能自聚。与强氧化剂激烈反应，有着火和爆炸的危险 职业接触限值：阈限值：2ppm（时间加权平均值）；A4（不能分类为人类致癌物）（致敏剂）（美国政府工业卫生学家会议，2002 年）。最高容许浓度：2ppm，11mg/m³；最高限值种类：I（2）；皮肤致敏剂；妊娠风险等级：D（德国，2003 年） 接触途径：该物质可通过吸入和经皮肤吸收到体内 吸入危险性：20℃时，该物质蒸发相当快地达到空气中有害污染浓度 短期接触的影响：该物质刺激眼睛、皮肤和呼吸道。如果吞咽液体吸入肺中，可能引起化学肺炎 长期或反复接触的影响：反复或长期接触可能引起皮肤过敏
物理性质	沸点：145～149℃ 熔点：-64℃ 相对密度（水=1）：0.90 水中溶解度：0.14g/100mL 蒸气压：20℃时 0.43kPa 蒸气相对密度（空气=1）：4.42 蒸气/空气混合物的相对密度（20℃，空气=1）：1.01 闪点：36℃（闭杯） 自燃温度：267℃ 爆炸极限：空气中 1.3%～9.9%（体积） 辛醇/水分配系数的对数值：2.38
环境数据	该物质对水生生物是有毒的
注解	添加稳定剂或阻聚剂会影响该物质的毒理学性质。向专家咨询。对苯二酚和对苯二酚乙醚是常用的稳定剂，不要将工作服带回家中

IPCS
International
Programme on
Chemical Safety

国际化学品安全卡

仲丁胺			ICSC 编号：0401

CAS 登记号：13952-84-6
RTECS 号：EO3325000
UN 编号：1992
EC 编号：612-052-00-7
中国危险货物编号：1992

中文名称：仲丁胺；2-氨基丁烷；1-甲基丙胺；2-丁胺
英文名称：*sec*-BUTYLAMINE; 2-Aminobutane; 1-Methyl propylamine; 2-Butanamine

分子量：73.1

化学式：$C_4H_{11}N/CH_3CH(NH_2)C_2H_5$

危害/接触类型	急性危害/症状	预防	急救/消防
火 灾	高度易燃	禁止明火、禁止火花和禁止吸烟	干粉、抗溶性泡沫、大量水、二氧化碳
爆 炸	蒸气/空气混合物有爆炸性	密闭系统、通风、防爆型电气设备和照明	着火时，喷雾状水保持料桶等冷却
接 触		严格作业环境管理！	一切情况均向医生咨询！
# 吸入	咳嗽，呼吸困难，咽喉痛，气促	通风，局部排气通风或呼吸防护	新鲜空气，休息，必要时进行人工呼吸，给予医疗护理
# 皮肤	发红，皮肤烧伤，疼痛，水疱	防护手套，防护服	脱去污染的衣服，用大量水冲洗皮肤或淋浴，给予医疗护理
# 眼睛	发红，疼痛，视力模糊，严重深度烧伤	安全护目镜，面罩或眼睛防护结合呼吸防护	先用大量水冲洗几分钟（如可能尽量摘除隐形眼镜），然后就医
# 食入	腹泻，咽喉疼痛，呕吐，腹部疼痛，灼烧感，休克或虚脱	工作时不得进食，饮水或吸烟	漱口，不要催吐，给予医疗护理。（见注解）
泄漏处置	撤离危险区域！向专家咨询！移除全部引燃源。尽可能将泄漏液收集在有盖的容器中。用砂土或惰性吸收剂吸收残液，并转移到安全场所。化学防护服包括自给式呼吸器		
包装与标志	欧盟危险性类别：F 符号 C 符号 N 符号 标记：C R:11-20/22-35-50 S:1/2-9-16-26-28-36/37/39-45-61 联合国危险性类别：3 联合国次要危险性：6.1 联合国包装类别：II 中国危险性类别：第 3 类易燃液体 中国次要危险性：6.1 中国包装类别：II		
应急响应	运输应急卡：TEC(R)-30GFT1-I 美国消防协会法规：H3（健康危险性）；F3（火灾危险性）；R（反应危险性）		
储存	耐火设备（条件）。与强氧化剂、强酸分开存放。阴凉场所。干燥。保存在通风良好的室内		
重要数据	物理状态、外观：无色液体，有特殊气味 物理危险性：蒸气比空气重，可能沿地面流动，可能造成远处着火 化学危险性：燃烧时，该物质分解生成氨和氮氧化物有毒烟雾和气体。该物质是一种弱碱。与强氧化剂和强酸发生反应。浸蚀锡，铝和某些钢 职业接触限值：阈限值未制定标准。最高容许浓度：5ppm，15mg/m^3；最高限值种类：I（2）；皮肤吸收；妊娠风险等级：IIc（德国，2004 年） 接触途径：该物质可通过吸入其蒸气和经食入吸收到体内 吸入危险性：20℃时，该物质蒸发迅速地达到空气中有害污染浓度 短期接触的影响：该物质腐蚀眼睛、皮肤和呼吸道 长期或反复接触的影响：反复或长期与皮肤接触可能引起皮炎		
物理性质	沸点：63℃ 熔点：−104℃ 相对密度（水=1）：0.7 水中溶解度：混溶 蒸气压：20℃时 18kPa 蒸气相对密度（空气=1）：2.52 闪点：−9℃（闭杯） 自燃温度：378℃ 辛醇/水分配系数的对数值：0.74		
环境数据			
注解	商品名称有 Deccotane 和 Frucote		

IPCS
International Programme on Chemical Safety

本卡片由 IPCS 和 EC 合作编写 © 2004～2012

国际化学品安全卡

甲酸丁酯			ICSC 编号：0402

CAS 登记号：592-84-7	中文名称：甲酸丁酯；甲酸丁基酯；甲酸正丁酯
RTECS 号：LQ5500000	英文名称：BUTYL FORMATE; Formic acid, butyl ester; *n*-Butyl formate
UN 编号：1128	
EC 编号：607-017-00-8	
中国危险货物编号：1128	

分子量：102.1	化学式：$C_5H_{10}O_2/HCOO(CH_2)_3CH_3$

危害/接触类型	急性危害/症状	预防	急救/消防
火 灾	高度易燃	禁止明火，禁止火花和禁止吸烟	干粉，抗溶性泡沫，雾状水，二氧化碳
爆 炸	蒸气/空气混合物有爆炸性。受热引起压力升高，有爆裂危险。与强氧化剂接触时，有着火和爆炸的危险	密闭系统，通风，防爆型电气设备和照明。不要使用压缩空气灌装、卸料或转运。防止静电荷积聚（例如，通过接地）	着火时，喷雾状水保持料桶等冷却
接 触			
# 吸入	咳嗽。呼吸短促。头痛。倦睡	通风，局部排气通风或呼吸防护	新鲜空气，休息。给予医疗护理
# 皮肤	发红	防护手套	脱去污染的衣服。冲洗，然后用水和肥皂清洗皮肤
# 眼睛	发红。疼痛	安全护目镜	先用大量水冲洗几分钟（如可能尽量摘除隐形眼镜），然后就医
# 食入	咽喉疼痛。（另见吸入）	工作时不得进食、饮水或吸烟	漱口。不要催吐。给予医疗护理
泄漏处置	撤离危险区域！向专家咨询！通风。转移全部引燃源。尽可能将泄漏液收集在可密闭的容器中。用砂土或惰性吸收剂吸收残液，并转移到安全场所。个人防护用具：适应于该物质空气中浓度的有机气体和蒸气过滤呼吸器。		
包装与标志	欧盟危险性类别：F 符号 Xi 符号 标记：C R:11-36/37 S:2-9-16-24-33 联合国危险性类别：3 联合国包装类别：II 中国危险性类别：第 3 类 易燃液体 中国包装类别：II GHS 分类：信号词：危险 图形符号：火焰-感叹号 危险说明：高度易燃液体和蒸气；吞咽可能有害；造成眼睛刺激；可能引起呼吸刺激作用		
应急响应	美国消防协会法规：H2（健康危险性）；F3（火灾危险性）；R0（反应危险性）		
储存	耐火设备（条件）。与强氧化剂分开存放		
重要数据	物理状态、外观：无色液体，有特殊气味 物理危险性：蒸气与空气充分混合，容易形成爆炸性混合物。由于流动、搅拌等，可能产生静电 化学危险性：与强氧化剂发生剧烈反应，有着火和爆炸的危险 职业接触限值：阈限值未制定标准。最高容许浓度未制定标准 接触途径：该物质可通过吸入和经食入吸收到体内 吸入危险性：未指明20℃时该物质蒸发达到空气中有害浓度的速率 短期接触的影响：该蒸气刺激眼睛和呼吸道。该物质可能对中枢神经系统有影响。远高于职业接触限值接触时，能够造成意识水平下降 长期或反复接触的影响：液体使皮肤脱脂		
物理性质	沸点：106℃ 熔点：-90℃ 相对密度（水=1）：0.92 水中溶解度：27℃时 0.75g/100mL（微溶） 蒸气压：20℃时 2.9kPa 蒸气相对密度（空气=1）：3.5 蒸气/空气混合物的相对密度（20℃，空气=1）：1.1 闪点：18℃(闭杯) 自燃温度：265℃ 爆炸极限：空气中 1.6%～8%(体积) 辛醇/水分配系数的对数值：1.32		
环境数据			
注解	不要将工作服带回家中		

IPCS
International Programme on Chemical Safety

本卡片由 IPCS 和 EC 合作编写 © 2004～2012

国际化学品安全卡

丁醛			ICSC 编号：0403

CAS 登记号：123-72-8
RTECS 号：ES2275000
UN 编号：1129
EC 编号：605-006-00-2
中国危险货物编号：1129

中文名称：丁醛
英文名称：BUTYRALDEHYDE; Butanal; Butyl aldehyde

分子量：72.1　　　　　　　　　　　　化学式：C₄H₈O/CH₃CH₂CH₂CHO

危害/接触类型	急性危害/症状	预防	急救/消防
火　灾	高度易燃	禁止明火，禁止火花和禁止吸烟	泡沫，干粉，二氧化碳
爆　炸	蒸气/空气混合物有爆炸性	密闭系统，通风，防爆型电气设备和照明 不要使用压缩空气灌装、卸料或转运	着火时，喷雾状水保持料桶等冷却
接　触			
# 吸入	咳嗽咽喉痛	通风，局部排气通风或呼吸防护	新鲜空气，休息
# 皮肤	发红	防护手套	脱去污染的衣服用大量水冲洗皮肤或淋浴
# 眼睛	发红疼痛	安全眼镜	先用大量水冲洗几分钟（如可能尽量摘除隐形眼镜），然后就医
# 食入	灼烧感	工作时不得进食，饮水或吸烟	漱口休息

泄漏处置	不要让该化学品进入环境。尽可能将泄漏液收集在可密闭的容器中。用砂土或惰性吸收剂吸收残液，并转移到安全场所。个人防护用具：适用于有机气体和蒸气的过滤呼吸器
包装与标志	欧盟危险性类别：F 符号　　R:11　　S:2-9-29-33 联合国危险性类别：3　　联合国包装类别：II 中国危险性类别：第 3 类易燃液体　中国包装类别：II
应急响应	运输应急卡：TEC(R)-30S1129 美国消防协会法规：H3（健康危险性）；F3（火灾危险性）；R0（反应危险性）
储存	耐火设备（条件）。与性质相互抵触的物质分开存放。见化学危险性。阴凉场所。保存在暗处
重要数据	物理状态、外观：无色液体，有刺鼻气味 物理危险性：蒸气比空气重。可能沿地面流动，可能造成远处着火 化学危险性：该物质可能生成爆炸性过氧化物。该物质可能发生聚合。与胺类、氧化剂、强碱和酸类发生反应 职业接触限值：阈限值未制定标准。最高容许浓度未制定标准 接触途径：该物质可通过吸入其蒸气和经食入吸收到体内 吸入危险性：未指明 20℃时该物质蒸发达到空气中有害浓度的速率 短期接触的影响：该物质刺激眼睛、皮肤和呼吸道
物理性质	沸点：74.8℃ 熔点：-99℃ 密度：0.8g/cm³ 水中溶解度：7g/100mL 蒸气压：20℃时 12.2kPa 蒸气相对密度（空气=1）：2.5 闪点：-12℃（闭杯） 自燃温度：230℃ 爆炸极限：空气中 1.9%～12.5%（体积） 辛醇/水分配系数的对数值：0.88
环境数据	该物质对水生生物是有害的
注解	蒸馏前检验过氧化物，如有，将其去除

国际化学品安全卡

硫化镉			ICSC 编号：0404

CAS 登记号：1306-23-6
RTECS 号：EV3150000
UN 编号：2570
EC 编号：048-010-00-4
中国危险货物编号：2570
分子量：144.5

中文名称：硫化镉；一硫化镉
英文名称：CADMIUM SULFIDE; Cadmium monosulphide; Cadmium sulphide; Cadmium monosulfide

化学式：CdS

危害/接触类型	急性危害/症状	预防	急救/消防
火　灾	可燃的。在火焰中释放出刺激性或有毒烟雾（或气体）	禁止明火	雾状水，干粉
爆　炸			
接　触		防止粉尘扩散！避免一切接触！	
# 吸入	咳嗽	局部排气通风或呼吸防护	新鲜空气，休息
# 皮肤		防护手套	脱去污染的衣服。冲洗，然后用水和肥皂清洗皮肤
# 眼睛	发红，疼痛	安全护目镜，如为粉末，眼睛防护结合呼吸防护	用大量水冲洗（如可能尽量摘除隐形眼镜）
# 食入	腹泻，恶心	工作时不得进食，饮水或吸烟	漱口，饮用 1～2 杯水

泄漏处置	将泄漏物清扫进容器中，如果适当，首先润湿防止扬尘。小心收集残余物，然后转移到安全场所。不要让该化学品进入环境。个人防护用具：适用于该物质空气中浓度的颗粒物过滤呼吸器
包装与标志	不得与食品和饲料一起运输。不易破碎包装，将易破碎包装放在不易破碎的密闭容器中。严重污染海洋物质 欧盟危险性类别：T 符号 N 符号 标记：E　　R:45-22-48/23/25-62-63-68-53　　S:53-45-61 联合国危险性类别：6.1　　　　联合国包装类别：III 中国危险性类别：第 6.1 项 毒性物质　中国包装类别：III GHS 分类：警示词：危险　图形符号：健康危险　危险说明：可能致癌；长期或反复接触对肾、骨骼和呼吸道造成损害；可能对水生生物产生长期持久的有害影响
应急响应	
储存	注意收容灭火产生的废水。与强氧化剂、强酸、食品和饲料分开存放。储存在没有排水管或下水道的场所
重要数据	物理状态、外观：淡黄色或橙色晶体，或黄色至棕色粉末 化学危险性：燃烧时，该物质分解生成含有硫氧化物的有毒烟雾。与强氧化剂发生反应。与酸发生反应，生成有毒气体（硫化氢） 职业接触限值：阈限值（以 Cd 计）：0.002mg/m³（可呼吸粉尘）（时间加权平均值）；A2（可疑人类致癌物）（美国政府工业卫生学家会议，2007 年）。最高容许浓度：镉及其无机化合物（可吸入粉尘）；皮肤吸收；致癌物类别：1；胚细胞突变物类别：3A（德国，2006 年） 接触途径：该物质可通过吸入其气溶胶和经食入吸收到体内 吸入危险性：扩散时可较快地达到空气中颗粒物有害浓度，尤其是粉末 短期接触的影响：可能对眼睛造成机械刺激 长期或反复接触的影响：该物质可能对肾、骨骼和呼吸道有影响，导致肾损伤、骨质疏松（骨骼软弱）和慢性呼吸道炎症
物理性质	升华点：980℃ 密度：4.8g/cm³ 水中溶解度：不溶
环境数据	该化学品可能沿食物链发生生物蓄积，例如在植物和海产食品中。由于其在环境中具有持久性，强烈建议不要让该化学品进入环境
注解	关于该化合物的影响信息很少。本卡片中的健康影响主要依据其他镉化合物的研究结果。根据接触程度，建议定期进行医学检查。用硫化镉进行表面焊接处理时，释放出高毒性氧化镉，可能造成急性肺损伤（见卡片#0117，一氧化镉）。不要将工作服带回家中。商品名称有：Cadmium golden 366, Cadmium lemon yellow, Cadmium orange, Cadmium primrose 819, Cadmium yellow 10G conc., Cadmium yellow conc. primrose, Cadmopur golden yellow N, Cadmopur yellow, Capsebon 和 Ferro lemon yellow

IPCS
International
Programme on
Chemical Safety

本卡片由 IPCS 和 EC 合作编写 © 2004～2012

国际化学品安全卡

咖啡因			ICSC 编号：0405

CAS 登记号：58-08-2
RTECS 号：EV6475000
UN 编号：1544
EC 编号：613-086-00-5
中国危险货物编号：1544
分子量：149.19

中文名称：咖啡因；1,3,7-三甲基黄质；3,7-二氢-1,3,7-三甲基-1*H*-嘌呤-2,6-二酮；咖啡碱；甲基茶碱
英文名称：CAFFEINE; 1,3,7-Trimethylxanthine; 3,7-Dihydro-1,3,7-trimethyl-1*H*-purine-2,6-dione; Methyltheobromine; Methyltheophylline

化学式：$C_8H_{10}N_4O_2$

危害/接触类型	急性危害/症状	预防	急救/消防
火 灾	可燃的。在火焰中释放出刺激性或有毒烟雾（或气体）	禁止明火	雾状水，干粉
爆 炸			
接 触		防止粉尘扩散！	
# 吸入	（见食入）	局部排气通风或呼吸防护	新鲜空气，休息，给予医疗护理
# 皮肤		防护手套	脱去污染的衣服，用大量水冲洗皮肤或淋浴
# 眼睛		安全护目镜	先用大量水冲洗几分钟（如可能尽量摘除隐形眼镜），然后就医
# 食入	头痛，头晕，胃痉挛，恶心，呕吐，惊厥，震颤	工作时不得进食，饮水或吸烟	漱口。用水冲服活性炭浆，催吐（仅对清醒病人！），给予医疗护理

泄漏处置	将泄漏物清扫到可密闭容器中。如果适当，首先润湿防止扬尘。小心收集残余物，然后转移到安全场所。个人防护用具：适用于有害颗粒物的 P2 过滤呼吸器
包装与标志	不得与食品和饲料一起运输 欧盟危险性类别：Xn 符号 R:22 S:2 联合国危险性类别：6.1 中国危险性类别：第 6.1 项毒性物质
应急响应	运输应急卡：TEC(R)-61GT2-III
储存	与食品和饲料分开存放。严格密封
重要数据	物理状态、外观：白色晶体或晶体粉末，无气味 化学危险性：燃烧时，该物质分解生成氮氧化物有毒烟雾 职业接触限值：阈限值未制定标准 接触途径：该物质可通过吸入和食入吸收到体内 吸入危险性：20℃时蒸发可忽略不计，但有粉尘形成时可较快达到空气中颗粒物有害浓度 短期接触的影响：该物质可能对中枢神经系统和心血管系统有影响，导致失眠、兴奋、心动过速和尿频 长期或反复接触的影响：动物实验表明，该物质可能对人类生殖有毒性影响
物理性质	升华点：178℃ 熔点：283℃ 密度：18℃时 1.23g/cm³ 水中溶解度：2.17g/100mL 辛醇/水分配系数的对数值：−0.07
环境数据	
注解	

IPCS
International
Programme on
Chemical Safety

UNEP

本卡片由 IPCS 和 EC 合作编写 © 2004～2012

国际化学品安全卡

碳化钙			ICSC 编号：0406

CAS 登记号：75-20-7
RTECS 号：EV9400000
UN 编号：1402
EC 编号：006-004-00-9
中国危险货物编号：1402

中文名称：碳化钙；电石
英文名称：CALCIUM CARBIDE; Calcium acetylide; Acetylenogen

分子量：64.1　　　　　　　　　　化学式：CaC$_2$

危害/接触类型	急性危害/症状	预防	急救/消防
火　灾	不可燃，但与水或潮湿空气接触生成易燃气体。许多反应可能引起火灾和爆炸	禁止与水接触	特殊粉末，干砂土，禁用其他灭火剂
爆　炸	与水接触时，有着火和爆炸危险	使用无火花手工具，防止粉尘沉积，密闭系统，防止粉尘爆炸型电气设备和照明	着火时喷雾状火保持料桶等冷却，但避免直接与水接触
接　触		防止粉尘扩散！严格作业环境管理！	
# 吸入	咳嗽，呼吸困难，气促，咽喉疼痛	局部排气通风或呼吸防护	新鲜空气，休息，半直立体位，给予医疗护理
# 皮肤	发红，皮肤烧伤，疼痛	防护手套，防护服	脱去污染的衣服，用大量水冲洗皮肤或沐浴
# 眼睛	发红，疼痛，灼烧感，严重深度烧伤	如果为粉尘，安全护目镜或眼睛防护结合呼吸防护	
# 食入	呼吸困难，休克或虚脱。（另见吸入）	工作时不得进食、饮水或吸烟。进食前洗手	漱口，不要催吐，给予医疗护理（见注解）
泄漏处置	将泄漏物清扫进清洁的干容器中。小心收集残余物，然后转移到安全场所。禁止用水		
包装与标志	气密 欧盟危险性类别:F 符号　R:15　　S:2-8-43 联合国危险性类别:4.3　联合国包装类别:II 中国危险性类别:第 4.3 项遇水放出易燃气体的物质　中国包装类别:II		
应急响应	运输应急卡：TEC（R）-43S1402 或 43GW2-II+III 美国消防协会法规：H1（健康危险性）；F3（火灾危险性）；R2（反应危险性）；W（禁止用水）		
储存	与性质相互抵触的物质（见化学危险性）分开存放。干燥。严格密封		
重要数据	**物理状态、外观：**灰色晶体或黑色块状，有特殊气味 **化学危险性：**与硝酸银或铜盐接触时，生成撞击敏感的化合物。与水或湿气接触时，该物质激烈分解，生成高度易燃和爆炸性气体乙炔（见卡片＃0089），有着火和爆炸危险。与氯、溴、碘、氯化氢、铅、氟化镁、过氧化钠和硫反应，有着火和爆炸危险。与三氯化铁、氧化铁和二氯化锡的混合物容易着火和激烈燃烧 **职业接触限值：**阈限值未制定标准 **接触途径：**该物质可通过吸入吸收到体内 **吸入危险性：**20℃时蒸发可忽略不计，但可较快地达到空气中颗粒物有害浓度，尤其是粉末 **短期接触的影响：**腐蚀作用。该物质腐蚀眼睛、皮肤和呼吸道。吸入可能引起肺水肿（见注解）		
物理性质			
环境数据			
注解	与灭火剂，例如水激烈反应，生成爆炸性气体。该物质可能含有污染物，与水接触时放出有毒气体膦。肺水肿症状通常几个小时以后才变得明显，体力劳动使症状加重，因此，休息和医学观察是必要的。应当考虑由医生或医生指定人员立即采取适当吸入治疗法。该物质中毒时需采取必要的治疗措施。必须提供有指示说明的适当方法。可参考卡片＃0089（乙炔）		

IPCS
International
Programme on
Chemical Safety

本卡片由 IPCS 和 EC 合作编写 © 2004～2012

411

国际化学品安全卡

氰化钙			ICSC 编号：0407

CAS 登记号：592-01-8
RTECS 号：EW0700000
UN 编号：1575
EC 编号：020-002-00-5
中国危险货物编号：1575
分子量：92.1

中文名称：氰化钙
英文名称：CALCIUM CYANIDE; Calcyanide; Calcyan

化学式：$C_2CaN_2/Ca(CN)_2$

危害/接触类型	急性危害/症状	预防	急救/消防
火 灾	不可燃，但与水或潮湿空气接触时生成易燃气体。在火焰中释放出刺激性或有毒烟雾（或气体）	禁止明火、禁止火花和禁止吸烟。禁止与水、二氧化碳和酸类接触。禁止与高温表面接触	干粉、干砂土。禁用含水灭火剂。禁止用水。禁用二氧化碳
爆 炸			
接 触		严格作业环境管理！	一切情况均向医生咨询！
# 吸入	胸闷，意识模糊，惊厥，咳嗽，头晕，头痛，呼吸困难，恶心，气促，神志不清，呕吐，虚弱，皮肤发红	局部排气通风或呼吸防护	新鲜空气，休息。必要时进行人工呼吸，给予医疗护理。见注解
# 皮肤	可能被吸收！发红，疼痛。另见吸入	防护手套，防护服	脱去污染的衣服。冲洗，然后用水和肥皂清洗皮肤。给予医疗护理。急救时戴防护手套。见注解
# 眼睛	发红，疼痛	安全护目镜，面罩，如为粉末，眼睛防护结合呼吸防护	先用大量水冲洗几分钟（如可能尽量摘除隐形眼镜），然后就医
# 食入	灼烧感。另见吸入	工作时不得进食，饮水或吸烟。进食前洗手	漱口，催吐（仅对清醒病人！），给予医疗护理。见注解
泄漏处置	撤离危险区域！向专家咨询！不要冲入下水道。将泄漏物清扫进容器中。小心收集残余物，然后转移到安全场所。防止与水或潮湿物质接触。不要让该化学品进入环境。化学防护服，包括自给式呼吸器		
包装与标志	气密。不得与食品和饲料一起运输。污染海洋物质 欧盟危险性类别：T+符号 N 符号 R:28-32-50/53 S:1/2-7/8-23-36/37-45-60-61 联合国危险性类别：6.1 联合国包装类别：I 中国危险性类别：6.1 中国包装类别：I		
应急响应	运输应急卡：TEC(R)-61GT5-I-Cy 美国消防协会法规：H3（健康危险性）；F0（火灾危险性）；R0（反应危险性）		
储存	耐火设备（条件）。注意收容灭火产生的废水。与强氧化剂、酸类、食品和饲料分开存放。干燥。严格密封		
重要数据	物理状态、外观：无色晶体或白色粉末，有特殊气味 化学危险性：加热至 350℃ 以上时，该物质分解生成含氮氧化物和氰化氢的有毒烟雾。与水、潮湿空气、二氧化碳、酸和酸性盐激烈反应，生成高毒的和易燃的氰化氢。加热时与氧化性物质激烈反应，有着火和爆炸危险 职业接触限值：阈限值：5mg/m³（以 CN⁻计）（上限值，皮肤）（美国政府工业卫生学家会议，2004 年）；最高容许浓度：2mg/m³(以 CN⁻计)，可吸入粉尘，皮肤吸收；最高限值种类：II（1）；妊娠风险等级：IIc（德国，2004 年） 接触途径：该物质可通过吸入、经皮肤或食入吸收到体内 吸入危险性：20℃时蒸发可忽略不计，但扩散时可较快地达到空气中颗粒物有害浓度 短期接触的影响：该物质刺激眼睛、皮肤和呼吸道。该物质可能影响细胞内氧代谢，导致疾病发作和神志不清。接触可能导致死亡 长期或反复接触的影响：反复或长期与皮肤接触可能引起皮炎		
物理性质	熔点：低于熔点在 350℃分解 密度：1.8g/cm³ 水中溶解度：反应		
环境数据	该物质对水生生物有极高毒性		
注解	根据接触程度，需定期进行医疗检查。该物质中毒时，须采取必要的治疗措施。必须提供有指示说明的适当方法。中毒浓度存在时，无气味报警。不要将工作服带回家中		

IPCS
International
Programme on
Chemical Safety

本卡片由 **IPCS** 和 **EC** 合作编写 © 2004～2012

国际化学品安全卡

氢氧化钙			ICSC 编号：0408

CAS 登记号：1305-62-0	中文名称：氢氧化钙；苛性石灰；钙水合物；熟石灰
RTECS 号：EW2800000	英文名称：CALCIUM HYDROXIDE; Calcium dihydroxide; Caustic lime; Calcium hydrate; Hydrated lime

分子量：74.1　　　　　　　　　　　化学式：$Ca(OH)_2$

危害/接触类型	急性危害/症状	预防	急救/消防
火　灾	不可燃		周围环境着火时，允许使用各种灭火剂
爆　炸			
接　触		防止粉尘扩散！	
# 吸入	咽喉痛，灼烧感，咳嗽	局部排气通风或呼吸防护	新鲜空气，休息，给予医疗护理
# 皮肤	发红，粗糙，疼痛，皮肤干燥，皮肤烧伤，水疱	防护手套，防护服	脱去污染的衣服，用大量水冲洗皮肤或淋浴，给予医疗护理
# 眼睛	发红，疼痛，严重深度烧伤	安全护目镜或面罩或眼睛防护结合呼吸防护	先用大量水冲洗几分钟（如可能尽量摘除隐形眼镜），然后就医
# 食入	腹部疼痛，灼烧感，呕吐，胃痉挛	工作时不得进食、饮水或吸烟	漱口。不要催吐。不要饮用任何东西，给予医疗护理
泄漏处置	将泄漏物清扫进容器中。然后转移到安全场所。个人防护用具：适用于有毒颗粒物的 P2 过滤呼吸器		
包装与标志			
应急响应			
储存	与强酸分开存放		
重要数据	**物理状态、外观**：无色晶体或白色粉末 **化学危险性**：加热时，该物质分解生成氧化钙。水溶液是一种中强碱。与酸激烈反应。有水存在时，浸蚀许多金属，生成易燃/爆炸性气体氢 **职业接触限值**：阈限值：$5mg/m^3$（美国政府工业卫生学家会议，1996 年） **接触途径**：该物质可通过吸入其气溶胶和食入吸收到体内 **吸入危险性**：20℃时蒸发可忽略不计，但扩散时能较快地达到空气中颗粒物污染浓度 **短期接触的影响**：该物质刺激呼吸道，腐蚀眼睛和皮肤。需进行医疗观察 **长期或反复接触的影响**：反复或长期与皮肤接触可能引起皮炎。反复或长期接触粉尘颗粒，肺可能受到损伤		
物理性质	熔点：580℃（分解） 相对密度（水=1）：2.2 水中溶解度：不溶		
环境数据			
注解			

IPCS
International Programme on Chemical Safety

本卡片由 IPCS 和 EC 合作编写 © 2004~2012

国际化学品安全卡

氧化钙			ICSC 编号：0409

CAS 登记号：1305-78-8 　　　　中文名称：氧化钙；石灰；煅石灰；生石灰
RTECS 号：EW3100000 　　　　　英文名称：CALCIUM OXIDE; Lime; Burnt lime; Quicklime
UN 编号：1910
中国危险货物编号：1910

分子量：56.1		化学式：CaO	
危害/接触类型	急性危害/症状	预防	急救/消防
火　灾	不可燃		周围环境着火时，允许使用各种灭火剂（水除外）
爆　炸			
接　触		防止粉尘扩散！严格作业环境管理！	
# 吸入	灼烧感，咳嗽，气促，咽喉痛	局部排气通风或呼吸防护	新鲜空气，给予医疗护理
# 皮肤	皮肤干燥，发红，皮肤烧伤，灼烧感，疼痛	防护手套，防护服	脱去污染的衣服，用大量水冲洗皮肤或淋浴，给予医疗护理
# 眼睛	发红，疼痛，视力模糊，严重深度烧伤	安全护目镜或眼睛防护结合呼吸防护	先用大量水冲洗几分钟（如可能尽量摘除隐形眼镜），然后就医
# 食入	灼烧感，胃痉挛，腹部疼痛，腹泻，呕吐	工作时不得进食、饮水或吸烟	漱口，不要催吐，不饮用任何东西，给予医疗护理
泄漏处置	干燥。将泄漏物清扫到干燥容器中，然后用大量水冲洗地面。个人防护用具：适用于有毒颗粒物的P2过滤呼吸器		
包装与标志	气密。不得与食品和饲料一起运输 联合国危险性类别：8　联合国包装类别：III 中国危险性类别：第8类腐蚀性物质　中国包装类别：III		
应急响应			
储存	与食品和饲料、酸类分开存放。干燥		
重要数据	物理状态、外观：白色吸湿的晶体粉末 化学危险性：与酸、卤化物和金属激烈反应。水溶液是一种中强碱。与水反应，放出热量足以引燃可燃物质 职业接触限值：阈限值：2mg/m³（时间加权平均值）（美国政府工业卫生学家会议，2004年）。最高容许浓度：IIb（未制定标准，但可提供数据）（德国，2004年） 接触途径：该物质可通过吸入其气溶胶和食入吸收到体内 吸入危险性：20℃时蒸发可忽略不计，但是扩散时能较快地达到空气中颗粒物有害浓度 短期接触的影响：该物质腐蚀眼睛皮肤和呼吸道。影响可能推迟显现。需进行医学观察 长期或反复接触的影响：反复或长期与皮肤接触可能引起皮炎。反复或长期接触粉尘颗粒肺可能受到损伤。该物质可能引起鼻中隔溃烂和穿孔		
物理性质	沸点：2850℃ 熔点：2570℃ 相对密度（水=1）：3.3～3.4 水中溶解度：反应		
环境数据			
注解	与灭火剂，如水激烈反应。与眼睛中水分和蛋白质反应，生成的氧化钙凝块难于通过冲洗去除掉，须由医生人工清除。切勿将水喷洒在该物质上，溶解或稀释时，总是将该物质缓慢加到水中		

IPCS
International
Programme on
Chemical Safety

本卡片由 **IPCS** 和 **EC** 合作编写 © 2004～2012

国际化学品安全卡

三硫磷			ICSC 编号：0410

CAS 登记号：786-19-6	中文名称：三硫磷；S-4-氯苯基硫代甲基-O,O-二乙基二硫代磷酸酯
RTECS 号：TD5250000	英文名称：CARBOPHENOTHION; S-4-Chlorophenylthiomethyl-O,O-
UN 编号：3018	diethylphosphorodithioate
EC 编号：015-044-00-6	
中国危险货物编号：3018	
分子量：342.9	化学式：C₁₁H₁₆ClO₂PS₃/(CH₃CH₂)₂P(S)SCH₂SC₆H₄Cl

化学式：$C_{11}H_{16}ClO_2PS_3/(CH_3CH_2)_2P(S)SCH_2SC_6H_4Cl$

危害/接触类型	急性危害/症状	预防	急救/消防
火 灾	可燃的。含有机溶剂的液体制剂可能是易燃的。在火焰中释放出刺激性或有毒烟雾（或气体）	禁止明火	干粉，雾状水，泡沫，二氧化碳
爆 炸	如果制剂中含有易燃/爆炸性溶剂，有着火和爆炸危险		
接 触		防止烟雾产生!严格作业环境管理!避免青少年和儿童接触!	
# 吸入	肌肉痉挛，多涎，出汗，头痛，头晕，恶心，呼吸困难，虚弱，针尖瞳孔，惊厥，神志不清（见注解）	通风（如果没有粉末时），局部排气通风或呼吸防护	新鲜空气，休息，给予医疗护理
# 皮肤	可能被吸收!肌肉震颤。（另见吸入）	防护手套，防护服	脱去污染的衣服，冲洗，然后用水和肥皂洗皮肤，给予医疗护理
# 眼睛	发红，疼痛，视力模糊	面罩或眼睛防护结合呼吸防护	先用大量水冲洗几分钟（如可能尽量摘除隐形眼镜），然后就医
# 食入	肌肉震颤，胃痉挛，呕吐，腹泻。（另见吸入）	工作时不得进食、饮水或吸烟。进食前洗手	漱口。用水冲服活性炭浆。催吐（仅对清醒病人!），休息，给予医疗护理

泄漏处置	尽可能将泄漏物收集在可密闭容器中。用砂土或惰性吸收剂吸收残液并转移到安全场所。不要冲入下水道。个人防护用具：化学防护服，包括自给式器
包装与标志	不得与食品和饲料一起运输。严重污染海洋物质 欧盟危险性类别：T 符号 N 符号　　R:24/25-50/53　　S:1/2-28-36/37-45-60-61 联合国危险性类别：6.1 联合国包装类别：II 中国危险性类别：第 6.1 项毒性物质　中国包装类别：II
应急响应	运输应急卡：TEC(R)-61GT6-II
储存	注意收容灭火产生的废水。与食品和饲料分开存放。保存在通风良好的室内
重要数据	物理状态、外观：无色液体，有特殊气味 化学危险性：加热或燃烧时，该物质分解成磷氧化物、硫氧化物和氯化氢有毒烟雾 职业接触限值：阈限值未制定标准 接触途径：该物质可通过吸入其气溶胶，经皮肤和食入吸收到体内 吸入危险性：20℃时蒸发可忽略不计，但可较快地达到空气中颗粒物有害浓度 短期接触的影响：该物质可能对神经系统有影响，导致惊厥和呼吸衰竭。胆碱酯酶抑制剂。接触可能导致死亡。影响可能推迟显现。需进行医学观察 长期或反复接触的影响：胆碱酯酶抑制剂。可能发生累积影响（见急性危害/症状）
物理性质	沸点：0.0013kPa 时 82℃ 相对密度（水=1）：1.3 水中溶解度：不溶 蒸气压：20℃时可忽略不计 蒸气相对密度（空气=1）：11.8 蒸气/空气混合物的相对密度（20℃，空气=1）：1.00 辛醇/水分配系数的对数值：5.1
环境数据	该物质对水生生物有极高毒性。该物质可能对环境有危害，对蜜蜂和鸟类应给予特别注意。避免非正常使用时释放到环境中。该物质可能对水生环境有长期影响
注解	根据接触程度，需定期进行医疗检查。该物质中毒时，需采取必要的治疗措施。必须提供有指示说明的适当办法。商业制剂中使用的载体溶剂可能改变其物理和毒理学性质。不要将工作服带回家中。如果该物质用溶剂配制，可参考溶剂的卡片。商品名称有： Acarithion, Dagadip, Garrathion, Nephocarb 和 Trithion

IPCS
International
Programme on
Chemical Safety

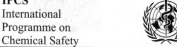

UNEP

本卡片由 IPCS 和 EC 合作编写 © 2004～2012

国际化学品安全卡

邻苯二酚			ICSC 编号：0411

CAS 登记号：120-80-9
RTECS 号：UX1050000
UN 编号：2811
EC 编号：604-016-00-4
中国危险货物编号：2811

中文名称：邻苯二酚；焦儿茶酚；1,2-苯二酚；1,2-二羟基苯
英文名称：CATECHOL; Pyrocatechol; 1,2-Benzenediol; 1,2-Dihydroxybenzene

分子量：110.1　　　　　　　　　　化学式：$C_6H_6O_2$

危害/接触类型	急性危害/症状	预防	急救/消防
火　灾	可燃的	禁止明火	雾状水，干粉
爆　炸			
接　触		防止粉尘扩散！	
# 吸入	灼烧感，咳嗽，呼吸困难	局部排气通风或呼吸防护	新鲜空气，休息
# 皮肤	可能被吸收！发红	防护手套，防护服	脱去污染的衣服，用大量水冲洗皮肤或淋浴
# 眼睛	发红，疼痛，严重深度烧伤	面罩或眼睛防护结合呼吸防护	先用大量水冲洗几分钟（如可能尽量摘除隐形眼镜），然后就医
# 食入	腹部疼痛，腹泻，呕吐	工作时不得进食、饮水或吸烟	漱口，给予医疗护理

泄漏处置	将泄漏物质清扫到容器内。如果适当，首先润湿防止扬尘。然后转移到安全场所。个人防护用具：适用于有害颗粒物的 P2 过滤呼吸器
包装与标志	不得与食品和饲料一起运输 欧盟危险性类别：Xn 符号 R:21/22-36/38　S:2-22-26-37 联合国危险性类别：6.1 联合国包装类别：III 中国危险性类别：第 6.1 项毒性物质 中国包装类别：III
应急响应	运输应急卡：TEC(R)-61GT2-III 美国消防协会法规：H（健康危险性）；F1（火灾危险性）；R0（反应危险性）
储存	与强氧化剂、食品和饲料分开存放。保存在阴暗处。沿地面通风
重要数据	物理状态、外观：无色晶体，有特殊气味，暴露于空气和日光中转变为棕色 化学危险性：燃烧时生成刺激性烟雾。与氧化剂发生反应 职业接触限值：阈限值：5ppm（时间加权平均值）（经皮）；A3（确认的动物致癌物，但未知与人类相关性）（美国政府工业卫生学家会议，2004 年）。最高容许浓度未制定标准 接触途径：该物质可通过吸入其气溶胶、经皮肤和食入吸收到体内 吸入危险性：20℃时蒸发可忽略不计，但可较快达到空气中颗粒物有害浓度 短期接触的影响：该物质刺激皮肤、呼吸道和消化道。腐蚀眼睛。该物质可能对中枢系统有影响用，导致抑郁、惊厥和呼吸衰竭。接触会引起血压升高 长期或反复接触的影响：反复或长期接触可能导致皮肤过敏
物理性质	沸点：245.5℃ 熔点：105℃ 相对密度（水=1）：1.3 水中溶解度：43g/100mL 蒸气相对密度（空气=1）：3.8 闪点：127℃（闭杯） 自燃温度：510℃ 辛醇/水分配系数的对数值：0.88
环境数据	该物质对水生生物是有毒的
注解	美国政府工业卫生学家会议将该物质划为 A3 类（确认的动物致癌物）

IPCS
International Programme on Chemical Safety

本卡片由 **IPCS** 和 **EC** 合作编写 © 2004～2012

国际化学品安全卡

氯胺 T			ICSC 编号: 0413

CAS 登记号: 127-65-1
RTECS 号: XT5616800
UN 编号: 1759
EC 编号: 616-010-00-9
中国危险货物编号: 1759

中文名称: 氯胺 *T*; *N*-氯-对甲苯磺酸钠; *N*-氯-4-甲苯磺酰胺钠
英文名称: CHLORAMINE-*T*; Sodium *N*-chloro-p-toluenesulfonamide;
Sodium *N*-chloro-4-toluenesulfonamide; Sodium
N-chloro-4-methylbenzenesulfonamide; Tosyl chloramide sodium

分子量: 227.6

化学式: $C_7H_{13}ClNNaO_5S$

危害/接触类型	急性危害/症状	预防	急救/消防
火 灾	可燃的	禁止明火	雾状水, 干粉
爆 炸			
接 触		防止粉尘扩散！严格作业环境管理！	
# 吸入	咳嗽。咽喉痛。喘息	局部排气通风或呼吸防护	新鲜空气, 休息, 给予医疗护理
# 皮肤	发红。疼痛	防护手套。防护服	脱去污染的衣服, 用大量水冲洗皮肤或淋浴
# 眼睛	发红。疼痛	如为粉末, 安全护目镜或眼睛防护结合呼吸防护	先用大量水冲洗几分钟（如可能尽量摘除隐形眼镜）, 然后就医
# 食入	恶心。呕吐。腹泻	工作时不得进食、饮水或吸烟	漱口。大量饮水。给予医疗护理

泄漏处置	将泄漏物清扫到容器中。如果适当, 首先润湿防止扬尘。小心收集残余物, 然后转移到安全场所。不要让该化学品进入环境。个人防护用具: 适用于有害颗粒物的 P2 过滤呼吸器
包装与标志	欧盟危险性类别: C 符号 R:22-31-34-42 S:1/2-7-22-26-36/37/39-45 联合国危险性类别: 8 联合国包装类别: III 中国危险性类别: 第 8 类腐蚀性物质 中国包装类别: III
应急响应	运输应急卡: TEC(R)-80GC10-II+III
储存	与酸类、食品和饲料分开存放
重要数据	物理状态、外观: 白色各种形状固体, 有特殊气味 化学危险性: 加热至 130℃以上时, 该物质（无水的）可能发生爆炸。在空气的作用下, 该物质（三水合物）缓慢分解, 生成氯。加热时或与酸接触时, 该物质分解生成有毒气体 职业接触限值: 阈限值未制定标准。最高容许浓度未制定标准 接触途径: 该物质可通过吸入其气溶胶和食入吸收到体内 吸入危险性: 扩散时可较快地达到空气中颗粒物有害浓度, 尤其是粉末 短期接触的影响: 该物质严重刺激眼睛和呼吸道 长期或反复接触的影响: 反复或长期接触可能造成皮肤过敏。反复或长期吸入可能引起哮喘病
物理性质	熔点: 低于熔点分解 密度: 1.4 g/cm³（三水合物） 水中溶解度: 25℃时 15g/100mL（溶解）（三水合物） 闪点: 192℃（闭杯）（三水合物） 辛醇/水分配系数的对数值: 0.84（估计值）
环境数据	该物质对水生生物是有毒的。该物质可能在水生环境中造成长期影响
注解	不要将工作服带回家中。哮喘症状常常经过几个小时以后才变得明显, 体力劳动使症状加重。因而休息和医学观察是必要的。因这种物质出现哮喘症状的任何人不应当再接触该物质。本卡片的建议也适用于氯胺 T 的三水合物（CAS 登记号: 7080-50-4）

IPCS
International
Programme on
Chemical Safety

本卡片由 IPCS 和 EC 合作编写 © 2004～2012

国际化学品安全卡

氨（无水的）			ICSC 编号：0414

CAS 登记号：7664-41-7　　　　　　　中文名称：氨（无水的）（钢瓶）
RTECS 号：BO0875000　　　　　　　　英文名称：AMMONIA (ANHYDROUS) (cylinder)
UN 编号：1005
EC 编号：007-001-00-5
中国危险货物编号：1005

分子量：17.03　　　　　　　　　　　化学式：NH₃

危害/接触类型	急性危害/症状	预防	急救/消防
火 灾	易燃的	禁止明火、禁止火花和禁止吸烟	周围环境着火时，允许使用各种灭火剂
爆 炸	氨和空气混合物有爆炸性	密闭系统、通风、防爆型电气设备和照明	着火时喷雾状水保持钢瓶冷却
接 触		避免一切接触！	
# 吸入	灼烧感，咳嗽，呼吸困难，气促，咽喉痛。症状可能推迟显现。（见注解）	通风，局部排气通风或呼吸防护	新鲜空气，休息，半直立体位，必要时进行人工呼吸，给予医疗护理
# 皮肤	发红，皮肤烧伤，疼痛，水疱。与液体接触：冻伤	保温手套，防护服	冻伤时，用大量水冲洗，不要脱掉衣服，给予医疗护理
# 眼睛	发红，疼痛，严重深度烧伤	面罩或眼睛防护结合呼吸防护	先用大量水冲洗几分钟（如可能尽量摘除隐形眼镜），然后就医
# 食入			

泄漏处置	撤离危险区域！向专家咨询！切勿将水直接喷在液体上。喷水雾驱除气体。个人防护用具：气密式化学防护服包括自给式呼吸器
包装与标志	欧盟危险性类别：T 符号　N 符号　R:10-23-34-50　S:1/2-9-16-26-36/37/39-45-61 联合国危险性类别：2.3　联合国次要危险性：8 中国危险性类别：第 2.3 项毒性气体　中国次要危险性：8
应急响应	运输应急卡：TEC（R）-20S1005 或 20G2TC 美国消防协会法规：H3（健康危险性）；F1（火灾危险性）；R0（反应危险性）
储存	耐火设备（条件）。与氧化剂、酸和卤素分开存放。阴凉场所。保存在通风良好的室内
重要数据	物理状态、外观：无色压缩液化气体，有刺鼻气味 物理危险性：气体比空气轻 化学危险性：与汞、银和金的氧化物生成撞击敏感化合物。该物质是一种强碱。与酸激烈反应，有腐蚀性。与强氧化剂、卤素激烈反应。浸蚀铜、铝、锌及其合金。溶解在水中时，放出热量 职业接触限值：阈限值：25ppm（时间加权平均值），35ppm（短期接触限值）（美国政府工业卫生学家会议，2004 年）。最高容许浓度：20ppm，14mg/m³；最高限值种类：I（2）；妊娠风险等级：C（德国，2004 年） 接触途径：该物质可通过吸入吸收到体内 吸入危险性：容器漏损时，该气体很快达到空气中有害浓度 短期接触的影响：该物质腐蚀眼睛、皮肤和呼吸道。高浓度吸入可能引起肺水肿（见注解）。液体迅速蒸发，可能造成冻伤
物理性质	沸点：-33℃ 熔点：-78℃ 相对密度（水=1）：-33℃时 0.7 水中溶解度：20℃时 54g/100mL 蒸气压：26℃时 1013kPa 蒸气相对密度（空气=1）：0.59 自燃温度：651℃ 爆炸极限：15%～28%（体积）
环境数据	该物质对水生生物有极高毒性
注解	肺水肿症状通常几个小时以后才变得明显，体力劳动使症状加重，因此，休息和医学观察是必要的。应当考虑由医生或医生指定人员立即采取适当吸入治疗法。转动泄漏钢瓶，使漏口朝上，防止液态气体逸出

IPCS
International
Programme on
Chemical Safety

UNEP

本卡片由 IPCS 和 EC 合作编写 © 2004～2012

国际化学品安全卡

2-溴-2-硝基-1,3-丙二醇			ICSC 编号：0415

CAS 登记号：52-51-7
RTECS 号：TY3385000
UN 编号：3241
EC 编号：603-085-00-8
中国危险货物编号：3241

中文名称：2-溴-2-硝基-1,3-丙二醇；一溴硝基亚丙基二醇
英文名称：2-BROMO-2-NITRO-1,3-PROPANEDIOL;
Bromonitrotrimethyleneglycol

分子量：200　　　　　　　化学式：$HOCH_2CBr(NO_2)CH_2OH/C_3H_6O_4BrN$

危害/接触类型	急性危害/症状	预防	急救/消防
火　灾	可燃的。在火焰中释放出刺激性或有毒烟雾（或气体）	禁止明火	干粉，抗溶性泡沫，雾状水，二氧化碳
爆　炸			
接　触		防止粉尘扩散！	
# 吸入	咳嗽，咽喉疼痛	局部排气通风或呼吸防护	新鲜空气，休息
# 皮肤	发红	防护手套	脱掉污染的衣服，用大量水冲洗皮肤或淋浴
# 眼睛	发红，刺痛	安全护目镜或眼睛防护结合呼吸防护	首先用大量水冲洗几分钟（如可能尽量摘除隐形眼镜)，然后就医
# 食入		工作时不得进食、饮水或吸烟。进食前洗手	漱口，催吐（仅对清醒病人！）

泄漏处置	将泄漏物扫入容器中。如果适当，首先湿润防止扬尘。小心收集残余物，然后转移到安全场所。个人防护用具：适用于有害颗粒物的 P2 过滤呼吸器
包装与标志	不得与食品和饲料一起运输 欧盟危险性类别：Xn 符号 N 符号　R:21/22-37/38-41-50　S:2-26-37/39-61 联合国危险性类别：4.1　联合国包装类别：III 中国危险性类别：第 4.1 项易燃固体 中国包装类别：III
应急响应	运输应急卡：TEC (R)-41GSR1-S 美国消防协会法规：H1（健康危险性）；F0（火灾危险性）
储存	与食品、饲料和性质相互抵触的物质分开存放（见化学危险性）。干燥。保存在通风良好的室内
重要数据	物理状态、外观：无色至白色晶体 化学危险性：加热或燃烧时，该物质分解生成含溴化氢和氮氧化物有毒和腐蚀性烟雾。与某些金属、胺类和碱性化合物发生反应 职业接触限值：阈限值未制定标准 接触途径：该物质可通过吸入其气溶胶、经皮肤和食入吸收到体内 吸入危险性：20℃时蒸发可忽略不计，但扩散时可较快地达到空气中颗粒物有害浓度 短期接触的影响：该物质刺激眼睛、皮肤和呼吸道 长期或反复接触的影响：反复或长期皮肤接触可能引起皮炎
物理性质	熔点：120～122℃ 相对密度（水=1）：1.1 水中溶解度：22～25℃时 0.028g/100mL 蒸气压：20℃时<0.01Pa 辛醇/水分配系数的对数值：0.18
环境数据	该物质对水生生物有极高毒性。该物质可能对水生环境造成长期影响
注解	商品名有 Bronopol, Bronosol 和 Onyxide 500

IPCS
International
Programme on
Chemical Safety

UNEP

本卡片由 IPCS 和 EC 合作编写 © 2004～2012

国际化学品安全卡

1-氯-2,4-二硝基苯			ICSC 编号：0416

CAS 登记号：97-00-7
RTECS 号：CZ0525000
UN 编号：1577
EC 编号：610-003-00-4
中国危险货物编号：1577

中文名称：1-氯-2,4-二硝基苯；1,3-二硝基-4-氯苯；2,4-二硝基氯化苯；DNCB
英文名称：1-CHLORO-2,4-DINITROBENZENE；
1,3-Dinitro-4-chlorobenzene; 2,4-Dinitrophenyl chloride;DNCB

分子量：202.6   化学式：$C_6H_3ClN_2O_4/C_6H_3Cl(NO_2)_2$

危害/接触类型	急性危害/症状	预防	急救/消防
火 灾	可燃的。在火焰中释放出刺激性或有毒烟雾（或气体）	禁止明火	干粉、雾状水、泡沫、二氧化碳
爆 炸	微细分散的颗粒物在空气中形成爆炸性混合物	不要受摩擦或撞击	着火时，喷雾状水保持料桶等冷却。从掩蔽位置灭火
接 触		防止粉尘扩散！严格作业环境管理！	
# 吸入	嘴唇发青或手指发青，皮肤发青，头晕，头痛，呼吸困难，恶心，呕吐，视力障碍	局部排气通风或呼吸防护	新鲜空气，休息，必要时进行人工呼吸，给予医疗护理
# 皮肤	可能被吸收！发红，疼痛。（见吸入）	防护手套，防护服	脱去污染的衣服，冲洗，然后用水和肥皂清洗皮肤，给予医疗护理
# 眼睛	发红，疼痛	面罩，或眼睛防护结合呼吸防护	先用大量水冲洗几分钟（如可能尽量摘除隐形眼镜），然后就医
# 食入	腹部疼痛，皮肤发青，头晕，头痛，呼吸困难，恶心，呕吐	工作时不得进食，饮水或吸烟	漱口，催吐（仅对清醒病人！），催吐时戴防护手套，给予医疗护理

泄漏处置	真空抽吸泄漏物，然后转移到安全场所。不要让该化学品进入环境。化学防护服包括自给式呼吸器
包装与标志	不得与食品和饲料一起运输。污染海洋物质 欧盟危险性类别：T 符号 N 符号 标记：C R:23/24/25-33-50/53 S:1/2-28-36/37-45-60-61 联合国危险性类别：6.1 联合国包装类别：II 中国危险性类别：第 6.1 项毒性物质 中国包装类别：II
应急响应	运输应急卡：TEC(R)-61S1577-S 或 61GT2-II 美国消防协会法规：H3（健康危险性）；F1（火灾危险性）；R4（反应危险性）
储存	耐火设备（条件）。与强氧化剂、强碱、食品和饲料分开存放。阴凉场所
重要数据	物理状态、外观：淡黄色晶体，有特殊气味 化学危险性：受撞击、摩擦或震动时，可能发生爆炸性分解。受热甚至缺少空气时，可能发生爆炸。与强氧化剂和强碱发生反应。燃烧时生成含有氯化氢和氮氧化物的有毒和腐蚀性气体和烟雾 职业接触限值：阈限值未制定标准。最高容许浓度：皮肤致敏剂（德国，2004 年） 接触途径：该物质可通过吸入和经皮肤和食入吸收到体内 吸入危险性：未指明 20℃时该物质蒸发达到空气中有害浓度的速率 短期接触的影响：该物质刺激眼睛、呼吸道，严重刺激皮肤。该物质可能对血液有影响，导致形成正铁血红蛋白。高浓度接触可能导致死亡 长期或反复接触的影响：反复或长期与皮肤接触可能引起皮炎。反复或长期接触可能引起皮肤过敏。该物质可能对神经系统有影响，导致损伤视力
物理性质	沸点：315℃ 熔点：54℃ 密度：1.7g/cm³ 水中溶解度：不溶 蒸气压：20℃时可忽略不计 闪点：179℃ 自燃温度：432℃ 爆炸极限：空气中 2.0%～22%（体积）
环境数据	该物质对水生生物有极高毒性
注解	

IPCS
International
Programme on
Chemical Safety

UNEP

本卡片由 IPCS 和 EC 合作编写 © 2004～2012

国际化学品安全卡

二（2-氯乙基）醚			ICSC 编号：0417

CAS 登记号：111-44-4 RTECS 号：KN0875000 UN 编号：1916 EC 编号：603-029-00-2 中国危险货物编号：1916	中文名称：二（2-氯乙基）醚；二氯乙醚；2,2'-二氯乙醚；1,1'-氧双（2-氯）乙烷；对称二氯二醚；二甘醇二氯化物 英文名称：BIS (2-CHLOROETHYL) ETHER; Dichloroethyl ether; 2,2'-Dichloroethyl ether; 1,1'-Oxybis(2-chloro) ethane; sym-Dichloroethyl ether; Diethylene glycol dichloride
分子量：143.02	化学式：$C_4H_8Cl_2O/(ClCH_2CH_2)_2O$

危害/接触类型	急性危害/症状	预防	急救/消防
火 灾	易燃的。在火焰中释放出刺激性或有毒烟雾（或气体）	禁止明火、禁止火花和禁止吸烟	干粉、雾状水、泡沫、二氧化碳
爆 炸	高于 55℃，可能形成爆炸性蒸气/空气混合物	高于 55℃，使用密闭系统、通风	着火时，喷雾状水保持钢瓶冷却，但避免与水直接接触
接 触		防止产生烟云！	
# 吸入	咳嗽，咽喉痛，恶心，呕吐，灼烧感，呼吸困难，症状可能推迟显现（见注解）	通风，局部排气通风或呼吸防护	新鲜空气，休息，半直立体位，给予医疗护理
# 皮肤	可能被吸收！	防护手套，防护服	脱去污染的衣服，冲洗，然后用水和肥皂清洗皮肤，给予医疗护理
# 眼睛	发红，疼痛	面罩，或眼睛防护结合呼吸防护	先用大量水冲洗几分钟（如可能尽量摘除隐形眼镜），然后就医
# 食入	腹部疼痛，恶心，呕吐，灼烧感	工作时不得进食，饮水或吸烟。进食前洗手	漱口，催吐（仅对清醒病人！），休息，给予医疗护理
泄漏处置	通风，移除全部引燃源，尽可能将泄漏液收集在有盖的容器中，用砂土或惰性吸收剂吸收残液，并转移到安全场所，个人防护用具：化学防护服		
包装与标志	不得与食品和饲料一起运输。污染海洋物质 欧盟危险性类别：T+符号 R:10-26/27/28-40 S:1/2-7/9-27-38-45 联合国危险性类别：6.1 联合国次要危险性：3 联合国包装类别：II 中国危险性类别：第 6.1 项毒性物质 中国次要危险性：3 中国包装类别：II		
应急响应	运输应急卡：TEC(R)-61GTF1-II 美国消防协会法规：H3（健康危险性）；F2（火灾危险性）；R1（反应危险性）		
储存	耐火设备（条件）。与食品和饲料分开存放。见化学危险性。保存在暗处。严格密封		
重要数据	物理状态、外观：无色清澈液体，有特殊气味 物理危险性：蒸气比空气重 化学危险性：遇空气和光时，该物质能生成爆炸性过氧化物。燃烧时或与水接触时，该物质分解生成含氯化氢有毒烟雾。与强氧化剂发生反应。与氯磺酸和发烟硫酸激烈反应 职业接触限值：阈限值：5ppm（时间加权平均值），10ppm（短期接触限值）（经皮）；A4（不能分类为人类致癌物）（美国政府工业卫生学家会议，2004 年）。最高容许浓度：10ppm，59mg/m³；最高限值种类：I（1）；皮肤吸收（德国，2004 年） 接触途径：该物质可通过吸入其蒸气，经皮肤和食入吸收到体内 吸入危险性：20℃时，该物质蒸发相当快地达到空气中有害污染浓度 短期接触的影响：该物质刺激眼睛和呼吸道。吸入蒸气可能引起肺水肿（见注解）。远高于职业接触限值接触，可能导致死亡。影响可能推迟显现。需进行医学观察 长期或反复接触的影响：反复或长期与皮肤接触可能引起皮炎		
物理性质	沸点：178℃ 熔点：-50℃ 相对密度（水=1）：1.22 蒸气压：25℃时 0.206kPa 蒸气相对密度（空气=1）：4.9	闪点：55℃（闭杯） 自燃温度：369℃ 爆炸极限：空气中 2.7%～?%（体积） 辛醇/水分配系数的对数值：1.29	
环境数据			
注解	肺水肿症状常常经过几个小时以后才变得明显，体力劳动使症状加重。因而休息和医学观察是必要的。应当考虑由医生或医生指定的人立即采取适当吸入治疗法。添加稳定剂或阻聚剂会影响该物质的毒理学性质。向专家咨询。蒸馏前检验过氧化物，如有，将其去除。商品名称有 DCEE, Chlorex		

IPCS
International
Programme on
Chemical Safety

UNEP

本卡片由 IPCS 和 EC 合作编写 © 2004～2012

国际化学品安全卡

硫芥子气			ICSC 编号：0418

CAS 登记号：505-60-2	中文名称：硫芥子气；芥子气；二(2-氯乙基)硫化物；1,1'-硫代二(2-氯乙烷)；HD
RTECS 号：WQ0900000	英文名称：SULFUR MUSTARD；Mustard gas；Bis(2-chloroethyl) sulfide;
UN 编号：2810	1,1'-Thiobis (2-chloroethane)；HD
中国危险货物编号：2810	

分子量：159.1　　　　　　　　　化学式：$C_4H_8Cl_2S$

危害/接触类型	急性危害/症状	预防	急救/消防
火 灾	在特定条件下是可燃的	禁止明火	周围环境着火时，使用适当的灭火剂
爆 炸			
接 触		避免一切接触！	一切情况均向医生咨询！
# 吸入	咳嗽。灼烧感。咽喉痛。气促。呼吸困难。症状可能推迟显现（见注解）	呼吸防护	新鲜空气，休息。半直立体位。必要时进行人工呼吸。禁止口对口进行人工呼吸。由经培训的人员给予吸氧。给予医疗护理
# 皮肤	可能被吸收！疼痛。发红。水疱。皮肤严重烧伤	防护手套。防护服	脱去污染的衣服。冲洗，然后用水和肥皂清洗皮肤。急救时戴防护手套。给予医疗护理
# 眼睛	引起流泪。发红。疼痛。严重深度烧伤。永久性视力丧失	安全护目镜和面罩，或眼睛防护结合呼吸防护	先用大量水冲洗几分钟（如可能尽量摘除隐形眼镜），然后就医
# 食入	腹部疼痛。恶心。呕吐。灼烧感。休克或虚脱。（另见吸入）	进食前洗手。工作时不得进食，饮水或吸烟	不要催吐。禁止口对口进行人工呼吸。由经培训的人员给予吸氧。给予医疗护理
泄漏处置	撤离危险区域！向专家咨询！尽可能将泄漏液收集在可密闭的容器中。用砂土或惰性吸收剂吸收残液，并转移到安全场所。不要让该化学品进入环境。个人防护用具：全套防护服包括自给式呼吸器		
包装与标志	不得与食品和饲料一起运输 联合国危险性类别：6.1　联合国包装类别：I 中国危险性类别：第6.1项毒性物质　中国包装类别：I		
应急响应	运输应急卡：TEC(R)-61GT1-I 美国消防协会法规：H4（健康危险性）；F1（火灾危险性）；R1（反应危险性）；O		
储存	与水、食品和饲料分开存放。严格密封。沿地面通风。储存在没有排水管或下水道的场所		
重要数据	物理状态、外观：无色至黄色油状液体或晶体，有特殊气味 物理危险性： 化学危险性：加热时，该物质分解生成有毒烟雾。与水发生反应。浸蚀金属 职业接触限值：阈限值未制定标准。最高容许浓度：皮肤吸收（H）；致癌物类别：1（德国，2004年） 接触途径：该物质可通过吸入，经皮肤和食入吸收到体内 吸入危险性：20℃时，该物质蒸发，迅速达到空气中有害污染浓度 短期接触的影响：起疱药剂。流泪。该物质严重刺激眼睛、皮肤和呼吸道。吸入可能引起肺水肿（见注解）。影响可能推迟显现。需进行医学观察 长期或反复接触的影响：反复或长期与皮肤接触可能引起皮炎。反复或长期接触，肺可能受损伤。该物质可能对眼睛有影响，导致功能损伤。该物质是人类致癌物		
物理性质	沸点：216℃ 熔点：13.5℃ 相对密度（水=1）：1.27 水中溶解度：25℃时 0.0068g/100mL（难溶） 蒸气压：20℃时 9.33Pa 蒸气相对密度（空气=1）：5.5 闪点：105℃ 辛醇/水分配系数的对数值：1.37～2.41		
环境数据	该化学品可能持久性存在于土壤和积雪中		
注解	不要将工作服带回家中。根据接触程度，建议定期进行医疗检查。通用名称有：Yperite 和 Lost		

IPCS
International
Programme on
Chemical Safety

本卡片由 IPCS 和 EC 合作编写 © 2004～2012

国际化学品安全卡

氯甲烷			ICSC 编号：0419

CAS 登记号：74-87-3
RTECS 号：PA6300000
UN 编号：1063
EC 编号：602-001-00-7
中国危险货物编号：1063

中文名称：氯甲烷；一氯甲烷
英文名称：METHYL CHLORIDE; Chloromethane; Monochloromethane

分子量：50.5　　　　　　　　　　化学式：CH₃Cl

危害/接触类型	急性危害/症状	预防	急救/消防
火　灾	高度易燃。加热引起压力升高，容器有爆裂危险	禁止明火、禁止火花和禁止吸烟	切断气源，如不可能并对周围环境无危险，让火自行燃尽。其他情况喷雾状水灭火
爆　炸	气体/空气混合物有爆炸性	密闭系统、通风、防爆型电气设备和照明。使用无火花手工具	着火时，喷雾状水保持钢瓶冷却。从掩蔽位置灭火
接　触		严格作业环境管理！	
# 吸入	蹒跚步态，头晕，头痛，恶心，呕吐，惊厥，神志不清。（见注解）	通风，局部排气通风或呼吸防护	新鲜空气，休息，必要时进行人工呼吸，给予医疗护理
# 皮肤	可能被吸收！与液体接触：冻伤	隔冷手套，防护服	冻伤时，用大量水冲洗，不要脱去衣服
# 眼睛	（见皮肤）	护目镜，面罩，或眼睛防护结合呼吸防护	
# 食入			

泄漏处置	撤离危险区域！向专家咨询！通风。切勿直接向液体上喷水。个人防护用具：全套防护服包括自给式呼吸器
包装与标志	欧盟危险性类别：F+符号 Xn 符号　　R:12-40-48/20　S:2-9-16-33 联合国危险性类别：2.1 中国危险性类别：第 2.1 项易燃气体
应急响应	运输应急卡：TEC(R)-20S1063 或 20G2F 美国消防协会法规：H2（健康危险性）；F4（火灾危险性）；R0（反应危险性）
储存	耐火设备（条件）。沿地面通风

重要数据	物理状态、外观：无色液化气体 物理危险性：气体比空气重，可能沿地面流动，可能造成远处着火。可能积聚在低层空间，造成缺氧。见注解 化学危险性：燃烧时，该物质分解生成含有氯化氢和光气的有毒和腐蚀性烟雾。与铝粉、锌粉、三氯化铝和乙烯发生反应，有着火和爆炸的危险。有湿气存在时，浸蚀许多金属 职业接触限值：阈限值：50ppm（时间加权平均值），100ppm（短期接触限值）（经皮）；A4（不能分类为人类致癌物）（美国政府工业卫生学家会议，2004 年）。最高容许浓度：50ppm，100mg/m³；最高限值种类：II（2）；皮肤吸收；致癌物类别：3B；妊娠风险等级：B（德国，2004 年） 接触途径：该物质可通过吸入和经皮肤吸收到体内 吸入危险性：容器漏损时，迅速达到空气中该气体的有害浓度 短期接触的影响：该液体可能引起冻伤。该物质可能对中枢神经系统有影响。接触可能导致神志不清。远高于职业接触限值接触，可能导致肝、心血管系统和肾损害。需进行医学观察 长期或反复接触的影响：该物质可能对中枢神经系统有影响，其影响可用来测定行为实验。动物实验表明，该物质可能对人类生殖造成毒性影响

物理性质	沸点：-24.2℃ 熔点：-97.6℃ 相对密度（水=1）：0.92 水中溶解度：25℃时 0.5g/100mL 蒸气压：21℃时 506kPa	蒸气相对密度（空气=1）：1.8 闪点：易燃气体 自燃温度：632℃ 爆炸极限：空气中 8.1%～17.4%（体积） 辛醇/水分配系数的对数值：0.91

环境数据	
注解	对中毒者应当小心观察 48h。进入工作区域前，检验氧含量

IPCS
International
Programme on
Chemical Safety

本卡片由 IPCS 和 EC 合作编写 © 2004～2012

国际化学品安全卡

三氟氯甲烷			ICSC 编号：0420

CAS 登记号：75-72-9
RTECS 号：PA6410000
UN 编号：1022
中国危险货物编号：1022

中文名称：三氟氯甲烷；氟利昂-13；三氟一氯甲烷；三氟甲基氯化物
英文名称：CHLOROTRIFLUOROMETHANE; CFC-13;
Monochlorotrifluoromethane; Trifluoromethyl chloride

分子量：104.5　　　　　　　　　　化学式：$CClF_3$

危害/接触类型	急性危害/症状	预防	急救/消防
火　灾	不可燃。受热引起压力升高，容器有爆炸危险	禁止与高温表面接触	
爆　炸	受热可能引起压力升高，容器有爆裂和爆炸危险		着火时喷雾状水保持钢瓶冷却
接　触			
# 吸入	意识模糊，头晕，头痛	通风，局部排气通风或呼吸防护	新鲜空气，休息，必要时行人工呼吸，给予医疗护理
# 皮肤	与液体接触：冻伤	保温手套	冻伤时，用大量水冲洗，不要脱掉衣服
# 眼睛	（见皮肤）	安全护目镜，面罩或眼睛防护结合呼吸防护	先用大量水冲洗几分钟（如可能尽量摘除隐形眼镜），然后就医
# 食入			

泄漏处置	通风。切勿直接将水喷洒在液体上。大量泄漏时，全套防护服包括自给式呼吸器
包装与标志	联合国危险性类别：2.2 中国危险性类别：第 2.2 项非易燃无毒气体
应急响应	运输应急卡：TEC（R）-20G2A
储存	如果在室内，耐火设备（条件）
重要数据	物理状态、外观：无色液化气体，有特殊气味 物理危险性：气体比空气重，可能积聚在低层空间，造成缺氧 化学危险性：与高温表面接触或燃烧时，该物质分解生成氯化氢、氟化氢和光气有毒腐蚀性烟雾。与某些金属（铝、锌和铍）性质相互抵触 职业接触限值：阈限值未制定标准。最高容许浓度：1000ppm，$4300mg/m^3$；最高限值种类：Ⅱ（8）；妊娠风险等级：Ⅱc（德国，2004 年） 接触途径：该物质可通过吸入吸收到体内 吸入危险性：容器漏损时，由于降低封闭空间中氧含量，该气体能造成窒息 短期接触的影响：该物质可能对心血管系统有影响，导致功能损伤。接触能够造成意识降低（见注解）
物理性质	沸点：-81.4℃ 升华点：-181℃ 相对密度（水=1）：1.3 水中溶解度：不溶 蒸气相对密度（空气=1）：3.6
环境数据	该物质可能对环境有危害，对臭氧层应给予特别注意
注解	空气中高浓度造成缺氧，有发生神志不清或死亡危险。进入工作区域以前，检验氧气含量。医生应当特别注意治疗中使用的药品，因为该物质对心脏的节律有影响。不要在火焰或高温表面附近或焊接时使用

IPCS
International
Programme on
Chemical Safety

本卡片由 IPCS 和 EC 合作编写 © 2004～2012

国际化学品安全卡

氧化铜（I）			ICSC 编号：0421

CAS 登记号：1317-39-1	中文名称：氧化铜（I）；一氧化二铜；氧化亚铜；红色氧化铜
RTECS 号：GL8050000	英文名称：COPPER（I）OXIDE; Dicopper oxide; Cuprous oxide; Red copper oxide
EC 编号：092-002-00-X	

分子量：143.1	化学式：Cu_2O

危害/接触类型	急性危害/症状	预防	急救/消防
火 灾	不可燃		周围环境着火时，允许使用各种灭火剂
爆 炸			
接 触		防止粉尘扩散！严格作业环境管理！	
# 吸入	咳嗽，咽喉痛，金属气味，金属烟雾热。见注解	局部排气通风或呼吸防护	新鲜空气，休息
# 皮肤	皮肤干燥		脱去污染的衣服，冲洗，然后用水和肥皂洗皮肤
# 眼睛	发红，疼痛	安全护目镜，或眼睛防护结合呼吸防护	先用大量水冲洗几分钟（如可能尽量摘除隐形眼镜），然后就医
# 食入	腹部疼痛，腹泻，恶心，呕吐，金属气味	工作时不得进食、饮水或吸烟	漱口，大量饮水，给予医疗护理

泄漏处置	将泄漏物清扫进有盖容器中。如果适当，首先润湿防止扬尘。小心收集残余物，然后转移到安全场所。个人防护用具：适用于有害颗粒物的 P2 过滤呼吸器
包装与标志	欧盟危险性类别：Xn 符号 N 符号 R:22-50/53 S:2-22-60-61
应急响应	
储存	
重要数据	物理状态、外观：黄色、红色或棕色晶体粉末 职业接触限值：阈限值：$1mg/m^3$（以 Cu 粉尘计）（时间加权平均值）；$0.2mg/m^3$（以 Cu 烟雾计）（时间加权平均值）（美国政府工业卫生学家会议，2004 年）。最高容许浓度：$0.1mg/m^3$（可吸入粉尘）；最高限值种类：II（2）；妊娠风险等级：D（德国，2004 年） 接触途径：该物质可通过吸入和食入吸收到体内 吸入危险性：20℃时蒸发可忽略不计，但扩散时能较快达到空气中颗粒物有害浓度 短期接触的影响：该物质刺激眼睛和呼吸道。吸入烟雾可能造成金属烟雾热。如果被食入，该物质可能对肾和肝有影响。影响可能推迟显现 长期或反复接触的影响：反复或长期与皮肤接触可能引起皮炎
物理性质	沸点：低于沸点在 1800℃分解 熔点：1232℃ 相对密度（水=1）：6.0 水中溶解度：不溶
环境数据	
注解	新形成的氧化铜烟雾或粉尘可能引起头痛、咳嗽、出汗、恶心和高烧。金属烟雾热症状常常接触以后经过 4~12h 才变得明显。商品名称有：C.I. 77402, Copox, Copper Nordox, Copper Sardex, Perenox 和 Yellow Cuprocide

IPCS
International Programme on Chemical Safety

本卡片由 **IPCS** 和 **EC** 合作编写 © 2004~2012

国际化学品安全卡

蝇毒磷			ICSC 编号：0422

CAS 登记号：56-72-4
RTECS 号：GN6300000
UN 编号：3027
EC 编号：015-038-00-3
中国危险货物编号：3027

中文名称：蝇毒磷；*O*-3-氯-4-甲基-2-氧-2*H*-色烯-7-基-*O,O*-二乙基硫代磷酸酯；硫代磷酸-*O*-(3-氯-4-甲基-2-氧代-2*H*-1-苯并吡喃基)-*O,O*-二乙酯；3-氯-7-羟基-4-甲基香豆素-*O,O*-二乙基硫代磷酸酯

英文名称：COUMAPHOS; *O*-3-Chloro-4-methyl-2-oxo-2*H*-chromen-7-yl *O,O*-diethyl phosphorothioate; Phosphorothioic acid-*O*-(3-chloro-4-methyl-2-oxo-2*H*-1-benzopyranyl)-*O,O*-diethyl ester; *O,O*-Diethyl *O*-(3-chloro-4-methyl-7-coumarinyl) phosphorothioate;

分子量：362.78　　　　　　化学式：$C_{14}H_{16}ClO_5PS$

危害/接触类型	急性危害/症状	预防	急救/消防
火　灾	不可燃。含有机溶剂的液体制剂可能是易燃的。在火焰中释放出刺激性或有毒烟雾（或气体）		周围环境着火时，使用干粉，雾状水，泡沫，二氧化碳灭火
爆　炸			
接　触		防止粉尘扩散!严格作业环境管理!避免青少年和儿童接触!	一切情况均向医生咨询!
# 吸入	惊厥，头晕，出汗，恶心，瞳孔收缩，肌肉痉挛，多涎，呼吸困难，神志不清。症状可能推迟显现（见注解）	局部排气通风或呼吸防护	新鲜空气，休息，必要时进行人工呼吸，给予医疗护理
# 皮肤	可能被吸收!（另见吸入）	防护手套，防护服	脱去污染的衣服，用大量水冲洗皮肤或淋浴，给予医疗护理
# 眼睛		面罩或眼睛防护结合呼吸防护	先用大量水冲洗几分钟（如可能尽量摘除隐形眼镜），然后就医
# 食入	呕吐，胃痉挛，腹泻。（另见吸入）	工作时不得进食、饮水或吸烟	漱口，催吐（仅对清醒病人!），给予医疗护理
泄漏处置	撤离危险区域！不要冲入下水道。将泄漏物清扫进可密闭容器中。如果适当，首先润湿防止扬尘。小心收集残余物，然后转移到安全场所。个人防护用具：全套防护服，包括自给式呼吸器		
包装与标志	不得与食品和饲料一起运输。严重污染海洋物质 欧盟危险性类别：T+符号 N 符号　　R:21-28-50/53　S:1/2-28-36/37-45-60-61 联合国危险性类别：6.1 中国危险性类别：第 6.1 项毒性物质		
应急响应	运输应急卡：TEC（R）-61GT7-I		
储存	与食品和饲料分开存放。严格密封。保存在通风良好的室内		
重要数据	物理状态、外观：无色晶体，有特殊气味 化学危险性：加热时，该物质分解生成硫氧化物、磷氧化物和氯化氢有毒烟雾。与碱缓慢反应，被水解 职业接触限值：阈限值未制定标准 接触途径：该物质可通过吸入其气溶胶，经皮肤和食入吸收到体内 吸入危险性：20℃时蒸发可忽略不计，但扩散时能较快达到空气中颗粒物有害浓度，尤其是粉末 短期接触的影响：胆碱酯酶抑制剂。影响可能推迟显现，需进行医学观察 长期或反复接触的影响：胆碱酯酶抑制剂。可能发生累积影响，见急性危害/症状		
物理性质	熔点：91℃ 相对密度（水=1）：1.47 水中溶解度：不溶 蒸气压：20℃时 0.000013Pa 辛醇/水分配系数的对数值：4.13		
环境数据	该物质对水生生物有极高毒性。该物质可能对环境有危害，对鱼类、甲壳纲、鸟类和哺乳动物应给予特别注意。在对人类重要的食物链中发生生物蓄积，特别是在鱼中。避免非正常使用时释放到环境中		
注解	根据接触程度，需定期进行医疗检查。急性中毒症状几小时以后才变得明显。该物质中毒时，需采取必要的治疗措施。必须提供有指示说明的适当方法。商业制剂中使用的载体溶剂可能改变其物理和毒理学性质。商品名称有：Asuntol, Co-ral, Meldane, Muscatox, Perizin, Resitox 和 Negashunt		

IPCS
International
Programme on
Chemical Safety

   UNEP

本卡片由 **IPCS** 和 **EC** 合作编写 © 2004～2012

国际化学品安全卡

巴豆酸			ICSC 编号：0423

CAS 登记号：3724-65-0
RTECS 号：GB2800000
UN 编号：2823
中国危险货物编号：2823

中文名称：巴豆酸；反-2-丁烯酸；β-甲基丙烯酸；α-巴豆酸；3-甲基丙烯酸
英文名称：CROTONIC ACID; *trans*-2-Butenoic acid; beta-Methyl- acrylic acid; alpha-Crotonic acid; 3-Methylacrylic acid

分子量：86.09

化学式：$C_4H_6O_2$/$CH_3CH=CHCOOH$

危害/接触类型	急性危害/症状	预防	急救/消防
火 灾	可燃的	禁止明火，禁止与强氧化剂接触，禁止与高温表面接触	干粉，雾状水，泡沫，二氧化碳
爆 炸	高于88℃可能形成爆炸性蒸气/空气混合物。微细分散颗粒物在空气中形成爆炸性混合物	高于88℃密闭系统，通风和防爆型电气设备	着火时喷雾状水保持料桶冷却
接 触		防止粉尘扩散！严格作业环境管理！	一切情况均向医生咨询！
# 吸入	灼烧感，咳嗽，头痛，恶心，气促，咽喉痛。症状可能推迟显现。（见注解）	局部排气通风或呼吸防护	新鲜空气，休息，半直立体位，必要时进行人工呼吸，给予医疗护理
# 皮肤	皮肤烧伤，灼烧感，疼痛	防护手套，防护服	脱去污染的衣服，用大量水冲洗皮肤或淋浴，给予医疗护理
# 眼睛	疼痛，视力模糊，严重深度烧伤	安全护目镜或眼睛防护结合呼吸防护	先用大量水冲洗几分钟（如可能尽量摘除隐形眼镜），然后就医
# 食入	疼痛，灼烧感，咽喉疼痛，呕吐	工作时不得进食、饮水或吸烟	漱口，不要催吐，休息，给予医疗护理
泄漏处置	向专家咨询！让其固化。将泄漏物清扫进容器中，然后转移到安全场所。个人防护用具：全套防护服，包括自给式呼吸器		
包装与标志	气密。不易破碎包装。不得与食品和饲料一起运输 联合国危险性类别：8 联合国包装类别：III 中国危险性类别：第 8 类腐蚀性物质 中国包装类别：III		
应急响应	运输应急卡：TEC(R)-80GC4-II+III 美国消防协会法规：H3（健康危险性）；F2（火灾危险性）；R0（反应危险性）		
储存	与食品和饲料、氧化剂、碱和还原剂分开存放。干燥。保存在阴暗处		
重要数据	物理状态、外观：白色至黄色晶体，有刺鼻气味 化学危险性：在紫外光或湿气作用下，该物质可能发生聚合。水溶液是一种弱酸。与碱、氧化剂、还原剂激烈反应，有着火和爆炸危险 职业接触限值：阈限值未制定标准 接触途径：该物质可通过吸入其气溶胶和食入吸收到体内 短期接触的影响：腐蚀作用。该物质腐蚀眼睛、皮肤和呼吸道。食入有腐蚀性。吸入蒸气可造成肺水肿（见注解）。影响可能推迟显现，需进行医学观察		
物理性质	沸点：189℃ 熔点：72℃ 相对密度（水=1）：1.02 水中溶解度：25℃时 9.4g/100mL 蒸气压：20℃时 19Pa 蒸气相对密度（空气=1）：2.97 闪点：88℃（开杯） 自燃温度：396℃		
环境数据	该物质可能对环境有危害，对水体应给予特别注意		
注解	通常该物质以熔融液体形式运输。肺水肿症状常常几个小时以后才变得明显，体力劳动使症状加重。因此，休息和医学观察是必要的。应考虑由医生或医生指定人员立即采取适当吸入治疗法		

IPCS
International
Programme on
Chemical Safety

本卡片由 IPCS 和 EC 合作编写 © 2004～2012

国际化学品安全卡

			ICSC 编号：0424

CAS 登记号：420-04-2
RTECS 号：GS5950000
UN 编号：2811
EC 编号：615-013-00-2
中国危险货物编号：2811

中文名称：氨腈；氨基化氰；氰胺；碳二亚胺；碳酰亚胺；氰酰胺；酰胺氰；氨基氰

英文名称：CYANAMIDE; Carbamonitrile; Hydrogen cyanamide; Carbodiimide; Carbimide; Cyanogenamide; Amidocyanogen

分子量：42.0　　　　　　　　化学式：CH₂N₂/H₂NCN

危害/接触类型	急性危害/症状	预防	急救/消防
火　灾	只在升温时可燃。在火焰中释放出刺激性或有毒烟雾（或气体）	禁止明火	二氧化碳，干粉，干砂，雾状水
爆　炸			从掩蔽位置灭火
接　触		防止粉尘扩散！避免一切接触！	一切情况均向医生咨询！
# 吸入	咳嗽。呼吸短促	局部排气通风或呼吸防护	新鲜空气，休息。如果感觉不舒服，需就医
# 皮肤	可能被吸收！发红。疼痛	防护手套。防护服	脱去污染的衣服。用大量水冲洗皮肤或淋浴。给予医疗护理
# 眼睛	发红。疼痛	面罩	先用大量水冲洗几分钟（如可能尽量摘除隐形眼镜），然后就医
# 食入	灼烧感。咽喉疼痛。腹部疼痛	工作时不得进食，饮水或吸烟。进食前洗手	漱口。饮用1杯或2杯水。不要催吐。给予医疗护理

泄漏处置	真空抽吸泄漏物。小心收集残余物，然后转移到安全场所。不要让该化学品进入环境。个人防护用具：全套防护服包括自给式呼吸器
包装与标志	气密。不得与食品和饲料一起运输 欧盟危险性类别：T 符号　　R:21-25-36/38-43 S:1/2-3-22-36/37-45 联合国危险性类别：6.1　　　　联合国包装类别：III 中国危险性类别：第6.1 毒性物质　　中国包装类别：III
应急响应	运输应急卡：TEC（R）-61GT1-III 美国消防协会法规：H4（健康危险性）；F1（火灾危险性）；R3（反应危险性）
储存	注意收容灭火产生的废水。与食品、饲料和性质相互抵触的物质分开存放。见化学危险性。阴凉场所。最高20℃储存，决不能超过30℃。干燥。严格密封。保存在通风良好的室内。稳定后储存。最佳pH值稳定性见注解。可储存在不锈钢，聚乙烯和聚丙烯中。储存在没有排水管或下水道的场所
重要数据	物理状态、外观：无色吸湿易潮解晶体 化学危险性：高反应性化合物。真空蒸馏时可爆炸。该物质可能发生自聚。二聚反应在温度高于40℃时强烈放热。二聚反应由痕量碱进行催化。与酸、碱和湿气接触时，该物质分解生成含有氨、氮氧化物和氰化物的有毒烟雾。与酸、强氧化剂和强还原剂发生反应，有爆炸和有毒的危险。浸蚀金属（如钢，铜，铝） 职业接触限值：阈限值：2mg/m³（时间加权平均值）（美国政府工业卫生学家会议，2007年）。欧盟职业接触限值：0.58ppm，1mg/m³（时间加权平均值）（经皮）（欧盟，2006年） 接触途径：该物质可通过吸入其气溶胶、经皮肤和经食入吸收到体内 吸入危险性：扩散时，尤其是粉末可较快地达到空气中颗粒物有害浓度 短期接触的影响：该物质严重刺激眼睛和皮肤，刺激呼吸道。见注解 长期或反复接触的影响：反复或长期接触可能引起皮肤过敏。动物实验表明，该物质可能造成人类生殖或发育毒性

物理性质	沸点：在0.067kPa时83℃ 熔点：44℃，在260℃时分解。 相对密度（水=1）：1.28	水中溶解度：25℃时85g/100mL 蒸气压：20℃时0.5Pa 闪点：141℃

环境数据	该物质对水生生物是有毒的。强烈建议不要让该化学品进入环境
注解	氨腈必须采取pH缓冲剂进行稳定，以防止二聚作用和分解的发生。添加的稳定剂或阻聚剂会影响该物质的毒理学性质。向专家咨询。氨腈长时间储存或被污染，应当用水至少稀释至其体积的3倍，以免达其分解温度。不要将工作服带回家中。术语氨腈也被用于指代氰氨化钙。与即使少量的酒精结合，该物质也会影响心血管和中枢神经系统，导致脸发红，心悸，低血压和换气过度。该卡片于2009年4月已被部分更新：见环境数据，GHS分类

IPCS
International
Programme on
Chemical Safety

UNEP

本卡片由 IPCS 和 EC 合作编写 © 2004～2012

国际化学品安全卡

环己酮			ICSC 编号：0425

CAS 登记号：108-94-1	中文名称：环己酮；六亚甲基酮；庚酮
RTECS 号：GW1050000	英文名称：CYCLOHEXANONE; Ketohexamethylene; Pimelic ketone;
UN 编号：1915	Cyclohexyl ketone
EC 编号：606-010-00-7	
中国危险货物编号：1915	

分子量：98.14	化学式：$C_6H_{10}O$

危害/接触类型	急性危害/症状	预防	急救/消防
火　灾	易燃的	禁止明火，禁止火花和禁止吸烟	抗溶性泡沫，二氧化碳，干粉
爆　炸	高于 44℃，可能形成爆炸性蒸气/空气混合物	高于 44℃，使用密闭系统、通风和防爆型电气设备。防止静电荷积聚（例如，通过接地）	着火时，喷雾状水保持料桶等冷却
接　触			
# 吸入	咳嗽。咽喉痛。头晕。倦睡	通风，局部排气通风或呼吸防护	新鲜空气，休息。给予医疗护理
# 皮肤	可能被吸收！皮肤干燥。发红	防护手套。防护服	脱去污染的衣服。用大量水冲洗皮肤或淋浴。给予医疗护理
# 眼睛	发红。疼痛	安全护目镜，或眼睛防护结合呼吸防护	先用大量水冲洗几分钟（如可能尽量摘除隐形眼镜），然后就医
# 食入	腹部疼痛。灼烧感	工作时不得进食，饮水或吸烟	漱口。饮用 1～2 杯水。给予医疗护理
泄漏处置	转移全部引燃源。通风。尽可能将泄漏液收集在可密闭的容器中。用砂土或惰性吸收剂吸收残液，并转移到安全场所。个人防护用具：适用于有机气体和蒸气的过滤呼吸器。化学防护服		
包装与标志	欧盟危险性类别：Xn 符号　R:10-20　S:2-25 联合国危险性类别：3　　　联合国包装类别：III 中国危险性类别：第 3 类　易燃液体　中国包装类别：III		
应急响应	运输应急卡：TEC(R)-30S1915 美国消防协会法规：H1（健康危险性）；F2（火灾危险性）；R0（反应危险性）		
储存	耐火设备（条件）。与强氧化剂分开存放		
重要数据	物理状态、外观：无色油状液体，有特殊气味 物理危险性：蒸气比空气重。由于流动、搅拌等，可能产生静电 化学危险性：与强氧化剂，如硝酸发生反应，有着火和爆炸的危险 职业接触限值：阈限值：20ppm（时间加权平均值）；50ppm（短期接触限值）（经皮），A3（确认的动物致癌物，但未知与人类相关性）（美国政府工业卫生学家会议，2004 年）。欧盟职业接触限值：10ppm，40.8mg/m³（时间加权平均值）；20ppm，81.6mg/m³（短期接触限值）（经皮）（欧盟，2000 年） 接触途径：该物质可通过吸入其蒸气，经皮肤和食入吸收到体内 吸入危险性：20℃时，该物质蒸发相当慢地达到空气中有害污染浓度 短期接触的影响：该物质和蒸气刺激眼睛、皮肤和呼吸道。远高于职业接触限值接触时，会造成意识降低		
物理性质	沸点：156℃ 熔点：−32.1℃ 相对密度（水=1）：0.95 水中溶解度：20℃时 8.7g/100mL 蒸气压：20℃时 500Pa 蒸气相对密度（空气=1）：3.4 蒸气/空气混合物的相对密度（20℃，空气=1）：1.01 闪点：44℃（闭杯） 自燃温度：420℃ 爆炸极限：空气中 1.1%（100℃时）～9.4%（体积） 辛醇/水分配系数的对数值：0.81		
环境数据			
注解			

IPCS
International
Programme on
Chemical Safety

UNEP

本卡片由 IPCS 和 EC 合作编写 © 2004～2012

429

国际化学品安全卡

乙酸环己酯		ICSC 编号：0426

CAS 登记号：622-45-7
RTECS 号：AG5075000
UN 编号：2243
中国危险货物编号：2243

中文名称：乙酸环己酯；醋酸环己酯
英文名称：CYCLOHEXYL ACETATE; Acetic acid, cyclo-hexyl ester; Hexalin acetate; Cyclohexanol acetate

分子量：142.2

化学式：$C_8H_{14}O_2/CH_3COOC_6H_{11}$

危害/接触类型	急性危害/症状	预防	急救/消防
火 灾	易燃的	禁止明火、禁止火花和禁止吸烟	干粉，水成膜泡沫，泡沫，二氧化碳
爆 炸	高于 58℃，可能形成爆炸性蒸气/空气混合物	高于 58℃，使用密闭系统，通风	着火时，喷雾状水保持料桶等冷却
接 触			
# 吸入	咳嗽，咽喉疼痛	通风，局部排气通风或呼吸防护	新鲜空气，休息
# 皮肤	皮肤发干，发红	防护手套	脱掉污染的衣服，冲洗，然后用水和肥皂洗皮肤
# 眼睛	发红，疼痛	安全护目镜	首先用大量水冲洗几分钟（如可能尽量摘除隐形眼镜），然后就医
# 食入	瞌睡，神志不清。（另见吸入）	工作时不得进食、饮水或吸烟	漱口，休息，给予医疗护理
泄漏处置	将泄漏液收集在有盖容器中。用砂土或惰性吸收剂吸收残液并转移到安全场所		
包装与标志	联合国危险性类别：3　　联合国包装类别：III 中国危险性类别：第 3 类易燃液体　中国包装类别：III		
应急响应	运输应急卡：TEC (R)-30S2243 或 30GF1-III。 美国消防协会法规：H1（健康危险性）；F2（火灾危险性）；R0（反应危险性）		
储存	耐火设备（条件）。与强氧化剂分开存放		
重要数据	物理状态、外观：无色液体，有特殊气味 化学危险性：与强氧化剂反应，有着火和爆炸危险 职业接触限值：阈限值未制定标准 接触途径：该物质可通过吸入其蒸气和食入吸收到体内 吸入危险性：20℃时该物质蒸发，不会或很缓慢地达到空气中有害污染浓度 短期接触的影响：该物质刺激眼睛、皮肤和呼吸道。该物质可能对中枢神经系统有影响。接触高浓度，食入该物质可能造成意识降低 长期或反复接触的影响：液体使皮肤脱脂		
物理性质	沸点：177℃ 熔点：-77℃ 相对密度（水=1）：0.97 水中溶解度：不溶 蒸气压：30℃时 0.93kPa 蒸气相对密度（空气=1）：4.9 蒸气/空气混合物的相对密度（20℃，空气=1）：1.08 闪点：58℃（闭杯） 自燃温度：334℃		
环境数据			
注解			

IPCS
International Programme on Chemical Safety

本卡片由 IPCS 和 EC 合作编写 © 2004～2012

国际化学品安全卡

环戊酮			ICSC 编号：0427

CAS 登记号：120-92-3
RTECS 号：GY4725000
UN 编号：2245
EC 编号：606-025-00-9
中国危险货物编号：2245

中文名称：环戊酮；环戊烷酮；己二酮
英文名称：CYCLOPENTANONE; Ketocyclopentane; Adipic ketone

分子量：84.12　　　　　　　　化学式：C_5H_8O

危害/接触类型	急性危害/症状	预防	急救/消防
火 灾	易燃的。受热可能引起压力升高，容器有爆炸危险	禁止明火，禁止火花和禁止吸烟	干粉，水成膜泡沫，泡沫，二氧化碳
爆 炸	气体/空气混合物有爆炸性		着火时，喷雾状水保持料桶等冷却
接 触			
# 吸入	咳嗽，咽喉疼痛	通风，局部排气通风或呼吸防护	新鲜空气，休息，给予医疗护理
# 皮肤	发红，疼痛	防护手套	冲洗，然后用水和肥皂洗皮肤
# 眼睛	发红，疼痛	安全护目镜	先用大量水冲洗几分钟（如可能尽量摘除隐形眼镜），然后就医
# 食入		工作时不得进食、饮水或吸烟	
泄漏处置	尽可能将泄漏液收集在可密闭容器中。用砂土或惰性吸收剂吸收残液，并转移到安全场所		
包装与标志	欧盟危险性类别：Xi 符号　R:10-36/38　S:2-23 联合国危险性类别：3　联合国包装类别：III 中国危险性类别：第 3 类易燃液体　中国包装类别：III		
应急响应	运输应急卡：TEC（R）-30S2245 或 30GF1-III 美国消防协会法规：H2（健康危险性）；F3（火灾危险性）；RO（反应危险性）		
储存	耐火设备（条件）。与酸分开存放。阴凉场所。保存在阴暗处。保存在通风良好的室内。稳定后储存		
重要数据	物理状态、外观：无色清澈液体 物理危险性：蒸气体比空气重 化学危险性：在酸作用下，该物质容易发生聚合 职业接触限值：阈限值未制定标准 接触途径：该物质可通过吸入其蒸气，经皮肤和食入吸收到体内 吸入危险性：未指明 20℃时该物质蒸发到空气中有害浓度的速率 短期接触的影响：该物质刺激眼睛和皮肤。可能刺激呼吸道		
物理性质	沸点：131℃ 熔点：-51℃ 相对密度（水=1）：0.95 水中溶解度：微溶 蒸气相对密度（空气=1）：2.3 闪点：26℃		
环境数据			
注解	该物质对人体健康影响的数据不充分，因此应当特别注意。添加稳定剂或阻聚剂会影响该物质的毒理学性质。向专家咨询		

IPCS
International
Programme on
Chemical Safety

本卡片由 IPCS 和 EC 合作编写 © 2004～2012

431

国际化学品安全卡

癸烷			ICSC 编号：0428

CAS 登记号：124-18-5	中文名称：癸烷；正癸烷
RTECS 号：HD6550000	英文名称：DECANE; n-Decane
UN 编号：2247	
中国危险货物编号：2247	

分子量：142.3	化学式：$C_{10}H_{22}/CH_3(CH_2)_8CH_3$

危害/接触类型	急性危害/症状	预防	急救/消防
火　灾	易燃的	禁止明火、禁止火花和禁止吸烟	干粉，水成膜泡沫，泡沫，二氧化碳
爆　炸	高于46℃，可能形成爆炸性蒸气/空气混合物	高于46℃，使用密闭系统，通风和防爆型电气设备	着火时，喷雾状水保持料桶等冷却
接　触			
# 吸入		通风	新鲜空气，休息，半直立体位
# 皮肤	皮肤发干，发红	防护手套	脱掉污染的衣服，用大量水冲洗皮肤或淋浴
# 眼睛	发红，疼痛	安全护目镜	首先用大量水冲洗几分钟（如可能尽量摘除隐形眼镜），然后就医
# 食入		工作时不得进食、饮水或吸烟	漱口，不要催吐，休息，给予医疗护理
泄漏处置	尽可能将泄漏液收集在有盖金属或玻璃容器中。用砂土或惰性吸收剂吸收残液并转移到安全场所		
包装与标志	联合国危险性类别：3　联合国包装类别：III 中国危险性类别：第3类易燃液体　中国包装类别：III		
应急响应	运输应急卡：TEC (R)-30S2247 或 30GF1-III 美国消防协会法规：H0（健康危险性）；F2（火灾危险性）；R0（反应危险性）		
储存	耐火设备（条件）。阴凉场所		
重要数据	物理状态、外观：无色液体，有特殊气味 化学危险性：与氧化剂发生反应 职业接触限值：阈限值未制定标准 接触途径：该物质可通过吸入和食入吸收到体内 吸入危险性：20℃时，该物质蒸发可相当慢地达到空气中有害浓度 短期接触的影响：如果吞咽液体吸入肺中，可能引起化学肺炎 长期或反复接触的影响：液体使皮肤脱脂		
物理性质	沸点：174.2℃ 熔点：−29.7℃ 相对密度（水=1）：0.7 水中溶解度：不溶 蒸气压：25℃时 0.17kPa 蒸气相对密度（空气=1）：4.9 蒸气/空气混合物的相对密度（20℃，空气=1）：1.02 闪点：46℃（闭杯） 自燃温度：210℃ 爆炸极限：空气中 0.8%～5.4%（体积） 辛醇/水分配系数的对数值：5.98（估算值）		
环境数据	该物质对水生生物有害的		
注解			

IPCS
International
Programme on
Chemical Safety

本卡片由 IPCS 和 EC 合作编写 © 2004～2012

国际化学品安全卡

O-甲基内吸磷			ICSC 编号：0429

CAS 登记号：867-27-6 RTECS 号：TG1650000 UN 编号：3018 EC 编号：015-030-00-X 中国危险货物编号：3018	中文名称：*O*-甲基内吸磷；*O*-2-乙硫代乙基-*O,O*-二甲基硫代磷酸酯 英文名称：DEMETON-*O*-METHYL；*O*-2-Ethylthioethyl-*O,O*-dimethyl phosphorothioate

分子量：230.3	化学式：$C_6H_{15}O_3PS_2$/$(CH_3O)_2PSOCH_2CH_2SCH_2CH_3$

危害/接触类型	急性危害/症状	预防	急救/消防
火 灾	可燃的。含有机溶剂的液体制剂可能是易燃的。在火焰中释放出刺激性或有毒烟雾（或气体）	禁止明火	干粉，雾状水，泡沫，二氧化碳
爆 炸	如果制剂中含有易燃/爆炸性溶剂，有着火和爆炸危险		
接 触		防止烟雾产生！严格作业环境管理！避免青少年和儿童接触	一切情况均向医生咨询！
# 吸入	肌肉痉挛，眩晕，恶心，虚弱，针尖瞳孔，出汗，多涎，呼吸困难	通风，局部排气通风或呼吸防护	新鲜空气，休息，给予医疗护理
# 皮肤	可能被吸收！（另见吸入）	防护手套，防护服	脱去污染的衣服，冲洗，然后用水和肥皂清洗皮肤，给予医疗护理
# 眼睛	针尖瞳孔，视力模糊	面罩或眼睛防护结合呼吸防护	先用大量水冲洗几分钟（如可能尽量摘除隐形眼镜），然后就医
# 食入	胃痉挛，呕吐，腹泻，惊厥，神志不清。（另见吸入）	工作时不得进食、饮水或吸烟。进食前洗手	漱口，用水冲服活性炭浆，催吐（仅对清醒病人！），休息，给予医疗护理
泄漏处置	尽可能将泄漏液收集在可密闭容器中。用砂土或惰性吸收剂吸收残液，并转移到安全场所。不得冲入下水道。个人防护用具：化学防护服包括自给式呼吸器		
包装与标志	不得与食品和饲料一起运输 欧盟危险性类别：T 符号 R:25　　S:1/2-24-36/37-45 联合国危险性类别：6.1　　　联合国包装类别：III 中国危险性类别：第 6.1 项毒性物质　中国包装类别：III		
应急响应	运输应急卡：TEC（R）-61GT6-III		
储 存	注意收容灭火的产生的废水。与食品和饲料分开存放。保存在通风良好的室内		
重要数据	物理状态、外观：无色至浅黄色油状液体，有特殊气味 化学危险性：加热或燃烧时，该物质分解生成磷氧化物和硫氧化物有毒烟雾 接触途径：该物质可通过吸入其气溶胶、经皮肤或食入吸收到体内 吸入危险性：20℃时该物质蒸发，不会或很缓慢地达到空气中有害污染浓度，但喷洒或扩散时要快得多 短期接触的影响：该物质可能对神经系统有影响。胆碱酯酶抑制剂。影响可能推迟显现。需进行医学观察		
物理性质	沸点：0.07kPa 时 93℃ 相对密度（水=1）：1.2 水中溶解度：20℃时 0.03g/100mL 蒸气压：20℃ 0.025Pa 蒸气相对密度（空气=1）：7.9 蒸气/空气混合物的相对密度（20℃，空气=1）：1.00		
环境数据	避免非正常使用时释放到环境中		
注 解	该物质中毒时，需采取必要的治疗措施。必须提供有指示说明的适当方法。如果该物质用溶剂配制，可参考溶剂的卡片。商业制剂中使用的载体溶剂可能改变其物理和毒理学性质。可参考卡片 #0705。商品名称为 Methylsystox		

IPCS
International
Programme on
Chemical Safety

   UNEP

本卡片由 IPCS 和 EC 合作编写 © 2004～2012

国际化学品安全卡

邻苯二甲酸二烯丙基酯			ICSC 编号：0430

CAS 登记号：131-17-9	中文名称：邻苯二甲酸二烯丙基酯；邻苯二甲酸二烯丙酯；1,2-苯二甲酸	
RTECS 号：CZ4200000	二-2-丙烯酯；DAP	
UN 编号：3082	英文名称：DIALLYL PHTHALATE; o-Phthalic acid, diallyl ester;	
EC 编号：607-086-00-4	1,2-Benzenedicarboxylic acid, di-2-propenyl ester; DAP	
中国危险货物编号：3082		

分子量：246.3	化学式：$C_6H_4(CO_2CH_2CHCH_2)_2$

危害/接触类型	急性危害/症状	预防	急救/消防
火　灾	可燃的。在火焰中释放出刺激性或有毒烟雾（或气体）	禁止明火	干粉，二氧化碳，泡沫
爆　炸			
接　触		防止产生烟云！	
# 吸入		通风	新鲜空气，休息
# 皮肤		防护手套。防护服	脱去污染的衣服。冲洗，然后用水和肥皂清洗皮肤
# 眼睛	发红	安全眼镜	用大量水冲洗（如可能尽量摘除隐形眼镜）
# 食入		工作时不得进食，饮水或吸烟	漱口

泄漏处置	通风。将泄漏液收集在有盖的容器中。用砂土或惰性吸收剂吸收残液，并转移到安全场所。不要让该化学品进入环境
包装与标志	欧盟危险性类别：Xn 符号　N 符号　　R:22-50/53　　S:2-24/25-60-61 联合国危险性类别：9　　　　　联合国包装类别：III 中国危险性类别：第 9 类　杂项危险物质和物品　中国包装类别：III
应急响应	运输应急卡：TEC(R)-90GM6-III 美国消防协会法规：H1（健康危险性）；F1（火灾危险性）；R1（反应危险性）
储存	与强氧化剂强碱、酸类分开存放。稳定后储存。储存在没有排水管或下水道的场所
重要数据	物理状态、外观：无色液体 化学危险性：由于加热或有催化剂存在时，如果未经阻聚，该物质发生聚合。燃烧时，生成有毒气体。与强氧化剂，酸和碱发生反应 职业接触限值：阈限值未制定标准。最高容许浓度：IIb（未制定标准，但可提供数据）（德国，2006年） 接触途径：该物质可通过吸入其气溶胶和食入吸收到体内 吸入危险性：20℃时，该物质蒸发相当慢地达到空气中有害污染浓度；但喷洒或扩散时要快得多 短期接触的影响：如果吞咽的液体吸入肺中，可能引起化学肺炎 长期或反复接触的影响：反复或长期接触可能引起皮肤过敏
物理性质	沸点：290℃ 熔点：-70℃ 相对密度（水=1）：1.1 水中溶解度：20℃时 0.015g/100mL（难溶） 蒸气压：25℃时 0.02Pa 蒸气相对密度（空气=1）：8.3 闪点：166℃（闭杯） 自燃温度：385℃ 辛醇/水分配系数的对数值：3.23
环境数据	该物质对水生生物有极高毒性。强烈建议不要让该化学品进入环境
注解	添加稳定剂或阻聚剂会影响该物质的毒理学性质。向专家咨询

IPCS
International
Programme on
Chemical Safety

本卡片由 IPCS 和 EC 合作编写 © 2004～2012

国际化学品安全卡

二苯并(a,h)蒽				ICSC 编号：0431

CAS 登记号：53-70-3　　　　　　　中文名称：二苯并(a,h)蒽；1,2:5,6-二苯(并)蒽

RTECS 号：HN2625000　　　　　　英文名称：DIBENZO (a,h) ANTHRACENE；1,2:5,6-Dibenzanthrancene

EC 编号：601-041-00-2

分子量：287.4　　　　　　　　　　化学式：$C_{22}H_{14}$

危害/接触类型	急性危害/症状	预防	急救/消防
火灾	可燃的	禁止明火	干粉，雾状水
爆炸			
接触		避免一切接触！	
# 吸入		局部排气通风或呼吸防护	新鲜空气，休息
# 皮肤	发红，肿胀，瘙痒	防护手套，防护服	脱去污染的衣服，冲洗，然后水和肥皂洗皮肤
# 眼睛	发红	面罩或眼睛防护结合呼吸防护	先用大量水冲洗几分钟（如可能尽量摘除隐形眼镜），然后就医
# 食入		工作时不得进食、饮水或吸烟。进食前洗手	漱口
泄漏处置	将泄漏物清扫到可密闭容器中。如果适当，首先润湿防止扬尘。小心收集残余物，然后转移到安全场所。个人防护用具：适用于 该物质空气中浓度的颗粒物过滤呼吸器		
包装与标志	欧盟危险性类别：　T 符号 N 符号　R:45-50/53　　S:53-45-60-61		
应急响应			
储存	严格密封		
重要数据	**物理状态、外观：** 无色晶体粉末 **职业接触限值：** 阈限值未制定标准。 最高容许浓度：皮肤吸收；致癌物类别：2；胚细胞突变种类：2A（德国，2009 年） **接触途径：** 该物质可通过吸入、经皮肤和食入吸收到体内 **吸入危险性：** 20℃时蒸发可忽略不计，但可较快地达到空气中颗粒物有害浓度 **长期或反复接触的影响：** 该物质可能对皮肤有影响，导致光敏作用。该物质很可能是人类致癌物		
物理性质	沸点：524℃ 熔点：267℃ 相对密度（水=1）：1.28 水中溶解度：不溶 辛醇/水分配系数的对数值：6.5		
环境数据	该化学品可能在海产食品发生生物蓄积		
注解	这是许多多环芳烃（PAH）中的一种，其标准通常根据其他混合物，如煤焦油沥青挥发物制定。但在实验室中可能遇到纯品。该物质对人体健康作用数据不充分，因此，应当特别注意。不要将工作服带回家中。常用名称为DBA		

IPCS
International
Programme on
Chemical Safety

UNEP

本卡片由 **IPCS** 和 **EC** 合作编写 © 2004～2012

国际化学品安全卡

乙硼烷			ICSC 编号：0432

CAS 登记号：19287-45-7
RTECS 号：HQ9275000
UN 编号：1911
中国危险货物编号：1911

中文名称：乙硼烷；氢化硼；六氢化二硼（钢瓶）（液化的，冷却的）
英文名称：DIBORANE; Boroethane; Boron hydride; Diboron hexahydride (cylinder); (liquefied, cooled)

分子量：27.7

化学式：B_2H_6/BH_3BH_3

危害/接触类型	急性危害/症状	预防	急救/消防
火　灾	极易燃	禁止明火，禁止火花和禁止吸烟。禁止与卤素、氧化剂或水接触。禁止与高温表面接触	切断气源，如不可能并对周围环境无危险，让火自行烧尽，其他情况用干粉灭火。禁用含水灭火剂
爆　炸	气体/空气混合物有爆炸性。与水接触时，有爆炸危险	密闭系统，通风，防爆型电气设备和照明。防止静电荷积聚（例如，通过接地）。使用无火花手工具	着火时，喷雾状水保持钢瓶冷却，但避免该物质与水接触。从掩蔽位置灭火。消防人员应当穿着全套防护服，包括自给式呼吸器
接　触		严格作业环境管理！	一切情况均向医生咨询！
# 吸入	咳嗽，咽喉痛，恶心，呼吸困难，头晕，虚弱，头痛，发烧或体温升高，震颤，症状可能推迟出现（见注解）。	通风，局部排气通风或呼吸防护	新鲜空气，休息。半直立体位。必要时进行人工呼吸。给予医疗护理。
# 皮肤	严重冻伤	保温手套	冻伤时，用大量水冲洗，不要脱去衣服。给予医疗护理。
# 眼睛	严重深度烧伤	安全护目镜，眼睛防护结合呼吸防护	先用大量水冲洗几分钟（如可能易行摘除隐形眼镜），然后就医。
# 食入		工作时不得进食，饮水或吸烟	
泄漏处置	撤离危险区域！向专家咨询！转移全部引燃源。阻止气体流动。通风。干燥。个人防护用具：全套防护服包括自给式呼吸器		
包装与标志	特殊绝缘钢瓶。不得与食品和饲料一起运输 联合国危险性类别：2.3　　　联合国次要危险性：2.1 中国危险性类别：第 2.3 项 毒性气体 中国次要危险性：2.1　　GHS 分类：警示词：危险 图形符号：火焰-气瓶-骷髅和交叉骨-腐蚀-健康危险 危险说明：极易燃气体；内含高压气体，遇热可能爆炸；吸入气体致命；造成严重皮肤灼伤和眼睛损伤；吸入对呼吸系统造成损害		
应急响应	运输应急卡：TEC(R)-20S1911 美国消防协会法规：H4（健康危险性）；F4（火灾危险性）；R4（反应危险性）。W（禁止用水）		
储存	耐火设备（条件）。与强氧化剂、食品和饲料和水分开存放。阴凉场所。沿地面和天花板通风		
重要数据	物理状态、外观：无色压缩气体，有特殊气味 物理危险性：气体与空气充分混合，容易形成爆炸性混合物 化学危险性：该物质发生聚合时，生成液体五硼烷。与氧化剂激烈反应。加热时，该物质迅速分解，生成氢、硼酸和氧化硼 职业接触限值：阈限值：0.1ppm；0.1mg/m³（美国政府工业卫生学家会议，2006 年）。最高容许浓度：IIb（未制定标准但可提供数据）（德国，2005 年） 接触途径：该物质可通过吸入吸收到体内。与皮肤接触时，造成严重的局部影响 吸入危险性：容器漏损时，迅速达到空气中该气体的有害浓度 短期接触的影响：该物质腐蚀眼睛、皮肤和呼吸道。吸入该物质可能引起肺水肿（见注解）。影响可能推迟显现。接触可能导致死亡 长期或反复接触的影响：吸入可能引起类似哮喘反应（RADS）		
物理性质	沸点：-92℃ 熔点：-165℃ 水中溶解度：水解生成氢和硼酸 蒸气相对密度（空气=1）：0.96		闪点：易燃气体 自燃温度：40～50℃（见注解） 爆炸极限：空气中 0.8%～88%（体积）
环境数据			
注解	在自燃温度以下由于存在污染物，以致在室温或室温以下可能引燃。与灭火剂，如水激烈反应。对该物质的环境影响未进行调查。肺水肿症状常常经过几个小时以后才变得明显，体力劳动使症状加重。因而休息和医学观察是必要的。超过接触限值时，气味报警不充分。转动泄漏钢瓶使漏口朝上，防止液态气体逸出		

IPCS
International
Programme on
Chemical Safety

本卡片由 IPCS 和 EC 合作编写 © 2004～2012

国际化学品安全卡

三（2,3-二溴丙基）磷酸酯	ICSC 编号：0433

CAS 登记号：126-72-7	中文名称：三（2,3-二溴丙基）磷酸酯；2,3-二溴-1-丙醇磷酸酯；TDBPP
RTECS 号：UB0350000	英文名称：TRIS (2,3-DIBROMOPROPYL) PHOSPHATE; TBPP; 2,3-Dibromo-1-propanol phosphate; TDBPP

分子量：697.9	化学式：$C_9H_{15}Br_6O_4P$

危害/接触类型	急性危害/症状	预防	急救/消防
火 灾	在特定条件下是可燃的	禁止明火	大量水，泡沫，抗溶性泡沫，二氧化碳
爆 炸			
接 触		避免一切接触！	
# 吸入			
# 皮肤		防护服。防护手套	冲洗，然后用水和肥皂清洗皮肤
# 眼睛		面罩，或眼睛防护结合呼吸防护	先用大量水冲洗几分钟（如可能尽量摘除隐形眼镜），然后就医
# 食入	见长期或反复接触的影响	工作时不得进食，饮水或吸烟。进食前洗手	漱口。给予医疗护理

泄漏处置	将泄漏液收集在可密闭的容器中。用砂土或惰性吸收剂吸收残液，并转移到安全场所。不要让该化学品进入环境。个人防护用具：适用于有机气体和蒸气的过滤呼吸器。化学防护服
包装与标志	
应急响应	美国消防协会法规：H3（健康危险性）；F2（火灾危险性）；R0（反应危险性）
储存	与食品和饲料分开存放

重要数据	物理状态、外观：无色黏稠的液体 化学危险性：加热到200℃时，该物质分解生成含有溴化氢和氧化亚磷的有毒和腐蚀性烟雾。与酸类和碱类发生反应 职业接触限值：阈限值未制定标准。最高容许浓度未制定标准 接触途径：该物质可通过吸入，经皮肤和食入吸收到体内 吸入危险性：20℃时蒸发可忽略不计，但扩散时可较快地达到空气中颗粒物有害浓度 长期或反复接触的影响：该物质很可能是人类致癌物
物理性质	沸点：低于沸点在200℃分解 熔点：5.5℃ 密度：2.27g/cm³ 水中溶解度：20℃时 0.063g/100mL 蒸气压：25℃时 0.019Pa 闪点：>110℃ 辛醇/水分配系数的对数值：4.29
环境数据	该物质对水生生物是有毒的
注解	不要将工作服带回家中。根据接触程度，建议定期进行医疗检查

IPCS
International
Programme on
Chemical Safety

本卡片由 IPCS 和 EC 合作编写 © 2004～2012

国际化学品安全卡

1,1-二氯-1-硝基乙烷			ICSC 编号：0434

CAS 登记号：594-72-9	中文名称：1,1-二氯-1-硝基乙烷
RTECS 号：KI1050000	英文名称：1,1-DICHLORO-1-NITROETHANE; Ethane, 1,1-dichloro-1-nitro-
UN 编号：2650	
EC 编号：610-002-00-9	
中国危险货物编号：2650	

分子量：143.9　　　　　　　　化学式：$C_2H_3Cl_2NO_2$

危害/接触类型	急性危害/症状	预防	急救/消防
火　灾	易燃的。在火焰中释放出刺激性或有毒烟雾（或气体）	禁止明火，禁止火花和禁止吸烟	干粉，雾状水，泡沫，二氧化碳
爆　炸	高于57.8℃，可能形成爆炸性蒸气/空气混合物	高于57.8℃，使用密闭系统、通风和防爆型电气设备	着火时，喷雾状水保持料桶等冷却
接　触			
# 吸入	咳嗽。咽喉痛。呼吸困难。呼吸短促。症状可能推迟显现（见注解）	通风，局部排气通风或呼吸防护	新鲜空气，休息。半直立体位。给予医疗护理
# 皮肤	发红。疼痛	防护手套	脱去污染的衣服。冲洗，然后用水和肥皂清洗皮肤
# 眼睛	引起流泪。发红。疼痛	安全护目镜	先用大量水冲洗几分钟（如可能尽量摘除隐形眼镜），然后就医
# 食入	灼烧感。腹部疼痛	工作时不得进食，饮水或吸烟	漱口。给予医疗护理
泄漏处置	将泄漏液收集在可密闭的金属容器中。个人防护用具：自给式呼吸器		
包装与标志	欧盟危险性类别：T 符号　　R:23/24/25　　S:1/2-26-45 联合国危险性类别：6.1　　　　　　　联合国包装类别：II 中国危险性类别：第 6.1 项毒性物质　　中国包装类别：II		
应急响应	运输应急卡：TEC(R)-G1GT1-II 美国消防协会法规：H2（健康危险性）；F2（火灾危险性）；R3（反应危险性）		
储存	耐火设备（条件）。与强氧化剂、食品和饲料分开存放		
重要数据	物理状态、外观：无色液体，有刺鼻气味 化学危险性：燃烧时，生成含有氯化氢、氮氧化物和光气的有毒气体。与强氧化剂激烈反应。浸蚀橡胶和某些塑料 职业接触限值：阈限值：2ppm（时间加权平均值）（美国政府工业卫生学家会议，2006 年）。最高容许浓度：IIb（未制定标准，但可提供数据）（德国，2006 年） 接触途径：该物质可经食入和通过吸入其蒸气吸收到体内 吸入危险性：20℃时，该物质蒸发较快达到空气中有害污染浓度，但喷洒或扩散时更快 短期接触的影响：该物质刺激眼睛、皮肤和呼吸道。吸入蒸气可能引起肺水肿（见注解）		
物理性质	沸点：124℃ 相对密度（水=1）：1.4 水中溶解度：20℃时难溶 蒸气压：20℃时 2kPa 蒸气相对密度（空气=1）：5.0 蒸气/空气混合物的相对密度（20℃，空气=1）：1.0 闪点：57.8℃（闭杯） 辛醇/水分配系数的对数值：1.56		
环境数据	商品名称为 Ethide。对该物质的环境影响未进行调查。肺水肿症状常常经过几个小时以后才变得明显，体力劳动使症状加重。因而休息和医学观察是必要的		
注解			

IPCS
International
Programme on
Chemical Safety

本卡片由 IPCS 和 EC 合作编写 ©2004～2012

国际化学品安全卡

二氯异丙醚			ICSC 编号：0435

CAS 登记号：108-60-1	中文名称：二氯异丙醚；二（2-氯-1-甲基乙基）醚；2,2'-氧二（1-氯丙烷）；
RTECS 号：KN1750000	二氯二异丙醚
UN 编号：2490	英文名称：DICHLOROISOPROPYL ETHER; Bis (2-chloro-1-methylethyl)
中国危险货物编号：2490	ether; 2,2'-Oxybis (1-chloropropane); Dichlorodiisopropyl ether

分子量：171.1	化学式：$C_6H_{12}Cl_2O/(ClCH_2C(CH_3)H)_2O$

危害/接触类型	急性危害/症状	预防	急救/消防
火 灾	可燃的。在火焰中释放出刺激性或有毒烟雾（或气体）	禁止明火	泡沫，抗溶性泡沫，干粉，二氧化碳或雾状水
爆 炸	高于85℃，可能形成爆炸性蒸气/空气混合物	高于85℃，使用密闭系统、通风	
接 触			
# 吸入		局部排气通风	新鲜空气，休息
# 皮肤	皮肤干燥	防护手套	脱去污染的衣服。冲洗，然后用水和肥皂清洗皮肤
# 眼睛		安全眼镜	先用大量水冲洗几分钟（如可能尽量摘除隐形眼镜），然后就医
# 食入		工作时不得进食，饮水或吸烟。进食前洗手	大量饮水

泄漏处置	通风。转移全部引燃源。将泄漏液收集在可密闭的塑料容器中。用砂土或惰性吸收剂吸收残液，并转移到安全场所。个人防护用具：适用于有机气体和蒸气的过滤呼吸器
包装与标志	联合国危险性类别：6.1 联合国包装类别：II 中国危险性类别：第 6.1 项毒性物质 中国包装类别：II
应急响应	运输应急卡：TEC(R)-61GT1-II 美国消防协会法规：H3（健康危险性）；F2（火灾危险性）；R0（反应危险性）
储存	阴凉场所。保存在暗处。与性质相互抵触的物质分开存放。见化学危险性
重要数据	物理状态、外观：无色至棕色油状液体 化学危险性：持续与空气接触时，该物质能生成爆炸性过氧化物。与卤素、强酸和强氧化剂发生反应。燃烧时，该物质分解生成有毒烟雾 职业接触限值：阈限值未制定标准。最高容许浓度未制定标准 接触途径：该物质可通过吸入和经食入吸收到体内 吸入危险性：未指明 20℃时该物质蒸发达到空气中有害浓度的速率 短期接触的影响：见注解 长期或反复接触的影响：液体使皮肤脱脂
物理性质	沸点：187℃ 熔点：−102～−97℃ 相对密度（水=1）：1.1 水中溶解度：20℃时 0.2g/100mL（微溶） 蒸气压：20℃时 75Pa 蒸气相对密度（空气=1）：6 闪点：85℃（开杯） 辛醇/水分配系数的对数值：2.14～ 2.58
环境数据	
注解	该物质对人体健康的影响数据不充分，因此应当特别注意。对接触该物质的环境影响未进行充分调查

IPCS
International
Programme on
Chemical Safety

本卡片由 IPCS 和 EC 合作编写 © 2004～2012

国际化学品安全卡

1,2-二氯乙烯			ICSC 编号：0436

| CAS 登记号：540-59-0
RTECS 号：KV9360000
UN 编号：1150
EC 编号：602-026-00-3
中国危险货物编号：1150
分子量：96.95 | 中文名称：1,2-二氯乙烯；乙炔化二氯；对称二氯乙烯
英文名称：1,2-DICHLOROETHYLENE; 1,2-Dichloroethene; Acetylene dichloride; symmetrical Dichloroethylene

化学式：$C_2H_2Cl_2$/ClCH=CHCl |

危害/接触类型	急性危害/症状	预防	急救/消防
火 灾	高度易燃。在火焰中释放出刺激性或有毒烟雾（或气体）	禁止明火，禁止火花和禁止吸烟	干粉，雾状水，泡沫，二氧化碳
爆 炸	蒸气/空气混合物有爆炸性	密闭系统，通风，防爆型电气设备和照明。不要使用压缩空气灌装、卸料或转运	着火时，喷雾状水保持料桶等冷却
接 触		严格作业环境管理！	
# 吸入	咳嗽。咽喉痛。头晕。恶心。倦睡。虚弱。神志不清。呕吐	通风，局部排气通风或呼吸防护	新鲜空气，休息。给予医疗护理
# 皮肤	皮肤干燥	防护手套	脱去污染的衣服。用大量水冲洗皮肤或淋浴
# 眼睛	发红。疼痛	安全护目镜	先用大量水冲洗几分钟（如可能尽量摘除隐形眼镜），然后就医
# 食入	腹部疼痛。（另见吸入）	工作时不得进食,饮水或吸烟	漱口。大量饮水。给予医疗护理

泄漏处置	转移全部引燃源。通风。尽可能将泄漏液收集在可密闭的容器中。用干砂土或惰性吸收剂吸收残液，并转移到安全场所。不要冲入下水道。个人防护用具：全套防护服包括自给式呼吸器
包装与标志	欧盟危险性类别：F 符号 Xn 符号 标记：C　R:11-20-52/53　S:2-7-16-29-61 联合国危险性类别：3　联合国包装类别：II 中国危险性类别：第 3 类易燃液体　中国包装类别：II
应急响应	运输应急卡：TEC(R)-30GF1-I+II 美国消防协会法规：H2（健康危险性）；F3（火灾危险性）；R2（反应危险性）
储存	耐火设备（条件）。严格密封。见化学危险性
重要数据	物理状态、外观：无色液体，有特殊气味 物理危险性：蒸气比空气重，可能沿地面流动，可能造成远处着火 化学危险性：加热或在空气，光和湿气的作用下，该物质分解生成含氯化氢的有毒和腐蚀性烟雾。与强氧化剂反应。与铜及其合金、碱发生反应，生成有毒的，与空气接触自燃的氯乙炔。浸蚀塑料 职业接触限值：阈限值：200ppm（时间加权平均值）（美国政府工业卫生学家会议，2003 年）。最高容许浓度：200ppm，800mg/m³；最高限值种类：II（2）（德国，2002 年） 接触途径：该物质可通过吸入其蒸气和经食入吸收到体内 吸入危险性：20℃时该物质蒸发较快达到空气中有害污染浓度，但喷洒或扩散时更快 短期接触的影响：该物质刺激眼睛和呼吸道。高浓度时该物质可能对中枢神经系统有影响，导致意识降低 长期或反复接触的影响：液体使皮肤脱脂。该物质可能对肝有影响
物理性质	沸点：55℃ 相对密度（水=1）：1.28 水中溶解度：微溶 闪点：2℃（闭杯） 自燃温度：460℃ 爆炸极限：空气中 9.7%～12.8%（体积） 辛醇/水分配系数的对数值：2
环境数据	
注解	该化合物有两种异构体，即顺式和反式异构体。其相关数据：顺式异构体（CAS 登记号 156-59-2），反式异构体（CAS 登记号 156-60-5）；其他沸点：60.3℃，熔点：-81.5℃（顺式），-49.4℃（反式）；闪点：6℃（闭杯）（顺式），2～4℃（闭杯）（反式）；相对密度（水=1）：1.28（顺式），1.26（反式）；蒸气压（20℃时）：24.0 kPa（顺式），35.3 kPa（反式）；蒸气/空气混合物的相对密度（20℃，空气=1）：1.6（顺式），1.8（反式）；辛醇/水分配系数的对数值：1.86（顺式），2.09（反式）。根据接触程度，建议定期进行医疗检查

IPCS
International
Programme on
Chemical Safety

本卡片由 IPCS 和 EC 合作编写 © 2004～2012

国际化学品安全卡

二氯氰脲酸钠			ICSC 编号：0437

CAS 登记号：2893-78-9	中文名称：二氯氰脲酸钠；二氯-s-三嗪-2,4,6-三酮钠盐
RTECS 号：XZ1900000	英文名称：SODIUM DICHLOROISOCYANURATE;
UN 编号：2465	Dichloro-s-triazine-2,4,6-trione, sodium salt
EC 编号：613-030-00-X	
中国危险货物编号：2465	

分子量：220.96	化学式：$C_3Cl_2N_3O_3 \cdot Na$

危害/接触类型	急性危害/症状	预防	急救/消防
火 灾	不可燃，但可助长其他物质燃烧。在火焰中释放出刺激性或有毒烟雾（或气体）	禁止与易燃物质接触。禁止与强还原剂、强碱、氨、尿素和水接触	干粉、抗溶性泡沫、大量水、二氧化碳
爆 炸	与强还原剂、强碱、氨、尿素和水接触时，有着火和爆炸危险		着火时，喷雾状水保持料桶等冷却，但避免该物质与水接触
接 触		防止粉尘扩散！严格作业环境管理！	
# 吸入	咳嗽，咽喉痛	局部排气通风或呼吸防护	新鲜空气，休息
# 皮肤	发红，皮肤烧伤，疼痛	防护手套，防护服	脱去污染的衣服。用大量水冲洗皮肤或淋浴，给予医疗护理
# 眼睛	发红，疼痛，失明，严重深度烧伤	面罩，如为粉末，眼睛防护结合呼吸防护	先用大量水冲洗几分钟（如可能尽量摘除隐形眼镜），然后就医
# 食入	灼烧感，咽喉痛	工作时不得进食，饮水或吸烟	漱口。不要催吐。休息，给予医疗护理

泄漏处置	撤离危险区域！向专家咨询！不要冲入下水道。将泄漏物清扫进干容器中。小心收集残余物，然后转移到安全场所。不要用锯末或其他可燃吸收剂吸收。个人防护用具：全套防护服，包括自给式呼吸器
包装与标志	气密。不得与食品和饲料一起运输 欧盟危险性类别：O 符号 Xn 符号 N 符号 R:8-22-31-36/37-50/53 S:2-8-26-41-60-61 联合国危险性类别：5.1 联合国包装类别：II 中国危险性类别：第 5.1 项氧化性物质 中国包装类别：II
应急响应	运输应急卡：TEC(R)-51GO2-I+II+III
储存	与食品和饲料分开存放。见化学危险性。干燥。严格密封
重要数据	物理状态、外观：白色晶体粉末，有刺鼻气味 化学危险性：加热和与水接触时，该物质分解生成含氯的有毒烟雾。该物质是一种强氧化剂。与可燃物质和还原性物质激烈反应。与许多物质激烈反应，有着火和爆炸的危险 职业接触限值：阈限值未制定标准 接触途径：该物质可通过吸入粉尘和经食入吸收到体内 吸入危险性：20℃时蒸发可忽略不计，但可较快地达到空气中颗粒物有害浓度 短期接触的影响：该物质刺激眼睛、皮肤和呼吸道。食入有腐蚀性 长期或反复接触的影响：反复或长期与皮肤接触可能引起皮炎
物理性质	熔点：低于熔点在 230℃分解 相对密度（水=1）：1 水中溶解度：25g/100mL
环境数据	该物质可能对环境有危害，对水质应给予特别注意
注解	可参考卡片#0126 氯

IPCS
International
Programme on
Chemical Safety

本卡片由 IPCS 和 EC 合作编写 © 2004～2012

441

国际化学品安全卡

2,4-二氯苯酚			ICSC 编号：0438

CAS 登记号：120-83-2
RTECS 号：SK8575000
UN 编号：2020
EC 编号：604-011-00-7
中国危险货物编号：2020

中文名称：2,4-二氯苯酚；2,4-DCP；2,4-二氯羟基苯；1-羟基-2,4-二氯苯
英文名称：2,4-DICHLOROPHENOL；2,4-DCP；2,4-Dichlorohydroxybenzene；1-Hydroxy-2,4-dichlorobenzene

分子量：163.0　　　　　　　　　化学式：C₆H₄Cl₂O

危害/接触类型	急性危害/症状	预防	急救/消防
火 灾	可燃的。在火焰中释放出刺激性或有毒烟雾（或气体）	禁止明火	干粉，雾状水，泡沫，二氧化碳
爆 炸	微细分散的颗粒物在空气中形成爆炸性混合物	防止静电荷积聚（例如，通过接地）	
接 触		防止粉尘扩散！防止产生烟云！避免一切接触！	一切情况均向医生咨询！
# 吸入	咽喉痛。咳嗽。胸骨后有灼烧感。呼吸短促。呼吸困难。另见食入	局部排气通风或呼吸防护	新鲜空气，休息。半直立体位。立即给予医疗护理
# 皮肤	可能被吸收！发红。疼痛。水疱。（另见吸入）	防护手套。防护服	急救时戴防护手套。脱去污染的衣服。（见注解）。用聚乙二醇400或植物油除去该物质。用大量水冲洗皮肤或淋浴。立即给予医疗护理
# 眼睛	发红。疼痛。严重烧伤	面罩，和眼睛防护结合呼吸防护	用大量水冲洗（如可能尽量摘除隐形眼镜）。立即给予医疗护理
# 食入	口腔和咽喉烧伤。腹部疼痛。震颤。惊厥。休克或虚脱	工作时不得进食、饮水或吸烟	漱口。不要催吐。立即给予医疗护理
泄漏处置	将泄漏物清扫进容器中，如果适当，首先润湿防止扬尘。小心收集残余物，然后转移到安全场所。不要让该化学品进入环境。个人防护用具：化学防护服，包括自给式呼吸器		
包装与标志	不得与食品和饲料一起运输 欧盟危险性类别：T 符号 N 符号　R:22-24-34-51/53　S:1/2-26-36/37/39-45-61 联合国危险性类别：6.1　　　　联合国包装类别：III 中国危险性类别：第6.1项 毒性物质　中国包装类别：III GHS 分类：信号词：危险 图形符号：腐蚀-骷髅和交叉骨-健康危险-环境 危险说明：吞咽有害；皮肤接触会中毒；造成严重皮肤灼伤和眼睛损伤；对中枢神经系统造成损害；吸入可能对呼吸系统造成损害；对水生生物有毒，具有长期持久影响		
应急响应	美国消防协会法规：H3（健康危险性）；F1（火灾危险性）；R0（反应危险性）		
储存	耐火设备（条件）。储存在没有排水管或下水道的场所。注意收容灭火产生的废水。与强氧化剂、食品和饲料分开存放。沿地面通风		
重要数据	**物理状态、外观**：无色晶体，有特殊气味 **物理危险性**：以粉末或颗粒形状与空气混合，可能发生粉尘爆炸。如果在干燥状态，由于搅拌、气动输送和倾倒等能产生静电 **化学危险性**：该物质加热时分解生成含氯、氯化氢的有毒烟雾，燃烧时生成光气和二噁英。与酸和强氧化剂发生剧烈反应 **职业接触限值**：阈限值未制定标准。最高容许浓度未制定标准 **接触途径**：该物质可通过吸入、经皮肤和经食入吸收到体内。各种接触途径均产生严重的局部影响 **吸入危险性**：20℃时，该物质蒸发不能或很缓慢地达到空气中有害污染浓度；但是，熔融状态时，蒸发要快得多 **短期接触的影响**：该物质腐蚀眼睛，皮肤和呼吸道。食入有腐蚀性。高温液体可能引起严重皮肤烧伤。接触该熔融物，可能导致广泛的皮肤吸收和快速死亡。吸入该蒸气可能引起肺水肿（见注解）。需进行医学观察。该物质可能对中枢神经系统有影响		
物理性质	沸点：210.0℃ 熔点：45.0℃ 密度：1.4g/cm³ 水中溶解度：20℃时 0.45g/100mL（微溶） 蒸气压：20℃时 10Pa	蒸气相对密度（空气=1）：5.6 蒸气/空气混合物的相对密度（20℃，空气=1）：1.00 闪点：113℃ （闭杯） 自燃温度：500℃ 辛醇/水分配系数的对数值：3.17	
环境数据	该物质对水生生物是有毒的。该物质在正常使用过程中进入环境。但是要特别注意避免任何额外的释放，例如通过不适当处置活动		
注解	肺水肿症状常常经过几个小时以后才变得明显，体力劳动使症状加重。因而休息和医学观察是必要的。将污染的衣物密封在袋子或其他容器中进行隔离		

IPCS
International
Programme on
Chemical Safety

UNEP

本卡片由 IPCS 和 EC 合作编写 © 2004～2012

国际化学品安全卡

2,5-二氯苯酚			ICSC 编号：0439

CAS 登记号：583-78-8	中文名称：2,5-二氯苯酚；1-羟基-2,5-二氯苯；2,5-二氯羟基苯
RTECS 号：SK8600000	英文名称：2,5-DICHLOROPHENOL；1-Hydroxy-2,5-dichlorobenzene；
UN 编号：2020	2,5-Dichlorohydroxybenzene
中国危险货物编号：2020	

分子量：163.0	化学式：$C_6H_4Cl_2O$

危害/接触类型	急性危害/症状	预防	急救/消防
火 灾	可燃的。在火焰中释放出刺激性或有毒烟雾（或气体）	禁止明火	干粉，雾状水，泡沫，二氧化碳
爆 炸			
接 触		严格作业环境管理！防止粉尘扩散！	
# 吸入	咽喉痛。咳嗽。灼烧感	局部排气通风或呼吸防护	新鲜空气，休息。给予医疗护理
# 皮肤	发红。疼痛	防护手套。防护服	脱去污染的衣服。冲洗，然后用水和肥皂清洗皮肤。给予医疗护理
# 眼睛	发红。疼痛	面罩，或眼睛防护结合呼吸防护	用大量水冲洗（如可能尽量摘除隐形眼镜）。给予医疗护理
# 食入	咽喉疼痛。有灼烧感	工作时不得进食，饮水或吸烟	漱口。休息。给予医疗护理

泄漏处置	将泄漏物清扫进容器中，如果适当，首先润湿防止扬尘。小心收集残余物，然后转移到安全场所。不要让该化学品进入环境。个人防护用具：化学防护服，包括自给式呼吸器
包装与标志	不得与食品和饲料一起运输 联合国危险性类别：6.1　　　　联合国包装类别：III 中国危险性类别：第 6.1 毒性物质　　中国包装类别：III GHS 分类：信号词：警告 图形符号：感叹号 危险说明：吞咽有害；造成皮肤刺激；造成严重眼睛刺激；对水生生物有毒
应急响应	
储存	储存在原始容器中，储存在没有排水管或下水道的场所。注意收容灭火产生的废水。与氧化剂、食品和饲料分开存放。沿地面通风
重要数据	物理状态、外观：无色晶体，有特殊气味 化学危险性：加热时该物质分解，生成有毒和腐蚀性烟雾 职业接触限值：阈限值未制定标准。最高容许浓度未制定标准 接触途径：该物质可通过吸入、经皮肤和经食入吸收到体内 吸入危险性：扩散时，尤其是粉末可较快地达到空气中颗粒物有害浓度 短期接触的影响：该物质严重刺激眼睛、皮肤和呼吸道 长期或反复接触的影响：见注解
物理性质	沸点：在 99.2kPa 时 211℃ 熔点：59℃ 水中溶解度：0.2g/100mL（微溶） 蒸气压：25℃时 7Pa 蒸气相对密度（空气=1）：5.6 蒸气/空气混合物的相对密度（20℃，空气=1）：1.00 辛醇/水分配系数的对数值：3.14
环境数据	该物质对水生生物是有毒的。该物质在正常使用过程中进入环境。但是要特别注意避免任何额外的释放，例如通过不适当处置活动
注解	该物质对人体健康的影响数据不充分，因此应当特别注意。该物质是可燃的，但闪点未见文献报道。亦可参考化学品安全卡片#0438（2,4-二氯苯酚）和#0440（3,5-二氯苯酚）

IPCS
International
Programme on
Chemical Safety

本卡片由 IPCS 和 EC 合作编写 © 2004～2012

国际化学品安全卡

3,5-二氯苯酚			ICSC 编号：0440

CAS 登记号：591-35-5
RTECS 号：SK8820000
UN 编号：2020
中国危险货物编号：2020

中文名称：3,5-二氯苯酚；1-羟基-3,5-二氯苯；3,5-二氯羟基苯
英文名称：3,5-DICHLOROPHENOL; 1-Hydroxy-3,5-dichlorobenzene;
3,5-Dichlorohydroxybenzene

分子量：163.0   化学式：$C_6H_4Cl_2O$

危害/接触类型	急性危害/症状	预防	急救/消防
火 灾	可燃的。在火焰中释放出刺激性或有毒烟雾（或气体）	禁止明火	干粉，雾状水，泡沫，二氧化碳
爆 炸			
接 触		严格作业环境管理！防止粉尘扩散！	
# 吸入	咽喉痛。咳嗽。灼烧感	局部排气通风或呼吸防护	新鲜空气，休息。给予医疗护理
# 皮肤	发红。疼痛	防护手套。防护服	脱去污染的衣服。冲洗，然后用水和肥皂清洗皮肤。给予医疗护理
# 眼睛	发红。疼痛	面罩，或眼睛防护结合呼吸防护	用大量水冲洗（如可能尽量摘除隐形眼镜）。给予医疗护理
# 食入	咽喉疼痛。有灼烧感	工作时不得进食，饮水或吸烟	漱口。休息。给予医疗护理

泄漏处置	将泄漏物清扫进容器中，如果适当，首先润湿防止扬尘。小心收集残余物，然后转移到安全场所。不要让该化学品进入环境。个人防护用具：化学防护服，包括自给式呼吸器
包装与标志	不得与食品和饲料一起运输 联合国危险性类别：6.1 联合国包装类别：III 中国危险性类别：第 6.1 项 毒性物质 中国包装类别：III GHS 分类：信号词：警告 图形符号：感叹号-环境 危险说明：吞咽可能有害；造成皮肤刺激；造成严重眼睛刺激；对水生生物毒性非常大
应急响应	
储存	储存在原始容器中，储存在没有排水管或下水道的场所。注意收容灭火产生的废水。与氧化剂、食品和饲料分开存放。沿地面通风
重要数据	物理状态、外观：无色晶体，有特殊气味 化学危险性：加热时该物质分解，生成有毒和腐蚀性烟雾 职业接触限值：阈限值未制定标准。最高容许浓度未制定标准 接触途径：该物质可通过吸入和经皮肤吸收到体内 吸入危险性：扩散时，尤其是粉末可较快地达到空气中颗粒物有害浓度 短期接触的影响：该物质严重刺激眼睛、皮肤和呼吸道 长期或反复接触的影响：见注解
物理性质	沸点：在 100.9kPa 时 233℃ 熔点：68℃ 水中溶解度：25℃时 0.54g/100mL（微溶） 蒸气压：25℃时 1Pa 蒸气相对密度（空气=1）：5.6 蒸气/空气混合物的相对密度（20℃，空气=1）：1.0 辛醇/水分配系数的对数值：3.62～3.68
环境数据	该物质对水生生物有极高毒性。该物质在正常使用过程中进入环境。但是要特别注意避免任何额外的释放，例如通过不适当处置活动
注解	该物质对人体健康的影响数据不充分，因此应当特别注意。该物质是可燃的，但闪点未见文献报道。亦可参考化学品安全卡片#0438（2,4-二氯苯酚）和#0439（2,5-二氯苯酚）

IPCS
International
Programme on
Chemical Safety

本卡片由 IPCS 和 EC 合作编写 © 2004～2012

国际化学品安全卡

1,2-二氯丙烷			ICSC 编号：0441

CAS 登记号：78-87-5
RTECS 号：TX9625000
UN 编号：1279
EC 编号：602-020-00-0
中国危险货物编号：1279

中文名称：1,2-二氯丙烷；二氯丙烷
英文名称：1,2-DICHLOROPROPANE; Propylene dichloride

分子量：113　　　　　　　　　　　　化学式：$C_3H_6Cl_2$

危害/接触类型	急性危害/症状	预防	急救/消防
火　灾	高度易燃	禁止明火、禁止火花和禁止吸烟	干粉，泡沫，二氧化碳
爆　炸	蒸气/空气混合物有爆炸性	密闭系统、通风、防爆型电气设备和照明	着火时，喷雾状水保持料桶等冷却
接　触		防止产生烟云！	
# 吸入	咳嗽，倦睡，头痛，咽喉痛	通风，局部排气通风或呼吸防护	新鲜空气，休息，必要时进行人工呼吸，给予医疗护理
# 皮肤	皮肤干燥，发红，疼痛	防护手套	先用大量水，然后脱去污染的衣服并再次冲洗，给予医疗护理
# 眼睛	发红，疼痛	护目镜	先用大量水冲洗几分钟（如可能尽量摘除隐形眼镜），然后就医
# 食入	腹部疼痛，腹泻，倦睡，头痛，恶心，呕吐	工作时不得进食，饮水或吸烟	漱口，给予医疗护理
泄漏处置	通风。尽可能将泄漏液收集在可密闭的容器中。用砂土或惰性吸收剂吸收残液，并转移到安全场所。不要冲入下水道。个人防护用具：自给式呼吸器		
包装与标志	欧盟危险性类别：F 符号 Xn 符号　　R:11-20/22　　S:2-16-24 联合国危险性类别：3　　　　联合国包装类别：II 中国危险性类别：第 3 类 易燃液体　　中国包装类别：II		
应急响应	运输应急卡：TEC(R)-30S1279 或 30GF1-I+II 美国消防协会法规：H2（健康危险性）；F3（火灾危险性）；R0（反应危险性）		
储存	耐火设备（条件）。注意收容灭火产生的废水		
重要数据	物理状态、外观：无色液体，有特殊气味 物理危险性：蒸气比空气重，可能沿地面流动，可能造成远处着。 化学危险性：燃烧时，生成有毒和腐蚀性烟雾。浸蚀铝合金和某些塑料 职业接触限值：阈限值：10ppm（时间加权平均值）；致敏剂：A4（不能分类为人类致癌物）（美国政府工业卫生学家会议，2007 年）。最高容许浓度：致癌物类别：3B（德国，2006 年） 接触途径：该物质可通过吸入和经食入吸收到体内 吸入危险性：20℃时该物质蒸发，相当快地达到空气中有害污染浓度 短期接触的影响：该物质刺激眼睛、皮肤和呼吸道。该物质可能对中枢神经系统有影响 长期或反复接触的影响：液体使皮肤脱脂。该物质可能对肝和肾有影响		
物理性质	沸点：96℃ 熔点：-100℃ 相对密度（水=1）：1.16 水中溶解度：20℃时 0.26g/100mL 蒸气压：20℃时 27.9kPa 蒸气相对密度（空气=1）：3.9 蒸气/空气混合物的相对密度（20℃，空气=1）：1.15 闪点：16℃（闭杯） 自燃温度：557℃ 爆炸极限：空气中 3.4%～14.5%（体积） 辛醇/水分配系数的对数值：2.02（计算值）		
环境数据			
注解			

IPCS
International
Programme on
Chemical Safety

本卡片由 **IPCS** 和 **EC** 合作编写 © 2004～2012

445

国际化学品安全卡

二氯硅烷			ICSC 编号：0442

CAS 登记号：4109-96-1
RTECS 号：VV3040000
UN 编号：2189
中国危险货物编号：2189

中文名称：二氯硅烷；氯硅烷；氯氢化硅（钢瓶）
英文名称：DICHLOROSILANE; Chlorosilane; Silicon chloride hydride (cylinder)

分子量：101.01　　　　　　　　　　　化学式：Cl₂H₂Si

化学式：Cl_2H_2Si

危害/接触类型	急性危害/症状	预防	急救/消防
火　灾	高度易燃。在火焰中释放出刺激性或有毒烟雾（或气体）	禁止明火，禁止火花和禁止吸烟	切断气源，如不可能并对周围环境无危险，让火自行燃尽。其他情况用干粉，泡沫灭火
爆　炸	气体/空气混合物有爆炸性	密闭系统，通风，防爆型电气设备与照明	从掩蔽位置灭火
接　触		避免一切接触！	一切情况均向医生咨询！
# 吸入	灼烧感，咳嗽，呼吸困难，气促，咽喉疼痛，症状可能推迟显现。（见注解）	通风，局部排气通风或呼吸防护	新鲜空气，休息，半直立体位，给予医疗护理
# 皮肤	发红，疼痛，水疱，皮肤烧伤，严重冻伤	保温手套，防护服	用大量水冲洗皮肤或淋浴，并给予医疗护理
# 眼睛	发红，疼痛，严重深度烧伤，失明	安全护目镜，或眼睛防护结合呼吸防护	先用大量水冲洗几分钟（如可能尽量摘除隐形眼镜），然后就医
# 食入	高度易燃。在火焰中释放出刺激性或有毒烟雾（或气体）	禁止明火，禁止火花和禁止吸烟	切断气源，如不可能并对周围环境无危险，让火自行燃尽。其他情况用干粉，泡沫灭火

泄漏处置	撤离危险区域。向专家咨询！通风。个人防护用具：化学防护服包括自给式呼吸器
包装与标志	不得与食品和饲料一起运输 联合国危险性类别：2.3　联合国次要危险性：2.1 和 8 中国危险性类别：第 2.3 项毒性气体　中国次要危险性：2.1 和 8
应急响应	运输应急卡：TEC（R）-20G2TFC 美国消防协会法规：H3（健康危险性）；F4（火灾危险性）；R2（反应危险性）；W（禁止用水）
储存	耐火设备（条件）。保存在通风良好的室内
重要数据	物理状态、外观：无色气体，有特殊气味 物理危险性：蒸气体比空气重，可能沿地面流动，可能造成远处着火 化学危险性：与空气接触时，该物质可能自燃。加热和燃烧时，该物质分解生成氯化氢有毒和腐蚀性烟雾。与水或潮湿空气反应，生成氯化氢。有水存在时，浸蚀许多金属 职业接触限值：阈限值未制定标准 接触途径：该物质可通过吸入吸收到体内 吸入危险性：容器漏损时，该气体迅速达到空气中有害浓度 短期接触的影响：流泪。该物质腐蚀眼睛、皮肤和呼吸道。吸入可能引起肺水肿（见注解）。高浓度接触可能导致死亡。液体迅速蒸发可能引起冻伤。影响可能推迟显现。需进行医学观察
物理性质	沸点：8℃ 熔点：−122℃ 水中溶解度：反应 蒸气压：20℃时 163.6kPa 蒸气相对密度（空气=1）：3.48 闪点：−28℃（闭杯） 爆炸极限：空气中 4.1%～99%（体积）
环境数据	
注解	肺水肿症状常常几个小时以后才变得明显，体力劳动使症状加重。因此，休息和医学观察是必要的。应当考虑由医生或医生指定的人员立即采取适当吸入治疗法

IPCS
International
Programme on
Chemical Safety

  UNEP

本卡片由 IPCS 和 EC 合作编写 © 2004～2012

国际化学品安全卡

3,6-二氯吡啶-2-羧酸			ICSC 编号：0443

CAS 登记号：1702-17-6 RTECS 号：TJ7550700 EC 编号：607-231-00-1	中文名称：3,6-二氯吡啶-2-羧酸；3,6-二氯吡啶酸；3,6-DCP 英文名称：CLOPYRALID; 3,6-Dichloropyridine-2-carboxylic acid; 3,6-Dichloropicolinic acid; 3,6-DCP

分子量：192	化学式：$C_6H_3Cl_2NO_2/(C_5H_2N)Cl_2COOH$

危害/接触类型	急性危害/症状	预防	急救/消防
火 灾	可燃的	禁止明火	雾状水，干粉
爆 炸			
接 触		防止粉尘扩散！	
# 吸入	咳嗽，咽喉痛	局部排气通风或呼吸防护	新鲜空气，休息
# 皮肤	发红	防护手套	
# 眼睛	发红，疼痛	安全护目镜	先用大量水冲洗几分钟（如可能尽量摘除隐形眼镜），然后就医
# 食入		工作时不得进食、饮水或吸烟	漱口

泄漏处置	将泄漏物清扫进容器中。如果适当，首先润湿防止扬尘。小心收集残余物，然后转移到安全场所。个人防护用具：适用于惰性颗粒物的 P1 过滤呼吸器
包装与标志	欧盟危险性类别：Xi 符号 N 符号 R:41-51/53 S:2-26-39-61
应急响应	
储存	不要储存在铝制容器中
重要数据	物理状态、外观：无气味，白色或无色晶体 化学危险性：燃烧时，该物质分解生成氮氧化物和氯（见卡片#0126）有毒和腐蚀性烟雾。溶液腐蚀铝、铁和锡 职业接触限值：阈限值未制定标准 接触途径：该物质可经皮肤和食入吸收到体内 吸入危险性：20℃时蒸发可忽略不计，但可较快达到空气中颗粒物有害污染浓度 短期接触的影响：该物质刺激眼睛、皮肤和呼吸道
物理性质	熔点：151～152℃ 相对密度（水=1）：0.8 水中溶解度：微溶 蒸气压：25℃时 0.002Pa
环境数据	避免非正常使用时释放到环境中
注解	该物质的人体健康影响数据不充分，因此，应当特别注意。商品名称有 Lontrel 和 Matrigon

IPCS
International
Programme on
Chemical Safety

本卡片由 IPCS 和 EC 合作编写 © 2004～2012

国际化学品安全卡

二乙胺			ICSC 编号：0444

CAS 登记号：109-89-7
RTECS 号：HZ8750000
UN 编号：1154
EC 编号：612-003-00-X
中国危险货物编号：1154
分子量：73.1

中文名称：二乙胺；N,N-二乙胺；N-乙基乙胺；二乙基胺
英文名称：DIETHYLAMINE; N,N-Diethylamine; N-Ethylethanamine; Diethamine

化学式：$C_4H_{11}N / (C_2H_5)_2NH$

危害/接触类型	急性危害/症状	预防	急救/消防
火 灾	易燃的。在火焰中释放出刺激性或有毒烟雾（或气体）	禁止明火，禁止火花，禁止吸烟	干粉，抗溶性泡沫，大量水，二氧化碳
爆 炸	蒸气/空气混合物有爆炸性	密闭系统，通风，防爆型电气设备和照明。不要使用压缩空气灌装、卸料或转运	着火时，喷雾状水保持料桶等冷却。从掩蔽位置灭火
接 触		避免一切接触！	一切情况均向医生咨询！
# 吸入	咽喉痛，咳嗽，呼吸短促，胸腔灼烧感，呼吸困难。症状可能推迟显现（见注解）	密闭系统和通风	新鲜空气，休息，半直立体位，立即给予医疗护理
# 皮肤	发红。疼痛。水疱。严重的皮肤烧伤	防护手套。防护服	先用大量水冲洗至少 15min，然后脱去污染的衣服后再次冲洗。立即给予医疗护理
# 眼睛	发红。疼痛。烧伤	安全护目镜，面罩，眼睛防护结合呼吸防护	用大量水冲洗（如可能尽量摘除隐形眼镜）。立即给予医疗护理
# 食入	咽喉和胸腔有灼烧感，腹部疼痛，腹泻，呕吐，休克或虚脱	工作时不得进食，饮水或吸烟	漱口。不要催吐。立即给予医疗护理

泄漏处置	撤离危险区域！转移全部引燃源。不要让该化学品进入环境。不要冲入下水道。通风。将泄漏液收集在可密闭的塑料容器中。小心收集残余物，然后转移到安全场所。个人防护用具：化学防护服包括自给式呼吸器
包装与标志	不易破碎包装，将易破碎包装放在不易破碎的密闭容器中。不得与食品和饲料一起运输 欧盟危险性类别：F 符号 C 符号 R:11-20/21/22-35 S:1/2-3-16-26-29-36/37/39-45 联合国危险性类别:3 联合国次要危险性:8 联合国包装类别:II 中国危险性类别：第 3 类 易燃液体 中国次要危险性：8 中国包装类别：II GHS 分类：信号词：危险 图形符号：火焰-腐蚀-骷髅和交叉骨 危险说明：高度易燃液体和蒸气；吞咽有害；皮肤接触会中毒；吸入有害；造成严重皮肤灼伤和眼睛损伤；可能引起呼吸刺激作用；对水生生物有害
应急响应	运输应急卡：TEC（R）-30S1154 或 30GFC-II 美国消防协会法规:H3（健康危险性）;F3（火灾危险性）;R0（反应危险性）
储存	耐火设备（条件）。与强氧化剂、强酸、有机物、食品和饲料分开存放。阴凉场所。严格密封。只能储存在原始容器中。储存在没有排水管或下水道的场所
重要数据	物理状态、外观：无色液体，有刺鼻气味 物理危险性：蒸气比空气重。可能沿地面流动，可能造成远处着火 化学危险性：加热或燃烧时，该物质分解生成含有氮氧化物的有毒烟雾。该物质是一种中强碱。与强氧化剂、酸类和有机物发生反应，有着火和爆炸危险。浸蚀金属、某些塑料和橡胶 职业接触限值：阈限值：5ppm（时间加权平均值），15ppm（短期接触限值）（经皮）；A4（不能分类为人类致癌物）（美国政府工业卫生学家会议，2008 年）。欧盟职业接触限值：5ppm（时间加权平均值），10ppm（短期接触限值）（欧盟，2002 年） 接触途径：该物质可通过吸入其蒸气、经皮肤和经食入吸收到体内 吸入危险性：20℃时，该物质蒸发，迅速达到空气中有害污染浓度 短期接触的影响：该物质腐蚀眼睛，皮肤和呼吸道。食入有腐蚀性。吸入可能引起肺水肿，但只在对眼睛和（或）呼吸道的最初刺激影响显现以后。吸入可能引起肺炎。高浓度接触时可能导致严重咽喉肿胀。需进行医学观察 长期或反复接触的影响：反复或长期接触其蒸气，肺可能受损伤。该物质可能对牙齿有影响，导致牙齿侵蚀
物理性质	沸点：55.5℃ 熔点：-50℃ 相对密度（水=1）：0.7 水中溶解度：混溶 蒸气压：20℃时 25.9kPa 蒸气相对密度（空气=1）：2.5	蒸气/空气混合物的相对密度（20℃，空气=1）：1.4 闪点：-28℃（闭杯） 自燃温度：312℃ 爆炸极限：空气中 1.8%～10.1%（体积） 辛醇/水分配系数的对数值：0.58
环境数据	该物质对水生生物是有害的
注解	肺水肿症状常常经过几个小时以后才变得明显，体力劳动使症状加重。因而休息和医学观察是必要的。应当考虑由医生或医生指定的人员立即采取适当吸入治疗。不要将工作服带回家中

IPCS
International Programme on Chemical Safety

UNEP

本卡片由 IPCS 和 EC 合作编写 © 2004～2012

国际化学品安全卡

二乙苯 (混合异构体)			ICSC 编号：0445

CAS 登记号：25340-17-4	中文名称：二乙苯（混合异构体）；二乙基苯（混合异构体）
RTECS 号：CZ5600000	英文名称：DIETHYLBENZENE (Mixed Isomers); Diethylbenzene (mixed isomers)
UN 编号：2049	
中国危险货物编号：2049	

分子量：134.2	化学式：C₆H₄(C₂H₅)₂/C₁₀H₁₄

分子量：134.2　　　　　　　　化学式：$C_6H_4(C_2H_5)_2/C_{10}H_{14}$

危害/接触类型	急性危害/症状	预防	急救/消防
火　灾	易燃的	禁止明火，禁止火花和禁止吸烟。禁止与高温表面接触	泡沫，雾状水，干粉，二氧化碳
爆　炸	高于 56℃，可能形成爆炸性蒸气/空气混合物	高于 56℃，使用密闭系统、通风和防爆型电气设备。防止静电荷积聚（例如，通过接地）	着火时，喷雾状水保持料桶等冷却
接　触			
# 吸入	咳嗽。头晕。头痛。倦睡	局部排气通风或呼吸防护	新鲜空气，休息。给予医疗护理
# 皮肤	发红。疼痛	防护手套	脱去污染的衣服。用大量水冲洗皮肤或淋浴
# 眼睛	发红。疼痛	安全眼镜，或眼睛防护结合呼吸防护	先用大量水冲洗几分钟（如可能尽量摘除隐形眼镜），然后就医
# 食入	恶心。呕吐。腹泻。不协调（另见吸入）	工作时不得进食，饮水或吸烟	漱口。不要催吐。饮用 1～2 杯水。给予医疗护理
泄漏处置	尽可能将泄漏液收集在可密闭的容器中。用砂土或惰性吸收剂吸收残液，并转移到安全场所。不要让该化学品进入环境。个人防护用具：适应于该物质空气中浓度的有机气体和蒸气过滤呼吸器		
包装与标志	联合国危险性类别：3　　联合国包装类别：III 中国危险性类别：第 3 类 易燃液体　中国包装类别：III GHS 分类：信号词：警告 图形符号：火焰-感叹号-环境 危险说明：易燃液体和蒸气；吸入有害；吞咽可能有害；接触皮肤可能有害；对水生生物毒性非常大		
应急响应			
储存	与强氧化剂分开存放。储存在没有排水管或下水道的场所		
重要数据	物理状态、外观：无色液体，有特殊气味 物理危险性：由于流动、搅拌等，可能产生静电 化学危险性：燃烧时，该物质分解生成含有一氧化碳和甲醛的有毒和腐蚀性烟雾。与氧化剂发生反应 职业接触限值：阈限值未制定标准。最高容许浓度未制定标准 接触途径：该物质可通过吸入其蒸气、吸入其气溶胶和经食入吸收到体内 吸入危险性：未指明 20℃时该物质蒸发达到空气中有害浓度的速率 短期接触的影响：该物质刺激眼睛和皮肤。该物质可能对中枢神经系统有影响 长期或反复接触的影响：该物质可能对肝和肾有影响。见注解		
物理性质	沸点：180～182℃ 熔点：−75℃ 相对密度（水=1）：0.86 水中溶解度：不溶 蒸气压：20℃时 0.13kPa 蒸气相对密度（空气=1）：4.6 蒸气/空气混合物的相对密度（20℃，空气=1）：1.0 闪点：56℃(闭杯) 自燃温度：395℃ 辛醇/水分配系数的对数值：4～4.6(估计值)		
环境数据	该物质对水生生物有极高毒性。强烈建议不要让该化学品进入环境		
注解	商用二乙苯（DEB）只有异构体 1,2-二乙苯 (CAS 135-01-3)、1,3-二乙苯 (CAS 141-93-5) 和 1,4-二乙苯 (CAS 105-05-5)的混合物，典型纯度为 >92.3%(体积比)。特征异构体的分配为：1,3-二乙苯(60%～65%)，1,4-二乙苯(27%～30%) 和 1,2-二乙苯(4%～5%)。物理化学性质可能因化学组份的变化而变化。针对单个组分的预防措施可能不同于针对混合异构体的。对肾脏和肝脏的影响只有 1,4-二乙苯的已有报道		

IPCS

International Programme on Chemical Safety

本卡片由 IPCS 和 EC 合作编写 © 2004～2012

国际化学品安全卡

N,N-二乙基二硫代氨基甲酸钠			ICSC 编号：0446

CAS 登记号：148-18-5	中文名称：N,N-二乙基二硫代氨基甲酸钠
RTECS 号：EZ6475000	英文名称：SODIUM N,N-DIETHYLDITHIOCARBAMATE; Dithiocarb sodium

分子量：171.3	化学式：$(C_2H_5)_2NCS_2Na/C_5H_{10}NNaS_2$

危害/接触类型	急性危害/症状	预防	急救/消防
火灾	可燃的。在火焰中释放出刺激性或有毒烟雾（或气体）	禁止明火	大量水
爆炸			
接触			
# 吸入		局部排气通风	新鲜空气，休息
# 皮肤	发红	防护手套	脱掉污染的衣服，用大量水冲洗皮肤或淋浴
# 眼睛		安全护目镜	首先用大量水冲洗几分钟（如可能尽量摘除隐形眼镜），然后就医
# 食入	腹部疼痛，瞌睡，恶心	工作时不得进食、饮水或吸烟	漱口，大量饮水
泄漏处置	将泄漏物扫入容器中。如果适当，首先湿润防止扬尘。小心收集残余物，然后转移到安全场所		
包装与标志			
应急响应			
储存	干燥。严格密封。保存在通风良好的室内		
重要数据	**物理状态、外观**：晶体 **化学危险性**：加热时，该物质分解生成含硫氧化物、氮氧化物和氧化钠有毒烟雾。该物质是一种弱碱。 **职业接触限值**：阈限值未制定标准。最高容许浓度：$2mg/m^3$（可吸入颗粒物）；皮肤过敏；最高限值种类：II(2)；妊娠风险等级：D（另见注解）（德国，2008 年） **接触途径**：该物质可通过食入吸收到体内 **吸入危险性**：20℃时蒸发可忽略不计，但扩散时可较快地达到空气中颗粒物害浓度 **短期接触的影响**：该物质刺激皮肤		
物理性质	熔点：90～102℃ 相对密度（水=1）：1.1 蒸气相对密度（空气=1）：5.9		
环境数据			
注解	虽然进行过调查，但未发现接触该物质的健康影响。与亚硝基化剂反应能够导致致癌物 N-亚硝基二乙胺的生成（德国，2008 年）。商品名为 Imuthiol		

IPCS
International
Programme on
Chemical Safety

本卡片由 IPCS 和 EC 合作编写 © 2004～2012

国际化学品安全卡

二亚乙基苯甲酸苄酯			ICSC 编号：0447

CAS 登记号：120-55-8
RTECS 号：ID6650000

中文名称：二亚乙基苯甲酸苄酯；2,2'-氧双乙醇二苯甲酸酯；二甘醇二苯甲酸酯

英文名称：DIETHYLENE BENZYL BENZOATE; 2,2'-Oxybisethanol dibenzoate; Diethylene glycol dibenzoate

分子量：314.4

化学式：$(C_6H_5COOCH_2CH_2)_2O$

危害/接触类型	急性危害/症状	预防	急救/消防
火　灾	可燃的	禁止明火	雾状水，抗溶性泡沫，干粉，二氧化碳。（见注解）
爆　炸			
接　触		防止粉尘扩散！	
# 吸入			新鲜空气，休息
# 皮肤	发红	防护手套	用大量水冲洗皮肤或淋浴
# 眼睛	发红	安全护目镜	先用大量水冲洗几分钟（如可能尽量摘除隐形眼镜），然后就医
# 食入			

泄漏处置	将泄漏物清扫进容器中。如果适当，首先润湿防止扬尘
包装与标志	
应急响应	美国消防协会法规：H0（健康危险性）；F1（火灾危险性）；R0（反应危险性）
储存	沿地面通风
重要数据	物理状态、外观：晶体 物理危险性：蒸气比空气重 化学危险性：燃烧时，生成刺激性烟雾 职业接触限值：阈限值未制定标准 接触途径：该物质可通过吸入吸收到体内 吸入危险性：20℃时蒸发可忽略不计，但可较快地达到空气中颗粒物有害浓度 短期接触的影响：该物质轻微刺激眼睛和皮肤
物理性质	沸点：0.7kPa 时 236℃ 熔点：28℃ 相对密度（水=1）：1.2 水中溶解度：混溶 蒸气相对密度（空气=1）：9.4 闪点：232℃
环境数据	
注解	使用抗溶性泡沫、泡沫和水作灭火剂可能起沫。该物质对人体健康影响数据不充分，因此，应当特别注意

IPCS
International
Programme on
Chemical Safety

UNEP

本卡片由 **IPCS** 和 **EC** 合作编写 © 2004～2012

国际化学品安全卡

二乙基硫代磷酰氯			ICSC 编号：0448

CAS 登记号：2524-04-1	中文名称：二乙基硫代磷酰氯；硫代磷氯酸-*O,O*-二乙酯；二乙基氯硫代磷
RTECS 号：TD1780000	酸酯；二乙基硫代磷氯酸酯
UN 编号：2751	英文名称：DIETHYLTHIOPHOSPHORYL CHLORIDE;
中国危险货物编号：2751	Phosphorochloridothioic acid-*O,O*-dieyhylester; Diethyl chlorothiophosphate; Diethyl phosphochloridothionate

分子量：188.6 化学式：$C_4H_{10}ClO_2PS$

危害/接触类型	急性危害/症状	预防	急救/消防
火 灾	可燃的。在火焰中释放出刺激性或有毒烟雾（或气体）	禁止明火，禁止与高温表面接触	雾状水，干粉，泡沫，二氧化碳
爆 炸			着火时喷雾状水保持料桶等冷却，但避免与水直接接触
接 触		防止烟云产生！严格作业环境管理！	一切情况均向医生咨询！
# 吸入	灼烧感，咳嗽，气促，咽喉疼痛。症状可能推迟显现。（见注解）	通风，局部排气通风或呼吸防护	新鲜空气，休息，半直立体位，必要时进行人工呼吸，给予医疗护理
# 皮肤	腐蚀作用，可能被吸收！发红，灼烧感，疼痛，水疱。（另见吸入）	防护手套，防护服	脱去污染的衣服，用大量水冲洗皮肤或淋浴，给予医疗护理
# 眼睛	蒸气可能被吸收；发红，疼痛，视力模糊，视力丧失，严重深度烧伤	安全护目镜，面罩，或眼睛防护结合呼吸防护	先用大量水冲洗几分钟（如可能尽量摘除隐形眼镜），然后就医
# 食入	胃疼挛，灼烧感，腹泻，呕吐。（另见吸入）	工作时不得进食、饮水或吸烟	漱口，不要催吐，休息，给予医疗护理
泄漏处置	通风，尽可能将溢漏液收集在可密闭容器中。给予医疗护理 个人防护用具：全套防护服，包括自给式呼吸器		
包装与标志	不得与食品和饲料一起运输 联合国危险性类别：8 联合国包装类别：II 中国危险性类别：第 8 类腐蚀性物质 中国包装类别：II		
应急响应	运输应急卡：TEC（R）-864 美国消防协会法规：H3（健康危险性）；F2（火灾危险性）；R1（反应危险性）		
储存	与食品和饲料分开存放。干燥		
重要数据	物理状态、外观：无色液体，有特殊气味 化学危险性：与水接触时，该物质分解生成氯化氢。加热时，该物质分解生成有毒烟雾 职业接触限值：阈限值未制定标准 接触途径：该物质可通过吸入、经皮肤和食入吸收到体内 吸入危险性：未指明 20℃时该物质蒸发达到空气中有害浓度的速率 短期接触的影响：该物质腐蚀眼睛、皮肤和呼吸道。吸入蒸气可能引起肺水肿（见注解）。影响可能推迟显现。需进行医学观察 长期或反复接触的影响：胆碱酯酶抑制剂。可能发生累积影响（见急性危害/症状）		
物理性质	沸点：>110℃ 熔点：<-75℃ 相对密度（水=1）：1.19 水中溶解度：发生反应 蒸气压：50℃时 190Pa 闪点：92℃（闭杯）		
环境数据	该物质可能对环境有危害，对水体应给予特别注意		
注解	本卡片内容不包括其商业制剂！请向生产厂商咨询适当资料。根据接触程度，需定期进行医疗检查。该物质中毒时需采取必要的治疗措施。必须提供有指示说明的适当方法。商业制剂中使用的载体溶剂可能改变其物理和毒理学性质。不要将工作服带回家中。可参考卡片#0163 氯化氢		

IPCS
International
Programme on
Chemical Safety

UNEP

本卡片由 IPCS 和 EC 合作编写 © 2004～2012

国际化学品安全卡

二异丙胺			ICSC 编号：0449

CAS 登记号：108-18-9	中文名称：二异丙胺；N-(1-甲基乙基)-2-丙胺
RTECS 号：IM4025000	英文名称：DIISOPROPYLAMINE; DIPA; N-(1-Methylethyl)-2-propaneamine
UN 编号：1158	
EC 编号：612-129-00-5	
中国危险货物编号：1158	

分子量：101.2   化学式：$C_6H_{15}N/CH_3-CH(CH_3)-NH-CH(CH_3)-CH_3$

危害/接触类型	急性危害/症状	预防	急救/消防
火 灾	高度易燃。在火焰中释放出刺激性或有毒烟雾（或气体）	禁止明火，禁止火花和禁止吸烟。禁止与氧化剂接触	干粉，抗溶性泡沫，雾状水，二氧化碳
爆 炸	蒸气/空气混合物有爆炸性	密闭系统，通风，防爆型电气设备与照明。防止静电荷积聚（例如，通过接地）	着火时喷雾状水保持料桶等冷却
接 触		严格作业环境管理！防止烟雾产生！	
# 吸入	灼烧感，咳嗽，头痛，恶心，气促。症状可能推迟显现。（见注解）	通风，局部排气或呼吸保护	新鲜空气，休息，半直立体位，必要时进行人工呼吸，给予医疗护理
# 皮肤	可能被吸收！疼痛，水疱	防护手套，防护服	用大量水冲洗，然后脱掉污染的衣服，再次冲洗，给予医疗护理
# 眼睛	发红，疼痛，视力模糊，严重深度烧伤	安全护目镜或眼睛防护结合呼吸防护	先用大量水冲洗几分钟（如可能尽量摘除隐形眼镜），然后就医
# 食入	胃痉挛，咽喉疼痛，灼烧感，恶心，休克或虚脱	工作时不得进食，饮水或吸烟	漱口，不要催吐，给予医疗护理
泄漏处置	尽可能将泄漏物清扫进可密闭容器中。用砂土或惰性吸收剂吸收残液，并转移到安全场所。不要冲入下水道。用大量水冲净残余物。个人防护用具：全套防护服包括自给式呼吸器		
包装与标志	欧盟危险性类别：F 符号 C 符号 R:11-20/22-34 S:1/2-16-26-36/37/39-45 联合国危险性类别：3 联合国次要危险性：8 联合国包装类别：II 中国危险性类别：第 3 类易燃液体 中国次要危险性：8 中国包装类别：II		
应急响应	运输应急卡：TEC（R）-30GFC-II 美国消防协会法规：H3（健康危险性）；F3（火灾危险性）；R0（反应危险性）		
储存	与强氧化剂和强酸分开存放。阴凉场所。严格密封。保存在通风良好的室内		
重要数据	物理状态、外观：无色液体，有特殊气味 物理危险性：蒸气比空气重，可能沿地面流动，可能造成远处着火 化学危险性：加热时，该物质分解生成氮氧化物有毒烟雾。该物质是一种中强碱。与酸激烈反应，并腐蚀铜、锌及其合金、铝和镀锌铁。与氧化剂激烈反应，有着火和爆炸危险。浸蚀某些塑料 职业接触限值：阈限值：5ppm（时间加权平均值）（经皮）（美国政府工业卫生学家会议，2004 年）。 接触途径：该物质可通过吸入其蒸气、经皮肤和食入吸收到体内 吸入危险性：20℃时该物质蒸发可迅速达到空气中有害污染浓度 短期接触的影响：流泪。蒸气腐蚀眼睛和呼吸道。吸入蒸气可能引起肺水肿（见注解）。眼睛接触蒸气和液体可能引起视力障碍。接触可能导致死亡。影响可能推迟显现。需进行医学观察 长期或反复接触的影响：反复或长期与皮肤接触可能引起皮炎		
物理性质	沸点：84℃ 熔点：-61℃（见注解） 相对密度（水=1）：0.72 水中溶解度：不溶解 蒸气压：20℃时 9.3kPa	蒸气相对密度（空气=1）：3.5 闪点：-6℃（开杯） 自燃温度：316℃ 爆炸极限：空气中 0.8%～7.1%（体积） 辛醇/水分配系数的对数值：1.64	
环境数据	该物质对水生生物是有害的		
注解	其他熔点：-91℃和-96℃。肺水肿症状常常几个小时以后才变得明显，体力劳动使症状加重。因此，休息和医学观察是必要的。应考虑由医生或医生指定人员立即采取适当吸入治疗法		

IPCS
International
Programme on
Chemical Safety

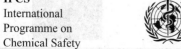
UNEP

本卡片由 IPCS 和 EC 合作编写 © 2004～2012

国际化学品安全卡

2-二甲基氨基甲基丙烯酸乙酯			ICSC 编号：0450

CAS 登记号：2867-47-2	中文名称：2-二甲基氨基甲基丙烯酸乙酯；二甲基氨基甲基丙烯酸乙酯；
RTECS 号：OZ4200000	N,N-二甲基氨基甲基丙烯酸乙酯；甲基丙烯酸-2-(二甲基氨基)乙酯
UN 编号：2522	英文名称：2-DIMETHYLAMINOETHYL METHACRYLATE;
EC 编号：607-132-00-3	Dimethylamino-ethylmethacrylate; N,N-Dimethylaminoethyl methacrylate;
中国危险货物编号：2522	Methacrylic acid, 2-(dimethylamino)ethyl ester

分子量：157.2	化学式：$C_8H_{15}NO_2$

危害/接触类型	急性危害/症状	预防	急救/消防
火 灾	可燃的。在火焰中释放出刺激性或有毒烟雾（或气体）	禁止明火	干粉，抗溶性泡沫，雾状水，二氧化碳
爆 炸	高于68℃，可能形成爆炸性蒸气/空气混合物	高于68℃，使用密闭系统、通风	
接 触		防止产生烟云！	
# 吸入	咳嗽。咽喉痛	通风，局部排气通风或呼吸防护	新鲜空气，休息
# 皮肤	皮肤烧伤。疼痛	防护手套。防护服	脱去污染的衣服。用大量水冲洗皮肤或淋浴。给予医疗护理
# 眼睛	发红。疼痛。严重深度烧伤	面罩，或眼睛防护结合呼吸防护	先用大量水冲洗几分钟（如可能尽量摘除隐形眼镜），然后就医
# 食入	腹部疼痛。腹泻。恶心。呕吐。灼烧感。休克或虚脱	工作时不得进食，饮水或吸烟	漱口。饮用1~2杯水。不要催吐。给予医疗护理

泄漏处置	不要让该化学品进入环境。将泄漏液收集在有盖的容器中。用砂土或惰性吸收剂吸收残液，并转移到安全场所。 个人防护用具：适用于有机气体和蒸气的过滤呼吸器
包装与标志	不得与食品和饲料一起运输 欧盟危险性类别：Xn 符号　　R:21/22-36/38-43　　S:2-26-28 联合国危险性类别：6.1　　　　联合国包装类别：II 中国危险性类别：第6.1项 毒性物质　中国包装类别：II　　　GHS 分类：警示词：危险　图形符号： 腐蚀　危险说明：可燃液体；造成严重皮肤灼伤和眼睛损伤；对水生生物有害
应急响应	运输应急卡：TEC(R)-61S2522 美国消防协会法规：H2（健康危险性）；F2（火灾危险性）；R0（反应危险性）
储存	与金属、氧化剂、强还原剂、食品和饲料分开存放。保存在暗处。稳定后储存。储存在没有排水管或下水道的场所
重要数据	物理状态、外观：无色到浅黄色液体 化学危险性：在热、光、氧化剂、还原剂、金属的作用下，该物质可能发生聚合，有着火或爆炸危险。燃烧时，该物质分解生成含有氮氧化物有毒烟雾。浸蚀某些橡胶 职业接触限值：阈限值未制定标准。最高容许浓度未制定标准 吸入危险性：未指明20℃时该物质蒸发达到空气中有害浓度的速率 短期接触的影响：该物质腐蚀眼睛和皮肤。该物质刺激呼吸道。食入有腐蚀性
物理性质	沸点：186℃ 熔点：-30℃ 相对密度（水=1）：0.93 水中溶解度：25℃时 10.6g/100mL（适度溶解） 蒸气压：25℃时 0.11kPa 蒸气相对密度（空气=1）：5.4 闪点：68℃（闭杯） 自燃温度：255℃ 爆炸极限：空气中 1.2%~?%（体积） 辛醇/水分配系数的对数值：1.13
环境数据	该物质对水生生物是有害的
注解	添加稳定剂或阻聚剂会影响该物质的毒理学性质。向专家咨询

IPCS
International
Programme on
Chemical Safety

本卡片由 IPCS 和 EC 合作编写 © 2004～2012

国际化学品安全卡

2,3-二甲代苯胺			ICSC 编号：0451

CAS 登记号：87-59-2	中文名称：2,3-二甲代苯胺；2,3-二甲替苯胺；2,3-二甲基苯胺；1-氨基-2,3-
RTECS 号：ZE8750000	二甲基苯；3-氨基邻二甲苯；3-氨基-1,2-二甲苯
UN 编号：1711	英文名称：2,3-XYLIDINE; 2,3-Dimethylaniline; 2,3-Dimethylbenzeneamine;
EC 编号：612-027-00-0	1-Amino-2,3-dimethylbenzene; 3-Amino-o-xylene; 3-Amino-1,2-xylene
中国危险货物编号：1711	

分子量：121.2	化学式：$C_8H_{11}N/(CH_3)_2C_6H_3NH_2$

危害/接触类型	急性危害/症状	预防	急救/消防
火　灾	可燃的。在火焰中释放出刺激性或有毒烟雾（或气体）	禁止明火	雾状水，二氧化碳，泡沫，干粉
爆　炸	高于96℃，可能形成爆炸性蒸气/空气混合物	高于96℃，使用密闭系统，通风	
接　触		严格作业环境管理！	
# 吸入	头晕，倦睡，头痛，恶心	通风，局部排气通风或呼吸防护	新鲜空气，休息。给予医疗护理
# 皮肤	可能被吸收（见食入）	防护手套。防护服	脱去污染的衣服，冲洗，然后用水和肥皂清洗皮肤，给予医疗护理
# 眼睛		安全眼镜，或眼睛防护结合呼吸防护	用大量水冲洗（如可能尽量摘除隐形眼镜）
# 食入	嘴唇发青或指甲发青，皮肤发青，头晕，倦睡，头痛，恶心，神志不清	工作时不得进食，饮水或吸烟	漱口。给予医疗护理

泄漏处置	将泄漏液收集在可密闭的容器中。用砂土或惰性吸收剂吸收残液，并转移到安全场所。不要让该化学品进入环境。个人防护用具：适应于该物质空气中浓度的有机气体和蒸气过滤呼吸器；化学防护服
包装与标志	不得与食品和饲料一起运输 欧盟危险性类别：T 符号 N 符号 标记：C　　R:23/24/25-33-51/53　　S:1/2-28-36/37-45-61 联合国危险性类别：6.1　　　　联合国包装类别：II 中国危险性类别：第 6.1 项 毒性物质　中国包装类别：II GHS 分类：警示词：警告 图形符号：感叹号-健康危险-环境 危险说明：吞咽有害；可能引起昏昏欲睡或眩晕；可能对血液造成损害；长期或反复接触可能对血液造成损害；对水生生物毒性非常大
应急响应	运输应急卡：TEC（R）-61S1711-L 美国消防协会法规：H3（健康危险性）；F1（火灾危险性）；R0（反应危险性）
储存	与强氧化剂、酸类、酸酐、酰基氯、次氯酸盐、卤素、食品和饲料分开存放。严格密封。注意收容灭火产生的废水。储存在没有排水管或下水道的场所
重要数据	物理状态、外观：清澈，淡黄色液体，有特殊气味。遇空气时变成微红色至棕色 化学危险性：燃烧时，该物质分解生成含有氮氧化物的有毒和腐蚀性烟雾。与强氧化剂激烈反应。与次氯酸盐发生反应，生成爆炸性氯胺。与酸类、酸酐、酰基氯和卤素发生反应。浸蚀塑料和橡胶 职业接触限值：阈限值未制定标准。见注解。最高容许浓度：皮肤吸收；致癌物类别：3A（德国，2006 年） 接触途径：该物质可通过吸入、经皮肤和食入以有害数量吸收到体内 吸入危险性：20℃时，该物质蒸发缓慢地达到空气中有害污染浓度，但喷洒或扩散时要快得多 短期接触的影响：高浓度接触时能够造成意识降低。高浓度接触时可能导致形成正铁血红蛋白。影响可能推迟显现。需进行医疗观察 长期或反复接触的影响：该物质可能对血液有影响，导致贫血
物理性质	沸点：222℃ 熔点：2℃ 相对密度（水=1）：0.99 水中溶解度：20℃时 15g/100mL 蒸气压：25℃时 13Pa 蒸气相对密度（空气=1）：4.19	蒸气/空气混合物的相对密度（20℃，空气=1）：1.00 闪点：96℃（闭杯） 自燃温度：545℃ 爆炸极限：空气中 1%～2.7%（体积） 辛醇/水分配系数的对数值：2.17
环境数据	该物质对水生生物有极高毒性。强烈建议不要让该化学品进入环境
注解	根据接触程度，建议定期进行医学检查。该物质中毒时，需采取必要的治疗措施；必须提供有指示说明的适当方法。仅对混合异构体制定了阈限值。另见卡片#0600（二甲代苯胺，混合异构体），#1519（2,6-二甲代苯胺），#1562（2,4-二甲代苯胺），#0453（3,4-二甲代苯胺），#1686（2,5-二甲代苯胺），#1687（3,5-二甲代苯胺）

IPCS
International
Programme on
Chemical Safety

   UNEP

本卡片由 IPCS 和 EC 合作编写 © 2004～2012

455

国际化学品安全卡

3,4-二甲代苯胺			ICSC 编号：0453

CAS 登记号：95-64-7	中文名称：3,4-二甲代苯胺；3,4-二甲替苯胺；3,4-二甲基苯胺；1-氨基-3,4-
RTECS 号：ZE9450000	二甲基苯；4-氨基邻二甲苯；4-氨基-1,2-二甲苯
UN 编号：3452	英文名称：3,4-XYLIDINE；3,4-Dimethylaniline；3,4-Dimethylbenzeneamine；
EC 编号：612-027-00-0	1-Amino-3,4-dimethylbenzene；4-Amino-o-xylene；4-Amino-1,2-xylene
中国危险货物编号：3452	

分子量：121.2　　　　　　　　　　　化学式：$C_8H_{11}N/(CH_3)_2C_6H_3NH_2$

危害/接触类型	急性危害/症状	预防	急救/消防
火　灾	可燃的。在火焰中释放出刺激性或有毒烟雾（或气体）	禁止明火	雾状水，二氧化碳，泡沫，干粉
爆　炸	高于98℃，可能形成爆炸性蒸气/空气混合物	高于98℃，使用密闭系统、通风	
接　触		严格作业环境管理！	
# 吸入	头晕，倦睡，头痛，恶心	通风，局部排气通风或呼吸防护	新鲜空气，休息。给予医疗护理
# 皮肤	可能被吸收（见食入）	防护手套，防护服	脱去污染的衣服，冲洗，然后用水和肥皂清洗皮肤，给予医疗护理
# 眼睛		安全眼镜，或眼睛防护结合呼吸防护	用大量水冲洗（如可能尽量摘除隐形眼镜）
# 食入	嘴唇发青或指甲发青，皮肤发青，头晕，倦睡，头痛，恶心，神志不清	工作时不得进食，饮水或吸烟	漱口。给予医疗护理

泄漏处置	将泄漏物清扫进容器中。不要让该化学品进入环境。个人防护用具：适应于该物质空气中浓度的有机气体和颗粒物过滤呼吸器；化学防护服
包装与标志	不得与食品和饲料一起运输 欧盟危险性类别：T 符号 N 符号 标记：C　R:23/24/25-33-51/53　S:1/2-28-36/37-45-61 联合国危险性类别：6.1　　　联合国包装类别：II 中国危险性类别：第 6.1 项 毒性物质　中国包装类别：II GHS 分类：警示词：警告 图形符号：感叹号-健康危险 危险说明：吞咽有害；可能引起昏昏欲睡或眩晕；可能对血液造成损害；长期或反复接触可能对血液造成损害；对水生生物有毒
应急响应	运输应急卡：TEC（R）-61GT2-II 美国消防协会法规:H3（健康危险性）;F1（火灾危险性）;R0（反应危险性）
储存	与强氧化剂、酸类、酸酐、酰基氯、次氯酸盐、卤素、食品和饲料分开存放。严格密封。注意收容灭火产生的废水。储存在没有排水管或下水道的场所
重要数据	物理状态、外观：白色各种形态固体，有特殊气味。遇空气时变微红色至棕色 化学危险性：燃烧时，该物质分解生成含有氮氧化物的有毒和腐蚀性烟雾。与强氧化剂激烈反应。与次氯酸盐发生反应，生成爆炸性氯胺。与酸类、酸酐、酰基氯和卤素发生反应。浸蚀塑料和橡胶 职业接触限值：阈限值未制定标准。见注解。最高容许浓度：皮肤吸收；致癌物类别：3A（德国，2006年） 接触途径：该物质可通过吸入、经皮肤和食入以有害数量吸收到体内 吸入危险性：20℃时，该物质蒸发缓慢地达到空气中有害污染浓度，但喷洒或扩散时要快得多 短期接触的影响：高浓度接触时能够造成意识降低。高浓度接触时可能导致形成正铁血红蛋白。影响可能推迟显现。需进行医学观察 长期或反复接触的影响：该物质可能对血液有影响，导致贫血
物理性质	沸点：228℃ 熔点：51℃ 相对密度（水=1）：1.07 水中溶解度：22℃时 0.38g/100mL 蒸气压：25℃时 4Pa	蒸气相对密度（空气=1）：4.19 蒸气/空气混合物的相对密度（20℃，空气=1）：1.00 闪点：98℃ 自燃温度：580℃ 辛醇/水分配系数的对数值：1.84
环境数据	该物质对水生生物是有毒的。强烈建议不要让该化学品进入环境	
注解	根据接触程度，建议定期进行医学检查。该物质中毒时，需采取必要的治疗措施，必须提供有指示说明的适当方法。仅混合异构体制定了阈限值，另见卡片#0600（二甲代苯胺，混合异构体），#1519（2,6-二甲代苯胺），#1562（2,4-二甲代苯胺），#0451（2,3-二甲代苯胺），#1686（2,5-二甲代苯胺），#1687（3,5-二甲代苯胺）	

IPCS
International
Programme on
Chemical Safety

本卡片由 IPCS 和 EC 合作编写 © 2004～2012

国际化学品安全卡

二甲醚			ICSC 编号：0454

CAS 登记号：115-10-6
RTECS 号：PM4780000
UN 编号：1033
EC 编号：603-019-00-8
中国危险货物编号：1033

中文名称：二甲醚；甲醚；氧化二甲烷；木醚
英文名称：DIMETHYL ETHER; Methyl ether; Oxybismethane; Wood ether;
Methoxymethane; (cylinder)

分子量：46.08

化学式：C_2H_6O/CH_3OCH_3

危害/接触类型	急性危害/症状	预防	急救/消防
火 灾	极易燃	禁止明火，禁止火花和禁止吸烟。禁止与高温表面接触	切断气源，如不可能并对周围环境无危险，让火自行燃尽。其他情况用干粉，二氧化碳灭火
爆 炸	气体/空气混合物有爆炸性	密闭系统，通风，防爆型电气设备和照明	着火时，喷雾状水保持钢瓶冷却。从掩蔽位置灭火
接 触			
# 吸入	咳嗽。咽喉痛。意识模糊。倦睡。神志不清	通风，局部排气通风或呼吸防护	新鲜空气，休息。给予医疗护理
# 皮肤	与液体接触：冻伤	保温手套	冻伤时，用大量水冲洗，不要脱去衣服。用大量水冲洗皮肤或淋浴
# 眼睛	发红。疼痛	护目镜，或眼睛防护结合呼吸防护	先用大量水冲洗几分钟（如可能尽量摘除隐形眼镜），然后就医
# 食入		工作时不得进食，饮水或吸烟	

泄漏处置	撤离危险区域！向专家咨询！转移全部引燃源。个人防护用具：适用于有机气体和蒸气的过滤呼吸器
包装与标志	欧盟危险性类别： F+符号 R:12 S:2-9-16-33 联合国危险性类别：2.1 中国危险性类别：第 2.1 项 易燃气体
应急响应	运输应急卡：TEC(R)-21S1033 美国消防协会法规：H2（健康危险性）；F4（火灾危险性）；R1（反应危险性）
储存	耐火设备（条件）。阴凉场所
重要数据	物理状态、外观：无色气体，有特殊气味 物理危险性：气体比空气重，可能沿地面流动，可能造成远处着火 化学危险性：在光和空气的作用下，该物质能生成爆炸性过氧化物。燃烧时，生成刺激性烟雾。与氧化剂发生反应 职业接触限值：欧盟职业接触限值：1000ppm；1920mg/m³（时间加权平均值）（欧盟，2002 年） 接触途径：该物质可通过吸入吸收到体内 吸入危险性：容器漏损时，迅速达到空气中该气体的有害浓度 短期接触的影响：该物质刺激眼睛和呼吸道。液体迅速蒸发，可能引起冻伤。该物质可能对中枢神经系统有影响。接触能够造成意识降低
物理性质	沸点：−23.6℃ 熔点：−141.5℃ 相对密度（水=1）：0.61 水中溶解度：2.4g/100mL 蒸气相对密度（空气=1）：1.6 闪点：易燃气体 自燃温度：350℃ 爆炸极限：空气中 3.4%～26.7%（体积） 辛醇/水分配系数的对数值：0.1
环境数据	
注解	进入工作区域前，检验氧含量。空气中高浓度造成缺氧，有神志不清或死亡危险。蒸馏前检验过氧化物，如有，将其去除

IPCS
International
Programme on
Chemical Safety

本卡片由 IPCS 和 EC 合作编写 © 2004～2012

国际化学品安全卡

三氧化钒			ICSC 编号：0455

CAS 登记号：1314-34-7
RTECS 号：YW3050000
UN 编号：3285
中国危险货物编号：3285

中文名称：三氧化钒；三氧化二钒；倍半氧化钒；氧化钒（III）
英文名称：VANADIUM TRIOXIDE; Divanadium trioxide; Vanadium sesquioxide; Vanadic oxide; Vanadium (III) oxide

分子量：149.9　　　　　　　　化学式：V_2O_3

危害/接触类型	急性危害/症状	预防	急救/消防
火灾	不可燃。在火焰中释放出刺激性或有毒烟雾（或气体）		周围环境着火时，允许使用各种灭火剂
爆炸			
接触		防止粉尘扩散！	
# 吸入	咽喉痛。咳嗽。症状可能推迟显现（见注解）	局部排气通风或呼吸防护	新鲜空气，休息
# 皮肤	发红	防护手套	脱去污染的衣服。用大量水冲洗皮肤或淋浴
# 眼睛	发红	安全护目镜或眼睛防护结合呼吸防护	先用大量水冲洗几分钟（如可能尽量摘除隐形眼镜），然后就医
# 食入		工作时不得进食，饮水或吸烟	漱口。给予医疗护理

泄漏处置	将泄漏物清扫进容器中，如果适当，首先润湿防止扬尘。小心收集残余物，然后转移到安全场所。个人防护用具：适用于有毒颗粒物的 P3 过滤呼吸器
包装与标志	不得与食品和饲料一起运输 联合国危险性类别：6.1　　　　联合国包装类别：III 中国危险性类别：第 6.1 项 毒性物质　中国包装类别：III　　　GHS 分类：警示词：警告　图形符号： 感叹号-健康危险　危险说明：吸入粉尘有害；怀疑致癌
应急响应	运输应急卡：TEC(R)-61GT5-III
储存	与食品和饲料分开存放
重要数据	物理状态、外观：黑色粉末 化学危险性：加热时，该物质分解生成钒氧化物有毒烟雾 职业接触限值：阈限值未制定标准。最高容许浓度（钒及其无机化合物）：致癌物类别：2；胚细胞突变物类别：2（德国，2005 年） 接触途径：该物质可通过吸入其气溶胶吸收到体内 吸入危险性：扩散时可较快地达到空气中颗粒物有害浓度 短期接触的影响：该物质刺激眼睛、皮肤和呼吸道 长期或反复接触的影响：该物质可能对呼吸道有影响，导致慢性鼻炎和慢性支气管炎。该物质可能是人类致癌物
物理性质	熔点：1970℃ 密度：4.87 g/cm³ 水中溶解度：20℃时 0.01g/100mL（难溶）
环境数据	
注解	根据接触程度，建议定期进行医学检查。呼吸症状可能推迟 1 天或 1 天以上出现。参见卡片#0596（五氧化二钒）

IPCS
International Programme on Chemical Safety

UNEP

本卡片由 IPCS 和 EC 合作编写 © 2004～2012

国际化学品安全卡

N,N-二甲基对甲苯胺			ICSC 编号：0456

CAS 登记号：99-97-8	中文名称：*N,N*-二甲基对甲苯胺；*N,N*-二甲基甲苯胺；*N,N*-4-三甲苯胺
RTECS 号：XU45803000	英文名称：*N,N*-DIMETHYL-p-TOLUIDINE; *N,N*-Dimethyltoluidine;
UN 编号：2810	Benzenamine, *N,N*-4-trimethyl
EC 编号：612-056-00-9	
中国危险货物编号：2810	

分子量：135.2	化学式：C₉H₁₃N/CH₃C₆H₄N(CH₃)₂

分子量：135.2　　　　　　　　　　化学式：$C_9H_{13}N/CH_3C_6H_4N(CH_3)_2$

危害/接触类型	急性危害/症状	预防	急救/消防
火 灾	可燃的	禁止明火	干粉，水成膜泡沫，泡沫，二氧化碳
爆 炸	高于 83℃可能形成爆炸性蒸气/空气混合物	高于 83℃密闭系统，通风	
接 触		防止烟雾产生！严格作业环境管理！	
# 吸入	嘴唇发青或指甲发青，皮肤发青，头痛，头晕，恶心，意识模糊，惊厥，神志不清	通风，局部排气通风或呼吸防护	新鲜空气，休息，给予医疗护理
# 皮肤	可能被吸收！（另见吸入）	防护手套，防护服	脱去污染的衣服，冲洗，然后用水和肥皂洗皮肤，给予医疗护理
# 眼睛		安全护目镜，或眼睛防护结合呼吸防护	先用大量水冲洗几分钟（如可能尽量摘除隐形眼镜），然后就医
# 食入	（另见吸入）	工作时不得进食，饮水或吸烟	漱口，不饮用任何东西，给予医疗护理

泄漏处置	将泄漏物清扫进可密闭容器中。用砂土或惰性吸收剂吸收残液，然后转移至安全场所。个人防护用具：全套防护服包括自给式呼吸器
包装与标志	不得与食品和饲料一起运输 欧盟危险性类别：T 符号　标记：C R:23/24/25-33-52/53　　S:1/2-28-36/37-45-61 联合国危险性类别：6.1 中国危险性类别：第 6.1 项毒性物质
应急响应	运输应急卡：TEC(R)-61GT1-III
储存	与氧化剂、食品和饲料分开存放
重要数据	物理状态、外观：黄色至浅棕色黏稠液体 化学危险性：燃烧时，生成氮氧化物有毒和腐蚀性气体。与强氧化剂激烈反应。浸蚀许多塑料 职业接触限值：阈限值未制定标准 接触途径：该物质可通过吸入其蒸气，经皮肤和食入吸收到体内 吸入危险性：未指明 20℃时该物质蒸发达到空气中有害浓度的速率 短期接触的影响：该物质可能对红血细胞有影响，导致形成正铁血红蛋白。影响可能推迟显现
物理性质	沸点：215℃ 相对密度（水=1）：0.9 蒸气相对密度（空气=1）：4.7 蒸气/空气混合物的相对密度（20℃，空气=1）：1.0 闪点：83℃ 辛醇/水分配系数的对数值：2.61
环境数据	
注解	该物质中毒时，需采取必要的治疗措施。必须提供有指示说明的适当方法。根据接触程度，需定期进行医疗检查。该物质的人体健康影响数据不充分，因此，应当特别注意

IPCS
International
Programme on
Chemical Safety

本卡片由 IPCS 和 EC 合作编写 © 2004～2012

459

国际化学品安全卡

N,N-二甲基甲酰胺			ICSC 编号：0457

CAS 登记号：68-12-2	中文名称：N,N-二甲基甲酰胺；二甲基甲酰胺；DMF；DMFA
RTECS 号：LQ2100000	英文名称：N,N-DIMETHYLFORMAMIDE; Dimethylformamide; DMF;
UN 编号：2265	DMFA; N-formyldimethylamine
EC 编号：616-001-00-X	
中国危险货物编号：2265	

分子量：73.09	化学式：$C_3H_7NO/HCON(CH_3)_2$

危害/接触类型	急性危害/症状	预防	急救/消防
火 灾	易燃的。在火焰中释放出刺激性或有毒烟雾（或气体）	禁止明火、禁止火花和禁止吸烟。禁止与氧化剂接触	干粉、抗溶性泡沫、雾状水、二氧化碳
爆 炸	高于58℃，可能形成爆炸性蒸气/空气混合物	高于58℃，使用密闭系统、通风	着火时，喷雾状水保持料桶等冷却
接 触		防止产生烟云！避免孕妇接触！	
# 吸入	腹部疼痛，腹泻，恶心，呕吐，面部发红	通风，局部排气通风或呼吸防护	新鲜空气，休息，给予医疗护理
# 皮肤	可能被吸收！	防护手套，防护服	脱去污染的衣服，冲洗，然后用水和肥皂清洗皮肤，给予医疗护理
# 眼睛	发红，疼痛	护目镜，或眼睛防护结合呼吸防护	先用大量水冲洗几分钟（如可能尽量摘除隐形眼镜），然后就医
# 食入		工作时不得进食，饮水或吸烟	漱口

泄漏处置	通风。移除全部引燃源。尽可能将泄漏液收集在有盖的容器中。用砂土或惰性吸收剂吸收残液，并转移到安全场所。个人防护用具：全套防护服包括自给式呼吸器
包装与标志	欧盟危险性类别：T 符号 标记：E R:61-20/21-36 S:53-45 联合国危险性类别：3 联合国包装类别：III 中国危险性类别：第3类易燃液体 中国包装类别：III
应急响应	运输应急卡：TEC(R)-30S2265 或 30GF1-III 美国消防协会法规：H1（健康危险性）；F2（火灾危险性）；R0（反应危险性）
储存	与强氧化剂、卤素分开存放
重要数据	物理状态、外观：无色至黄色液体，有特殊气味 化学危险性：加热或燃烧时，该物质分解生成氮氧化物有毒烟雾。与氧化剂、硝酸盐和卤代烃激烈反应。浸蚀某些塑料和橡胶 职业接触限值：阈限值：10ppm（时间加权平均值）（经皮）；A4（不能分类为人类致癌物）；公布生物暴露指数（美国政府工业卫生学家会议，2004年）。最高容许浓度：5ppm，15mg/m³；最高限值种类：II（4）；皮肤吸收；妊娠风险等级：B（德国，2005年） 接触途径：该物质可通过吸入和经皮肤吸收到体内 吸入危险性：20℃时该物质蒸发，相当慢地达到空气中有害污染浓度 短期接触的影响：该物质刺激眼睛。该物质可能对肝有影响，导致黄疸（见注解） 长期或反复接触的影响：该物质可能对肝有影响，导致功能损伤。动物实验表明，该物质可能对人类生殖造成毒性影响
物理性质	沸点：153℃ 熔点：-61℃ 相对密度（水=1）：0.95 水中溶解度：混溶 蒸气压：25℃时约492 Pa 蒸气相对密度（空气=1）：2.5 蒸气/空气混合物的相对密度（20℃，空气=1）：1.00 闪点：58℃（闭杯） 自燃温度：445℃ 爆炸极限：空气中2.2%～15.2%（在100℃）（体积） 辛醇/水分配系数的对数值：-0.87
环境数据	
注解	饮用含酒精饮料增进有害影响。产生的症状可能推迟从几个小时到几天。对该物质的环境影响进行过调查，但未发现任何数据

IPCS
International
Programme on
Chemical Safety

本卡片由 IPCS 和 EC 合作编写 © 2004～2012

国际化学品安全卡

2,4-二甲苯酚			ICSC 编号：0458

CAS 登记号：105-67-9	中文名称：2,4-二甲苯酚；2,4-二甲基苯酚；间二甲苯酚；1-羟基-2,4-二甲苯
RTECS 号：ZE5600000	英文名称：2,4-XYLENOL; 2,4-Dimethylphenol; m-Xylenol;
UN 编号：2261	1-Hydroxy-2.4-dimethylbenzene
EC 编号：604-006-00-X	
中国危险货物编号：2261	

分子量：122.17	化学式：$C_8H_{10}O/(CH_3)_2C_6H_3OH$

危害/接触类型	急性危害/症状	预防	急救/消防
火　灾	可燃的。在火焰中释放出刺激性或有毒烟雾（或气体）	禁止明火	干粉，抗溶性泡沫，雾状水，二氧化碳
爆　炸			
接　触		防止粉尘扩散！防止产生烟云！严格作业环境管理！	
# 吸入	灼烧感。咳嗽。咽喉痛。气促。（见注解）	通风，局部排气通风或呼吸防护	新鲜空气，休息。半直立体位。必要时进行人工呼吸。给予医疗护理
# 皮肤	发红。疼痛。皮肤烧伤	防护服。防护手套	脱去污染的衣服。用大量水冲洗皮肤或淋浴。给予医疗护理
# 眼睛	发红。疼痛。严重深度烧伤	护目镜，面罩或眼睛防护结合呼吸防护	先用大量水冲洗几分钟（如可能尽量摘除隐形眼镜），然后就医
# 食入	灼烧感。腹部疼痛。恶心。呕吐。休克或虚脱	工作时不得进食，饮水或吸烟	漱口。大量饮水。不要催吐。给予医疗护理

泄漏处置	将泄漏物清扫进容器中。如果适当，首先润湿防止扬尘。小心收集残余物，然后转移到安全场所。如果是液体，将泄漏液收集在有盖的塑料容器中。不要让该化学品进入环境。化学防护服，包括自给式呼吸器
包装与标志	不得与食品和饲料一起运输。污染海洋物质 欧盟危险性类别：T 符号 N 符号 标记：C　R:24/25-34-51/53　S:1/2-26-36/37/39-45-61 联合国危险性类别：6.1　联合国包装类别：II 中国危险性类别：第 6.1 项毒性物质　中国包装类别：II
应急响应	运输应急卡：TEC(R)-61GT1-II 美国消防协会法规：H2（健康危险性）；F1（火灾危险性）；R0（反应危险性）
储存	与食品和饲料、酸酐、酰基氯、碱和氧化剂分开存放。
重要数据	物理状态、外观：黄色至棕色液体或无色晶体 化学危险性：燃烧时，该物质分解生成有毒气体和刺激性烟雾。与酸酐、酰基氯、碱、氧化剂发生反应 职业接触限值：阈限值未制定标准。最高容许浓度未制定标准 接触途径：该物质可通过吸入，经食入和皮肤吸收到体内 吸入危险性：未指明 20℃时该物质蒸发达到空气中有害浓度的速率 短期接触的影响：该物质腐蚀皮肤、呼吸道和眼睛。食入有腐蚀性。吸入气溶胶可能引起肺水肿（见注解） 长期或反复接触的影响：反复或长期接触可能引起皮肤过敏
物理性质	沸点：211.5℃ 熔点：25.4~26℃ 密度：0.97g/cm³ 水中溶解度：25℃时 0.79g/100mL 蒸气压：20℃时 8Pa 闪点：>112℃（闭杯） 自燃温度：599℃ 爆炸极限：空气中 1.1%~6.4%（体积） 辛醇/水分配系数的对数值：2.3
环境数据	该物质对水生生物是有毒的。该化学品可能在鱼体内生物蓄积
注解	肺水肿症状常常经过几个小时以后才变得明显，体力劳动使症状加重。因而休息和医学观察是必要的。应当考虑由医生或医生指定的人立即采取适当吸入治疗法

本卡片由 IPCS 和 EC 合作编写 © 2004~2012

国际化学品安全卡

二甲基亚砜			ICSC 编号：0459

CAS 登记号：67-68-5
RTECS 号：PV6210000

中文名称：二甲基亚砜；甲基亚砜；DMSO
英文名称：DIMETHYL SULPHOXIDE; Methyl sulphoxide; DMSO

分子量：78.1

化学式：$C_2H_6OS/(CH_3)_2SO$

危害/接触类型	急性危害/症状	预防	急救/消防
火 灾	可燃的。在火焰中释放出刺激性或有毒烟雾（或气体）	禁止明火	干粉、雾状水、泡沫、二氧化碳
爆 炸	高于87℃,可能形成爆炸性蒸气/空气混合物	高于87℃,使用密闭系统、通风和防爆型电气设备	着火时,喷雾状水保持料桶等冷却
接 触		防止产生烟云！严格作业环境管理！	
# 吸入	头痛,恶心	通风,局部排气通风或呼吸防护	新鲜空气,休息
# 皮肤	可能被吸收！皮肤干燥	防护手套,防护服	脱去污染的衣服,冲洗,然后用水和肥皂清洗皮肤,给予医疗护理
# 眼睛	发红,视力模糊	安全护目镜	先用大量水冲洗几分钟（如可能尽量摘除隐形眼镜）,然后就医
# 食入	恶心,呕吐,倦睡	工作时不得进食,饮水或吸烟	不要催吐,给予医疗护理
泄漏处置	通风。尽可能将泄漏液收集在有盖的容器中。用砂土或惰性吸收剂吸收残液,并转移到安全场所。特别注意避免皮肤吸收。个人防护用具：适用于该物质空气中浓度的有机气体和蒸气过滤呼吸器		
包装与标志			
应急响应	美国消防协会法规：H1（健康危险性）；F1（火灾危险性）；R0（反应危险性）		
储存	与强氧化剂分开存放。阴凉场所。保存在暗处。保存在通风良好的室内		
重要数据	**物理状态、外观**：无色吸湿液体 **物理危险性**：蒸气比空气重,可能沿地面流动,可能造成远处着火 **化学危险性**：加热或燃烧时,该物质分解生成含硫氧化物的有毒烟雾。与强氧化剂,如高氯酸盐激烈反应 **职业接触限值**：阈限值未制定标准。最高容许浓度：50ppm,$160mg/m^3$；最高限值种类：I(2)；皮肤吸收；妊娠风险等级：D（德国,2009年） **接触途径**：该物质可通过吸入,经皮肤和食入吸收到体内 **吸入危险性**：未指明20℃时该物质蒸发达到空气中有害浓度的速率 **短期接触的影响**：该物质刺激眼睛和皮肤。接触到高浓度该物质时,能够造成意识降低。可能加速其他物质的皮肤吸收（见注解） **长期或反复接触的影响**：反复或长期与皮肤接触可能引起皮炎。该物质可能对肝和血液有影响,导致功能损伤和血细胞损伤		
物理性质	沸点：189℃ 熔点：18.5℃ 相对密度（水=1）：1.1 水中溶解度：混溶 蒸气压：20℃时59.4Pa 蒸气相对密度（空气=1）：2.7 闪点：87℃（闭杯） 自燃温度：215℃ 爆炸极限：空气中2.6%～42.0%（体积） 辛醇/水分配系数的对数值：−1.35（计算值）		
环境数据			
注解	二甲基亚砜中含有有毒物质时会增进皮肤吸收,需要特别注意		

IPCS
International Programme on Chemical Safety

UNEP

本卡片由 IPCS 和 EC 合作编写 © 2004～2012

国际化学品安全卡

1,2-二硝基苯			ICSC 编号：0460

CAS 登记号：528-29-0
RTECS 号：CZ7450000
UN 编号：3443
EC 编号：609-004-00-2
中国危险货物编号：3443

中文名称：1,2-二硝基苯；邻二硝基苯；1,2-DNB
英文名称：1,2-DINITROBENZENE; 1,2-Dinitrobenzol; o-Dinitrobenzene; 1,2-DNB

分子量：168.1

化学式：$C_6H_4(NO_2)_2/C_6H_4N_2O_4$

危害/接触类型	急性危害/症状	预防	急救/消防
火 灾	可燃的。在火焰中释放出刺激性或有毒烟雾（或气体）	禁止明火	干粉、雾状水、泡沫、二氧化碳
爆 炸	微细分散的颗粒物在空气中形成爆炸性混合物	防止粉尘沉积、密闭系统、防止粉尘爆炸型电气设备和照明	着火时，喷雾状水保持料桶等冷却。从掩蔽位置灭火
接 触		防止粉尘扩散！严格作业环境管理！	
# 吸入	灼烧感，虚弱，嘴唇发青或指甲发青，皮肤发青，头痛，头晕，恶心，呼吸困难	局部排气通风或呼吸防护	新鲜空气，休息。必要时进行人工呼吸，给予医疗护理
# 皮肤	可能被吸收！见吸入	防护手套，防护服	脱去污染的衣服，冲洗，然后用水和肥皂清洗皮肤，给予医疗护理
# 眼睛	发红，疼痛	面罩，或眼睛防护结合呼吸防护	先用大量水冲洗几分钟（如可能尽量摘除隐形眼镜），然后就医
# 食入	见吸入	工作时不得进食，饮水或吸烟。进食前洗手	漱口。用水冲服活性炭浆，给予医疗护理

泄漏处置	向专家咨询！将泄漏物清扫进容器中。如果适当，首先润湿防止扬尘。小心收集残余物，然后转移到安全场所。不要让该化学品进入环境。个人防护用具：全套防护服包括自给式呼吸器
包装与标志	不得与食品和饲料一起运输 欧盟危险性类别：T+符号 N 符号 标记：C R:26/27/28-33-50/53 S:1/2-28-36/37-45-60-61 联合国危险性类别：6.1 联合国包装类别：II 中国危险性类别：第 6.1 项毒性物质 中国包装类别：II
应急响应	运输应急卡：TEC(R)-61S3443-S 美国消防协会法规：H3（健康危险性）；F1（火灾危险性）；R4（反应危险性）
储存	与强氧化剂、强碱、食品和饲料分开存放。见化学危险性
重要数据	物理状态、外观：白色至黄色晶体 物理危险性：以粉末或颗粒形状与空气混合，可能发生粉尘爆炸 化学危险性：加热时，即使缺少空气也可能发生爆炸。燃烧时，生成含氮氧化物有毒气体和烟雾。与强氧化剂、强碱和还原性金属，如锌和锡激烈反应，有着火和爆炸危险。与硝酸的混合物有高爆炸性！ 职业接触限值：阈限值：0.15ppm（时间加权平均值）（经皮）；公布生物暴露指数（美国政府工业卫生学家会议，2004 年）。最高容许浓度：皮肤吸收；致癌物类别：3B（德国，2004 年） 接触途径：该物质可通过吸入和经皮肤和食入吸收到体内 吸入危险性：未指明 20℃时该物质蒸发达到空气中有害浓度的速率 短期接触的影响：该物质刺激眼睛和呼吸道。该物质可能对血液有影响，导致形成正铁血红蛋白。影响可能推迟显现。需进行医学观察 长期或反复接触的影响：该物质可能对肝有影响，导致肝损害。该物质可能对血液有影响，导致贫血
物理性质	沸点：319℃ 熔点：118℃ 密度：1.6g/cm³ 水中溶解度：微溶	蒸气压：20℃时 0.1kPa 蒸气相对密度（空气=1）：5.8 闪点：150℃（闭杯） 辛醇/水分配系数的对数值：1.69
环境数据	该物质对水生生物是有毒的	
注解	饮用含酒精饮料增进有害影响。根据接触程度，需定期进行医疗检查。该物质中毒时，需采取必要的治疗措施。必须提供有指示说明的适当方法。参见卡片#0725（二硝基苯，混合异构体），#0691（1,3-二硝基苯），#0692（1,4-二硝基苯）	

IPCS
International
Programme on
Chemical Safety

本卡片由 IPCS 和 EC 合作编写 © 2004～2012

国际化学品安全卡

CAS 登记号：534-52-1 RTECS 号：GO9625000 UN 编号：1598 EC 编号：609-020-00-X 中国危险货物编号：1598	中文名称：二硝基邻甲酚；4,6-二硝基邻甲酚；2-甲基-4,6-二硝基苯酚； DNOC；2,4-二硝基邻甲酚 英文名称：DINITRO-o-CRESOL; 4,6-Dinitro-ortho-cresol; 2-Methyl-4,6-dinitrophenol; DNOC; 2,4-Dinitro-ortho-cresol
分子量：198.1	化学式：$C_7H_6N_2O_5/CH_3C_6H_2OH(NO_2)_2$

危害/接触类型	急性危害/症状	预防	急救/消防
火 灾	可燃的。在火焰中释放出刺激性或有毒烟雾（或气体）	禁止明火。禁止与氧化剂接触	雾状水，泡沫，干粉，二氧化碳
爆 炸	微细分散的颗粒物在空气中形成爆炸性混合物。与氧化剂接触时，有着火和爆炸危险	防止粉尘沉积、密闭系统、防止粉尘爆炸型电气设备和照明	着火时，喷雾状水保持料桶等冷却
接 触		防止粉尘扩散！严格作业环境管理！	
# 吸入	出汗。发烧或体温升高。恶心。气促。呼吸困难。头痛。惊厥。神志不清	局部排气通风或呼吸防护	新鲜空气，休息。必要时进行人工呼吸。给予医疗护理
# 皮肤	可能被吸收！黄色斑点。（另见吸入）	防护手套。防护服	脱去污染的衣服。用大量水冲洗皮肤或淋浴。给予医疗护理
# 眼睛	发红。疼痛	安全护目镜，或眼睛防护结合呼吸防护	先用大量水冲洗几分钟（如可能尽量摘除隐形眼镜），然后就医
# 食入	腹部疼痛。呕吐。（另见吸入）	工作时不得进食，饮水或吸烟。进食前洗手	漱口。用水冲服活性炭浆。给予医疗护理

泄漏处置	将泄漏物清扫进可密闭容器中。如果适当，首先润湿防止扬尘。小心收集残余物，然后转移到安全场所。不要让该化学品进入环境。个人防护用具：化学防护服包括自给式呼吸器
包装与标志	不得与食品和饲料一起运输 欧盟危险性类别：T+符号 N 符号 R:26/27/28-38-41-43-44-50/53-68 S:1/2-36/37-45-60-61 联合国危险性类别：6.1 联合国包装类别：II 中国危险性类别：第 6.1 项毒性物质 中国包装类别：II
应急响应	运输应急卡：TEC(R)-61S1598 或 61GT2-II
储存	与强氧化剂、食品和饲料分开存放。严格密封
重要数据	物理状态、外观：无气味黄色晶体 物理危险性：以粉末或颗粒形状与空气混合，可能发生粉尘爆炸 化学危险性：燃烧时，该物质分解生成含氮氧化物的有毒烟雾。与强氧化剂激烈反应 职业接触限值：阈限值：0.2mg/m³（时间加权平均值）（经皮）（美国政府工业卫生学家会议，2004年）。最高容许浓度：IIb（未制定标准，但可提供数据）；皮肤吸收（德国，2004年） 接触途径：该物质可通过吸入，经皮肤和食入吸收到体内 吸入危险性：20℃时该物质蒸发不会或很缓慢地达到空气中有害污染浓度，但喷洒或扩散时要快得多 短期接触的影响：该物质腐蚀眼睛和刺激皮肤。皮肤黄色斑。该物质可能对代谢速率有影响。接触高浓度时，可能导致死亡
物理性质	沸点：312℃ 熔点：87.5℃ 密度：1.58g/cm³ 水中溶解度：20℃时 0.694g/100mL 蒸气压：25℃时 0.016Pa 蒸气相对密度（空气=1）：6.8 自燃温度：340℃ 辛醇/水分配系数的对数值：2.56
环境数据	该物质对水生生物有极高毒性
注解	不要将工作服带回家中。工业级产品可能引起皮肤过敏。商品名称有：Antinonnin, Detal, Dinitrol, Elgetol, Lipan, Selinon 和 Effusan

IPCS
International
Programme on
Chemical Safety

本卡片由 IPCS 和 EC 合作编写 © 2004～2012

国际化学品安全卡

苯硫酚			ICSC 编号：0463

CAS 登记号：108-98-5	中文名称：苯硫酚；硫代苯酚；巯基苯；苯硫醇
RTECS 号：DC0525000	英文名称：BENZENETHIOL; Thiophenol; Mercaptobenzene; Phenyl
UN 编号：2337	mercaptan
中国危险货物编号：2337	

分子量：110.2	化学式：C₆H₅S/C₆H₅SH

化学式：C_6H_5S/C_6H_5SH

危害/接触类型	急性危害/症状	预防	急救/消防
火 灾	易燃的。在火焰中释放出有毒烟雾（或气体）	禁止明火，禁止火花和禁止吸烟	干粉，水成膜泡沫，泡沫，二氧化碳
爆 炸			着火时喷雾状水保持料桶等冷却
接 触		防止烟雾产生！	
# 吸入	头痛，咳嗽，恶心，咽喉痛	通风，局部排气通风或呼吸防护	新鲜空气，休息并给予医疗护理
# 皮肤	可能被吸收！发红，疼痛	防护手套，防护服	脱去污染的衣服，用大量水冲洗皮肤或淋浴，给予医疗护理
# 眼睛	发红，疼痛，视力模糊	安全护目镜，或眼睛防护结合呼吸防护	先用大量水冲洗几分钟（如可能尽量摘除隐形眼镜），然后就医
# 食入	（另见吸入）	工作时不得进食、饮水或吸烟	漱口，给予医疗护理

泄漏处置	收集泄漏液在可密闭容器中。用砂土或惰性吸收剂吸收残液并转移到安全场所。个人防护用具：化学防护服，包括自给式呼吸器
包装与标志	不得与食品和饲料一起运输 联合国危险性类别：6.1 联合国次要危险性：3 联合国包装类别：I 中国危险性类别：第 6.1 项毒性物质 中国次要危险性：3 中国包装类别：I
应急响应	运输应急卡：TEC（R）-61GTF1-I
储存	与强氧化剂、强酸、食品和饲料分开存放
重要数据	物理状态、外观：无色液体，有特殊气味 化学危险性：燃烧或与酸接触时，该物质分解生成硫氧化物有毒烟雾。与强氧化剂发生反应 职业接触限值：阈限值：0.1ppm（时间加权平均值）（经皮）（美国政府工业卫生学家会议，2005 年）。最高容许浓度未制定标准 接触途径：该物质可通过吸入、经皮肤和食入吸收到体内 吸入危险性：20℃时该物质蒸发能相当快地达到空气中有害污染浓度 短期接触的影响：该物质刺激眼睛、皮肤和呼吸道。该物质可能对神经系统有影响 长期或反复接触的影响：反复或长期与皮肤接触可能引起皮炎
物理性质	沸点：168℃ 熔点：-15℃ 相对密度（水=1）：1.07 水中溶解度：不溶 蒸气压：18℃时 0.13kPa 蒸气相对密度（空气=1）：3.8 蒸气/空气混合物的相对密度（20℃，空气=1）：1.00 闪点：<55℃ 爆炸极限：空气中 1.2%～?（体积） 辛醇/水分配系数的对数值：2.52
环境数据	
注解	

IPCS
International
Programme on
Chemical Safety

本卡片由 IPCS 和 EC 合作编写 © 2004～2012

国际化学品安全卡

2,4-二硝基苯酚			ICSC 编号：0464

CAS 登记号：51-28-5
RTECS 号：SL2800000
UN 编号：1320(含水 15%以上)
EC 编号：609-061-00-8
中国危险货物编号：1320

中文名称：2,4-二硝基苯酚；1-羟基-2,4-二硝基苯
英文名称：2,4-DINITROPHENOL; 1-Hydroxy-2,4-dinitrobenzene

分子量：184.11　　　　　　　　　化学式：$C_6H_4N_2O_5/C_6H_3(OH)(NO_2)_2$

危害/接触类型	急性危害/症状	预防	急救/消防
火 灾	可燃的。在火焰中释放出刺激性或有毒烟雾（或气体）	禁止明火	大量水
爆 炸	有着火和爆炸风险	不得受到摩擦或撞击	着火时喷雾状水保持钢瓶冷却。从掩蔽位置灭火
接 触		防止粉尘扩散！严格作业环境管理！	
# 吸入	（见食入）	局部排气通风或呼吸防护	新鲜空气，休息（见注解），给予医疗护理
# 皮肤	可能被吸收！发红，粗糙，皮肤黄斑。（另见吸入）	防护手套，防护服	脱去污染的衣服，用大量水冲洗皮肤或淋浴，给予医疗护理
# 眼睛		安全护目镜	先用大量水冲洗几分钟（如可能尽量摘除隐形眼镜），然后就医
# 食入	恶心，呕吐，心悸，虚脱，出汗。（另见吸入）	工作时不得进食、饮水或吸烟	休息，给予医疗护理
泄漏处置	撤离危险区域！不要让其干化。将泄漏物清扫进容器中。用砂土或其它惰性材料除净残余物，然后转移到安全场所。个人防护用具：全套防护服，包括自给式呼吸器		
包装与标志	不易破碎包装，将易破碎包装放在不易破碎容器中。不得与食品和饲料一起运输。污染海洋物质 欧盟危险性类别：T 符号 N 符号 标记：C R:23/24/25-33-50　　S:1/2-28-37-45-61 联合国危险性类别：4.1 联合国次要危险性：6.1 联合国包装类别：I 中国危险性类别：第 4.1 项易燃固体 中国次要危险性：6.1 中国包装类别：I		
应急响应	运输应急卡：TEC(R)-41GDT-I		
储存	耐火设备（条件）。与可燃物质、还原性物质、食品和饲料分开存放。阴凉场所		
重要数据	物理状态、外观：黄色晶体。见注解 物理危险性：如果以粉末或颗粒形式与空气混合，可能发生粉尘爆炸 化学危险性：受撞击、摩擦或震动时，可能爆炸性分解。加热时可能发生爆炸。与碱、氨和大多数金属生成撞击敏感性化合物。加热时分解生成氮氧化物有毒气体。见注解 职业接触限值：阈限值未制定标准 接触途径：该物质可通过吸入、经皮肤和食入吸收到体内 吸入危险性：20℃时蒸发可忽略不计，但可较快地达到空气中颗粒物有害浓度 短期接触的影响：该物质可能对新陈代谢有影响，导致极高体温。接触可能导致死亡 长期或反复接触的影响：反复或长期与皮肤接触可能引起皮炎。该物质可能对末梢神经系统有影响。可能对眼睛有影响，导致白内障		
物理性质	沸点：升华 熔点：112℃ 相对密度（水=1）：1.68 水中溶解度：54.5℃时 0.14g/100mL 蒸气相对密度（空气=1）：6.36		
环境数据	该物质可能对环境有危害，对水生生物应给予特别注意		
注解	采取一切可提供方法降低温度。由于其爆炸性，该化合物常以水膏状形式使用。UN 编号 0076 适用于干化合物。CAS 登记号 25550-58-7 适用于异构体		

本卡片由 IPCS 和 EC 合作编写 © 2004～2012

国际化学品安全卡

二硝基甲苯（混合异构体）			ICSC 编号：0465

CAS 登记号：25321-14-6
RTECS 号：XT1300000
UN 编号：3454
EC 编号：609-007-00-9
中国危险货物编号：3454
分子量：182.1

中文名称：二硝基甲苯（混合异构体）；甲基二硝基苯（混合异构体）；DNT（混合异构体）
英文名称：DINITROTOLUENE (MIXED ISOMERS); DNT (mixed isomers); Methyl dinitrobenzene (mixed isomers); Dinitrotoluol (mixed isomers)

化学式：$C_7H_6N_2O_4/C_6H_3(CH_3)(NO_2)_2$

危害/接触类型	急性危害/症状	预防	急救/消防
火 灾	可燃的。在火焰中释放出刺激性或有毒烟雾（或气体）	禁止明火	干粉，雾状水，泡沫，二氧化碳
爆 炸	微细分散的颗粒物在空气中形成爆炸性混合物。与许多物质接触时有爆炸危险	防止粉尘沉积、密闭系统、防止粉尘爆炸型电气设备和照明	着火时，喷雾状水保持料桶等冷却。从掩蔽位置灭火
接 触		防止粉尘扩散！避免一切接触！避免孕妇接触！	
# 吸入	嘴唇发青或指甲发青。皮肤发青。头痛。头晕。恶心。意识模糊。惊厥。神志不清	局部排气通风或呼吸防护	新鲜空气，休息。必要时进行人工呼吸。给予医疗护理
# 皮肤	可能被吸收！（见吸入）	防护手套。防护服	脱去污染的衣服，冲洗，然后用水和肥皂清洗皮肤，给予医疗护理
# 眼睛		安全护目镜	先用大量水冲洗几分钟（如可能尽量摘除隐形眼镜），然后就医
# 食入	（另见吸入）	工作时不得进食，饮水或吸烟。进食前洗手	漱口。大量饮水。给予医疗护理

泄漏处置	向专家咨询！将泄漏物清扫进容器中，如果适当，首先润湿防止扬尘。小心收集残余物，然后转移到安全场所。不要让该化学品进入环境。个人防护用具：化学防护服包括自给式呼吸器
包装与标志	不得与食品和饲料一起运输 欧盟危险性类别：T 符号 N 符号 标记：E R:45-23/24/25-48/22-62-68-51/53 S:53-45-61 联合国危险性类别：6.1 联合国包装类别：II 中国危险性类别：第 6.1 项毒性物质 中国包装类别：II
应急响应	运输应急卡：TEC（R）-61S3454 或 61GT2-II 美国消防协会法规：H3（健康危险性）；F1（火灾危险性）；R3（反应危险性）
储存	耐火设备（条件）。与强碱、食品和饲料、氧化剂、强还原剂分开存放。严格密封。保存在通风良好的室内。储存在没有排水管或下水道的场所
重要数据	物理状态、外观：黄色晶体粉末，有特殊气味 物理危险性：以粉末或颗粒形状与空气混合，可能发生粉尘爆炸 化学危险性：加热可能引起激烈燃烧或爆炸。加热时，该物质分解生成含有氮氧化物有毒和腐蚀性烟雾，甚至在缺少空气时。与还原剂、强碱和氧化剂反应，有着火和爆炸的危险 职业接触限值：阈限值:0.2mg/m³（时间加权平均值）（经皮）；A3（确认的动物致癌物，但未知与人类相关性）；公布生物暴露指数（美国政府工业卫生学家会议，2005 年）。最高容许浓度:皮肤吸收（H）；致癌物类别：2（德国，2004 年） 接触途径：该物质可通过吸入，经皮肤和食入吸收到体内 吸入危险性：20℃时蒸发可忽略不计，但扩散时可较快地达到空气中颗粒物有害浓度，尤其是粉末。 短期接触的影响：该物质可能对血液有影响，导致形成正铁血红蛋白。影响可能推迟显现。需进行医学观察 长期或反复接触的影响：该物质可能对血液有影响，导致形成正铁血红蛋白。该物质可能是人类致癌物。动物实验表明，该物质可能造成人类生殖或发育毒性
物理性质	沸点：低于沸点在 250～300℃分解 熔点：54～71℃ 相对密度（水=1）：1.3（液体） 密度：1.52g/cm³（固体） 水中溶解度：难溶 蒸气压：20℃时 2.4Pa 蒸气相对密度（空气=1）：6.28 蒸气/空气混合物的相对密度（20℃，空气=1）：1.01 闪点：207℃（闭杯） 自燃温度：400℃ 辛醇/水分配系数的对数值：2.0
环境数据	该物质对水生生物是有害的
注解	工业品一般为所有六种异构体的混合物，但主要是 2,4-二硝基甲苯（78%）和 2,6-二硝基甲苯（19%）。其他 UN 编号:1600（熔融）。根据接触程度，建议定期进行医疗检查。该物质中毒时需采取必要的治疗措施;必须提供有指示说明的适当方法。不要将工作服带回家中。参见卡片#0727（2,4- 二硝基甲苯）和#0728（2,6-二硝基甲苯）

IPCS
International Programme on Chemical Safety

UNEP

本卡片由 IPCS 和 EC 合作编写 © 2004～2012

国际化学品安全卡

二苯胺			ICSC 编号：0466

CAS 登记号：122-39-4
RTECS 号：JJ7800000
UN 编号：3077
EC 编号：612-026-00-5
中国危险货物编号：3077

中文名称：二苯胺；*N*-苯基苯胺；苯胺基苯；*N,N*-二苯胺
英文名称：DIPHENYLAMINE; *N*-Phenylaniline; Anilinobenzene; *N,N*-Diphenylamine; *N*-Phenylbenzamine

分子量：169.2   化学式：$C_{12}H_{11}N/C_6H_5NHC_6H_5$

危害/接触类型	急性危害/症状	预防	急救/消防
火 灾	可燃的。在火焰中释放出刺激性或有毒烟雾（或气体）	禁止明火	干粉，抗溶性泡沫，雾状水，二氧化碳
爆 炸	微细分散的颗粒物在空气中形成爆炸性混合物	防止粉尘沉积、密闭系统、防止粉尘爆炸型电气设备和照明	
接 触		防止粉尘扩散！	
# 吸入	咳嗽。咽喉痛	局部排气通风或呼吸防护	新鲜空气，休息
# 皮肤	发红	防护手套	冲洗，然后用水和肥皂清洗皮肤
# 眼睛	发红	安全护目镜	用大量水冲洗（如可能尽量摘除隐形眼镜)
# 食入	咽喉疼痛	工作时不得进食，饮水或吸烟	漱口。饮用 1～2 杯水
泄漏处置	将泄漏物清扫进容器中，如果适当，首先润湿防止扬尘。然后转移到安全场所。不要让该化学品进入环境。个人防护用具：适用于有害颗粒物的 P2 过滤呼吸器		
包装与标志	污染海洋物质 欧盟危险性类别：T 符号 N 符号 R:23/24/25-33-50/53 S:1/2-28-36/37-45-60-61 联合国危险性类别：9 联合国包装类别：III 中国危险性类别：第 9 类 杂项危险物质和物品 中国包装类别：III GHS 分类：信号词：警告 危险说明：吞咽可能有害；接触皮肤可能有害；对水生生物有毒		
应急响应	运输应急卡：TEC(R)-90GM7-III 美国消防协会法规：H2（健康危险性）；F1（火灾危险性）；R0（反应危险性）		
储存	注意收容灭火产生的废水。与强酸、氧化剂分开存放。储存在没有排水管或下水道的场所		
重要数据	物理状态、外观：无色晶体，有特殊气味 物理危险性：以粉末或颗粒形状与空气混合，可能发生粉尘爆炸 化学危险性：加热时或燃烧时，该物质分解生成含有氮氧化物的有毒烟雾。与强氧化剂和强酸发生反应 职业接触限值：阈限值：10mg/m³（时间加权平均值）；A4（不能分类为人类致癌物）（美国政府工业卫生学家会议，2006 年）。最高容许浓度未制定标准 接触途径：该物质可通过吸入，经皮肤和食入吸收到体内 吸入危险性：20℃时蒸发可忽略不计，但可较快地达到空气中颗粒物有害浓度 短期接触的影响：该物质刺激眼睛和呼吸道 长期或反复接触的影响：该物质可能对肾脏有影响，导致功能损伤。该物质可能对血液有影响，导致贫血		
物理性质	沸点：302℃ 熔点：53℃ 密度：1.2g/cm³ 水中溶解度：（难溶） 蒸气压：20℃时 蒸气相对密度（空气=1）：5.8 闪点：153℃（闭杯） 自燃温度：634℃ 辛醇/水分配系数的对数值：3.5		
环境数据	该物质对水生生物是有毒的。强烈建议不要让该化学品进入环境。该物质可能在水生环境中造成长期影响		
注解	工业品可能含有致癌性杂质（4-氨基联苯）		

IPCS
International Programme on Chemical Safety

本卡片由 IPCS 和 EC 合作编写 © 2004～2012

国际化学品安全卡

1,3-二苯胍			ICSC 编号：0467

CAS 登记号：102-06-7		中文名称：1,3-二苯胍；二苯胍；DPG；*N,N*-二苯胍；对称二苯胍	
RTECS 号：MF0875000		英文名称：1,3-DIPHENYLGUANIDINE; Diphenylguanidine; DPG;	
EC 编号：612-149-00-4		*N,N*-Diphenylguanidine; sym-Diphenylguanidine	

分子量：211.3　　　　　　　　　　　化学式：$C_{13}H_{13}N_3$

危害/接触类型	急性危害/症状	预防	急救/消防
火　灾	可燃的	禁止明火	周围环境着火时，允许使用各种灭火剂
爆　炸			
接　触		防止粉尘扩散！	
# 吸入		局部排气通风	新鲜空气，休息
# 皮肤		防护手套	用大量水冲洗皮肤或淋浴
# 眼睛	发红，疼痛	护目镜	先用大量水冲洗几分钟（如可能尽量摘除隐形眼镜），然后就医
# 食入	腹部疼痛	工作时不得进食，饮水或吸烟。进食前洗手	漱口

泄漏处置	将泄漏物清扫进容器中。如果适当，首先润湿防止扬尘。不要冲入下水道，不要让该化学品进入环境。个人防护用具：适用于有害颗粒物的 P2 过滤呼吸器
包装与标志	不得与食品和饲料一起运输 欧盟危险性类别：Xn 符号 N 符号　R:22-36/37/38-51/53-62　S:2-26-36/37/39-61
应急响应	
储存	与食品和饲料分开存放
重要数据	物理状态、外观：无色或白色晶体粉末，或针状 化学危险性：燃烧时，该物质分解生成有毒烟雾。水溶液是一种中强碱 职业接触限值：阈限值未制定标准。最高容许浓度未制定标准 接触途径：该物质可通过吸入和经食入吸收到体内 吸入危险性：未指明 20℃时该物质蒸发达到空气中有害浓度的速率 短期接触的影响：该物质轻微刺激眼睛 长期或反复接触的影响：动物实验表明，该物质可能对人类生殖造成毒性影响
物理性质	沸点：170℃（分解） 熔点：150℃ 密度：1.19g/cm³ 水中溶解度：20℃时微溶 蒸气压：20℃时 0.17kPa 闪点：170℃ 辛醇/水分配系数的对数值：1.69
环境数据	该物质对水生生物是有毒的
注解	

IPCS
International
Programme on
Chemical Safety

本卡片由 IPCS 和 EC 合作编写 © 2004～2012

国际化学品安全卡

（二）丙醚			ICSC 编号：0468

CAS 登记号：111-43-3　　　　　　　中文名称：（二）丙醚；1,1'-氧二丙烷

RTECS 号：UJ5125000　　　　　　　英文名称：DIPROPYL ETHER; 1,1'-oxybispropane

UN 编号：2384

EC 编号：603-045-00-X

中国危险货物编号：2384

分子量：102.2　　　　　　　　　　化学式：C₆H₁₄O

危害/接触类型	急性危害/症状	预防	急救/消防
火　灾	易燃的	禁止明火、禁止火花和禁止吸烟	泡沫，干粉，二氧化碳。禁止用水
爆　炸	高于 21℃，可能形成爆炸性蒸气/空气混合物	高于 21℃，使用密闭系统、通风和防爆型电气设备	着火时，喷雾状水保持料桶等冷却
接　触			
# 吸入	咳嗽，咽喉痛，头晕，头痛	通风，局部排气通风或呼吸防护	新鲜空气，休息，给予医疗护理
# 皮肤	发红，疼痛，皮肤干燥	防护服。防护手套	脱去污染的衣服。冲洗，然后用水和肥皂清洗皮肤
# 眼睛	发红，疼痛	护目镜，或面罩	先用大量水冲洗几分钟（如可能尽量摘除隐形眼镜），然后就医
# 食入		工作时不得进食，饮水或吸烟	漱口

泄漏处置	用干砂土或其他不可燃物质覆盖泄漏物。将泄漏液收集在可密闭的容器中。移除全部引燃源。通风。不要冲入下水道。个人防护用具：适用于有机气体和蒸气的过滤呼吸器
包装与标志	欧盟危险性类别：F 符号　标记：C　R:11-19-66-67 S:2-9-16-29-33 联合国危险性类别：3　联合国包装类别：II 中国危险性类别：第 3 类易燃液体　中国包装类别：II
应急响应	运输应急卡：TEC(R)-30GF-I+II 美国消防协会法规：H1（健康危险性）；F3（火灾危险性）；R0（反应危险性）
储存	耐火设备（条件）。阴凉场所。保存在暗处
重要数据	物理状态、外观：无色液体 物理危险性：蒸气比空气重，可能沿地面流动，可能造成远处着火 化学危险性：该物质可能生成爆炸性过氧化物。燃烧时，该物质分解生成有毒气体和刺激性烟雾 职业接触限值：阈限值未制定标准 接触途径：该物质可通过吸入吸收到体内 吸入危险性：20℃时，该物质蒸发相当慢地达到空气中有害污染浓度 短期接触的影响：该物质刺激眼睛、皮肤和呼吸道。高浓度接触时，能够造成意识降低 长期或反复接触的影响：液体使皮肤脱脂
物理性质	沸点：88～90℃ 熔点：−122℃ 相对密度（水=1）：0.7 水中溶解度：l25℃时 0.25g/100 mL 蒸气压：25℃时 8.33kPa 蒸气相对密度（空气=1）：3.53 蒸气/空气混合物的相对密度（20℃，空气=1）：1.2 闪点：21℃（闭杯） 自燃温度：188℃ 爆炸极限：空气中 1.3%～7%（体积） 辛醇/水分配系数的对数值：2.03
环境数据	
注解	蒸馏前检验过氧化物，如有，将其去除

本卡片由 IPCS 和 EC 合作编写 © 2004～2012

国际化学品安全卡

扑草灭			ICSC 编号：0469

CAS 登记号：759-94-4	中文名称：扑草灭；S-乙基二丙基硫代氨基甲酸酯；S-乙基-N,N-二丙基硫代氨基甲酸酯
RTECS 号：FA4550000	
UN 编号：2992	英文名称：EPTC；S-Ethyl dipropylthiocarbamate; S-Ethyl dipropylcarbamothioate; S-Ethyl-N,N-dipropylthiocarbamate
EC 编号：006-030-00-0	
中国危险货物编号：2992	

分子量：189.3	化学式：$C_9H_{19}NOS/(CH_3(CH_2)_2)_2NCOSCH_2CH_3$

危害/接触类型	急性危害/症状	预防	急救/消防
火灾	可燃的。在火焰中释放出刺激性或有毒烟雾（或气体）	禁止明火	干粉，雾状水，泡沫，二氧化碳
爆炸			
接触		避免青少年和儿童接触！	
# 吸入	眩晕，头痛，恶心，呕吐，针状瞳孔，出汗，多涎	通风，局部排气通风或呼吸防护	新鲜空气，休息，给予医疗护理
# 皮肤	可能被吸收！发红	防护手套，防护服	脱掉污染的衣服，冲洗，然后用水和肥皂洗皮肤，给予医疗护理
# 眼睛	发红	安全护目镜，面罩或眼睛防护结合呼吸防护	首先用大量水冲洗几分钟（如可能尽量摘除隐形眼镜），然后就医
# 食入	腹部疼痛，腹泻。（另见吸入）	工作时不得进食、饮水或吸烟	催吐（仅对清醒病人！），给予医疗护理
泄漏处置	尽可能将泄漏液收集在有盖容器中。用砂土或惰性吸收剂吸收残液并转移到安全场所。不得冲入下水道。个人防护用具：全套防护服包括自给式呼吸器		
包装与标志	不得与食品和饲料一起运输 欧盟危险性类别：Xn 符号 R:22 S:23 联合国危险性类别：6.1 联合国包装类别：III 中国危险性类别：第 6.1 项毒性物质 中国包装类别：III		
应急响应	运输应急卡：TEC (R)-61GT6-III		
储存	注意收容灭火产生的废水。与食品和饲料分开存放。保存在通风良好的室内		
重要数据	物理状态、外观：无色液体，有特殊气味 化学危险性：燃烧时，生成氮氧化物和硫氧化物有毒或刺激性气体 职业接触限值：阈限值未制定标准 接触途径：该物质可通过吸入、经皮肤和食入吸收到体内 吸入危险性：20℃时该物质蒸发，不会或很缓慢地达到有害空气污染浓度 短期接触的影响：由于抑制胆碱酯酶，该物质可能对神经系统有影响 长期或反复接触的影响：见注解		
物理性质	沸点：232℃ 相对密度（水=1）：0.95 水中溶解度：不溶 蒸气压：25℃时 4.5Pa 蒸气相对密度（空气=1）：6.5 蒸气/空气混合物的相对密度（20℃，空气=1）：1 闪点：116℃		
环境数据			
注解	该物质中毒时需采取必要的治疗措施。必须提供有指示说明的适当方法。该物质对人体健康影响数据不充分，因此应当特别注意。商业制剂中使用的载体溶剂可能改变其物理和毒理学性质。不要将工作服带回家中。商品名有 Eradicane 和 Eptan		

IPCS
International
Programme on
Chemical Safety

本卡片由 IPCS 和 EC 合作编写 © 2004～2012

471

国际化学品安全卡

乙硫醇			ICSC 编号：0470

CAS 登记号：75-08-1
RTECS 号：KI9625000
UN 编号：2363
EC 编号：016-022-00-9
中国危险货物编号：2363

中文名称：乙硫醇；硫代乙醇
英文名称：ETHANETHIOL; Ethyl mercaptan; Thioethyl alcohol

分子量：62.1　　　　　　　　　　　　化学式：C_2H_5SH

危害/接触类型	急性危害/症状	预防	急救/消防
火 灾	极易燃。在火焰中释放出刺激性或有毒烟雾（或气体）	禁止明火，禁止火花和禁止吸烟	干粉，泡沫，二氧化碳
爆 炸	蒸气/空气混合物有爆炸性	密闭系统，通风，防爆型电气设备和照明	着火时，喷雾状水保持料桶等冷却
接 触		严格作业环境管理！	
# 吸入	头晕。头痛。恶心。呕吐。震颤。虚弱。神志不清	通风，局部排气通风或呼吸防护	新鲜空气，休息。必要时进行人工呼吸。给予医疗护理
# 皮肤	发红	防护手套	用大量水冲洗皮肤或淋浴
# 眼睛	发红。疼痛	安全护目镜，或眼睛防护结合呼吸防护	先用大量水冲洗几分钟（如可能尽量摘除隐形眼镜），然后就医
# 食入	（另见吸入）	工作时不得进食，饮水或吸烟	漱口。大量饮水。不要催吐。给予医疗护理

泄漏处置	撤离危险区域！将泄漏液收集在可密闭的容器中。不要冲入下水道。个人防护用具：自给式呼吸器
包装与标志	欧盟危险性类别：F 符号 Xn 符号 N 符号　R:11-20-50/53　S:2-16-25-60-61 联合国危险性类别：3　联合国包装类别：I 中国危险性类别：第 3 类易燃液体　中国包装类别：I
应急响应	运输应急卡：TEC(R)-30S2363 美国消防协会法规：H2（健康危险性）；F4（火灾危险性）；R0（反应危险性）
储存	耐火设备（条件）。与强氧化剂、强酸分开存放。阴凉场所
重要数据	物理状态、外观：无色液体，有刺鼻气味 物理危险性：蒸气比空气重。可能沿地面流动，可能造成远处着火 化学危险性：加热时，该物质分解生成含有硫化氢、硫氧化物有毒烟雾。该物质是一种弱酸。与氧化剂发生反应，有着火和爆炸危险。与强酸反应，生成有毒气体硫化氢和硫氧化物 职业接触限值：阈限值：0.5ppm（时间加权平均值）（美国政府工业卫生学家会议，2004 年）。最高容许浓度：0.5ppm，1.3mg/m³；最高限值种类：II（2）；妊娠风险等级：IIc（德国，2004 年） 接触途径：该物质可通过吸入和食入吸收到体内 吸入危险性：20℃时，该物质蒸发，迅速达到空气中有害污染浓度 短期接触的影响：该物质刺激眼睛、皮肤和呼吸道。该物质可能对中枢神经系统有影响，导致意识降低和呼吸抑制
物理性质	沸点：35℃ 熔点：−144.4℃ 相对密度（水=1）：0.839 水中溶解度：20℃时 0.68g/100mL 蒸气压：20℃时 58.9kPa 蒸气相对密度（空气=1）：2.14 蒸气/空气混合物的相对密度（20℃，空气=1）：1.5 闪点：−48.3℃ 自燃温度：299℃ 爆炸极限：空气中 2.8%～18.2%（体积） 辛醇/水分配系数的对数值：1.5
环境数据	
注解	

IPCS
International
Programme on
Chemical Safety

国际化学品安全卡

炭黑			ICSC 编号：0471

CAS 登记号：1333-86-4 　　　　　　中文名称：炭黑；炉法炭黑；乙炔黑
RTECS 号：FF5800000 　　　　　　英文名称：CARBON BLACK; Furnace black; Acetylene black; Carbon soot
UN 编号： 见注解

分子量：12.0（原子量）　　　　　　化学式：C

危害/接触类型	急性危害/症状	预防	急救/消防
火　灾	可燃的	禁止明火。禁止与高温表面接触	干粉，雾状水，泡沫，二氧化碳
爆　炸	微细分散的颗粒物在空气中形成爆炸性混合物	防止粉尘沉积、密闭系统、防止粉尘爆炸型电气设备和照明	着火时，喷雾状水保持料桶等冷却
接　触		防止粉尘扩散！避免一切接触！	
# 吸入	咳嗽	密闭系统	新鲜空气，休息
# 皮肤		防护手套	冲洗，然后用水和肥皂清洗皮肤
# 眼睛	发红	安全护目镜，或眼睛防护结合呼吸防护	用大量水冲洗（如可能尽量摘除隐形眼镜）
# 食入		工作时不得进食、饮水或吸烟。进食前洗手	漱口

泄漏处置	将泄漏物清扫进有盖的容器中，如果适当，首先润湿防止扬尘。小心收集残余物，然后转移到安全场所。个人防护用具：全套防护服包括自给式呼吸器
包装与标志	GHS 分类：信号词：警告　图形符号：健康危险　危险说明：吸入怀疑致癌；长期或反复吸入可能对肺造成损害
应急响应	
储存	严格密封。与食品和饲料分开存放。见化学危险性
重要数据	物理状态、外观：无气味黑色球状颗粒或极细粉末 物理危险性：粉尘与炽热表面接触时，烟云可能被引燃（高于 500℃） 化学危险性：该物质是一种强还原剂，与氧化剂发生剧烈反应。与许多化合物发生剧烈反应 职业接触限值：阈限值：3.5mg/m³（时间加权平均值）；A4（不能分类为人类致癌物）（美国政府工业卫生学家会议，2010 年）。最高容许浓度：致癌物类别：3B（德国，2009 年） 接触途径：该物质可通过吸入吸收到体内 吸入危险性：扩散时可较快地达到空气中颗粒物有害浓度 短期接触的影响：可能引起机械刺激 长期或反复接触的影响：反复或长期接触，肺可能受损伤。该物质可能是人类致癌物
物理性质	熔点：3550℃（计算值） 相对密度（水=1）：1.8～2.1 水中溶解度：不溶 自燃温度：高于 500℃
环境数据	
注解	在远低于本卡片给出的浓度下使用该物质的超细颗粒物（小于 100nm，纳米微粒），能产生不利影响。应极度谨慎。据报道，有些炭黑中含有多环芳烃（PAH）。取决于制造过程的情况，其化学组成有所变化。含有超过 8% 挥发物的炭黑可能有爆炸的危险（见物理危险性）。大多数炭黑粉末没有 UN 编号，但是，取决于粉末的规格，可能的 UN 编号有：1361，危险性类别：4.2，包装类别：I 或 II；1362，危险性类别：4.2，包装类别：III。GHS 分类也将根据粉末规格的不同而变化

IPCS
International
Programme on
Chemical Safety

本卡片由 **IPCS** 和 **EC** 合作编写 © 2004～2012

国际化学品安全卡

磷化铝			ICSC 编号：0472

CAS 登记号：20859-73-8	中文名称：磷化铝
RTECS 号：BD1400000	英文名称：ALUMINIUM PHOSPHIDE
UN 编号：1397	
EC 编号：015-004-00-8	
中国危险货物编号：1397	

分子量：58　　　　　　　　　　　化学式：AlP

危害/接触类型	急性危害/症状	预防	急救/消防
火　灾	不可燃。但与水或潮湿空气接触时，生成易燃气体。在火焰中释放出刺激性或有毒烟雾（或气体）	禁止明火，禁止火花和禁止吸烟。禁止与酸类和水接触	专用粉末，干砂，禁用其他灭火剂。禁止用水
爆　炸	与酸类和水接触时有着火和爆炸危险		
接　触		防止粉尘扩散！严格作业环境管理！	
# 吸入	咽喉痛。咳嗽。呼吸短促。头痛。头晕。恶心。呕吐	通风，呼吸防护	新鲜空气，休息，半直立体位。必要时进行人工呼吸，给予医疗护理
# 皮肤	发红，灼烧感	防护手套	脱掉污染的衣服，冲洗，然后用水和肥皂洗皮肤。急救时戴防护手套
# 眼睛	发红	安全护目镜，或眼睛防护结合呼吸防护	首先用大量水冲洗几分钟（如可能尽量摘除隐形眼镜），然后就医
# 食入	恶心。呕吐。腹泻。腹部疼痛。头痛。惊厥。休克或虚脱。神志不清	工作时不得进食、饮水或吸烟	催吐（仅对清醒病人！），给予医疗护理
泄漏处置	撤离危险区域！向专家咨询！不要冲入下水道。将泄漏物清扫进可密闭容器中。小心收集残余物，然后转移到安全场所。不要让该化学品进入环境。个人防护用具：全套防护服包括自给式呼吸器		
包装与标志	气密。不得与食品和饲料一起运输 欧盟危险性类别：F 符号 T+符号 N 符号 R:15/29-28-32-50　　S:1/2-3/9/14-30-36/37-45-61 联合国危险性类别：4.3 联合国次要危险性：6.1 联合国包装类别：I 中国危险性类别：第 4.3 项遇水放出易燃气体的物质 中国次要危险性：6.1　中国包装类别：I		
应急响应	运输应急卡：TEC(R)-43GWT2-I		
储存	耐火设备（条件）。注意收容灭火产生的废水。与酸类、水、食品和饲料分开存放。干燥		
重要数据	物理状态、外观：暗灰色或暗黄色晶体 化学危险性：与水、潮湿空气和酸反应，生成高度易燃和有毒气体磷化氢（见卡片#0694） 职业接触限值：阈限值未制定标准 接触途径：该物质可通过吸入其气溶胶和食入吸收到体内 吸入危险性：20℃时蒸发可忽略不计，但可以较快地达到空气中颗粒物有害浓度。在大气湿气或出汗中水解可能产生可被吸入的磷化氢气体 短期接触的影响：该物质刺激眼睛、皮肤和呼吸道。吸入磷化铝释放出的磷化氢可能引起肺水肿（见注解）。该物质可能对心血管系统、神经系统和呼吸道有影响，导致功能损伤和呼吸衰竭。接触可能导致死亡		
物理性质	熔点：>1000℃ 相对密度（水=1）：2.9 水中溶解度：反应		
环境数据			
注解	商业熏蒸剂中通常含有 57% 的活性组分。与灭火剂，如水激烈反应。肺水肿症状常常经过几个小时以后才变得明显，体力劳动使症状加重。因而休息和医学观察是必要的。应当考虑由医生或医生指定的人立即采取适当吸入治疗法。不要将工作服带回家中。商品名称有 Alutal, Celphide, Celphine, Celphos, Delicia Gastoxin, Detia Gas-Ex-B, Detia Gas-Ex-P, Detia Gas-Ex-T, L fume, Phosfume, Phostek, Phostoxin, Quickfos 和 Zedesa。可参考卡片#0694 磷化氢		

IPCS
International
Programme on
Chemical Safety

UNEP

本卡片由 IPCS 和 EC 合作编写 © 2004～2012

国际化学品安全卡

5-亚乙基-2-降冰片烯			ICSC 编号：0473

CAS 登记号：16219-75-3	中文名称：5-亚乙基-2-降冰片烯（稳定的）；ENB；5-亚乙基二环（2,2,1）
RTECS 号：RB9450000	庚-2-烯；亚乙基降冰片烯
UN 编号：1992	英文名称：5-ETHYLIDENE-2-NORBORNENE (stabilized); ENB;
中国危险货物编号：1992	5-Ethylidenebicyclo (2,2,1) hep-2-ene; Ethylidene norbornene

分子量：120.2	化学式：C_9H_{12}

危害/接触类型	急性危害/症状	预防	急救/消防
火　灾	易燃的	禁止明火、禁止火花和禁止吸烟	干粉、水成膜泡沫、泡沫、二氧化碳。禁止用水
爆　炸	高于38℃，可能形成爆炸性蒸气/空气混合物	高于38℃，使用密闭系统、通风和防爆型电气设备。防止静电荷积聚（例如，通过接地）	着火时，喷雾状水保持料桶等冷却。从掩蔽位置灭火
接　触			
# 吸入	意识模糊，咳嗽，头痛，气促，咽喉痛	通风，局部排气通风或呼吸防护	新鲜空气，休息，给予医疗护理
# 皮肤	发红，疼痛	防护手套	脱去污染的衣服，用大量水冲洗皮肤或淋浴，给予医疗护理
# 眼睛	发红，疼痛	安全护目镜	先用大量水冲洗几分钟（如可能尽量摘除隐形眼镜），然后就医
# 食入	恶心，呕吐	工作时不得进食，饮水或吸烟	漱口，给予医疗护理
泄漏处置	尽可能将泄漏液收集在可密闭的容器中。用砂土或惰性吸收剂吸收残液，并转移到安全场所。个人防护用具：自给式呼吸器		
包装与标志	气密。不得与食品和饲料一起运输 联合国危险性类别：3　联合国次要危险性：6.1 联合国包装类别：III 中国危险性类别：第3类易燃液体　中国次要危险性：6.1 中国包装类别：III		
应急响应	运输应急卡：TEC(R)-30GFT1-III		
储存	耐火设备（条件）。与强氧化剂、食品和饲料分开存放。阴凉场所。保存在惰性气体中。稳定后储存		
重要数据	物理状态、外观：白色至无色液体，有特殊气味 物理危险性：由于流动、搅拌等，可能产生静电 化学危险性：该物质可能发生聚合。燃烧时，该物质分解生成辛辣烟雾和刺激性烟雾。与强氧化剂发生反应 职业接触限值：阈限值：5ppm（上限值）（美国政府工业卫生学家会议，2004年） 接触途径：该物质可通过吸入和经食入吸收到体内 吸入危险性：20℃时该物质蒸发，相当快地达到空气中有害污染浓度 短期接触的影响：该物质刺激眼睛、皮肤和呼吸道。如果吞咽液体吸入肺中，可能引起化学肺炎 长期或反复接触的影响：该物质可能对肝和肾有影响		
物理性质	沸点：148℃ 熔点：-80℃ 相对密度（水=1）：0.9 水中溶解度：不溶 蒸气压：20℃时560Pa 蒸气相对密度（空气=1）：4.1 闪点：38℃（开杯）		
环境数据			
注解	工作接触的任何时刻都不应超过职业接触限值。添加稳定剂或阻聚剂会影响该物质的毒理学性质。向专家咨询		

IPCS
International
Programme on
Chemical Safety

本卡片由 IPCS 和 EC 合作编写 © 2004～2012

国际化学品安全卡

四溴化碳			ICSC 编号：0474

CAS 登记号：558-13-4	中文名称：四溴化碳；四溴甲烷
RTECS 号：FG4725000	英文名称：CARBON TETRABROMIDE; Tetrabromomethane
UN 编号：2516	
中国危险货物编号：2516	

分子量：331.6	化学式：CBr₄

危害/接触类型	急性危害/症状	预防	急救/消防
火 灾	不可燃。在火焰中释放出刺激性或有毒烟雾（或气体）		周围环境着火时，允许使用各种灭火剂
爆 炸			
接 触		防止粉尘扩散！严格作业环境管理！	
# 吸入	咳嗽，倦睡，迟钝，呼吸困难，气促，咽喉痛	局部排气通风或呼吸防护	新鲜空气，休息，给予医疗护理
# 皮肤	发红，疼痛	防护手套	脱去污染的衣服，用大量水冲洗皮肤或淋浴，给予医疗护理
# 眼睛	发红，疼痛，视力模糊，严重深度烧伤	面罩，或眼睛防护结合呼吸防护	先用大量水冲洗几分钟（如可能尽量摘除隐形眼镜），然后就医
# 食入	腹部疼痛，腹泻，迟钝，咽喉疼痛。（另见吸入）	工作时不得进食，饮水或吸烟	漱口，给予医疗护理
泄漏处置	将泄漏物清扫进容器中。如果适当，首先润湿防止扬尘。小心收集残余物，然后转移到安全场所。个人防护用具：适用于有害颗粒物的 P2 过滤呼吸器		
包装与标志	不得与食品和饲料一起运输。污染海洋物质 联合国危险性类别：6.1　　　联合国包装类别：III 中国危险性类别：第 6.1 项毒性物质　中国包装类别：III		
应急响应	运输应急卡：TEC(R)-61GT2-III		
储存	严格密封		
重要数据	物理状态、外观：无色晶体 化学危险性：受热时，该物质分解生成有毒和腐蚀性烟雾。与碱金属发生反应，有爆炸的危险 职业接触限值：阈限值：0.1ppm（时间加权平均值），0.3ppm（短期接触限值）（美国政府工业卫生学家会议，2004 年） 接触途径：该物质可通过吸入和经食入吸收到体内 吸入危险性：20℃时该物质蒸发，相当慢地达到空气中有害污染浓度 短期接触的影响：流泪。该物质腐蚀眼睛，刺激皮肤和呼吸道。该物质可能对肺，肝和肾有影响。高浓度接触可能导致神志不清 长期或反复接触的影响：该物质可能对肝有影响		
物理性质	沸点：190℃ 熔点：90℃ 相对密度（水=1）：3.42 水中溶解度：不溶 蒸气压：96℃时 5.33kPa 蒸气相对密度（空气=1）：11.4		
环境数据			
注解	不要将工作服带回家中。不要在火焰或高温表面附近或焊接时使用		

IPCS
International
Programme on
Chemical Safety

本卡片由 IPCS 和 EC 合作编写 © 2004～2012

476

国际化学品安全卡

乙烯			ICSC 编号：0475

CAS 登记号：74-85-1
RTECS 号：KV5340000
UN 编号：1962
EC 编号：601-010-00-3
中国危险货物编号：1962

中文名称：乙烯；乙烯（钢瓶）
英文名称：ETHYLENE; Ethene (cylinder)

分子量：28.5　　　　　　　　　化学式：$C_2H_4/CH_2=CH_2$

危害/接触类型	急性危害/症状	预防	急救/消防
火　灾	极易燃	禁止明火，禁止火花和禁止吸烟。禁止与高温表面接触	切断气源，如不可能和对周围环境无危险，让火自行燃烧完全。其他情况喷雾状水灭火
爆　炸	蒸气/空气混合物有爆炸性	密闭系统，通风，防爆型电气设备和照明。防止静电积聚（例如，通过接地）。使用无火花的手工具	着火时喷雾状水保持钢瓶冷却。从掩蔽位置灭火
接　触			
# 吸入	倦睡，神志不清	通风	新鲜空气，休息，必要时进行人工呼吸，给予医疗护理
# 皮肤			
# 眼睛			
# 食入			
泄漏处置	撤离危险区域！通风。移除引燃源，如可能关闭气源。个人防护用具：化学防护服，包括自给式呼吸器		
包装与标志	欧盟危险性类别：F+符号　　R:12-67　　S:2-9-16-33-46 联合国危险性类别：2.1 中国危险性类别：第2.1项易燃气体		
应急响应	运输应急卡：TEC（R）-20S1962 美国消防协会法规：H1（健康危险性）；F4（火灾危险性）；R2（反应危险性）		
储存	耐火设备（条件）。与强氧化剂分开存放		
重要数据	物理状态、外观：无色压缩气体，有特殊气体 物理危险性：气体比空气轻。由于流动、搅拌等，可能产生静电 化学危险性：加热到600℃以上时，该物质可能发生聚合，生成芳香化合物。与强氧化剂发生反应，有爆炸危险 职业接触限值：阈限值：200ppm（时间加权平均值）；A4（不能分类为人类致癌物）（美国政府工业卫生学家会议，2005年）。最高容许浓度：致癌物类别：3B（德国，2005年） 接触途径：该物质可通过吸入吸收到体内 吸入危险性：容器漏损时，该气体降低封闭空间的氧含量，能够造成缺氧 短期接触的影响：接触能够造成意识降低		
物理性质	沸点：−104℃ 熔点：−169.2℃ 水中溶解度：不溶 蒸气压：15℃时 8100kPa 蒸气相对密度（空气=1）：0.98 闪点：易燃气体 自燃温度：490℃ 爆炸极限：空气中 2.7%～36.0%（体积）		
环境数据			
注解	空气中高浓度引起缺氧，有神志不清或死亡危险。进行工作区域以前，检验氧含量		

IPCS
International
Programme on
Chemical Safety

UNEP

本卡片由 IPCS 和 EC 合作编写 © 2004～2012

国际化学品安全卡

2-甲氧基乙酸乙酯			ICSC 编号：0476

CAS 登记号： 110-49-6
RTECS 号： KL5950000
UN 编号： 1189
EC 编号： 607-036-00-1
中国危险货物编号： 1189

中文名称： 2-甲氧基乙酸乙酯；乙二醇一甲醚乙酸酯；2-甲氧基醋酸乙酯；甲基溶纤剂乙酸酯；甲基乙二醇醋酸酯
英文名称： 2-METHOXYETHYL ACETATE; Ethylene glycol monomethyl ether acetate; 2-Methoxyethanol acetate; Acetic acid, 2-methoxyethyl ester; Methyl cellosolve acetate; Methyl glycol acetate

分子量： 118.1   **化学式：** $C_5H_{10}O_3/CH_3COOCH_2CH_2OCH_3$

危害/接触类型	急性危害/症状	预防	急救/消防
火 灾	易燃的	禁止明火，禁止火花和禁止吸烟	干粉，抗溶性泡沫，雾状水，二氧化碳
爆 炸	高于45℃，可能形成爆炸性蒸气/空气混合物	高于45℃，使用密闭系统、通风和防爆型电气设备	着火时，喷雾状水保持料桶等冷却
接 触		避免一切接触！	
# 吸入	头晕。倦睡。头痛	通风，局部排气通风或呼吸防护	新鲜空气，休息。给予医疗护理
# 皮肤	可能被吸收！皮肤干燥。(另见吸入)	防护手套。防护服	脱去污染的衣服。用大量水冲洗皮肤或淋浴。给予医疗护理
# 眼睛	发红	安全护目镜，或眼睛防护结合呼吸防护	先用大量水冲洗几分钟（如可能尽量摘除隐形眼镜），然后就医
# 食入	腹部疼痛。恶心。呕吐。虚弱。神志不清。(另见吸入)	工作时不得进食，饮水或吸烟	漱口。不要催吐。给予医疗护理
泄漏处置	通风。转移全部引燃源。尽可能将泄漏液收集在可密闭的容器中。用砂土或惰性吸收剂吸收残液，并转移到安全场所。不要让该化学品进入环境。个人防护用具：适用于有机气体和蒸气的过滤呼吸器		
包装与标志	欧盟危险性类别：T 符号 标记：E R:60-61-20/21/22 S:53-45 联合国危险性类别：3 联合国包装类别：III 中国危险性类别：第3类易燃液体 中国包装类别：III		
应急响应	运输应急卡：TEC(R)-30GF1-III 美国消防协会法规：H1（健康危险性）；F2（火灾危险性）；R（反应危险性）		
储存	耐火设备（条件）。与强氧化剂、强碱、强酸分开存放。保存在暗处		
重要数据	**物理状态、外观：** 无色液体，有特殊气味 **化学危险性：** 该物质可能生成爆炸性过氧化物。与强氧化剂、强碱发生反应 **职业接触限值：** 阈限值：5ppm（时间加权平均值），（经皮）（美国政府工业卫生学家会议，2003年）。最高容许浓度：5ppm，25mg/m³；皮肤吸收；最高限值种类：II（8）；妊娠风险等级：B（德国，2003年） **接触途径：** 该物质可通过吸入其蒸气，经皮肤和食入吸收到体内 **吸入危险性：** 20℃时，该物质蒸发相当快地达到空气中有害污染浓度 **短期接触的影响：** 蒸气轻微刺激眼睛。该物质可能对骨髓和中枢神经系统有影响。高浓度时，该物质可能对血液有影响，导致血细胞损伤和肾损伤。远高于职业接触限值接触可能导致神志不清 **长期或反复接触的影响：** 液体使皮肤脱脂。该物质可能对骨髓和血液有影响，导致血细胞损伤和肾损伤。可能造成人类生殖或发育毒性		
物理性质	沸点：145℃ 熔点：-65℃ 相对密度（水=1）：1.01 水中溶解度：混溶 蒸气压：20℃时 0.27kPa 蒸气相对密度（空气=1）：4.1 蒸气/空气混合物的相对密度（20℃，空气=1）：1.01 闪点：45℃（闭杯） 自燃温度：380℃ 爆炸极限：空气中 1.5%～12.3%（体积）（93℃） 辛醇/水分配系数的对数值：0.121		
环境数据	该物质对水生生物是有害的		
注解	蒸馏前检验过氧化物，如有，将其去除。对接触该物质的健康影响未进行充分调查。其影响是从同类物质推断出		

IPCS
International
Programme on
Chemical Safety

本卡片由 IPCS 和 EC 合作编写 © 2004～2012

国际化学品安全卡

2-乙基己酸			ICSC 编号：0477

CAS 登记号：149-57-5
RTECS 号：MO7700000
EC 编号：607-230-00-6

中文名称：2-乙基己酸；3-壬酸
英文名称：2-ETHYLHEXANOIC ACID; 2-Ethylcaproic acid;
3-Heptanecarboxylic acid

分子量：144.2 　　　　　　　　　　化学式：C$_8$H$_{16}$O$_2$/CH$_3$(CH$_2$)$_3$CH(C$_2$H$_5$)COOH

危害/接触类型	急性危害/症状	预防	急救/消防
火　灾	可燃的	禁止明火	干粉，雾状水，泡沫，二氧化碳
爆　炸			
接　触		避免一切接触！	
# 吸入	咳嗽	局部排气通风或呼吸防护	新鲜空气，休息
# 皮肤	发红	防护手套	脱去污染的衣服。用大量水冲洗皮肤或淋浴
# 眼睛	发红。疼痛	安全护目镜	先用大量水冲洗几分钟（如可能尽量摘除隐形眼镜），然后就医
# 食入	腹部疼痛。灼烧感。腹泻	工作时不得进食，饮水或吸烟	漱口。大量饮水。给予医疗护理

泄漏处置	尽可能将泄漏液收集在可密闭的容器中。用砂土或惰性吸收剂吸收残液，并转移到安全场所。不要用锯末或其他可燃吸收剂吸收。不要让该化学品进入环境。个人防护用具：适用于有机气体和蒸气的过滤呼吸器
包装与标志	欧盟危险性类别：Xn 符号　　R:63　　S:2-36/37
应急响应	美国消防协会法规：H1（健康危险性）；F1（火灾危险性）；R0（反应危险性）
储存	与强氧化剂分开存放。储存在没有排水管或下水道的场所
重要数据	物理状态、外观：无色液体，有特殊气味 化学危险性：该物质是一种强还原剂，与氧化剂发生反应。加热时，该物质分解生成刺激性烟雾 职业接触限值：阈限值：5mg/m^3（可吸入气溶胶和蒸气）（时间加权平均值）（美国政府工业卫生学家会议，2005 年）。最高容许浓度：IIb（未制定标准，但可提供数据）（德国，2004 年） 接触途径：该物质可通过吸入其蒸气，经皮肤和食入吸收到体内 吸入危险性：20℃时，该物质蒸发相当慢地达到空气中有害污染浓度，但喷洒或扩散时要快得多 短期接触的影响：该物质刺激眼睛、皮肤和呼吸道 长期或反复接触的影响：动物实验表明，该物质可能造成人类生殖或发育毒性
物理性质	沸点：227℃ 熔点：-59℃ 相对密度（水=1）：0.90 水中溶解度：0.14g/100mL（难溶） 蒸气压：20℃时 4Pa 蒸气相对密度（空气=1）：5 蒸气/空气混合物的相对密度（20℃，空气=1）：1.00 闪点：118℃（开杯） 自燃温度：371℃ 爆炸极限：空气中 0.8%～6%（体积） 辛醇/水分配系数的对数值：2.64
环境数据	该物质对水生生物是有害的
注解	

IPCS
International
Programme on
Chemical Safety

本卡片由 IPCS 和 EC 合作编写 © 2004～2012

国际化学品安全卡

2-乙基己基丙烯酸酯			ICSC 编号：0478

CAS 登记号：103-11-7	中文名称：2-乙基己基丙烯酸酯；丙烯酸-2-乙基己酯；丙烯酸辛酯；2-丙烯酸-2-乙基己酯；2-乙基己基-2-丙烯酸酯
RTECS 号：AT0855000	
EC 编号：607-107-00-7	英文名称：2-ETHYLHEXYL ACRYLATE; Acrylic acid, 2-ethylhexyl ester; Octyl acrylate; 2-Propenoic acid, 2-ethylhexyl ester; 2-Ethylhexyl 2-propenoate

分子量：184.3	化学式：$C_{11}H_{20}O_2$/$CH_2=CHCOOC_8H_{17}$

危害/接触类型	急性危害/症状	预防	急救/消防
火灾	可燃的	禁止明火	干粉，水成膜泡沫，泡沫，二氧化碳。细雾状水
爆炸	高于82℃，可能形成爆炸性蒸气/空气混合物	高于82℃，使用密闭系统、通风和防爆型电气设备	着火时，喷雾状水保持料桶等冷却
接触		避免一切接触！	
# 吸入	咳嗽。咽喉痛	通风，局部排气通风或呼吸防护	新鲜空气，休息。给予医疗护理
# 皮肤	发红。疼痛	防护手套。防护服	脱去污染的衣服。用大量水冲洗皮肤或淋浴。给予医疗护理
# 眼睛	发红。疼痛	安全护目镜，或眼睛防护结合呼吸防护	先用大量水冲洗几分钟（如可能尽量摘除隐形眼镜），然后就医
# 食入	腹部疼痛。腹泻。恶心。呕吐	工作时不得进食，饮水或吸烟	漱口。大量饮水。不要催吐。给予医疗护理
泄漏处置	将泄漏液收集在有盖的容器中。用砂土或惰性吸收剂吸收残液，并转移到安全场所。不要让该化学品进入环境。个人防护用具：适用于有机气体和蒸气的过滤呼吸器。化学防护服		
包装与标志	欧盟危险性类别：Xi 符号 标记：D R:37/38-43 S:2-36/37-46		
应急响应	美国消防协会法规：H2（健康危险性）；F2（火灾危险性）；R2（反应危险性）		
储存	与强氧化剂分开存放。阴凉场所。保存在暗处。稳定后储存		
重要数据	物理状态、外观：无色液体，有特殊气味 化学危险性：在光、加热和过氧化物的作用下，该物质容易聚合。与强氧化剂激烈反应 职业接触限值：阈限值未制定标准。最高容许浓度：皮肤致敏剂（德国，2004年） 接触途径：该物质可通过吸入和经食入吸收到体内 吸入危险性：未指明20℃时该物质蒸发达到空气中有害浓度的速率 短期接触的影响：该物质刺激眼睛、皮肤和呼吸道 长期或反复接触的影响：反复或长期接触可能引起皮肤过敏		
物理性质	沸点：213.5℃ 熔点：−90℃ 相对密度（水=1）：0.89 水中溶解度：不溶 蒸气压：20℃时19Pa 蒸气相对密度（空气=1）：6.35 闪点：82℃（开杯） 自燃温度：252℃ 爆炸极限：空气中0.8%～6.4%（体积） 辛醇/水分配系数的对数值：3.67		
环境数据	该物质对水生生物是有害的		
注解	蒸气未经阻聚可能发生聚合，堵塞通风口。添加稳定剂或阻聚剂会影响该物质的毒理学性质。向专家咨询。不要将工作服带回家中		

IPCS
International
Programme on
Chemical Safety

   UNEP

本卡片由 IPCS 和 EC 合作编写 © 2004～2012

国际化学品安全卡

碘乙烷			ICSC 编号：0479

CAS 登记号：75-03-6	中文名称：碘乙烷；乙基碘；一碘乙烷
RTECS 号：KI4750000	英文名称：ETHYL IODIDE; Iodoethane; Ethane iodide; Monoiodoethane

分子量：155.97	化学式：C_2H_5I/CH_3CH_2I

危害/接触类型	急性危害/症状	预防	急救/消防
火灾	易燃的	禁止明火，禁止火花和禁止吸烟	干粉，雾状水，泡沫，二氧化碳
爆炸	高于61℃，可能形成爆炸性蒸气/空气混合物	高于61℃，使用密闭系统、通风和防爆型电气设备	着火时，喷雾状水保持料桶等冷却
接触			
# 吸入	意识模糊。咳嗽。倦睡。头晕。气促。咽喉痛。神志不清	通风，局部排气通风或呼吸防护	新鲜空气，休息。半直立体位。必要时进行人工呼吸。给予医疗护理
# 皮肤	发红。疼痛	防护手套。防护服	用大量水冲洗皮肤或淋浴。给予医疗护理
# 眼睛	发红。疼痛	安全护目镜，面罩，或眼睛防护结合呼吸防护	先用大量水冲洗几分钟（如可能尽量摘除隐形眼镜），然后就医
# 食入	腹部疼痛。意识模糊。头晕。倦睡。神志不清	工作时不得进食，饮水或吸烟	漱口。不要催吐。大量饮水。给予医疗护理

泄漏处置	转移全部引燃源。将泄漏液收集在有盖的有标志的容器中。用砂土或惰性吸收剂吸收残液，并转移到安全场所。个人防护用具：适用于有机气体和蒸气的过滤呼吸器
包装与标志	
应急响应	
储存	耐火设备（条件）。与强碱、强氧化剂分开存放

重要数据	**物理状态、外观：**无色液体，有特殊气味。遇光时变暗 **物理危险性：**蒸气比空气重 **化学危险性：**燃烧时，该物质分解生成碘和碘化氢。与强碱和强氧化剂发生反应 **职业接触限值：**阈限值未制定标准。最高容许浓度未制定标准 **接触途径：**该物质可通过吸入其蒸气，经皮肤和食入吸收到体内 **吸入危险性：**未指明20℃时该物质蒸发达到空气中有害浓度的速率 **短期接触的影响：**该物质刺激眼睛、皮肤和呼吸道。该物质可能对中枢神经系统有影响，导致意识降低
物理性质	沸点：72℃ 熔点：-108℃ 相对密度（水=1）：1.936 水中溶解度：20℃时0.4g/100mL 蒸气压：18℃时13.3kPa 蒸气相对密度（空气=1）：5.4（计算值） 蒸气/空气混合物的相对密度（20℃，空气=1）：1.8 闪点：61℃（闭杯） 辛醇/水分配系数的对数值：2.0
环境数据	
注解	虽然该物质是可燃的，且闪点≤61℃，但爆炸极限未见文献报道。该物质对人体健康的影响数据不充分，因此应当特别注意

IPCS
International
Programme on
Chemical Safety

本卡片由 IPCS 和 EC 合作编写 © 2004～2012

国际化学品安全卡

N-乙基吗啉			ICSC 编号：0480

CAS 登记号：100-74-3　　　　　　　　　　中文名称：N-乙基吗啉；4-乙基吗啉

RTECS 号：QE4025000　　　　　　　　　　英文名称：N-ETHYLMORPHOLINE; 4-Ethylmorpholine

UN 编号：1993

中国危险货物编号：1993

分子量：115.2　　　　　　　　　　　化学式：C$_6$H$_{13}$NO

危害/接触类型	急性危害/症状	预防	急救/消防
火　灾	易燃的。在火焰中释放出刺激性或有毒烟雾（或气体）	禁止明火，禁止火花和禁止吸烟。禁止与高温表面接触	雾状水，抗溶性泡沫
爆　炸	高于 32℃，可能形成爆炸性蒸气/空气混合物	高于 32℃，使用密闭系统、通风和防爆型电气设备	着火时，喷雾状水保持料桶等冷却
接　触			
# 吸入	咳嗽。咽喉痛	通风，局部排气通风或呼吸防护	新鲜空气，休息。给予医疗护理
# 皮肤	发红	防护手套。防护服	脱去污染的衣服。冲洗，然后用水和肥皂清洗皮肤。给予医疗护理
# 眼睛	发红。疼痛。视力模糊	护目镜，或眼睛防护结合呼吸防护	先用大量水冲洗几分钟（如可能尽量摘除隐形眼镜），然后就医
# 食入		工作时不得进食，饮水或吸烟	漱口。大量饮水

泄漏处置	通风。转移全部引燃源。尽可能将泄漏液收集在可密闭的容器中。用砂土或惰性吸收剂吸收残液，并转移到安全场所。个人防护用具：适用于有机气体和蒸气的过滤呼吸器
包装与标志	联合国危险性类别：3　联合国包装类别：III 中国危险性类别：第 3 类易燃液体　中国包装类别：III
应急响应	美国消防协会法规：H2（健康危险性）；F3（火灾危险性）；R0（反应危险性）
储存	耐火设备（条件）。与强氧化剂分开存放
重要数据	物理状态、外观：无色液体，有特殊气味 化学危险性：加热时，该物质分解生成氨、氮氧化物、一氧化碳有毒气体和蒸气。与强氧化剂激烈反应，有着火和爆炸危险。浸蚀塑料，橡胶和涂层 职业接触限值：阈限值：5ppm（时间加权平均值，经皮）（美国政府工业卫生学家会议，2002 年）。最高容许浓度未制定标准。见注解 接触途径：该物质可通过吸入其蒸气，经皮肤和食入吸收到体内 吸入危险性：20℃时该物质蒸发，相当快达到空气中有害污染浓度 短期接触的影响：该物质刺激眼睛，皮肤和呼吸道。该物质可能对眼睛有影响，导致视觉失真
物理性质	沸点：138℃ 熔点：-63℃ 相对密度（水=1）：0.99 水中溶解度：混溶 蒸气压：20℃时 0.80kPa 蒸气相对密度（空气=1）：4.0 闪点：32℃ 自燃温度：185℃ 爆炸极限：空气中 1%～9.8%（体积）
环境数据	
注解	最高容许浓度未制定标准，但可提供完整文件（最高容许浓度 IIb）

IPCS
International
Programme on
Chemical Safety

UNEP

本卡片由 IPCS 和 EC 合作编写 © 2004～2012

国际化学品安全卡

3,3'-二氯联苯胺			ICSC 编号：0481

CAS 登记号：91-94-1	中文名称：3,3'-二氯联苯胺；3,3'-二氯联苯基-4,4'-亚基二胺；4,4'-二氨基-3,3'-二氯联苯
RTECS 号：DD0525000	
EC 编号：612-068-00-4	英文名称：3,3'-DICHLOROBENZIDINE; 3,3'-Dichlorobiphenyl-4,4'-ylenediamine; 4,4'-Diamino-3,3'-dichlorobiphenyl

分子量：253.1	化学式：C$_6$H$_3$ClNH$_2$C$_6$H$_3$ClNH$_2$/C$_{12}$H$_{10}$Cl$_2$N$_2$

危害/接触类型	急性危害/症状	预防	急救/消防
火　灾	可燃的。在火焰中释放出刺激性或有毒烟雾（或气体）	禁止明火	细雾状水，干粉，二氧化碳
爆　炸			
接　触	见长期或反复接触的影响	防止粉尘扩散！严格作业环境管理！	
# 吸入	咳嗽。咽喉痛	避免吸入粉尘。局部排气通风或呼吸防护	新鲜空气，休息。如果感觉不舒服，就医
# 皮肤	可能被吸收！	防护手套。防护服	脱去污染的衣服。冲洗，然后用水和肥皂清洗皮肤。如果感觉不舒服，就医
# 眼睛		面罩，或如为粉末，眼睛防护结合呼吸防护	用大量水冲洗（如可能尽量摘除隐形眼镜）
# 食入		工作时不得进食、饮水或吸烟	漱口。给予医疗护理

泄漏处置	不要让该化学品进入环境。将泄漏物清扫进可密闭容器中，如果适当，首先润湿防止扬尘。小心收集残余物，然后转移到安全场所。个人防护用具：全套防护服包括，自给式呼吸器
包装与标志	不得与食品和饲料一起运输 欧盟危险性类别：T 符号 N 符号 标记：E R:45-21-43-50/53 S:53-45-60-61 GHS 分类：信号词：危险 图形符号：感叹号-健康危险-环境 危险说明：怀疑导致遗传性缺陷；可能致癌；可能引起呼吸刺激作用；长期或反复吞咽，可能对肝脏造成损害；对水生生物有毒，并有长期持久影响
应急响应	
储存	注意收容灭火产生的废水。与食品和饲料分开存放。严格密封。储存在原始容器中，储存在没有排水管或下水道的场所
重要数据	物理状态、外观：灰色至紫色晶体 化学危险性：燃烧时该物质分解，生成含有氮氧化物和氯化氢的有毒和腐蚀性烟雾 职业接触限值：阈限值：（经皮）；A3（确认的动物致癌物，但未知与人类相关性）（美国政府工业卫生学家会议，2009 年）。最高容许浓度：皮肤吸收；致癌物类别：2（德国，2009 年） 接触途径：该物质可通过吸入其气溶胶、经皮肤和经食入吸收到体内 吸入危险性：20℃时蒸发可忽略不计，但扩散时，尤其是粉末可较快地达到空气中颗粒物有害浓度 短期接触的影响：该物质刺激呼吸道 长期或反复接触的影响：反复或长期与皮肤接触可能引起皮炎。该物质可能对肝脏有影响。该物质可能是人类致癌物
物理性质	沸点：368℃ 熔点：132～133℃ 水中溶解度：不溶 自燃温度：350℃ 辛醇/水分配系数的对数值：3.51
环境数据	该物质对水生生物是有毒的。该物质可能在水生环境中造成长期影响。强烈建议不要让该化学品进入环境
注解	该物质是可燃的，但闪点未见文献报道。商品名称为 Curithane C126

IPCS
International
Programme on
Chemical Safety

UNEP

本卡片由 IPCS 和 EC 合作编写 © 2004～2012

国际化学品安全卡

次氯酸钠（溶液，活性氯<10%）			ICSC 编号：0482

CAS 登记号：7681-52-9	中文名称：次氯酸钠（溶液，活性氯<10%）；氧氯化钠；氯氧化钠
RTECS 号：NH3486300	英文名称：SODIUM HYPOCHLORITE (SOLUTION, ACTIVE CHLORINE <10%); Sodium oxychloride; Sodium chloride oxide
EC 编号：017-011-00-1	

分子量：74.44	化学式：NaClO

危害/接触类型	急性危害/症状	预防	急救/消防
火 灾	不可燃。在火焰中释放出刺激性或有毒烟雾（或气体）		干粉、雾状水、泡沫、二氧化碳
爆 炸			
接 触		防止产生烟云！	
# 吸入	咳嗽，咽喉痛	通风	新鲜空气，休息，给予医疗护理
# 皮肤	发红，疼痛	防护手套	先用大量水，然后脱去污染的衣服并再次冲洗
# 眼睛	发红，疼痛	安全护目镜	先用大量水冲洗几分钟（如可能尽量摘除隐形眼镜），然后就医
# 食入	腹部疼痛，灼烧感，咳嗽，腹泻，咽喉疼痛，呕吐	工作时不得进食，饮水或吸烟	漱口，大量饮水，给予医疗护理

泄漏处置	通风。用大量水冲净泄漏液。不要用锯末或其他可燃吸收剂吸收。大量泄漏时，使用自给式呼吸器
包装与标志	欧盟危险性类别：Xi 符号 标记：B R:31-36/38 S:1/2-28-45-50
应急响应	
储存	与酸类分开存放。见化学危险性。阴凉场所。保存在暗处。严格密封
重要数据	**物理状态、外观**：浅黄色清澈溶液，有特殊气味 **化学危险性**：加热时，与酸接触和在光的作用下，该物质分解生成有毒和腐蚀性气体氯（见卡片#0126）。该物质是一种强氧化剂。与可燃物质和还原性物质发生反应。水溶液是一种弱碱 **职业接触限值**：阈限值未制定标准 **接触途径**：该物质可通过吸入其气溶胶和经食入吸收到体内 **吸入危险性**：未指明 20℃时该物质蒸发达到空气中有害浓度的速率 **短期接触的影响**：该物质刺激眼睛、皮肤和呼吸道 **长期或反复接触的影响**：反复或长期接触可能引起皮肤过敏
物理性质	相对密度（水=1）：1.1（5.5%水溶液）
环境数据	该物质对水生生物是有毒的
注解	家用漂白液通常含有约 5%次氯酸钠（pH 约 11，刺激性）。较浓漂白液含有 10%～15%次氯酸钠（pH 约 13，腐蚀性）。用大量水冲洗污染的工作服（有着火危险）。商品名称有 Clorox 和 Javel water。可参考卡片#1119（次氯酸钠，活性氯>10%）

本卡片由 IPCS 和 EC 合作编写 © 2004～2012

国际化学品安全卡

克线磷			ICSC 编号：0483

CAS 登记号：22224-92-6
RTECS 号：TB3675000
UN 编号：2783
EC 编号：015-123-00-5
中国危险货物编号：2783

中文名称：克线磷；乙基-3-甲基-(甲基硫代)苯基(1-甲基乙基)氨基磷酸酯
英文名称：FENAMIPHOS; Phenamiphos;Ethyl-3-methyl-4-(methylthio) phenyl (1-methylethyl) phosphoramidate

分子量：303.4　　　　　　　　化学式：$C_{13}H_{22}NO_3PS$

危害/接触类型	急性危害/症状	预防	急救/消防
火　灾	可燃的。含有机溶剂的液体制剂可能是易燃的	禁止明火	干粉，泡沫，二氧化碳
爆　炸			
接　触		防止粉尘扩散！严格作业环境管理！避免青少年和儿童接触！	一切情况均向医生咨询！
# 吸入	胃痉挛，惊厥，头晕，出汗，恶心，神志不清，瞳孔缩窄，肌肉痉挛，多涎。症状可能推迟显现。（见注解）	局部排气通风或呼吸防护	新鲜空气，休息，必要进行人工呼吸，给予医疗护理
# 皮肤	可能被吸收！（另见吸入）	防护手套，防护服	脱去污染的衣服，冲洗，然后用水和肥皂洗皮肤，给予医疗护理
# 眼睛	（另见吸入）	面罩或眼睛防护结合呼吸防护	先用大量水冲洗几分钟（如可能尽量摘除隐形眼镜），然后就医
# 食入	（另见吸入）	工作时不得进食、饮水或吸烟。进食前洗手	漱口，用水冲服活性炭浆。给予医疗护理
泄漏处置	不要冲入下水道。将泄漏物质清扫到容器中。如果适当，首先润湿防止扬尘。小心收集残余物，然后转移到安全场所。个人防护用具：化学防护服包括自给式呼吸器		
包装与标志	不得与食品和饲料一起运输。污染海洋物质 欧盟危险性类别：T+符号　R:24-28　　S:1/2-23-28-36/37-45 联合国危险性类别：6.1　　　　联合国包装类别：I 中国危险性类别：第6.1项 毒性物质　中国包装类别：I		
应急响应	运输应急卡：TEC（R）-61G41a		
储存	与食品和饲料分开存放。注意收容灭火产生的废水。严格密封		
重要数据	物理状态、外观：无色固体，有特殊气味 化学危险性：燃烧时，生成有毒和腐蚀性气体 职业接触限值：阈限值：（可吸入粉尘和蒸气）0.05mg/m³（时间加权平均值）（经皮）；A4（不能分类为人类致癌物）；公布生物暴露指数。（美国政府工业卫生学家会议，2007年） 接触途径：该物质可通过吸入、经皮肤和食入吸收到体内 吸入危险性：20℃时蒸发可忽略不计，但喷洒或扩散时可较快地达到空气中颗粒物有害浓度，尤其是粉末 短期接触的影响：该物质可能对神经系统有影响，导致惊厥和呼吸衰竭。胆碱酯酶抑制剂。影响可能推迟显现。需进行医学观察		
物理性质	沸点：49.2℃ 密度：1.15g/cm³ 水中溶解度：0.03g/100mL 蒸气压：30℃时<1Pa 辛醇/水分配系数的对数值：3.3		
环境数据	该物质对水生生物有极高毒性。避免非正常使用时释放到环境中		
注解	根据接触程度，建议定期进行医学检查。该物质中毒时，需采取必要的治疗措施；必须提供有指示说明的适当方法。如果该物质用溶剂配制，可参考这些溶剂的化学品安全卡片。商业制剂中使用的载体溶剂可能改变其物理和毒理学性质。不要将工作服带回家中。商品名称有：Bayer 68138, Bay SRA 3886, ENT 27572, Nemacur, Nemacur P 和 NSC 195106		

IPCS
International
Programme on
Chemical Safety

本卡片由 IPCS 和 EC 合作编写 © 2004~2012

国际化学品安全卡

氟乙酸钠盐			ICSC 编号：0484

CAS 登记号： 62-74-8　　　　　**中文名称：** 氟乙酸钠盐；氟乙酸钠

RTECS 号： AH9300000　　　　　**英文名称：** FLUOROACETIC ACID, SODIUM SALT; Sodium fluoroacetic

UN 编号： 2629　　　　　　　　acid; Sodium fluoroacetate

EC 编号： 607-081-00-7

中国危险货物编号： 2629

分子量： 100.02　　　　　　　　**化学式：** $C_2H_2FO_2Na/CH_2FCOONa$

危害/接触类型	急性危害/症状	预防	急救/消防
火　灾	不可燃。在火焰中释放出刺激性或有毒烟雾（或气体）		周围环境着火时，允许使用各种灭火剂
爆　炸			
接　触		避免粉尘扩散！避免一切接触！	
# 吸入	惊厥，呼吸困难，神志不清	局部排气通风或呼吸防护	新鲜空气，休息，给予医疗护理
# 皮肤	可能被吸入！（另见吸入）	防护手套，防护服	用大量水冲洗皮肤或淋浴，给予医疗护理
# 眼睛		面罩或眼睛防护结合呼吸防护	先用大量水冲洗几分钟（如可能尽量摘除隐形眼镜），然后就医
# 食入	（另见吸入）	工作时不得进食、饮水或吸烟	催吐（仅对清醒病人！），给予医疗护理

泄漏处置	撤离危险区域！向专家咨询！将泄漏物清扫进可密闭容器中。如果适当，首先润湿防止扬尘。小心收集残余物，然后转移到安全场所。化学防护服包括自给式呼吸器
包装与标志	不易破碎包装，将易破碎包装放在不易破碎容器中。不得与食品和饲料一起运输 欧盟危险性类别：T+符号　标记：A　R:28　　S:1/2-20-22-26-45 联合国危险性类别：6.1　联合国包装类别：I 中国危险性类别：第6.1项毒性物质　中国包装类别：I
应急响应	运输应急卡：TEC（R）-61G11a
储存	与食品和饲料分开存放。严格密封
重要数据	**物理状态、外观：** 无色各种形态固体 **化学危险性：** 加热或燃烧时，该物质分解生成氟化氢有毒烟雾 **职业接触限值：** 阈限值：$0.05mg/m^3$（时间加权平均值）（经皮）（美国政府工业卫生学家会议，1995～1996年） **接触途径：** 该物质可通过吸入、经皮肤和食入吸收到体内 **吸入危险性：** 20℃时蒸发可忽略不计，但可较快地达到空气中颗粒物有害浓度 **短期接触的影响：** 该物质可能对心血管系统和中枢神经系统有影响，导致心律不齐和呼吸衰竭。接触可能导致死亡
物理性质	**熔点：** 低于熔点在200℃时分解 **水中溶解度：** 溶解
环境数据	
注解	商品名称为化合物1080

IPCS
International
Programme on
Chemical Safety

本卡片由 **IPCS** 和 **EC** 合作编写 © 2004～2012

国际化学品安全卡

甲酸			ICSC 编号：0485

CAS 登记号：64-18-6
RTECS 号：LQ4900000
UN 编号：1779
EC 编号：607-001-00-0
中国危险货物编号：1779

中文名称：甲酸；羟基羧酸；蚁酸
英文名称：FORMIC ACID; Hydroxycarboxylic acid; Methanoic acid; Aminic acid; Formylic acid

分子量：46　　　　　　　　　　化学式：HCOOH/CH$_2$O$_2$

危害/接触类型	急性危害/症状	预防	急救/消防
火　灾	可燃的	禁止明火	干粉，抗溶性泡沫，雾状水，二氧化碳
爆　炸	高于69℃可能形蒸气/空气混合物	高于69℃密闭系统，通风	着火时喷雾状水保持料桶等冷却
接　触		避免一切接触！	
# 吸入	咽喉痛，灼烧感，咳嗽，呼吸困难，气促，神志不清。症状可能推迟显现。（见注解）	通风，局部排气通风或呼吸防护	新鲜空气，休息，半直立体位，给予医疗护理
# 皮肤	疼痛，水疱，严重皮肤烧伤	防护手套，防护服	脱去污染的衣服，用大量水冲洗皮肤或淋浴，给予医疗护理
# 眼睛	疼痛，发红，视力模糊，严重深度烧伤	面罩或眼睛防护结合呼吸防护	先用大量水冲洗几分钟（如可能尽量摘除隐形眼镜），然后就医
# 食入	咽喉疼痛，灼烧感，腹部疼痛，呕吐，腹泻	工作时不得进食、饮水或吸烟	漱口，不要催吐，给予医疗护理
泄漏处置	收集泄漏液在可密闭容器中。用弱碱液（例如，碳酸钠）小心中和泄漏液，然后用大量水冲净。不要让该化学品进入环境。个人防护用具：全套防护服，包括自给式呼吸器		
包装与标志	不得与食品和饲料一起运输。 欧盟危险性类别：C 符号 标记：B R:35 S:1/2-23-26-45 联合国危险性类别：8　　　　联合国包装类别：II 中国危险性类别：第 8 类 腐蚀性物质 中国包装类别：II		
应急响应	运输应急卡：TEC（R）-89 美国消防协会法规：H3（健康危险性）；F2（火灾危险性）；R0（反应危险性）		
储存	与食品和饲料、强氧化剂、强碱和强酸分开存放。严格密封。保存在通风良好的室内		
重要数据	物理状态、外观：无色发烟液体，有刺鼻气味 化学危险性：加热和与强酸（硫酸）接触时，该物质分解生成一氧化碳。该物质是一种中强酸。与氧化剂激烈反应。与强碱激烈反应，有着火和爆炸的危险。浸蚀许多塑料和金属 职业接触限值：阈限值：5ppm，9.4mg/m^3（时间加权平均值）；10ppm，19mg/m^3（短期接触限值）（美国政府工业卫生学家会议，1996 年）。欧盟职业接触限值：5ppm，9mg/m^3（时间加权平均值)(欧盟，2006 年） 接触途径：该物质可通过吸入其蒸气、经皮肤和食入吸收到体内 吸入危险性：20℃时该物质蒸发可相当快地达到空气中有害污染浓度 短期接触的影响：该物质强烈腐蚀眼睛、皮肤和呼吸道。食入有腐蚀性。吸入蒸气可能引起肺水肿（见注解）。该物质可能对能量代谢有影响，导致酸中毒		
物理性质	沸点：101℃ 熔点：8℃ 相对密度（水=1）：1.2 水中溶解度：混溶 蒸气压：20℃时 4.6kPa 蒸气相对密度（空气=1）：1.6	蒸气/空气混合物的相对密度（20℃，空气=1）：1.03 闪点：69℃ 自燃温度：520℃ 爆炸极限：空气中 18%～51%(体积) 辛醇/水分配系数的对数值：-0.54	
环境数据	该物质对水生生物是有害的		
注解	肺水肿症状常常几个小时后才变得明显，体力劳动使症状加重，因此，休息和医学观察是必要的。应考虑由医生或医生指定的人立即采取适当吸入治疗法。超过接触限值时，气味报警不充分		

IPCS
International
Programme on
Chemical Safety

国际化学品安全卡

新戊酸			ICSC 编号：0486

CAS 登记号：75-98-9	中文名称：新戊酸；2,2-二甲基丙酸；二甲基丙酸；三甲基乙酸
RTECS 号：TO7700000	英文名称：PIVALIC ACID; 2,2-Dimethylpropanoic acid; Dimethylpropanoic acid; Trimethylacetic acid; Neopentanoic acid
UN 编号：1759	
中国危险货物编号：1759	

分子量：102.1	化学式：$C_5H_{10}O_2$/$(CH_3)_3CCOOH$

危害/接触类型	急性危害/症状	预防	急救/消防
火 灾	可燃的	禁止明火	干粉，抗溶性泡沫，雾状水，二氧化碳
爆 炸			
接 触			
# 吸入	咳嗽，咽喉疼痛	局部排气通风	新鲜空气，休息
# 皮肤	发红	防护手套	用大量水冲洗皮肤或淋浴
# 眼睛	发红	安全护目镜	首先用大量水冲洗几分钟（如可能尽量摘除隐形眼镜），然后就医
# 食入	灼烧感	工作时不得进食、饮水或吸烟	漱口
泄漏处置	将泄漏液收集在有盖容器中。如果为固体，将泄漏物扫入容器中。如果适当，首先湿润防止扬尘。用大量水冲净残余物。个人防护用具：适用于有机蒸气和有害粉尘的 A/P2 过滤呼吸器		
包装与标志	不得与食品和饲料一起运输 **联合国危险性类别：8** **中国危险性类别：第 8 类腐蚀性物质**		
应急响应	运输应急卡：TEC (R)-159		
储存	与强氧化剂、食品和饲料分开存放		
重要数据	**物理状态、外观**：无色液体或无色至白色晶体，有刺鼻气味 **化学危险性**：水溶液是一种弱酸。该物质是一种弱碱。与强氧化剂激烈反应。浸蚀许多种金属，生成易燃/爆炸性气体氢（见卡片＃0001） **职业接触限值**：阈限值未制定标准 **接触途径**：该物质可通过吸入其气溶胶、经皮肤和食入吸收到体内 **吸入危险性**：未指明 20℃时该物质蒸发达到空气中有害浓度的速率 **短期接触的影响**：该物质刺激眼睛、皮肤和呼吸道		
物理性质	沸点：164℃ 熔点：36℃ 相对密度（水=1）：0.91 水中溶解度：20℃时 2.5g/100mL 蒸气压：20℃时 0.1kPa 蒸气相对密度（空气=1）：3.5 蒸气/空气混合物的相对密度（20℃，空气=1）：1.00 闪点：64℃（闭杯） 辛醇/水分配系数的对数值：1.4		
环境数据			
注解			

IPCS
International
Programme on
Chemical Safety

UNEP

本卡片由 **IPCS** 和 **EC** 合作编写 © 2004～2012

国际化学品安全卡

六六六（混合异构体）			ICSC 编号：0487

CAS 登记号：608-73-1
RTECS 号：GV3150000
UN 编号：2761
EC 编号：602-042-00-0
中国危险货物编号：2761
分子量：290.8

中文名称：六六六（混合异构体）；1,2,3,4,5,6-六氯化苯（混合异构体）；BHC/HCH（混合异构体）
英文名称：HEXACHLOROCYCLOHEXANE (MIXED ISOMERS); 1,2,3,4,5,6-Hexachlorocyclohexane (mixed isomers); BHC/HCH (mixture of isomers); 1,2,3,4,5,6-Benzenehexachloride (mixed isomers)
化学式：$C_6H_6Cl_6/ClCH(CHCl)_4CHCl$

危害/接触类型	急性危害/症状	预防	急救/消防
火 灾	不可燃。含有机溶剂的液体制剂可能是易燃的。在火焰中释放出刺激性或有毒烟雾（或气体）		周围环境着火时，使用适当的灭火剂
爆 炸	如果制剂中含有易燃/爆炸性溶剂，有着火和爆炸的危险		着火时，喷雾状水保持料桶等冷却
接 触		避免一切接触！避免哺乳妇女接触！	
# 吸入	咳嗽。咽喉痛。另见食入	避免吸入粉尘	新鲜空气，休息。给予医疗护理
# 皮肤	可能被吸收！	防护手套。防护服	急救时戴防护手套。脱去污染的衣服。冲洗，然后用水和肥皂清洗皮肤。给予医疗护理
# 眼睛	发红	面罩，或如为粉末，眼睛防护结合呼吸防护	先用大量水冲洗几分钟（如可能尽量摘除隐形眼镜），然后就医
# 食入	头痛。恶心。呕吐。腹泻。头晕。震颤。惊厥	工作时不得进食，饮水或吸烟。进食前洗手	漱口。用水冲服活性炭浆，如果惊厥发生，则不可行。立即给予医疗护理
泄漏处置	将泄漏物清扫进非金属、可密闭容器中，如果适当，首先润湿防止扬尘。小心收集残余物，然后转移到安全场所。不要让该化学品进入环境。个人防护用具：适应于该物质空气中浓度的有机气体和颗粒物过滤呼吸器。化学防护服包括自给式呼吸器防护手套		
包装与标志	不得与食品和饲料一起运输 **欧盟危险性类别**：T 符号 N 符号 标记：C　R:21-25-40-50/53　S:1/2-22-36/37-45-60-61 **联合国危险性类别**：6.1　　**联合国包装类别**：III **中国危险性类别**：第 6.1 项 毒性物质　**中国包装类别**：III **GHS 分类**：信号词：危险 图形符号：骷髅和交叉骨-健康危险-环境 危险说明：吞咽会中毒；接触皮肤有害；怀疑致癌；可能对母乳喂养的孩子造成伤害；对中枢神经系统造成损害；长期或反复接触可能对神经系统、骨髓、肾和肝脏造成损害；对水生生物毒性非常大并具有长期持续影响		
应急响应			
储存	严格密封。储存在没有排水管或下水道的场所。注意收容灭火产生的废水。与碱、金属、食品和饲料分开存放		
重要数据	**物理状态、外观**：白色至浅棕色薄片，或白色晶体粉末，有特殊气味 **化学危险性**：与高温表面或火焰接触时，该物质分解，生成含有氯、氯化氢和光气的有毒和腐蚀性烟雾 **职业接触限值**：阈限值未制定标准。最高容许浓度：（可吸入粉尘）0.5mg/m³；最高限值种类：II(8)；皮肤吸收（德国，2009 年）。见注解 **接触途径**：该物质可通过吸入其气溶胶、经皮肤和食入吸收到体内 **吸入危险性**：扩散时可较快地达到空气中颗粒物有害浓度 **短期接触的影响**：该物质可能对中枢神经系统造成影响，导致惊厥 **长期或反复接触的影响**：反复或长期与皮肤接触可能引起皮炎。该物质可能对神经系统、骨髓、肾和肝脏有影响。该物质很可能是人类致癌物。动物实验表明，该物质可能造成人类生殖或发育毒性		
物理性质	**熔点**：（见注解） **密度**：1.9g/cm³		**水中溶解度**：（难溶） **蒸气压**：见注解
环境数据	该物质对水生生物有极高毒性。该化学品可能沿食物链，例如在鱼体内和在海产食品中发生生物蓄积。该物质可能在水生环境中造成长期影响。该物质在正常使用过程中进入环境。但是要特别注意避免任何额外的释放，例如通过不适当处置活动		
注解	沸点、熔点和蒸气压取决于异构体的组成。根据接触程度，建议定期进行医学检查。惊厥症状直到半小时到几小时以后才变得明显。商业制剂中使用的载体溶剂可能改变其物理和毒理学性质。不要将工作服带回家中。不要在火焰或高温表面附近或焊接时使用。职业接触限值：最高容许浓度以 α 和 β 异构体的工业混合物计[0.5mg/m³＝（α-HCH）/5+β-HCH]		

IPCS
International
Programme on
Chemical Safety

   UNEP

本卡片由 **IPCS** 和 **EC** 合作编写 © 2004～2012

国际化学品安全卡

2-己醇			ICSC 编号：0488

CAS 登记号：626-93-7
RTECS 号：MO8470000
UN 编号：2282
中国危险货物编号：2282
分子量：102.2

中文名称：2-己醇；仲己醇；丁基甲基甲醇
英文名称：2-HEXANOL; sec-Hexyl alcohol; Butylmethylcarbinol

化学式：$C_6H_{14}O/CH_3CH_2CH_2CH_2CHOHCH_3$

危害/接触类型	急性危害/症状	预防	急救/消防
火 灾	易燃的	禁止明火，禁止火花和禁止吸烟	干粉，抗溶性泡沫，泡沫，二氧化碳
爆 炸	高于41℃可能形成爆炸性蒸气/空气混合物	高于41℃密闭系统，通风和防爆型电气设备	着火时，喷雾状水保持料桶等冷却
接 触			
# 吸入		通风	新鲜空气，休息，给予医疗护理
# 皮肤	发红，皮肤干燥	防护手套	脱去污染的衣服，用大量水洗皮肤或淋浴，给予医疗护理
# 眼睛		面罩	先用大量水冲洗几分钟（如可能尽量摘除隐形眼镜），然后就医
# 食入		工作时不得进食、饮水或吸烟	漱口，给予医疗护理

泄漏处置	尽可能收集泄漏液在可密闭容器中。用砂土或惰性吸收剂吸收残液并转移到安全场所。不要让该化学品进入环境。个人防护用具：适用于有机气体和蒸气的过滤呼吸器
包装与标志	联合国危险性类别：3 联合国包装类别：III 中国危险性类别：第3类易燃液体 中国包装类别：III
应急响应	运输应急卡：TEC（R）-566 美国消防协会法规：H0（健康危险性）；F2（火灾危险性）；R0（反应危险性）
储存	耐火设备（条件）。与强氧化剂分开存放
重要数据	物理状态、外观：无色液体，有特殊气味 化学危险性：与强氧化剂发生反应 职业接触限值：阈限值未制定标准 接触途径：该物质可通过吸入和经皮肤吸收到体内 吸入危险性：未指明20℃时该物质蒸发达到空气中有害浓度的速率 短期接触的影响：该物质刺激皮肤。该物质可能对中枢神经系统有影响 长期或反复接触的影响：液体使皮肤脱脂。该物质可能对神经系统有影响，导致末梢神经炎
物理性质	沸点：136℃ 相对密度（水=1）：0.8 水中溶解度：微溶 蒸气相对密度（空气=1）：3.5 闪点：41℃ 爆炸极限：见注解 辛醇/水分配系数的对数值：1.76
环境数据	该物质可能对环境有危害，对藻类应给予特别注意
注解	该物质是可燃的，且闪点<61℃，但爆炸极度限未见文献报道。接触该物质的健康影响未进行充分调查。对该物质的环境影响未进行充分调查

IPCS
International
Programme on
Chemical Safety

本卡片由 IPCS 和 EC 合作编写 © 2004～2012

国际化学品安全卡

2-己酮			ICSC 编号：0489

CAS 登记号：591-78-6
RTECS 号：MP1400000
UN 编号：1224
EC 编号：606-030-00-6
中国危险货物编号：1224

中文名称：2-己酮；甲基正丁基酮；正丁基甲基酮
英文名称：2-HEXANONE; Methyl n-butyl ketone; n-Butylmethyl ketone; MBK

分子量：100.2　　　　　　　　化学式：$C_6H_{12}O/C_4H_9COCH_3$

危害/接触类型	急性危害/症状	预防	急救/消防
火　灾	易燃的	禁止明火、禁止火花和禁止吸烟	水成膜泡沫，抗溶性泡沫，干粉，二氧化碳
爆　炸	高于23℃，可能形成爆炸性蒸气/空气混合物	高于23℃，使用密闭系统，通风和防爆型电气设备	着火时，喷雾状水保持钢瓶冷却
接　触			
# 吸入	咳嗽，瞌睡，头痛，恶心，咽喉疼痛	通风，局部排气通风或呼吸防护	新鲜空气，休息，给予医疗护理
# 皮肤	可能被吸收！皮肤发干	防护手套，防护服	脱掉污染的衣服，冲洗，然后用水和肥皂洗皮肤，给予医疗护理
# 眼睛	发红，疼痛，灼烧感	面罩或眼睛防护结合呼吸防护	首先用大量水冲洗几分钟（如可能尽量摘除隐形眼镜），然后就医
# 食入	腹部疼痛，腹泻，咽喉疼痛（另见吸入）	工作时不得进食、饮水或吸烟	漱口，不要催吐，给予医疗护理
泄漏处置	尽可能将泄漏液收集在有盖容器中。用砂土或惰性吸收剂吸收残液并转移到安全场所。个人防护用具：自给式呼吸器		
包装与标志	欧盟危险性类别：F 符号 T 符号　R:11-48/23　S:9-16-29-44-51 联合国危险性类别：3　联合国包装类别：III 中国危险性类别：第 3 类易燃液体　中国包装类别：III		
应急响应	运输应急卡：TEC (R)-30G35 美国消防协会法规：H2（健康危险性）；F3（火灾危险性）；R0（反应危险性）		
储存	耐火设备（条件）。与强氧化剂分开存放		
重要数据	物理状态、外观：无色液体，有特殊气味 化学危险性：与强氧化剂激烈反应，有着火和爆炸危险。浸蚀塑料 职业接触限值：阈限值 5ppm、20mg/m³（经皮）（美国政府工业卫生学家会议，1997 年） 接触途径：该物质可通过吸入和经皮肤吸收到体内 吸入危险性：20℃时该物质蒸发，可相当快地达到有害空气污染浓度，喷洒和扩散时要快得多 短期接触的影响：该物质刺激眼睛和呼吸道。该物质可能对神经系统有影响。接触远高于职业接触限值接触时，可能造成神志不清 长期或反复接触的影响：反复或长期皮肤接触可能引起皮炎。该物质可能对神经系统有影响		
物理性质	沸点：126～128℃ 熔点：-57℃ 相对密度（水=1）：0.8 蒸气压：20℃时 0.36kPa 蒸气相对密度（空气=1）：3.5 蒸气/空气混合物的相对密度（20℃，空气=1）：1.01 闪点：23℃（闭杯） 自燃温度：423℃ 爆炸极限：空气中 1.2%～8%（体积） 辛醇/水分配系数的对数值：1.38		
环境数据			
注解	饮用含酒精饮料增进有害影响。该物质可增加某些化学物质，如氯仿、四氯化碳、乙醇的毒性。根据接触程度，需定期进行医疗检查		

IPCS
International
Programme on
Chemical Safety

   UNEP

本卡片由 IPCS 和 EC 合作编写 © 2004～2012

国际化学品安全卡

1-己烯			ICSC 编号：0490

CAS 登记号：592-41-6
RTECS 号：MP6670000
UN 编号：2370
中国危险货物编号：2370

中文名称：1-己烯；丁基乙烯；己烯；己基-1-烯
英文名称：1-HEXENE; Butyl ethylene; Hexylene; Hex-1-ene

分子量：84.2　　　　　　　　　　化学式：$C_6H_{12}/CH_2=CH(CH_2)_3CH_3$

危害/接触类型	急性危害/症状	预防	急救/消防
火　灾	极易燃	禁止明火，禁止火花和禁止吸烟	泡沫，干粉，二氧化碳
爆　炸	蒸气/空气混合物有爆炸性	密闭系统，通风，防爆型电气设备和照明。不要使用压缩空气灌装、卸料或转运	着火时，喷雾状水保持料桶等冷却
接　触			
# 吸入	咳嗽。头晕。倦睡。咽喉痛。呕吐。神志不清	通风，局部排气通风或呼吸防护	新鲜空气，休息
# 皮肤	皮肤干燥	防护手套	脱去污染的衣服。用大量水冲洗皮肤或淋浴
# 眼睛	发红	安全护目镜	先用大量水冲洗几分钟（如可能尽量摘除隐形眼镜），然后就医
# 食入	（另见吸入）	工作时不得进食，饮水或吸烟	漱口。不要催吐。给予医疗护理

泄漏处置	撤离危险区域！转移全部引燃源。向专家咨询！尽可能将泄漏液收集在可密闭的容器中。用砂土或惰性吸收剂吸收残液，并转移到安全场所。不要冲入下水道。个人防护用具：适用于有机气体和蒸气的过滤呼吸器
包装与标志	联合国危险性类别：3　联合国包装类别：II 中国危险性类别：第 3 类易燃液体　中国包装类别：II
应急响应	运输应急卡：TEC(R)-30S2370 美国消防协会法规：H1（健康危险性）；F3（火灾危险性）；R0（反应危险性）
储存	耐火设备（条件）。与氧化剂分开存放。阴凉场所。储存在没有排水管或下水道的场所
重要数据	物理状态、外观：无色液体，有特殊气味 物理危险性：蒸气比空气重。可能沿地面流动；可能造成远处着火。可能积聚在低层空间，造成缺氧。 化学危险性：与氧化剂激烈反应，有着火和爆炸的危险 职业接触限值：阈限值：50ppm（时间加权平均值）（美国政府工业卫生学家会议，2004 年）。最高容许浓度未制定标准 接触途径：该物质可通过吸入其蒸气吸收到体内 吸入危险性：20℃时，该物质蒸发相当快地达到空气中有害污染浓度 短期接触的影响：该物质轻微刺激眼睛和呼吸道。如果吞咽的液体吸入肺中，可能引起化学肺炎。接触高浓度时能够造成意识降低 长期或反复接触的影响：液体使皮肤脱脂
物理性质	沸点：63℃ 熔点：-140℃ 相对密度（水=1）：0.7 水中溶解度：20℃时 0.005g/100mL 蒸气压：20℃时 18.7kPa 蒸气相对密度（空气=1）：2.9 蒸气/空气混合物的相对密度（20℃，空气=1）：1.4 闪点：-26℃（闭杯） 自燃温度：253℃ 爆炸极限：空气中 1.2%~6.9%（体积） 辛醇/水分配系数的对数值：3.39
环境数据	该物质对水生生物是有毒的
注解	空气中高浓度造成缺氧，有神志不清或死亡危险。进入工作区域前，检验氧含量

IPCS
International
Programme on
Chemical Safety

   UNEP

本卡片由 IPCS 和 EC 合作编写 © 2004~2012

国际化学品安全卡

1,6-己二醇			ICSC 编号：0491

CAS 登记号：629-11-8	中文名称：1,6-己二醇；1,6-二羟基己烷
RTECS 号：MO2100000	英文名称：1，6-HEXANEDIOL; 1,6-Dihydroxyhexane; Hexamethyleneglycol

分子量：118.2	化学式：$C_6H_{14}O_2$/HO$(CH_2)_6$OH

危害/接触类型	急性危害/症状	预防	急救/消防
火 灾	可燃的	禁止明火	抗溶性泡沫，干粉，二氧化碳
爆 炸	微细分散颗粒物在空气中形成爆炸性混合物	防止粉尘沉积，密闭系统，防止粉尘爆炸型电气设备和照明	
接 触			
# 吸入		局部排气通风或呼吸防护	新鲜空气，休息
# 皮肤		防护手套	脱去污染的衣服，用大量水冲洗皮肤或淋浴
# 眼睛	发红	安全护目镜	先用大量水冲洗几分钟（如可能尽量摘除隐形眼镜），然后就医
# 食入		工作时不得进食、饮水或吸烟	漱口，大量饮水
泄漏处置	将泄漏物清扫到容器中。如果适当，首先润湿防止扬尘。用大量水冲净残余物		
包装与标志			
应急响应			
储存	与强氧化剂分开存放		
重要数据	物理状态、外观：无色晶体 物理危险性：如果以粉末或颗粒形式与空气混合，可能发生粉尘爆炸 化学危险性：与氧化剂激烈反应 职业接触限值：阈限值未制定标准 接触途径：该物质可通过吸入其气溶胶吸收到体内 吸入危险性：未指明20℃时该物质蒸发达到空气中有害浓度的速率 短期接触的影响：该物质刺激眼睛		
物理性质	沸点：208℃ 熔点：42.8℃ 密度：0.96g/cm³ 水中溶解度：溶解 蒸气压：25℃时0.007Pa 蒸气相对密度（空气=1）：4.1 闪点：101℃ 自燃温度：320℃ 爆炸极限：空气中6.6%～16%（体积） 辛醇/水分配系数的对数值：-0.11		
环境数据			
注解			

IPCS
International Programme on Chemical Safety

本卡片由 IPCS 和 EC 合作编写 © 2004～2012

国际化学品安全卡

氰化氢			ICSC 编号：0492

CAS 登记号：74-90-8
RTECS 号：MW6825000
UN 编号：1051
EC 编号：006-006-00-X
中国危险货物编号：1051
分子量：27.03

中文名称：氰化氢（液化的）；氢氰酸；甲腈 （液化的）
英文名称：HYDROGEN CYANIDE, LIQUEFIED; Hydrocyanic acid; Prussic acid; Formonitrile; (liquefied)

化学式：HCN

危害/接触类型	急性危害/症状	预防	急救/消防
火 灾	极易燃。在火焰中释放出刺激性或有毒烟雾（或气体）	禁止明火，禁止火花和禁止吸烟	切断气源，如不可能并对周围环境无危险，让火自行燃尽。其他情况用干粉，雾状水，泡沫，二氧化碳灭火
爆 炸	气体/空气混合物有爆炸性	密闭系统，通风，防爆型电气设备和照明	着火时，喷雾状水保持钢瓶冷却。从掩蔽位置灭火
接 触		避免一切接触！	一切情况均向医生咨询！
# 吸入	意识模糊。倦睡。头痛。恶心。惊厥。气促。神志不清。死亡	通风，局部排气通风或呼吸防护	新鲜空气，休息。半直立体位。禁止口对口进行人工呼吸。由经过培训的人员给予吸氧。给予医疗护理。见注解
# 皮肤	可能被吸收！（另见吸入）	防护手套。防护服	用大量水冲洗皮肤或淋浴。给予医疗护理。急救时戴防护手套
# 眼睛	蒸气将被吸收！发红。（见吸入）	护目镜，或眼睛防护结合呼吸防护	先用大量水冲洗几分钟（如可能尽量摘除隐形眼镜），然后就医
# 食入	灼烧感。（另见吸入）	工作时不得进食，饮水或吸烟。进食前洗手	漱口。不要催吐。禁止口对口进行人工呼吸。由经过培训的人员给予吸氧。给予医疗护理。（见注解）

泄漏处置	立即撤离危险区域！向专家咨询！通风。转移全部引燃源。用砂土或惰性吸收剂吸收残液，并转移到安全场所。切勿直接向液体上喷水。不要让该化学品进入环境。气密式化学防护服，包括自给式呼吸器
包装与标志	污染海洋物质 欧盟危险性类别：F+符号 T+符号 N 符号 R:12-26-50/53　　S:1/2-7/9-16-36/37-38-45-60-61 联合国危险性类别：6.1 联合国次要危险性：3 联合国包装类别：I 中国危险性类别：第 6.1 项毒性物质　中国次要危险性：3 中国包装类别：I
应急响应	运输应急卡：TEC(R)-61S1051 美国消防协会法规：H4(健康危险性);F4(火灾危险性);R2(反应危险性)
储存	耐火设备（条件）。与食品和饲料分开存放。阴凉场所。稳定后储存
重要数据	物理状态、外观：无色气体或液体，有特殊气味 物理危险性：气体与空气充分混合，容易形成爆炸性混合物 化学危险性：加热，在碱（2%以上的水）的作用下或者未经化学性稳定处理时，该物质可能聚合，有着火或爆炸危险。燃烧时，生成含氮氧化物有毒和腐蚀性气体。水溶液是一种弱酸。与氧化剂、氯化氢与乙醇的混合物激烈反应，有着火和爆炸的危险 职业接触限值：阈限值：4.7ppm(上限值，经皮)(美国政府工业卫生学家会议，2003 年)。最高容许浓度：1.9ppm，2.1mg/m³（皮肤吸收）；最高限值种类：II（2）；妊娠风险等级：C（德国，2002 年） 接触途径：该物质可通过吸入，经皮肤和食入吸收到体内 吸入危险性：20℃时该物质蒸发，迅速达到空气中有害污染浓度 短期接触的影响：该物质刺激眼睛和呼吸道。该物质可能对细胞呼吸有影响，导致惊厥和神志不清。接触可能导致死亡。需进行医学观察。见注解 长期或反复接触的影响：该物质可能对甲状腺有影响
物理性质	沸点：26℃ 熔点：-13℃ 相对密度（水=1）：0.69（液体） 水中溶解度：混溶 蒸气压：20℃时 82.6kPa	蒸气相对密度（空气=1）：0.94 闪点：-18℃（闭杯） 自燃温度：538℃ 爆炸极限：空气中 5.6%～40.0%（体积） 辛醇/水分配系数的对数值：-0.25
环境数据	该物质对水生生物有极高毒性
注解	工作接触的任何时刻都不应超过职业接触限值。该物质中毒时需采取必要的治疗措施。必须提供有指示说明的适当方法。超过接触限值时，气味报警不充分。本卡片的建议也适用于氰化氢（稳定的，吸收在多孔的惰性材料中）。其他 UN 编号：1613，氰化氢水溶液（氰化氢含量不超过 20%）；1614，氰化氢（稳定的，吸收在多孔惰性材料中）；3294，（氰化氢乙醇溶液，氰化氢含量不超过 45%）。如果在工作场所可能接触到氰化氢，不要单独一人工作。根据接触程度，建议定期进行医疗检查

IPCS
International
Programme on
Chemical Safety

本卡片由 IPCS 和 EC 合作编写 © 2004～2012

国际化学品安全卡

二异丙醇胺			ICSC 编号：0493

CAS 登记号：110-97-4	中文名称：二异丙醇胺；1,1'亚氨基二-2-丙醇；双（2-丙醇）胺；DIPA
RTECS 号：UB6600000	英文名称：DIISOPROPANOLAMINE; 1,1'-Iminodi-2-propanol;
EC 编号：603-083-00-7	Bis(2-propanol)amine; DIPA

分子量：133.2	化学式：$C_6H_{15}NO_2/(CH_3CHOHCH_2)_2NH$

危害/接触类型	急性危害/症状	预防	急救/消防
火 灾	可燃的	禁止明火	干粉，抗溶性泡沫，雾状水，二氧化碳
爆 炸	微细分散颗粒物在空气中形成爆炸性混合物	防止粉尘沉积，密闭系统，防止粉尘爆炸型电气设备和照明	着火时，喷雾状水保持料桶等冷却
接 触		防止粉尘扩散！严格作业环境管理！	
# 吸入	咽喉痛，咳嗽，灼烧感，气促，呼吸困难。症状可能推迟显现。（见注解）	局部排气通风或呼吸防护	新鲜空气，休息，半直立体位，必要时进行人工呼吸，给予医疗护理
# 皮肤	发红，疼痛，水疱，皮肤烧伤	防护手套	用大量水冲洗，然后脱掉污染的衣服，再次冲洗，给予医疗护理
# 眼睛	发红，疼痛，严重深度烧伤	如果为粉末，安全护目镜或眼睛防护结合呼吸防护	先用大量水冲洗几分钟（如可能尽量摘除隐形眼镜），然后就医
# 食入	灼烧感，胃痉挛，休克或虚脱	工作时不得进食、饮水或吸烟	漱口，不要催吐，给予医疗护理
泄漏处置	将泄漏物清扫到容器中。如果适当，首先润湿防止扬尘。用大量水冲净残余物。个人防护用具：适用于有机蒸气和有害粉尘的 A/P2 过滤呼吸器		
包装与标志	欧盟危险性类别：Xi 符号 R:36 S:2-26		
应急响应	美国消防协会法规：H2（健康危险性）；F1（火灾危险性）；R0（反应危险性）		
储存	与强氧化剂和强酸分开存放。干燥。保存在阴暗处。严格密封		
重要数据	物理状态、外观：白色吸湿晶体粉末。有特殊气味。遇光和空气变黄色 物理危险性：如果以粉末或颗粒形式与空气混合，可能发生粉尘爆炸 化学危险性：加热和燃烧时，该物质分解生成氮氧化物有毒气体。水溶液是一种中强碱。与强酸发生反应。与强氧化剂激烈反应，有着火和爆炸危险 职业接触限值：阈限值未制定标准 接触途径：该物质可通过吸入其气溶胶、经皮肤和食入吸收到体内 吸入危险性：未指明 20℃时该物质蒸发达到空气中有害浓度的速率 短期接触的影响：该物质腐蚀眼睛、皮肤和呼吸道。吸入气溶胶可能引起肺水肿（见注解）。影响可能推迟显现。需进行医学观察		
物理性质	沸点：248℃ 熔点：42℃ 相对密度（水=1）：0.99 水中溶解度：20℃时 87g/100mL 蒸气压：42℃时 2.67Pa 蒸气相对密度（空气=1）：4.6 闪点：127℃（开杯） 自燃温度：374℃ 爆炸极限：空气中 1.1%～5.4%（体积）		
环境数据			
注解	肺水肿症状常常经过几个小时以后才变得明显，体力劳动使症状加重。因而休息和医学观察是必要的。应当考虑由医生或医生指定的人员立即采取适当吸入治疗法		

IPCS
International Programme on Chemical Safety

本卡片由 IPCS 和 EC 合作编写 © 2004～2012

国际化学品安全卡

乙酸异丁酯			ICSC 编号：0494

CAS 登记号：110-19-0	中文名称：乙酸异丁酯；2-甲基丙基乙酸酯；2-甲基-1-丙基乙酸酯；乙酸-2-甲基丙酯；β-甲基丙基乙酸酯
RTECS 号：AI4025000	
UN 编号：1213	英文名称：ISOBUTYL ACETATE; 2-Methylpropyl acetate; 2-Methyl-1-propyl acetate; Acetic acid, 2-methylpropyl ester; beta-Methylpropyl ethanoate
EC 编号：607-026-00-7	
中国危险货物编号：1213	

分子量：116.16	化学式：$C_6H_{12}O_2/CH_3COOCH_2CH(CH_3)_2$

危害/接触类型	急性危害/症状	预防	急救/消防
火 灾	高度易燃	禁止明火，禁止火花和禁止吸烟	泡沫，抗溶性泡沫，干粉，二氧化碳
爆 炸	蒸气/空气混合物有爆炸性	密闭系统，通风，防爆型电气设备和照明。不要使用压缩空气灌装、卸料或转运	着火时，喷雾状水保持料桶等冷却
接 触			
# 吸入	咳嗽。咽喉痛。头晕。头痛	通风，局部排气通风或呼吸防护	新鲜空气，休息。给予医疗护理
# 皮肤	皮肤干燥	防护手套	脱去污染的衣服。冲洗，然后用水和肥皂清洗皮肤
# 眼睛	发红	安全眼镜	先用大量水冲洗几分钟（如可能尽量摘除隐形眼镜），然后就医
# 食入	恶心	工作时不得进食，饮水或吸烟	漱口。不要催吐。给予医疗护理

泄漏处置	通风。转移全部引燃源。尽可能将泄漏液收集在可密闭的容器中。用砂土或惰性吸收剂吸收残液，并转移到安全场所。不要冲入下水道。个人防护用具：适用于有机气体和蒸气的过滤呼吸器
包装与标志	欧盟危险性类别：F 符号 标记：C R:11-66 S:2-16-23-25-29-33 联合国危险性类别：3 联合国包装类别：II 中国危险性类别：第 3 类易燃液体 中国包装类别：II
应急响应	运输应急卡：TEC(R)-30S1213 美国消防协会法规：H1（健康危险性）；F3（火灾危险性）；R0（反应危险性）
储存	耐火设备（条件）。与强氧化剂、强碱和强酸分开存放
重要数据	物理状态、外观：无色液体，有特殊气味 物理危险性：蒸气与空气充分混合，容易形成爆炸性混合物 化学危险性：与强氧化剂、强碱和强酸发生反应，有着火和爆炸的危险 职业接触限值：阈限值：150ppm（时间加权平均值）（美国政府工业卫生学家会议，2003 年）。最高容许浓度：100ppm，480mg/m³；最高限值种类：I（2）；妊娠风险等级：C（德国，2003 年） 接触途径：该物质可通过吸入其蒸气吸收到体内 吸入危险性：20℃时，该物质蒸发相当慢地达到空气中有害污染浓度 短期接触的影响：蒸气轻微刺激眼睛和呼吸道。该物质可能对中枢神经系统有影响。远高于职业接触限值接触能够造成意识降低 长期或反复接触的影响：液体使皮肤脱脂
物理性质	沸点：118℃ 熔点：-99℃ 相对密度（水=1）：0.87 水中溶解度：20℃时 0.67g/100mL 蒸气压：20℃时 1.73kPa 蒸气相对密度（空气=1）：4.0 蒸气/空气混合物的相对密度（20℃，空气=1）：1.05 闪点：18℃（闭杯） 自燃温度：421℃ 爆炸极限：空气中 1.3%～10.5%（体积） 辛醇/水分配系数的对数值：1.60
环境数据	
注解	

IPCS
International
Programme on
Chemical Safety

本卡片由 IPCS 和 EC 合作编写 © 2004～2012

国际化学品安全卡

异癸醇（混合异构体）			ICSC 编号：0495

CAS 登记号：25339-17-7　　　　　中文名称：异癸醇（混合异构体）

RTECS 号：NR0960000　　　　　　英文名称：ISODECYL ALCOHOL (MIXED ISOMERS); Isodecanol (mixed isomers)

分子量：158.3　　　　　　　　　　化学式：$C_{10}H_{21}OH$

危害/接触类型	急性危害/症状	预防	急救/消防
火　灾	可燃的	禁止明火	干粉、水成膜泡沫、泡沫、二氧化碳。（注：水可能无效）
爆　炸			
接　触			
# 吸入	咳嗽，头晕，迟钝，头痛，恶心，咽喉痛	通风	新鲜空气，休息，给予医疗护理
# 皮肤	皮肤干燥，发红	防护手套	脱去污染的衣服,冲洗,然后用水和肥皂清洗皮肤,给予医疗护理
# 眼睛	发红，疼痛	护目镜	先用大量水冲洗几分钟（如可能尽量摘除隐形眼镜),然后就医
# 食入	腹泻，呕吐。（另见吸入）	工作时不得进食，饮水或吸烟	漱口，休息，给予医疗护理
泄漏处置	尽可能将泄漏液收集在可密闭的容器中。用砂土或惰性吸收剂吸收残液，并转移到安全场所		
包装与标志			
应急响应	美国消防协会法规：H0（健康危险性）；F1（火灾危险性）；R0（反应危险性）		
储存	与强氧化剂分开存放		
重要数据	物理状态、外观：略微黏稠的液体，有特殊气味 化学危险性：与强氧化剂发生反应 职业接触限值：阈限值未制定标准 接触途径：该物质可通过吸入和经皮肤和食入吸收到体内 吸入危险性：未指明 20℃时该物质蒸发达到空气中有害浓度的速率 短期接触的影响：该物质刺激眼睛、皮肤和呼吸道。接触能造成中枢神经系统抑郁 长期或反复接触的影响：液体使皮肤脱脂		
物理性质	沸点：220℃ 熔点：7℃ 相对密度（水=1）：0.84 水中溶解度：2.5g/100mL 蒸气压：70℃时 0.13kPa 蒸气相对密度（空气=1）：5.5 蒸气/空气混合物的相对密度（20℃，空气=1）：1.00 闪点：104℃（开杯） 自燃温度：266℃ 爆炸极限：空气中 0.8%～4.5%（体积）		
环境数据	该物质可能对环境有危害，对鱼类应给予特别注意		
注解			

IPCS
International Programme on Chemical Safety

本卡片由 IPCS 和 EC 合作编写 © 2004～2012

国际化学品安全卡

2,2,4-三甲基戊烷			ICSC 编号：0496

CAS 登记号：540-84-1
RTECS 号：SA3320000
UN 编号：1262
EC 编号：601-009-00-8
中国危险货物编号：1262
分子量：114.3

中文名称：2,2,4-三甲基戊烷；异辛烷；异丁基三甲基甲烷
英文名称：2,2,4-TRIMETHYLPENTANE; Isooctane;
Isobutyltrimethylmethane

化学式：$CH_3C(CH_3)_2CH_2CH(CH_3)_2/C_8H_{18}$

危害/接触类型	急性危害/症状	预防	急救/消防
火 灾	高度易燃	禁止明火、禁止火花和禁止吸烟	干粉、水成膜泡沫、泡沫、二氧化碳
爆 炸	蒸气/空气混合物有爆炸性	密闭系统、通风、防爆型电气设备和照明。防止静电荷积聚（例如，通过接地）。不要使用压缩空气灌装、卸料或转运	着火时，喷雾状水保持料桶等冷却。从掩蔽位置灭火
接 触			
# 吸入	意识模糊，头晕，头痛，恶心，呕吐	通风，局部排气通风或呼吸防护	新鲜空气，休息，必要时进行人工呼吸，给予医疗护理
# 皮肤	皮肤干燥，发红，疼痛	防护手套	脱去污染的衣服，冲洗，然后用水和肥皂清洗皮肤
# 眼睛	发红	护目镜	先用大量水冲洗几分钟（如可能尽量摘除隐形眼镜），然后就医
# 食入	（见吸入）	工作时不得进食，饮水或吸烟	漱口，不要催吐，给予医疗护理

泄漏处置	撤离危险区域！移除全部引燃源。尽可能将泄漏液收集在可密闭的容器中。用砂土或惰性吸收剂吸收残液，并转移到安全场所。个人防护用具：自给式呼吸器
包装与标志	欧盟危险性类别：F 符号 Xn 符号 N 符号 标记：C R:11-38-50/53-65-67 S:2-9-16-29-33-60-61-62 联合国危险性类别：3 联合国包装类别：II 中国危险性类别：第 3 类易燃液体 中国包装类别：II
应急响应	运输应急卡：TEC(R)-30S1262 或 30GF1-I+II 美国消防协会法规：H0（健康危险性）；F3（火灾危险性）；R0（反应危险性）
储存	耐火设备（条件）。与强氧化剂分开存放。阴凉场所。保存在通风良好的室内
重要数据	物理状态、外观：无色液体，有特殊气味 物理危险性：蒸气比空气重，可能沿地面流动，可能造成远处着火。由于流动、搅拌等，可能产生静电 化学危险性：加热时，可能激烈燃烧或爆炸。与强氧化剂发生反应 职业接触限值：阈限值：300ppm（时间加权平均值）（美国政府工业卫生学家会议，2004 年）。最高容许浓度：致癌物类别：3（德国，2004 年） 接触途径：该物质可通过吸入和经食入吸收到体内 吸入危险性：未指明 20℃时该物质蒸发达到空气中有害浓度的速率 短期接触的影响：该物质刺激眼睛、皮肤和呼吸道。该物质可能对肾，肝和神经系统有影响。如果吞咽液体吸入肺中，可能引起化学肺炎 长期或反复接触的影响：液体使皮肤脱脂
物理性质	沸点：99℃ 熔点：-107℃ 相对密度（水=1）：0.69 水中溶解度：不溶 蒸气压：20℃时 5.1kPa 蒸气相对密度（空气=1）：3.9 闪点：4.5℃（开杯） 自燃温度：417℃ 爆炸极限：空气中 1.1%～6.0%（体积）
环境数据	
注解	

IPCS
International
Programme on
Chemical Safety

本卡片由 IPCS 和 EC 合作编写 © 2004～2012

国际化学品安全卡

异辛醇（混合异构体）			ICSC 编号：0497

CAS 登记号：26952-21-6	中文名称：异辛醇（混合异构体）；甲基庚醇（混合异构体）		
RTECS 号：NS7700000	英文名称：ISOOCTYL ALCOHOL (MIXED ISOMERS); Isooctanol (mixed isomers); Methylheptyl alcohol(mixed isomers)		

分子量：130.3 化学式：$C_8H_{18}O/C_7H_{15}CH_2OH$

危害/接触类型	急性危害/症状	预防	急救/消防
火 灾	可燃的	禁止明火	干粉、水成膜泡沫、泡沫、二氧化碳
爆 炸	高于 82℃，可能形成爆炸性蒸气/空气混合物	高于 82℃，使用密闭系统、通风	
接 触			
# 吸入	咳嗽，头晕，迟钝，头痛，恶心，咽喉痛	通风	新鲜空气，休息，必要时进行人工呼吸
# 皮肤	皮肤干燥，发红	防护手套	脱去污染的衣服，冲洗，然后用水和肥皂清洗皮肤，给予医疗护理
# 眼睛	发红，疼痛	护目镜	先用大量水冲洗几分钟（如可能尽量摘除隐形眼镜），然后就医
# 食入	腹泻，呕吐。（另见吸入）		漱口，饮用 1～2 杯水。给予医疗护理
泄漏处置	通风。尽可能将泄漏液收集在可密闭的容器中。用砂土或惰性吸收剂吸收残液，并转移到安全场所。个人防护用具：适用于有机气体和蒸气的过滤呼吸器		
包装与标志			
应急响应	美国消防协会法规：H0（健康危险性）；F2（火灾危险性）；R0（反应危险性）		
储存	与强氧化剂分开存放		
重要数据	物理状态、外观：无色液体，有特殊气味 化学危险性：与强氧化剂发生反应 职业接触限值：阈限值：50ppm（时间加权平均值）（经皮）（美国政府工业卫生学家会议，1999 年）。最高容许浓度未制定标准 接触途径：该物质可通过吸入、经皮肤和食入吸收到体内 吸入危险性：20℃时该物质蒸发，不会或很缓慢地达到空气中有害污染浓度 短期接触的影响：该物质刺激眼睛、皮肤和呼吸道。该物质可能对中枢神经系统有影响 长期或反复接触的影响：液体使皮肤脱脂		
物理性质	沸点：83～91℃ 熔点：-76℃ 相对密度（水=1）：0.83 水中溶解度：不溶 蒸气压：20℃时 50Pa 蒸气相对密度（空气=1）：4.5 蒸气/空气混合物的相对密度（20℃，空气=1）：1.00 闪点：82℃（开杯） 自燃温度：277℃（估计值） 爆炸极限：空气中 0.9%～5.7%（体积）（估计值）		
环境数据			
注解			

IPCS
International Programme on Chemical Safety

本卡片由 IPCS 和 EC 合作编写 © 2004～2012

国际化学品安全卡

| 异佛尔酮双胺 | | | ICSC 编号：0498 |

CAS 登记号：2855-13-2	中文名称：异佛尔酮双胺；1-氨基-3-氨基甲基-3,3,5-三甲基环己烷；3-氨基
UN 编号：2289	甲基-3,5,5-三甲基环己胺
EC 编号：612-067-00-9	英文名称：ISOPHORONE DIAMINE; 1-Amino-3-aminomethyl
中国危险货物编号：2289	-3,3,5-trimethylcyclohexane; 3-aminomethyl-3,5,5-trimethylcyclohexylamine

分子量：170.3 　　　　　　　　　　化学式：$C_{10}H_{22}N_2$

危害/接触类型	急性危害/症状	预防	急救/消防
火　灾	可燃的	禁止明火	干粉，抗溶性泡抹，雾状水，二氧化碳
爆　炸			着火时喷雾状水保持料桶等冷却
接　触		防止烟云产生！严格作业环境管理！	一切情况均向医生咨询！
# 吸入	腐蚀作用，咽喉痛，灼烧感，咳嗽，气促，呼吸困难。症状可能推迟显现（见注解）	通风，局部排气通风或呼吸防护	新鲜空气，休息，半直立体位，必要时进行人工呼吸，给予医疗护理
# 皮肤	腐蚀作用，发红，疼痛，皮肤烧伤，灼烧感，水疱	防护手套，防护服	脱去污染的衣服，用大量水冲洗皮肤或淋浴，给予医疗护理
# 眼睛	发红，疼痛，视力丧失，严重深度烧伤	安全护目镜，面罩或眼睛防护结合呼吸防护	先用大量水冲洗几分钟（如可能尽量摘除隐形眼镜),然后就医
# 食入	腐蚀作用，腹部疼痛，灼烧感，休克或虚脱。（另见吸入)	工作时不得进食、饮水或吸烟	漱口，不要催吐，休息，给予医疗护理
泄漏处置	通风。收集泄漏液在可密闭容器中。个人防护用具：全套防护服，包括自给式呼吸器		
包装与标志	不易破碎包装，将易破碎包装放在不易破碎容器中。不得与食品和饲料一起运输 欧盟危险性类别：C 符号 R:21/22-34-43　　S:1/2-26-36/37/39-45 联合国危险性类别：8 联合国包装类别：III 中国危险性类别：第 8 类腐蚀性物质　中国包装类别：III		
应急响应	运输应急卡：TEC（R）-647		
储存	与强氧化剂、食品和饲料分开存放。保存在通风良好的室内		
重要数据	物理状态、外观：无色液体，有特殊气味 化学危险性：加热或燃烧时，该物质分解成氮氧化物有毒和腐蚀性烟雾。浸蚀铜、锌和锡合金 职业接触限值：阈限值未制定标准 接触途径：该物质可通过吸入其蒸气和食入吸收到体内 吸入危险性：未指明 20℃时该物质蒸发达到空气中有害浓度的速率 短期接触的影响：该物质腐蚀眼睛、皮肤和呼吸道。食入有腐蚀性。吸入蒸气可能引起肺水肿（见注解）。影响可能推迟显现。需进行医学观察 长期或反复接触的影响：反复或长期接触可能引起皮肤过敏		
物理性质	沸点：247℃ 熔点：10℃ 相对密度（水=1）：0.92 水中溶解度：易溶 蒸气压：20℃时 2Pa 闪点：110℃（开杯）；117℃（闭杯) 爆炸极限：空气中 1.2%～?（体积）		
环境数据			
注解	肺水肿症状常常几个小时以后才变得明显，体力劳动使症状加重，因此，休息和医学观察是必要的。应考虑由医生或医生指定的人立即采取适当吸入治疗法		

IPCS
International
Programme on
Chemical Safety

   UNEP

本卡片由 IPCS 和 EC 合作编写 © 2004～2012

500

国际化学品安全卡

异佛尔酮二异氰酸酯			ICSC 编号：0499

	中文名称：异佛尔酮二异氰酸酯；3-异酸甲基-3,5,5-三甲基环己基异氰酸酯；异氰酸亚甲基（3,5,5-三甲基-3,1-环亚己基）酯；IPDI
CAS 登记号：4098-71-9 RTECS 号：NQ9370000 UN 编号：2290 EC 编号：615-008-00-5 中国危险货物编号：2290	英文名称：ISOPHORONE DIISOCYANATE; 3-Isocyanatomethyl - 3,5,5-trimethylcyclohexyl isocyanate; Isocyanic acid, methylene (3,5,5-trimethyl-3, 1-cyclohexylene)ester；IPDI
分子量：222.3	化学式：$C_{12}H_{18}N_2O_2/(CH_3)_2C_6H_7(CH_3)(N=C=O)CH_2N=C=O$

危害/接触类型	急性危害/症状	预防	急救/消防
火　灾	可燃的。在火焰中释放出刺激性或有毒烟雾（或气体）。加热引起压力升高，容器有破裂危险	禁止明火	雾状水，泡沫，干粉，二氧化碳
爆　炸			
接　触		避免一切接触！	
# 吸入	咳嗽。咽喉痛。灼烧感	密闭系统	新鲜空气，休息，半直立体位，立即给予医疗护理
# 皮肤	发红。疼痛。严重的皮肤烧伤	防护手套。防护服	脱去污染的衣服。冲洗，然后用水和肥皂清洗皮肤。给予医疗护理
# 眼睛	发红。疼痛	面罩，眼睛防护结合呼吸防护	用大量水冲洗（如可能尽量摘除隐形眼镜）。立即给予医疗护理
# 食入	咽喉疼痛。灼烧感。腹部疼痛	工作时不得进食，饮水或吸烟	漱口，不要催吐，饮用 1～2 杯水，给予医疗护理

泄漏处置	将泄漏液收集在有盖的容器中。用砂土或惰性吸收剂吸收残液，并转移到安全场所。用稀释氨溶液处理残液。不要让该化学品进入环境。个人防护用具：化学防护服包括自给式呼吸器
包装与标志	气密。不得与食品和饲料一起运输 欧盟危险性类别：T 符号 N 符号 标记：2　　R:23-36/37/38-42/43-51/53　　S:1/2-26-28-38-45-61 联合国危险性类别：6.1　　　　联合国包装类别：III 中国危险性类别：第 6.1 项 毒性物质　中国包装类别：III GHS 分类：信号词：危险 图形符号：腐蚀-骷髅和交叉骨-健康危险 危险说明：吸入烟雾致命；接触皮肤有害；造成严重皮肤灼伤和眼睛损伤；造成严重眼睛刺激；吸入可能导致过敏或哮喘症状或呼吸困难；可能导致皮肤过敏反应
应急响应	运输应急卡：TEC（R）-61S2290 或 61GT1-III 美国消防协会法规：H2（健康危险性）；F1（火灾危险性）；R1（反应危险性）；W（禁止用水）
储存	与碱、酸、醇类、胺类、酰胺、苯酚、硫醇分开存放。保存在通风良好的室内。严格密封。阴凉场所。干燥。储存在没有排水管或下水道的场所

重要数据	物理状态、外观：无色至黄色液体，有刺鼻气味 化学危险性：在加热和强碱及金属化合物的作用下，该物质可能发生聚合。该物质燃烧时分解，生成含有氰化氢和氮氧化物的有毒和腐蚀性烟雾。与酸类、醇类、胺类、碱类、酰胺、苯酚和硫醇类发生激烈反应，有有毒、着火和爆炸的危险。浸蚀塑料和橡胶 职业接触限值：阈限值：0.005ppm（时间加权平均值）（美国政府工业卫生学家会议，2008 年）。最高容许浓度：0.005 ppm；最高限值种类：I（1）；吸入和皮肤致敏剂；妊娠风险等级：D（德国，2008 年） 接触途径：该物质可通过吸入其气溶胶和经皮肤吸收到体内 吸入危险性：20℃喷洒时，该物质蒸发相当快地达到空气中有害污染浓度 短期接触的影响：该物质腐蚀皮肤和严重刺激眼睛。气溶胶刺激呼吸道 长期或反复接触的影响：反复或长期接触可能引起皮肤过敏。反复或长期吸入接触可能引起哮喘。见注解

物理性质	沸点：在 1.33kPa 时 158℃，310℃时分解。 熔点：-60℃ 相对密度（水=1）：1.06 水中溶解度：15 mg/L 反应 蒸气压：20℃时 0.04Pa	蒸气/空气混合物的相对密度（20℃，空气=1）：1.0 闪点：155℃(闭杯) 自燃温度：430℃ 爆炸极限：空气中 0.7%～4.5%（体积） 辛醇/水分配系数的对数值：4.75（计算值）

环境数据	该物质可能对环境有危害，应对水生生物给予特别关注
注解	因这种物质出现哮喘症状的任何人不应当再接触该物质。超过接触限值时，气味报警不充分。不要将工作服带回家中

IPCS
International
Programme on
Chemical Safety

   UNEP

本卡片由 IPCS 和 EC 合作编写 © 2004～2012

国际化学品安全卡

间苯二酸			ICSC 编号：0500

CAS 登记号：121-91-5

RTECS 号：NT2007000

中文名称：间苯二酸；1,3-苯二甲酸

英文名称：ISOPHTHALIC ACID; 1,3-Benzenedicarboxylic acid; m-Phthalic acid

分子量：166.1

化学式：$C_8H_6O_4/C_6H_4(COOH)_2$

危害/接触类型	急性危害/症状	预防	急救/消防
火　灾	可燃的	禁止明火	干粉，雾状水，泡沫，二氧化碳
爆　炸	微细分散的颗粒物在空气中形成爆炸性混合物	防止粉尘沉积，密闭系统，防止粉尘爆炸型电气设备与照明	
接　触		防止粉尘扩散！	
# 吸入		局部排气通风	新鲜空气，休息
# 皮肤	发红	防护手套	脱掉污染的衣服，用大量水冲洗皮肤或淋浴
# 眼睛		安全护目镜	首先用大量水冲洗几分钟（如可能尽量摘除隐形眼镜），然后就医
# 食入		工作时不得进食、饮水或吸烟	漱口

泄漏处置	将泄漏物清扫进容器中。如果适当，先润湿防止扬尘。小心收集残余物，然后转移到安全场所。个人防护用具：适用于有害颗粒物的 P2 过滤呼吸器
包装与标志	
应急响应	
储存	
重要数据	物理状态、外观：无色晶体粉末 物理危险性：如以粉末或颗粒形状与空气混合，可能发生粉尘爆炸 职业接触限值：阈限值未制定标准。最高容许浓度：2mg/m³；最高限值种类：I（2）；妊娠风险等级：D（德国，2005 年） 接触途径：该物质可通过食入吸收到体内 吸入危险性：20℃时蒸发可忽略不计，但可以较快地达到空气中颗粒物有害浓度 短期接触的影响：该物质轻微刺激皮肤
物理性质	沸点：345～348℃ 相对密度（水=1）：1.54 水中溶解度：不溶于冷水，微溶于沸水 自燃温度：>650℃
环境数据	
注解	未经分解升华

IPCS
International
Programme on
Chemical Safety

UNEP

本卡片由 IPCS 和 EC 合作编写 © 2004～2012

国际化学品安全卡

乳酸			ICSC 编号：0501

CAS 登记号：50-21-5	中文名称：乳酸；DL-乳酸；2-羟基丙酸；α-羟基丙酸
RTECS 号：OD2800000	英文名称：LACTIC ACID; DL-Lactic acid; 2-Hydroxypropanoic acid; alpha-Hydroxypropionic acid

分子量：90.08	化学式：$C_3H_6O_3/CH_3CHOHCOOH$

危害/接触类型	急性危害/症状	预防	急救/消防
火　　灾	可燃的	禁止明火	干粉，抗溶性泡沫，雾状水，二氧化碳
爆　　炸			
接　　触		严格作业环境管理！	
# 吸入	灼烧感，咳嗽，咽喉疼痛，气促	局部排气通风或呼吸防护	新鲜空气，休息，给予医疗护理
# 皮肤	发红，疼痛	防护手套，防护服	脱去污染的衣服，用大量水冲洗皮肤或淋浴
# 眼睛	发红，疼痛，严重深度烧伤	护目镜，面罩	先用大量水冲洗几分钟（如可能尽量摘除隐形眼镜），然后就医
# 食入	咽喉疼痛，灼烧感，腹部疼痛，胃痉挛，恶心，呕吐	工作时不得进食、饮水和吸烟	漱口，不要催吐，不要饮用任何东西，给予医疗护理

泄漏处置	将泄漏液收集在可密闭容器中。小心用弱碱液，如碳酸钠中和泄漏液。然后用大量水冲净
包装与标志	
应急响应	
储存	与强碱分开存放
重要数据	**物理状态、外观**：无色至黄色黏稠液体，或无色至黄色晶体 **化学危险性**：该物质是一种中强酸 **职业接触限值**：阈限值未制定标准 **接触途径**：该物质可通过吸入其气溶胶和食入吸收到体内 **吸入危险性**：未指明 20℃时该物质蒸发达到空气中有害浓度的速率 **短期接触的影响**：该物质腐蚀眼睛，刺激皮肤和呼吸道 。食入有腐蚀性
物理性质	沸点：17℃ 相对密度（水=1）：1.2 水中溶解度：混溶 闪点：110℃（闭杯） 辛醇/水分配系数的对数值：−0.6
环境数据	
注解	

IPCS
International
Programme on
Chemical Safety

   UNEP

本卡片由 **IPCS** 和 **EC** 合作编写 © 2004～2012

国际化学品安全卡

十二烷基硫酸钠			ICSC 编号：0502

CAS 登记号：151-21-3

RTECS 号：WT1050000

中文名称：十二烷基硫酸钠；月桂基硫酸钠

英文名称：SODIUM LAURYL SULFATE; Sodium dodecyl sulfate; Lauryl sodium sulfate; Dodecyl sodium sulfate

分子量：288.4

化学式：$C_{12}H_{25}O_4S \cdot Na$

危害/接触类型	急性危害/症状	预防	急救/消防
火 灾	可燃的。在火焰中释放出刺激性或有毒烟雾（或气体）	禁止明火	干粉，抗溶性泡沫，雾状水，二氧化碳
爆 炸			
接 触			
# 吸入	咽喉痛。咳嗽	通风，局部排气通风或呼吸防护	新鲜空气，休息
# 皮肤	发红	防护手套	脱去污染的衣服。用大量水冲洗皮肤或淋浴。给予医疗护理
# 眼睛	发红。疼痛	安全护目镜，安全眼镜	先用大量水冲洗（如可能尽量摘除隐形眼镜）。给予医疗护理
# 食入	恶心，呕吐，腹泻	工作时不得进食、饮水或吸烟	漱口。给予医疗护理

泄漏处置	将泄漏物清扫进容器中，如果适当，首先润湿防止扬尘。不要让该化学品进入环境。个人防护用具：适应于该物质空气中浓度的颗粒物过滤呼吸器
包装与标志	GHS 分类：警示词：警告 图形符号：感叹号 危险说明：吞咽有害；皮肤接触有害；造成眼睛刺激；造成皮肤刺激；可能引起呼吸道刺激；对水生生物有毒
应急响应	
储存	与强氧化剂和强酸分开存放。注意收容灭火产生的废水。储存在没有排水管或下水道的场所
重要数据	物理状态、外观：白色各种形态固体，有特殊气味 化学危险性：燃烧时，该物质分解生成含有一氧化碳的有毒和腐蚀性气体（见卡片＃0023，0074 和1202）。与强氧化剂和强酸发生反应 职业接触限值：阈限值未制定标准。最高容许浓度未制定标准 接触途径：该物质可经皮肤和经食入吸收到体内 吸入危险性：20℃时蒸发可忽略不计，但扩散时，可较快地达到空气中颗粒物有害浓度，尤其是粉末 短期接触的影响：该物质刺激眼睛、皮肤和呼吸道 长期或反复接触的影响：反复或长期与皮肤接触可能引起皮炎
物理性质	熔点：204℃ 密度：400～600kg/m³ 水中溶解度：20℃时 15g/100mL（适度溶解） 辛醇/水分配系数的对数值：1.6
环境数据	该物质对水生生物是有毒的。强烈建议不要让该化学品进入环境
注解	

IPCS
International Programme on Chemical Safety

本卡片由 IPCS 和 EC 合作编写 © 2004～2012

国际化学品安全卡

对氯苯甲酸			ICSC 编号：0503

CAS 登记号：74-11-3
RTECS 号：DG4976010

中文名称：对氯苯甲酸；4-氯苯甲酸
英文名称：*p*-CHLOROBENZENZOIC ACID; 4-Chlorobenzoic acid;
Chlorodracylic acid

分子量：156.6　　　　　　　　　　化学式：ClC₆H₄COOH/C₇H₅ClO₂

危害/接触类型	急性危害/症状	预防	急救/消防
火　灾	可燃的，在火焰中释放出刺激性或有毒烟雾（或气体）	禁止明火	雾状水，干粉
爆　炸			
接　触	见注解		
# 吸入		通风	新鲜空气，休息
# 皮肤		防护手套	冲洗，然后用水和肥皂洗皮肤
# 眼睛		安全护目镜	首先用大量水冲洗几分钟（如可能尽量摘除隐形眼镜），然后就医
# 食入		工作时不得进食、饮水或吸烟	漱口，休息
泄漏处置	将泄漏物扫入有盖容器中。如果适当，首先湿润防止扬尘。小心收集残余物，然后转移到安全场所		
包装与标志			
应急响应			
储存			
重要数据	物理状态、外观：无气味，白色各种形状固体 化学危险性：燃烧时，生成含氯化氢的有毒和腐蚀性烟雾。水溶液是一种弱酸 职业接触限值：阈限值未制定标准。最高容许浓度：IIb（未制定标准，但可提供数据）（德国，2005年） 接触途径：该物质可通过食入吸收到体内 吸入危险性：未指明20℃时该物质蒸发达到有害空气浓度的速率 短期接触的影响：见注解 长期或反复接触的影响：见注解		
物理性质	熔点：243℃ 密度：1.5g/cm³ 水中溶解度：不溶 蒸气压：25℃时0.3Pa 蒸气相对密度（空气=1）：5.4 蒸气/空气混合物的相对密度（20℃，空气=1）：1 闪点：238℃ 自燃温度：545℃ 辛醇/水分配系数的对数值：2.65		
环境数据			
注解	该物质对人体健康的影响数据不充分，因此应当特别注意		

IPCS
International
Programme on
Chemical Safety

本卡片由 **IPCS** 和 **EC** 合作编写 © 2004～2012

国际化学品安全卡

氧化镁			ICSC 编号：0504

CAS 登记号：1309-48-4	中文名称：氧化镁；煅烧水镁石；煅烧镁氧；镁氧
RTECS 号：OM3850000	英文名称：MAGNESIUM OXIDE; Calcined brucite; Calcined magnesia; Magnesia

分子量：40.3	化学式：MgO

危害/接触类型	急性危害/症状	预防	急救/消防
火　灾	不可燃	禁止与强酸接触	周围环境着火时，各种灭火剂均可使用
爆　炸			
接　触		防止粉尘扩散！	
# 吸入	咳嗽	局部排气通风或呼吸防护	新鲜空气，休息
# 皮肤		防护手套	脱去污染的衣服。冲洗，然后用水和肥皂清洗皮肤
# 眼睛	发红	安全护目镜，或眼睛防护结合呼吸防护	用大量水冲洗（如可能尽量摘除隐形眼镜）
# 食入		工作时不得进食、饮水或吸烟	漱口

泄漏处置	将泄漏物清扫进容器中，如果适当，首先润湿防止扬尘。个人防护用具：适应于该物质空气中浓度的颗粒物过滤呼吸器
包装与标志	GHS 分类：按照 GHS 分类标准，无有害类别
应急响应	
储存	与强酸分开存放。干燥。严格密封

重要数据	**物理状态、外观：** 吸湿的精细白色粉末 **化学危险性：** 与强酸发生剧烈反应 **职业接触限值：** 阈限值：$10mg/m^3$（可吸入粉尘）（时间加权平均值）；A4（不能分类为人类致癌物）（美国政府工业卫生学家会议，2010 年）。最高容许浓度：$4mg/m^3$（可吸入粉尘），$1.5mg/m^3$（可呼吸粉尘）；妊娠风险等级：C，最高限值种类：（以 MgO 烟雾计）IIb（未制定标准，但可提供数据）（德国，2009 年） **接触途径：** 该物质可通过吸入粉尘和烟雾吸收到体内 **吸入危险性：** 扩散时，可较快地达到空气中颗粒物公害污染浓度 **短期接触的影响：** 可能引起机械刺激 **长期或反复接触的影响：** 反复或长期接触其粉尘颗粒，肺可能受损伤
物理性质	沸点：3600℃ 熔点：2800℃ 相对密度（水=1）：3.6 水中溶解度：微溶
环境数据	
注解	

IPCS
International
Programme on
Chemical Safety

本卡片由 IPCS 和 EC 合作编写 © 2004～2012

国际化学品安全卡

2-巯基苯并噻唑二硫化物			ICSC 编号：0505

CAS 登记号：120-78-5 RTECS 号：DL4550000	中文名称：2-巯基苯并噻唑二硫化物；苯并噻唑基二硫化物；MBTS；2,2'-二硫代双苯并噻唑 英文名称：2-MERCAPTOBENZOTHIAZOLE DISULFIDE; Benzothiazolyl disulfide; MBTS; 2,2'-Dithio-bis(benzothiazole)

分子量：332.5	化学式：$C_{14}H_8N_2S_4$

危害/接触类型	急性危害/症状	预防	急救/消防
火 灾	可燃的	禁止明火	雾状水，干粉
爆 炸			
接 触		防止粉尘扩散！避免一切接触！	
# 吸入	咳嗽，咽喉疼痛	局部排气通风或呼吸防护	新鲜空气，休息
# 皮肤	发红	防护手套，防护服	脱去污染的衣服，冲洗，然后用水和肥皂洗皮肤
# 眼睛	发红	安全护目镜，面罩	先用大量水冲洗几分钟（如可能尽量摘除隐形眼镜），然后就医
# 食入		工作时不得进食、饮水或吸烟	

泄漏处置	将泄漏物清扫到容器中。如果适当，首先润湿防止扬尘。小心收集残余物，然后转移到安全场所。不要让该化学品进入环境
包装与标志	
应急响应	
储存	

重要数据	物理状态、外观：无气味，淡黄色粉末 化学危险性：燃烧时，该物质分解生成碳氧化物、硫氧化物和氮氧化物有毒腐蚀性气体 职业接触限值：阈限值未制定标准 接触途径：该物质可通过吸入其气溶胶和经皮肤吸收到体内 吸入危险性：20℃时蒸发可忽略不计，但可较快地达到空气中颗粒物有害浓度 短期接触的影响：该物质刺激眼睛、皮肤和呼吸道 长期或反复接触的影响：反复或长期接触可能引起皮肤过敏
物理性质	熔点：180℃ 相对密度（水=1）：1.5 水中溶解度：不溶 辛醇/水分配系数的对数值：4.5
环境数据	由于其在环境中持久性，强烈建议不要让该化学品进入环境
注解	该物质对人体健康影响数据不充分，因此，应当特别注意

IPCS
International
Programme on
Chemical Safety

本卡片由 IPCS 和 EC 合作编写 © 2004～2012

国际化学品安全卡

2-甲基-1-丁醇		ICSC 编号：0506

CAS 登记号：137-32-6

RTECS 号：EL5250000

UN 编号：1105

中国危险货物编号：1105

中文名称：2-甲基-1-丁醇；2-甲基丁醇-1；仲丁基甲醇

英文名称：2-METHYL-1-BUTANOL; 2-Methyl butanol-1; Sec-Butylcarbinol

分子量：88.2

化学式：$C_5H_{12}O/CH_3CH_2CH(CH_3)CH_2OH$

危害/接触类型	急性危害/症状	预防	急救/消防
火 灾	易燃的	禁止明火、禁止火花和禁止吸烟	抗溶性泡沫，干粉，二氧化碳
爆 炸	高于 50℃，可能形成爆炸性蒸气/空气混合物	高于 50℃，使用密闭系统，通风和防爆型电气设备	着火时，喷雾状水保持料桶等冷却
接 触			
# 吸入	咳嗽，眩晕，瞌睡，咽喉疼痛	通风，局部排气通风或呼吸防护	新鲜空气，休息
# 皮肤	皮肤发干，发红	防护手套	脱掉污染的衣服，用大量水冲洗皮肤或淋浴
# 眼睛	发红，疼痛	安全护目镜	首先用大量水冲洗几分钟（如可能尽量摘除隐形眼镜），然后就医
# 食入		工作时不得进食、饮水或吸烟	漱口，不要催吐，休息，给予医疗护理
泄漏处置	尽可能将泄漏液收集在有盖金属或玻璃容器中。用砂土或惰性吸收剂吸收残液并转移到安全场所		
包装与标志	欧盟危险性类别：R:10-20 S:24/25 联合国危险性类别：3 联合国包装类别：III 中国危险性类别：第 3 类易燃液体 中国包装类别：III		
应急响应	运输应急卡：TEC (R)-582 美国消防协会法规：H2（健康危险性）；F2（火灾危险性）；R1（反应危险性）		
储存	耐火设备（条件）。阴凉场所		
重要数据	物理状态、外观：无色液体，有特殊气味 职业接触限值：阈限值未制定标准。最高容许浓度：20ppm，73mg/m³；最高限值种类：I(4)；妊娠风险等级：C（德国，2009 年） 接触途径：该物质可通过吸入其蒸气和食入吸收到体内 吸入危险性：20℃时该物质蒸发，可相当慢地达到空气中有害浓度 短期接触的影响：该物质刺激眼睛、皮肤和呼吸道。如果吞咽液体吸入肺中，可能引起化学肺炎。该物质可能对中枢神经系统有影响 长期或反复接触的影响：液体使皮肤脱脂		
物理性质	沸点：128℃ 熔点：<-70℃ 相对密度（水=1）：0.8 水中溶解度：25℃时 3.0g/100mL（适度溶解） 蒸气压：25℃时 0.42kPa 蒸气相对密度（空气=1）：3 蒸气/空气混合物的相对密度（20℃，空气=1）：1.01 闪点：50℃（开杯） 自燃温度：385℃ 爆炸极限：空气中 1.4%～9.0%（体积） 辛醇/水分配系数的对数值：1.3～1.4		
环境数据			
注解			

国际化学品安全卡

甲基乙酸酯			ICSC 编号：0507

CAS 登记号：79-20-9	中文名称：甲基乙酸酯；乙酸甲酯
RTECS 号：AZ9100000	英文名称：METHYL ACETATE; Acetic acid methyl ester
UN 编号：1231	
EC 编号：607-021-00-X	
中国危险货物编号：1231	

分子量：74.1	化学式：CH₃COOCH₃

危害/接触类型	急性危害/症状	预防	急救/消防
火 灾	高度易燃	禁止明火，禁止火花和禁止吸烟	干粉，水成膜泡沫，泡沫，二氧化碳
爆 炸	蒸气/空气混合物有爆炸性	密闭系统，通风，防爆型电气设备和照明。使用无火花的手工具	着火时喷雾状水保持料桶等冷却
接 触			
# 吸入	咳嗽，倦睡，迟钝，头痛，咽喉疼痛，呼吸困难，神志不清。症状可能推迟显现。（见注解）	通风，局部排气通风或呼吸防护	新鲜空气，休息，半直立体位，必要时进行人工呼吸，给予医疗护理
# 皮肤	皮肤干燥，发红，粗糙	防护手套，防护服	脱去污染的衣服，用大量水冲洗皮肤或淋浴，给予医疗护理
# 眼睛	发红，疼痛，视力模糊	安全护目镜，或眼睛防护结合呼吸防护	先用大量水冲洗几分钟（如可能尽量摘除隐形眼镜），然后就医
# 食入	腹部疼痛，迟钝，恶心，呕吐，虚弱。（另见吸入）	工作时不得进食、饮水或吸烟	漱口，大量饮水，给予医疗护理
泄漏处置	尽可能将泄漏液收集在可密闭容器中。用砂土或惰性吸收剂吸收残液并转移到安全场所。不要冲入下水道。个人防护用具：自给式呼吸器		
包装与标志	欧盟危险性类别：F 符号 Xi 符号 标记：6 R:11-36-66-67 S:2-16-26-29-33 联合国危险性类别：3 联合国包装类别：II 中国危险性类别：第 3 类易燃液体 中国包装类别：II		
应急响应	运输应急卡：TEC（R）-30S1231 美国消防协会法规：H1（健康危险性）；F3（火灾危险性）；R0（反应危险性）		
储存	耐火设备（条件）。与强氧化剂和酸分开存放。阴凉场所。保存在阴暗处。严格密封		
重要数据	物理状态、外观：无色液体，有特殊气味 物理危险性：蒸气比空气重，可能沿地面流动，可能造成远处着火 化学危险性：在空气、碱、强氧化剂、水、紫外光作用下，加热时该物质分解，有着火和爆炸危险。该物质是一种强还原剂。与氧化剂发生反应。有水存在时，浸蚀许多金属。浸蚀塑料 职业接触限值：阈限值：200ppm（时间加权平均值），250ppm（短期接触限值）（美国政府工业卫生学家会议，2004 年）。最高容许浓度：100ppm，310mg/m³；最高限值种类：I（4）；妊娠风险等级：C（德国，2005 年） 接触途径：该物质可通过吸入其蒸气吸收到体内 吸入危险性：20℃时该物质蒸发，能相当快地达到空气中有害污染浓度 短期接触的影响：该物质刺激眼睛和呼吸道。该物质可能对中枢神经系统有影响，导致意识降低。接触可能造成意识降低。远高于职业接触限值接触说，可能造成死亡 长期或反复接触的影响：该物质使皮肤脱指。该物质可能对视神经有影响，导致视力损害		
物理性质	沸点：57℃ 熔点：-98℃ 相对密度（水=1）：0.93 水中溶解度：20℃时 24.4g/100mL 蒸气压：20℃时 21.7kPa 蒸气相对密度（空气=1）：2.6	蒸气/空气混合物的相对密度（20℃，空气=1）：1.3 闪点：-13℃(闭杯) 自燃温度：445℃ 爆炸极限：空气中 3.1%～16%(体积) 辛醇/水分配系数的对数值：0.18	
环境数据			
注解	视神经损害症状几个小时以后才变得明显。该物质中毒时，需采取必要的治疗措施。必须提供有指示说明的适当处理方法。超过接触限值时，气味报警不充分。商业名称有：Devoton 和 Tereton		

IPCS
International
Programme on
Chemical Safety

本卡片由 IPCS 和 EC 合作编写 © 2004～2012

509

国际化学品安全卡

4,4'-亚甲基双(2-氯苯胺)			ICSC 编号：0508

| CAS 登记号：101-14-4
RTECS 号：CY1050000
EC 编号：612-078-00-9 | 中文名称：4,4'-亚甲基双(2-氯苯胺)；4,4'-亚甲基双(2-氯)苯胺；2,2'-二氯-4,4'-亚甲基二苯胺；4,4'-二氨基-3,3'-二氯二苯基甲烷；MOCA；MBOCA
英文名称：4,4'-METHYLENE BIS(2-CHLOROANILINE);
Benzenamine,4,4'-methylenebis (2-chloro-);
2,2'-Dichloro-4,4'-methylenedianiline; 4,4'-Di amino-
3,3'-dichlorodiphenylmethane; MOCA; MBOCA |

分子量：267.2	化学式：$C_{13}H_{12}Cl_2N_2$

危害/接触类型	急性危害/症状	预防	急救/消防
火 灾	可燃的。在火焰中释放出刺激性或有毒烟雾（或气体）	禁止明火	周围环境着火时，允许使用各种灭火剂
爆 炸			
接 触		避免一切接触！	一切情况均向医生咨询！
# 吸入	嘴唇或指甲发青，皮肤发青，意识模糊，惊厥，眩晕，头痛，恶心，神志不清	通风（如果没有粉末时），局部排气通风或呼吸防护	新鲜空气，休息，给予医疗护理
# 皮肤	可能被吸收！灼烧感。（另见吸入）	防护手套，防护服	脱掉污染的衣服，冲洗，然后用水和肥皂洗皮肤，给予医疗护理
# 眼睛		安全护目镜，面罩或眼睛防护结合呼吸防护	首先用大量水冲洗几分钟（如可能尽量摘除隐形眼镜），然后就医
# 食入	腹部疼痛。（另见吸入）	工作时不得进食、饮水或吸烟	漱口，给予医疗护理

泄漏处置	如果是熔融状态，让其固化。将泄漏物扫入有盖容器中。如果适当，首先湿润防止扬尘。小心收集残余物，然后转移到安全场所。不要让这种化学品进入环境。个人防护用具：全套防护服包括自给式呼吸器
包装与标志	欧盟危险性类别：T 符号 N 符号　　标记：E　R:45-22-50/53　　S:53-45-60-61
应急响应	
储存	见化学危险性。严格密封
重要数据	**物理状态、外观：** 无色晶体或浅棕色片状 **化学危险性：** 加热到 200℃ 以上或燃烧时，该物质分解生成含氯化氢和氮氧化物的有毒和腐蚀性烟雾。该物质是一种弱碱。与某些金属如铝、镁和钾发生反应 **职业接触限值：** 阈限值 0.01ppm，0.11mg/m³（时间加权平均值）A2（可疑人类致癌物）（经皮）（美国政府工业卫生学家会议，1998 年） **接触途径：** 该物质可通过吸入其气溶胶、经皮肤和食入吸收到体内 **吸入危险性：** 20℃时该物质蒸发，不会或很缓慢地达到空气中有害浓度，但喷洒时或扩散时要快得多。 **短期接触的影响：** 该物质可能对血液有影响，导致正铁血红蛋白形成。影响可能推迟显现，需要进行医学观察 **长期或反复接触的影响：** 该物质很可能是人类致癌物。可能引起人类遗传损伤
物理性质	熔点：110℃ 水中溶解度：不溶
环境数据	在对人类重要的食物链中，特别是在水生生物和植物中发生生物蓄积
注解	根据接触程度，需定期进行医疗检查。该物质中毒时，需采取必要的治疗措施。必须提供有指示说明的适当方法。商品名有 Bisamine S, Bisamine A, Cuamine M, Cuamnie MT, Curalin M, Curalon M, Curene 442 和 Diamet Kh

IPCS
International
Programme on
Chemical Safety

本卡片由 IPCS 和 EC 合作编写 © 2004～2012

国际化学品安全卡

甲基碘			ICSC 编号：0509

CAS 登记号：74-88-4
RTECS 号：PA9450000
UN 编号：2644
EC 编号：602-005-00-9
中国危险货物编号：2644

中文名称：甲基碘；碘甲烷
英文名称：METHYL IODIDE; Iodomethane

分子量：142.0 　　　　　　　化学式：CH₃I

危害/接触类型	急性危害/症状	预防	急救/消防
火　灾	不可燃		周围环境着火时，使用适当的灭火剂
爆　炸			着火时，喷雾状水保持料桶等冷却
接　触		严格作业环境管理！	
# 吸入	咳嗽。咽喉痛。头痛。头晕。倦睡。虚弱。意识模糊。腹泻。恶心。呕吐。症状可能推迟显现（见注解）	通风，局部排气通风或呼吸防护	新鲜空气，休息。给予医疗护理
# 皮肤	发红。疼痛。水疱	防护手套。防护服	脱去污染的衣服。用大量水冲洗皮肤或淋浴。给予医疗护理
# 眼睛	发红。疼痛	安全护目镜，或眼睛防护结合呼吸防护	先用大量水冲洗几分钟（如可能尽量摘除隐形眼镜），然后就医
# 食入	（另见吸入）	工作时不得进食，饮水或吸烟	漱口。催吐（仅对清醒病人！）。用水冲服活性炭浆。给予医疗护理
泄漏处置	撤离危险区域！向专家咨询！尽可能将泄漏液收集在可密闭的容器中。用砂土或惰性吸收剂吸收残液，并转移到安全场所。化学防护服，包括自给式呼吸器		
包装与标志	不易破碎包装，将易破碎包装放在不易破碎的密闭容器中。不得与食品和饲料一起运输 欧盟危险性类别：T 符号 R:21-23/25-37/38-40 S:1/2-36/37-38-45 联合国危险性类别：6.1 联合国包装类别：I 中国危险性类别：第 6.1 项毒性物质 中国包装类别：I		
应急响应	运输应急卡：TEC(R)-61GT1-I		
储存	与强氧化剂、食品和饲料分开存放。严格密封。沿地面通风		
重要数据	**物理状态、外观：**无色液体，有特殊气味。遇光和湿气时变棕色 **物理危险性：**蒸气比空气重。可能积聚在低层空间，造成缺氧 **化学危险性：**加热至 270℃ 以上时，该物质分解生成碘化氢。与强氧化剂激烈反应。在 300℃ 时与氧激烈反应，有爆炸的危险 **职业接触限值：**阈限值：2ppm（时间加权平均值）（经皮）（美国政府工业卫生学家会议，2004 年）。最高容许浓度：致癌物类别：2（德国，2003 年） **接触途径：**该物质可通过吸入其蒸气，经食入和皮肤吸收到体内 **吸入危险性：**20℃ 时，该物质蒸发，迅速达到空气中有害污染浓度 **短期接触的影响：**该物质刺激眼睛、皮肤和呼吸道。该物质可能对中枢神经系统有影响。影响可能推迟显现。需进行医学观察		
物理性质	**沸点：**42.5℃ **熔点：**-66.5℃ **相对密度（水=1）：**2.3 **水中溶解度：**20℃时 1.4g/100mL **蒸气压：**20℃时 50kPa **蒸气相对密度（空气=1）：**4.9 **蒸气/空气混合物的相对密度（20℃，空气=1）：**2.9 **辛醇/水分配系数的对数值：**1.51～1.69		
环境数据			
注解	中枢神经系统的症状几天或几周接触以后才变得明显。该物质对人体健康的影响数据不充分，因此应当特别注意		

IPCS
International
Programme on
Chemical Safety

UNEP

本卡片由 IPCS 和 EC 合作编写 © 2004～2012

国际化学品安全卡

甲基异丁基酮			ICSC 编号：0511

CAS 登记号：108-10-1 RTECS 号：SA9275000 UN 编号：1245 EC 编号：606-004-00-4 中国危险货物编号：1245		中文名称：甲基异丁基酮；4-甲基-2-戊酮；异丙基丙酮 英文名称：METHYL ISOBUTYL KETONE; 2-Pentanone,4-methyl; Isopropylacetone; Hexone	

分子量：100.2		化学式：$C_6H_{12}O/CH_3COCH(CH_3)_2$	

危害/接触类型	急性危害/症状	预防	急救/消防
火 灾	高度易燃	禁止明火，禁止火花和禁止吸烟	干粉，雾状水，泡沫，二氧化碳
爆 炸	蒸气/空气混合物有爆炸性	密闭系统，通风，防爆型电气设备与照明。不要使用压缩空气灌装、卸料或转运	着火时喷雾状水保持料桶等冷却
接 触		防止烟雾产生！	
# 吸入	灼烧感，腹泻，头痛，头晕，恶心，咽喉痛，神志不清，呕吐，虚弱，失去胃口	通风，局部排气通风或呼吸防护	新鲜空气，休息，给予医疗护理
# 皮肤	皮肤干燥，发红，疼痛	防护手套，防护服	脱去污染的衣服，用大量水冲洗皮肤或淋浴，给予医疗护理
# 眼睛	发红，疼痛	安全护目镜或眼睛防护结合呼吸防护	先用大量水冲洗几分钟（如可能尽量摘除隐形眼镜），然后就医
# 食入	腹部疼痛。（另见吸入）	工作时不得进食，饮水或吸烟	漱口，不要催吐，给予医疗护理

泄漏处置	尽可能将泄漏液收集在可密闭容器中。用砂土或惰性吸收剂吸收残液，然后转移至安全场所。个人防护用具：适用于有机气体和蒸气的过滤呼吸器
包装与标志	气密 欧盟危险性类别：F 符号 Xn 符号 标记：6 R:11-20-36/37-66 S:2-9-16-29 联合国危险性类别：3 联合国包装类别：II 中国危险性类别：第 3 类易燃液体 中国包装类别：II
应急响应	运输应急卡：TEC（R）-30S1245 美国消防协会法规：H2（健康危险性）；F3（火灾危险性）；R0（反应危险性）
储存	耐火设备（条件）。与强氧化剂分开存放。严格密封
重要数据	物理状态、外观：无色液体，有特殊气味 物理危险性：蒸气比空气重，可能沿地面流动，可能造成远处着火 化学危险性：接触空气时，该物质能生成爆炸性过氧化物。与强氧化剂和还原剂激烈反应 职业接触限值：阈限值：50ppm（时间加权平均值）；75ppm（短期接触限值）；公布生物暴露指数（美国政府工业卫生学家会议，2004 年）。最高容许浓度：83mg/m³，皮肤吸收；最高限值种类：I（2）；妊娠风险等级：C（德国，2004 年） 接触途径：该物质可通过吸入其蒸气和食入吸收到体内 吸入危险性：20℃时该物质蒸发可相当快地达到空气中有害污染浓度 短期接触的影响：该物质和蒸气刺激眼睛、皮肤和呼吸道。如果吞咽液体吸入肺中，可能引起化学肺炎。接触高浓度时，该物质可能对中枢神经系统有影响，导致麻醉 长期或反复接触的影响：反复或长期与皮肤接触可能引起皮炎
物理性质	沸点：117~118℃　熔点：-84.7℃　相对密度（水=1）：0.80　水中溶解度：20℃1.91g/100mL　蒸气压：20℃时 2.1kPa　蒸气相对密度（空气=1）：3.45　闪点：14℃（闭杯）　自燃温度：460℃　爆炸极限：空气中 1.4%~7.5%(体积)　辛醇/水分配系数的对数值：1.38
环境数据	
注解	常用名称为 MIBK。蒸馏前检验过氧化物含量，如存在，使之无害化

IPCS
International
Programme on
Chemical Safety

UNEP

本卡片由 IPCS 和 EC 合作编写 © 2004~2012

国际化学品安全卡

2-甲基吡咯烷酮			ICSC 编号：0513

CAS 登记号：872-50-4	中文名称：2-甲基吡咯烷酮；N-甲基-2-吡咯烷酮；1-甲基-2-吡咯烷酮；N-甲基-2-酮基吡咯烷
RTECS 号：UY5790000	
EC 编号：606-021-00-7	英文名称：2-METHYLPYRROLIDONE; N-Methyl-2-pyrrolidone; 1-Methyl-2-pyrrolidone; N-Methyl-2-ketopyrrolidine

分子量：99.1	化学式：C_5H_9NO

危害/接触类型	急性危害/症状	预防	急救/消防
火 灾	可燃的。在火焰中释放出刺激性或有毒烟雾（或气体）	禁止明火	干粉，抗溶性泡沫，雾状水，二氧化碳
爆 炸	高于96℃可能形成爆炸性蒸气/空气混合物	高于96℃密闭系统，通风	
接 触		防止烟雾产生！	
# 吸入	头痛	通风	新鲜空气，休息，给予医疗护理
# 皮肤	可能被吸收！皮肤干燥，发红	防护手套，防护服	脱去污染的衣服，用大量水冲洗皮肤或淋浴
# 眼睛	发红，疼痛，视力模糊	安全护目镜	先用大量水冲洗几分钟（如可能尽量摘除隐形眼镜），然后就医
# 食入		工作时不得进食、饮水或吸烟	漱口，不要催吐，给予医疗护理
泄漏处置	尽可能收集泄漏液在可密闭容器中。用砂土或惰性吸收剂吸收残液，然后转移至安全场所。个人防护用具：适用于有机气体和蒸气的过滤呼吸器		
包装与标志	欧盟危险性类别：Xi 符号 R:36/38 S:2-41		
应急响应	美国消防协会法规：H2（健康危险性）；F1（火灾危险性）；R0（反应危险性）		
储存	与氧化剂、橡胶、塑料、铝和轻金属分开存放。干燥。沿地面通风		
重要数据	**物理状态、外观：**无色吸湿液体，有特殊气味。受热变黄色 **化学危险性：**加热或燃烧时，该物质分解生成氮氧化物和一氧化碳有毒烟雾。浸蚀铝、轻金属、橡胶和塑料 **职业接触限值：**阈限值未制定标准。最高容许浓度：20ppm，82mg/m³；最高限值种类：II（2）；皮肤吸收；妊娠风险等级：C（德国，2005年） **接触途径：**该物质可通过吸入和经皮肤吸收到体内 **吸入危险性：**20℃时该物质蒸发将不会或很缓慢地达到空气中有害污染浓度，但是喷洒时要快得多。 **短期接触的影响：**该物质刺激眼睛和皮肤。如果吞咽液体吸入肺中，可能引起化学肺炎 **长期或反复接触的影响：**反复或长期与皮肤接触可能引起皮炎。动物实验表明，该物质可能对人类生殖有毒性影响		
物理性质	沸点：202℃ 熔点：-24℃ 相对密度（水=1）：1.03 水中溶解度：易溶 蒸气压：25℃时66Pa 蒸气相对密度（空气=1）：3.4 蒸气/空气混合物的相对密度（20℃，空气=1）：1.00 闪点：96℃（开杯） 自燃温度：270℃ 爆炸极限：空气中0.99%～3.9%（体积）		
环境数据			
注解	N-甲基-2-吡咯烷酮增加皮肤对其它物质的渗透性。该物质对人体健康影响数据不充分，因此，应当特别注意		

IPCS
International
Programme on
Chemical Safety

本卡片由 IPCS 和 EC 合作编写 © 2004～2012

国际化学品安全卡

乙烯基甲苯（混合异构体）			ICSC 编号：0514

CAS 登记号：25013-15-4	中文名称：乙烯基甲苯（混合异构体）；甲基苯乙烯（混合异构体）；乙烯基甲基苯（混合异构体）
RTECS 号：WL5075000	
UN 编号：2618（稳定的）	英文名称：VINYL TOLUENE (MIXED ISOMERS); Methyl styrene (mixed
中国危险货物编号：2618	isomers); Ethenylmethylbenzene (mixded isomers)

分子量：118.2	化学式：C_9H_{10}

危害/接触类型	急性危害/症状	预防	急救/消防
火　灾	易燃的。受热引起压力升高，容器有爆裂危险	禁止明火，禁止火花和禁止吸烟	干粉，水成膜泡沫，泡沫，二氧化碳
爆　炸	高于54℃可能形成爆炸性蒸气/空气混合物	高于54℃密闭系统，通风和防爆型电气设备	着火时喷雾状水保持料桶等冷却
接　触			
# 吸入	头晕，倦睡，迟钝，头痛，咽喉疼痛	通风，局部排气通风或呼吸防护	新鲜空气，休息，给予医疗护理
# 皮肤	可能被吸收！发红，疼痛	防护手套，防护服	脱去污染的衣服，用大量水冲洗皮肤或淋浴，给予医疗护理
# 眼睛	发红，疼痛	面罩或眼睛防护结合呼吸防护	先用大量水冲洗几分钟（如可能尽量摘除隐形眼镜），然后就医
# 食入	腹部疼痛，恶心，呕吐	工作时不得进食、饮水或吸烟	漱口，不要催吐，给予医疗护理

泄漏处置	通风。尽可能将泄漏液收集在可密闭容器中。用砂土或惰性吸收剂吸收残液，并转移到安全场所
包装与标志	联合国危险性类别：3　联合国包装类别：III 中国危险性类别：第3类易燃液体　中国包装类别：III
应急响应	运输应急卡：TEC（R）-30GF1-III-9 美国消防协会法规：H2（健康危险性）；F2（火灾危险性）；R1（反应危险性）
储存	耐火设备（条件）。与强氧化剂、强酸、过氧化物和氯化铝分开存放。稳定后贮存
重要数据	物理状态、外观：无色液体，有特殊气味 化学危险性：如果未经稳定，该物质发生聚合，释放出热量。加热时，该物质分解生成有毒气体和烟雾。该物质是一种强还原剂。与氧化剂激烈反应。与铝盐激烈反应 职业接触限值：阈限值：50ppm（时间加权平均值），100ppm（短期接触限值）；A4（不能分类为人类致癌物）（美国政府工业卫生学家会议，2004年）。最高容许浓度：100ppm，490mg/m³；最高限值种类：I（2）（德国，2004年） 接触途径：该物质可通过吸入，经皮肤和食入吸收到体内 吸入危险性：20℃时，该物质蒸发相当慢地达到空气中有害污染浓度 短期接触的影响：该物质刺激眼睛、皮肤和呼吸道。该物质可能对神经系统有影响 长期或反复接触的影响：反复或长期与皮肤接触可能引起皮炎。该物质可能对肝有影响，导致脂肪变性
物理性质	沸点：170～173℃ 熔点：−77℃ 相对密度（水=1）：0.90～0.92 水中溶解度：不溶 蒸气压：20℃时 0.15kPa 蒸气相对密度（空气=1）：4.1 蒸气/空气混合物的相对密度（20℃，空气=1）：1.00 闪点：45～53℃（闭杯） 自燃温度：489～515℃ 爆炸极限：空气中 0.8%～11.0%(体积) 辛醇/水分配系数的对数值：3.58
环境数据	
注解	饮用含酒精饮料增进有害影响。添加稳定剂或阻聚剂可能改变其物理和毒理学性质。向专家咨询。本卡片数据适用于间位和对位异构体

IPCS
International
Programme on
Chemical Safety

UNEP

本卡片由 IPCS 和 EC 合作编写 © 2004～2012

国际化学品安全卡

4-硫代戊醛			ICSC 编号：0515

CAS 登记号：3268-49-3	中文名称：4-硫代戊醛；β-甲基巯基丙醛；β-(甲基硫代)丙醛
RTECS 号：UE2285000	英文名称：4-THIAPENTANAL; beta-Methyl mercapto propionaldehyde;
UN 编号：2785	beta-(Methylthio) propionaldehyde; Methional
中国危险货物编号：2785	

分子量：104.3	化学式：$C_4H_8OS/CH_3SCH_2CH_2CHO$

危害/接触类型	急性危害/症状	预防	急救/消防
火 灾	可燃的	禁止明火，禁止与高温表面接触	干粉，抗溶性泡沫，雾状水，二氧化碳
爆 炸	高于58℃可能形成爆炸性蒸气/空气混合物	高于58℃密闭系统，通风	着火时，喷雾状水保持料桶等冷却。从掩蔽位置灭火
接 触		防止烟云产生！严格作业环境管理！	
# 吸入	咳嗽，咽喉疼痛	通风，局部排气通风或呼吸防护	新鲜空气，休息，给予医疗护理
# 皮肤	发红	防护手套，防护服	脱去污染的衣服，用大量水冲洗皮肤或淋浴，给予医疗护理
# 眼睛	发红，疼痛	安全护目镜或眼镜防护结合呼吸防护	先用大量水冲洗几分钟，（如可能尽量摘除隐形眼镜），然后就医
# 食入		工作时不得进食、饮水或吸烟	漱口，不要催吐，给予医疗护理

泄漏处置	通风。将泄漏液收集在可密闭容器内。个人防护用具：化学防护服，包括自给式呼吸器
包装与标志	不得与食品和饲料一起运输 联合国危险性类别：6.1　联合国包装类别：III 中国危险性类别：第6.1项毒性物质　中国包装类别：III
应急响应	运输应急卡：TEC（R）-61G65c 美国消防协会法规：H（健康危险性）；F1（火灾危险性）；R0（反应危险性）
储存	与强氧化剂、强碱、强酸、食品和饲料分开存放
重要数据	物理状态、外观：无色液体，有刺鼻气味 物理危险性：蒸气比空气重，可能沿地面流动，可能造成远处着火 化学危险性：燃烧时、与高温表面接触时，该物质分解生成有毒烟雾。与强氧化剂、强酸和强碱发生反应 职业接触限值：阈限值未制定标准 接触途径：该物质可通过吸入吸收到体内 吸入危险性：未指明20℃时该物质蒸发达到空气中有害浓度的速率 短期接触的影响：该物质严重刺激眼睛、皮肤和呼吸道 长期或反复接触的影响：反复或长期接触可能引起皮肤过敏
物理性质	沸点：165℃ 熔点：-75℃ 相对密度（水=1）：1.03 水中溶解度：37.8℃时 17.5g/100mL 蒸气压：20℃时 100Pa 蒸气相对密度（空气=1）：3.60 闪点：58～63℃ 自燃温度：255℃ 爆炸极限：空气中 1.3%～26.1%（体积） 辛醇/水分配系数的对数值：-0.16
环境数据	
注解	

IPCS
International
Programme on
Chemical Safety

本卡片由 IPCS 和 EC 合作编写 © 2004～2012

国际化学品安全卡

塞克津			ICSC 编号：0516

CAS 登记号：21087-64-9	中文名称：塞克津；4-氨基-6-叔丁基-3-甲硫基三嗪-5-酮；4-氨基-6(1,1-二甲基乙基)-3-(甲硫基)-1,2,4-三嗪-5(4H)-酮
RTECS 号：XZ2990000	
UN 编号：3077	英文名称：METRIBUZIN; 4-Amino-6-tert-butyl-3-methylthio-as-triazin-5-one; 4-Amino-6-(1,1-dimethylethyl) -3-(methylthio)-1,2,4-triazin-5(4H)-one
EC 编号：606-034-00-8	
中国危险货物编号：3077	

分子量：214.3	化学式：$C_8H_{14}N_4OS$

危害/接触类型	急性危害/症状	预防	急救/消防
火 灾	可燃的	禁止明火	雾状水，干粉
爆 炸			
接 触		防止粉尘扩散！	
# 吸入		通风（如果没有粉末时），局部排气通风或呼吸防护	新鲜空气，休息
# 皮肤		防护手套	冲洗，然后用水和肥皂清洗皮肤
# 眼睛		安全眼镜	先用大量水冲洗几分钟（如可能尽量摘除隐形眼镜），然后就医
# 食入		工作时不得进食，饮水或吸烟。进食前洗手	漱口。休息

泄漏处置	不要让该化学品进入环境。将泄漏物清扫进容器中，如果适当，首先润湿防止扬尘。然后转移到安全场所
包装与标志	欧盟危险性类别：Xn 符号 N 符号　　R:22-50/53　　S:(2)-60-61 联合国危险性类别：9 联合国包装类别：III 中国危险性类别：第 9 类杂项危险物质和物品　　中国包装类别：III
应急响应	运输应急卡：TEC(R)-90GM7-III
储存	储存在没有排水管或下水道的场所
重要数据	物理状态、外观：无色至白色晶体，有特殊气味 化学危险性：燃烧时，该物质分解生成含有氮氧化物和硫氧化物有毒烟雾 职业接触限值：阈限值：5mg/m³（时间加权平均值）；A4（不能分类为人类致癌物）（美国政府工业卫生学家会议，2005 年）。最高容许浓度未制定标准 接触途径：该物质可通过吸入其气溶胶和食入吸收到体内 吸入危险性：20℃时蒸发可忽略不计，但可较快地达到空气中颗粒物有害浓度 短期接触的影响：接触高浓度时，可能导致中枢神经系统抑郁症
物理性质	熔点：125℃ 密度：1.28g/cm³ 水中溶解度：20℃时 0.12g/100mL 蒸气压：20℃时<1Pa 辛醇/水分配系数的对数值：1.6
环境数据	该物质对水生生物是有害的。该物质在正常使用过程中进入环境。但是应当注意避免任何额外的释放，例如通过不适当处置活动
注解	商品名称有：Bay 61597, Bay DIC 1468, Bayer 94337, Bayer 6159H, Bayer 6443H, DIC 1468, Lexone, Sencor, Sencoral, Sencorer 和 Sencorex

IPCS
International
Programme on
Chemical Safety

本卡片由 IPCS 和 EC 合作编写 © 2004～2012

国际化学品安全卡

1-萘胺			ICSC 编号：0518

CAS 登记号：134-32-7	中文名称：1-萘胺；α-萘胺；1-氨基萘
RTECS 号：QM1400000	英文名称：1-NAPHTHYLAMINE; alpha-Naphthylamine;
UN 编号：2077	1-Aminonaphthalene
EC 编号：612-020-00-2	
中国危险货物编号：2077	

分子量：143.2	化学式：C$_{10}$H$_9$N

危害/接触类型	急性危害/症状	预防	急救/消防
火　灾	可燃的。在火焰中释放出刺激性或有毒烟雾（或气体）	禁止明火	干粉、抗溶性泡沫、雾状水、二氧化碳
爆　炸			
接　触		防止粉尘扩散！避免一切接触！	
# 吸入	嘴唇发青或手指发青。皮肤发青，意识模糊，头晕，头痛，气促，虚弱	局部排气通风或呼吸防护	新鲜空气，休息，给予医疗护理
# 皮肤	可能被吸收！发红	防护手套，防护服	脱去污染的衣服，冲洗，然后用水和肥皂清洗皮肤
# 眼睛	发红，疼痛	安全护目镜，或眼睛防护结合呼吸防护	先用大量水冲洗几分钟（如可能尽量摘除隐形眼镜），然后就医
# 食入	嘴唇发青或指甲发青，皮肤发青，头晕，头痛，恶心	工作时不得进食，饮水或吸烟。进食前洗手	漱口，给予医疗护理

泄漏处置	不要冲入下水道。将泄漏物清扫进可密封容器中。小心收集残余物，然后转移到安全场所。不要让该化学品进入环境。个人防护用具：适用于有毒颗粒物的 P3 过滤呼吸器
包装与标志	不得与食品和饲料一起运输 欧盟危险性类别：Xn 符号　N 符号　R:22-51/53　S:2-24-61 联合国危险性类别：6.1　　联合国包装类别：III 中国危险性类别：第 6.1 项毒性物质　中国包装类别：III
应急响应	运输应急卡：TEC(R)-61G12c 美国消防协会法规：H2（健康危险性）；F1（火灾危险性）；R0（反应危险性）
储存	干燥。保存在暗处。严格密封
重要数据	物理状态、外观：白色晶体，有特殊气味。遇空气，光和湿气时变红色 化学危险性：燃烧时，该物质分解生成氮氧化物和一氧化碳。该物质是一种弱碱 职业接触限值：阈限值未制定标准。最高容许浓度未制定标准 接触途径：该物质可通过吸入和经皮肤和食入吸收到体内 吸入危险性：20℃时蒸发可忽略不计，但可较快地达到空气中颗粒物有害浓度 短期接触的影响：该物质轻微刺激眼睛和皮肤。该物质可能对血液有影响，导致形成正铁血红蛋白。影响可能推迟显现。需进行医学观察。见注解 长期或反复接触的影响：见注解
物理性质	沸点：300.8℃ 熔点：50.0℃ 密度：1.12g/cm^3 水中溶解度：不溶 蒸气压：20℃时 0.53Pa 蒸气相对密度（空气=1）：4.93 闪点：157℃（闭杯） 自燃温度：460℃ 辛醇/水分配系数的对数值：2.25
环境数据	该物质对水生生物是有害的。由于其在环境中的持久性，强烈建议不要让该化学品进入环境
注解	根据接触程度，需定期进行医疗检查。该物质中毒时，须采取必要的治疗措施。必须提供有指示说明的适当方法。据报道，职业接触 1-萘胺后发生膀胱癌可能与人类致癌物 2-萘胺的污染有关

IPCS
International
Programme on
Chemical Safety

本卡片由 IPCS 和 EC 合作编写 © 2004～2012

国际化学品安全卡

尼古丁			ICSC 编号：0519

CAS 登记号：54-11-5	中文名称：尼古丁；(S)-3(甲基吡咯烷基)吡啶；3-(1-甲基-2-吡咯烷基)吡啶；
RTECS 号：QS5250000	β-吡啶基-α-N-甲基吡咯烷；1-甲基-2-（3-吡啶基）吡咯烷
UN 编号：1654	英文名称：NICOTINE; (S)-3(Methyl pyrrolidinyl) pyridine;
EC 编号：614-001-00-4	3-(1-Methyl-2-pyrrolidyl) pyridine; β-Pyridyl-α-N-methylpyrrolidine;
中国危险货物编号：1654	1-Methyl-2-(3-pyridyl) pyrrolidine

分子量：162.2 化学式：$C_{10}H_{14}N_2$

危害/接触类型	急性危害/症状	预防	急救/消防
火 灾	可燃的。在火焰中释放出刺激性或有毒烟雾（或气体）	禁止明火	干粉，抗溶性泡沫，雾状水，二氧化碳
爆 炸	高于95℃可能形成爆炸性蒸气/空气混合物	高于95℃使用密闭系统，通风	
接 触		防止烟云产生！避免孕妇接触！	一切情况均向医生咨询！
# 吸入		通风，局部排气通风或呼吸防护	新鲜空气，休息，给予医疗护理
# 皮肤	可能被吸收！发红，灼烧感。（另见吸入）	防护手套，防护服	脱去污染的衣服，冲洗，然后用水和肥皂洗皮肤，给予医疗护理
# 眼睛	疼痛，发红	安全护目镜，面罩或眼睛防护结合呼吸防护	先用大量水冲洗几分钟（如可能尽量摘除隐形眼镜），然后就医
# 食入	（见吸入）	工作时不得进食、饮水或吸烟。进食前洗手	用水冲服活性炭浆。给予医疗护理

泄漏处置	将泄漏液收集在可密闭容器中。用砂土或惰性吸收剂吸收残液，然后转移到安全场所。不要冲入下水道。个人防护用具：全套防护服，包括自给式呼吸器
包装与标志	不得与食品和饲料一起存放 欧盟危险性类别：T+符号 R:25-27 S:1/2-36/37-45 联合国危险性类别：6.1 联合国包装类别：II 中国危险性类别：第6.1项 毒性物质 中国包装类别：II
应急响应	运输应急卡：TEC（R）61G68 美国消防协会法规：H4（健康危险性）；F1（火灾危险性）；R0（反应危险性）
储存	与食品和饲料，强氧化剂分开存放。注意收容灭火产生的废水。干燥。沿地面通风
重要数据	物理状态、外观：无色油状吸湿液体，有特殊气味。遇空气变棕色 化学危险性：加热时，该物质分解生成氮氧化物和一氧化碳有毒烟雾。与强氧化剂激烈反应 职业接触限值：阈限值：0.5mg/m³（时间加权平均值）（经皮）（美国政府工业卫生学家会议，1996年）。欧盟职业接触限值：0.5mg/m³（时间加权平均值），（经皮）（欧盟，2006年） 接触途径：该物质可通过吸入，经皮肤和食入吸收到体内 吸入危险性：20℃时该物质蒸发可相当快达到空气中有害污染浓度 短期接触的影响：该物质刺激眼睛和皮肤。该物质可能对心血管系统和中枢神经系统有影响，导致惊厥和呼吸衰竭。过多超过职业接触限值接触时，可能导致死亡。影响可能推迟显现。需进行医学观察。 长期或反复接触的影响：动物实验表明，该物质可能对人类生殖有毒性影响
物理性质	沸点：247℃（分解） 熔点：-80℃ 相对密度（水=1）：1.01 水中溶解度：混溶 蒸气压：20℃时 0.006kPa 蒸气相对密度（空气=1）：5.6 蒸气/空气混合物的相对密度（20℃，空气=1）：1.00 闪点：95℃（闭杯） 自燃温度：240℃ 爆炸极限：空气中 0.7%～4%(体积) 辛醇/水分配系数的对数值：1.2
环境数据	该物质对水生生物有极高毒性。避免非正常使用情况下释放到环境中
注解	商品名称为 Destruxol 和 XL All Insecticide

IPCS
International Programme on Chemical Safety

UNEP

本卡片由 IPCS 和 EC 合作编写 © 2004～2012

国际化学品安全卡

硫酸烟碱			ICSC 编号：0520

CAS 登记号：65-30-5
RTECS 号：QS9625000
UN 编号：1658
EC 编号：614-002-00-X
中国危险货物编号：1658

中文名称：硫酸烟碱；1,1-甲基-2(3-吡啶基)硫酸吡咯烷；S-3-(1-甲基-2-吡咯烷基)硫酸吡啶；1,3-(1-甲基-2-吡咯烷基)硫酸吡啶
英文名称：NICOTINE SULFATE; 1,1-Methyl-2(3-pridyl) pyrrolidine sulfate; S-3(1-Methyl-2-Pyrrolidinyl)-pyridine sulfate; 1,3-(1-Methyl-2-pyrrolidinyl) pyridine sulfate

分子量：418.6
化学式：$C_{20}H_{26}N_4 \cdot O_4S$

危害/接触类型	急性危害/症状	预防	急救/消防
火　灾	可燃的。在火焰中释放出刺激性或有毒烟雾（或气体）	禁止明火	干粉，抗溶性泡沫，雾状水，二氧化碳
爆　炸			
接　触		防止粉尘扩散！避免孕妇接触！	一切情况均向医生咨询！
# 吸入	腹部疼痛，头痛，恶心，呕吐，惊厥	通风（如果没有粉末时），局部排气通风或呼吸防护	新鲜空气，休息，给予医疗护理
# 皮肤	可能被吸收！发红，疼痛。（另见吸入）	防护手套，防护服	脱去污染的衣服，冲洗，然后用水和肥皂洗皮肤，给予医疗护理
# 眼睛	发红，疼痛	如为粉末，面罩或眼睛防护结合呼吸防护	先用大量水冲洗几分钟（如可能尽量摘除隐形眼镜），然后就医
# 食入	（另见吸入）	工作时不得进食、饮水或吸烟	催吐（仅对清醒病人！），给予医疗护理

泄漏处置	不要冲入下水道。尽可能将泄漏物清扫到容器中。如果适当，首先润湿防止扬尘。然后转移到安全场所。个人防护用具：全套防护服，包括自给式呼吸器
包装与标志	不得与食品和饲料一起运输 欧盟危险性类别：T+符号　标记：A　R:26/27/28　S:1/2-13-28-45 联合国危险性类别：6.1　联合国包装类别：II 中国危险性类别：第 6.1 项毒性物质　中国包装类别：II
应急响应	运输应急卡：TEC（R）-61G67 美国消防协会法规：H3（健康危险性）；F1（火灾危险性）；R2（反应危险性）
储存	注意收容灭火产生的废水。与食品和饲料、强氧化剂分开存放
重要数据	物理状态、外观：无色晶体 化学危险性：加热时，该物质分解生成硫氧化物和氮氧化物有毒烟雾。与强氧化剂激烈反应 职业接触限值：阈限值未制定标准 接触途径：该物质可通过吸入其气溶胶、经皮肤和食入吸收到体内 吸入危险性：20℃时蒸发可忽略不计，但喷洒或扩散时可较快地达到空气中颗粒物有害浓度，尤其是粉末 短期接触的影响：该物质刺激眼睛和皮肤。该物质可能对中枢神经系统有影响，导致惊厥和呼吸衰竭。高浓度接触时，可能导致死亡。影响可能推迟显现。需进行医学观察 长期或反复接触的影响：动物实验表明，该物质可能对人类生殖有毒性影响
物理性质	相对密度（水=1）：1.15 水中溶解度：溶解 蒸气相对密度（空气=1）：14.5 闪点：见注解 自燃温度：244℃
环境数据	该物质对水生生物是有毒的
注解	该物质是可燃的，但闪点未见文献报道。商品名称为 Black leaf 40

IPCS
International
Programme on
Chemical Safety

本卡片由 **IPCS** 和 **EC** 合作编写 © 2004～2012

国际化学品安全卡

酒石酸烟碱			ICSC 编号：0521

CAS 登记号：65-31-6
RTECS 号：QT0350000
UN 编号：1659
EC 编号：614-002-00-X
中国危险货物编号：1659
分子量：462.5

中文名称：酒石酸烟碱；酸性酒石酸烟碱；酒石酸氢烟碱
英文名称：NICOTINE TARTRATE; Nicotine acid tartrate; Nicotine bitartrate

化学式：$C_{18}H_{26}N_2O_{12}$

危害/接触类型	急性危害/症状	预防	急救/消防
火　灾	可燃的。在火焰中释放出刺激性或有毒烟雾（或气体）	禁止明火	干粉，抗溶性泡沫，雾状水，二氧化碳
爆　炸			
接　触		防止粉尘扩散！避免孕妇接触！	一切情况均向医生咨询！
# 吸入	恶心，呕吐，腹部疼痛，头痛，惊厥	通风（如果没有粉末时），局部排气通风或呼吸防护	新鲜空气，休息，给予医疗护理
# 皮肤	可能被吸收，发红，疼痛。（另见吸入）	防护手套，防护服	脱去污染的衣服，冲洗，然后用水和肥皂洗皮肤，给予医疗护理
# 眼睛	疼痛，发红	如为粉末，面罩或眼睛防护结合呼吸防护	先用大量水冲洗几分钟（如可能尽量摘除隐形眼镜），然后就医
# 食入	（另见吸入）	工作时不得进食、饮水或吸烟	催吐（仅对清醒病人！），给予医疗护理

泄漏处置	不要冲入下水道。将泄漏物清扫到容器中。如果适当，首先润湿防止扬尘。然后转移到安全场所。个人防护用具：全套防护服，包括自给式呼吸器
包装与标志	不得与食品和饲料一起运输 欧盟危险性类别：T+符号　标记：A　R:26/27/28　S:1/2-13-28-45 联合国危险性类别：6.1　联合国包装类别：II 中国危险性类别：第 6.1 项毒性物质　中国包装类别：II
应急响应	运输应急卡：TEC（R）-61G67
储存	注意收容灭火产生的废水。与强氧化剂、食品和饲料分开存放
重要数据	物理状态、外观：白色薄片 化学危险性：加热时，该物质分解生成氮氧化物和一氧化碳有毒烟雾。与强氧化剂激烈反应 职业接触限值：阈限值未制定标准 接触途径：该物质可通过吸入其气溶胶、经皮肤和食入吸收到体内 吸入危险性：20℃时蒸发可忽略不计，但扩散时能较快达到空气中颗粒物有害浓度 短期接触的影响：该物质刺激眼睛和皮肤。该物质可能对中枢神经系统有影响，导致惊厥和呼吸衰竭。高浓度接触时，可能导致死亡。影响可能推迟显现。需进行医学观察 长期或反复接触的影响：动物实验表明，该物质可能对人类生殖有毒性影响
物理性质	熔点：90℃ 相对密度（水=1）：易溶解 自燃温度：244℃
环境数据	该物质对水生生物是有毒的
注解	

IPCS
International
Programme on
Chemical Safety

UNEP

本卡片由 IPCS 和 EC 合作编写 © 2004～2012

国际化学品安全卡

硝基甲烷			ICSC 编号：0522

CAS 登记号：75-52-5
RTECS 号：PA9800000
UN 编号：1261
EC 编号：609-036-00-7
中国危险货物编号：1261

中文名称：硝基甲烷
英文名称：NITROMETHANE; Nitrocarbol

分子量：61.04　　　　　　　　　化学式：CH_3NO_2

危害/接触类型	急性危害/症状	预防	急救/消防
火 灾	易燃的。在火焰中释放出刺激性或有毒烟雾（或气体）	禁止明火，禁止火花和禁止吸烟	泡沫，抗溶性泡沫，雾状水，二氧化碳
爆 炸	蒸气/空气混合物有爆炸性。与性质相互抵触的物质（见化学危险性和注解）接触，有着火和爆炸危险	高于35℃密闭系统，通风和防爆型电气设备。不要受摩擦或撞击	着火时喷雾状水保持料桶等冷却。从掩蔽位置灭火
接 触		防止烟雾产生！	
# 吸入	咳嗽，倦睡，头痛，恶心，咽喉痛，呕吐，神志不清	通风，局部排气通风或呼吸防护	新鲜空气，休息。半直立体位，必要时进行人工呼吸，给予医疗护理。（见注解）
# 皮肤	皮肤干燥，发红	防护手套	用大量水冲洗皮肤或淋浴
# 眼睛	发红	安全护目镜	先用大量水冲洗几分钟（如可能尽量摘除隐形眼镜），然后就医
# 食入	（另见吸入）	工作时不得进食、饮水或吸烟	给予医疗护理

泄漏处置	撤离危险区域。向专家咨询！移除全部引燃源。尽可能将泄漏液收集在可密闭容器中。用砂土或惰性吸收剂吸收残液，并转移到安全场所。不要使用锯末或其他可燃吸收剂吸收。个人防护用具：适用于有机蒸气和有害粉尘的A/P2过滤呼吸器
包装与标志	欧盟危险性类别：Xn 符号　R:5-10-22　S:2-41 联合国危险性类别：3　　　　联合国包装类别：II 中国危险性类别：第3类易燃液体　中国包装类别：II
应急响应	运输应急卡：TEC（R）-898 美国消防协会法规：H1（健康危险性）；F3（火灾危险性）；R3（反应危险性）
储存	耐火设备（条件）。与性质相互抵触的物质（见化学危险性和注解）分开存放
重要数据	物理状态、外观：无色黏稠液体，有特殊气味 物理危险性：蒸气比空气重，可能沿地面流动，可能造成远处着火 化学危险性：受撞击、摩擦、震动时，可能发生爆炸分解。加热时可能爆炸。燃烧时，该物质分解生成氮氧化物。与碱发生反应。与强氧化剂和强还原剂激烈反应，有着火和爆炸危险。与胺类生成撞击敏感的混合物 职业接触限值：阈限值：20ppm、50mg/m³（美国政府工业卫生学家会议，1996年） 接触途径：该物质可通过吸入和食入吸收到体内 吸入危险性：20℃时该物质蒸发能相当快地达到空气中有害污染浓度 短期接触的影响：该物质刺激眼睛、皮肤和呼吸道。该物质可能对中枢神经系统有影响，导致中枢神经系统抑郁 长期或反复接触的影响：反复或长期与皮肤接触可能引起皮炎。该物质可能对末梢神经系统、肾和肝有影响，导致功能损害
物理性质	沸点：101℃　　　　　　　　　蒸气相对密度（空气=1）：2.1 熔点：-29℃　　　　　　　　　闪点：35℃（闭杯） 相对密度（水=1）：1.14　　　自燃温度：417℃ 蒸气压：20℃时3.7kPa　　　　爆炸极限：空气中7.3%～63%（体积）
环境数据	
注解	如果被酸、碱、金属氧化物、烃类和其他可燃物质玷污，将形成撞击敏感化合物。在封闭空间内燃烧，可能转为爆震。超过接触限值时，气味报警不充分

IPCS
International
Programme on
Chemical Safety

本卡片由 IPCS 和 EC 合作编写 © 2004～2012

国际化学品安全卡

2-硝基苯酚			ICSC 编号：0523

CAS 登记号：88-75-5	中文名称：2-硝基苯酚；邻硝基酚；2-羟基硝基苯；邻羟基硝基苯
RTECS 号：SM2100000	英文名称：2-NITROPHENOL; *o*-Nitrophenol; 2-Hydroxynitrobenzene;
UN 编号：1663	*o*-Hydroxynitrobenzene
中国危险货物编号：1663	

分子量：139.1　　　　　　　　　　　　　化学式：$C_6H_5NO_3$

危害/接触类型	急性危害/症状	预防	急救/消防
火　灾	可燃的。在火焰中释放出刺激性或有毒烟雾（或气体）	禁止明火	干粉，二氧化碳，雾状水，抗溶性泡沫
爆　炸			
接　触			
# 吸入		局部排气通风或呼吸防护	新鲜空气，休息。给予医疗护理
# 皮肤	发红	防护手套	脱去污染的衣服。冲洗，然后用水和肥皂清洗皮肤
# 眼睛	发红	安全护目镜	先用大量水冲洗几分钟（如可能尽量摘除隐形眼镜），然后就医
# 食入	头痛。倦睡。恶心。嘴唇发青或指甲发青。皮肤发青。意识模糊。惊厥。头晕。神志不清	工作时不得进食，饮水或吸烟	给予医疗护理

泄漏处置	将泄漏物清扫进有盖的容器中。不要让该化学品进入环境。个人防护用具：适用于有害颗粒物的P2过滤呼吸器
包装与标志	不得与食品和饲料一起运输 联合国危险性类别：6.1　　　联合国包装类别：III 中国危险性类别：第 6.1 项 毒性物质　中国包装类别：III
应急响应	运输应急卡：TEC(R)-61S1663 或 61GT2-III
储存	储存在没有排水管或下水道的场所。与强氧化剂、强碱、强酸、食品和饲料分开存放
重要数据	物理状态、外观：黄色晶体 化学危险性：燃烧时，该物质分解生成含有氮氧化物有毒和腐蚀性烟雾。与强酸、强碱和强氧化剂发生反应 职业接触限值：阈限值未制定标准。最高容许浓度未制定标准 接触途径：该物质可经食入吸收到体内 吸入危险性：可较快地达到空气中颗粒物有害浓度 短期接触的影响：该物质刺激轻微眼睛和皮肤。食入时该物质可能对血液有影响，导致形成正铁血红蛋白
物理性质	沸点：216℃ 熔点：45～46℃ 密度：1.49g/cm³ 水中溶解度：20℃时 0.21g/100mL（微溶） 蒸气压：25℃时 0.015kPa 闪点：108℃（闭杯） 自燃温度：550℃ 辛醇/水分配系数的对数值：1.79
环境数据	该物质对水生生物是有害的
注解	该物质中毒时需采取必要的治疗措施。必须提供有指示说明的适当方法

IPCS
International
Programme on
Chemical Safety

本卡片由 **IPCS** 和 **EC** 合作编写 © 2004～2012

国际化学品安全卡

N-亚硝基二甲胺			ICSC 编号：0525

CAS 登记号：62-75-9
RTECS 号：IQ0525000
UN 编号：2810
EC 编号：612-077-00-3
中国危险货物编号：2810

中文名称：N-亚硝基二甲胺；二甲基亚硝基胺；N-甲基亚硝基胺；DMN
英文名称：N-NITROSODIMETHYLAMINE; Dimethylnitrosamine;
N-Methyl-N-nitrosomethylamine; DMN

分子量：74.1

化学式：C₂H₆N₂O/(CH₃)₂NN=O

分子量：74.1　化学式：$C_2H_6N_2O/(CH_3)_2NN=O$

危害/接触类型	急性危害/症状	预防	急救/消防
火　灾	可燃的	禁止明火	干粉、二氧化碳
爆　炸			
接　触		避免一切接触！	一切情况均向医生咨询！
# 吸入	咽喉痛，咳嗽，恶心，腹泻，呕吐，头痛，虚弱	通风，局部排气通风或呼吸防护	新鲜空气，休息，给予医疗护理
# 皮肤	发红，疼痛	防护手套	脱去污染的衣服，用大量水冲洗皮肤或淋浴
# 眼睛	疼痛，发红	面罩，或眼睛防护结合呼吸防护	先用大量水冲洗几分钟（如可能尽量摘除隐形眼镜），然后就医
# 食入	腹部痉挛。另见吸入	工作时不得进食，饮水或吸烟。进食前洗手	用水冲服活性炭浆，催吐（仅对清醒病人！），给予医疗护理

泄漏处置	撤离危险区域！尽可能将泄漏液收集在可密闭的容器中。用砂土或惰性吸收剂吸收残液，并转移到安全场所。化学防护服，包括自给式呼吸器
包装与标志	不得与食品和饲料一起运输。不易破碎包装，将易破碎包装放在不易破碎的密闭容器中 欧盟危险性类别：T+符号 N 符号 标记：E R:45-25-26-48/25-51/53 S:53-45-61 联合国危险性类别：6.1　联合国包装类别：I 中国危险性类别：第 6.1 项毒性物质　中国包装类别：I
应急响应	运输应急卡：TEC(R)-61G61b
储存	与强氧化剂、食品和饲料分开存放。阴凉场所。保存在阴暗处。严格密封
重要数据	物理状态、外观：黄色油状液体 化学危险性：加热时，该物质分解生成氮氧化物。与强氧化剂和强碱发生反应 职业接触限值：阈限值：A3（确认的动物致癌物，但未知与人类相关性）（经皮）（美国政府工业卫生学家会议，2000 年）。最高容许浓度：第 2 类（德国，2000 年） 接触途径：该物质可通过吸入和食入吸收到体内 吸入危险性：未指明 20℃时该物质蒸发达到空气中有害浓度的速率 短期接触的影响：该物质刺激眼睛、皮肤和呼吸道。该物质可能对肝有影响，导致黄疸。影响可能推迟显现。见注解。需进行医学观察 长期或反复接触的影响：该物质可能对肝有影响，导致肝功能损伤和硬变。该物质很可能是人类致癌物
物理性质	沸点：151℃ 相对密度（水=1）：1.0 水中溶解度：易溶 蒸气压：20℃时 360Pa 蒸气相对密度（空气=1）：2.56 闪点：61℃ 辛醇/水分配系数的对数值：-0.57
环境数据	
注解	黄疸症状几个小时以后才变得明显。该物质的环境影响未进行充分调查

IPCS
International
Programme on
Chemical Safety

本卡片由 **IPCS** 和 **EC** 合作编写 © 2004～2012

国际化学品安全卡

N-亚硝基二苯胺			ICSC 编号：0526

CAS 登记号：86-30-6
RTECS 号：JJ9800000

中文名称：N-亚硝基二苯胺；二苯基亚硝胺；N-亚硝基-N-苯基苯胺；亚硝基二苯基酰胺

英文名称：N-NITROSODIPHENYLAMINE; Diphenylnitrosamine; N-Nitroso-N-phenyl benzenamine; N-nitroso-N-phenylaniline; Nitrous diphenylamide

分子量：198.2　　　　　化学式：C$_{12}$H$_{10}$N$_2$O

危害/接触类型	急性危害/症状	预防	急救/消防
火　灾	可燃的在火焰中释放出刺激性或有毒烟雾（或气体）	禁止明火	泡沫，干粉，二氧化碳
爆　炸			
接　触			
# 吸入		局部排气通风或呼吸防护	新鲜空气，休息给予医疗护理
# 皮肤		防护手套	脱去污染的衣服冲洗，然后用水和肥皂清洗皮肤
# 眼睛		安全护目镜	先用大量水冲洗几分钟（如可能尽量摘除隐形眼镜），然后就医
# 食入		工作时不得进食，饮水或吸烟	漱口给予医疗护理
泄漏处置	将泄漏物清扫进容器中。如果适当，首先润湿防止扬尘。不要让该化学品进入环境		
包装与标志			
应急响应			
储存	与强氧化剂分开存放		
重要数据	物理状态、外观：黄色薄片 化学危险性：燃烧时，该物质分解生成氮氧化物。与氧化剂剧烈反应 职业接触限值：阈限值未制定标准。最高容许浓度未制定标准 接触途径：该物质可经食入吸收到体内 吸入危险性：20℃时蒸发可忽略不计，但扩散时可较快地达到空气中颗粒物有害浓度		
物理性质	沸点：101℃ 熔点：66.5℃ 密度：1.23g/cm^3 水中溶解度：不溶 辛醇/水分配系数的对数值：2.57～3.13		
环境数据	该物质对水生生物是有毒的。该化学品可能在鱼体内发生生物蓄积作用		
注解	该物质对人体健康的影响数据不充分，因此应当特别注意		

IPCS
International
Programme on
Chemical Safety

本卡片由 IPCS 和 EC 合作编写 © 2004～2012

国际化学品安全卡

苯并（g,h,i）荧蒽			ICSC 编号：0527

CAS 登记号：203-12-3
RTECS 号：DF6140000

中文名称：苯并(g,h,i)荧蒽；2,13-苯并荧蒽；苯并(m,n,o)荧蒽
英文名称：BENZO (g,h,i) FLUORANTHENE; 2,13-Benzofluoranthene; Benzo (m,n,o) fluoranthene

分子量：226.3   化学式：$C_{18}H_{10}$

危害/接触类型	急性危害/症状	预防	急救/消防
火　灾	可燃的	禁止明火	雾状水，干粉
爆　炸			
接　触		防止粉尘扩散！	
# 吸入		局部排气通风或呼吸防护	
# 皮肤	可能被吸收！	防护手套，防护服	脱掉污染的衣服，冲洗，然后用水和肥皂洗皮肤，给予医疗护理，急救时戴防护手套
# 眼睛		如果为粉末，安全护目镜，面罩或眼睛防护结合呼吸防护	首先用大量水冲洗几分钟（如可能尽量摘除隐形眼镜），然后就医
# 食入		工作时不得进食、饮水或吸烟	
泄漏处置	将泄漏物清扫入有盖容器中。如果适当，首先湿润防止扬尘。小心收集残余物，然后转移到安全场所。不要让这种化学品进入环境		
包装与标志			
应急响应			
储存	严格密封		
重要数据	物理状态、外观：黄色晶体 化学危险性：加热时，该物质分解生成有毒烟雾 职业接触限值：阈限值未制定标准 接触途径：该物质可通过吸入其气溶胶和经皮肤吸收到体内 短期接触的影响：见注解		
物理性质	熔点：149℃ 水中溶解度：不溶 蒸气压：20℃时<10Pa 蒸气相对密度（空气=1）：7.8 蒸气/空气混合物的相对密度（20℃，空气=1）：1.0 辛醇/水分配系数的对数值：7.2		
环境数据	该物质可能对环境有危害，对整体环境应给予特别注意。在对人类重要的食物链中发生生物蓄积，特别是在油类和脂肪中		
注解	该物质对人体健康影响数据不充分，因此应当特别注意。参见卡片＃0720 和＃0721		

IPCS
International Programme on Chemical Safety

本卡片由 IPCS 和 EC 合作编写 © 2004～2012

国际化学品安全卡

四氧化锇			ICSC 编号：0528

CAS 登记号：20816-12-0
RTECS 号：RN1140000
UN 编号：2471
EC 编号：076-001-00-5
中国危险货物编号：2471

中文名称：四氧化锇；锇酸酐；氧化锇
英文名称：OSMIUM TETROXIDE; Osmic acid anhydride; Osmium Oxide; Osmium tetraoxide

分子量：254.2　　　　　　　　　　化学式：O_4Os

危害/接触类型	急性危害/症状	预防	急救/消防
火　灾	不可燃,但可助长其它物质燃烧	禁止与易燃物质接触	周围环境着火时,允许使用各种灭火剂
爆　炸	与可燃物质混合,有着火和爆炸危险		
接　触		避免一切接触!	
# 吸入	灼烧感,咳嗽,头痛,喘息,气保,视力障碍症状可能推迟显现(见注解)	局部排气通风或呼吸防护	新鲜空气,休息,半直立体位,必要时进行人工呼吸,给予医疗护理
# 皮肤	发红,皮肤烧伤,皮肤变色,疼痛,水疱	防护手套,防护服	用大量水冲洗,然后脱掉污染的衣服,再次冲洗,给予医疗护理
# 眼睛	发红,疼痛,视力模糊,视力丧失,严重深度烧伤	如为粉末,安全护目镜,或眼睛防护结合呼吸防护	先用大量水冲洗几分钟(如可能尽量摘除隐形眼镜),然后就医
# 食入	胃痉挛,灼烧感,休克或虚脱。(另见吸入)	工作时不得进食、饮水或吸烟进食前洗手	漱口,不要饮用任何东西,休息,给予医疗护理

泄漏处置	撤离危险区域。向专家咨询! 通风。将泄漏物清扫到容器中。如果适当,首先润湿防止扬尘。然后转移到安全场所。不得用锯末或其它可燃吸收剂吸收。不要让该化学品进入环境。个人防护用具：全套防护服,包括自给式呼吸器
包装与标志	不易破碎包装,将易破碎包装放到不易破碎的密闭容器中。不得与食品和饲料一起运输。严重污染海洋物质 欧盟危险性类别：T+符号　R:26/27/28-34　S:1/2-7/9-26-45 联合国危险性类别：6.1　联合国包装类别：I 中国危险性类别：第 6.1 项毒性物质　中国包装类别：I
应急响应	运输应急卡：TEC(R)-61G64a
储存	与食品和饲料、可燃物质和还原性物质分开存放。沿地面通风
重要数据	物理状态、外观：无色至淡黄色各种形状的固体,有刺鼻气味 化学危险性：加热时,该物质分解生成锇烟雾。该物质是一种强氧化剂。与可燃物质和还原性物质发生反应。与盐酸反应,生成有毒氯气(见卡片#0126)。与碱生成不稳定的化合物 职业接触限值：阈限值(以锇计)：0.0002ppm、0.0016mg/m³(时间加权平均值);0.0006ppm、0.0047mg/m³(短期接触限值)(美国政府工业卫生学家会议,1997 年)。最高容许浓度：0.0002ppm、0.002mg/m³(1997 年) 接触途径：该物质可通过吸入其蒸气和气溶胶,经食入吸收到体内 吸入危险性：20℃时该物质蒸发可迅速达到空气中有害污染浓度 短期接触的影响：流泪。该物质腐蚀眼睛、皮肤和呼吸道。吸入可能引起肺水肿(见注解)。高浓度接触时,可能导致死亡。影响可能推迟显现。需进行医学观察 长期或反复接触的影响：反复或长期与皮肤接触可能引起皮炎。该物质可能对肾有影响
物理性质	沸点：130℃(见注解) 熔点：42℃ 相对密度(水=1)：4.9	水中溶解度：25℃时 6g/100mL 蒸气压：27℃时 1.5kPa 蒸气相对密度(空气=1)：8.8
环境数据	该物质可能对环境有危害,对甲壳纲应给予特别注意	
注解	低于沸点开始升华和蒸馏。肺水肿症状常常几小时以后才变得明显,体力劳动使症状加重。因此,休息和医疗观察是必要的。应当考虑由医生或医生指定的人员立即采取适当吸入治疗法。超过接触限值时,气味报警不充分。不要将工作服带回家中。用大量水冲洗污染的衣服(有着火的危险)	

IPCS
International
Programme on
Chemical Safety

本卡片由 IPCS 和 EC 合作编写 © 2004~2012

国际化学品安全卡

草酸			ICSC 编号：0529

CAS 登记号：144-62-7	中文名称：草酸；乙二酸
RTECS 号：RO2450000	英文名称：OXALIC ACID; Ethanedioic acid
UN 编号：3261	
EC 编号：607-006-00-8	
中国危险货物编号：3261	

分子量：90.0　　　　　　　化学式：$C_2H_2O_4/(COOH)_2$

危害/接触类型	急性危害/症状	预防	急救/消防
火 灾	可燃的在火焰中释放出刺激性或有毒烟雾（或气体）	禁止明火	雾状水，干粉，泡沫，二氧化碳
爆 炸			着火时，喷雾状水保持料桶等冷却
接 触		防止粉尘扩散！	
# 吸入	咳嗽咽喉痛灼烧感呼吸短促呼吸困难头痛	通风（如果没有粉末时），局部排气通风或呼吸防护	新鲜空气，休息半直立体位立即给予医疗护理
# 皮肤	发红疼痛皮肤烧伤	防护手套防护服	脱去污染的衣服用大量水冲洗皮肤或淋浴至少 15min 给予医疗护理
# 眼睛	发红疼痛视力模糊烧伤	面罩，或眼睛防护结合呼吸防护	用大量水冲洗（如可能尽量摘除隐形眼镜）立即给予医疗护理
# 食入	咽喉疼痛有灼烧感腹部疼痛呼吸困难惊厥麻痹心脏节律障碍休克或虚脱	工作时不得进食，饮水或吸烟进食前洗手	漱口不要催吐立即给予医疗护理

泄漏处置	将泄漏物清扫进塑料容器中，如果适当，首先润湿防止扬尘。用大量水冲净残余物。个人防护用具：适应于该物质空气中浓度的颗粒物过滤呼吸器。防护手套，安全护目镜
包装与标志	不得与食品和饲料一起运输。　　　欧盟危险性类别：Xn 符号　　R:21/22　　S:2-24/25 联合国危险性类别：8　　　联合国包装类别：III 中国危险性类别：第 8 类 腐蚀性物质　中国包装类别：III GHS 分类：信号词：危险 图形符号：腐蚀-感叹号 危险说明：吞咽有害；造成严重皮肤灼伤和眼睛损伤；可能造成呼吸刺激作用
应急响应	美国消防协会法规：H3（健康危险性）；F1（火灾危险性）；R0（反应危险性）
储存	与强氧化剂、食品和饲料分开存放。干燥。严格密封
重要数据	物理状态、外观：吸湿、无色晶体，或白色粉末 化学危险性：与高温表面或火焰接触，该物质分解生成甲酸和一氧化碳。水溶液是一种中强酸。与强氧化剂发生剧烈反应，有着火和爆炸的危险。与某些银化合物发生反应，生成爆炸性银草酸盐。浸蚀某些塑料 职业接触限值：阈限值：1mg/m³（时间加权平均值）；2mg/m³（短期接触限值）（美国政府工业卫生学家会议，2009 年）。欧盟职业接触限值：1mg/m³（时间加权平均值）（欧盟，2006 年） 接触途径：该物质可通过吸入其气溶胶和经食入吸收到体内。各种接触途径均产生严重的局部影响。 吸入危险性：20℃时蒸发可忽略不计，但扩散时可较快地达到空气中颗粒物有害浓度 短期接触的影响：该物质腐蚀眼睛、皮肤和呼吸道。食入有腐蚀性。食入后，该物质可能对钙平衡造成影响。高浓度接触时可能导致死亡 长期或反复接触的影响：反复或长期与皮肤接触可能引起皮炎。接触可能导致肾结石、慢性溃疡和黑指甲
物理性质	熔点：189.5℃分解（见注解） 密度：1.9g/cm³ 水中溶解度：20℃时 9～10g/100mL （适度溶解） 辛醇/水分配系数的对数值：-0.81
环境数据	
注解	在温度高于 100℃减压条件下，草酸可能升华。最佳升华温度是 157℃。温度更高时部分分解。该物质中毒时，需采取必要的治疗措施；必须提供有指示说明的适当方法。某些生产者未将该物质分类为 UN3261

IPCS
International
Programme on
Chemical Safety

本卡片由 **IPCS** 和 **EC** 合作编写 © 2004～2012

国际化学品安全卡

棕榈酸			ICSC 编号：0530

CAS 登记号：57-10-3	中文名称：棕榈酸；十六(烷)酸；1-十五烷羧酸；软脂酸
RTECS 号：RT4550000	英文名称：PALMITIC ACID; Hexadecanoic acid; 1-Pentadecanecarboxylic acid; Cetylic acid

分子量：256.5		化学式：$C_{16}H_{32}O_2$	
危害/接触类型	急性危害/症状	预防	急救/消防
火　灾	可燃的	禁止明火	干粉，雾状水，泡沫，二氧化碳
爆　炸			
接　触		防止粉尘扩散！	
# 吸入		局部排气通风或呼吸防护	新鲜空气，休息
# 皮肤			
# 眼睛		安全护目镜	先用大量水冲洗几分钟（如可能尽量摘除隐形眼镜），然后就医
# 食入		工作时不得进食、饮水或吸烟	
泄漏处置	将泄漏物清扫到容器中。如果适当，首先润湿防止扬尘		
包装与标志			
应急响应			
储存	与碱、氧化剂和还原剂分开存放。严格密封		
重要数据	物理状态、外观：无色或白色晶体 物理危险性：如果以粉末或颗粒形状与空气混合，可能发生粉尘爆炸 化学危险性：与碱、氧化剂和还原剂发生反应 职业接触限值：阈限值未制定标准 接触途径：该物质可能通过吸入其气溶胶和食入吸收到体内 吸入危险性：20℃时蒸发可忽略不计，但扩散时可较快地达到空气中颗粒物污染浓度		
物理性质	沸点：351～352℃ 熔点：63℃ 相对密度（水=1）：0.85 水中溶解度：不溶解 蒸气压：154℃时 133Pa 辛醇/水分配系数的对数值：5.31		
环境数据			
注解	对接触该物质的健康影响未进行调查		

IPCS
International
Programme on
Chemical Safety

本卡片由 IPCS 和 EC 合作编写 © 2004～2012

国际化学品安全卡

五氯苯			ICSC 编号：0531

CAS 登记号：608-93-5	中文名称：五氯苯；1,2,3,4,5-五氯苯
RTECS 号：DA6640000	英文名称：PENTACHLOROBENZENE; 1,2,3,4,5-Pentachlorobenzene
EC 编号：602-074-00-5	
分子量：250.3	化学式：C_6HCl_5

危害/接触类型	急性危害/症状	预防	急救/消防
火 灾	在特定条件下是可燃的。在火焰中释放出刺激性或有毒烟雾（或气体）	禁止明火	干粉，雾状水，泡沫，二氧化碳
爆 炸			
接 触		防止粉尘扩散！避免孕妇接触！	
# 吸入	咳嗽	局部排气通风或呼吸防护	新鲜空气，休息
# 皮肤		防护手套	脱去污染的衣服。冲洗，然后用水和肥皂清洗皮肤
# 眼睛		安全眼镜	先用大量水冲洗几分钟（如可能尽量摘除隐形眼镜），然后就医
# 食入		工作时不得进食，饮水或吸烟	漱口。给予医疗护理
泄漏处置	将泄漏物清扫进可密闭容器中。如果适当，首先润湿防止扬尘。小心收集残余物，然后转移到安全场所。不要让该化学品进入环境。个人防护用具：适用于有害颗粒物的 P2 过滤呼吸器		
包装与标志	欧盟危险性类别：F 符号 Xn 符号 N 符号　　R:11-22-50/53　　S:2-41-46-50-60-61		
应急响应			
储存	注意收容灭火产生的废水		
重要数据	物理状态、外观：无色至白色晶体，有特殊气味 化学危险性：燃烧时，该物质分解生成含有氯化氢的有毒和腐蚀性烟雾 职业接触限值：阈限值未制定标准 接触途径：该物质可通过吸入和经食入吸收到体内 吸入危险性：20℃时该物质蒸发不会或很缓慢地达到空气中有害污染浓度，但喷洒或扩散时要快得多 短期接触的影响： 长期或反复接触的影响：该物质可能对肝有影响，导致肝损害。动物实验表明，该物质可能造成人类生殖或发育毒性		
物理性质	沸点：275～277℃ 熔点：86℃ 相对密度（水=1）：1.8 水中溶解度：不溶 蒸气压：25℃时，大约 2Pa 蒸气相对密度（空气=1）：8.6 蒸气/空气混合物的相对密度（20℃，空气=1）：1.00 辛醇/水分配系数的对数值：5.03～5.63		
环境数据	该物质对水生生物有极高毒性。该化学品可能在鱼体内、牛奶、植物和哺乳动物中发生生物蓄积作用。该物质可能在水生环境中造成长期影响。该物质可能对环境有危害，对在土壤中的持久性以及吸附到沉积物中应给予特别注意		
注解	根据接触程度，建议定期进行医疗检查		

IPCS
International
Programme on
Chemical Safety

本卡片由 IPCS 和 EC 合作编写 © 2004～2012

国际化学品安全卡

五氯酚钠盐（工业级）			ICSC 编号：0532

CAS 登记号：131-52-2	中文名称：五氯酚钠盐（工业级）；五氯酚钠；五氯苯酚钠；五氯酚钠盐
RTECS 号：SM6490000	英文名称：PENTACHLOROPHENOL SODIUM SALT (Technical Grade);
UN 编号：2567	Sodium pentachlorophenate; Sodium pentachlorophenol; Sodium
EC 编号：604-003-00-3	pentachlorophenolate; Sodium pentachlorophenoxide
中国危险货物编号：2567	

分子量：288.3	化学式：C_6Cl_5ONa

危害/接触类型	急性危害/症状	预防	急救/消防
火 灾	不可燃。在火焰中释放出刺激性或有毒烟雾（或气体）		周围环境着火时，使用干粉，雾状水，泡沫，二氧化碳灭火
爆 炸			着火时，喷雾状水保持料桶等冷却
接 触		防止粉尘扩散！严格作业环境管理！	一切情况均向医生咨询！
# 吸入	咳嗽，咽喉疼痛。（见食入）	局部排气通风或呼吸防护	新鲜空气，休息。半直立体位，必要时进行人工呼吸，给予医疗护理
# 皮肤	可能被吸收！发红，疼痛。（见食入）	防护手套，防护服	脱去污染的衣服，用大量水冲洗皮肤或淋浴，给予医疗护理
# 眼睛	发红，疼痛	安全护目镜或面罩	先用大量水冲洗几分钟（如可能尽量摘除隐形眼镜），给予医疗护理
# 食入	体温升高，出汗，共济失调，失去胃口，气促，呼吸困难，虚弱，头痛，恶心，呕吐，腹痛，头晕，倦睡	工作时不得进食、饮水或吸烟。进食前洗手	漱口，饮用大量水，催吐（仅对清醒病人！），给予医疗护理

泄漏处置	将泄漏液清扫进可密闭容器中。如果适当，首先润湿防止扬尘。小心收集残留物，然后转移到安全场所。不要让该化学品进入环境。化学防护服包括自给式呼吸器
包装与标志	不得与食品和饲料一起运输。严重污染海洋物质 欧盟危险性类别：T+符号 N 符号 标记:A R:24/25-26-36/37/38-40-50/53 S:1/2-22-36/37-45-52-60-61 联合国危险性类别：6.1　　联合国包装类别：II 中国危险性类别：第 6.1 项毒性物质　中国包装类别：II
应急响应	运输应急卡：TEC（R）-61GT2-II 美国消防协会法规：H4（健康危险性）；F1（火灾危险性）；R0（反应危险性）
储存	注意收容灭火时产生的废水。与食品和饲料分开存放。见化学危险性。严格密封。保存在通风良好的室内
重要数据	**物理状态、外观**：白色或棕色薄片或粉末，有特殊气味 **化学危险性**：加热时，该物质分解生成氯化氢和二噁英有毒和腐蚀性烟雾。与强氧化剂反应，有着火或爆炸危险 **职业接触限值**：阈限值未制定标准 **接触途径**：该物质可通过吸入、经皮肤和食入吸收到体内 **吸入危险性**：20℃时蒸发可忽略不计，但扩散时可较快地达到空气中颗粒物有害浓度，尤其是粉末。 **短期接触的影响**：该物质刺激眼睛、皮肤和呼吸道。吸入可能引起肺水肿（见注解）。该物质可能对心血管系统和中枢神经系统有影响。高浓度接触时，可能导致神志不清或死亡。影响可能推迟显现。需进行医学观察 **长期或反复接触的影响**：反复或长期与皮肤接触可能引起皮炎（氯痤疮）。该物质可能对中枢神经系统、肝和肾有影响。在实验动物身上发现肿瘤，但可能与人类无关（见注解）
物理性质	**水中溶解度**：25℃时 33g/100mL
环境数据	该物质对水生生物有极高毒性。该物质可能对水生环境有长期影响。避免非正常使用情况下释放到环境中
注解	人们通常接触含有微量有毒污染物多氯二苯并二噁英和二苯并呋喃的工业级五氯酚钠。肺水肿症状常常经过几个小时以后才变得明显，体力劳动使症状加重。因而休息和医学观察是必要的。应当考虑由医生或医生指定的人员立即采取适当吸入治疗法。不要将工作服带回家中。可参见卡片#0069（五氯苯酚）

IPCS
International
Programme on
Chemical Safety

UNEP

本卡片由 IPCS 和 EC 合作编写 © 2004~2012

国际化学品安全卡

2,4-戊二酮			ICSC 编号：0533

CAS 登记号：123-54-6	中文名称：2,4-戊二酮；乙酰基-2-丙酮；乙酰丙酮；乙酰基丙酮；戊烷-2,4-二酮
RTECS 号：SA1925000	
UN 编号：2310	英文名称：2,4-PENTADIONE; Acetyl-2-propanone; Acetoacetone; Acetyl acetone; Pentane-2,4-dione
EC 编号：606-029-00-0	
中国危险货物编号：2310	

分子量：100.13	化学式：$C_5H_8O_2$/$CH_3COCH_2COCH_3$

危害/接触类型	急性危害/症状	预防	急救/消防
火　灾	易燃的	禁止明火，禁止火花和禁止吸烟	干粉，水成膜泡沫，泡沫，二氧化碳
爆　炸	高于 34℃可能形成爆炸性蒸气/空气混合物	高于 34℃密闭系统，通风和防爆型电气设备	着火时喷雾状水保持料桶等冷却
接　触		严格作业环境管理！	
# 吸入	共济失调，头晕，倦睡，头痛，呼吸困难，恶心，呕吐	通风，局部排气通风或呼吸防护	新鲜空气，休息，必要时进行人工呼吸，给予医疗护理
# 皮肤	可能被吸收！发红	防护手套，防护服	脱去污染的衣服，冲洗，然后用水和肥皂洗皮肤
# 眼睛	发红，疼痛	安全护目镜，面罩	先用大量水冲洗几分钟（如可能尽量摘除隐形眼镜），然后就医
# 食入	腹泻，虚弱。（另见吸入）	工作时不得进食、饮水或吸烟	漱口，催吐（仅对清醒病人！），给予医疗护理

泄漏处置	通风。尽可能将泄漏液收集在可密闭容器中。用大量水冲净残余液。不要让该化学品进入环境。个人防护用具：适用于有机气体和蒸气的过滤呼吸器
包装与标志	欧盟危险性类别：Xn 符号　R:10-22　S:2-21-23-24/25 联合国危险性类别：3　联合国次要危险性：6.1 联合国包装类别：III 中国危险性类别：第 3 类易燃液体　中国次要危险性：6.1 中国包装类别：III
应急响应	美国消防协会法规：H2（健康危险性）；F2（火灾危险性）；R0（反应危险性）
储存	耐火设备（条件）。与强氧化剂分开存放。保存在阴暗处
重要数据	物理状态、外观：无色液体，有特殊气味 物理危险性：蒸气比空气重 化学危险性：在光线作用下，该物质可能发生聚合。与强氧化剂、碱和还原剂发生反应 职业接触限值：阈限值未制定标准 接触途径：该物质可通过吸入其蒸气，经皮肤和食入吸收到体内 吸入危险性：未指明 20℃时该物质蒸发达到空气中有害浓度的速率 短期接触的影响：该物质刺激眼睛、皮肤和呼吸道。该物质可能对神经系统有影响，导致组织损害 长期或反复接触的影响：反复和长期接触可能造成皮肤过敏。该物质可能对胸腺、肺、中枢神经系统和鼻腔道有影响
物理性质	沸点：140℃ 熔点：-23℃ 相对密度（水=1）：0.98 水中溶解度：16g/100mL 蒸气压：20℃时 0.93kPa 蒸气相对密度（空气=1）：3.45 蒸气/空气混合物的相对密度（20℃，空气=1）：1.02 闪点：34℃（闭杯） 自燃温度：340℃ 爆炸极限：空气中 2.4%～11.6%（体积）
环境数据	该物质对水生生物是有害的
注解	

IPCS
International
Programme on
Chemical Safety

本卡片由 **IPCS** 和 **EC** 合作编写 © 2004～2012

国际化学品安全卡

正戊烷			ICSC 编号：0534

CAS 登记号：109-66-0　　　　　　　　　　中文名称：正戊烷；戊基氢化物
RTECS 号：RZ9450000　　　　　　　　　　英文名称：*n*-PENTANE; Amyl hydride
UN 编号：1265
EC 编号：601-006-00-1
中国危险货物编号：1265

分子量：72.2　　　　　　　　　　　　　化学式：C$_5$H$_{12}$/CH$_3$(CH$_2$)$_3$CH$_3$

危害/接触类型	急性危害/症状	预防	急救/消防
火　灾	高度易燃	禁止明火、禁止火花和禁止吸烟。禁止与强氧化剂接触	干粉、水成膜泡沫、泡沫、二氧化碳
爆　炸	蒸气/空气混合物有爆炸性	密闭系统，通风，防爆型电气设备和照明。防止静电荷积聚（如，通过接地）。不要使用压缩空气灌装、卸料或转运。使用无火花手工具	着火时，喷雾状水保持料桶等冷却
接　触			
# 吸入	头晕，倦睡，头痛，恶心，神志不清，呕吐	通风，局部排气通风或呼吸防护	新鲜空气，休息，给予医疗护理
# 皮肤	皮肤干燥	防护手套	脱去污染的衣服，冲洗，然后用水和肥皂清洗皮肤
# 眼睛		护目镜，或眼睛防护结合呼吸防护	先用大量水冲洗几分钟（如可能尽量摘除隐形眼镜），然后就医
# 食入	（另见吸入）	工作时不得进食，饮水或吸烟	漱口，不要催吐，休息，给予医疗护理
泄漏处置	撤离危险区域！向专家咨询！通风。移除全部引燃源。尽可能将泄漏液收集在可密闭的容器中。用干砂土或惰性吸收剂吸收残液，并转移到安全场所。不要冲入下水道。个人防护用具：自给式呼吸器		
包装与标志	欧盟危险性类别：F+符号 Xn 符号 N 符号 标记：C R:12-65-66-67-51/53　　　S:2-9-16-29-33-61-62 联合国危险性类别：3 联合国包装类别：I 中国危险性类别：第 3 类易燃液体 中国包装类别：I		
应急响应	运输应急卡：TEC(R)-592/30G30 美国消防协会法规：H1（健康危险性）；F4（火灾危险性）；R0（反应危险性）		
储存	耐火设备（条件）。与强氧化剂分开存放。阴凉场所。严格密封		
重要数据	物理状态、外观：无色液体，有特殊气味 物理危险性：蒸气比空气重，可能沿地面流动，可能造成远处着火。可能积聚在低层空间，造成缺氧 化学危险性：与强氧化剂如，过氧化物、硝酸盐和高氯酸盐发生反应，有着火和爆炸危险。浸蚀某些塑料、橡胶和涂层 职业接触限值：阈限值：600ppm（美国政府工业卫生学家会议，1999 年）。最高容许浓度：1000ppm；2950mg/m^3（1995 年） 接触途径：该物质可通过吸入其蒸气和经食入吸收到体内 吸入危险性：20℃时该物质蒸发，相当快地达到空气中有害污染浓度 短期接触的影响：如果吞咽液体吸入肺中，可能引起化学性肺炎。该物质可能对中枢神经系统有影响 长期或反复接触的影响：反复或长期与皮肤接触可能引起皮炎		
物理性质	沸点：36℃ 熔点：-129℃ 相对密度（水=1）：0.63 水中溶解度：不溶 蒸气压：18.5℃时 53.3kPa 蒸气相对密度（空气=1）：2.5	蒸气/空气混合物的相对密度（20℃，空气=1）：1.8 闪点：-49℃（闭杯） 自燃温度：309℃ 爆炸极限：空气中 1.5%～7.8%（体积） 辛醇/水分配系数的对数值：3.39	
环境数据	该物质对水生生物是有害的		
注解	空气中高浓度造成缺氧，有神志不清或死亡危险。进入工作区域前，检验氧含量。商品名称为 Skellysolve A		

IPCS
International
Programme on
Chemical Safety

本卡片由 IPCS 和 EC 合作编写 © 2004～2012

国际化学品安全卡

1-戊醇			ICSC 编号：0535

CAS 登记号：71-41-0	中文名称：1-戊醇；正戊醇；正丁基甲醇；戊-1-醇
RTECS 号：SB9800000	英文名称：1-PENTANOL; *n*-Amyl alcohol; *n*-Butyl carbinol; *n*-Pentyl alcohol;
UN 编号：1105	Pentan-1-ol
EC 编号：603-200-00-1	
中国危险货物编号：1105	

分子量：88.2	化学式：$C_5H_{12}O/CH_3(CH_2)_3CH_2OH$

危害/接触类型	急性危害/症状	预防	急救/消防
火 灾	易燃的。加热引起压力升高，容器有破裂危险	禁止明火，禁止火花和禁止吸烟	抗溶性泡沫，干粉，二氧化碳
爆 炸	高于 43℃，可能形成爆炸性蒸气/空气混合物	高于 43℃，使用密闭系统、通风和防爆型电气设备	着火时，喷雾状水保持料桶等冷却
接 触		防止产生烟云！	
# 吸入	咳嗽。咽喉痛。头痛。恶心。头晕。倦睡。神志不清	通风，局部排气通风或呼吸防护	新鲜空气，休息。给予医疗护理
# 皮肤	发红。疼痛	防护手套	脱去污染的衣服。用大量水冲洗皮肤或淋浴。如果（皮肤吸收后）感觉不舒服，需就医
# 眼睛	发红。疼痛。暂时视力丧失	安全护目镜，或眼睛防护结合呼吸防护	用大量水冲洗（如可能尽量摘除隐形眼镜）。给予医疗护理
# 食入	腹部疼痛。咽喉和胸腔有灼烧感。（另见吸入）	工作时不得进食，饮水或吸烟	漱口。不要催吐。立即给予医疗护理
泄漏处置	转移全部引燃源。将泄漏液收集在可密闭的容器中。用砂土或惰性吸收剂吸收残液，并转移到安全场所。个人防护用具：适应于该物质空气中浓度的有机气体和颗粒物过滤呼吸器		
包装与标志	欧盟危险性类别：Xn 符号　标记：C　R:10-20-37/38　S:1/2-36/37-46 联合国危险性类别：3　　　　联合国包装类别：III 中国危险性类别：第 3 类　易燃液体　中国包装类别：III		
应急响应	美国消防协会法规：H1（健康危险性）；F3（火灾危险性）；R0（反应危险性）		
储存	耐火设备(条件)。与强氧化剂分开存放		
重要数据	物理状态、外观：无色液体，有特殊气味 化学危险性：与氧化剂发生激烈反应 职业接触限值：阈限值未制定标准。最高容许浓度：20ppm，73mg/m³；最高限值种类：I(4)；妊娠风险等级：C(德国，2008 年) 接触途径：该物质可通过吸入经皮肤和经食入吸收到体内 吸入危险性：20℃时，该物质蒸发相当快地达到空气中有害污染浓度 短期接触的影响：该物质刺激眼睛、皮肤和呼吸道。如果吞咽该物质，可能引起呕吐，导致吸入性肺炎。该物质可能对中枢神经系统有影响。高浓度接触时可能导致意识水平下降 长期或反复接触的影响：反复或长期与皮肤接触可能引起皮炎		
物理性质	沸点：138℃ 熔点：-79℃ 相对密度（水=1）：0.8 水中溶解度：20℃时 2.2g/100mL（适度溶解） 蒸气压：20℃时 0.6kPa 蒸气相对密度（空气=1）：3 蒸气/空气混合物的相对密度（20℃，空气=1）：1.01　　　　黏度：在 20℃时 5mm²/s 闪点：闪点：43℃　（闭杯） 自燃温度：320℃ 爆炸极限：空气中 1.2%～10.5%（体积） 辛醇/水分配系数的对数值：1.51		
环境数据			
注解			

IPCS
International
Programme on
Chemical Safety

   UNEP

国际化学品安全卡

3-戊醇			ICSC 编号：0536

CAS 登记号：584-02-1	中文名称：3-戊醇；二乙基甲醇；仲正戊醇；戊-3-醇
RTECS 号：SA5075000	英文名称：3-PENTANOL; Diethyl carbinol; sec-n-Amyl alcohol; Pentan-3-ol
UN 编号：1105	
EC 编号：603-200-00-1	
中国危险货物编号：1105	

分子量：88.2	化学式：$C_5H_{12}O/CH_3CH_2CHOHCH_2CH_3$

危害/接触类型	急性危害/症状	预防	急救/消防
火 灾	易燃的。加热引起压力升高，容器有破裂危险	禁止明火，禁止火花和禁止吸烟	抗溶性泡沫，干粉，二氧化碳
爆 炸	高于30℃，可能形成爆炸性蒸气/空气混合物	高于30℃，使用密闭系统、通风和防爆型电气设备	着火时，喷雾状水保持料桶等冷却
接 触		防止产生烟云！	
# 吸入	咳嗽。咽喉痛。头痛。恶心。头晕。倦睡。神志不清	通风，局部排气通风或呼吸防护	新鲜空气，休息。给予医疗护理
# 皮肤	发红	防护手。	脱去污染的衣服。用大量水冲洗皮肤或淋浴。如果感觉不舒服，需就医
# 眼睛	发红。疼痛。暂时视力丧失	安全护目镜，或眼睛防护结合呼吸防护	用大量水冲洗（如可能尽量摘除隐形眼镜）。给予医疗护理
# 食入	腹部疼痛。咽喉和胸腔有灼烧感。（另见吸入）	工作时不得进食，饮水或吸烟	漱口。不要催吐。立即给予医疗护理

泄漏处置	转移全部引燃源。将泄漏液收集在可密闭的容器中。用砂土或惰性吸收剂吸收残液，并转移到安全场所。个人防护用具：适应于该物质空气中浓度的有机气体和颗粒物过滤呼吸器
包装与标志	欧盟危险性类别：Xn 符号　　R:10-20-37/38　　S:1/2-36/37-46 联合国危险性类别：3　　　　联合国包装类别：III 中国危险性类别：第3类 易燃液体 中国包装类别：III
应急响应	美国消防协会法规：H1（健康危险性）；F2（火灾危险性）；R0（反应危险性）
储存	耐火设备（条件）。与强氧化剂分开存放
重要数据	物理状态、外观：无色液体，有特殊气味 化学危险性：与氧化剂发生激烈反应 职业接触限值：阈限值未制定标准。最高容许浓度：20ppm，73mg/m³；最高限值种类：I(4)；妊娠风险等级：C（德国，2008年） 接触途径：该物质可通过吸入、经皮肤和经食入吸收到体内 吸入危险性：20℃时，该物质蒸发相当快地达到空气中有害污染浓度 短期接触的影响：该物质刺激眼睛、皮肤和呼吸道。如果吞咽该物质，可能引起呕吐，导致吸入性肺炎。该物质可能对中枢神经系统有影响。高浓度接触时可能导致意识水平下降 长期或反复接触的影响：反复或长期与皮肤接触可能引起皮炎
物理性质	沸点：116℃ 熔点：-8℃ 相对密度（水=1）：0.8 水中溶解度：30℃时 5.5g/100mL（适度溶解） 蒸气压：20℃时0.8kPa 蒸气相对密度（空气=1）：3 蒸气/空气混合物的相对密度（20℃，空气=1）：1.00　　　　黏度：在20℃时 8.13mm²/s 闪点：闪点：30℃ （闭杯） 自燃温度：360℃ 爆炸极限：空气中 1.2%～10.5%(体积) 辛醇/水分配系数的对数值：1.21
环境数据	
注解	

IPCS
International
Programme on
Chemical Safety

   UNEP

本卡片由 IPCS 和 EC 合作编写 © 2004～2012

国际化学品安全卡

二正戊胺			ICSC 编号：0537

CAS 登记号：2050-92-2
RTECS 号：RZ9100000
UN 编号：2841
中国危险货物编号：2841

中文名称：二正戊胺；二戊胺；*N*-戊基-1-戊胺
英文名称：DI-*n*-PENTYLAMINE; Dipentylamine; *N*-pentyl-1-pentanamine; Diamylamine

分子量：157.3

化学式：$C_{10}H_{23}N/CH_3(CH_2)_4NH(CH_2)_4CH_3$

危害/接触类型	急性危害/症状	预防	急救/消防
火 灾	易燃的。在火焰中释放出刺激性或有毒烟雾（或气体）	禁止明火、禁止火花和禁止吸烟	干粉、抗溶性泡沫、雾状水、二氧化碳
爆 炸	高于51℃，可能形成爆炸性蒸气/空气混合物	高于51℃，使用密闭系统、通风和防爆型电气设备	着火时，喷雾状水保持料桶等冷却
接 触		防止产生烟云！	
# 吸入	灼烧感，咳嗽，头痛，恶心，气促，咽喉痛，症状可能推迟显现。（见注解）	通风，局部排气通风或呼吸防护	新鲜空气，休息，半直立体位，必要时进行人工呼吸，给予医疗护理
# 皮肤	发红，严重皮肤烧伤	防护手套，防护服	脱去污染的衣服，用大量水冲洗皮肤或淋浴，给予医疗护理
# 眼睛	发红，视力模糊，严重深度烧伤	面罩	先用大量水冲洗几分钟（如可能尽量摘除隐形眼镜），然后就医
# 食入	休克或虚脱。（另见吸入）	工作时不得进食，饮水或吸烟	漱口，不要催吐，大量饮水，休息，给予医疗护理
泄漏处置	移除全部引燃源。尽可能将泄漏液收集在有盖的容器中。用砂土或惰性吸收剂吸收残液，并转移到安全场所。个人防护用具：化学防护服包括自给式呼吸器		
包装与标志	不得与食品和饲料一起运输 联合国危险性类别：3 联合国次要危险性：6.1 联合国包装类别：III 中国危险性类别：第3类易燃液体 中国次要危险性：6.1 中国包装类别：III		
应急响应	运输应急卡：TEC(R)-30G35 美国消防协会法规：H3（健康危险性）；F2（火灾危险性）；R0（反应危险性）		
储存	耐火设备（条件）。与食品和饲料分开存放。见化学危险性。阴凉场所。干燥。严格密封。保存在通风良好的室内		
重要数据	物理状态、外观：无色至浅黄色液体，有刺鼻气味 化学危险性：燃烧时，该物质分解生成含氮氧化物有毒和腐蚀性气体。与氧化剂、酸类、酰基氯、酸酐和汞激烈反应。浸蚀塑料、铜、铜合金、铝、锌、锌合金和白铁表面。水溶液可能浸蚀玻璃 职业接触限值：阈限值未制定标准。最高容许浓度未制定标准 接触途径：该物质可通过吸入其蒸气或气溶胶，经皮肤和食入吸收到体内 吸入危险性：未指明20℃时该物质蒸发达到空气中有害浓度的速率 短期接触的影响：该物质严重刺激呼吸道，腐蚀皮肤和眼睛。吸入蒸气/烟云可能引起肺水肿（见注解）。该物质可能对中枢神经系统有影响		
物理性质	沸点：202～203℃ 熔点：-44℃ 相对密度（水=1）：0.8 水中溶解度：不溶 蒸气压：20℃时40Pa 蒸气相对密度（空气=1）：5.4 蒸气/空气混合物的相对密度（20℃，空气=1）：1.00 闪点：51℃（闭杯）		
环境数据			
注解			

IPCS
International Programme on Chemical Safety

本卡片由 IPCS 和 EC 合作编写 © 2004～2012

国际化学品安全卡

乙二醇一苯醚			ICSC 编号：0538

CAS 登记号：122-99-6	中文名称：乙二醇一苯醚；2-苯氧基乙醇；苯基溶纤剂
RTECS 号：KM0350000	英文名称：ETHYLENE GLYCOL MONOPHENYL ETHER;
EC 编号：603-098-00-9	2-Phenoxyethanol; Phenyl cellosolve

分子量：138.2	化学式：$C_8H_{10}O_2/C_6H_5OC_2H_4OH$

危害/接触类型	急性危害/症状	预防	急救/消防
火 灾	可燃的	禁止明火	干粉，抗溶性泡沫，雾状水，二氧化碳
爆 炸			
接 触		防止产生烟云！	
# 吸入	咳嗽。咽喉痛。欣快。头痛。倦睡。发音含糊	通风，局部排气通风或呼吸防护	新鲜空气，休息
# 皮肤	可能被吸收！发红。皮肤干燥。手和手指麻木。（另见吸入）	防护手套。防护服	冲洗，然后用水和肥皂清洗皮肤
# 眼睛	发红。疼痛	护目镜	先用大量水冲洗几分钟（如可能尽量摘除隐形眼镜），然后就医
# 食入		工作时不得进食，饮水或吸烟	漱口。大量饮水。给予医疗护理

泄漏处置	尽可能将斜漏液收集在可密闭的容器中。用砂土或惰性吸收剂吸收残液，并转移到安全场所。个人防护用具：适用于有机气体和蒸气的过滤呼吸器
包装与标志	欧盟危险性类别：Xn 符号　　R:22-36　　S:2-26
应急响应	美国消防协会法规：H3（健康危险性）；F1（火灾危险性）；R0（反应危险性）
储存	与强氧化剂分开存放
重要数据	物理状态、外观：无色油状液体，有特殊气味 化学危险性：与强氧化剂发生反应 职业接触限值：最高容许浓度：20ppm，110mg/m³（皮肤吸收）；最高限值种类：I（2）；妊娠风险等级：C（德国，2002 年） 接触途径：该物质可通过吸入其气溶胶，经皮肤和食入吸收到体内 吸入危险性：20℃时该物质蒸发不会或很缓慢地达到空气中有害污染浓度 短期接触的影响：该物质刺激眼睛、皮肤和呼吸道。该物质可能对中枢神经系统和末梢神经系统有影响，导致功能损伤 长期或反复接触的影响：液体使皮肤脱脂。该物质可能对中枢神经系统有影响，导致功能损伤
物理性质	沸点：245℃ 熔点：14℃ 相对密度（水=1）：1.1 水中溶解度：2.7g/100mL 蒸气压：20℃时 0.0013kPa 蒸气相对密度（空气=1）：4.8 蒸气/空气混合物的相对密度（20℃，空气=1）：1.0 闪点：127℃（闭杯） 自燃温度：500℃ 辛醇/水分配系数的对数值：1.2
环境数据	
注解	商品名称为 Dowanol EPh Glycol Ether。未指明气味与职业接触限值之间的关系

IPCS
International
Programme on
Chemical Safety

UNEP

本卡片由 IPCS 和 EC 合作编写 © 2004～2012

国际化学品安全卡

苯基乙酸酯			ICSC 编号：0539

CAS 登记号：122-79-2　　　　　　　中文名称：苯基乙酸酯；乙酸苯酯；乙酰苯酚
RTECS 号：AJ2800000　　　　　　　英文名称：PHENYL ACETATE; Acetic acid, phenyl ester; Acetylphenol

分子量：136.1　　　　　　　　　　化学式：$C_8H_8O_2$/$CH_3COOC_6H_5$

危害/接触类型	急性危害/症状	预防	急救/消防
火　灾	可燃的	禁止明火	干粉，雾状水，泡沫，二氧化碳
爆　炸	高于 80℃，可能形成爆炸性蒸气/空气混合物	高于 80℃，使用密闭系统、通风	
接　触			
# 吸入			新鲜空气，休息
# 皮肤	发红	防护手套	冲洗，然后用水和肥皂清洗皮肤
# 眼睛	发红。疼痛	安全眼镜	先用大量水冲洗几分钟（如可能尽量摘除隐形眼镜），然后就医
# 食入		工作时不得进食，饮水或吸烟	休息
泄漏处置	将泄漏液收集在有盖的容器中。用砂土或惰性吸收剂吸收残液，并转移到安全场所。 个人防护用具：适用于有机气体和蒸气的过滤呼吸器		
包装与标志			
应急响应	美国消防协会法规：H1（健康危险性）；F2（火灾危险性）；R0（反应危险性）		
储存			
重要数据	物理状态、外观：无色液体，有特殊气味 职业接触限值：阈限值未制定标准。最高容许浓度未制定标准 接触途径：该物质可经食入吸收到体内 吸入危险性：未指明 20℃时该物质蒸发达到空气中有害浓度的速率 短期接触的影响：该物质轻微刺激眼睛和皮肤		
物理性质	沸点：196℃ 相对密度（水=1）：1.07 水中溶解度：不溶 蒸气相对密度（空气=1）：4.7 闪点：80℃ 辛醇/水分配系数的对数值：1.49		
环境数据			
注解			

IPCS
International
Programme on
Chemical Safety

本卡片由 IPCS 和 EC 合作编写 © 2004～2012

国际化学品安全卡

乙酸苯汞			ICSC 编号：0540

CAS 登记号：62-38-4
RTECS 号：OV6475000
UN 编号：1674
EC 编号：080-011-00-5
中国危险货物编号：1674

中文名称：乙酸苯汞；乙酸苯汞（II）；醋酸苯汞；乙酸基苯汞；PMA
英文名称：PHENYLMERCURIC ACETATE; Phenylmercury(II) acetate; Phenylmercury acetate; Acetoxyphenylmercury; PMA

分子量：336.7   化学式：$C_8H_8HgO_2$/$CH_3COOHgC_6H_5$

危害/接触类型	急性危害/症状	预防	急救/消防
火　灾	易燃的	禁止明火、禁止火花和禁止吸烟	干粉、雾状水、泡沫、二氧化碳
爆　炸	微细分散的颗粒物在空气中形成爆炸性混合物	防止粉尘沉积、密闭系统、防止粉尘爆炸型电气设备和照明	
接　触		严格作业环境管理！	一切情况下均向医生咨询！
# 吸入	咳嗽，头痛，呼吸困难，气促，咽喉痛，灼烧感	通风（如果没有粉末时），局部排气通风或呼吸防护	新鲜空气，休息，半直立体位，给予医疗护理
# 皮肤	可能被吸收！发红，皮肤烧伤，疼痛，水疱	防护手套，防护服	脱去污染的衣服，冲洗，然后用水和肥皂清洗皮肤，给予医疗护理
# 眼睛	发红，疼痛，视力模糊，严重深度烧伤	面罩，如为粉末，眼睛防护结合呼吸防护	先用大量水冲洗几分钟（如可能尽量摘除隐形眼镜)，然后就医
# 食入	腹部疼痛，灼烧感，腹泻，恶心，休克或虚脱，呕吐	工作时不得进食，饮水或吸烟。进食前洗手	漱口，不要催吐，给予医疗护理
泄漏处置	移除全部引燃源。将泄漏物清扫进容器中。如果适当，首先润湿防止扬尘。然后转移到安全场所。化学防护服包括自给式呼吸器		
包装与标志	不易破碎包装，将易破碎包装放在不易破碎的密闭容器中。不得与食品和饲料一起运输。 严重污染海洋物质 欧盟危险性类别：T 符号 N 符号　R:25-34-48/24/25-50/53　　S:1/2-23-24/25-37-45-60-61 联合国危险性类别：6.1 联合国包装类别：II 中国危险性类别：第 6.1 项毒性物质 中国包装类别：II		
应急响应	运输应急卡：TEC(R)-61G63b 美国消防协会法规：H3（健康危险性）；F1（火灾危险性）；R0（反应危险性）		
储存	与氧化剂和食品与饲料分开存放。阴凉场所。干燥。严格密封。保存在通风良好的室内		
重要数据	物理状态、外观：无嗅，吸湿的白色或白黄色晶体粉末 物理危险性：以粉末或颗粒形状与空气混合，可能发生粉尘爆炸 化学危险性：燃烧时，该物质分解生成汞和氧化汞有毒蒸气。与强氧化剂发生反应 职业接触限值：阈限值（以 Hg 计）：0.1mg/m³（时间加权平均值）（经皮）（美国政府工业卫生学家会议，1999 年）。最高容许浓度（有机汞化合物）：BAT 100ug/l 血液，H（皮肤），皮肤致敏剂，致癌物类别：3（德国，1999 年） 接触途径：该物质可通过吸入其气溶胶，经皮肤和食入吸收到体内 吸入危险性：20℃时蒸发可忽略不计，但喷洒时可较快地达到空气中颗粒物有害浓度 短期接触的影响：该物质腐蚀眼睛，皮肤和呼吸道。食入有腐蚀性。该物质可能对肾有影响，导致肾衰竭。影响可能推迟显现（见注解）。需进行医学观察 长期或反复接触的影响：反复或长期接触可能引起皮肤过敏。该物质可能对神经系统和肾有影响，导致神经紊乱和肾损伤		
物理性质	熔点：148～153℃ 水中溶解度：20℃时 0.44g/100mL 蒸气压：25℃时 0.016Pa	蒸气相对密度（空气=1）：11.6 蒸气/空气混合物的相对密度（20℃，空气=1）：1 闪点：37.8℃（闭杯）	
环境数据	该物质对水生生物有极高毒性。该物质可能对环境有危害，对水和土壤应给予特别注意。在对人类重要的食物链中发生生物蓄积作用，特别是在鱼、甲壳纲动物和鸟类中。避免非正常使用情况下释放到环境中		
注解	虽然该物质是可燃的，且闪点 37.8℃，但爆炸极限未见文献报道。肾衰竭症状经过几小时以后才变得明显。根据接触程度，需定期进行医疗检查。不要将工作服带回家中。商品名称有 Cerosol, Cosan, Gallotox, Liquiphene, Mersolite, Nylmerate, Riogen, Scutl, Tag Fungicide 和 Tag-HL-331		

IPCS
International Programme on Chemical Safety

UNEP

本卡片由 IPCS 和 EC 合作编写 © 2004～2012

国际化学品安全卡

硝酸苯汞		ICSC 编号：0541

CAS 登记号：55-68-5	中文名称：硝酸苯汞；苯基硝酸汞
RTECS 号：OW8400000	英文名称：PHENYLMERCURIC NITRATE; Mercuriphenyl nitrate;
UN 编号：1895	Merphenyl nitrate; Mercury, Nitratophenyl
EC 编号：080-008-00-9	
中国危险货物编号：1895	
分子量：339.7	化学式：C₆H₅HgNO₃

化学式：$C_6H_5HgNO_3$

危害/接触类型	急性危害/症状	预防	急救/消防
火 灾	在火焰中释放出刺激性或有毒烟雾（或气体）		周围环境着火时，允许使用各种灭火剂
爆 炸			
接 触		严格作业环境管理！避免孕妇接触！	一切情况均向医生咨询！
# 吸入	咳嗽，咽喉痛	通风（如果没有粉末时），局部排气通风或呼吸防护	新鲜空气，休息，给予医疗护理
# 皮肤	可能被吸收！发红，疼痛	防护手套，防护服	脱去污染的衣服，用大量水冲洗皮肤或淋浴
# 眼睛	发红，疼痛	安全护目镜，面罩或眼睛防护结合呼吸防护	先用大量水冲洗几分钟（如可能尽量摘除隐形眼镜），然后就医
# 食入	腹部疼痛，灼烧感，腹泻，恶心，呕吐	工作时不得进食，饮水或吸烟。进食前洗手	漱口，催吐（仅对清醒病人！），给予医疗护理

泄漏处置	将泄漏物清扫进容器中。如果适当，首先润湿防止扬尘。不要让该化学品进入环境。化学防护服。个人防护用具：适用于有毒颗粒物的 P3 过滤呼吸器
包装与标志	不得与食品和饲料一起运输。严重污染海洋物质 欧盟危险性类别：T 符号 N 符号　R:25-34-48/24/25-50/53　S:1/2-23-24/25-37-45-60-61 联合国危险性类别：6.1　联合国包装类别：II 中国危险性类别：第 6.1 项毒性物质　中国包装类别：II
应急响应	运输应急卡：TEC(R)-61G63b
储存	与食品和饲料分开存放。干燥。保存在通风良好的室内
重要数据	物理状态、外观：白色晶体或灰色晶体粉末 化学危险性：加热时，该物质分解生成汞蒸气和其他有毒烟雾 职业接触限值：阈限值（以 Hg 计）：0.1mg/m³（经皮）（美国政府工业卫生学家会议，1998 年）。 最高容许浓度（以 Hg 计）：0.01mg/m³（皮肤致敏）（1997 年） 接触途径：该物质可通过吸入其气溶胶，经皮肤和食入吸收到体内 吸入危险性：20℃时蒸发可忽略不计，但可较快地达到空气中颗粒物有害浓度 短期接触的影响：该气溶胶刺激眼睛、皮肤和呼吸道 长期或反复接触的影响：反复或长期接触可能引起皮肤过敏。该物质可能对肾有影响，导致丧失功能。动物实验表明，该物质可能造成人类婴儿畸形
物理性质	熔点：176～186℃ 水中溶解度：微溶
环境数据	该物质可能对环境有危害，对水和土壤应给予特别注意。在对人类重要的食物链中发生生物蓄积作用，特别是在鱼和甲壳纲动物中
注解	不要将工作服带回家中。商品名称有 Phenalco, Phe-Mer-Nite, Mersolite 和 Phermernite

IPCS
International
Programme on
Chemical Safety

本卡片由 IPCS 和 EC 合作编写 © 2004～2012

539

国际化学品安全卡

苯基-β-萘胺			ICSC 编号：0542

CAS 登记号：135-88-6

中文名称：苯基-β-萘胺；N-苯基-2-萘胺；N-2-萘苯胺

RTECS 号：QM4550000

英文名称：PHENYL-beta-NAPHTHYLAMINE; 2-Naphthylamine, N-phenyl-;

EC 编号：612-135-00-8

N-2-Naphthylaniline

分子量：219.29

化学式：$C_{16}H_{13}N/C_{10}H_7NHC_6H_5$

危害/接触类型	急性危害/症状	预防	急救/消防
火 灾	可燃的	禁止明火	干粉，雾状水，泡沫，二氧化碳
爆 炸	微细分散的颗粒物在空气中形成爆炸性混合物	防止粉尘沉积，密闭系统，防止粉尘爆炸型电气设备和照明。防止静电荷积聚（例如，通过接地）	
接 触		避免一切接触！	
# 吸入		局部排气通风或呼吸防护	新鲜空气，休息
# 皮肤		防护服。防护手套	脱去污染的衣服。冲洗，然后用水和肥皂清洗皮肤
# 眼睛	发红。疼痛	护目镜	先用大量水冲洗几分钟（如可能尽量摘除隐形眼镜），然后就医
# 食入		工作时不得进食，饮水或吸烟。进食前洗手	给予医疗护理
泄漏处置	将泄漏物清扫进容器中。如果适当，首先润湿防止扬尘。小心收集残余物，然后转移到安全场所。不要让该化学品进入环境。个人防护用具：适用于有害颗粒物的 P2 过滤呼吸器		
包装与标志	欧盟危险性类别：Xn 符号　N 符号　　R:36/38-40-43-51/53　　S:2-26-36/37-61		
应急响应			
储存	与氧化剂分开存放		
重要数据	**物理状态、外观**：白色至灰色各种形态固体 **物理危险性**：以粉末或颗粒形状与空气混合，可能发生粉尘爆炸。如果在干燥状态，由于搅拌、空气输送和注入等能够产生静电 **化学危险性**：与氧化剂发生反应。燃烧时，该物质分解生成有毒和腐蚀性烟雾 **职业接触限值**：阈限值：A4（不能分类为人类致癌物）（美国政府工业卫生学家会议，2003 年）。最高容许浓度：致癌物类别：3B（德国，2002 年） **接触途径**：该物质可通过吸入和经食入吸收到体内 **吸入危险性**：20℃时蒸发可忽略不计，但可较快地达到空气中颗粒物有害浓度 **短期接触的影响**：该物质轻微刺激眼睛 **长期或反复接触的影响**：反复或长期接触可能引起皮肤过敏		
物理性质	沸点：395.5℃ 熔点：108℃ 密度：1.2g/cm³ 水中溶解度：25℃时不溶 辛醇/水分配系数的对数值：4.38		
环境数据	该化学品可能在鱼体内生物蓄积		
注解	商品级苯基-β-萘胺可能含 β-萘胺杂质。苯基-β-萘胺还在体内代谢为 β-萘胺（一种膀胱致癌物）。参见卡片#0610（2-萘胺）。不要将工作服带回家中		

IPCS
International
Programme on
Chemical Safety

本卡片由 IPCS 和 EC 合作编写 © 2004～2012

国际化学品安全卡

亚胺硫磷			ICSC 编号：0543

CAS 登记号： 732-11-6
RTECS 号： TE2275000
UN 编号： 2783
EC 编号： 015-101-00-5
中国危险货物编号： 2783

中文名称： 亚胺硫磷；*O,O*-二甲基-*S*-邻苯二甲酰亚胺甲基二硫代磷酸酯；*S*-((1,3-二氢-1,3-二氧-2*H*-异吲哚-2-基)甲基)-*O,O*-二甲酯；*O,O*-二甲基-*S*-硫代磷酸-*N*-(巯基甲基)邻苯二甲酰亚胺酯

英文名称： PHOSMET; *O,O*-Dimethyl *S*-phthalimidomethyl phosphorodithioate; Phosphorodithioic acid, *S*-((1,3-dihydro-1,3-dioxo-2*H*-isoindol-2-yl)methyl) *O,O*-dimethyl ester; *O,O*-Dimethyl phosphorodithioate *S*-ester with *N*-(mercaptomethyl) phthalimide

分子量： 317.3

化学式： $C_{11}H_{12}NO_4PS_2$

危害/接触类型	急性危害/症状	预防	急救/消防
火 灾	可燃的。含有机溶剂的液体制剂可能是易燃的。在火焰中释放出刺激性或有毒烟雾（或气体）	禁止明火	干粉，雾状水，泡沫，二氧化碳
爆 炸	如果制剂中含有易燃/爆炸性溶剂有着火和爆炸危险		
接 触		防止粉尘扩散！避免青少年和儿童接触！	
# 吸入	瞳孔收缩，肌肉痉挛，多涎，出汗，恶心，头晕，呼吸困难，虚弱	通风（如果没有粉末时），局部排气通风或呼吸防护。避免吸入粉尘、烟云	新鲜空气，休息。给予医疗护理
# 皮肤	可能被吸收！（见吸入）	防护手套。防护服	脱去污染的衣服，冲洗，然后用水和肥皂清洗皮肤
# 眼睛	发红	安全护目镜，面罩，或眼睛防护结合呼吸防护	先用大量水冲洗几分钟（如可能尽量摘除隐形眼镜），然后就医
# 食入	胃痉挛，呕吐，腹泻，惊厥，神志不清。（另见吸入）	工作时不得进食，饮水或吸烟。进食前洗手	漱口，用水冲服活性炭浆，催吐（仅对清醒病人！）。休息，给予医疗护理

泄漏处置	将泄漏物清扫进容器中，如果适当，首先润湿防止扬尘。小心收集残余物，然后转移到安全场所。不要让该化学品进入环境。个人防护用具：化学防护服，包括自给式呼吸器
包装与标志	不得与食品和饲料一起运输。污染海洋物质 欧盟危险性类别：Xn 符号 N 符号　　R:21/22-50/53　S:2-22-36/37-60-61 联合国危险性类别：6.1 联合国包装类别：III 中国危险性类别：第 6.1 项毒性物质 中国包装类别：III
应急响应	运输应急卡：TEC(R)-61GT7-III
储存	注意收容灭火产生的废水。与食品和饲料分开存放
重要数据	**物理状态、外观：** 无色至灰白色晶体，有特殊气味 **化学危险性：** 加热时或燃烧时，该物质分解生成含有氮氧化物、氧化亚磷和硫氧化物的有毒烟雾 **职业接触限值：** 阈限值未制定标准。最高容许浓度未制定标准 **接触途径：** 该物质可通过吸入、经皮肤和食入吸收到体内 **吸入危险性：** 喷洒或扩散时可较快地达到空气中颗粒物有害浓度，尤其是粉末 **短期接触的影响：** 该物质可能对神经系统有影响，导致惊厥和呼吸抑制。胆碱酯酶抑制。影响可能推迟显现。需进行医学观察 **长期或反复接触的影响：** 该物质可能对神经系统有影响，导致虚弱。胆碱酯酶抑制剂。可能发生累积作用：见急性危害/症状
物理性质	**沸点：** 低于沸点在 100℃ 以上分解　　　　**水中溶解度：** 20℃时 0.003g/100mL **熔点：** 72℃　　　　　　　　　　　　　**蒸气压：** 20℃时可忽略不计 **密度：** 1.03g/cm³　　　　　　　　　　　**辛醇/水分配系数的对数值：** 2.83
环境数据	该物质对水生生物有极高毒性。该物质可能对环境有危害，对蜜蜂应给予特别注意。该物质在正常使用过程中进入环境。但是应当注意避免任何额外的释放，例如通过不适当处置活动
注解	根据接触程度，建议定期进行医疗检查。该物质中毒时须采取必要的治疗措施；必须提供有指示说明的适当方法。如果该物质用溶剂配制，可参考这些溶剂的卡片。商业制剂中使用的载体溶剂可能改变其物理和毒理学性质

IPCS
International
Programme on
Chemical Safety

本卡片由 IPCS 和 EC 合作编写 © 2004~2012

国际化学品安全卡

五氯化磷			ICSC 编号：0544

CAS 登记号：10026-13-8
RTECS 号：TB6125000
UN 编号：1806
EC 编号：015-008-00-X
中国危险货物编号：1806

中文名称：五氯化磷；高氯化磷
英文名称：PHOSPHOROUS PENTACHLORIDE; Phosphorus perchloride;
Phosphorane, pentachlor

分子量：208.2

化学式：PCl_5

危害/接触类型	急性危害/症状	预防	急救/消防
火 灾	不可燃。在火焰中释放出刺激性或有毒烟雾（或气体）	禁止与水接触	周围环境着火时，使用干粉，二氧化碳灭火。禁止用水
爆 炸			着火时喷雾状水保持料桶等冷却，但避免该物质与水接触
接 触		避免一切接触！	
# 吸入	咽喉痛，灼烧感，咳嗽，气促，呼吸困难。症状可能推迟显现。（见注解）	局部排气通风或呼吸防护	新鲜空气，休息，半直立体位，必要时进行人工呼吸
# 皮肤	疼痛，发红，水疱，皮肤烧伤	防护手套，防护服	脱去污染的衣服，用大量水冲洗皮肤或淋浴，给予医疗护理
# 眼睛	疼痛，发红，严重深度烧伤，视力丧失	面罩或眼睛防护结合呼吸防护	先用大量水冲洗几分钟（如可能尽量摘除隐形眼镜）然后就医
# 食入	灼烧感，腹部疼痛，休克或虚脱	工作时不得进食、饮水或吸烟	漱口。不要催吐，大量饮水，给予医疗护理

泄漏处置	撤离危险区域！不要冲入下水道。将泄漏物清扫进可密闭容器中。小心收集残余物，然后转移到安全场所。个人防护用具：全套防护服包括自给式呼吸器
包装与标志	不得与食品和饲料一起运输 欧盟危险性类别：T+符号 R:14-22-26-34-48/20 S:1/2-7/8-26-36/37/39-45 联合国危险性类别：8 联合国包装类别：II 中国危险性类别：第 8 类腐蚀性物质 中国包装类别：II
应急响应	应急运输卡：TEC（R）-80GC2-II+III 美国消防协会法规：H3（健康危险性）；F0（火灾危险性）；R2（反应危险性）；W（禁止用水）
储存	与食品和饲料、性质相互抵触的物质（见化学危险性）分开存放。干燥。严格密封
重要数据	物理状态、外观：白色至黄色发烟晶体，有刺鼻气味 物理危险性：蒸气比空气重 化学危险性：加热时，该物质分解生成氯化氢和磷氧化物有毒和腐蚀性烟雾。与水和湿气激烈反应，生成氯化氢和磷酸。与许多化合物反应，有着火和爆炸危险。浸蚀许多金属，生成易燃/爆炸性气体氢。浸蚀塑料和橡胶 职业接触限值：阈限值：0.1ppm（时间加权平均值）（美国政府工业卫生学家会议，2004 年）。最高容许浓度：（可吸入粉尘）$1mg/m^3$；最高限值种类：I（1）；妊娠风险等级：C（德国，2005 年） 接触途径：该物质可通过吸入其蒸气和食入吸收到体内 吸入危险性：20℃时该物质蒸发相当快地达到空气中有害污染浓度 短期接触的影响：该物质腐蚀眼睛、皮肤和呼吸道。食入有腐蚀性。吸入可能引起肺水肿（见注解）。影响可能推迟显现。需进行医学观察 长期或反复接触的影响：反复或长期与皮肤接触可能引起皮炎
物理性质	升华点：100℃ 相对密度（水=1）：1.6 水中溶解度：发生反应 蒸气压：55.5℃时 133Pa 蒸气相对密度（空气=1）：7.2 蒸气/空气混合物的相对密度（20℃，空气=1）：1.2
环境数据	
注解	与灭火剂如水激烈反应。肺水肿症状常常几小时以后才变得明显，体力劳动使症状加重，因此，休息和医学观察是必要的。应当考虑由医生或医生指定的人员立即采取适当吸入治疗法

IPCS
International
Programme on
Chemical Safety

UNEP

本卡片由 IPCS 和 EC 合作编写 © 2004～2012

国际化学品安全卡

五氧化二磷			ICSC 编号：0545

CAS 登记号：1314-56-3	中文名称：五氧化二磷；五氧化磷；磷酸酐
RTECS 号：TH3945000	英文名称：PHOSPHORUS PENTOXIDE;Diphosphorus pentoxide ;
UN 编号：1807	Phosphoric anhydride; Phosphorus pentaoxide
EC 编号：015-010-00-0	
中国危险货物编号：1807	

分子量：141.9	化学式：P_2O_5

危害/接触类型	急性危害/症状	预防	急救/消防
火 灾	不可燃，但可助长其它物质燃烧。许多反应可能引起着火和爆炸。在火焰中释放出刺激性或有毒烟雾（或气体）	禁止与水及可燃物质接触	干粉，二氧化碳，干砂土。禁用含水灭火剂
爆 炸			
接 触		防止粉尘扩散！避免一切接触！	一切情况均向医生咨询！
# 吸入	咽喉痛，灼烧感，咳嗽，气促。症状可能推迟显现。（见注解）	局部排气通风或呼吸防护	新鲜空气，休息，半直立体位，必要时进行人工呼吸，给予医疗护理
# 皮肤	皮肤烧伤，疼痛，水疱	防护手套，防护服	脱去污染的衣服，冲洗，然后用水和肥皂清洗皮肤，给予医疗护理。急救时戴防护手套
# 眼睛	发红，疼痛，严重深度烧伤	面罩或眼睛防护结合呼吸防护	先用大量水冲洗几分钟（如可能尽量摘除隐形眼镜），然后就医
# 食入	灼烧感，胃痉挛，腹泻，咽喉痛，呕吐	工作时不得进食、饮水或吸烟	不要催吐，休息，给予医疗护理

泄漏处置	将泄漏物清扫到容器中。小心用碳酸钠或碳酸钙中和残余物。用大量水冲净残余物。个人防护用具：化学防护服包括自给式呼吸器
包装与标志	不得与食品和饲料一起运输。气密 欧盟危险性类别：C 符号 R:35　S:1/2-22-26-45 联合国危险性类别：8　　联合国包装类别：II 中国危险性类别：第 8 类腐蚀性物质　中国包装类别：II
应急响应	运输应急卡：TEC(R)-80GC2-II+III 美国消防协会法规：H2（健康危险性）；F0（火灾危险性）；R2（反应危险性）
储存	与可燃物质、还原性物质、强氧化剂、水、强碱、食品和饲料分开存放。干燥
重要数据	物理状态、外观：白色吸湿晶体或粉末 化学危险性：水溶液是一种强酸。与碱激烈反应，有腐蚀性。与高氯酸激烈反应，有着火和爆炸危险。与水激烈反应，生成磷酸。有水存在时，浸蚀许多金属 职业接触限值：阈限值未制定标准。最高容许浓度：（可吸入粉尘）2mg/m³；最高限值种类：I（2）；妊娠风险等级：C（德国，2005 年） 接触途径：该物质可通过吸入其气溶胶和食入吸收到体内 吸入危险性：20℃时蒸发可忽略不计，但扩散时能较快达到空气中颗粒物有害浓度 短期接触的影响：该物质严重腐蚀眼睛、皮肤和呼吸道。食入有腐蚀性。吸入粉尘可能引起肺水肿（见注解）。影响可能推迟显现。需进行医学观察
物理性质	升华点：360℃ 熔点：340℃ 相对密度（水=1）：2.4 水中溶解度：反应
环境数据	
注解	与灭火剂如水激烈反应。肺水肿症状常常几小时以后才变得明显，体力劳动使症状加重，因此，休息和医学观察是必要的。应考虑由医生或医生指定人员立即采取适当吸入治疗法。切勿将水泼到该物质上。溶解或稀释时，总要将该物质缓慢加入到水中

IPCS
International
Programme on
Chemical Safety

本卡片由 IPCS 和 EC 合作编写 © 2004～2012

国际化学品安全卡

乙酸钾			ICSC 编号：0547

CAS 登记号：127-08-2　　　　　　　　中文名称：乙酸钾；乙酸钾盐

RTECS 号：AJ3325000　　　　　　　　英文名称：POTASSIUM ACETATE; Acetic acid potassium salt

分子量：98.1　　　　　　　　　　　　化学式：C₂H₃KO₂/CH₃COOK

分子量：98.1　　　　　　　　化学式：$C_2H_3KO_2$/CH_3COOK

危害/接触类型	急性危害/症状	预防	急救/消防
火 灾	可燃的	禁止明火	干粉，雾状水，泡沫，二氧化碳
爆 炸			
接 触			
# 吸入		局部排气通风	新鲜空气，休息
# 皮肤	发红	防护手套	冲洗，然后用水和肥皂清洗皮肤
# 眼睛	发红	安全护目镜	先用大量水冲洗几分钟（如可能尽量摘除隐形眼镜），然后就医
# 食入		工作时不得进食，饮水或吸烟	休息

泄漏处置	将泄漏物清扫进有盖的容器中，如果适当，首先润湿防止扬尘。用大量水冲净残余物。个人防护用具：适用于惰性颗粒物的 P1 过滤呼吸器
包装与标志	
应急响应	
储存	与强酸和强氧化剂分开存放
重要数据	**物理状态、外观：**白色薄片或晶体粉末 **化学危险性：**加热时和与强酸接触时，该物质分解生成乙酸烟雾。与强氧化剂激烈反应。水溶液是一种弱碱 **职业接触限值：**阈限值未制定标准。最高容许浓度未制定标准 **接触途径：**该物质可经食入吸收到体内 **吸入危险性：**未指明该物质蒸发达到空气中有害浓度的速率 **短期接触的影响：**该物质刺激眼睛和皮肤
物理性质	熔点：292℃ 密度：1.6g/cm³ 水中溶解度：20℃时 256g/100mL
环境数据	
注解	

IPCS International Programme on Chemical Safety			UNEP	

本卡片由 IPCS 和 EC 合作编写 © 2004～2012

国际化学品安全卡

氯酸钾			ICSC 编号：0548

CAS 登记号：3811-04-9　　　　　　　中文名称：氯酸钾
RTECS 号：FO0350000　　　　　　　　英文名称：POTASSIUM CHLORATE; Potassium oxymuriate
UN 编号：1485
EC 编号：017-004-00-3
中国危险货物编号：1485

分子量：122.6　　　　　　　　　　　化学式：ClKO₃/KClO₃

危害/接触类型	急性危害/症状	预防	急救/消防
火　灾	不可燃，但可助长其它物质燃烧，在火焰中释放出刺激性或有毒烟雾（或气体）	禁止明火，禁止与易燃物质接触，禁止与高温表面接触	周围环境着火时，不要使用泡沫或干粉灭火，最好使用大量水，雾状水灭火
爆　炸	与有机物、金属粉末、铵类化合物、可燃物质或还原剂混合时，有着火和爆炸危险	不得受摩擦或撞击	着火时喷雾状水保持料桶等冷却。从掩蔽位置灭火
接　触		防止粉尘扩散！严格作业环境管理！	一切情况均向医生咨询！
# 吸入	咳嗽，咽喉痛	局部排气通风或呼吸防护	新鲜空气，休息，给予医疗护理
# 皮肤	发红	防护手套	用大量水冲洗，然后脱掉污染的衣服，再次冲洗，给予医疗护理
# 眼睛	发红，疼痛	安全护目镜	先用大量水冲洗几分钟（如可能尽量摘除隐形眼镜），然后就医
# 食入	腹部疼痛，嘴唇发青或指甲发青，皮肤发青，腹泻，头痛，恶心，气促，意识模糊，惊厥，头晕，咽喉痛，神志不清。症状可能推迟显现。（见注解）	工作时不得进食、饮水或吸烟	漱口，催吐（仅对清醒病人！），给予医疗护理

泄漏处置	大量泄漏时，向专家咨询！将泄漏物清扫至可密闭容器中。如果适当，首先润湿防止扬尘。用大量水冲净残余物。不要使用锯末或其他可燃吸收剂吸收
包装与标志	不得与食品和饲料一起运输 欧盟危险性类别：O 符号　Xn 符号　R:9-20/22　　S:2-13-16-27 联合国危险性类别：5.1　　　　联合国包装类别：II 中国危险性类别：第 5.1 项氧化性物质　中国包装类别：II
应急响应	运输应急卡：TEC（R）-46 美国消防协会法规：H0（健康危险性）；F0（火灾危险性）；R0（反应危险性）；OXY（氧化剂）
储存	与可燃物质和还原性物质、强酸、有机物、铵类化合物、金属粉末、食品和饲料分开存放。干燥
重要数据	物理状态、外观：无色晶体或白色粉末 化学危险性：加热到 400℃ 以上和与强酸接触时，该物质分解生成二氧化氯、氯气有毒烟雾和氧气。该物质是一种强氧化剂。与可燃物质和还原性物质激烈反应，有着火和爆炸危险。有水存在时，浸蚀许多金属 职业接触限值：阈限值未制定标准 接触途径：该物质可通过食入吸收到体内 吸入危险性：20℃ 时蒸发可忽略不计，但可较快地达到空气中颗粒物有害浓度，尤其是粉末 短期接触的影响：该物质刺激呼吸道。该物质可能对血液和肾有影响，导致血细胞损伤、肾损害和形成正铁血红蛋白。影响可能推迟显现。需进行医学观察
物理性质	沸点：低于沸点在 400℃ 时分解 熔点：368℃ 密度：2.3g/cm³ 水中溶解度：7.3g/100mL
环境数据	
注解	如果被有机物、还原性物质、金属粉末和铵类化合物污染，将转变为撞击敏感的物质。对该物质的环境影响未进行充分调查。根据接触程度，需定期进行医疗检查。该物质中毒时，需采取必要的治疗措施。必须提供有指示说明的适当方法。用大量水冲洗污染的衣服（有着火的危险）

IPCS
International
Programme on
Chemical Safety

本卡片由 IPCS 和 EC 合作编写 © 2004～2012

国际化学品安全卡

硫化钾			ICSC 编号：0549

CAS 登记号：1312-73-8
RTECS 号：TT6000000
UN 编号：1382
EC 编号：016-006-00-1
中国危险货物编号：1382

中文名称：硫化钾；硫化二钾；一硫化二钾；一硫化钾
英文名称：POTASSIUM SULFIDE; Dipotassium sulfide; Dipotassium monosulfide; Potassium monosulfide

分子量：110.3　　　　　　　　　　化学式：K_2S

危害/接触类型	急性危害/症状	预防	急救/消防
火 灾	高度易燃。在火焰中释放出刺激性或有毒烟雾（或气体）	禁止明火，禁止火花和禁止吸烟	大量水，雾状水
爆 炸	微细分散的颗粒物在空气中形成爆炸性混合物	不要受摩擦或撞击。防止粉尘沉积，密闭系统，防爆型电气设备和照明	着火时喷雾状水保持料桶等冷却
接 触		防止粉尘扩散！避免一切接触！	
# 吸入	咽喉痛，咳嗽，灼烧感，头晕，头痛，恶心，气促。症状可能推迟显现。（见注解）	局部排气通风或呼吸防护	新鲜空气，休息，半直立体位，必要时进行人工呼吸，给予医疗护理
# 皮肤	疼痛，水疱，皮肤烧伤	防护手套，防护服	脱去污染的衣服，用大量水冲洗或淋浴，给予医疗护理。急救时戴防护手套
# 眼睛	发红，疼痛，严重深度烧伤	安全护目镜或眼睛防护结合呼吸防护	先用大量水冲洗几分钟（如可能尽量摘除隐形眼镜），然后就医
# 食入	灼烧感，腹部痉挛，腹泻，咽喉痛，恶心，呕吐。（另见吸入）	工作时不得进食、饮水和吸烟	漱口，不要催吐，给予医疗护理
泄漏处置	不要冲入下水道。将泄漏物清扫到容器中。个人防护用具：化学防护服包括自给式呼吸器		
包装与标志	气密 欧盟危险性类别：C 符号　　R:31-34　　S:1/2-26-45 联合国危险性类别：4.2　　　联合国包装类别：II 中国危险性类别：第 4.2 项易于自燃的物质　中国包装类别：II		
应急响应	运输应急卡：TEC（R）-42G15 美国消防协会法规：H3（健康危险性）；F1（火灾危险性）；R0（反应危险性）		
储存	耐火设备（条件）。与强氧化剂、强酸分开存放。干燥		
重要数据	物理状态、外观：白色吸湿晶体，有特殊气味。遇空气变红或变棕色 物理危险性：如果以粉末或颗粒形式与空气混合，可能发生粉尘爆炸 化学危险性：受撞击、摩擦或震动时，可能爆炸分解。与空气接触时，可能自燃。燃烧时，生成硫化氢和硫氧化物。与酸接触时，该物质分解生成有毒和易燃硫化氢（见卡片#0165）。水溶液是一种强碱。与酸激烈反应，有腐蚀性。与氧化剂反应，生成二氧化硫 职业接触限值：阈限值未制定标准 接触途径：该物质可通过吸入和食入吸收到体内 吸入危险性：20℃时蒸发可忽略不计，但能较快地达到空气中颗粒物有害浓度 短期接触的影响：该物质腐蚀眼睛、皮肤和呼吸道。吸入可能引起肺水肿（见注解）。高浓度接触时，可能导致死亡。影响可能推迟显现。需进行医学观察		
物理性质	熔点：840℃ 相对密度（水=1）：1.8 水中溶解度：易溶解		
环境数据	该物质对水生生物是有害的		
注解	肺水肿症状常常几个小时以后才变得明显，体力劳动使症状加重。因此，休息和医学观察是必要的。应当考虑由医生或医生指定的人立即采取适当吸入治疗法		

IPCS
International
Programme on
Chemical Safety

本卡片由 IPCS 和 EC 合作编写 © 2004～2012

国际化学品安全卡

丙醛			ICSC 编号：0550

CAS 登记号：123-38-6	中文名称：丙醛；甲基乙醛
RTECS 号：UE0350000	英文名称：PROPIONALDEHYDE; Propionic aldehyde; Methylacetaldehyde;
UN 编号：1275	Propanal; Propyl aldehyde
EC 编号：605-018-00-8	
中国危险货物编号：1275	

分子量：250.3　　　　　　　　　　　　化学式：C_6HCl_5

危害/接触类型	急性危害/症状	预防	急救/消防
火　灾	高度易燃	禁止明火，禁止火花和禁止吸烟	干粉，抗溶性泡沫，雾状水，二氧化碳
爆　炸	蒸气/空气混合物有爆炸性	密闭系统，通风，防爆型电气设备和照明。不要使用压缩空气灌装、卸料或转运	着火时，喷雾状水保持料桶等冷却
接　触			
# 吸入	咳嗽。咽喉痛	通风，局部排气通风或呼吸防护	新鲜空气，休息。给予医疗护理
# 皮肤	发红。疼痛	防护手套	脱去污染的衣服。用大量水冲洗皮肤或淋浴
# 眼睛	发红。疼痛	安全护目镜，或眼睛防护结合呼吸防护	先用大量水冲洗几分钟（如可能尽量摘除隐形眼镜），然后就医
# 食入	灼烧感	工作时不得进食，饮水或吸烟	漱口。大量饮水。给予医疗护理
泄漏处置	转移全部引燃源。尽可能将泄漏液收集在可密闭的容器中。用砂土或惰性吸收剂吸收残液，并转移到安全场所。不要冲入下水道。个人防护用具：适用于有机气体和蒸气的过滤呼吸器		
包装与标志	欧盟危险性类别：F 符号　Xi 符号　　R:11-36/37/38　S:2-9-16-29 联合国危险性类别：3　联合国包装类别：II 中国危险性类别：第 3 类易燃液体　中国包装类别：II		
应急响应	运输应急卡：TEC(R)-30S1275 美国消防协会法规：H2（健康危险性）；F3（火灾危险性）；R2（反应危险性）		
储存	耐火设备（条件）。与酸类、碱类和氧化剂分开存放。阴凉场所。保存在暗处。稳定后储存		
重要数据	物理状态、外观：无色液体，有刺鼻气味 物理危险性：蒸气比空气重，可能沿地面流动，可能造成远处着火 化学危险性：该物质可能生成爆炸性过氧化物。在酸、碱、胺类和氧化剂的作用下，该物质可能发生聚合，有着火或爆炸危险。燃烧时，该物质分解生成有毒气体和刺激性烟雾 职业接触限值：阈限值：20ppm（时间加权平均值）（美国政府工业卫生学家会议，2003 年） 接触途径：该物质可通过吸入其蒸气和经食入吸收到体内 吸入危险性：20℃时，该物质蒸发，迅速达到空气中有害污染浓度 短期接触的影响：蒸气刺激眼睛和呼吸道，该物质严重刺激眼睛和皮肤		
物理性质	沸点：49℃ 熔点：-81℃ 相对密度（水=1）：0.8 水中溶解度：20g/100mL 蒸气压：20℃时 31.3kPa 蒸气相对密度（空气=1）：2.0 蒸气/空气混合物的相对密度（20℃，空气=1）：1.3 闪点：-30℃（闭杯） 自燃温度：207℃ 爆炸极限：空气中 2.6%～17.0%（体积） 辛醇/水分配系数的对数值：0.59		
环境数据			
注解	蒸馏前检验过氧化物，如有，将其去除。添加稳定剂或阻聚剂会影响该物质的毒理学性质。向专家咨询		

IPCS
International
Programme on
Chemical Safety

本卡片由 IPCS 和 EC 合作编写 © 2004～2012

国际化学品安全卡

丙二醇一甲醚			ICSC 编号：0551

CAS 登记号：107-98-2
RTECS 号：UB7700000
UN 编号：3092
EC 编号：603-064-00-3
中国危险货物编号：3092

中文名称：丙二醇一甲醚；1-甲氧基-2-羟基丙烷；1-甲氧基丙烷-2-醇；1-甲氧基-2-丙醇；丙二醇甲醚
英文名称：PROPYLENEGLYCOL MONOMETHYL ETHER;
1-Methoxy-2-hydroxypropane; 1-Methoxy-propane-2-ol；
1-Methoxy-2-propanol; Propylene glycol methyl ether

分子量：90.1

化学式：$C_4H_{10}O_2/H_3CCHOHCH_2OCH_3$

危害/接触类型	急性危害/症状	预防	急救/消防
火　灾	易燃的	禁止明火，禁止火花和禁止吸烟	干粉，抗溶性泡沫，雾状水，二氧化碳
爆　炸	高于38℃可能形成爆炸性蒸气/空气混合物	高于38℃密闭系统，通风和防爆型电气设备	着火时喷雾状水保持料桶等冷却
接　触			
# 吸入	咳嗽，倦睡，头痛，咽喉痛	通风，局部排气通风或呼吸防护	新鲜空气，休息，给予医疗护理
# 皮肤	皮肤干燥，发红	防护手套，防护服	脱去污染的衣服，用大量水冲洗皮肤或淋浴
# 眼睛	流泪，发红，疼痛	安全护目镜或面罩	先用大量水冲洗几分钟（如可能尽量摘除隐形眼镜），然后就医
# 食入	倦睡，头痛，恶心		漱口，不要催吐，休息，给予医疗护理
泄漏处置	收集泄漏液在有盖容器中。用砂土或惰性吸收剂吸收残液，并转移到安全场所		
包装与标志	联合国危险性类别：3　　　联合国包装类别：III 中国危险性类别：第3类 易燃液体 中国包装类别：III		
应急响应			
储存	耐火设备（条件）。保存在暗处		

重要数据	物理状态、外观：无色液体，有特殊气味 化学危险性：该物质可能生成爆炸性过氧化物。与强氧化剂、酰基氯、酸酐、铝和铜发生反应 职业接触限值：阈限值：100ppm，369mg/m³（时间加权平均值）；150ppm，553mg/m³（短期接触限值）（美国政府工业卫生学家会议，1997年）。欧盟职业接触限值：100ppm，375mg/m³（时间加权平均值）；150ppm，568mg/m³(短期接触限值)；(经皮)(欧盟，2000年) 接触途径：该物质可通过吸入其蒸气或气溶胶、经皮肤和食入吸收到体内 吸入危险性：20℃时该物质蒸发相当慢地达到空气中有害污染浓度 短期接触的影响：该物质和高浓度蒸气刺激眼睛、皮肤和呼吸道。极高浓度接触时，可能导致中枢神经系统抑郁 长期或反复接触的影响：液体使皮肤脱脂
物理性质	沸点：120℃ 熔点：-96℃ 相对密度（水=1）：0.92 水中溶解度：易溶 蒸气压：20℃时 1.2kPa 蒸气相对密度（空气=1）： 蒸气/空气混合物的相对密度（20℃，空气=1）：1.03 闪点：38℃ 自燃温度：270℃ 爆炸极限：空气中 1.9%～13.1%（体积）
环境数据	
注解	工业级产品中含有的杂质，可能改变其毒性。蒸馏以前检验过氧化物含量。如有，使其无害化。商品名称有：Dowanol 33 B, Dowanol PM, Dowtherm 209, Poly-Solv MPM Solvent, PolySolvent M, Propasol Solvent M, UCAR PM Solvent 和 Ucar Triol HG-170

IPCS
International
Programme on
Chemical Safety

本卡片由 IPCS 和 EC 合作编写 © 2004～2012

国际化学品安全卡

敌稗			ICSC 编号：0552

CAS 登记号：709-98-8　　　中文名称：敌稗；3,4-二氯苯基丙酰胺
RTECS 号：UE4900000　　　英文名称：PROPANIL; 3,4-Dichloropropionanilide
EC 编号：616-009-00-3
分子量：218.1　　　化学式：$C_9H_9Cl_2NO/C_6H_3Cl_2NHCOCH_2CH_3$

危害/接触类型	急性危害/症状	预防	急救/消防
火　灾	不可燃。含有机溶剂的液体制剂可能是易燃的。在火焰中释放出刺激性或有毒烟雾（或气体）		周围环境着火时，允许使用各种灭火剂
爆　炸	爆炸危险取决于配方中所用溶剂		
接　触		避免青少年和儿童接触！	
# 吸入	嘴唇或指甲发青，皮肤发青，意识模糊，咳嗽，眩晕，瞌睡，头痛，呼吸困难	局部排气通风或呼吸防护	新鲜空气，休息，给予医疗护理
# 皮肤		防护手套	脱掉污染的衣服，冲洗，然后用水和肥皂洗皮肤
# 眼睛		安全护目镜	首先用大量水冲洗几分钟（如可能尽量摘除隐形眼镜），然后就医
# 食入	恶心，呕吐，嘴、食道灼烧感和胃部作呕，局部刺激。（另见吸入）	工作时不得进食、饮水或吸烟	漱口，催吐（仅对清醒病人！），给予医疗护理
泄漏处置	不得冲入下水道。不要让该化学品进入环境。将泄漏物扫入容器中。小心收集残余物，然后转移到安全场所。个人防护用具：适用于有机蒸气和有害粉尘的 A/P2 过滤呼吸器		
包装与标志	欧盟危险性类别：Xn 符号　N 符号　R:22-50　　S:2-22-61		
应急响应			
储存	保存在通风良好的室内		
重要数据	物理状态、外观：无色晶体 化学危险性：加热时，该物质分解释放出氯化氢（见卡片＃0163）、氮氧化物有毒和刺激性烟雾 职业接触限值：阈限值未制定标准 接触途径：该物质可通过吸入和食入吸收到体内 吸入危险性：20℃时蒸发可忽略不计，但扩散时可较快地达到空气中颗粒物有害浓度 短期接触的影响：该物质可能对中枢神经系统有影响，形成正铁血红蛋白（见注解）。某些杂质会引起氯痤疮。影响可能推迟显现		
物理性质	熔点：92～93℃ 相对密度（水=1）：1.25 水中溶解度：不溶 蒸气压：60℃时 0.012Pa		
环境数据	该物质可能对环境有危害，对水生生物应给予特别注意		
注解	敌稗原药是棕色结晶固体。其他熔点：88～91℃（工业级）。该物质中毒时，需采取必要的治疗措施。必须提供有指示说明的适当方法。该物质对人体健康影响数据不充分，因此应当特别注意。商业制剂中使用的载体溶剂可能改变其物理和毒理学性质。不要将工作服带回家中。商品名有 Stam F-34, Surcopur, Hervax, Riselect, Rogue, Chem rice, Surpur 和 Propanex		

本卡片由 IPCS 和 EC 合作编写 © 2004～2012

国际化学品安全卡

1-丙醇			ICSC 编号：0553

CAS 登记号：71-23-8	中文名称：1-丙醇；丙醇；丙烷-1-醇
RTECS 号：UH8225000	英文名称：1-PROPANOL; Propyl alcohol;Propan-1-ol
UN 编号：1274	
EC 编号：603-003-00-0	
中国危险货物编号：1274	
分子量：60.1	化学式：C$_3$H$_8$O/CH$_3$CH$_2$CH$_2$OH

危害/接触类型	急性危害/症状	预防	急救/消防
火 灾	高度易燃。在火焰中释放出刺激性或有毒烟雾（或气体）	禁止明火、禁止火花和禁止吸烟。禁止与氧化剂接触	干粉、抗溶性泡沫、雾状水、二氧化碳
爆 炸	蒸气/空气混合物有爆炸性	密闭系统、通风、防爆型电气设备和照明。不要使用压缩空气灌装、卸料或转运	着火时，喷雾状水保持料桶等冷却
接 触			
# 吸入	共济失调，意识模糊，头晕，倦睡，头痛，恶心，虚弱	通风，局部排气通风或呼吸防护	新鲜空气，休息
# 皮肤	皮肤发干	防护手套	冲洗，然后用水和肥皂清洗皮肤
# 眼睛	发红，疼痛，视力模糊	护目镜	先用大量水冲洗几分钟（如可能尽量摘除隐形眼镜），然后就医
# 食入	腹部疼痛，咽喉疼痛，呕吐。（见吸入）	工作时不得进食，饮水或吸烟	漱口，给予医疗护理
泄漏处置	小心中和泄漏液体。转移全部引燃源。尽可能将泄漏液收集在可密闭的容器中。用砂土或惰性吸收剂吸收残液，并转移到安全场所		
包装与标志	欧盟危险性类别：F 符号 Xi 符号 标记：6 R:11-41-67 S:2-7-16-24-26-39 联合国危险性类别：3 联合国包装类别：II 中国危险性类别：第 3 类易燃液体 中国包装类别：II		
应急响应	运输应急卡：TEC(R)-30S1274 美国消防协会法规：H1（健康危险性）；F3（火灾危险性）；R0（反应危险性）		
储存	耐火设备（条件）。与强氧化剂分开存放。阴凉场所。严格密封。保存在通风良好的室内		
重要数据	物理状态、外观：无色清澈液体，有特殊气味 物理危险性：蒸气与空气充分混合，容易形成爆炸性混合物 化学危险性：与强氧化剂反应，有着火和爆炸的危险。浸蚀某些塑料和橡胶 职业接触限值：阈限值：200ppm（时间加权平均值）（经皮）（美国政府工业卫生学家会议，2004年）。阈限值（短期接触限值）：250ppm（经皮）（美国政府工业卫生学家会议，2004 年） 接触途径：该物质可通过吸入其蒸气和经食入吸收到体内 吸入危险性：20℃时该物质蒸发，相当慢地达到空气中有害浓度，但喷洒或扩散时要快得多 短期接触的影响：该物质刺激眼睛。该物质可能对中枢神经系统有影响。高浓度下接触，可能导致神志不清 长期或反复接触的影响：液体使皮肤脱脂		
物理性质	沸点：97℃ 熔点：-127℃ 相对密度（水=1）：0.8 水中溶解度：混溶 蒸气压：20℃时 2.0kPa 蒸气相对密度（空气=1）：2.1 蒸气/空气混合物的相对密度（20℃，空气=1）：1.02 闪点：15℃（闭杯） 自燃温度：371℃ 爆炸极限：空气中 2.1%～13.5%（体积） 辛醇/水分配系数的对数值：0.25		
环境数据			
注解	饮用含酒精饮料增进有害影响		

IPCS
International
Programme on
Chemical Safety

   UNEP

本卡片由 IPCS 和 EC 合作编写 © 2004～2012

国际化学品安全卡

异丙醇			ICSC 编号：0554

CAS 登记号：67-63-0
RTECS 号：NT8050000
UN 编号：1219
EC 编号：603-117-00-0
中国危险货物编号：1219

中文名称：异丙醇；2-丙醇；丙烷-2-醇；二甲基甲醇
英文名称：ISOPROPYL ALCOHOL; 2-Propanol; Propan-2-ol;Isopropanol; Dimethylcarbinol

分子量：60.1　　　　　　　　化学式：$C_3H_8O/CH_3CHOHCH_3$

危害/接触类型	急性危害/症状	预防	急救/消防
火灾	高度易燃	禁止明火、禁止火花和禁止吸烟	干粉、抗溶性泡沫、大量水、二氧化碳
爆炸	蒸气/空气混合物有爆炸性	密闭系统、通风、防爆型电气设备和照明	着火时，喷雾状水保持料桶等冷却
接触			
# 吸入	咳嗽，头晕，倦睡，头痛，咽喉痛（见食入）	通风，局部排气通风或呼吸防护	新鲜空气，休息，给予医疗护理
# 皮肤	皮肤干燥	防护手套	脱去污染的衣服，冲洗，然后用水和肥皂清洗皮肤
# 眼睛	发红	安全护目镜，或眼睛防护结合呼吸防护	先用大量水冲洗几分钟（如可能尽量摘除隐形眼镜），然后就医
# 食入	腹部疼痛，呼吸困难，恶心，神志不清，呕吐。（另见吸入）	工作时不得进食，饮水或吸烟	漱口，不要催吐，休息，给予医疗护理

泄漏处置	将泄漏液收集在可密闭的容器中。用砂土或惰性吸收剂吸收残液，并转移到安全场所。个人防护用具：适用于有机气体和蒸气的过滤呼吸器
包装与标志	欧盟危险性类别：F 符号 Xi 符号 标记：6　R:11-36-67 S:2-7-16-24/25-26 联合国危险性类别：3　联合国包装类别：II 中国危险性类别：第 3 类易燃液体 中国包装类别：II
应急响应	运输应急卡：TEC(R)-30S1219 美国消防协会法规：H1（健康危险性）；F3（火灾危险性）；R0（反应危险性）
储存	耐火设备（条件）。与强氧化剂分开存放。阴凉场所。严格密封
重要数据	物理状态、外观：无色液体 物理危险性：蒸气与空气充分混合，容易形成爆炸性混合物 化学危险性：与强氧化剂发生反应。浸蚀某些塑料和橡胶 职业接触限值：阈限值：200ppm（时间加权平均值），400ppm（短期接触限值）；A4（不能分类为人类致癌物）（美国政府工业卫生学家会议，2004 年）。最高容许浓度：200ppm，500mg/m³；最高限值种类：II（2）；妊娠风险等级：C（德国，2004 年） 接触途径：该物质可通过吸入其蒸气吸收到体内 吸入危险性：20℃时该物质蒸发，相当慢地达到空气中有害浓度，但喷洒或扩散时要快得多 短期接触的影响：该物质刺激眼睛和呼吸道。该物质可能对中枢神经系统有影响，导致抑郁。远高于职业接触限值接触时，可能导致神志不清 长期或反复接触的影响：液体使皮肤脱脂
物理性质	沸点：83℃ 熔点：-90℃ 相对密度（水=1）：0.79 水中溶解度：混溶 蒸气压：20℃时 4.4kPa 蒸气相对密度（空气=1）：2.1	蒸气/空气混合物的相对密度（20℃，空气=1）：1.05 闪点：11.7℃（闭杯） 自燃温度：456℃ 爆炸极限：空气中 2%～12%（体积） 辛醇/水分配系数的对数值：0.05
环境数据	
注解	饮用含酒精饮料增进有害影响

IPCS
International Programme on Chemical Safety

国际化学品安全卡

β-丙醇酸内酯			ICSC 编号：0555

CAS 登记号：57-57-8	中文名称：β-丙醇酸内酯；1,3-丙醇酸内酯
RTECS 号：RQ7350000	英文名称：beta-PROPIOLACTONE; 1,3-Propiolactone; 2-Oxetanone;
UN 编号：2810	Propanolide
EC 编号：606-031-00-1	
中国危险货物编号：2810	

分子量：72.06	化学式：C₃H₄O₂

危害/接触类型	急性危害/症状	预防	急救/消防
火 灾	可燃的	禁止明火	干粉，抗溶性泡沫，雾状水，二氧化碳
爆 炸	高于 74℃ 可能形成爆炸性蒸气/空气混合物	高于 74℃ 密闭系统，通风	着火时，喷雾状水保持料桶等冷却
接 触		避免一切接触！	
# 吸入	灼烧感，咳嗽，头痛，恶心，气促，呕吐	通风，局部排气通风或呼吸防护	新鲜空气，休息，必要时进行人工呼吸，给予医疗护理
# 皮肤	皮肤烧伤，水疱	防护手套，防护服	脱去污染的衣服，用大量水冲洗皮肤或淋浴，给予医疗护理
# 眼睛	发红，疼痛，严重深度烧伤	面罩或眼睛防护结合呼吸防护	先用大量水冲洗几分钟（如可能易，摘除隐形眼镜），然后就医
# 食入	灼烧感，咽喉疼痛。（另见吸入）	工作时不得进食、饮水或吸烟	漱口，不要催吐，给予医疗护理

泄漏处置	尽可能将泄漏液收集在可密闭容器中。用砂土或惰性吸收剂吸收残液并转移到安全场所。个人防护用具：全套防护服，包括自给式呼吸器
包装与标志	不得与食品和饲料一起运输 欧盟危险性类别：T+符号 标记：E R:45-26-36/38 S:53-45 联合国危险性类别：6.1 联合国包装类别：I 中国危险性类别：第 6.1 项毒性物质 中国包装类别：I
应急响应	美国消防协会法规：H0（健康危险性）；F2（火灾危险性）；R0（反应危险性）
储存	与食品和饲料分开存放。阴凉场所。严格密封
重要数据	物理状态、外观：无色液体，有刺鼻气味 化学危险性：加热时，该物质可能聚合，有着火或爆炸危险 职业接触限值：阈限值：0.5ppm，1.5mg/m³，A3（确认的动物致癌物，但未知与人类相关性）（美国政府工业卫生学家会议，1997 年） 接触途径：该物质可通过吸入和食入吸收到体内 短期接触的影响：该物质腐蚀眼睛和刺激皮肤和呼吸道 长期或反复接触的影响：该物质很可能是人类致癌物
物理性质	沸点：155℃（分解） 熔点：−33.4℃ 相对密度（水=1）：1.1 水中溶解度：37g/100mL 蒸气压：25℃时 0.3kPa 闪点：74℃ 爆炸极限：空气中 2.9%～?（体积）
环境数据	
注解	

IPCS
International
Programme on
Chemical Safety

本卡片由 IPCS 和 EC 合作编写 © 2004～2012

国际化学品安全卡

丁基丙酸酯			ICSC 编号：0556

CAS 登记号：590-01-2	中文名称：丁基丙酸酯；丙酸丁酯
RTECS 号：UE8245000	英文名称：BUTYL PROPIONATE; Propionic acid butylester;Butyl
UN 编号：1914	propanoate; Propionic acid butyl ester
EC 编号：607-029-00-3	
中国危险货物编号：1914	
分子量：130.2	化学式：$C_7H_{14}O_2/C_2H_5COOC_4H_9$

危害/接触类型	急性危害/症状	预防	急救/消防
火　灾	易燃的	禁止明火、禁止火花和禁止吸烟	干粉，水成膜泡沫，泡沫，二氧化碳
爆　炸	高于32℃，可能形成爆炸性蒸气/空气混合物	高于32℃，使用密闭系统，通风和防爆型电气设备	着火时，喷雾状水保持料桶等冷却
接　触			
# 吸入		通风，局部排气通风或呼吸防护	新鲜空气，休息，给予医疗护理
# 皮肤		防护手套	脱掉污染的衣服，用大量水冲洗皮肤或淋浴
# 眼睛		安全护目镜	首先用大量水冲洗几分钟（如可能尽量摘除隐形眼镜），然后就医
# 食入	腹部疼痛，恶心	工作时不得进食、饮水或吸烟	漱口，不要催吐，给予医疗护理

泄漏处置	尽可能将泄漏液收集在有盖容器中。用砂土或惰性吸收剂吸收残液并转移到安全场所
包装与标志	欧盟危险性类别：标记：C　R:10　S:2 联合国危险性类别：3　联合国包装类别：III 中国危险性类别：第3类易燃液体 中国包装类别：III
应急响应	运输应急卡：TEC (R)-30G35 美国消防协会法规：H2（健康危险性）；F3（火灾危险性）；R0（反应危险性）
储存	耐火设备（条件）。与强氧化剂分开存放
重要数据	物理状态、外观：无色液体，有特殊气味 化学危险性：与强氧化剂发生反应 职业接触限值：阈限值未制定标准 接触途径：该物质可通过吸入吸收到体内 吸入危险性：20℃时该物质蒸发，不会或很缓慢地达到有害空气污染浓度，但喷洒时快得多 短期接触的影响：该物质刺激眼睛、皮肤和呼吸道
物理性质	沸点：146℃ 熔点：-90℃ 相对密度（水=1）：0.9 水中溶解度：微溶 蒸气压：20℃时 0.38kPa 蒸气相对密度（空气=1）：4.5 蒸气/空气混合物的相对密度（20℃，空气=1）：1.00 闪点：32℃ 自燃温度：425℃
环境数据	
注解	该物质是可燃的，且闪点<55℃，但爆炸极限未见文献报道。对该物质的环境影响未进行调查

IPCS
International
Programme on
Chemical Safety

本卡片由 IPCS 和 EC 合作编写 © 2004～2012

国际化学品安全卡

丙酸钠			ICSC 编号：0557

CAS 登记号：137-40-6	中文名称：丙酸钠；丙酸钠盐；E281
RTECS 号：UF7525000	英文名称：SODIUM PROPIONATE; Propionic acid, sodium salt; E281

分子量：96.1	化学式：CH₃CH₂COONa/C₃H₅NaO₂

危害/接触类型	急性危害/症状	预防	急救/消防
火 灾	可燃的。在火焰中释放出刺激性或有毒烟雾（或气体）	禁止明火	大量水
爆 炸	微细分散的颗粒物在空气中形成爆炸性混合物	防止粉尘扩散。防止静电荷积聚（例如，通过接地）	
接 触			
# 吸入	咳嗽。咽喉痛	局部排气通风	新鲜空气，休息
# 皮肤		防护手套	用大量水冲洗皮肤或淋浴
# 眼睛	发红。疼痛	安全眼镜	用大量水冲洗（如可能尽量摘除隐形眼镜）
# 食入		工作时不得进食，饮水或吸烟	漱口。饮用 1～2 杯水
泄漏处置	个人防护用具：适应于该物质空气中浓度的颗粒物过滤呼吸器。将泄漏物清扫进有盖的容器中，如果适当，首先润湿防止扬尘。用大量水冲净残余物		
包装与标志			
应急响应			
储存	干燥。严格密封		
重要数据	物理状态、外观：白色吸湿晶体粉末，有特殊气味 物理危险性：以粉末或颗粒形状与空气混合，可能发生粉尘爆炸 化学危险性：加热时该物质分解，生成有毒和腐蚀性烟雾(氧化钠)。水溶液是一种弱碱 职业接触限值：阈限值：10mg/m³（时间加权平均值）(美国政府工业卫生学家会议，2011 年) 接触途径：见注解 吸入危险性：20℃时蒸发可忽略不计，但扩散时可较快地达到空气中颗粒物公害污染浓度 短期接触的影响：见注解 长期或反复接触的影响：见注解		
物理性质	熔点：210℃ 水中溶解度：100g/100mL (溶解) 闪点：>250℃ 开杯		
环境数据			
注解	虽然进行过广泛调查，但未发现接触该物质对健康的影响		

IPCS
International
Programme on
Chemical Safety

UNEP

本卡片由 IPCS 和 EC 合作编写 © 2004～2012

国际化学品安全卡

丙酸酐			ICSC 编号：0558

CAS 登记号：123-62-6	中文名称：丙酸酐；甲基乙酸酐
RTECS 号：UF9100000	英文名称：PROPIONIC ANHYDRIDE; Propanoic anhydride; Methylacetic anhydride; Propanoic acid anhydride
UN 编号：2496	
EC 编号：607-010-00-X	
中国危险货物编号：2496	

分子量：130.2　　　　　　　　　化学式：$C_6H_{10}O_3/(CH_3CH_2CO)_2O$

危害/接触类型	急性危害/症状	预防	急救/消防
火 灾	可燃的	禁止明火	干粉，抗溶性泡沫，雾状水，二氧化碳
爆 炸	高于 63℃可能形成爆炸性蒸气/空气混合物	高于 63℃密闭系统，通风	
接 触		防止烟雾产生！避免一切接触！	
# 吸入	咽喉疼痛，灼烧感，咳嗽，气促。症状可能推迟显现。（见注解）	通风，局部排气通风或呼吸防护	新鲜空气，休息，必要时进行人工呼吸，给予医疗护理
# 皮肤	疼痛，皮肤烧伤	防护手套，防护服	脱去污染的衣服，用大量水冲洗皮肤或淋浴给予医疗护理
# 眼睛	发红，疼痛，严重深度烧伤	面罩或眼睛防护结合呼吸防护	先用大量水冲洗几分钟（如可能尽量摘除隐形眼镜），然后就医
# 食入	灼烧感，腹痛，休克或虚脱。咽喉疼痛	工作时不得进食、饮水或吸烟	漱口，大量饮水，不要催吐，给予医疗护理
泄漏处置	尽可能将泄漏液收集在可密闭的容器中。用干砂土或惰性吸收剂吸收残液，并转移到安全场所。个人防护用具：化学防护服。使用面罩		
包装与标志	不得与食品和饲料一起运输 欧盟危险性类别：C 符号　R:34　S:1/2-26-45 联合国危险性类别：8　联合国包装类别：III 中国危险性类别：第 8 类腐蚀性物质　中国包装类别：III		
应急响应	运输应急卡：TEC（R）-80GC3-II+III 美国消防协会法规：H3（健康危险性）；F2（火灾危险性）；R1（反应危险性）		
储存	干燥。沿地面通风。与碱类、氧化剂、食品和饲料分开存放		
重要数据	物理状态、外观：无色液体，有刺鼻气味 物理危险性：蒸气比空气重 化学危险性：与水接触时，该物质分解生成腐蚀性丙酸。与氧化剂和碱激烈反应，有着火和爆炸危险 职业接触限值：阈限值未制定标准。最高容许浓度未制定标准 接触途径：该物质可通过吸入和食入吸收到体内 吸入危险性：未指明 20℃时该物质蒸发达到空气中有害浓度的速率 短期接触的影响：该物质腐蚀眼睛、皮肤和呼吸道。吸入蒸气或气溶胶可能引起肺水肿（见注解）。食入有腐蚀性。影响可能推迟显现。需进行医学观察		
物理性质	沸点：167℃ 熔点：-45℃ 相对密度（水=1）：1.01 水中溶解度：发生反应 蒸气压：20℃时 0.1kPa 蒸气相对密度（空气=1）：4.5 蒸气/空气混合物的相对密度（20℃，空气=1）：4.4 闪点：63℃（闭杯） 自燃温度：285℃ 爆炸极限：空气中 1.3%～9.5%（体积）		
环境数据			
注解	肺水肿症状常常几个小时以后才变得明显，体力劳动使症状加重。因此，休息和医学观察是必要的。应当考虑由医生或医生指定的人员立即采取适当吸入治疗法		

IPCS
International Programme on Chemical Safety

本卡片由 IPCS 和 EC 合作编写 © 2004～2012

国际化学品安全卡

丙烯			ICSC 编号：0559

CAS 登记号：115-07-1	中文名称：丙烯；甲基乙烯；甲基乙烯(钢瓶)
RTECS 号：UC6740000	英文名称：PROPYLENE; Methylethylene; Propene; Methylethene (cylinder)
UN 编号：1077	
EC 编号：601-011-00-9	
中国危险货物编号：1077	

分子量：42.1　　　　　　　　　　　　化学式：C_3H_6/CH_2CHCH_3

危害/接触类型	急性危害/症状	预防	急救/消防
火 灾	极易燃	禁止明火、禁止火花和禁止吸烟	切断气源，如不可能并对周围环境无危险，让火自行燃尽。其他情况用干粉，二氧化碳灭火
爆 炸	气体/空气混合物有爆炸性	密闭系统，通风，防爆型电气设备与照明。如果为液体，防止静电荷积聚（例如，通过接地）	着火时，喷雾状水保持钢瓶冷却，但避免该物质与水直接接触。从掩蔽位置灭火
接 触			
# 吸入	倦睡，窒息。（见注解）	通风	新鲜空气，休息，必要时进行人工呼吸，给予医疗护理
# 皮肤	与液体接触：冻伤	保温手套	冻伤时用大量水冲洗，不要脱去衣服，给予医疗护理
# 眼睛	见皮肤	安全护目镜或面罩	首先用大量水冲洗几分钟（如可能尽量摘除隐形眼镜），然后就医
# 食入		工作时不得进食、饮水或吸烟	

泄漏处置	撤离危险区域！向专家咨询！通风。移除所有引燃源。切勿直接将水喷在液体上。化学保护服包括自给式呼吸器
包装与标志	欧盟危险性类别：F+符号　　R:12　　S:2-9-16-33 联合国危险性类别：2.1 中国危险性类别：第 2.1 项易燃气体
应急响应	运输应急卡：TEC (R)-137 美国消防协会法规：H1（健康危险性）；F4（火灾危险性）；R1（反应危险性）
储存	耐火设备（条件）。阴凉场所
重要数据	物理状态、外观：无色压缩液化气体 物理危险性：气体比空气重，可能沿地面流动，可能造成远处着火。可能积聚在低层空间造成缺氧。由于流动、搅拌等，可能产生静电 化学危险性：与氧化剂猛烈反应，有着火和爆炸危险 职业接触限值：阈限值未制定标准 接触途径：该物质可通过吸入吸收到体内 吸入危险性：容器损漏时，由于降低封闭空间空气中氧含量，该气体能够造成窒息 短期接触的影响：液体迅速蒸发可能引起冻伤。该物质可能对中枢神经系统有影响。接触可能引起意识降低。见注解

物理性质	沸点：-48℃ 熔点：-185℃ 相对密度（水=1）：0.5 水中溶解度：微溶 蒸气压：25℃时 1158kPa	蒸气相对密度（空气=1）：1.5 闪点：易燃气体 自燃温度：460℃ 爆炸极限：空气中 2.4%～10.3%（体积） 辛醇/水分配系数的对数值：1.77

环境数据	
注解	空气中高浓度造成缺氧，有神志不清或死亡危险。进入工作区以前，检验氧含量。转动泄漏钢瓶使漏口朝上，防止液态气体逸出

IPCS
International Programme on Chemical Safety

本卡片由 IPCS 和 EC 合作编写 © 2004～2012

国际化学品安全卡

丙炔	ICSC 编号：0560

CAS 登记号：74-99-7	中文名称：丙炔；甲基乙炔（钢瓶）
RTECS 号：UK4250000	英文名称：PROPYNE; Allylene; Methyl acetylene(cylinder)
UN 编号：1954	
中国危险货物编号：1954	

分子量：40.07	化学式：C_3H_4/$CH_3CH \equiv CH$

危害/接触类型	急性危害/症状	预防	急救/消防
火灾	极易燃	禁止明火，禁止火花和禁止吸烟	切断气源，如不可能或对周围环境无危险，让火自行燃烧完全。其它情况喷雾状水灭火
爆炸	气体/空气混合物有爆炸性	密闭系统，通风，防爆型电气设备和照明。使用无火花的手工具。如为液态，防止静电荷积聚（如，通过接地）	着火时喷雾状水保持钢瓶冷却。从掩蔽位置灭火
接触			
# 吸入	头晕，头痛，恶心，神志不清	局部排气通风或呼吸防护	新鲜空气，休息，必要时进行人工呼吸，给予医疗护理。（见注解）
# 皮肤	与液体接触：冻伤	保温手套	冻伤时，用大量水冲洗，不要脱衣服
# 眼睛		面罩	先用大量水冲洗几分钟（如可能尽量摘除隐形眼镜），然后就医
# 食入			

泄漏处置	撤离危险区域！通风。移除全部引燃源。切勿直接将水喷洒在液体上。个人防护用具：化学防护服包括自给式呼吸器
包装与标志	联合国危险性类别：2.1 中国危险性类别：第 2.1 项易燃气体
应急响应	运输应急卡：TEC（R）-20G41 美国消防协会法规：H2（健康危险性）；F4（火灾危险性）；R2（反应危险性）
储存	耐火设备（条件）。阴凉场所
重要数据	物理状态、外观：无色压缩气体，有特殊气味 物理危险性：气体比空气重，可能沿地面流动，可能造成远处着火。由于流动、搅拌等，可能产生静电 化学危险性：加热时和加压时，该物质发生分解，有着火和爆炸危险 职业接触限值：阈限值：1000ppm、1640mg/m³（美国政府工业卫生学家会议，1996 年） 接触途径：该物质可通过吸入吸收到体内 吸入危险性：容器漏损时，由于降低封闭空间中氧含量，该气体能造成窒息 短期接触的影响：该物质刺激呼吸道。液体迅速挥发可能引起冻伤。接触会导致意识降低
物理性质	沸点：−23.2℃ 熔点：−101.7℃ 相对密度（水=1）：0.70 水中溶解度：0.36g/100mL 蒸气压：20℃时 521kPa 蒸气相对密度（空气=1）：1.4 闪点：易燃气体 爆炸极限：空气中 2.4%～11.7%（体积）
环境数据	
注解	进入污染的工作区域以前，检验氧含量。空气中高浓度造成缺氧，有神志不清或死亡的危险。焊接使用后关闭阀门，定期检查管路等，并用肥皂水试漏。预防中提到的措施也适用于该气体的生产、钢瓶灌充和贮存

IPCS
International
Programme on
Chemical Safety

本卡片由 IPCS 和 EC 合作编写 © 2004～2012

国际化学品安全卡

硝酸胍			ICSC 编号：0561

CAS 登记号：506-93-4	中文名称：硝酸胍；一硝酸胍
RTECS 号：MF4350000	英文名称：GUANIDINENITRATE; Guanidine mononitrate;
UN 编号：1467	Guandidiniumnitrate
中国危险货物编号：1467	

分子量：122.1	化学式：$CH_6N_4O_3/CH_5N_3HNO_3$

危害/接触类型	急性危害/症状	预防	急救/消防
火 灾	爆炸性的。在火焰中释放出刺激性或有毒烟雾（或气体）	禁止明火、禁止火花和吸烟。禁止与易燃物质接触	大量水
爆 炸	有着火和爆炸危险	不得受摩擦或撞击	着火时，喷雾状水保持料桶冷却
接 触		防止粉尘扩散！	
# 吸入	咽喉痛。咳嗽	局部排气通风或呼吸防护	新鲜空气，休息
# 皮肤	发红。疼痛	防护手套	先用大量水冲洗，然后脱去污染的衣服并再次冲洗
# 眼睛	发红。疼痛	安全护目镜	首先用大量水冲洗几分钟（如可能尽量摘除隐形眼镜），然后就医
# 食入		工作时不得进食、饮水或吸烟	不要催吐，大量饮水，给予医疗护理

泄漏处置	撤离危险区域！大量泄漏时,向专家咨询！不要冲入下水道。不要让该化学品进入环境。不要用锯末或其他可燃吸收剂吸收。将泄漏物清扫进有盖的容器中，如果适当，首先润湿防止扬尘
包装与标志	联合国危险性类别：5.1 联合国包装类别：III 中国危险性类别：第 5.1 项氧化性物质 中国包装类别：11
应急响应	运输应急卡：TEC(R)-51GO2-I+II+III
储存	耐火设备（条件）。储存在没有排水管或下水道的场所。与可燃物质和还原性物质分开存放
重要数据	物理状态、外观：白色各种形状的固体 化学危险性：受撞击、摩擦、震动时，可能发生爆炸分解。加热时，可能爆炸。燃烧时，生成含硝酸和氮氧化物的有毒和腐蚀性烟雾。该物质是一种强氧化剂。与可燃物质和还原性物质发生反应 职业接触限值：阈限值未制定标准。最高容许浓度未制定标准 接触途径：该物质可能通过食入吸收到体内 吸入危险性：扩散时可较快地达到空气中颗粒物公害污染浓度，尤其是粉末 短期接触的影响：该物质严重腐蚀眼睛和皮肤
物理性质	沸点：低于沸点分解 熔点：217℃ 密度：1.436g/cm³ 水中溶解度：20℃时 16g/100mL 辛醇/水分配系数的对数值：-8.35
环境数据	该物质对水生生物是有害的
注解	用大量水冲洗工作服（有着火危险）

IPCS
International
Programme on
Chemical Safety

UNEP

本卡片由 IPCS 和 EC 合作编写 © 2004～2012

国际化学品安全卡

吡咯烷酮			ICSC 编号：0562

CAS 登记号：616-45-5	中文名称：吡咯烷酮；2-吡咯烷酮；2-酮基吡咯烷；2-氧代吡咯烷
RTECS 号：UY5715000	英文名称：PYRROLIDONE; 2-Pyrrolidinone; 2-Pyrrolidone; 2-Ketopyrrolidine; 2-Oxopyrrolidine

分子量：85.1	化学式：C$_4$H$_7$NO

危害/接触类型	急性危害/症状	预防	急救/消防
火 灾	可燃的。在火焰中释放出刺激性或有毒烟雾（或气体）	禁止明火	干粉，抗溶性泡沫，雾状水，二氧化碳
爆 炸			
接 触			
# 吸入			
# 皮肤	发红	防护手套	脱去污染的衣服，用大量水冲洗皮肤或淋浴
# 眼睛	发红，疼痛，视力模糊	安全护目镜	先用大量水冲洗几分钟（如可能尽量摘除隐形眼镜），然后就医
# 食入		工作时不得进食、饮水或吸烟	
泄漏处置	尽可能收集泄漏液在可密闭容器中。用砂土或惰性吸收剂吸收残液，然后转移至安全场所		
包装与标志			
应急响应			
储存	沿地面通风		
重要数据	物理状态、外观：浅黄色液体 化学危险性：加热或燃烧时，该物质分解生成氮氧化物有毒烟雾 职业接触限值：阈限值未制定标准 接触途径：该物质可经皮肤吸收到体内 吸入危险性：20℃时该物质蒸发不会或很缓慢地达到空气中有害浓度，但喷洒和扩散时要快得多 短期接触的影响：该物质刺激眼睛、皮肤和呼吸道		
物理性质	沸点：245℃ 熔点：25℃ 相对密度（水=1）：1.1 水中溶解度：溶解 蒸气压：可忽略不计 蒸气相对密度（空气=1）：2.9 蒸气/空气混合物的相对密度（20℃，空气=1）：1.00 闪点：129℃（开杯）		
环境数据			
注解	该物质对人体健康影响数据不充分，因此，应当特别注意。可参考卡片#0513（2-甲基吡咯烷酮）		

IPCS
International Programme on Chemical Safety

本卡片由 IPCS 和 EC 合作编写 © 2004～2012

国际化学品安全卡

水杨酸			ICSC 编号：0563

CAS 登记号：69-72-7

RTECS 号：VO0525000

中文名称：水杨酸；2-羟基苯甲酸；邻羟基苯甲酸

英文名称：SALICYLIC ACID; 2-Hydroxybenzoic acid; o-Hydroxybenzoic acid

分子量：138.1

化学式：$C_7H_6O_3$/HOC_6H_4COOH

危害/接触类型	急性危害/症状	预防	急救/消防
火 灾	可燃的	禁止明火	二氧化碳，雾状水，干粉
爆 炸	微细分散的颗粒物在空气中形成爆炸性混合物	防止粉尘沉积，密闭系统。防止粉尘爆炸型电气设备与照明	着火时喷雾状水保持料桶等冷却
接 触		防止粉尘扩散！	
# 吸入	咳嗽，咽喉疼痛。（见食入）	局部排气通风或呼吸防护	新鲜空气，休息，给予医疗护理
# 皮肤	发红	防护手套	脱掉污染的衣服，冲洗，然后用水和肥皂洗皮肤
# 眼睛	疼痛，发红	安全护目镜或眼睛防护结合呼吸防护	先用大量水冲洗几分钟（如可能尽量摘除隐形眼镜），然后就医
# 食入	恶心，呕吐，耳鸣	工作时不得进食，饮水或吸烟	漱口，催吐（仅对清醒病人！），给予医疗护理
泄漏处置	将泄漏物清扫进容器中。如果适当，首先润湿防止扬尘。小心收集残余物，然后转移到安全场所。个人防护用具：适用于有害颗粒物的 P2 过滤呼吸器		
包装与标志			
应急响应	美国消防协会法规：H0（健康危险性）；F1（火灾危险性）；R0（反应危险性）		
储存	与强氧化剂分开存放		
重要数据	物理状态、外观：无色晶体粉末或针状晶体 物理危险性：以粉末或颗粒形式与空气混合，可能发生粉尘爆炸 化学危险性：水溶液是一种弱酸。与强氧化剂发生反应 职业接触限值：阈限值未制定标准 接触途径：该物质可通过吸入和食入吸收到体内 吸入危险性：20℃时蒸发可忽略不计，但粉末扩散时能较快地达到空气颗粒物有害污染浓度 短期接触的影响：该物质刺激眼睛、皮肤和呼吸道。该物质可能对中枢神经系统和体内酸碱平衡有影响，导致谵妄和震颤 长期或反复接触的影响：反复或长期与皮肤接触可能引起皮炎		
物理性质	升华点：76℃ 熔点：159℃ 相对密度（水=1）：1.4 水中溶解度：20℃时 0.2g/100mL 蒸气压：130℃时 114Pa 蒸气相对密度（空气=1）：4.8 闪点：157℃ 自燃温度：540℃ 辛醇/水分配系数的对数值：2.2		
环境数据			
注解	高于 50～60℃时，挥发显著。对阿司匹林（乙酰水杨酸）过敏的人切勿再接触该物质		

IPCS
International Programme on Chemical Safety

本卡片由 IPCS 和 EC 合作编写 © 2004～2012

国际化学品安全卡

硅烷			ICSC 编号：0564

CAS 登记号：7803-62-5	中文名称：硅烷；甲硅烷；四氢化硅（钢瓶）
RTECS 号：VV1400000	英文名称：SILANE; Monosilane; Silicon tetrahydride; Silicane (cylinder)
UN 编号：2203	
中国危险货物编号：2203	

分子量：32.1	化学式：SiH₄

危害/接触类型	急性危害/症状	预防	急救/消防
火　灾	极易燃	禁止明火、禁止火花和禁止吸烟	切断气源，如不可能并对周围环境无危险，让火自行燃烧完全。其他情况用干粉，二氧化碳灭火
爆　炸	气体/空气混合物有爆炸性	密闭系统，通风，防爆型电气设备与照明	从掩蔽位置灭火
接　触		严格作业环境管理！	
# 吸入	咳嗽，咽喉疼痛，头痛，恶心	通风，局部排气通风或呼吸防护	新鲜空气，休息，给予医疗护理
# 皮肤	发红。与液体接触：冻伤	保温手套	冻伤时，用大量水冲洗，不要脱去衣服；用大量水冲洗皮肤或淋浴
# 眼睛	发红，疼痛	安全护目镜，或眼睛防护结合呼吸防护	首先用大量水冲洗几分钟（如可能尽量摘除隐形眼镜），然后就医
# 食入			

泄漏处置	撤离危险区域。向专家咨询！通风。喷水雾驱除气体。个人防护用具：自给式呼吸器
包装与标志	联合国危险性类别：2.1 中国危险性类别：第 2.1 项易燃气体
应急响应	美国消防协会法规：H2（健康危险性）；F4（火灾危险性）；R3（反应危险性）
储存	耐火设备（条件）
重要数据	物理状态、外观：无色气体，有特殊气味 物理危险性：气体比空气重 化学危险性：与空气接触时，该物质可能自燃。加热或燃烧时，该物质分解生成硅和氢气，有着火和爆炸危险。该物质是一种强还原剂。与氧化剂反应。与水缓慢反应。与氢氧化钾溶液和卤素反应 职业接触限值：阈限值：5ppm、6.6mg/m³（时间加权平均值）（美国政府工业卫生学家会议，1996年） 接触途径：该物质可通过吸入吸收到体内 吸入危险性：容器漏损时，迅速达到空气中该气体的有害浓度 短期接触的影响：该物质刺激眼睛和呼吸道。液体迅速蒸发可能引起冻伤
物理性质	沸点：-112℃ 熔点：-185℃ 水中溶解度：缓慢反应 爆炸极限：空气中 1.37%～100%（体积）
环境数据	
注解	

IPCS
International
Programme on
Chemical Safety

本卡片由 IPCS 和 EC 合作编写 © 2004～2012

561

国际化学品安全卡

乙酸钠			ICSC 编号：0565
CAS 登记号：127-09-3 RTECS 号：AJA4300010		中文名称：乙酸钠；乙酸钠盐；无水醋酸钠 英文名称：SODIUM ACETATE; Acetic acid sodium salt; Sodium acetate anhydrous	
分子量：82.0		化学式：C₂H₃NaO₂/CH₃COONa	

分子量：82.0　化学式：$C_2H_3NaO_2/CH_3COONa$

危害/接触类型	急性危害/症状	预防	急救/消防
火　灾	可燃的	禁止明火	干粉，雾状水，泡沫，二氧化碳
爆　炸			
接　触			
# 吸入		局部排气通风	新鲜空气，休息
# 皮肤	发红	防护手套	冲洗，然后用水和肥皂清洗皮肤
# 眼睛	发红	安全护目镜	先用大量水冲洗几分钟（如可能尽量摘除隐形眼镜），然后就医
# 食入		工作时不得进食，饮水或吸烟	休息
泄漏处置	将泄漏物清扫进有盖的容器中，如果适当，首先润湿防止扬尘。用大量水冲净残余物。个人防护用具：适用于惰性颗粒物的 P1 过滤呼吸器		
包装与标志			
应急响应			
储存	干燥。与强酸和强氧化剂分开存放		
重要数据	物理状态、外观：白色吸湿的晶体粉末 化学危险性：加热时和与强酸接触时，该物质分解生成乙酸烟雾。与强氧化剂激烈反应。水溶液是一种弱碱 职业接触限值：阈限值未制定标准。最高容许浓度未制定标准 接触途径：该物质可经食入吸收到体内 吸入危险性：未指明该物质蒸发到空气中有害浓度的速率 短期接触的影响：该物质轻微刺激眼睛和皮肤		
物理性质	熔点：328℃ 密度：1.5g/cm³ 水中溶解度：20℃时 46.5g/100mL 自燃温度：607℃		
环境数据			
注解			

IPCS
International
Programme on
Chemical Safety

本卡片由 IPCS 和 EC 合作编写 © 2004～2012

国际化学品安全卡

铝酸钠			ICSC 编号：0566

CAS 登记号：1302-42-7	中文名称：铝酸钠；氧化钠铝；二氧化钠铝
RTECS 号：BD1600000	英文名称：SODIUM ALUMINATE; Aluminium sodium oxide; Sodium
UN 编号：2812	aluminium dioxide
中国危险货物编号：2812	

分子量：82	化学式：NaAlO$_2$

危害/接触类型	急性危害/症状	预防	急救/消防
火 灾	不可燃		周围环境着火时，允许使用各种灭火剂
爆 炸			
接 触		避免一切接触！	一切情况均向医生咨询！
# 吸入	灼烧感，咽喉痛，咳嗽，呼吸困难	局部排气通风或呼吸防护	新鲜空气，休息，给予医疗护理
# 皮肤	发红，疼痛，水疱	防护手套，防护服	脱去污染的衣服，用大量水冲洗皮肤或淋浴，给予医疗护理
# 眼睛	发红，疼痛，视力模糊，严重深度烧伤	护目镜，面罩或眼睛防护结合呼吸防护	先用大量水冲洗几分钟（如可能尽量摘除隐形眼镜），然后就医
# 食入	腹部疼痛，灼烧感，休克或虚脱	工作时不得进食，饮水或吸烟	漱口，不要催吐，给予医疗护理

泄漏处置	将泄漏物清扫进容器中。如果适当，首先润湿防止扬尘。用大量水冲净残余物。个人防护用具：适用于有害颗粒物的 P2 过滤呼吸器
包装与标志	不得与食品和饲料一起运输 联合国危险性类别：8 联合国包装类别：III 中国危险性类别：第 8 类腐蚀性物质 中国包装类别：III
应急响应	运输应急卡：TEC(R)-80G09
储存	与食品和饲料、酸类分开存放。干燥
重要数据	物理状态、外观：白色吸湿粉末 化学危险性：水溶液是一种强碱。与酸激烈反应，对铝，锡和锌有腐蚀性。与铵盐发生反应，有着火的危险 职业接触限值：阈限值（以 Al 可溶解盐计）：2mg/m^3（时间加权平均值）（美国政府工业卫生学家会议，1999 年） 接触途径：该物质可通过吸入其气溶胶和经食入吸收到体内 吸入危险性：20℃时蒸发可忽略不计，但扩散时可较快地达到空气中颗粒物有害浓度 短期接触的影响：该物质腐蚀眼睛，皮肤和呼吸道。食入有腐蚀性。需进行医学观察
物理性质	熔点：1650℃ 密度：1.5g/cm^3 水中溶解度：易溶
环境数据	
注解	其他 UN 编号：1819（铝酸钠，80%溶液）：危险性类别：8，包装类别：III。其他 CAS 登记号：11138-49-1

IPCS
International
Programme on
Chemical Safety

本卡片由 IPCS 和 EC 合作编写 © 2004～2012

国际化学品安全卡

十水合硼酸钠			ICSC 编号：0567

CAS 登记号：1303-96-4	中文名称：十水合硼酸钠；十水合四硼酸二钠；十水合四硼酸钠；十水合焦硼酸钠；硼砂
RTECS 号：VZ2275000	英文名称：SODIUM BORATE, DECAHYDRATE; Disodium tetraborate decahydrate; Sodium tetraborate decahydrate; Sodium pyroborate decahydrate; Borax

分子量：381.4	化学式：$B_4O_7Na_2 \cdot 10H_2O$

危害/接触类型	急性危害/症状	预防	急救/消防
火　灾	不可燃		周围环境着火时，可使用各种灭火剂
爆　炸			
接　触		防止粉尘扩散！避免孕妇接触！	
# 吸入	咳嗽，气促，咽喉疼痛，鼻出血	局部排气通风或呼吸防护	新鲜空气，休息，半直立体位，必要时进行人工呼吸
# 皮肤	皮肤干燥，发红，疼痛	防护手套	用大量水冲洗，然后脱掉污染的衣服，再次冲洗
# 眼睛	发红，疼痛	如果是粉末，安全护目镜或眼睛防护结合呼吸防护	首先用大量水冲洗几分钟（如可能尽量摘除隐形眼镜），然后就医
# 食入	腹部疼痛，腹泻，头痛，恶心，呕吐，虚弱，惊厥	工作时不得进食、饮水或吸烟	漱口，给予医疗护理

泄漏处置	将泄漏物清扫进容器中。如果适当，首先润湿防止扬尘。小心收集残余物，然后转移到安全场所。个人防护用具：适用于有害颗粒物的 P2 过滤呼吸器
包装与标志	
应急响应	
储存	与酸分开存放
重要数据	物理状态、外观：白色晶体或晶体粉末 化学危险性：该物质是一种弱碱 职业接触限值：阈限值：无机硼酸化合物：$2mg/m^3$（时间加权平均值）；$6mg/m^3$（短期接触限值）；致癌物类别：A4（美国政府工业卫生学家会议，2005 年） 接触途径：该物质可通过吸入和食入吸收到体内 吸入危险性：20℃时蒸发可忽略不计，但扩散时可较快地达到空气中颗粒物有害污染浓度 短期接触的影响：该物质刺激眼睛、皮肤和呼吸道。食入时，该物质可能对肝、肾和中枢神经系统有影响。影响可能推迟显现 长期或反复接触的影响：反复或长期与皮肤接触可能引起皮炎。动物实验表明，该物质可能对人类生殖有毒性影响
物理性质	沸点：320℃ 熔点：75℃ 相对密度（水=1）：1.7 水中溶解度：20℃时 5.1g/100mL
环境数据	该物质对水生生物是有害的
注解	

IPCS
International
Programme on
Chemical Safety

本卡片由 **IPCS** 和 **EC** 合作编写 © 2004～2012

国际化学品安全卡

硬脂酸			ICSC 编号：0568

CAS 登记号：57-11-4	中文名称：硬脂酸；十八(烷)酸；1-十七碳烯羧酸；十六烷基乙酸
RTECS 号：WI2800000	英文名称：STEARIC ACID; Octadecanoic acid; 1-Heptadecenecarboxylic acid; Cetylacetic acid

分子量：284.5	化学式：$CH_3(CH_2)_{16}COOH/C_{18}CH_{36}O_2$

危害/接触类型	急性危害/症状	预防	急救/消防
火　灾	可燃的	禁止明火	干粉，雾状水，泡沫，二氧化碳
爆　炸			
接　触		防止粉尘扩散！	
# 吸入		局部排气通风或呼吸防护	新鲜空气，休息
# 皮肤		防护手套	脱去污染的衣服，冲洗，然后用水和肥皂清洗皮肤
# 眼睛		安全护目镜	先用大量水冲洗几分钟（如可能尽量摘除隐形眼镜），然后就医
# 食入		工作时不得进食、饮水或吸烟	漱口

泄漏处置	将泄漏物清扫进容器中。如果适当，首先润湿防止扬尘。
包装与标志	
应急响应	美国消防协会法规：H1（健康危险性）；F1（火灾危险性）；R0（反应危险性）
储存	严格密封
重要数据	物理状态、外观：白色晶体或粉末，有特殊气味 物理危险性：如果以粉末或颗粒形状与空气混合，可能发生粉尘爆炸 职业接触限值：阈限值（硬脂酸盐）：10mg/m³（美国政府工业卫生学家会议，1996 年） 接触途径：该物质可通过吸入其气溶胶和食入吸收到体内 吸入危险性：20℃时蒸发可忽略不计，但是气溶胶扩散时能较快地达到空气中颗粒物有害污染浓度
物理性质	沸点：376℃（分解） 熔点：69～72℃ 相对密度（水=1）：0.94～0.83 水中溶解度：不溶 蒸气压：174℃时 133Pa 闪点：196℃ 自燃温度：395℃
环境数据	
注解	对接触该物质的健康影响未进行调查

IPCS
International
Programme on
Chemical Safety

UNEP

本卡片由 IPCS 和 EC 合作编写 © 2004～2012

国际化学品安全卡

磺胺酸			ICSC 编号：0569

CAS 登记号：121-57-3	中文名称：磺胺酸；对氨基苯磺酸；苯胺-4-磺酸
RTECS 号：WP3895500	英文名称：SULFANILIC ACID; 4-Aminobenzenesulfonic acid;
EC 编号：612-014-00-X	Aniline-4-sulfonic acid

分子量：173.2　　　　　　　　　　　化学式：$C_6H_7NO_3S$

危害/接触类型	急性危害/症状	预防	急救/消防
火　灾	可燃的。在火焰中释放出刺激性或有毒烟雾（或气体）	禁止明火	干粉，雾状水，泡沫，二氧化碳
爆　炸			
接　触		防止粉尘扩散！	
# 吸入		局部排气通风或呼吸防护	新鲜空气，休息
# 皮肤	发红	防护手套。防护服	脱去污染的衣服。用大量水冲洗皮肤或淋浴
# 眼睛	发红。疼痛	安全护目镜，或如果为粉末，眼睛防护结合呼吸防护	先用大量水冲洗几分钟（如可能尽量摘除隐形眼镜），然后就医
# 食入		工作时不得进食，饮水或吸烟	漱口

泄漏处置	不要让该化学品进入环境。将泄漏物清扫进可密闭容器中，如果适当，首先润湿防止扬尘。用大量水冲净残余物。个人防护用具：适用于有害颗粒物的 P2 过滤呼吸器
包装与标志	欧盟危险性类别：Xi 符号　　R:36/38-43　　S:2-24-37
应急响应	
储存	与强酸、强碱分开存放
重要数据	物理状态、外观：白色粉末或白色至灰色晶体 化学危险性：加热至大约 290℃、燃烧和与强酸接触时，该物质分解生成含有氮氧化物和硫氧化物有毒烟雾。与强碱激烈反应 职业接触限值：阈限值未制定标准。最高容许浓度未制定标准 吸入危险性：扩散时可较快地达到空气中颗粒物有害浓度，尤其是粉末 短期接触的影响：该物质刺激眼睛。轻微刺激皮肤 长期或反复接触的影响：反复或长期接触可能引起皮肤过敏
物理性质	熔点：288℃（分解） 密度：1.49g/cm³ 水中溶解度：微溶 辛醇/水分配系数的对数值：-0.9
环境数据	该物质对水生生物是有害的
注解	在室温下，该物质以一水合物形式存在。在大约 100℃，变为无水磺胺酸

IPCS
International
Programme on
Chemical Safety

本卡片由 IPCS 和 EC 合作编写 © 2004～2012

国际化学品安全卡

硫酸二乙酯			ICSC 编号：0570

CAS 登记号：64-67-5	中文名称：硫酸二乙酯；二乙基硫酸酯；DES
RTECS 号：WS7875000	英文名称：DIETHYL SULFATE; Sulfuric acid diethyl ester; DES
UN 编号：1594	
EC 编号：016-027-00-6	
中国危险货物编号：1594	
分子量：154.2	化学式：C₄H₁₀O₄S/(C₂H₅)₂SO₄

化学式：$C_4H_{10}O_4S/(C_2H_5)_2SO_4$

危害/接触类型	急性危害/症状	预防	急救/消防
火 灾	可燃的。在火焰中释放出刺激性或有毒烟雾（或气体）	禁止明火	干粉、雾状水、泡沫、二氧化碳
爆 炸			
接 触		避免一切接触！	一切情况均向医生咨询！
# 吸入	咳嗽，呼吸困难，气促，咽喉痛。症状可能推迟显现。（见注解）	通风，局部排气通风或呼吸防护	新鲜空气，休息，半直立体位，给予医疗护理
# 皮肤	发红，严重皮肤烧伤，疼痛	防护手套，防护服	先用大量水，然后脱去污染的衣服并再次冲洗，给予医疗护理
# 眼睛	发红，疼痛，视力模糊，严重深度烧伤	面罩，或眼睛防护结合呼吸防护	先用大量水冲洗几分钟（如可能尽量摘除隐形眼镜），然后就医
# 食入	腹部疼痛，灼烧感，恶心，咽喉疼痛	工作时不得进食，饮水或吸烟。进食前洗手	漱口，不要催吐，不要饮用任何东西，给予医疗护理

泄漏处置	将泄漏液收集在可密闭的容器中。用砂土或惰性吸收剂吸收残液，并转移到安全场所。不要让该化学品进入环境。个人防护用具：全套防护服包括自给式呼吸器
包装与标志	不得与食品和饲料一起运输 欧盟危险性类别：T 符号 标记：E R:45-46-20/21/22-34 S:53-45 联合国危险性类别：6.1　　　　　联合国包装类别：II 中国危险性类别：第 6.1 项 毒性物质　中国包装类别：II
应急响应	运输应急卡：TEC(R)-61G16b 美国消防协会法规：H3（健康危险性）；F1（火灾危险性）；R1（反应危险性）
储存	与食品和饲料分开存放。干燥。严格密封。保存在通风良好的室内
重要数据	物理状态、外观：无色油状液体，有特殊气味。遇空气变棕色 化学危险性：加热时，该物质分解生成易燃的和有毒烟雾 职业接触限值：阈限值未制定标准。最高容许浓度：皮肤吸收；致癌物类别：2；致生殖细胞突变类别：2（德国，2009 年） 接触途径：该物质可通过吸入和经食入吸收到体内 吸入危险性：20℃时蒸发可忽略不计，但扩散时可较快地达到空气中颗粒物有害浓度 短期接触的影响：该物质刺激眼睛、皮肤和呼吸道。吸入气溶胶可能引起肺水肿（见注解）。影响可能推迟显现。需进行医学观察 长期或反复接触的影响：该物质很可能是人类致癌物。可能造成人类可继承的遗传损伤
物理性质	沸点：209℃（分解） 熔点：-25℃ 相对密度（水=1）：1.2 水中溶解度：25℃时 0.7g/100mL（微溶） 蒸气压：20℃时 20Pa 蒸气相对密度（空气=1）：5.3 蒸气/空气混合物的相对密度（20℃，空气=1）：1.001 闪点：104℃（闭杯） 自燃温度：436℃ 爆炸极限：空气中 4.1%～?%（体积） 辛醇/水分配系数的对数值：1.14
环境数据	该物质对水生生物是有害的
注解	肺水肿症状常常经过几个小时以后才变得明显，体力劳动使症状加重。因而休息和医学观察是必要的。应当考虑由医生或医生指定的人立即采取适当吸入治疗法。用大量水冲洗工作服（有着火危险）

IPCS
International
Programme on
Chemical Safety

   UNEP

本卡片由 IPCS 和 EC 合作编写 © 2004～2012

国际化学品安全卡

六氟化硫			ICSC 编号：0571

CAS 登记号：2551-62-4	中文名称：六氟化硫；氟化硫（钢瓶）
RTECS 号：WS4900000	英文名称：SULPHUR HEXAFLUORIDE; Sulfur fluoride (cylinder)
UN 编号：1080	
中国危险货物编号：1080	
分子量：146.1	化学式：F$_6$S

危害/接触类型	急性危害/症状	预防	急救/消防
火 灾	不可燃。在火焰中释放出刺激性或有毒烟雾（或气体）		周围环境着火时，允许使用各种灭火剂
爆 炸			着火时喷雾状水保持钢瓶冷却
接 触			
# 吸入	窒息。（见注解）	通风	新鲜空气，休息，必要时进行人工呼吸，给予医疗护理
# 皮肤	与液体接触：冻伤	保温手套	冻伤时，用大量水冲洗，不要脱去衣服，给予医疗护理
# 眼睛	（见皮肤）	安全护目镜，面罩	先用大量水冲洗几分钟（如可能尽量摘除隐形眼镜），然后就医
# 食入		工作时不得进食，饮水或吸烟	

泄漏处置	撤离危险区域！通风。切勿直接将水喷洒在液体上。个人防护用具：化学防护服，包括自给式呼吸器
包装与标志	联合国危险性类别：2.2 中国危险性类别：第 2.2 项非易燃无毒气体
应急响应	运输应急卡：TEC（R）-20S1280 或 20G2A
储存	如果在室内，耐火设备（条件）。阴凉场所
重要数据	物理状态、外观：无色、无气味压缩液化气体 物理危险性：气体比空气重，可能积聚在低层空间，造成缺氧 化学危险性：加热到 500℃ 以上时，该物质分解生成硫氧化物和氟化物有毒腐蚀性烟雾 职业接触限值：阈限值：1000ppm（时间加权平均值）（美国政府工业卫生学家会议，2004 年）。最高容许浓度：1000ppm，6100mg/m^3；最高限值种类：II（8）；妊娠风险等级：IIc（德国，2004 年） 接触途径：该物质可通过吸入吸收到体内 吸入危险性：容器漏损时，迅速达到空气中该气体的有害浓度 短期接触的影响：液体迅速蒸发，可能引起冻伤
物理性质	升华点：-64℃ 熔点：-51℃ 相对密度（水=1）：1.9 水中溶解度：不溶 蒸气相对密度（空气=1）：5 辛醇/水分配系数的对数值：1.68
环境数据	
注解	工业产品中可能含有杂质，可能改变其毒性。空气中高浓度引起缺氧，有神志不清和死亡危险。进入污染的工作区域以前，检验氧含量。中毒浓度存在时，无气味报警。转动泄漏钢瓶，使漏口朝上，防止液态气体逸出。商品名称有：Elegas 和 Esaflon

IPCS
International
Programme on
Chemical Safety

本卡片由 IPCS 和 EC 合作编写 © 2004～2012

国际化学品安全卡

焦油			ICSC 编号：0572

CAS 登记号：8001-58-9
RTECS 号：GF8615000
EC 编号：648-101-00-4

中文名称：焦油；洗涤油；杂酚油；煤焦杂酚油
英文名称：CREOSOTE; Wash oil; Creosote oil; Coal tar creosote

危害/接触类型	急性危害/症状	预防	急救/消防
火 灾	可燃的	禁止明火	干粉，雾状水，泡沫，二氧化碳
爆 炸			
接 触		避免一切接触！	
# 吸入	咳嗽。气促	局部排气通风或呼吸防护	新鲜空气，休息。给予医疗护理
# 皮肤	可能被吸收！发红。灼烧感	防护手套。防护服	脱去污染的衣服。冲洗，然后用水和肥皂清洗皮肤
# 眼睛	发红。疼痛	护目镜，或眼睛防护结合呼吸防护	先用大量水冲洗几分钟（如可能尽量摘除隐形眼镜），然后就医
# 食入	意识模糊。头痛。恶心。呕吐。虚弱。休克或虚脱	工作时不得进食，饮水或吸烟。进食前洗手	用水冲服活性炭浆。给予医疗护理。不要催吐

泄漏处置	将泄漏液收集在有盖的容器中。使用面罩。不要让该化学品进入环境。个人防护用具：全套防护服和适用于有机气体和蒸气的过滤呼吸器
包装与标志	不得与食品和饲料一起运输 欧盟危险性类别：T 符号　标记：H, J, M　R:45　S:53-45
应急响应	美国消防协会法规：H2（健康危险性）；F2（火灾危险性）；R0（反应危险性）
储存	注意收容灭火产生的废水。与食品和饲料分开存放
重要数据	**物理状态、外观：** 黑色至棕色油状液体，有特殊气味 **化学危险性：** 燃烧时，生成有毒烟雾 **职业接触限值：** 阈限值未制定标准 **接触途径：** 该物质可通过吸入其蒸气，经皮肤和食入吸收到体内 **吸入危险性：** 20℃时该物质蒸发，迅速达到空气中有害污染浓度，尤其是喷洒时 **短期接触的影响：** 该物质刺激眼睛、皮肤和呼吸道。暴露在阳光下可能加重对皮肤和眼睛刺激作用和导致灼伤。食入可能导致死亡。需进行医学观察 **长期或反复接触的影响：** 反复或长期与皮肤接触可能引起皮炎和皮肤过度色素沉着。该物质很可能是人类致癌物
物理性质	沸点：200～400℃ 熔点：约 20℃ 密度：1.0～1.17g/cm³ 水中溶解度：难溶 蒸气压：20℃时约 6kPa 闪点：>66℃（闭杯） 自燃温度：335℃
环境数据	该物质对水生生物是有毒的。该物质可能对环境有危害，对土壤污染和地下水污染应给予特别注意。强烈建议不要让该化学品进入环境
注解	根据接触程度，建议定期进行医疗检查。不要将工作服带回家中

本卡片由 **IPCS** 和 **EC** 合作编写 © 2004～2012

国际化学品安全卡

2,3,5,6-四氯苯酚			ICSC 编号：0573

CAS 登记号：935-95-5	中文名称：2,3,5,6-四氯苯酚；2,3,5,6-四氯羟基苯
RTECS 号：SM9450000	英文名称：2,3,5,6-TETRACHLORO-PHENOL; Phenol,2,3,5,6-tetrachloro;
UN 编号：2020	2,3,5,6-Tetrachlorohydroxybenzene
中国危险货物编号：2020	

分子量：231.9	化学式：$C_6H_2OCl_4$

危害/接触类型	急性危害/症状	预防	急救/消防
火 灾	不可燃。在火焰中释放出刺激性或有毒烟雾（或气体）		周围环境着火时，允许使用各种灭火剂
爆 炸			
接 触		防止粉尘扩散！	
# 吸入	咳嗽，咽喉疼痛。（见注解）	局部排气通风或呼吸防护	新鲜空气，休息，给予医疗护理
# 皮肤	皮肤干燥，发红，疼痛，灼烧感	防护手套，防护服	脱掉污染的衣服，冲洗，然后用水和肥皂洗皮肤，给予医疗护理
# 眼睛	发红，疼痛	如为粉末，护目镜、面罩或眼睛防护结合呼吸防护	首先用大量水冲洗几分钟（如可能尽量摘除隐形眼镜），然后就医
# 食入	腹部疼痛，腹泻，头晕，头痛，呕吐，虚弱，惊厥，肌肉痉挛，体温升高，出汗。（见注解）	工作时不得进食、饮水或吸烟	漱口，用水冲服活性炭浆，给予医疗护理
泄漏处置	将泄漏物清扫进容器中。如果适当，首先润湿防止扬尘。小心收集残余物，然后转移到安全场所。不要让该物质进入环境。个人防护用具：适用于有害颗粒物的P2过滤呼吸器		
包装与标志	不得与食品和饲料一起运输。污染海洋物质 联合国危险性类别：6.1 联合国包装类别：III 中国危险性类别：第6.1项毒性物质 中国包装类别：III		
应急响应	运输应急卡：TEC（R）-804 美国消防协会法规：H3（健康危险性）；F0（火灾危险性）；R0（反应危险性）		
储存	注意收容灭火产生的废水。与强氧化剂、食品和饲料分开存放		
重要数据	物理状态、外观：棕色晶体，有特殊气味 物理危险性：蒸气比空气重 化学危险性：加热时，与强氧化剂接触时，该物质分解生成氯化氢有毒和腐蚀性烟雾。该物质是一种弱酸 职业接触限值：阈限值未制定标准 接触途径：该物质可通过吸入其气溶胶、经皮肤和食入吸收到体内 吸入危险性：20℃时蒸发可忽略不计，但扩散时可较快地达到空气中颗粒物有害浓度 短期接触的影响：该物质刺激眼睛、皮肤和呼吸道（见注解） 长期或反复接触的影响：反复或长期与皮肤接触可能引起皮炎		
物理性质	沸点：288℃ 熔点：115℃ 相对密度（水=1）：60℃时1.6 水中溶解度：微溶 蒸气压：100℃时130Pa 蒸气相对密度（空气=1）：8.0 辛醇/水分配系数的对数值：3.9		
环境数据	该物质对水生生物有极高毒性。该物质可能对水生环境有长期影响		
注解	无该物质异构体的数据，但四氯苯酚的混合物可能刺激眼睛、皮肤和呼吸道。该物质可能引起急性代谢作用，导致有的器官，主要是中枢神经系统损害。有些工业产品可能含高毒杂质（多氯二苯并对二噁英和呋喃）。根据接触程度，建议定期进行医疗检查		

IPCS
International
Programme on
Chemical Safety

本卡片由 IPCS 和 EC 合作编写 © 2004～2012

国际化学品安全卡

四氯硅烷			ICSC 编号：0574

CAS 登记号：10026-04-7
RTECS 号：VW0525000
UN 编号：1818
EC 编号：014-002-00-4
中国危险货物编号：1818
分子量：169.89

中文名称：四氯硅烷；四氯化硅；氯化硅
英文名称：TETRACHLOROSILANE; Silicon tetrachloride; Silicon chloride

化学式：$SiCl_4$

危害/接触类型	急性危害/症状	预防	急救/消防
火 灾	不可燃。在火焰中释放出刺激性或有毒烟雾（或气体）		禁止用水。周围环境着火时，使用干粉和二氧化碳灭火
爆 炸			着火时，喷雾状水保持料桶等冷却，但避免该物质与水接触
接 触		严格作业环境管理！	一切情况均向医生咨询！
# 吸入	咳嗽，咽喉痛，灼烧感，呼吸困难，气促。症状可能推迟显现。（见注解）	通风，局部排气通风或呼吸防护	新鲜空气，休息，半直立体位。必要时进行人工呼吸，给予医疗护理。见注解
# 皮肤	发红，疼痛，水疱，皮肤烧伤	防护手套，防护服	脱去污染的衣服。用大量水冲洗皮肤或淋浴，给予医疗护理。急救时戴防护手套
# 眼睛	发红，疼痛，严重深度烧伤	面罩，或眼睛防护结合呼吸防护	先用大量水冲洗几分钟（如可能尽量摘除隐形眼镜），然后就医
# 食入	灼烧感，腹部疼痛，休克或虚脱	工作时不得进食，饮水或吸烟	漱口。不要催吐。不要饮用任何东西，给予医疗护理
泄漏处置	通风。尽可能将泄漏液收集在可密闭的容器中。用干砂土或惰性吸收剂吸收残液，并转移到安全场所。个人防护用具：化学防护服，包括自给式呼吸器		
包装与标志	不得与食品和饲料一起运输 欧盟危险性类别：Xi 符号　R:14-36/37/38 S:2-7/8-26 联合国危险性类别：8　　联合国包装类别：II 中国危险性类别：第 8 腐蚀性物质　中国包装类别：II		
应急响应	运输应急卡：TEC(R)-80S1818 美国消防协会法规：H3（健康危险性）；F0（火灾危险性）；R2（反应危险性）；W（禁止用水）		
储存	保存在惰性气体下。与食品和饲料分开存放。与性质相互抵触的物质分开存放。见化学危险性。干燥。严格密封。保存在通风良好的室内		
重要数据	**物理状态、外观**：无色清澈发烟液体，有刺鼻气味 **物理危险性**：蒸气比空气重 **化学危险性**：加热时，该物质分解生成含氯化氢有毒和腐蚀性烟雾。与水、强氧化剂、强酸、醇类、碱类、酮和醛类激烈反应，生成氯化氢（见卡片#0163）。有水存在时，浸蚀许多金属 **职业接触限值**：阈限值未制定标准 **接触途径**：该物质可通过吸入其蒸气和食入吸收到体内 **吸入危险性**：未指明 20℃时该物质蒸发达到空气中有害浓度的速率 **短期接触的影响**：该物质和蒸气腐蚀眼睛、皮肤和呼吸道。食入有腐蚀性。吸入蒸气可能引起肺水肿（见注解）。吸入蒸气可能引起哮喘反应（见注解）。影响可能推迟显现。接触可能导致死亡。需进行医学观察		
物理性质	沸点：57℃ 熔点：-68℃ 相对密度（水=1）：1.48 水中溶解度：反应 蒸气压：20℃时 26kPa 蒸气相对密度（空气=1）：5.9 蒸气/空气混合物的相对密度（20℃，空气=1）：2.2		
环境数据			
注解	与灭火剂，如水激烈反应。肺水肿症状常常几个小时以后才变得明显，体力劳动使症状加重。因而休息和医学观察是必要的。应当考虑由医生或医生指定的人立即采取适当吸入治疗法。毒理学性质是由甲基二氯硅烷（见卡片#0297）推定的		

IPCS
International
Programme on
Chemical Safety

本卡片由 IPCS 和 EC 合作编写 © 2004~2012

国际化学品安全卡

四氟甲烷			ICSC 编号：0575

CAS 登记号：75-73-0　　　　　　　　中文名称：四氟甲烷；四氟化碳；氟利昂 14；哈龙 14（钢瓶）

RTECS 号：FG4920000　　　　　　　英文名称：TETRAFLUOROMETHANE; Carbon tetrafluoride; Freon 14;

UN 编号：1982　　　　　　　　　　　Halon 14;(cylinder)

中国危险货物编号：1982

分子量：88.01　　　　　　　　　　　化学式：CF_4

危害/接触类型	急性危害/症状	预防	急救/消防
火　灾	在火焰中释放出刺激性或有毒烟雾（或气体）		
爆　炸			着火时，喷雾状水保持钢瓶冷却。从掩蔽位置灭火
接　触			
# 吸入	意识模糊，头晕，头痛	通风	新鲜空气，休息。必要时进行人工呼吸，给予医疗护理
# 皮肤	与液体接触：冻伤	保温手套	冻伤时，用大量水冲洗，不要脱去衣服。给予医疗护理
# 眼睛		面罩	先用大量水冲洗几分钟（如可能尽量摘除隐形眼镜），然后就医
# 食入			

泄漏处置	通风。切勿直接向液体上喷水。个人防护用具：化学防护服，包括自给式呼吸器
包装与标志	联合国危险性类别：2.2 中国危险性类别：第 2.2 项非易燃无毒气体
应急响应	运输应急卡：TEC(R)-20G1A
储存	
重要数据	物理状态、外观：无气味、无色压缩气体 物理危险性：气体比空气重，可能积聚在低层空间，造成缺氧 化学危险性：与高温表面或火焰接触时，该物质分解生成氢氟酸 职业接触限值：阈限值未制定标准 接触途径：该物质可通过吸入吸收到体内 吸入危险性：容器漏损时，由于降低封闭空间的氧含量，能够造成缺氧 短期接触的影响：该液体迅速蒸发，可能引起冻伤。该物质可能对心血管系统有影响，导致心脏病。高浓度接触时，可能导致神志不清。见注解
物理性质	沸点：−127.8℃ 熔点：−183.6℃ 水中溶解度：不溶 蒸气相对密度（空气=1）：3.04 自燃温度：1100℃
环境数据	该物质可能对环境有危害，对臭氧层的影响应给予特别注意
注解	空气中高浓度造成缺氧，有神志不清或死亡危险。进入工作区域前，检验氧含量。不要在火焰或高温表面附近或焊接时使用。转动泄漏钢瓶使漏口朝上，防止液态气体逸出

IPCS
International
Programme on
Chemical Safety

本卡片由 IPCS 和 EC 合作编写 © 2004～2012

572

国际化学品安全卡

四氟硅烷			ICSC 编号：0576

CAS 登记号：7783-61-1	中文名称：四氟硅烷；四氟化硅；氟化硅；全氟硅烷（钢瓶）
RTECS 号：VW2327000	英文名称：TETRAFLUROSILANE; Silicon tetrafluoride; Silicon fluoride;
UN 编号：1859	Perfluorosilane (cylinder)
中国危险货物编号：1859	

分子量：104.1	化学式：F₄Si

分子量：104.1　　　　　　　　　　　化学式：F_4Si

危害/接触类型	急性危害/症状	预防	急救/消防
火　灾	不可燃。在火焰中释放出刺激性或有毒烟雾（或气体）		禁止用水。周围环境着火时，使用干粉，二氧化碳灭火
爆　炸			着火时喷雾状水保持钢瓶冷却，但避免该物质与水接触
接　触		避免一切接触！	一切情况均向医生咨询！
# 吸入	咽喉疼痛，咳嗽，灼烧感，呼吸困难，气促	通风，局部排气通风，或呼吸防护	新鲜空气，休息，半直立体位，给予医疗护理
# 皮肤	发红。与液体接触：冻伤	保温手套，防护服	用大量水冲洗皮肤或淋浴，给予医疗护理
# 眼睛	发红	安全护目镜或眼睛防护结合呼吸防护	先用大量水冲洗几分钟（如可能尽量摘除隐形眼镜），然后就医
# 食入			

泄漏处置	撤离危险区域。向专家咨询！通风。个人防护用具：化学防护服包括自给式呼吸器
包装与标志	不得与食品和饲料一起运输。 联合国危险性类别：2.3　联合国次要危险性：8 中国危险性类别：第 2.3 项毒性气体　中国次要危险性：8
应急响应	运输应急卡：TEC(R)-20G1TC。 美国消防协会法规：H3（健康危险性）；F0（火灾危险性）；R2（反应危险性）；W（禁止用水）
储存	耐火设备（条件）。保存在通风良好的室内
重要数据	物理状态、外观：无色气体，有刺鼻气味 物理危险性：气体比空气重 化学危险性：加热时，该物质分解生成氟化氢（见卡片#0283）有毒和腐蚀性烟雾。与水反应，生成氟化氢和硅酸。有水存在时，浸蚀许多金属，释放出氢 职业接触限值：阈限值：2.5mg/m³（氟化物，以 F 计）（时间加权平均值）；A4（不能分类为人类致癌物）；公布生物暴露指数（美国政府工业卫生学家会议，2005 年）。最高容许浓度：1mg/m³（可吸入粉尘）；最高限值种类：II（4）；皮肤吸收；妊娠风险等级：C（德国，2005 年） 接触途径：该物质可通过吸入吸收到体内 吸入危险性：容器漏损时，迅速达到空气中该气体的有害浓度 短期接触的影响：该物质腐蚀眼睛、皮肤和呼吸道。吸入气体可能引起肺水肿（见注解）。影响可能推迟显现。需进行医学观察
物理性质	升华点：-95.7℃ 水中溶解度：反应 蒸气相对密度（空气=1）：3.6
环境数据	
注解	肺水肿和哮喘症状常常经过几小时以后才变得明显，体力劳动使症状加重。因而休息和医学观察是必要的。应当考虑由医生或医生指定的人员立即采取适当吸入治疗法

重要数据：职业接触限值：阈限值：2.5mg/m^3；最高容许浓度：1mg/m^3

物理性质：升华点：-95.7℃

IPCS
International
Programme on
Chemical Safety

UNEP

本卡片由 IPCS 和 EC 合作编写 © 2004～2012

国际化学品安全卡

三氟甲烷			ICSC 编号：0577

CAS 登记号：75-46-7	中文名称：三氟甲烷；三氟化碳；氟仿；R23；甲基三氟化物(钢瓶)
RTECS 号：PB6900000	英文名称：TRIFLUOROMETHANE; Carbon trifluoride; Fluoroform; R23;
UN 编号：1984	Methyltrifluoride(cylinder)
中国危险货物编号：1984	

分子量：70	化学式：CHF$_3$

危害/接触类型	急性危害/症状	预防	急救/消防
火 灾	不可燃。在火焰中释放出刺激性或有毒烟雾（或气体）		周围环境着火时，允许使用各种灭火剂
爆 炸			着火时，喷雾状水保持钢瓶冷却
接 触			
# 吸入	意识模糊，瞌睡	通风，局部排气通风或呼吸防护	新鲜空气，休息，必要时进行人工呼吸，给予医疗护理
# 皮肤	与液体接触时，可能冻伤	保温手套	冻伤时：用大量水冲洗，不要脱去衣服，给予医疗护理
# 眼睛		护目镜	首先用大量水冲洗几分钟（如可能尽量摘除隐形眼镜），然后就医
# 食入			

泄漏处置	通风。切勿直接向液体上喷水。个人防护用具：自给式呼吸器
包装与标志	特殊绝缘钢瓶 联合国危险性类别：2.2 中国危险性类别：第 2.2 项非易燃无毒气体
应急响应	运输应急卡：TEC(R)-644
储存	阴凉场所。沿地面通风
重要数据	物理状态、外观：无气味，无色压缩液化气体 物理危险性：气体比空气重，可能积聚在低层空间，造成缺氧 化学危险性：与高温表面或火焰接触时，该物质分解生成氟化氢（见卡片＃0283）腐蚀性和极高毒性烟雾 职业接触限值：阈限值未制定标准 接触途径：该物质可通过吸入吸收到体内 吸入危险性：容器损漏时，由于降低封闭空间空气中氧含量，该气体能够造成窒息 短期接触的影响：吸入蒸气可能引起中枢神经系统抑郁。液体可能引起冻伤。接触可能造成心律失常和窒息。见注解
物理性质	沸点：-84.4℃ 熔点：-155℃ 相对密度（水=1）：1.44 水中溶解度：不溶 蒸气压：20℃时 4000kPa 蒸气相对密度（空气=1）：2.4 辛醇/水分配系数的对数值：0.64
环境数据	
注解	内科医生注意：忌用肾上腺素能药。空气中高浓度引起缺氧，有神志不清和死亡危险。进入工作区以前，检验氧含量。不要在火焰或高温表面附近或焊接时使用。转动泄漏钢瓶使漏口朝上，以防止液态气体逸出。商品名有 Freon 23, Frigen 23 和 Halon 23

IPCS
International
Programme on
Chemical Safety

UNEP

本卡片由 IPCS 和 EC 合作编写 © 2004～2012

国际化学品安全卡

四氢呋喃			ICSC 编号：0578

CAS 登记号：109-99-9
RTECS 号：LU5950000
UN 编号：2056
EC 编号：603-025-00-0
中国危险货物编号：2056

中文名称：四氢呋喃；四亚甲基氧化物；二环氧乙烷；1,4-环氧丙烷；氧杂环戊烷

英文名称：TETRAHYDROFURAN; Tetramethylene oxide; Diethylene oxide; 1,4-Epoxybutane; Oxacyclopentane

分子量：72.1

化学式：$C_4H_8O/(CH_2)_3CH_2O$

危害/接触类型	急性危害/症状	预防	急救/消防
火 灾	高度易燃	禁止明火，禁止火花和禁止吸烟	干粉，抗溶性泡沫，大量水，二氧化碳
爆 炸	蒸气/空气混合物有爆炸性	密闭系统，通风，防爆型电气设备与照明。不要使用压缩空气灌装、卸料或转运	着火时喷雾状水保持料桶等冷却
接 触		防止烟雾产生！	
# 吸入	咳嗽，头晕，头疼，恶心，神志不清，咽喉痛	通风，局部排气通风或呼吸防护	新鲜空气，休息，给予医疗护理
# 皮肤	皮肤干燥，发红，疼痛	防护手套	脱去污染的衣服，用大量水冲洗皮肤或淋浴，给予医疗护理
# 眼睛	发红，疼痛	安全护目镜	首先用大量水冲洗几分钟（如可能尽量摘除隐形眼镜），然后就医
# 食入	（另见吸入）	工作时不得进食、饮水或吸烟	漱口，给予医疗护理

泄漏处置	通风。尽量将泄漏液收集在可密闭容器中。用砂土或惰性吸收剂吸收残液，然后转移至安全场所。个人防护用具：适用于有机气体和蒸气的过滤呼吸器
包装与标志	气密 欧盟危险性类别：F 符号 Xi 符号 R:11-19-36/37 S:2-16-29-33 联合国危险性类别：3 联合国包装类别：II 中国危险性类别：第 3 类易燃液体 中国包装类别：II
应急响应	运输应急卡：TEC（R）-30S2056 或 30GF1-I+II 美国消防协会法规：H2（健康危险性）；F3（火灾危险性）；R1（反应危险性）
储存	耐火设备（条件）。见化学危险性。稳定后储存
重要数据	物理状态、外观：无色液体，有特殊气味 物理危险性：蒸气比空气重，可能沿地面流动，可能造成远处着火 化学危险性：该物质能生成爆炸性过氧化物。与强氧化剂、强碱和有些金属卤化物激烈反应，有着火和爆炸危险。浸蚀某些塑料、橡胶和涂料 职业接触限值：阈限值：50ppm（时间加权平均值），100ppm（短期接触限值）（经皮）；A3（确认的动物致癌物，但未知与人类相关性）（美国政府工业卫生学家会议，2005 年）。最高容许浓度：50ppm，150mg/m³；最高限值种类：I（2）；皮肤吸收；致癌物类别：4；妊娠风险等级：C（德国，2005 年） 接触途径：该物质可通过吸入其蒸气或食入吸收到体内 吸入危险性：20℃时，该物质蒸发可相当快地达到空气中有害污染浓度 短期接触的影响：该物质或蒸气刺激眼睛、皮肤和呼吸道。高浓度时该物质可能对中枢神经系统有影响，导致麻醉作用 长期或反复接触的影响：反复或长期与皮肤接触可能引起皮炎
物理性质	沸点：66℃ 熔点：-108.5℃ 相对密度（水=1）：0.89 水中溶解度：混溶 蒸气压：20℃时 19.3kPa	蒸气相对密度（空气=1）：2.5 蒸气/空气混合物的相对密度（20℃，空气=1）：1.28 闪点：-14.5℃（闭杯） 自燃温度：321℃ 爆炸极限：在空气中 2%～11.8%（体积）
环境数据	
注解	对甲酚和对苯二酚常被用作为稳定剂。添加稳定剂或阻聚剂会影响该物质的毒理学性质。向专家咨询。饮用含酒精饮料会加重有害影响。超过接触限值时，气味报警不充分。蒸馏前检验过氧化物含量，如存在，使之无害化

IPCS
International
Programme on
Chemical Safety

UNEP

本卡片由 IPCS 和 EC 合作编写 © 2004～2012

国际化学品安全卡

硫代乙酰胺		ICSC 编号：0579

CAS 登记号：62-55-5	中文名称：硫代乙酰胺；乙硫酰胺
RTECS 号：AC8925000	英文名称：THIOACETAMIDE; Acetothioamide; Ethane thioamide;
EC 编号：616-026-00-6	Acetamide,thio

分子量：75.16	化学式：CCH_3CSNH_2/C_2H_5NS

危害/接触类型	急性危害/症状	预防	急救/消防
火 灾	可燃的	禁止明火	干粉，抗溶性泡沫，雾状水，二氧化碳
爆 炸			
接 触		防止粉尘扩散！避免一切接触！	
# 吸入		局部排气通风或呼吸防护	新鲜空气，休息
# 皮肤		防护手套	脱掉污染的衣服，用大量水冲洗皮肤或淋浴
# 眼睛		安全护目镜	首先用大量水冲洗几分钟（如可能尽量摘除隐形眼镜），然后就医
# 食入		工作时不得进食、饮水或吸烟	漱口

泄漏处置	将泄漏物清扫进容器中。如果适当，首先润湿防止扬尘。小心收集残余物，然后转移到安全场所。个人防护用具：全套防护服包括自给式呼吸器
包装与标志	欧盟危险性类别：T 符号 标记：E R:45-22-36/38-52/53 S:53-45-61
应急响应	
储存	与食品和饲料分开存放
重要数据	**物理状态、外观**：无色晶体，有特殊气味 **化学危险性**：燃烧时，该物质分解生成氮氧化物和硫氧化物有毒烟雾 **职业接触限值**：阈限值未制定标准 **接触途径**：该物质可通过吸入其气溶胶和食入吸收到体内 **吸入危险性**：20℃时蒸发可忽略不计，但形成粉尘时可较快达到空气中颗粒物有害浓度 **长期或反复接触的影响**：该物质可能对肝有影响，导致组织损伤。该物质可能是人类致癌物
物理性质	熔点：113～116℃ 水中溶解度：溶解 闪点：见注解 辛醇/水分配系数的对数值：−0.46/−0.36
环境数据	
注解	该物质是可燃的，但闪点未见文献报道。根据接触程度，建议定期进行医疗检查

IPCS
International
Programme on
Chemical Safety

本卡片由 IPCS 和 EC 合作编写 © 2004～2012

国际化学品安全卡

甲基乙拌磷			ICSC 编号：0580

CAS 登记号：640-15-3 RTECS 号：TE4375000 UN 编号：3018 EC 编号：015-050-00-9 中国危险货物编号：3018	中文名称：甲基乙拌磷；二甲硫吸磷；S-2-乙基硫代乙基 O,O-二甲基二硫代磷酸酯 英文名称：THIOMETON; Dithiomethon; S-2-Ethylthioethyl O,O-dimethyl phosphorodithioate	

分子量：246.3	化学式：C$_6$H$_{15}$O$_2$PS$_3$/(CH$_3$O)$_2$PSSCH$_2$CH$_2$SCH$_2$CH$_3$	

危害/接触类型	急性危害/症状	预防	急救/消防
火 灾	可燃的。含有机溶剂的液体制剂可能是易燃的。在火焰中释放出刺激性或有毒烟雾（或气体）	禁止明火	粉末，雾状水，泡沫，二氧化碳
爆 炸	如果制剂中含有易燃/爆炸性溶剂，有着火和爆炸危险		
接 触		防止烟雾产生！避免青少年和儿童接触！	一切情况均向医生咨询！
# 吸入	肌肉痉挛，头晕，呼吸困难，恶心，针尖瞳孔、出汗，多涎	通风，局部排气通风或呼吸防护	新鲜空气，休息，给予医疗护理
# 皮肤	可能被吸收！（另见吸入）	防护手套，防护服	脱去污染的衣服，冲洗，然后用水和肥皂清洗皮肤，给予医疗护理
# 眼睛		安全护目镜或眼睛防护结合呼吸防护	首先用大量水冲洗几分钟（如可能尽量摘除隐形眼镜），然后就医
# 食入	胃痉挛，呕吐，腹泻，虚弱，惊厥，颤搐，神志不清。（另见吸入）	工作时不得进食、饮水或吸烟。进食前洗手	漱口，用水冲服活性炭浆，催吐（仅对清醒病人!），休息，给予医疗护理

泄漏处置	尽量将泄漏液收集在可密闭容器中。用砂土或惰性吸收剂吸收残液并转移到安全场所。不要冲入下水道。个人防护用具：化学防护服包括自给式呼吸器
包装与标志	不得与食品和饲料一起运输 欧盟危险性类别：T 符号 R:21-25 S:1/2-36/37-45 联合国危险性类别：6.1　　联合国包装类别：III 中国危险性类别：第 6.1 项毒性物质　中国包装类别：III
应急响应	运输应急卡：TEC（R）-61G43c
储存	注意收容灭火产生的废水。与食品和饲料分开存放。储存在通风良好的室内
重要数据	物理状态、外观：无色油状液体，有特殊气味 化学危险性：燃烧时，该物质分解生成磷氧化物和硫氧化物有毒烟雾 职业接触限值：阈限值未制定标准 接触途径：该物质可通过吸入、经皮肤或食入吸收到体内 吸入危险性：20℃时蒸发可忽略不计，但喷洒时可较快达到空气中颗粒物有害浓度 短期接触的影响：该物质可能对神经系统有影响。作用可能推迟显现。需要进行医学观察 长期或反复接触的影响：反复或长期与皮肤接触可能引起皮炎。胆碱酯酶抑制剂。可能发生累积影响（见急性危害/症状）
物理性质	沸点：0.013kPa 时 110℃ 相对密度（水=1）：1.2 水中溶解度：25℃时 0.02g/100mL 蒸气压：20℃时 0.02Pa 蒸气相对密度（空气=1）：8.5 蒸气/空气混合物的相对密度（20℃，空气=1）：1.00 辛醇/水分配系数的对数值：0.51
环境数据	该物质对水生生物是有毒的。该物质可能对环境有危害，对蜜蜂应给予特别注意。避免非正常使用时释放到环境中
注解	根据接触程度，建议定期进行医疗检查。中毒时必须采取必要的治疗措施。必须提供有指示说明的适当方法。工业制剂使用的载体溶剂可能改变其物理和毒理学性质。如果该物质用溶剂配制，可参考溶剂的卡片。商品名有：Ekatin, Medrin 和 Unimeton

IPCS
International Programme on Chemical Safety

本卡片由 IPCS 和 EC 合作编写 © 2004～2012

国际化学品安全卡

硫代磷酰氯			ICSC 编号：0581

CAS 登记号：3982-91-0
RTECS 号：XN2930000
UN 编号：1837
中国危险货物编号：1837

中文名称：硫代磷酰氯；三氯硫化磷；磷磺酰氯
英文名称：THIOPHOSPHORYL CHLORIDE; Phosphorothionic trichloride; Thiochlorophosphine sulfide; Phosphorus sulfochloride

分子量：169.4　　　　　　　　　化学式：Cl₃PS

危害/接触类型	急性危害/症状	预防	急救/消防
火　灾	不可燃。但与水或潮湿空气接触时，生成易燃气体	禁止明火、禁止火花和禁止吸烟。禁止与水或湿气接触	干粉，二氧化碳。禁止用水
爆　炸	与水或湿气接触时，有着火和爆炸危险		着火时喷雾状水保持料桶等冷却，但避免与水直接接触。从掩蔽位置灭火
接　触		避免一切接触！	一切情况均向医生咨询！
# 吸入	灼烧感，咳嗽，头痛，呼吸困难，气促，咽喉痛，神志不清。症状可能推迟显现。（见注解）	通风，局部排气通风或呼吸防护	新鲜空气，休息，半直立体位，必要时进行人工呼吸，给予医疗护理
# 皮肤	发红，皮肤烧伤，疼痛，水疱	防护手套，防护服	脱掉污染的衣服，用大量水冲洗皮肤或淋浴，给予医疗护理
# 眼睛	发红，疼痛，视力丧失，严重深度烧伤	安全护目镜，面罩或眼睛防护结合呼吸防护	首先用大量水冲洗几分钟（如可能尽量摘除隐形眼镜），然后就医
# 食入	腹部疼痛，灼烧感，恶心，休克或虚脱。（另见吸入）	工作时不得进食、饮水或吸烟	漱口，不要催吐，给予医疗护理。（见注解）
泄漏处置	撤离危险区域。向专家咨询！通风。尽量将泄漏液收集在可密闭容器中。用砂土或惰性吸收剂吸收残液并转移到安全场所。不要冲入下水道。切勿直接向液体上喷水。不要让该化学品进入环境。个人防护用具：化学防护服包括自给式呼吸器		
包装与标志	气密 联合国危险性类别：8　　　联合国包装类别：II 中国危险性类别：第 8 类腐蚀性物质　　中国包装类别：II		
应急响应	运输应急卡：TEC（R）-80G10		
储存	耐火设备（条件）。注意收容灭火产生的废水。阴凉场所。干燥		
重要数据	物理状态、外观：无色发烟液体，有刺鼻气味 物理危险性：蒸气比空气重 化学危险性：加热或与水或湿气接触时，该物质分解生成磷酸、氯化氢、硫化氢有毒和腐蚀性烟雾，有着火和爆炸危险。有水存在时，浸蚀许多金属 职业接触限值：阈限值未制定标准。最高容许浓度未制定标准 接触途径：该物质可通过吸入吸收到体内 吸入危险性：20℃时该物质蒸发，可迅速达到空气中有害污染浓度 短期接触的影响：该物质腐蚀眼睛、皮肤和呼吸道。蒸气腐蚀眼睛、皮肤和呼吸道。食入有腐蚀性。吸入蒸气可能引起肺水肿（见注解）。吞咽液体吸入肺中，可能引起化学肺炎。接触可能导致死亡。影响可能推迟显现。需进行医学观察		
物理性质	沸点：125℃ 熔点：-35℃ 相对密度（水=1）：1.6 水中溶解度：反应 蒸气压：25℃时 2.9kPa 蒸气相对密度（空气=1）：5.8 蒸气/空气混合物的相对密度（20℃，空气=1）：1.1		
环境数据	该物质可能对环境有危害，对水体应给予特别注意		
注解	与灭火剂，例如水和泡沫激烈反应。肺水肿症状常常经过几小时以后才变得明显，体力劳动使症状加重。因而休息和医学观察是必要的。应考虑由医生或医生指定人员立即采取适当吸入治疗法		

IPCS
International
Programme on
Chemical Safety

   UNEP

本卡片由 IPCS 和 EC 合作编写 © 2004～2012

国际化学品安全卡

2,4-甲苯二胺			ICSC 编号：0582

CAS 登记号：95-80-7 RTECS 号：XS9625000 UN 编号：1709 EC 编号：612-099-00-3 中国危险货物编号：1709	中文名称：2,4-甲苯二胺；甲苯-2,4-二胺；2,4-二氨基甲苯 英文名称：2,4-TOLUENEDIAMINE; Toluene-2,4-diamine; 2,4-Diaminotoluene; 2,4-TDA
分子量：122.2	化学式：$C_7H_{10}N_2/CH_3C_6H_3(NH_2)_2$

危害/接触类型	急性危害/症状	预防	急救/消防
火 灾	可燃的	禁止明火	干粉，雾状水，泡沫，二氧化碳
爆 炸			
接 触		防止粉尘扩散！避免一切接触！	
# 吸入	嘴唇或指甲发青，皮肤发青，咳嗽，咽喉痛，头痛，头晕，恶心，呕吐，惊厥，意识模糊，神志不清	局部排气通风或呼吸防护	新鲜空气，休息，给予医疗护理
# 皮肤	可能被吸收！发红，疼痛。（另见吸入）	防护手套，防护服	脱掉污染的衣服，用大量水冲洗皮肤或淋浴，给予医疗护理
# 眼睛	发红，疼痛，严重深度烧伤	安全护目镜（如为熔融态），面罩	先用大量水冲洗几分钟（如可能尽量摘除隐形眼镜），然后就医
# 食入	腹部疼痛。（另见吸入）	工作时不得进食、饮水或吸烟	漱口，给予医疗护理
泄漏处置	不要冲入下水道。将泄漏物清扫进容器中。如果适当，首先润湿防止扬尘，然后转移到安全场所。不要让该化学品进入环境。个人防护用具：化学防护服包括自给式呼吸器		
包装与标志	欧盟危险性类别：T 符号 N 符号 标记：E R:45-20/21-25-36-43-51/53 S:53-45-61 联合国危险性类别：6.1　　联合国包装类别：III 中国危险性类别：第 6.1 项毒性物质　中国包装类别：III		
应急响应	运输应急卡：TEC（R）-61GT2-III		
储存			
重要数据	物理状态、外观：无色晶体，遇空气变暗 化学危险性：燃烧时，该物质分解生成氮氧化物有毒烟雾 职业接触限值：阈限值未制定标准。最高容许浓度：皮肤吸收；皮肤致敏剂；致癌物类别：2（德国，2005 年） 接触途径：该物质可通过吸入其气溶胶或蒸气（熔融状态时），经皮肤和食入吸收到体内 吸入危险性：未指明 20℃时该物质蒸发达到空气中有害浓度的速率 短期接触的影响：该物质刺激眼睛、皮肤和呼吸道。高温液体可能引起严重皮肤烧伤。该物质可能对肝和血液有影响，导致形成正铁血红蛋白。影响可能推迟显现。需进行医学观察 长期或反复接触的影响：反复或长期接触可能引起皮肤过敏。该物质可能是人类致癌物。可能引起人类遗传损伤		
物理性质	沸点：292℃ 熔点：99℃ 相对密度（水=1）：见注解 水中溶解度：溶解 蒸气压：106.5℃时 0.13kPa 蒸气相对密度（空气=1）：4.2 蒸气/空气混合物的相对密度（20℃，空气=1）：1.00 闪点：149℃ 辛醇/水分配系数的对数值：0.35		
环境数据	该物质对水生生物是有害的		
注解	可以在融熔状态下装卸和装运。文献中未报道该固体的密度，但 100℃时液体相对密度（水=1）为 1.045。根据接触程度，建议定期进行医疗检查。该物质中毒时需采取必要的治疗措施。必须提供有指示说明的适当方法。商品名有：Azogen Developer H, Benzofur MT, Eucanine GB, Fouramine, Fourrine, Pelagol, Pontamine Developer TN, Tertral G, Zoba GKE 和 Zogen Developer H		

IPCS
International
Programme on
Chemical Safety

UNEP

本卡片由 IPCS 和 EC 合作编写 © 2004～2012

579

国际化学品安全卡

磷酸三丁酯		ICSC 编号：0584

CAS 登记号：126-73-8
RTECS 号：TC7700000
EC 编号：015-014-00-2

中文名称：磷酸三丁酯；磷酸三正丁基酯；磷酸丁酯
英文名称：TRIBUTYL PHOSPHATE; Tri-n-butyl phosphate; Butyl phosphate;
Phosphoric acid, tributyl ester

分子量：266.3

化学式：$C_{12}H_{27}O_4P/(C_4H_9)_3PO_4$

危害/接触类型	急性危害/症状	预防	急救/消防
火 灾	可燃的。在火焰中释放出刺激性或有毒烟雾（或气体）	禁止明火	干粉，雾状水，泡沫，二氧化碳
爆 炸			
接 触		防止产生烟云！	
# 吸入	咳嗽。头痛。恶心。咽喉痛	局部排气通风或呼吸防护	新鲜空气，休息
# 皮肤	发红，疼痛。	防护手套	脱去污染的衣服。用大量水冲洗皮肤或淋浴
# 眼睛	发红，疼痛	安全护目镜	先用大量水冲洗几分钟（如可能尽量摘除隐形眼镜），然后就医
# 食入		工作时不得进食、饮水或吸烟	漱口，给予医疗护理

泄漏处置	不要让该化学品进入环境。将泄漏液收集在可密闭的容器中。不要使用塑料容器。用砂土或惰性吸收剂吸收残液，并转移到安全场所。个人防护用具：适用于有机气体和蒸气的过滤呼吸器
包装与标志	欧盟危险性类别：Xn 符号 R:22-38-40 S:2-36/37-46
应急响应	美国消防协会法规：H3（健康危险性）；F1（火灾危险性）；R0（反应危险性）
储存	储存在没有排水管或下水道的场所。与碱类和强氧化剂分开存放
重要数据	物理状态、外观：无色，无气味黏稠液体 化学危险性：燃烧时，该物质分解生成磷氧化物有毒烟雾。与热水反应，生成腐蚀性磷酸和丁醇。浸蚀某些塑料、橡胶和涂料。与碱类和强氧化剂发生反应 职业接触限值：阈限值：0.2ppm（时间加权平均值）；公布生物暴露指数（美国政府工业卫生学家会议，2005 年）。最高容许浓度：1ppm（时间加权平均值）；皮肤吸收；最高限值种类：II（4）；致癌物类别：4；妊娠风险等级：C（德国，2005 年） 接触途径：该物质可通过吸入其蒸气，经皮肤和食入吸收到体内 吸入危险性：20℃时该物质蒸发不会或很缓慢地达到空气中有害污染浓度，但喷洒或扩散时要快得多 短期接触的影响：该物质严重刺激眼睛、皮肤和呼吸道 长期或反复接触的影响：食入时，该物质可能对膀胱有影响，导致体组织损伤
物理性质	沸点：289℃（分解） 熔点：<-80℃ 相对密度（水=1）：0.98 水中溶解度：微溶 蒸气压：25℃时 0.15Pa 蒸气相对密度（空气=1）：9.2 闪点：146℃（开杯） 自燃温度：>482℃ 辛醇/水分配系数的对数值：4.0
环境数据	该物质对水生生物是有毒的
注解	

IPCS
International
Programme on
Chemical Safety

本卡片由 IPCS 和 EC 合作编写 © 2004～2012

国际化学品安全卡

敌百虫			ICSC 编号：0585

CAS 登记号：52-68-6	中文名称：敌百虫；二甲基（2,2,2-三氯-1-羟基乙基）膦酸酯；（2,2,2-三氯
RTECS 号：TA0700000	-1-羟基乙基）膦酸二甲酯
UN 编号：2783	英文名称：TRICHLORPHON; Dimethyl-2,2,2-trichloro-1-
EC 编号：015-021-00-0	hydroxyethylphosphonate; Trichlorphene; (2,2,2-Trichloro-1-hydroxyethyl)
中国危险货物编号：2783	phosphonic acid dimethyl ester; Chlorofos

分子量：257.4	化学式：$C_4H_8Cl_3O_4P$

危害/接触类型	急性危害/症状	预防	急救/消防
火灾	可燃的	禁止明火	周围环境着火时，允许使用各种灭火剂
爆炸			
接触		防止粉尘扩散！严格作业环境管理!避免孕妇接触!避免青少年和儿童接触！	一切情况均向医生咨询！
# 吸入	恶心，头晕，呕吐，瞳孔缩窄，出汗，多涎，肌肉痉挛，呼吸困难，惊厥，神志不清。症状可能推迟显现。（见注解）	局部排气通风或呼吸防护	新鲜空气，休息，给予医疗护理
# 皮肤	可能被吸收！（另见吸入）	防护手套，防护服	脱掉污染的衣服，冲洗，然后用水和肥皂洗皮肤，给予医疗护理
# 眼睛	发红，疼痛，视力模糊，瞳孔缩窄	面罩或眼睛防护结合呼吸防护	首先用大量水冲洗几分钟（如可能尽量摘除隐形眼镜），然后就医
# 食入	恶心，呕吐，虚弱，胃痉挛，腹泻，瞳孔缩窄，肌肉痉挛，多涎，呼吸困难，神志不清	工作时，不得进食、饮水或吸烟	催吐（仅对清醒病人！），休息，给予医疗护理

泄漏处置	不要冲入下水道。将泄漏物清扫进容器中。如果适当，首先润湿防止扬尘，然后转移到安全场所。不要让该化学品进入环境。个人防护用具：适用于有机蒸气和有害粉尘的A/P2 呼吸器
包装与标志	不得与食品和饲料一起运输。污染海洋物质 欧盟危险性类别：Xn 符号 N 符号 R:22-43-50/53 S:2-24-37-60-61 联合国危险性类别：6.1 联合国包装类别：III 中国危险性类别：第 6.1 项毒性物质 中国包装类别：III
应急响应	运输应急卡：TEC（R）-61GT7-III
储存	与食品饲料、强碱分开存放。储存在通风良好的室内
重要数据	物理状态、外观：白色晶体 化学危险性：加热和与酸和碱接触时，该物质分解生成有毒烟雾。浸蚀许多金属 职业接触限值：阈限值：$1mg/m^3$（时间加权平均值）（可吸入粉尘）；A4（不能分类为人类致癌物）；公布生物暴露指数（美国政府工业卫生学家会议，2004 年）。最高容许浓度未制定标准 接触途径：该物质可通过吸入其气溶胶，经皮肤和食入吸收到体内 吸入危险性：20℃时蒸发可忽略不计，但在粉尘形成时，可较快地达到空气中颗粒物有害浓度 短期接触的影响：该物质可能通过抑制胆碱酯酶对神经系统有影响，导致惊厥，呼吸衰竭和死亡。胆碱酯酶抑制剂。高浓度接触时，可能导致死亡。影响可能推迟显现。需要进行医学观察 长期或反复接触的影响：反复或长期接触可能引起皮肤过敏。该物质可能对神经系统有影响。胆碱酯酶抑制剂。可能有累积影响（见急性危害/症状）
物理性质	沸点：83～84℃ 相对密度（水=1）：1.73 水中溶解度：25℃时 15.4g/100mL	蒸气压：20℃时 < 0.01Pa 辛醇/水分配系数的对数值：0.48
环境数据	该物质对水生生物有极高毒性。该物质可能对环境有危害,对蜜蜂和鱼类应给予特别注意
注解	根据接触程度，建议定期进行医疗检查。急性中毒症状经过几小时以后才变得明显。中毒时，需采取必要的治疗措施。必须提供有指示说明的适当方法。本卡片的建议适用于纯物质。商业制剂常常是含有杂质、溶剂或其它药剂的混合物可能改变其毒性和理化性质。商品名称为：Acrol, DEP, DANEX 和 DIMETOX

IPCS
International
Programme on
Chemical Safety

UNEP

本卡片由 IPCS 和 EC 合作编写 © 2004～2012

国际化学品安全卡

三氯乙酸			ICSC 编号：0586

CAS 登记号：76-03-9	中文名称：三氯乙酸
RTECS 号：AJ7875000	英文名称：TRICHLOROACETIC ACID; Trichloroethanoic acid;
UN 编号：1839	Aceto-caustin; TCA
EC 编号：607-004-00-7	
中国危险货物编号：1839	

分子量：163.4　　　　　　　　　化学式：$C_2HCl_3O_2/CCl_3COOH$

危害/接触类型	急性危害/症状	预防	急救/消防
火　灾	不可燃。在火焰中释放出刺激性或有毒烟雾（或气体）		周围环境着火时，允许使用各种灭火剂
爆　炸			
接　触		避免一切接触！	一切情况均向医生咨询！
# 吸入	咽喉疼痛，咳嗽，灼烧感，头痛，恶心，呕吐，气促，呼吸困难。症状可能推迟显现（见注解）	通风（如果没有粉末时），局部排气通风或呼吸防护	新鲜空气，休息，半直立体位，必要时进行人工呼吸，给予医疗护理
# 皮肤	疼痛，发红，起疱，皮肤烧伤	防护手套，防护服	脱掉污染的衣服，用大量水冲洗皮肤或淋浴，给予医疗护理
# 眼睛	疼痛，发红，严重深度烧伤	面罩或眼睛防护结合呼吸防护	首先用大量水冲洗几分钟（如可能尽量摘除隐形眼镜），然后就医
# 食入	灼烧感，腹部疼痛，休克或虚脱	工作时不得进食、饮水或吸烟	漱口，不要催吐，大量饮水，给予医疗护理

泄漏处置	将泄漏物扫入盛有水的容器中。如果适当，首先湿润防止扬尘。用碱，如碳酸氢钠、氢氧化钠小心中和残余物，然后用大量水冲净。个人防护用具：全套防护服包括自给式呼吸器
包装与标志	不易破碎包装，将易破碎包装放在不易破碎密闭容器中 欧盟危险性类别：C 符号　N 符号 R:35-50/53　　S:1/2-26-36/37/39-45-60-61 联合国危险性类别：8　　　　联合国包装类别：II 中国危险性类别：第 8 类腐蚀性物质　中国包装类别：II
应急响应	运输应急卡：TEC(R)-80GC4-II+III
储存	与食品和饲料分开存放。见化学危险性。阴凉场所。干燥。严格密封。保存在通风良好的室内
重要数据	物理状态、外观：无色吸湿晶体，有刺鼻气味 化学危险性：加热时，该物质分解生成含氯化氢和氯仿的有毒和腐蚀性烟雾。水溶液为一种强酸。与碱激烈反应，腐蚀多种金属 职业接触限值：阈限值：1ppm（时间加权平均值）；A3（确认的动物致癌物，但未知与人类相关性）（美国政府工业卫生学家会议，2005 年）。最高容许浓度：IIb（未制定标准，但可提供数据）（德国，2005 年） 接触途径：该物质可通过吸入其蒸气和食入吸收到体内 吸入危险性：20℃时，该物质蒸发可相当慢地达到空气中有害浓度 短期接触的影响：该物质腐蚀眼睛、皮肤和呼吸道。食入有腐蚀性。吸入蒸气可能引起肺水肿（见注解）。影响可能推迟显现，需要进行医学观察
物理性质	沸点：198℃ 熔点：58℃ 水中溶解度：易溶 蒸气压：51℃时 133Pa 蒸气相对密度（空气=1）：5.6 辛醇/水分配系数的对数值：1.7
环境数据	
注解	肺水肿症状常常经过几小时以后才变得明显，体力劳动使症状加重。因此休息和医学观察是必要的。应考虑由医生或医生指定人立即采取适当吸入治疗法

IPCS
International
Programme on
Chemical Safety

   UNEP

本卡片由 IPCS 和 EC 合作编写 © 2004～2012

国际化学品安全卡

2,3,4-三氯-1-丁烯	ICSC 编号：0587

CAS 登记号：2431-50-7	中文名称：2,3,4-三氯-1-丁烯；2,3,4-三氯丁烯-1
RTECS 号：EM9046000	英文名称：2,3,4-TRICHLORO-1-BUTENE; 2,3,4-Trichlorobutene-1
UN 编号：2322	
EC 编号：602-076-00-6	
中国危险货物编号：2322	

分子量：159.4	化学式：$C_4H_5Cl_3$

危害/接触类型	急性危害/症状	预防	急救/消防
火 灾	可燃的。在火焰中释放出刺激性或有毒烟雾（或气体）	禁止明火	干粉，雾状水，泡沫，二氧化碳
爆 炸	高于 63℃，可能形成爆炸性蒸气/空气混合物	高于 63℃，使用密闭系统、通风和防爆型电气设备	
接 触		避免一切接触！	
# 吸入	咳嗽。咽喉痛。迟钝。恶心。	密闭系统	新鲜空气，休息。给予医疗护理
# 皮肤	发红。疼痛	防护手套。防护服	用大量水冲洗皮肤或淋浴
# 眼睛	发红。疼痛	面罩，或眼睛防护结合呼吸防护	先用大量水冲洗几分钟（如可能尽量摘除隐形眼镜），然后就医
# 食入		工作时不得进食，饮水或吸烟。进食前洗手	大量饮水。给予医疗护理

泄漏处置	不要让该化学品进入环境。转移全部引燃源。用塑料布覆盖泄漏物。用砂土或惰性吸收剂吸收残液，并转移到安全场所。个人防护用具：适用于有机气体和蒸气的过滤呼吸器
包装与标志	污染海洋物质 欧盟危险性类别：T 符号 N 符号　R:22-23-36/37/38-40-50/53　S:1/2-36/37-45-60-61 联合国危险性类别：6.1 联合国包装类别：II 中国危险性类别：第 6.1 项毒性物质 中国包装类别：II
应急响应	运输应急卡：TEC(R)-61GT1-II
储存	注意收容灭火产生的废水。与性质相互抵触的物质分开存放。见化学危险性。严格密封
重要数据	物理状态、外观：无色液体 化学危险性：与还原剂和强氧化剂发生反应。加热和燃烧时，该物质分解生成有毒和腐蚀性烟雾 职业接触限值：阈限值未制定标准。最高容许浓度：皮肤吸收；致癌物类别：2（德国，2003 年） 接触途径：该物质可通过吸入其蒸气和经食入吸收到体内 吸入危险性：20℃时，该物质蒸发，迅速达到空气中有害污染浓度 短期接触的影响：蒸气刺激眼睛、皮肤和呼吸道 长期或反复接触的影响：该物质可能对呼吸道有影响，导致体组织损伤
物理性质	沸点：155～162℃ 熔点：-52℃ 密度：1.34g/cm³ 水中溶解度：20℃时 0.06g/100mL 蒸气压：20℃时 230Pa 闪点：63℃（闭杯） 辛醇/水分配系数的对数值：2.4（计算值）
环境数据	该物质对水生生物是有害的。该物质可能在水生环境中造成长期影响。强烈建议不要让该化学品进入环境
注解	该物质对人体健康的影响数据不充分，因此应当特别注意

IPCS
International
Programme on
Chemical Safety

   UNEP

本卡片由 IPCS 和 EC 合作编写 © 2004～2012

国际化学品安全卡

2,3,4-三氯苯酚			ICSC 编号：0588

CAS 登记号：15950-66-0
UN 编号：2020
中国危险货物编号：2020

中文名称：2,3,4-三氯苯酚；1-羟基-2,3,4-三氯苯
英文名称：2,3,4-TRICHLOROPHENOL; Phenol, 2,3,4-trichloro-;
1-Hydroxy-2,3,4-Trichlorobenzene

分子量：197.5

化学式：$C_6H_3Cl_3O$

危害/接触类型	急性危害/症状	预防	急救/消防
火　灾	可燃的。在火焰中释放出刺激性或有毒烟雾（或气体）	禁止明火	泡沫，干粉，二氧化碳
爆　炸	高于62℃，可能形成爆炸性蒸气/空气混合物	高于62℃，使用密闭系统、通风	
接　触	见注解	防止粉尘扩散！	
# 吸入		局部排气通风或呼吸防护	新鲜空气，休息。给予医疗护理
# 皮肤		防护手套	脱去污染的衣服。冲洗，然后用水和肥皂清洗皮肤
# 眼睛		安全护目镜，或如为粉末，眼睛防护结合呼吸防护	用大量水冲洗（如可能尽量摘除隐形眼镜）
# 食入		工作时不得进食、饮水或吸烟	给予医疗护理

泄漏处置	将泄漏物清扫进容器中，如果适当，首先润湿防止扬尘。小心收集残余物，然后转移到安全场所。不要让该化学品进入环境。个人防护用具：适应于该物质空气中浓度的有机气体和颗粒物过滤呼吸器
包装与标志	不得与食品和饲料一起运输 联合国危险性类别：6.1　　　联合国包装类别：III 中国危险性类别：第 6.1 项 毒性物质　中国包装类别：III GHS 分类：危险说明：对水生生物有毒
应急响应	
储存	储存在没有排水管或下水道的场所。注意收容灭火产生的废水。与强氧化剂、食品和饲料分开存放
重要数据	物理状态、外观：白色粉末或针状体，有特殊气味 化学危险性：加热时或燃烧时，该物质分解，生成有毒烟雾。与氧化剂、酸酐和酰基氯发生反应 职业接触限值：阈限值未制定标准。最高容许浓度未制定标准 接触途径：该物质可通过吸入其气溶胶、经皮肤和经食入吸收到体内 吸入危险性：未指明 20℃时该物质蒸发达到空气中有害浓度的速率 短期接触的影响：见注解 长期或反复接触的影响：见注解
物理性质	沸点：升华 熔点：79～81℃ 密度：1.5g/cm³ 水中溶解度：不溶 蒸气相对密度（空气=1）：6.8 闪点：62℃ 辛醇/水分配系数的对数值：3.6
环境数据	该物质对水生生物是有毒的。该物质可能在水生环境中造成长期影响。该物质在正常使用过程中进入环境。但是要特别注意避免任何额外的释放，例如通过不适当处置活动
注解	该物质对人体健康的影响数据不充分，因此应当特别注意。该异构体无影响数据可用，但是三氯苯酚混合物可引起皮肤、眼睛和呼吸道刺激。这些物质可引起急性代谢影响，导致多个器官特别是中枢神经系统损伤。有些工业品会含有包含多氯二苯并对二噁英和呋喃的高毒性杂质。根据接触程度，建议定期进行医学检查

IPCS
International
Programme on
Chemical Safety

本卡片由 IPCS 和 EC 合作编写 © 2004～2012

584

国际化学品安全卡

2,3,5-三氯苯酚		ICSC 编号：0589	

CAS 登记号：933-78-8
UN 编号：2020
中国危险货物编号：2020

中文名称：2,3,5-三氯苯酚；1-羟基-2,3,5-三氯苯
英文名称：2,3,5-TRICHLOROPHENOL; Phenol, 2,3,5-trichloro-;
1-Hydroxy-2,3,5-trichlorobenzene

分子量：197.5

化学式：$C_6H_3Cl_3O$

危害/接触类型	急性危害/症状	预防	急救/消防
火 灾	可燃的。在火焰中释放出刺激性或有毒烟雾（或气体）	禁止明火	泡沫，干粉，二氧化碳
爆 炸			
接 触	见注解	防止粉尘扩散！	
# 吸入		局部排气通风或呼吸防护	新鲜空气，休息。给予医疗护理
# 皮肤		防护手套	脱去污染的衣服。冲洗，然后用水和肥皂清洗皮肤
# 眼睛		安全护目镜，或如为粉末，眼睛防护结合呼吸防护	用大量水冲洗（如可能尽量摘除隐形眼镜）
# 食入		工作时不得进食、饮水或吸烟	漱口。给予医疗护理

泄漏处置	将泄漏物清扫进容器中，如果适当，首先润湿防止扬尘。小心收集残余物，然后转移到安全场所。不要让该化学品进入环境。个人防护用具：适应于该物质空气中浓度的有机气体和颗粒物过滤呼吸器。
包装与标志	不得与食品和饲料一起运输 联合国危险性类别：6.1 　　　　　联合国包装类别：III 中国危险性类别：第 6.1 项 毒性物质 　　中国包装类别：III GHS 分类：危险说明：对水生生物有毒
应急响应	
储存	储存在没有排水管或下水道的场所。注意收容灭火产生的废水。与强氧化剂、食品和饲料分开存放
重要数据	物理状态、外观：无色晶体，有特殊气味 化学危险性：加热、燃烧或与强氧化剂接触时，该物质分解，生成含有氯化氢的有毒和腐蚀性烟雾。该物质是一种弱酸 职业接触限值：阈限值未制定标准。最高容许浓度未制定标准 接触途径：该物质可通过吸入其气溶胶、经皮肤和经食入吸收到体内 吸入危险性：20℃时蒸发可忽略不计，但扩散时可较快地达到空气中颗粒物有害浓度 短期接触的影响：见注解 长期或反复接触的影响：见注解
物理性质	沸点：248～253℃ 熔点：62℃ 水中溶解度：微溶 蒸气相对密度（空气=1）：6.8 辛醇/水分配系数的对数值：3.8
环境数据	该物质对水生生物是有毒的。该物质可能在水生环境中造成长期影响。该物质在正常使用过程中进入环境。但是要特别注意避免任何额外的释放，例如通过不适当处置活动
注解	该物质对人体健康的影响数据不充分，因此应当特别注意。该异构体无影响数据可用，但是三氯苯酚混合物可引起皮肤、眼睛和呼吸道刺激。这些物质可引起急性代谢影响，导致多个器官特别是中枢神经系统损伤。有些工业品会含有包含多氯二苯并对二噁英和呋喃的高毒性杂质。根据接触程度，建议定期进行医学检查

IPCS
International
Programme on
Chemical Safety

UNEP

本卡片由 IPCS 和 EC 合作编写 © 2004～2012

国际化学品安全卡

2,3,6-三氯苯酚			ICSC 编号：0590

CAS 登记号：933-75-5　　　　　　　　中文名称：2,3,6-三氯苯酚；1-羟基-2,3,6-三氯苯

RTECS 号：SN1300000　　　　　　　　英文名称：2,3,6-TRICHLOROPHENOL; Phenol, 2,3,6-trichloro-;

UN 编号：2020　　　　　　　　　　　　1-Hydroxy-2,3,6-trichlorobenzene

中国危险货物编号：2020

分子量：197.5　　　　　　　　　　化学式：$C_6H_3Cl_3O$

危害/接触类型	急性危害/症状	预防	急救/消防
火　灾	可燃的。在火焰中释放出刺激性或有毒烟雾（或气体）	禁止明火	泡沫，干粉，二氧化碳
爆　炸	高于79℃，可能形成爆炸性蒸气/空气混合物	高于79℃，使用密闭系统、通风	
接　触	见注解	防止粉尘扩散！	
# 吸入		局部排气通风或呼吸防护	新鲜空气，休息。给予医疗护理
# 皮肤		防护手套	脱去污染的衣服。冲洗，然后用水和肥皂清洗皮肤
# 眼睛		安全护目镜，或如为粉末，眼睛防护结合呼吸防护	用大量水冲洗（如可能尽量摘除隐形眼镜）
# 食入		工作时不得进食，饮水或吸烟	漱口。给予医疗护理
泄漏处置	将泄漏物清扫进容器中，如果适当，首先润湿防止扬尘。小心收集残余物，然后转移到安全场所。不要让该化学品进入环境。个人防护用具：适应于该物质空气中浓度的有机气体和颗粒物过滤呼吸器		
包装与标志	不得与食品和饲料一起运输 **联合国危险性类别：6.1**　　　　**联合国包装类别：III** **中国危险性类别：第 6.1 项　毒性物质**　　**中国包装类别：III** **GHS 分类：危险说明：对水生生物有毒**		
应急响应			
储存	储存在没有排水管或下水道的场所。注意收容灭火产生的废水。与强氧化剂、食品和饲料分开存放		
重要数据	**物理状态、外观：无色晶体，有特殊气味** **化学危险性：**加热、燃烧或与强氧化剂接触时，该物质分解，生成含有氯化氢的有毒和腐蚀性烟雾。该物质是一种弱酸 **职业接触限值：**阈限值未制定标准。最高容许浓度未制定标准 **接触途径：**该物质可通过吸入其气溶胶、经皮肤和经食入吸收到体内 **吸入危险性：**20℃时蒸发可忽略不计，但扩散时可较快地达到空气中颗粒物有害浓度 **短期接触的影响：**见注解 **长期或反复接触的影响：**见注解		
物理性质	**沸点：**272℃ **熔点：**101℃ **水中溶解度：**不溶 **蒸气相对密度（空气=1）：**6.8 **闪点：**闪点：79℃（闭杯） **辛醇/水分配系数的对数值：**3.8		
环境数据	该物质对水生生物是有毒的。该物质可能在水生环境中造成长期影响。该物质在正常使用过程中进入环境。但是要特别注意避免任何额外的释放，例如通过不适当处置活动		
注解	该物质对人体健康的影响数据不充分，因此应当特别注意。该异构体无影响数据可用，但是三氯苯酚混合物可引起皮肤、眼睛和呼吸道刺激。这些物质可引起急性代谢影响，导致多个器官特别是中枢神经系统损伤。有些工业品会含有包含多氯二苯并对二噁英和呋喃的高毒性杂质。根据接触程度，建议定期进行医学检查		

IPCS
International Programme on Chemical Safety

本卡片由 IPCS 和 EC 合作编写 © 2004~2012

国际化学品安全卡

三氯硅烷			ICSC 编号：0591

CAS 登记号：10025-78-2	中文名称：三氯硅烷；三氯单硅烷；硅氯仿
RTECS 号：VV5950000	英文名称：TRICHLOROSILANE; Trichloromonosilane; Silicochloroform
UN 编号：1295	
EC 编号：014-001-00-9	
中国危险货物编号：1295	
分子量：135.47	化学式：Cl₃HSi

化学式：Cl_3HSi

危害/接触类型	急性危害/症状	预防	急救/消防
火 灾	极易燃。在火焰中释放出刺激性或有毒烟雾（或气体）	禁止明火，禁止火花和禁止吸烟	禁止用水。水成膜泡沫，干粉，二氧化碳
爆 炸	蒸气/空气混合物有爆炸性	密闭系统，通风，防爆型电气设备和照明。不要使用压缩空气灌装、卸料或转运	着火时，喷水保持料桶等冷却，但避免该物质与水接触
接 触		严格作业环境管理！	一切情况均向医生咨询！
# 吸入	咳嗽，咽喉痛，灼烧感，呼吸困难，气促，症状可能推迟显现（见注解）	通风，局部排气通风或呼吸防护	新鲜空气，休息，半直立体位，必要时进行人工呼吸，给予医疗护理，见注解
# 皮肤	发红。疼痛。水疱。皮肤烧伤	防护手套。防护服	脱去污染的衣服，用大量水冲洗皮肤或淋浴，给予医疗护理
# 眼睛	发红。疼痛。严重深度烧伤	面罩，或眼睛防护结合呼吸防护	先用大量水冲洗几分钟（如可能尽量摘除隐形眼镜），然后就医
# 食入	灼烧感。腹部疼痛。休克或虚脱	工作时不得进食，饮水或吸烟	漱口，不要催吐，不要饮用任何东西，给予医疗护理

泄漏处置	撤离危险区域！向专家咨询！通风。尽可能将泄漏液收集在可密闭的容器中。不要使用塑料容器。用干砂土或惰性吸收剂吸收残液，并转移到安全场所。不要冲入下水道。个人防护用具：化学防护服包括自给式呼吸器
包装与标志	不得与食品和饲料一起运输 欧盟危险性类别：F+符号 C符号 R:12-14-17-20/22-29-35 S:2-7/9-16-26-36/37/39-43-45 联合国危险性类别：4.3 联合国次要危险性：3 和 8 联合国包装类别：I 中国危险性类别：第 4.3 项 遇水放出易燃气体的物质 中国次要危险性：3 和 8 中国包装类别：I
应急响应	运输应急卡：TEC(R)-43S1295 美国消防协会法规：H3（健康危险性）；F4（火灾危险性）；R2（反应危险性）；W（禁止用水）
储存	耐火设备（条件）。与食品和饲料、性质相互抵触的物质分开存放。见化学危险性。阴凉场所。干燥。严格密封。沿地面通风
重要数据	物理状态、外观：无色挥发性发烟液体，有刺鼻气味 物理危险性：蒸气比空气重，可能沿地面流动，可能造成远处着火 化学危险性：加热时，该物质分解生成氯化氢有毒和腐蚀性烟雾。与水、强氧化剂、强酸和碱激烈反应，生成氯化氢（见卡片#0163）。有水存在时，浸蚀许多金属 职业接触限值：阈限值未制定标准 接触途径：该物质可通过吸入其蒸气和经食入吸收到体内 吸入危险性：未指明 20℃时该物质蒸发达到空气中有害浓度的速率 短期接触的影响：该物质腐蚀眼睛、皮肤和呼吸道。食入有腐蚀性。吸入蒸气可能引起肺水肿（见注解）。吸入可能引起类似哮喘反应。接触可能导致死亡。需进行医学观察。见注解
物理性质	沸点：31.8℃ 熔点：-126.5℃ 相对密度（水=1）：1.34 水中溶解度：反应 蒸气压：20℃时 65.8kPa	蒸气相对密度（空气=1）：4.7 蒸气/空气混合物的相对密度（20℃，空气=1）：3.3 闪点：-27℃（闭杯） 自燃温度：185℃ 爆炸极限：空气中 1.2%~90.5%（体积）
环境数据	
注解	与灭火剂，如水激烈反应。肺水肿症状常常经过几个小时以后才变得明显，体力劳动使症状加重。因而休息和医学观察是必要的。应当考虑由医生或医生指定的人立即采取适当吸入治疗法。毒理学性质根据甲基二氯硅烷（卡片#0297）推断出

IPCS
International Programme on Chemical Safety

本卡片由 IPCS 和 EC 合作编写 © 2004～2012

国际化学品安全卡

三异丙醇胺			ICSC 编号：0592

CAS 登记号：122-20-3 RTECS 号：UB8750000 UN 编号：3259 EC 编号：603-097-00-3 中国危险货物编号：3259	中文名称：三异丙醇胺；三-2-丙醇胺；三（2-羟基丙基）胺；1,1',1"-次氮基三丙烷-2-醇 英文名称：TRIISOPROPANOLAMINE; Tri-2-propanolamine; Tris (2-hydroxypropyl) amine; 1,1',1"-Nitrilotripropan-2-ol

分子量：191.3	化学式：C₉H₂₁NO₃/(CH₃CHOHCH₂)₃N

化学式：$C_9H_{21}NO_3/(CH_3CHOHCH_2)_3N$

危害/接触类型	急性危害/症状	预防	急救/消防
火　灾	可燃的。在火焰中释放出刺激性或有毒烟雾（或气体）	禁止明火	干粉，雾状水，泡沫，二氧化碳
爆　炸	微细分散的颗粒物在空气中形成爆炸性混合物	防止粉尘沉积、密闭系统、防止粉尘爆炸型电气设备和照明。防止静电荷积聚（例如，通过接地）	
接　触			
# 吸入	咽喉痛。咳嗽。灼烧感。呼吸短促	呼吸防护	新鲜空气，休息。半直立体位。给予医疗护理
# 皮肤	发红	防护手套	用大量水冲洗皮肤或淋浴
# 眼睛	发红。疼痛。燃烧	安全护目镜	用大量水冲洗（如可能尽量摘除隐形眼镜）。立即给予医疗护理
# 食入	咽喉疼痛。灼烧感	工作时不得进食，饮水或吸烟	漱口。不要催吐。饮用 1 杯或 2 杯水

泄漏处置	转移全部引燃源。将泄漏物清扫收入容器中，如果适当，首先润湿防止扬尘。小心收集残余物，然后转移到安全场所。不要让该化学品进入环境。个人防护用具：适用于有害颗粒物的 P2 过滤呼吸器
包装与标志	不得与食品和饲料一起运输 欧盟危险性类别：Xi 符号　R:36-52/53　S:2-26-61 联合国危险性类别：8　　　　联合国包装类别：II 中国危险性类别：第 8 类 腐蚀性物质　中国包装类别：II
应急响应	运输应急卡：TEC(R)-80GC8-II+III。 美国消防协会法规：H3（健康危险性）；F1（火灾危险性）；R0（反应危险性）
储存	与强氧化剂、强酸、食品和饲料分开存放。干燥
重要数据	物理状态、外观：白色吸湿的晶体 物理危险性：以粉末或颗粒形状与空气混合，可能发生粉尘爆炸 化学危险性：燃烧时，该物质分解生成含有氮氧化物的有毒烟雾。水溶液是一种中强碱。与强氧化剂和强酸发生反应 职业接触限值：阈限值未制定标准。最高容许浓度未制定标准 吸入危险性：20℃时蒸发可忽略不计，但喷洒或扩散时可较快地达到空气中颗粒物有害浓度，尤其是粉末 短期接触的影响：该物质严重刺激眼睛，刺激皮肤和呼吸道
物理性质	沸点：305℃ 熔点：45℃ 密度：1.0g/cm³ 水中溶解度：20℃时 83g/100mL（溶解） 蒸气压：20℃时可忽略不计 闪点：160℃（开杯） 自燃温度：320℃ 爆炸极限：空气中 0.8%～5.8%（体积） 辛醇/水分配系数的对数值：-1.2
环境数据	该物质对水生生物是有害的
注解	

IPCS
International
Programme on
Chemical Safety

UNEP

本卡片由 IPCS 和 EC 合作编写 © 2004～2012

国际化学品安全卡

硬酸三甲酯			ICSC 编号：0593

CAS 登记号：121-43-7 RTECS 号：ED5600000 UN 编号：2416 EC 编号：005-005-00-1 中国危险货物编号：2416	中文名称：硼酸三甲酯；硼酸甲酯；三甲氧基硼；三甲基硼酸酯 英文名称：TRIMETHYL BORATE; Methyl borate; Trimethoxyborine; Boric acid, trimethyl ester

分子量：103.9	化学式：$C_3H_9BO_3/B(OCH_3)_3$

危害/接触类型	急性危害/症状	预防	急救/消防
火 灾	易燃的。在火焰中释放出刺激性或有毒烟雾（或气体）	禁止明火，禁止火花和禁止吸烟	泡沫，干粉，二氧化碳
爆 炸	蒸气/空气混合物有爆炸性	密闭系统，通风，防爆型电气设备和照明。不要使用压缩空气灌装、卸料或转运	着火时，喷雾状水保持料桶等冷却，但避免该物质与水接触
接 触			
# 吸入	咳嗽。咽喉痛	通风	新鲜空气，休息
# 皮肤	发红。灼烧感	防护手套	用大量水冲洗皮肤或淋浴
# 眼睛	发红。疼痛	安全护目镜	先用大量水冲洗几分钟（如可能尽量摘除隐形眼镜），然后就医
# 食入	灼烧感。腹部疼痛。见注解	工作时不得进食，饮水或吸烟	漱口。给予医疗护理

泄漏处置	尽可能将泄漏液收集在可密闭的容器中。用干砂土或惰性吸收剂吸收残液，并转移到安全场所。不要冲入下水道。个人防护用具：适用于低沸点有机蒸气的过滤呼吸器
包装与标志	气密 欧盟危险性类别：Xn 符号　　R:10-21　　S:2-23-25 联合国危险性类别：3　　　　　联合国包装类别：II 中国危险性类别：第 3 类易燃液体　中国包装类别：II
应急响应	运输应急卡：TEC(R)-30GF1-I+II 美国消防协会法规：H1（健康危险性）；F3（火灾危险性）；R1（反应危险性）
储存	耐火设备（条件）。与强氧化剂、强酸分开存放。干燥
重要数据	物理状态、外观：无色液体 物理危险性：蒸气比空气重。可能沿地面流动，可能造成远处着火 化学危险性：燃烧时，该物质分解生成含氧化硼的有毒烟雾。与氧化剂发生反应，有着火和爆炸危险。与水、潮湿空气和强酸发生反应，生成高度易燃甲醇和硼酸 职业接触限值：阈限值未制定标准。最高容许浓度未制定标准 接触途径：该物质可通过吸入，经皮肤和食入吸收到体内 吸入危险性：未指明 20℃时该物质蒸发达到空气中有害浓度的速率 短期接触的影响：该物质刺激眼睛、皮肤和呼吸道
物理性质	沸点：68℃ 熔点：-29℃ 相对密度（水=1）：0.915 水中溶解度：反应 蒸气压：25℃时 18kPa 蒸气相对密度（空气=1）：3.6 闪点：27℃ 辛醇/水分配系数的对数值：-1.9
环境数据	
注解	参见卡片#0057（甲醇）和# 0567（硼酸钠）

IPCS
International Programme on Chemical Safety

本卡片由 IPCS 和 EC 合作编写 © 2004～2012

国际化学品安全卡

2,4,4-三甲基-1-戊烯			ICSC 编号：0594

CAS 登记号：107-39-1
RTECS 号：SB2717300
UN 编号：2050
EC 编号：601-031-00-8
中国危险货物编号：2050
分子量：112.2

中文名称：2,4,4-三甲基-1-戊烯；二异丁烯
英文名称：2,4,4-TRIMETHYL-1-PENTENE；Diisobutene；Diisobutylene

化学式：$C_8H_{16}/H_2C=C(CH_3)CH_2C(CH_3)_3$

危害/接触类型	急性危害/症状	预防	急救/消防
火 灾	高度易燃。加热引起压力升高，容器有爆炸危险	禁止明火、禁止火花和禁止吸烟	干粉，水成膜泡沫，泡沫，二氧化碳
爆 炸	蒸气/空气混合物有爆炸性	密闭系统，通风，防爆型电气设备设备与照明。防止静电荷积聚（例如，通过接地）。不要使用压缩空气灌装，卸料或转运	着火时喷雾状水保持料桶等冷却。从掩蔽位置灭火
接 触			
# 吸入	意识模糊，咳嗽，头晕，倦睡，迟钝，头痛，咽喉痛	通风，局部排气通风或呼吸防护	新鲜空气，休息，必要时进行人工呼吸，给予医疗护理
# 皮肤	发红	防护手套	脱掉污染的衣服，用大量水冲洗皮肤或淋浴，给予医疗护理
# 眼睛	发红，疼痛	安全护目镜，或眼睛防护结合呼吸防护	首先用大量水冲洗几分钟（如可能尽量摘除隐形眼镜），然后就医
# 食入		工作时不得进食、饮水或吸烟	漱口，用水冲服活性炭浆，不要催吐，给予医疗护理
泄漏处置	撤离危险区域。尽量将泄漏液收集在可密闭容器中。用砂土或惰性吸收剂吸收残液并转移到安全场所。不要冲入下水道。个人防护用具：自给式呼吸器		
包装与标志	欧盟危险性类别：F 符号　　R:11　　S:2-9-16-29-33 联合国危险性类别：3　　联合国包装类别：II 中国危险性类别：第 3 类易燃液体　中国包装类别：II		
应急响应	运输应急卡：TEC（R）-120 美国消防协会法规：H2（健康危险性）；F3（火灾危险性）；R0（反应危险性）		
储存	耐火设备（条件）。与强氧化剂分开存放。储存在通风良好的室内		
重要数据	物理状态、外观：无色液体，有特殊气味 物理危险性：蒸气比空气重，可能沿地面流动，可能造成远处着火。由于流动、搅拌等，可能产生静电 化学危险性：与氧化剂激烈反应 职业接触限值：阈限值未制定标准。最高容许浓度未制定标准 接触途径：该物质可通过吸入吸收到体内 吸入危险性：20℃时该物质蒸发可迅速达到空气中有害污染浓度 短期接触的影响：该物质刺激眼睛、皮肤和呼吸道。高浓度接触时，可能导致神志不清		
物理性质	沸点：101℃ 熔点：-93℃ 相对密度（水=1）：0.7 水中溶解度：不溶 蒸气压：38℃时 10kPa 蒸气相对密度（空气=1）：3.9 蒸气/空气混合物的相对密度（20℃，空气=1）：1.3 闪点：-5℃ 自燃温度：391℃ 爆炸极限：在空气中 0.8%～4.8%（体积） 辛醇/水分配系数的对数值：4.55		
环境数据	该物质对水生生物是有毒的。在对人类重要的食物链中发生生物蓄积，特别是在鱼体内。由于其在环境中持久性，强烈建议不要让该化学品进入环境		
注解	对该物质的健康影响未进行充分调查		

IPCS
International
Programme on
Chemical Safety

本卡片由 **IPCS** 和 **EC** 合作编写 © 2004～2012

国际化学品安全卡

尿素			ICSC 编号：0595

CAS 登记号： 57-13-6
RTECS 号： YR6250000

中文名称： 尿素；脲；碳酰二酰胺
英文名称： UREA; Carbamide; Carbonyldiamide

分子量： 60.1
化学式： NH₂CONH₂/CH₄N₂O

危害/接触类型	急性危害/症状	预防	急救/消防
火 灾	不可燃。在火焰中释放出刺激性或有毒烟雾（或气体）		周围环境着火时，允许使用各种灭火剂
爆 炸			
接 触		防止粉尘扩散！	
# 吸入	咳嗽，气促，咽喉痛	局部排气通风	新鲜空气，休息
# 皮肤	发红	防护手套	冲洗，然后用水和肥皂清洗皮肤
# 眼睛	发红	安全护目镜	先用大量水冲洗几分钟（如可能尽量摘除隐形眼镜），然后就医
# 食入	惊厥，头痛，恶心，呕吐	工作时不得进食，饮水或吸烟	大量饮水，休息

泄漏处置	将泄漏物清扫进容器中。如果适当，首先润湿防止扬尘。用大量水冲净残余物
包装与标志	
应急响应	
储存	与性质相互抵触的物质（见化学危险性）分开存放
重要数据	**物理状态、外观：** 白色晶体，有特殊气味 **化学危险性：** 加热至熔点以上时，该物质分解生成有毒气体。与强氧化剂、硝酸盐、无机氯化物、亚氯酸盐和高氯酸盐激烈反应，有着火和爆炸危险 **职业接触限值：** 阈限值未制定标准 **接触途径：** 该物质可通过吸入其气溶胶和食入吸收到体内 **吸入危险性：** 20℃时蒸发可忽略不计，但如为粉末可较快达到空气中颗粒物有害浓度 **短期接触的影响：** 该物质刺激眼睛、皮肤和呼吸道 **长期或反复接触的影响：** 反复或长期与皮肤接触可能引起皮炎
物理性质	**熔点：** 132.7～135℃ **相对密度（水=1）：** 1.32 **水中溶解度：** 混溶 **辛醇/水分配系数的对数值：** -3.00～-1.54
环境数据	
注解	分解温度未见文献报道

IPCS
International
Programme on
Chemical Safety

本卡片由 IPCS 和 EC 合作编写 © 2004～2012

国际化学品安全卡

五氧化二钒			ICSC 编号：0596

CAS 登记号：1314-62-1	中文名称：五氧化二钒；钒酸酐；氧化钒（V）
RTECS 号：YW2450000（粉尘）	英文名称：VANADIUM PENTOXIDE; Divanadium pentoxide; Vanadic
UN 编号：2862	anhydride; Vanadium (V) oxide
EC 编号：023-001-00-8	
中国危险货物编号：2862	

分子量：181.9   化学式：V_2O_5

危害/接触类型	急性危害/症状	预防	急救/消防
火　　灾	不可燃		周围环境着火时，允许使用各种灭火剂
爆　　炸			
接　　触		防止粉尘扩散！严格作业环境管理！	
# 吸入	咽喉痛，咳嗽，灼烧感，气促，呼吸困难，喘息	通风，局部排气通风或呼吸防护	新鲜空气，休息，半直立体位，给予医疗护理
# 皮肤	发红，灼烧感，疼痛	防护手套	脱去污染的衣服，用大量水冲洗皮肤或淋浴
# 眼睛	疼痛，发红，结膜炎	护目镜，如为粉末，眼睛防护结合呼吸防护	先用大量水冲洗几分钟（如可能尽量摘除隐形眼镜），然后就医
# 食入	胃痉挛，腹泻，倦睡，恶心，神志不清，呕吐	工作时不得进食，饮水或吸烟。进食前洗手	催吐（仅对清醒病人！），大量饮水，给予医疗护理

泄漏处置	将泄漏物清扫进容器中。如果适当，首先润湿防止扬尘。小心收集残余物，然后转移到安全场所。不要让该化学品进入环境。个人防护用具：适用于有毒颗粒物的 P3 过滤呼吸器
包装与标志	不得与食品和饲料一起运输 欧盟危险性类别：T 符号　N 符号　　R:20/22-37-48/23-51/53-63-68 S:1/2-36/37-38-45-61 联合国危险性类别：6.1 联合国包装类别：III 中国危险性类别：第 6.1 项毒性物质　中国包装类别：III
应急响应	运输应急卡：TEC(R)-61GT5-III
储存	与食品和饲料分开存放
重要数据	物理状态、外观：黄色至红色晶体粉末或各种形态固体 化学危险性：加热时，生成有毒烟雾。与可燃物质发生反应 职业接触限值：阈限值：0.05mg/m³（时间加权平均值）（可吸入的粉尘或烟雾）；A4（不能分类为人类致癌物）；公布生物暴露指数（美国政府工业卫生学家会议，2004 年） 接触途径：该物质可通过吸入其气溶胶和经食入吸收到体内 吸入危险性：20℃时蒸发可忽略不计，但扩散时可较快地达到空气中颗粒物有害浓度 短期接触的影响：气溶胶刺激眼睛、皮肤和呼吸道。吸入高浓度时，可能引起肺水肿、支气管炎和支气管痉挛。影响可能推迟显现 长期或反复接触的影响：吸入高浓度粉尘或烟雾时，肺可能受损伤。该物质可能使舌头变成淡绿黑色
物理性质	沸点：1750℃（分解） 熔点：690℃ 相对密度（水=1）：3.4 水中溶解度：0.8g/100mL
环境数据	该物质对水生生物是有害的
注解	根据接触程度，建议定期进行医疗检查。肺水肿症状常常经过几个小时以后才变得明显，体力劳动使症状加重。因而休息和医学观察是必要的。应当考虑由医生或医生指定的人立即采取适当吸入治疗法

IPCS
International
Programme on
Chemical Safety

UNEP

本卡片由 IPCS 和 EC 合作编写 © 2004～2012

国际化学品安全卡

溴乙烯			ICSC 编号：0597

CAS 登记号：593-60-2	中文名称：溴乙烯；一溴乙烯；（钢瓶）（液化的）
RTECS 号：KU8400000	英文名称：VINYL BROMIDE; Bromoethene; Bromoethylene;
UN 编号：1085	Monobromoethylene; (cylinder); (liquefied)
EC 编号：602-024-00-2	
中国危险货物编号：1085	

分子量：106.96	化学式：C₂H₃Br

危害/接触类型	急性危害/症状	预防	急救/消防
火 灾	易燃的	禁止明火、禁止火花和禁止吸烟	雾状水，泡沫，二氧化碳
爆 炸			着火时，喷雾状水保持钢瓶冷却
接 触		避免一切接触！	
# 吸入	咳嗽，咽喉痛，头晕，意识模糊	通风，局部排气通风或呼吸防护	新鲜空气，休息，给予医疗护理
# 皮肤	发红。与液体接触：冻伤	保温手套	冻伤时，用大量水冲洗，不要脱去衣服
# 眼睛	发红，疼痛	护目镜，或眼睛防护结合呼吸防护	先用大量水冲洗几分钟（如可能尽量摘除隐形眼镜），然后就医
# 食入		工作时不得进食，饮水或吸烟	大量饮水，给予医疗护理
泄漏处置	撤离危险区域！通风。移除全部引燃源。化学防护服，包括自给式呼吸器		
包装与标志	欧盟危险性类别：F+符号 T 符号 R:45-12 S:53-45 联合国危险性类别：2.1 中国危险性类别：第 2.1 项易燃气体		
应急响应	运输应急卡：TEC(R)-20G2F-9 美国消防协会法规：H2（健康危险性）；F0（火灾危险性）；R1（反应危险性）		
储存	耐火设备（条件）。阴凉场所。保存在通风良好的室内。与氧化剂分开存放。稳定后储存		
重要数据	物理状态、外观：压缩液化气体，有刺鼻气味 物理危险性：蒸气比空气重 化学危险性：与氧化剂激烈反应。燃烧时，该物质分解生成有毒气体。在热或光的作用下，该物质发生聚合 职业接触限值：阈限值：0.5ppm，A2（可疑人类致癌物）（美国政府工业卫生学家会议，2001 年） 接触途径：该物质可通过吸入吸收到体内 吸入危险性：容器漏损时，迅速达到空气中该气体的有害浓度 短期接触的影响：该物质刺激眼睛。该物质可能对中枢神经系统有影响。液体迅速蒸发，可能引起冻伤 长期或反复接触的影响：该物质很可能是人类致癌物		
物理性质	沸点：15.6℃ 熔点：−139.5℃ 相对密度（水=1）：1.49 水中溶解度：不溶 蒸气压：20℃时 119kPa 蒸气相对密度（空气=1）：3.7 闪点：易燃气体 自燃温度：530℃ 爆炸极限：空气中 9%～15%（体积） 辛醇/水分配系数的对数值：1.57		
环境数据			
注解	添加稳定剂或阻聚剂会影响该物质的毒理学性质。向专家咨询。转动泄漏钢瓶使漏口朝上，防止液态气体逸出		

IPCS
International
Programme on
Chemical Safety

本卡片由 IPCS 和 EC 合作编写 © 2004～2012

国际化学品安全卡

氟乙烯			ICSC 编号：0598

CAS 登记号：75-02-5	中文名称：氟乙烯；乙烯基氟（阻聚的）；氟乙烯（钢瓶）
RTECS 号：YZ7351000	英文名称：VINYL FIUORIDE; Vinyl fluoride (inhibited); Fluoroethene;
UN 编号：1860（阻聚的）	Fluoroethylene (cylinder)
中国危险货物编号：1860	

分子量：46.1	化学式：C₂CH₃F

化学式：C_2CH_3F

危害/接触类型	急性危害/症状	预防	急救/消防
火　灾	极易燃	禁止明火、禁止火花和禁止吸烟	切断气源，如不可能并对周围环境无危险，让火自行燃烧完全。其它情况用干粉、二氧化碳灭火
爆　炸	气体/空气混合物有爆炸性	密闭系统，通风，防爆型电气设备与照明	着火时喷雾状水保持钢瓶冷却
接　触			
# 吸入	头晕，恶心，气促	通风，局部排气通风或呼吸防护	新鲜空气，休息
# 皮肤	与液体接触：冻伤	保温手套	冻伤时，用大量水冲洗，不要脱去衣服
# 眼睛	（见皮肤）	安全护目镜或眼睛防护结合呼吸防护	首先用大量水冲洗几分钟（如可能尽量摘除隐形眼镜），然后就医
# 食入			

泄漏处置	撤离危险区域。向专家咨询！通风。切勿直接向液体上喷水。个人防护用具：自给式呼吸器
包装与标志	联合国危险性类别：2.1 中国危险性类别：第 2.1 项易燃气体
应急响应	运输应急卡：TEC（R）-20S1860 或 20G2F-9
储存	耐火设备（条件）。与强氧化剂分开存放。阴凉场所。稳定后储存
重要数据	物理状态、外观：无色压缩液化气体，有特殊气味 物理危险性：蒸气比空气重，可能沿地面流动，可能造成远处着火 化学危险性：该物质可能易聚合。加热和燃烧时，该物质分解生成氟化氢有毒气体 职业接触限值：阈限值：1ppm（时间加权平均值）；A2（可疑人类致癌物）（美国政府工业卫生学家会议，2005 年） 接触途径：该物质可通过吸入吸收到体内 吸入危险性：容器漏损时，迅速达到空气中该气体的有害浓度 短期接触的影响：液体可能引起冻伤。接触可能导致神志不清 长期或反复接触的影响：该物质很可能是人类致癌物
物理性质	沸点：-72℃ 熔点：-161℃ 水中溶解度：不溶 蒸气相对密度（空气=1）：1.6 闪点：易燃气体 自燃温度：385℃ 爆炸极限：在空气中 2.6%～21.7%（体积）
环境数据	
注解	该物质对人体健康影响数据不充分，因此应当特别注意。空气中高浓度造成缺氧，有神志不清或死亡危险。进入工作区域前检验氧含量

IPCS
International
Programme on
Chemical Safety

本卡片由 IPCS 和 EC 合作编写 © 2004～2012

国际化学品安全卡

二甲代苯胺（混合异构体）			ICSC 编号：0600

CAS 登记号：1300-73-8	中文名称：二甲代苯胺（混合异构体）；二甲替苯胺；氨基二甲苯；二甲基苯胺
RTECS 号：ZE8575000	英文名称：XYLIDINE (MIXED ISOMERS); Dimethylaniline;
UN 编号：1711	Aminodimethylbenzene; Dimethylphenylamine
EC 编号：612-027-00-0	
中国危险货物编号：1711	
分子量：121.2	化学式：$C_8H_{11}N/(CH_3)_2C_6H_3NH_2$

危害/接触类型	急性危害/症状	预防	急救/消防
火 灾	可燃的。在火焰中释放出刺激性或有毒烟雾（或气体）	禁止明火	雾状水，二氧化碳，泡沫，干粉
爆 炸	高于90～98℃，可能形成爆炸性蒸气/空气混合物	高于90～98℃，使用密闭系统、通风	
接 触		避免一切接触！	
# 吸入	头晕，倦睡，头痛，恶心	通风，局部排气通风或呼吸防护	新鲜空气，休息。给予医疗护理
# 皮肤	可能被吸收！（见食入）	防护手套，防护服	脱去污染的衣服，冲洗，然后用水和肥皂清洗皮肤，给予医疗护理
# 眼睛		安全眼镜，眼睛防护结合呼吸防护	用大量水冲洗（如可能易行，摘除隐形眼镜）
# 食入	嘴唇发青或指甲发青，皮肤发青，头晕，倦睡，头痛，恶心，神志不清	工作时不得进食，饮水或吸烟	漱口。给予医疗护理
泄漏处置	将泄漏液收集在可密闭的容器中。用砂土或惰性吸收剂吸收残液，并转移到安全场所。不要让该化学品进入环境。个人防护用具：适应于该物质空气中浓度的有机气体和蒸气过滤呼吸器；化学防护服		
包装与标志	不得与食品和饲料一起运输。　　　　　　　　欧盟危险性类别：T 符号　N 符号　标记：C R:23/24/25-33-51/53　　　S:1/2-28-36/37-45-61 联合国危险性类别：6.1　　　　　联合国包装类别：II 中国危险性类别：第 6.1 项 毒性物质　中国包装类别：II GHS 分类：警示词：警告 图形符号：感叹号-健康危险 危险说明：可燃液体；吞咽有害；接触皮肤有害；怀疑致癌；可能引起昏昏欲睡或眩晕；可能对血液造成损害；长期或反复接触可能对血液、肝和肾造成损害		
应急响应	运输应急卡：TEC(R)-61S1711-L 美国消防协会法规：H3（健康危险性）；F1（火灾危险性）；R0（反应危险性）		
储存	与强氧化剂、酸类、酸酐、酰基氯、次氯酸盐、卤素、食品和饲料分开存放。严格密封。储存在没有排水管或下水道的场所		
重要数据	物理状态、外观：淡黄色至棕色液体，有特殊气味。遇空气时变成棕色 化学危险性：燃烧时该物质分解，生成含有氮氧化物的有毒和腐蚀性烟雾。与强氧化剂激烈反应。与次氯酸盐发生反应，生成爆炸性氯胺。与酸类、酸酐、酰基氯和卤素发生反应。浸蚀塑料和橡胶 职业接触限值：阈限值：0.5ppm（时间加权平均值）（经皮），可吸入粉尘和蒸气；A3（确认的动物致癌物，但未知与人类相关性）；公布生物暴露指数（美国政府工业卫生学家会议，2006 年）。最高容许浓度：皮肤吸收；致癌物类别：3A（德国，2006 年） 接触途径：该物质可通过吸入、经皮肤和食入以有害数量吸收到体内 吸入危险性：20℃时该物质缓慢蒸发达到空气中有害污染浓度，但喷洒或扩散时要快得多 短期接触的影响：高浓度接触时能够造成意识降低。高浓度接触时可能导致形成正铁血红蛋白。影响可能推迟显现。需进行医学观察 长期或反复接触的影响：该物质可能对血液有影响，导致贫血。该物质可能对肾脏和肝脏有影响。该物质可能是人类致癌物		
物理性质	沸点：216～228℃ 相对密度（水=1）：0.97～1.07 水中溶解度：20℃时 0.4～15g/100mL 蒸气压：20℃时 4～130Pa 蒸气相对密度（空气=1）：4.2	蒸气/空气混合物的相对密度（20℃，空气=1）：1.00 闪点：90～98℃（闭杯） 自燃温度：520～590℃ 爆炸极限：空气中 1%～7%（体积） 辛醇/水分配系数的对数值：1.8～2.2（估计值）	
环境数据	该物质可能对环境有危害，对水生生物应给予特别注意		
注解	根据接触程度，建议定期进行医学检查。该物质中毒时，需采取必要的治疗措施；必须提供有指示说明的适当方法。商业二甲代苯胺是2,4-、2,5-和2,6-异构体的混合物。参见卡片#1519(2,6-二甲代苯胺)，#1562(2,4-二甲代苯胺)、#0453(3,4-二甲代苯胺)、#1686(2,5-二甲代苯胺)、#1687(3,5-二甲代苯胺)		

IPCS International Programme on Chemical Safety				

本卡片由 IPCS 和 EC 合作编写 © 2004～2012

国际化学品安全卡

二甲苯酚（混合异构体）			ICSC 编号：0601

CAS 登记号：1300-71-6	中文名称：二甲苯酚（混合异构体）；二甲基苯酚；羟基二甲基苯
RTECS 号：ZE5425000	英文名称：XYLENOL (MIXED ISOMERS); Dimethylphenol;
UN 编号：2261	Hydroxydimethylbenzene
EC 编号：604-006-00-X	
中国危险货物编号：2261	

分子量：122.2　　　　　　　　　　　　化学式：$C_8H_{10}O/(CH_3)_2C_6H_3OH$

危害/接触类型	急性危害/症状	预防	急救/消防
火　灾	可燃的	禁止明火	干粉、抗溶性泡沫、雾状水、二氧化碳
爆　炸	微细分散的颗粒物在空气中形成爆炸性混合物	防止粉尘沉积、密闭系统、防止粉尘爆炸型电气设备和照明	
接　触		防止粉尘扩散！防止产生烟云！	
# 吸入	咳嗽，头晕，头痛	局部排气通风或呼吸防护	新鲜空气，休息，给予医疗护理
# 皮肤	可能被吸收！灼烧感，发红，皮肤烧伤	防护手套，防护服	冲洗，然后用水和肥皂清洗皮肤，给予医疗护理
# 眼睛	发红，疼痛，严重深度烧伤	护目镜，面罩或眼睛防护结合呼吸防护	先用大量水冲洗几分钟（如可能尽量摘除隐形眼镜），然后就医
# 食入	灼烧感，腹部疼痛，恶心，呕吐，腹泻，头晕，头痛，休克或虚脱	工作时不得进食，饮水或吸烟。进食前洗手	休息，不要催吐，给予医疗护理

泄漏处置	移除全部引燃源。将泄漏液收集在可密闭的容器中。将泄漏物清扫进可密闭容器中。不要让该化学品进入环境。个人防护用具：化学防护服包括自给式呼吸器
包装与标志	不得与食品和饲料一起运输。污染海洋物质 欧盟危险性类别：T 符号 N 符号 标记：C　R:24/25-34-51/53　　S:1/2-26-36/37/39-45-61 联合国危险性类别：6.1 联合国包装类别：II 中国危险性类别：第 6.1 项毒性物质　中国包装类别：II
应急响应	运输应急卡：TEC(R)-672
储存	与食品与饲料、酸酐、酰基氯、碱类和氧化剂分开存放
重要数据	物理状态、外观：白色至黄色液体或晶体，有特殊气味 物理危险性：以粉末或颗粒形状与空气混合，可能发生粉尘爆炸 化学危险性：与酸酐，酰基氯，碱类，和氧化剂发生反应 职业接触限值：阈限值未制定标准 接触途径：该物质可通过吸入，经皮肤和食入吸收到体内 吸入危险性：未指明 20℃时该物质蒸发达到空气中有害浓度的速率 短期接触的影响：该物质腐蚀眼睛和皮肤。食入有腐蚀性。该物质刺激呼吸道（见注解） 长期或反复接触的影响：见注解
物理性质	沸点：203～225℃ 熔点：25～75℃ 密度：1.02～1.13g/cm³ 水中溶解度：25℃时 4～8g/100mL 蒸气压：0.5～37Pa 蒸气相对密度（空气=1）：4.2 闪点：61～95℃（闭杯） 自燃温度：599℃ 爆炸极限：空气中 1.4%～?%（体积） 辛醇/水分配系数的对数值：2.23～2.36
环境数据	该物质对水生生物是有毒的
注解	该物质对人体健康影响数据不充分，因此应当特别注意。对健康的影响可能类似于苯酚和相关化合物。可参考卡片#0070（苯酚）。本卡片的建议也适用于 3,4-二甲苯酚（CAS 登记号 95-65-8）；2,5-二甲苯酚（CAS 登记号 95-87-4）；2,4-二甲苯酚（CAS 登记号 105-67-9）；2,3-二甲苯酚（CAS 登记号 526-75-0）和 2,6-二甲苯酚（CAS 登记号 576-26-1）

IPCS
International
Programme on
Chemical Safety

本卡片由 IPCS 和 EC 合作编写 © 2004～2012

国际化学品安全卡

磷化锌		ICSC 编号：0602

CAS 登记号：1314-84-7
RTECS 号：ZH4900000
UN 编号：1714
EC 编号：015-006-00-9
中国危险货物编号：1714

中文名称：磷化锌；二磷化三锌
英文名称：ZINC PHOSPHIDE; Trizinc diphosphide

分子量：258.1　　　　　　　　化学式：Zn_3P_2

危害/接触类型	急性危害/症状	预防	急救/消防
火 灾	不可燃，但与水或潮湿空气接触生成易燃气体	禁止与酸、水或氧化剂接触	周围环境着火时，使用干粉灭火。禁止用水，禁用二氧化碳
爆 炸			着火时，喷雾状水保持料桶等冷却，但避免该物质与水接触
接 触		防止粉尘扩散！严格作业环境管理！	
# 吸入	咳嗽，头痛，出汗，恶心，腹泻，呕吐	局部排气通风或呼吸防护	新鲜空气，休息。半直立体位，给予医疗护理
# 皮肤	灼烧感	防护手套	脱去污染的衣服，冲洗，然后用水和肥皂清洗皮肤
# 眼睛	疼痛，畏光	护目镜	先用大量水冲洗几分钟（如可能尽量摘除隐形眼镜），然后就医
# 食入	腹部疼痛，恶心，共济失调，疲劳，呕吐，咳嗽，腹泻，头晕，头痛，呼吸困难，神志不清	工作时不得进食，饮水或吸烟。进食前洗手	用水冲服活性炭浆。催吐（仅对清醒病人!）。见注解。给予医疗护理
泄漏处置	撤离危险区域！向专家咨询！将泄漏物清扫进干容器中。如果适当，首先润湿防止扬尘。小心收集残余物，然后转移到安全场所。不要让该化学品进入环境。个人防护用具：全套防护服，包括自给式呼吸器		
包装与标志	欧盟危险性类别：F 符号 T+符号 N 符号　R:15/29-28-32-50/53　S:1/2-3/9/14-30-36/37-45-60-61 联合国危险性类别：4.3　联合国次要危险性：6.1 联合国包装类别：I 中国危险性类别：第 4.3 项 遇水放出易燃气体的物质 中国次要危险性：6.1　中国包装类别：I		
应急响应	运输应急卡：TEC(R)-43GWT2-I 美国消防协会法规：H3（健康危险性）；F3（火灾危险性）；R1（反应危险性）		
储存	与强氧化剂、酸类和水分开存放。干燥。阴凉场所。保存在通风良好的室内。储存在没有排水管或下水道的场所		
重要数据	物理状态、外观：暗灰色晶体，粉末或膏状，有特殊气味 化学危险性：加热时，与酸类接触及与水缓慢接触时，该物质分解生成氧化亚磷、氧化锌和磷化氢有毒和易燃烟雾。与强氧化剂激烈反应，有着火的危险 职业接触限值：阈限值未制定标准。最高容许浓度：$0.1mg/m^3$，最高限值种类：I(4)（以上呼吸道吸入部分计）；$2mg/m^3$，最高限值种类：I(2)（以下呼吸道吸入部分计）；妊娠风险等级：C（德国，2009 年） 接触途径：该物质可通过吸入其气溶胶、经皮肤和食入吸收到体内 吸入危险性：20℃时蒸发可忽略不计，但可较快地达到空气中颗粒物有害浓度，尤其是粉末 短期接触的影响：该物质刺激呼吸道。该物质可能对肝，肾，心脏和神经系统有影响。高浓度接触时，可能导致死亡。吸入磷化锌释放出的磷化氢，可能引起肺水肿（见注解） 长期或反复接触的影响：该物质可能对神经系统有影响		
物理性质	沸点：1100℃　　　　　　　　　　　　　密度：$4.6g/cm^3$ 熔点：420℃　　　　　　　　　　　　　水中溶解度：不溶，缓慢分解		
环境数据	该物质对水生生物有极高毒性。该物质可能对环境有危害，对鸟类和哺乳动物应给予特别注意		
注解	与灭火剂，如水和二氧化碳激烈反应。根据接触程度，建议定期进行医疗检查。肺水肿症状常常几个小时以后才变得明显，体力劳动使症状加重。因而休息和医学观察是必要的。应当考虑由医生或医生指定的人立即采取适当吸入治疗法。如果食入后呕吐，将呕吐物收集在塑料袋中，防止磷化氢逸散。商品名称有：Blue-ox, Gopha-rid, Kilrat, Mous-Con, Phosvin, Ratol, Rumetan 和 Zinc-Tox。参考卡片#0694（膦）		

IPCS
International
Programme on
Chemical Safety

本卡片由 IPCS 和 EC 合作编写 © 2004～2012

国际化学品安全卡

氦			ICSC 编号：0603

CAS 登记号：7440-59-7	中文名称：氦；（液化的，冷却的）
RTECS 号：MH6520000	英文名称：HELIUM; (liquefied, cooled)
UN 编号：1963	
中国危险货物编号：1963	

原子量：4.003	化学式：He

危害/接触类型	急性危害/症状	预防	急救/消防
火 灾	不可燃。加热引起压力升高，容器有爆裂危险		周围环境着火时，使用适当的灭火剂
爆 炸			着火时，喷雾状水保持钢瓶冷却
接 触			
# 吸入	高语声。头晕。迟钝。头痛。窒息	通风	新鲜空气，休息。必要时进行人工呼吸。给予医疗护理
# 皮肤	与液体接触：冻伤	保温手套。防护服	冻伤时，用大量水冲洗，不要脱去衣服。给予医疗护理
# 眼睛		护目镜，或面罩	先用大量水冲洗几分钟（如可能尽量摘除隐形眼镜），然后就医
# 食入			
泄漏处置	通风。切勿直接向液体上喷水。个人防护用具：自给式呼吸器		
包装与标志	联合国危险性类别：2.2 中国危险性类别：第 2.2 项非易燃无毒气体		
应急响应	运输应急卡：TEC(R)-20S1963		
储存	如果在室内，耐火设备（条件）。保存在通风良好的室内		
重要数据	物理状态、外观：无色冷冻液化气体，无气味 物理危险性：气体比空气轻 职业接触限值：阈限值：单纯窒息剂（美国政府工业卫生学家会议，2003 年）。最高容许浓度未制定标准 接触途径：该物质可通过吸入吸收到体内 吸入危险性：容器漏损时，由于降低封闭空间的氧含量能够造成窒息 短期接触的影响：液体可能引起冻伤。窒息		
物理性质	沸点：-268.9℃ 熔点：-272.2℃ 水中溶解度：20℃时 0.86mL/100mL 蒸气相对密度（空气=1）：0.14		
环境数据			
注解	氦（压缩的）UN 编号为 1046。空气中高浓度造成缺氧，有神志不清或死亡危险。进入工作区域前，检验氧含量		

IPCS
International
Programme on
Chemical Safety

本卡片由 IPCS 和 EC 合作编写 © 2004～2012

国际化学品安全卡

氪			ICSC 编号：0604

CAS 登记号：7439-90-9　　　　　　　　中文名称：氪（液化的）（冷却的）

UN 编号：1970　　　　　　　　　　　　英文名称：KRYPTON (liquefied)(cooled)

中国危险货物编号：1970

原子量：83.8　　　　　　　　　　　化学式：Kr

危害/接触类型	急性危害/症状	预防	急救/消防
火　灾	不可燃。加热引起压力升高，容器有爆裂危险		周围环境着火时，允许使用各种灭火剂
爆　炸			着火时喷雾状水保持钢瓶冷却。从掩蔽位置灭火
接　触			
# 吸入	窒息。（见注解）	通风	新鲜空气，休息，必要时进行人工呼吸，给予医疗护理
# 皮肤	与液体接触：冻伤	保温手套	冻伤时，用大量水冲洗，不要脱去衣服，给予医疗护理
# 眼睛	（见皮肤）	安全护目镜或面罩	先用大量水冲洗几分钟（如可能尽量摘除隐形眼镜），然后就医
# 食入			
泄漏处置	通风。切勿直接向液体上喷水。个人防护用具：化学防护服包括自给式呼吸器		
包装与标志	联合国危险性类别：2.2 中国危险性类别：第 2.2 项非易燃无毒气体		
应急响应	运输应急卡：TEC（R）-20G48		
储存	如果在室内，耐火设备（条件）。阴凉场所		
重要数据	物理状态、外观：无气味，无色压缩液化气体 物理危险性：气体比空气重，可能积聚在低层空间，造成缺氧 职业接触限值：阈限值未制定标准 接触途径：该物质可通过吸入吸收到体内 吸入危险性：容器漏损时，迅速达到空气中该气体的有害浓度 短期接触的影响：该液体可能引起冻伤		
物理性质	沸点：-153℃ 熔点：-157℃ 水中溶解度：不溶 蒸气相对密度（空气=1）：2.9 辛醇/水分配系数的对数值：1.2（估计值）		
环境数据			
注解	空气中高浓度引起缺氧，有神志不清或死亡的危险。进入污染的工作区域以前，检验氧含量		

IPCS
International
Programme on
Chemical Safety

本卡片由 IPCS 和 EC 合作编写 © 2004~2012

国际化学品安全卡

1,7-辛二烯			ICSC 编号：0606

CAS 登记号：3710-30-3　　　　　　中文名称：1,7-辛二烯
RTECS 号：RG5250000　　　　　　英文名称：1,7-OCTADIENE
UN 编号：2309
中国危险货物编号：2309

分子量：110.2　　　　　　　　化学式：C_8H_{14}

危害/接触类型	急性危害/症状	预防	急救/消防
火　灾	高度易燃	禁止明火、禁止火花和禁止吸烟	干粉，水成膜泡沫，泡沫，二氧化碳
爆　炸	蒸气/空气混合物有爆炸性	密闭系统，通风，防爆型电气设备与照明。使用无火花的手工具	着火时喷雾状水保持料桶等冷却。从掩蔽位置灭火
接　触			
# 吸入	咳嗽	通风	新鲜空气，休息，给予医疗护理
# 皮肤	发红，疼痛	防护手套	脱掉污染的衣服，用大量水冲洗皮肤或淋浴
# 眼睛	发红，疼痛	安全护目镜	首先用大量水冲洗几分钟（如可能尽量摘除隐形眼镜），然后就医
# 食入		工作时不得进食、饮水或吸烟	漱口，休息，给予医疗护理
泄漏处置	尽量将泄漏液收集在可密闭容器中。用干砂土和惰性吸收剂吸收残液并转移到安全场所		
包装与标志	联合国危险性类别：3　联合国包装级别：Ⅱ 中国危险性类别：第 3 类易燃液体　中国包装类别：Ⅱ		
应急响应	运输应急卡：TEC（R）-30G30		
储存	耐火设备（条件）。与氧化剂分开存放。阴凉场所		
重要数据	物理状态、外观：无色液体 化学危险性：与氧化剂发生反应 职业接触限值：阈限值未制定标准 接触途径：该物质可通过吸入其气溶胶吸收到体内 吸入危险性：未指明 20℃时该物质蒸发达到空气中有害浓度的速率 短期接触的影响：该物质刺激眼睛、皮肤和呼吸道		
物理性质	沸点：114～121℃ 熔点：-70℃ 水中溶解度：不溶 闪点：9℃ 自燃温度：230℃ 爆炸极限：见注解		
环境数据			
注解	虽然该物质是可燃的，且闪点为<61℃，但爆炸极限未见文献报道		

IPCS
International
Programme on
Chemical Safety

本卡片由 **IPCS** 和 **EC** 合作编写 © 2004～2012

国际化学品安全卡

乙二醇一丙醚			ICSC 编号：0607

CAS 登记号：2807-30-9
RTECS 号：KM2800000
UN 编号：1993
EC 编号：603-095-00-2
中国危险货物编号：1993

中文名称：乙二醇一丙醚；丙基乙二醇；2-丙氧基乙醇；丙基溶纤剂
英文名称：ETHYLENE GLYCOL MONOPROPYL ETHER; Propylglycol;
2-Propoxyethanol; Propyl cellosolve

分子量：104.2 　　　　　　　　　　化学式：$C_5H_{12}O_2$

危害/接触类型	急性危害/症状	预防	急救/消防
火　灾	易燃的	禁止明火，禁止火花和禁止吸烟	干粉，抗溶性泡沫，雾状水，二氧化碳
爆　炸	高于 51℃，可能形成爆炸性蒸气/空气混合物	高于 51℃，使用密闭系统、通风和防爆型电气设备	着火时，喷雾状水保持料桶等冷却
接　触		防止产生烟云！	
# 吸入	咳嗽。咽喉痛	通风，局部排气通风或呼吸防护	新鲜空气，休息
# 皮肤	发红。皮肤干燥	防护手套	用大量水冲洗皮肤或淋浴
# 眼睛	发红。疼痛	护目镜	先用大量水冲洗几分钟（如可能尽量摘除隐形眼镜），然后就医
# 食入		工作时不得进食，饮水或吸烟	漱口。大量饮水。给予医疗护理
泄漏处置	通风。尽可能将泄漏液收集在可密闭的容器中。用大量水冲净残余物。个人防护用具：适用于有机气体和蒸气的过滤呼吸器		
包装与标志	欧盟危险性类别：Xn 符号　　R:21-36　　S:2-26-36/37-46 联合国危险性类别：3　联合国包装类别：III 中国危险性类别：第 3 类易燃液体　中国包装类别：III		
应急响应	运输应急卡：TEC(R)-30GF1-III		
储存	耐火设备（条件）。与强氧化剂分开存放		
重要数据	物理状态、外观：无色液体，有特殊气味 化学危险性：与强氧化剂发生反应 职业接触限值：最高容许浓度：20ppm，86mg/m³（皮肤吸收）；最高限值种类：I（2）；妊娠风险等级：C（德国，2004 年） 接触途径：该物质可通过吸入其蒸气，经皮肤和食入吸收到体内 吸入危险性：20℃时该物质蒸发，相当慢达到空气中有害污染浓度 短期接触的影响：该物质严重刺激眼睛，轻微刺激皮肤和刺激呼吸道。该物质可能对血液有影响，导致血细胞损伤 长期或反复接触的影响：液体使皮肤脱脂		
物理性质	沸点：149～152℃ 熔点：-90℃ 相对密度（水=1）：0.91 水中溶解度：混溶 蒸气压：25℃时 130Pa 蒸气相对密度（空气=1）：3.6 闪点：57℃（闭杯） 爆炸极限：空气中 1.3%～16%（体积） 辛醇/水分配系数的对数值：0.08		
环境数据			
注解	其他名称有 EGnPE。未指明气味与职业接触限值之间的关系		

IPCS
International
Programme on
Chemical Safety

UNEP

本卡片由 IPCS 和 EC 合作编写 © 2004～2012

国际化学品安全卡

3,5,5-三甲基己醇			ICSC 编号：0608

CAS 登记号：3452-97-9

中文名称：3,5,5-三甲基己醇；3,5,5-三甲基己醇；异壬醇

英文名称：3,5,5-TRIMETHYLHEXANOL; 3,5,5-Trimethylhexylalcohol; Isononyl alcohol

分子量：144.25

化学式：C₉H₂₀O

危害/接触类型	急性危害/症状	预防	急救/消防
火　　灾	可燃的	禁止明火，禁止与高温表面接触	泡沫，干粉，二氧化碳
爆　　炸	高于 93℃时，可能形成爆炸性蒸气/空气混合物	高于 93℃密闭系统，通风和防爆型电气设备	着火时喷雾状水保持料桶等冷却
接　　触		防止烟云产生！避免孕妇接触！	
# 吸入	咳嗽，咽喉疼痛	通风	新鲜空气，休息，半直立体位，必要时进行人工呼吸
# 皮肤	发红，粗糙	防护手套	脱掉污染的衣服，冲洗，然后用水和肥皂洗皮肤
# 眼睛	发红，疼痛	安全护目镜，面罩	先用大量水冲洗几分钟（如可能尽量摘除隐形眼镜），然后就医
# 食入	恶心，呕吐	工作时不得进食、饮水或吸烟	漱口，用水冲服活性炭浆，休息，给予医疗护理

泄漏处置	通风。尽量将泄漏液收集在可密闭容器中。用砂土或惰性吸收剂吸收残液，然后转移至安全场所。不要让该化学品进入环境。个人防护用具：适用于有机气体和蒸气的过滤呼吸器
包装与标志	
应急响应	美国消防协会法规：H2（健康危险性）；F2（火灾危险性）；R0（反应危险性）
储存	与性质相互抵触的物质（见化学危险性）分开存放。沿地面通风
重要数据	**物理状态、外观**：无色液体，有特殊气味 **物理危险性**：蒸气比空气重 **化学危险性**：与强氧化剂、无机酸、醛类、链烯氧化物和酸酐发生反应。与橡胶、聚氯乙烯发生反应 **职业接触限值**：阈限值未制定标准 **接触途径**：在高温下该物质可通过吸入其蒸气和食入吸收到体内 **吸入危险性**：20℃时该物质蒸发，不会或很缓慢地达到空气中有害污染浓度 **短期接触的影响**：该物质刺激眼睛、皮肤。蒸气刺激眼睛、皮肤和呼吸道 **长期或反复接触的影响**：该物质可能对肝和肾有影响
物理性质	沸点：193～202℃ 熔点：-70℃ 相对密度（水=1）：0.83 水中溶解度：不溶 蒸气压：20℃时 30Pa 蒸气相对密度（空气=1）：5.0 闪点：93℃（开杯）
环境数据	该物质可能对环境有危害，对水体要给予特别注意
注解	饮用含酒精饮料增进有害影响

IPCS
International
Programme on
Chemical Safety

国际化学品安全卡

氙			ICSC 编号：0609

CAS 登记号：7440-63-3　　　　　中文名称：氙（钢瓶）

RTECS 号：ZE1280000　　　　　　英文名称：XENON; (cylinder)

UN 编号：2036

中国危险货物编号：2036

原子量：131.3　　　　　　　化学式：Xe

危害/接触类型	急性危害/症状	预防	急救/消防
火　灾	不可燃。加热引起压力升高，容器有破裂危险		周围环境着火时，使用适当的灭火剂
爆　炸			着火时，喷雾状水保持钢瓶冷却
接　触			
# 吸入	头晕，迟钝，头痛。窒息	通风	新鲜空气，休息。必要时进行人工呼吸。如果感觉不舒服，需就医
# 皮肤	与液体接触：冻伤	保温手套。防护服	冻伤时，用大量水冲洗，不要脱去衣服。给予医疗护理
# 眼睛	与液体接触：冻伤	安全护目镜或面罩	用大量水冲洗（如可能尽量摘除隐形眼镜）。立即给予医疗护理
# 食入			

泄漏处置	通风。个人防护用具：自给式呼吸器
包装与标志	联合国危险性类别：2.2　中国危险性类别：第 2.2 项 非易燃无毒气体 GHS 分类：警示词：警告　图形符号：气瓶　危险说明：内含高压气体，遇热可能爆炸
应急响应	运输应急卡：TEC(R)-20G2A。其他 UN 编号 2591，氙，冷冻液体，危险性类别 2.2
储存	若在建筑物内，耐火设备(条件)。保存在通风良好的室内
重要数据	物理状态、外观：无色、无气味压缩液化气体 物理危险性：该气体比空气重，可能积聚在低层空间，造成缺氧 职业接触限值：阈限值未制定标准。最高容许浓度未制定标准 吸入危险性：容器漏损时，由于降低了封闭空间的氧含量，该气体能够造成窒息 短期接触的影响：窒息。该液体可能引起冻伤
物理性质	沸点：-108.1℃ 熔点：-111.8℃ 水中溶解度：20℃时 0.6g/100mL(难溶) 蒸气相对密度（空气=1）：4.5 临界温度：16.6℃ 辛醇/水分配系数的对数值：1.4
环境数据	
注解	空气中浓度高时造成缺氧，有神志不清或死亡危险。进入工作区域前检验氧含量。转动泄漏钢瓶使漏口朝上，防止液态气体逸出

IPCS
International
Programme on
Chemical Safety

本卡片由 IPCS 和 EC 合作编写 © 2004～2012

国际化学品安全卡

2-萘胺			ICSC 编号：0610

CAS 登记号：91-59-8	中文名称：2-萘胺；β-萘胺；2-氨基萘
RTECS 号：QM2100000	英文名称：2-NAPHTHYLAMINE; beta-Naphthylamine; 2-Aminonaphthalene
UN 编号：1650	
EC 编号：612-022-00-3	
中国危险货物编号：1650	

分子量：143.2　　　　　　　　化学式：C₁₀H₉N

分子量：143.2　　　　　　　　化学式：$C_{10}H_9N$

危害/接触类型	急性危害/症状	预防	急救/消防
火　灾	可燃的。在火焰中释放出刺激性或有毒烟雾（或气体）	禁止明火	干粉，泡沫，雾状水
爆　炸			
接　触		避免一切接触！	一切情况均向医生咨询！
# 吸入	嘴唇发青或手指发青。皮肤发青。意识模糊。头晕。惊厥。头痛。恶心。神志不清	密闭系统和通风	新鲜空气，休息。给予医疗护理
# 皮肤	可能被吸收！（见吸入）	防护手套。防护服	脱去污染的衣服。冲洗，然后用水和肥皂清洗皮肤。给予医疗护理
# 眼睛		面罩，如为粉末，眼睛防护结合呼吸防护	先用大量水冲洗几分钟（如可能尽量摘除隐形眼镜），然后就医
# 食入	（另见吸入）	工作时不得进食，饮水或吸烟。进食前洗手	漱口。给予医疗护理
泄漏处置	将泄漏物清扫进有盖的容器中。小心收集残余物，然后转移到安全场所。不要让该化学品进入环境。化学防护服，包括自给式呼吸器		
包装与标志	不得与食品和饲料一起运输 欧盟危险性类别：T 符号 N 符号 标记：E R:45-22-51/53 S:53-45-61 联合国危险性类别：6.1 联合国包装类别：II 中国危险性类别：第 6.1 项毒性物质 中国包装类别：II		
应急响应	运输应急卡：TEC(R)-61S1650		
储存	与食品和饲料分开存放。严格密封		
重要数据	物理状态、外观：白色至浅红色薄片，有特殊气味。遇空气时变红色 化学危险性：燃烧时，该物质分解生成有毒和腐蚀性烟雾 职业接触限值：阈限值：A1（确认的人类致癌物）（美国政府工业卫生学家会议，2003 年）。最高容许浓度：致癌物类别：1（皮肤吸收）（德国，2002 年） 接触途径：该物质可通过吸入和经皮肤和食入吸收到体内 吸入危险性：20℃时蒸发可忽略不计，但扩散时可较快地达到空气中颗粒物有害浓度 短期接触的影响：该物质可能对血液有影响，导致形成正铁血红蛋白。该物质可能对膀胱有影响，导致炎症和尿血。需进行医学观察。影响可能推迟显现。见注解 长期或反复接触的影响：该物质是人类致癌物		
物理性质	沸点：306℃ 熔点：110.2～113℃ 密度：1.061g/cm³ 水中溶解度：微溶 蒸气相对密度（空气=1）：4.95 闪点：157 辛醇/水分配系数的对数值：2.28		
环境数据			
注解	根据接触程度，建议定期进行医疗检查。该物质中毒时需采取必要的治疗措施。必须提供有指示说明的适当方法。不要将工作服带回家中		

IPCS
International
Programme on
Chemical Safety

本卡片由 IPCS 和 EC 合作编写 © 2004～2012

国际化学品安全卡

丙酮氰醇			ICSC 编号：0611

CAS 登记号：75-86-5	中文名称：丙酮氰醇；丙酮合氰化氢；2-氰基丙基-2-醇；2-羟基-2-甲基丙
RTECS 号：OD9275000	腈；2-甲基乳腈；对羟基异丁腈
UN 编号：1541	英文名称：ACETONE CYANOHYDRIN; 2-Cyanopropan-2-ol;
EC 编号：608-004-00-X	2-Hydroxy-2-methylpropanenitrile;
中国危险货物编号：1541	2-Methyl-lactonitrile ； p-Hydroxyisobutyronitrile

分子量：85.1　　　　　　　　　　　　　化学式：$C_4H_7NO/(CH_3)_2C(OH)CN$

危害/接触类型	急性危害/症状	预防	急救/消防
火　灾	可燃的。在火焰中释放出刺激性或有毒烟雾（或气体）	禁止明火	干粉，水成膜泡沫，泡沫，二氧化碳
爆　炸	高于 74℃时，可能形成爆炸性蒸气/空气混合物	高于 74℃密闭系统，通风	着火时喷雾状水保持料桶等冷却，但避免该物质与水接触。从掩蔽位置灭火
接　触		避免一切接触！	一切情况均向医生咨询！
# 吸入	惊厥，咳嗽，头晕，头痛，呼吸困难，恶心，气促，神志不清，呕吐，心律不齐，胸紧	密闭系统，通风	新鲜空气，休息，半直立体位，必要时进行人工呼吸，给予医疗护理
# 皮肤	可能被吸收！发红，疼痛。（另见吸入）	防护手套，防护服	脱去污染的衣服，冲洗，然后用水和肥皂清洗皮肤，给予医疗护理
# 眼睛	发红，疼痛	面罩或眼睛防护结合呼吸防护	首先用大量水冲洗几分钟（如可能尽量摘除隐形眼镜），然后就医
# 食入	胃痉挛，灼烧感，惊厥，神志不清，呕吐。见注解。（另见吸入）	工作时不得进食，饮水或吸烟	漱口，给予医疗护理
泄漏处置	将泄漏物收集在容器中。小心收集残余物并转移到安全场所。不要让该化学物质进入环境。个人防护用具:全套防护服包括自给式呼吸器		
包装与标志	气密。不得与食品和饲料一起运输。污染海洋物质 欧盟危险性类别：T+符号 N 符号 R:26/27/28-50/53 S:1/2-7/9-27-45-60-61 联合国危险性类别：6.1 联合国包装类别：I 中国危险性类别：第 6.1 项毒性物质　中国包装类别：I		
应急响应	运输应急卡：TEC（R）-61S1541 美国消防协会法规：H4（健康危险性）；F1（火灾危险性）；R2（反应危险性）		
储存	与食品和饲料、酸、强碱和水分开存放。严格密封。储存在通风良好的室内		
重要数据	物理状态、外观：无色液体，有特殊气味 物理危险性：蒸气比空气重 化学危险性：加热或与碱或水接触时，该物质快速分解，生成高毒和易燃的氰化氢（见卡片#0492）和丙酮（见卡片#0087）。与氧化剂和酸激烈反应，有着火和爆炸危险 职业接触限值：阈限值：（以 CN 计）5mg/m³（上限值）（经皮）（美国政府工业卫生学家会议，2004年） 接触途径：该物质可通过吸入、经皮肤和食入吸收到体内 吸入危险性：20℃时，该物质蒸发相当快地达到空气中有害污染浓度 短期接触的影响：该物质刺激眼睛、皮肤和呼吸道。该物质可能对心血管系统和中枢神经系统有影响，导致窒息、心脏紊乱、惊厥、发绀和呼吸衰竭。接触可能导致死亡。需进行医学观察。见注解 长期或反复接触的影响：该物质可能对中枢神经系统和甲状腺有影响，导致功能损害		
物理性质	沸点：95℃ 熔点：-19℃ 相对密度（水=1）：0.93 水中溶解度：可溶解，但在水中分解 蒸气压：20℃时 3.0kPa	蒸气相对密度（空气=1）：2.93 闪点：74℃（闭杯） 自燃温度：688℃ 爆炸极限：在空气中 2.2%～12%（体积）	
环境数据	该物质对水生生物有极高毒性。避免非正常使用时释放到环境中		
注解	该物质中毒时，需采取必要的治疗措施。必须提供有指示说明的适当方法。该物质的危害和毒性是由于其主要代谢产物氰化氢（见卡片#0492）		

IPCS
International
Programme on
Chemical Safety

本卡片由 IPCS 和 EC 合作编写 © 2004～2012

国际化学品安全卡

沥青			ICSC 编号：0612

CAS 登记号：8052-42-4
UN 编号：1999
中国危险货物编号：1999

中文名称：沥青；石油沥青
英文名称：ASPHALT; Bitumen; Petroleum bitumen

分子量：250.3　　　　　　　　　　化学式：C_6HCl_5

危害/接触类型	急性危害/症状	预防	急救/消防
火　灾	可燃的		干粉，二氧化碳，泡沫。禁止用水
爆　炸			
接　触		避免一切接触！	
# 吸入	咳嗽。气促	通风。局部排气通风或呼吸防护	新鲜空气，休息
# 皮肤	与高温物料接触时，皮肤严重烧伤	隔热手套。防护服	用大量水冲洗，不要脱去衣服。给予医疗护理
# 眼睛	发红。疼痛	安全护目镜	先用大量水冲洗几分钟（如可能尽量摘除隐形眼镜），然后就医
# 食入		工作时不得进食，饮水或吸烟。进食前洗手	
泄漏处置	让其固化。将泄漏物清扫进容器中		
包装与标志	联合国危险性类别：3　联合国包装级别：III 中国危险性类别：第 3 类易燃液体　中国包装类别：III		
应急响应	运输应急卡：TEC(R)-30GF1-III（仅适合高温产品）		
储存			
重要数据	物理状态、外观：暗棕色或黑色固体 职业接触限值：阈限值：0.5mg/m³（时间加权平均值）（沥青烟雾，以可溶于苯的气溶胶计）；A4（不能分类为人类致癌物）（美国政府工业卫生学家会议，2004 年）。最高容许浓度：（蒸气和气溶胶）皮肤吸收；致癌物类别：2（德国，2004 年） 接触途径：该物质可通过吸入其烟雾吸收到体内 吸入危险性：20℃时蒸发可忽略不计，但扩散时或加热时可较快地达到空气中颗粒物有害浓度 短期接触的影响：该物质刺激眼睛和呼吸道。加热时该物质引起皮肤烧伤 长期或反复接触的影响：该物质的烟雾可能是人类致癌物		
物理性质	沸点：300℃以上 熔点：54～173℃ 相对密度（水=1）：1.0～1.18 水中溶解度：不溶 闪点：200℃以上（闭杯） 自燃温度：400℃以上		
环境数据			
注解	不要将工作服带回家中		

IPCS
International
Programme on
Chemical Safety

本卡片由 IPCS 和 EC 合作编写 © 2004～2012

国际化学品安全卡

氯酸钡			ICSC 编号：0613

CAS 登记号：13477-00-4
RTECS 号：FN9770000
UN 编号：1445
EC 编号：017-003-00-8
中国危险货物编号：1445

中文名称：氯酸钡；氯酸钡盐
英文名称：BARIUM CHLORATE; Chloric acid, barium salt

分子量：304.2　　　　　　　　化学式：$BaCl_2O_6/Ba(ClO_3)_2$

危害/接触类型	急性危害/症状	预防	急救/消防
火　灾	不可燃，但可增进其他物质燃烧。许多反应可能引起火灾或爆炸	禁止与易燃物质接触。禁止与有机物、金属粉末、铵盐和还原剂接触	周围环境着火时，允许使用各种灭火剂
爆　炸	接触某些物质（见化学危险性）时，有着火和爆炸危险	不要受摩擦或撞击。防止粉尘沉积。密闭系统。防止粉尘爆炸型电气设备和照明	着火时，喷雾状水保持料桶等冷却。从掩蔽位置灭火
接　触		防止粉尘扩散！严格作业环境管理！	
# 吸入	咳嗽，咽喉痛。（见食入）	通风（如果没有粉末时），局部排气通风或呼吸防护	新鲜空气，休息，必要时进行人工呼吸，给予医疗护理
# 皮肤	发红	防护手套	先用大量水，然后脱去污染的衣服再次冲洗，给予医疗护理
# 眼睛	发红，疼痛	护目镜，或眼睛防护结合呼吸防护	先用大量水冲洗几分钟（如可能尽量摘除隐形眼镜），然后就医
# 食入	腹部疼痛，嘴唇或指甲发青。皮肤发青，意识模糊，惊厥，腹泻，头晕，头痛，恶心，神志不清，呕吐，虚弱	工作时不得进食，饮水或吸烟	漱口，催吐（仅对清醒病人！），休息，给予医疗护理

泄漏处置	大量泄漏时，向专家咨询！将泄漏物清扫进容器中。如果适当，首先润湿防止扬尘。用大量水冲净残余物。不要用锯末或其他可燃吸收剂吸收。不要让该化学品进入环境。个人防护用具：适用于该物质空气中浓度的颗粒物过滤呼吸器
包装与标志	不得与食品和饲料一起运输 欧盟危险性类别:O 符号　Xn 符号　N 符号　R:9-20/22-51/53 S:2-13-27-61 联合国危险性类别:5.1　联合国次要危险性:6.1 联合国包装类别:II 中国危险性类别：第 5.1 项 氧化性物质 中国次要危险性:6.1　中国包装类别:II
应急响应	运输应急卡：TEC(R)-51S1445 美国防火协会法规：H2（健康危险性）；F0（火灾危险性）；R1（反应危险性）；OX（氧化剂）
储存	与可燃物质、还原剂、含铵物质、金属粉末、食品和饲料分开存放。储存在没有排水管或下水道的场所
重要数据	物理状态、外观：无色晶体粉末 化学危险性：与有机化合物，还原剂，含氨药剂和金属粉末生成撞击敏感的化合物。加热时，该物质激烈分解生成氧和有毒烟雾，有着火和爆炸危险。该物质是一种强氧化剂。与可燃物质和还原性物质发生反应 职业接触限值：阈限值：0.5mg/m³（以 Ba 计）（时间加权平均值）；A4（不能分类为人类致癌物）（美国政府工业卫生学家会议，2004 年）。欧盟职业接触限值：0.5 mg/m³（以 Ba 计）（时间加权平均值）（欧盟，2006 年） 接触途径：该物质可通过吸入和经食入吸收到体内 吸入危险性：20℃时蒸发可忽略不计，但扩散时可较快地达到空气中颗粒物有害浓度，尤其是粉末 短期接触的影响：该物质刺激眼睛，皮肤和呼吸道。该物质可能对血液和神经系统有影响，导致形成正铁血红蛋白。接触能造成低钾血，导致心脏病和肌肉障碍。影响可能推迟显现。需进行医学观察。接触可能导致死亡
物理性质	熔点：低于熔点在 250℃分解 密度：3.2g/cm³	水中溶解度：27.4g/100mL 溶解
环境数据	该物质对水生生物是有害的
注解	根据接触程度，建议定期进行医疗检查。麻痹症状直到某些经过几小时以后才变得明显。该物质中毒时需采取必要的治疗措施。必须提供有指示说明的适当方法。用大量水冲洗工作服（有着火危险）。一水合氯酸钡的 CAS 登记号为 10294-38-9。如果被某些物质（见化学危险性）污染，转变为撞击敏感性物质

IPCS
International
Programme on
Chemical Safety

本卡片由 IPCS 和 EC 合作编写 © 2004～2012

国际化学品安全卡

氯化钡			ICSC 编号：0614

CAS 登记号：10361-37-2　　　　　　中文名称：氯化钡
RTECS 号：CQ8750000　　　　　　　英文名称：BARIUM CHLORIDE
UN 编号：1564
EC 编号：056-004-00-8
中国危险货物编号：1564

分子量：208.27　　　　　　　　　化学式：BaCl₂

危害/接触类型	急性危害/症状	预防	急救/消防
火　灾	不可燃。在火焰中释放出刺激性或有毒烟雾（或气体）		周围环境着火时，允许使用各种灭火剂
爆　炸			
接　触		防止粉尘扩散！严格作业环境管理！	
# 吸入	咳嗽，咽喉痛。（见食入）	通风（如果没有粉末时），局部排气通风或呼吸防护	新鲜空气，休息，必要时进行人工呼吸，给予医疗护理
# 皮肤	发红，疼痛	防护手套	脱去污染的衣服，用大量水冲洗皮肤或淋浴
# 眼睛	发红，疼痛	安全护目镜，或眼睛防护结合呼吸防护	先用大量水冲洗几分钟（如可能尽量摘除隐形眼镜），然后就医
# 食入	胃痉挛，惊厥，迟钝，神志不清，呕吐	工作时不得进食，饮水或吸烟。进食前洗手	催吐（仅对清醒病人!），休息，给予医疗护理

泄漏处置	将泄漏物清扫进可密闭容器中。如果适当，首先润湿防止扬尘。小心收集残余物，然后转移到安全场所。不要让该化学品进入环境。个人防护用具：适用于该物质空气中浓度的颗粒物过滤呼吸器
包装与标志	不得与食品和饲料一起运输 欧盟危险性类别：T 符号　R:20-25　S:1/2-45 联合国危险性类别：6.1　　　　　联合国包装类别：III 中国危险性类别：第 6.1 项 毒性物质　中国包装类别：III
应急响应	运输应急卡：TEC(R)-61S1564-III 或 61GT5-III
储存	与食品和饲料分开存放。储存在没有排水管或下水道的场所
重要数据	物理状态、外观：无气味，无色晶体 职业接触限值：阈限值：0.5mg/m³（以 Ba 计）（时间加权平均值）；A4（不能分类为人类致癌物）（美国政府工业卫生学家会议，2004 年）。 欧盟职业接触限值：0.5mg/m³（以 Ba 计）（时间加权平均值）（欧盟，2006 年） 接触途径：该物质可通过吸入其气溶胶和经食入吸收到体内 吸入危险性：20℃时蒸发可忽略不计，但扩散时可较快地达到空气中颗粒物有害浓度 短期接触的影响：该物质刺激眼睛、皮肤和呼吸道。该物质可能对神经系统有影响。接触能造成低钾血、导致心脏病和肌肉障碍。接触可能导致死亡
物理性质	沸点：1560℃ 熔点：960℃ 密度：3.9g/cm³ 水中溶解度：36g/100mL
环境数据	该物质对水生生物是有害的
注解	该物质中毒时需采取必要的治疗措施。必须提供有指示说明的适当方法

IPCS
International
Programme on
Chemical Safety

本卡片由 IPCS 和 EC 合作编写 © 2004～2012

国际化学品安全卡

二水合氯化钡			ICSC 编号：0615

CAS 登记号：10326-27-9	中文名称：二水合氯化钡
RTECS 号：CQ8751000	英文名称：BARIUM CHLORIDE, DIHYDRATE
UN 编号：1564	
EC 编号：056-002-00-7	
中国危险货物编号：1564	

分子量：244.3	化学式：BaCl₂·2H₂O

分子量：244.3　　　　　　　　化学式：$BaCl_2 \cdot 2H_2O$

危害/接触类型	急性危害/症状	预防	急救/消防
火　灾	不可燃。在火焰中释放出刺激性或有毒烟雾（或气体）		周围环境着火时，允许使用各种灭火剂
爆　炸			
接　触		防止粉尘扩散！严格作业环境管理！	
# 吸入	咳嗽，咽喉痛。（见食入）	通风（如果没有粉末时），局部排气通风或呼吸防护	新鲜空气，休息，必要时进行人工呼吸，给予医疗护理
# 皮肤	发红	防护手套	脱去污染的衣服，用大量水冲洗皮肤或淋浴
# 眼睛	发红	安全护目镜，或眼睛防护结合呼吸防护	先用大量水冲洗几分钟（如可能尽量摘除隐形眼镜），然后就医
# 食入	腹部疼痛，恶心，腹泻，呕吐，虚弱，迟钝，神志不清	工作时不得进食，饮水或吸烟	漱口，催吐（仅对清醒病人！），休息

泄漏处置	将泄漏物清扫进可密闭容器中。如果适当，首先润湿防止扬尘。小心收集残余物，然后转移到安全场所。不要让该化学品进入环境。个人防护用具：适用于该物质空气中浓度的颗粒物过滤呼吸器
包装与标志	不得与食品和饲料一起运输 欧盟危险性类别：Xn 符号　标记：A　　R:20/22　　S:2-28 联合国危险性类别：6.1　　　　联合国包装类别：III 中国危险性类别：第 6.1 项 毒性物质　中国包装类别：III
应急响应	运输应急卡：TEC(R)-61S1564-III 或 61GT5-III
储存	与食品和饲料分开存放。 储存在没有排水管或下水道的场所
重要数据	物理状态、外观：白色各种形态固体 化学危险性：加热时，该物质分解生成有毒烟雾 职业接触限值：阈限值：0.5mg/m³（以 Ba 计）（时间加权平均值）；A4（不能分类为人类致癌物）（美国政府工业卫生学家会议，2004 年）。 欧盟职业接触限值：0.5mg/m³（以 Ba 计）（时间加权平均值）（欧盟，2006 年） 接触途径：该物质可通过吸入其气溶胶和经食入吸收到体内 吸入危险性：20℃时蒸发可忽略不计，但扩散时可较快地达到空气中颗粒物有害浓度，尤其是粉末 短期接触的影响：该物质刺激眼睛，皮肤和呼吸道，该物质可能对神经系统有影响。接触能造成低钾血，导致心脏病和肌肉失调。接触可能导致死亡
物理性质	熔点：113℃（见注解） 密度：3.86g/cm³ 水中溶解度：26℃时 37.5g/100mL （溶解）
环境数据	该物质对水生生物是有害的
注解	给出的是失去结晶水的表观熔点。该物质中毒时需采取必要的治疗措施。可参考卡片#0614（氯化钡）

IPCS
International
Programme on
Chemical Safety

本卡片由 IPCS 和 EC 合作编写 © 2004～2012

国际化学品安全卡

三氯化硼			ICSC 编号：0616

CAS 登记号：10294-34-5
RTECS 号：ED1925000
UN 编号：1741
EC 编号：005-002-00-5
中国危险货物编号：1741

中文名称：三氯化硼；氯化硼；三氯硼烷（钢瓶）
英文名称：BORON TRICHLORIDE; Boron chloride ；
Trichloroborane(cylinder)

分子量：117.19　　　　　　　　　　　　化学式：BCl_3

危害/接触类型	急性危害/症状	预防	急救/消防
火 灾	不可燃。在火焰中释放出刺激性或有毒烟雾（或气体）		干粉，二氧化碳。禁止用水
爆 炸			着火时喷雾状水保持钢瓶冷却，但避免该物质与水接触
接 触		避免一切接触！	一切情况均向医生咨询！
# 吸入	咽喉疼痛，灼烧感，咳嗽，呼吸困难，气促。症状可能推迟显现。（见注解）	通风，局部排气通风或呼吸防护	新鲜空气，休息，半直立体位，必要时进行人工呼吸，给予医疗护理
# 皮肤	发红，皮肤烧伤，灼烧感，疼痛，水疱。与液体接触：冻伤	保温手套，防护服	冻伤时，用大量水冲洗，不要脱去衣服，给予医疗护理
# 眼睛	疼痛，发红，严重深度烧伤，视力丧失	面罩或眼睛防护结合呼吸防护	先用大量水冲洗几分钟（如可能尽量摘除隐形眼镜），然后就医
# 食入			
泄漏处置	撤离危险区域。向专家咨询！通风。个人防护用具：气密式化学防护服包括自给式呼吸器		
包装与标志	不得与食品和饲料一起运输 欧盟危险性类别：T+符号　R:14-26/28-34　　S:1/2-9-26-28-36/37/39-45 联合国危险性类别：2.3　联合国次要危险性：8 中国危险性类别：第 2.3 项毒性气体　中国次要危险性：8		
应急响应			
储存	如果在室内，耐火设备（条件）。与食品和饲料分开存放。见化学危险性。		
重要数据	物理状态、外观：气体或无色发烟液体，有刺鼻气味 物理危险性：气体比空气重 化学危险性：加热时，该物质分解生成氯化氢有毒和腐蚀性烟雾。与水或潮湿空气激烈反应，生成氯化氢和硼酸。与苯胺、膦、醇类、氧和有机物如油脂激烈反应。有水存在时，浸蚀许多金属 职业接触限值：阈限值未制定标准 接触途径：该物质可通过吸入吸收到体内 吸入危险性：容器漏损时，将迅速达到空气中气体的有害浓度 短期接触的影响：该物质腐蚀眼睛、皮肤和呼吸道。吸入气体可能引起肺水肿（见注解）。液体迅速蒸发可能引起冻伤。高浓度接触时，可能导致死亡。影响可能推迟显现。需进行医学观察		
物理性质	沸点：12.5℃ 熔点：-107℃ 相对密度（水=1）：1.35 水中溶解度：反应 蒸气压：20℃时 150kPa 蒸气相对密度（空气=1）：4.03		
环境数据			
注解	与灭火剂，如水激烈反应。肺水肿症状常常经过几小时以后才变得明显，体力劳动使症状加重。因而休息和医学观察是必要的。应当考虑由医生或医生指定的人员立即采取适当吸入治疗法		

本卡片由 IPCS 和 EC 合作编写 © 2004～2012

国际化学品安全卡

对散花烃			ICSC 编号：0617

CAS 登记号：99-87-6	中文名称：对散花烃；对异丙基苯甲烷；1-甲基-4-异丙基苯；对异丙基甲
RTECS 号：GZ5950000	苯；莰佛精
UN 编号：2046	英文名称：P-CYMENE; 1-Methyl-4-isopropylbenzene; Dolcymene;
中国危险货物编号：2046	Camphogen

分子量：134.2	化学式：$C_{10}H_{14}/CH_3C_6H_4CH(CH_3)_2$

危害/接触类型	急性危害/症状	预防	急救/消防
火　灾	易燃的	禁止明火、禁止火花和禁止吸烟	干粉，水成膜泡沫，泡沫，二氧化碳
爆　炸	高于 47℃可能形成爆炸性蒸气/空气混合物	高于 47℃密闭系统，通风和防爆型电气设备。防止静电荷积聚（例如，通过接地）	着火时喷雾状水保持料桶等冷却
接　触		防止烟云产生！	
# 吸入	头晕，倦睡，呕吐	通风	新鲜空气，休息，半直立体位，必要时进行人工呼吸，给予医疗护理
# 皮肤	皮肤干燥，发红	防护手套	脱掉污染的衣服，冲洗，然后用水和肥皂洗皮肤，急救时戴防护手套
# 眼睛	发红	安全护目镜	先用大量水冲洗几分钟（如可能尽量摘除隐形眼镜），然后就医
# 食入	腹泻，倦睡，头痛，恶心，呕吐，神志不清	工作时不得进食、饮水或吸烟	漱口，不要催吐，休息，给予医疗护理
泄漏处置	将泄漏液收集在可密闭容器中。用砂土或惰性吸收剂吸收残液，并转移到安全场所。个人防护用具：适用于有机气体和蒸气的过滤呼吸器		
包装与标志	联合国危险性类别：3　联合国包装类别：III 中国危险性类别：第 3 类易燃液体　中国包装类别：III		
应急响应	运输应急卡：TEC（R）-30G35 美国消防协会法规：H2（健康危险性）；F2（火灾危险性）；R0（反应危险性）		
储存	耐火设备（条件）		
重要数据	物理状态、外观：无色液体，有特殊气味 物理危险性：蒸气比空气重 化学危险性：与氧化剂发生反应。浸蚀橡胶 职业接触限值：阈限值未制定标准 接触途径：该物质可通过吸入其蒸气和食入吸收到体内 吸入危险性：未指明 20℃时该物质蒸发达到空气中有害浓度的速率 短期接触的影响：该物质刺激眼睛和皮肤。如果吞咽液体吸入肺中，可能引起化学肺炎 长期或反复接触的影响：液体使皮肤脱脂		
物理性质	沸点：177℃ 熔点：−68℃ 相对密度（水=1）：0.85 水中溶解度：25℃时 0.002g/100mL 蒸气压：20℃时 200Pa 蒸气相对密度（空气=1）：4.62 闪点：47℃（闭杯） 自燃温度：435℃ 爆炸极限：在空气中 0.7%～5.6%（体积） 辛醇/水分配系数的对数值：4.1		
环境数据			
注解			

IPCS
International
Programme on
Chemical Safety

UNEP

本卡片由 IPCS 和 EC 合作编写 © 2004～2012

国际化学品安全卡

二乙醇胺			ICSC 编号：0618

CAS 登记号：111-42-2	中文名称：二乙醇胺；2,2'-亚氨基二乙醇；DEA；2,2'- 二羟基二乙胺
RTECS 号：KL2975000	英文名称：DIETHANOLAMINE; 2,2'-Iminodiethanol; DEA;
EC 编号：603-071-00-1	2,2'-Dihydroxydiethylamine

分子量：105.2	化学式：$C_4H_{11}NO_2/(CH_2CH_2OH)_2NH$

危害/接触类型	急性危害/症状	预防	急救/消防
火　灾	可燃的	禁止明火	干粉，雾状水，泡沫，二氧化碳
爆　炸			
接　触		防止粉尘扩散！防止产生烟云！	
# 吸入		局部排气通风或呼吸防护	新鲜空气，休息
# 皮肤		防护手套。防护服	脱去污染的衣服。用大量水冲洗皮肤或淋浴
# 眼睛	发红。疼痛。严重深度烧伤	护目镜，或眼睛防护结合呼吸防护	先用大量水冲洗几分钟（如可能尽量摘除隐形眼镜），然后就医
# 食入	腹部疼痛。灼烧感	工作时不得进食，饮水或吸烟	漱口。大量饮水。给予医疗护理。休息

泄漏处置	将泄漏物清扫进可密闭容器中。如果适当，首先润湿防止扬尘。然后转移到安全场所。个人防护用具：适用于有机蒸气和有害粉尘的 A/P2 过滤呼吸器
包装与标志	欧盟危险性类别：Xn 符号　R:22-38-41-48/22　S:2-26-36/37/39-46
应急响应	美国消防协会法规：H1（健康危险性）；F1（火灾危险性）；R0（反应危险性）
储存	与强氧化剂和酸分开存放。干燥
重要数据	物理状态、外观：白色晶体或无色黏稠吸湿液体，有特殊气味 物理危险性：蒸气比空气重 化学危险性：燃烧时，该物质分解生成有毒烟雾。水溶液是一种中强碱。与强氧化剂、强酸激烈反应。浸蚀铜、锌、铝及其合金 职业接触限值：阈限值：$2mg/m^3$（经皮）（美国政府工业卫生学家会议，2002 年）。最高容许浓度类别：致癌物类别：3；皮肤致敏剂，皮肤吸收（德国，2002 年） 接触途径：该物质可通过吸入其蒸气和经食入吸收到体内 吸入危险性：20℃时该物质蒸发不会或很缓慢达到空气中有害污染浓度 短期接触的影响：该物质腐蚀眼睛 长期或反复接触的影响：反复或长期接触可能引起皮肤过敏。该物质可能对肝和肾有影响
物理性质	沸点：269℃ 熔点：28℃ 相对密度（水=1）：1.09（液体） 水中溶解度：易溶 蒸气压：20℃时<1Pa 蒸气相对密度（空气=1）：3.65 闪点：134℃（开杯） 自燃温度：662℃ 爆炸极限：空气中 1.7%～9.8%（体积） 辛醇/水分配系数的对数值：−1.43
环境数据	该物质对水生生物是有害的
注解	不要将工作服带回家中

IPCS
International
Programme on
Chemical Safety

本卡片由 IPCS 和 EC 合作编写 © 2004～2012

国际化学品安全卡

二甘醇			ICSC 编号：0619

CAS 登记号：111-46-6 RTECS 号：ID5950000 EC 编号：603-140-00-6	中文名称：二甘醇；一缩二乙二醇；2,2'-二羟基乙醚；3-氧化戊烷-1,5-二醇；2,2'-氧代二乙醇；二乙二醇醚 英文名称：DIETHYLENE GLYCOL; Ethylene diglycol; 2,2'-Dihydroxyethyl ether; 3-Oxypentane-1,5-diol; 2,2'-Oxydiethanol; 2,2'-Oxybisethanol

分子量：106.1	化学式：$C_4H_{10}O_3/(CH_2CH_2OH)_2O$

危害/接触类型	急性危害/症状	预防	急救/消防
火 灾	可燃的	禁止明火	干粉，抗溶性泡沫，雾状水，二氧化碳
爆 炸			
接 触		防止产生烟云！	
# 吸入		通风	新鲜空气，休息
# 皮肤		防护手套	用大量水冲洗皮肤或淋浴
# 眼睛		安全眼镜	用大量水冲洗（如可能尽量摘除隐形眼镜）
# 食入	腹部疼痛，恶心，呕吐，腹泻。头晕，倦睡。意识模糊，神志不清	工作时不得进食，饮水或吸烟	饮用 1～2 杯水。立即给予医疗护理。见注解

泄漏处置	将泄漏液收集在可密闭的容器中。用大量水冲净泄漏液。个人防护用具：适应于该物质空气中浓度的有机气体和蒸气过滤呼吸器
包装与标志	欧盟危险性类别：Xn 符号 R:22 S:2-46 GHS 分类：警示词：危险 图形符号：感叹号-健康危险 危险说明：吞咽有害；吞咽对肾脏造成损害；可能引起昏昏欲睡或眩晕
应急响应	美国消防协会法规：H1（健康危险性）；F1（火灾危险性）；R0（反应危险性）
储存	干燥。严格密封。与强氧化剂分开存放
重要数据	物理状态、外观：无气味、无色、黏稠吸湿液体 化学危险性：与强氧化剂发生剧烈反应，有着火和爆炸的危险。浸蚀某些塑料 职业接触限值：阈限值未制定标准。最高容许浓度：10ppm，44mg/m³；最高限值种类：II(4)；妊娠风险等级：C（德国，2007 年） 接触途径：该物质可通过食入吸收到体内 吸入危险性：20℃时，该物质蒸发不会或很缓慢地达到空气中有害污染浓度；但喷洒或扩散时要快得多 短期接触的影响：该物质可能对肾脏有影响，导致肾损伤。食入该物质，可能对中枢神经系统和肝脏有影响。食入可能导致死亡
物理性质	沸点：245℃ 熔点：-6.5℃ 相对密度（水=1）：1.12 水中溶解度：混溶 蒸气压：20℃时 2.7Pa 蒸气相对密度（空气=1）：3.7 闪点：124℃（闭杯） 自燃温度：229℃ 爆炸极限：空气中 1.6%～10.8%（体积） 辛醇/水分配系数的对数值：-1.47
环境数据	
注解	该物质中毒时，需采取必要的治疗措施；必须提供有指示说明的适当方法

IPCS
International Programme on Chemical Safety

   UNEP

本卡片由 IPCS 和 EC 合作编写 © 2004～2012

国际化学品安全卡

二亚乙基三胺			ICSC 编号：0620

CAS 登记号：111-40-0	中文名称：二亚乙基三胺；二乙撑三胺；*N*-(2-氨乙基)-1,2-乙二胺；3-氮朵戊烷-1,5-二胺
RTECS 号：IE1225000	英文名称：DIETHYLENETRIAMINE; *N*-(2-Aminoethyl)-1,2-ethanediamine; 3-Azapentane-1,5-diamine; DETA
UN 编号：2079	
EC 编号：612-058-00-X	
中国危险货物编号：2079	

分子量：103.2	化学式：$C_4H_{13}N_3/NH_2CH_2CH_2NHCH_2CH_2NH_2$

危害/接触类型	急性危害/症状	预防	急救/消防
火 灾	可燃的。在火焰中释放出刺激性或有毒烟雾（或气体）	禁止明火	干粉，抗溶性泡沫，雾状水，二氧化碳
爆 炸	高于 97℃可能形成爆炸性蒸气/空气混合物	高于 97℃密闭系统，通风和防爆型电气设备	着火时喷雾状水保持料桶等冷却
接 触		防止烟云产生！严格作业环境管理！	一切情况均向医生咨询！
# 吸入	灼烧感，咳嗽，咽喉疼痛。症状可能推迟显现。（见注解）	通风，局部排气通风或呼吸防护	新鲜空气，休息、半直立体位，必要时进行人工呼吸，给予医疗护理
# 皮肤	疼痛，严重皮肤烧伤	防护手套，防护服	先用大量水冲洗，然后脱去污染的衣服再次冲洗，给予医疗护理
# 眼睛	疼痛，严重深度烧伤，视力丧失	面罩，或眼睛防护结合呼吸防护	先用大量水冲洗几分钟（如可能尽量摘除隐形眼镜），然后就医
# 食入	灼烧感，腹部疼痛，休克或虚脱	工作时不得进食、饮水或吸烟	漱口，不要催吐，休息，给予医疗护理

泄漏处置	通风。将泄漏液收集在可密闭容器中。用砂土或惰性吸收剂吸收残液并转移到安全场所。个人防护用具：全套防护服包括自给式呼吸器
包装与标志	不得与食品和饲料一起运输。不易破碎包装，将易破碎包装放在不易破碎容器中 欧盟危险性类别：C 符号　R:21/22-34-43　S:1/2-26-36/37/39-45 联合国危险性类别：8　联合国包装类别：II 中国危险性类别：第 8 类腐蚀性物质　中国包装类别：II
应急响应	运输应急卡：TEC（R）-80GC7-II+III 美国消防协会法规：H3（健康危险性）；F1（火灾危险性）；R1（反应危险性）
储存	与食品和饲料、强氧化剂、酸类和有机氮化合物分开存放。储存在通风良好的室内
重要数据	物理状态、外观：无色至黄色黏稠的吸湿液体，有特殊气味 物理危险性：蒸气比空气重 化学危险性：燃烧时，该物质分解生成氮氧化物有毒气体。水溶液是一种强碱。与酸激烈反应，有腐蚀性。与氧化剂、硝酸和有机氮化合物激烈反应。有水存在时，浸蚀许多金属 职业接触限值：阈限值：1ppm（时间加权平均值）（经皮）（美国政府工业卫生学家会议，2004 年）。最高容许浓度：皮肤致敏剂（德国，2004 年） 接触途径：该物质可通过吸入其蒸气、经皮肤和食入吸收到体内 吸入危险性：20℃时该物质蒸发，不会或很缓慢地达到空气中有害污染浓度 短期接触的影响：该物质腐蚀眼睛、皮肤和呼吸道。食入有腐蚀性。吸入蒸气可能引起肺水肿（见注解）。影响可能推迟显现。需要进行医学观察 长期或反复接触的影响：反复或长期与皮肤接触可能引起皮炎。反复或长期接触可能引起皮肤过敏。反复或长期吸入接触可能引起哮喘

物理性质	沸点：207℃ 熔点：-39℃ 相对密度（水=1）：0.96 水中溶解度：混溶 蒸气压：20℃时 37Pa	蒸气相对密度（空气=1）：3.56 闪点：97（闭杯）；102℃（开杯） 自燃温度：358℃ 爆炸极限：在空气中 1%～10%（体积） 辛醇/水分配系数的对数值：-1.3

环境数据	
注解	肺水肿症状常常经过几小时以后才变得明显，体力劳动使症状加重。因而，休息和医学观察是重要的。应考虑由医生或医生指定人员立即采取适当吸入治疗法。超过接触限值时，气味报警不充分

IPCS
International Programme on Chemical Safety

UNEP

本卡片由 IPCS 和 EC 合作编写 © 2004～2012

国际化学品安全卡

乙基己醛			ICSC 编号：0621

CAS 登记号：123-05-7
RTECS 号：MN7525000
UN 编号：1191
中国危险货物编号：1191

中文名称：乙基己醛；辛醛；2-乙基己醛；丁基乙基乙醛
英文名称：ETHYLHEXALDEHYDE; Ethylhexanal; 2-Ethylhexanal; 2-Ethylcaproaldehyde; Butyl ethyl acetaldehyde

分子量：128.24

化学式：$C_8H_{16}O/C_4H_9CH(C_2H_5)CHO$

危害/接触类型	急性危害/症状	预防	急救/消防
火 灾	易燃的	禁止明火、禁止火花和禁止吸烟。禁止与高温表面接触	干粉，水成膜泡沫，泡沫，二氧化碳
爆 炸	高于46℃可能形成爆炸性蒸气/空气混合物	高于46℃密闭系统，通风和防爆型电气设备	着火时喷雾状水保持料桶等冷却
接 触		防止烟云产生！	
# 吸入	咳嗽，咽喉痛	通风	新鲜空气，休息，必要时进行人工呼吸，给予医疗护理
# 皮肤	皮肤干燥，发红。（另见吸入）	防护手套	脱掉污染的衣服，用大量水冲洗皮肤或淋浴，给予医疗护理
# 眼睛	发红，疼痛	安全护目镜	先用大量水冲洗几分钟（如可能尽量摘除隐形眼镜），然后就医
# 食入	腹部疼痛，恶心，呕吐	工作时不得进食、饮水或吸烟	漱口，休息，给予医疗护理

泄漏处置	尽量将泄漏液收集在可密闭容器中。用砂土或惰性吸收剂吸收残液并转移到安全场所。不要让该化学品进入环境。个人防护用具：适用于有机气体和蒸气的过滤呼吸器
包装与标志	气密 联合国危险性类别：3 联合国包装类别：III 中国危险性类别：第3类易燃液体 中国包装类别：III
应急响应	运输应急卡：TEC（R）-30G35 美国消防协会法规：H2（健康危险性）；F2（火灾危险性）；R1（反应危险性）
储存	耐火设备（条件）。与酸、碱和氧化剂分开存放。阴凉场所。严格密封
重要数据	物理状态、外观：无色液体，有特殊气味 物理危险性：蒸气比空气重 化学危险性：该物质与氧或空气长时间接触时，能生成爆炸性过氧化物。与氢氧化钠、氨、丁胺、二丁胺和无机酸接触时，该物质发生聚合。与氧化剂发生反应 职业接触限值：阈限值未制定标准 接触途径：该物质可通过吸入其蒸气和食入吸收到体内 吸入危险性：未指明20℃时该物质蒸发到空气中有害浓度的速率 短期接触的影响：该物质刺激眼睛和皮肤。蒸气刺激呼吸道 长期或反复接触的影响：反复或长期与皮肤接触可能引起皮炎
物理性质	沸点：163℃ 熔点：-85℃ 相对密度（水=1）：0.85 水中溶解度：20℃时 0.07g/100mL 蒸气压：20℃时 200Pa 蒸气相对密度（空气=1）：4.5 闪点：46℃（闭杯）；52℃（开杯） 自燃温度：180℃ 爆炸极限：在空气中 0.85%～7.2%（体积）
环境数据	该物质对水生生物是有害的
注解	蒸馏前检验过氧化物含量，如存在，使之无害化

IPCS
International
Programme on
Chemical Safety

UNEP

本卡片由 IPCS 和 EC 合作编写 © 2004～2012

国际化学品安全卡

杀螟松			ICSC 编号：0622

CAS 登记号：122-14-5
RTECS 号：TG0350000
UN 编号：3018
EC 编号：015-054-00-0
中国危险货物编号：3018

中文名称：杀螟松；*O,O*-二甲基-*O*-4-硝基-间-甲苯基硫代磷酸酯；*O,O*-二甲基-*O*-(3-甲基-4-硝基苯基)硫代磷酸酯；*O,O*-二甲基-*O*-4-硝基间甲苯基硫代磷酸酯

英文名称：FENITROTHION; *O,O*-Dimethyl-*O*-4-nitro-m-tolyl phosphorothioate; *O,O*-Dimethyl-*O*-(3-methyl-4-nitrophenyl) Phosphorothioate; *O,O*-Dimethyl-*O*-4-nitro-m-tolyl thiophosphate

分子量：277.25   化学式：$C_9H_{12}NO_5PS$

危害/接触类型	急性危害/症状	预防	急救/消防
火　灾	可燃的。含有机溶剂的液体制剂可能是易燃的。在火焰中释放出刺激性或有毒烟雾（或气体）	禁止明火	干粉，雾状水，泡沫，二氧化碳
爆　炸			见注解
接　触		防止烟雾产生！避免青少年和儿童接触！	一切情况下均向医生咨询！
# 吸入	咳嗽，肌肉痉挛，瞳孔缩窄，头晕，头痛，恶心，多涎，呼吸困难，惊厥，出汗，神志不清	通风，局部排气通风或呼吸防护	新鲜空气，休息，半直立体位，必要时进行人工呼吸，给予医疗护理
# 皮肤	可能被吸收！发红，疼痛。（另见吸入）	防护手套，防护服	脱掉污染的衣服，冲洗，然后用水和肥皂洗皮肤，给予医疗护理
# 眼睛	发红，疼痛	面罩，或眼睛防护结合呼吸防护	首先用大量水冲洗几分钟（如可能尽量摘除隐形眼镜），然后就医
# 食入	胃痉挛，意识模糊，腹泻，气促，呕吐。（另见吸入）	工作时不得进食、饮水或吸烟。进食前洗手	漱口，催吐（仅对清醒病人！），给予医疗护理
泄漏处置	尽量将泄漏液收集在可密闭容器中。用砂土或惰性吸收剂吸收残液，并转移到安全场所。不要冲入下水道。个人防护用具：化学防护服包括自给式呼吸器		
包装与标志	不得与食品和饲料一起运输。严重污染海洋物质 欧盟危险性类别：Xn 符号　N 符号　R:20-50/53　　S:2-60-61 联合国危险性类别：6.1 中国危险性类别：第 6.1 项毒性物质		
应急响应	运输应急卡：TEC（R）-61G43c		
储存	注意收容灭火产生的废水。储存在通风良好的室内。与食品和饲料分开存放		
重要数据	物理状态、外观：棕色至黄色液体，有特殊气味 化学危险性：加热或燃烧时，该物质分解生成氮氧化物、磷氧化物和硫氧化物有毒烟雾 职业接触限值：阈限值未制定标准。最高容许浓度未制定标准 接触途径：该物质可通过吸入其气溶胶、经皮肤和食入吸收到体内 吸入危险性：未指明 20℃时该物质蒸发达到空气中有害浓度的速率 短期接触的影响：该物质刺激眼睛和皮肤。该物质可能对神经系统有影响，导致惊厥、呼吸衰竭和死亡。胆碱酯酶抑制剂。影响可能推迟显现。需进行医学观察 长期或反复接触的影响：胆碱酯酶抑制剂。可能发生累积影响（见急性危害/症状）		
物理性质	沸点：低于沸点在 140～145℃分解 熔点：0.3℃ 相对密度（水=1）：1.3 水中溶解度：不溶 蒸气压：20℃时 0.018Pa 闪点：157℃ 辛醇/水分配系数的对数值：3.27		
环境数据	该物质对水生生物有极高毒性。该物质对环境可能有危害，对甲壳纲和蜜蜂应给予特别注意。在对人类重要的食物链中发生生物蓄积，特别在鱼类体内		
注解	该物质中毒时，需采取必要的治疗措施。必须提供有指示说明的适当方法。商业制剂中使用的载体溶剂可能改变其物理和毒理学性质。不要将工作服带回家中。商品名有 Accothion, Metathion, Novathion 和 Sumithion		

IPCS
International Programme on Chemical Safety

本卡片由 **IPCS** 和 **EC** 合作编写 © 2004～2012

国际化学品安全卡

甲酸乙酯		ICSC 编号：0623

CAS 登记号：109-94-4
RTECS 号：LQ8400000
UN 编号：1190
EC 编号：607-015-00-7
中国危险货物编号：1190

中文名称：甲酸乙酯；甲酸乙基酯；甲酸酯
英文名称：ETHYL FORMATE; Formic acid, ethyl ester; Formic ether

分子量：74.1　　　　　　　　　　　化学式：$C_3H_6O_2/HCOOC_2H_5$

危害/接触类型	急性危害/症状	预防	急救/消防
火灾	高度易燃	禁止明火，禁止火花和禁止吸烟	干粉，抗溶性泡沫，雾状水，二氧化碳
爆炸	蒸气/空气混合物有爆炸性。受热引起压力升高，有爆裂危险。与强氧化剂接触时，有着火和爆炸的危险	密闭系统，通风，防爆型电气设备和照明。不要使用压缩空气灌装、卸料或转运。防止静电荷积聚（例如，通过接地）	着火时，喷雾状水保持料桶等冷却
接触			
# 吸入	咳嗽。呼吸短促。头痛。倦睡	通风，局部排气通风或呼吸防护	新鲜空气，休息。给予医疗护理
# 皮肤	发红	防护手套	脱去污染的衣服。用大量水冲洗皮肤或淋浴
# 眼睛	发红。疼痛	安全护目镜	先用大量水冲洗几分钟（如可能尽量摘除隐形眼镜），然后就医
# 食入	咽喉疼痛。（另见吸入）	工作时不得进食、饮水或吸烟	漱口。不要催吐。给予医疗护理
泄漏处置	撤离危险区域！向专家咨询！通风。转移全部引燃源。将泄漏液收集在可密闭的容器中。用砂土或惰性吸收剂吸收残液，并转移到安全场所。个人防护用具：适应于该物质空气中浓度的低沸点有机气体和蒸气过滤呼吸器		
包装与标志	欧盟危险性类别：F 符号 Xn 符号　　R:11-20/22-36/37　　S:2-9-16-24-26-33 联合国危险性类别：3　　　　联合国包装类别：II 中国危险性类别：第 3 类 易燃液体　中国包装类别：II GHS 分类：信号词：危险 图形符号：火焰-感叹号 危险说明：高度易燃液体和蒸气；吞咽可能有害；造成严重眼睛刺激；可能引起呼吸刺激作用		
应急响应	美国消防协会法规：H2（健康危险性）；F3（火灾危险性）；R0（反应危险性）		
储存	耐火设备（条件）。与强氧化剂分开存放。阴凉场所		
重要数据	物理状态、外观：无色液体，有特殊气味 物理危险性：蒸气比空气重。可能沿地面流动；可能造成远处着火 化学危险性：与强氧化剂发生剧烈反应，有着火和爆炸的危险 职业接触限值：阈限值：100ppm（时间加权平均值)(美国政府工业卫生学家会议，2010 年)。最高容许浓度：100ppm，310mg/m³；皮肤吸收；最高限值种类：I(1)；妊娠风险等级：C（德国，2009 年） 接触途径：该物质可通过吸入其蒸气和经食入吸收到体内 吸入危险性：20℃时，该物质蒸发相当快地达到空气中有害污染浓度 短期接触的影响：该物质刺激眼睛和呼吸道。该物质可能对中枢神经系统有影响。远高于职业接触限值接触时能够造成意识水平下降 长期或反复接触的影响：液体使皮肤脱脂		
物理性质	沸点：52~54℃ 熔点：-80℃ 相对密度（水=1）：0.92 水中溶解度：20℃时 10.5g/100mL 蒸气压：20℃时 25.6kPa 蒸气相对密度（空气=1）：2.6	蒸气/空气混合物的相对密度（20℃，空气=1）：1.4 闪点：-20℃（闭杯） 自燃温度：440℃ 爆炸极限：空气中 2.7%~16.5%（体积） 辛醇/水分配系数的对数值：0.23	
环境数据			
注解	超过接触限值时，气味报警不充分。不要将工作服带回家中		

IPCS
International
Programme on
Chemical Safety

本卡片由 IPCS 和 EC 合作编写 © 2004~2012

国际化学品安全卡

甘油			ICSC 编号：0624

CAS 登记号：56-81-5
RTECS 号：MA8050000

中文名称：甘油；丙三醇；1,2,3-丙三醇；1,2,3-三羟基丙烷
英文名称：GLYCEROL; Glycerin; 1,2,3-Propanetriol;
1,2,3-Trihydroxypropane

分子量：92.1

化学式：$C_3H_8O_3/CH_2OH-CHOH-CH_2OH$

危害/接触类型	急性危害/症状	预防	急救/消防
火　灾	可燃的。在火焰中释放出刺激性或有毒烟雾（或气体）	禁止明火	雾状水，抗溶性泡沫，干粉，二氧化碳
爆　炸			着火时，喷雾状水保持料桶等冷却
接　触			
# 吸入		通风	新鲜空气，休息
# 皮肤	皮肤干燥	防护手套	用大量水冲洗皮肤或淋浴
# 眼睛		安全护目镜	先用大量水冲洗几分钟（如可能尽量摘除隐形眼镜），然后就医
# 食入	腹泻	工作时不得进食，饮水或吸烟	漱口

泄漏处置	通风。将泄漏液收集在有盖的容器中。用砂土或惰性吸收剂吸收残液，并转移到安全场所
包装与标志	
应急响应	美国消防协会法规：H1（健康危险性）；F1（火灾危险性）；R0（反应危险性）
储存	与强氧化剂分开存放
重要数据	**物理状态、外观**：无色吸湿的，黏稠液体 **化学危险性**：加热时，该物质分解生成丙烯醛腐蚀性烟雾。与强氧化剂发生反应，有着火和爆炸危险。 **职业接触限值**：阈限值：10mg/m³（烟云）（美国政府工业卫生学家会议，2005 年）。最高容许浓度未制定标准 **吸入危险性**：20℃时蒸发可忽略不计，但喷洒时可较快地达到空气中颗粒物公害污染浓度
物理性质	沸点：290℃ 熔点：18℃ 相对密度（水=1）：1.26 水中溶解度：混溶 蒸气压：25℃时 0.01Pa 蒸气相对密度（空气=1）：3.2 闪点：176℃（闭杯） 自燃温度：393℃ 爆炸极限：空气中 2.6%～11.3%（体积） 辛醇/水分配系数的对数值：−1.76
环境数据	
注解	

IPCS
International
Programme on
Chemical Safety

UNEP

本卡片由 **IPCS** 和 **EC** 合作编写 ©2004～2012

国际化学品安全卡

甲基丙烯酸酯			ICSC 编号：0625

CAS 登记号：96-33-3
RTECS 号：AT2800000
UN 编号：1919
EC 编号：607-034-00-0
中国危险货物编号：1919

中文名称：甲基丙烯酸酯；丙烯酸甲酯；甲基-2-丙烯酸酯；2-丙烯酸甲酯
英文名称：METHYL ACRYLATE; Acrylic acid, methyl ester; Methyl-2-propenoate; 2-Propenoic acid, methyl ester

分子量：86.1　　　　　　　化学式：$C_4H_6O_2/CH_2=CHCOOCH_3$

危害/接触类型	急性危害/症状	预防	急救/消防
火　灾	高度易燃	禁止明火，禁止火花和禁止吸烟	干粉，水成膜泡沫，泡沫，二氧化碳
爆　炸	蒸气/空气混合物有爆炸性	密闭系统，通风，防爆型电气设备和照明。不要使用压缩空气灌装、卸料或转运	着火时，喷雾状水保持料桶等冷却
接　触		避免一切接触！	
# 吸入	咳嗽。气促。咽喉痛。	通风，局部排气通风或呼吸防护	新鲜空气，休息。给予医疗护理
# 皮肤	发红。疼痛	防护手套。防护服	脱去污染的衣服。用大量水冲洗皮肤或淋浴。给予医疗护理
# 眼睛	发红。疼痛	安全护目镜，或眼睛防护结合呼吸防护	先用大量水冲洗几分钟（如可能尽量摘除隐形眼镜），然后就医
# 食入	腹部疼痛。腹泻。恶心。呕吐	工作时不得进食，饮水或吸烟	漱口。大量饮水。不要催吐。给予医疗护理
泄漏处置		转移全部引燃源。将泄漏液收集在有盖的容器中。用砂土或惰性吸收剂吸收残液，并转移到安全场所。不要让该化学品进入环境。化学防护服。个人防护用具：适用于有机气体和蒸气的过滤呼吸器	

包装与标志	不易破碎包装，将易破碎包装放在不易破碎的密闭容器中 欧盟危险性类别：F 符号 Xn 符号 标记：D　　R:11-20/21/22-36/37/38-43　　S:2-9-25-26-33-36/37-43 联合国危险性类别：3　　联合国包装类别：II 中国危险性类别：第 3 类易燃液体　中国包装类别：II
应急响应	运输应急卡：TEC(R)-30S1919 美国消防协会法规：H3（健康危险性）；F3（火灾危险性）；R2（反应危险性）
储存	耐火设备（条件）。见化学危险性。冷藏。保存在暗处。严格密封。稳定后储存
重要数据	物理状态、外观：无色液体，有刺鼻气味 物理危险性：蒸气比空气重。可能沿地面流动；可能造成远处着火 化学危险性：由于加温、在光作用下和接触过氧化物时，该物质可能自聚合。与强酸、强碱和强氧化剂激烈反应，有着火和爆炸的危险 职业接触限值：阈限值：2ppm（时间加权平均值）（经皮），A4（不能分类为人类致癌物），致敏剂（美国政府工业卫生学家会议，2003 年）。最高容许浓度：5ppm，18mg/m³，皮肤致敏剂；最高限值种类：I（1）；妊娠风险等级：IIc（德国，2003 年） 接触途径：该物质可通过吸入，经皮肤和食入吸收到体内 吸入危险性：20℃时，该物质蒸发，迅速达到空气中有害污染浓度 短期接触的影响：该物质刺激皮肤和呼吸道，和严重刺激眼睛 长期或反复接触的影响：反复或长期接触可能引起皮肤过敏

物理性质	沸点：80.5℃ 熔点：-76.5℃ 相对密度（水=1）：0.95 水中溶解度：20℃时 6g/100mL 蒸气压：20℃时 9.1kPa 蒸气相对密度（空气=1）：3.0	蒸气/空气混合物的相对密度（20℃，空气=1）：1.18 闪点：-2.8℃（闭杯） 自燃温度：468℃ 爆炸极限：空气中 2.8%～25%（体积） 辛醇/水分配系数的对数值：0.8
环境数据	该物质对水生生物是有毒的	
注解	蒸气未经阻聚可能发生聚合，堵塞通风口。添加稳定剂或阻聚剂会影响该物质的毒理学性质。向专家咨询。超过接触限值时，气味报警不充分。不要将工作服带回家中	

IPCS
International Programme on Chemical Safety

本卡片由 IPCS 和 EC 合作编写 © 2004～2012

国际化学品安全卡

甲基对硫磷		ICSC 编号：0626

CAS 登记号：298-00-0
RTECS 号：TG0175000
UN 编号：2783
EC 编号：015-035-00-7
中国危险货物编号：2783

中文名称：甲基对硫磷；O,O-二甲基-O-4-硝基苯基硫代磷酸酯；对硝基苯基硫代磷酸酯；O,O-二甲基-O-(4-硝基苯基)硫代磷酸酯
英文名称：METHYL PARATHION; O,O-Dimethyl O-4-nitrophenyl phosphorothioate; p-Nitrophenylthiophosphate; Phosphorothioic acid,O,O-dimethyl O-(4-nitrophenyl) ester

分子量：263.8 化学式：$C_8H_{10}NO_5PS$

危害/接触类型	急性危害/症状	预防	急救/消防
火　灾	可燃的。含有机溶剂的液体制剂可能是易燃的。在火焰中释放出刺激性或有毒烟雾（或气体）	禁止明火	干粉，雾状水，泡沫，二氧化碳
爆　炸			
接　触		防止粉尘扩散!严格作业环境管理!避免青少年和儿童接触!	一切情况均向医生咨询!
# 吸入	出汗，恶心，呕吐，头晕，瞳孔收缩，肌肉痉挛，多涎，肌肉抽搐，呼吸困难，腹泻，惊厥，神志不清，症状可能推迟显现（见注解）	局部排气通风或呼吸防护	新鲜空气，休息，必要时进行人工呼吸。给予医疗护理
# 皮肤	可能被吸收!（见吸入）	防护手套，防护服	脱掉污染的衣服，冲洗，然后用水和肥皂洗皮肤，给予医疗护理
# 眼睛	视力模糊	面罩或如为粉末，眼睛防护结合呼吸防护	先用大量水冲洗几分钟（如可能尽量摘除隐形眼镜），然后就医
# 食入	见吸入	工作时不得进食、饮水或吸烟。进食前洗手	催吐（仅对清醒病人!）。见注解。用水冲服活性炭浆。立即给予医疗护理
泄漏处置	不要让该化学品进入环境。将泄漏物清扫进容器中，如果适当，首先润湿防止扬尘。小心收集残余物，然后转移到安全场所。个人防护用具：化学防护服包括自给式呼吸器		
包装与标志	不得与食品和饲料一起运输。严重污染海洋物质 欧盟危险性类别：T+符号 N 符号 R:5-10-24-26/28-48/22-50/53 S:1/2-28-36/37-45-60-61 联合国危险性类别：6.1 中国危险性类别：第 6.1 项毒性物质		
应急响应	运输应急卡：TEC（R）-61GT7-II		
储存	储存在没有排水管或下水道的场所。保存在通风良好的室内。与食品和饲料分开存放		
重要数据	物理状态、外观：无色至白色各种形态固体 化学危险性：加热时，该物质分解生成含有氮氧化物、氧化亚磷或硫氧化物有毒烟雾，有着火和爆炸危险 职业接触限值：阈限值：0.2mg/m³（时间加权平均值）（经皮）；A4（不能分类为人类致癌物）；公布生物暴露指数（美国政府工业卫生学家会议，2005 年）。最高容许浓度未制定标准 接触途径：该物质可通过吸入其气溶胶，经皮肤和食入吸收到体内 吸入危险性：喷洒或扩散时可较快地达到空气中颗粒物有害浓度，尤其是粉末 短期接触的影响：该物质可能对神经系统有影响，导致惊厥和呼吸抑制。胆碱酯酶抑制剂。远高于职业接触限值接触可能导致死亡。需进行医学观察 长期或反复接触的影响：胆碱酯酶抑制剂。可能有累积影响，见急性危害/症状		
物理性质	沸点：低于沸点在 120℃分解 熔点：35～38℃ 密度：1.4g/cm³	水中溶解度：0.006g/100mL 蒸气压：20℃时 0.001Pa 辛醇/水分配系数的对数值：2～3	
环境数据	该物质对水生生物有极高毒性。该物质可能对环境有危害，对鸟类和蜜蜂应给予特别注意。该物质在正常使用过程中进入环境，但是要特别注意避免任何额外的释放，例如通过不适当处置活动		
注解	如果该农药以含烃类溶剂的制剂形式存在，不要催吐。根据接触程度，建议定期进行医疗检查。该物质中毒时，需采取必要的治疗措施；必须提供有指示说明的适当方法。商业制剂中使用的载体溶剂可能改变其物理和毒理学性质。不要将工作服带回家中		

IPCS
International
Programme on
Chemical Safety

本卡片由 IPCS 和 EC 合作编写 © 2004～2012

国际化学品安全卡

氖			ICSC 编号：0627

CAS 登记号：7440-01-9　　　　　　　中文名称：氖（钢瓶）
RTECS 号：QP4450000　　　　　　　英文名称：NEON (cylinder)
UN 编号：1065
中国危险货物编号：1065

原子量：20.2　　　　　　　　　　　化学式：Ne

危害/接触类型	急性危害/症状	预防	急救/消防
火　灾	不可燃。加热引起压力升高，容器有破裂危险		周围环境着火时，使用适当的灭火剂
爆　炸			着火时，喷雾状水保持钢瓶冷却
接　触			
# 吸入	头晕，迟钝，头痛。窒息	通风	新鲜空气，休息。必要时进行人工呼吸。如果感觉不舒服，需就医
# 皮肤			
# 眼睛			
# 食入			

泄漏处置	通风。个人防护用具：自给式呼吸器
包装与标志	联合国危险性类别：2.2 中国危险性类别：第 2.2 项　非易燃无毒气体 GHS 分类：警示词：警告　图形符号：气瓶　危险说明：内含高压气体，遇热可能爆炸
应急响应	运输应急卡：TEC(R)-20G1A
储存	若在建筑物内，耐火设备（条件）。保存在通风良好的室内
重要数据	物理状态、外观：无色、无气味压缩气体 物理危险性：该气体比空气轻 职业接触限值：阈限值：单纯窒息剂(美国政府工业卫生学家会议，2007 年）。最高容许浓度未制定标准 吸入危险性：容器漏损时，由于降低了封闭空间的氧含量，该气体能够造成窒息 短期接触的影响：窒息
物理性质	沸点：-246.1℃ 熔点：-248.7℃ 水中溶解度：难溶 蒸气相对密度（空气=1）：0.69
环境数据	
注解	空气中浓度高时造成缺氧，有神志不清或死亡危险。进入工作区域前检验氧含量。其他：UN 编号 1913，氖，冷冻液体，危险性类别 2.2

IPCS
International
Programme on
Chemical Safety

本卡片由 **IPCS** 和 **EC** 合作编写 © 2004～2012

国际化学品安全卡

黄磷			ICSC 编号：0628

CAS 登记号：12185-10-3
RTECS 号：TH3500000
UN 编号：1381
EC 编号：015-001-00-1
中国危险货物编号：1381

中文名称：黄磷；白磷
英文名称：PHOSPHORUS (YELLOW); White phosphorus

分子量：123.88　　　　　　　　　　化学式：P₄

危害/接触类型	急性危害/症状	预防	急救/消防
火　灾	高度易燃。见注解。在火焰中释放出刺激性或有毒烟雾（或气体）	禁止明火，禁止火花和禁止吸烟。禁止与易燃物质接触。禁止与空气接触。禁止与高温表面接触。禁止与氧化剂、卤素、硫和强碱接触	雾状水，湿砂土
爆　炸			着火时，喷雾状水保持料桶等冷却
接　触		防止产生烟云！避免一切接触！	一切情况均向医生咨询！
# 吸入	灼烧感，咳嗽，呼吸困难，气促，咽喉痛，神志不清，症状可能推迟显现（见注解）	局部排气通风或呼吸防护	新鲜空气，休息。半直立体位。必要时进行人工呼吸。给予医疗护理
# 皮肤	发红。皮肤烧伤。疼痛。水疱	防护手套。防护服	先用大量水冲洗，然后脱去污染的衣服并再次冲洗，给予医疗护理，急救时戴防护手套，见注解
# 眼睛	发红。疼痛。视力丧失。严重深度烧伤	安全护目镜，面罩，或眼睛防护结合呼吸防护	先用大量水冲洗几分钟（如可能尽量摘除隐形眼镜），然后就医
# 食入	腹部疼痛。灼烧感。休克或虚脱。神志不清	工作时不得进食，饮水或吸烟。进食前洗手	漱口，催吐（仅对清醒病人！），休息，催吐时戴防护手套，给予医疗护理
泄漏处置		撤离危险区域！向专家咨询！用湿砂土或泥土覆盖泄漏物。不要冲入下水道。将泄漏物清扫进容器中。如果适当，首先润湿防止扬尘。然后转移到安全场所。不要用锯末或其他可燃吸收剂吸收。个人防护用具：全套防护服包括自给式呼吸器	
包装与标志		气密。不易破碎包装，将易破碎包装放在不易破碎的密闭容器中。不得与食品和饲料一起运输 欧盟危险性类别：F 符号　T+符号　C 符号　N 符号　R:17-26/28-35-50　　S:1/2-5-26-38-45-61 联合国危险性类别:4.2 联合国次要危险性:6.1 联合国包装类别:I 中国危险性类别：第 4.2 项易于自燃的物质　中国次要危险性:6.1　中国包装类别:I	
应急响应		运输应急卡:TEC（R）-42S1381-w 美国消防协会法规:H3（健康危险性）；F3（火灾危险性）；R1（反应危险性）	
储存		耐火设备（条件）。与强氧化剂、食品和饲料分开存放。保存在水下	
重要数据		物理状态、外观：白色至黄色透明的晶形固体，蜡状外观。遇光时变暗 化学危险性：与空气中接触时，该物质可能自燃，生成氧化亚磷有毒烟雾。与氧化剂、卤素和硫激烈反应，有着火和爆炸危险。与强碱发生反应，生成有毒气体（磷化氢） 职业接触限值：阈限值：0.02ppm（时间加权平均值）（美国政府工业卫生学家会议，2003 年）。最高容许浓度：0.1mg/m³（可吸入粉尘）；最高限值种类：I（1）；妊娠风险等级：D（德国，2003 年） 接触途径：该物质可通过吸入其蒸气和经食入吸收到体内 吸入危险性：20℃时蒸发可忽略不计，但可较快地达到空气中颗粒物有害浓度 短期接触的影响：该物质腐蚀眼睛、皮肤和呼吸道。食入有腐蚀性。吸入蒸气可能引起肺水肿（见注解）。该物质可能对肾和肝有影响。接触可能导致死亡。影响可能推迟显现。需进行医学观察 长期或反复接触的影响：该物质可能对骨骼有影响	
物理性质		熔点：低于熔点在 44℃分解 密度：1.83g/cm³ 水中溶解度：20℃时 0.0003g/100mL 蒸气压：20℃时 3.5Pa	蒸气相对密度（空气=1）：4.42 闪点：<20℃ 自燃温度：30℃
环境数据			
注解		火灾扑灭后可能复燃。根据接触程度，建议定期进行医疗检查。肺水肿症状常常经过几个小时以后才变得明显，体力劳动使症状加重。因而休息和医学观察是必要的。应当考虑由医生或医生指定的人立即采取适当吸入治疗法。不要将工作服带回家中。用大量水冲洗工作服（有着火危险）	

IPCS
International
Programme on
Chemical Safety

本卡片由 IPCS 和 EC 合作编写 © 2004～2012

国际化学品安全卡

2,2,4-三甲基-1,3-戊二醇单丁酸酯			ICSC 编号：0629

CAS 登记号： 25265-77-4
RTECS 号： UF6000000

中文名称： 2,2,4-三甲基-1,3-戊二醇单丁酸酯；2-甲基丁酸-2,2,4-三甲基-1,3-戊二醇单酯；异丁酸-2,2,4-三甲基-1,3-戊二醇酯

英文名称： TEXANOL; 2,2,4-Trimethyl-1,3-pentanediol monoisobutyrate; Propionic acid, 2-methyl-, monoester with 2,2,4-trimethyl-1,3-pentanediol; Isobutyric acid ester with 2,2,4-trimethyl-1,3-pentanediol

分子量： 216.4　　　　　　**化学式：** $C_{12}H_{24}O_3$

危害/接触类型	急性危害/症状	预防	急救/消防
火　灾	可燃的	禁止明火	干粉，水成膜泡沫，泡沫，二氧化碳
爆　炸			
接　触			
# 吸入			
# 皮肤	发红	防护手套	冲洗，然后用水和肥皂清洗皮肤
# 眼睛	发红	安全眼镜	先用大量水冲洗几分钟（如可能尽量摘除隐形眼镜），然后就医
# 食入		工作时不得进食，饮水或吸烟	
泄漏处置	尽可能将泄漏液收集在可密闭的容器中。用砂土或惰性吸收剂吸收残液，并转移到安全场所		
包装与标志			
应急响应			
储存			
重要数据	**物理状态、外观：** 液体 **职业接触限值：** 阈限值未制定标准 **接触途径：** 该物质可通过吸入其气溶胶和经食入吸收到体内 **吸入危险性：** 20℃时蒸发可忽略不计，但喷洒时可较快地达到空气中颗粒物公害污染浓度 **短期接触的影响：** 该物质刺激眼睛和皮肤		
物理性质	沸点：255～260℃ 熔点：-50℃ 相对密度（水=1）：0.95 水中溶解度：2g/100mL 蒸气压：20℃时 1.3Pa 蒸气相对密度（空气=1）：7.5 蒸气/空气混合物的相对密度（20℃，空气=1）：1.00 闪点：120℃（开杯） 自燃温度：393℃ 爆炸极限：空气中 0.6%～4.2%（体积） 辛醇/水分配系数的对数值：3.47		
环境数据	该物质对水生生物是有害的		
注解			

IPCS
International Programme on Chemical Safety

本卡片由 **IPCS** 和 **EC** 合作编写 © 2004～2012

国际化学品安全卡

2-氨基-5-氯甲苯			ICSC 编号：0630

CAS 登记号：95-69-2
RTECS 号：XU5000000
UN 编号：2239
EC 编号：612-196-00-0
中国危险货物编号：2239

中文名称：2-氨基-5-氯甲苯；4-氯邻甲苯胺；4-氯-2-甲基苯胺
英文名称：2-AMINO-5-CHLOROTOLUENE; 4-Chloro-o-toluidine;
4-Chloro-2-methylaniline

分子量：141.6

化学式：$C_7H_8ClN/ClC_6H_3(CH_3)NH_2$

危害/接触类型	急性危害/症状	预防	急救/消防
火 灾	可燃的。在火焰中释放出刺激性或有毒烟雾（或气体）	禁止明火	雾状水，干粉，二氧化碳
爆 炸			
接 触		避免一切接触！	一切情况均向医生咨询！
# 吸入	咳嗽，红色尿，尿频、尿急和尿痛，腹部疼痛，嘴唇发青或指甲发青，皮肤发青，头痛，头晕，恶心，倦睡	呼吸防护	新鲜空气，休息。立即给予医疗护理
# 皮肤	发红。可能被吸收！（见吸入）	防护手套，防护服	脱去污染的衣服。用大量水冲洗皮肤或淋浴。立即给予医疗护理
# 眼睛	发红，疼痛	面罩，如为粉末，眼睛防护结合呼吸防护	用大量水冲洗（如可能尽量摘除隐形眼镜）。给予医疗护理
# 食入	（另见吸入）	工作时不得进食，饮水或吸烟，进食前洗手	漱口，饮用 1～2 杯水，立即给予医疗护理

泄漏处置	将泄漏物清扫进有盖的容器中，然后转移到安全场所。不要让该化学品进入环境。个人防护用具：化学防护服包括自给式呼吸器
包装与标志	不得与食品和饲料一起运输 欧盟危险性类别：T 符号 N 符号 标记：E R:45-23/24/25-68-50/53 S:53-45-61-60 联合国危险性类别：6.1 联合国包装类别：III 中国危险性类别：第 6.1 项 毒性物质 中国包装类别：III GHS 分类：警示词：危险 图形符号：健康危险-感叹号 危险说明：吞咽有害；接触皮肤有害；可能引起遗传缺陷；可能致癌；对膀胱和红细胞造成损害；对水生生物有害；对水生生物有害并具有长期持久影响
应急响应	运输应急卡：TEC(R)-61GT2-III
储存	阴凉场所。与食品和饲料分开存放。见化学危险性。严格密封。储存在没有排水管或下水道的场所。注意收容灭火产生的废水
重要数据	物理状态、外观：无色至棕色各种形态固体或液体 化学危险性：燃烧时，该物质分解生成含有氯化氢和氮氧化物的有毒和腐蚀性烟雾。与氯甲酸酯类、强氧化剂、酸酐、酸类、酰基氯激烈地发生反应 职业接触限值：阈限值未制定标准。最高容许浓度：皮肤吸收；致癌物类别：1；胚细胞突变物类别：3A(德国，2006 年) 接触途径：该物质可通过皮肤、经吸入和食入吸收到体内 吸入危险性：20℃时，该物质蒸发相当慢地达到空气中有害污染浓度；但喷洒或扩散时要快得多 短期接触的影响：固体可能对皮肤、呼吸道和眼睛引起机械刺激。该物质可能对膀胱有影响，导致出血性炎症。该物质可能对血液有影响，导致形成正铁血红蛋白症。影响可能推迟显现。需进行医学观察。见注解 长期或反复接触的影响：该物质很可能是人类致癌物。可能引起人类胚细胞可继承的遗传损伤
物理性质	沸点：241℃ 熔点：29～30℃ 密度：1.19g/cm³ 水中溶解度：25℃时 0.095g/100mL(难溶) 蒸气压：25℃时 5.5Pa	蒸气相对密度（空气=1）：4.9 蒸气/空气混合物的相对密度（20℃，空气=1）：1.00 闪点：>>99℃(闭杯) 自燃温度：560℃ 辛醇/水分配系数的对数值：2.27
环境数据	该物质对水生生物是有害的。强烈建议不要让该化学品进入环境
注解	根据接触程度，建议定期进行医学检查。不要将工作服带回家中。该物质中毒时，需采取必要的治疗措施，必须提供有指示说明的适当方法

IPCS
International
Programme on
Chemical Safety

本卡片由 IPCS 和 EC 合作编写 © 2004～2012

国际化学品安全卡

杀草强			ICSC 编号：0631

CAS 登记号：61-82-5
RTECS 号：XZ3850000
UN 编号：3077
EC 编号：613-011-00-6
中国危险货物编号：3077

中文名称：杀草强；1,2,4-三唑基-3-胺；3-氨基-1H-1,2,4-三唑；氨基三唑
英文名称：AMITROLE; 1,2,4-Triazol-3-ylamine; 3-Amino-1H-1,2,4-triazole; Aminotriazole

分子量：84.1　　　　　　　　化学式：$C_2H_4N_4$

危害/接触类型	急性危害/症状	预防	急救/消防
火　灾	如为粉末，可燃。在火焰中释放出刺激性或有毒烟雾（或气体）	禁止明火	雾状水，干粉，泡沫，二氧化碳
爆　炸			
接　触		严格作业环境管理！	
# 吸入		避免吸入粉尘和气溶胶	新鲜空气，休息
# 皮肤	发红	防护手套。防护服	脱去污染的衣服。用大量水冲洗皮肤或淋浴
# 眼睛	发红。疼痛	面罩，或如为粉末，眼睛防护结合呼吸防护	先用大量水冲洗几分钟（如可能尽量摘除隐形眼镜），然后就医
# 食入		工作时不得进食，饮水或吸烟	漱口。给予医疗护理

泄漏处置	个人防护用具：适应于该物质空气中浓度的颗粒物过滤呼吸器。不要让该化学品进入环境。将泄漏物清扫进可密闭塑料容器中，如果适当，首先润湿防止扬尘。小心收集残余物，然后转移到安全场所
包装与标志	不得与食品和饲料一起运输 欧盟危险性类别：Xn 符号　N 符号　　R:48/22-63-51/53　　S:2-13-36/37-61 联合国危险性类别：9　　　　　　　联合国包装类别：III 中国危险性类别：第 9 类 杂项危险物质和物品　中国包装类别：III GHS 分类：信号词：危险 图形符号：健康危险-环境 危险说明：造成轻微皮肤刺激；怀疑对生育能力或未出生胎儿造成伤害；长期或反复接触对甲状腺造成损害；对水生生物有毒并具有长期持续影响
应急响应	
储存	储存在没有排水管或下水道的场所。与强酸、强氧化剂、酸酐和酰基氯分开存放。不要用铁、铝或铜及其合金容器储存或运输。与食品和饲料分开存放
重要数据	物理状态、外观：无气味无色晶体 物理危险性：以粉末或颗粒形状与空气混合，可能发生粉尘爆炸 化学危险性：加热时或燃烧时，该物质分解，生成氮氧化物有毒烟雾。该物质是一种弱碱。与强酸、强氧化剂、酰基氯和酸酐发生剧烈反应，有着火和爆炸的危险 职业接触限值：阈限值：0.2mg/m³（时间加权平均值）；A3（确认的动物致癌物，但未知与人类相关性）（美国政府工业卫生学家会议，2010 年）。最高容许浓度：（可吸入粉尘）0.2mg/m³；最高限值种类：II（8）；致癌物类别：3B；妊娠风险等级：C（德国，2008 年） 接触途径：该物质可通过吸入其气溶胶吸收到体内 吸入危险性：喷洒时，可较快地达到空气中颗粒物公害污染浓度 短期接触的影响：该物质轻微刺激眼睛和皮肤 长期或反复接触的影响：在实验动物身上发现肿瘤，但是可能与人类无关
物理性质	熔点：159℃。加热高于熔点时分解 相对密度（水=1）：20℃时 1.14 水中溶解度：25℃时 28g/100mL 蒸气压：20℃时可忽略不计 蒸气/空气混合物的相对密度（20℃，空气=1）：2.9 辛醇/水分配系数的对数值：-0.97
环境数据	该物质对水生生物是有毒的。该物质在正常使用过程中进入环境。但是要特别注意避免任何额外的释放，例如通过不适当处置活动
注解	该物质对人体健康的影响数据不充分，因此应当特别注意。不要将工作服带回家中

IPCS
International
Programme on
Chemical Safety

本卡片由 IPCS 和 EC 合作编写 © 2004～2012

国际化学品安全卡

过硫酸铵			ICSC 编号：0632

CAS 登记号：7727-54-0
RTECS 号：SE0350000
UN 编号：1444
EC 编号：016-060-00-6
中国危险货物编号：1444

中文名称：过硫酸铵；过二硫酸二铵盐；过二硫酸二铵
英文名称：AMMONIUM PERSULFATE; Peroxydisulfuric acid, diammonium salt; Diammonium peroxydisulphate; Diammonium persulfate

分子量：228.0　　　　　　　　　　化学式：$H_8N_2O_8S_2/(NH_4)_2S_2O_8$

危害/接触类型	急性危害/症状	预防	急救/消防
火　灾	不可燃，但可助长其他物质燃烧。在火焰中释放出刺激性或有毒烟雾（或气体）	禁止与可燃物质接触	周围环境着火时，允许使用各种灭火剂
爆　炸	与可燃物质和还原剂接触时，有着火和爆炸危险		着火时，喷雾状水保持料桶等冷却
接　触		防止粉尘扩散！严格作业环境管理！	
# 吸入	咳嗽，咽喉痛，喘息，呼吸困难	局部排气通风或呼吸防护	新鲜空气，休息。必要时进行人工呼吸，给予医疗护理
# 皮肤	发红，灼烧感，疼痛	防护手套	先用大量水，然后脱去污染的衣服并再次冲洗
# 眼睛	发红，疼痛	护目镜，如为粉末，眼睛防护结合呼吸防护	先用大量水冲洗几分钟（如可能尽量摘除隐形眼镜），然后就医
# 食入	恶心，腹泻，呕吐，咽喉疼痛	工作时不得进食，饮水或吸烟。进食前洗手	大量饮水，给予医疗护理
泄漏处置	将泄漏物清扫进容器中。小心收集残余物，然后用大量水冲净。不要用锯末或其他可燃吸收剂吸收。不要让该化学品进入环境。个人防护用具：适用于有害颗粒物的 P2 过滤呼吸器		
包装与标志	欧盟危险性类别：O 符号　Xn 符号　　R:8-22-36/37/38-42/43　　S:2-22-24-26-37 联合国危险性类别：5.1　联合国包装类别：III 中国危险性类别：第 5.1 项氧化性物质　中国包装类别：III		
应急响应	运输应急卡：TEC(R)-51G02-III 美国消防协会法规：H2（健康危险性）；F1（火灾危险性）；R1（反应危险性）		
储存	干燥。严格密封。与可燃物质和还原性物质、金属粉末及强碱分开存放		
重要数据	物理状态、外观：无色晶体，或白色粉末 化学危险性：该物质是一种强氧化剂。与可燃物质和还原剂反应。加热时，该物质分解生成含氨、氮氧化物和硫氧化物的有毒和腐蚀性烟雾。如果在溶液中，与铁、铝粉和银盐激烈反应。水溶液是一种中强酸 职业接触限值：阈限值：$0.1mg/m^3$（时间加权平均值）（美国政府工业卫生学家会议，2001 年） 接触途径：该物质可通过吸入其气溶胶和食入吸收到体内 吸入危险性：20℃时蒸发可忽略不计，但喷洒或扩散时，可较快地达到空气中颗粒物有害浓度，尤其是粉末 短期接触的影响：该物质刺激眼睛、皮肤和呼吸道。吸入粉尘可能引起哮喘反应（见注解） 长期或反复接触的影响：反复或长期吸入接触可能引起哮喘。反复或长期与皮肤接触可能引起皮炎。反复或长期接触可能引起皮肤过敏。可能引起一般性过敏反应，如荨麻疹或休克		
物理性质	熔点：低于熔点在 120℃分解 密度：$1.9g/cm^3$ 水中溶解度：20℃时 58.2g/100mL（溶解）		
环境数据	该物质对水生生物是有害的		
注解	用大量水冲洗工作服（有着火危险）。因该物质而发生哮喘症状的任何人不应当再接触该物质。哮喘症状常常几个小时以后才变得明显，体力劳动使症状加重。因而休息和医学观察是必要的。不要将工作服带回家中		

IPCS
International
Programme on
Chemical Safety

   UNEP

本卡片由 IPCS 和 EC 合作编写 © 2004~2012

国际化学品安全卡

碳酰氟			ICSC 编号：0633

CAS 登记号：353-50-4
RTECS 号：FG6125000
UN 编号：2417
中国危险货物编号：2417

中文名称：碳酰氟；氧氟化碳；二氟化碳氧化物；二氟甲醛；氟光气；（钢瓶）
英文名称：CARBONYL FLUORIDE; Carbon oxyfluoride; Carbon difluoride oxide; Difluoroformaldehyde; Fluorophosgene; (cylinder)

分子量： 66　　　　　　　　化学式：COF$_2$

危害/接触类型	急性危害/症状	预防	急救/消防
火　灾	不可燃。在火焰中释放出刺激性或有毒烟雾（或气体）		周围环境着火时，禁止使用含水灭火剂
爆　炸			着火时，喷雾状水保持钢瓶冷却，但避免该物质与水接触。从掩蔽位置灭火
接　触		严格作业环境管理！	
# 吸入	灼烧感。咽喉痛。咳嗽。呼吸困难。气促。症状可能推迟显现（见注解）	通风，局部排气通风或呼吸防护	新鲜空气，休息。半直立体位。必要时进行人工呼吸。给予医疗护理
# 皮肤	与液体接触：冻伤。发红。疼痛	保温手套。防护服	冻伤时，用大量水冲洗，不要脱去衣服。给予医疗护理
# 眼睛	与液体接触：发红。疼痛。视力模糊。严重深度烧伤	面罩，或眼睛防护结合呼吸防护	先用大量水冲洗几分钟（如可能尽量摘除隐形眼镜），然后就医
# 食入			

泄漏处置	撤离危险区域！向专家咨询！通风。切勿直接向液体上喷水。气密式化学防护服，包括自给式呼吸器
包装与标志	联合国危险性类别：2.3 联合国次要危险性：8 中国危险性类别：第 2.3 项毒性气体 中国次要危险性：8
应急响应	运输应急卡：TEC(R)-20G1TC 美国消防协会法规：H4（健康危险性）；F0（火灾危险性）；R0（反应危险性）
储存	如果在建筑物内，耐火设备（条件）。阴凉场所
重要数据	物理状态、外观：无色吸湿的压缩液化气体，有刺鼻气味 物理危险性：气体比空气重 化学危险性：加热至 450～490℃时，该物质分解生成有毒气体。与水和潮湿空气发生反应，生成氟化氢（见卡片#0283）有毒和腐蚀性气体 职业接触限值：阈限值：2ppm（时间加权平均值），5ppm（短期接触限值）（美国政府工业卫生学家会议，2003 年） 接触途径：该物质可通过吸入其气体吸收到体内 吸入危险性：容器漏损时，迅速达到空气中该气体的有害浓度 短期接触的影响：该物质刺激眼睛、皮肤和呼吸道。吸入高浓度可能引起肺水肿（见注解）。液体迅速蒸发可能引起冻伤。影响可能推迟显现。需进行医学观察。见注解
物理性质	沸点：-83℃ 熔点：-114℃ 相对密度（水=1）：1.39（-190℃时）； 密度：2.89g/L（气体) 水中溶解度：反应 蒸气相对密度（空气=1）：2.3
环境数据	
注解	该化合物在体内分解成氟化氢（见卡片#0283）。根据接触程度，建议定期进行医疗检查。肺水肿症状常常经过几个小时以后才变得明显，体力劳动使症状加重。因而休息和医学观察是必要的。应当考虑由医生或医生指定的人立即采取适当吸入治疗法。转动泄漏钢瓶使漏口朝上，防止液态气体逸出

IPCS
International
Programme on
Chemical Safety

本卡片由 IPCS 和 EC 合作编写 © 2004～2012

国际化学品安全卡

双酚 A			ICSC 编号：0634

CAS 登记号：80-05-7	中文名称：双酚 A；4,4'-(1-甲基亚乙基)双酚；4,4'-异亚丙基联苯酚
RTECS 号：SL6300000	英文名称：BISPHENOL *A*; 4,4'-(1-Methylethylidene) bisphenol;
EC 编号：604-030-00-0	4,4'-Isopropylidenediphenol
中国危险货物编号：	

分子量：228.3　　　　　　　　　　化学式：$C_{15}H_{16}O_2/(CH_3)_2C(C_6H_4OH)_2$

危害/接触类型	急性危害/症状	预防	急救/消防
火　灾	可燃的	禁止明火	干粉，雾状水，泡沫，二氧化碳
爆　炸	微细分散的颗粒物在空气中形成爆炸性混合物	密闭系统，通风，防爆型电气设备和照明。防止粉尘沉积	着火时，喷雾状水保持料桶等冷却
接　触	见长期或反复接触的影响	防止粉尘扩散！避免一切接触！	
# 吸入	咳嗽。咽喉痛	局部排气通风或呼吸防护	新鲜空气，休息。如果感觉不舒服，需就医
# 皮肤	发红	防护手套。防护服	脱去污染的衣服。冲洗，然后用水和肥皂清洗皮肤。如果感觉不舒服，需就医
# 眼睛	发红。疼痛	安全护目镜，或面罩	先用大量水冲洗几分钟（如可能尽量摘除隐形眼镜），然后就医
# 食入	恶心	工作时不得进食，饮水或吸烟	漱口。饮用 1～2 杯水。给予医疗护理

泄漏处置	个人防护用具：适应于该物质空气中浓度的颗粒物过滤呼吸器。不要让该化学品进入环境。将泄漏物清扫进可密闭容器中，如果适当，首先润湿防止扬尘。小心收集残余物，然后转移到安全场所
包装与标志	欧盟危险性类别：Xn 符号　　R:37-41-43-52-62　　S:2-26-36/37-39-46-61 GHS 分类：信号词：警告 图形符号：感叹号-健康危险 危险说明：造成严重眼睛刺激；可能引起皮肤过敏反应；怀疑对生育能力或未出生胎儿造成伤害；可能引起呼吸道刺激；对水生生物有毒
应急响应	
储存	与酸酐、酰基氯、强氧化剂、强碱及食品和饲料分开存放。储存在没有排水管或下水道的场所
重要数据	物理状态、外观：白色晶体薄片或粉末 物理危险性：以粉末或颗粒形状与空气混合，可能发生粉尘爆炸 化学危险性：与强氧化剂发生剧烈反应，有着火和爆炸的危险。与酸酐、酰基氯、强碱剧烈反应。放热和压力升高，有爆炸危险 职业接触限值：阈限值未制定标准。最高容许浓度：（可吸入粉尘）5mg/m³；最高限值种类：I（1）；光致敏剂；妊娠风险等级：C；公布生物耐受值；（德国，2010 年）。欧盟职业接触限值：（选择可吸入部分）10mg/m³（时间加权平均值） 接触途径：该物质可通过吸入其气溶胶吸收到体内 吸入危险性：20℃时蒸发可忽略不计，但扩散时，尤其是粉末可较快地达到空气中颗粒物公害污染浓度 短期接触的影响：该物质严重刺激眼睛。该物质轻微刺激呼吸道 长期或反复接触的影响：反复或长期接触可能引起皮肤过敏和光敏作用。该物质可能对上呼吸道有影响。摄入可能对肝和肾有影响。动物实验表明，该物质可能造成人类生殖或发育毒性
物理性质	沸点：在 1.7kPa 时 250～252℃ 熔点：150～157℃ 相对密度（水=1）：1.2 水中溶解度：0.03g/100mL（难溶） 蒸气压：25℃时可忽略不计 闪点：闪点 227℃（闭杯） 自燃温度：510～570℃ 辛醇/水分配系数的对数值：3.32
环境数据	该物质对水生生物是有毒的。强烈建议不要让该化学品进入环境
注解	该物质是经皮肤吸收的，但无毒性影响报道（2011 年）

IPCS
International
Programme on
Chemical Safety

   UNEP

本卡片由 **IPCS** 和 **EC** 合作编写 © 2004～2012

国际化学品安全卡

二氟氯溴甲烷			ICSC 编号：0635

CAS 登记号：353-59-3	中文名称：二氟氯溴甲烷；氟里昂 12B1；R12B1；哈龙 1211（钢瓶）
RTECS 号：PA5270000	英文名称：BROMOCHLORODIFLUOROMETHANE; Freon 12B1; R12B1;
UN 编号：1974	Halon 1211(cylinder)
中国危险货物编号：1974	

分子量：165.4	化学式：$CBrClF_2$

危害/接触类型	急性危害/症状	预防	急救/消防
火 灾	不可燃。加热引起压力升高，容器有爆裂危险。在火焰中释放出刺激性或有毒烟雾（或气体）		周围环境着火时，允许使用各种灭火剂
爆 炸			着火时喷雾状水保持钢瓶冷却。从掩蔽位置灭火
接 触			
# 吸入	倦睡，神志不清	通风	新鲜空气，休息，必要时进行人工呼吸，给予医疗护理
# 皮肤	与液体接触时，发生冻伤	保温手套	冻伤时，用大量水冲洗，不要脱去衣服，给予医疗护理
# 眼睛	与液体接触时，发生冻伤	面罩	先用大量水冲洗几分钟（如可能尽量摘除隐形眼镜），然后就医
# 食入			

泄漏处置	通风。不要让该化学品进入环境
包装与标志	联合国危险性类别：2.2 中国危险性类别：第 2.2 项非易燃无毒气体
应急响应	运输应急卡：TEC（R）-20G39
储存	如果在室内，耐火设备（条件）
重要数据	物理状态、外观：压缩液化气体，有特殊气味 物理危险性：气体比空气重，可能积聚在低层空间，造成缺氧 化学危险性：与明火或炙热表面接触时，该物质分解生成含有光气、氟化氢、氯化氢和溴化氢的有毒气体 职业接触限值：阈限值未制定标准 接触途径：该物质可通过吸入吸收到体内 吸入危险性：容器漏损时，该液体迅速蒸发，造成封闭空间空气中过饱和，有严重窒息危险 短期接触的影响：液体迅速蒸发可能造成冻伤。该物质可能对心血管系统有影响，导致心脏紊乱
物理性质	沸点：-4℃ 熔点：-160.5℃ 水中溶解度：不溶 蒸气相对密度（空气=1）：5.7 辛醇/水分配系数的对数值：2.1
环境数据	该物质可能对环境有危害，对臭氧层的影响应给予特别注意
注解	空气中高浓度引起缺氧，有神志不清和死亡危险。进入污染的工作区域以前，检验氧含量。不要在火焰或高温表面附近或焊接时使用

IPCS
International
Programme on
Chemical Safety

本卡片由 IPCS 和 EC 合作编写 © 2004～2012

国际化学品安全卡

环氧丁烷（稳定的）			ICSC 编号：0636

CAS 登记号：106-88-7	中文名称：环氧丁烷（稳定的）；1,2-氧化丁烯；1,2-环氧丁烷；乙基环氧乙烷
RTECS 号：EK3675000	英文名称：BYTYLENE OXIDE (STABILIZED); 1,2-Butene oxide;
UN 编号：3022	1,2-Epoxybutane; Ethyloxirane
中国危险货物编号：3022	

分子量：72.12　　　　　　　　　　化学式：C_4H_8O

危害/接触类型	急性危害/症状	预防	急救/消防
火　灾	高度易燃	禁止明火、禁止火花和禁止吸烟	干粉，抗溶性泡沫，泡沫，二氧化碳
爆　炸	蒸气/空气混合物有爆炸性。与氧化剂、酸和金属氯化物接触时，有着火和爆炸危险	密闭系统，通风，防爆型电气设备与照明。防止静电荷积聚（例如，通过接地）	着火时喷雾状水保持料桶等冷却
接　触		避免一切接触！	
# 吸入	意识模糊，咳嗽，头晕，头痛，呼吸困难，恶心，咽喉痛，神志不清	密闭系统，通风	新鲜空气，休息，必要时进行人工呼吸，给予医疗护理
# 皮肤	发红	防护手套，防护服	先用大量水冲洗，然后脱去污染的衣服，并再次冲洗，给予医疗护理
# 眼睛	发红，疼痛	安全护目镜或眼睛防护结合呼吸防护	先用大量水冲洗几分钟（如可能尽量摘除隐形眼镜），然后就医
# 食入	腹部疼痛。（另见吸入）	工作时不得进食、饮水或吸烟	漱口，催吐（仅对清醒病人！），休息，给予医疗护理

泄漏处置	大量泄漏时，撤离危险区域！将泄漏液收集在可密闭容器中。用砂土或惰性吸收剂吸收残液并转移到安全场所。不要冲入下水道。个人防护用具：适用于低沸点有机物蒸气的过滤呼吸器
包装与标志	气密 欧盟危险性类别：F 符号　Xn 符号　R:11-20/21/22-36/37/38-40-52/53　S:2-9-16-29-36/37-61 联合国危险性类别：3　　　　联合国包装类别：II 中国危险性类别：第 3 类易燃液体　中国包装类别：II
应急响应	运输应急卡：TEC（R）-30GF1-I+II-9 美国消防协会法规：H2（健康危险性）；F3（火灾危险性）；R2（反应危险性）
储存	耐火设备（条件）。与性质相互抵触的物质（见化学危险性）分开存放。阴凉场所。稳定后储存
重要数据	物理状态、外观：无色液体，有特殊气味 物理危险性：蒸气比空气重，可能沿地面流动，可能造成远处着火。蒸气与空气充分混合，容易形成爆炸性混合物。由于流动、搅拌等，可能产生静电。 化学危险性：与酸、碱、氯化锡、氯化铝和氯化铁接触时，可能发生聚合，有着火和爆炸危险。与强氧化剂反应，有着火危险 职业接触限值：阈限值未制定标准。最高容许浓度：皮肤吸收；致癌物类别：2（德国，2005 年） 接触途径：该物质可通过吸入其蒸气、经皮肤和食入吸收到体内 吸入危险性：未指明 20℃时该物质蒸发达到空气中有害浓度的速率 短期接触的影响：该物质刺激眼睛。皮肤和呼吸道。高浓度接触可能引起意识降低 长期或反复接触的影响：该物质可能对神经系统有影响。该物质可能是人类致癌物
物理性质	沸点：63.3℃ 熔点：-130℃ 相对密度（水=1）：0.83 水中溶解度：25℃时 9.5g/100mL 蒸气压：20℃时 18.8kPa 蒸气相对密度（空气=1）：2.2	蒸气/空气混合物的相对密度（20℃，空气=1）：1.3 闪点：-22℃ 自燃温度：439℃ 爆炸极限：在空气中 3.9%～20.6%(体积) 辛醇/水分配系数的对数值：0.416
环境数据	
注解	根据接触程度，建议定期进行医疗检查。该物质对人体健康影响数据不充分，因此应当特别注意。添加的稳定剂或阻聚剂可能影响该物质的毒理学性质。向专家咨询。蒸气未经阻聚，可能聚合，堵塞阀门和通风口

IPCS
International
Programme on
Chemical Safety

本卡片由 IPCS 和 EC 合作编写 © 2004～2012

国际化学品安全卡

对叔丁基苯酚				ICSC 编号：0637

CAS 登记号：98-54-4
RTECS 号：SJ8925000
UN 编号：2430
中国危险货物编号：2430

中文名称：对叔丁基苯酚；4-(1,1-二甲基乙基）苯酚；1-羟基-4-叔丁基苯
英文名称：para-tert-BUTYLPHENOL; 4-(1,1-Dimethylethyl)phenol;
1-Hydroxy-4-tert-butylbenzene

分子量：150.2　　　　　　　　　化学式：$C_{10}H_{14}O/HOC_6H_4C(CH_3)_3$

危害/接触类型	急性危害/症状	预防	急救/消防
火　灾	可燃的	禁止明火	抗溶性泡沫，干粉，二氧化碳
爆　炸			
接　触		防止粉尘扩散！严格作业环境管理！	
# 吸入	咳嗽，咽喉痛	局部排气通风或呼吸防护	新鲜空气，休息
# 皮肤	发红，疼痛	防护手套，防护服	脱去污染的衣服，冲洗，然后用水和肥皂清洗皮肤，给予医疗护理
# 眼睛	发红，疼痛	护目镜，或眼睛防护结合呼吸防护	先用大量水冲洗几分钟（如可能尽量摘除隐形眼镜），然后就医
# 食入	恶心，呕吐	工作时不得进食，饮水或吸烟	漱口，大量饮水，休息，给予医疗护理

泄漏处置	将泄漏物清扫进可密闭容器中。如果适当，首先润湿防止扬尘。小心收集残余物，然后转移到安全场所。不要让该化学品进入环境。个人防护用具：适用于有机蒸气和有害粉尘的 A/P2 过滤呼吸器
包装与标志	污染海洋物质 **联合国危险性类别：8　联合国包装类别：III** **中国危险性类别：第 6.1 项毒性物质　中国包装类别：III**
应急响应	**运输应急卡：TEC(R)-80GC4-II+III**
储存	严格密封
重要数据	**物理状态、外观：** 白色吸湿的薄片 **职业接触限值：** 阈限值未制定标准。最高容许浓度：0.08ppm，$0.5mg/m^3$；最高限值种类：II（2）；皮肤吸收；皮肤致敏剂；妊娠风险等级：IIc（德国，2005 年） **接触途径：** 该物质可通过吸入其气溶胶和经皮肤吸收到体内 **吸入危险性：** 20℃时蒸发可忽略不计，但扩散时可较快地达到空气中颗粒物有害浓度 **短期接触的影响：** 该物质严重刺激眼睛、皮肤和呼吸道。该物质可能对皮肤有影响，导致脱色素 **长期或反复接触的影响：** 反复或长期与皮肤接触可能引起皮炎。反复或长期接触可能引起皮肤过敏。该物质可能对肝，脾，甲状腺和神经系统有影响，导致功能损伤
物理性质	沸点：237℃ 熔点：98℃ 密度：$0.9g/cm^3$ 水中溶解度：不溶 蒸气压：50℃时 30Pa 闪点：115℃（开杯） 自燃温度： 爆炸极限： 辛醇/水分配系数的对数值：2.4～3.4
环境数据	该物质对水生生物是有毒的。在对人类重要的食物链中发生生物蓄积，特别是在鱼类中
注解	根据接触程度，建议定期进行医疗检查

IPCS
International
Programme on
Chemical Safety

   UNEP

本卡片由 IPCS 和 EC 合作编写 © 2004～2012

国际化学品安全卡

次氯酸钙			ICSC 编号：0638

CAS 登记号：7778-54-3
RTECS 号：NH3485000
UN 编号：1748
EC 编号：017-012-00-7
中国危险货物编号：1748

中文名称：次氯酸钙；次氯酸钙盐；氧氯化钙
英文名称：CALCIUM HYPOCHLORITE; Hypochlorous acid, calcium salt; Calcium oxychloride

分子量：143.0　　　　　　　化学式：$Ca(ClO)_2$

危害/接触类型	急性危害/症状	预防	急救/消防
火　灾	不可燃，但可助长其他物质燃烧。许多反应可能引起火灾或爆炸。在火焰中释放出刺激性或有毒烟雾（或气体）	禁止与可燃物质和还原剂接触	大量水灭火。禁用干粉
爆　炸	与酸、可燃物质和还原剂接触时，有着火和爆炸危险		着火时，喷雾状水保持料桶等冷却
接　触		防止粉尘扩散！	
# 吸入	灼烧感。咽喉痛。喘息。呼吸困难。呼吸短促	局部排气通风或呼吸防护	新鲜空气,休息,半直立体位,必要时进行人工呼吸,给予医疗护理
# 皮肤	发红。疼痛。严重皮肤烧伤。水疱	防护手套。防护服	脱去污染的衣服。用大量水冲洗皮肤或淋浴
# 眼睛	发红。疼痛。视力模糊。严重深度烧伤	面罩，或眼睛防护结合呼吸防护	先用大量水冲洗几分钟（如可能尽量摘除隐形眼镜），然后就医
# 食入	腹部疼痛。灼烧感。休克或虚脱	工作时不得进食，饮水或吸烟。进食前洗手	漱口。大量饮水。不要催吐。给予医疗护理
泄漏处置	将泄漏物清扫进气密的干燥容器中，然后转移到安全场所。使用面罩。不要让该化学品进入环境。个人防护用具：适用于有机气体和蒸气的过滤呼吸器化学防护服		
包装与标志	不得与食品和饲料一起运输 欧盟危险性类别：O 符号 C 符号 N 符号 R:8-22-31-34-50　　S:1/2-26-36/37/39-45-61 **联合国危险性类别：5.1 联合国包装类别：II** **中国危险性类别：第 5.1 项氧化性物质 中国包装类别：II**		
应急响应	运输应急卡：TEC(R)-51S1748 或 51GO2-I+II+I 美国消防协会法规：H3（健康危险性）；F0（火灾危险性）；R1（反应危险性）		
储存	严格密封。储存在没有排水管或下水道的场所。与食品和饲料分开存放。见化学危险性		
重要数据	物理状态、外观：白色各种形态固体，有刺鼻气味 化学危险性：加热至 175℃ 以上和与酸接触时，该物质迅速分解生成氯和氧，有着火和爆炸危险。该物质是一种强氧化剂，与可燃物质和还原性物质激烈反应。水溶液是一种中强碱。与氨、胺类含氮化合物和许多其他物质激烈反应,有爆炸危险。浸蚀许多金属,生成易燃/爆炸性气体（氢，见卡片#0001）。浸蚀塑料 职业接触限值：阈限值未制定标准。最高容许浓度未制定标准 接触途径：该物质可经食入和通过吸入吸收到体内 吸入危险性：扩散时可较快地达到空气中颗粒物有害浓度，尤其是粉末 短期接触的影响：该物质腐蚀眼睛、皮肤和呼吸道。食入有腐蚀性。吸入该物质的分解产物可能引起肺水肿（见注解）。影响可能推迟显现。需进行医学观察		
物理性质	熔点：100℃（分解） 密度：2.35g/cm³ 水中溶解度：25℃时 21g/100mL		
环境数据	该物质对水生生物有极高毒性		
注解	用大量水冲洗工作服（有着火危险）。肺水肿症状常常经过几个小时以后才变得明显，体力劳动使症状加重。因而休息和医学观察是必要的。应当考虑由医生或医生指定的人立即采取适当吸入治疗法		

IPCS
International
Programme on
Chemical Safety

本卡片由 IPCS 和 EC 合作编写 © 2004～2012

国际化学品安全卡

2-氯乙酰胺		ICSC 编号：0640

CAS 登记号：79-07-2	中文名称：2-氯乙酰胺；α-氯乙酰胺；氯乙酰胺
RTECS 号：AB5075000	英文名称：2-CHLOROACETAMIDE; alpha-Chloroacetamide;
UN 编号：2811	Chloroacetamide; 2-Chloroethanamide
EC 编号：616-036-00-0	
中国危险货物编号：2811	

分子量：93.5　　　　　　　　　　　化学式：$C_2H_4ClNO/ClCH_2CONH_2$

危害/接触类型	急性危害/症状	预防	急救/消防
火　灾	不可燃。在火焰中释放出刺激性或有毒烟雾（或气体）		周围环境着火时，使用适当的灭火剂
爆　炸			
接　触		防止粉尘扩散！避免一切接触！	
# 吸入	咳嗽	局部排气通风或呼吸防护	新鲜空气，休息
# 皮肤	发红，疼痛	防护手套，防护服	脱去污染的衣服。冲洗，然后用水和肥皂清洗皮肤
# 眼睛	发红，疼痛	安全眼镜、面罩，或如为粉末，眼睛防护结合呼吸防护	用大量水冲洗（如可能尽量摘除隐形眼镜）
# 食入	咽喉疼痛	工作时不得进食，饮水或吸烟。进食前洗手	漱口。用水冲服活性炭浆。给予医疗护理
泄漏处置	将泄漏物清扫进可密闭容器中，如果适当，首先润湿防止扬尘。小心收集残余物，然后转移到安全场所。不要让该化学品进入环境。个人防护用具：适应于该物质空气中浓度的颗粒物过滤呼吸器		
包装与标志	不得与食品和饲料一起运输 欧盟危险性类别：T 符号　　R:25-43-62　　S:1/2-22-36/37-45 联合国危险性类别：6.1　　　　联合国包装类别：III 中国危险性类别：第 6.1 项 毒性物质　中国包装类别：III GHS 分类：警示词：危险　图形符号：骷髅和交叉骨-健康危险　危险说明：吞咽会中毒；造成轻微皮肤刺激；造成眼睛刺激；可能引起过敏皮肤反应；怀疑对生育能力或未出生婴儿造成伤害；对水生生物有害		
应急响应	运输应急卡：TEC(R)-61GT2-III		
储存	与强氧化剂、强碱、强酸、食品和饲料分开存放。沿地面通风。储存在没有排水管或下水道的场所		
重要数据	物理状态、外观：无色至黄色晶体，有特殊气味 化学危险性：加热时，该物质分解生成含有氮氧化物和氯的有毒烟雾。与强氧化剂、强还原剂、强酸和强碱发生反应 职业接触限值：阈限值未制定标准。最高容许浓度未制定标准 接触途径：该物质可经食入以有害数量吸收到体内。该物质可经皮肤吸收到体内 吸入危险性：可较快地达到空气中颗粒物有害浓度 短期接触的影响：该物质刺激眼睛和皮肤 长期或反复接触的影响：反复或长期接触可能引起皮肤过敏。动物实验表明，该物质可能造成人类生殖或发育毒性		
物理性质	沸点：225℃时分解 熔点：120℃ 水中溶解度：20℃时 9g/100mL 蒸气压：20℃时 7Pa 蒸气相对密度（空气=1）：3.2 蒸气/空气混合物的相对密度（20℃，空气=1）：1.00 闪点：170℃ 辛醇/水分配系数的对数值：-0.53		
环境数据	该物质对水生生物是有害的		
注解	不要将工作服带回家中		

IPCS
International
Programme on
Chemical Safety

本卡片由 **IPCS** 和 **EC** 合作编写　© 2004～2012

633

国际化学品安全卡

邻氯苯甲醛			ICSC 编号：0641

CAS 登记号：89-98-5	中文名称：邻氯苯甲醛；2-氯苯甲醛
RTECS 号：CV5075000	英文名称：o-CHLOROBENZALDEHYDE; 2-Chlorobenzaldehyde
UN 编号：1760	
EC 编号：605-011-00-X	
中国危险货物编号：1760	
分子量：140.6	化学式：C_7H_5ClO/C_6H_4ClCHO

危害/接触类型	急性危害/症状	预防	急救/消防
火 灾	可燃的。在火焰中释放出刺激性或有毒烟雾（或气体）	禁止明火	干粉，雾状水，泡沫，二氧化碳
爆 炸			着火时喷雾状水保持料桶等冷却
接 触		防止烟雾产生！	
# 吸入	灼烧感，咳嗽，咽喉痛	通风	新鲜空气，休息，给予医疗护理
# 皮肤	可能被吸收！发红，灼烧感，疼痛	防护手套，防护服	脱掉污染的衣服，冲洗，然后用水和肥皂洗皮肤，给予医疗护理
# 眼睛	发红，疼痛	安全护目镜或面罩	先用大量水冲洗几分钟（如可能尽量摘除隐形眼镜），然后就医
# 食入	胃痉挛，灼烧感	工作时不得进食、饮水或吸烟。进食前洗手	漱口，给予医疗护理

泄漏处置	尽量将泄漏液收集在可密闭容器中。用砂土和惰性吸收剂吸收残液并转移到安全场所
包装与标志	不易破碎包装，将易破碎包装放在不易破碎容器中。不得与食品和饲料一起运输 欧盟危险性类别：C 符号　　R:34　　S:1/2-26-45 联合国危险性类别：8 中国危险性类别：第 8 类腐蚀性物质
应急响应	运输应急卡：TEC（R）-80GC9-II+III
储存	与食品和饲料分开存放。干燥。严格密封
重要数据	物理状态、外观：无色至黄色液体，有刺鼻气味 化学危险性：加热时，该物质分解生成氯化氢（见卡片#0126）有毒和腐蚀性烟雾 职业接触限值：阈限值未制定标准 接触途径：该物质可通过吸入、经皮肤和食入吸收到体内 吸入危险性：未指明 20℃时该物质蒸发达到空气中有害浓度的速率 短期接触的影响：该物质严重刺激眼睛、皮肤和呼吸道
物理性质	沸点：211.9℃ 熔点：12.4℃ 相对密度（水=1）：1.25 水中溶解度：混溶 蒸气压：25℃时 0.04kPa 闪点：90℃（闭杯） 自燃温度：385℃
环境数据	该物质对水生生物是有毒的
注解	给出的是失去结晶水的表观熔点。该物质的人体健康影响数据不充分，因此，应当特别注意

IPCS
International
Programme on
Chemical Safety

   UNEP

本卡片由 IPCS 和 EC 合作编写 © 2004～2012

国际化学品安全卡

氯苯			ICSC 编号：0642

CAS 登记号：108-90-7
RTECS 号：CZ0175000
UN 编号：1134
EC 编号：602-033-00-1
中国危险货物编号：1134

中文名称：氯苯；苯基氯
英文名称：CHLOROBENZENE; Benzene chloride; Chlorobenzol; Phenyl chloride

分子量：112.6

化学式：C₆H₅Cl

危害/接触类型	急性危害/症状	预防	急救/消防
火　灾	易燃的。在火焰中释放出刺激性或有毒烟雾（或气体）	禁止明火，禁止火花和禁止吸烟	干粉，雾状水，泡沫，二氧化碳
爆　炸	高于27℃，可能形成爆炸性蒸气/空气混合物	高于27℃，使用密闭系统、通风和防爆型电气设备	着火时，喷雾状水保持料桶等冷却
接　触			
# 吸入	倦睡。头痛。恶心。神志不清	通风，局部排气通风或呼吸防护	新鲜空气，休息。给予医疗护理
# 皮肤	发红。皮肤干燥	防护手套	给予医疗护理
# 眼睛	发红。疼痛	安全护目镜，或眼睛防护结合呼吸防护	先用大量水冲洗几分钟（如可能尽量摘除隐形眼镜），然后就医
# 食入	腹部疼痛。（另见吸入）	工作时不得进食，饮水或吸烟	漱口。不要催吐。给予医疗护理
泄漏处置	通风。转移全部引燃源。尽可能将泄漏液收集在可密闭的容器中。用砂土或惰性吸收剂吸收残液，并转移到安全场所。不要让该化学品进入环境。个人防护用具：适用于有机气体和蒸气的过滤呼吸器		
包装与标志	欧盟危险性类别：Xn 符号 N 符号　　R:10-20-51/53　　S:2-24/25-61 联合国危险性类别：3　　联合国包装类别：III 中国危险性类别：第3类易燃液体　中国包装类别：III		
应急响应	运输应急卡：TEC(R)-30S1134 美国消防协会法规：H2（健康危险性）；F3（火灾危险性）；R0（反应危险性）		
储存	耐火设备（条件）。与强氧化剂分开存放		
重要数据	物理状态、外观：无色液体，有特殊气味 化学危险性：加热时，与高温表面或火焰接触时，该物质分解生成有毒和腐蚀性烟雾。与强氧化剂激烈反应，有着火和爆炸危险。浸蚀橡胶和某些塑料 职业接触限值：阈限值：10ppm（时间加权平均值），A3（确认的动物致癌物，但未知与人类相关性）；公布生物暴露指数（美国政府工业卫生学家会议，2003年）。最高容许浓度：10ppm，47mg/m³；最高限值种类：II（2）；妊娠风险等级：C（德国，2003年） 接触途径：该物质可通过吸入其蒸气，经皮肤和食入吸收到体内 吸入危险性：20℃时，该物质蒸发相当快地达到空气中有害污染浓度 短期接触的影响：该物质刺激眼睛和皮肤。如果吞咽的液体吸入肺中，可能引起化学肺炎。该物质可能对中枢神经系统有影响，导致意识降低 长期或反复接触的影响：液体使皮肤脱脂。该物质可能对肝和肾有影响		
物理性质	沸点：132℃ 熔点：-45℃ 相对密度（水=1）：1.11 水中溶解度：20℃时 0.05g/100mL 蒸气压：20℃时 1.17kPa 蒸气相对密度（空气=1）：3.88 蒸气/空气混合物的相对密度（20℃，空气=1）：1.03 闪点：27℃（闭杯） 自燃温度：590℃ 爆炸极限：空气中 1.3%～11%（体积） 辛醇/水分配系数的对数值：2.18～2.84		
环境数据	该物质对水生生物是有害的。强烈建议不要让该化学品进入环境		
注解	不要在火焰或高温表面附近或焊接时使用		

IPCS
International
Programme on
Chemical Safety

本卡片由 IPCS 和 EC 合作编写 © 2004～2012

国际化学品安全卡

二氟一氯乙烷			ICSC 编号：0643

CAS 登记号：75-68-3	中文名称：二氟一氯乙烷；1-氯-1,1-二氟乙烷；氢氯氟烃142b（钢瓶）
RTECS 号：KH7650000	英文名称：CHLORODIFLUOROETHANE; 1-Chloro-1,1-difluoroethane;
UN 编号：2517	HCF 142b (cylinder)
中国危险货物编号：2517	

分子量：100.5	化学式：$C_2H_3ClF_2/CH_3CClF_2$

危害/接触类型	急性危害/症状	预防	急救/消防
火 灾	极易燃。在火焰中释放出刺激性或有毒烟雾（或气体）	禁止明火、禁止火花和禁止吸烟	切断气源，如不可能并对周围环境无危险，让火自行燃尽。其他情况用雾状水灭火
爆 炸	气体/空气混合物有爆炸性	密闭系统，通风，防爆型电气设备与照明	着火时，喷雾状水保持钢瓶冷却。从掩蔽位置灭火
接 触			
# 吸入	瞌睡，窒息。（见注解）	通风	新鲜空气，休息，必要时进行人工呼吸，给予医疗护理
# 皮肤	与液体接触：冻伤	保温手套	冻伤时用大量水冲洗，不要脱去衣服，给予医疗护理
# 眼睛	见皮肤	安全护目镜或眼睛防护结合呼吸防护	首先用大量水冲洗几分钟（如可能尽量摘除隐形眼镜），然后就医
# 食入	极易燃。在火焰中释放出刺激性或有毒烟雾（或气体）	禁止明火、禁止火花和禁止吸烟	切断气源，如不可能并对周围环境无危险，让火自行燃尽。其他情况用雾状水灭火

泄漏处置	撤离危险区域！向专家咨询！通风。移除所有引燃源。切勿直接将水喷在液体上。个人防护用具：化学保护服包括自给式呼吸器
包装与标志	联合国危险性类别：2.1 中国危险性类别：第2.1项易燃气体
应急响应	运输应急卡：TEC (R)-20G41 美国消防协会法规：H（健康危险性）；F4（火灾危险性）；R0（反应危险性）
储存	耐火设备（条件）。阴凉场所
重要数据	物理状态、外观：无色压缩液化气体 物理危险性：气体比空气重，可能沿地面流动，可能造成远处着火。可能积聚在低层空间造成缺氧 化学危险性：燃烧时，该物质分解生成含氯化氢和氟化氢的有毒和腐蚀性烟雾。与氧化剂激烈反应，有着火和爆炸危险 职业接触限值：阈限值未制定标准 接触途径：该物质可通过吸入吸收到体内 吸入危险性：容器损漏时，该气体可迅速地达到空气中有害浓度 短期接触的影响：液体迅速蒸发可能引起冻伤。该物质可能对心血管系统有影响
物理性质	沸点：-9℃ 熔点：-131℃ 相对密度（水=1）：1.1 水中溶解度：25℃时 0.19g/100mL 蒸气压：25℃时 337kPa 蒸气相对密度（空气=1）：3.5 闪点：易燃气体 自燃温度：632℃ 爆炸极限：空气中 6.2%～17.9%（体积） 辛醇/水分配系数的对数值：1.6
环境数据	避免非正常使用情况下向环境中释放
注解	空气中高浓度引起缺氧，有神志不清或死亡危险。进入工作区以前，检验氧含量。转动泄漏钢瓶使漏口朝上，防止液态气体逸出

IPCS
International
Programme on
Chemical Safety

本卡片由 IPCS 和 EC 合作编写 © 2004～2012

国际化学品安全卡

2-氯丙酸			ICSC 编号：0644

CAS 登记号：598-78-7
RTECS 号：UE8575000
UN 编号：2511
EC 编号：607-139-00-1
中国危险货物编号：2511

中文名称：2-氯丙酸；α-氯丙酸
英文名称：2-CHLOROPROPIONIC ACID; Propanoic acid, 2-chloro-;
2-Chloropropanoic acid; alpha-Chloropropionic acid

分子量：108.5

化学式：$C_3H_5ClO_2/CH_3CHClCOOH$

危害/接触类型	急性危害/症状	预防	急救/消防
火　灾	可燃的。在火焰中释放出刺激性或有毒烟雾（或气体）	禁止明火	干粉，雾状水，泡沫，二氧化碳
爆　炸			
接　触		避免一切接触！	
# 吸入	咽喉痛。咳嗽。灼烧感。呼吸困难。呼吸短促	通风，局部排气通风或呼吸防护	新鲜空气，休息。给予医疗护理
# 皮肤	发红。疼痛。严重皮肤烧伤	防护手套。防护服	脱去污染的衣服。用大量水冲洗皮肤或淋浴。给予医疗护理
# 眼睛	发红。疼痛。严重深度烧伤	面罩，或眼睛防护结合呼吸防护	先用大量水冲洗几分钟（如可能尽量摘除隐形眼镜），然后就医
# 食入	腹部疼痛。灼烧感。休克或虚脱	工作时不得进食，饮水或吸烟	漱口。不要催吐。饮用1~2杯水。给予医疗护理

泄漏处置	将泄漏液收集在可密闭的塑料容器中。用砂土或惰性吸收剂吸收残液，并转移到安全场所。个人防护用具：化学防护服包括自给式呼吸器
包装与标志	不得与食品和饲料一起运输 欧盟危险性类别：C 符号　R:22-35　S:1/2-23-26-28-36-45 联合国危险性类别：8　　　联合国包装类别：III 中国危险性类别：第 8 类 腐蚀性物质　中国包装类别：III GHS 分类：警示词：危险　图形符号：腐蚀-感叹号　危险说明：吞咽有害；造成严重皮肤灼伤和眼睛损伤
应急响应	运输应急卡：TEC(R)-80GC3-II+III
储存	与强碱、强氧化剂、食品和饲料分开存放
重要数据	物理状态、外观：无色至黄色液体，有刺鼻气味 化学危险性：加热时，该物质分解生成含氯化氢有毒和腐蚀性烟雾。与强碱和强氧化剂激烈反应。该物质是一种中强酸。浸蚀许多金属，生成易燃/爆炸性气体（氢，见卡片#0001） 职业接触限值：阈限值：0.1ppm（时间加权平均值）（经皮）（美国政府工业卫生学家会议，2005 年）。最高容许浓度未制定标准 （德国，2007 年） 接触途径：该物质可经食入吸收到体内 吸入危险性：20℃时，该物质蒸发较快达到空气中有害污染浓度 短期接触的影响：该物质腐蚀眼睛、皮肤和呼吸道。食入有腐蚀性
物理性质	沸点：186℃ 熔点：-12℃ 密度：1.3g/cm³ 水中溶解度：混溶 蒸气压：20℃时 0.10kPa 蒸气相对密度（空气=1）：3.75 蒸气/空气混合物的相对密度（20℃，空气=1）：1.001 闪点：106℃（闭杯） 自燃温度：500℃ 爆炸极限：空气中 3.7%~14.3%（体积） 辛醇/水分配系数的对数值：0.76
环境数据	
注解	

IPCS
International
Programme on
Chemical Safety

本卡片由 IPCS 和 EC 合作编写 © 2004~2012

国际化学品安全卡

间甲酚			ICSC 编号：0646

CAS 登记号：108-39-4
RTECS 号：GO6125000
UN 编号：2076
EC 编号：604-004-00-9
中国危险货物编号：2076
分子量：108.1

中文名称：间甲酚；3-甲酚；3-羟基甲苯；1-羟基-3-甲苯
英文名称：m-CRESOL; 3-Cresol; 3-Methylphenol; 3-Hydroxytoluene;
1-Hydroxy-3-methylbenzene

化学式：C_7H_8O / $CH_3C_6H_4OH$

危害/接触类型	急性危害/症状	预防	急救/消防
火 灾	可燃的。在火焰中释放出刺激性或有毒烟雾（或气体）	禁止明火	雾状水，泡沫，干粉，二氧化碳
爆 炸	高于86℃，可能形成爆炸性蒸气/空气混合物	高于86℃，使用密闭系统、通风。	着火时，喷雾状水保持料桶等冷却
接 触		严格作业环境管理！	一切情况均向医生咨询！
# 吸入	咳嗽，咽喉痛，灼烧感，头痛，恶心，呕吐，呼吸短促，呼吸困难	通风，局部排气通风或呼吸防护	新鲜空气，休息，半直立体位，必要时进行人工呼吸，立即给予医疗护理
# 皮肤	可能被吸收！发红。疼痛。水疱。皮肤烧伤	防护手套。防护服	脱去污染的衣服。用大量水冲洗皮肤或淋浴。立即给予医疗护理
# 眼睛	发红。疼痛。严重深度烧伤	面罩，或眼睛防护结合呼吸防护	用大量水冲洗（如可能尽量摘除隐形眼镜）。立即给予医疗护理
# 食入	口腔和咽喉烧伤，在咽喉和胸腔中灼烧感，恶心，呕吐，腹部疼痛，休克或虚脱	工作时不得进食，饮水或吸烟。进食前洗手。	漱口。不要催吐。立即给予医疗护理

泄漏处置	将泄漏液收集在可密闭的容器中。用砂土或惰性吸收剂吸收残液，并转移到安全场所。不要让该化学品进入环境。个人防护用具：化学防护服。适应于该物质空气中浓度的有机气体和蒸气过滤呼吸器
包装与标志	不得与食品和饲料一起运输 欧盟危险性类别：T 符号 C 符号 标记：C R:24/25-34 S:1/2-36/37/39-45 联合国危险性类别：6.1 联合国次要危险性：8 联合国包装类别：II 中国危险性类别：第6.1项 毒性物质 中国次要危险性：8 中国包装类别：II GHS 分类：信号词：危险 图形符号：腐蚀-骷髅和交叉骨-健康危险 危险说明：吞咽会中毒；接触皮肤有害；吸入蒸气致命；造成严重皮肤灼伤和眼睛损伤；对中枢神经系统和血细胞造成损害；长期或反复接触，对神经系统和血细胞造成损害；对水生生物有毒
应急响应	运输应急卡：TEC(R)-61GTC1-II 美国消防协会法规:H3（健康危险性）；F2（火灾危险性）；R0（反应危险性）
储存	与强氧化剂、食品和饲料分开存放。沿地面通风。储存在没有排水管或下水道的场所。注意收容灭火产生的废水
重要数据	物理状态、外观：无色至黄色液体，有特殊气味 化学危险性：与强氧化剂发生激烈反应。水溶液是一种弱酸 职业接触限值：阈限值：5ppm(时间加权平均值)(经皮)(美国政府工业卫生学家会议，2008年)。最高容许浓度：皮肤吸收；致癌物类别：3；BAT(德国，2008年) 接触途径：该物质可通过吸入其蒸气、经皮肤和经食入吸收到体内。各种接触途径均产生严重的局部影响 吸入危险性：20℃时，该物质蒸发不会或很缓慢地达到空气中有害污染浓度 短期接触的影响：该物质腐蚀眼睛，皮肤和呼吸道。食入有腐蚀性。吸入可能引起肺水肿，但只在对眼睛和（或）呼吸道的最初刺激影响显现以后。该物质可能对中枢神经系统有影响，导致意识降低。该物质可能对血液有影响，导致血细胞破坏。远高于职业接触限值接触可能导致死亡。需进行医学观察 长期或反复接触的影响：反复或长期与皮肤接触可能引起皮炎。该物质可能对神经系统有影响，导致功能损伤。该物质可能对血液有影响，导致贫血
物理性质	沸点：202℃ 熔点：11~12℃ 相对密度（水=1）：1.03 水中溶解度：20℃时 2.4g/100mL（适度溶解） 蒸气压：20℃时 13Pa 蒸气相对密度（空气=1）：3.7	蒸气/空气混合物的相对密度（20℃，空气=1）：1.0 黏度：在50℃时 4.05mm²/s 闪点：86℃ 自燃温度：575℃ 爆炸极限：空气中 1.0%~?%（体积） 辛醇/水分配系数的对数值：1.96
环境数据	该物质对水生生物是有毒的。强烈建议不要让该化学品进入环境
注解	

IPCS
International
Programme on
Chemical Safety

   UNEP

本卡片由 IPCS 和 EC 合作编写 © 2004~2012

国际化学品安全卡

双丙酮醇			ICSC 编号：0647

CAS 登记号：123-42-2 RTECS 号：SA9100000 UN 编号：1148 EC 编号：603-016-00-1 中国危险货物编号：1148	中文名称：双丙酮醇；4-羟基-4-甲基戊烷-2-酮；4-羟基-4-甲基-2-戊酮；4-羟基-2-酮-4-甲基戊烷 英文名称：DIACETONE ALCOHOL; 4-Hydroxy-4-methylpentan-2-one; 2-Pentanone, 4-hydroxy-4-methyl-; 4-Hydroxy-2-keto-4-methylpentane; 4-Hydroxy-4-methyl-2-pentanone

分子量：116.2	化学式：$C_6H_{12}O_2/(CH_3)_2C(OH)CH_2COCH_3$

危害/接触类型	急性危害/症状	预防	急救/消防
火 灾	易燃的。见注解	禁止明火，禁止火花和禁止吸烟	雾状水，抗溶性泡沫，干粉，二氧化碳
爆 炸	高于 58℃，可能形成爆炸性蒸气/空气混合物。（见注解。）	高于 58℃，使用密闭系统、通风和防爆型电气设备。使用无火花手工具	着火时，喷雾状水保持料桶等冷却
接 触			
# 吸入	咳嗽。咽喉痛	通风，局部排气通风或呼吸防护	新鲜空气，休息
# 皮肤	发红。皮肤干燥。可能被吸收！	防护手套。防护服	脱去污染的衣服。冲洗，然后用水和肥皂清洗皮肤
# 眼睛	发红。疼痛	安全护目镜	先用大量水冲洗几分钟（如可能尽量摘除隐形眼镜），然后就医
# 食入		工作时不得进食，饮水或吸烟	漱口。不要催吐。大量饮水。给予医疗护理
泄漏处置	移除全部引燃源。用吸收剂覆盖泄漏物料。小心收集残余物。个人防护用具：适用于有机气体和蒸气的过滤呼吸器		
包装与标志	欧盟危险性类别：Xi 符号　R:36　S:2-24/25 联合国危险性类别：3　联合国包装类别：III 中国危险性类别：第 3 类易燃液体　中国包装类别：II		
应急响应	运输应急卡：TEC(R)-30GF1-III 美国消防协会法规：H1（健康危险性）；F2（火灾危险性）；R0（反应危险性）		
储存	耐火设备（条件）。与酸类、碱类、胺类和氧化剂分开存放		
重要数据	**物理状态、外观：** 无色液体，有特殊气味 **化学危险性：** 加热时或燃烧时，或与酸、碱和胺类接触时，该物质分解生成丙酮和 2,4,6-三甲苯酚。与氧化剂激烈反应，生成易燃/爆炸性气体氢（见卡片#0001） **职业接触限值：** 阈限值：50ppm（时间加权平均值）（美国政府工业卫生学家会议，2005 年）。最高容许浓度：20ppm，96mg/m³；最高限值种类：I（2）；皮肤吸收（H）；妊娠风险等级：IIc（德国，2004 年） **接触途径：** 该物质可通过吸入其蒸气、经皮肤和食入吸收到体内 **吸入危险性：** 20℃时该物质蒸发不会或很缓慢地达到空气中有害污染浓度 **短期接触的影响：** 该物质刺激眼睛、皮肤和呼吸道。如果吞咽的液体吸入肺中，可能引起化学肺炎。远高于职业接触限值接触，可能导致知觉降低 **长期或反复接触的影响：** 液体使皮肤脱脂		
物理性质	沸点：169～171℃ 熔点：-47℃ 相对密度（水=1）：0.93 水中溶解度：混溶 蒸气压：20℃时 0.108kPa 蒸气相对密度（空气=1）：4.0	蒸气/空气混合物的相对密度（20℃，空气=1）：1.0048 闪点：58℃（闭杯） 自燃温度：640℃ 爆炸极限：空气中 1.8%～6.9%（体积） 辛醇/水分配系数的对数值：-0.14～1.03（计算值）	
环境数据			
注解	本卡片仅适用于纯物质。工业品可能含有 5%左右的丙酮（参见卡片#0087），导致高度易燃性。工业品的其他 UN 危险性分类：联合国危险性类别 3，联合国包装类别 II		

IPCS
International Programme on Chemical Safety

UNEP

本卡片由 **IPCS** 和 **EC** 合作编写 © 2004～2012

国际化学品安全卡

| 原砷酸铜（II） | | | ICSC 编号：0648 |

原砷酸铜（II）

CAS 登记号：10103-61-4
UN 编号：1557
EC 编号：033-005-00-1
中国危险货物编号：1557

中文名称：原砷酸铜(II)；砷酸铜盐；砷酸铜
英文名称：COPPER (II) ORTHOARSENATE; Arsenic acid, copper salt;
Copper arsenate

分子量：540.5

化学式：As₂Cu₃H₈O₁₂/Cu₃(AsO₄)·4H₂O

化学式：$As_2Cu_3H_8O_{12}/Cu_3(AsO_4)\cdot 4H_2O$

危害/接触类型	急性危害/症状	预防	急救/消防
火　灾	不可燃。在火焰中释放出刺激性或有毒烟雾（或气体）		周围环境着火时，允许使用各种灭火剂
爆　炸			
接　触		防止粉尘扩散！避免一切接触！	一切情况均向医生咨询！
# 吸入	咳嗽，头痛，呼吸困难，虚弱。（见食入）	密闭系统和通风	新鲜空气，休息，给予医疗护理
# 皮肤	可能被吸收！	防护手套，防护服	脱掉污染的衣服，冲洗，然后用水和肥皂洗皮肤，给予医疗护理
# 眼睛	发红，疼痛	面罩或眼睛防护结合呼吸防护	首先用大量水冲洗几分钟（如可能尽量摘除隐形眼镜），然后就医
# 食入	腹部疼痛，腹泻，呕吐，胸骨后和口中灼烧感	工作时不得进食、饮水或吸烟；饭前洗手	漱口，用水冲服活性炭浆，催吐（仅对清醒病人！），给予医疗护理
泄漏处置	不要冲入下水道。真空抽吸泄漏物。小心收集残余物，然后转移到安全场所。个人防护用具：适用于有毒颗粒物的 P3 过滤呼吸器		
包装与标志	不易破碎包装，将易破碎包装放在不易破碎密闭容器中。不要与食品和饲料一起运输。海洋污染物 欧盟危险性类别：T 符号 N 符号 标记：A, E R:45-23/25-50/53 S:53-45-60-61 联合国危险性类别：6.1 中国危险性类别：第 6.1 项毒性物质		
应急响应	运输应急卡：TEC(R)-61GT5-II		
储存	与酸、食品和饲料分开存放。阴凉场所。严格密封。保存在通风良好室内		
重要数据	**物理状态、外观**：蓝色或蓝绿色粉末 **化学危险性**：加热时，该物质分解生成有毒的砷烟雾（见卡片＃0013）。与酸反应，放出胂有毒气体（见卡片＃0222） **职业接触限值**：阈限值：0.01mg/m³（以 As 计）；A1（确认的人类致癌物）；公布生物暴露指数（美国政府工业卫生学家会议，2004 年）。最高容许浓度：致癌物类别：1；胚细胞突变物类别：3（德国，2004 年） **接触途径**：该物质可通过吸入其气溶胶、经皮肤和食入吸收到体内 **吸入危险性**：20℃时蒸发可忽略不计，但可以通过扩散较快地达到空气中颗粒物有害浓度 **短期接触的影响**：该物质及其气溶胶刺激眼睛和呼吸道。该物质可能对中枢神经系统、消化道、循环系统有影响，导致严重出血、体液和电解质损失、虚脱、休克和死亡。低浓度接触时，可能造成死亡。影响可能推迟显现 **长期或反复接触的影响**：反复或长期皮肤接触可能引起皮炎。反复或长期接触可能引起皮肤过敏。该物质可能对末梢神经系统、皮肤、粘膜和肝脏有影响，导致神经病、色素沉着紊乱、鼻中膈穿孔和肝硬变。该物质是人类致癌物		
物理性质	水中溶解度：不溶		
环境数据	该物质可能对环境有危害，对水体应给予特别注意。由于其在环境中持久性，强烈建议不要让该化学品进入环境		
注解	分解温度未见文献报道。不要将工作服带回家中		

IPCS
International
Programme on
Chemical Safety

本卡片由 IPCS 和 EC 合作编写 © 2004～2012

国际化学品安全卡

四氟二氯乙烷			ICSC 编号：0649

CAS 登记号：76-14-2	中文名称：四氟二氯乙烷；1,2-二氯-1,1,2,2-四氟乙烷；氯氟烃 114（钢瓶）
RTECS 号：KI1101000	英文名称：DICHLOROTETRAFLUOROETHANE;
UN 编号：1958	1,2-Dichl-oro-1,1,2,2-tetrafluoroethane; CFC 114 (cylinder)
中国危险货物编号：1958	

分子量：170.92	化学式：$C_2Cl_2F_4$/ClF_2C-$CClF_2$

危害/接触类型	急性危害/症状	预防	急救/消防
火 灾	不可燃。加热引起压力升高，容器有爆裂危险。在火焰中释放出刺激性或有毒烟雾（或气体）		周围环境着火时，允许使用各种灭火剂
爆 炸			着火时，喷雾状水保持钢瓶冷却。从掩蔽位置灭火
接 触			
# 吸入	窒息。（见注解）	通风	新鲜空气，休息，必要时进行人工呼吸，给予医疗护理
# 皮肤	与液体接触：冻伤	保温手套	冻伤时用大量水冲洗，不要脱去衣服，给予医疗护理
# 眼睛	见皮肤	安全护目镜或眼睛防护结合呼吸防护	首先用大量水冲洗几分钟（如可能尽量摘除隐形眼镜），然后就医
# 食入			

泄漏处置	通风。切勿直接将水喷在液体上。不要让这种化学品进入环境。个人防护用具：化学保护服包括自给式呼吸器
包装与标志	联合国危险性类别：2.2 中国危险性类别：第 2.2 项非易燃无毒气体
应急响应	运输应急卡：TEC(R)-20G2A
储存	如果在建筑物内，耐火设备（条件）。阴凉场所
重要数据	物理状态、外观：无色压缩液化气体 物理危险性：气体比空气重，可能积聚在低层空间，造成缺氧 化学危险性：与高温表面或火焰接触时，该物质分解生成含氯化氢和氟化氢的腐蚀性和有毒气体 职业接触限值：阈限值：1000ppm（时间加权平均值）；A4（不能分类为人类致癌物）（美国政府工业卫生学家会议，2005 年）。最高容许浓度：1000ppm，7100mg/m³；最高限值种类：II（8）；妊娠风险等级：IIc（德国，2005 年） 接触途径：该物质可通过吸入吸收到体内 吸入危险性：容器损漏时迅速地达到空气中有害浓度 短期接触的影响：液体迅速蒸发可能引起冻伤。该物质可能对心血管系统有影响，导致心律失常
物理性质	沸点：4.1℃ 熔点：-94℃ 相对密度（水=1）：1.5 水中溶解度：25℃时不溶 蒸气压：25℃时 268kPa 蒸气相对密度（空气=1）：5.89 辛醇/水分配系数的对数值：2.8
环境数据	该物质可能对环境有危害，对臭氧层应给予特别注意
注解	空气中高浓度引起缺氧，有神志不清或死亡危险。进入工作区以前，检验氧气含量。不要在火焰或高温表面附近或焊接时使用。转动泄漏钢瓶使漏口朝上，防止液态气体逸出。商品名有 Arcton 114, Freon 114, Frigen 114, Genetron 114, Ledon 114, Propellant 114, Refrigerant 114 和 Ucon 114

IPCS
International
Programme on
Chemical Safety

本卡片由 IPCS 和 EC 合作编写 © 2004～2012

国际化学品安全卡

双氰胺			ICSC 编号：0650

CAS 登记号：461-58-5
RTECS 号：ME9950000

中文名称：双氰胺；二聚氨基氰；氰基胍
英文名称：DICYANDIAMIDE; Dicyanodiamide; Cyanoguanidine; Dicyanediamide

分子量：84.1　　　　　　　　　　　化学式：NH$_2$(NH)CNHCN/C$_2$H$_4$N$_4$

危害/接触类型	急性危害/症状	预防	急救/消防
火　灾	不可燃。在火焰中释放出刺激性或有毒烟雾（或气体）		周围环境着火时，允许使用各种来灭火剂
爆　炸			
接　触		防止粉尘扩散！	
# 吸入		局部排气通风	新鲜空气，休息
# 皮肤		防护手套	用大量水冲洗皮肤或淋浴
# 眼睛		安全护目镜	首先用大量水冲洗几分钟（如可能尽量摘除隐形眼镜），然后就医
# 食入			漱口，大量饮水

泄漏处置	将泄漏物清扫进可密闭容器中。如果适当，首先润湿防止扬尘。然后转移到安全场所
包装与标志	
应急响应	
储存	与强氧化剂和强酸分开存放
重要数据	**物理状态、外观：** 白色晶体粉末 **化学危险性：** 加热时，该物质分解生成氨（见卡片#0414）有毒气体。与强氧化剂，如硝酸铵激烈反应，有着火和爆炸危险。与酸反应，生成氰化氢（见卡片#0492）有毒气体 **职业接触限值：** 阈限值未制定标准。最高容许浓度：IIb（未制定标准，但可提供数据）（德国，2005年） **接触途径：** 该物质可通过吸入和食入吸收到体内
物理性质	**熔点：** 211℃ **密度：** 1.4g/cm^3 **水中溶解度：** 25℃时 4.13g/100mL **辛醇/水分配系数的对数值：** −1.5（估算值）
环境数据	
注解	80℃以上时，该物质的溶液分解，生成氨（见卡片#0414）

IPCS
International
Programme on
Chemical Safety

本卡片由 **IPCS** 和 **EC** 合作编写 © 2004～2012

642

国际化学品安全卡

邻苯二甲酸二环己酯			ICSC 编号：0651

CAS 登记号：84-61-7
RTECS 号：TI0889000

中文名称：邻苯二甲酸二环己酯；1,2-苯二甲酸二环己酯
英文名称：DICYCLOHEXYL PHTHALATE; Phthalic acid dicyclohexyl ester; 1,2-Benzenedicarboxylic acid, dicyclohexyl ester

分子量：330.4

化学式：$C_{20}H_{26}O_4/C_6H_4(CO_2C_6H_{11})_2$

危害/接触类型	急性危害/症状	预防	急救/消防
火　灾	可燃的	禁止明火	干粉，雾状水，泡沫，二氧化碳
爆　炸			
接　触			
# 吸入		局部排气通风	新鲜空气，休息
# 皮肤		防护手套	用大量水冲洗或淋浴
# 眼睛		安全护目镜	先用大量水冲洗几分钟（如可能尽量摘除隐形眼镜），然后就医
# 食入		工作时不得进食，饮水或吸烟	漱口
泄漏处置	将泄漏物清扫进有盖容器中。如果适当，首先润湿防止扬尘。不要让该化学品进入环境		
包装与标志			
应急响应			
储存	储存在没有排水管或下水道的场所。与酸类、碱类分开存放		
重要数据	物理状态、外观：白色晶体粉末 化学危险性：与酸类和碱类发生反应。燃烧时，该物质分解生成刺激性烟雾 职业接触限值：阈限值未制定标准。最高容许浓度未制定标准 吸入危险性：20℃时该物质蒸发不会或很缓慢地达到空气中有害污染浓度		
物理性质	沸点：0.5kPa 时 222～228℃ 熔点：66℃ 密度：1.4g/cm³ 水中溶解度：不溶 蒸气压：25℃时可忽略不计 闪点：180～190℃（闭杯） 辛醇/水分配系数的对数值：5.6（计算值）		
环境数据	该化学品可能发生生物蓄积。强烈建议不要让该化学品进入环境		
注解	通用名称：DCHP		

IPCS
International Programme on Chemical Safety

本卡片由 IPCS 和 EC 合作编写 © 2004～2012

国际化学品安全卡

甲基丙烯腈			ICSC 编号：0652

CAS 登记号：126-98-7
RTECS 号：UD1400000
UN 编号：3079（稳定的）
EC 编号：608-010-00-2
中国危险货物编号：3079

中文名称：甲基丙烯腈；2-甲基-2-丙烯腈；2-腈基丙烯；异丙烯腈
英文名称：METHACRYLONITRILE; Methylacrylonitrile;
2-Methyl-2-propenenitrile; 2-Cyanopropene; Isopropenylnitrile

分子量：67.1　　　　　　　　　　化学式：C_4H_5N

危害/接触类型	急性危害/症状	预防	急救/消防
火　灾	高度易燃。在火焰中释放出刺激性或有毒烟雾（或气体）	禁止明火、禁止火花和吸烟	干粉，抗溶性泡沫，二氧化碳
爆　炸	蒸气/空气混合物有爆炸性	密闭系统，通风，防爆型电气设备与照明	着火时，喷雾状水保持料桶等冷却
接　触		严格作业环境管理！	一切情况均向医生咨询！
# 吸入	头痛。意识模糊。虚弱。呼吸短促。惊厥。神志不清	局部排气通风或呼吸防护	新鲜空气，休息；必要时进行人工呼吸，给予医疗护理
# 皮肤	可能被吸收！（另见吸入）	防护手套，防护服	脱去污染的衣服。冲洗，然后用水和肥皂清洗皮肤。给予医疗护理
# 眼睛	发红，疼痛	面罩或眼睛防护结合呼吸防护	首先用大量水冲洗几分钟（如可能尽量摘除隐形眼镜），然后就医
# 食入	（另见吸入）	工作时不得进食、饮水或吸烟	用水冲服活性炭浆，催吐（仅对清醒病人！），催吐时戴防护手套，禁止口对口进行人工呼吸，由经过培训的人员给予吸氧，给予医疗护理

泄漏处置	撤离危险区域！转移全部引燃源。尽可能将泄漏液收集在可密闭的容器中。用砂土或惰性吸收剂吸收残液，并转移到安全场所。个人防护用具：化学防护服包括自给式呼吸器
包装与标志	不要与食品和饲料一起运输 欧盟危险性类别：F 符号 T 符号　标记：D　R:11-23/24/25-43　　S:1/2-9-16-18-29-45 联合国危险性类别：3 联合国次要危险性：6.1 联合国包装类别：I 中国危险性类别：第 3 类易燃液体 中国次要危险性：6.1 中国包装类别：I
应急响应	运输应急卡：TEC(R)-30GTF1-I 美国消防协会法规：H4（健康危险性）；F3（火灾危险性）；R2（反应危险性）
储存	稳定后储存。耐火设备（条件）。阴凉场所。保存在暗处。与食品和饲料分开存放
重要数据	物理状态、外观：无色液体。有特殊气味 物理危险性：蒸气比空气重，可能沿地面流动，可能造成远处着火。蒸气未经阻聚可能聚合，堵塞通风口 化学危险性：在酸、碱和光的作用下，该物质可能激烈聚合，有着火或爆炸危险。由于加热，该物质可能聚合，有着火或爆炸危险。燃烧时，生成含氰化物和氮氧化物的有毒和腐蚀性烟雾 职业接触限值：阈限值：1ppm（时间加权平均值）（经皮）（美国政府工业卫生学家会议，2005 年）。最高容许浓度未制定标准 接触途径：该物质可通过吸入其蒸气、经皮肤和食入吸收到体内 吸入危险性：20℃时，该物质蒸发，迅速达到空气中有害污染浓度 短期接触的影响：该蒸气刺激眼睛和呼吸道。该物质可能对细胞呼吸有影响，导致惊厥和神志不清。接触可能导致死亡
物理性质	沸点：90.3℃ 熔点：−35.8℃ 相对密度（水=1）：0.8 水中溶解度：20℃时适度溶解 蒸气压：25℃时 8.66kPa	蒸气相对密度（空气=1）：2.3 蒸气/空气混合物的相对密度（20℃，空气=1）：1.17 闪点：1.1℃（闭杯） 爆炸极限：空气中，2%～6.8%（体积） 辛醇/水分配系数的对数值：0.68
环境数据	该物质可能对环境有危害，对水生生物应给予特别注意	
注解	商业制剂中含有 50ppm 氢醌单乙基酯作为稳定剂。超过接触值时，气味报警不充分。使用氰化物中毒时同样的解毒药剂	

IPCS
International
Programme on
Chemical Safety

UNEP

本卡片由 IPCS 和 EC 合作编写 © 2004～2012

国际化学品安全卡

1,5-萘二异氰酸盐			ICSC 编号：0653

CAS 登记号：3173-72-6　　　　　　　　中文名称：1,5-萘二异氰酸盐；1,5-二异氰酸合萘

RTECS 号：NQ9600000　　　　　　　　英文名称：1,5-NAPHTHALENE DIISOCYANATE;

EC 编号：615-007-00-X　　　　　　　　1,5-Diiso-cyanatonaphthalene; NDI

分子量：210.19　　　　　　　　　　化学式：$C_{12}H_6O_2N_2/C_{10}H_6(NCO)_2$

危害/接触类型	急性危害/症状	预防	急救/消防
火　灾	可燃的。在火焰中释放出刺激性或有毒烟雾（或气体）	禁止明火	泡沫，干粉，二氧化碳。禁止用水
爆　炸			
接　触			
# 吸入	咳嗽，呼吸困难，咽喉疼痛	局部排气通风或呼吸防护	新鲜空气，休息，给予医疗护理
# 皮肤	发红，疼痛	防护手套，防护服	脱掉污染的衣服，用大量水冲洗皮肤或淋浴
# 眼睛	发红，疼痛	如果为粉末，安全护目镜或眼睛防护结合呼吸防护	首先用大量水冲洗几分钟（如可能尽量摘除隐形眼镜），然后就医
# 食入	腹部疼痛，咽喉疼痛	工作时不得进食、饮水或吸烟	漱口，饮用大量水，休息，给予医疗护理

泄漏处置	将泄漏物扫入有盖容器中。小心收集残余物，然后转移到安全场所，不要让该化学品进入环境。个人防护用具：适用于有害颗粒物的 P2 过滤呼吸器
包装与标志	不得与食品和饲料一起运输 欧盟危险性类别：Xn 符号　　R:20-36/37/38-42-52/53　　S:2-26-28-38-45-61
应急响应	
储存	见化学危险性。严格密封
重要数据	物理状态、外观：白色至淡黄色晶体 化学危险性：加热时，该物质分解生成含氮氧化物、一氧化碳、异氰酸盐蒸气和微量氰化氢的有毒烟雾。与酸、醇、胺、碱、强氧化剂、强还原剂和水发生反应 职业接触限值：阈限值未制定标准。最高容许浓度：吸入致敏剂；致癌物类别：3B（德国，2005 年） 接触途径：该物质可通过吸入其气溶胶和食入吸收到体内 吸入危险性：20℃时蒸发可忽略不计，但扩散时可较快地达到空气中颗粒物有害浓度，尤其是粉末。 短期接触的影响：该物质刺激/腐蚀眼睛、皮肤和呼吸道 长期或反复接触的影响：反复或长期吸入接触，可能引起哮喘
物理性质	沸点：0.7kPa 时 167℃ 熔点：130℃ 相对密度（水=1）：1.42 蒸气压：20℃时<0.001Pa 闪点：192℃（闭杯）
环境数据	该物质对水生生物是有害的
注解	与灭火剂，如水（50℃以上时）激烈反应。哮喘症状常常几个小时以后才变得明显，体力劳动使症状加重，因此休息和医学观察是必要的。因该物质而出现哮喘症状的任何人不应再接触该物质。不要将工作服带回家中

IPCS
International
Programme on
Chemical Safety

本卡片由 IPCS 和 EC 合作编写 © 2004～2012

国际化学品安全卡

2-二甲基氨基乙醇			ICSC 编号：0654

CAS 登记号：108-01-0	中文名称：2-二甲基氨基乙醇；二甲基乙醇胺；N,N-二甲基-2-羟基乙胺
RTECS 号：KK6125000	英文名称：2-DIMETHYLAMINOETHANOL; Dimethylethanolamine;
UN 编号：2051	Deanol; N,N-Dimethyl-2-hydroxyethylamine.
EC 编号：603-047-00-0	
中国危险货物编号：2051	
分子量：89.1	化学式：$C_4H_{11}NO/(CH_3)_2NCH_2CH_2OH$

危害/接触类型	急性危害/症状	预防	急救/消防
火 灾	易燃的	禁止明火、禁止火花和禁止吸烟	干粉，雾状水，泡沫，二氧化碳
爆 炸	高于 38℃时，可能形成爆炸性蒸气/空气混合物	高于 38℃时，密闭系统，通风和防爆型电气设备	着火时喷雾状水保持料桶等冷却
接 触		避免一切接触！	
# 吸入	咳嗽，咽喉痛，灼烧感，呼吸困难，症状可能推迟显现（见注解）	通风，局部排气通风或呼吸防护	新鲜空气，休息。半直立体位。给予医疗护理
# 皮肤	发红。疼痛。皮肤烧伤	防护手套，防护服	先用大量水洗涤，然后脱去污染的衣服并再次冲洗，给予医疗护理
# 眼睛	发红，疼痛，严重深度烧伤	安全护目镜或眼睛防护结合呼吸防护	先用大量水冲洗几分钟（如可能尽量摘除隐形眼镜），然后就医
# 食入	腹部疼痛。恶心。呕吐。休克或虚脱。灼烧感	工作时不得进食、饮水或吸烟	漱口。不要催吐。大量饮水。休息。给予医疗护理

泄漏处置	将泄漏液收集在可密闭的非金属容器中。用砂土或惰性吸收剂吸收残液，并转移到安全场所。个人防护用具：气密式化学防护服，包括自给式呼吸器
包装与标志	欧盟危险性类别：C 符号　　R:10-20/21/22-34　　S:1/2-25-26-36/37/39-45 联合国危险性类别：8　联合国次要危险性：3 联合国包装类别：II 中国危险性类别：第 8 类腐蚀性物质　中国次要危险性：3 中国包装类别：II
应急响应	运输应急卡：TEC（R）-80GCF1-II 美国消防协会法规：H2（健康危险性）；F2（火灾危险性）；R0（反应危险性）
储存	耐火设备（条件）。与强氧化剂、酸类、酰基氯、铜、食品和饲料分开存放
重要数据	物理状态、外观：无色液体，有刺鼻气味 物理危险性：蒸气比空气重 化学危险性：燃烧时，该物质分解生成含氮氧化物有毒气体。该物质是一种中强碱。与酸、酰基氯、氧化剂和异氰酸酯激烈反应，有着火和爆炸的危险。浸蚀铜及其合金 职业接触限值：阈限值未制定标准。最高容许浓度未制定标准 接触途径：该物质可通过吸入其蒸气，经皮肤和食入吸收到体内 吸入危险性：未指明 20℃时该物质蒸发达到空气中有害浓度的速率 短期接触的影响：该物质严重刺激呼吸道。该物质腐蚀眼睛和皮肤。食入有腐蚀性。吸入蒸气可能引起肺水肿（见注解）。影响可能推迟显现。需进行医学观察
物理性质	沸点：135℃ 熔点：-59℃ 相对密度（水=1）：0.89 水中溶解度：混溶 蒸气压：20℃时 612Pa	蒸气相对密度（空气=1）：3.03 闪点：38℃（闭杯） 自燃温度：220℃ 爆炸极限：空气中 1.6%～11.9%（体积） 辛醇/水分配系数的对数值：-0.55
环境数据	
注解	肺水肿症状常常经过几小时以后才变得明显，体力劳动使症状加重。因而休息和医学观察是必要的。应考虑由医生或医生指定人员立即采取适当吸入治疗法。商品名为 Kalpurp 和 Liparon

IPCS
International
Programme on
Chemical Safety

本卡片由 IPCS 和 EC 合作编写 © 2004～2012

国际化学品安全卡

肟硫磷			ICSC 编号：0655

CAS 登记号：55-38-9	中文名称：肟硫磷；*O,O*-二甲基-*O*-(4-甲基硫代间甲苯基)硫代磷酸酯；*O,O*-二甲基-*O*-(3-甲基-4-(甲硫基)苯基)硫代磷酸酯
RTECS 号：TF9625000	
UN 编号：3018	英文名称：FENTHION; *O,O*-Dimethyl-*O*-(4-methylthio-m-tolyl) phosphorothioate; Phosphorothioic acid, *O,O*-dimethyl *O*-(3-methyl-4-(methylthio) phenyl) ester
EC 编号：015-048-00-8	
中国危险货物编号：3018	
分子量：278.3	化学式：$C_{10}H_{15}O_3PS_2$/$(H_3CO)_2PSOC_6H_3(CH_3)SCH_3$

危害/接触类型	急性危害/症状	预防	急救/消防
火 灾	可燃的，含有机溶剂的液体制剂可能是易燃的。在火焰中释放出刺激性或有毒烟雾（或气体）	禁止明火	干粉，雾状水，泡沫，二氧化碳
爆 炸			
接 触		防止产生烟云！严格作业环境管理！	一切情况均向医生咨询！
# 吸入	头晕，恶心，呕吐，出汗，瞳孔收缩，肌肉痉挛，多涎，呼吸困难，惊厥，神志不清	通风，局部排气通风或呼吸防护	新鲜空气，休息。给予医疗护理
# 皮肤	可能被吸收！另见吸入	防护手套。防护服	脱去污染的衣服。冲洗，然后用水和肥皂清洗皮肤。给予医疗护理。急救时戴防护手套
# 眼睛	视力模糊	面罩，眼睛防护结合呼吸防护	先用大量水冲洗几分钟（如可能尽量摘除隐形眼镜），然后就医
# 食入	胃痉挛，腹泻，恶心，呕吐，另见吸入	工作时不得进食，饮水或吸烟，进食前洗手	漱口。用水冲服活性炭浆。立即给予医疗护理

泄漏处置	将泄漏液收集在可密闭的容器中。用干砂土或惰性吸收剂吸收残液，并转移到安全场所。不要让该化学品进入环境。个人防护用具：适用于有机蒸气和有害粉尘的A/P2过滤呼吸器。化学防护服和防护手套
包装与标志	不得与食品和饲料一起运输。严重污染海洋物质 欧盟危险性类别：T 符号 N 符号　R:21/22-23-48/25-50/53-68　S:1/2-36/37-45-60-61 联合国危险性类别：6.1　　联合国包装类别：III 中国危险性类别：第6.1项 毒性物质　中国包装类别：III GHS 分类：警示词：危险 图形符号：骷髅和交叉骨-健康危险-环境 危险说明：吞咽会中毒；皮肤接触会中毒；对神经系统造成损害；对水生生物毒性非常大
应急响应	运输应急卡：TEC(R)-61GT6-III
储存	与强氧化剂、食品和饲料分开存放。严格密封。保存在通风良好的室内。注意收容灭火产生的废水。储存在没有排水管或下水道的场所
重要数据	物理状态、外观：无色油状液体，有特殊气味 化学危险性：加热时，该物质分解生成含有磷氧化物和硫氧化物的有毒烟雾。与氧化剂发生反应 职业接触限值：阈限值：0.05mg/m³（时间加权平均值）（经皮）；A4（不能分类为人类致癌物）；公布生物暴露指数（美国政府工业卫生学家会议，2006年）。最高容许浓度：0.2mg/m³（可吸入粉尘）；最高限值种类：II（2）；皮肤吸收（德国，2006年） 接触途径：该物质可通过吸入，经皮肤和食入以有害数量吸收到体内 吸入危险性：20℃时，该物质蒸发不会或很缓慢地达到空气中有害污染浓度，但喷洒或扩散时要快得多 短期接触的影响：胆碱酯酶抑制剂。该物质可能对神经系统有影响，导致惊厥和呼吸衰竭。影响可能推迟显现。需进行医学观察 长期或反复接触的影响：胆碱酯酶抑制剂。可能发生累积作用：见急性危害/症状
物理性质	沸点：加热时分解 熔点：7.5℃ 相对密度（水=1）：1.25 水中溶解度：0.005g/100mL 蒸气压：25℃时可忽略不计	蒸气相对密度（空气=1）：9.6 闪点：170℃ 自燃温度：365℃ 辛醇/水分配系数的对数值：3.17～4.8
环境数据	该物质对水生生物有极高毒性。该物质在正常使用过程中进入环境。但是要特别注意避免任何额外的释放，例如通过不适当处置活动
注解	原药（纯度95%～98%）为黄色至棕色油状物，有微弱大蒜气味。商业制剂中使用的载体溶剂可能改变其物理和毒理学性质。不要将工作服带回家中。根据接触程度，建议定期进行医学检查。该物质中毒时，需采取必要的治疗措施；必须提供有指示说明的适当方法

IPCS
International
Programme on
Chemical Safety

国际化学品安全卡

三氟化氯			ICSC 编号: 0656

CAS 登记号: 7790-91-2
RTECS 号: FO2800000
UN 编号: 1749
中国危险货物编号: 1749

中文名称: 三氟化氯; 氟化氯; 三氟化氯（钢瓶）
英文名称: CHLORINE TRIFLUORIDE; Chlorine fluoride; Chlorotrifluoride (cylinder)

分子量: 92.5 化学式: ClF_3

危害/接触类型	急性危害/症状	预防	急救/消防
火　灾	不可燃，但可助长其它物质燃烧。在火焰中释放出高毒烟雾。许多反应可能引起着火或爆炸	禁止与易燃物质接触。禁止与水接触	周围环境着火时，禁用含水灭火剂
爆　炸	与水或与有机物质接触有着火和爆炸危险		着火时喷雾状水保持钢瓶冷却，但避免该物质与水接触。从掩蔽位置灭火
接　触		避免一切接触！	
# 吸入	灼烧感，咳嗽，咽喉疼痛，呼吸困难，气促	通风，局部排气通风或呼吸防护	新鲜空气，休息，半直立体位，给予医疗护理
# 皮肤	发红，严重皮肤烧伤，疼痛，水疱	保温手套，防护服	用大量水冲洗，然后脱掉污染的衣服，再次冲洗，给予医疗护理
# 眼睛	发红，疼痛，严重深度烧伤，永久性失明	面罩或眼睛防护结合呼吸防护	先用大量水冲洗几分钟（如可能尽量摘除隐形眼镜），然后就医
# 食入			

泄漏处置	撤离危险区域，向专家咨询！通风。阻止气体流动。如不能适当阻止泄漏，则将钢瓶转移到露天场所，让其排空。切勿直接向液体上喷水。个人防护用具：能有效防护三氟化氯的全套防护服，包括自给式呼吸器
包装与标志	不得与食品和饲料以及可燃物质一起运输 联合国危险性类别: 2.3　联合国次要危险性: 5.1 和 8 中国危险性类别: 第 2.3 项毒性气体　中国次要危险性: 5.1 和 8
应急响应	运输应急卡: TEC（R）-20G2TOC 美国消防协会法规: H4（健康危险性）; F0（火灾危险性）; R3（反应危险性）; OX（氧化剂）; W（禁止用水）
储存	耐火设备（条件）。与可燃物质、还原物质、食品和饲料分开存放。阴凉场所。干燥
重要数据	物理状态、外观: 几乎无色的压缩液化气体，有特殊气味 物理危险性: 气体比空气重 化学危险性: 高于 220℃时，该物质分解生成氯化物和氟化物有毒气体。与水和玻璃激烈反应。与所有塑料（高氟聚合物除外）、橡胶和树脂发生反应。大多数可燃物质与该物质接触时，发生自燃。与氧化性物质、金属、金属氧化物激烈反应。与有机物接触，发生爆炸。与酸接触时，释放出高毒烟雾。 职业接触限值: 阈限值: 0.1ppm（上限值）（美国政府工业卫生学家会议，2005 年）。最高容许浓度: IIb（未制定标准，但可提供数据）（德国，2005 年） 接触途径: 该物质可通过吸入吸收到体内 吸入危险性: 容器漏损时，该气体迅速达到空气中有害浓度 短期接触的影响: 腐蚀眼睛、皮肤和呼吸道。吸入可能引起肺水肿（见注解）。影响可能推迟显现。需进行医学观察。见注解
物理性质	沸点: 12℃ 熔点: −76℃ 水中溶解度: 反应 蒸气相对密度（空气=1）: 3.18
环境数据	
注解	在开启装有三氟化氯的设备以前，应当用惰性气体彻底冲洗置换。与灭火剂，如水激烈反应。工作接触的任何时刻都不应超过职业接触限值。肺水肿症状常常经过几个小时以后才变得明显，体力劳动使症状加重。因而休息和医学观察是必要的。应当考虑由医生或医生指定的人立即采取适当吸入治疗法。该物质中毒时，需采取必要的治疗措施; 必须提供有指示说明的适当方法。该物质对人体健康的影响数据不充分，因此应当特别注意。不要向泄漏钢瓶上喷水（防止钢瓶腐蚀）。还可参考卡片#0283 氟化氢

IPCS
International
Programme on
Chemical Safety

本卡片由 IPCS 和 EC 合作编写 © 2004~2012

国际化学品安全卡

正庚烷			ICSC 编号：0657

CAS 登记号：142-82-5
RTECS 号：MI7700000
UN 编号：1206
EC 编号：601-008-00-2
中国危险货物编号：1206

中文名称：正庚烷
英文名称：n-HEPTANE

分子量：100.2　　　　　　　　　　化学式：$C_7H_{16}/CH_3(CH_2)_5CH_3$

危害/接触类型	急性危害/症状	预防	急救/消防
火　灾	高度易燃	禁止明火，禁止火花和禁止吸烟	干粉，泡沫，二氧化碳。禁止用水
爆　炸	蒸气/空气混合物有爆炸性	密闭系统，通风，防爆型电气设备与照明。防止静电荷积聚（例如，通过接地）。不要使用压缩空气灌装、卸料或转运	着火时喷雾状水保持料桶等冷却
接　触			
# 吸入	迟钝，头痛	通风	新鲜空气，休息，必要时进行人工呼吸，给予医疗护理
# 皮肤	皮肤干燥	防护手套	脱掉污染的衣服，冲洗，然后用水和肥皂洗皮肤，给予医疗护理。急救时戴防护手套
# 眼睛	发红，头痛	安全护目镜或眼睛防护结合呼吸防护	先用大量水冲洗几分钟（如可能尽量摘除隐形眼镜），然后就医
# 食入	胃痉挛，灼烧感，恶心，呕吐	工作时不得进食、饮水或吸烟	漱口，不要催吐，休息，给予医疗护理
泄漏处置	将泄漏液收集在可密闭容器中。用砂土或惰性吸收剂吸收残液。不要冲入下水道。个人防护用具：适用于有机气体和蒸气的过滤呼吸器		
包装与标志	欧盟危险性类别：F 符号 Xn 符号 N 符号 标记：C　R:11-38-50/53-65-67　S:2-9-16-29-33-60-61-62 联合国危险性类别：3　　　联合国包装类别：II 中国危险性类别：第 3 类 易燃液体 中国包装类别：II		
应急响应	运输应急卡：TEC（R）-30GF1-I+II 美国消防协会法规：H1（健康危险性）；F3（火灾危险性）；R0（反应危险性）		
储存	耐火设备（条件）。与强氧化剂分开存放。储存在没有排水管或下水道的场所		
重要数据	物理状态、外观：无色挥发性液体，有特殊气味 物理危险性：蒸气比空气重，可能沿地面流动，可能造成远处着火。如果在干燥状态，由于搅拌、空气输送和注入等能够产生静电 化学危险性：与强氧化剂激烈反应。浸蚀许多塑料 职业接触限值：阈限值：400ppm（时间加权平均值），500ppm（短期接触限值）（美国政府工业卫生学家会议，2004 年）。欧盟职业接触限值：500ppm，2085mg/m³（时间加权平均值）（欧盟，2000年） 接触途径：该物质可能通过吸入其蒸气和食入吸收到体内 吸入危险性：20℃时该物质蒸发相当慢地达到空气中有害污染浓度 短期接触的影响：该物质刺激眼睛和皮肤。蒸气刺激眼睛、皮肤和呼吸道。如果吞咽液体吸入肺中，可能引起化学肺炎。该物质可能对中枢神经系统有影响 长期或反复接触的影响：液体使皮肤脱脂。该物质可能对肝有影响，导致功能损害		
物理性质	沸点：98℃ 熔点：-91℃ 相对密度（水=1）：0.68 水中溶解度：不溶 蒸气压：20℃时 4.6kPa		蒸气相对密度（空气=1）：3.46 闪点：-4℃ 自燃温度：285℃ 爆炸极限：在空气中 1.1%～6.7%（体积） 辛醇/水分配系数的对数值：4.66
环境数据	该物质对水生生物是有毒的。该化学品可能在鱼体内发生生物蓄积。强烈建议不要让化学品进入环境		
注解	超过接触限值时，气味报警不充分。商品名称为 Skellysolve-C		

IPCS
International
Programme on
Chemical Safety

本卡片由 IPCS 和 EC 合作编写 © 2004～2012

国际化学品安全卡

异庚烷			ICSC 编号：0658

CAS 登记号：591-76-4	中文名称：异庚烷；2-甲基己烷
RTECS 号：MO3871500	英文名称：ISOHEPTANE; 2-Methylhexane
UN 编号：1206 （庚烷）	
EC 编号：601-008-00-2	
中国危险货物编号：1206	

分子量：100.2	化学式：$C_7H_{16}/CH_3CH(CH_3)(CH_2)_3CH_3$

危害/接触类型	急性危害/症状	预防	急救/消防
火　灾	高度易燃	禁止明火，禁止火花和禁止吸烟	禁止用水。抗溶性泡沫，干粉，二氧化碳
爆　炸	蒸气/空气混合物有爆炸性	密闭系统、通风、防爆型电气设备和照明。防止静电荷积聚（例如，通过接地）。不要使用压缩空气灌装、卸料或转运	着火时，喷雾状水保持料桶等冷却
接　触			
# 吸入	头痛。恶心。呕吐。头晕	通风，局部排气通风或呼吸防护	新鲜空气，休息
# 皮肤	皮肤干燥	防护手套	脱去污染的衣服。冲洗，然后用水和肥皂清洗皮肤
# 眼睛		安全护目镜	先用大量水冲洗几分钟（如可能尽量摘除隐形眼镜），然后就医
# 食入	（另见吸入）	工作时不得进食，饮水或吸烟	漱口。不要催吐
泄漏处置	撤离危险区域！转移全部引燃源。尽可能将泄漏液收集在可密闭的容器中。用砂土或惰性吸收剂吸收残液，并转移到安全场所。不要冲入下水道。个人防护用具：适用于有机气体和蒸气的过滤呼吸器		
包装与标志	欧盟危险性类别：F 符号 Xn 符号 N 符号 标记：C　R:11-38-50/53-65-67　S:2-9-16-29-33-60-61-62 联合国危险性类别：3 联合国包装类别：II 中国危险性类别：第 3 类易燃液体 中国包装类别：II		
应急响应	运输应急卡：TEC(R)-30S1206 美国消防协会法规：H0（健康危险性）；F3（火灾危险性）；R0（反应危险性）		
储存	耐火设备（条件）。与强氧化剂分开存放		
重要数据	物理状态、外观：无色液体，有特殊气味 物理危险性：蒸气比空气重，可能沿地面流动，可能造成远处着火。由于流动、搅拌等，可能产生静电 化学危险性：加热时，可能激烈燃烧或爆炸。与强氧化剂发生反应 职业接触限值：阈限值未制定标准 接触途径：该物质可通过吸入其蒸气和经食入吸收到体内 吸入危险性：未指明 20℃时该物质蒸发到空气中有害浓度的速率 短期接触的影响：如果吞咽液体吸入肺中，可能引起有化学肺炎。高浓度接触时，该物质可能对中枢神经系统有影响 长期或反复接触的影响：液体使皮肤脱脂		
物理性质	沸点：90℃ 熔点：-118℃ 相对密度（水=1）：0.68 水中溶解度：不溶 蒸气压：14.9℃时 5.3kPa 蒸气相对密度（空气=1）：3.4 蒸气/空气混合物的相对密度（20℃，空气=1）：1.13 闪点：-18℃（闭杯） 自燃温度：220℃ 爆炸极限：空气中 1.0%～6.0%（体积）		
环境数据			
注解			

IPCS
International
Programme on
Chemical Safety

本卡片由 IPCS 和 EC 合作编写 © 2004～2012

国际化学品安全卡

六亚甲基二胺			ICSC 编号：0659

CAS 登记号：124-09-4
RTECS 号：MO1180000
UN 编号：2280
EC 编号：612-104-00-9
中国危险货物编号：82031

中文名称：六亚甲基二胺；1,6-二氨基己烷
英文名称：HEXAMETHYLENEDIAMINE; 1,6-Diamino-hexane; 1,6-Hexane diamine

分子量：116.24　　　　　　　　化学式：$C_6H_{16}N_2$

危害/接触类型	急性危害/症状	预防	急救/消防
火 灾	可燃的	禁止明火，禁止与高温表面接触	干粉，抗溶性泡沫，大量水，二氧化碳
爆 炸			着火时，喷雾状水保持料桶等冷却
接 触		严格作业环境管理！	
# 吸入	灼烧感，咳嗽，呼吸困难，气促，咽喉疼痛。症状可能推迟显现。（见注解）	通风（如果没有粉末时），局部排气通风或呼吸防护	新鲜空气，休息，半直立体位，必要时进行人工呼吸，给予医疗护理
# 皮肤	可能被吸收！发红，皮肤烧伤，疼痛，起疱	防护手套，防护服	先用大量水冲洗，或淋浴，给予医疗护理
# 眼睛	发红，疼痛，严重深度烧伤	护目镜或面罩或眼睛防护结合呼吸防护	首先用大量水冲洗几分钟（如可能尽量摘除隐形眼镜），然后就医
# 食入	胃疼挛，腹部疼痛，灼烧感，休克或虚脱	工作时不得进食、饮水或吸烟	休息，给予医疗护理，见注解

泄漏处置	将泄漏液收集在有盖容器中。将溢漏物扫入容器中。小心收集残余物，然后转移到安全场所。不要让该化学品进入环境。个人防护用具：全套防护服包括自给式呼吸器
包装与标志	不易破碎包装，将易破碎包装放在不易破碎密闭容器中 欧盟危险性类别：C 符号　R：21/22-34-37　S：1/2-22-26-36/37/39-45 联合国危险性类别：8　联合国包装类别：III 中国危险性类别：第 8 类腐蚀性物质　中国包装类别：III
应急响应	运输应急卡：TEC(R)-80GC8-II+III 美国消防协会法规：H2（健康危险性）；F1（火灾危险性）；R1（反应危险性）
储存	与强氧化剂、强酸分开存放。严格密封
重要数据	物理状态、外观：吸湿性丸粒或薄片，有特殊气味 化学危险性：燃烧时，该物质生成有毒和腐蚀性气体。受热时生成有害烟雾。水溶液为一种强碱。与酸激烈反应，有腐蚀性。与氧化剂发生反应。有水存在时，浸蚀许多种金属 职业接触限值：阈限值：0.5ppm（时间加权平均值）（美国政府工业卫生学家会议，2004 年） 接触途径：该物质可通过吸入其气溶胶，经皮肤和食入吸收到体内 吸入危险性：20℃时，该物质蒸发可相当快地达到空气中有害浓度 短期接触的影响：该物质腐蚀眼睛、皮肤和呼吸道。食入有腐蚀性。吸入该物质可能引起肺水肿（见注解）。影响可能推迟显现。需进行医学观察 长期或反复接触的影响：反复或长期皮肤接触可能引起皮炎

物理性质	沸点：199～205℃ 熔点：23～41℃ 相对密度（水=1）：0.93 水中溶解度：溶解 蒸气压：50℃时 200Pa	蒸气相对密度（空气=1）：3.8 闪点：85℃（闭杯） 自燃温度：305℃ 爆炸极限：空气中 0.9%～7.6%（体积）

环境数据	该物质对水生生物是有毒的
注解	取决于环境温度，该物质可能以固体或液体形态存在。肺水肿症状常常几个小时以后才变得明显，体力劳动使症状加重，因此，休息和医学观察是必要的。应当考虑由医生或医生指定的人员立即采取适当吸入治疗法。本卡片的建议也适用于 70%～80% 的六亚甲基二胺溶液（UN 编号 1783）

IPCS
International
Programme on
Chemical Safety

本卡片由 IPCS 和 EC 合作编写 © 2004～2012

国际化学品安全卡

己二醇			ICSC 编号：0660

CAS 登记号：107-41-5	中文名称：己二醇；2-甲基-2,4-戊二醇；2,4-二羟基-2-甲基戊烷
RTECS 号：SA0810000	英文名称：HEXYLENE GLYCOL; 2-Methyl-2,4-pentanediol;
EC 编号：603-053-00-3	2,4-Dihydroxy-2-methylpentane

分子量：118.2	化学式：$C_6H_{14}O_2$/$(CH_3)_2COHCH_2CHOHCH_3$

危害/接触类型	急性危害/症状	预防	急救/消防
火　灾	可燃的	禁止明火	干粉，抗溶性泡沫，雾状水，二氧化碳
爆　炸	高于 96℃，可能形成爆炸性蒸气/空气混合物	高于 96℃，使用密闭系统、通风和防爆型电气设备	着火时，喷雾状水保持料桶等冷却
接　触			
# 吸入	咽喉痛。咳嗽	通风，局部排气通风或呼吸防护	新鲜空气，休息
# 皮肤	皮肤干燥。发红	防护手套	脱去污染的衣服。用大量水冲洗皮肤或淋浴
# 眼睛	发红。疼痛	护目镜	先用大量水冲洗几分钟（如可能尽量摘除隐形眼镜），然后就医
# 食入		工作时不得进食，饮水或吸烟	漱口。大量饮水。给予医疗护理
泄漏处置	通风。将泄漏液收集在有盖的容器中。用大量水冲净泄漏液。个人防护用具：适用于有机气体和蒸气的过滤呼吸器		
包装与标志	欧盟危险性类别：Xi 符号　R:36/38　S:(2)		
应急响应	美国消防协会法规：H2（健康危险性）；F1（火灾危险性）；R0（反应危险性）		
储存	与强氧化剂、强酸分开存放		
重要数据	物理状态、外观：无色液体，有特殊气味 化学危险性：与强氧化剂和强酸发生反应 职业接触限值：阈限值：25ppm，121mg/m³（上限值）（美国政府工业卫生学家会议，2003 年）。最高容许浓度：10ppm，49mg/m³；最高限值种类：I（2）；妊娠风险等级：IIc（德国，2002 年） 接触途径：该物质可通过吸入其气溶胶吸收到体内 吸入危险性：20℃时该物质蒸发不会或很缓慢地达到空气中有害污染浓度 短期接触的影响：该物质刺激眼睛、皮肤和呼吸道 长期或反复接触的影响：反复或长期与皮肤接触可能引起皮炎		
物理性质	沸点：198℃ 熔点：−50℃ 相对密度（水=1）：0.92 水中溶解度：混溶 蒸气压：20℃时 6.7Pa 蒸气相对密度（空气=1）：4.1 蒸气/空气混合物的相对密度（20℃，空气=1）：1 闪点：96℃（开杯） 自燃温度：306℃ 爆炸极限：空气中 1.2%～8.1%（体积） 辛醇/水分配系数的对数值：0.58		
环境数据			
注解	工作接触的任何时刻都不应超过职业接触限值。商品名称有 Diolane 和 Pinakon		

IPCS
International Programme on Chemical Safety

本卡片由 IPCS 和 EC 合作编写 © 2004～2012

国际化学品安全卡

羟胺			ICSC 编号：0661

CAS 登记号：7803-49-8	中文名称：羟胺
RTECS 号：NC2975000	英文名称：HYDROXYLAMINE; Oxammonium
EC 编号：612-122-00-7	

分子量：33	化学式：H₃NO/NH₂OH

危害/接触类型	急性危害/症状	预防	急救/消防
火 灾	遇热爆炸。在火焰中释放出刺激性或有毒烟雾（或气体）	禁止明火、禁止火花和禁止吸烟。禁止与高温表面接触	大量水，抗溶性泡沫，干粉
爆 炸	与许多物质接触有着火和爆炸危险。（见化学危险性）		着火时，喷雾状水保持料桶等冷却。从掩蔽的位置灭火
接 触		避免一切接触！	
# 吸入	嘴唇或指甲发青，皮肤发青，咳嗽，眩晕，头痛，咽喉疼痛，虚弱	通风，局部排气通风或呼吸防护	新鲜空气，休息，给予医疗护理。见注解
# 皮肤	可能被吸收！发红，疼痛。（另见吸入）	防护手套，防护服	脱掉污染的衣服，冲洗，然后用水和肥皂洗皮肤，给予医疗护理
# 眼睛	发红，疼痛，严重深度烧伤	面罩或眼睛防护结合呼吸防护	首先用大量水冲洗几分钟（如可能尽量摘除隐形眼镜），然后就医
# 食入	恶心，气促，呕吐。见注解。（另见吸入）	工作时不得进食、饮水或吸烟	漱口，给予医疗护理。见注解
泄漏处置	将泄漏物清扫进有盖容器中。如果适当，首先湿润防止扬尘。小心收集残余物，然后转移到安全场所。个人防护用具：适用于有害颗粒物的 P2 过滤呼吸器		
包装与标志	欧盟危险性类别：Xn 符号 N 符号 R:5-22-37/38-41-43-48/22-50 S:2-22-26-37/39-61		
应急响应	美国消防协会法规：H2（健康危险性）；F0（火灾危险性）；R3（反应危险性）		
储存	耐火设备（条件）。与性质相互抵触的物质分开存放（见化学危险性）。阴凉场所。干燥。严格密封		
重要数据	**物理状态、外观：**高吸湿性，白色针状或薄片 **化学危险性：**加热至 70℃以上时或与明火接触时，可能发生爆炸。在室温下，特别是有湿气和二氧化碳存在下以及猛烈加热时，该物质迅速分解，生成含氮氧化物的有毒烟雾。水溶液为一种弱碱。与氧化剂、金属如锌粉、某些金属氧化物、硫酸铜（II）和氯化磷激烈反应，有着火和爆炸危险 **职业接触限值：**阈限值未制定标准。最高容许浓度：皮肤致敏剂（德国，2005 年） **接触途径：**该物质可通过吸入、经皮肤和食入吸收到体内 **吸入危险性：**未指明 20℃时该物质蒸发达到有害空气浓度的速率 **短期接触的影响：**该物质刺激皮肤和呼吸道，腐蚀眼睛。该物质可能对血液有影响，导致正铁血红蛋白形成。影响可能推迟显现。需要进行医学观察 **长期或反复接触的影响：**反复或长期接触可能引起皮肤致敏。该物质可能对血液有影响，导致正铁血红蛋白形成和贫血		
物理性质	**沸点：**低于沸点 70℃以下分解 **熔点：**33℃ **相对密度（水=1）：**1.2 **水中溶解度：**溶解 **蒸气压：**47℃时 1.3kPa **蒸气相对密度（空气=1）：**1.1 **蒸气/空气混合物的相对密度（20℃，空气=1）：**1.00 **闪点：**129℃时爆炸 **自燃温度：**265℃ **辛醇/水分配系数的对数值：**-1.5		
环境数据	该物质对水生生物有极高毒性		
注解	根据接触程度，建议定期进行医疗检查。恶心、呕吐和发绀症状常常经过几小时以后才变得明显。该物质中毒时需采取必要的措施。必须提供有指示说明的适当方法。未指明气味与职业接触限值之间的关系。储存期间的分解可能造成容器中压力积聚。可参考卡片＃0709（盐酸羟胺）		

IPCS
International
Programme on
Chemical Safety

UNEP

本卡片由 IPCS 和 EC 合作编写 © 2004～2012

653

国际化学品安全卡

氰化碘			ICSC 编号：0662

CAS 登记号：506-78-5	中文名称：氰化碘；碘化氰
RTECS 号：NN1750000	英文名称：IODINE CYANIDE; Cyanogen iodide
UN 编号：1588	
EC 编号：006-007-00-5	
中国危险货物编号：1588	
分子量：152.9	化学式：CNI

危害/接触类型	急性危害/症状	预防	急救/消防
火灾	不可燃。在火焰中释放出刺激性或有毒烟雾（或气体）		周围环境着火时，使用适当的灭火剂
爆炸			着火时，喷雾状水保持料桶等冷却，但避免该物质与水接触
接触		防止粉尘扩散！严格作业环境管理！	一切情况均向医生咨询！
# 吸入	咽喉痛，头痛，意识模糊，虚弱，气促，惊厥，神志不清（见注解）	局部排气通风或呼吸防护	新鲜空气，休息，必要时进行人工呼吸，禁止口对口进行人工呼吸，由经过培训的人员给予吸氧，给予医疗护理
# 皮肤	可能被吸收！发红。疼痛（见吸入）	防护手套。防护服	脱去污染的衣服，用大量水冲洗皮肤或淋浴，给予医疗护理
# 眼睛	发红。疼痛	安全护目镜，面罩，或眼睛防护结合呼吸防护	先用大量水冲洗几分钟（如可能尽量摘除隐形眼镜），然后就医
# 食入	灼烧感，恶心，呕吐，腹泻。（另见吸入）	工作时不得进食，饮水或吸烟。进食前洗手	催吐（仅对清醒病人！）。催吐时戴防护手套，用水冲洗活性炭浆，禁止口对口进行人工呼吸，由经过培训的人员给予吸氧，给予医疗护理。见注解
泄漏处置	撤离危险区域！向专家咨询！通风。将泄漏物清扫进可密闭容器中。小心收集残余物，然后转移到安全场所。不要让该化学品进入环境。个人防护用具：全套防护服包括自给式呼吸器		
包装与标志	气密。不易破碎包装，将易破碎包装放在不易破碎的密闭容器中。不得与食品和饲料一起运输。污染海洋物质 欧盟危险性类别：T+符号 N 符号 标记：A R:26/27/28-32-50/53 S:1/2-7-28-29-45-60-61 联合国危险性类别：6.1 联合国包装类别：I 中国危险性类别：第 6.1 项毒性物质 中国包装类别：I		
应急响应	运输应急卡：TEC(R)-61GT5-I 或 61GT5-I-Cy		
储存	与性质相互抵触的物质、食品和饲料分开存放。干燥。严格密封。保存在通风良好的室内。储存在没有排水管或下水道的场所		
重要数据	物理状态、外观：白色晶体，有刺鼻气味 化学危险性：与酸、碱、氨、醇类接触和加热时，该物质分解生成氰化氢有毒气体。与二氧化碳反应或与水缓慢反应，生成氰化氢 职业接触限值：阈限值未制定标准。在潮湿空气中分解导致氰化氢暴露。阈限值：4.7ppm（对氰化氢和某些氰化物盐，以 CN-计）（短期接触限值）（上限值）（美国政府工业卫生学家会议，2005 年）。最高容许浓度：$2mg/m^3$（以 CN-计）（可吸入部分）；最高限值种类：II（1）；皮肤吸收；妊娠风险等级：C（德国，2004 年） 接触途径：该物质可通过吸入其气溶胶，经皮肤和食入吸收到体内 吸入危险性：扩散时可较快地达到空气中颗粒物有害浓度 短期接触的影响：该物质严重刺激眼睛、皮肤和呼吸道。该物质可能对细胞呼吸有影响，导致惊厥和神志不清。接触可能导致死亡。需进行医学观察。见注解 长期或反复接触的影响：该物质可能对甲状腺有影响		
物理性质	熔点：146~147℃ 密度：$2.84g/cm^3$ 水中溶解度：缓慢反应	蒸气压：25.2℃时 130Pa 蒸气相对密度（空气=1）：1.54	
环境数据	该物质对水生生物有极高毒性		
注解	该物质中毒时需采取必要的治疗措施；必须提供有指示说明的适当方法。不要将工作服带回家中		

IPCS
International Programme on Chemical Safety

UNEP

本卡片由 IPCS 和 EC 合作编写 © 2004~2012

国际化学品安全卡

煤油			ICSC 编号：0663

CAS 登记号：8008-20-6	中文名称：煤油；轻石油；灯油；一号燃料油
RTECS 号：OA5500000	英文名称：KEROSENE; Kerosine; Light petroleum; Lamp oil; Fuel oil No.1
UN 编号：1223	
EC 编号：650-001-02-5	
中国危险货物编号：1223	

危害/接触类型	急性危害/症状	预防	急救/消防
火 灾	易燃的	禁止明火、禁止火花和禁止吸烟	干粉，水成膜泡沫，泡沫，二氧化碳
爆 炸	高于 37℃，可能形成爆炸性蒸气/空气混合物	高于 37℃，使用密闭系统，通风和防爆型电气设备。防止静电荷积聚（例如，通过接地）	着火时，喷雾状水保持料桶等冷却
接 触		防止产生烟云！	
# 吸入	意识模糊，咳嗽，眩晕，头痛，咽喉痛，神志不清	通风	新鲜空气，休息，必要时进行人工呼吸，给予医疗护理
# 皮肤	皮肤干燥，粗糙	防护手套	脱掉污染的衣服，冲洗，然后用水和肥皂洗皮肤，给予医疗护理
# 眼睛	发红	安全护目镜	首先用大量水冲洗几分钟（如可能尽量摘除隐形眼镜），然后就医
# 食入	腹泻，恶心，呕吐	工作时不得进食、饮水或吸烟	不要催吐，休息，给予医疗护理
泄漏处置	将泄漏液收集在有盖容器中。用砂土或惰性吸收剂吸收残液并转移到安全场所。不要让该化学品进入环境。个人防护用具：自给式呼吸器		
包装与标志	欧盟危险性类别：Xn 符号 标记：H R:65 S:2-23-24-62 联合国危险性类别：3 联合国包装类别：III 中国危险性类别：第 3 类易燃液体 中国包装类别：III		
应急响应	运输应急卡：TEC(R)-551 美国消防协会法规：H0（健康危险性）；F2（火灾危险性）；R0（反应危险性）		
储存	耐火设备（条件）。与强氧化剂分开存放。阴凉场所		
重要数据	物理状态、外观：低粘性液体，有特殊气味 物理危险性：由于流动、搅拌等，可能产生静电 化学危险性：与氧化剂发生反应 职业接触限值：阈限值未制定标准 接触途径：该物质可通过吸入其蒸气和食入吸收到体内 吸入危险性：未指明 20℃时该物质蒸发达到空气中有害浓度的速率 短期接触的影响：该物质轻度刺激皮肤和呼吸道。如果吞咽液体吸入肺中，可能引起化学肺炎。该物质可能对神经系统有影响 长期或反复接触的影响：液体使皮肤脱脂		
物理性质	沸点：150～300℃ 熔点：-20℃ 相对密度（水=1）：0.8 水中溶解度：不溶 蒸气相对密度（空气=1）：4.5 闪点：37～65℃ 自燃温度：220℃ 爆炸极限：空气中 0.7%～5%（体积）		
环境数据	该物质对水生生物是有害的。		
注解	物理性质依组成而变化。食入煤油（灯油）是儿童事故中毒的主要原因		

IPCS
International
Programme on
Chemical Safety

本卡片由 IPCS 和 EC 合作编写 © 2004～2012

655

国际化学品安全卡

甲酸甲酯			ICSC 编号：0664

CAS 登记号：107-31-3
RTECS 号：LQ8925000
UN 编号：1243
EC 编号：607-014-00-1
中国危险货物编号：1243

中文名称：甲酸甲酯；甲酸甲基酯
英文名称：METHYL FORMATE; Formic acid methyl ester; Methyl methanoate

分子量：60.1　　　　　　　　化学式：$C_2H_4O_2/HCOOCH_3$

危害/接触类型	急性危害/症状	预防	急救/消防
火　灾	极易燃	禁止明火，禁止火花和禁止吸烟	干粉，抗溶性泡沫，雾状水，二氧化碳
爆　炸	蒸气/空气混合物有爆炸性。受热引起压力升高，有爆裂危险。与强氧化剂接触时有着火和爆炸的危险	密闭系统，通风，防爆型电气设备和照明。不要使用压缩空气灌装、卸料或转运。防止静电荷积聚（例如，通过接地）	着火时，喷雾状水保持料桶等冷却
接　触			
# 吸入	咳嗽。呼吸短促。头痛。倦睡	通风，局部排气通风或呼吸防护	新鲜空气，休息。给予医疗护理
# 皮肤	发红	防护手套。防护服	脱去污染的衣服。用大量水冲洗皮肤或淋浴
# 眼睛	发红。疼痛	安全护目镜	先用大量水冲洗几分钟（如可能尽量摘除隐形眼镜），然后就医
# 食入	咽喉疼痛。（另见吸入）	工作时不得进食、饮水或吸烟	漱口。不要催吐。给予医疗护理
泄漏处置			

泄漏处置	撤离危险区域！向专家咨询！通风。转移全部引燃源。将泄漏液收集在可密闭的容器中。用砂土或惰性吸收剂吸收残液，并转移到安全场所。个人防护用具：全套防护服包括自给式呼吸器
包装与标志	欧盟危险性类别：F+符号　Xn符号　　R:12-20/22-36/37　　S:2-9-16-24-26-33 联合国危险性类别：3　　　联合国包装类别：I 中国危险性类别：第 3 类 易燃液体　中国包装类别：I GHS 分类：信号词：危险 图形符号：火焰-感叹号 危险说明：极易燃液体和蒸气；吞咽有害；造成眼睛刺激；可能引起昏昏欲睡或眩晕
应急响应	美国消防协会法规：H2（健康危险性）；F4（火灾危险性）；R0（反应危险性）
储存	耐火设备（条件）。与强氧化剂分开存放。阴凉场所
重要数据	物理状态、外观：无色液体，有特殊气味 物理危险性：蒸气比空气重。可能沿地面流动；可能造成远处着火 化学危险性：与强氧化剂发生剧烈反应，有着火和爆炸的危险 职业接触限值：阈限值：100ppm（时间加权平均值）；150ppm（短期接触限值）（美国政府工业卫生学家会议，2010 年）。最高容许浓度：50ppm，120mg/m³；最高限值种类：II（4）；皮肤吸收；妊娠风险等级：C（德国，2009 年） 接触途径：该物质可通过吸入其蒸气、经皮肤和经食入吸收到体内 吸入危险性：20℃时，该物质蒸发相当快地达到空气中有害污染浓度 短期接触的影响：该物质刺激眼睛和呼吸道。该物质可能对中枢神经系统有影响。远高于职业接触限值接触时，能够造成意识水平下降 长期或反复接触的影响：液体使皮肤脱脂
物理性质	沸点：32℃ 熔点：−100℃ 相对密度（水=1）：0.97 水中溶解度：20℃时 30g/100mL (溶解) 蒸气压：20℃时 64kPa 蒸气相对密度（空气=1）：2.1　　　　　蒸气/空气混合物的相对密度（20℃，空气=1）：1.7 闪点：−19℃ 自燃温度：449℃ 爆炸极限：空气中 5%～23%（体积） 辛醇/水分配系数的对数值：−0.21
环境数据	
注解	超过接触限值时，气味报警不充分。不要将工作服带回家中

IPCS
International Programme on Chemical Safety

   UNEP

本卡片由 IPCS 和 EC 合作编写 © 2004～2012

国际化学品安全卡

甲基异丁基甲醇			ICSC 编号：0665

CAS 登记号：108-11-2	中文名称：甲基异丁基甲醇；4-二甲基丁-2-醇；4-甲基-2-戊醇；甲基戊醇
RTECS 号：SA7350000	英文名称：METHYL ISOBUTYL CARBINOL; 4-Dimethyl butan-2-ol;
UN 编号：2053	4-Methyl-2-pentanol; Methyl amyl alcohol
EC 编号：603-008-00-8	
中国危险货物编号：2053	

分子量：102.2	化学式：$C_6H_{14}O/CH_3HCOHCH_2CH(CH_3)_2$

危害/接触类型	急性危害/症状	预防	急救/消防
火　灾	易燃的	禁止明火、禁止火花和禁止吸烟	干粉，抗溶性泡沫，雾状水，二氧化碳
爆　炸	高于41℃时，可能形成爆炸性蒸气/空气混合物	高于41℃时，密闭系统，通风和防爆型电气设备	
接　触		防止烟云产生！	
# 吸入	咳嗽，咽喉疼痛，神志不清	通风，局部排气通风或呼吸防护	新鲜空气，休息，必要时进行人工呼吸，立即给予医疗护理
# 皮肤	皮肤干燥，发红，疼痛	防护手套，防护服	脱掉污染的衣服，用大量水冲洗皮肤或淋浴，给予医疗护理
# 眼睛	发红，疼痛	安全护目镜	先用大量水冲洗几分钟（如可能尽量摘除隐形眼镜），然后就医
# 食入		工作时不得进食、饮水或吸烟	漱口，休息，给予医疗护理

泄漏处置	通风。尽量将泄漏液收集在可密闭容器中。用砂土或惰性吸收剂吸收残液并转移到安全场所。不要冲入下水道。个人防护用具：适用于有机气体和蒸气的过滤呼吸器
包装与标志	欧盟危险性类别：Xi 符号　　R:10-37　　S:2-24/25 联合国危险性类别：3　　　　联合国包装类别：III 中国危险性类别：第 3 类易燃液体　中国包装标志：III
应急响应	运输应急卡：TEC（R）-30S2053 或 30GF1-III 美国消防协会法规：H2（健康危险性）；F2（火灾危险性）；R0（反应危险性）
储存	如果在室内，耐火设备（条件）。与强氧化剂分开存放。阴凉场所
重要数据	物理状态、外观：无色液体 物理危险性：蒸气比空气重，可能沿地面流动，可能造成远处着火 化学危险性：与强氧化剂发生反应 职业接触限值：阈限值：25ppm（时间加权平均值），40ppm（短期接触限值）（经皮）（美国政府工业卫生学家会议，2004 年）。最高容许浓度：20ppm，85mg/m³；最高限值种类：I（1）；妊娠风险等级：IIc（德国，2005 年） 接触途径：该物质可通过吸入其蒸气和经皮肤吸收到体内 吸入危险性：20℃时该物质蒸发相当慢地达到空气中有害污染浓度 短期接触的影响：该物质刺激眼睛、皮肤和呼吸道。接触可能导致意识降低 长期或反复接触的影响：液体使皮肤脱脂
物理性质	沸点：132℃ 熔点：-90℃ 相对密度（水=1）：0.82 水中溶解度：2g/100mL 蒸气相对密度（空气=1）：3.5 闪点：41℃ 爆炸极限：在空气中 1.0%～5.5%（体积） 辛醇/水分配系数的对数值：1.43
环境数据	
注解	

IPCS
International
Programme on
Chemical Safety

本卡片由 **IPCS** 和 **EC** 合作编写 © 2004～2012

国际化学品安全卡

萘			ICSC 编号：0667

CAS 登记号：91-20-3	中文名称：萘；环烷
RTECS 号：QJ0525000	英文名称：NAPHTHALENE; Naphthene
UN 编号：1334（固体）； 　　　　2304（熔融）	
EC 编号：601-052-00-2	
中国危险货物编号：1334	

分子量：128.18	化学式：$C_{10}H_8$

危害/接触类型	急性危害/症状	预防	急救/消防
火　灾	可燃的	禁止明火	干粉，雾状水，泡沫，二氧化碳
爆　炸	高于 80℃，可能形成爆炸性蒸气/空气混合物。微细分散的颗粒物在空气中形成爆炸性混合物	防止粉尘沉积、密闭系统、防止粉尘爆炸型电气设备和照明	
接　触		防止粉尘扩散！	
# 吸入	头痛。虚弱。恶心。呕吐。出汗。意识模糊。黄疸。暗色尿	通风（如果没有粉末时），局部排气通风或呼吸防护	新鲜空气，休息。给予医疗护理
# 皮肤	可能被吸收！（另见吸入）	防护手套	用大量水冲洗皮肤或淋浴
# 眼睛		安全眼镜	先用大量水冲洗几分钟（如可能尽量摘除隐形眼镜），然后就医
# 食入	腹部疼痛。腹泻。惊厥。神志不清。（另见吸入）	工作时不得进食，饮水或吸烟。进食前洗手	休息。给予医疗护理

泄漏处置	将泄漏物清扫进有盖的容器中，如果适当，首先润湿防止扬尘。小心收集残余物，然后转移到安全场所。不要让该化学品进入环境。个人防护用具：适用于有机气体和蒸气的过滤呼吸器
包装与标志	不得与食品和饲料一起运输。污染海洋物质 欧盟危险性类别：Xn 符号　N 符号　　　R:22-40-50/53　S:2-36/37-46-60-61 联合国危险性类别：4.1　联合国包装类别：III 中国危险性类别：第 4.1 项易燃固体　中国包装类别：III
应急响应	运输应急卡：TEC(R)-41S1334 或 41GF1-II+III 美国消防协会法规：H2（健康危险性）；F2（火灾危险性）；R0（反应危险性）
储存	与强氧化剂、食品和饲料分开存放。储存在没有排水管或下水道的场所
重要数据	物理状态、外观：白色各种形态固体，有特殊气味 物理危险性：以粉末或颗粒形状与空气混合，可能发生粉尘爆炸 化学危险性：燃烧时，生成刺激和有毒气体。与强氧化剂发生反应 职业接触限值：阈限值：10ppm（时间加权平均值）；15ppm（短期接触限值）（经皮）；A4（不能分类为人类致癌物）（美国政府工业卫生学家会议，2005 年）。最高容许浓度：皮肤吸收（H）；致癌物类别：2；胚细胞突变物类别：3B（德国，2004 年） 接触途径：该物质可通过吸入、经皮肤和食入吸收到体内 吸入危险性：20℃时该物质蒸发相当慢地达到空气中有害污染浓度。见注解 短期接触的影响：该物质可能对血液有影响，导致血细胞损伤（溶血）。见注解。影响可能推迟显现。食入接触可能导致死亡。需进行医学观察 长期或反复接触的影响：该物质可能对血液有影响，导致慢性溶血性贫血。该物质可能对眼睛有影响，导致白内障发展。该物质可能是人类致癌物
物理性质	沸点：218℃（在室温下缓慢升华） 熔点：80℃ 密度：1.16g/cm³ 水中溶解度：25℃时不溶 蒸气压：25℃时 11Pa	蒸气相对密度（空气=1）：4.42 闪点：80℃（闭杯） 自燃温度：540℃ 爆炸极限：空气中 0.9%～5.9%（体积） 辛醇/水分配系数的对数值：3.3
环境数据	该物质对水生生物有极高毒性。该物质可能在水生环境中造成长期影响
注解	某些人可能对萘的血细胞影响更敏感

IPCS
International Programme on Chemical Safety

本卡片由 IPCS 和 EC 合作编写 © 2004～2012

国际化学品安全卡

1,5-萘二胺			ICSC 编号：0668

CAS 登记号：2243-62-1	中文名称：1,5-萘二胺；1,5-二氨基萘；1,5-亚萘基二胺
RTECS 号：QJ3400000	英文名称：1,5-NAPHTHALENEDIAMINE; 1,5-Diaminonaphthalene;
EC 编号：612-089-00-9	1,5-Naphthylenediamine

分子量：158.2	化学式：$C_{10}H_{10}N_2/C_{10}H_6(NH_2)_2$

危害/接触类型	急性危害/症状	预防	急救/消防
火 灾	可燃的。在火焰中释放出刺激性或有毒烟雾（或气体）	禁止明火	干粉、雾状水、泡沫、二氧化碳
爆 炸			
接 触		防止粉尘扩散！严格作业环境管理！	
# 吸入		局部排气通风	新鲜空气，休息，给予医疗护理
# 皮肤		防护手套，防护服	冲洗，然后用水和肥皂清洗皮肤，给予医疗护理
# 眼睛		安全护目镜	先用大量水冲洗几分钟（如可能尽量摘除隐形眼镜），然后就医
# 食入		工作时不得进食，饮水或吸烟	休息，给予医疗护理

泄漏处置	将泄漏物清扫进可密闭容器中。如果适当，首先润湿防止扬尘。小心收集残余物，然后转移到安全场所。不要让该化学品进入环境。个人防护用具：适用于有害颗粒物的 P2 过滤呼吸器
包装与标志	欧盟危险性类别：Xn 符号 N 符号　R:40-50/53　S:2-36/37-60-61
应急响应	
储存	严格密封
重要数据	**物理状态、外观：** 无色至淡紫色晶体 **化学危险性：** 燃烧时，该物质分解生成有毒烟雾 **职业接触限值：** 阈限值未制定标准。最高容许浓度：皮肤吸收；皮肤致敏剂；致癌物类别：2（德国，2005 年） **接触途径：** 该物质可通过吸入其气溶胶和经食入吸收到体内 **吸入危险性：** 未指明 20℃时该物质蒸发达到空气中有害浓度的速率 **长期或反复接触的影响：** 反复或长期接触可能引起皮肤过敏
物理性质	沸点：升华 熔点：187℃ 密度：1.4g/cm³ 水中溶解度：20℃时 0.004g/100mL 蒸气压：20℃时 0.0000023Pa 闪点：226℃ 自燃温度：580℃ 辛醇/水分配系数的对数值：1.48
环境数据	该物质对水生生物是有害的
注解	该物质对人体健康影响数据不充分，因此应当特别注意。商品名称为 Alphamin

IPCS
International
Programme on
Chemical Safety

本卡片由 IPCS 和 EC 合作编写 © 2004~2012

国际化学品安全卡

邻苯基苯酚			ICSC 编号：0669

CAS 登记号：90-43-7
RTECS 号：DV5775000
EC 编号：604-020-00-6

中文名称：邻苯基苯酚；1,1'-二苯基-2-醇；2-苯基苯酚；2-羟基联苯
英文名称：o-PHENYLPHENOL; (1,1'-Biphenyl-2-ol); 2-Phenylphenol; 2-Hydroxydiphenyl

分子量：170.2

化学式：$C_{12}H_{10}O/C_2H_5C_6H_4OH$

危害/接触类型	急性危害/症状	预防	急救/消防
火 灾	可燃的	禁止明火	干粉，抗溶性泡沫，雾状水，二氧化碳
爆 炸	微细分散的颗粒物在空气中形成爆炸性混合物	防止粉尘沉积、密闭系统、防止粉尘爆炸型电气设备和照明	着火时，喷雾状水保持料桶等冷却
接 触		防止粉尘扩散！严格作业环境管理！	一切情况均向医生咨询！
# 吸入	（见食入）	避免吸入微细粉尘和烟云。通风（如果没有粉末时），局部排气通风或呼吸防护	新鲜空气，休息，给予医疗护理
# 皮肤	发红	防护手套，防护服	脱掉污染的衣服，冲洗，然后用水和肥皂洗皮肤，给予医疗护理
# 眼睛	发红	安全护目镜或面罩	先用大量水冲洗几分钟（如可能尽量摘除隐形眼镜），然后就医
# 食入	胃痉挛，腹痛，咳嗽，呼吸困难	工作时不得进食，饮水或吸烟。进食前洗手	漱口，给予医疗护理

泄漏处置	不要冲入下水道。将泄漏物清扫进可密闭容器中。如果适当，首先润湿防止扬尘。小心收集残余物，然后转移到安全场所。个人防护用具：适用于有害颗粒物的 P2 过滤呼吸器
包装与标志	欧盟危险性类别：Xi 符号 N 符号 R:36/37/38-50 S:2-22-61
应急响应	美国消防协会法规：H1（健康危险性）；F1（火灾危险性）；R0（反应危险性）
储存	与强氧化剂和强碱分开存放。储存在通风良好的室内
重要数据	物理状态、外观：白色晶体 物理危险性：如果以粉末或颗粒形状与空气混合，可能发生粉尘爆炸 化学危险性：与强碱和强氧化剂发生反应 职业接触限值：阈限值未制定标准。最高容许浓度：IIb（未制定标准，但可提供数据）（德国，2005年） 接触途径：该物质可通过吸入其蒸气和食入吸收到体内 吸入危险性：20℃时蒸发可忽略不计，但喷洒或扩散时可较快地达到空气中颗粒物有害浓度，尤其是粉末 短期接触的影响：该物质刺激眼睛、皮肤和呼吸道。该物质可能对心血管系统、胃肠道、肾、肝和肺有影响，导致呼吸衰竭、组织损伤和出血 长期或反复接触的影响：该物质可能对肾有影响，导致组织损伤
物理性质	沸点：286℃ 熔点：58～60℃ 相对密度（水=1）：1.2 水中溶解度：不溶 蒸气压：163℃时 2.7kPa 闪点：124℃（闭杯） 自燃温度：530℃
环境数据	该物质对水生生物是有毒的
注解	该物质的人体健康影响数据不充分，因此，应当特别注意

IPCS
International
Programme on
Chemical Safety

本卡片由 IPCS 和 EC 合作编写 © 2004～2012

国际化学品安全卡

邻苯二甲酸二腈			ICSC 编号：0670

CAS 登记号：91-15-6
RTECS 号：TI8575000
UN 编号：3276
中国危险货物编号：3276

中文名称：邻苯二甲酸二腈；1,2-苯二甲酸腈；1,2-二氰基苯；邻苯二腈
英文名称：PHTHALODINITRILE; Phthalic acid dinitrile;
1,2-Benzenedicarbonitrile; 1,2-Dicyanobenzene; o-Benzenedinitrile

分子量：128.1　　　　　　　　　　　化学式：$C_8H_4N_2/C_6H_4(CN)_2$

危害/接触类型	急性危害/症状	预防	急救/消防
火 灾	可燃的。在火焰中释放出刺激性或有毒烟雾（或气体）	禁止明火	干粉，二氧化碳，泡沫
爆 炸	微细分散的颗粒物在空气中形成爆炸性混合物	防止粉尘沉积、密闭系统、防止粉尘爆炸型电气设备和照明	
接 触		防止粉尘扩散！	
# 吸入	头晕。头痛。恶心。呕吐。惊厥。神志不清	局部排气通风或呼吸防护	新鲜空气，休息。给予医疗护理
# 皮肤		防护手套	用大量水冲洗皮肤或淋浴
# 眼睛		安全护目镜	先用大量水冲洗几分钟（如可能尽量摘除隐形眼镜），然后就医
# 食入	头晕。头痛。恶心。呕吐。惊厥。神志不清	工作时不得进食，饮水或吸烟	漱口。催吐（仅对清醒病人！）。用水冲服活性炭浆。给予医疗护理

泄漏处置	将泄漏物清扫进容器中。小心收集残余物，然后转移到安全场所。不要让该化学品进入环境。个人防护用具：适用于有毒颗粒物的 P3 过滤呼吸器
包装与标志	不得与食品和饲料一起运输 联合国危险性类别：6.1　联合国包装类别：III 中国危险性类别：6.1　中国包装类别：III
应急响应	运输应急卡：TEC(R)-61GT1-III
储存	与强氧化剂、食品和饲料分开存放
重要数据	物理状态、外观：黄色晶体粉末，有特殊气味 化学危险性：加热时,该物质分解生成含有氰化物的有毒烟雾。燃烧时生成氮氧化物。与强氧化剂发生反应 职业接触限值：阈限值未制定标准。最高容许浓度未制定标准 接触途径：该物质可通过吸入和经食入吸收到体内 吸入危险性：扩散时可较快地达到空气中颗粒物有害浓度 短期接触的影响：该物质可能对中枢神经系统有影响
物理性质	沸点：304.5℃ 熔点：141℃ 密度：1.24g/cm³ 水中溶解度：25℃时 0.06g/100mL 蒸气压：20℃时 4Pa 闪点：162℃ 自燃温度：>580℃ 辛醇/水分配系数的对数值：0.58
环境数据	该物质对水生生物是有害的。该物质在正常使用过程中进入环境。但是应当注意避免任何额外的释放，例如通过不适当处置活动
注解	

IPCS
International
Programme on
Chemical Safety

UNEP

国际化学品安全卡

氰化钾			ICSC 编号：0671

CAS 登记号：151-50-8	中文名称：氰化钾；氢氰酸钾盐
RTECS 号：TS8750000	英文名称：POTASSIUM CYANIDE; Hydrocyanic acid, potassium salt
UN 编号：1680	
EC 编号：006-007-00-5	
中国危险货物编号：1680	
分子量：65.1	化学式：KCN

危害/接触类型	急性危害/症状	预防	急救/消防
火 灾	不可燃，但与水或潮湿空气接触时，生成易燃气体，在火焰中释放出刺激性或有毒烟雾（或气体）		禁用含水灭火剂，禁止用水，禁用二氧化碳，周围环境着火时，使用泡沫、干粉灭火
爆 炸			着火时，喷雾状水保持料桶等冷却，但避免该物质与水接触
接 触		防止粉尘扩散！严格作业环境管理！	一切情况均向医生咨询！
# 吸入	咽喉痛，头痛，意识模糊，虚弱，气促，惊厥，神志不清	局部排气通风或呼吸防护	新鲜空气，休息，禁止口对口进行人工呼吸，由经过培训的人员给予吸氧，给予医疗护理
# 皮肤	可能被吸收！发红，疼痛。（另见吸入）	防护手套，防护服	脱去污染的衣服，用大量水冲洗皮肤或淋浴，给予医疗护理
# 眼睛	发红，疼痛。（另见吸入）	安全护目镜，面罩或眼睛防护结合呼吸防护	先用大量水冲洗几分钟（如可能尽量摘除隐形眼镜），然后就医
# 食入	灼烧感。恶心。呕吐。腹泻。（另见吸入）	工作时不得进食，饮水或吸烟。进食前洗手	催吐（仅对清醒病人！）。催吐时戴防护手套。禁止口对口进行人工呼吸。由经过培训的人员给予吸氧。给予医疗护理

泄漏处置	撤离危险区域！向专家咨询！通风，将泄漏物清扫进干燥、可密闭和有标志的容器中，用次氯酸钠溶液小心中和残余物，然后用大量水冲净。不要让该化学品进入环境。个人防护用具:全套防护服包括自给式呼吸器
包装与标志	气密。不易破碎包装，将易破碎包装放在不易破碎的密闭容器中。不得与食品和饲料一起运输。污染海洋物质 欧盟危险性类别：T+符号 N 符号 标记：A R:26/27/28-32-50/53 S:1/2-7-28-29-45-60-61 联合国危险性类别：6.1 联合国包装类别：I 中国危险性类别：第 6.1 项毒性物质 中国包装类别：I
应急响应	运输应急卡：TEC（R）-61S1680 美国消防协会法规：H3（健康危险性）；F0（火灾危险性）；R0（反应危险性）
储存	与强氧化剂、酸类、食品和饲料、二氧化碳、水或含水产品分开存放。干燥。严格密封。保存在通风良好的室内。储存在没有排水管或下水道的场所
重要数据	物理状态、外观：吸湿的晶体或各种形态固体，有特殊气味。干燥时无气味 化学危险性：与酸接触时，该物质迅速分解，与水、潮湿气体或二氧化碳接触时，缓慢分解生成氰化氢（见卡片#0492）。水溶液是一种中强碱 职业接触限值：阈限值：5mg/m³（以 CN 计）（上限值，经皮）（美国政府工业卫生学家会议，2005年）。最高容许浓度：2mg/m³（可吸入粉尘）；皮肤吸收（H）；最高限值种类：II（1）；妊娠风险等级：C（德国，2004 年） 接触途径：该物质可通过吸入、经皮肤和食入吸收到体内 吸入危险性：扩散时可较快地达到空气中颗粒物有害浓度 短期接触的影响：该物质严重刺激眼睛、皮肤和呼吸道。该物质可能对细胞呼吸有影响，导致惊厥和神志不清。接触可能导致死亡。需进行医学观察。见注解 长期或反复接触的影响：该物质可能对甲状腺有影响
物理性质	沸点：1625℃ 熔点：634℃	密度：1.52g/cm³ 水中溶解度：71.6g/100mL
环境数据	该物质对水生生物有极高毒性
注解	工作接触的任何时刻都不应超过职业接触限值。该物质中毒时须采取必要的治疗措施；必须提供有指示说明的适当方法。根据接触程度，建议定期进行医疗检查。不要将工作服带回家中。如果在工作场所可能接触到氰化氢，不要单独一人工作

IPCS
International
Programme on
Chemical Safety

本卡片由 IPCS 和 EC 合作编写 © 2004~2012

国际化学品安全卡

高锰酸钾			ICSC 编号：0672

CAS 登记号：7722-64-7	中文名称：高锰酸钾；高锰酸钾盐
RTECS 号：SD6475000	英文名称：POTASSIUM PERMANGANATE; Permanganic acid potassium salt
UN 编号：1490	
EC 编号：025-002-00-9	
中国危险货物编号：1490	

分子量：158.0	化学式：KMnO₄

$$ \text{化学式：KMnO}_4 $$

危害/接触类型	急性危害/症状	预防	急救/消防
火 灾	不可燃，但可助长其他物质燃烧。在火焰中释放出刺激性或有毒烟雾（或气体）	禁止与易燃物质接触	周围环境着火时，使用适当的灭火剂
爆 炸	与可燃物质和还原剂接触时，有着火和爆炸危险		
接 触		防止粉尘扩散！严格作业环境管理！	
# 吸入	灼烧感，咳嗽，咽喉痛，气促，呼吸困难。症状可能推迟显现。（见注解）	避免吸入粉尘。局部排气通风或呼吸防护	新鲜空气，休息，半直立体位，必要时进行人工呼吸，给予医疗护理
# 皮肤	发红。皮肤烧伤。疼痛	防护手套。防护服	先用大量水冲洗，然后脱去污染的衣服并再次冲洗。给予医疗护理
# 眼睛	发红。疼痛。严重深度烧伤	面罩，或眼睛防护结合呼吸防护	先用大量水冲洗几分钟（如可能尽量摘除隐形眼镜），然后就医
# 食入	灼烧感，腹部疼痛，腹泻，恶心，呕吐，休克或虚脱	工作时不得进食，饮水或吸烟	漱口。大量饮水。不要催吐。给予医疗护理

泄漏处置	将泄漏物清扫进有盖的容器中。小心收集残余物，然后转移到安全场所。不要用锯末或其他可燃吸收剂吸收。不要让该化学品进入环境。个人防护用具：化学防护服包括自给式呼吸器
包装与标志	欧盟危险性类别：O 符号 Xn 符号 N 符号　R:8-22-50/53　S:2-60-61 联合国危险性类别：5.1　　联合国包装类别：II 中国危险性类别：第 5.1 项氧化性物质　中国包装类别：II
应急响应	运输应急卡：TEC(R)-51G02-I+II+III
储存	与可燃物质和还原性物质、金属粉末分开存放。严格密封
重要数据	物理状态、外观：暗紫色晶体 化学危险性：加热时，该物质分解生成有毒气体和刺激性烟雾。该物质是一种强氧化剂。与可燃物质和还原性物质发生反应，有着火和爆炸危险。与金属粉末激烈反应，有着火的危险 职业接触限值：阈限值：0.2mg/m³（以 Mn 计，时间加权平均值）（美国政府工业卫生学家会议，2003 年）。最高容许浓度：0.5mg/m³（以 Mn 计，可吸入粉尘）；最高限值种类：I（1）；妊娠风险等级：C（德国，2003 年） 接触途径：该物质可通过吸入其粉尘和经食入吸收到体内 吸入危险性：20℃时蒸发可忽略不计，但扩散时可较快地达到空气中颗粒物有害浓度 短期接触的影响：该物质腐蚀眼睛、皮肤和呼吸道。食入有腐蚀性。吸入粉尘可能引起肺水肿（见注解）。影响可能推迟显现。需进行医学观察 长期或反复接触的影响：该物质可能对肺有影响，导致支气管炎和肺炎
物理性质	熔点：低于熔点在 240℃分解 密度：2.7g/cm³ 水中溶解度：20℃时 6.4g/100mL 蒸气压：20℃时可忽略不计
环境数据	该物质对水生生物有极高毒性
注解	用大量水冲洗工作服（有着火危险）。肺水肿症状常常经过几个小时以后才变得明显，体力劳动使症状加重。因而休息和医学观察是必要的

IPCS
International
Programme on
Chemical Safety

   UNEP

本卡片由 IPCS 和 EC 合作编写 ©2004～2012

国际化学品安全卡

炔丙醇			ICSC 编号：0673

CAS 登记号：107-19-7
RTECS 号：UK5075000
UN 编号：2929
EC 编号：603-078-00-X
中国危险货物编号：2929

中文名称：炔丙醇；2-丙炔-1-醇
英文名称：PROPARGYL ALCOHOL; 2-Propyn-1-ol

分子量：56.1　　　　　　　　　　　化学式：$C_3H_4O/CHCCH_2OH$

危害/接触类型	急性危害/症状	预防	急救/消防
火　灾	易燃的	禁止明火、禁止火花和禁止吸烟	干粉，抗溶性泡沫，雾状水，二氧化碳
爆　炸	高于33℃时可能形成爆炸性蒸气/空气混合物	高于33℃时密闭系统，通风，防爆型电气设备	着火时喷雾状水保持料桶等冷却
接　触		严格作业环境管理！	一切情况均向医生咨询！
# 吸入	咳嗽，咽喉痛	局部排气通风或呼吸防护	新鲜空气，休息，给予医疗护理
# 皮肤	可能被吸收！发红	防护手套，防护服	脱去污染的衣服，用大量水冲洗皮肤或淋浴，给予医疗护理。急救时戴防护手套
# 眼睛	疼痛，严重深度烧伤。	安全护目镜，面罩或眼睛保护结合呼吸防护	先用大量水冲洗几分钟（如可能尽量摘除隐形眼镜），然后就医
# 食入		工作时不得进食、饮水或吸烟	漱口，休息，给予医疗护理

泄漏处置	尽量将泄漏液收集在可密闭容器中。用砂土或惰性吸收剂吸收残液并转移到安全场所。不要让该化学品进入环境。个人防护用具：全套防护服，包括自给式呼吸器
包装与标志	不得与食品和饲料一起运输 欧盟危险性类别：T 符号 N 符号　R:10-23/24/25-34-51/53　　S:1/2-26-28-36-45-61 联合国危险性类别：6.1　联合国次要危险性：3 联合国包装类别：II 中国危险性类别：第6.1项毒性物质　中国次要危险性：3 中国包装类别：II
应急响应	运输应急卡：TEC（R）-61GTF1-II。 美国消防协会法规：H3（健康危险性）；F3（火灾危险性）；R3（反应危险性）
储存	耐火设备（条件）。与强氧化剂、食品和饲料分开存放。保存在阴暗处。严格密封
重要数据	物理状态、外观：无色液体，有特殊气味 物理危险性：蒸气比空气重 化学危险性：与强氧化剂激烈反应。浸蚀许多塑料。在加热、氧化剂和过氧化物作用下，该物质可能聚合 职业接触限值：阈限值：1ppm（时间加权平均值）（经皮）（美国政府工业卫生学家会议，2004年）。最高容许浓度：2ppm，4.7mg/m³；最高限值种类：I（2）；皮肤吸收；妊娠风险等级：IIc（德国，2005年） 接触途径：该物质可通过吸入其蒸气、经皮肤和食入吸收到体内 吸入危险性：20℃时该物质蒸发，可迅速达到空气中有害污染浓度 短期接触的影响：该物质刺激眼睛、皮肤和呼吸道。蒸气刺激眼睛、皮肤和呼吸道。该物质可能对肝和肾有影响，导致机能损害。高于职业接触限值接触时，可能导致死亡。需要进行医学观察
物理性质	沸点：114℃ 熔点：−52～−48℃ 相对密度（水=1）：0.97 水中溶解度：混溶 蒸气压：20℃时1.54kPa 蒸气相对密度（空气=1）：1.93 闪点：33℃（闭杯） 爆炸极限：在空气中3.4%～70%（体积）
环境数据	该物质对水生生物是有毒的
注解	超过接触限值时，气味报警不充分。蒸气未经阻聚可能发生聚合，堵塞阀门和通风口

IPCS
International
Programme on
Chemical Safety

本卡片由 IPCS 和 EC 合作编写 © 2004~2012

国际化学品安全卡

乙醇钠			ICSC 编号：0674

CAS 登记号：141-52-6　　　　　　中文名称：乙醇钠；乙氧钠；乙醇钠盐

EC 编号：603-041-00-8　　　　　　英文名称：SODIUM ETHANOLATE; Sodium ethylate; Ethanol, sodium salt; Sodium ethoxide

分子量：68.05　　　　　　　　　　化学式：C_2H_5ONa

危害/接触类型	急性危害/症状	预防	急救/消防
火　灾	高度易燃	禁止明火，禁止火花和禁止吸烟	禁止用水。干粉，干沙土。禁用含水灭火剂
爆　炸	与水接触时，有着火和爆炸危险		着火时，喷雾状水保持料桶等冷却，但避免该物质与水接触
接　触		防止粉尘扩散！避免一切接触！	一切情况均向医生咨询！
# 吸入	灼烧感。咳嗽。呼吸困难。气促。咽喉痛	密闭系统和通风	新鲜空气，休息。给予医疗护理
# 皮肤	发红。疼痛。水疱。皮肤烧伤	防护手套。防护服	脱去污染的衣服。用大量水冲洗皮肤或淋浴。给予医疗护理
# 眼睛	发红。疼痛。严重深度烧伤	护目镜，如为粉末，眼睛防护结合呼吸防护	先用大量水冲洗几分钟（如可能尽量摘除隐形眼镜），然后就医
# 食入	灼烧感。腹部疼痛。休克或虚脱	工作时不得进食，饮水或吸烟	漱口。不要催吐。给予医疗护理

泄漏处置	转移全部引燃源。将泄漏物清扫进气密的干容器中。个人防护用具：化学防护服，适用于有害颗粒物的 P2 过滤呼吸器
包装与标志	气密 欧盟危险性类别：F 符号　C 符号　　R:11-14-34　　S:1/2-8-16-26-43-45
应急响应	
储存	耐火设备（条件）。干燥。严格密封
重要数据	物理状态、外观：白色至黄色粉末。 化学危险性：燃烧时，该物质分解生成有毒烟雾。与水激烈反应，有着火和爆炸危险。 职业接触限值：阈限值未制定标准。 吸入危险性：扩散时可较快达到空气中颗粒物有害浓度。 短期接触的影响：有腐蚀性
物理性质	
环境数据	
注解	

IPCS
International
Programme on
Chemical Safety

   UNEP

本卡片由 IPCS 和 EC 合作编写 © 2004～2012

国际化学品安全卡

硫氰酸钠			ICSC 编号：0675

CAS 登记号：540-72-7
RTECS 号：XL2275000
EC 编号：615-004-00-3

中文名称：硫氰酸钠；硫氰酸钠盐
英文名称：SODIUM THIOCYANATE; Thiocyanic acid, sodium salt; Sodium sulfocyanate; Sodium rhodanide

分子量：81.1   化学式：NaSCN

危害/接触类型	急性危害/症状	预防	急救/消防
火灾	不可燃。在火焰中释放出刺激性或有毒烟雾（或气体）		周围环境着火时，使用适当的灭火剂
爆炸			
接触		防止粉尘扩散！	
# 吸入	咳嗽。(另见食入)	局部排气通风或呼吸防护	新鲜空气，休息
# 皮肤		防护手套	脱去污染的衣服。冲洗，然后用水和肥皂清洗皮肤
# 眼睛		安全护目镜，或眼睛防护结合呼吸防护	先用大量水冲洗几分钟（如可能尽量摘除隐形眼镜），然后就医
# 食入	恶心。呕吐。腹泻。虚弱。意识模糊。惊厥	工作时不得进食，饮水或吸烟	漱口。用水冲服活性炭浆。给予医疗护理
泄漏处置	将泄漏物清扫进有盖的容器中。小心收集残余物，个人防护用具：适用于有害颗粒物的 P2 过滤呼吸器		
包装与标志	欧盟危险性类别：Xn 符号 标记：A R:20/21/22-32-52/53 S:2-13-61		
应急响应	美国消防协会法规：H3（健康危险性）；F0（火灾危险性）；R1（反应危险性）		
储存	与酸类、碱类、氧化剂、食品和饲料分开存放。干燥。严格密封		
重要数据	物理状态、外观：无色吸湿的晶体或白色粉末 化学危险性：加热时，该物质分解生成含有硫氧化物、氮氧化物、氧化钠和氰化物的有毒烟雾。与酸类、强碱和强氧化剂激烈反应 职业接触限值：阈限值未制定标准。最高容许浓度未制定标准 接触途径：该物质可经食入和吸入其气溶胶吸收到体内 吸入危险性：扩散时可较快达到空气中颗粒物有害浓度 短期接触的影响：该物质可能对中枢神经系统有影响，导致兴奋和惊厥 长期或反复接触的影响：该物质可能对中枢神经系统和甲状腺有影响，导致功能损伤和甲状腺机能减退		
物理性质	沸点：368℃（分解） 熔点：约300℃ 密度：1.7g/cm³ 水中溶解度：21℃时 139g/100mL		
环境数据			
注解			

IPCS
International
Programme on
Chemical Safety

         UNEP

本卡片由 IPCS 和 EC 合作编写 © 2004～2012

国际化学品安全卡

1,2,4,5-四氯苯			ICSC 编号：0676

CAS 登记号：95-94-3
RTECS 号：DB9450000

中文名称：1,2,4,5-四氯苯；四氯苯；s-四氯苯
英文名称：1,2,4,5-TETRACHLOROBENZENE; Benzene tetrachloride; s-Tetrachlorobenzene

分子量：215.9　　　　　　　　　　化学式：$C_6H_2Cl_4$

危害/接触类型	急性危害/症状	预防	急救/消防
火 灾	可燃的。在火焰中释放出刺激性或有毒烟雾（或气体）	禁止明火	干粉，二氧化碳
爆 炸	与氧化剂接触时，有着火和爆炸危险		
接 触			
# 吸入	咳嗽	局部排气通风	新鲜空气，休息。给予医疗护理
# 皮肤		防护手套	脱去污染的衣服。用大量水冲洗皮肤或淋浴
# 眼睛		安全护目镜	先用大量水冲洗几分钟（如可能尽量摘除隐形眼镜），然后就医
# 食入		工作时不得进食，饮水或吸烟	漱口。给予医疗护理

泄漏处置	将泄漏物清扫进有盖的容器中。如果适当，首先润湿防止扬尘。不要让该化学品进入环境。个人防护用具：适用于有害颗粒物的 P2 过滤呼吸器
包装与标志	
应急响应	美国消防协会法规：H1（健康危险性）；F1（火灾危险性）；R0（反应危险性）
储存	与强氧化剂分开存放
重要数据	物理状态、外观：无色晶体 化学危险性：燃烧时，该物质分解生成含有氯化氢的有毒和腐蚀性烟雾。与强氧化剂发生反应 职业接触限值：阈限值未制定标准 接触途径：该物质可通过吸入其气溶胶和经食入吸收到体内 吸入危险性：20℃时蒸发可忽略不计，但喷洒或扩散时可较快地达到空气中颗粒物有害浓度，尤其是粉末 长期或反复接触的影响：该物质可能对肝有影响，导致肝损伤
物理性质	沸点：243～246℃ 熔点：139～140℃ 密度：1.83g/cm³ 水中溶解度：25℃时 2.16 mg/L 蒸气压：25℃时 0.7Pa 蒸气相对密度（空气=1）：7.4 闪点：155℃（闭杯） 辛醇/水分配系数的对数值：4.9
环境数据	该物质对水生生物有极高毒性。该化学品可能在鱼体内发生生物蓄积
注解	对接触该物质的健康影响未进行充分调查

IPCS
International
Programme on
Chemical Safety

本卡片由 **IPCS** 和 **EC** 合作编写 © 2004～2012

国际化学品安全卡

四氢噻吩			ICSC 编号：0677

CAS 登记号：110-01-0
RTECS 号：XN0370000
UN 编号：2412
EC 编号：613-087-00-0
中国危险货物编号：2412

中文名称：四氢噻吩；四亚甲基硫；噻吩；硫代环戊烷
英文名称：TETRAHYDROTHIOPHENE; Tetramethylene sulfide; Thiolane; Thiophane; Thiocyclopentane

分子量：88.2　　　　　　　　　　　　化学式：C_4H_8S

危害/接触类型	急性危害/症状	预防	急救/消防
火 灾	高度易燃。加热引起压力升高，容器有破裂危险。在火焰中释放出刺激性或有毒烟雾（或气体）	禁止明火，禁止火花和禁止吸烟	雾状水，抗溶性泡沫，干粉，二氧化碳
爆 炸	蒸气/空气混合物有爆炸性	密闭系统，通风，防爆型电气设备和照明	着火时，喷雾状水保持料桶等冷却
接 触			
# 吸入	头痛。恶心。眩晕。心悸	密闭系统和通风	新鲜空气，休息
# 皮肤		防护手套	冲洗，然后用水和肥皂清洗皮肤
# 眼睛		安全眼镜	先用大量水冲洗几分钟（如可能尽量摘除隐形眼镜），然后就医
# 食入		工作时不得进食，饮水或吸烟	漱口。休息
泄漏处置	不要冲入下水道。尽可能将泄漏液收集在可密闭的容器中。用砂土或惰性吸收剂吸收残液，并转移到安全场所。个人防护用具：适用于有机气体和蒸气的过滤呼吸器		
包装与标志	欧盟危险性类别：F 符号 Xn 符号　　R:11-20/21/22-36/38-52/53　　S:2-16-23-36/37-61 联合国危险性类别：3　联合国包装类别：II 中国危险性类别：第 3 类易燃液体　中国包装类别：II		
应急响应	运输应急卡：TEC(R)-30GF1-I+II		
储存	耐火设备（条件）。与强氧化剂分开存放。阴凉场所。储存在没有排水管或下水道的场所		
重要数据	物理状态、外观：无色液体，有特殊气味 物理危险性：蒸气比空气重。可能沿地面流动；可能造成远处着火 化学危险性：燃烧时，生成硫氧化物。与强氧化剂，如硝酸发生反应 职业接触限值：阈限值未制定标准。最高容许浓度：50ppm，180mg/m^3；最高限值种类：I（1）；妊娠风险等级：D（德国，2005 年） 接触途径：该物质可通过吸入其蒸气和经食入吸收到体内 短期接触的影响：该物质可能对中枢神经系统有影响		
物理性质	沸点：119～121℃ 熔点：-96.2℃ 相对密度（水=1）：1.0 水中溶解度：不溶 蒸气压：25℃时 2.4kPa 蒸气相对密度（空气=1）：3.05 蒸气/空气混合物的相对密度（20℃，空气=1）：1.05 闪点：12℃ 自燃温度：200℃ 爆炸极限：空气中 1.1%～12.3%（体积） 辛醇/水分配系数的对数值：1.8		
环境数据			
注解			

IPCS
International
Programme on
Chemical Safety

本卡片由 IPCS 和 EC 合作编写 © 2004～2012

国际化学品安全卡

茶碱			ICSC 编号：0678

CAS 登记号：58-55-9
RTECS 号：XH3850000
UN 编号：1544
中国危险货物编号：1544

中文名称：茶碱；3,7-二氢-1,3-二甲基-1H-嘌呤-2,6-二酮；1,3-二甲基黄嘌呤
英文名称：THEOPHYLLINE; 3,7-Dihydro-1,3-dimethyl-1H-purine-2,6-dione; 1,3-Dimethylxanthine

分子量：180.2   化学式：$C_7H_8N_4O_2$

危害/接触类型	急性危害/症状	预防	急救/消防
火灾	不可燃。在火焰中释放出刺激性或有毒烟雾（或气体）		周围环境着火时，使用适当的灭火剂
爆炸			
接触			
# 吸入	见食入	避免吸入微细粉尘和烟云	新鲜空气，休息
# 皮肤		防护手套	脱去污染的衣服。用大量水冲洗皮肤或淋浴
# 眼睛		安全眼镜	先用大量水冲洗（如可能尽量摘除隐形眼镜）
# 食入	头痛，恶心，呕吐。易怒，失眠，心悸。惊厥	工作时不得进食，饮水或吸烟。进食前洗手	漱口。用水冲服活性炭浆。给予医疗护理
泄漏处置	将泄漏物清扫进可密闭容器中，如果适当，首先润湿防止扬尘，然后转移到安全场所。个人防护用具：适应于该物质空气中浓度的颗粒物过滤呼吸器		
包装与标志	不得与食品和饲料一起运输 联合国危险性类别：6.1　　　联合国包装类别：III 中国危险性类别：第 6.1 毒性物质　　中国包装类别：III GHS 分类：警示词：危险　图形符号：骷髅和交叉骨-健康危险　危险说明：吞咽会中毒；吸入粉尘可能有害；可能对母乳喂养的儿童造成伤害；对血管系统和肾造成损害；长期或反复接触会对肾造成损害		
应急响应	运输应急卡：TEC(R)-61GT2-III。		
储存	与食品和饲料分开存放。		
重要数据	物理状态、外观：白色晶体粉末 化学危险性：加热时，该物质分解生成含有氮氧化物的有毒烟雾 职业接触限值：阈限值未制定标准。最高容许浓度未制定标准 接触途径：该物质可经食入以有害数量吸收到体内 吸入危险性：扩散时，可较快地达到空气中颗粒物公害污染浓度 短期接触的影响：该物质可能对心脏和中枢神经系统有影响，导致心脏节律障碍和惊厥。影响可能推迟显现		
物理性质	熔点：270～274℃ 密度：500kg/m³ 水中溶解度：0.55～0.8g/100mL 蒸气压：可忽略不计 辛醇/水分配系数的对数值：−0.02（估计值）		
环境数据			
注解			

IPCS
International Programme on Chemical Safety

UNEP

本卡片由 IPCS 和 EC 合作编写 © 2004～2012

669

国际化学品安全卡

硫脲			ICSC 编号：0680

CAS 登记号：62-56-6	中文名称：硫脲；异硫脲
RTECS 号：YU2800000	英文名称：THIOUREA; Thiocarbamide; Isothiourea
UN 编号：2811	
EC 编号：612-082-00-0	
中国危险货物编号：2811	

分子量：76.1	化学式：CH$_4$N$_2$S/H$_2$NCSNH$_2$		
危害/接触类型	**急性危害/症状**	**预防**	**急救/消防**
火 灾	可燃的。在火焰中释放出刺激性或有毒烟雾（或气体）	禁止明火	干粉、雾状水、泡沫、二氧化碳
爆 炸	与丙烯醛接触时，有着火和爆炸危险		着火时，喷雾状水保持料桶等冷却
接 触		避免一切接触！	一切情况均向医生咨询！
# 吸入	咳嗽	避免吸入微细粉尘和烟云。局部排气通风或呼吸防护	新鲜空气，休息，给予医疗护理
# 皮肤		防护手套，防护服	脱去污染的衣服。冲洗，然后用水和肥皂清洗皮肤，给予医疗护理
# 眼睛	发红	面罩，如为粉末，眼睛防护结合呼吸防护	先用大量水冲洗几分钟（如可能尽量摘除隐形眼镜），然后就医
# 食入		工作时不得进食，饮水或吸烟。进食前洗手	催吐（仅对清醒病人！），给予医疗护理
泄漏处置	撤离危险区域！向专家咨询！不要冲入下水道。将泄漏物清扫进有盖的容器中。如果适当，首先润湿防止扬尘。小心收集残余物，然后转移到安全场所。不要让该化学品进入环境。化学防护服。个人防护用具：适用于有害颗粒物的 P2 过滤呼吸器		
包装与标志	不得与食品和饲料一起运输。污染海洋物质 欧盟危险性类别：Xn 符号 N 符号 R:22-40-51/53-63 S:2-36/37-61 联合国危险性类别：6.1 联合国包装类别：III 中国危险性类别：第 6.1 项毒性物质 中国包装类别：III		
应急响应	运输应急卡：TEC(R)-61GT2-III		
储存	与酸类、丙烯醛、氧化剂、食品和饲料分开存放。阴凉场所。严格密封。保存在通风良好的室内		
重要数据	物理状态、外观：白色晶体，或粉末 化学危险性：加热时，该物质分解生成氮氧化物和硫氧化物有毒烟雾。与丙烯醛、强酸和强氧化剂激烈反应 职业接触限值：阈限值未制定标准。最高容许浓度：皮肤致敏剂；光致敏剂；致癌物类别：3B（德国，2005 年） 接触途径：该物质可通过吸入其气溶胶和食入吸收到体内 吸入危险性：20℃时蒸发可忽略不计，但可较快地达到空气中颗粒物有害浓度 短期接触的影响：该物质刺激眼睛 长期或反复接触的影响：反复或长期接触可能引起皮肤过敏。该物质可能对甲状腺有影响。该物质可能是人类致癌物		
物理性质	熔点：182℃ 密度：1.4g/cm^3 水中溶解度：适度溶解 辛醇/水分配系数的对数值：−2.38/−0.95		
环境数据	该物质对水生生物是有毒的		
注解	不要将工作服带回家中		

IPCS
International
Programme on
Chemical Safety

本卡片由 **IPCS** 和 **EC** 合作编写 © 2004～2012

国际化学品安全卡

CAS 登记号：288-88-0	中文名称：1,2,4-三唑；三唑；1H-1,2,4-三唑；s-三唑
RTECS 号：XZ3806000	英文名称：1,2,4-TRIAZOLE; Pyrrodiazole; 1H-1,2,4-Triazole; s-Triazole
EC 编号：613-111-00-X	

分子量：69.1	化学式：$C_2H_3N_3$

危害/接触类型	急性危害/症状	预防	急救/消防
火 灾	可燃的。在火焰中释放出刺激性或有毒烟雾（或气体）	禁止明火	干粉，雾状水，泡沫，二氧化碳
爆 炸	微细分散的颗粒物在空气中形成爆炸性混合物	防止粉尘沉积、密闭系统、防止粉尘爆炸型电气设备和照明	
接 触	见长期或反复接触的影响	避免一切接触！	
# 吸入		局部排气通风或呼吸防护	新鲜空气，休息
# 皮肤		防护手套	脱去污染的衣服。用大量水冲洗皮肤或淋浴
# 眼睛	发红，疼痛	安全护目镜	先用大量水冲洗几分钟（如可能尽量摘除隐形眼镜），然后就医
# 食入		工作时不得进食，饮水或吸烟	漱口，饮用 1～2 杯水，如果感觉不舒服，就医

泄漏处置	将泄漏物清扫进可密闭容器中，如果适当，首先润湿防止扬尘。小心收集残余物，然后转移到安全场所。不要让该化学品进入环境。个人防护用具：适应于该物质空气中浓度的颗粒物过滤呼吸器
包装与标志	欧盟危险性类别：Xn 符号 R:22-36-63 S:2-36/37 GHS 分类：警示词：警告 图形符号：感叹号-健康危险 危险说明：吞咽有害；造成眼睛刺激；怀疑对生育能力或未出生婴儿造成伤害；对水生生物有害
应急响应	
储存	与强氧化剂和强酸分开存放。储存在没有排水管或下水道的场所
重要数据	物理状态、外观：棕色各种形态固体，有特殊气味 物理危险性：以粉末或颗粒形状与空气混合时，可能发生粉尘爆炸 化学危险性：受热时可能发生爆炸。加热时，该物质分解生成含有氮氧化物和氨的有毒烟雾。与强酸和强氧化剂发生反应 职业接触限值：阈限值未制定标准。最高容许浓度未制定标准 接触途径：该物质可通过食入以有害数量吸收到体内。该物质可通过吸入和经皮肤吸收到体内 吸入危险性：扩散时，可较快地达到空气中颗粒物有害浓度 短期接触的影响：该物质刺激眼睛 长期或反复接触的影响：动物实验表明，该物质可能造成人类生殖或发育毒性
物理性质	沸点：260℃，>290℃时分解 熔点：120～121℃ 密度：640kg/m³ 水中溶解度：20℃时 125g/100mL 蒸气压：20℃时 0.2Pa 闪点：170℃(闭杯) 自燃温度：490℃ 辛醇/水分配系数的对数值：-0.6
环境数据	该物质对水生生物是有害的。该物质在正常使用过程中进入环境。但是要特别注意避免任何额外的释放，例如通过不适当处置活动
注解	

IPCS
International
Programme on
Chemical Safety

本卡片由 IPCS 和 EC 合作编写 © 2004～2012

国际化学品安全卡

1,2,3-三氯丙烷			ICSC 编号：0683

CAS 登记号：96-18-4
RTECS 号：TZ9275000
UN 编号：2810
EC 编号：602-062-00-X
中国危险货物编号：2810

中文名称：1,2,3-三氯丙烷；甘油三氯丙烷；烯丙基三氯
英文名称：1,2,3-TRICHLOROPROPANE; Glycerol trichlorohydrin; Allyl trichloride

分子量：147.4   化学式：$C_3H_5Cl_3/CH_2ClCHClCH_2Cl$

危害/接触类型	急性危害/症状	预防	急救/消防
火灾	可燃的。在火焰中释放出刺激性或有毒烟雾（或气体）	禁止明火	干粉，抗溶性泡沫，雾状水，二氧化碳
爆炸	高于73℃，可能形成爆炸性蒸气/空气混合物。与金属接触时，有着火和爆炸危险	高于73℃，使用密闭系统、通风和防爆型电气设备	着火时，喷雾状水保持料桶等冷却
接触		避免一切接触！	一切情况均向医生咨询！
# 吸入	咳嗽。咽喉痛。头痛。倦睡。神志不清	通风，局部排气通风或呼吸防护	新鲜空气，休息。给予医疗护理
# 皮肤	皮肤干燥。发红。刺痛	防护手套。防护服	脱去污染的衣服。用大量水冲洗皮肤或淋浴。给予医疗护理
# 眼睛	发红。疼痛	安全眼镜，或眼睛防护结合呼吸防护	先用大量水冲洗几分钟（如可能尽量摘除隐形眼镜），然后就医
# 食入	恶心。头痛。呕吐。腹泻。倦睡。神志不清	工作时不得进食，饮水或吸烟。进食前洗手	漱口。不要催吐。大量饮水。给予医疗护理
泄漏处置	尽可能将泄漏液收集在可密闭的容器中。用砂土或惰性吸收剂吸收残液，并转移到安全场所。不要让该化学品进入环境。个人防护用具：适用于有机气体和蒸气的过滤呼吸器		
包装与标志	不得与食品和饲料一起运输。污染海洋物质 欧盟危险性类别：T 符号 标记：D R:45-60-20/21/22 S:53-45 联合国危险性类别：6.1 联合国包装类别：III 中国危险性类别：第 6.1 项毒性物质 中国包装类别：III		
应急响应	运输应急卡：TEC(R)-61GT1-III 美国消防协会法规：H3（健康危险性）；F2（火灾危险性）；R0（反应危险性）		
储存	与金属粉末、食品和饲料分开存放。阴凉场所。保存在通风良好的室内。储存在没有排水管或下水道的场所		
重要数据	物理状态、外观：无色液体，有特殊气味 物理危险性：蒸气比空气重 化学危险性：燃烧时，该物质分解生成有毒和腐蚀性烟雾。与某些金属粉末激烈反应，有爆炸的危险 职业接触限值：阈限值：10ppm（时间加权平均值）（经皮）；A3（确认的动物致癌物，但未知与人类相关性）（美国政府工业卫生学家会议，2005 年）。最高容许浓度：皮肤吸收；致癌物类别：2（德国，2005 年） 接触途径：该物质可通过吸入其蒸气、经皮肤和食入吸收到体内 吸入危险性：20℃时该物质蒸发相当慢地达到空气中有害污染浓度 短期接触的影响：该物质刺激眼睛和呼吸道。该物质可能对肝和肾有影响，导致功能损伤。接触高浓度时可能导致知觉降低 长期或反复接触的影响：该物质很可能是人类致癌物		
物理性质	沸点：156℃ 熔点：-14℃ 相对密度（水=1）：1.39 水中溶解度：0.18g/100mL（难溶） 蒸气压：20℃时 0.29kPa 蒸气相对密度（空气=1）：5.1	蒸气/空气混合物的相对密度（20℃，空气=1）：1.01 闪点：73℃（闭杯） 自燃温度：304℃ 爆炸极限：空气中 3.2%～12.6%（体积） 辛醇/水分配系数的对数值：2.27	
环境数据	该物质对水生生物是有害的。该物质可能对环境有危害，对地下水污染应给予特别注意		
注解	不要将工作服带回家中		

IPCS
International Programme on Chemical Safety

   UNEP

本卡片由 IPCS 和 EC 合作编写 ©2004～2012

国际化学品安全卡

亚磷酸三乙酯			ICSC 编号：0684

CAS 登记号：122-52-1
RTECS 号：TH1130000
UN 编号：2323
中国危险货物编号：2323

中文名称：亚磷酸三乙酯；磷酸三乙酯
英文名称：TRIETHYL PHOSPHITE; Phosphorus acid, triethyl ester

分子量：166.2　　　　　　　　　化学式：$C_6H_{15}O_3P$

危害/接触类型	急性危害/症状	预防	急救/消防
火　灾	易燃的。在火焰中释放出刺激性或有毒烟雾（或气体）	禁止明火、禁止火花和禁止吸烟	干粉，水成膜泡沫，泡沫，二氧化碳。禁用含水灭火剂，禁止用水
爆　炸	高于 54℃时可能形成爆炸性蒸气/空气混合物	高于 54℃时密闭系统，通风和防爆型电气设备	着火时喷雾状水保持料桶等冷却，但避免该物质与水接触
接　触			
# 吸入		通风	新鲜空气，休息
# 皮肤	发红	防护手套	脱掉污染的衣服，用大量水冲洗皮肤或淋浴，给予医疗护理
# 眼睛	发红，疼痛	安全护目镜	首先用大量水冲洗几分钟（如可能尽量摘除隐形眼镜），然后就医
# 食入	腹部疼痛	工作时不得进食、饮水或吸烟	漱口，给予医疗护理

泄漏处置	通风。尽量将泄漏液收集在可密闭容器中。用砂土或惰性吸收剂吸收残液并转移到安全场所。个人防护用具：适用于有机气体和蒸气的过滤呼吸器
包装与标志	联合国危险性类别：3　联合国包装类别：III 中国危险性类别：第 3 类易燃液体　中国包装类别：III
应急响应	运输应急卡：TEC（R）-30G35
储存	耐火设备（条件）。见化学危险性。干燥
重要数据	物理状态、外观：无色液体 化学危险性：加热或燃烧时，该物质分解成磷氧化物有毒烟雾。与水、酸和强氧化剂发生反应，有着火和爆炸危险 职业接触限值：阈限值未制定标准 接触途径：该物质可通过吸入蒸气和食入吸收到体内 吸入危险性：未指明 20℃时该物质蒸发达到空气中有害浓度的速率 短期接触的影响：该物质和蒸气刺激眼睛和皮肤
物理性质	沸点：157~159℃ 相对密度（水=1）：0.97 水中溶解度：反应 闪点：54℃ 爆炸极限：见注解
环境数据	
注解	该物质是可燃的，且闪点<61℃，但爆炸极限未见文献报道。不要在火焰或高温表面附近或焊接时使用

IPCS
International
Programme on
Chemical Safety

本卡片由 IPCS 和 EC 合作编写 © 2004~2012

673

国际化学品安全卡

三氟氯乙烯			ICSC 编号：0685

CAS 登记号：79-38-9
RTECS 号：KV0525000
UN 编号：1082
中国危险货物编号：1082

中文名称：三氟氯乙烯；氯三氟乙烯；三氟氯乙烯（钢瓶）
英文名称：TRIFLUOROCHLOROETHYLENE; Chlorotrifluoroethylene;
Trifluorovinyl chloride; (cylinder)

分子量：116.47　　　　　　　　　化学式：C_2ClF_3

危害/接触类型	急性危害/症状	预防	急救/消防
火　灾	易燃的	禁止明火、禁止火花和禁止吸烟	切断气源，如不可能并对周围环境无危险，让火自行燃尽。其他情况用雾状水，抗溶性泡沫，干粉和二氧化碳灭火
爆　炸	蒸气/空气混合物有爆炸性	密闭系统、通风和防爆型电气设备。防止静电荷积聚（例如，通过接地）	着火时，喷雾状水保持钢瓶冷却。从掩蔽位置灭火
接　触			
# 吸入	头晕，恶心	通风，局部排气通风或呼吸防护	新鲜空气，休息
# 皮肤	与液体接触：冻伤	保温手套	冻伤时，用大量水冲洗，不要脱去衣服
# 眼睛		护目镜	先用大量水冲洗几分钟（如可能尽量摘除隐形眼镜），然后就医
# 食入		工作时不得进食，饮水或吸烟	
泄漏处置	通风。移除全部引燃源。喷洒雾状水驱除蒸气。个人防护用具：自给式呼吸器		
包装与标志	联合国危险性类别：2.3　联合国次要危险性：2.1 中国危险性类别：第 2.3 项毒性气体　中国次要危险性：2.1		
应急响应	运输应急卡：TEC(R)-20G2TF 美国消防协会法规：H（健康危险性）；F4（火灾危险性）；R0（反应危险性）		
储存	耐火设备（条件）。阴凉场所		
重要数据	物理状态、外观：无色，无气味气体 物理危险性：气体与空气充分混合，容易形成爆炸性混合物 化学危险性：燃烧时，生成含氯化氢（见卡片#0163）和氟化氢（见卡片#0283）有毒和腐蚀性气体 职业接触限值：阈限值未制定标准 接触途径：该物质可通过吸入吸收到体内 吸入危险性：容器漏损时，迅速达到空气中该气体的有害浓度 短期接触的影响：液体可能引起冻伤。该物质可能对肾有影响		
物理性质	沸点：−28℃ 熔点：−158℃ 相对密度（水=1）：1.3 蒸气压：25℃时 612kPa 蒸气相对密度（空气=1）：4.02 闪点：27.8℃ 爆炸极限：空气中 24%～40.3%（体积）		
环境数据	该物质可能对环境有危害，对臭氧层的影响应给予特别注意		
注解	添加稳定剂或阻聚剂会影响该物质的毒理学性质。向专家咨询		

IPCS
International
Programme on
Chemical Safety

本卡片由 IPCS 和 EC 合作编写 © 2004～2012

国际化学品安全卡

三甲基磷酸酯			ICSC 编号：0686

CAS 登记号：512-56-1	中文名称：三甲基磷酸酯；磷酸三甲酯；正磷酸三甲酯
RTECS 号：TC8225000	英文名称：TRIMETHYL PHOSPHATE; Phosphoric acid trimethyl ester; Trimethyl orthophosphate

分子量：140.1	化学式：$C_3H_9O_4P/(CH_3O)_3PO$

危害/接触类型	急性危害/症状	预防	急救/消防
火　灾	可燃的。在火焰中释放出刺激性或有毒烟雾（或气体）	禁止明火	抗溶性泡沫，干粉，二氧化碳，雾状水
爆　炸			
接　触		避免一切接触！	
# 吸入	咳嗽。咽喉痛	通风，局部排气通风或呼吸防护	新鲜空气，休息。给予医疗护理
# 皮肤	发红	防护手套。防护服	脱去污染的衣服。用大量水冲洗皮肤或淋浴
# 眼睛	发红	安全护目镜	先用大量水冲洗几分钟（如可能尽量摘除隐形眼镜），然后就医
# 食入	休克或虚脱。虚弱。高度刺激性。震颤	工作时不得进食，饮水或吸烟	漱口。催吐（仅对清醒病人！）。给予医疗护理
泄漏处置	通风。尽可能将泄漏液收集在可密闭的容器中。用砂土或惰性吸收剂吸收残液，并转移到安全场所。 个人防护用具：化学防护服包括自给式呼吸器		
包装与标志			
应急响应			
储存	与强氧化剂、强碱分开存放		
重要数据	**物理状态、外观：** 无色液体 **化学危险性：** 燃烧时，该物质分解生成氧化亚磷有毒烟雾。与强碱和强氧化剂发生反应。大规模常压蒸馏过程中，加热时可能发生爆炸 **职业接触限值：** 阈限值未制定标准。最高容许浓度：皮肤吸收；致癌物类别：3B；胚细胞突变物类别：2（德国，2004 年） **接触途径：** 该物质可通过吸入其蒸气、经皮肤和食入吸收到体内 **吸入危险性：** 未指明 20℃时该物质蒸发达到空气中有害浓度的速率 **短期接触的影响：** 该物质刺激眼睛、皮肤和呼吸道。该物质可能对神经系统有影响 **长期或反复接触的影响：** 该物质可能对神经系统有影响，导致迟缓性麻痹。可能引起人类胚细胞可继承的遗传损伤		
物理性质	沸点：197.2℃ 熔点：-46℃ 相对密度（水=1）：1.2 水中溶解度：25℃时 50g/100mL（溶解） 蒸气压：20℃时 0.11kPa 闪点：107℃ 辛醇/水分配系数的对数值：-0.52 和-0.78		
环境数据			
注解			

IPCS
International Programme on Chemical Safety

本卡片由 IPCS 和 EC 合作编写 © 2004～2012

国际化学品安全卡

1,1-二氟乙烯			ICSC 编号：0687

CAS 登记号：75-38-7
RTECS 号：KW0560000
UN 编号：1959
中国危险货物编号：1959

中文名称：1,1-二氟乙烯；R1132a；亚乙烯基二氟（钢瓶）
英文名称：VINYLIDENE FLUORIDE; 1,1-Difluoroethylene;
1,1-Difluorethene; R1132a；Vinylidene difluoride (cylinder)

分子量：64.04

化学式：$C_2H_2F_2/F_2C=CH_2$

危害/接触类型	急性危害/症状	预防	急救/消防
火 灾	极易燃。在火焰中释放出刺激性或有毒烟雾（或气体）	禁止明火、禁止火花和禁止吸烟	切断气源，如不可能并对周围环境无危险，让火自行燃烧完全。其它情况用干粉、二氧化碳灭火
爆 炸	气体/空气混合物有爆炸性	密闭系统，通风，防爆型电气设备与照明。使用无火花的手工具。防止静电荷积聚（例如，通过接地）	着火时喷雾状水保持钢瓶冷却。从掩蔽位置灭火
接 触			
# 吸入		通风	新鲜空气，休息
# 皮肤	与液体接触：冻伤	保温手套，防护服	冻伤时用大量水冲洗，不要脱衣服，给予医疗护理
# 眼睛		安全护目镜	首先用大量水冲洗几分钟（如可能尽量摘除隐形眼镜），然后就医
# 食入	极易燃。在火焰中释放出刺激性或有毒烟雾（或气体）	禁止明火、禁止火花和禁止吸烟	切断气源，如不可能并对周围环境无危险，让火自行燃烧完全。其它情况用干粉、二氧化碳灭火

泄漏处置	撤离危险区域。向专家咨询！通风。切勿直接向液体上喷水。个人防护用具：全套防护服，包括自给式呼吸器
包装与标志	联合国危险性类别：2.1 中国危险性类别：第 2.1 项易燃气体
应急响应	运输应急卡：TEC（R）-20S1959 或 20G2F-9 美国消防协会法规：H1（健康危险性）；F4（火灾危险性）；R2（反应危险性）
储存	耐火设备（条件）。与性质相互抵触的物质（见化学危险性）分开存放。稳定后储存
重要数据	物理状态、外观：无色压缩液化气体，有特殊气味 物理危险性：气体比空气重，可能沿地面流动，可能造成远处着火。可能积聚在低层空间，造成缺氧。由于流动、搅拌等，可能产生静电 化学危险性：该物质可生成爆炸性过氧化物。该物质能发生聚合，释放出大量热，有着火或爆炸危险。加热时，可能激烈燃烧或爆炸。加热或燃烧时，该物质分解生成氟化氢、氟和氟化物有毒和腐蚀性烟雾。与氧化剂和许多其他物质激烈反应，有着火和爆炸危险 职业接触限值：阈限值：500ppm（时间加权平均值）；A4（不能分类为人类致癌物）（美国政府工业卫生学家会议，2005 年）。最高容许浓度：致癌物类别：3B（德国，2005 年） 接触途径：该物质可通过吸入吸收到体内 吸入危险性：容器受损时，由于降低封闭区域内空气中氧含量，可能造成窒息 短期接触的影响：液体迅速蒸发可能引起冻伤。该物质可能对中枢神经系统有影响
物理性质	沸点：-83℃ 熔点：-144℃ 相对密度（水=1）：0.6 水中溶解度：不溶 蒸气相对密度（空气=1）：2.2 闪点：易燃气体 自燃温度：640℃ 爆炸极限：在空气中 5.5%～21.3%（体积） 辛醇/水分配系数的对数值：1.24
环境数据	
注解	空气中高浓度时引起缺氧，有神志不清或死亡危险。进入污染工作区域以前，检查氧气含量。不要在火焰或高温表面附近或焊接时使用。蒸馏前检验过氧化物，如有，使其无害化。蒸气未经阻聚可能在通风口或阻火器中聚合，造成堵塞。转动泄漏钢瓶，使漏口朝上，防止液态气体逸出。商品名称为 Halocarbon 1132A 。可参考卡片#0083（二氯乙烯）

IPCS
International
Programme on
Chemical Safety

本卡片由 IPCS 和 EC 合作编写 © 2004～2012

国际化学品安全卡

丙烯酸			ICSC 编号：0688

CAS 登记号：79-10-7	中文名称：丙烯酸；1,2-亚乙基羧酸；2-丙烯酸
RTECS 号：AS4375000	英文名称：ACRYLIC ACID; Ethylenecarboxylic acid; Acroleic acid;
UN 编号：2218（稳定的）	2-Propenoic acid
EC 编号：607-061-00-8	
中国危险货物编号：2218	
分子量：72.07	化学式：$C_3H_4O_2$/CH_2=CHCOOH

危害/接触类型	急性危害/症状	预防	急救/消防
火 灾	易燃的。许多反应可能引起火灾或爆炸。在火焰中释放出刺激性或有毒烟雾（或气体）	禁止明火、禁止火花和禁止吸烟	雾状水，抗溶性泡沫，干粉，二氧化碳
爆 炸	高于54℃时可能形成爆炸性蒸气/空气混合物	高于54℃时，密闭系统，通风和防爆型电气设备。蒸气未经阻聚可能在排气或通风口聚合，有破裂危险	着火时喷雾状水保持料桶等冷却。从掩蔽位置灭火
接 触		严格作业环境管理！避免一切接触！	
# 吸入	灼烧感，咳嗽，气促，腐蚀作用，呼吸困难，咽喉疼痛。症状可能推迟显现（见注解）	通风，局部排气通风或呼吸防护	新鲜空气，休息，半直立体位，给予医疗护理
# 皮肤	可能被吸收，发红，疼痛，水疱	防护手套，防护服	脱掉污染的衣服，用大量水冲洗皮肤或淋浴，给予医疗护理
# 眼睛	发红，疼痛，视力丧失，严重深度烧伤	面罩或眼睛防护结合呼吸防护	首先用大量水冲洗几分钟（如可能尽量摘除隐形眼镜），然后就医
# 食入	灼烧感，虚弱，腐蚀作用，胃痉挛，腹泻，神志不清，休克	工作时不得进食、饮水或吸烟	漱口，不要催吐，给予医疗护理
泄漏处置	撤离危险区域。大量溢漏时，向专家咨询。尽可能将泄漏液收集在可密闭贴标签的容器中。用砂土或惰性吸收剂吸收残液并转移到安全场所。不要冲入下水道。个人防护用具:全套防护服，包括自给式呼吸器		
包装与标志	不得与食品和饲料一起运输。只能储存在玻璃、不锈钢、铝制或聚乙烯衬里的容器中 欧盟危险性类别：C 符号 N 符号 标记：D R:10-20/21/22-35-50 S:1/2-26-36/37/39-45-61 联合国危险性类别:8 联合国次要危险性:3 联合国包装类别:II 中国危险性类别：第 8 类腐蚀性物质 中国次要危险性：3 中国包装类别：II		
应急响应	运输应急卡：TEC（R）-80S2218 美国消防协会法规：H3（健康危险性）；F2（火灾危险性）；R2（反应危险性）		
储存	耐火设备（条件）。与强氧化剂、强碱、强酸、食品和饲料分开存放。保存在阴暗处。储存在通风良好的室内。不要让其固化。稳定后储存（见注解）		
重要数据	物理状态、外观：无色液体，有特殊气味 物理危险性：蒸气比空气重。蒸气与空气形成爆炸性混合物 化学危险性：在光线、氧、氧化剂、过氧化物或其它活化剂（酸、铁盐）的作用下和加热时，该物质容易聚合，有着火和爆炸危险。加热时生成有毒烟雾。该物质是一种中强酸。与强碱和胺激烈反应。浸蚀许多金属，包括镍和铜 职业接触限值：阈限值：2ppm（时间加权平均值）（经皮）；A4（不能分类为人类致癌物）（美国政府工业卫生学家会议，2005 年）。最高容许浓度：10ppm，$30mg/m^3$；最高限值种类：I（1）；妊娠风险等级：C（德国，2005 年） 接触途径：该物质可通过吸入、经皮肤和食入吸收到体内 短期接触的影响：有腐蚀性。该物质腐蚀眼睛、皮肤和呼吸道。食入有腐蚀性。吸入可能引起肺水肿（见注解）。影响可能推迟显现		
物理性质	沸点：141℃ 熔点：14℃ 相对密度（水=1）：1.05 水中溶解度：混溶 蒸气压：20℃时413Pa	蒸气相对密度（空气=1）：2.5 闪点：54℃（闭杯） 自燃温度：360℃ 爆炸极限：在空气中 2.4%～8%（体积） 辛醇/水分配系数的对数值：0.36（估算值）	
环境数据			
注解	氧含量低时可能减弱阻聚剂的效果，造成危险的聚合情况。肺水肿症状常常几小时以后才变得明显，体力劳动使症状加重。因而休息和医学观察是必要的。应当考虑由医生或医生指定的人员立即采取适当吸入治疗法。该物质可能不稳定，固化后不要再熔化。添加的稳定剂或阻聚剂可影响该物质的毒理学性质，向专家咨询		

IPCS
International
Programme on
Chemical Safety

本卡片由 IPCS 和 EC 合作编写 © 2004～2012

677

国际化学品安全卡

环磷酰胺			ICSC 编号：0689

CAS 登记号：50-18-0
RTECS 号：RP5950000

中文名称：环磷酰胺；双(2-氯乙基)氨基；N,N-双(2-氯乙基)-四氢-2H-1,3,2-氧杂氮杂膦-2-胺-2-氧化物

英文名称：CYCLOPHOSPHAMIDE; Bis (2-Chloroethyl) amino; N,N-Bis (2-chloroethyl) tetrahydro-2H-1,3,2-oxazaphosphorin-2-amine 2-oxide

分子量：261.1

化学式：$C_7H_{15}Cl_2N_2O_2P$

危害/接触类型	急性危害/症状	预防	急救/消防
火 灾	可燃的。在火焰中释放出刺激性或有毒烟雾（或气体）	禁止明火	干粉，泡沫，雾状水，二氧化碳
爆 炸			
接 触		防止粉尘扩散！避免一切接触！	一切情况均向医生咨询！
# 吸入	（见食入）	密闭系统和通风	新鲜空气，休息，给予医疗护理
# 皮肤	发红，疼痛	防护手套，防护服	脱掉污染的衣服，用大量水冲洗皮肤或淋浴，给予医疗护理
# 眼睛	发红，疼痛	面罩或眼睛防护结合呼吸防护	首先用大量水冲洗几分钟（如可能尽量摘除隐形眼镜），然后就医
# 食入	腹泻，头晕，头痛，恶心，呕吐	工作时不得进食、饮水或吸烟	漱口，催吐（仅对清醒病人！），给予医疗护理
泄漏处置	向专家咨询！将泄漏物清扫进可密闭容器中。如果适当，首先润湿防止扬尘。小心收集残余物，然后转移到安全场所。个人防护用具：适用于有毒颗粒物的 P3 过滤呼吸器		
包装与标志			
应急响应			
储存	与食品和饲料分开存放。见化学危险性。干燥。储存在阴暗处。严格密封		
重要数据	物理状态、外观：无气味，白色细晶体粉末（一水合物）。失去结晶水时液化。遇光变暗 化学危险性：燃烧时，该物质分解生成硫氧化物和磷氧化物有毒烟雾 职业接触限值：阈限值未制定标准 接触途径：该物质可能通过吸入气溶胶和食入吸收到体内 吸入危险性：20℃时蒸发可忽略不计，但喷洒或扩散时可较快地达到空气中颗粒物有害浓度，尤其是粉末 短期接触的影响：该物质刺激眼睛、皮肤和呼吸道。该物质可能对血液、膀胱、中枢神经系统和心脏有影响 长期或反复接触的影响：该物质可能对血液、膀胱、肺和骨髓有影响，导致白细胞减少、膀胱炎和肺纤维变性。该物质是人类致癌物。可能造成人类可继承的遗传损伤。确实对人类有严重生殖毒性		
物理性质	熔点：41~45℃（一水合物） 水中溶解度：4g/100mL		
环境数据			
注解	该物质是可燃的，但闪点未见文献报道。根据接触程度，建议定期进行医疗检查。不要将工作服带回家中。商品名有：Endoxan, Mitoxan, Genoxal, Procytox, Sendoxan 和 Cytophosphan		

IPCS
International
Programme on
Chemical Safety

本卡片由 IPCS 和 EC 合作编写 © 2004~2012

国际化学品安全卡

敌敌畏			ICSC 编号：0690

CAS 登记号：62-73-7
RTECS 号：TC0350000
UN 编号：3018
EC 编号：015-019-00-X
中国危险货物编号：3018
分子量：220.98

中文名称：敌敌畏；2,2-二氯乙烯基二甲基磷酸酯；磷酸-2,2-二氯乙烯基二甲酯
英文名称：DICHLORVOS; 2,2-Dichlorovinyl dimethylphosphate; Phosphoric acid, 2,2-dichloroethenyl dimethyl ester ; DDVP

化学式：$C_4H_7CP_2O_4P/CCP_2=CHOPO(OCH_3)_2$

危害/接触类型	急性危害/症状	预防	急救/消防
火　灾	可燃的。含有机溶剂的液体制剂可能是易燃的。在火焰中释放出刺激性或有毒烟雾（或气体）	禁止明火	干粉，雾状水，泡沫，二氧化碳
爆　炸			
接　触		严格作业环境管理！避免孕妇接触！避免青少年和儿童接触！	一切情况均向医生咨询！
# 吸入	惊厥，头晕，出汗，呼吸困难，恶心，瞳孔缩窄，神志不清，肌肉痉挛，多涎	通风，局部排气通风或呼吸防护	新鲜空气，休息，必要时进行人工呼吸，给予医疗护理
# 皮肤	可能被吸收！发红，疼痛。（另见吸入）	防护手套，防护服	脱掉污染的衣服，冲洗，然后用水和肥皂洗皮肤，给予医疗护理
# 眼睛		面罩，或眼睛防护结合呼吸防护	首先用大量水冲洗几分钟（如可能尽量摘除隐形眼镜），然后就医
# 食入	胃痉挛，腹泻，呕吐。（另见吸入）	工作时不得进食、饮水或吸烟	漱口，催吐（仅对清醒病人），给予医疗护理

泄漏处置	尽量将泄漏液收集在可密闭容器中。用砂土或惰性吸收剂吸收残液并转移到安全场所。不要让该化学品进入环境。个人防护用具：化学防护服包括自给式呼吸器
包装与标志	不得与食品和饲料一起运输。严重污染海洋物质 欧盟危险性类别：T+符号 N 符号　R:24/25-26-43-50　S:1/2-28-36/37-45-61 联合国危险性类别：6.1 中国危险性类别：第 6.1 项毒性物质
应急响应	运输应急卡：TEC（R）-61GT6-II
储存	注意收容灭火产生的废水。与食品和饲料分开存放。见化学危险性。严格密封。储存在通风良好的室内
重要数据	物理状态、外观：无色至琥珀色液体，有特殊气味 化学危险性：燃烧时，该物质分解生成磷氧化物、光气和氯气有毒烟雾。浸蚀金属、塑料和橡胶 职业接触限值：阈限值：0.1ppm（时间加权平均值）（经皮）；A4（不能分类为人类致癌物）；公布生物暴露指数；致敏剂（美国政府工业卫生学家会议，2004 年）。最高容许浓度：0.11ppm，1mg/m³；皮肤吸收；最高限值种类：II（2）；妊娠风险等级：C（德国，2004 年） 接触途径：该物质可通过吸入、经皮肤和食入吸收到体内 吸入危险性：20℃时该物质蒸发不会或很缓慢地达到空气中有害污染浓度，但喷洒或扩散时快得多 短期接触的影响：该物质刺激皮肤。该物质可能对中枢神经有影响。胆碱酯酶抑制剂。超过职业接触限值接触时，可能导致死亡。影响可能推迟显现。需要进行医学观察 长期或反复接触的影响：反复或长期与皮肤接触可能引起皮炎。反复或长期接触可能引起皮肤过敏。胆碱酯酶抑制剂。可能发生累积影响（见急性危害/症状）。该物质可能是人类致癌物

物理性质	沸点：2.7kPa 时 140℃ 相对密度（水=1）：1.4 水中溶解度：适度溶解	蒸气压：20℃时 1.6Pa 闪点：>80℃ 辛醇/水分配系数的对数值：1.47

环境数据	该物质对水生生物有极高毒性
注解	根据接触程度，建议定期进行医疗检查。该物质中毒时需采取必要的治疗措施。必须提供有指示说明的适当方法。不要将工作服带回家中。不要在火焰或高温表面附近或焊接时使用。商品名有：Dedevap, Nogas, Nuvan, Phosvit, Vapona 和 Bay19149。可参考 IPCS 出版物环境卫生基准第 79 期和卫生安全指南第 18 期

IPCS
International
Programme on
Chemical Safety

本卡片由 IPCS 和 EC 合作编写 © 2004～2012

国际化学品安全卡

1,3-二硝基苯			ICSC 编号：0691

CAS 登记号：99-65-0
RTECS 号：CZ7350000
UN 编号：3443
EC 编号：609-004-00-2
中国危险货物编号：3443

中文名称：1,3-二硝基苯；间二硝基苯；1,3-DNB
英文名称：1,3-DINITROBENZENE; 1,3-Dinitrobenzol; m-Dinitrobenzene; 1,3-DNB

分子量：168.1

化学式：$C_6H_4N_2O_4/C_6H_4(NO_2)_2$

危害/接触类型	急性危害/症状	预防	急救/消防
火 灾	可燃的。在火焰中释放出刺激性或有毒烟雾（或气体）	禁止明火	干粉、雾状水、泡沫、二氧化碳
爆 炸	微细分散的颗粒物在空气中形成爆炸性混合物	防止粉尘沉积、密闭系统、防止粉尘爆炸型电气设备和照明	着火时，喷雾状水保持料桶等冷却。从掩蔽位置灭火
接 触		防止粉尘扩散！严格作业环境管理！	一切情况均向医生咨询！
# 吸入	灼烧感，嘴唇发青或指甲发青，皮肤发青，头晕，头痛，恶心，虚弱，呼吸困难	局部排气通风或呼吸防护	新鲜空气，休息。必要时进行人工呼吸，给予医疗护理
# 皮肤	可能被吸收！见吸入	防护手套，防护服	脱去污染的衣服，冲洗，然后用水和肥皂清洗皮肤，给予医疗护理
# 眼睛	发红，疼痛	面罩，或眼睛防护结合呼吸防护	先用大量水冲洗几分钟（如可能尽量摘除隐形眼镜），然后就医
# 食入	见吸入	工作时不得进食，饮水或吸烟。进食前洗手	漱口。用水冲服活性炭浆，给予医疗护理

泄漏处置	不得与食品和饲料一起运输 欧盟危险性类别：T+符号 N 符号 标记：C R:26/27/28-33-50/53 S:1/2-28-36/37-45-60-61 联合国危险性类别：6.1 联合国包装类别：II 中国危险性类别：第 6.1 项毒性物质 中国包装类别：II
包装与标志	运输应急卡：TEC(R)-61S3443-S
应急响应	与强氧化剂、强碱、食品和饲料分开存放。见化学危险性
储存	不得与食品和饲料一起运输 欧盟危险性类别：T+符号 N 符号 标记：C R:26/27/28-33-50/53 S:1/2-28-36/37-45-60-61 联合国危险性类别：6.1 联合国包装类别：II 中国危险性类别：第 6.1 项毒性物质 中国包装类别：II
重要数据	物理状态、外观：黄色晶体 物理危险性：以粉末或颗粒形状与空气混合，可能发生粉尘爆炸 化学危险性：加热时，即使缺少空气时，可能发生爆炸。燃烧时，生成氮氧化物有毒气体和烟雾。与强氧化剂、强碱和还原性金属（锡和锌）激烈反应，有着火和爆炸危险。浸蚀某些塑料和橡胶 职业接触限值：阈限值：0.15ppm（时间加权平均值）（经皮）；公布生物暴露指数（美国政府工业卫生学家会议，2004 年）。最高容许浓度：皮肤吸收；致癌物类别：3B（德国，2004 年） 接触途径：该物质可通过吸入、经皮肤和食入吸收到体内 吸入危险性：未指明 20℃时该物质蒸发达到空气中有害浓度的速率 短期接触的影响：该物质刺激眼睛和呼吸道。该物质可能对血液有影响，导致形成正铁血红蛋白。影响可能推迟显现。需进行医学观察 长期或反复接触的影响：该物质可能对血液有影响，导致贫血。该物质可能对肝有影响，导致肝损害。该物质可能对神经系统有影响，可能引起视力损伤。动物实验表明，该物质可能对人类生殖或发育造成毒性影响
物理性质	沸点：300～303℃ 熔点：90℃ 密度：1.6g/cm³ 水中溶解度：微溶	蒸气压：20℃时 0.1kPa 蒸气相对密度（空气=1）：5.8 闪点：149℃ 辛醇/水分配系数的对数值：1.49
环境数据	该物质对水生生物是有毒的	
注解	饮用含酒精饮料增进有害影响。根据接触程度，建议定期进行医疗检查。该物质中毒时，需采取必要的治疗措施。必须提供有指示说明的适当方法。可参考卡片#0460（1,2-二硝基苯），#0692（1,4-二硝基苯）和#0725（二硝基苯混合异构体）。美国消防协会法规（1,2-二硝基苯）：H3（健康危险性）；F1（火灾危险性）；R4（反应危险性）	

IPCS
International
Programme on
Chemical Safety

   UNEP

本卡片由 IPCS 和 EC 合作编写 © 2004～2012

国际化学品安全卡

1,4-二硝基苯		ICSC 编号：0692

CAS 登记号：100-25-4	中文名称：1,4-二硝基苯；对二硝基苯；1,4-DNB
RTECS 号：CZ7525000	英文名称：1,4-DINITROBENZENE; 1,4-Dinitrobenzol; p-Dinitrobenzene;
UN 编号：3443	1,4-DNB
EC 编号：609-004-00-2	
中国危险货物编号：3443	

分子量：168.1	化学式：$C_6H_4(NO_2)_2/C_6H_4N_2O_4$

危害/接触类型	急性危害/症状	预防	急救/消防
火 灾	可燃的。在火焰中释放出刺激性或有毒烟雾（或气体）	禁止明火	干粉、雾状水、泡沫、二氧化碳
爆 炸	微细分散的颗粒物在空气中形成爆炸性混合物	防止粉尘沉积、密闭系统、防止粉尘爆炸型电气设备和照明	着火时，喷雾状水保持料桶等冷却。从掩蔽位置灭火
接 触		防止粉尘扩散！严格作业环境管理！	
# 吸入	灼烧感，嘴唇发青或指甲发青，皮肤发青，头晕，头痛，呼吸困难，恶心，虚弱	局部排气通风或呼吸防护	新鲜空气，休息。必要时进行人工呼吸，给予医疗护理
# 皮肤	可能被吸收！见吸入	防护手套，防护服	脱去污染的衣服，冲洗，然后用水和肥皂清洗皮肤，给予医疗护理
# 眼睛	发红，疼痛	面罩，或眼睛防护结合呼吸防护	先用大量水冲洗几分钟（如可能尽量摘除隐形眼镜），然后就医
# 食入	见吸入	工作时不得进食，饮水或吸烟。进食前洗手	漱口。用水冲服活性炭浆，给予医疗护理

泄漏处置	向专家咨询！将泄漏物清扫进容器中。如果适当，首先润湿防止扬尘。小心收集残余物，然后转移到安全场所。不要让这化学品进入环境。个人防护用具：全套防护服，包括自给式呼吸器
包装与标志	不得与食品和饲料一起运输 欧盟危险性类别：T+符号 N符号 标记：C R:26/27/28-33-50/53 S:1/2-28-36/37-45-60-61 联合国危险性类别：6.1 联合国包装类别：II 中国危险性类别：第6.1项毒性物质 中国包装类别：II
应急响应	运输应急卡：TEC(R)-61S3443-S
储存	与强氧化剂、强碱、强酸、食品和饲料分开存放。见化学危险性
重要数据	物理状态、外观：白色至淡黄色晶体 物理危险性：以粉末或颗粒形状与空气混合，可能发生粉尘爆炸 化学危险性：燃烧时，生成氮氧化物有毒气体和烟雾。与强氧化剂、强碱和金属，如锡和锌激烈反应，有着火和爆炸危险。与硝酸混合物有高爆炸性 职业接触限值：阈限值：0.15ppm（时间加权平均值）（经皮）；公布生物暴露指数（美国政府工业卫生学家会议，2004年）。最高容许浓度：皮肤吸收；致癌物类别：3B（德国，2004年） 接触途径：该物质可通过吸入、经皮肤和食入吸收到体内 吸入危险性：未指明20℃时该物质蒸发达到空气中有害浓度的速率 短期接触的影响：该物质刺激眼睛和呼吸道。该物质可能对血液有影响，导致形成正铁血红蛋白。影响可能推迟显现。需进行医学观察 长期或反复接触的影响：该物质可能对血液有影响，导致贫血。该物质可能对肝有影响，导致肝损害
物理性质	沸点：299℃ 熔点：173～174℃ 密度：1.6g/cm³ 水中溶解度：不溶	蒸气压：20℃时 0.1kPa 蒸气相对密度（空气=1）：5.8 闪点：150℃ 辛醇/水分配系数的对数值：1.46～1.49
环境数据	该物质对水生生物是有毒的	
注解	饮用含酒精饮料增进有害影响。根据接触程度，建议定期进行医学检查。该物质中毒时，需采取必要的治疗措施。必须提供有指示说明的适当方法。商品名称为 Dithane A-4。参见卡片#0460（1,2-二硝基苯）、#0691（1,3-二硝基苯）和#0725（二硝基苯混合异构体）。美国消防协会法规（1,2-二硝基苯）：H3（健康危险性）；F1（火灾危险性）；R4（反应危险性）	

IPCS
International
Programme on
Chemical Safety

本卡片由 **IPCS** 和 **EC** 合作编写 © 2004～2012

国际化学品安全卡

磷化氢			ICSC 编号：0694

CAS 登记号：7803-51-2
RTECS 号：SY7525000
UN 编号：2199
EC 编号：015-181-00-1
中国危险货物编号：2199
分子量：34

中文名称：磷化氢；膦；磷化三氢；磷化氢（钢瓶）
英文名称：PHOSPHINE; Phosphorous trihydride; Hydrogen phosphide (cylinder)

化学式：PH₃

危害/接触类型	急性危害/症状	预防	急救/消防
火 灾	极易燃。在火焰中释放出刺激性或有毒烟雾（或气体）	禁止明火、禁止火花和禁止吸烟。禁止与高温表面接触	切断气源，如不可能并对周围环境无危险，让火自行燃烧完全。其它情况用干粉、二氧化碳灭火
爆 炸	气体/空气混合物有爆炸性	密闭系统，通风，防爆型电气设备及照明	着火时喷雾状水保持钢瓶冷却。从掩蔽位置灭火
接 触		严格作业环境管理！	一切情况均向医生咨询！
# 吸入	咳嗽，恶心，灼烧感，腹泻，腹痛，头晕，迟钝，头痛，共济失调，胸痛，胸紧，震颤，气促，呕吐，惊厥	呼吸防护	新鲜空气，休息，半直立体位，必要时进行人工呼吸，给予医疗护理
# 皮肤	与液体接触：冻伤	保温手套，防护服	冻伤时用大量水冲洗，不要脱去衣服，给予医疗护理
# 眼睛		安全护目镜或眼睛防护结合呼吸防护	首先用大量水冲洗几分钟（如可能尽量摘除隐形眼镜），然后就医
# 食入			

泄漏处置	撤离危险区域，向专家咨询！通风。个人防护用具：化学防护服包括自给式呼吸器
包装与标志	欧盟危险性类别：F+符号 T+符号 N 符号 R：12-17-26-34-50 S：1/2-28-36/37-45-61-63 联合国危险性类别：2.3 联合国次要危险性：2.1 中国危险性类别：第 2.3 项毒性气体 中国次要危险性：2.1
应急响应	运输应急卡：TEC（R）-20G2TF 美国消防协会法规：H3（健康危险性）；F4（火灾危险性）；R2（反应危险性）
储存	耐火设备（条件）
重要数据	物理状态、外观：无气味，无色压缩液化气体 物理危险性：气体比空气重 化学危险性：加热或燃烧时，该物质分解生成磷氧化物有毒烟雾。与空气、氧气、氧化剂如氯、氮氧化物、金属硝酸盐、卤素和其他许多物质激烈反应，有着火和爆炸危险。浸蚀许多金属 职业接触限值：阈限值：0.3ppm（时间加权平均值），1ppm（短期接触限值）（美国政府工业卫生学家会议，2005 年）。最高容许浓度：0.1ppm，0.14mg/m³；最高限值种类：I（1）；妊娠风险等级：IIc（德国，2005 年） 接触途径：该物质可能通过吸入吸收到体内 吸入危险性：容器漏损时，该气体迅速达到空气中有害浓度 短期接触的影响：该物质严重刺激呼吸道。吸入气体可能引起肺水肿（见注解）。液体迅速蒸发，可能引起冻伤。该物质可能对中枢神经系统、心血管系统、心脏、胃肠道、肝和肾有影响，导致功能损害。过多超过职业接触限值接触时，可能导致神志不清或死亡。影响可能推迟显现。需要进行医学观察 长期或反复接触的影响：慢性中毒可能引起脚痛、颌骨肿胀、颌窝肿胀、骨折和贫血。影响可能累积
物理性质	沸点：-87.7℃ 熔点：-133℃ 相对密度（水=1）：0.8 水中溶解度：17℃时 26mL/100mL 蒸气压：20℃时 4186kPa	蒸气相对密度（空气=1）：1.17 闪点：易燃气体 自燃温度：38℃ 爆炸极限：在空气中 1.8%～?（体积）
环境数据	
注解	工业产品含有其他磷化氢杂质（特别是 P₂H₄），在室温下常常自燃。纯净时，浓度达到 200ppm，无气味，高毒性。工业品含有杂质有大蒜气味。肺水肿症状常常几小时以后才变得明显，体力劳动使症状加重。因而医学观察是必要的。应考虑由医生或医生指定人员立即采取适当吸入治疗法。超过接触限值时，气味报警不充分。转动泄漏的钢瓶，使漏口朝上，以防止液态气体逸出

IPCS
International
Programme on
Chemical Safety

   UNEP

本卡片由 IPCS 和 EC 合作编写 © 2004～2012

国际化学品安全卡

甲醛（37%溶液，无甲醇）			ICSC 编号：0695

CAS 登记号：50-00-0
RTECS 号：LP8925000
UN 编号：2209
EC 编号：605-001-00-5
中国危险货物编号：2209

中文名称：甲醛（37%溶液，无甲醇）；甲醛；福尔马林
英文名称：FORMALDEHYDE (37% SOLUTION, methanol free); Methanal; Formalin

分子量：30.0　　　　　　　　　　化学式：H_2CO

危害/接触类型	急性危害/症状	预防	急救/消防
火　灾	可燃的	禁止明火	大量水，雾状水
爆　炸			
接　触		避免一切接触！	
# 吸入	灼烧感。咳嗽。头痛。恶心。气促	局部排气通风或呼吸防护	新鲜空气，休息。给予医疗护理
# 皮肤	发红	防护手套。防护服	脱去污染的衣服。冲洗，然后用水和肥皂清洗皮肤
# 眼睛	引起流泪。发红。疼痛。视力模糊	面罩，或眼睛防护结合呼吸防护	先用大量水冲洗几分钟（如可能尽量摘除隐形眼镜），然后就医
# 食入	灼烧感。恶心。休克或虚脱	工作时不得进食，饮水或吸烟。进食前洗手	漱口。给予医疗护理

泄漏处置	通风。移除全部引燃源。不要让该化学品进入环境。个人防护用具：适用于有机气体和蒸气的过滤呼吸器。化学防护服
包装与标志	欧盟危险性类别：T 符号　标记：B，D　　R:23/24/25-34-40-43　　S:1/2-26-36/37/39-45-51 联合国危险性类别：8　联合国包装类别：III 中国危险性类别：第 8 类腐蚀性物质　中国包装类别：III
应急响应	运输应急卡：TEC(R)-80S2209 美国消防协会法规：H2（健康危险性）；F2（火灾危险性）；　R0（反应危险性）
储存	阴凉场所。严格密封。保存在通风良好的室内
重要数据	物理状态、外观：无色液体 化学危险性：与酸类、碱金属和强氧化剂发生反应 职业接触限值：阈限值：0.3ppm（上限值）；A2（可疑人类致癌物）；（致敏剂）（美国政府工业卫生学家会议，2004 年）。最高容许浓度：0.3ppm，0.37mg/m³；皮肤致敏剂；最高限值种类：I（2）；致癌物类别：4；胚细胞突变物类别：5；妊娠风险等级：C（德国，2004 年） 接触途径：该物质可通过吸入、经皮肤和食入吸收到体内 吸入危险性：20℃时该物质蒸发相当快地达到空气中有害污染浓度 短期接触的影响：该物质严重刺激眼睛、皮肤和刺激呼吸道 长期或反复接触的影响：反复或长期接触可能引起皮肤过敏。反复或长期吸入接触可能引起类似哮喘症状。该物质是人类致癌物
物理性质	沸点：98℃ 水中溶解度：易溶 闪点：83℃（闭杯）
环境数据	该物质对水生生物有极高毒性
注解	商业制剂中作为稳定剂或阻聚剂加入的甲醇可能影响该物质的物理和毒理学性质。参见卡片#0057（甲醇）。工作接触的任何时刻都不应超过职业接触限值

IPCS
International
Programme on
Chemical Safety

本卡片由 IPCS 和 EC 合作编写 © 2004～2012

国际化学品安全卡

三氯化磷			ICSC 编号：0696

CAS 登记号：7719-12-2	中文名称：三氯化磷；三氯化膦；氯化磷
RTECS 号：TH3675000	英文名称：PHOSPHOROUS TRICHLORIDE; Trichlorophosphine;
UN 编号：1809	Phosphorous chloride
EC 编号：015-007-00-4	
中国危险货物编号：1809	

分子量：137.35	化学式：PCl₃

危害/接触类型	急性危害/症状	预防	急救/消防
火 灾	不可燃。许多反应可能引起着火和爆炸。在火焰中释放出刺激性或有毒烟雾（或气体）	禁止与水接触	干粉，二氧化碳，干砂土。禁止用水。禁用含水灭火剂
爆 炸			着火时喷雾状水保持料桶等冷却，但避免该物质与水接触
接 触		避免一切接触！	一切情况均向医生咨询！
# 吸入	灼烧感，咳嗽，气促，咽喉疼痛，呕吐，恶心，呼吸困难。症状可能推迟显现。（见注解）	通风，局部排气通风或呼吸防护	新鲜空气，休息，半直立体位，必要时进行人工呼吸，给予医疗护理
# 皮肤	发红，疼痛，水疱，皮肤烧伤	防护手套，防护服	脱掉污染的衣服，用大量水冲洗皮肤或淋浴，给予医疗护理
# 眼睛	发红，疼痛，视力模糊，严重深度烧伤，视力丧失，流泪	面罩或眼睛防护结合呼吸防护	首先用大量水冲洗几分钟（如可能尽量摘除隐形眼镜),然后就医
# 食入	灼烧感，腹痛，休克或虚脱。（另见吸入）	工作时不得进食、饮水或吸烟	漱口，不要催吐，给予医疗护理

泄漏处置	撤离危险区域。向专家咨询！尽量将泄漏液收集在可密闭容器中。用砂土或惰性吸收剂吸收残液，然后转移至安全场所。个人防护用具：化学防护服包括自给式呼吸器
包装与标志	气密。不易破碎包装，将易碎包装放在不易破碎的密闭容器中。不得与食品和饲料一起运输 欧盟危险性类别：T+符号　C符号　R:14-26/28-35-48/20　　S:1/2-7/8-26-36/37/39-45 联合国危险性类别:6.1　联合国次要危险性:8 联合国包装类别:I 中国危险性类别：第 6.1 项毒性物质　中国次要危险性:8 中国包装类别：I
应急响应	运输应急卡：TEC(R)-61S1809 美国消防协会法规：H3（健康危险性）；F0（火灾危险性）；R2（反应危险性）；W（禁止用水）
储存	与食品和饲料分开存放。见化学危险性。干燥。严格密封。沿地面通风
重要数据	物理状态、外观：黄色或无色发烟液体，有刺鼻气味 物理危险性：蒸气比空气重 化学危险性：加热时，该物质分解生成氯化氢和磷氧化物有毒腐蚀性烟雾。与氧化剂发生反应。与水激烈反应，放热、分解生成盐酸和磷酸，有着火和爆炸危险。与醇类、酚类和碱激烈反应。浸蚀金属和许多其他物质 职业接触限值：阈限值：0.2ppm（时间加权平均值）；0.5ppm（短期接触限值）（美国政府工业卫生学家会议，2004 年）。最高容许浓度：0.5ppm，2.8mg/m³；最高限值种类：I（1）；妊娠风险等级：D（德国，2005 年） 接触途径：该物质可通过吸入和食入吸收到体内 吸入危险性：20℃时，该物质蒸发可迅速地达到空气中有害污染浓度 短期接触的影响：该物质腐蚀眼睛、皮肤和呼吸道。吸入蒸气可能引起肺水肿（见注解）。超过职业接触限值接触时，可能导致死亡。影响可能推迟显现。需进行医学观察
物理性质	沸点：76℃ 熔点：−112℃ 相对密度（水=1）：1.6 水中溶解度：反应	蒸气压：21℃时 13.3kPa 蒸气相对密度（空气=1）：4.75 蒸气/空气混合物的相对密度（20℃，空气=1）：1.5
环境数据	
注解	与灭火剂，如水激烈反应。肺水肿症状常常几个小时后才变得明显，体力劳动使症状加重。因而休息和医学观察是必要的。应考虑由医生或医生指定人员立即采取适当吸入治疗法

IPCS
International
Programme on
Chemical Safety

本卡片由 IPCS 和 EC 合作编写 © 2004～2012

国际化学品安全卡

CAS 登记号：139-40-2 RTECS 号：XY5300000 EC 编号：613-067-00-1	中文名称：扑灭津；2,4-双(异丙氨基)-6-氯-1,3,5-三嗪；2-氯-4,6-双(异丙氨基)-*S*-三嗪；6-氯-*N*,*N*-双(1-甲基乙基)-1,3,5-三嗪-2,4-二胺 英文名称：PROPAZINE; 2,4-Bis (isopropylamino)-6-chloro-1,3,5-triazine; 2-chloro-4,6-bis (isopropylamino)-*S*-triazine; 1,3,5-Triazine-2,4-diamine, 6-chloro-*N*,*N'*-bis (1-methylethyl)
分子量：229.7	化学式：$C_9H_{16}N_5Cl$

危害/接触类型	急性危害/症状	预防	急救/消防
火　灾	可燃的	禁止明火	干粉，雾状水，泡沫，二氧化碳
爆　炸			
接　触		防止粉尘扩散！	
# 吸入	共济失调，气促	局部排气通风或呼吸防护	新鲜空气，休息，给予医疗护理
# 皮肤		防护手套，防护服	脱掉污染的衣服，冲洗，然后用水和肥皂洗皮肤
# 眼睛	发红，疼痛	安全护目镜	首先用大量水冲洗几分钟（如可能尽量摘除隐形眼镜），然后就医
# 食入		工作时不得进食、饮水或吸烟。进食前洗手	漱口

泄漏处置	将泄漏物清扫进容器中。如果适当，首先润湿防止扬尘。小心收集残余物，然后转移到安全场所。不要让该化学品进入环境。个人防护用具，适用于有毒颗粒物的 P3 过滤呼吸器
包装与标志	不得与食品和饲料一起运输 欧盟危险性类别：Xn 符号　N 符号　R：40-50/53　S：2-36/37-60-61
应急响应	
储存	与食品和饲料分开存放。严格密封
重要数据	物理状态、外观：无色晶体粉末 职业接触限值：阈限值未制定标准 接触途径：该物质可通过吸入其气溶胶和食入吸收到体内 吸入危险性：20℃时蒸发可忽略不计，但扩散时可较快地达到空气中颗粒物有害浓度 短期接触的影响：该物质刺激眼睛 长期或反复接触的影响：反复或长期与皮肤接触可能引起皮炎
物理性质	熔点：212～214℃ 密度：1.162g/cm³ 水中溶解度：20℃0.0005g/100mL 蒸气压：20℃时 0.0000039Pa 辛醇/水分配系数的对数值：2.93
环境数据	该物质对水生生物是有害的。该物质在正常使用过程中进入环境，但是要特别注意避免任何额外的释放，例如通过不适当处置活动
注解	该物质是可燃的，但闪点未见文献报道。商品名为 Prozinex, Gesamil, Milogard 和 Milo-Pro。可参考卡片 # 0699（西玛三嗪）和#0099（阿特拉津）

IPCS
International
Programme on
Chemical Safety

本卡片由 IPCS 和 EC 合作编写 © 2004～2012

国际化学品安全卡

亚硒酸钠			ICSC 编号：0698

CAS 登记号：10102-18-8

RTECS 号：VS7350000

UN 编号：2630

EC 编号：034-002-00-8

中国危险货物编号：2630

中文名称：亚硒酸钠；亚硒酸二钠盐

英文名称：SODIUM SELENITE; Disodium selenite; Selenious acid, disodium salt; Disodium selenium trioxide

分子量：172.9　　　　　　　　　　　化学式：Na₂SeO₃

分子量：172.9　　　　　　　　　　　化学式：Na_2SeO_3

危害/接触类型	急性危害/症状	预防	急救/消防
火　灾	在特定条件下是可燃的。在火焰中释放出刺激性或有毒烟雾（或气体）	禁止明火	雾状水，泡沫，二氧化碳，干砂土，特殊粉末
爆　炸			
接　触		防止粉尘扩散！严格作业环境管理！	一切情况均向医生咨询！
# 吸入	胃痉挛，咳嗽，腹泻，头晕，头痛，脱发，呼吸困难，恶心，咽喉痛，呕吐	局部排气通风或呼吸防护	新鲜空气，休息，给予医疗护理
# 皮肤	发红，疼痛	防护手套	脱掉污染的衣服，用大量水冲洗皮肤或淋浴，给予医疗护理
# 眼睛	发红，疼痛	如果是粉末，安全护目镜，面罩或眼睛防护结合呼吸防护	首先用大量水冲洗几分钟（如可能尽量摘除隐形眼镜），然后就医
# 食入	胃痉挛，呕吐	工作时不得进食、饮水或吸烟。进食前洗手	漱口，催吐（仅对清醒病人），给予医疗护理

泄漏处置	将泄漏物清扫进可密闭容器中。如果适当，首先润湿防止扬尘。小心收集残余物，然后转移到安全场所。不要让该化学品进入环境。个人防护用具：适用于有毒颗粒物的 P3 过滤呼吸器
包装与标志	不得与食品和饲料一起运输 欧盟危险性类别：T+符号　N 符号 R:23-28-31-43-51/53　　S:1/2-28-36/37-45-61 联合国危险性类别：6.1　联合国包装类别：I 中国危险性类别：第 6.1 项毒性物质　中国包装类别：I
应急响应	运输应急卡：TEC（R）-61GT5-I
储存	与强酸、食品和饲料分开存放。严格密封
重要数据	物理状态、外观：各种形状的吸湿固体 化学危险性：与高温表面或火焰接触时，该物质分解生成有毒气体。水溶液是一种弱碱。与强酸反应，有造成中毒的危险 职业接触限值：阈限值：0.2mg/m³（以 Se 计）（时间加权平均值）（美国政府工业卫生学家会议，2005年）。最高容许浓度：0.05mg/m³（可吸入粉尘）；最高限值种类：3B；妊娠风险等级：C（德国，2005年） 接触途径：该物质可通过吸入其气溶胶和食入吸收到体内 吸入危险性：20℃时蒸发可忽略不计，但可较快地达到空气中颗粒物有害浓度 短期接触的影响：该物质刺激眼睛、皮肤和呼吸道。该物质可能对肝、心脏、神经系统和胃肠道有影响。需要进行医学观察 长期或反复接触的影响：反复或长期与皮肤接触可能引起皮炎。该物质可能对中枢神经系统、骨骼和血液有影响。见注解
物理性质	熔点：320℃（分解） 水中溶解度：20℃时 85g/100mL
环境数据	该物质对水生生物是有毒的。该化学品可能沿食物链，例如在植物和鱼类中发生生物蓄积
注解	不要将工作服带回家中。也可参考卡片＃0072（硒）

IPCS

International Programme on Chemical Safety

UNEP

本卡片由 IPCS 和 EC 合作编写 © 2004～2012

国际化学品安全卡

西吗三嗪			ICSC 编号：0699

CAS 登记号：122-34-9 RTECS 号：XY5250000 EC 编号：612-088-00-3	中文名称：西吗三嗪；6-氯-*N,N*-二乙基-1,3,5-三嗪-2,4-二胺；2,4-双（乙氨基)-6-氯-*S*-三嗪；2-氯-4,6-双（乙氨基)-*S*-三嗪 英文名称：SIMAZINE; 6-Chloro-*N,N*-diethyl-1,3,5-triazine-2,4-diamine; 2,4-Bis (ethylamino)-6-chloro-*S*-triazine; *S*-Triazine, 2-chloro-4,6-bis (ethylamino)

分子量：201.7	化学式：$C_7H_{12}ClN_5/CH_3CH_2NH(C_3N_3Cl)NHCH_2CH_3$

危害/接触类型	急性危害/症状	预防	急救/消防
火 灾	可燃的，在火焰中释放出刺激性或有毒烟雾（或气体）	禁止明火	干粉、雾状水、泡沫、二氧化碳
爆 炸	微细分散的颗粒物在空气中形成爆炸性混合物	防止粉尘沉积、密闭系统、防止粉尘爆炸型电气设备和照明	
接 触		防止粉尘扩散！	
# 吸入		局部排气通风或呼吸防护	新鲜空气，休息
# 皮肤		防护手套	脱去污染的衣服，冲洗，然后用水和肥皂清洗皮肤
# 眼睛		安全护目镜，或眼睛防护结合呼吸防护	先用大量水冲洗几分钟（如可能尽量摘除隐形眼镜），然后就医
# 食入		工作时不得进食，饮水或吸烟。进食前洗手	漱口，大量饮水，休息，给予医疗护理
泄漏处置	将泄漏物清扫进容器中。如果适当，首先润湿防止扬尘。小心收集残余物，然后转移到安全场所。化学防护服包括自给式呼吸器		
包装与标志	不得与食品和饲料一起运输 欧盟危险性类别：Xn 符号 N 符号 R:40-50/53 S:2-36/37-46-60-61		
应急响应			
储存	与食品和饲料分开存放。严格密封		
重要数据	物理状态、外观：白色晶体粉末 物理危险性：以粉末或颗粒形状与空气混合，可能发生粉尘爆炸 化学危险性：加热时，生成有毒烟雾 职业接触限值：阈限值未制定标准 接触途径：该物质可通过吸入其气溶胶和经食入吸收到体内 吸入危险性：20℃时蒸发可忽略不计，但喷洒或扩散时可较快地达到空气中颗粒物有害浓度，尤其是粉末 长期或反复接触的影响：反复或长期与皮肤接触可能引起皮炎		
物理性质	熔点：225～227℃（分解） 密度：1.3g/cm³ 水中溶解度：不溶 蒸气压：20℃时 8.1×10⁻⁷ Pa 辛醇/水分配系数的对数值：2.1		
环境数据	该物质对水生生物是有毒的。避免非正常使用情况下释放到环境中		
注解	该物质是可燃的，但闪点未见文献报道。如果该物质用溶剂配制，可参考该溶剂的卡片。商业制剂中使用的载体溶剂可能改变其物理和毒理学性质		

IPCS
International
Programme on
Chemical Safety

   UNEP

本卡片由 **IPCS** 和 **EC** 合作编写 © 2004～2012

国际化学品安全卡

三苯膦			ICSC 编号：0700

CAS 登记号：603-35-0　　　　　中文名称：三苯膦；三苯基磷

RTECS 号：SZ3500000　　　　　英文名称：TRIPHENYLPHOSPHINE；Triphenylphosphorous

分子量：262.3　　　　　　　　化学式：$C_{18}H_{15}P/(C_6H_5)_3P$

危害/接触类型	急性危害/症状	预防	急救/消防
火　灾	可燃的。在火焰中释放出刺激性或有毒烟雾（或气体）	禁止明火	干粉，雾状水，泡沫，二氧化碳
爆　炸	微细分散的颗粒物在空气中形成爆炸性混合物。接触火焰时，有轻微爆炸危险	防止粉尘沉积、密闭系统、防止粉尘爆炸型电气设备和照明	
接　触		防止粉尘扩散！	
# 吸入	咳嗽，咽喉疼痛	局部排气通风或呼吸防护	新鲜空气，休息，给予医疗护理
# 皮肤	发红	防护手套	脱去污染的衣服，冲洗，然后用水和肥皂清洗皮肤，给予医疗护理
# 眼睛	发红，疼痛	安全护目镜	首先用大量水冲洗几分钟（如可能尽量摘除隐形眼镜），然后就医
# 食入	咳嗽	工作时不得进食、饮水或吸烟。进食前洗手	漱口，给予医疗护理
泄漏处置	将泄漏物清扫进可密闭容器中。如果适当，首先润湿防止扬尘。小心收集残余物，然后转移到安全场所。个人防护用具：适用于该物质空气中浓度的颗粒物过滤呼吸器		
包装与标志			
应急响应	美国消防协会法规：H0（健康危险性）；F1（火灾危险性）；R0（反应危险性）		
储存	与氧化剂和酸类分开存放。保存在通风良好的室内		
重要数据	物理状态、外观：无气味白色晶体 物理危险性：如果以粉末或颗粒形状与空气混合，可能发生粉尘爆炸 化学危险性：加热时，该物质分解生成磷氧化物和膦高毒烟雾。与强酸和强氧化剂发生反应 职业接触限值：阈限值未制定标准。最高容许浓度：5mg/m^3（以上呼吸道吸入部分计）；最高限值种类：II(2)；皮肤致敏剂；妊娠风险等级：C（德国，2009 年） 接触途径：该物质可通过吸入其气溶胶和食入吸收到体内 吸入危险性：20℃时蒸发可忽略不计，但可较快地达到空气中颗粒物有害浓度 短期接触的影响：该物质刺激眼睛、皮肤和呼吸道		
物理性质	沸点：377℃ 熔点：80℃ 相对密度（水=1）：1.1 水中溶解度：不溶 蒸气相对密度（空气=1）：9.0 闪点：180℃（开杯）		
环境数据			
注解	该物质的人体健康影响数据不充分，因此，应当特别注意		

IPCS
International
Programme on
Chemical Safety

   UNEP

本卡片由 IPCS 和 EC 合作编写 © 2004～2012

国际化学品安全卡

镁（丸）				ICSC 编号：0701

CAS 登记号：7439-95-4
RTECS 号：OM2100000
UN 编号：1869
EC 编号：012-002-00-9
中国危险货物编号：1869

中文名称：镁（丸）；镁旋屑
英文名称：MAGNESIUM (PELLETS); Magnesium turnings

分子量：（原子量）　　　　　化学式：Mg

危害/接触类型	急性危害/症状	预防	急救/消防
火　灾	微细分散时，高度易燃。在火焰中释放出刺激性或有毒烟雾（或气体）	禁止明火，禁止火花和禁止吸烟。禁止与水或其他物质接触	干砂，专用粉末，禁止用含水灭火剂、二氧化碳和其他试剂
爆　炸	见注解		
接　触			
# 吸入	见注解		新鲜空气，休息
# 皮肤		防护手套	用大量水冲洗皮肤或淋浴
# 眼睛	发红。疼痛	安全护目镜	用大量水冲洗（如可能尽量摘除隐形眼镜）
# 食入	口腔、胸腔和胃部有灼烧感	工作时不得进食、饮水或吸烟	漱口。如果感觉不舒服，需就医
泄漏处置	转移全部引燃源。个人防护用具：适应于该物质空气中浓度的颗粒物过滤呼吸器。将泄漏物清扫进有盖的干燥容器中		
包装与标志	气密 欧盟危险性类别：F 符号　　R:11-15　　S:2-7/8-43 联合国危险性类别：4.1　　　联合国包装类别：III 中国危险性类别：第 4.1 项 易燃固体　中国包装类别：III GHS 分类：信号词：危险 图形符号：火焰 危险说明：易燃固体；自热，可能着火；遇水放出易燃气体		
应急响应	美国消防协会法规：H0（健康危险性）；F1（火灾危险性）；R1（反应危险性）		
储存	耐火设备（条件）。与其他不相容物质分开存放。干燥。严格密封		
重要数据	物理状态、外观：银白色各种形态金属固体 化学危险性：发生反应 职业接触限值：阈限值未制定标准 吸入危险性：扩散时可较快地达到空气中颗粒物公害污染浓度		
物理性质	沸点：1100℃ 熔点：649℃ 密度：1.7 水中溶解度：反应		
环境数据			
注解	燃烧时，伴有剧烈火焰。以防损伤眼睛，不要直接注视镁火焰。镁粉末可与丸状镁同时存在。强烈建议参考镁粉末的卡片。见化学品安全卡#0289。与灭火剂，如水、粉末、二氧化碳、哈龙和泡沫激烈反应		

IPCS
International
Programme on
Chemical Safety

本卡片由 IPCS 和 EC 合作编写 © 2004～2012

国际化学品安全卡

碳			ICSC 编号：0702

CAS 登记号：7440-44-0   中文名称：碳
RTECS 号：FF5250100   英文名称：CARBON
UN 编号：1361（动物或植物来源）
中国危险货物编号：1361

原子量：12   化学式：C

危害/接触类型	急性危害/症状	预防	急救/消防
火 灾	根据物理形态，高度易燃或可燃的	禁止明火、禁止火花和禁止吸烟	干粉，雾状水，泡沫，二氧化碳
爆 炸	微细分散的颗粒物在空气中形成爆炸性混合物	防止粉尘沉积，密闭系统，防止粉尘爆炸型电气设备和照明。防止静电荷积聚（例如，通过接地）	着火时，喷雾状水保持料桶等冷却
接 触			
# 吸入			
# 皮肤			
# 眼睛		护目镜	首先用大量水冲洗几分钟（如可能尽量摘除隐形眼镜），然后就医
# 食入			
泄漏处置	将泄漏物扫入有盖容器中。如果适当，首先湿润防止扬尘。转移到安全场所。个人防护用具：适用于惰性颗粒物的 P1 过滤呼吸器		
包装与标志	气密 联合国危险性类别：4.2 中国危险性类别：第 4.2 项 易于自燃的物质		
应急响应			
储存	耐火设备（条件）。与强氧化剂分开存放		
重要数据	**物理状态、外观**：黑色粉末或各种形状固体 **物理危险性**：如果以粉末或颗粒形状与空气混合，可能发生粉尘爆炸。如果在干燥状态，由于搅拌、空气输送和注入等能够产生静电 **化学危险性**：与空气接触时，该物质可能自燃。如果通风不足，燃烧时生成有毒的一氧化碳。该物质是一种强还原剂。与氧化剂，如溴酸盐、氯酸盐和硝酸盐激烈反应 **职业接触限值**：阈限值未制定标准 **吸入危险性**：20℃时蒸发可忽略不计，但可较快地达到空气中颗粒物公害污染浓度		
物理性质	**沸点**：>4000℃ **熔点**：>3500℃ **相对密度（水=1）**：1.8～3.51 **水中溶解度**：不溶		
环境数据			
注解	对接触该物质的健康影响进行了调查，但未发现任何数据。本卡片适用于非纤维形态纯净碳。碳纤维或含多环芳烃的碳可能具有各种危险性。可参考卡片＃0421：活性炭；卡片＃0471：炭黑；卡片＃0893：石墨（天然）		

IPCS
International
Programme on
Chemical Safety

UNEP

本卡片由 IPCS 和 EC 合作编写 © 2004～2012

国际化学品安全卡

1-氯丁烷			ICSC 编号：0703

CAS 登记号：109-69-3	中文名称：1-氯丁烷；正丁基氯
RTECS 号：EJ6300000	英文名称：1-CHLOROBUTANE; n-Butylchloride; n-Propylcarbinylchloride
UN 编号：1127	
EC 编号：602-059-00-3	
中国危险货物编号：1127	
分子量：92.6	化学式：C₄H₉Cl/CH₃(CH₂)₃Cl

化学式：$C_4H_9Cl/CH_3(CH_2)_3Cl$

危害/接触类型	急性危害/症状	预防	急救/消防
火 灾	高度易燃。在火焰中释放出刺激性或有毒烟雾（或气体）	禁止明火、禁止火花和禁止吸烟	干粉，水成膜泡沫，泡沫，二氧化碳
爆 炸	蒸气/空气混合物有爆炸性	密闭系统，通风，防爆型电气设备与照明。防止静电荷积聚（例如，通过接地）。不要使用压缩空气灌装，卸料或转运	着火时，喷雾状水保持料桶等冷却
接 触			
# 吸入	咳嗽，瞌睡，咽喉疼痛	通风，局部排气通风或呼吸防护	新鲜空气，休息，给予医疗护理
# 皮肤	发红	防护手套	脱掉污染的衣服，用大量水冲洗皮肤或淋浴
# 眼睛	发红	安全护目镜或眼睛防护结合呼吸防护	首先用大量水冲洗几分钟（如可能尽量摘除隐形眼镜),然后就医
# 食入	胃痉挛，恶心	工作时不得进食，饮水或吸烟	漱口，给予医疗护理

泄漏处置	尽可能将泄漏液收集在有盖容器中。用砂土或惰性吸收剂吸收残液并转移到安全场所。不要冲入下水道。个人防护用具：适用于有机蒸气和有害粉尘的 A/P2 过滤呼吸器
包装与标志	海洋污染物 欧盟危险性类别：F 符号　　R:11　　S:2-9-16-29 联合国危险性类别：3　　　联合国包装类别：II 中国危险性类别：第 3 类易燃液体　中国包装类别：II
应急响应	运输应急卡：TEC(R)-667 美国消防协会法规：H2（健康危险性）；F3（火灾危险性）；R0（反应危险性）
储存	耐火设备（条件）。与性质相互抵触的物质分开存放（见化学危险性）。严格密封
重要数据	**物理状态、外观**：无色液体，有刺鼻气味 **物理危险性**：蒸气比空气重，可能沿地面流动，可能造成远处着火。由于流动、搅拌等，可能产生静电 **化学危险性**：加热或燃烧时，该物质分解生成含氯化氢和光气的有毒和腐蚀性烟雾。与水缓慢反应，生成盐酸。与氧化剂和金属粉末激烈反应，有着火和爆炸危险。浸蚀铝和多种塑料 **职业接触限值**：阈限值未制定标准 **接触途径**：该物质可通过吸入其蒸气和食入吸收到体内 **吸入危险性**：未指明 20℃时该物质蒸发达到空气中有害浓度的速率 **短期接触的影响**：该物质刺激眼睛、皮肤和呼吸道。该物质可能对神经系统有影响
物理性质	沸点：77~79℃ 熔点：-123℃ 相对密度（水=1）：0.89 水中溶解度：12℃时 0.066g/100mL 蒸气压：20℃时 10.7kPa 蒸气相对密度（空气=1）：3.2 蒸气/空气混合物的相对密度（20℃，空气=1）：1.2 闪点：-12℃ 自燃温度：240℃ 爆炸极限：空气中 1.8%~10.1%（体积） 辛醇/水分配系数的对数值：2.64
环境数据	
注解	

IPCS
International
Programme on
Chemical Safety

   UNEP

本卡片由 IPCS 和 EC 合作编写　© 2004~2012

国际化学品安全卡

一水合柠檬酸			ICSC 编号：0704

CAS 登记号：5949-29-1	中文名称：一水合柠檬酸；2-羟基-1,2,3-丙三羧酸一水合物；水合柠檬酸
RTECS 号：GE7810000	英文名称：CITRIC ACID, MONOHYDRATE; 2-Hydroxy-1,2,3-propanetricarboxylic acid monohydrate; Citric acid hydrate

分子量：210.1	化学式：$C_6H_8O_7 \cdot H_2O$/HOOCCH$_2$C(OH)(COOH)CH$_2$COOH · H_2O

危害/接触类型	急性危害/症状	预防	急救/消防
火 灾	可燃的	禁止明火	干粉、雾状水、泡沫、二氧化碳
爆 炸	微细分散的颗粒物在空气中形成爆炸性混合物	防止粉尘沉积、密闭系统、防止粉尘爆炸型电气设备和照明	
接 触		防止粉尘扩散！	
# 吸入	咳嗽，咽喉痛	局部排气通风或呼吸防护	新鲜空气，休息
# 皮肤	发红	防护手套	脱去污染的衣服，用大量水冲洗皮肤或淋浴
# 眼睛	发红，疼痛	安全护目镜	先用大量水冲洗几分钟（如可能尽量摘除隐形眼镜），然后就医
# 食入	灼烧感	工作时不得进食，饮水或吸烟	漱口，大量饮水

泄漏处置	将泄漏物清扫进容器中。如果适当，首先润湿防止扬尘。用大量水冲净残余物。个人防护用具：适用于有害颗粒物的 P2 过滤呼吸器
包装与标志	
应急响应	
储存	与强碱和氧化剂分开存放
重要数据	**物理状态、外观**：轻微潮解的白色晶体 **物理危险性**：以粉末或颗粒形状与空气混合，可能发生粉尘爆炸 **化学危险性**：水溶液是一种弱酸。浸蚀铜、锌、铝及其合金 **职业接触限值**：阈限值未制定标准。最高容许浓度：IIb（未制定标准，但可提供数据）（德国，2005年） **接触途径**：该物质可通过吸入其气溶胶和经食入吸收到体内 **吸入危险性**：未指明 20℃时该物质蒸发达到空气中有害浓度的速率 **短期接触的影响**：该气溶胶刺激眼睛，皮肤和呼吸道
物理性质	**沸点**：低于沸点在 175℃分解 **熔点**：135℃ **密度**：1.5g/cm³ **水中溶解度**：20℃时 59.2g/100mL **自燃温度**：1010℃ **辛醇/水分配系数的对数值**：-1.72
环境数据	
注解	

IPCS International Programme on Chemical Safety				

本卡片由 IPCS 和 EC 合作编写 © 2004～2012

国际化学品安全卡

S-甲基内吸磷			ICSC 编号：0705

CAS 登记号：919-86-8
RTECS 号：TG1750000
UN 编号：3018
EC 编号：015-031-00-5
中国危险货物编号：3018
分子量：230.3

中文名称：S-甲基内吸磷；S-2-乙硫基乙基-O,O-二甲基硫代磷酸酯；S-(2-(乙硫基)乙基)-O,O-二甲基硫代磷酸酯
英文名称：DEMETON-S-METHYL; S-2-Ethylthioethyl-O,O-dimethyl phosphorothioate; Phosphorothioic acid, S-(2-(ethylthio)ethyl) O,O-dimethyl ester

化学式：$C_6H_{15}O_3PS_2$/$(CH_3O)_2POSCH_2CH_2SCH_2CH_3$

危害/接触类型	急性危害/症状	预防	急救/消防
火　灾	可燃的，含有机溶剂的液体制剂可能是易燃的，在火焰中释放出刺激性或有毒烟雾（或气体）	禁止明火	干粉，雾状水，泡沫，二氧化碳
爆　炸	如果制剂中含有易燃/爆炸性溶剂，有着火和爆炸危险		
接　触		防止烟雾产生!严格作业环境管理!避免青少年和儿童接触!	一切情况均向医生咨询!
# 吸入	肌肉痉挛，瞳孔缩窄，出汗，多涎，胃痉挛，腹泻，眩晕，头痛，恶心，呕吐，虚弱，神志不清，头晕，呼吸困难	通风，局部排气通风或呼吸防护	新鲜空气，休息，给予医疗护理
# 皮肤	可能被吸收!（另见吸入）	防护手套，防护服	脱去污染的衣服，冲洗，然后用水和肥皂清洗皮肤，给予医疗护理
# 眼睛	瞳孔缩窄，视力模糊	面罩或眼睛防护结合呼吸防护	先用大量水冲洗几分钟（如可能尽量摘除隐形眼镜），然后就医
# 食入	惊厥。（另见吸入）	工作时不得进食、饮水或吸烟。进食前洗手	漱口，用水冲服活性炭浆，催吐(仅对清醒病人!)，休息，给予医疗护理
泄漏处置	尽量将泄漏液收集在可密闭容器中。用砂土或惰性吸收剂吸收残液并转移到安全场所。不要冲入下水道。不要让该化学品进入环境。个人防护用具：化学防护服，包括自给式呼吸器		
包装与标志	不得与食品和饲料一起运输 欧盟危险性类别：T 符号 N 符号　R:24/25-51/53　S:1/2-28-36/37-45-61 联合国危险性类别：6.1　联合国包装类别：II 中国危险性类别：第 6.1 项毒性物质　中国包装类别：II		
应急响应	运输应急卡：TEC（R）-61GT6-II		
储存	注意收容灭火产生的废水。与食品和饲料分开存放。储存在通风良好的室内		
重要数据	物理状态、外观：无色至浅黄色油状液体，有特殊气味 化学危险性：加热和燃烧时，该物质分解生成磷氧化物和硫氧化物有毒烟雾 职业接触限值：阈限值：0.05mg/m³（经皮）；A4（不能分类为人类致癌物）；公布生物暴露指数；致敏剂（美国政府工业卫生学家会议，2004 年） 接触途径：该物质可通过吸入其气溶胶、经皮肤和食入吸收到体内 吸入危险性：20℃时该物质蒸发不会或很缓慢地达到空气中有害污染浓度，但是喷洒或扩散时要快得多 短期接触的影响：该物质可能对神经系统有影响，导致惊厥、呼吸衰竭和死亡。影响可能推迟显现。需要进行医学观察 长期或反复接触的影响：胆碱酯酶抑制剂。可能发生累积影响（见急性危害/症状）		
物理性质	沸点：0.13kPa 时 118℃ 相对密度（水=1）：1.2 水中溶解度：20℃时 0.33g/100mL 蒸气压：20℃时 0.048Pa	蒸气相对密度（空气=1）：7.9 蒸气/空气混合物的相对密度（20℃，空气=1）：1.00 辛醇/水分配系数的对数值：1.32	
环境数据	该物质对水生生物是有毒的。该物质可能对环境有危害，对蜜蜂，哺乳动物，鸟类应给予特别注意。该物质在正常使用过程中进入环境，但是要特别注意避免任何额外的释放，例如通过不适当处置活动		
注解	根据接触程度，需定期进行医疗检查。该物质中毒时需采取适当治疗措施。必须提供有指示说明的适当方法。如果该物质用溶剂配制，可参考溶剂的卡片。商业制剂中所使用的载体溶剂，可能改变其物理和毒理学性质。不要将工作服带回家中。商品名有：Azotox, Demetox, Duratox, Metasystox i, Metasystox 55, Mifatox 和 Persyst。也可参考卡片 #0429（O-甲基内吸磷）		

IPCS
International Programme on Chemical Safety

本卡片由 IPCS 和 EC 合作编写 © 2004～2012

国际化学品安全卡

氯乙醛（40%溶液）			ICSC 编号：0706

CAS 登记号：107-20-0 RTECS 号：AB2450000 UN 编号：2232 EC 编号：605-025-00-6 中国危险货物编号：2232	中文名称：氯乙醛（40%溶液）；2-氯乙醛；2-氯-1-乙醛；一氯乙醛 英文名称：CHLOROACETALDEHYDE (40%SOLUTION); 2-Chloroacetaldehyde; 2-Chloro-1-ethanal; Monochloroacetaldehyde

分子量：78.5	化学式：$C_2H_3ClO/ClCH_2CHO$

危害/接触类型	急性危害/症状	预防	急救/消防
火灾	可燃的。在火焰中释放出刺激性或有毒烟雾（或气体）	禁止明火、禁止与氧化性物质和酸接触	干粉，抗溶性泡沫，雾状水，二氧化碳
爆炸	高于 88℃时可能形成爆炸性蒸气/空气混合物	高于 88℃时密闭系统，通风和防爆型电气设备	着火时喷雾状水保持钢瓶冷却
接触		避免一切接触！	
# 吸入	灼烧感，咳嗽，呼吸困难，咽喉痛，症状可能推迟显现（见注解）	通风，局部排气通风或呼吸防护	新鲜空气，休息，半直立体位，必要时进行人工呼吸，给予医疗护理
# 皮肤	发红，严重皮肤烧伤，疼痛，水疱	防护手套，防护服	脱掉污染的衣服，冲洗，然后用水和肥皂洗皮肤，给予医疗护理
# 眼睛	发红，疼痛，严重深度烧伤，永久性失明	面罩或眼睛防护结合呼吸防护	首先用大量水冲洗几分钟（如可能尽量摘除隐形眼镜），然后就医
# 食入	腹部疼痛，灼烧感	工作时不得进食、饮水或吸烟。进食前洗手	漱口，不要催吐，给予医疗护理
泄漏处置	撤离危险区域。向专家咨询！通风。尽量将泄漏液收集在可密闭容器中。用大量水冲净残余物。个人防护用具：全套防护服，包括自给式呼吸器		
包装与标志	不易破碎包装，将易碎包装放在不易破碎的密闭容器中。不得与食品和饲料一起运输 欧盟危险性类别：T+符号 N 符号 R:24/25-26-34-40-50 S:1/2-26-28-36/37/39-45-61 联合国危险性类别：6.1 联合国包装类别：II 中国危险性类别：第 6.1 项毒性物质 中国包装类别：II		
应急响应	运输应急卡：TEC（R）-61G06b		
储存	与强氧化剂、酸、金属、食品和饲料分开存放		
重要数据	物理状态、外观：无色清澈液体，有刺鼻的气味 物理危险性：蒸气比空气重 化学危险性：加热时，该物质分解生成氯有毒烟雾。与氧化剂和酸反应，有爆炸危险 职业接触限值：阈限值：1ppm（上限值）（美国政府工业卫生学家会议，2005 年）。最高容许浓度：皮肤吸收；致癌物类别：3B（德国，2005 年） 接触途径：该物质可通过吸入其蒸气和食入吸收到体内 吸入危险性：20℃时该物质蒸发，可迅速地达到空气中有害污染浓度 短期接触的影响：腐蚀作用。蒸气腐蚀眼睛、皮肤和呼吸道。吸入高浓度蒸气可能引起肺水肿（见注解）。影响可能推迟显现。需进行医学观察。见注解		
物理性质	沸点：85～100℃（40%溶液） 熔点：16℃（40%溶液） 相对密度（水=1）：1.19（40%溶液） 水中溶解度：混溶 蒸气压：20℃时 13.3kPa 蒸气相对密度（空气=1）：2.7 蒸气/空气混合物的相对密度（20℃，空气=1）：1.22 闪点：88℃（闭杯） 辛醇/水分配系数的对数值：0.37		
环境数据	该物质可能对环境有危害，对水体应给予特别注意。避免非正常使用时释放到环境中		
注解	本卡片适用于 40%的溶液。工作接触的任何时刻都不应超过职业接触限值。肺水肿症状常常几小时以后才变得明显，体力劳动使症状加重。因而休息和医学观察是必要的。应考虑由医生或医生指定人员立即采取适当吸入治疗法		

IPCS
International Programme on Chemical Safety

UNEP

本卡片由 IPCS 和 EC 合作编写 © 2004～2012

国际化学品安全卡

二水合草酸			ICSC 编号：0707

CAS 登记号：6153-56-6 RTECS 号：KI1600000 UN 编号：3261 EC 编号：607-006-00-8 中国危险货物编号：3261	中文名称：二水合草酸；二水合乙二酸 英文名称：OXALIC ACID DIHYDRATE; Ethanedioic acid dihydrate

分子量：126.1	化学式：$C_2H_2O_4 \cdot 2H_2O/(COOH)_2 \cdot 2H_2O$

危害/接触类型	急性危害/症状	预防	急救/消防
火 灾	可燃的。在火焰中释放出刺激性或有毒烟雾（或气体）	禁止明火	雾状水，干粉，泡沫，二氧化碳
爆 炸			着火时，喷雾状水保持料桶等冷却
接 触		防止粉尘扩散！	
# 吸入	咳嗽。咽喉痛。灼烧感。呼吸短促。呼吸困难。头痛	通风（如果没有粉末时），局部排气通风或呼吸防护	新鲜空气，休息。半直立体位。立即给予医疗护理
# 皮肤	发红。疼痛。皮肤烧伤	防护手套。防护服	脱去污染的衣服。用大量水冲洗皮肤或淋浴至少 15min。给予医疗护理
# 眼睛	发红。疼痛。视力模糊。烧伤	面罩，或眼睛防护结合呼吸防护	用大量水冲洗（如可能尽量摘除隐形眼镜）。立即给予医疗护理
# 食入	咽喉疼痛。有灼烧感。腹部疼痛。呼吸困难。惊厥。麻痹。心脏节律障碍。休克或虚脱	工作时不得进食、饮水或吸烟。进食前洗手	漱口。不要催吐。立即给予医疗护理

泄漏处置	将泄漏物清扫进塑料容器中，如果适当，首先润湿防止扬尘。用大量水冲净残余物。个人防护用具：适用于该物质空气中浓度的颗粒物过滤呼吸器。防护手套，安全护目镜
包装与标志	不得与食品和饲料一起运输 欧盟危险性类别：Xn 符号　R:21/22　S:2-24/25 联合国危险性类别：8　　　　联合国包装类别：III 中国危险性类别：第 8 类 腐蚀性物质　中国包装类别：III GHS 分类：信号词：危险 图形符号：腐蚀-感叹号 危险说明：吞咽有害；造成严重皮肤灼伤和眼睛损伤；可能造成呼吸刺激作用
应急响应	美国消防协会法规：H3（健康危险性）；F1（火灾危险性）；R0（反应危险性）
储存	与强氧化剂、食品和饲料分开存放
重要数据	物理状态、外观：无色晶体 化学危险性：与高温表面或火焰接触，该物质分解生成甲酸和一氧化碳。水溶液是一种中强酸。与强氧化剂发生剧烈反应，有着火和爆炸的危险。与某些银化合物发生反应，生成爆炸性银草酸盐。浸蚀某些塑料 职业接触限值：阈限值：（草酸，无水的）1mg/m³（时间加权平均值）；2mg/m³（短期接触限值）（美国政府工业卫生学家会议，2008 年）。欧盟职业接触限值：（草酸，无水的）1mg/m³（时间加权平均值）（欧盟，2006 年） 接触途径：该物质可通过吸入其气溶胶和经食入吸收到体内。各种接触途径均产生严重的局部影响。 吸入危险性：20℃时蒸发可忽略不计，但扩散时可较快地达到空气中颗粒物有害浓度 短期接触的影响：该物质腐蚀眼睛、皮肤和呼吸道。食入有腐蚀性。食入后该物质可能对钙平衡造成影响。高浓度接触时可能导致死亡 长期或反复接触的影响：反复或长期与皮肤接触可能引起皮炎。接触可能导致肾结石、慢性溃疡和黑指甲
物理性质	熔点：101～102℃（见注解） 密度：1.65g/cm³ 水中溶解度：20℃时 13～14g/100mL 辛醇/水分配系数的对数值：-0.81
环境数据	
注解	给出的熔点为失去结晶水的表观熔点。该物质在 100℃时可小心进行干燥脱水，但升华引起大量损失。另见化学品安全卡#0529（草酸，无水的）

IPCS
International Programme on Chemical Safety

本卡片由 IPCS 和 EC 合作编写 © 2004～2012

国际化学品安全卡

地虫磷			ICSC 编号：0708

CAS 登记号：944-22-9
RTECS 号：TA5950000
UN 编号：3018
EC 编号：015-091-00-2
中国危险货物编号：3018

中文名称：地虫磷；O-乙基-S-苯基乙基二硫代磷酸酯
英文名称：FONOFOS; O-Ethyl-S-phenylethylphos phonodithioate

分子量：246.3   化学式：$C_5H_5SPSCH_2CH_3OCH_2CH_3/C_{10}H_{15}OPS_2$

危害/接触类型	急性危害/症状	预防	急救/消防
火　灾	可燃的。含有机溶剂的液体制剂可能是易燃的。在火焰中释放出刺激性或有毒烟雾（或气体）		泡沫，干粉，二氧化碳
爆　炸			
接　触		防止烟云产生！严格作业环境管理！避免青少年和儿童接触！	一切情况均向医生咨询！
# 吸入	瞳孔缩窄，多涎，出汗，恶心，头晕，呕吐，肌肉痉挛，呼吸困难，惊厥，神志不清	通风，局部排气通风或呼吸防护	新鲜空气，休息，给予医疗护理
# 皮肤	可能被吸收！（另见吸入）	防护手套，防护服	脱去污染的衣服，冲洗，然后用水和肥皂洗皮肤，给予医疗护理
# 眼睛	液体或气溶胶可能被吸收！发红，疼痛，视力模糊	面罩或眼睛防护结合呼吸防护	首先用大量水冲洗几分钟（如可能尽量摘除隐形眼镜），然后就医
# 食入	虚弱，胃痉挛，腹泻。（另见吸入）	工作时不得进食、饮水或吸烟。进食前洗手	催吐（仅对清醒病人），休息，给予医疗护理
泄漏处置	尽量将泄漏液收集在可密闭容器中。用砂土或惰性吸收剂吸收残液并转移到安全场所。不要冲入下水道。个人防护用具：全套防护服，包括自给式呼吸器		
包装与标志	不得与食品和饲料一起运输。严重污染海洋物质 欧盟危险性类别：T+符号 N 符号 R:27/28-50/53　　S:1/2-28-36/37-45-60-61 联合国危险性类别：6.1　　　联合国包装类别：I 中国危险性类别：第6.1项毒性物质　中国包装类别：I		
应急响应	运输应急卡：TEC（R）-61GT6-I		
储存	与食品和饲料分开存放。储存在通风良好的室内		
重要数据	物理状态、外观：无色清澈液体，有特殊气味 化学危险性：与强酸和强碱接触时，该物质发生水解 职业接触限值：阈限值：0.1mg/m³（时间加权平均值）（经皮）；A4（不能分类为人类致癌物）；公布生物暴露指数（美国政府工业卫生学家会议，2004年）。最高容许浓度未制定标准 接触途径：该物质可通过吸入、经皮肤、眼睛和食入吸收到体内 吸入危险性：20℃时蒸发可忽略不计，但喷洒时可较快地达到空气中颗粒物有害浓度 短期接触的影响：胆碱酯酶抑制剂。超过职业接触限值时，接触可能导致死亡。影响可能延缓。需进行医学观察 长期或反复接触的影响：胆碱酯酶抑制剂。可能有累积影响，见急性危害/症状		
物理性质	沸点：0.013kPa 时 130℃ 熔点：30℃ 相对密度（水=1）：1.16 水中溶解度：不溶 蒸气压：25℃时 0.03Pa 闪点：94℃ （闭杯） 辛醇/水分配系数的对数值：3.94		
环境数据	该物质可能对环境有危害，对水生生物应给予特别注意。避免非正常使用时释放到环境中		
注解	根据接触程度，建议定期进行医疗检查。急性中毒症状几小时以后才变得明显。中毒时需采取必要治疗措施。必须提供带有指示说明的适当方法。不要将工作服带回家中。商业制剂中使用的载体溶剂可能改变其物理和毒理学性质。商品名称有：Difonate, Dyfonate 2G 和 Stauffer N 2790		

IPCS
International
Programme on
Chemical Safety

本卡片由 IPCS 和 EC 合作编写 © 2004～2012

国际化学品安全卡

盐酸胲			ICSC 编号：0709

CAS 登记号：5470-11-1	中文名称：盐酸胲；氯化羟铵；盐酸羟胺；氯化羟胺
RTECS 号：NC3675000	英文名称：HYDROXYLAMINE, HYDROCHLORIDE; Hydroxyammonium
EC 编号：612-123-00-2	chloride; Oxammonium hydrochloride; Hydroxylamine chloride

分子量：69.5	化学式：H₃NOHCl

化学式：H_3NOHCl

危害/接触类型	急性危害/症状	预防	急救/消防
火　灾	不可燃。在火焰中释放出刺激性或有毒烟雾（或气体）		周围环境着火时，允许使用各种灭火剂
爆　炸			
接　触		防止粉尘扩散！严格作业环境管理！	
# 吸入	指甲或嘴唇发青，皮肤发青，头痛，头晕，恶心，意识模糊，惊厥，神志不清	通风（如果没有粉末时），局部排气通风或呼吸防护	新鲜空气，休息，给予医疗护理
# 皮肤	发红，疼痛。（见吸入）	防护手套	脱掉污染的衣服，用大量水冲洗皮肤或淋浴，给予医疗护理
# 眼睛	发红，疼痛	如为粉末，安全护目镜或眼睛防护结合呼吸防护	先用大量水冲洗几分钟（如可能尽量摘除隐形眼镜），然后就医
# 食入	（另见吸入）	工作时不得进食、饮水或吸烟	漱口，用水冲服活性炭浆，给予医疗护理

泄漏处置	不要冲入下水道。将泄漏物清扫进容器中。如果适当，首先润湿防止扬尘。个人防护用具：适用于有害颗粒物的 P2 过滤呼吸器
包装与标志	欧盟危险性类别：Xn 符号　N 符号　R:22-36/38-43-48/22-50 S:2-22-24-37-61
应急响应	
储存	干燥
重要数据	物理状态、外观：无色吸湿性晶体 化学危险性：与湿气接触时，该物质缓慢分解。加热时生成有毒烟雾。水溶液是一种弱酸 职业接触限值：阈限值未制定标准。最高容许浓度：皮肤致敏剂（德国，2004 年） 接触途径：该物质可通过吸入其气溶胶、经皮肤和食入吸收到体内 吸入危险性：20℃时蒸发可忽略不计，但扩散时可较快地达到空气中颗粒物有害浓度 短期接触的影响：该物质刺激眼睛、皮肤和呼吸道。该物质可能对血红细胞有影响，导致形成正铁血红蛋白。需要进行医学观察 长期或反复接触的影响：反复或长期接触可能引起皮肤过敏
物理性质	熔点：150～152℃（分解）（见注解） 相对密度（水=1）：1.7 水中溶解度：17℃时 83g/100mL
环境数据	
注解	有些参考文献报道熔点为 151～152℃（分解），而其中之一给出警告说加热到 115℃以上时发生爆炸。根据接触程度，建议定期进行医疗检查。该物质中毒时需采取必要的治疗措施。必须提供有指示说明的适当方法

IPCS
International
Programme on
Chemical Safety

UNEP

本卡片由 IPCS 和 EC 合作编写 © 2004～2012

国际化学品安全卡

锂			ICSC 编号：0710

CAS 登记号：7439-93-2
RTECS 号：OJ5540000
UN 编号：1415
EC 编号：003-001-00-4
中国危险货物编号：1415

中文名称：锂
英文名称：LITHIUM

原子量：6.9　　　　　　　　　　　　化学式：Li

危害/接触类型	急性危害/症状	预防	急救/消防
火 灾	易燃的。许多反应可能引起火灾或爆炸。在火焰中释放出刺激性或有毒烟雾（或气体）	禁止明火、禁止火花和禁止吸烟。禁止与水接触	特殊粉末，禁止用水。禁用其他灭火剂
爆 炸	与可燃物质和水接触时，有着火和爆炸危险		着火时，喷雾状水保持料桶等冷却，但避免该物质与水接触
接 触		避免一切接触！	一切情况均向医生咨询！
# 吸入	灼烧感，咳嗽，呼吸困难，气促，咽喉痛，症状可能推迟显现（见注解）	通风，局部排气通风或呼吸防护	新鲜空气，休息，半直立体位，给予医疗护理
# 皮肤	发红，皮肤烧伤，疼痛，水疱	防护手套，防护服	脱去污染的衣服，用大量水冲洗皮肤或淋浴，给予医疗护理
# 眼睛	发红，疼痛，严重深度烧伤	护目镜，或眼睛防护结合呼吸防护	先用大量水冲洗几分钟（如可能尽量摘除隐形眼镜），然后就医
# 食入	胃痉挛，腹部疼痛，灼烧感，恶心，休克或虚脱，呕吐，虚弱	工作时不得进食，饮水或吸烟	给予医疗护理。（见注解）
泄漏处置	向专家咨询！不要冲入下水道。将泄漏物清扫进可密闭的干燥金属容器中。小心收集残余物，然后转移到安全场所。个人防护用具：全套防护服包括自给式呼吸器		
包装与标志	气密 欧盟危险性类别：F 符号 C 符号 R:14/15-34 S:1/2-8-43-45 联合国危险性类别：4.3　联合国包装类别：I 中国危险性类别：第 4.3 项遇水放出易燃气体的物质 中国包装类别：I		
应急响应	运输应急卡：TEC(R)-750 美国消防协会法规：H3（健康危险性）；F2（火灾危险性）；R2（反应危险性）；W（禁止用水）		
储存	耐火设备（条件）。与强氧化剂、酸类、哈龙和其他性质相互抵触的物质（见化学危险性）分开存放。干燥。保存在矿物油中		
重要数据	物理状态、外观：银白色柔软的金属，遇空气和湿气时变黄色 化学危险性：加热可能引起激烈燃烧或爆炸。与空气接触时，该物质粉末可能自燃。加热时生成有毒烟雾。与强氧化剂、酸和许多化合物（烃类，卤素，哈龙，混凝土、沙子和石棉）激烈反应，有着火和爆炸危险。与水激烈反应，生成高度易燃氢气和氢氧化锂腐蚀性烟雾 职业接触限值：阈限值未制定标准 接触途径：该物质可通过吸入其气溶胶和经食入吸收到体内 吸入危险性：20℃时蒸发可忽略不计，但扩散时可较快地达到空气中颗粒物有害浓度 短期接触的影响：该物质腐蚀眼睛、皮肤和呼吸道。食入有腐蚀性。吸入可能引起肺水肿（见注解）		
物理性质	沸点：1336℃ 熔点：180.5℃ 密度：0.5g/cm³ 水中溶解度：激烈反应 蒸气压：723℃时 133Pa 自燃温度：179℃		
环境数据			
注解	肺水肿症状常常经过几个小时以后才变得明显，体力劳动使症状加重。因而休息和医学观察是必要的。应当考虑由医生或医生指定的人立即采取适当吸入治疗法		

IPCS
International
Programme on
Chemical Safety

UNEP

本卡片由 IPCS 和 EC 合作编写 © 2004～2012

国际化学品安全卡

氯化锂			ICSC 编号：0711

CAS 登记号：7447-41-8	中文名称：氯化锂
RTECS 号：OJ5950000	英文名称：LITHIUM CHLORIDE

分子量：42.4		化学式：LiCl	

危害/接触类型	急性危害/症状	预防	急救/消防
火 灾	不可燃		周围环境着火时，可以使用各种灭火剂
爆 炸			
接 触		防止粉尘扩散！严格作业环境管理！	
# 吸入		局部排气通风	新鲜空气，休息，给予医疗护理
# 皮肤		防护手套	脱掉污染的衣服，用大量水冲洗皮肤或淋浴
# 眼睛		安全护目镜	首先用大量水冲洗几分钟（如可能尽量摘除隐形眼镜），然后就医
# 食入	定向障碍，语无伦次，记忆力差	工作时不得进食、饮水或吸烟	漱口，催吐（仅对清醒病人！），给予医疗护理

泄漏处置	将泄漏物清扫进容器中。如果适当，首先润湿防止扬尘。小心收集残余物，然后转移到安全场所。个人防护用具：适用于有害颗粒物的 P2 过滤呼吸器
包装与标志	
应急响应	
储存	干燥。严格密封
重要数据	**物理状态、外观**：无色至白色吸湿和易潮解的晶体或粉末 **化学危险性**：水溶液对金属有腐蚀性 **职业接触限值**：阈限值未制定标准 **接触途径**：该物质可通过吸入其气溶胶和食入吸收到体内 **吸入危险性**：20℃时蒸发可忽略不计，但扩散时可较快地达到空气中颗粒物有害浓度 **长期或反复接触的影响**：该物质可能对中枢神经系统、心血管系统、肾和甲状腺有影响，导致功能损害
物理性质	**沸点**：1360℃ **熔点**：613℃ **相对密度（水=1）**：2.1 **水中溶解度**：76.9g/100mL **辛醇/水分配系数的对数值**：-2.7
环境数据	
注解	本卡片数据适用于无水氯化锂。某些氯化锂的水合物具有不同的物理性质

IPCS
International Programme on Chemical Safety

本卡片由 **IPCS** 和 **EC** 合作编写 © 2004～2012

699

国际化学品安全卡

癸硼烷			ICSC 编号：0712

CAS 登记号：17702-41-9
RTECS 号：HD1400000
UN 编号：1868
中国危险货物编号：1868
分子量：122.2

中文名称：癸硼烷；氢化硼；十四氢化十硼
英文名称：DECABORANE; Boron hydride; Decaboron tetradecahydride

化学式：$B_{10}H_{14}$

危害/接触类型	急性危害/症状	预防	急救/消防
火灾	可燃的。在火焰中释放出刺激性或有毒烟雾（或气体）	禁止明火，禁止与卤代化合物、氧化剂接触	特殊粉末，干砂土。禁用其他灭火剂
爆炸	高于80℃时可能形成爆炸性蒸气/空气混合物。微细分散的颗粒物在空气中形成爆炸性混合物	高于80℃时，密闭系统，通风和防爆型电气设备	着火时喷雾状水保持钢瓶冷却，但避免该物质与水接触
接触		防止粉尘扩散！严格作业环境管理！	
# 吸入	咳嗽，头晕，头痛，恶心，倦睡，出汗，咽喉痛，不协调，虚弱，震颤，痉挛。症状可能推迟显现。（见注解）	通风（如果没有粉末时），局部排气通风或呼吸防护	新鲜空气，休息，给予医疗护理
# 皮肤	可能被吸收！发红。（见吸入）	防护手套，防护服	脱掉污染的衣服，用大量水冲洗皮肤或淋浴，给予医疗护理
# 眼睛	发红	面罩	先用大量水冲洗几分钟（如可能尽量摘除隐形眼镜），然后就医
# 食入	（见吸入）	工作时不得进食、饮水或吸烟。进食前洗手	催吐（仅对清醒病人！），给予医疗护理
泄漏处置	将泄漏物清扫进容器中。如果适当，首先润湿防止扬尘。小心收集残余物，然后转移到安全场所。个人防护用具：全套防护服，包括自给式呼吸器		
包装与标志	不得与食品和饲料一起运输 联合国危险性类别：4.1　联合国次要危险性：6.1 联合国包装类别：II 中国危险性类别：第4.1项易燃固体　中国次要危险性：6.1 中国包装类别：II		
应急响应	运输应急卡：TEC(R)-41GFT2-II+III 美国消防协会法规：H3（健康危险性）；F2（火灾危险性）；R1（反应危险性）		
储存	耐火设备（条件）。与食品和饲料、卤素和其它氧化剂分开存放。阴凉场所。干燥		
重要数据	**物理状态、外观**：无色至白色晶体，有刺鼻气味 **物理危险性**：如以粉末或颗粒形式与空气混合，可能发生粉尘爆炸 **化学危险性**：加热或与明火接触时，可能发生爆炸。加热到300℃时，该物质缓慢分解，生成硼和易燃气体氢（见卡片#0001）。燃烧时生成氧化硼有毒烟雾。与卤化物和醚反应，生成撞击敏感物质。与氧化剂爆炸反应。与水或湿气发生反应，生成易燃气体氢。浸蚀天然橡胶、有些合成橡胶、油脂和某些润滑剂 **职业接触限值**：阈限值：0.05ppm（时间加权平均值），0.15ppm（短期接触限值）（经皮）（美国政府工业卫生学家会议，2004年）。最高容许浓度：0.05ppm，0.25mg/m³；最高限值种类：II（2）；皮肤吸收（德国，2004年） **接触途径**：该物质可通过吸入其气溶胶，经皮肤和食入吸收到体内 **吸入危险性**：20℃时该物质蒸发可相当快地达到空气中有害污染浓度 **短期接触的影响**：气溶胶刺激眼睛和呼吸道。该物质可能对中枢神经系统有影响，导致疲劳、过度兴奋和麻醉。影响可能推迟显现。需进行医学观察 **长期或反复接触的影响**：该物质可能对中枢神经系统有影响，导致疲劳、精力不集中和缺乏协调		
物理性质	沸点：213℃ 熔点：99.6℃ 相对密度（水=1）：0.9 水中溶解度：微溶于冷水，在热水中水解 蒸气压：25℃时6.65Pa	蒸气相对密度（空气=1）：4.2（沸点时） 蒸气/空气混合物的相对密度（20℃，空气=1）：1.00 闪点：80℃（闭杯） 自燃温度：149℃ 爆炸极限：见注解	
环境数据			
注解	接触后症状发作常常延迟24～48h才显现。爆炸极限未见文献报道。与灭火剂，如哈龙激烈反应。当超过接触限值时，气味报警不充分。不要将工作服带回家中		

IPCS
International
Programme on
Chemical Safety

   UNEP

本卡片由 IPCS 和 EC 合作编写 © 2004～2012

国际化学品安全卡

二异丁酮			ICSC 编号：0713

CAS 登记号：108-83-8
RTECS 号：MJ5775000
UN 编号：1157
EC 编号：606-005-00-X
中国危险货物编号：1157

中文名称：二异丁酮；2,6-二甲基-4-庚酮；异戊酮；2,6-二甲基庚基-4-酮
英文名称：DIISOBUTYL KETONE; 2,6-Dimethyl-4-heptanone; Isovalerone; 2,6-Dimethylheptan-4-one

分子量：142.2

化学式：$C_9H_{18}O/(CH_3CH(CH_3)CH_2)_2CO$

危害/接触类型	急性危害/症状	预防	急救/消防
火 灾	易燃的	禁止明火、禁止火花和禁止吸烟	水成膜泡沫，抗溶性泡沫，干粉，二氧化碳
爆 炸	高于49℃时可能形成爆炸性蒸气/空气混合物	高于49℃时密闭系统，通风和防爆型电气设备	着火时喷雾状水保持料桶等冷却
接 触			
# 吸入	头痛，头晕，头痛，恶心，呕吐，咽喉疼痛	通风，局部排气通风或呼吸防护	新鲜空气，休息，必要时进行人工呼吸，给予医疗护理
# 皮肤	发红，麻木	防护手套，防护服	脱掉污染的衣服，冲洗，然后用水和肥皂洗皮肤
# 眼睛	发红，疼痛	安全护目镜	先用大量水冲洗几分钟（如可能尽量摘除隐形眼镜），然后就医
# 食入	（另见吸入）	工作时不得进食、饮水或吸烟	漱口，用水冲服活性炭浆，给予医疗护理

泄漏处置	通风。尽量将泄漏物收集在可密闭容器中。用砂土或惰性吸收剂吸收残液，并转移到安全场所。个人防护用具：适用于有机蒸气和有害粉尘的A/P2过滤呼吸器
包装与标志	欧盟危险性类别：Xi 符号　R:10-37　S:2-24 联合国危险性类别：3　联合国包装类别：III 中国危险性类别：第3类易燃液体　中国包装类别：III
应急响应	运输应急卡：TEC（R）-30GF1-I+II。 美国消防协会法规：H1（健康危险性）；F2（火灾危险性）；R0（反应危险性）
储存	耐火设备（条件）。与强氧化剂分开存放
重要数据	物理状态、外观：无色液体，有特殊气味 化学危险性：与氧化剂发生反应。浸蚀某些塑料 职业接触限值：阈限值：25ppm（时间加权平均值）（美国政府工业卫生学家会议，2004年）。最高容许浓度：IIb（未制定标准，但可提供数据）（德国，2004年） 接触途径：该物质可通过吸入其蒸气和食入吸收到体内 吸入危险性：20℃时该物质蒸发相当慢地达到空气中有害污染浓度 短期接触的影响：该物质刺激眼睛、皮肤和呼吸道。高浓度接触可能引起意识降低 长期或反复接触的影响：反复或长期与皮肤接触可能引起皮炎
物理性质	沸点：168℃ 熔点：-42℃ 相对密度（水=1）：0.805 水中溶解度：不溶 蒸气压：20℃时0.23kPa 蒸气相对密度（空气=1）：4.9 蒸气/空气混合物的相对密度（20℃，空气=1）：1.01 闪点：49℃（闭杯） 自燃温度：396℃ 爆炸极限：在空气中93℃时0.8%～6.2%（体积）
环境数据	
注解	

IPCS
International
Programme on
Chemical Safety

本卡片由 IPCS 和 EC 合作编写 © 2004～2012

国际化学品安全卡

高氯酸钾			ICSC 编号：0714

CAS 登记号：7778-74-7	中文名称：高氯酸钾；过氯酸钾；高氯酸钾盐
RTECS 号：SC9700000	英文名称：POTASSIUM PERCHLORATE; Potassium hyperchlorate;
UN 编号：1489	Perchloric acid, potassium salt; Peroidin
EC 编号：017-008-00-5	
中国危险货物编号：1489	

分子量：138.5　　　　　　　　　　　化学式：KClO₄

危害/接触类型	急性危害/症状	预防	急救/消防
火　灾	不可燃，但可助长其他物质燃烧。许多反应可能引起火灾或爆炸。在火焰中释放出刺激性或有毒烟雾（或气体）	禁止明火，禁止火花和禁止吸烟。禁止与易燃物质接触	周围环境着火时，大量水，雾状水
爆　炸		不要受摩擦或震动	着火时，喷雾状水保持料桶等冷却。从掩蔽位置灭火
接　触		防止粉尘扩散！	
# 吸入	咳嗽。咽喉痛	局部排气通风或呼吸防护	新鲜空气，休息。给予医疗护理
# 皮肤	发红	防护手套	脱去污染的衣服。冲洗，然后用水和肥皂清洗皮肤
# 眼睛	发红。疼痛	安全护目镜，或眼睛防护结合呼吸防护	先用大量水冲洗几分钟（如可能尽量摘除隐形眼镜），然后就医
# 食入		工作时不得进食，饮水或吸烟	漱口。给予医疗护理

泄漏处置	将泄漏物清扫进可密闭容器中。如果适当，首先润湿防止扬尘。用大量水冲净残余物。不要用锯末或其他可燃吸收剂吸收。个人防护用具：适用于有害颗粒物的 P2 过滤呼吸器
包装与标志	欧盟危险性类别：O 符号　Xn 符号　　R:9-22　　S:2-13-22-27 联合国危险性类别：5.1　联合国包装类别：II 中国危险性类别：第 5.1 项氧化性物质　中国包装类别：II
应急响应	运输应急卡：TEC(R)-51S1489 美国消防协会法规：H1（健康危险性）；F0（火灾危险性）；R2（反应危险性）；OX（氧化剂）
储存	与可燃物质和还原性物质分开存放。见化学危险性
重要数据	物理状态、外观：无色晶体或白色晶体粉末 化学危险性：加热时，该物质分解生成氯和氯氧化物有毒和腐蚀性烟雾。该物质是一种强氧化剂。与可燃物质和还原性物质发生反应，有着火和爆炸危险 职业接触限值：阈限值未制定标准 接触途径：该物质可通过吸入其气溶胶和经食入吸收到体内 吸入危险性：20℃时蒸发可忽略不计，但扩散时可较快地达到空气中颗粒物有害浓度 短期接触的影响：该物质刺激眼睛，皮肤和呼吸道 长期或反复接触的影响：该物质可能对血液有影响，导致形成正铁血红蛋白。（见注解）
物理性质	熔点：400℃（分解） 密度：2.5g/cm³ 水中溶解度：20℃时 1.8g/100mL
环境数据	
注解	如果被有机物质污染转变为对撞击敏感物质。该物质中毒时需采取必要的治疗措施。必须提供有指示说明的适当方法。用大量水冲洗工作服（有着火危险）。根据接触程度，建议定期进行医疗检查

IPCS
International
Programme on
Chemical Safety

本卡片由 IPCS 和 EC 合作编写 © 2004～2012

702

国际化学品安全卡

高氯酸钠			ICSC 编号：0715

CAS 登记号：7601-89-0	中文名称：高氯酸钠；过氯酸钠；高氯酸钠盐
RTECS 号：SC9800000	英文名称：SODIUM PERCHLORATE; Sodium perchlorate; Perchloric acid,
UN 编号：1502	sodium salt; Inenat
EC 编号：017-010-00-6	
中国危险货物编号：1502	

分子量：122.4	化学式：NaClO$_4$

危害/接触类型	急性危害/症状	预防	急救/消防
火 灾	不可燃，但可助长其他物质燃烧。许多反应可能引起火灾或爆炸。在火焰中释放出刺激性或有毒烟雾（或气体）	禁止明火、禁止火花和禁止吸烟。禁止与易燃物质接触	周围环境着火时，使用大量水，雾状水灭火
爆 炸		不要受摩擦或撞击	着火时，喷雾状水保持料桶等冷却。从掩蔽位置灭火
接 触		防止粉尘扩散！	
# 吸入	咳嗽，咽喉痛	局部排气通风或呼吸防护	新鲜空气，休息，给予医疗护理
# 皮肤	发红	防护手套	脱去污染的衣服，冲洗，然后用水和肥皂清洗皮肤
# 眼睛	发红，疼痛	护目镜，或眼睛防护结合呼吸防护	先用大量水冲洗几分钟（如可能尽量摘除隐形眼镜），然后就医
# 食入		工作时不得进食，饮水或吸烟	漱口，给予医疗护理
泄漏处置	将泄漏物清扫进可密闭容器中。如果适当，首先润湿防止扬尘。用大量水冲净残余物，不要用锯末或其他可燃吸收剂吸收。个人防护用具：适用于有害颗粒物的 P2 过滤呼吸器		
包装与标志	欧盟危险性类别：O 符号 Xn 符号 R:9-22 S:2-13-22-27 联合国危险性类别：5.1 联合国包装类别：II 中国危险性类别：第 5.1 项氧化性物质 中国包装类别：II		
应急响应	运输应急卡：TEC(R)-51S1502 或 51GO2-I+II+III 美国消防协会法规：H2（健康危险性）；F0（火灾危险性）；R2（反应危险性）；OX（氧化剂）		
储存	与可燃物质和还原性物质（见化学危险性）分开存放。严格密封		
重要数据	物理状态、外观：白色吸湿的晶体或粉末 化学危险性：加热时，该物质分解生成氯和氯氧化物有毒烟雾。该物质是一种强氧化剂。与可燃物质和还原性物质反应，有着火和爆炸危险 职业接触限值：阈限值未制定标准 接触途径：该物质可通过吸入其气溶胶和经食入吸收到体内 吸入危险性：20℃时蒸发可忽略不计，但扩散时可较快地达到空气中颗粒物有害浓度 短期接触的影响：该物质刺激眼睛，皮肤和呼吸道 长期或反复接触的影响：该物质可能对血液有影响，导致形成正铁血红蛋白（见注解）		
物理性质	熔点：482℃（分解） 密度：2.0g/cm³ 水中溶解度：易溶		
环境数据			
注解	其他熔点：一水合高氯酸钠：130℃。如果被有机物污染，转变为撞击敏感物质。该物质中毒时需采取必要的治疗措施。必须提供有指示说明的适当方法。用大量水冲洗工作服（有着火危险）。本卡片的建议也适用于一水合高氯酸钠。根据接触程度，建议定期进行医疗检查		

IPCS
International
Programme on
Chemical Safety

本卡片由 IPCS 和 EC 合作编写 © 2004～2012

国际化学品安全卡

钾			ICSC 编号：0716

CAS 登记号：7440-09-7	中文名称：钾
RTECS 号：TS6460000	英文名称：POTASSIUM; Kalium
UN 编号：2257	
EC 编号：019-001-00-2	
中国危险货物编号：2257	

原子量：39.1		化学式：K	

危害/接触类型	急性危害/症状	预防	急救/消防
火灾	高度易燃。许多反应可能引起火灾或爆炸。在火焰中释放出刺激性或有毒烟雾（或气体）	禁止与水、酸类和卤素接触。禁止明火，禁止火花和禁止吸烟	专用粉末，干砂。禁用其他灭火剂
爆炸	与酸类、卤素和水接触时，有着火和爆炸危险		从掩蔽位置灭火
接触			
# 吸入	咳嗽。咽喉痛。灼烧感	密闭系统和通风	新鲜空气，休息。半直立体位。必要时进行人工呼吸。给予医疗护理
# 皮肤	疼痛。水疱。严重皮肤烧伤	防护手套。防护服	脱去污染的衣服。用大量水冲洗皮肤或淋浴。给予医疗护理
# 眼睛	严重深度烧伤。视力丧失	面罩	先用大量水冲洗几分钟（如可能尽量摘除隐形眼镜），然后就医
# 食入	灼烧感。休克或虚脱	工作时不得进食，饮水或吸烟	漱口。给予医疗护理

泄漏处置	撤离危险区域！向专家咨询！用干燥粉末覆盖泄漏物料。化学防护服，包括自给式呼吸器。
包装与标志	气密。不易破碎包装，将易破碎包装放在不易破碎的密闭容器中 欧盟危险性类别：F 符号 C 符号　　R:14/15-34　　S:(1/2)-5-8-45 联合国危险性类别：4.3　　　联合国包装类别：I 中国危险性类别:第 4.3 项 遇水放出易燃气体的物质 中国包装类别:I
应急响应	运输应急卡：TEC(R)-43S2257a 美国消防协会法规：H3（健康危险性）；F3（火灾危险性）；R2（反应危险性）
储存	耐火设备（条件）。保存在矿物油中。干燥。严格密封
重要数据	物理状态、外观：白色至灰色块状物 化学危险性：与水激烈反应，有着火和爆炸危险。在空气和湿气的作用下，该物质迅速分解，生成易燃/爆炸性气体（氢，见卡片#0001） 职业接触限值：阈限值未制定标准。最高容许浓度未制定标准 接触途径：各种接触途径都有严重的局部影响 短期接触的影响：参见卡片#0357（氢氧化钾）
物理性质	沸点：765.5℃ 熔点：63.2℃ 密度：0.856g/cm³ 水中溶解度：发生反应 蒸气压：20℃时可忽略不计
环境数据	
注解	钾总是要保存在矿物油中。与灭火剂，如水和二氧化碳激烈反应

IPCS
International
Programme on
Chemical Safety

UNEP

本卡片由 IPCS 和 EC 合作编写 © 2004~~2012

国际化学品安全卡

钠			ICSC 编号：0717

CAS 登记号：7440-23-5	中文名称：钠
RTECS 号：VY0686000	英文名称：SODIUM; Natrium
UN 编号：1428	
EC 编号：011-001-00-0	
中国危险货物编号：1428	

原子量：23.0	化学式：Na

危害/接触类型	急性危害/症状	预防	急救/消防
火　灾	高度易燃。许多反应可能引起火灾或爆炸。在火焰中释放出刺激性或有毒烟雾（或气体）	禁止与水、酸类和卤素接触。禁止明火，禁止火花和禁止吸烟	专用粉末，干砂。禁用其他灭火剂
爆　炸	与酸类、卤素和水接触时，有着火和爆炸危险		从掩蔽位置灭火
接　触			
# 吸入	咳嗽。咽喉痛。灼烧感	密闭系统和通风	新鲜空气，休息。半直立体位。必要时进行人工呼吸。给予医疗护理
# 皮肤	疼痛。水疱。严重皮肤烧伤	防护手套。防护服	脱去污染的衣服。用大量水冲洗皮肤或淋浴。给予医疗护理
# 眼睛	严重深度烧伤。视力丧失	面罩	先用大量水冲洗几分钟（如可能尽量摘除隐形眼镜），然后就医
# 食入	灼烧感。休克或虚脱	工作时不得进食，饮水或吸烟	漱口。给予医疗护理
泄漏处置	撤离危险区域！向专家咨询！用干燥粉末覆盖泄漏物料。化学防护服，包括自给式呼吸器		
包装与标志	气密。不易破碎包装，将易破碎包装放在不易破碎的密闭容器中 欧盟危险性类别：F 符号　C 符号　　R:14/15-34　　S:(1/2)-5-8-43-45 联合国危险性类别：4.3　　　　　　联合国包装类别：I 中国危险性类别：第 4.3 项 遇水放出易燃气体的物质　中国包装类别：I		
应急响应	运输应急卡：TEC(R)-43S1428a 美国消防协会法规：H3（健康危险性）；F3（火灾危险性）；R2（反应危险性）		
储存	耐火设备（条件）。储存在矿物油中。干燥。严格密封		
重要数据	物理状态、外观：银色各种形态固体 化学危险性：与水激烈反应，有着火和爆炸危险。在空气和湿气的作用下，该物质迅速分解，生成易燃/爆炸性气体（氢，见卡片#0001） 职业接触限值：阈限值未制定标准。最高容许浓度未制定标准 接触途径：各种接触途径都有严重的局部影响 短期接触的影响：参见卡片#0360（氢氧化钠）		
物理性质	沸点：880℃ 熔点：97.4℃ 密度：0.97g/cm³ 水中溶解度：反应 蒸气压：20℃时可忽略不计 自燃温度：120～125℃		
环境数据			
注解	钠总是要储存在矿物油中。与灭火剂，如水和二氧化碳激烈反应		

IPCS
International
Programme on
Chemical Safety

本卡片由 IPCS 和 EC 合作编写 © 2004～2012

国际化学品安全卡

三亚乙基乙二醇单乙基醚			ICSC 编号：0718

CAS 登记号：112-50-5
RTECS 号：KK8950000

中文名称：三亚乙基乙二醇单乙基醚；2-(2-(2-乙氧基乙氧基)乙氧基)乙醇；乙氧基三乙二醇；三乙二醇单乙基醚；乙氧基三亚乙基乙二醇；TEGEE

英文名称：TRIETHYLENE GLYCOL MONOETHYL ETHER; 2-(2-(2-Ethoxyethoxy)ethoxy)ethanol; Ethoxytriglycol; Triglycol monoethyl ether; Ethoxytriethylene glycol; TEGEE

分子量：178.3

化学式：$C_8H_{18}O_4$/$CH_3CH_2(OCH_2CH_2)_3OH$

危害/接触类型	急性危害/症状	预防	急救/消防
火 灾	可燃的	禁止明火	雾状水，抗溶性泡沫，干粉，二氧化碳
爆 炸			
接 触			
# 吸入		通风	新鲜空气，休息
# 皮肤	皮肤干燥	防护手套	用大量水冲洗皮肤或淋浴
# 眼睛		安全眼镜	先用大量水冲洗几分钟（如可能尽量摘除隐形眼镜），然后就医
# 食入		工作时不得进食，饮水或吸烟	漱口
泄漏处置	将泄漏液收集在可密闭的容器中。用大量水冲净残余物		
包装与标志			
应急响应	美国消防协会法规：H0（健康危险性）；F1（火灾危险性）；R0（反应危险性）		
储存	与强氧化剂分开存放。沿地面通风		
重要数据	物理状态、外观：无色吸湿液体 化学危险性：该物质可能生成爆炸性过氧化物。与强氧化剂发生反应 职业接触限值：阈限值未制定标准。最高容许浓度未制定标准 吸入危险性：未指明 20℃时该物质蒸发达到空气中有害浓度的速率 长期或反复接触的影响：液体使皮肤脱脂		
物理性质	沸点：255℃ 熔点：-19℃ 相对密度（水=1）：1.02 水中溶解度：易溶 蒸气压：20℃时 0.3Pa 蒸气相对密度（空气=1）：6.2 蒸气/空气混合物的相对密度（20℃，空气=1）：1.00 闪点：135℃（开杯） 爆炸极限：空气中 1.0%~6.5%（体积） 辛醇/水分配系数的对数值：-2.79（计算值）		
环境数据			
注解	商品名称有：Trioxitol, Poly-solv TE, Triethoxol 和 Dowanol TE。对接触该物质的健康影响未进行充分调查。蒸馏前检验过氧化物，如有，将其去除		

IPCS

International Programme on Chemical Safety

本卡片由 IPCS 和 EC 合作编写 © 2004~2012

国际化学品安全卡

2-萘酚			ICSC 编号：0719

CAS 登记号：135-19-3	中文名称：2-萘酚；β-萘酚；2-羟基萘；异萘酚
RTECS 号：QL2975000	英文名称：2-NAPHTHOL; beta-Naphthol; 2-Hydroxynaphthalene;
UN 编号：3077	2-Naphthalenol; Isonaphthol
EC 编号：604-007-00-5	
中国危险货物编号：3077	

分子量：144.2	化学式：$C_{10}H_8O$

危害/接触类型	急性危害/症状	预防	急救/消防
火　灾	可燃的	禁止明火	干粉，雾状水，泡沫，二氧化碳
爆　炸	微细分散的颗粒物在空气中形成爆炸性混合物	防止粉尘沉积、密闭系统、防止粉尘爆炸型电气设备和照明	
接　触		防止粉尘扩散！	
# 吸入	咳嗽。咽喉痛	局部排气通风或呼吸防护	新鲜空气，休息
# 皮肤		防护手套。防护服	冲洗，然后用水和肥皂清洗皮肤
# 眼睛	发红。疼痛。视力模糊	安全护目镜，如为粉末，眼睛防护结合呼吸防护	先用大量水冲洗几分钟（如可能尽量摘除隐形眼镜），然后就医
# 食入	腹部疼痛。恶心。呕吐。腹泻	工作时不得进食，饮水或吸烟	漱口。大量饮水。给予医疗护理

泄漏处置	将泄漏物清扫进容器中，如果适当，首先润湿防止扬尘。不要让该化学品进入环境。个人防护用具：适用于有害颗粒物的P2过滤呼吸器
包装与标志	欧盟危险性类别：Xn 符号 N 符号　R:20/22-50　S:2-24/25-61 联合国危险性类别：9　联合国包装类别：III 中国危险性类别：第9类杂项危险物质和物品　中国包装类别：III
应急响应	运输应急卡：TEC(R)-90GM7-III。 美国消防协会法规：H（健康危险性）；F1（火灾危险性）；R0（反应危险性）
储存	储存在没有排水管或下水道的场所
重要数据	物理状态、外观：白色至浅黄白色晶体，有特殊气味 物理危险性：以粉末或颗粒形状与空气混合，可能发生粉尘爆炸 职业接触限值：阈限值未制定标准。最高容许浓度未制定标准 接触途径：该物质可通过吸入其气溶胶、经皮肤和食入吸收到体内 吸入危险性：扩散时可较快地达到空气中颗粒物有害浓度 短期接触的影响：该物质严重刺激眼睛 长期或反复接触的影响：反复或长期接触时，可能引起皮肤过敏。该物质可能对肾、血液和眼睛有影响，导致肾损伤、贫血和晶状体混浊
物理性质	沸点：285℃ 熔点：122℃ 密度：1.28g/cm³ 水中溶解度：25℃时 0.074g/100mL 蒸气压：25℃时 2Pa 蒸气相对密度（空气=1）：5 闪点：153℃ 自燃温度：550℃ 辛醇/水分配系数的对数值：2.7
环境数据	该物质对水生生物有极高毒性
注解	商品名称有：C.I. Azoic Coupling Component 1；C.I. Developer 5 和 C.I.37500。该物质可以在135～150℃温度下以熔融状态运输

IPCS
International
Programme on
Chemical Safety

本卡片由 IPCS 和 EC 合作编写 © 2004～2012

国际化学品安全卡

苯并（b）荧蒽			ICSC 编号：0720

CAS 登记号：205-99-2
RTECS 号：CU1400000
EC 编号：601-034-00-4

中文名称：苯并（b）荧蒽；苯并（e）乙亚菲基；2,3-苯并荧蒽；苯并（e）荧蒽；3,4-苯并荧蒽

英文名称：BENZO (b) FLUORANTHENE;Benz (e) acephenanthrylene; 2,3-Benzofluoroanthene; Benzo (e) fluoranthene; 3,4-Benzofluoranthene

分子量：252.3　　　　化学式：$C_{20}H_{12}$

危害/接触类型	急性危害/症状	预防	急救/消防
火　灾			周围环境着火时，允许使用各种灭火剂
爆　炸			
接　触		避免一切接触！	
# 吸入		局部排气通风或呼吸防护	新鲜空气，休息
# 皮肤		防护手套，防护服	脱去污染的衣服，冲洗，然后用水和肥皂清洗皮肤
# 眼睛		安全护目镜，或眼睛防护结合呼吸防护	先用大量水冲洗几分钟（如可能尽量摘除隐形眼镜），然后就医
# 食入		工作时不得进食，饮水或吸烟	漱口，给予医疗护理
泄漏处置			
包装与标志	欧盟危险性类别：T 符号　N 符号　　R:45-50/53　　S:53-45-60-61		
应急响应			
储存	注意收容灭火产生的废水。严格密封。储存在没有排水管或下水道的场所		

重要数据

物理状态、外观：无色晶体

化学危险性：加热时生成有毒烟雾

职业接触限值：阈限值：A2（可疑人类致癌物）（美国政府工业卫生学家会议，2004 年）。最高容许浓度：皮肤吸收；致癌物类别：2；致生殖细胞突变物类别：3B（德国，2009 年）

接触途径：该物质可通过吸入其气溶胶和经皮肤吸收到体内

吸入危险性：20℃时蒸发可忽略不计，但可较快地达到空气中颗粒物有害浓度

长期或反复接触的影响：该物质可能是人类致癌物。可能引起人类遗传损伤

物理性质

沸点：481℃

熔点：168℃

水中溶解度：不溶

辛醇/水分配系数的对数值：6.12

环境数据

该物质可能对环境有危害，对空气和水应给予特别注意

注解

苯并（b）荧蒽在环境中通常以多环芳烃（PAH）的一种组分形式存在，它是有机物，尤其是矿物燃料和烟草不完全燃烧和热解的产物。美国政府工业卫生学家会议建议，应当根据煤焦油沥青挥发物的阈限值 0.2 mg/m³（时间加权平均值，以可溶解苯计）评估含有苯并（b）荧蒽的环境。该物质对人体健康影响数据不充分，因此应当特别注意

IPCS
International
Programme on
Chemical Safety

本卡片由 IPCS 和 EC 合作编写 © 2004～2012

国际化学品安全卡

苯并（k）荧蒽			ICSC 编号：0721	

CAS 登记号：207-08-9
RTECS 号：DF6350000
EC 编号：601-036-00-5

中文名称：苯并（k）荧蒽；二苯并（b,j,k）芴；8,9-苯并荧蒽；11,12-苯并荧蒽
英文名称：BENZO (k) FLUORANTHENE; Dibenzo (b,j,k) fluorene;
8,9-Benzofluoranthene; 11,12-Benzofluoranthene

分子量：252.3　　　　　　　化学式：$C_{20}H_{12}$

危害/接触类型	急性危害/症状	预防	急救/消防
火　灾			周围环境着火时，允许使用各种灭火剂
爆　炸			
接　触		避免一切接触！	
# 吸入		局部排气通风或呼吸防护	新鲜空气，休息
# 皮肤		防护手套，防护服	脱去污染的衣服，冲洗，然后用水和肥皂清洗皮肤
# 眼睛		安全护目镜，如为粉末，眼睛防护结合呼吸防护	先用大量水冲洗几分钟（如可能尽量摘除隐形眼镜），然后就医
# 食入		工作时不得进食，饮水或吸烟	漱口，给予医疗护理

泄漏处置	将泄漏物清扫进有盖的容器中。如果适当，首先润湿防止扬尘。小心收集残余物，然后转移到安全场所。不要让该化学品进入环境
包装与标志	欧盟危险性类别：T 符号 N 符号　　R:45-50/53　　S:53-45-60-61
应急响应	
储存	注意收容灭火产生的废水。严格密封。储存在没有排水管或下水道的场所
重要数据	**物理状态、外观：** 黄色晶体 **化学危险性：** 加热时，生成有毒烟雾 **职业接触限值：** 阈限值未制定标准。最高容许浓度：皮肤吸收；致癌物类别：2；致生殖细胞突变物类别：3B（德国，2009 年） **接触途径：** 该物质可通过吸入其气溶胶和经皮肤吸收到体内 **吸入危险性：** 20℃时蒸发可忽略不计，但可较快地达到空气中颗粒物有害浓度 **长期或反复接触的影响：** 该物质可能是人类致癌物
物理性质	沸点：480℃ 熔点：217℃ 水中溶解度：不溶 辛醇/水分配系数的对数值：6.84
环境数据	该物质可能对环境有危害，对空气和水应给予特别注意。在对人类重要的食物链中发生生物蓄积作用，特别是在甲壳纲动物和鱼类中
注解	苯并（k）荧蒽在环境中通常以多环芳烃（PAH）的一种组分形式存在，它是有机物，尤其是矿物燃料和烟草不完全燃烧和热解的产物。美国政府工业卫生学家会议建议，应当根据煤焦油沥青挥发物的阈限值 0.2 mg/m³（时间加权平均值，以可溶解苯计）评估含有苯并（k）荧蒽的环境。该物质对人体健康影响数据不充分，因此应当特别注意。不要将工作服带回家中

IPCS
International
Programme on
Chemical Safety

本卡片由 IPCS 和 EC 合作编写　© 2004～2012

国际化学品安全卡

1-氯-3,4-二硝基苯			ICSC 编号：0722

CAS 登记号：610-40-2
UN 编号：1577
EC 编号：610-003-00-4
中国危险货物编号：1577

中文名称：1-氯-3,4-二硝基苯；1,2-二硝基-5-氯苯
英文名称：1-CHLORO-3,4-DINITROBENZENE; 1,2-Dinitro-5-chlorobenzene

分子量：202.6　　　　　　　　　化学式：C₆H₃Cl(NO₂)₂

化学式：$C_6H_3Cl(NO_2)_2$

危害/接触类型	急性危害/症状	预防	急救/消防
火 灾	可燃的。在火焰中释放出刺激性或有毒烟雾（或气体）	禁止明火	干粉，雾状水，泡沫，二氧化碳
爆 炸			
接 触		防止粉尘扩散！	
# 吸入	嘴唇发青或指甲发青，皮肤发青，头晕，头痛，恶心，意识模糊，呼吸困难，惊厥，神志不清	局部排气通风或呼吸防护	新鲜空气，休息，必要时进行人工呼吸，给予医疗护理
# 皮肤	可能被吸收！（另见吸入）	防护手套，防护服	先用大量水冲洗，然后脱掉污染的衣服并再次冲洗，给予医疗护理
# 眼睛		面罩	先用大量水冲洗几分钟（如可能尽量摘除隐形眼镜），然后就医
# 食入	（另见吸入）	工作时不得进食、饮水或吸烟	漱口，催吐（仅对清醒病人！），给予医疗护理
泄漏处置	将泄漏物清扫进容器中。如果适当，首先润湿防止扬尘。小心收集残余物，然后转移到安全场所。个人防护用具：化学防护服，包括自给式呼吸器		
包装与标志	不得与食品和饲料一起运输。污染海洋物质 欧盟危险性类别：T 符号 N 符号 标记：C R:23/24/25-33-50/53　　S:1/2-28-36/37-45-60-61 联合国危险性类别：6.1 联合国包装类别：II 中国危险性类别：第 6.1 项毒性物质 中国包装类别：II		
应急响应	运输应急卡：TEC（R）-94A		
储存	与食品和饲料、强氧化剂、强碱分开存放。严格密封。储存在通风良好的室内		
重要数据	物理状态、外观：黄色晶体 化学危险性：加热时，该物质分解生成有毒烟雾。与强氧化剂和强碱发生反应 职业接触限值：阈限值未制定标准 接触途径：该物质可通过吸入和经皮肤吸收到体内 吸入危险性：未指明 20℃时该物质蒸发达到空气中有害浓度的速率 短期接触的影响：该物质可能对中枢神经系统、心血管系统和血液有影响，导致形成正铁血红蛋白 长期或反复接触的影响：反复或长期接触可能引起皮肤过敏。该物质可能对中枢神经系统、心血管系统和血液有影响，导致形成正铁血红蛋白		
物理性质	沸点：315℃ 熔点：40～41℃ 相对密度（水=1）：1.687 闪点：>110℃		
环境数据			
注解	根据接触程度，建议定期进行医疗检查。该物质中毒时需采取必要的治疗措施。必须提供有指示说明的适当方法。该物质对人体健康影响的数据不充分，因此应当特别注意		

IPCS
International
Programme on
Chemical Safety

UNEP

本卡片由 IPCS 和 EC 合作编写 © 2004～2012

国际化学品安全卡

1,1-二氯丙烷			ICSC 编号：0723

CAS 登记号：78-99-9	中文名称：1,1-二氯丙烷；亚丙基二氯
RTECS 号：TX9450000	英文名称：1,1-DICHLOROPROPANE; Propylidene chloride
UN 编号：1992	
中国危险货物编号：1992	

分子量：113	化学式：C₃H₆Cl₂/CHCl₂CH₂CH₃

分子量：113 ・ 化学式：$C_3H_6Cl_2/CHCl_2CH_2CH_3$

危害/接触类型	急性危害/症状	预防	急救/消防
火灾	高度易燃。加热引起压力升高，容器有爆裂危险。在火焰中释放出刺激性或有毒烟雾（或气体）	禁止明火、禁止火花和禁止吸烟	干粉，雾状水，泡沫，二氧化碳
爆炸	蒸气/空气混合物有爆炸性	密闭系统，通风，防爆型电气设备与照明	着火时喷雾状水保持料桶等冷却
接触		防止烟云产生！	
# 吸入	头晕	通风，局部排气通风或呼吸防护	新鲜空气，休息
# 皮肤	发红，疼痛	防护手套	先用大量水冲洗，然后脱去污染的衣服并再次冲洗
# 眼睛	发红，疼痛	安全护目镜	先用大量水冲洗几分钟（如可能尽量摘除隐形眼镜），然后就医
# 食入		工作时不得进食、饮水或吸烟	漱口，不要催吐

泄漏处置	撤离危险区域！通风。将泄漏液收集在可密闭容器中。用砂土或惰性吸收剂吸收残液并转移到安全场所。不要冲入下水道。个人防护用具护：适用于有机气体和蒸气的过滤呼吸器
包装与标志	不得与食品和饲料一起运输。污染海洋物质 联合国危险性类别：3 联合国次要危险性：6.1 联合国包装类别：II 中国危险性类别：第3类易燃液体 中国次要危险性：6.1 中国包装类别：II
应急响应	运输应急卡：TEC（R）-30GTF1-II
储存	与强氧化剂、强碱、食品和饲料分开存放。严格密封。阴凉场所。储存在通风良好的室内
重要数据	物理状态、外观：无色液体，有特殊气味 物理危险性：蒸气比空气重，可能沿地面流动，可能造成远处着火 化学危险性：加热时，该物质分解生成氯化氢和光气 职业接触限值：阈限值未制定标准 接触途径：该物质可通过吸入吸收到体内 吸入危险性：未指明20℃时该物质蒸发达到空气中有害浓度的速率 短期接触的影响：气溶胶刺激眼睛和皮肤
物理性质	沸点：88℃ 相对密度（水=1）：1.13 水中溶解度：不溶 蒸气压：25℃时 8.7kPa 蒸气相对密度（空气=1）：3.9 闪点：16℃（闭杯） 自燃温度：557℃ 爆炸极限：在空气中 3.4%～14.5%（体积） 辛醇/水分配系数的对数值：2.3（计算值）
环境数据	
注解	该物质对人体健康影响的数据不充分，因此应当特别注意

IPCS
International
Programme on
Chemical Safety

本卡片由 IPCS 和 EC 合作编写 © 2004～2012

国际化学品安全卡

1,3-二氯丙烷	ICSC 编号：0724

CAS 登记号：142-28-9	中文名称：1,3-二氯丙烷
RTECS 号：TX9660000	英文名称：1,3-DICHLOROPROPANE
UN 编号：1992	
中国危险货物编号：1992	

分子量：113	化学式：$C_3H_6Cl_2/CH_2ClCH_2CH_2Cl$

危害/接触类型	急性危害/症状	预防	急救/消防
火 灾	高度易燃。在火焰中释放出刺激性或有毒烟雾（或气体）	禁止明火、禁止火花和禁止吸烟	干粉，雾状水，泡沫，二氧化碳
爆 炸	高于16℃时，可能形成爆炸性蒸气/空气混合物	高于16℃时，密闭系统，通风和防爆型电气设备	着火时喷雾状水保持料桶等冷却
接 触		防止烟云产生！	
# 吸入	头晕	通风，局部排气通风或呼吸防护	新鲜空气，休息
# 皮肤	发红，疼痛	防护手套	先用大量水冲洗，然后脱去污染的衣服并再次冲洗
# 眼睛	发红，疼痛	安全护目镜	先用大量水冲洗几分钟（如可能尽量摘除隐形眼镜），然后就医
# 食入		工作时不得进食、饮水或吸烟	漱口，不要催吐
泄漏处置	撤离危险区域！通风。将泄漏液收集在可密闭容器中。用砂土或惰性吸收剂吸收残液并转移到安全场所。不要冲入下水道。个人防护用具：适用于有机气体和蒸气的过滤呼吸器		
包装与标志	不得与食品和饲料一起运输。污染海洋物质 联合国危险性类别：3 联合国次要危险性：6.1 联合国包装类别：II 中国危险性类别：第3类易燃液体 中国次要危险性：6.1 中国包装类别：II		
应急响应	运输应急卡：TEC（R）-30G32		
储存	与食品和饲料、氧化剂、酸、碱、氧化铝分开存放。严格密封。阴凉场所。储存在通风良好的室内		
重要数据	物理状态、外观：无色液体，有特殊气味 物理危险性：蒸气比空气重，可能沿地面流动，可能造成远处着火 化学危险性：加热时，该物质分解生成氯化氢和光气 职业接触限值：阈限值未制定标准 接触途径：该物质可通过吸入和食入吸收到体内 吸入危险性：未指明20℃时该物质蒸发达到空气中有害浓度的速率 短期接触的影响：该物质刺激眼睛、皮肤和呼吸道		
物理性质	沸点：120℃ 熔点：-99℃ 相对密度（水=1）：1.19 水中溶解度：20℃时 0.3g/100mL 蒸气压：20℃时 2.4kPa 蒸气相对密度（空气=1）：3.9 闪点：16℃（闭杯） 爆炸极限：见注解 辛醇/水分配系数的对数值：2.0		
环境数据			
注解	该物质是可燃的，且闪点为小于61℃，但爆炸极限未见文献报道。该物质对人体健康影响数据不充分，因此应当特别注意		

IPCS
International
Programme on
Chemical Safety

UNEP

本卡片由 IPCS 和 EC 合作编写 © 2004～2012

国际化学品安全卡

二硝基苯（混合异构体）		ICSC 编号：0725

CAS 登记号：25154-54-5	中文名称：二硝基苯（混合异构体）；DNB
RTECS 号：CZ7340000	英文名称：DINITROBENZENE (mixed isomers); Dinitrobenzol (mixed isomers); Benzene, dinitro; DNB
UN 编号：3443	
EC 编号：609-004-00-2	
中国危险货物编号：3443	
分子量：168.1	化学式：$C_6H_4(NO_2)_2/C_6H_4N_2O_4$

危害/接触类型	急性危害/症状	预防	急救/消防
火　灾	可燃的。在火焰中释放出刺激性或有毒烟雾（或气体）	禁止明火	干粉、雾状水、泡沫、二氧化碳
爆　炸	微细分散的颗粒物在空气中形成爆炸性混合物	防止粉尘沉积、密闭系统、防止粉尘爆炸型电气设备和照明	着火时，喷雾状水保持料桶等冷却。从掩蔽位置灭火
接　触		防止粉尘扩散！严格作业环境管理！	一切情况均向医生咨询！
# 吸入	灼烧感，头痛，嘴唇发青或指甲发青，皮肤发青，虚弱，头晕，呼吸困难，恶心，倦睡	局部排气通风或呼吸防护	新鲜空气，休息。必要时进行人工呼吸，给予医疗护理
# 皮肤	可能被吸收！另见吸入	防护手套，防护服	脱去污染的衣服，冲洗，然后用水和肥皂清洗皮肤，给予医疗护理
# 眼睛	发红，疼痛	面罩，或眼睛防护结合呼吸防护	先用大量水冲洗几分钟（如可能尽量摘除隐形眼镜），然后就医
# 食入	见吸入	工作时不得进食，饮水或吸烟。进食前洗手	漱口。催吐（仅对清醒病人！）。用水冲服活性炭浆，给予医疗护理

泄漏处置	将泄漏物清扫进容器中。如果适当，首先润湿防止扬尘。小心收集残余物，然后转移到安全场所。不要让该化学品进入环境。个人防护用具：全套防护服包括自给式呼吸器
包装与标志	不得与食品和饲料一起运输 欧盟危险性类别：T+符号 N 符号 标记：C　R:26/27/28-33-50/53　S:1/2-28-36/37-45-60-61 联合国危险性类别：6.1　　　联合国包装类别：II 中国危险性类别：第 6.1 项毒性物质　中国包装类别：II
应急响应	运输应急卡：TEC(R)-61S3443-S 美国消防协会法规：H3（健康危险性）；F1（火灾危险性）；R4（反应危险性）
储存	与强氧化剂、金属粉末、食品和饲料分开存放。严格密封
重要数据	物理状态、外观：白色至淡黄色晶体，有特殊气味 物理危险性：以粉末或颗粒形状与空气混合，可能发生粉尘爆炸 化学危险性：加热时，即使缺少空气时，可能发生爆炸。与金属粉末和强氧化剂激烈反应，有着火和爆炸危险。加热时，该物质分解生成氮氧化物有毒烟雾 职业接触限值：阈限值：0.15ppm（时间加权平均值）（经皮）；公布生物暴露指数（美国政府工业卫生学家会议，2004 年）。最高容许浓度：皮肤吸收；致癌物类别：3B（德国，2004 年） 接触途径：该物质可通过吸入、经皮肤和食入吸收到体内 吸入危险性：20℃时，该物质蒸发相当快地达到空气中有害污染浓度 短期接触的影响：该物质刺激眼睛和呼吸道。该物质可能对血液有影响，导致形成正铁血红蛋白。影响可能推迟显现。需进行医学观察 长期或反复接触的影响：该物质可能对血液和肝有影响，导致贫血和肝损害。该物质可能对神经系统有影响用，可能引起视力损伤。动物实验表明，该物质可能对人类生殖或发育造成毒性影响
物理性质	沸点：约 300℃ 密度：1.6g/cm³ 水中溶解度：微溶 蒸气压：20℃时 0.1kPa 蒸气相对密度（空气=1）：	蒸气/空气混合物的相对密度（20℃，空气=1）：1.01 闪点：150℃（闭杯） 自燃温度：470℃ 辛醇/水分配系数的对数值：1.46～1.58
环境数据	该物质对水生生物是有毒的
注解	饮用含酒精饮料增进有害影响。根据接触程度，建议定期进行医疗检查。该物质中毒时，需采取必要的治疗措施。必须提供有指示说明的适当方法。参见卡片#0460（邻二硝基苯）；#0691（间二硝基苯）和#0692（对二硝基苯）

IPCS
International Programme on Chemical Safety

本卡片由 IPCS 和 EC 合作编写 © 2004～2012

国际化学品安全卡

2,3-二硝基甲苯			ICSC 编号：0726

CAS 登记号：602-01-7
RTECS 号：XT1400000
UN 编号：3454
EC 编号：609-050-00-3
中国危险货物编号：3454

中文名称：2,3-二硝基甲苯；1-甲基-2,3-二硝基苯；2,3-DNT
英文名称：2,3-DINITROTOLUENE; 1-Methyl-2,3-dinitrobenzene; 2,3-DNT

分子量：182.1

化学式：$C_6H_3CH_3(NO_2)_2/C_7H_6N_2O_4$

危害/接触类型	急性危害/症状	预防	急救/消防
火 灾	可燃的。在火焰中释放出刺激性或有毒烟雾（或气体）	禁止明火	干粉，雾状水，泡沫，二氧化碳
爆 炸	微细分散的颗粒物在空气中形成爆炸性混合物。与许多物质接触时，有爆炸危险	防止粉尘沉积、密闭系统、防止粉尘爆炸型电气设备和照明	着火时，喷雾状水保持料桶等冷却。从掩蔽位置灭火
接 触		防止粉尘扩散！	
# 吸入	嘴唇发青或指甲发青。皮肤发青。头痛。头晕。恶心。意识模糊。惊厥。神志不清	局部排气通风或呼吸防护	新鲜空气，休息。必要时进行人工呼吸。给予医疗护理
# 皮肤	可能被吸收！发红。（另见吸入）	防护手套	脱去污染的衣服，冲洗，然后用水和肥皂清洗皮肤，给予医疗护理
# 眼睛		安全护目镜	先用大量水冲洗几分钟（如可能尽量摘除隐形眼镜），然后就医
# 食入	（另见吸入）	工作时不得进食，饮水或吸烟。进食前洗手	漱口。大量饮水。给予医疗护理

泄漏处置	向专家咨询！不要让该化学品进入环境。将泄漏物清扫进容器中，如果适当，首先润湿防止扬尘。小心收集残余物，然后转移到安全场所。个人防护用具：化学防护服包括自给式呼吸器
包装与标志	不得与食品和饲料一起运输 欧盟危险性类别：T 符号 N 符号 标记：E R:45-23/24/25-48/22-62-68-50/53 S:53-45-60-61 联合国危险性类别：6.1 联合国包装类别：II 中国危险性类别：第 6.1 项毒性物质 中国包装类别：II
应急响应	运输应急卡：TEC(R)-61S3454; 61GT2-II 美国消防协会法规：H3（健康危险性）；F1（火灾危险性）；R3（反应危险性）
储存	耐火设备（条件）。与强碱、食品和饲料、氧化剂、强还原剂分开存放。严格密封。保存在通风良好的室内。储存在没有排水管或下水道的场所
重要数据	物理状态、外观：黄色晶体，有特殊气味 物理危险性：以粉末或颗粒形状与空气混合，可能发生粉尘爆炸 化学危险性：加热时，该物质分解生成含有氮氧化物的有毒和腐蚀性烟雾，甚至在缺少空气时。与还原剂、强碱和氧化剂反应，有爆炸的危险 职业接触限值：阈限值未制定标准。最高容许浓度未制定标准 接触途径：该物质可通过吸入、经皮肤和食入吸收到体内 吸入危险性：扩散时可较快地达到空气中颗粒物有害浓度，尤其是粉末 短期接触的影响：该物质轻微刺激皮肤。该物质可能对血液有影响，导致形成正铁血红蛋白。影响可能推迟显现。需进行医学观察 长期或反复接触的影响：该物质可能对血液有影响，导致形成正铁血红蛋白
物理性质	沸点：250～300℃（分解） 熔点：59～61℃ 相对密度（水=1）：1.3（液体） 水中溶解度：难溶 蒸气相对密度（空气=1）：6.28 辛醇/水分配系数的对数值：2.0（计算值）
环境数据	该物质对水生生物有极高毒性
注解	根据接触程度，建议定期进行医疗检查。该物质中毒时需采取必要的治疗措施；必须提供有指示说明的适当方法。不要将工作服带回家中。UN 编号（熔融物）：UN1600，运输应急卡 TEC(R)：61GT1-II

IPCS
International
Programme on
Chemical Safety

UNEP

本卡片由 IPCS 和 EC 合作编写 © 2004～2012

国际化学品安全卡

2,4-二硝基甲苯			ICSC 编号：0727

CAS 登记号：121-14-2	中文名称：2,4-二硝基甲苯；1-甲基-2,4-二硝基苯；2,4-DNT
RTECS 号：XT1575000	英文名称：2,4-DINITROTOLUENE; 1-Methyl-2,4-dinitrobenzene; 2,4-DNT
UN 编号：3454	
EC 编号：609-007-00-9	
中国危险货物编号：3454	
分子量：182.1	化学式：$C_7H_6N_2O_4/C_6H_3CH_3(NO_2)_2$

危害/接触类型	急性危害/症状	预防	急救/消防
火 灾	可燃的。在火焰中释放出刺激性或有毒烟雾（或气体）	禁止明火	干粉，雾状水，泡沫，二氧化碳
爆 炸	微细分散的颗粒物在空气中形成爆炸性混合物。与许多物质接触时有爆炸危险	防止粉尘沉积、密闭系统、防止粉尘爆炸型电气设备和照明	着火时，喷雾状水保持料桶等冷却。从掩蔽位置灭火
接 触		防止粉尘扩散！严格作业环境管理！	
# 吸入	嘴唇发青或指甲发青。皮肤发青。头痛。头晕。恶心。意识模糊。惊厥。神志不清	局部排气通风或呼吸防护	新鲜空气，休息。必要时进行人工呼吸。给予医疗护理
# 皮肤	可能被吸收！（见吸入）	防护手套。防护服	脱去污染的衣服。冲洗，然后用水和肥皂清洗皮肤。给予医疗护理
# 眼睛		安全护目镜	先用大量水冲洗几分钟（如可能尽量摘除隐形眼镜），然后就医
# 食入	（另见吸入）	工作时不得进食，饮水或吸烟。进食前洗手	漱口。大量饮水。给予医疗护理

泄漏处置	向专家咨询！不要让该化学品进入环境。将泄漏物清扫进容器中，如果适当，首先润湿防止扬尘。小心收集残余物，然后转移到安全场所。个人防护用具：化学防护服包括自给式呼吸器
包装与标志	不得与食品和饲料一起运输 欧盟危险性类别：T 符号 N 符号 标记：E R:45-23/24/25-48/22-62-68-51/53 S:53-45-61 联合国危险性类别：6.1 联合国包装类别：II 中国危险性类别：第 6.1 项毒性物质 中国包装类别：II
应急响应	运输应急卡：TEC(R)-61S3454; 61GT2-II 美国消防协会法规：H3（健康危险性）；F1（火灾危险性）；R3（反应危险性）
储存	耐火设备（条件）。与强碱、食品和饲料、氧化剂、强还原剂分开存放。严格密封。保存在通风良好的室内。储存在没有排水管或下水道的场所
重要数据	物理状态、外观：黄色晶体，有特殊气味 物理危险性：以粉末或颗粒形状与空气混合，可能发生粉尘爆炸 化学危险性：受热时可能发生爆炸。加热时，该物质分解生成含有氮氧化物的有毒和腐蚀性烟雾，甚至在缺少空气条件下。与还原剂、强碱和氧化剂发生反应，有爆炸的危险 职业接触限值：阈限值：0.2mg/m³（时间加权平均值）；A3（确认的动物致癌物，但未知与人类相关性）；公布生物暴露指数（美国政府工业卫生学家会议，2005 年）。最高容许浓度：皮肤吸收（H）；致癌物类别：2（德国，2004 年）。阈限值和最高容许浓度是指混合异构体（CAS 登记号：25321-14-6）。 接触途径：该物质可通过吸入、经皮肤和食入吸收到体内 吸入危险性：扩散时可较快地达到空气中颗粒物有害浓度，尤其是粉末 短期接触的影响：该物质可能对血液有影响，导致形成正铁血红蛋白。影响可能推迟显现。需进行医学观察 长期或反复接触的影响：该物质可能对血液有影响，导致形成正铁血红蛋白。该物质可能是人类致癌物
物理性质	沸点：>250℃（分解） 熔点：71℃ 密度：1.52g/cm³ 水中溶解度：难溶	蒸气压：25℃时 0.02Pa 蒸气相对密度（空气=1）：6.28 闪点：169℃（闭杯） 辛醇/水分配系数的对数值：1.98
环境数据	该物质对水生生物是有害的
注解	根据接触程度，建议定期进行医疗检查。该物质中毒时需采取必要的治疗措施；必须提供有指示说明的适当方法。不要将工作服带回家中。熔融物的 UN 编号：1600，运输应急卡：TEC（R）：61GT1-II

IPCS
International
Programme on
Chemical Safety

UNEP

本卡片由 IPCS 和 EC 合作编写 © 2004～2012

国际化学品安全卡

2,6-二硝基甲苯			ICSC 编号：0728

CAS 登记号：606-20-2
RTECS 号：XT1925000
UN 编号：3454
EC 编号：609-049-00-8
中国危险货物编号：3454
分子量：182.1

中文名称：2,6-二硝基甲苯；1-甲基-2,6-二硝基苯；2,6-DNT
英文名称：2,6-DINITROTOLUENE; 1-Methyl-2,6-dinitrobenzene; 2,6-DNT

化学式：$C_7H_6N_2O_4/C_6H_3CH_3(NO_2)_2$

危害/接触类型	急性危害/症状	预防	急救/消防
火 灾	可燃的。在火焰中释放出刺激性或有毒烟雾（或气体）	禁止明火	干粉，雾状水，泡沫，二氧化碳
爆 炸	微细分散的颗粒物在空气中形成爆炸性混合物。与许多物质接触时有爆炸危险	防止粉尘沉积、密闭系统、防止粉尘爆炸型电气设备和照明	着火时，喷雾状水保持料桶等冷却。从掩蔽位置灭火
接 触		防止粉尘扩散！避免一切接触！避免孕妇接触！	
# 吸入	嘴唇发青或指甲发青。皮肤发青。头痛。头晕。恶心。意识模糊。惊厥。神志不清	局部排气通风或呼吸防护	新鲜空气，休息。必要时进行人工呼吸。给予医疗护理
# 皮肤	可能被吸收！（见吸入）	防护手套。防护服	脱去污染的衣服,冲洗，然后用水和肥皂清洗皮肤,给予医疗护理
# 眼睛		面罩	先用大量水冲洗几分钟（如可能尽量摘除隐形眼镜），然后就医
# 食入	（另见吸入）	工作时不得进食，饮水或吸烟。进食前洗手	漱口。大量饮水。给予医疗护理

泄漏处置	向专家咨询！将泄漏物清扫进容器中，如果适当，首先润湿防止扬尘。小心收集残余物，然后转移到安全场所。个人防护用具：化学防护服包括自给式呼吸器
包装与标志	不得与食品和饲料一起运输 欧盟危险性类别：T 符号 标记：E R:45-23/24/25-48/22-62-68-52/53 S:53-45-61 联合国危险性类别：6.1 联合国包装类别：II 中国危险性类别：第 6.1 项毒性物质 中国包装类别：II
应急响应	运输应急卡：TEC(R)-61S3454; 61GT2-II 美国消防协会法规：H3（健康危险性）；F1（火灾危险性）；R3（反应危险性）
储存	耐火设备（条件）。与强碱、食品和饲料、氧化剂、强还原剂分开存放。严格密封。保存在通风良好的室内
重要数据	物理状态、外观：黄色，棕色至红色晶体，有特殊气味 物理危险性：以粉末或颗粒形状与空气混合，可能发生粉尘爆炸 化学危险性：受热时可能发生爆炸。加热时，该物质分解生成含有氮氧化物的有毒和腐蚀性烟雾，即使在缺少空气条件下。与还原剂、强碱和氧化剂反应，有爆炸的危险 职业接触限值：阈限值：$0.2mg/m^3$（时间加权平均值）（经皮）；A3（确认的动物致癌物，但未知与人类相关性）；公布生物暴露指数（美国政府工业卫生学家会议，2004 年）。最高容许浓度：皮肤吸收（H）；致癌物类别：2（德国，2004 年）。阈限值和最高容许浓度是指混合异构体（CAS 登记号：25321-14-6） 接触途径：该物质可通过吸入、经皮肤和食入吸收到体内 吸入危险性：扩散时可较快地达到空气中颗粒物有害浓度，尤其是粉末 短期接触的影响：该物质可能对血液有影响，导致形成正铁血红蛋白。影响可能推迟显现。需进行医学观察 长期或反复接触的影响：该物质可能对血液有影响，导致形成正铁血红蛋白。该物质可能是人类致癌物。动物实验表明，该物质可能造成人类生殖或发育毒性
物理性质	沸点：285℃（分解） 熔点：66℃ 相对密度（水=1）：1.283（液体） 水中溶解度：难溶	蒸气压：20℃时 2.4Pa 蒸气相对密度（空气=1）：6.28 闪点：207℃（闭杯） 辛醇/水分配系数的对数值：2.05
环境数据	
注解	根据接触程度，建议定期进行医疗检查。该物质中毒时需采取必要的治疗措施；必须提供有指示说明的适当方法。不要将工作服带回家中。UN 编号（熔融物）：1600。参见卡片#0465 [二硝基甲苯（混合异构体）]

IPCS
International
Programme on
Chemical Safety

UNEP

本卡片由 IPCS 和 EC 合作编写 © 2004～2012

国际化学品安全卡

3,4-二硝基甲苯			ICSC 编号：0729

CAS 登记号：610-39-9
RTECS 号：XT2100000
UN 编号：3454
EC 编号：609-051-00-9
中国危险货物编号：3454

中文名称：3,4-二硝基甲苯；1-甲基-3,4-二硝基苯；3,4-DNT
英文名称：3,4-DINITROTOLUENE; 1-Methyl-3,4-dinitrobenzene; 3,4-DNT

分子量：182.1 　　　　　　　化学式：$C_7H_6N_2O_4/C_6H_3CH_3(NO_2)_2$

危害/接触类型	急性危害/症状	预防	急救/消防
火 灾	可燃的。在火焰中释放出刺激性或有毒烟雾（或气体）	禁止明火	干粉，雾状水，泡沫，二氧化碳
爆 炸	微细分散的颗粒物在空气中形成爆炸性混合物。与许多物质接触时有爆炸危险	防止粉尘沉积、密闭系统、防止粉尘爆炸型电气设备和照明	着火时，喷雾状水保持料桶等冷却。从掩蔽位置灭火
接 触		防止粉尘扩散！	
# 吸入	嘴唇发青或指甲发青。皮肤发青。头痛。头晕。恶心。意识模糊。惊厥。神志不清	局部排气通风或呼吸防护	新鲜空气，休息。必要时进行人工呼吸。给予医疗护理
# 皮肤	可能被吸收！发红。（另见吸入）	防护手套	脱去污染的衣服,冲洗,然后用水和肥皂清洗皮肤,给予医疗护理
# 眼睛		安全护目镜	先用大量水冲洗几分钟（如可能尽量摘除隐形眼镜），然后就医
# 食入	（另见吸入）	工作时不得进食,饮水或吸烟	漱口。大量饮水。给予医疗护理

泄漏处置	向专家咨询！不要让该化学品进入环境。将泄漏物清扫进容器中，如果适当，首先润湿防止扬尘。小心收集残余物，然后转移到安全场所。个人防护用具：化学防护服包括自给式呼吸器
包装与标志	不得与食品和饲料一起运输 欧盟危险性类别：T 符号 N 符号 标记：E R:45-23/24/25-48/22-62-68-51/53　　S:53-45-61 联合国危险性类别：6.1　　联合国包装类别：II 中国危险性类别：第 6.1 项毒性物质　中国包装类别：II
应急响应	运输应急卡：TEC(R)-61S3454; 61GT2-II 美国消防协会法规：H3（健康危险性）；F1（火灾危险性）；R3（反应危险性）
储存	耐火设备（条件）。与强碱、食品和饲料、氧化剂、强还原剂分开存放。严格密封。保存在通风良好的室内。储存在没有排水管或下水道的场所
重要数据	物理状态、外观：黄色晶体，有特殊气味 物理危险性：以粉末或颗粒形状与空气混合，可能发生粉尘爆炸 化学危险性：受热时可能发生爆炸。加热时，该物质分解生成含有氮氧化物的有毒和腐蚀性烟雾，即使在缺少空气的条件下。与还原剂、强碱和氧化剂反应，有爆炸的危险 职业接触限值：阈限值未制定标准。最高容许浓度未制定标准 接触途径：该物质可通过吸入、经皮肤和食入吸收到体内 吸入危险性：扩散时可较快地达到空气中颗粒物有害浓度，尤其是粉末 短期接触的影响：该物质轻微刺激皮肤。该物质可能对血液有影响，导致形成正铁血红蛋白。影响可能推迟显现。需进行医学观察 长期或反复接触的影响：该物质可能对血液有影响，导致形成正铁血红蛋白
物理性质	沸点：250～300℃（分解）　　　　　　蒸气相对密度（空气=1）：6.28 熔点：58℃　　　　　　　　　　　　闪点：207℃（闭杯） 相对密度（水=1）：1.26（液体）　　辛醇/水分配系数的对数值：2.0（计算值） 水中溶解度：难溶
环境数据	该物质对水生生物有极高毒性
注解	根据接触程度，建议定期进行医疗检查。该物质中毒时需采取必要的治疗措施；必须提供有指示说明的适当方法。不要将工作服带回家中。UN 编号（熔融物）：1600，运输应急卡 TEC（R）：61GT1-II

国际化学品安全卡

茚并（1,2,3-*cd*）芘	ICSC 编号：0730

CAS 登记号：193-39-5	中文名称：茚并（1,2,3-*cd*）芘；邻亚苯基芘；2,3-亚苯基芘
RTECS 号：NK9300000	英文名称：INDENO (1,2,3-*cd*) PYRENE; o-Phenylenepyrene; 2,3-Phenylenepyrene

分子量：276.3　　　　　　　　　　　化学式：C$_{22}$H$_{12}$

危害/接触类型	急性危害/症状	预防	急救/消防
火　灾			周围环境着火时，允许使用各种灭火剂
爆　炸			
接　触		避免一切接触！	
# 吸入		局部排气通风或呼吸防护	新鲜空气，休息
# 皮肤		防护手套，防护服	脱去污染的衣服,冲洗,然后用水和肥皂清洗皮肤
# 眼睛		安全护目镜，或眼睛防护结合呼吸防护	先用大量水冲洗几分钟（如可能尽量摘除隐形眼镜），然后就医
# 食入		工作时不得进食，饮水或吸烟	漱口，给予医疗护理

泄漏处置	将泄漏物清扫进有盖的容器中。如果适当，首先润湿防止扬尘。小心收集残余物，然后转移到安全场所。不要让该化学品进入环境
包装与标志	
应急响应	
储存	注意收容灭火产生的废水。严格密封。储存在没有排水管或下水道的场所
重要数据	**物理状态、外观：**黄色晶体 **化学危险性：**加热时生成有毒烟雾 **职业接触限值：**阈限值未制定标准。最高容许浓度：皮肤吸收；致癌物类别：2（德国，2009 年） **接触途径：**该物质可通过吸入其气溶胶和经皮肤吸收到体内 **吸入危险性：**20℃时蒸发可忽略不计，但可较快地达到空气中颗粒物有害浓度 **长期或反复接触的影响：**该物质可能是人类致癌物
物理性质	**沸点：**536℃ **熔点：**164℃ **水中溶解度：**不溶 **辛醇/水分配系数的对数值：**6.58
环境数据	该物质可能对环境有危害，对空气和水应给予特别注意。在对人类重要的食物链中发生生物蓄积作用，特别是在鱼中
注解	茚并（1,2,3-*cd*）芘在环境中通常以多环芳烃（PAH）的一种组分形式存在，它是有机物，尤其是矿物燃料和烟草不完全燃烧和热解的产物。美国政府工业卫生学家会议建议，应当根据煤焦油沥青挥发物的阈限值 0.2 mg/m^3（时间加权平均值，以可溶解苯计）评估含有茚并（1,2,3-*cd*）芘的环境。该物质对人体健康影响数据不充分，因此应当特别注意

IPCS
International
Programme on
Chemical Safety

本卡片由 IPCS 和 EC 合作编写 © 2004～2012

国际化学品安全卡

2-甲基庚烷			ICSC 编号：0731

CAS 登记号：592-27-8
UN 编号：1262（辛烷）
EC 编号：601-009-00-8
中国危险货物编号：1262

中文名称：2-甲基庚烷
英文名称：2-METHYLHEPTANE

分子量：114.2　　　　　　　　　　　　化学式：$C_8H_{18}/CH_3CH(CH_3)CH_2(CH_2)_3CH_3$

危害/接触类型	急性危害/症状	预防	急救/消防
火　灾	极易燃	禁止明火、禁止火花和禁止吸烟	干粉，水成膜泡沫，泡沫，二氧化碳
爆　炸	蒸气/空气混合物有爆炸性	密闭系统，通风，防爆型电气设备与照明。不要使用压缩空气灌装、卸料或转运	着火时喷雾状水保持料桶等冷却
接　触		防止烟云产生！	
# 吸入		通风	新鲜空气，休息
# 皮肤	皮肤干燥，发红	防护手套	脱掉污染的衣服，冲洗，然后用水和肥皂洗皮肤
# 眼睛		安全护目镜	首先用大量水冲洗几分钟（如可能尽量摘除隐形眼镜），然后就医
# 食入		工作时不得进食、饮水或吸烟	漱口，不要催吐

泄漏处置	撤离危险区域！通风。尽量将泄漏液收集在可密闭容器中。用砂土或惰性吸收剂吸收残液并转移到安全场所。个人防护用具：适用于有机气体和蒸气的过滤呼吸器
包装与标志	欧盟危险性类别：F 符号 Xn 符号 N 符号 R：11-38-50/53-65-67 S：2-9-16-29-33-60-61-62 联合国危险性类别：3 联合国包装类别：II 中国危险性类别：第 3 类易燃液体 中国包装类别：II
应急响应	运输应急卡：TEC(R)-30GF1-I+II 美国消防协会法规：H0（健康危险性）；F3（火灾危险性）；R0（反应危险性）
储存	与氧化剂分开存放。严格密封。阴凉场所
重要数据	物理状态、外观：无色液体 物理危险性：蒸气比空气重，可能沿地面流动，可能造成远处着火 化学危险性：加热时，生成有毒烟雾。与氧化剂发生反应 职业接触限值：49 阈限值：300ppm（辛烷）（时间加权平均值）（美国政府工业卫生学家会议，2005年）。最高容许浓度：（辛烷）500ppm，2400mg/m³；最高限值种类：II（2）；妊娠风险等级：IIc（德国，2005年） 接触途径：该物质可通过吸入吸收到体内 吸入危险性：未指明 20℃时该物质蒸发达到空气中有害浓度的速率 短期接触的影响：该物质刺激皮肤 长期或反复接触的影响：液体使皮肤脱脂
物理性质	沸点：116℃ 熔点：−109℃ 相对密度（水=1）：0.698 水中溶解度：不溶 蒸气压：38℃时 5.3kPa 蒸气相对密度（空气=1）：3.9 蒸气/空气混合物的相对密度（20℃，空气=1）：38℃时 1.15 闪点：4.4℃ 爆炸极限：在空气中 1.0%～?（体积） 辛醇/水分配系数的对数值：
环境数据	
注解	该物质对人体健康影响数据不充分，因此应当特别注意

IPCS
International
Programme on
Chemical Safety

UNEP

本卡片由 IPCS 和 EC 合作编写 © 2004～2012

国际化学品安全卡

α-甲基苯乙烯			ICSC 编号：0732

CAS 登记号：98-83-9	中文名称：α-甲基苯乙烯；异丙基苯；2-苯基丙烯；1-甲基-1-苯乙烯
RTECS 号：WL5250000	英文名称：alpha-METHYL STYRENE; Isopropenyl benzene;
UN 编号：2303	2-Phenylpropene; 1-Methyl-1-phenylethylene
EC 编号：601-027-00-6	
中国危险货物编号：2303	

分子量：118.2	化学式：$C_9H_{10}/C_6H_5C(CCH_3)=CH_2$

危害/接触类型	急性危害/症状	预防	急救/消防
火 灾	易燃的	禁止明火，禁止火花和禁止吸烟	干粉，雾状水，泡沫，二氧化碳
爆 炸	高于 54℃可能形成爆炸性蒸气/空气混合物	高于 54℃使用密闭系统，通风和防爆型电气设备	着火时，喷雾状水保持料桶等冷却
接 触		防止烟云产生！	
# 吸入	咳嗽，头晕，咽喉疼痛	通风，局部排气通风或呼吸防护	新鲜空气，休息
# 皮肤	发红	防护手套	冲洗，然后用水和肥皂洗皮肤
# 眼睛	发红	安全护目镜	先用大量水冲洗几分钟（如可能尽量摘除隐形眼镜），然后就医
# 食入		工作时不得进食、饮水或吸烟	漱口

泄漏处置	不要让该化学品进入环境。通风。尽可能将泄漏液收集在可密闭的非金属容器中。用砂土或惰性吸收剂吸收残液，并转移到安全场所。个人防护用具：适用于有机气体和蒸气的过滤呼吸器
包装与标志	污染海洋物质 欧盟危险性类别：Xi 符号 N 符号 R:10-36/37-51/53 S:2-61 联合国危险性类别：3 联合国包装类别：III 中国危险性类别：第 3 类易燃液体 中国包装类别：III
应急响应	运输应急卡：TEC(R)-30S2303 或 30GF1-III 美国消防协会法规：H1（健康危险性）；F2（火灾危险性）；R1（反应危险性）
储存	稳定后储存。储存在没有排水管或下水道的场所。耐火设备（条件）。严格密封。与强氧化剂分开存放
重要数据	物理状态、外观：无色液体，有特殊气味 化学危险性：该物质可能发生聚合。燃烧时，该物质分解生成有毒烟雾。与强氧化剂发生反应。浸蚀铝和铜 职业接触限值：阈限值：50ppm（时间加权平均值），100ppm（短期接触限值）（美国政府工业卫生学家会议，2005 年）。最高容许浓度：50ppm，250mg/m³；最高限值种类：妊娠风险等级：D（德国，2005 年） 接触途径：该物质可通过吸入吸收到体内 吸入危险性：20℃时，该物质蒸发相当慢地达到空气中有害污染浓度，但喷洒或扩散时要快得多 短期接触的影响：该物质刺激眼睛、皮肤和呼吸道。流泪 长期或反复接触的影响：反复或长期与皮肤接触可能引起皮炎
物理性质	沸点：164℃ 熔点：-23℃ 相对密度（水=1）：0.91 水中溶解度：20℃时 0.012g/100mL（难溶） 蒸气压：20℃时 300Pa 蒸气相对密度（空气=1）：4.08	蒸气/空气混合物的相对密度（20℃，空气=1）：1.01 闪点：54℃ 自燃温度：574℃ 爆炸极限：在空气中 0.9%～6.6%（体积） 辛醇/水分配系数的对数值：3.38
环境数据	该物质对水生生物是有害的。该物质可能在水生环境中造成长期影响。该化学品可能在鱼体内发生生物蓄积
注解	

IPCS
International
Programme on
Chemical Safety

   UNEP

本卡片由 IPCS 和 EC 合作编写 © 2004～2012

国际化学品安全卡

2-乙烯基甲苯			ICSC 编号：0733

CAS 登记号：611-15-4	中文名称：2-乙烯基甲苯；邻甲基苯乙烯；1-乙烯基-2-甲苯；邻乙烯基甲苯
RTECS 号：WL5075900	英文名称：2-VINYL TOLUENE; o-Methyl styrene; 1-Ethenyl-2-methylbenzene;
UN 编号：2618	o-Vinyl toluene
EC 编号：601-028-00-1	
中国危险货物编号：2618	

分子量：118.2	化学式：$CH_3C_6H_4CH=CH_2/C_9H_{10}$

危害/接触类型	急性危害/症状	预防	急救/消防
火 灾	易燃的。加热引起压力升高，容器有爆裂危险	禁止明火	干粉，雾状水，泡沫，二氧化碳
爆 炸	高于60℃可能形成爆炸性蒸气/空气混合物	高于60℃使用密闭系统，通风和防爆型电气设备	着火时，喷雾状水保持料桶等冷却
接 触		防止烟云产生！	
# 吸入	头晕，倦睡，迟钝，头痛，咽喉疼痛	通风，局部排气通风或呼吸防护	新鲜空气，休息，必要时进行人工呼吸，给予医疗护理
# 皮肤	皮肤干燥，发红	防护手套	脱去污染的衣服，冲洗，然后用水和肥皂洗皮肤
# 眼睛	发红	安全护目镜	先用大量水冲洗几分钟（如可能尽量摘除隐形眼镜),然后就医
# 食入	腹部疼痛，恶心，呕吐	工作时不得进食、饮水或吸烟	漱口，不要催吐，休息，给予医疗护理

泄漏处置	通风。尽量将泄漏液收集在可密闭容器中。用砂土或惰性吸收剂吸收残液并转移到安全场所。个人防护用具：自给式呼吸器
包装与标志	污染海洋物质 欧盟危险性类别：Xn 符号 N 符号　R:20-51/53　S:2-24-61 联合国危险性类别：3 联合国包装类别：III 中国危险性类别：第3类易燃液体 中国包装类别：III
应急响应	运输应急卡：TEC(R)-30GF1-III-9 美国消防协会法规：H2（健康危险性）；F2（火灾危险性）；R2（反应危险性）
储存	与强氧化剂、强酸分开存放。严格密封。保存在通风良好的室内。稳定后储存
重要数据	物理状态、外观：无色液体，有特殊气味 物理危险性：蒸气比空气重，可能沿地面流动，可能造成远处着火 化学危险性：加热时，该物质可能聚合，有着火和爆炸危险。与强氧化剂和强酸发生反应 职业接触限值：阈限值：50ppm（时间加权平均值），100ppm（短期接触限值）；A4（不能分类为人类致癌物）（美国政府工业卫生学家会议，2004年）。最高容许浓度：100ppm，490mg/m³；最高限值种类：I（2）（德国，2004年） 接触途径：该物质可通过吸入和食入吸收到体内 吸入危险性：20℃时该物质蒸发相当慢地达到空气中有害污染浓度 短期接触的影响：该物质刺激眼睛、皮肤和呼吸道。该物质可能对神经系统有影响 长期或反复接触的影响：反复或长期与皮肤接触可能引起皮炎。液体使皮肤脱脂。该物质可能对肝和肾有影响，导致组织损伤
物理性质	沸点：170℃ 熔点：-69℃ 相对密度（水=1）：0.91 蒸气压：25℃时240Pa 蒸气相对密度（空气=1）：4.1 闪点：60℃（闭杯） 自燃温度：494℃ 爆炸极限：空气中1.9%～6.1%（体积） 辛醇/水分配系数的对数值：3.580
环境数据	
注解	可参考卡片＃0514 乙烯基甲苯（混合异构体）

IPCS
International
Programme on
Chemical Safety

本卡片由 IPCS 和 EC 合作编写 © 2004～2012

国际化学品安全卡

3-乙烯基甲苯			ICSC 编号：0734

CAS 登记号：100-80-1
RTECS 号：WL5075800
UN 编号：2618
中国危险货物编号：2618
分子量：118.2

中文名称：3-乙烯基甲苯；间甲基苯乙烯；1-乙烯基-3-甲苯；间乙烯基甲苯
英文名称：3-VINYL TOLUENE; *m*-Methyl styrene; 1-Ethenyl-3-methylbenzene; *m*-Vinyl toluene

化学式：CH₃C₆H₄CH=CH₂/C₉H₁₀

化学式：$CH_3C_6H_4CH=CH_2/C_9H_{10}$

危害/接触类型	急性危害/症状	预防	急救/消防
火 灾	易燃的。加热引起压力升高，容器有爆裂危险	禁止明火	干粉，雾状水，泡沫，二氧化碳
爆 炸	高于 60℃，可能形成爆炸性蒸气/空气混合物	高于 60℃，使用密闭系统，通风和防爆型电气设备	着火时，喷雾状水保持钢瓶冷却
接 触		防止产生烟云！	
# 吸入	头晕。倦睡。迟钝。头痛。咽喉痛	通风，局部排气通风或呼吸防护	新鲜空气，休息。必要时进行人工呼吸。给予医疗护理
# 皮肤	皮肤干燥。发红	防护手套	脱去污染的衣服。冲洗，然后用水和肥皂清洗皮肤。给予医疗护理
# 眼睛	发红	安全护目镜	先用大量水冲洗几分钟（如可能尽量摘除隐形眼镜),然后就医
# 食入	腹部疼痛。恶心。呕吐	工作时不得进食，饮水或吸烟	漱口。不要催吐。给予医疗护理

泄漏处置	通风。尽可能将泄漏液收集在可密闭的容器中。用砂土或惰性吸收剂吸收残液，并转移到安全场所。个人防护用具：自给式呼吸器
包装与标志	污染海洋物质 联合国危险性类别：3　联合国包装类别：III 中国危险性类别：第 3 类易燃液体　中国包装类别：III
应急响应	运输应急卡：TEC(R)-30GF1-III-9 美国消防协会法规：H2（健康危险性）；F2（反应危险性）；R2（反应危险性）
储存	与强氧化剂、强酸分开存放。干燥。严格密封。保存在通风良好的室内。稳定后储存
重要数据	物理状态、外观：无色液体，有特殊气味 物理危险性：蒸气比空气重，可能沿地面流动，可能造成远处着火 化学危险性：加热时，该物质可能聚合，有着火或爆炸危险。与强氧化剂和强酸发生反应 职业接触限值：阈限值：50ppm（时间加权平均值），100ppm（短期接触限值）；A4（不能分类为人类致癌物）（美国政府工业卫生学家会议，2004 年）。最高容许浓度：100ppm，490mg/m³；最高限值种类：I（2）（德国，2004 年） 接触途径：该物质可通过吸入和经食入吸收到体内 吸入危险性：20℃时该物质蒸发相当慢达到空气中有害污染浓度 短期接触的影响：该物质刺激眼睛、皮肤和呼吸道。该物质可能对中枢神经系统有影响 长期或反复接触的影响：反复或长期与皮肤接触可能引起皮炎。液体使皮肤脱脂。该物质可能对肝和肾有影响，导致体组织损伤
物理性质	沸点：172℃ 相对密度（水=1）：0.91 蒸气相对密度（空气=1）：4.1 闪点：60℃ 爆炸极限：空气中 1.9%～6.1%（体积） 辛醇/水分配系数的对数值：3.580
环境数据	
注解	还可参考卡片#0514 乙烯基甲苯，混合异构体

IPCS
International
Programme on
Chemical Safety

本卡片由 IPCS 和 EC 合作编写 © 2004～2012

国际化学品安全卡

4-乙烯基甲苯		ICSC 编号：0735

CAS 登记号：622-97-9
RTECS 号：WL5076000
UN 编号：2618
中国危险货物编号：2618

中文名称：4-乙烯基甲苯；对甲基苯乙烯；1-乙烯基-4-甲苯；对乙烯基甲苯
英文名称：4-VINYL TOLUENE; p-Methyl styrene;
1-Ethenyl-4-methylbenzene; p-Vinyl toluene

分子量：118.2　　　　　　　化学式：$CH_3C_6H_4CH=CH_2/C_9H_{10}$

危害/接触类型	急性危害/症状	预防	急救/消防
火　灾	易燃的。加热将使压力升高，容器有爆裂危险	禁止明火	干粉，雾状水，泡沫，二氧化碳
爆　炸	高于52.8℃可能形成爆炸性蒸气/空气混合物	高于52.8℃使用密闭系统，通风和防爆型电气设备	着火时，喷雾状水保持料桶等冷却
接　触		防止烟云产生！	
# 吸入	头晕，倦睡，迟钝，头痛，咽喉疼痛	通风，局部排气通风或呼吸防护	新鲜空气，休息，必要时进行人工呼吸，给予医疗护理
# 皮肤	皮肤干燥，发红	防护手套	冲洗，然后用水和肥皂洗皮肤
# 眼睛	发红	安全护目镜	先用大量水冲洗几分钟（如可能尽量摘除隐形眼镜），然后就医
# 食入	腹部疼痛，恶心，呕吐	工作时不得进食、饮水或吸烟	漱口，不要催吐，给予医疗护理

泄漏处置	通风。尽量将泄漏液收集在可密闭容器中。用砂土或惰性吸收剂吸收残液并转移到安全场所。个人防护用具：自给式呼吸器
包装与标志	污染海洋物质 **联合国危险性类别：3　联合国包装类别：III** **中国危险性类别：第3类易燃液体　中国包装类别：III**
应急响应	运输应急卡：TEC(R)-30GF1-III-9 美国消防协会法规：H2（健康危险性）；F2（火灾危险性）；R2（反应危险性）
储存	与氧化剂、强酸分开存放。严格密封。保存在通风良好的室内。稳定后储存
重要数据	物理状态、外观：无色液体，有特殊气味 物理危险性：蒸气比空气重，可能沿地面流动，可能造成远处着火 化学危险性：加热时，该物质可能聚合，有着火和爆炸危险。与强氧化剂和强酸发生反应 职业接触限值：阈限值：50ppm（时间加权平均值），100ppm（短期接触限值）；A4（不能分类为人类致癌物）（美国政府工业卫生学家会议，2004年）。最高容许浓度：100ppm，490mg/m³；最高限值种类：I（2）（德国，2004年）。 接触途径：该物质可通过吸入和食入吸收到体内 吸入危险性：20℃时该物质蒸发相当慢地达到空气中有害污染浓度 短期接触的影响：该物质刺激眼睛、皮肤和呼吸道。该物质可能对中枢神经系统有影响 长期或反复接触的影响：反复或长期与皮肤接触可能引起皮炎。液体使皮肤脱脂。该物质可能对肾和肝有影响，导致组织损伤
物理性质	沸点：173℃ 熔点：-34℃ 相对密度（水=1）：0.897 水中溶解度：不溶 蒸气压：20℃时<0.1kPa 蒸气相对密度（空气=1）：4.1 蒸气/空气混合物的相对密度（20℃，空气=1）：1.00 闪点：52.8℃ 自燃温度：515℃ 爆炸极限：在空气中1.1%～5.3%（体积） 辛醇/水分配系数的对数值：3.580
环境数据	
注解	可参考卡片 #0514 乙烯基甲苯（混合异构体）

IPCS
International
Programme on
Chemical Safety

本卡片由 IPCS 和 EC 合作编写 © 2004～2012

国际化学品安全卡

反-β-甲基苯乙烯			ICSC 编号：0736

CAS 登记号：873-66-5

RTECS 号：DA8400500

UN 编号：2618

中国危险货物编号：2618

中文名称：反-β-甲基苯乙烯；(E)-丙烯基苯；反-1-苯基-1-丙烯

英文名称：trans-beta-METHYLSTYRENE; (E)-Propenyl benzene;
Trans-1-phenyl-1-propene

分子量：118.2

化学式：$C_9H_{10}/C_6H_5CH=CH-CH_3$

危害/接触类型	急性危害/症状	预防	急救/消防
火 灾	易燃的。在火焰中释放出刺激性或有毒烟雾（或气体）	禁止明火，禁止火花和禁止吸烟	干粉，雾状水，泡沫，二氧化碳
爆 炸	高于 52℃，可能形成爆炸性蒸气/空气混合物	高于 52℃，使用密闭系统、通风和防爆型电气设备	着火时,喷雾状水保持料桶等冷却
接 触		防止产生烟云！	
# 吸入	咳嗽。咽喉痛	通风，局部排气通风或呼吸防护	新鲜空气，休息
# 皮肤	发红	防护手套	脱去污染的衣服。冲洗，然后用水和肥皂清洗皮肤
# 眼睛	发红	安全眼镜	先用大量水冲洗几分钟（如可能尽量摘除隐形眼镜），然后就医
# 食入		工作时不得进食，饮水或吸烟	漱口

泄漏处置	转移全部引燃源。通风。尽可能将泄漏液收集在可密闭的容器中。用砂土或惰性吸收剂吸收残液，并转移到安全场所。不要让该化学品进入环境。个人防护用具：适用于有机气体和蒸气的过滤呼吸器
包装与标志	污染海洋物质 联合国危险性类别：3　　　联合国包装类别：III 中国危险性类别：第 3 类 易燃液体　中国包装类别：III　　　GHS 分类：警示词：警告　图形符号： 火焰-感叹号　危险说明：易燃液体和蒸气；造成皮肤刺激；对水生生物有毒
应急响应	运输应急卡：TEC(R)-30GF1-III-9 美国消防协会法规：H2（健康危险性）；F2（火灾危险性）；R2（反应危险性）
储存	稳定后储存。耐火设备（条件）。严格密封。与强氧化剂分开存放。注意收容灭火产生的废水。储存在没有排水管或下水道的场所
重要数据	物理状态、外观：无色至黄色液体 物理危险性：蒸气比空气重 化学危险性：该物质可能发生聚合。燃烧时，该物质分解生成有毒烟雾。与强氧化剂发生反应 职业接触限值：阈限值未制定标准。最高容许浓度未制定标准 吸入危险性：未指明 20℃时该物质蒸发达到空气中有害浓度的速率 短期接触的影响：该物质刺激眼睛、皮肤和呼吸道
物理性质	沸点：175℃ 熔点：−29℃ 相对密度（水=1）：0.911 水中溶解度：25℃时 0.014g/100mL（难溶） 蒸气压：25℃时 0.15kPa 蒸气相对密度（空气=1）：4.1 闪点：52℃ 爆炸极限：空气中 0.9%～?%（体积） 辛醇/水分配系数的对数值：3.31
环境数据	该物质对水生生物是有毒的
注解	该物质对人体健康的影响数据不充分，因此应当特别注意。添加稳定剂或阻聚剂会影响该物质的毒理学性质。向专家咨询

IPCS
International
Programme on
Chemical Safety

  UNEP

本卡片由 IPCS 和 EC 合作编写 © 2004～2012

国际化学品安全卡

2,4,4-三甲基-2-戊烯			ICSC 编号：0737

CAS 登记号：107-40-4	中文名称：2,4,4-三甲基-2-戊烯；二异丁烯
UN 编号：2050	英文名称：2,4,4-TRIMETHYL-2-PENTENE; Diisobutene; Diisobutylene
中国危险货物编号：2050	

分子量：112.2	化学式：$C_8H_{16}/CH_3C(CH_3)=CHC(CH_3)_3$

危害/接触类型	急性危害/症状	预防	急救/消防
火　灾	高度易燃	禁止明火，禁止火花和禁止吸烟	干粉，水成膜泡沫，泡沫，二氧化碳
爆　炸	蒸气/空气混合物有爆炸性	密闭系统，通风，防爆型电气设备与照明。不要使用压缩空气灌装、卸料或转运。使用无火花手工具	着火时喷雾状水保持料桶等冷却
接　触		防止烟云产生！	
# 吸入	倦睡，头痛，恶心	通风，局部排气通风或呼吸防护	新鲜空气，休息，必要时进行人工呼吸，给予医疗护理
# 皮肤	发红	防护手套	先用大量水冲洗，然后脱去污染的衣服并再次冲洗
# 眼睛		安全护目镜	先用大量水冲洗几分钟（如可能尽量摘除隐形眼镜），然后就医
# 食入	腹痛，呕吐	工作时不得进食、饮水或吸烟	漱口，不要催吐

泄漏处置	撤离危险区域！通风。将泄漏液收集在可密闭容器中。用砂土或惰性吸收剂吸收残液并转移到安全场所。个人防护用具：适用于有机气体和蒸气的过滤呼吸器
包装与标志	联合国危险性类别：3　联合国包装类别：II 中国危险性类别：第 3 类易燃液体　中国包装类别：II
应急响应	美国消防协会法规：H2（健康危险性）；F3（火灾危险性）；R0（反应危险性）
储存	耐火设备（条件）。与氧化剂分开存放。阴凉场所
重要数据	物理状态、外观：无色液体 物理危险性：蒸气比空气重，可能沿地面流动，可能造成远处着火 化学危险性：与氧化剂发生反应 职业接触限值：阈限值未制定标准 接触途径：该物质可通过吸入和食入吸收到体内 吸入危险性：未指明 20℃时该物质蒸发达到空气中有害浓度的速率 短期接触的影响：该物质刺激皮肤。该物质可能对中枢神经系统有影响
物理性质	沸点：104℃ 熔点：-106℃ 相对密度（水=1）：0.72 水中溶解度：不溶 蒸气压：38℃时 11.02kPa 蒸气相对密度（空气=1）：3.9 蒸气/空气混合物的相对密度（20℃，空气=1）：1.31 闪点：1.7℃（开杯） 自燃温度：305℃
环境数据	
注解	该物质对人体健康影响的数据不充分，因此应当特别注意

IPCS
International
Programme on
Chemical Safety

本卡片由 IPCS 和 EC 合作编写 © 2004～2012

国际化学品安全卡

二水合氯化亚锡			ICSC 编号：0738

CAS 登记号：10025-69-1	中文名称：二水合氯化亚锡；二水合二氯化锡（II）
RTECS 号：XP8850000	英文名称：TIN (II) CHLORIDE DIHYDRATE; Stannous chloride dihydrate
UN 编号：3260	
中国危险货物编号：3260	

分子量：225.6   化学式：SnCl₂.2H₂O

危害/接触类型	急性危害/症状	预防	急救/消防
火　灾	不可燃。在火焰中释放出刺激性或有毒烟雾（或气体）		周围环境着火时，使用适当的灭火剂
爆　炸			
接　触			
# 吸入	咳嗽。咽喉痛	局部排气通风或呼吸防护	新鲜空气，休息。给予医疗护理
# 皮肤		防护手套	脱去污染的衣服。用大量水冲洗皮肤或淋浴
# 眼睛	发红。疼痛	安全护目镜，或眼睛防护结合呼吸防护	先用大量水冲洗几分钟（如可能尽量摘除隐形眼镜），然后就医
# 食入	腹部疼痛。腹泻。恶心。呕吐	工作时不得进食，饮水或吸烟	大量饮水。给予医疗护理

泄漏处置	将泄漏物清扫进可密闭容器中。如果适当，首先润湿防止扬尘。小心收集残余物，然后转移到安全场所。不要让该化学品进入环境。个人防护用具：适用于有害颗粒物的 P2 过滤呼吸器
包装与标志	联合国危险性类别：8　联合国包装类别：III 中国危险性类别：第 8 类腐蚀性物质　中国包装类别：III
应急响应	运输应急卡：TEC(R)-80GC2-II+III
储存	与强氧化剂分开存放。保存在通风良好的室内
重要数据	**物理状态、外观**：无色至白色各种形态固体 **化学危险性**：加热时，生成有毒烟雾。该物质是一种强还原剂。与氧化剂激烈反应 **职业接触限值**：阈限值：[氧化锡和无机锡化合物（氢化锡除外），以 Sh 计] 2mg/m³（时间加权平均值）（美国政府工业卫生学家会议，2004 年）。欧盟职业接触限值：（无机锡化合物，以 Sn 计）2mg/m³（时间加权平均值）（欧盟，2004 年） **接触途径**：该物质可通过吸入其气溶胶和经食入吸收到体内 **吸入危险性**：扩散时可较快地达到空气中颗粒物有害浓度 **短期接触的影响**：该物质刺激眼睛和呼吸道
物理性质	**沸点**：低于沸点在 652℃分解 **熔点**：38℃ **密度**：2.71g/cm³ **水中溶解度**：在 20℃时>100 g/100 mL（易溶）
环境数据	该物质对水生生物是有害的
注解	给出的是失去结晶水的表观熔点。商品名称为 Stannochlor

IPCS
International
Programme on
Chemical Safety

本卡片由 IPCS 和 EC 合作编写 © 2004～2012

国际化学品安全卡

苯并（g,h,i）芘			ICSC 编号：0739

CAS 登记号：191-24-2	中文名称：苯并（g,h,i）芘；1,12-苯并芘
RTECS 号：DI6200500	英文名称：BENZO (ghi) PERYLENE; 1,12-Benzoperylene; 1,12-Benzperylene

分子量：276.3	化学式：$C_{22}H_{12}$		
危害/接触类型	急性危害/症状	预防	急救/消防
火　灾	在特定情况下是可燃的	禁止明火	周围环境着火时，允许使用各种灭火剂
爆　炸			
接　触		防止粉尘扩散！	
# 吸入		局部排气通风或呼吸防护	新鲜空气，休息
# 皮肤		防护手套，防护服	脱去污染的衣服，冲洗，然后用水和肥皂清洗皮肤
# 眼睛		安全护目镜，如为粉末，眼睛防护结合呼吸防护	先用大量水冲洗几分钟（如可能尽量摘除隐形眼镜），然后就医
# 食入		工作时不得进食，饮水或吸烟	漱口，给予医疗护理

泄漏处置	将泄漏物清扫进有盖的容器中。如果适当，首先润湿防止扬尘。小心收集残余物，然后转移到安全场所。不要让该化学品进入环境
包装与标志	
应急响应	
储存	严格密封
重要数据	物理状态、外观：淡黄绿色晶体 化学危险性：加热时生成有毒烟雾 职业接触限值：阈限值未制定标准 接触途径：该物质可通过吸入其气溶胶和经皮肤吸收到体内 吸入危险性：20℃时蒸发可忽略不计，但可较快地达到空气中颗粒物有害浓度
物理性质	沸点：550℃ 熔点：278℃ 密度：1.3g/cm³ 水中溶解度：不溶 辛醇/水分配系数的对数值：6.58
环境数据	该物质可能对环境有危害，对空气和水应给予特别注意
注解	苯并（g,h,i）芘在环境中通常以多环芳烃（PAH）的一种组分形式存在，它是有机物，尤其是矿物燃料和烟草不完全燃烧和热解的产物。该物质对人体健康影响数据不充分，因此应当特别注意

IPCS
International
Programme on
Chemical Safety

本卡片由 IPCS 和 EC 合作编写 © 2004～2012

国际化学品安全卡

氯丹（原药）			ICSC 编号：0740

CAS 登记号：57-74-9	中文名称：氯丹（原药）；1,2,4,5,6,7,8,8-八氯-2,3,3a,4,7,7a-六氢基-4,7-亚甲基
UN 编号：2996	茚；1,2,4,5,6,7,8,8-八氯-2,3,3a,4,7,7a-六氢-4,7-亚甲基-1H-茚
EC 编号：602-047-00-8	英文名称：CHLORDANE(TECHNICALPRODUCT);
中国危险货物编号：2996	1,2,4,5,6,7,8,8-Octachloro-2,3,3a,4,7,7a-hexahydro-4,7-meth-anoindene;
	1,2,4,5,6,7,8,8-Octachloro-2,3,3a,4,7,7a-hexahydro-4,7-methano-1H-indene

分子量：409.8	化学式：$C_{10}H_6Cl_8$

危害/接触类型	急性危害/症状	预防	急救/消防
火 灾	含有机溶剂的液体制剂可能是易燃的。在火焰中释放出刺激性或有毒烟雾（或气体）	禁止明火	抗溶性泡沫，干粉，二氧化碳
爆 炸			
接 触		严格作业环境管理！避免青少年和儿童接触！	一切情况均向医生咨询！
# 吸入	（见食入）	呼吸防护	新鲜空气，休息，给予医疗护理
# 皮肤	可能被吸收！	防护手套，防护服	脱掉污染的衣服，冲洗，然后用水和肥皂洗皮肤
# 眼睛	发红，疼痛	护目镜，或面罩或眼睛防护结合呼吸防护	首先用大量水冲洗几分钟（如可能尽量摘除隐形眼镜），然后就医
# 食入	意识模糊，惊厥，恶心，呕吐	工作时不得进食、饮水或吸烟。进食前洗手	休息，给予医疗护理
泄漏处置	尽可能将泄漏液收集在有盖容器中。用砂土或惰性吸收剂吸收残液并转移到安全场所。不要冲入下水道。个人防护用具：化学保护服包括自给式呼吸器		
包装与标志	不得与食品和饲料一起运输。 严重污染海洋物质 欧盟危险性类别：Xn 符号 N 符号 R:21/22-40-50/53 S:2-36/37-60-61 联合国危险性类别：6.1 联合国包装类别：III 中国危险性类别：第 6.1 项毒性物质 中国包装类别：III		
应急响应	运输应急卡：TEC(R)-61GT6-III		
储存	注意收容灭火产生的废水。与食品和饲料、碱和性质相互抵触的物质分开存放（见化学危险性）。严格密封。保存在通风良好室内		
重要数据	物理状态、外观：原药为淡黄色至琥珀色黏稠液体 化学危险性：燃烧时和与碱接触时，该物质分解生成含氯气、光气、氯化氢的有毒烟雾。浸蚀铁、锌、塑料、橡胶和涂料 职业接触限值：阈限值：0.5mg/m³（时间加权平均值）（经皮）；A3（确认的动物致癌物，但未知与人类相关性）（美国政府工业卫生学家会议，2004 年）。最高容许浓度：0.5mg/m³（可吸入粉尘）；最高限值种类：II（8）；皮肤吸收；致癌物类别：3B（德国，2004 年） 接触途径：该物质可通过吸入，经皮肤和食入吸收到体内 吸入危险性：20℃时蒸发可忽略不计，但喷洒时较快地达到空气中颗粒物有害浓度 短期接触的影响：接触高浓度的该物质可能造成定向力障碍、震颤、惊厥，呼吸衰竭和死亡。需要进行医学观察 长期或反复接触的影响：该物质可能对肝和免疫系统有影响，导致组织损害和肝损伤。该物质可能是人类致癌物		
物理性质	沸点：0.27kPa 时 175℃ 相对密度（水=1）：1.59～1.63 水中溶解度：不溶	蒸气压：25℃时 0.0013Pa 辛醇/水分配系数的对数值：2.78	
环境数据	该物质对水生生物有极高毒性。该物质可能对环境有危害；对土壤中生物、蜜蜂应给予特别注意。因其在环境中持久性，强烈建议不要让该化学品进入环境。该物质可能在水生环境中造成长期影响		
注解	如果该物质由溶剂配制，可参考该溶剂卡片。商业制剂中使用的载体溶剂可能改变其物理和毒理学性质。商品名为 Belt, Chlor Kil, Chlortox, Corodan, Gold Crest, Intox, Kypchlor, Niran, Octachlor, Sydane, Synklor, Termi-Ded, Topiclor 和 Toxichlor。也可参考卡片＃0743（七氯）		

IPCS
International
Programme on
Chemical Safety

   UNEP

本卡片由 IPCS 和 EC 合作编写 © 2004～2012

国际化学品安全卡

乐果			ICSC 编号：0741

CAS 登记号：60-51-5
RTECS 号：TE1750000
UN 编号：2783
EC 编号：015-051-00-4
中国危险货物编号：2783

中文名称：乐果；*O,O*-二甲基 S-甲基-氨基甲酰基甲基二硫磷酸酯；二硫代磷酸-*O,O*-二甲基 *S*-(2-(甲基氨基)-2-氧代乙基)酯；*O,O*-二甲基-*S*-(2-(甲基氨基)-2-氧代乙基)二硫代磷酸酯
英文名称：DIMETHOATE; *O,O*-Dimethyl S-methylcarbamoylmeth-yl phosphorodithioate; Phosphorodithioic acid,*O,O*-dimeth-yl *S*-(2-(methylamino)-2-oxoethyl) ester; *O,O*-Dimethyl *S*-(2-(methylamino)-2-oxoethyl) phosphorodithioate

分子量：229.2

化学式：C₅H₁₂NO₃PS₂/CH₃NHCOCH₂SPS(OCH₃)₂

危害/接触类型	急性危害/症状	预防	急救/消防
火　灾	可燃的。含有机溶剂的液体制剂可能是易燃的。在火焰中释放出刺激性或有毒烟雾（或气体）	禁止明火	雾状水，干粉，二氧化碳
爆　炸			
接　触		防止粉尘扩散！避免青少年和儿童接触！	
# 吸入	眩晕，出汗，呼吸困难，恶心，虚弱，瞳孔收缩，肌肉痉挛，过量流涎	通风（如果没有粉末时）	新鲜空气，休息，必要时进行人工呼吸，给予医疗护理
# 皮肤	可能被吸收！（另见吸入）	防护手套，防护服	脱掉污染的衣服，用大量水冲洗皮肤或淋浴，给予医疗护理
# 眼睛	发红，疼痛	护目镜或面罩	首先用大量水冲洗几分钟（如可能尽量摘除隐形眼镜），然后就医
# 食入	胃痉挛，惊厥，腹泻，神志不清，呕吐。（另见吸入）	工作时不得进食、饮水或吸烟。进食前洗手	催吐（仅对清醒病人！），休息，给予医疗护理

泄漏处置	不得冲入下水道。将泄漏物扫入容器中。如果适当，首先湿润防止扬尘。小心收集残余物，然后转移到安全场所。个人防护用具：化学保护服包括自给式呼吸器
包装与标志	不要与食品和饲料一起运输。严重污染海洋物质 欧盟危险性类别：Xn 符号　R:21/22　S:2-36/37 联合国危险性类别：6.1　　联合国包装类别：III 中国危险性类别：第 6.1 项毒性物质　中国包装类别：III
应急响应	运输应急卡：TEC(R)-61G 41c
储存	注意收容灭火产生的废水。与食品和饲料分开存放。保存在通风良好室内
重要数据	物理状态、外观：纯品为无色晶体，有特殊气味 化学危险性：加热时，该物质分解生成含氮氧化物、磷氧化物、硫氧化物有毒烟雾 职业接触限值：阈限值未制定标准 接触途径：该物质可通过吸入，经皮肤和食入吸收到体内 吸入危险性：20℃时蒸发可忽略不计，但可较快地达到空气中颗粒物有害浓度 短期接触的影响：高浓度下接触时，可能对神经系统有影响。胆碱酯酶抑制剂。接触可能造成死亡。影响可能推迟显现，需要进行医学观察 长期或反复接触的影响：反复或长期皮肤接触可能引起皮炎。胆碱酯酶抑制剂。可能有累积影响：见急性危害/症状。动物试验表明，该物质可能对人类生殖有毒性影响
物理性质	沸点：0.01kPa 时 117℃　　　　　　蒸气压：25℃时 0.001Pa 熔点：51～52℃　　　　　　　　　　闪点：107℃（闭杯） 水中溶解度：21℃时 2.5g/100mL　　辛醇/水分配系数的对数值：0.5～0.8
环境数据	该物质对水生生物是有毒的。该物质可能对环境有危害，对蜜蜂、鸟类应给予特别注意。避免非正常使用的情况下释放到环境中
注解	其他熔点：43～45℃（原药）。根据接触程度，建议定期进行医疗检查。该物质中毒时采取必要的措施。必须提供有指示说明的适当方法。如果该物质由溶剂配制，可参考该溶剂卡片。商业制剂中使用的载体溶剂可能改变其物理和毒理学性质。商品名有 Cygon, Fostion, MM, Perfekthion, Rogor 和 Roxion

IPCS
International
Programme on
Chemical Safety

本卡片由 IPCS 和 EC 合作编写 © 2004～2012

国际化学品安全卡

硫丹（混合异构体）			ICSC 编号：0742

| CAS 登记号：115-29-7
RTECS 号：RB9275000
UN 编号：2761
EC 编号：602-052-00-5
中国危险货物编号：2761

分子量：406.9 | 中文名称：硫丹（混合异构体）；(1,4,5,6,7,7-六氯-8,9,10-三降冰片-5-烯-2,3-亚基双亚甲基）硫化物；6,9-亚甲基-2,4,3-苯并二氧硫庚-6,7,8,9,10,10-六氯-1,5,5a,6,9,9a-六氢-3-氧化物
英文名称：ENDOSULFAN (MIXEDISOMERS); (1,4,5,6,7,7-Hex-achloro-8,9,10-trinorborn-5-en-2,3-ylenebismethylene)-sulfite; 6,9-Methano-2,4,3-benzodioxath-iepin,6,7,8,9,10,10-hexachloro-1,5,5a,6,9,9a-hexa-hydro-3-oxide
化学式：$C_9H_6Cl_6O_3S$ |

危害/接触类型	急性危害/症状	预防	急救/消防
火 灾	不可燃。含有机溶剂的液体制剂可能是易燃的。在火焰中释放出刺激性或有毒烟雾（或气体）		周围环境着火时，允许用各种灭火剂
爆 炸			着火时，喷雾状水保持料桶等冷却
接 触		防止粉尘扩散！严格作业环境管理！避免青少年和儿童接触！	一切情况均向医生咨询！
# 吸入	（见食入）	局部排气通风或呼吸防护	新鲜空气，休息，给予医疗护理
# 皮肤	可能被吸收！（见食入）	防护手套，防护服	脱掉污染的衣服，冲洗，然后用水和肥皂洗皮肤;给予医疗护理
# 眼睛		面罩，或眼睛防护结合呼吸防护	首先用大量水冲洗几分钟（如可能尽量摘除隐形眼镜），然后就医
# 食入	嘴唇或指甲发青，意识模糊，惊厥，腹泻，眩晕，头痛，呼吸困难，恶心，神志不清，呕吐，虚弱	工作时不得进食、饮水或吸烟。进食前洗手	催吐（仅对清醒病人!），休息，给予医疗护理

泄漏处置	不得冲入下水道。将溢漏物扫入有盖容器中；如果适当，首先湿润防止扬尘。小心收集残余物，然后转移到安全场所。个人防护用具：化学保护服包括自给式呼吸器
包装与标志	不得与食品和饲料一起运输。严重污染海洋物质 欧盟危险性类别：T 符号 N 符号 R:24/25-36-50/53 S:1/2-28-36/37-45-60-61 联合国危险性类别：6.1 联合国包装类别：II 中国危险性类别：第 6.1 项毒性物质 中国包装类别：II
应急响应	运输应急卡：TEC(R)-61G 41b
储存	注意收容灭火产生的废水。与酸、碱、铁、食品和饲料分开存放。干燥。严格密封
重要数据	物理状态、外观：纯品为无色晶体。原药为棕色薄片，有特殊气味 化学危险性：受热时，该物质分解生成含硫氧化物、氯气的有毒烟雾。与碱反应，生成硫氧化物有毒烟雾。浸蚀铁 职业接触限值：阈限值 0.1mg/m^3（时间加权平均值），A4（不能分类为人类致癌物）（经皮）（美国政府工业卫生学家会议，1997 年） 接触途径：该物质可通过吸入，经皮肤和食入吸收到体内 吸入危险性：20℃时蒸发可忽略不计，但喷洒或扩散时可较快地达到空气中颗粒物有害浓度，尤其是粉末 短期接触的影响：该物质可能对中枢神经系统、血液有影响，导致易怒、惊厥和肾衰竭。接触高浓度该物质，可能造成死亡。影响可能推迟显现，需要进行医学观察
物理性质	熔点：70～100℃（原药）；106℃（纯品） 水中溶解度：不溶 蒸气压：80℃时 1.2Pa 辛醇/水分配系数的对数值：3.55～3.62
环境数据	该物质对水生生物有极高毒性。该物质可能对环境有危害，对鸟类和土壤生物应给予特别注意。在对人类重要的食物链中发生生物蓄积，特别是在水生生物中。该物质可能对水生环境有长期影响。避免非正常使用情况下释放到环境中
注解	饮用含酒精饮料增进有害影响。如果该物质由溶剂配制，可参考该溶剂卡片。商业制剂中使用的载体溶剂可能改变其物理和毒理学性质。不要将工作服带回家中。商品名有 Beosit, Chlortiepin, Cyclodan, Devisulphan, Endocel, Endosol, Hildan, Insectophene, Malix, Rasayansulfan, Thifor, Thimul, Thiodan, Thionex 和 Thiosulfan

IPCS
International
Programme on
Chemical Safety

UNEP

本卡片由 IPCS 和 EC 合作编写 © 2004～2012

国际化学品安全卡

七氯			ICSC 编号：0743

CAS 登记号：76-44-8	中文名称：七氯；1,4,5,6,7,8,8-七氯-3a,4,7,7a-四氢-4,7-亚甲基茚；1,4,5,6,7,8,8-
RTECS 号：PC0700000	七氯-3a,4,7,7a-四氢-4,7-亚基-1H-茚；3,4,5,6,8,8a-七氯双环戊二烯
UN 编号：2761	英文名称：HEPTACHLOR; 1,4,5,6,7,8,8-Heptachloro-3a,4,7,7a-tetrahydro-4,
EC 编号：602-046-00-2	7-methanoindene; 1,4,5,6,7,8,8-Heptachloro-3a,4,7,7a-tetrahydro-4,
中国危险货物编号：2761	7-methano-1H-indene; 3,4,5,6,8,8a-Heptachlorodicyclopentadiene

分子量：373.3　　　　　　　　　化学式：$C_{10}H_5Cl_7$

危害/接触类型	急性危害/症状	预防	急救/消防
火　灾	不可燃。含有机溶剂的液体制剂可能是易燃的。在火焰中释放出刺激性或有毒烟雾（或气体）		周围环境着火时，使用适当的灭火剂
爆　炸			
接　触		防止粉尘扩散！避免一切接触！	
# 吸入	惊厥。震颤	局部排气通风或呼吸防护	新鲜空气，休息。给予医疗护理
# 皮肤	可能被吸收！（见吸入）	防护手套。防护服	脱去污染的衣服，冲洗，然后用水和肥皂清洗皮肤。给予医疗护理
# 眼睛		护目镜，或眼睛防护结合呼吸防护	先用大量水冲洗几分钟（如可能尽量摘除隐形眼镜），然后就医
# 食入	（另见吸入）	工作时不得进食，饮水或吸烟。进食前洗手	漱口，催吐(仅对清醒病人!)。用水冲服活性炭浆，休息，给予医疗护理
泄漏处置	不要让该化学品进入环境。将泄漏物清扫进可密闭容器中。如果适当，首先润湿防止扬尘。小心收集残余物，然后转移到安全场所。化学防护服，包括自给式呼吸器		
包装与标志	不得与食品和饲料一起运输。严重污染海洋物质 欧盟危险性类别：T 符号　N 符号　　R:24/25-33-40-50/53　　S:1/2-36/37-45-60-61 联合国危险性类别：6.1　　　　联合国包装类别：II 中国危险性类别：第 6.1 项 毒性物质　中国包装类别：II		
应急响应	运输应急卡：TEC(R)-61GT7-II		
储存	注意收容灭火产生的废水。与强氧化剂、金属、食品和饲料分开存放。严格密封。保存在通风良好的室内。干燥。储存在没有排水管或下水道的场所		
重要数据	物理状态、外观：白色晶体或棕色蜡状固体，有特殊气味 化学危险性：加热至 160℃ 以上时，该物质分解生成含氯化氢有毒烟雾。与强氧化剂发生反应。浸蚀金属 职业接触限值：阈限值：0.05mg/m³（时间加权平均值）（经皮）；A3（确认的动物致癌物，但未知与人类相关性）（美国政府工业卫生学家会议，2004 年）。最高容许浓度：0.5mg/m³（可吸入 部分）；最高限值种类：II（8）；皮肤吸收；致癌物类别：4；妊娠风险等级：D（德国，2009 年） 接触途径：该物质可通过吸入粉尘，经皮肤和食入吸收到体内 吸入危险性：20℃ 时蒸发可忽略不计，但扩散时可较快达到空气中颗粒物有害浓度，尤其是粉末 短期接触的影响：该物质可能对中枢神经系统有影响 长期或反复接触的影响：该物质可能对肝有影响。该物质可能是人类致癌物		
物理性质	沸点：低于沸点在 160℃ 分解 熔点：95～96℃ 密度：1.6g/cm³ 水中溶解度：不溶 蒸气压：25℃ 时 0.053Pa 辛醇/水分配系数的对数值：5.27～5.44		
环境数据	该物质对水生生物有极高毒性。该化学品可能沿食物链，例如在鱼体内和牛奶中发生生物蓄积。该物质可能在水生环境中造成长期影响。该物质在正常使用过程中进入环境。但是应特别注意避免任何额外的释放，例如，通过不适当处置活动的释放		
注解	其他熔点：46～74℃（原药）。商业制剂中使用的载体溶剂可能改变其物理和毒理学性质。不要将工作服带回家中。根据接触程度，建议定期进行医疗检查		

IPCS
International
Programme on
Chemical Safety

本卡片由 IPCS 和 EC 合作编写 © 2004～2012

731

国际化学品安全卡

磷化镁			ICSC 编号：0744

CAS 登记号：12057-74-8	中文名称：磷化镁；二磷化三镁
RTECS 号：OM4200000	英文名称：MAGNESIUM PHOSPHIDE; Trimagnesium diphosphide
UN 编号：2011	
EC 编号：015-005-00-3	
中国危险货物编号：2011	

分子量：134.9	化学式：$Mg_3P_2/Mg=PMgP=Mg$

危害/接触类型	急性危害/症状	预防	急救/消防
火　灾	不可燃，但与水或潮湿空气接触形成易燃气体。在火焰中释放出刺激性或有毒烟雾（或气体）	禁止明火、禁止火花和禁止吸烟。禁止与水接触	二氧化碳，干砂土。禁止用水
爆　炸	与水或潮湿空气接触有着火和爆炸危险		
接　触		防止粉尘扩散!避免青少年和儿童接触!	一切情况均向医生咨询!
# 吸入	腹部疼痛，灼烧感，咳嗽，眩晕，迟钝，头痛，呼吸困难，恶心，咽喉疼痛	局部排气通风或呼吸防护	新鲜空气，休息，必要时进行人工呼吸，给予医疗护理
# 皮肤		防护手套	脱掉污染的衣服，冲洗，然后用水和肥皂洗皮肤
# 眼睛	发红，疼痛	护目镜	首先用大量水冲洗几分钟（如可能尽量摘除隐形眼镜），然后就医
# 食入	惊厥，腹泻，神志不清，呕吐。（另见吸入）	工作时不得进食、饮水或吸烟。进食前洗手	漱口，催吐(仅对清醒病人！)，休息，给予医疗护理

泄漏处置	撤离危险区域！向专家咨询！不要冲入下水道。将泄漏物清扫入有盖容器中。小心收集残余物，然后转移到安全场所。个人防护用具：气密式化学保护服包括自给式呼吸器
包装与标志	不要与食品和饲料一起运输 欧盟危险性类别：F 符号　T＋符号　N 符号　R:15/29-28-50　　S:1/2-22-43-45-61 联合国危险性类别：4.3　联合国次要危险性：6.1 联合国包装类别：I 中国危险性类别：第 4.3 项遇水放出易燃气体的物质 中国次要危险性：6.1　中国包装类别：I
应急响应	运输应急卡：TEC(R)-43GWT2-I
储存	耐火设备（条件）。注意收容灭火产生的废水。干燥。贮存在聚乙烯衬里的密闭容器中。与食品和饲料分开存放，见化学危险性。严格密封
重要数据	物理状态、外观：黄色至绿色晶体 化学危险性：加热时，该物质分解生成含磷氧化物和膦的有毒烟雾，增加着火危险。与水、空气中水份发生反应。与酸激烈反应，生成膦，有着火和中毒危险 职业接触限值：阈限值未制定标准 接触途径：该物质可通过吸入粉末物料或粉尘和食入吸收到体内 吸入危险性：20℃时蒸发可忽略不计，但扩散时可较快地达到空气中颗粒物有害浓度 短期接触的影响：该物质刺激眼睛和呼吸道。见注解
物理性质	熔点：>750℃ 水中溶解度：反应
环境数据	避免非正常使用的情况下释放到环境中
注解	与灭火剂，如水激烈反应。不要将工作服带回家中。商品名有 Detiaphos, Mag-disc, Magtoxin 和 Phostoxin。可参考卡片＃0694（磷化氢）

IPCS
International Programme on Chemical Safety

本卡片由 **IPCS** 和 **EC** 合作编写 © 2004~2012

国际化学品安全卡

五氯硝基苯			ICSC 编号：0745

CAS 登记号：82-68-8	中文名称：五氯硝基苯；PCNB
RTECS 号：DA6650000	英文名称：QUINTOZENE; Pentachloronitrobenzene; PCNB
UN 编号：3077	
EC 编号：609-043-00-5	
中国危险货物编号：3077	
分子量：295.3	化学式：$C_6Cl_5NO_2$

危害/接触类型	急性危害/症状	预防	急救/消防
火灾	含有机溶剂的液体制剂可能是易燃的。在火焰中释放出刺激性或有毒烟雾（或气体）		周围环境着火时，使用适当的灭火剂
爆炸			
接触		严格作业环境管理！避免青少年和儿童接触！	
# 吸入		避免吸入粉尘	新鲜空气，休息
# 皮肤		防护手套	脱去污染的衣服。用大量水冲洗皮肤或淋浴
# 眼睛		安全护目镜	先用大量水冲洗几分钟（如可能尽量摘除隐形眼镜），然后就医
# 食入		工作时不得进食，饮水或吸烟。进食前洗手	漱口。给予医疗护理

泄漏处置	将泄漏物清扫进容器中。如果适当，首先润湿防止扬尘。小心收集残余物，然后转移到安全场所。不要让该化学品进入环境。个人防护用具：适用于有害颗粒物的 P2 过滤呼吸器
包装与标志	欧盟危险性类别：Xi 符号 N 符号 R:43-50/53 S:2-13-24-37-60-61 联合国危险性类别：9 联合国包装类别：III 中国危险性类别：第 9 类杂项危险物质和物品 中国包装类别：III
应急响应	运输应急卡：TEC(R)-90GM7-III
储存	注意收容灭火产生的废水
重要数据	物理状态、外观：无色（纯品）至淡黄色（原药）晶体，有特殊气味 化学危险性：加热时，该物质分解生成含氯化物和氮氧化物有毒和腐蚀性烟雾 职业接触限值：阈限值：0.5mg/m³；A4（不能分类为人类致癌物）（美国政府工业卫生学家会议，2004年）。最高容许浓度未制定标准 接触途径：该物质可通过吸入其气溶胶吸收到体内 吸入危险性：扩散时，可较快达到空气中颗粒物有害浓度 长期或反复接触的影响：该物质可能对肝有影响，导致功能损伤
物理性质	沸点：328℃ 熔点：146℃ 密度：1.7g/cm³ 水中溶解度：20℃时 0.00004g/100mL 蒸气压：20℃时 0.007Pa 蒸气相对密度（空气=1）：10.2 蒸气/空气混合物的相对密度（20℃，空气=1）：1.00 辛醇/水分配系数的对数值：4.77
环境数据	该物质对水生生物有极高毒性。该化学品可能在鱼体内发生生物蓄积。该物质在正常使用过程中进入环境。但是要特别注意避免任何额外的释放，例如通过不适当处置活动
注解	如果该物质用溶剂配制，可参考溶剂的卡片。商业制剂中使用的载体溶剂可能改变其物理和毒理学性质

IPCS
International
Programme on
Chemical Safety

本卡片由 IPCS 和 EC 合作编写 © 2004～2012

国际化学品安全卡

三水合三氯化铑			ICSC 编号：0746

CAS 登记号：13569-65-8

RTECS 号：VI9290000

中文名称：三水合三氯化铑；三水合氯化铑

英文名称：RHODIUM TRICHLORIDE, TRIHYDRATE; Rhodium chloride, trihydrate

分子量：263.3　　　　　　　化学式：Cl₃Rh·3H₂O

化学式：$Cl_3Rh \cdot 3H_2O$

危害/接触类型	急性危害/症状	预防	急救/消防
火　灾	不可燃。在火焰中释放出刺激性或有毒烟雾（或气体）		周围环境着火时，允许使用各种灭火剂
爆　炸			
接　触		防止粉尘扩散！	
# 吸入	咳嗽	避免吸入微细粉尘和烟云。局部排气通风或呼吸防护	
# 皮肤	发红	防护手套	脱掉污染的衣服，用大量水冲洗皮肤或淋浴
# 眼睛	发红	安全护目镜	
# 食入		工作时不得进食、饮水或吸烟	

泄漏处置	将泄漏物扫入有盖容器中。如果适当，首先湿润防止扬尘。小心收集残余物，然后转移到安全场所。个人防护用具：适用于有毒颗粒物的 P3 过滤呼吸器
包装与标志	不易破碎包装，将易破碎包装放在不易破碎密闭容器中
应急响应	
储存	与性质相互抵触的物质分开存放（见化学危险性）
重要数据	**物理状态、外观**：红色易潮解粉末 **化学危险性**：加热时，该物质分解生成含氯化氢（见卡片#0163）的有毒和腐蚀性烟雾。与五羰基化铁和锌激烈反应，有爆炸危险 **职业接触限值**：阈限值：0.01mg/m³（时间加权平均值）；A4（不能分类为人类致癌物）（美国政府工业卫生学家会议，2004 年）。最高容许浓度：致癌物类别：3B（德国，2004 年） **接触途径**：该物质可通过吸入其气溶胶和食入吸收到体内 **吸入危险性**：20℃时蒸发可忽略不计，但扩散时较快地达到空气中颗粒物有害浓度
物理性质	熔点：100℃（分解） 相对密度（水=1）：>1 水中溶解度：易溶
环境数据	
注解	氯化铑这个名称常用于水合物，也用于无水化合物。该物质对人体健康影响数据不充分，因此应当特别注意

IPCS
International Programme on Chemical Safety

   UNEP

本卡片由 IPCS 和 EC 合作编写 © 2004～2012

国际化学品安全卡

三氯杀螨砜		ICSC 编号：0747

CAS 登记号：116-29-0 RTECS 号：WR5850000 UN 编号：2761 中国危险货物编号：2761	中文名称：三氯杀螨砜；4-氯苯基-2,4,5-三氯苯基砜；1,2,4-三氯-5-((4-氯苯基)磺酰基)苯；2,4,5,4'-四氯二苯基砜 英文名称：TETRADIFON; 4-Chlorophenyl-2,4,5-trichloro-phenylsulfone; 1,2,4-Trichloro-5-((4-chlorophenyl)sulfonyl}benzene; 2,4,5,4'-Tetrachlorodiphenyl sulfone

分子量：356	化学式：(C₆H₂Cl₃)OSO(C₆H₄Cl)

危害/接触类型	急性危害/症状	预防	急救/消防
火 灾	不可燃。含有机溶剂的液体制剂可能是易燃的		抗溶性泡沫，干粉，二氧化碳
爆 炸	爆炸危险将取决于制剂中溶剂或粉尘的特性		着火时，喷雾状水保持钢瓶冷却
接 触		防止粉尘扩散！	
# 吸入		通风	
# 皮肤		防护手套	用大量水冲洗皮肤或淋浴
# 眼睛	发红	安全护目镜	首先用大量水冲洗几分钟（如可能尽量摘除隐形眼镜），然后就医
# 食入		工作时不得进食、饮水或吸烟	给予医疗护理
泄漏处置	将泄漏物扫入有盖容器中。小心收集残余物，然后转移到安全场所		
包装与标志	不要与食品和饲料一起运输 联合国危险性类别：6.1 中国危险性类别：第 6.1 项毒性物质		
应急响应			
储存	与食品和饲料分开存放。干燥。保存在原始包装中		
重要数据	物理状态、外观：白色至黄色晶体 化学危险性：加热时，该物质分解生成硫氧化物和氯化氢有毒烟雾 职业接触限值：阈限值未制定标准。最高容许浓度未制定标准 接触途径：该物质可通过吸入其粉尘和食入吸收到体内 吸入危险性：未指明 20℃时该物质蒸发达到空气中有害浓度的速率 长期或反复接触的影响：该物质可能对动物的肾、肝、肺、甲状腺有影响。接触三氯杀螨砜对人体健康的不利影响未见报道		
物理性质	熔点：146.5～147.5℃ 相对密度（水=1）：1.5 水中溶解度：微溶 蒸气压：20℃时<1mPa 辛醇/水分配系数的对数值：4.6		
环境数据	该物质可能对环境有危害，对鱼类和甲壳动物应给予特别注意		
注解	三氯杀螨砜原药（纯度 94%）是一种灰白色至浅黄色的物质。其他熔点：144℃（三氯杀螨砜原药）。商业制剂中使用的载体溶剂可能改变其物理和毒理学性质。不要将工作服带回家中。商品名有 Akaritox, Aredion, Mition, Polacaritox, Roztoczol, Roztozol, Tedion V-18, 和 Tetradichlone		

IPCS
International
Programme on
Chemical Safety

UNEP

本卡片由 IPCS 和 EC 合作编写 © 2004～2012

国际化学品安全卡

高灭磷			ICSC 编号：0748

CAS 登记号：30560-19-1	中文名称：高灭磷；O,S-二甲基乙酰氨基硫代磷酸酯；N-（甲氧基（甲基硫代）膦基）乙酰胺
RTECS 号：TB4760000	
EC 编号：015-079-00-7	英文名称：ACEPHATE; O,S-Dimethyl acetylphosphoramidothioate; Phosphoramidothioic acid, acetyl-, O,S-dimethyl ester; N-(Methoxy (methylthio) phosphinoyl) acetamide

分子量：183.2	化学式：$C_4H_{10}NO_3PS$

危害/接触类型	急性危害/症状	预防	急救/消防
火　灾	含有机溶剂的液体制剂可能是易燃的。在火焰中释放出刺激性或有毒烟雾（或气体）		周围环境着火时，允许使用各种灭火剂
爆　炸			
接　触		防止粉尘扩散！避免青少年和儿童接触！	
# 吸入	瞳孔收缩，肌肉痉挛，多涎，出汗，恶心，头晕，呼吸困难，惊厥	通风，局部排气通风或呼吸防护	新鲜空气，休息。半直立体位，给予医疗护理
# 皮肤		防护手套	用大量水冲洗皮肤或淋浴
# 眼睛		安全护目镜	先用大量水冲洗几分钟（如可能尽量摘除隐形眼镜），然后就医
# 食入	胃痉挛，呕吐，腹泻。见吸入	工作时不得进食，饮水或吸烟。进食前洗手	漱口，休息，给予医疗护理
泄漏处置	将泄漏物清扫进容器中。如果适当，首先润湿防止扬尘。小心收集残余物，然后转移到安全场所。不要让该化学品进入环境。个人防护用具：适用于有害颗粒物的 P2 过滤呼吸器		
包装与标志	欧盟危险性类别：Xn 符号　　R:22　　S:2-36		
应急响应			
储存	与食品和饲料分开存放		
重要数据	物理状态、外观：无色晶体或白色粉末，有特殊气味 化学危险性：加热时，该物质分解生成含氮氧化物、氧化亚磷和硫氧化物有毒烟雾 职业接触限值：阈限值未制定标准。最高容许浓度未制定标准 接触途径：该物质可通过食入和吸入气溶胶吸收到体内 吸入危险性：喷洒或扩散时，可较快达到空气中颗粒物有害浓度，尤其是粉末 短期接触的影响：该物质可能对神经系统和血液有影响，导致胆碱酯酶抑制。需进行医学观察。影响可能推迟显现		
物理性质	熔点：92～93℃ 密度：1.4g/cm³ 水中溶解度：20℃时 79g/100mL 蒸气压：24℃时 0.0002Pa 辛醇/水分配系数的对数值：-0.9		
环境数据	该物质可能对环境有危害，对甲壳纲动物、鸟类和蜜蜂应给予特别注意。避免非正常使用情况下释放到环境中		
注解	根据接触程度，建议定期进行医疗检查。该物质中毒时，需采取必要的治疗措施。必须提供有指示说明的适当方法。如果该物质用溶剂配制，可参考该溶剂的卡片。商业制剂中使用的载体溶剂可能改变其物理和毒理学性质		

IPCS
International
Programme on
Chemical Safety

本卡片由 IPCS 和 EC 合作编写 © 2004～2012

国际化学品安全卡

氯二苯乙醇酸酯			ICSC 编号：0749

CAS 登记号：510-15-6
RTECS 号：DD2275000
EC 编号：607-159-00-0

中文名称：氯二苯乙醇酸酯；乙基-4,4'-二氯二苯乙醇酸酯；4,4'-二氯二苯乙醇酸乙酯；2-羟基-2,2-二(4-氯苯基)乙酸乙酯

英文名称：CHLOROBENZILATE; Ethyl 4,4'-dichlorobenzilate; Benzilic acid, 4,4'-dichloro-, ethyl ester; Ethyl 2-hydroxy-2,2-bis(4-chlorophenyl)acetate

分子量：325.2   化学式：$C_{16}H_{14}Cl_2O_3$

危害/接触类型	急性危害/症状	预防	急救/消防
火 灾	可燃的。在火焰中释放出刺激性或有毒烟雾（或气体）。含有机溶剂的液体制剂可能是易燃的	禁止明火	干粉，雾状水，泡沫，二氧化碳
爆 炸			
接 触		防止粉尘扩散！严格作业环境管理！	
# 吸入	咳嗽。咽喉痛。头晕。头痛。虚弱。肌肉疼痛。丧失运动协调。发烧或体温升高	局部排气通风或呼吸防护	新鲜空气，休息。给予医疗护理
# 皮肤	发红。疼痛	防护手套。防护服	脱去污染的衣服。冲洗，然后用水和肥皂清洗皮肤
# 眼睛	发红。疼痛	安全护目镜，或眼睛防护结合呼吸防护	先用大量水冲洗几分钟（如可能尽量摘除隐形眼镜），然后就医
# 食入	恶心。呕吐。腹部疼痛。腹泻。（另见吸入）	工作时不得进食，饮水或吸烟	漱口。大量饮水。不要催吐。给予医疗护理
泄漏处置	将泄漏物清扫进有盖的容器中。如果适当，首先润湿防止扬尘。小心收集残余物，然后转移到安全场所。不要让该化学品进入环境。个人防护用具：适用于有害颗粒物的 P2 过滤呼吸器		
包装与标志	不得与食品和饲料一起运输 欧盟危险性类别：Xn 符号 N 符号 R:22-50/53 S:2-60-61		
应急响应			
储存	与食品和饲料、强氧化剂、碱和强酸分开存放		
重要数据	物理状态、外观：无色或淡黄色晶体 化学危险性：加热时，该物质分解生成有毒和腐蚀性烟雾。与强酸、碱和强氧化剂反应，有着火的危险 职业接触限值：阈限值未制定标准。最高容许浓度未制定标准 接触途径：该物质可通过吸入和经食入吸收到体内 吸入危险性：20℃时蒸发可忽略不计，但扩散时可较快达到空气中颗粒物有害浓度 短期接触的影响：该物质刺激眼睛和皮肤。该物质可能对中枢神经系统有影响，导致功能损伤		
物理性质	熔点：37℃ 密度：1.28g/cm³ 水中溶解度：难溶 蒸气压：20℃时可忽略不计 闪点：见注解 辛醇/水分配系数的对数值：4.74		
环境数据	该物质对水生生物有极高毒性。该化学品可能在鱼体内发生生物蓄积。该物质在正常使用过程中进入环境。但是要特别注意避免任何额外的释放，例如通过不适当处置活动的释放		
注解	该物质是可燃的，但闪点未见文献报道。商业制剂中使用的载体溶剂可能改变其物理和毒理学性质。该物质对人体健康影响数据不充分，因此应当特别注意		

IPCS
International
Programme on
Chemical Safety

   UNEP

本卡片由 IPCS 和 EC 合作编写 © 2004～2012

国际化学品安全卡

三氯硝基甲烷			ICSC 编号：0750

CAS 登记号：76-06-2
RTECS 号：PB6300000
UN 编号：1580
EC 编号：610-001-00-3
中国危险货物编号：1580

中文名称：三氯硝基甲烷；氯化苦；硝基氯仿；硝基三氯甲烷
英文名称：TRICHLORONITROMETHANE; Chloropicrin; Nitrochloroform; Nitrotrichloromethane

分子量：164.4   化学式：CCl₃NO₂ (CCl_3NO_2)

危害/接触类型	急性危害/症状	预防	急救/消防
火　灾	不可燃。许多反应可能引起火灾或爆炸		周围环境着火时，允许使用各种灭火剂
爆　炸			
接　触		严格作业环境管理！	一切情况均向医生咨询！
# 吸入	腹部疼痛，咳嗽，腹泻，眩晕，头痛，恶心，咽喉疼痛，呕吐，虚弱，症状可能推迟显现（见注解）	通风，局部排气通风或呼吸防护	新鲜空气，休息，半直立体位，给予医疗护理
# 皮肤	发红，疼痛	防护手套或防护服	脱掉污染的衣服，冲洗，然后用水和肥皂洗皮肤，给予医疗护理
# 眼睛	发红，疼痛，灼烧感	安全护目镜，面罩或眼睛防护结合呼吸防护	首先用大量水冲洗几分钟（如可能尽量摘除隐形眼镜），然后就医
# 食入	（见吸入）	工作时不得进食、饮水或吸烟	漱口，大量饮水，给予医疗护理
泄漏处置	撤离危险区域！向专家咨询！尽可能将泄漏液收集在有盖容器中。用砂土或惰性吸收剂吸收残液并转移到安全场所。个人防护用具：化学保护服包括自给式呼吸器		
包装与标志	不易破碎包装，将易破碎包装放在不易破碎密闭容器中。不得与食品和饲料一起运输 欧盟危险性类别：T+符号　R:22-26-36/37/38　S:1/2-36/37-38-45 联合国危险性类别：6.1　联合国包装类别：I 中国危险性类别：第 6.1 项毒性物质　中国包装类别：I		
应急响应	运输应急卡：TEC (R)-162 美国消防协会法规：H4（健康危险性）；F0（火灾危险性）；R3（反应危险性）		
储存	与食品和饲料分开存放。见化学危险性。阴凉场所。保存在通风良好的室内		
重要数据	**物理状态、外观**：无色略带油状液体，有刺鼻气味 **物理危险性**：蒸气比空气重 **化学危险性**：加热和受撞击时可能发生爆炸。加热和在光线作用下，该物质分解生成含有氯化氢和氮氧化物的有毒烟雾。与含醇氢氧化钠、甲氧基钠、炔丙基溴、苯胺（加热时）激烈反应 **职业接触限值**：阈限值 0.1ppm，0.67mg/m³（时间加权平均值），A4（不能分类为人类致癌物）（美国政府工业卫生学家会议，1998 年） **接触途径**：该物质可通过吸入其蒸气和食入吸收到体内 **吸入危险性**：20℃时该物质蒸发，可迅速地达到空气中有害浓度 **短期接触的影响**：催泪。该物质强烈刺激眼睛、皮肤和呼吸道。吸入蒸气可能引起肺水肿（见注解）。高于职业接触限值接触时，可能造成死亡。影响可能推迟显现，需要进行医学观察		
物理性质	沸点：112℃ 熔点：-64℃ 相对密度（水=1）：1.7 水中溶解度：25℃时 0.162g/100mL 蒸气相对密度（空气=1）：5.7 蒸气/空气混合物的相对密度（20℃，空气=1）：1.12 辛醇/水分配系数的对数值：2.1		
环境数据			
注解	根据接触程度，建议定期进行医疗检查。肺水肿症状常常经过几小时以后才变得明显，体力劳动使症状加重。因此休息和医学观察是必要的。应考虑由医生或医生指定人立即采取适当吸入治疗法。超过接触限值时，气味报警不充分。不要将工作服带回家中		

IPCS
International Programme on Chemical Safety

本卡片由 IPCS 和 EC 合作编写 © 2004～2012

国际化学品安全卡

硫酸铜（无水）			ICSC 编号：0751

CAS 登记号：7758-98-7	中文名称：硫酸铜（无水）；硫酸铜；硫酸铜（2+）盐（1:1）
RTECS 号：GL8800000	英文名称：COPPER SULFATE (anhydrous); Cupric sulphate; Sulfuric acid,
EC 编号：029-004-00-0	copper(2+) salt(1:1)

分子量：159.6		化学式：$CuSO_4$	

危害/接触类型	急性危害/症状	预防	急救/消防
火 灾	不可燃。在火焰中释放出刺激性或有毒烟雾（或气体）		周围环境着火时，允许使用各种灭火剂
爆 炸			
接 触		防止粉尘扩散！	
# 吸入	咳嗽，咽喉痛	局部排气通风或呼吸防护	新鲜空气，休息
# 皮肤	发红，疼痛	防护手套	用大量水冲洗皮肤或淋浴
# 眼睛	发红，疼痛，视力模糊	面罩，或眼睛防护结合呼吸防护	先用大量水冲洗几分钟（如可能尽量摘除隐形眼镜），然后就医
# 食入	腹部疼痛，灼烧感，恶心，呕吐，腹泻，休克或虚脱	工作时不得进食，饮水或吸烟。进食前洗手	不要催吐。大量饮水，给予医疗护理

泄漏处置	将泄漏物清扫进可密闭容器中。如果适当，首先润湿防止扬尘。然后转移到安全场所。不要让该化学品进入环境。个人防护用具：适用于有害颗粒物的 P2 过滤呼吸器
包装与标志	欧盟危险性类别：Xn 符号 N 符号　　R:22-36/38-50/53　　S:2-22-60-61
应急响应	
储存	严格密封。干燥
重要数据	**物理状态、外观：** 白色吸湿的晶体 **化学危险性：** 与羟基胺激烈反应，有着火的危险。与镁反应，生成易燃/爆炸性气体氢（见卡片#0001）。有水存在时，浸蚀铁和锌 **职业接触限值：** 阈限值：$1mg/m^3$（以铜计）（时间加权平均值）（美国政府工业卫生学家会议，2001年）。最高容许浓度 $1mg/m^3$（以铜计）；最高限值种类：II，1（德国，2000 年） **接触途径：** 该物质可通过吸入其气溶胶和食入吸收到体内 **吸入危险性：** 20℃时蒸发可忽略不计，但扩散时可较快地达到空气中颗粒物有害浓度，尤其是粉末 **短期接触的影响：** 该物质严重刺激眼睛和皮肤。气溶胶刺激呼吸道。食入有腐蚀性。食入后，该物质可能对血液、肾和肝有影响，导致溶血性贫血、肾损伤和肝损害 **长期或反复接触的影响：** 反复或长期接触其气溶胶，肺可能受损伤。食入后，该物质可能对肝脏有影响
物理性质	**沸点：** 低于沸点在 650℃分解 **密度：** $3.6g/cm^3$ **水中溶解度：** 20℃时 20.3g/100mL
环境数据	该物质对水生生物有极高毒性。该化学品可能沿食物链发生生物蓄积作用，例如在鱼体内。由于在环境中的持久性，强烈建议不要让该化学品进入环境
注解	

IPCS
International
Programme on
Chemical Safety

本卡片由 **IPCS** 和 **EC** 合作编写 © 2004～2012

国际化学品安全卡

三氯杀螨醇			ICSC 编号：0752

CAS 登记号：115-32-2
RTECS 号：DC8400000
EC 编号：603-044-00-4

中文名称：三氯杀螨醇；2,2,2-三氯-1,1-双(4-氯苯基)乙醇；4,4'-二氯-*a*-(三氯基甲基)二苯基甲醇

英文名称：DICOFOL; 2,2,2-Trichloro-1,1-bis (4-chlorophenyl) ethanol; 4,4'-Dichloro-alpha-(trichloromethyl) benzhydrol

分子量：370.5

化学式：$C_{14}H_9Cl_5O/(ClC_6H_4)_2C(OH)CCl_3$

危害/接触类型	急性危害/症状	预防	急救/消防
火 灾	可燃的。含有机溶剂的液体制剂可能是易燃的。在火焰中释放出刺激性或有毒烟雾（或气体）	禁止明火	干粉，雾状水，泡沫，二氧化碳
爆 炸			着火时，喷雾状水保持料桶等冷却
接 触		防止粉尘扩散！	
# 吸入	意识模糊。惊厥。咳嗽。头晕。头痛。恶心。呕吐。虚弱。定向力障碍	局部排气通风或呼吸防护	新鲜空气，休息。给予医疗护理
# 皮肤	发红	防护手套	脱去污染的衣服。冲洗，然后用水和肥皂清洗皮肤
# 眼睛	发红	安全眼镜	先用大量水冲洗几分钟（如可能尽量摘除隐形眼镜），然后就医
# 食入	腹部疼痛。腹泻。（另见吸入）	工作时不得进食，饮水或吸烟。进食前洗手	漱口。用水冲服活性炭浆。给予医疗护理
泄漏处置	将泄漏物清扫进有盖的容器中。如果适当，首先润湿防止扬尘。小心收集残余物，然后转移到安全场所。不要让该化学品进入环境。个人防护用具：全套防护服包括自给式呼吸器		
包装与标志	欧盟危险性类别：Xn 符号 N 符号　　R:21/22-38-43-50/53　　S:2-36/37-60-61		
应急响应			
储存	与酸类分开存放。保存在通风良好的室内		
重要数据	物理状态、外观：无色晶体 化学危险性：燃烧时或与酸、酸雾或碱接触时，该物质分解生成含有氯化氢的有毒和腐蚀性烟雾 职业接触限值：阈限值未制定标准。最高容许浓度未制定标准 接触途径：该物质可通过吸入其气溶胶，经皮肤和食入吸收到体内 吸入危险性：20℃时蒸发可忽略不计，但扩散时可较快地达到空气中颗粒物有害浓度，尤其是粉末 短期接触的影响：该物质（工业级）刺激眼睛和皮肤。该物质可能对中枢神经系统，肝和肾有影响 长期或反复接触的影响：反复或长期与皮肤接触可能引起皮炎		
物理性质	熔点：77～78℃ 密度：1.13g/cm³ 水中溶解度：不溶 闪点：193℃（开杯） 辛醇/水分配系数的对数值：4.28		
环境数据	该物质对水生生物有极高毒性。该化学品可能在鱼体内发生生物蓄积作用		
注解	工业品的外观和物理性质与纯物质不同。商业制剂中使用的载体溶剂可能改变其物理和毒理学性质。商品名称有 Acarin, Carbax, Kelthane 和 Mitigan		

IPCS
International
Programme on
Chemical Safety

本卡片由 **IPCS** 和 **EC** 合作编写 © 2004～2012

国际化学品安全卡

苯硫磷			ICSC 编号：0753

CAS 登记号：2104-64-5
RTECS 号：TB1925000
UN 编号：2783
EC 编号：015-036-00-2
中国危险货物编号：2783
分子量：323.3

中文名称：苯硫磷；*O*-乙基-*O*-(4-硝基苯基)苯基硫代磷酸酯；*O*-乙基-*O*-4-硝基苯基苯基硫代磷酸酯
英文名称：EPN; Phosphonothioic acid, phenyl-, *O*-ethyl *O*-(4-nitrophenyl) ester; *O*-Ethyl *O*-4-nitrophenyl phenyl phosphonothioate

化学式：$C_{14}H_{14}NO_4PS$

危害/接触类型	急性危害/症状	预防	急救/消防
火 灾	可燃的，含有机溶剂的液体制剂可能是易燃的，在火焰中释放出刺激性或有毒烟雾（或气体）	禁止明火	干粉，抗溶性泡沫，雾状水，二氧化碳
爆 炸			
接 触		防止粉尘扩散!严格作业环境管理!避免青少年和儿童接触!	一切情况均向医生咨询!
# 吸入	头晕。瞳孔收缩，肌肉痉挛，多涎。出汗。肌肉抽搐	局部排气通风或呼吸防护。	新鲜空气，休息，半直立体位，必要时进行人工呼吸，立即给予医疗护理
# 皮肤	可能被吸收!发红，疼痛。(另见吸入)	防护手套，防护服	脱去污染的衣服，冲洗，然后用水和肥皂清洗皮肤，立即给予医疗护理，急救时戴防护手套，将衣服放进可密闭容器中（见注解）
# 眼睛	发红。视力模糊	面罩，如为粉末，眼睛防护结合呼吸防护，安全眼镜	用大量水冲洗（如可能尽量摘除隐形眼镜），立即给予医疗护理
# 食入	恶心，胃痉挛，呕吐，腹泻，倦睡。(另见吸入)	工作时不得进食，饮水或吸烟，进食前洗手	漱口，用水冲服活性炭浆，立即给予医疗护理

泄漏处置	个人防护用具：全套防护服包括自给式呼吸器
包装与标志	不得与食品和饲料一起运输。严重污染海洋物质 欧盟危险性类别：T+符号 N 符号　　R:27/28-50/53　　S:1/2-22-36/37-45-60-61 联合国危险性类别：6.1　　　　联合国包装类别：I 中国危险性类别：第 6.1 项 毒性物质　　中国包装类别：I GHS 分类：信号词：危险 图形符号：骷髅和交叉骨-健康危险-环境 危险说明：吞咽致命；吸入致命；皮肤接触致；对神经系统造成损害；对水生生物毒性非常大并具有长期持续影响
应急响应	运输应急卡：TEC(R)-61GT7
储存	与强氧化剂、食品和饲料分开存放。严格密封。注意收容灭火产生的废水。储存在没有排水管或下水道的场所
重要数据	物理状态、外观：浅黄色晶体粉末，有特殊气味 化学危险性：加热时，该物质分解生成含有氮氧化物、磷氧化物、硫氧化物的有毒和腐蚀性烟雾。与强氧化剂发生反应，有着火和爆炸的危险。该物质分解。在碱类的作用下，生成对硝基苯酚(见卡片#0066) 职业接触限值：阈限值：$0.1mg/m^3$(时间加权平均值)(可吸入粉尘)(经皮)；公布生物暴露指数；A4(不能分类为人类致癌物)(美国政府工业卫生学家会议，2008 年)。最高容许浓度：$0.05mg/m^3$(可吸入粉尘)；妊娠风险等级：D；最高限值种类：II(2)；皮肤吸收(德国，2008 年) 接触途径：该物质可通过吸入其气溶胶、经皮肤和食入吸收到体内 吸入危险性：可较快地达到空气中颗粒物有害浓度 短期接触的影响：该物质刺激眼睛和皮肤。胆碱酯酶抑制剂。该物质可能对神经系统有影响，导致惊厥、呼吸衰竭。接触可能导致神志不清或死亡。影响可能推迟显现。需进行医学观察 长期或反复接触的影响：胆碱酯酶抑制剂。可能发生累积作用：见急性危害/症状
物理性质	沸点：在 0.667kPa 时 215℃　　　　　水中溶解度：不溶 熔点：36℃　　　　　　　　　　　　蒸气压：25℃时<0.01Pa 密度：$1.3g/cm^3$　　　　　　　　　　辛醇/水分配系数的对数值：4.78
环境数据	该物质对水生生物有极高毒性。该化学品可能在鱼体内发生生物蓄积。该物质可能在水生环境中造成长期影响。该物质在正常使用过程中进入环境。但是要特别注意避免任何额外的释放，例如通过不适当处置活动
注解	根据接触程度，建议定期进行医学检查。将污染的衣服袋密封到袋或其他容器中进行隔离。该物质中毒时，需采取必要的治疗措施；必须提供有指示说明的适当方法。商业制剂中使用的载体溶剂可能改变其物理和毒理学性质。不要将工作服带回家中

IPCS
International
Programme on
Chemical Safety

本卡片由 IPCS 和 EC 合作编写 © 2004～2012

国际化学品安全卡

代森锰锌			ICSC 编号：0754

CAS 登记号：8018-01-7
RTECS 号：ZB3200000
UN 编号：2210
EC 编号：006-076-00-1
中国危险货物编号：2210

中文名称：代森锰锌；乙烯双（二硫代氨基甲酸）锰（聚合）与锌盐配合物；乙烯双（二硫代氨基甲酸）锰锌
英文名称：MANCOZEB; Manganese ethylenebis (dithiocarbamate) (polymeric) complex with zinc salt; Manzeb; Manganese-zinc ethylenebis (dithiocarbamate)

分子量：541.0

化学式：$C_4H_6N_2S_4Mn.C_4H_6N_2S_4Zn$

危害/接触类型	急性危害/症状	预防	急救/消防
火 灾	可燃的。在火焰中释放出刺激性或有毒烟雾（或气体）	禁止明火	干粉，雾状水，泡沫，二氧化碳
爆 炸	微细分散的颗粒物在空气中形成爆炸性混合物	防止粉尘沉积、密闭系统、防止粉尘爆炸型电气设备和照明	
接 触		防止粉尘扩散！避免一切接触！	
# 吸入	咳嗽。咽喉痛	局部排气通风或呼吸防护	新鲜空气，休息。给予医疗护理
# 皮肤	发红	防护手套。防护服	脱去污染的衣服。冲洗，然后用水和肥皂清洗皮肤
# 眼睛	发红。疼痛	安全护目镜，或眼睛防护结合呼吸防护	先用大量水冲洗几分钟（如可能尽量摘除隐形眼镜），然后就医
# 食入	腹泻。恶心。呕吐	工作时不得进食，饮水或吸烟。进食前洗手	漱口。催吐（仅对清醒病人！）

泄漏处置	不要冲入下水道。将泄漏物清扫进可密闭容器中。小心收集残余物，然后转移到安全场所。个人防护用具：适用于有害颗粒物的 P2 过滤呼吸器
包装与标志	气密。不得与食品和饲料一起运输。污染海洋物质 欧盟危险性类别：Xi 符号　　R:37-43　　S:2-8-24/25-46 联合国危险性类别：4.2　联合国次要危险性：4.3 联合国包装类别：III 中国危险性类别：第 4.2 项易于自燃的物质 中国次要危险性：4.3　中国包装类别：III
应急响应	运输应急卡：TEC(R)-42S2210
储存	注意收容灭火产生的废水。与酸类、食品和饲料分开存放。干燥。保存在通风良好的室内
重要数据	物理状态、外观：浅灰黄色粉末 物理危险性：以粉末或颗粒形状与空气混合，可能发生粉尘爆炸 化学危险性：加热时或与酸和湿气接触时，该物质缓慢分解生成含有硫氧化物，氮氧化物，氧化锌，氧化锰，硫化氢，硫化碳，乙烯秋兰姆硫化物，乙烯二异硫氰酸酯，乙烯尿素和 2-巯基咪唑啉的有毒和刺激性烟雾 职业接触限值：阈限值未制定标准。最高容许浓度未制定标准 接触途径：该物质可通过吸入其气溶胶和经食入吸收到体内 吸入危险性：20℃时蒸发可忽略不计，但扩散时可较快地达到空气中颗粒物有害浓度 短期接触的影响：该物质刺激眼睛和呼吸道，轻微刺激皮肤 长期或反复接触的影响：反复或长期接触可能引起皮肤过敏。见注解
物理性质	熔点：低于熔点时分解 相对密度（水=1）：1.92 水中溶解度：不溶	蒸气压：20℃时可忽略不计 闪点：138℃（开杯） 辛醇/水分配系数的对数值：1.33
环境数据	该物质对水生生物是有毒的。该物质在正常使用过程中进入环境。但是要特别注意避免任何额外的释放，例如通过不适当处置活动
注解	长期接触代森锰（一种相关物质）后，还可能造成其他影响。如果该物质用溶剂配制，可参考这些溶剂的卡片。商业制剂中使用的载体溶剂可能改变其物理和毒理学性质。商品名称有：Aimcozeb, Crittox MZ, Dithane 945, Dithane M-45, Fore, Karamate, Mancozin, Manzate 200, Manzin, Nemispor, Penncozeb, Phytox MZ, Riozeb 和 Vondozeb Plus。参见卡片#1148（2-巯基咪唑啉）（一种污染物和分解产物）、#0173（代森锰）和#0350（代森锌）

IPCS
International Programme on Chemical Safety

本卡片由 IPCS 和 EC 合作编写 © 2004～2012

国际化学品安全卡

甲基胂酸			ICSC 编号：0755

CAS 登记号：124-58-3	中文名称：甲基胂酸；甲烷胂酸；一甲基次胂酸；MMA；一甲基胂酸盐
RTECS 号：PA1575000	英文名称：METHYLARSONIC ACID; Methanearsonic acid;
UN 编号：1557	Monomethylarsinic acid; MMA; Monomethylarsonate
EC 编号：033-002-00-5	
中国危险货物编号：1557	
分子量：140.0	化学式：$CH_3AsO(OH)_2$/CH_5AsO_3

危害/接触类型	急性危害/症状	预防	急救/消防
火　灾	不可燃。在火焰中释放出刺激性或有毒烟雾（或气体）		周围环境着火时，使用适当的灭火剂
爆　炸			
接　触		防止粉尘扩散！避免一切接触！	
# 吸入	咳嗽。咽喉痛	局部排气通风或呼吸防护	新鲜空气，休息。给予医疗护理
# 皮肤	发红	防护手套	脱去污染的衣服。冲洗，然后用水和肥皂清洗皮肤
# 眼睛	发红	安全护目镜，如为粉末，眼睛防护结合呼吸防护	先用大量水冲洗几分钟（如可能尽量摘除隐形眼镜），然后就医
# 食入	腹部疼痛。腹泻。呕吐	工作时不得进食，饮水或吸烟。进食前洗手	漱口。给予医疗护理
泄漏处置	将泄漏物清扫进容器中，如果适当，首先润湿防止扬尘。小心收集残余物，然后转移到安全场所。个人防护用具：适用于有毒颗粒物的 P3 过滤呼吸器		
包装与标志	不得与食品和饲料一起运输。污染海洋物质 欧盟危险性类别：T 符号 N 符号 标记：A，1　　R:23/25-50/53　　S:1/2-20/21-28-45-60-61 联合国危险性类别：6.1 联合国包装类别：I 中国危险性类别：第 6.1 项毒性物质 中国包装类别：I		
应急响应	运输应急卡：TEC(R)-61GT5-1		
储存	与强碱、食品和饲料分开存放。干燥。储存在没有排水管或下水道的场所		
重要数据	物理状态、外观：白色吸湿的各种形状固体 化学危险性：加热时，该物质分解生成氧化砷（见卡片#0378）有毒烟雾。水溶液是一种中强酸 职业接触限值：阈限值：公布生物暴露指数（美国政府工业卫生学家会议，2005 年）。最高容许浓度未制定标准 接触途径：该物质可通过吸入其气溶胶和经食入吸收到体内 吸入危险性：扩散时可较快地达到空气中颗粒物有害浓度 短期接触的影响：该物质轻微刺激眼睛皮肤和呼吸道。食入接触可能导致肠胃炎。需进行医学观察 长期或反复接触的影响：该物质可能对肾和肝有影响，导致功能损伤。该物质是人类致癌物		
物理性质	熔点：161℃ 水中溶解度：易溶		
环境数据	该物质对水生生物是有毒的。该物质在正常使用过程中进入环境。但是应当注意避免任何额外的释放，例如通过不适当处置活动		
注解	不要将工作服带回家中。根据接触程度，建议定期进行医疗检查。本卡片的建议也适用于甲基胂酸一钠和甲基胂酸二钠		

IPCS
International
Programme on
Chemical Safety

本卡片由 IPCS 和 EC 合作编写 © 2004～2012

国际化学品安全卡

8-羟基喹啉铜			ICSC 编号：0756

CAS 登记号：10380-28-6	中文名称：8-羟基喹啉铜；8-羟基喹啉铜(II)螯合物；双(8-氧喹啉)铜
RTECS 号：VC5250000	英文名称：COPPER8-QUINOLATE; Copper-8-hydroxyquino-line; Oxine-copper; 8-Quinolinol, copper(II) chelate; Bis (8-oxyquinoline) copper

分子量：351.9　　　　　　　　化学式：$C_{18}H_{12}CuN_2O_2$

危害/接触类型	急性危害/症状	预防	急救/消防
火　灾	含有机溶剂的液体制剂可能是易燃的。在火焰中释放出刺激性或有毒烟雾（或气体）		干粉，雾状水，泡沫，二氧化碳。周围环境着火时，允许使用各种灭火剂
爆　炸			
接　触		防止粉尘扩散！	
# 吸入	（见食入）	局部排气通风或呼吸防护	新鲜空气，休息，必要时进行人工呼吸，给予医疗护理
# 皮肤		防护手套	脱掉污染的衣服，用大量水冲洗皮肤或淋浴
# 眼睛		护目镜	首先用大量水冲洗几分钟（如可能尽量摘除隐形眼镜），然后就医
# 食入	腹部疼痛，腹泻，呼吸困难，呕吐	工作时不得进食、饮水或吸烟。进食前洗手	漱口，休息，给予医疗护理

泄漏处置	不要冲入下水道。将泄漏物扫入有盖容器中。如果适当，首先湿润防止扬尘。小心收集残余物，然后转移到安全场所
包装与标志	
应急响应	
储存	

重要数据	**物理状态、外观**：绿色至黄色晶体粉末 **化学危险性**：燃烧时，该物质分解生成含铜和氮氧化物的有毒和腐蚀性烟雾 **职业接触限值**：阈限值未制定标准 **接触途径**：该物质可通过吸入其气溶胶和食入吸收到体内 **吸入危险性**：20℃时蒸发可忽略不计，但可以较快地达到空气中颗粒物有害浓度 **短期接触的影响**：吸入其气溶胶可能引起哮喘性反应（见注解） **长期或反复接触的影响**：反复或长期吸入接触可能引起哮喘
物理性质	**熔点**：低于熔点在270℃分解 **相对密度（水=1）**：1.63 **水中溶解度**：不溶 **辛醇/水分配系数的对数值**：2.46
环境数据	该物质对水生生物有极高毒性。避免在非正常使用情况下释放到环境中
注解	哮喘症状常常经过几小时以后才变得明显，体力劳动使症状加重。因此休息和医疗观察是必要的。由于该物质出现哮喘症状的任何人应避免再接触该物质。商业制剂中使用的载体溶剂可能改变其物理和毒理学性质。商品名有：Bioquin, Cunilate, Dokirin, Fruitdo 和 Quinondo

本卡片由 IPCS 和 EC 合作编写 © 2004～2012

国际化学品安全卡

福美双		ICSC 编号：0757

CAS 登记号：137-26-8	中文名称：福美双；四甲基硫代氨基甲酰二硫化物；双（二甲基硫代氨基甲酰基）二硫化物；TMTD；四甲基硫代过氧化二碳酸二酰胺
RTECS 号：JO1400000	
UN 编号：3077	英文名称：THIRAM; Tetramethylthiuram disulfide; Bis (dimethylthiocarbamoyl) disulfide; TMTD; Tetramethylthioperoxydicarbonic diamide (((H_2N)C(S))$_2$S$_2$)
EC 编号：006-005-00-4	
中国危险货物编号：3077	
分子量：240.4	化学式：$C_6H_{12}N_2S_4$/(CH$_3$)$_2$N-CS-S-S-CS-N(CH$_3$)$_2$

危害/接触类型	急性危害/症状	预防	急救/消防
火 灾	可燃的。含有机溶剂的液体制剂可能是易燃的。在火焰中释放出刺激性或有毒烟雾（或气体）	禁止明火	干粉、雾状水、泡沫、二氧化碳
爆 炸	微细分散的颗粒物在空气中形成爆炸性混合物	防止粉尘沉积、密闭系统、防止粉尘爆炸型电气设备和照明	
接 触		避免一切接触！避免孕妇接触！	
# 吸入	意识模糊，咳嗽，头晕，头痛，咽喉痛	通风，局部排气通风或呼吸防护	新鲜空气，休息，给予医疗护理
# 皮肤	发红	防护手套，防护服	脱去污染的衣服，冲洗，然后用水和肥皂清洗皮肤
# 眼睛	发红，疼痛	安全护目镜，或眼睛防护结合呼吸防护	先用大量水冲洗几分钟(如可能尽量摘除隐形眼镜)，然后就医
# 食入	（见吸入）	工作时不得进食，饮水或吸烟。进食前洗手	漱口，给予医疗护理

泄漏处置	将泄漏物清扫进容器中。如果适当，首先润湿防止扬尘。小心收集残余物，然后转移到安全场所。化学防护服包括自给式呼吸器。不要让该化学品进入环境
包装与标志	不得与食品和饲料一起运输。污染海洋物质 欧盟危险性类别：Xn 符号　　N 符号　　R:20/22-36/38-43-48/22-50/53　　S:2-26-36/37-60-61 联合国危险性类别：6.1　　联合国包装类别：III 中国危险性类别：第 6.1 项毒性物质　中国包装类别：III
应急响应	运输应急卡：TEC(R)-90GM7-III
储存	与酸类、强氧化剂、食品和饲料分开存放。干燥。保存在通风良好的室内
重要数据	物理状态、外观：无色晶体 物理危险性：以粉末或颗粒形状与空气混合，可能发生粉尘爆炸 化学危险性：燃烧时，该物质分解生成含硫氧化物，二硫化碳有毒烟雾。与强氧化剂，酸类和可氧化物质发生反应 职业接触限值：阈限值：1mg/m^3（时间加权平均值）；A4（不能分类为人类致癌物）（美国政府工业卫生学家会议，2004 年）。最高容许浓度：5mg/m3(可吸入粉尘)；皮肤致敏；最高限值种类：II（1）；妊娠风险等级：D（德国，2004 年） 接触途径：该物质可通过吸入其气溶胶和经食入吸收到体内 吸入危险性：20℃时蒸发可忽略不计，但喷洒或扩散时可较快地达到空气中颗粒物有害浓度，尤其是粉末 短期接触的影响：该物质刺激眼睛，皮肤和呼吸道 长期或反复接触的影响：反复或长期接触可能引起皮肤过敏。该物质可能对甲状腺和肝有影响
物理性质	沸点：在 2.6kPa 时 129℃（见注解）　　　蒸气压：20℃时可忽略不计 熔点：155～156℃　　　　　　　　　　闪点：89℃（闭杯）（见注解） 密度：1.3g/cm^3　　　　　　　　　　　辛醇/水分配系数的对数值：1.82 水中溶解度：不溶
环境数据	该物质对水生生物有极高毒性。避免非正常使用情况下释放到环境中
注解	文献中报道的物理性质不一致。商业制剂中使用的载体溶剂可能改变其物理和毒理学性质。饮用含酒精饮料增进有害影响。如果该物质用溶剂配制，可参考该溶剂的卡片

IPCS
International
Programme on
Chemical Safety

本卡片由 IPCS 和 EC 合作编写 © 2004～2012

国际化学品安全卡

蚜灭多			ICSC 编号：0758

CAS 登记号：2275-23-2 RTECS 号：TF7900000 UN 编号：2783 EC 编号：015-059-00-8 中国危险货物编号：2783	中文名称：蚜灭多；*O,O*-二甲基-*S*（2-（1-甲基氨基甲酰基乙硫代）乙基）硫代磷酸酯；*O,O*-二甲基-*S*-2-（1-*N*-甲基氨基甲酰基乙巯基）乙基硫代磷酸酯；*N*-甲基-*O,O*-二甲基硫代磷酰基-5-硫代-3-甲基-2-戊酰胺 英文名称：VAMIDOTHION; *O,O*-Dimethyl *S*-(2-(1-methylcarbamoylethylthio)ethyl(phosphorothioate; *O,O*-Dimethyl *S*-2-(1-*N*-methylcarbamoylethylmer capto) ethyl thiophosphate; *N*-Methyl *O,O*-dimethylthiolophosphoryl-5-thia-3-methyl-2-valeramide

分子量：287.36	化学式：$C_8H_{18}NO_4PS_2$

危害/接触类型	急性危害/症状	预防	急救/消防
火 灾	可燃的。含有机溶剂的液体制剂可能是易燃的。在火焰中释放出刺激性或有毒烟雾（或气体）	禁止明火	干粉、雾状水、泡沫、二氧化碳
爆 炸			
接 触		防止粉尘扩散！	一切情况均向医生咨询！
# 吸入	瞳孔收缩，肌肉痉挛，多涎，出汗，恶心，头晕，呼吸困难，惊厥，神志不清	通风（如果没有粉末时），局部排气通风或呼吸防护	新鲜空气，休息。半直立体位，必要时进行人工呼吸。给予医疗护理
# 皮肤	可能被吸收！见吸入	防护手套，防护服	脱去污染的衣服，冲洗，然后用水和肥皂清洗皮肤，给予医疗护理
# 眼睛		面罩，或眼睛防护结合呼吸防护	先用大量水冲洗几分钟（如可能尽量摘除隐形眼镜），然后就医
# 食入	胃痉挛，呕吐，腹泻。另见吸入	工作时不得进食，饮水或吸烟。进食前洗手	漱口。催吐（仅对清醒病人！）。给予医疗护理
泄漏处置	将泄漏物清扫进可密闭容器中。如果适当，首先润湿防止扬尘。小心收集残余物，然后转移到安全场所。不要冲入下水道。个人防护用具：适用于有毒颗粒物的 P3 过滤呼吸器		
包装与标志	不得与食品和饲料一起运输 欧盟危险性类别：T 符号 N 符号　　R:21-25-50　　S:1/2-36/37-45-61 联合国危险性类别：6.1 联合国包装类别：III 中国危险性类别：第 6.1 项毒性物质 中国包装类别：III		
应急响应	运输应急卡：TEC(R)-61GT7-III		
储存	注意收容灭火产生的废水。与食品和饲料分开存放。严格密封		
重要数据	物理状态、外观：无色晶体 化学危险性：燃烧时，该物质分解生成含氮氧化物、氧化亚磷和硫氧化物有毒烟雾 职业接触限值：阈限值未制定标准 接触途径：该物质可通过吸入其气溶胶，经皮肤和食入吸收到体内 吸入危险性：20℃时蒸发可忽略不计，但扩散时可较快地达到空气中颗粒物有害浓度 短期接触的影响：该物质可能对神经系统有影响，导致惊厥和呼吸衰竭。高浓度接触时，可能导致死亡。胆碱酯酶抑制剂。影响可能推迟显现。需进行医学观察 长期或反复接触的影响：胆碱酯酶抑制剂。可能发生累积影响，见急性危害/症状		
物理性质	熔点：46～48℃ 水中溶解度：易溶 蒸气压：室温下可忽略不计		
环境数据	该物质对水生生物是有害的。该物质可能对环境有危害，对鸟类和蜜蜂应给予特别注意。避免非正常使用情况下释放到环境中		
注解	根据接触程度，建议定期进行医疗检查。该物质中毒时，须采取必要的治疗措施。必须提供有指示说明的适当方法。如果该物质用溶剂配制，可参考该溶剂的卡片。商业制剂中使用的载体溶剂可能改变其物理和毒理学性质		

IPCS
International
Programme on
Chemical Safety

UNEP

本卡片由 IPCS 和 EC 合作编写 © 2004～2012

国际化学品安全卡

4-氨基联苯			ICSC 编号：0759

CAS 登记号：92-67-1	中文名称：4-氨基联苯；1,1'-联苯-4-胺；对联苯胺；对联苯基胺
RTECS 号：DU8925000	英文名称：4-AMINOBIPHENYL; (1,1'-Biphenyl)-4-amine; p-Biphenylamine;
EC 编号：612-072-00-6	p-Xenylamine; 4-Aminodiphenyl

分子量：169.2	化学式：$C_{12}H_{11}N/C_6H_5-C_6H_4NH_2$

危害/接触类型	急性危害/症状	预防	急救/消防
火 灾	可燃的。在火焰中释放出刺激性或有毒烟雾（或气体）	禁止明火	干粉，雾状水，泡沫，二氧化碳
爆 炸			
接 触		避免一切接触！	一切情况均向医生咨询！
# 吸入	迟钝，头痛	密闭系统和通风	新鲜空气，休息，必要时进行人工呼吸，给予医疗护理
# 皮肤		防护手套，防护服	脱掉污染的衣服，冲洗，然后用水和肥皂洗皮肤，给予医疗护理
# 眼睛	发红	安全护目镜，面罩或眼睛防护结合呼吸防护	先用大量水冲洗几分钟（如可能尽量摘除隐形眼镜），然后就医
# 食入		工作时不得进食、饮水或吸烟	催吐（仅对清醒病人！），给予医疗护理
泄漏处置	将泄漏物清扫进可密闭容器中。如果适当，首先润湿防止扬尘。小心收集残余物，然后转移到安全场所。（特别个人防护用具：全套防护服，包括自给式呼吸器）		
包装与标志	不易破碎包装，将易碎包装放在不易破碎的密闭容器中 欧盟危险性类别:T 符号 标记：E R:45-22 S:53-45		
应急响应	运输应急卡：TEC（R）-61G12b 美国消防协会法规：H2（健康危险性）；F1（火灾危险性）；R0（反应危险性）		
储存	与强氧化剂分开存放。严格密封		
重要数据	物理状态、外观：无色各种形状固体，有特殊气味。遇空气变紫色 化学危险性：燃烧时生成有毒气体。水溶液是一种弱碱。与强氧化剂发生反应 职业接触限值：阈限值：A1（确认的人类致癌物）（经皮）（美国政府工业卫生学家会议，1996 年）。最高容许浓度：第 III，A1 类（1995 年） 接触途径：该物质可通过吸入、经皮肤和食入吸收到体内 吸入危险性：20℃时蒸发可忽略不计，但通过扩散可较快地达到空气中颗粒物的有害浓度 短期接触的影响：该物质刺激眼睛。该物质可能对膀胱有影响，导致尿中带血 长期或反复接触的影响：该物质是人类致癌物		
物理性质	沸点：302℃ 熔点：53℃ 相对密度（水=1）：1.2 水中溶解度：25℃时 0.2g/100mL 闪点：153℃（闭杯） 自燃温度：450℃ 辛醇/水分配系数的对数值：2.8		
环境数据			
注解	建议定期进行医疗检查。对尿沉淀和细胞学应给予特别注意。不要将工作服带回家中		

IPCS
International
Programme on
Chemical Safety

UNEP

本卡片由 **IPCS** 和 **EC** 合作编写 © 2004～2012

国际化学品安全卡

氯丙酮			ICSC 编号：0760

CAS 登记号：78-95-5	中文名称：氯丙酮；1-氯-2-丙酮；乙酰甲基氯；一氯丙酮
RTECS 号：UC0700000	英文名称：CHLOROACETONE; 1-Chloro-2-propanone; Acetonyl chloride;
UN 编号：1695（稳定的）	Monochloroacetone
中国危险货物编号：1695	
分子量：92.5	化学式：C₃H₅ClO/ClCH₂COCH₃

危害/接触类型	急性危害/症状	预防	急救/消防
火　灾	易燃的。在火焰中释放出刺激性或有毒烟雾（或气体）	禁止明火，禁止火花和禁止吸烟	干粉，抗溶性泡沫，雾状水，二氧化碳
爆　炸	高于 35℃，可能形成爆炸性蒸气/空气混合物	高于 35℃，使用密闭系统、通风和防爆型电气设备	着火时，喷雾状水保持料桶等冷却
接　触		严格作业环境管理！	
# 吸入	咽喉痛。咳嗽。灼烧感。呼吸短促	通风，局部排气通风或呼吸防护	新鲜空气，休息。半直立体位。给予医疗护理
# 皮肤	可能被吸收！发红。疼痛。水疱。见注解	防护手套。防护服	脱去污染的衣服。用大量水冲洗皮肤或淋浴。给予医疗护理
# 眼睛	发红。流泪。疼痛。烧伤	面罩，眼睛防护结合呼吸防护	用大量水冲洗（如可能尽量摘除隐形眼镜）。立即给予医疗护理
# 食入	咽喉和胸腔灼烧感	工作时不得进食，饮水或吸烟	漱口。不要催吐。饮用 1 杯或 2 杯水。如果感觉不舒服，给予医疗护理
泄漏处置	转移全部引燃源。撤离危险区域！向专家咨询！通风。将泄漏液收集在有盖的容器中。用砂土或惰性吸收剂吸收残液，并转移到安全场所。个人防护用具：适用于有机气体和蒸气的过滤呼吸器		
包装与标志	不易破碎包装，将易破碎包装放在不易破碎的密闭容器中。不得与食品和饲料一起运输 联合国危险性类别：6.1　　　　联合国次要危险性：3 和 8　　　　联合国包装类别：I 中国危险性类别：第 6.1 项 毒性物质 中国次要危险性：　第 3 类 易燃液体和第 8 类腐蚀性物质 中国包装类别：I　　　　　GHS 分类：警示词：危险　图形符号：火焰-骷髅和交叉骨-腐蚀　危险说明：易燃液体和蒸气；吞咽会中毒；皮肤接触致命；吸入蒸气致命；造成皮肤刺激和严重眼睛损伤；可能引起呼吸道刺激		
应急响应	运输应急卡：TEC(R)-61GTFC-I		
储存	稳定后储存。耐火设备（条件）。与强氧化剂、食品和饲料分开存放。保存在暗处		
重要数据	物理状态、外观：无色液体，有刺鼻气味。遇光时变暗 化学危险性：在光的作用下，该物质缓慢聚合，有着火或爆炸危险。加热时和燃烧时，该物质发生分解 职业接触限值：阈限值：1ppm（上限值）（经皮）（美国政府工业卫生学家会议，2006 年）。最高容许浓度未制定标准 接触途径：该物质可通过吸入，经皮肤和食入吸收到体内 吸入危险性：20℃时，该物质蒸发，迅速达到空气中有害污染浓度 短期接触的影响：流泪。该物质严重刺激眼睛，皮肤和呼吸道		
物理性质	沸点：120℃ 熔点：−45℃ 相对密度（水=1）：1.1 水中溶解度：20℃时 10g/100mL 蒸气压：25℃时 1.5kPa 蒸气相对密度（空气=1）：3.2 蒸气/空气混合物的相对密度（20℃，空气=1）：1.03 闪点：35℃（闭杯） 自燃温度：610℃ 爆炸极限：空气中 3.4%～?%（体积） 辛醇/水分配系数的对数值：0.28		
环境数据			
注解	与液体接触时，可能推迟几个小时以后才出现水疱。虽然该物质是可燃的，且闪点≤55℃，但爆炸极限未见文献报道。工作接触的任何时刻都不应超过职业接触限值。超过接触限值时，气味报警不充分。添加稳定剂或阻聚剂会影响该物质的毒理学性质。向专家咨询		

IPCS
International
Programme on
Chemical Safety

UNEP

本卡片由 IPCS 和 EC 合作编写 © 2004～2012

国际化学品安全卡

过氧化氢枯烯			ICSC 编号：0761

CAS 登记号：80-15-9
RTECS 号：MX2450000
UN 编号：3107
EC 编号：617-002-00-8
中国危险货物编号：3107

中文名称：过氧化氢枯烯；α,α-二甲基苯基化过氧化氢；1-甲基-1-苯基乙基化过氧化氢；枯烯基过氧化氢
英文名称：CUMENE HYDROPEROXIDE; alpha,alpha-Dimethylbenzyl hydroperoxide; Hydroperoxide, 1-methyl-1-phenylethyl; Cumyl hydroperoxide

分子量：152.2

化学式：$C_9H_{12}O_2/C_6H_5C(CH_3)_2OOH$

危害/接触类型	急性危害/症状	预防	急救/消防
火 灾	可燃的	禁止明火。禁止与易燃物质接触	干粉，抗溶性泡沫，雾状水，二氧化碳
爆 炸	高于 79℃，可能形成爆炸性蒸气/空气混合物。与有机物、可燃物质和还原剂接触时，有着火和爆炸危险	高于 79℃，使用密闭系统、通风。使用无火花手工具	着火时，喷雾状水保持料桶等冷却。从掩蔽位置灭火
接 触		防止产生烟云！避免一切接触！	一切情况均向医生咨询！
# 吸入	咽喉痛，灼烧感，咳嗽，呼吸困难，气促，症状可能推迟显现（见注解）	通风，局部排气通风或呼吸防护	新鲜空气，休息，半直立体位，必要时进行人工呼吸，给予医疗护理
# 皮肤	发红。疼痛。皮肤烧伤	防护手套。防护服	先用大量水冲洗，然后脱去污染的衣服并再次冲洗。给予医疗护理
# 眼睛	发红。疼痛。严重深度烧伤	面罩，或眼睛防护结合呼吸防护	先用大量水冲洗几分钟（如可能尽量摘除隐形眼镜），然后就医
# 食入	灼烧感。腹部疼痛。休克或虚脱	工作时不得进食，饮水或吸烟	漱口。大量饮水。不要催吐。给予医疗护理
泄漏处置	尽可能将泄漏液收集在可密闭的塑料容器中。用砂土或惰性吸收剂吸收残液，并转移到安全场所。不要用锯末或其他可燃吸收剂吸收。不要让该化学品进入环境。个人防护用具：化学防护服包括自给式呼吸器		
包装与标志	不得与食品和饲料一起运输 欧盟危险性类别：O 符号 T 符号 N 符号 R:7-21/22-23-34-48/20/22-51/53 S:1/2-3/7-14-36/37/39-45-50-61 联合国危险性类别：5.2 中国危险性类别：第 5.2 项有机过氧化物		
应急响应	运输应急卡：TEC(R)-52GP1-L 美国消防协会法规：H1（健康危险性）；F2（火灾危险性）；R4（反应危险性）；OX（氧化剂）		
储存	与可燃物质和还原性物质、无机酸、食品和饲料分开存放。阴凉场所。干燥。储存在没有排水管或下水道的场所		
重要数据	物理状态、外观：无色至黄色液体，有特殊气味 化学危险性：加热到大约 150℃ 时，可能发生爆炸。该物质是一种强氧化剂，与可燃物质和还原性物质激烈反应，有着火和爆炸危险。与钴、铜或铅合金和无机酸接触时，可能导致激烈分解反应 职业接触限值：阈限值未制定标准。最高容许浓度未制定标准 接触途径：该物质可通过吸入、经皮肤和食入吸收到体内 吸入危险性：未指明 20℃ 时该物质蒸发达到空气中有害浓度的速率 短期接触的影响：该物质腐蚀眼睛、皮肤和呼吸道。食入有腐蚀性。吸入可能引起肺水肿（见注解）。影响可能推迟显现。需进行医学观察		
物理性质	熔点：-9℃ 相对密度（水=1）：1.06 水中溶解度：1.5g/100mL 蒸气压：20℃时 32Pa 蒸气相对密度（空气=1）：5.4	蒸气/空气混合物的相对密度（20℃，空气=1）：1.0 闪点：79℃（闭杯） 爆炸极限：空气中 0.9%～6.5%（体积） 辛醇/水分配系数的对数值：2.16	
环境数据	该物质对水生生物是有毒的		
注解	工业品可含一定数量的枯烯（10%～20%），改变其物理性质。其他 UN 编号：3109（F 型有机过氧化物）。肺水肿症状常常经过几个小时以后才变得明显，体力劳动使症状加重。因而休息和医学观察是必要的。应当考虑由医生或医生指定的人立即采取适当吸入治疗法。用大量水冲洗工作服（有着火危险）		

IPCS
International
Programme on
Chemical Safety

本卡片由 IPCS 和 EC 合作编写 © 2004～2012

国际化学品安全卡

1,3-环己二烯			ICSC 编号：0762

CAS 登记号：592-57-4   中文名称：1,3-环己二烯

UN 编号：1993   英文名称：1,3-CYCLOHEXADIENE

中国危险货物编号：1993

分子量：80.1   化学式：C$_6$H$_8$

危害/接触类型	急性危害/症状	预防	急救/消防
火 灾	易燃的	禁止明火、禁止火花和禁止吸烟	干粉，雾状水，泡沫，二氧化碳
爆 炸	高于 26℃时可能形成爆炸性蒸气/空气混合物	高于 26℃时，密闭系统，通风和防爆型电气设备	着火时喷雾状水保持料桶等冷却
接 触			
# 吸入	咽喉疼痛	通风	新鲜空气，休息
# 皮肤	发红	防护手套	脱掉污染的衣服，冲洗，然后用水和肥皂洗皮肤
# 眼睛	发红	安全护目镜	先用大量水冲洗几分钟（如可能尽量摘除隐形眼镜），然后就医
# 食入		工作时不得进食、饮水或吸烟	不要催吐，给予医疗护理

泄漏处置	尽量将泄漏液收集在可密闭容器中。用砂土或惰性吸收剂吸收残液并转移到安全场所。个人防护用具：适用于有机气体和蒸气的过滤呼吸器
包装与标志	气密 联合国危险性类别：3 联合国包装类别：III 中国危险性类别：第 3 类易燃液体 中国包装类别：III
应急响应	运输应急卡：TEC（R）-30G35
储存	耐火设备（条件）。与强氧化剂分开存放。阴凉场所。置于阴暗处。严格密封。稳定后储存
重要数据	物理状态、外观：无色液体 物理危险性：蒸气比空气重 化学危险性：与空气接触时，该物质生成爆炸性过氧化物。与强氧化剂反应，有着火和爆炸危险 职业接触限值：阈限值未制定标准 接触途径：该物质可通过吸入其蒸气吸收到体内 吸入危险性：未指明 20℃时该物质蒸发达到空气中有害浓度的速率 短期接触的影响：该物质刺激眼睛、皮肤和呼吸道
物理性质	沸点：81℃ 熔点：-89℃ 相对密度（水=1）：0.84 水中溶解度：不溶 蒸气相对密度（空气=1）：2.8（见注解） 闪点：26℃（闭杯） 爆炸极限：见注解
环境数据	
注解	蒸气相对密度为计算值。该物质是可燃的，且闪点为<61℃，但爆炸极限未见文献报道。该物质对人体健康影响的数据不充分，因此应当特别注意。加入稳定剂或阻聚剂可影响该物质的毒理学性质。向专家咨询。蒸馏前检验过氧化物，如有，使其无害化

IPCS
International
Programme on
Chemical Safety

UNEP

本卡片由 IPCS 和 EC 合作编写 © 2004～2012

国际化学品安全卡

草乃敌			ICSC 编号：0763

CAS 登记号：957-51-7	中文名称：草乃敌；2,2-二苯基-*N,N*-二甲基乙酰胺；*N,N*-二甲基二苯基乙酰胺
RTECS 号：AB8050000	英文名称：DIPHENAMID; 2,2-Diphenyl-*N,N*-dimethylacetamide;
EC 编号：616-007-00-2	*N,N*-Dimethyldiphenylacetamide

分子量：239.3	化学式：$C_{16}H_{17}NO$

危害/接触类型	急性危害/症状	预防	急救/消防
火　灾	可燃的。在火焰中释放出刺激性或有毒烟雾（或气体）	禁止明火	干粉，抗溶性泡沫，雾状水，二氧化碳
爆　炸			
接　触		防止粉尘扩散！	
# 吸入		局部排气通风	新鲜空气，休息
# 皮肤			冲洗，然后用水和肥皂清洗皮肤
# 眼睛		安全眼镜	先用大量水冲洗几分钟（如可能尽量摘除隐形眼镜），然后就医
# 食入	呕吐	工作时不得进食，饮水或吸烟	催吐（仅对清醒病人！）。给予医疗护理

泄漏处置	不要让该化学品进入环境。将泄漏物清扫进容器中，如果适当，首先润湿防止扬尘。然后转移到安全场所
包装与标志	欧盟危险性类别：Xn 符号　　R:22-52/53　　S:(2)-61
应急响应	
储存	与强酸、碱类和强氧化剂分开存放
重要数据	物理状态、外观：白色各种形态固体 化学危险性：加热到 210℃和燃烧时，该物质分解生成氮氧化物有毒和腐蚀性气体。与碱类、强酸、强氧化剂发生反应 职业接触限值：阈限值未制定标准。最高容许浓度未制定标准 接触途径：该物质可经食入吸收到体内 吸入危险性：20℃时蒸发可忽略不计，但可较快地达到空气中颗粒物公害污染浓度
物理性质	熔点：135℃ 密度：1.2g/cm³ 水中溶解度：27℃时 0.03g/100mL 辛醇/水分配系数的对数值：2.17
环境数据	该物质对水生生物是有害的。该物质在正常使用过程中进入环境。但是应当注意避免任何额外的释放，例如通过不适当处置活动
注解	商业制剂中使用的载体溶剂可能改变其物理和毒理学性质。商品名称有：L 34314, Dymid 和 Enide

IPCS
International
Programme on
Chemical Safety

本卡片由 **IPCS** 和 **EC** 合作编写 © 2004～2012

国际化学品安全卡

无水氯化镁			ICSC 编号：0764

CAS 登记号：7786-30-3　　　　　　　　中文名称：无水氯化镁；氯化镁

RTECS 号：OM2800000　　　　　　　　英文名称：MAGNESIUM CHLORIDE ANHYDROUS; Magnesium chloride; Magnesium chloride anhydrous

分子量：95.2　　　　　　　　　　　化学式：MgCl$_2$

危害/接触类型	急性危害/症状	预防	急救/消防
火　灾	不可燃。在火焰中释放出刺激性或有毒烟雾（或气体）		周围环境着火时，使用适当的灭火剂
爆　炸			
接　触			
# 吸入	咳嗽	局部排气通风	新鲜空气，休息
# 皮肤			用大量水冲洗皮肤或淋浴
# 眼睛	发红	安全眼镜	用大量水冲洗（如可能尽量摘除隐形眼镜）
# 食入		工作时不得进食，饮水或吸烟	漱口
泄漏处置	将泄漏物清扫进容器中，如果适当，首先润湿防止扬尘。个人防护用具：适用于惰性颗粒物的 P1 过滤呼吸器		
包装与标志			
应急响应			
储存	干燥		
重要数据	**物理状态、外观**：白色，易潮解的各种形态固体 **化学危险性**：缓慢加热到300℃时，该物质分解生成含氯的有毒和腐蚀性烟雾。溶解在水中时，大量放热 **职业接触限值**：阈限值未制定标准。最高容许浓度未制定标准 **吸入危险性**：扩散时，可较快地达到空气中颗粒物公害污染浓度，尤其是粉末 **短期接触的影响**：该物质轻微刺激眼睛和呼吸道		
物理性质	**沸点**：1412℃ **熔点**：712℃（快速加热） **密度**：2.3g/cm^3 **水中溶解度**：20℃时 54.3g/100mL		
环境数据			
注解			

IPCS
International
Programme on
Chemical Safety

UNEP

本卡片由 **IPCS** 和 **EC** 合作编写 © 2004～2012

国际化学品安全卡

砷酸钙			ICSC 编号：0765

CAS 登记号：7778-44-1	中文名称：砷酸钙；砷酸三钙；原砷酸钙
UN 编号：1573	英文名称：CALCIUM ARSENATE; Tricalcium arsenate; Calcium
EC 编号：033-005-00-1	ortho-arsenate
中国危险货物编号：1573	

分子量：398.1　　　　　　　　　　　化学式：$Ca_3(AsO_4)_2$

危害/接触类型	急性危害/症状	预防	急救/消防
火　灾	不可燃。在火焰中释放出刺激性或有毒烟雾（或气体）		周围环境着火时，使用适当的灭火剂
爆　炸			
接　触		防止粉尘扩散！避免一切接触！	
# 吸入	咳嗽。咽喉痛	密闭系统和通风	新鲜空气，休息。给予医疗护理
# 皮肤		防护手套。防护服	脱去污染的衣服。冲洗，然后用水和肥皂清洗皮肤。如果感觉不舒服，需就医
# 眼睛	发红。疼痛	面罩，或眼睛防护结合呼吸防护	用大量水冲洗（如可能尽量摘除隐形眼镜）。给予医疗护理
# 食入	腹部疼痛。腹泻。呕吐。咽喉和胸腔有灼烧感。头痛。虚弱。休克或虚脱	工作时不得进食、饮水或吸烟。进食前洗手	漱口。立即给予医疗护理
泄漏处置	个人防护用具：适宜于该物质空气中浓度的颗粒物过滤呼吸器。不要让该化学品进入环境。采用专业设备抽吸(见注解)或小心清扫到容器中。小心收集残余物，然后转移到安全场所		
包装与标志	不得与食品和饲料一起运输。污染海洋物质 欧盟危险性类别：T 符号 N 符号 标记：A E　R:45-23/25-50/53　S:53-45-60-61 联合国危险性类别：6.1　　　　联合国包装类别：II 中国危险性类别：第 6.1 项 毒性物质　中国包装类别：II GHS 分类：信号词：危险 图形符号：骷髅和交叉骨-健康危险 危险说明：吞咽会中毒；造成眼睛刺激；可能致癌；怀疑对生育能力或未出生胎儿造成伤害；吞咽对胃肠道造成损害；长期或反复接触会对器官造成伤害；可能对水生生物产生长期持久的有害影响		
应急响应			
储存	与酸、食品和饲料分开存放。严格密封。储存在没有排水管或下水道的场所		
重要数据	物理状态、外观：无色至白色无定形粉末 化学危险性：加热时，生成有毒烟雾。与酸发生反应，生成有毒和易燃的胂气体(见化学品安全卡#0222) 职业接触限值：阈限值：（以 As 计）0.01mg/m³；A1（确认的人类致癌物）；公布生物暴露指数（美国政府工业卫生学家会议，2010 年）。最高容许浓度：致癌物类别：1；胚细胞突变种类：3（德国，2009 年）。 接触途径：该物质可通过吸入其气溶胶和经食入吸收到体内 吸入危险性：扩散时，尤其是粉末可较快地达到空气中颗粒物有害浓度 短期接触的影响：该物质刺激眼睛和呼吸道。该物质可能对胃肠道有影响，导致严重胃肠炎、体液和电解液流失、心脏病和休克。远高于职业接触限值接触时，可能导致死亡。影响可能推迟显现。需进行医学观察 长期或反复接触的影响：该物质可能对皮肤、黏膜、末梢神经系统、骨髓和肝脏有影响，导致色素沉着异常、角化过度症、鼻中隔穿孔、神经病、贫血、肝损伤。该物质是人类致癌物。动物实验表明，该物质可能造成人类生殖或发育毒性		
物理性质	沸点：分解 熔点：1455℃	密度：3.62g/cm³ 水中溶解度：（难溶）	
环境数据	该物质可能对环境有危害，对水生生物应给予特别注意。该物质在正常使用过程中进入环境。但是要特别注意避免任何额外的释放，例如通过不适当处置活动		
注解	切勿使用家用真空吸尘器抽吸该物质，只能采用专业设备。根据接触程度，建议定期进行医学检查。不要将工作服带回家中		

IPCS
International
Programme on
Chemical Safety

本卡片由 **IPCS** 和 **EC** 合作编写 © 2004～2012

国际化学品安全卡

（水合）茚三酮			ICSC 编号：0766

CAS 登记号：485-47-2
RTECS 号：NK5425000

中文名称：（水合）茚三酮；一水合-1,2,3-茚三酮；2,2-二羟基-1,3-二氢茚二酮
英文名称：NINHYDRIN; 1,2,3-Indantrione monohydrate;
2,2-Dihydroxy-1,3-indanedione

分子量：178.1　　　　　　　　　化学式：$C_9H_6O_4$

危害/接触类型	急性危害/症状	预防	急救/消防
火　灾	可燃的	禁止明火	干粉，雾状水，泡沫，二氧化碳
爆　炸			
接　触		防止粉尘扩散！	
# 吸入	咳嗽，咽喉疼痛	局部排气通风或呼吸防护	新鲜空气，休息
# 皮肤	发红	防护手套，防护服	脱掉污染的衣服，用大量水冲洗皮肤或淋浴
# 眼睛	发红	安全护目镜	先用大量水冲洗几分钟（如可能尽量摘除隐形眼镜），然后就医
# 食入		工作时不得进食、饮水或吸烟	
泄漏处置	将泄漏物清扫进容器中。如果适当，首先润湿防止扬尘。个人防护用具：适用于有害颗粒物的 P2 过滤呼吸器		
包装与标志			
应急响应			
储存			
重要数据	物理状态、外观：浅黄色结晶固体 职业接触限值：阈限值未制定标准 接触途径：该物质可通过吸入其气溶胶和食入吸收到体内 吸入危险性：20℃时蒸发可忽略不计，但可较快地达到空气中颗粒物污染浓度 短期接触的影响：该物质刺激眼睛、皮肤和呼吸道 长期或反复接触的影响：反复或长期接触可能引起皮肤过敏		
物理性质	熔点：低于熔点在 241℃时分解 水中溶解度：可溶解		
环境数据			
注解	该物质在 125℃时变红，139℃时膨胀		

IPCS
International
Programme on
Chemical Safety

UNEP

本卡片由 IPCS 和 EC 合作编写 © 2004～2012

国际化学品安全卡

仲甲醛			ICSC 编号：0767

CAS 登记号：30525-89-4
RTECS 号：RV0540000
UN 编号：2213
中国危险货物编号：2213

中文名称：仲甲醛；聚甲醛；聚合甲醛；甲醛聚合物；低聚甲醛
英文名称：PARAFORMALDEHYDE; Polyoxymethylene; Formagen;
Polymerised formaldehyde; Formaldehyde polymer; Paraform

化学式：$(CH_2O)_n \cdot H_2O$

危害/接触类型	急性危害/症状	预防	急救/消防
火 灾	可燃的	禁止明火	干粉，抗溶性泡沫，雾状水，二氧化碳
爆 炸	高于71℃，可能形成爆炸性蒸气/空气混合物。微细分散的颗粒物在空气中形成爆炸性混合物	高于71℃，使用密闭系统、通风。防止粉尘沉积、密闭系统、防止粉尘爆炸型电气设备和照明。防止静电荷积聚（例如，通过接地）	
接 触		防止粉尘扩散！	
# 吸入	咳嗽。咽喉痛。灼烧感。呼吸困难	局部排气通风或呼吸防护	新鲜空气，休息。半直立体位。给予医疗护理
# 皮肤	发红。疼痛	防护手套。防护服	脱去污染的衣服。用大量水冲洗皮肤或淋浴。给予医疗护理
# 眼睛	发红，疼痛，烧伤	安全护目镜，如为粉末，眼睛防护结合呼吸防护	先用大量水冲洗几分钟（如可能尽量摘除隐形眼镜），然后就医
# 食入	咽喉和胸腔灼烧感	工作时不得进食，饮水或吸烟	漱口。不要催吐。饮用1杯或2杯水。如果感觉不舒服，给予医疗护理

泄漏处置	将泄漏物清扫进有盖的容器中，如果适当，首先润湿防止扬尘。小心收集残余物，然后转移到安全场所。不要让该化学品进入环境。个人防护用具：适用于有害颗粒物的P2过滤呼吸器
包装与标志	联合国危险性类别：4.1　　　联合国包装类别：III 中国危险性类别：第4.1项 易燃固体 中国包装类别：III　　　GHS分类：警示词：危险 图形符号：火焰-骷髅和交叉骨 危险说明：易燃固体；吞咽有害；吸入粉尘致命；造成皮肤刺激；造成严重眼睛刺激；可能导致皮肤过敏反应
应急响应	运输应急卡：TEC(R)-41GF1-II+III。 美国消防协会法规：H3（健康危险性）；F2（火灾危险性）；R1（反应危险性）
储存	阴凉场所。干燥。保存在通风良好的室内。与强氧化剂、强碱和强酸分开存放
重要数据	物理状态、外观：白色各种形态固体，有刺鼻气味 物理危险性：以粉末或颗粒形状与空气混合，可能发生粉尘爆炸。如果在干燥状态，由于搅拌、空气输送和注入等能产生静电 化学危险性：加热时或与酸、碱和氧化剂接触时，该物质分解生成易燃的甲醛 职业接触限值：阈限值未制定标准。最高容许浓度未制定标准 接触途径：该物质可通过吸入和经食入吸收到体内 吸入危险性：扩散时可较快地达到空气中颗粒物有害浓度，尤其是粉末 短期接触的影响：该物质严重刺激眼睛、皮肤和呼吸道 长期或反复接触的影响：反复或长期接触可能引起皮肤过敏。见注解
物理性质	熔点：120~180℃（分解） 相对密度（水=1）：1.5 水中溶解度：微溶 蒸气压：25℃时<0.16kPa 蒸气相对密度（空气=1）：1.03 闪点：71℃（闭杯） 自燃温度：300℃ 爆炸极限：空气中7.0%~73.0%（体积）
环境数据	该物质对水生生物是有害的
注解	参见卡片#0275（甲醛）

IPCS
International
Programme on
Chemical Safety

本卡片由 **IPCS** 和 **EC** 合作编写 © 2004~2012

国际化学品安全卡

苯二甲酸			ICSC 编号：0768

CAS 登记号：88-99-3	中文名称：苯二甲酸；1,2-苯二甲酸；邻苯二甲酸
RTECS 号：TH9625000	英文名称：PHTHALIC ACID; 1,2-Benzenedicarboxylic acid; ortho-Phthalic acid

分子量：166.1	化学式：$C_8H_6O_4/C_6H_4(COOH)_2$

危害/接触类型	急性危害/症状	预防	急救/消防
火 灾	可燃的	禁止明火	干粉，抗溶性泡沫，雾状水，二氧化碳
爆 炸	微细分散的颗粒物在空气中形成爆炸性混合物	防止粉尘沉积、密闭系统、防止粉尘爆炸型电气设备和照明	
接 触		防止粉尘扩散！	
# 吸入	咳嗽。咽喉痛	局部排气通风	新鲜空气，休息
# 皮肤	发红	防护手套	冲洗，然后用水和肥皂清洗皮肤
# 眼睛	发红	安全眼镜	用大量水冲洗（如可能尽量摘除隐形眼镜）
# 食入	咽喉疼痛	工作时不得进食，饮水或吸烟	漱口

泄漏处置	将泄漏物清扫进有盖的容器中，如果适当，首先润湿防止扬尘。用大量水冲净残余物。个人防护用具：适用于惰性颗粒物的 P1 过滤呼吸器
包装与标志	
应急响应	美国消防协会法规：H1（健康危险性）；F1（火灾危险性）；R0（反应危险性）
储存	
重要数据	物理状态、外观：晶体粉末 物理危险性：以粉末或颗粒形状与空气混合，可能发生粉尘爆炸 化学危险性：水溶液是一种弱酸 职业接触限值：阈限值未制定标准。最高容许浓度：IIb（未制定标准，但可提供数据）（德国） 吸入危险性：扩散时可较快地达到空气中颗粒物公害污染浓度，尤其是粉末 短期接触的影响：该物质刺激眼睛，皮肤和呼吸道
物理性质	熔点：191℃（分解） 相对密度（水=1）：1.6 水中溶解度：25℃时 0.625g/100mL 蒸气相对密度（空气=1）：5.7 闪点：168℃（闭杯） 辛醇/水分配系数的对数值：0.73
环境数据	
注解	

IPCS
International
Programme on
Chemical Safety

UNEP

本卡片由 IPCS 和 EC 合作编写 © 2004～2012

国际化学品安全卡

氧化钾			ICSC 编号：0769

CAS 登记号：12136-45-7　　　　　　中文名称：氧化钾；一氧化钾；氧化二钾

UN 编号：2033　　　　　　　　　　英文名称：POTASSIUM OXIDE; Potassium monoxide; Dipotassium oxide

中国危险货物编号：2033

分子量：94.2　　　　　　　　　　　化学式：K_2O

危害/接触类型	急性危害/症状	预防	急救/消防
火　灾	不可燃		干粉，二氧化碳。禁用含水灭火剂
爆　炸			
接　触		防止粉尘扩散！避免一切接触！	一切情况均向医生咨询！
# 吸入	咽喉痛。咳嗽。灼烧感。呼吸困难。呼吸短促	局部排气通风。呼吸防护	新鲜空气，休息。半直立体位。必要时进行人工呼吸。立即给予医疗护理
# 皮肤	发红。疼痛。严重皮肤烧伤	防护手套。防护服	脱去污染的衣服。用大量水冲洗皮肤或淋浴。给予医疗护理
# 眼睛	发红。疼痛。烧伤	面罩，和眼睛防护结合呼吸防护	用大量水冲洗（如可能尽量摘除隐形眼镜）。立即给予医疗护理
# 食入	咽喉疼痛。咽喉和胸腔灼烧感。休克或虚脱	工作时不得进食，饮水或吸烟	漱口。不要催吐。立即给予医疗护理
泄漏处置	将泄漏物清扫进干燥有盖的塑料容器中。用大量水冲净残余物。个人防护用具：化学防护服包括自给式呼吸器		
包装与标志	气密。不得与食品和饲料一起运输 联合国危险性类别：8　　　　联合国包装类别：II 中国危险性类别：第 8 类 腐蚀性物质　中国包装类别：II		
应急响应	运输应急卡：TEC(R)-80GC6-II+III		
储存	与强酸、食品和饲料分开存放。干燥		
重要数据	物理状态、外观：灰色吸湿的晶体粉末 化学危险性：水溶液是一种强碱，与酸激烈反应并有腐蚀性。与水激烈反应，生成氢氧化钾。有水存在时，浸蚀许多金属 职业接触限值：阈限值未制定标准。最高容许浓度未制定标准 接触途径：各种接触途径都有严重的局部影响 吸入危险性：扩散时可较快地达到空气中颗粒物有害浓度 短期接触的影响：该物质腐蚀眼睛，皮肤和呼吸道。食入有腐蚀性。吸入气溶胶可能引起肺水肿（见注解）。需进行医学观察		
物理性质	熔点：350℃（分解） 密度：2.3g/cm³ 水中溶解度：反应		
环境数据			
注解	与灭火剂，如水激烈反应。肺水肿症状常常经过几个小时以后才变得明显，体力劳动使症状加重。因而休息和医学观察是必要的。应当考虑由医生或医生指定的人立即采取适当吸入治疗法。参见卡片 #0357（氢氧化钾）		

IPCS
International
Programme on
Chemical Safety

本卡片由 **IPCS** 和 **EC** 合作编写 © 2004～2012

国际化学品安全卡

焦棓酸			ICSC 编号：0770

CAS 登记号：87-66-1	中文名称：焦棓酸；1,2,3-苯三醇；1,2,3-三羟基苯；焦棓酚
RTECS 号：UX2800000	英文名称：PYROGALLIC ACID; 1,2,3-Benzenetriol;
EC 编号：604-009-00-6	1,2,3-Trihydroxybenzene; Pyrogallol

分子量：126.1	化学式：$C_6H_6O_3/C_6H_3(OH)_3$

危害/接触类型	急性危害/症状	预防	急救/消防
火 灾	可燃的	禁止明火	水，泡沫，干粉，二氧化碳
爆 炸	微细分散的颗粒物在空气中形成爆炸性混合物	防止粉尘沉积。密闭系统。防止粉尘爆炸型电气设备和照明	
接 触		防止粉尘扩散！	
# 吸入	咳嗽。咽喉痛	局部排气通风或呼吸防护	新鲜空气，休息。给予医疗护理
# 皮肤	发红	防护手套。防护服	脱去污染的衣服。用大量水冲洗皮肤或淋浴
# 眼睛	发红。疼痛	安全眼镜	先用大量水冲洗几分钟（如可能尽量摘除隐形眼镜），然后就医
# 食入	呕吐。腹泻	工作时不得进食，饮水或吸烟	漱口。给予医疗护理
泄漏处置	不要让该化学品进入环境。将泄漏物清扫进容器中，如果适当，首先润湿防止扬尘。小心收集残余物，然后转移到安全场所。个人防护用具：适用于有害颗粒物的 P2 过滤呼吸器		
包装与标志	欧盟危险性类别：Xn 符号　　R:20/21/22-68-52/53　　S:2-36/37-61		
应急响应			
储存	与强氧化剂、强碱分开存放		
重要数据	**物理状态、外观：** 白色各种形态固体，遇光和空气时变灰色 **化学危险性：** 水溶液是一种弱酸。与氧化剂和碱发生反应 **职业接触限值：** 阈限值未制定标准。最高容许浓度未制定标准 **接触途径：** 该物质可经食入吸收到体内 **吸入危险性：** 20℃时蒸发可忽略不计，但可较快地达到空气中颗粒物有害浓度 **短期接触的影响：** 该物质刺激眼睛和呼吸道，并轻微刺激皮肤 **长期或反复接触的影响：** 反复或长期接触可能引起皮肤过敏		
物理性质	沸点：309℃ 熔点：131～134℃ 相对密度（水=1）：1.45 水中溶解度：20℃时 60 g/100 mL（溶解） 蒸气压：168℃时 1.33kPa 辛醇/水分配系数的对数值：0.970（估计值）		
环境数据	该物质对水生生物是有害的		
注解			

IPCS
International
Programme on
Chemical Safety

本卡片由 IPCS 和 EC 合作编写 © 2004～2012

国际化学品安全卡

甲醇钠			ICSC 编号：0771

CAS 登记号： 124-41-4
RTECS 号： PC3570000
UN 编号： 1431
EC 编号： 603-040-00-2
中国危险货物编号： 1431

中文名称： 甲醇钠；甲醇钠盐；甲氧基钠
英文名称： SODIUM METHYLATE; Sodium methoxide; Sodium methanolate; Methanol, sodium salt; Methoxy sodium

分子量： 54.0　　　　　　　　　　　　　　　　**化学式：** CH₃ONa

危害/接触类型	急性危害/症状	预防	急救/消防
火 灾	高度易燃。许多反应可能引起火灾或爆炸	禁止明火，禁止火花和禁止吸烟。禁止与水接触	禁止用水。禁用含水灭火剂。干粉，干砂
爆 炸	微细分散的颗粒物在空气中形成爆炸性混合物	防止粉尘沉积、密闭系统、防止粉尘爆炸型电气设备和照明	着火时，喷雾状水保持料桶等冷却，但避免该物质与水接触
接 触		避免一切接触！	一切情况均向医生咨询！
# 吸入	咽喉痛，咳嗽，灼烧感，呼吸短促，呼吸困难	局部排气通风。呼吸防护	新鲜空气，休息，半直立体位，必要时进行人工呼吸，立即给予医疗护理
# 皮肤	发红，疼痛，严重的皮肤烧伤	防护手套。防护服。	先用大量水冲洗至少15min，然后脱去污染的衣服并再次冲洗。立即给予医疗护理
# 眼睛	发红。疼痛。视力模糊。严重深度烧伤	面罩，和眼睛防护结合呼吸防护	用大量水冲洗（如可能尽量摘除隐形眼镜）。立即给予医疗护理
# 食入	口腔和咽喉烧伤。咽喉和胸腔有灼烧感。休克或虚脱	工作时不得进食、饮水或吸烟	漱口。不要催吐。立即给予医疗护理

泄漏处置	转移全部引燃源。撤离危险区域！向专家咨询！用干砂覆盖泄漏物料。将泄漏物清扫进干燥、有盖的塑料容器中。小心收集残余物，然后转移到安全场所。不要冲入下水道。个人防护用具：全套防护服包括自给式呼吸器
包装与标志	气密。不易破碎包装，将易破碎包装放在不易破碎的密闭容器中。不得与食品和饲料一起运输 欧盟危险性类别：F 符号　C 符号　　R:11-14-34 S:1/2-8-16-26-43-45 联合国危险性类别:4.2 联合国次要危险性:8 联合国包装类别:II 中国危险性类别：第4.2项 易于自燃的物质 中国次要危险性:第8类 腐蚀性物质　　中国包装类别：II
应急响应	
储存	耐火设备（条件）。与强氧化剂、酸、金属、食品和饲料分开存放。干燥。阴凉场所。严格密封。储存在铺设耐腐蚀混凝土地面的场所。储存在没有排水管或下水道的场所
重要数据	**物理状态、外观：** 白色吸湿粉末 **物理危险性：** 以粉末或颗粒形状与空气混合，可能发生粉尘爆炸 **化学危险性：** 加热可能引起激烈燃烧或爆炸。与水激烈反应，生成易燃的甲醇和腐蚀性氢氧化钠。与潮湿空气接触时，该物质可能发生自燃。该物质是一种强还原剂，与氧化剂发生激烈反应。该物质是一种强碱，与酸激烈反应并有腐蚀性。浸蚀许多金属，生成易燃/爆炸性气体（氢，见国际化学品安全卡#0001） **职业接触限值：** 阈限值未制定标准。最高容许浓度未制定标准 **接触途径：** 各种接触途径均产生严重的局部影响 **吸入危险性：** 扩散时可较快地达到空气中颗粒物有害浓度 **短期接触的影响：** 该物质腐蚀眼睛、皮肤和呼吸道。食入有腐蚀性。吸入可能引起肺水肿，但只在对眼睛和/或呼吸道的最初腐蚀性影响已经显现后
物理性质	**熔点：** 在>50℃时分解。 **密度：** 1.3g/cm? **水中溶解度：** 反应 **自燃温度：** >50℃ **爆炸极限：** 空气中7.3%～36%（体积）
环境数据	该物质可能对环境有危害，对水生生物应给予特别注意
注解	与灭火剂，如水激烈反应。因有着火危险，用大量水冲洗工作服。其他UN编号：UN1289甲醇钠的乙醇溶液，危险性类别：3，次要危险性：8，包装类别：II，III

IPCS
International
Programme on
Chemical Safety

本卡片由 IPCS 和 EC 合作编写　© 2004～2012

国际化学品安全卡

酒石酸			ICSC 编号：0772

CAS 登记号：133-37-9	中文名称：酒石酸；外消旋酒石酸；乌韦酸；*DL*-酒石酸；2,3-二羟基丁二酸
	英文名称：TARTARIC ACID; Racemic acid; Uvic acid; *DL*-Tartaric acid; 2,3-Dihydroxybutanedioic acid

分子量：150.1	化学式：$C_4H_6O_6$/COOH(CHOH)$_2$COOH

危害/接触类型	急性危害/症状	预防	急救/消防
火 灾	可燃的	禁止明火	干粉，雾状水，泡沫，二氧化碳
爆 炸			
接 触		防止粉尘扩散！避免一切接触！	
# 吸入	灼烧感，咳嗽，气促，咽喉痛。症状可能推迟显现。（见注解）	局部排气通风或呼吸防护	新鲜空气，休息，半直立体位，必要时进行人工呼吸，给予医疗护理
# 皮肤	发红，疼痛，水疱	防护手套，防护服	脱掉污染的衣服，冲洗，然后用水和肥皂洗皮肤，给予医疗护理
# 眼睛	发红，疼痛，严重深度烧伤	面罩或眼睛防护结合呼吸防护	首先用大量水冲洗几分钟（如可能尽量摘除隐形眼镜），然后就医
# 食入	腹部疼痛，灼烧感，休克或虚脱	工作时不得进食、饮水或吸烟	漱口，不要催吐，给予医疗护理
泄漏处置	将泄漏物清扫进容器中。如果适当，首先润湿防止扬尘。个人防护用具：适用于有害颗粒物的 P2 过滤呼吸器		
包装与标志			
应急响应	美国消防协会法规：H0（健康危险性）；F1（火灾危险性）；R0（反应危险性）		
储存			
重要数据	物理状态、外观：白色晶体粉末 化学危险性：水溶液是一种中强酸 职业接触限值：阈限值未制定标准 接触途径：该物质可通过吸入和食入吸收到体内 吸入危险性：20℃时蒸发可忽略不计，但扩散时可较快地达到空气中颗粒物有害浓度 短期接触的影响：有腐蚀性。该物质腐蚀眼睛、皮肤和呼吸道。食入有腐蚀性。吸入气溶胶可能引起肺水肿（见注解）。影响可能推迟显现。需进行医学观察		
物理性质	熔点：206℃ 相对密度（水=1）：1.79 水中溶解度：20℃时 20.6g/100mL 闪点：210℃（开杯） 自燃温度：425℃ 辛醇/水分配系数的对数值：-0.76（计算值）		
环境数据			
注解	肺水肿症状常常经过几小时以后才变得明显，体力劳动使症状加重。因而休息和医学观察是必要的。应考虑由医生或医生指定人员立即采取适当吸入治疗法		

IPCS
International Programme on Chemical Safety

   UNEP

本卡片由 IPCS 和 EC 合作编写 © 2004～2012

国际化学品安全卡

对甲苯磺酸			ICSC 编号：0773

CAS 登记号：104-15-4	中文名称：对甲苯磺酸（含游离硫酸≤5%）；4-甲苯磺酸；对甲基苯磺酸；
RTECS 号：XT6300000	甲苯-4-磺酸
UN 编号：2585（见注解）	英文名称：p-TOLUENESULFONIC ACID (max. 5% sulfuric acid);
EC 编号：016-030-00-2	4-Methylbenzenesulfonic acid; p-Methylphenylsulfonic acid; Tosic acid;
中国危险货物编号：2585	Toluene-4-sulfonic acid
分子量：172.2	化学式：$C_7H_8O_3S/CH_3C_6H_4SO_3H$

危害/接触类型	急性危害/症状	预防	急救/消防
火 灾	可燃的。在火焰中释放出刺激性或有毒烟雾（或气体）	禁止明火	干粉，抗溶性泡沫，雾状水，二氧化碳
爆 炸			着火时，喷雾状水保持料桶等冷却
接 触		防止粉尘扩散！避免一切接触！	一切情况均向医生咨询！
# 吸入	咽喉痛。咳嗽。灼烧感。呼吸困难。呼吸短促	局部排气通风。呼吸防护	新鲜空气，休息。半直立体位。必要时进行人工呼吸。立即给予医疗护理
# 皮肤	发红。疼痛。严重皮肤烧伤	防护手套。防护服	脱去污染的衣服。用大量水冲洗皮肤或淋浴。立即给予医疗护理
# 眼睛	发红。疼痛。烧伤	面罩，和眼睛防护结合呼吸防护	用大量水冲洗（如可能尽量摘除隐形眼镜）。立即给予医疗护理
# 食入	咽喉疼痛。咽喉和胸腔灼烧感。休克或虚脱	工作时不得进食，饮水或吸烟	漱口。不要催吐。立即给予医疗护理

泄漏处置	将泄漏物清扫进干燥有盖的塑料容器中。小心收集残余物，然后转移到安全场所。个人防护用具：全套防护服包括自给式呼吸器
包装与标志	不得与食品和饲料一起运输 欧盟危险性类别：Xi 符号　　R:36/37/38　　S:2-26-37 **联合国危险性类别**：8　　　　**联合国包装类别**：III **中国危险性类别**：第 8 类 腐蚀性物质　**中国包装类别**：III
应急响应	运输应急卡：TEC(R)-80GC4-II+III 美国消防协会法规：H3（健康危险性）；F1（火灾危险性）；R0（反应危险性）
储存	干燥。与强碱、食品和饲料分开存放
重要数据	**物理状态、外观**：无色吸湿的薄片 **化学危险性**：加热时或燃烧时，该物质分解生成含有硫氧化物的有毒和腐蚀性烟雾。该物质是一种强酸，与碱激烈反应并有腐蚀性。浸蚀许多金属，生成易燃/爆炸性气体氢（见卡片#0001） **职业接触限值**：阈限值未制定标准。最高容许浓度未制定标准 **接触途径**：各种接触途径都有严重的局部影响 **吸入危险性**：20℃时蒸发可忽略不计，但扩散时可较快地达到空气中颗粒物有害浓度，尤其是粉末 **短期接触的影响**：该物质腐蚀眼睛，皮肤和呼吸道。食入有腐蚀性。吸入气溶胶可能引起肺水肿（见注解）。需进行医学观察
物理性质	熔点：106～107℃ 相对密度（水=1）：1.24 水中溶解度：25℃时 67g/100mL 闪点：184℃（闭杯） 辛醇/水分配系数的对数值：0.9（计算值）
环境数据	该物质对水生生物是有害的
注解	肺水肿症状常常经过几个小时以后才变得明显，体力劳动使症状加重。因而休息和医学观察是必要的。应当考虑由医生或医生指定的人立即采取适当吸入治疗法。UN 编号 2585 适用于含游离硫酸不超过 5%的对甲苯磺酸。UN 编号 2583 适用于含游离硫酸高于 5%的对甲苯磺酸。其水合物的 CAS 登记 号为6192-52-5

IPCS
International
Programme on
Chemical Safety

本卡片由 **IPCS** 和 **EC** 合作编写 © 2004～2012

国际化学品安全卡

艾氏剂			ICSC 编号：0774

CAS 登记号：309-00-2	中文名称：艾氏剂；1,2,3,4,10,10-六氯-1,4,4a,5,8,8a-六氢-外-1,4-内-5,8-二亚甲基
RTECS 号：IO2100000	萘；1,4:5,8-二亚甲基萘-1,2,3,4,10,10-六氯-1,4,4a,5,8,8-六氢-(1α,4a,4a5α,8α,8a)
UN 编号：2761	英文名称：ALDRIN; 1,2,3,4,10,10-Hexachloro-1,4,4a,5,8,8a
EC 编号：602-048-00-3	-hexahydro-exo-1,4-endo-5,8-dimethanonaphthalene; 1,4:5,8-Dimethanonaphthalene,
中国危险货物编号：2761	1,2,3,4,10,10-hexachloro-1,4,4a,5,8,8a-hexahydro-, (1alpha, 4alpha,4a, 5alpha, 8alpha, 8a)

分子量：364.9	化学式：$C_{12}H_8Cl_6$

危害/接触类型	急性危害/症状	预防	急救/消防
火　灾	不可燃。含有机溶剂的液体制剂可能是易燃的。在火焰中释放出刺激性或有毒烟雾（或气体）		周围环境着火时，允许使用各种灭火剂
爆　炸			
接　触		防止粉尘扩散！严格作业环境管理！避免青少年和儿童接触！	
# 吸入	（见食入）	通风（如果没有粉末时）	新鲜空气，休息，给予医疗护理
# 皮肤	可能被吸收！见食入	防护手套，防护服	脱掉污染的衣服，冲洗，然后用水和肥皂洗皮肤，给予医疗护理
# 眼睛		护目镜，或面罩	首先用大量水冲洗几分钟（如可能尽量摘除隐形眼镜），然后就医
# 食入	惊厥，眩晕，头痛，恶心，呕吐，肌肉抽搐	工作时不得进食、饮水或吸烟。进食前洗手	用水冲服活性炭浆，不要催吐，休息，给予医疗护理
泄漏处置	不要冲入下水道。将泄漏物扫入有盖容器中。如果适当，首先湿润防止扬尘。小心收集残余物，然后转移到安全场所。个人防护用具：化学保护服包括自给式呼吸器		
包装与标志	不要与食品和饲料一起运输。严重海洋污染物 欧盟危险性类别：T 符号 N 符号　R:24/25-40-48/24/25-50/53　　S:1/2-22-36/37-45-60-61 联合国危险性类别：6.1　　联合国包装类别：II 中国危险性类别：第 6.1 项毒性物质　中国包装类别：II		
应急响应	运输应急卡：TEC(R)-61G41b 美国消防协会法规：H2（健康危险性）；F0（火灾危险性）；R0（反应危险性）		
储存	注意收容灭火产生的废水。与食品和饲料和性质相互抵触的物质分开存放（见化学危险性）。严格密封。保存在通风良好室内		
重要数据	物理状态、外观：无色晶体 化学危险性：加热时，该物质分解生成含氯化氢的有毒和腐蚀性烟雾。与浓酸、氧化剂、活泼金属、酚类和酸性催化剂发生反应。有水存在时浸蚀许多金属 职业接触限值：阈限值 $0.25mg/m^3$（时间加权平均值），A3（确认的动物致癌物，但未知与人类相关性）（经皮）（美国政府工业卫生学家会议，1997 年） 接触途径：该物质可通过皮肤和食入吸收到体内 吸入危险性：20℃时蒸发可忽略不计，但喷洒时可以较快地达到空气中颗粒物有害浓度 短期接触的影响：该物质可能对中枢神经系统有影响，导致惊厥。影响可能推迟显现，需要进行医学观察 长期或反复接触的影响：该物质蓄积在人体内。可能有累积影响：见急性危害/症状		
物理性质	沸点：0.27kPa 时 145℃ 熔点：104～105℃ 相对密度（水=1）：1.6		水中溶解度：不溶 蒸气压：20℃时 0.009Pa 辛醇/水分配系数的对数值：7.4
环境数据	该物质对水生生物有极高毒性。该物质可能对环境有危害，对鸟类和蜜蜂应给予特别注意。在对人类重要的食物链中发生生物蓄积，特别是在水生生物中。因其在环境中持久性，强烈建议不要让该化学品进入环境。该物质可能对水生环境造成长期影响。避免在非正常使用情况下释放到环境中		
注解	其他熔点：49 ～ 60℃（原药）。根据接触程度，建议定期进行医疗检查。如果该物质由溶剂配制，可参考该溶剂的卡片。商业制剂中使用的载体溶剂可能改变其物理和毒理学性质。不要将工作服带回家中。本卡片推荐内容也适用于卡片＃0787（狄氏剂）。商品名有 Aldrec, Aldrex, Aldrite, Aldron, Aldrosol, Algran, Altox, Drinox, Octalene, Seedrin 和 Toxadrin		

IPCS
International
Programme on
Chemical Safety

本卡片由 IPCS 和 EC 合作编写 © 2004～2012

国际化学品安全卡

锑				ICSC 编号：0775

CAS 登记号：7440-36-0	中文名称：锑；锑黑；锑块
RTECS 号：CC4025000	英文名称：ANTIMONY; Antimony black; Antimony regulus; Stibium
UN 编号：2871	
中国危险货物编号：2871	

原子量：121.8	化学式：Sb

危害/接触类型	急性危害/症状	预防	急救/消防
火 灾	在特定条件下是可燃的。在火焰中释放出刺激性或有毒烟雾（或气体）	禁止明火。禁止与氧化剂、卤素和酸类接触	干粉，雾状水，泡沫，二氧化碳
爆 炸	微细分散的颗粒物在空气中形成爆炸性混合物。与酸类接触有着火和爆炸危险	防止粉尘沉积、密闭系统、防止粉尘爆炸型电气设备和照明	
接 触		防止粉尘扩散！	
# 吸入	咳嗽。见食入	局部排气通风或呼吸防护	新鲜空气，休息
# 皮肤		防护手套	脱去污染的衣服。冲洗，然后用水和肥皂清洗皮肤
# 眼睛	发红。疼痛	安全护目镜，或如为粉末，眼睛防护结合呼吸防护	先用大量水冲洗几分钟（如可能尽量摘除隐形眼镜），然后就医
# 食入	腹部疼痛。呕吐。腹泻	工作时不得进食，饮水或吸烟	漱口。如果感到不适，给予医疗护理
泄漏处置	将泄漏物清扫进可密闭容器中，如果适当，首先润湿防止扬尘。个人防护用具：适用于有害颗粒物的P2 过滤呼吸器		
包装与标志	不得与食品和饲料一起运输 联合国危险性类别：6.1　　　　联合国包装类别：III 中国危险性类别：第 6.1 项 毒性物质　　中国包装类别：III		
应急响应	运输应急卡：TEC(R)-61GT5-III		
储存	与氧化剂，酸类、卤素、食品和饲料分开存放		
重要数据	**物理状态、外观**：银白色有光泽的、坚硬易碎的块状物或暗灰色粉末 **物理危险性**：以粉末或颗粒形状与空气混合，可能发生粉尘爆炸 **化学危险性**：燃烧时，生成有毒烟雾（氧化锑，见卡片#0012）。与氧化剂激烈反应，有着火和爆炸危险。与酸接触时，可能释放出有毒气体（锑化 三氢；见卡片#0776） **职业接触限值**：阈限值：0.5mg/m³（时间加权平均值）（美国政府工业卫生学家会议，2006 年）。最高容许浓度：致癌物类别：2；胚细胞突变物类别：3B（德国，2006 年） **接触途径**：该物质可通过吸入其气溶胶吸收到体内 **吸入危险性**：扩散时可较快地达到空气中颗粒物有害浓度 **短期接触的影响**：可能对眼睛引起机械性刺激 **长期或反复接触的影响**：反复或长期与皮肤接触可能引起皮炎，尤其是接触烟雾时。该物质可能对肺有影响，导致肺尘病		
物理性质	沸点：1635℃ 熔点：630℃ 密度：6.7g/cm³ 水中溶解度：不溶		
环境数据			
注解	其他沸点：1325℃，1440℃，1587℃和1750℃。本卡片的建议仅适用于金属锑。参见卡片#0012（三氧化锑），#0776（三氯化锑），#0220（五氟化锑）和#0776（三氢化锑）		

IPCS
International
Programme on
Chemical Safety

本卡片由 **IPCS** 和 **EC** 合作编写 © 2004～2012

国际化学品安全卡

锑化氢			ICSC 编号：0776

CAS 登记号：7803-52-3
RTECS 号：WJ0700000
UN 编号：2676
EC 编号：051-003-00-9
中国危险货物编号：2676

中文名称：锑化氢；氢化锑；三氢化锑；锑化三氢（钢瓶）
英文名称：STIBINE; Antimony hydride; Antimony trihydride; Hydrogen antimonide; (cylinder)

分子量：124.8　　　　　　　　　　化学式：SbH₃

危害/接触类型	急性危害/症状	预防	急救/消防
火 灾	极易燃。在火焰中释放出刺激性或有毒烟雾（或气体）	禁止明火，禁止火花和禁止吸烟	切断气源，如不可能并对周围环境无危险，让火自行燃尽；其他情况用雾状水灭火
爆 炸	气体/空气混合物有爆炸性。与臭氧或浓硝酸接触时，有着火和爆炸的危险	密闭系统，通风，防爆型电气设备和照明	着火时，喷雾状水保持钢瓶冷却。从掩蔽位置灭火
接 触		避免一切接触!	一切情况均向医生咨询!
# 吸入	咳嗽，咽喉痛，头痛，虚弱，呼吸困难，恶心。脉搏微弱、缓慢和不规则。血红蛋白尿	密闭系统和通风	新鲜空气，休息。半直立体位。必要时进行人工呼吸。立即给予医疗护理
# 皮肤	与液体接触：冻伤	保温手套	冻伤时，用大量水冲洗，不要脱去衣服。立即给予医疗护理
# 眼睛	发红	眼睛防护结合呼吸防护	先用大量水冲洗（如可能尽量摘除隐形眼镜）。立即给予医疗护理
# 食入			

泄漏处置	撤离危险区域! 向专家咨询! 通风。转移全部引燃源。个人防护用具：气密式化学防护服，包括自给式呼吸器
包装与标志	欧盟危险性类别：Xn 符号 N 符号 标记：A，1 R:20/22-51/53 S:2-61 联合国危险性类别：2.3　　　联合国次要危险性：2.1 中国危险性类别：第 2.3 项 毒性气体 中国次要危险性：2.1 易燃气体 GHS 分类：警示词：危险 图形符号：火焰-骷髅和交叉骨-健康危险 危险说明：极易燃气体；吸入气体致命；吸入可能对呼吸道和血液造成损害
应急响应	运输应急卡：TEC（R）-20GT2TF。 美国消防协会法规：H4（健康危险性）；F4（火灾危险性）；R2（反应危险性）
储存	耐火设备（条件）。阴凉场所
重要数据	物理状态、外观：无色压缩气体，有刺鼻气味 物理危险性：该气体比空气重，可能沿地面流动；可能造成远处着火 化学危险性：该物质室温下缓慢分解，200℃时快速分解，生成金属锑和氢气，增加着火的危险。与氯、浓硝酸和臭氧发生激烈反应，有着火和爆炸危险 职业接触限值：阈限值：0.1mg/m³（时间加权平均值）（美国政府工业卫生学家会议，2007 年）。最高容许浓度：IIb（未制定标准但可提供数据）（德国，2007 年） 接触途径：该物质可通过吸入吸收到体内 吸入危险性：容器漏损时，迅速达到空气中该气体的有害浓度 短期接触的影响：液体迅速蒸发可能引起冻伤。该物质严重刺激呼吸道。该物质可能对血液有影响，导致血细胞破坏。高于职业接触限值接触时，可能导致死亡。需进行医学观察
物理性质	沸点：-18℃ 熔点：-88℃ 相对密度（水=1）：-25℃时 2.26 水中溶解度：微溶 蒸气相对密度（空气=1）：4.4 闪点：易燃气体
环境数据	
注解	虽然该物质是可燃的，且闪点<61℃，但爆炸极限未见文献报道。根据接触程度，建议定期进行体检。未指明气味与职业接触限值之间的关系

IPCS
International
Programme on
Chemical Safety

UNEP

本卡片由 IPCS 和 EC 合作编写 © 2004～2012

国际化学品安全卡

碳酸钡			ICSC 编号：0777

CAS 登记号：513-77-9	中文名称：碳酸钡；碳酸钡盐（1:1）
RTECS 号：CQ8600000	英文名称：BARIUM CARBONATE; Carbonic acid, barium salt (1:1)
UN 编号：1564	
EC 编号：056-003-00-2	
中国危险货物编号：1564	

分子量：197.3	化学式：BaCO$_3$

危害/接触类型	急性危害/症状	预防	急救/消防
火 灾	不可燃。在火焰中释放出刺激性或有毒烟雾（或气体）		周围环境着火时，使用适当的灭火剂
爆 炸			
接 触		防止粉尘扩散！	
# 吸入	咳嗽。咽喉痛	局部排气通风或呼吸防护	新鲜空气，休息
# 皮肤	发红	防护手套	用大量水冲洗皮肤或淋浴
# 眼睛	发红	安全眼镜	先用大量水冲洗（如可能尽量摘除隐形眼镜）
# 食入	恶心。呕吐。胃痉挛。腹泻。虚弱	工作时不得进食，饮水或吸烟	漱口。给予医疗护理

泄漏处置	将泄漏物清扫进容器中。小心收集残余物，然后转移到安全场所。个人防护用具：适用于有害颗粒物的 P2 过滤呼吸器
包装与标志	不得与食品和饲料一起运输 欧盟危险性类别：Xn 符号　　R:22　　S:2-24/25 联合国危险性类别：6.1　　　　　　联合国包装类别：III 中国危险性类别：第 6.1 项 毒性物质　中国包装类别：III
应急响应	运输应急卡：TEC(R)-61S1564-III 或 61GT5-III
储存	与三氟化溴、强酸、食品和饲料分开存放
重要数据	物理状态、外观：白色晶体粉末 化学危险性：与强酸激烈反应。与三氟一溴化物激烈反应，有着火的危险 职业接触限值：阈限值未制定标准。最高容许浓度未制定标准 接触途径：该物质可通过食入吸收到体内 吸入危险性：可较快地达到空气中颗粒物有害浓度，尤其是粉末 短期接触的影响：可能引起机械性刺激。接触能够造成血钾过少，如果大剂量食入，会导致肌肉障碍和心脏病
物理性质	熔点：>1300℃（分解） 密度：4.43g/cm^3 水中溶解度：20℃时 0.002g/100mL（难溶） 辛醇/水分配系数的对数值：-1.32（计算值）
环境数据	
注解	

IPCS
International
Programme on
Chemical Safety

本卡片由 IPCS 和 EC 合作编写 © 2004～2012

国际化学品安全卡

氧化钡			ICSC 编号：0778

CAS 登记号：1304-28-5
RTECS 号：CQ9800000
UN 编号：1884
EC 编号：056-002-00-7
中国危险货物编号：1884

中文名称：氧化钡；一氧化钡；氧化亚钡；煅烧氧化钡
英文名称：BARIUM OXIDE; Barium monoxide; Barium protoxide; Calcined baryta

分子量：153.3　　　　　　　　化学式：BaO

危害/接触类型	急性危害/症状	预防	急救/消防
火　灾	不可燃		周围环境着火时，禁止用水
爆　炸			
接　触		防止粉尘扩散！严格作业环境管理！	
# 吸入	咳嗽，咽喉痛	局部排气通风或呼吸防护	新鲜空气，休息，给予医疗护理
# 皮肤	发红，疼痛	防护手套	脱去污染的衣服，用大量水冲洗皮肤或淋浴，给予医疗护理
# 眼睛	发红，疼痛	安全护目镜，如为粉末，眼睛防护结合呼吸防护	先用大量水冲洗几分钟（如可能尽量摘除隐形眼镜），然后就医
# 食入	腹部疼痛，腹泻，恶心，呕吐，肌肉麻痹，心律失常，高血压，死亡	工作时不得进食，饮水或吸烟	漱口，催吐（仅对清醒病人！），饮用 1～2 杯水，给予医疗护理

泄漏处置	将泄漏物清扫进容器中。小心收集残余物，然后转移到安全场所。不要让该化学品进入环境。个人防护用具：适用于该物质空气中浓度的颗粒物过滤呼吸器
包装与标志	气密。不得与食品和饲料一起运输 欧盟危险性类别：Xn 符号　标记：A　　R:20/22　　S:2-28 联合国危险性类别：6.1　联合国包装类别：III 中国危险性类别：第 6.1 项毒性物质　中国包装类别：II
应急响应	运输应急卡：TEC(R)-61GT5-III
储存	与食品和饲料分开存放。干燥。严格密封。储存在没有排水管或下水道的场所
重要数据	物理状态、外观：浅黄白色各种形态固体 化学危险性：水溶液是一种中强碱。与水、四氧化二氮、羟胺、三氧化硫和硫化氢激烈反应，有着火和爆炸危险 职业接触限值：阈限值（以 Ba 计）：0.5mg/m³（时间加权平均值）；A4（不能分类为人类致癌物）（美国政府工业卫生学家会议，2004 年）。欧盟职业接触限值：0.5mg/m³（以 Ba 计）（可吸入粉尘）（欧盟，2006 年） 接触途径：该物质可通过吸入其气溶胶和经食入吸收到体内 吸入危险性：20℃时蒸发可忽略不计，但扩散时可较快地达到空气中颗粒物有害浓度 短期接触的影响：该物质刺激眼睛、皮肤和呼吸道。该物质可能对神经系统有影响。接触能造成低钾血，导致心脏病和肌肉障碍。接触可能导致死亡
物理性质	沸点：约 2000℃ 熔点：1923℃ 密度：5.7g/cm³ 水中溶解度：20℃时 3.8g/100mL
环境数据	该物质对水生生物是有害的
注解	与灭火剂，如水激烈反应。该物质中毒时须采取必要的治疗措施。必须提供有指示说明的适当方法。切勿将水喷洒在该物质上，溶解或稀释时总要缓慢将它加入到水中

IPCS
International
Programme on
Chemical Safety

本卡片由 IPCS 和 EC 合作编写 © 2004～2012

国际化学品安全卡

对苯醌			ICSC 编号：0779

CAS 登记号：106-51-4
RTECS 号：DK2625000
UN 编号：2587
EC 编号：606-013-00-3
中国危险货物编号：2587
分子量：108.1

中文名称：对苯醌；2,5-环己二烯-1,4-二酮；苯醌；1,4-苯醌
英文名称：*p*-BENZOQUINONE; 2,5-Cyclohexadiene-1,4-dione; Quinone; 1,4-Benzoquinone; *p*-Quinone

化学式：$C_6H_4O_2$

危害/接触类型	急性危害/症状	预防	急救/消防
火 灾	易燃的。在火焰中释放出刺激性或有毒烟雾（或气体）	禁止明火、禁止火花和禁止吸烟	雾状水，干粉，二氧化碳
爆 炸	高于 38℃时，可能形成爆炸性蒸气/空气混合物。微细分散的颗粒物在空气中形成爆炸性混合物	防止粉尘沉积，密闭系统，防止粉尘爆炸型电气设备与照明。防止静电荷积聚（例如，通过接地）	着火时喷雾状水保持料桶等冷却
接 触		防止粉尘扩散！严格作业环境管理！	一切情况均向医生咨询！
# 吸入	灼烧感，咳嗽，呼吸困难，气促，咽喉疼痛	局部排气通风或呼吸防护	新鲜空气，休息，半直立体位，给予医疗护理
# 皮肤	发红，疼痛，脱色，水疱	防护手套，防护服	脱掉污染的衣服，冲洗，然后用水和肥皂洗皮肤，给予医疗护理
# 眼睛	发红，疼痛，视力模糊，棕色斑	安全护目镜，面罩或眼睛防护结合呼吸防护	先用大量水冲洗几分钟（如可能尽量摘除隐形眼镜），然后就医
# 食入	腹部疼痛，灼烧感，腹泻，呕吐	工作时不得进食、饮水或吸烟。进食前洗手	漱口，用水冲服活性炭浆，不要催吐，给予医疗护理

泄漏处置	将泄漏物清扫进密闭容器中。如果适当，首先润湿防止扬尘。小心收集残余物，然后转移到安全场所。不要让该化学品进入环境。个人防护用具：适用于有毒颗粒物的 P3 过滤呼吸器
包装与标志	不得与食品和饲料一起运输 欧盟危险性类别：T 符号　　N 符号 R:23/25-36/37/38-50　S:1/2-26-28-45-61 联合国危险性类别：6.1　　　　联合国包装类别：II 中国危险性类别：第 6.1 项毒性物质　中国包装类别：II
应急响应	运输应急卡：TEC（R）-61GT2-II 美国消防协会法规：H1（健康危险性）；F2（火灾危险性）；R1（反应危险性）
储存	耐火设备（条件）。与可燃物质、还原剂、食品和饲料分开存放。阴凉场所。干燥
重要数据	**物理状态、外观**：黄色晶体，有刺鼻气味。即使在室温下也可升华 **物理危险性**：如以粉末或颗粒形式与空气混合，可能发生粉尘爆炸。如果在干燥状态，由于搅拌、空气输送和注入等能够产生静电 **化学危险性**：作为弱氧化剂，与某些可燃物质、还原剂和强碱激烈反应。高于 60℃，潮湿时，该物质分解生成一氧化碳 **职业接触限值**：阈限值：0.1ppm（时间加权平均值）（美国政府工业卫生学家会议，2004 年）。最高容许浓度：皮肤致敏剂；致癌物类别：3B；胚细胞突变物类别：3B（德国，2004 年） **接触途径**：该物质可通过吸入和食入吸收到体内 **吸入危险性**：20℃时该物质蒸发，可相当快地达到有害空气污染浓度 **短期接触的影响**：该物质刺激眼睛、皮肤和呼吸道。该物质可能对眼睛有影响。远高于职业接触限值接触时，可能导致呼吸衰竭和死亡 **长期或反复接触的影响**：反复或长期与皮肤接触可能引起皮炎。该物质可能对皮肤和眼睛有影响，导致脱色、发炎和角膜上皮损伤
物理性质	沸点：约 180℃ 熔点：116℃ 相对密度（水=1）：1.3 水中溶解度：微溶 蒸气压：20℃时 12Pa	蒸气相对密度（空气=1）：3.7 蒸气/空气混合物的相对密度（20℃，空气=1）：1.0 闪点：38～93℃（见注解） 自燃温度：560℃ 辛醇/水分配系数的对数值：0.2
环境数据	该物质对水生生物有极高毒性	
注解	物理性质（例如闪点）很大程度上取决于湿度。超过接触限值时，气味报警不充分	

IPCS
International
Programme on
Chemical Safety

UNEP

本卡片由 IPCS 和 EC 合作编写 © 2004～2012

国际化学品安全卡

四氯对醌			ICSC 编号：0780

CAS 登记号：118-75-2
RTECS 号：DK6825000
EC 编号：602-066-00-1

中文名称：四氯对醌；2,3,5,6-四氯对苯醌；四氯苯醌
英文名称：CHLORANIL; 2,3,5,6-Tetrachloro-p-benzoquinone;
Tetrachlorobenzoquinone; Tetrachloro-p-quinone

分子量：245.9　　　　　　　　　　　化学式：$C_6Cl_4O_2$

危害/接触类型	急性危害/症状	预防	急救/消防
火　灾	不可燃。含有机溶剂的液体制剂可能是易燃的的。在火焰中释放出刺激性或有毒烟雾（或气体）		周围环境着火时，允许使用各种灭火剂
爆　炸			
接　触		防止粉尘扩散！避免青少年和儿童接触！	
# 吸入	咳嗽，咽喉痛	避免吸入微细粉尘和烟雾	新鲜空气，休息
# 皮肤	发红	防护手套	冲洗，然后用水和肥皂清洗皮肤
# 眼睛	发红，疼痛	护目镜	先用大量水冲洗几分钟（如可能尽量摘除隐形眼镜），然后就医
# 食入	腹泻	工作时不得进食，饮水或吸烟。进食前洗手	休息，给予医疗护理

泄漏处置	不要冲入下水道。将泄漏物清扫进有盖容器中。如果适当，首先润湿防止扬尘。小心收集残余物，然后转移到安全场所
包装与标志	不得与食品和饲料一起运输 欧盟危险性类别：Xi 符号 N 符号　R:36/38-50/53　　S:（2-）37-60-61
应急响应	
储存	注意收容灭火产生的废水。与食品和饲料分开存放
重要数据	物理状态、外观：黄色各种形状固体 化学危险性：加热时，该物质分解生成含氯化氢有毒烟雾 职业接触限值：阈限值未制定标准 接触途径：该物质可通过吸入其粉尘和经食入吸收到体内 吸入危险性：20℃时蒸发可忽略不计，但可以较快地达到空气中颗粒物有害浓度，尤其是粉末 短期接触的影响：该物质刺激眼睛、皮肤和呼吸道。该物质可能对中枢神经系统有影响。高浓度接触可能导致神志不清
物理性质	熔点：290℃ 相对密度（水=1）：2.0 水中溶解度：不溶 蒸气压：25℃时 0.001Pa 蒸气相对密度（空气=1）：8.5 辛醇/水分配系数的对数值：3～4.9
环境数据	该物质可能对环境有危害，对鱼类应给予特别注意。避免非正常使用情况下释放到环境中
注解	如果该物质用溶剂配制，可参考该溶剂的卡片。商业制剂中使用的载体溶剂可能改变其物理和毒理学性质。商品名称有：Conversan, Dow Seed Disinfectant n5, Psorisan, Reranil, Spergon 和 Vulklor

IPCS
International
Programme on
Chemical Safety

本卡片由 IPCS 和 EC 合作编写 © 2004～2012

国际化学品安全卡

氯化矮壮素			ICSC 编号：0781

CAS 登记号：999-81-5
RTECS 号：BP5250000
EC 编号：007-003-00-6

中文名称：氯化矮壮素；（2-氯乙基）三甲基氯化铵；2-氯-*N,N,N*-三甲基乙基氯化铵；氯化氯胆碱

英文名称：CHLORMEQUAT CHLORIDE; (2-Chloroethyl) trimethylammonium chloride; 2-Chloro-*N,N,N*-trimethylethanaminium chloride; Chlorocholine chloride

分子量：158.1

化学式：$(ClCH_2CH_2N(CH_3)_3)Cl/C_5H_{13}Cl_2N$

危害/接触类型	急性危害/症状	预防	急救/消防
火灾	不可燃。在火焰中释放出刺激性或有毒烟雾（或气体）		周围环境着火时，允许使用各种灭火剂
爆炸			
接触		防止粉尘扩散！避免青少年和儿童接触！	
# 吸入	（见食入）	局部排气通风或呼吸防护	新鲜空气，休息
# 皮肤	可能被吸收！	防护手套，防护服	脱去污染的衣服，冲洗，然后用水和肥皂清洗皮肤，给予医疗护理
# 眼睛	发红	面罩或眼睛防护结合呼吸防护	先用大量水冲洗几分钟（如可能尽量摘除隐形眼镜），然后就医
# 食入	多涎，出汗，视力障碍，腹泻，头晕，头痛，呼吸困难，恶心	工作时不得进食，饮水或吸烟。进食前洗手	漱口，给予医疗护理

泄漏处置	将泄漏物清扫进容器中。如果适当，首先润湿防止扬尘。小心收集残余物，然后转移到安全场所。不要让该化学品进入环境。个人防护用具：适用于有害颗粒物的 P2 过滤呼吸器
包装与标志	欧盟危险性类别：Xn 符号　　R:21/22　　S:2-36/37
应急响应	
储存	干燥。保存在通风良好的室内。储存在玻璃、高密度塑料、橡胶或涂环氧树脂的金属容器中
重要数据	物理状态、外观：无色至白色极易吸湿的晶体，有特殊气味 化学危险性：加热时，该物质分解生成含有氮氧化物和氯化氢的有毒和腐蚀性烟雾。与强碱的水溶液一起加热时，该物质分解生成三甲胺和其他气态产物。有水存在时，浸蚀许多金属 职业接触限值：阈限值未制定标准。最高容许浓度未制定标准 接触途径：该物质可通过吸入其气溶胶，经皮肤和食入吸收到体内 吸入危险性：20℃时蒸发可忽略不计，但通过扩散可较快地达到空气中颗粒物有害浓度 短期接触的影响：气溶胶轻微刺激眼睛。该物质可能对神经系统有影响：无乙酰胆碱酯酶抑制的胆碱酯抑制症状。（见注解）
物理性质	熔点：245℃（分解） 水中溶解度：在 20℃时 74 g/100 mL（溶解） 蒸气压：20℃时可忽略不计
环境数据	该物质对水生生物是有害的。避免非正常使用情况下释放到环境中
注解	忌用阿托品作特定治疗剂。如果该物质用溶剂配制，可参考该溶剂的卡片。商业制剂中使用的载体溶剂可能改变其物理和毒理学性质

IPCS
International Programme on Chemical Safety

本卡片由 **IPCS** 和 **EC** 合作编写 © 2004～2012

国际化学品安全卡

钴（粉末）			ICSC 编号：0782

CAS 登记号：7440-48-4　　　　　　中文名称：钴（粉末）
RTECS 号：GF8750000　　　　　　英文名称：COBALT; (powder)
EC 编号：027-001-00-9

原子量：58.9　　　　　　　　　　　化学式：Co

危害/接触类型	急性危害/症状	预防	急救/消防
火　灾	与空气或氧接触时，粉尘可能引燃	禁止与氧化剂接触	专用粉末，干砂，禁用其他灭火剂
爆　炸	微细分散的颗粒物在空气中形成爆炸性混合物。与氧化剂或乙炔接触时，有着火和爆炸危险	防止粉尘沉积、密闭系统、防止粉尘爆炸型电气设备和照明	
接　触		防止粉尘扩散！避免一切接触！	
# 吸入	咳嗽。气促。咽喉痛。喘息	局部排气通风或呼吸防护	新鲜空气，休息。给予医疗护理
# 皮肤		防护手套。防护服	脱去污染的衣服。冲洗，然后用水和肥皂清洗皮肤
# 眼睛	发红	安全护目镜，或眼睛防护结合呼吸防护	先用大量水冲洗几分钟（如可能尽量摘除隐形眼镜），然后就医
# 食入	腹部疼痛。呕吐	工作时不得进食，饮水或吸烟	漱口。饮用 1～2 杯水
泄漏处置	将泄漏物清扫进容器中。如果适当，首先润湿防止扬尘。小心收集残余物，然后转移到安全场所。不要让该化学品进入环境。个人防护用具：适用于该物质空气中浓度的颗粒物过滤呼吸器		
包装与标志	欧盟危险性类别：Xn 符号　R:42/43-53　　S:2-22-24-37-61		
应急响应			
储存	与强氧化剂分开存放 。储存在没有排水管或下水道的场所		
重要数据	**物理状态、外观**：银灰色粉末 **物理危险性**：以粉末或颗粒形状与空气混合，可能发生粉尘爆炸 **化学危险性**：当微细分散状态且与空气或乙炔接触时，该物质可能自燃。与强氧化剂发生反应，有着火和爆炸危险 **职业接触限值**：阈限值：0.02mg/m³（时间加权平均值），A3（确认的动物致癌物，但未知与人类相关性）；公布生物暴露指数（美国政府工业卫生学家会议，2004 年）。最高容许浓度：（可吸入部分）皮肤吸收；呼吸道和皮肤致敏剂；致癌物类别：2；致生殖细胞突变物类别：3A（德国，2009 年）。 **接触途径**：该物质可通过吸入吸收到体内 **吸入危险性**：扩散时可较快地达到空气中颗粒物有害浓度 **短期接触的影响**：该物质的烟雾或粉尘轻微刺激呼吸道 **长期或反复接触的影响**：反复或长期接触可能引起皮肤过敏。反复或长期吸入接触可能引起哮喘。反复或长期接触，肺可能受损伤。该物质可能是人类致癌物		
物理性质	**沸点**：2870℃ **熔点**：1493℃ **密度**：8.9g/cm³ **水中溶解度**：不溶		
环境数据	该物质对水生生物是有毒的。该化学品可能在鱼和软体动物中发生生物蓄积作用		
注解	根据接触程度，建议定期进行医疗检查。哮喘症状常常经过几个小时以后才变得明显，体力劳动使症状加重。因而休息和医学观察是必要的。因这种物质出现哮喘症状的任何人不应当再接触该物质。不要将工作服带回家中		

IPCS
International
Programme on
Chemical Safety

本卡片由 IPCS 和 EC 合作编写 © 2004～2012

国际化学品安全卡

氯化钴（Ⅱ）				ICSC 编号：0783

CAS 登记号：7646-79-9	中文名称：氯化钴（Ⅱ）；二氯化钴；氯化钴
RTECS 号：GF9800000	英文名称：COBALT (II) CHLORIDE; Cobalt dichloride; Cobalt muriate;
UN 编号：3288	Cobaltous chloride
EC 编号：027-004-00-5	
中国危险货物编号：3288	

分子量：129.8	化学式：CoCl$_2$

危害/接触类型	急性危害/症状	预防	急救/消防
火　灾	不可燃。在火焰中释放出刺激性或有毒烟雾（或气体）		周围环境着火时，使用适当的灭火剂
爆　炸			
接　触		防止粉尘扩散！严格作业环境管理！	
# 吸入	咳嗽。气促。喘息	局部排气通风或呼吸防护	新鲜空气，休息。给予医疗护理
# 皮肤		防护手套。防护服	脱去污染的衣服。用大量水冲洗皮肤或淋浴
# 眼睛	发红。疼痛	安全护目镜，或眼睛防护结合呼吸防护	先用大量水冲洗几分钟（如可能尽量摘除隐形眼镜），然后就医
# 食入	腹部疼痛。腹泻。恶心。呕吐	工作时不得进食，饮水或吸烟	漱口。饮用1～2杯水。给予医疗护理

泄漏处置	将泄漏物清扫进容器中。如果适当，首先润湿防止扬尘。小心收集残余物，然后转移到安全场所。不要让该化学品进入环境。个人防护用具：适用于该物质空气中浓度的颗粒物过滤呼吸器
包装与标志	不得与食品和饲料一起运输 欧盟危险性类别：T 符号 N 符号 标记：E，1　　R:49-22-42/43-50/53　S:2-22-53-45-60-61 联合国危险性类别：6.1　　　联合国包装类别：III 中国危险性类别：第 6.1 项 毒性物质　中国包装类别：III
应急响应	运输应急卡：TEC(R)-61GT5-III
储存	干燥。与强氧化剂分开存放　。储存在没有排水管或下水道的场所
重要数据	物理状态、外观：淡蓝色吸湿的粉末。遇空气和湿气时变粉红色 化学危险性：与氧化剂反应，有着火和爆炸危险 职业接触限值：阈限值：（以 Co 计）0.02mg/m^3（时间加权平均值）；A3（确认的动物致癌物，但未知与人类相关性）；公布生物暴露指数（美国政府工业卫生学家会议，2004 年）。最高容许浓度：（可吸入部分）皮肤吸收；呼吸道和皮肤致敏剂；致癌物类别：2；致生殖细胞突变物类别：3A（德国，2009 年） 接触途径：该物质可通过吸入其气溶胶和经食入吸收到体内 吸入危险性：扩散时可较快地达到空气中颗粒物有害浓度 短期接触的影响：该物质刺激眼睛 长期或反复接触的影响：反复或长期接触可能引起皮肤过敏。反复或长期吸入接触可能引起哮喘。该物质可能对心脏、甲状腺和骨髓有影响。该物质可能是人类致癌物。动物实验表明，该物质可能造成人类生殖或发育毒性
物理性质	沸点：1049℃ 熔点：735℃ 密度：3.4g/cm^3 水中溶解度：20℃时 53g/100mL 辛醇/水分配系数的对数值：0.85
环境数据	该物质对水生生物是有毒的
注解	根据接触程度，建议定期进行医疗检查。哮喘症状常常经过几个小时以后才变得明显，体力劳动使症状加重。因而休息和医学观察是必要的。因这种物质出现哮喘症状的任何人不应当再接触该物质。不要将工作服带回家中。本卡片的建议也适用于氯化钴（Ⅱ）的水合物：六水合氯化钴（Ⅱ）（CAS 登记号 7791-13-1）、二水合氯化钴（Ⅱ）（CAS 登记号 14216-74-1）

IPCS
International
Programme on
Chemical Safety

UNEP

本卡片由 IPCS 和 EC 合作编写 © 2004～2012

国际化学品安全卡

六水合硝酸钴（II）			ICSC 编号：0784

CAS 登记号：10026-22-9	中文名称：六水合硝酸钴（II）；六水合硝酸钴
RTECS 号：QU7355500	英文名称：COBALT(II) NITRATE HEXAHYDRATE;Cobaltous nitrate hexahydrate

分子量：291.03	化学式：Co(NO₃)₂·6H₂O

化学式：$Co(NO_3)_2 \cdot 6H_2O$

危害/接触类型	急性危害/症状	预防	急救/消防
火 灾	不可燃，但可助长其他物质燃烧。在火焰中释放出刺激性或有毒烟雾（或气体）	禁止与可燃物质和还原剂接触	周围环境着火时，允许使用各种灭火剂
爆 炸	与可燃物质接触时，有着火和爆炸危险		
接 触		避免一切接触！	一切情况均向医生咨询！
# 吸入	咽喉痛，咳嗽，气促	局部排气通风或呼吸防护	新鲜空气，休息，给予医疗护理
# 皮肤	发红	防护手套，防护服	先用大量水，然后脱去污染的衣服并再次冲洗
# 眼睛	发红，疼痛	护目镜，如为粉末，眼睛防护结合呼吸防护	先用大量水冲洗几分钟（如可能尽量摘除隐形眼镜），然后就医
# 食入	腹部疼痛，恶心，呕吐	工作时不得进食，饮水或吸烟。进食前洗手	漱口。大量饮水，给予医疗护理

泄漏处置	将泄漏物清扫进容器中。如果适当，首先润湿防止扬尘。小心收集残余物，然后转移到安全场所。不要用锯末或其他可燃吸收剂吸收。不要让该化学品进入环境。个人防护用具：适用于该物质空气中浓度的颗粒物过滤呼吸器
包装与标志	
应急响应	
储存	与可燃物质和还原性物质分开存放。严格密封。储存在没有排水管或下水道的场所
重要数据	物理状态、外观：红色晶体 化学危险性：加热时，该物质分解生成氮氧化物有毒气体。与可燃物质发生反应，有着火的危险 职业接触限值：阈限值：0.02mg/m³（以 Co 计）（时间加权平均值），A3（确认的动物致癌物，但未知与人类相关性）（美国政府工业卫生学家会议，2000 年）。最高容许浓度：（可吸入部分）皮肤吸收；呼吸道和皮肤致敏剂；致癌物类别：2；致生殖细胞突变物类别：3A（适用于 Co 和 Co 化合物）（德国，2009 年） 接触途径：该物质可通过吸入其气溶胶和经食入吸收到体内 吸入危险性：20℃时蒸发可忽略不计，但扩散时可较快地达到空气中颗粒物有害浓度 短期接触的影响：该物质刺激眼睛、皮肤和呼吸道 长期或反复接触的影响：反复或长期接触可能引起皮肤过敏。反复或长期吸入接触可能引起哮喘。该物质可能对心脏、甲状腺和骨髓有影响，导致心肌病、甲状腺肿和红细胞增多症。该物质可能是人类致癌物。动物实验表明，该物质可能对人类生殖造成毒性影响。可能造成人类婴儿畸形
物理性质	沸点：低于沸点在 74℃分解 熔点：55℃ 密度：1.88g/cm³ 水中溶解度：0℃时 133.8g/100mL
环境数据	见注解
注解	因该物质而发生哮喘症状的任何人不应当再接触该物质。根据接触程度，需定期进行医疗检查。对接触该物质的环境影响未进行充分调查，但是钴离子的数据暗示它可能对水生生物是危险的。可参考钴盐的卡片，见卡片#0783 [氯化钴（II）]

IPCS
International
Programme on
Chemical Safety

UNEP

本卡片由 IPCS 和 EC 合作编写 © 2004～2012

国际化学品安全卡

氧化高钴（III）			ICSC 编号：0785

CAS 登记号：1308-04-9	中文名称：氧化高钴（III）；三氧化二钴；氧化高钴；三氧化钴
RTECS 号：GG2900000	英文名称：COBALT (III) OXIDE; Dicobalt trioxide; Cobalt sesquioxide; Cobalt trioxide; Cobaltic oxide

分子量：165.9	化学式：Co_2O_3

危害/接触类型	急性危害/症状	预防	急救/消防
火　灾	不可燃		周围环境着火时，使用适当的灭火剂
爆　炸			
接　触		防止粉尘扩散！严格作业环境管理！	
# 吸入	咳嗽。咽喉痛。气促。喘息	局部排气通风或呼吸防护	新鲜空气，休息。给予医疗护理
# 皮肤		防护手套。防护服	脱去污染的衣服。冲洗，然后用水和肥皂清洗皮肤
# 眼睛	发红。疼痛	安全护目镜，或眼睛防护结合呼吸防护	先用大量水冲洗几分钟（如可能尽量摘除隐形眼镜），然后就医
# 食入	腹部疼痛。恶心	工作时不得进食，饮水或吸烟	漱口。给予医疗护理

泄漏处置	将泄漏物清扫进有盖的容器中。如果适当，首先润湿防止扬尘。小心收集残余物，然后转移到安全场所。个人防护用具：适用于该物质空气中浓度的颗粒物过滤呼吸器
包装与标志	
应急响应	
储存	与还原剂和过氧化氢分开存放
重要数据	**物理状态、外观：**黑灰色晶体粉末 **化学危险性：**与过氧化氢激烈反应。与还原剂发生反应 **职业接触限值：**阈限值：（以 Co 计）0.02mg/m³（时间加权平均值），A3（确认的动物致癌物，但未知与人类相关性）；公布生物暴露指数（美国政府工业卫生学家会议，2004 年）。最高容许浓度：（可吸入部分）皮肤吸收；呼吸道和皮肤致敏剂；致癌物类别：2；致生殖细胞突变物类别：3A（德国，2009 年） **接触途径：**该物质可通过吸入其气溶胶和经食入吸收到体内 **吸入危险性：**扩散时可较快地达到空气中颗粒物有害浓度 **短期接触的影响：**可能引起机械刺激 **长期或反复接触的影响：**反复或长期接触可能引起皮肤过敏。反复或长期吸入接触可能引起哮喘。该化合物的致癌性尚未进行研究，但是同类钴化合物数据显示，它可能是人类致癌物
物理性质	熔点：895℃（分解） 密度：5.2g/cm³ 水中溶解度：不溶
环境数据	
注解	根据接触程度，建议定期进行医疗检查。因这种物质出现哮喘症状的任何人应当避免再接触该物质

IPCS
International
Programme on
Chemical Safety

本卡片由 IPCS 和 EC 合作编写 © 2004～2012

国际化学品安全卡

棉隆			ICSC 编号：0786

CAS 登记号：533-74-4	中文名称：棉隆；二甲基甲酰二硫代氨基甲酸二乙胺酯；四氢-3,5-二甲基-2*H*-1,3,5-噻二嗪-2-硫酮
RTECS 号：XI2800000	
UN 编号：2588	英文名称：DAZOMET; Dimethylformocarbothialdine; Tetrahydro-3,5-dimethyl-2*H*-1,3,5-thiadiazine-2-thione
EC 编号：613-008-00-X	
中国危险货物编号：2588	

分子量：162.3	化学式：$C_5H_{10}N_2S_2$

危害/接触类型	急性危害/症状	预防	急救/消防
火 灾	在特定情况下是可燃的。在火焰中释放出刺激性或有毒烟雾（或气体）	禁止明火	干粉、雾状水、泡沫、二氧化碳
爆 炸			
接 触		防止粉尘扩散！严格作业环境管理！	
# 吸入		局部排气通风或呼吸防护	新鲜空气，休息
# 皮肤		防护手套，防护服	脱去污染的衣服，用大量水冲洗皮肤或淋浴
# 眼睛	发红，疼痛	护目镜，或眼睛防护结合呼吸防护	先用大量水冲洗几分钟（如可能尽量摘除隐形眼镜），然后就医
# 食入		工作时不得进食，饮水或吸烟。进食前洗手	漱口，给予医疗护理

泄漏处置	不要冲入下水道。将泄漏物清扫进容器中。小心收集残余物，然后转移到安全场所
包装与标志	不得与食品和饲料一起运输 欧盟危险性类别：Xn 符号 N 符号 R:22-36-50/53 S:2-15-22-24-60-61 联合国危险性类别：6.1 联合国包装类别：III 中国危险性类别：第 6.1 项毒性物质 中国包装类别：III
应急响应	运输应急卡：TEC(R)-61G41c
储存	注意收容灭火产生的废水。与酸类、食品和饲料分开存放。阴凉场所。干燥。保存在通风良好的室内
重要数据	物理状态、外观：白色或无色晶体 化学危险性：加热到102℃以上时，该物质分解生成含氮氧化物和硫氧化物的有毒烟雾。与酸接触时，生成二硫化碳。与水或湿气接触时，生成有毒气体 职业接触限值：阈限值未制定标准 接触途径：该物质可通过吸入其气溶胶和经食入吸收到体内 吸入危险性：20℃时蒸发可忽略不计，但扩散时可较快地达到空气中颗粒物有害浓度 短期接触的影响：该物质刺激眼睛 长期或反复接触的影响：反复或长期接触可能引起皮肤过敏
物理性质	熔点：104～105℃（分解） 相对密度（水=1）：1.3 水中溶解度：20℃时 0.3g/100mL 辛醇/水分配系数的对数值：1.4
环境数据	该物质对水生生物有极高毒性。该物质可能对环境有危害，对植物应给予特别注意。避免非正常使用情况下释放到环境中
注解	原药纯度为98%。棉隆是中等稳定物质，但是对温度（35℃）和湿气敏感。如果该物质用溶剂配制，可参考该溶剂的卡片。商业制剂中使用的载体溶剂可能改变其物理和毒理学性质

IPCS
International
Programme on
Chemical Safety

本卡片由 IPCS 和 EC 合作编写 © 2004～2012

国际化学品安全卡

狄氏剂			ICSC 编号：0787

| CAS 登记号：60-57-1
RTECS 号：IO1750000
UN 编号：2761
EC 编号：602-049-00-9
中国危险货物编号：2761 | 中文名称：狄氏剂；1,2,3,4,10,10-六氯-6,7-环氧-1,4,4a,5,6,7, 8,8a-八氢内-1,4-外-5,8-二亚甲基萘；3,4,5,6,9,9-六氯-1a,2,2a,3,6,6a,7,7a-八氢 (1aα,2,2aα,3,6,6aα,7,7aα)-2,7:3,6-二亚甲基萘基(2,3-b)环氧乙烯
英文名称：DIELDRIN; 1,2,3,4,10,10-Hexachloro-6,7-epoxy-1,4,4a,5,6,7,8,8a-octahydroendo-1,4-exo-5,8-dimethanophthalene; 3,4,5,6,9,9-Hexchloro-1a,2, 2a,3,6,6a,7,7a-octahydro,(1aα,2,2a α,3,6,6aα, 7,7aα)-2,7:3,6-dimetha (2,3-b) oxirene; HEOD |

分子量：381	化学式：$C_{12}H_8Cl_6O$

危害/接触类型	急性危害/症状	预防	急救/消防
火 灾	不可燃。含有机溶剂的液体制剂可能是易燃的。在火焰中释放出刺激性或有毒烟雾（或气体）		周围环境着火时，允许用各种灭火剂
爆 炸	爆炸危险性取决于配方中所用溶剂或粉尘特性		
接 触		防止粉尘扩散！严格作业环境管理！避免孕妇接触！	
# 吸入	（见食入）	通风（如果没有粉末时）	新鲜空气，休息，给予医疗护理
# 皮肤	可能被吸收！见食入	防护手套，橡胶靴	脱掉污染衣服，冲洗，然后用水和肥皂洗皮肤
# 眼睛	发红	护目镜或面罩	首先用大量水冲洗几分钟（如可能尽量摘除隐形眼镜），然后就医
# 食入	惊厥，眩晕，头痛，恶心，呕吐，肌肉抽搐	工作时不得进食、饮水或吸烟，进食前洗手	用水冲服活性炭浆，不要催吐，休息，给予医疗护理

泄漏处置	不得冲入下水道。将泄漏物扫入有盖容器中。如果适当先润湿防止扬尘。小心收集残余物，然后转移到安全场所。个人防护用具：化学防护服包括自给式呼吸器
包装与标志	不要与食品和饲料一起运输。严重污染海洋物质 欧盟危险性类别：T+符号 N 符号 R:25-27-40-48/25-50/53 S:(1/2)22-36/37-45-60-61 联合国危险性类别：6.1　　联合国包装类别：I 中国危险性类别：第 6.1 项毒性物质　中国包装类别：I
应急响应	运输应急卡：TEC(R)-61G 41b
储存	注意收容灭火产生的废水。与食品和饲料、性质相互抵触的物质（见化学危险性）分开存放。严格密封。保存在通风良好的室内
重要数据	物理状态、外观：无色晶体 化学危险性：加热时，该物质分解生成含氯化氢有毒烟雾。与氧化剂与酸发生反应。贮存时，缓慢分解生成氯化氢 职业接触限值：阈限值 0.25mg/m³（时间加权平均值），A4（不能分类为人类致癌物）（经皮）（美国政府工业卫生学家会议，1997 年） 接触途径：该物质可通过皮肤和食入吸收到体内 吸入危险性：20℃时蒸发可忽略不计，但喷洒时可以较快地达到空气中颗粒物有害浓度 短期接触的影响：该物质可能对中枢神经系统有影响，导致惊厥。需要进行医学观察 长期或反复接触的影响：该物质蓄积在人体内。可能发生累积影响，见急性危害/症状
物理性质	熔点：175～176℃ 密度：1.7g/cm³ 水中溶解度：不溶	蒸气压：20℃时 0.0004Pa 辛醇/水分配系数的对数值：6.2
环境数据	该物质对水生生物有极高毒性。可能对环境有危害,对蜜蜂和鸟类应给予特别注意。在对人类重要的食物链中发生生物蓄积作用,特别是在水生生物中。由于其在环境中的持久性,强烈建议不要让该物质进入环境。该物质可能在水生环境中造成长期影响。避免非正常使用情况下释放到环境中
注解	根据接触程度，需定期进行医疗检查。如果该物质用溶剂配制，可参考该溶剂的卡片。商业制剂中使用的载体溶剂可能改变其物理和毒理学性质。不要将工作服带回家中。本卡片建议也适用于卡片＃0774（艾氏剂）。商品名有 Alvit, Dieldrex, Dieldrite, Illoxol, Octalox, Panoram 和 Quintox。可参考卡片 #0774（艾氏剂）

IPCS
International
Programme on
Chemical Safety

本卡片由 IPCS 和 EC 合作编写 © 2004～2012

国际化学品安全卡

二甘醇一丁醚			ICSC 编号：0788

CAS 登记号：112-34-5 RTECS 号：KJ9100000 EC 编号：603-096-00-8	中文名称：二甘醇一丁醚；2-(2-丁氧基乙氧基)乙醇；二乙二醇一丁醚；丁氧基二甘醇；DEGBE 英文名称：DIETHYLENE GLYCOL MONOBUTYL ETHER； 2-(2-Butoxyethoxy) ethanol；Diglycol monobutyl ether；Butoxydiglycol； DEGBE

分子量：162.2	化学式：$C_8H_{18}O_3$/$CH_3(CH_2)_3OCH_2CH_2OCH_2CH_2OH$

危害/接触类型	急性危害/症状	预防	急救/消防
火　灾	可燃的	禁止明火	干粉，抗溶性泡沫，雾状水，二氧化碳
爆　炸	高于78℃，可能形成爆炸性蒸气/空气混合物	高于78℃，使用密闭系统、通风	
接　触			
# 吸入		通风。局部排气通风	新鲜空气，休息
# 皮肤	皮肤干燥	防护手套	脱去污染的衣服。用大量水冲洗皮肤或淋浴
# 眼睛	发红。疼痛	安全眼镜	先用大量水冲洗几分钟（如可能尽量摘除隐形眼镜），然后就医
# 食入		工作时不得进食，饮水或吸烟	漱口

泄漏处置	尽可能将泄漏液收集在可密闭的容器中。用大量水冲净残余物
包装与标志	欧盟危险性类别：Xi 符号　R:36　S:2-24-26
应急响应	美国消防协会法规：H1（健康危险性）；F2（火灾危险性）；R0（反应危险性）
储存	与强氧化剂分开存放。沿地面通风

重要数据	物理状态、外观：无色液体 化学危险性：该物质可能生成爆炸性过氧化物。与强氧化剂发生反应 职业接触限值：阈限值未制定标准。欧盟职业接触限值：10ppm，67.5mg/m³（时间加权平均值）；15ppm，101.2mg/m³（短期接触限值）（欧盟，2006年） 吸入危险性：20℃时该物质蒸发缓慢地达到空气中有害污染浓度，但喷洒或扩散时要快得多 短期接触的影响：该物质刺激眼睛 长期或反复接触的影响：液体使皮肤脱脂
物理性质	沸点：230℃ 熔点：-68℃ 相对密度（水=1）：0.95 水中溶解度：易溶 蒸气压：20℃时 3Pa 蒸气相对密度（空气=1）：5.6 闪点：78℃（闭杯） 自燃温度：223℃ 爆炸极限：空气中 0.8%～9.4%（体积） 辛醇/水分配系数的对数值：0.3
环境数据	
注解	蒸馏前检验过氧化物，如有，将其去除。商品名称有：Butyl Carbitol，Butyl Dioxitol，Butyl ethyl Cellosolve，DB Glycol Ether，Dowanol DB，Ektasolve DB 和 Polysolv DB

IPCS
International
Programme on
Chemical Safety

本卡片由 IPCS 和 EC 合作编写 © 2004～2012

国际化学品安全卡

二甘醇单丁基醚乙酸酯			ICSC 编号：0789

CAS 登记号：124-17-4 RTECS 号：KJ9275000	中文名称：二甘醇单丁基醚乙酸酯；2-(2-丁氧基乙氧基)乙酸乙酯；丁基乙氧乙氧基乙醇乙酸酯；二甘醇单丁基醚乙酸酯；DEGBEA 英文名称：DIETHYLENE GLYCOL MONOBUTYL ETHER ACETATE; 2-(2-Butoxyethoxy)ethanol acetate; Butyl carbitol acetate; Diglycol monobutyl ether acetate; DEGBEA

分子量：204.3	化学式：$C_{10}H_{20}O_4$

危害/接触类型	急性危害/症状	预防	急救/消防
火 灾	可燃的	禁止明火	干粉，抗溶性泡沫，雾状水，二氧化碳
爆 炸			
接 触			
# 吸入		通风	新鲜空气，休息
# 皮肤	发红。皮肤干燥	防护手套	用大量水冲洗皮肤或淋浴
# 眼睛	发红	安全眼镜	先用大量水冲洗几分钟（如可能尽量摘除隐形眼镜），然后就医
# 食入		工作时不得进食，饮水或吸烟	漱口
泄漏处置	将泄漏液收集在可密闭的容器中。用砂土或惰性吸收剂吸收残液，并转移到安全场所。不要让该化学品进入环境		
包装与标志			
应急响应	美国消防协会法规：H1（健康危险性）；F1（火灾危险性）；R0（反应危险性）		
储存	与强氧化剂分开存放。沿地面通风。储存在没有排水管或下水道的场所		
重要数据	物理状态、外观：无色液体 化学危险性：该物质可能生成爆炸性过氧化物。与强氧化剂发生反应 职业接触限值：阈限值未制定标准。最高容许浓度：（以空气中二甘醇单丁基醚和二甘醇单丁基醚乙酸酯的总浓度计）10ppm，85mg/m³；最高限值种类：I(1.5)；妊娠风险等级：C（德国，2009 年） 吸入危险性：未指明 20℃时该物质蒸发达到空气中有害浓度的速率 短期接触的影响：该物质轻微刺激眼睛和皮肤 长期或反复接触的影响：液体使皮肤脱脂		
物理性质	沸点：245～247℃ 熔点：-32℃ 相对密度（水=1）：0.98 水中溶解度：20℃时 6.5g/100mL 蒸气压：20℃时 5.3Pa 蒸气相对密度（空气=1）：7.0 蒸气/空气混合物的相对密度（20℃，空气=1）：1.00 闪点：105℃（闭杯） 自燃温度：290℃ 爆炸极限：空气中 0.6%～10.7%（体积） 辛醇/水分配系数的对数值：2.9		
环境数据	该物质对水生生物是有害的		
注解	商品名称为 Ektasolve DB acetate。此外，可参见卡片#0788（二甘醇一丁醚）。蒸馏前检验过氧化物，如有，将其去除		

IPCS
International Programme on Chemical Safety

本卡片由 IPCS 和 EC 合作编写 © 2004～2012

国际化学品安全卡

异亚丙基甘油			ICSC 编号：0790

CAS 登记号：100-79-8
RTECS 号：JI0400000

中文名称：异亚丙基甘油；2,2-二甲基-1,3-二氧戊环-4-甲醇；丙酮甘油；甘油二甲基甲酮

英文名称：ISOPROPYLIDENE GLYCEROL; 2,2-Dimethyl-1,3-dioxolane-4-methanol; Acetone glycerol; Glycerol dimethylketal

分子量：132.2

化学式：$C_6H_{12}O_3$

危害/接触类型	急性危害/症状	预防	急救/消防
火 灾	可燃的	禁止明火	雾状水，抗溶性泡沫，二氧化碳
爆 炸	高于 80℃，可能形成爆炸性蒸气/空气混合物	高于 80℃，使用密闭系统、通风	
接 触		防止产生烟云！	
# 吸入		通风	
# 皮肤		防护手套	脱去污染的衣服，用大量水冲洗皮肤或淋浴
# 眼睛	发红	安全护目镜	先用大量水冲洗几分钟（如可能尽量摘除隐形眼镜），然后就医
# 食入		工作时不得进食，饮水或吸烟	漱口，不要催吐
泄漏处置	尽可能将泄漏液收集在有盖的容器中。用大量水冲净残余物		
包装与标志			
应急响应			
储存	与强氧化剂分开存放。沿地面通风		
重要数据	**物理状态、外观：**无气味，无色油状液体 **化学危险性：**与氧化剂发生反应 **职业接触限值：**阈限值未制定标准。最高容许浓度未制定标准 **接触途径：**该物质可通过吸入其气溶胶吸收到体内 **吸入危险性：**未指明 20℃时该物质蒸发达到空气中有害浓度的速率 **短期接触的影响：**该物质刺激眼睛		
物理性质	沸点：188～189℃ 熔点：-26.4℃ 相对密度（水=1）：1.06 水中溶解度：混溶 蒸气压：见注解 蒸气相对密度（空气=1）：4.6 闪点：80℃（闭杯）		
环境数据			
注解	蒸气压未见文献报道。对该物质的环境影响未进行调查		

IPCS
International
Programme on
Chemical Safety

本卡片由 IPCS 和 EC 合作编写 © 2004～2012

国际化学品安全卡

（二）苯醚			ICSC 编号：0791

CAS 登记号：101-84-8
RTECS 号：KN8970000
UN 编号：3077
中国危险货物编号：3077

中文名称：（二）苯醚；二苯基氧；苯氧基苯；1,1'-氧二苯；苯基醚
英文名称：DIPHENYL ETHER; Diphenylo xide; Phenoxybenzene; 1,1'-Oxybisbenzene; Phenyl ether

分子量：170.2　　　　　　　　化学式：$C_{12}H_{10}O/C_6H_5OC_6H_5$

危害/接触类型	急性危害/症状	预防	急救/消防
火　灾	可燃的	禁止明火	干粉，雾状水，泡沫，二氧化碳
爆　炸			
接　触		防止粉尘扩散！	
# 吸入	咳嗽，头痛，恶心，咽喉疼痛	通风，局部排气通风	新鲜空气，休息
# 皮肤	皮肤干燥，发红，疼痛	防护手套	脱掉污染的衣服，冲洗，然后用水和肥皂洗皮肤
# 眼睛	发红，疼痛	安全护目镜	先用大量水冲洗几分钟（如可能尽量摘除隐形眼镜），然后就医
# 食入	腹痛，腹泻，恶心，呕吐	工作时不得进食、饮水或吸烟	漱口，用水冲服活性炭浆

泄漏处置	尽量将泄漏液收集在可密闭容器中。用砂土或惰性吸收剂吸收残液并转移到安全场所。如为固体，将泄漏物清扫进容器中。如果适当，首先润湿防止扬尘。不要让该化学品进入环境
包装与标志	联合国危险性类别：9　联合国包装类别：III 中国危险性类别：第 9 类杂项危险物质和物品　中国包装类别：III
应急响应	运输应急卡：TEC（R）-90G02 美国消防协会法规：H1（健康危险性）；F1（火灾危险性）；R0（反应危险性）
储存	与强氧化剂分开存放
重要数据	物理状态、外观：无色液体或晶体，有特殊气味 化学危险性：与强氧化剂发生反应 职业接触限值：阈限值：1ppm、7mg/m³（蒸气）（时间加权平均值）；2ppm、14mg/m³（短期接触限值）（美国政府工业卫生学家会议，1997 年） 接触途径：该物质可通过吸入和食入吸收到体内 吸入危险性：20℃时该物质蒸发，不会或很缓慢地达到空气中有害污染浓度 短期接触的影响：该物质气溶胶刺激眼睛和呼吸道 长期或反复接触的影响：反复或长期与皮肤接触可能引起皮炎
物理性质	沸点：257℃ 熔点：28℃ 相对密度（水=1）：1.08 水中溶解度：25℃时 0.002g/100mL 蒸气压：25℃时 2.7Pa 蒸气相对密度（空气=1）：5.9 蒸气/空气混合物的相对密度（20℃，空气=1）：1.00 闪点：115℃（闭杯）；96℃（开杯） 自燃温度：610℃ 爆炸极限：在空气中 0.8%～1.5%（体积） 辛醇/水分配系数的对数值：4.21
环境数据	该物质对水生生物有极高毒性。在对人类重要的食物链中发生生物蓄积，特别是在鱼体内。避免非正常使用时释放到环境中
注解	接触该物质的健康影响未进行充分调查。该物质有强烈的令人恶心的恼人气味

IPCS
International Programme on Chemical Safety

本卡片由 IPCS 和 EC 合作编写 © 2004～2012

国际化学品安全卡

福美铁			ICSC 编号：0792

CAS 登记号：14484-64-1
RTECS 号：NO8750000
UN 编号：2771
EC 编号：006-051-00-5
中国危险货物编号：2771

中文名称：福美铁；二甲基二硫代氨基甲酸铁；三（二甲基二硫代氨基甲酸）铁

英文名称：FERBAM; Ferric dimethyldithiocarbamate; Irontris (dimethyldithiocarbamate)

分子量：416.5

化学式：$C_9H_{18}FeN_3S_6/(CH_3)_2NCS_2)_3Fe$

危害/接触类型	急性危害/症状	预防	急救/消防
火灾	可燃的。在火焰中释放出刺激性或有毒烟雾（或气体）	禁止明火	干粉，雾状水
爆炸			
接触		防止粉尘扩散！	
# 吸入	咳嗽，咽喉疼痛	通风，局部排气通风或呼吸防护	新鲜空气，休息，给予医疗护理
# 皮肤	皮肤干燥，发红，疼痛	防护手套，防护服	脱去污染的衣服，冲洗，然后用水和肥皂洗皮肤
# 眼睛	发红，疼痛	安全护目镜	先用大量水冲洗几分钟（如可能尽量摘除隐形眼镜），然后就医
# 食入	意识模糊，倦睡，头痛，恶心	工作时不得进食、饮水或吸烟。进食前洗手	催吐（仅对清醒病人！），给予医疗护理

泄漏处置	将泄漏物收集在可密闭容器中。如果适当，首先润湿防止扬尘。小心收集残余物，然后转移到安全场所。不要让该化学品进入环境。个人防护用具：适用于有害颗粒物的P2过滤呼吸器
包装与标志	欧盟危险性类别：Xi 符号 N 符号 R:36/37/38-50/53 S:2-60-61 联合国危险性类别：6.1 联合国包装类别：III 中国危险性类别：第 6.1 项毒性物质 中国包装类别：III
应急响应	
储存	与强氧化剂、含铜或汞化合物、碱性物质、食品和饲料分开存放。干燥。严格密封
重要数据	物理状态、外观：无气味，黑色晶体粉末 化学危险性：加热和与湿气接触时，该物质分解生成有毒和易燃气体。与强氧化剂发生反应 职业接触限值：阈限值：10mg/m³（时间加权平均值），A4（不能分类为人类致癌物）（美国政府工业卫生学家会议，2004 年）。最高容许浓度：未制定标准，但可提供数据（德国，2004 年） 接触途径：该物质可通过吸入其气溶胶和食入吸收到体内 吸入危险性：20℃时蒸发可忽略不计，但扩散时可较快地达到空气中颗粒物有害浓度 短期接触的影响：该物质刺激眼睛、皮肤和呼吸道。该物质可能对中枢神经系统有影响 长期或反复接触的影响：反复或长期与皮肤接触可能引起皮炎。反复或长期接触可能引起皮肤过敏。高剂量时，该物质可能对神经系统和甲状腺有影响
物理性质	熔点：180℃（分解） 水中溶解度：不溶
环境数据	该物质对水生生物有极高毒性。避免非正常使用时释放到环境中
注解	该物质是可燃的，但闪点未见文献报道。接触福美铁可能导致不耐受酒精。根据接触程度，需定期进行医疗检查。商业制剂中使用的载体溶剂可能改变其物理和毒理学性质。福美铁常常和二硫代氨基甲酸盐一起使用。商品名称有：Ferbeck, Fermate, Ferradow, Hexaferb, Karbam Black, Knockmate 和 Trifungol

IPCS
International
Programme on
Chemical Safety

UNEP

本卡片由 IPCS 和 EC 合作编写 © 2004～2012

国际化学品安全卡

氧化亚铁			ICSC 编号：0793

CAS 登记号：1345-25-1

中文名称：氧化亚铁；一氧化亚铁；氧化铁(II)；C.I.77489

英文名称：FERROUS OXIDE; Ferrous monoxide; Iron (II) oxide; C.I. 77489

分子量：71.9　　　　　　　　　　　　化学式：FeO

危害/接触类型	急性危害/症状	预防	急救/消防
火　灾	在特定条件下是可燃的		周围环境着火时，使用适当的灭火剂
爆　炸			
接　触		防止粉尘扩散！	
# 吸入	咳嗽	局部排气通风或呼吸防护	新鲜空气，休息
# 皮肤		防护手套	冲洗，然后用水和肥皂清洗皮肤
# 眼睛		安全眼镜	先用大量水冲洗几分钟（如可能尽量摘除隐形眼镜），然后就医
# 食入		工作时不得进食，饮水或吸烟	漱口

泄漏处置	将泄漏物清扫进有盖的容器中，如果适当，首先润湿防止扬尘。用大量水冲净残余物。个人防护用具：适用于有害颗粒物的 P2 过滤呼吸器
包装与标志	
应急响应	
储存	
重要数据	**物理状态、外观**：黑色各种形态固体 **化学危险性**：取决于制备方法，该物质的微细分散粉末与空气接触时，可能发生自燃。加热到200℃以上与空气接触时，该物质可能燃烧。该物质易吸收二氧化碳 **职业接触限值**：阈限值未制定标准。最高容许浓度：1.5mg/m3（可吸入粉尘）（德国，2004 年） **吸入危险性**：扩散时可较快地达到空气中颗粒物有害浓度，尤其是粉末 **长期或反复接触的影响**：该物质可能对肺有影响，导致铁尘肺
物理性质	熔点：1360℃ 密度：5.7g/cm³ 水中溶解度：不溶
环境数据	
注解	

IPCS
International
Programme on
Chemical Safety

本卡片由 **IPCS** 和 **EC** 合作编写 © 2004～2012

国际化学品安全卡

糠醇			ICSC 编号：0794

CAS 登记号：98-00-0
RTECS 号：LU9100000
UN 编号：2874
EC 编号：603-018-00-2
中国危险货物编号：2874

中文名称：糠醇；2-呋喃甲醇；2-羟基甲基呋喃
英文名称：FURFURYL ALCOHOL; 2-Furanmethanol; 2-Furancarbinol;
2-Hydroxymethylfuran; Furfural alcohol

分子量：98.1　　　　　　　　　　　化学式：$C_5H_6O_2$

危害/接触类型	急性危害/症状	预防	急救/消防
火 灾	可燃的	禁止明火	干粉，抗溶性泡沫，雾状水，二氧化碳
爆 炸	高于 65℃时，可能形成爆炸性蒸气/空气混合物	高于 65℃时，密闭系统，通风	
接 触			
# 吸入	咳嗽，腹泻，头晕，头痛，恶心，气促，咽喉痛，喘息	通风，局部排气通风或呼吸防护	新鲜空气，休息，半直立体位，给予医疗护理
# 皮肤	可能被吸收！皮肤干燥，发红	防护手套，防护服	脱掉污染的衣服，用大量水冲洗皮肤或淋浴
# 眼睛	发红，疼痛	安全护目镜，面罩或眼睛防护结合呼吸防护	先用大量水冲洗几分钟（如可能尽量摘除隐形眼镜），然后就医
# 食入	灼烧感，头痛，恶心，神志不清	工作时不得进食、饮水或吸烟	漱口，用水冲服活性炭浆，给予医疗护理
泄漏处置	尽量将泄漏液收集在可密闭容器中。用大量水冲净残余物。个人防护用具：适用于该物质空气中浓度的有机气体和蒸气过滤呼吸器		
包装与标志	不得与食品和饲料一起运输 欧盟危险性类别：Xn 符号 R:20/21/22　S:2 联合国危险性类别：6.1　　　　　联合国包装类别：III 中国危险性类别：第 6.1 项 毒性物质　中国包装类别：III		
应急响应	运输应急卡：TEC（R）-61G06c 美国消防协会法规：H1（健康危险性）；F2（火灾危险性）；R1（反应危险性）		
储存	与强氧化剂、强酸、食品和饲料分开存放		
重要数据	物理状态、外观：无色液体，有特殊气味。遇光和空气变黄色或棕色 化学危险性：在酸的作用下，该物质发生聚合。与强氧化剂或强酸激烈反应，有着火和爆炸危险 职业接触限值：阈限值：10ppm、40mg/m³（时间加权平均值）；15ppm、60mg/m³（短期接触限值）（经皮）（美国政府工业卫生学家会议 1997 年）。最高容许浓度：皮肤吸收；致癌物类别：3B（德国，2009 年） 接触途径：该物质可通过吸入、经皮肤和食入吸收到体内 吸入危险性：20℃时该物质蒸发，相当慢地达到空气中有害浓度 短期接触的影响：该物质刺激眼睛、皮肤和呼吸道。远超过职业接触限值接触时，可能导致意识降低 长期或反复接触的影响：液体使皮肤脱脂。该物质可能对中枢神经系统有影响		
物理性质	沸点：170℃ 熔点：-15℃ 相对密度（水=1）：1.13 水中溶解度：混溶 蒸气压：20℃时 53Pa 蒸气相对密度（空气=1）：3.4 蒸气/空气混合物的相对密度（20℃，空气=1）：1.00 闪点：65℃（闭杯）；75℃（开杯） 自燃温度：491℃ 爆炸极限：在空气中 1.8%～16.3%（体积） 辛醇/水分配系数的对数值：0.28		
环境数据			
注解	其它熔点：-31℃。超过接触限值时，气味报警不充分		

IPCS
International
Programme on
Chemical Safety

本卡片由 IPCS 和 EC 合作编写 © 2004～2012

国际化学品安全卡

α-六六六			ICSC 编号：0795

CAS 登记号：319-84-6
RTECS 号：GV3500000
UN 编号：2761
EC 编号：602-042-00-0
中国危险货物编号：2761

中文名称：α-六六六；α-1,2,3,4,5,6-六六六；α-六氯化苯；α-BHC
英文名称：alpha-HEXACHLOROCYCLOHEXANE;
alpha-1,2,3,4,5,6-Hexachlorocyclohexane; alpha-Benzenehexachloride
(alpha-BHC); alpha-Hexachloran

分子量：290.8　　　　　　　　　　　化学式：$C_6H_6Cl_6$

危害/接触类型	急性危害/症状	预防	急救/消防
火　灾	不可燃。含有机溶剂的液体制剂可能是易燃的。在火焰中释放出刺激性或有毒烟雾（或气体）		周围环境着火时，使用适当的灭火剂
爆　炸	如果制剂中含有易燃/爆炸性溶剂，有着火和爆炸的危险		着火时，喷雾状水保持料桶等冷却
接　触		避免一切接触！避免哺乳妇女接触！	
# 吸入	咳嗽。咽喉痛。见食入	避免吸入。粉尘	新鲜空气，休息。如果感觉不舒服，需就医
# 皮肤	可能被吸收！	防护手套。防护服	急救时戴防护手套。脱去污染的衣服。冲洗，然后用水和肥皂清洗皮肤。如果感觉不舒服，需就医
# 眼睛	发红	面罩，或眼睛防护结合呼吸防护	用大量水冲洗（如可能尽量摘除隐形眼镜）
# 食入	头痛。恶心。呕吐。腹泻。头晕。震颤。惊厥。	工作时不得进食，饮水或吸烟。进食前洗手	漱口。用水冲服活性炭浆，如果惊厥发生，则不可行。立即给予医疗护理
泄漏处置	将泄漏物清扫进非金属、可密闭容器中，如果适当，首先润湿防止扬尘。小心收集残余物，然后转移到安全场所。不要让该化学品进入环境。个人防护用具：适应于该物质空气中浓度的有机气体和颗粒物过滤呼吸器。化学防护服包括自给式呼吸器。防护手套		
包装与标志	不得与食品和饲料一起运输 欧盟危险性类别：T 符号 N 符号 标记：C　R:21-25-40-50/53　S:1/2-22-36/37-45-60-61 联合国危险性类别：6.1　　　联合国包装类别：III 中国危险性类别：第 6.1 项 毒性物质　中国包装类别：III GHS 分类：信号词：危险 图形符号：骷髅和交叉骨-健康危险-环境 危险说明：吞咽会中毒；皮肤接触可能有害；怀疑致癌；可能对母乳喂养的小儿造成伤害；对中枢神经系统造成损害；长期或反复接触可能对肝和肾造成损害；对水生生物毒性非常大并具有长期持续影响		
应急响应			
储存	严格密封。储存在没有排水管或下水道的场所。注意收容灭火产生的废水。与碱、金属、食品和饲料分开存放		
重要数据	物理状态、外观：晶体粉末，有特殊气味 化学危险性：与高温表面或火焰接触时，该物质分解生成含有氯、氯化氢和光气的有毒和腐蚀性烟雾。 职业接触限值：阈限值未制定标准。最高容许浓度：（可吸入粉尘），$0.5mg/m^3$；最高限值种类：II（8）；皮肤吸收（德国，2009 年）。见注解 接触途径：该物质可通过吸入其气溶胶、经皮肤和经食入吸收到体内 吸入危险性：扩散时可较快地达到空气中颗粒物有害浓度 短期接触的影响：该物质可能对中枢神经系统造成影响，导致惊厥 长期或反复接触的影响：该物质可能对中枢神经系统、肾和肝脏有影响。该物质很可能是人类致癌物		
物理性质	沸点：288℃ 熔点：157～160℃ 密度：1.9g/cm³	蒸气压：20℃时 0.003Pa 蒸气相对密度（空气=1）：10 辛醇/水分配系数的对数值：3.8	
环境数据	该物质对水生生物有极高毒性。该化学品可能沿食物链，例如在鱼体内和在海产食品中发生生物蓄积。该物质可能在水生环境中造成长期影响。该物质在正常使用过程中进入环境。但是要特别注意避免任何额外的释放，例如通过不适当处置活动		
注解	该物质是杀虫剂六六六（混合异构体）的一种成分。商业制剂中使用的载体溶剂可能改变其物理和毒理学性质。惊厥症状直到半小时到几小时以后才变得明显。不要将工作服带回家中。不要在火焰或高温表面附近或焊接时使用。职业接触限值:最高容许浓度值以工业级 α 和 β 异构体混合物计(0.5 mg/m³=（α-HCH）/5+β-HCH)		

IPCS
International
Programme on
Chemical Safety

本卡片由 IPCS 和 EC 合作编写 © 2004～2012

国际化学品安全卡

CAS 登记号：319-85-7	中文名称：β-六六六；1α,2β,3α,4β,5α,6β-六六六；β-1,2,3,4,5,6-六六六；β-六氯化苯(β-BHC)
RTECS 号：GV4375000	
UN 编号：2761	英文名称：beta-HEXACHLOROCYCLOHEXANE;
EC 编号：602-042-00-0	1-alpha,2-beta,3-alpha,4-beta,5-alpha,6-beta-Hexachlorocyclohexane;
中国危险货物编号：2761	beta-1,2,3,4,5,6-Hexachlorocyclohexane; beta-Benzenehexachloride (beta-BHC)

分子量：290.8	化学式：$C_6H_6Cl_6$

危害/接触类型	急性危害/症状	预防	急救/消防
火 灾	不可燃。在火焰中释放出刺激性或有毒烟雾（或气体）		周围环境着火时，使用适当的灭火剂
爆 炸	如果制剂中含有易燃/爆炸性溶剂，有着火和爆炸的危险		着火时，喷雾状水保持料桶等冷却
接 触		避免一切接触！避免哺乳妇女接触！	
# 吸入	咳嗽。咽喉痛。见食入	避免吸入粉尘	新鲜空气，休息。如果感觉不舒服，需就医
# 皮肤	可能被吸收！	防护手套。防护服	急救时戴防护手套。脱去污染的衣服。冲洗，然后用水和肥皂清洗皮肤。如果感觉不舒服，需就医
# 眼睛	发红	面罩，或如为粉末，眼睛防护结合呼吸防护	先用大量水冲洗几分钟（如可能尽量摘除隐形眼镜），然后就医
# 食入	头痛。恶心。呕吐。头晕。腹泻。震颤。惊厥	工作时不得进食，饮水或吸烟。进食前洗手	漱口。用水冲服活性炭浆，如果惊厥发生则不可行。立即给予医护护理

泄漏处置	不要让该化学品进入环境。将泄漏物清扫进非金属、可密闭的容器中，如果适当，首先润湿防止扬尘。小心收集残余物，然后转移到安全场所。个人防护用具：适应于该物质空气中浓度的有机气体和颗粒物过滤呼吸器，化学防护服包括自给式呼吸器防护手套
包装与标志	不得与食品和饲料一起运输 欧盟危险性类别：T 符号 N 符号 标记：C R:21-25-40-50/53 S:1/2-22-36/37-45-60-61 联合国危险性类别：6.1 联合国包装类别：III 中国危险性类别：第 6.1 项 毒性物质 中国包装类别：III GHS 分类：信号词：危险 图形符号：骷髅和交叉骨-健康危险-环境 危险说明：吞咽会中毒；接触皮肤可能有害；怀疑致癌；可能对母乳喂养的小儿造成伤害；可能对中枢神经系统造成损害；长期或反复吞咽可能对肝和肾造成损害；对水生生物毒性非常大并具有长期持续影响
应急响应	
储存	严格密封。储存在没有排水管或下水道的场所。注意收容灭火产生的废水。与碱、金属、食品和饲料分开存放
重要数据	物理状态、外观：白色晶体粉末 化学危险性：与高温表面或火焰接触时，该物质分解生成含有氯、氯化氢和光气的有毒和腐蚀性烟雾。 职业接触限值：阈限值未制定标准。最高容许浓度：（可吸入粉尘）0.5mg/m³；最高限值种类：II（8）；皮肤吸收（德国，2009 年）。（见注解） 接触途径：该物质可通过吸入其气溶胶、经皮肤和经食入吸收到体内 吸入危险性：扩散时可较快地达到空气中颗粒物有害浓度 短期接触的影响：该物质可能对中枢神经系统有影响，导致惊厥 长期或反复接触的影响：该物质可能对中枢神经系统有影响。该物质可能是人类致癌物。动物实验表明，该物质可能造成人类生殖产生毒性影响

物理性质	沸点：在 0.07kPa 时 60℃ 熔点：309℃ 密度：1.9g/cm³	水中溶解度：（难溶） 蒸气压：20℃时 0.7Pa 辛醇/水分配系数的对数值：3.8

环境数据	该物质对水生生物有极高毒性。该化学品可能沿食物链，例如在鱼体内和在海产食品中发生生物蓄积。该物质可能在水生环境中造成长期影响。该物质在正常使用过程中进入环境。但是要特别注意避免任何额外的释放，例如通过不适当的处置活动
注解	该物质是杀虫剂六六六（异构体混合物）的一种成分。商业制剂中使用的载体溶剂可能改变其物理和毒理学性质。不要将工作服带回家中。不要在火焰或高温表面附近或焊接时使用。职业接触限值：最高容许浓度值以工业级 α 和 β 异构体混合物计（0.5 mg/m³=（α-HCH）/5+β-HCH）

国际化学品安全卡

伏杀硫磷			ICSC 编号：0797

CAS 登记号：2310-17-0	中文名称：伏杀硫磷；S-(6-氯-2,3-二氢-2-氧代苯并噁唑-3-基甲基) O,O-二
RTECS 号：TD5175000	乙基二硫代磷酸酯；伏杀磷
UN 编号：2783	英文名称：PHOSALONE; S-(6-chloro-2,3-dihydro-2-
EC 编号：015-067-00-1	oxobenzoxazol-3-ylmethyl) O,O-diethyl phosphorodithioate; Benzphos
中国危险货物编号：2783	
分子量：367.8	化学式：C₁₂H₁₅ClNO₄PS₂

化学式：$C_{12}H_{15}ClNO_4PS_2$

危害/接触类型	急性危害/症状	预防	急救/消防
火 灾	可燃的。含有机溶剂的液体制剂可能是易燃的。释放出腐蚀性和有毒烟雾（或气体）着火时	禁止明火	雾状水，干粉
爆 炸			
接 触		防止粉尘扩散！	
# 吸入	头晕。恶心。肌肉抽搐。出汗。瞳孔收缩，肌肉痉挛，多涎。呕吐。腹泻。呼吸困难。惊厥。咳嗽。视力模糊。神志不清	避免吸入微细粉尘和烟云。局部排气通风或呼吸防护	立即给予医疗护理
# 皮肤	发红。（另见吸入）	防护手套。防护服	脱去污染的衣服。冲洗，然后用水和肥皂清洗皮肤。立即给予医疗护理
# 眼睛	发红	面罩，如为粉末，眼睛防护结合呼吸防护	先用大量水冲洗几分钟(如可能尽量摘除隐形眼镜)，然后就医
# 食入	（另见吸入）	工作时不得进食，饮水或吸烟。进食前洗手	漱口。立即给予医疗护理

泄漏处置	将泄漏物清扫进可密闭容器中，如果适当，首先润湿防止扬尘。小心收集残余物，然后转移到安全场所。不要让该化学品进入环境。个人防护用具：全套防护服包括自给式呼吸器
包装与标志	不得与食品和饲料一起运输。严重污染海洋物质 欧盟危险性类别：T 符号 N 符号　R:21-25-50/53　S:1/2-36/37-45-60-61 联合国危险性类别：6.1　　联合国包装类别：III 中国危险性类别：第 6.1 项 毒性物质　中国包装类别：III GHS 分类：信号词：危险 图形符号：骷髅和交叉骨-环境 危险说明：吞咽会中毒；皮肤接触会中毒；吸入有害；可能引起过敏皮肤反应；对水生生物毒性非常大
应急响应	
储存	与食品和饲料分开存放。严格密封。保存在通风良好的室内。注意收容灭火产生的废水。储存在没有排水管或下水道的场所
重要数据	物理状态、外观：晶体，有特殊气味 化学危险性：加热时该物质分解，生成含有氯化氢、氮氧化物、磷氧化物和硫氧化物的有毒和腐蚀性烟雾 职业接触限值：阈限值未制定标准。最高容许浓度未制定标准 接触途径：该物质可通过吸入、经皮肤和经食入吸收到体内 吸入危险性：可较快地达到空气中颗粒物有害浓度 短期接触的影响：胆碱酯酶抑制剂。该物质可能对神经系统有影响，导致惊厥和呼吸抑制。影响可能推迟显现。需进行医学观察。接触可能导致死亡。该物质轻度刺激眼睛和皮肤 长期或反复接触的影响：胆碱酯酶抑制剂。可能发生累积作用；见急性危害/症状。反复或长期接触可能引起皮肤过敏

物理性质	熔点：47.5~48℃	蒸气压：25℃时可忽略不计
	密度：1.4g/cm³	闪点：闪点：100℃ 闭杯
	水中溶解度：25℃时 0.0003g/100mL，难溶	辛醇/水分配系数的对数值：4.3

环境数据	该物质对水生生物有极高毒性。该物质在正常使用过程中进入环境。但是要特别注意避免任何额外的释放，例如通过不适当处置活动。该化学品可能发生生物蓄积
注解	商业制剂中使用的载体溶剂可能改变其物理和毒理学性质。不要将工作服带回家中。根据接触程度，建议定期进行医学检查。该物质中毒时，需采取必要的治疗措施；必须提供有指示说明的适当方法。如果该物质用溶剂配制，可参考这些溶剂的卡片

IPCS
International Programme on Chemical Safety

本卡片由 IPCS 和 EC 合作编写 © 2004~2012

国际化学品安全卡

异戊醇			ICSC 编号：0798

CAS 登记号：123-51-3
RTECS 号：EL5425000
UN 编号：1105
EC 编号：603-006-00-7
中国危险货物编号：1105

中文名称：异戊醇；3-甲基-1-丁醇；异丁基甲醇
英文名称：ISOAMYL ALCOHOL; 3-Methyl-1-butanol; Isopentyl alcohol; Isobutylcarbinol

分子量：88.2

化学式：$C_5H_{12}O/CH_3CH(CH_3)CH_2CH_2OH$

危害/接触类型	急性危害/症状	预防	急救/消防
火 灾	易燃的	禁止明火、禁止火花和禁止吸烟	干粉，抗溶性泡沫，二氧化碳
爆 炸	高于45℃时，可能形成爆炸性蒸气/空气混合物	高于45℃时，密闭系统，通风和防爆型电气设备	着火时喷雾状水保持料桶等冷却
接 触			
# 吸入	咳嗽，头晕，头痛，恶心，咽喉疼痛	通风，局部排气通风或呼吸防护	新鲜空气，休息，给予医疗护理
# 皮肤	皮肤干燥，发红，粗糙，疼痛	防护手套，防护服	脱掉污染的衣服，用大量水冲洗皮肤或淋浴
# 眼睛	发红，疼痛	安全护目镜，面罩或眼睛防护结合呼吸防护	先用大量水冲洗几分钟（如可能尽量摘除隐形眼镜），然后就医
# 食入	腹部疼痛，胸和胃灼烧感，神志不清，呕吐，虚弱	工作时不得进食、饮水或吸烟	漱口，用水冲服活性炭浆，不要催吐，给予医疗护理
泄漏处置	将泄漏液收集在可密闭容器中，用大量水冲净残余物		
包装与标志	欧盟危险性类别：Xn 符号 标记：C R:10-20-37-66 S:2-46 联合国危险性类别：3 联合国包装类别：III 中国危险性类别：第3类 易燃液体 中国包装类别：III		
应急响应	运输应急卡：TEC（R）-30GF1-II 美国消防协会法规：H1（健康危险性）；F2（火灾危险性）；R0（反应危险性）		
储存	耐火设备（条件）。与强氧化剂分开存放		
重要数据	物理状态、外观：无色液体，有特殊气味 化学危险性：与强氧化剂激烈反应。与还原剂发生反应。与三硫化氢激烈反应，有爆炸危险 职业接触限值：阈限值：100ppm（时间加权平均值）；125ppm（短期接触限值）（美国政府工业卫生学家会议，2004年）。最高容许浓度：20ppm，73mg/m³；最高限值种类：I（4）；妊娠风险等级：C（德国，2009年） 接触途径：该物质可通过吸入和食入吸收到体内 吸入危险性：20℃时该物质蒸发相当缓慢地达到空气中有害污染浓度 短期接触的影响：该物质刺激眼睛和呼吸道。食入时，该物质可能对中枢神经系统有影响 长期或反复接触的影响：液体使皮肤脱脂		
物理性质	沸点：132℃ 熔点：-117℃ 相对密度（水=1）：0.8 水中溶解度：2.5g/100mL 蒸气压：20℃时0.4kPa 蒸气相对密度（空气=1）：3.0 蒸气/空气混合物的相对密度（20℃，空气=1）：1.01 闪点：45℃（闭杯）；55℃（开杯） 自燃温度：350℃ 爆炸极限：空气中100℃时，1.2%～9%（体积） 辛醇/水分配系数的对数值：1.42		
环境数据			
注解			

IPCS
International
Programme on
Chemical Safety

本卡片由 IPCS 和 EC 合作编写 © 2004～2012

国际化学品安全卡

马来酐			ICSC 编号：0799

CAS 登记号：108-31-6 RTECS 号：ON3675000 UN 编号：2215 EC 编号：607-096-00-9 中国危险货物编号：2215	中文名称：马来酐；2,5-呋喃二酮；二氢-2,5-二氧代呋喃；马来酸酐；顺丁二酸酐 英文名称：MALEIC ANHYDRIDE; 2,5-Furandione; Dihydro-2,5-dioxofuran; Maleic acid anhydride; cis-Butanedioic anhydride

分子量：98.1	化学式：$C_4H_2O_3$

危害/接触类型	急性危害/症状	预防	急救/消防
火 灾	可燃的	禁止明火	喷水，抗溶性泡沫，二氧化碳，禁用干粉
爆 炸	微细分散的颗粒物在空气中形成爆炸性混合物	防止粉尘沉积、密闭系统、防止粉尘爆炸型电气设备和照明	
接 触		严格作业环境管理！防止粉尘扩散！	
# 吸入	灼烧感。咳嗽。咽喉痛。呼吸短促。喘息	局部排气通风或呼吸防护	新鲜空气，休息。半直立体位。给予医疗护理
# 皮肤	皮肤干燥。发红。疼痛。（见注解）	防护手套或隔热手套。见注解。防护服	先用大量水冲洗，然后脱去污染的衣服并再次冲洗
# 眼睛	发红。疼痛。烧伤	安全护目镜，或如为粉末，眼睛防护结合呼吸防护	先用大量水冲洗几分钟（如可能尽量摘除隐形眼镜），然后就医
# 食入	恶心。腹部疼痛。灼烧感。呕吐。腹泻	工作时不得进食，饮水或吸烟	漱口。大量饮水。不要催吐。给予医疗护理

泄漏处置	将泄漏物清扫进有盖的容器中。个人防护用具：适用于有毒颗粒物的 P3 过滤呼吸器。化学防护服。使用面罩，隔热手套。见注解
包装与标志	气密。不得与食品和饲料一起运输 欧盟危险性类别：C 符号　R:22-34-42/43　　S:2-22-26-36/37/39-45 联合国危险性类别：8　　　　联合国包装类别：III 中国危险性类别：第 8 类腐蚀性物质　中国包装类别：III
应急响应	运输应急卡：TEC(R)-80S2215-S 美国消防协会法规：H3（健康危险性）；F1（火灾危险性）；R1（反应危险性）
储存	干燥。与强氧化剂、强碱、食品和饲料分开存放
重要数据	物理状态、外观：无色或白色晶体，有刺鼻气味 化学危险性：水溶液是一种中强酸。与强碱和强氧化剂发生反应 职业接触限值：阈限值：0.1ppm（时间加权平均值）；A4（不能分类为人类致癌物）；致敏剂（美国政府工业卫生学家会议，2005 年）。最高容许浓度：0.1ppm，$0.41mg/m^3$；呼吸道和皮肤致敏剂；最高限值种类：I（1）；妊娠风险等级：C（德国，2005 年） 接触途径：该物质可通过吸入其气溶胶，经皮肤和食入吸收到体内 吸入危险性：20℃时该物质蒸发相当快达到空气中有害污染浓度 短期接触的影响：该物质严重刺激眼睛、皮肤和呼吸道。吸入可能引起类似哮喘反应 长期或反复接触的影响：反复或长期与皮肤接触可能引起皮肤过敏。反复或长期吸入接触可能引起哮喘
物理性质	沸点：202℃ 熔点：53℃ 密度：$1.5g/cm^3$ 水中溶解度：反应 蒸气压：25℃时 25Pa	蒸气相对密度（空气=1）：3.4 闪点：102℃（闭杯） 自燃温度：477℃ 爆炸极限：空气中 1.4%~7.1%（体积）
环境数据	
注解	与灭火剂，如干粉激烈反应。根据接触程度，建议定期进行医疗检查。哮喘症状常常经过几个小时以后才变得明显，体力劳动使症状加重。因而休息和医学观察是必要的。因这种物质出现哮喘症状的任何人不应当再接触该物质。马来酸酐还以高温液体（70℃）形式运输。应当避免皮肤接触。超过接触限值时，气味报警不充分

IPCS
International
Programme on
Chemical Safety

本卡片由 IPCS 和 EC 合作编写 © 2004～2012

国际化学品安全卡

丙二醇一甲醚乙酸酯			ICSC 编号：0800

CAS 登记号：108-65-6 RTECS 号：AI8925000 UN 编号：1993 EC 编号：607-195-00-7 中国危险货物编号：1993	中文名称：丙二醇一甲醚乙酸酯；1-甲氧基-2-乙酰氧基丙烷；2-甲氧基-1-甲基乙基乙酸酯；1,2-丙二醇一甲醚乙酸酯；1-甲氧基-2-丙醇乙酸酯 英文名称：PROPYLENE GLYCOL MONOMETHYL ETHER ACETATE; 1-Methoxy-2-acetoxypropane; Acetic acid, 2-methoxy-1-methylethylester; 1,2-Propanediol monomethylether acetate; 1-Methoxy-2-propanol acetate
分子量：132.2	化学式：$C_6H_{12}O_3/CH_3COOCH(CH_3)CH_2OCH_3$

危害/接触类型	急性危害/症状	预防	急救/消防
火 灾	易燃的	禁止明火、禁止火花和禁止吸烟	抗溶性泡沫，干粉，水成膜泡沫，泡沫，二氧化碳
爆 炸	高于 42℃时，可能形成爆炸性蒸气/空气混合物	高于 42℃时，密闭系统，通风和防爆型电气设备	着火时喷雾状水保持料桶等冷却
接 触			
# 吸入	咳嗽，头晕，倦睡，头痛，恶心，咽喉痛	通风，局部排气通风或呼吸防护	新鲜空气，休息，给予医疗护理
# 皮肤	皮肤干燥，发红	防护手套，防护服	脱掉污染的衣服，用大量水冲洗皮肤或淋浴
# 眼睛	发红，疼痛	安全护目镜，面罩或眼睛防护结合呼吸防护	先用大量水冲洗几分钟（如可能尽量摘除隐形眼镜），然后就医
# 食入	腹部疼痛，腹泻，神志不清	工作时不得进食、饮水或吸烟	漱口，用水冲服活性浆，不要催吐，休息，给予医疗护理

泄漏处置	尽量将泄漏液收集在可密闭容器中。用大量水冲净残余物
包装与标志	欧盟危险性类别：Xi 符号　　R:10-36　　S:2-25 联合国危险性类别：3　　　　联合国包装类别：III 中国危险性类别：第 3 类 易燃液体　中国包装类别：III
应急响应	运输应急卡：TEC（R）-30G35 美国消防协会法规：H0（健康危险性）；F2（火灾危险性）；R0（反应危险性）
储存	耐火设备（条件）。与强氧化剂分开存放。干燥
重要数据	物理状态、外观：无色吸湿液体，有特殊气味 化学危险性：与强氧化剂发生反应 职业接触限值：阈限值未制定标准。最高容许浓度：50ppm，270mg/m³；最高限值种类：I(1)；妊娠风险等级：C（德国，2007 年） 接触途径：该物质可通过吸入其蒸气或气溶胶和食入吸收到体内 吸入危险性：20℃时该物质蒸发相当慢地达到空气中有害污染浓度 短期接触的影响：该物质刺激眼睛和呼吸道。高浓度接触时，可能导致中枢神经系统抑制 长期或反复接触的影响：液体使皮肤脱脂
物理性质	沸点：146℃ 相对密度（水=1）：0.96 水中溶解度：19.8g/100mL 蒸气压：25℃时 0.5kPa 蒸气相对密度（空气=1）：4.6 蒸气/空气混合物的相对密度（20℃，空气=1）：1.02 闪点：42℃（闭杯） 爆炸极限：在空气中，200℃时 1.5%～7.0%（体积）
环境数据	
注解	工业品中可能含有改变其毒性的杂质。该物质的人体健康影响数据不充分，因此，应当特别注意。商品名称为 Arcosolv PM acetate 和 Dowanol PGMA glycol ether acetate

IPCS
International
Programme on
Chemical Safety

UNEP

本卡片由 IPCS 和 EC 合作编写 © 2004～2012

国际化学品安全卡

2-甲基吡啶			ICSC 编号：0801

CAS 登记号：109-06-8
RTECS 号：TJ4900000
UN 编号：2313
EC 编号：613-036-00-2
中国危险货物编号：2313

中文名称：2-甲基吡啶；α-甲基吡啶；邻甲基吡啶
英文名称：2-METHYLPYRIDINE; 2-Picoline; alpha-Picoline; o-Picoline

分子量：93.1　　　　　　　　化学式：$C_6H_7N/C_5H_4N(CH_3)$

危害/接触类型	急性危害/症状	预防	急救/消防
火　灾	易燃的。在火焰中释放出刺激性或有毒烟雾（或气体）	禁止明火、禁止火花和禁止吸烟	干粉、抗溶性泡沫、雾状水、二氧化碳
爆　炸	高于 26℃，可能形成爆炸性蒸气/空气混合物	高于 26℃，使用密闭系统、通风和防爆型电气设备	着火时，喷雾状水保持料桶等冷却
接　触		防止产生烟云！	
# 吸入	咳嗽，头晕，倦睡，头痛，恶心，咽喉痛，神志不清，虚弱	通风，局部排气通风或呼吸防护	新鲜空气，休息，给予医疗护理
# 皮肤	可能被吸收！皮肤干燥，发红，灼烧感，疼痛，水疱。（另见吸入）	防护手套，防护服	脱去污染的衣服，用大量水冲洗皮肤或淋浴，给予医疗护理
# 眼睛	发红，疼痛，视力模糊，严重深度烧伤	面罩，或眼睛防护结合呼吸防护	先用大量水冲洗几分钟（如可能尽量摘除隐形眼镜），然后就医
# 食入	腹部疼痛，灼烧感，腹泻，呕吐。（另见吸入）	工作时不得进食，饮水或吸烟	漱口，不要催吐，给予医疗护理
泄漏处置	尽可能将泄漏液收集在可密闭的容器中。用砂土或惰性吸收剂吸收残液，并转移到安全场所。化学防护服包括自给式呼吸器		
包装与标志	污染海洋物质 欧盟危险性类别：Xn 符号　R:10-20/21/22-36/37　S:2-26-36 联合国危险性类别：3　　　联合国包装类别：III 中国危险性类别：第 3 类易燃液体　中国包装类别：III		
应急响应	运输应急卡：TEC(R)-832/30G35 美国消防协会法规：H2（健康危险性）；F2（火灾危险性）；R0（反应危险性）		
储存	耐火设备（条件）。与氧化剂分开存放		
重要数据	物理状态、外观：无色液体，有特殊气味 化学危险性：燃烧时，该物质分解生成含氮氧化物的有毒烟雾。与氧化剂发生反应。浸蚀铜及其合金 职业接触限值：阈限值未制定标准 接触途径：该物质可通过吸入其蒸气，经皮肤和食入吸收到体内 吸入危险性：20℃时该物质蒸发，相当快地达到空气中有害污染浓度 短期接触的影响：该物质腐蚀眼睛和皮肤。蒸气刺激呼吸道。高浓度下接触，可能导致神志不清 长期或反复接触的影响：液体使皮肤脱脂		
物理性质	沸点：128～129℃ 熔点：-70℃ 相对密度（水=1）：0.95 水中溶解度：混溶 蒸气压：20℃时 1.2kPa 蒸气相对密度（空气=1）：3.2 蒸气/空气混合物的相对密度（20℃，空气=1）：1.03 闪点：26℃（闭杯） 自燃温度：538℃ 爆炸极限：空气中 1.4%～8.6%（体积） 辛醇/水分配系数的对数值：1.1		
环境数据			
注解	还可参考卡片#0802（3-甲基吡啶）和#0803（4-甲基吡啶）		

IPCS
International
Programme on
Chemical Safety

   UNEP

本卡片由 IPCS 和 EC 合作编写 © 2004～2012

国际化学品安全卡

3-甲基吡啶			ICSC 编号：0802

CAS 登记号：108-99-6	中文名称：3-甲基吡啶；β-甲基吡啶；间甲基吡啶
RTECS 号：TJ5000000	英文名称：3-METHYLPYRIDINE; 3-Picoline; beta-Picoline; m-Picoline
UN 编号：2313	
中国危险货物编号：2313	

分子量：93.1 　　　　　　　　　　化学式：$C_6H_7N/(C_5H_4N)CH_3$

危害/接触类型	急性危害/症状	预防	急救/消防
火　灾	易燃的。在火焰中释放出刺激性或有毒烟雾（或气体）	禁止明火、禁止火花和禁止吸烟	干粉、抗溶性泡沫、雾状水、二氧化碳
爆　炸	高于38℃，可能形成爆炸性蒸气/空气混合物	高于38℃，使用密闭系统、通风和防爆型电气设备	着火时，喷雾状水保持料桶等冷却
接　触		防止产生烟云！	
# 吸入	咳嗽，头晕，倦睡，头痛，恶心，咽喉痛，神志不清，虚弱	通风，局部排气通风或呼吸防护	新鲜空气，休息，给予医疗护理
# 皮肤	可能被吸收！皮肤干燥，发红，灼烧感，疼痛，水疱。（另见吸入）	防护手套，防护服	脱去污染的衣服，用大量水冲洗皮肤或淋浴，给予医疗护理
# 眼睛	发红，疼痛，严重深度烧伤	面罩，或眼睛防护结合呼吸防护	先用大量水冲洗几分钟（如可能尽量摘除隐形眼镜），然后就医
# 食入	腹部疼痛，灼烧感，腹泻。（另见吸入）	工作时不得进食，饮水或吸烟	漱口，不要催吐，给予医疗护理
泄漏处置	尽可能将泄漏液收集在可密闭的容器中。用砂土或惰性吸收剂吸收残液，并转移到安全场所。化学防护服包括自给式呼吸器		
包装与标志	污染海洋物质 联合国危险性类别：3　联合国包装类别：III 中国危险性类别：第3类易燃液体　中国包装类别：III		
应急响应	运输应急卡：TEC(R)-832/30G35 美国消防协会法规：H2（健康危险性）；F2（火灾危险性）；R0（反应危险性）		
储存	耐火设备（条件）。与强氧化剂分开存放		
重要数据	物理状态、外观：无色液体，有特殊气味 化学危险性：燃烧时，该物质分解生成含氮氧化物的有毒烟雾。与氧化剂发生反应 职业接触限值：阈限值未制定标准 接触途径：该物质可通过吸入其蒸气，经皮肤和食入吸收到体内 吸入危险性：20℃时该物质蒸发，相当快地达到空气中有害污染浓度 短期接触的影响：该物质腐蚀眼睛和皮肤。蒸气刺激呼吸道，高浓度下接触，可能导致神志不清 长期或反复接触的影响：液体使皮肤脱脂		
物理性质	沸点：143～144℃ 熔点：-18℃ 相对密度（水=1）：0.96 水中溶解度：混溶 蒸气压：20℃时 0.6kPa 蒸气相对密度（空气=1）：3.2 蒸气/空气混合物的相对密度（20℃，空气=1）：1.01 闪点：38℃（闭杯） 爆炸极限：空气中 1.3%～8.7%（体积） 辛醇/水分配系数的对数值：1.20		
环境数据			
注解	还可参考卡片#0801（2-甲基吡啶）和#0803（4-甲基吡啶）		

IPCS
International Programme on Chemical Safety

本卡片由 IPCS 和 EC 合作编写 © 2004～2012

国际化学品安全卡

4-甲基吡啶			ICSC 编号：0803

CAS 登记号：108-89-4
RTECS 号：UT5425000
UN 编号：2313
EC 编号：613-037-00-8
中国危险货物编号：2313

中文名称：4-甲基吡啶；γ-甲基吡啶；对甲基吡啶
英文名称：4-METHYLPYRIDINE; 4-Picoline; gamma-picoline; p-Picoline

分子量：93.1　　　　　　　　　　　　化学式：$C_6H_7N/(C_5H_4N)CH_3$

危害/接触类型	急性危害/症状	预防	急救/消防
火灾	易燃的。在火焰中释放出刺激性或有毒烟雾（或气体）	禁止明火、禁止火花和禁止吸烟	干粉、抗溶性泡沫、雾状水、二氧化碳
爆炸	高于57℃，可能形成爆炸性蒸气/空气混合物	高于57℃，使用密闭系统、通风和防爆型电气设备	着火时，喷雾状水保持料桶等冷却
接触		防止产生烟云！	
# 吸入	灼烧感，咳嗽，头晕，倦睡，头痛，恶心，咽喉痛，神志不清，虚弱	通风，局部排气通风或呼吸防护	新鲜空气，休息，给予医疗护理
# 皮肤	可能被吸收！皮肤干燥，发红，灼烧感，疼痛，水疱。（另见吸入）	防护手套，防护服	脱去污染的衣服，用大量水冲洗皮肤或淋浴，给予医疗护理
# 眼睛	发红，疼痛，严重深度烧伤	面罩，或眼睛防护结合呼吸防护	先用大量水冲洗几分钟（如可能尽量摘除隐形眼镜），然后就医
# 食入	腹部疼痛，灼烧感，腹泻，呕吐。（另见吸入）	工作时不得进食，饮水或吸烟	漱口，不要催吐，休息，给予医疗护理

泄漏处置	尽可能将泄漏液收集在可密闭的容器中。用砂土或惰性吸收剂吸收残液，并转移到安全场所。化学防护服包括自给式呼吸器
包装与标志	污染海洋物质 欧盟危险性类别：T 符号　　R:10-20/22-24-36/37/38 S:1/2-26-36-45 联合国危险性类别：3　　联合国包装类别：III 中国危险性类别：第3类易燃液体　中国包装类别：III
应急响应	运输应急卡：TEC(R)-832/30G35 美国消防协会法规：H2（健康危险性）；F2（火灾危险性）；R0（反应危险性）
储存	耐火设备（条件）。与强氧化剂分开存放。严格密封
重要数据	物理状态、外观：无色液体，有特殊气味 化学危险性：燃烧时，该物质分解生成含氮氧化物的有毒烟雾。与氧化剂发生反应 职业接触限值：阈限值未制定标准 接触途径：该物质可通过吸入经皮肤和经食入吸收到体内 吸入危险性：20℃时该物质蒸发，相当快地达到空气中有害污染浓度 短期接触的影响：该物质腐蚀眼睛和皮肤。蒸气刺激呼吸道。高浓度下接触可能导致神志不清 长期或反复接触的影响：液体使皮肤脱脂
物理性质	沸点：144～145℃ 熔点：3.7℃ 相对密度（水=1）：0.96 水中溶解度：混溶 蒸气压：25℃时 0.76kPa 蒸气相对密度（空气=1）：3.2 蒸气/空气混合物的相对密度（20℃，空气=1）：1.02 闪点：57℃（开杯） 爆炸极限：空气中 1.3%～8.7%（体积） 辛醇/水分配系数的对数值：1.2
环境数据	
注解	还可参考卡片#0801（2-甲基吡啶）和#0802（3-甲基吡啶）

IPCS
International
Programme on
Chemical Safety

本卡片由 IPCS 和 EC 合作编写 © 2004～2012

国际化学品安全卡

4-硝基-N-苯基苯胺		ICSC 编号：0804

CAS 登记号：836-30-6
RTECS 号：JJ9600000
UN 编号：1325
中国危险货物编号：1325

中文名称：4-硝基-N-苯基苯胺；4-硝基二苯胺；对硝基二苯胺；对硝基苯基苯胺

英文名称：4-NITRO-N-PHENYLBENZENAMINE; 4-Nitrodiphenylamine; p-Nitrodiphenylamine; p-Nitrophenylphenylamine; 4-Nitro-N-phenylaniline

分子量：214.2

化学式：$C_{12}H_{10}N_2O_2/C_6H_5(NH)C_6H_4(NO_2)$

危害/接触类型	急性危害/症状	预防	急救/消防
火　灾	可燃的。在火焰中释放出刺激性或有毒烟雾（或气体）	禁止明火	干粉、雾状水、泡沫、二氧化碳
爆　炸			
接　触		防止粉尘扩散！	
# 吸入	嘴唇发青或手指发青，皮肤发青，头晕，头痛，意识模糊，惊厥，恶心，神志不清	局部排气通风或呼吸防护	新鲜空气，休息，给予医疗护理
# 皮肤		防护手套	脱去污染的衣服，用大量水冲洗皮肤或淋浴
# 眼睛		护目镜，或眼睛防护结合呼吸防护	先用大量水冲洗几分钟（如可能尽量摘除隐形眼镜），然后就医
# 食入	（见吸入）	工作时不得进食，饮水或吸烟	漱口，给予医疗护理

泄漏处置	将泄漏物清扫进容器中。如果适当，首先润湿防止扬尘。小心收集残余物，然后转移到安全场所。不要让该化学品进入环境。个人防护用具：自给式呼吸器
包装与标志	联合国危险性类别：4.1　联合国包装类别：III 中国危险性类别：第 4.1 项易燃固体　中国包装类别：III
应急响应	运输应急卡：TEC(R)-41G10
储存	与强氧化剂、强碱分开存放。阴凉场所。干燥
重要数据	物理状态、外观：黄色针状 化学危险性：加热或燃烧时，该物质分解生成氮氧化物有毒烟雾。与强氧化剂发生反应 职业接触限值：阈限值未制定标准 接触途径：该物质可通过吸入和经食入吸收到体内 吸入危险性：20℃时蒸发可忽略不计，但扩散时可较快地达到空气中颗粒物有害浓度 短期接触的影响：该物质可能对血液有影响，导致形成正铁血红蛋白。需进行医学观察。影响可能推迟显现
物理性质	沸点：343℃ 熔点：132～135℃ 水中溶解度：不溶 蒸气压：25℃时可忽略不计 闪点：190℃（开杯） 辛醇/水分配系数的对数值：3.82
环境数据	该物质对水生生物有极高毒性。由于在环境中的持久性，强烈建议不要让该化学品进入环境。该物质可能在水生环境中造成长期影响
注解	根据接触程度，建议定期进行医疗检查。该物质中毒时需采取必要的治疗措施。必须提供有指示说明的适当方法

IPCS
International
Programme on
Chemical Safety

本卡片由 IPCS 和 EC 合作编写 © 2004～2012

国际化学品安全卡

对苯二胺				ICSC 编号：0805

CAS 登记号：106-50-3	中文名称：对苯二胺；1,4-二氨基苯；1,4-苯二胺；对氨基苯胺
RTECS 号：SS8050000	英文名称：*p*-PHENYLENEDIAMINE; 1,4-Diaminobenzene;
UN 编号：1673	1,4-Benzenediamine; p-Aminoaniline
EC 编号：612-028-00-6	
中国危险货物编号：1673	
分子量：108.2	化学式：$C_6H_8N_2/C_6H_4(NH_2)_2$

危害/接触类型	急性危害/症状	预防	急救/消防
火 灾	可燃的。在火焰中释放出刺激性或有毒烟雾（或气体）	禁止明火	干粉，雾状水
爆 炸	微细分散的颗粒物在空气中形成爆炸性混合物。与强氧化剂接触，有着火和爆炸危险	防止粉尘沉积、密闭系统、防止粉尘爆炸型电气设备和照明	
接 触		严格作业环境管理！	
# 吸入	咳嗽，头晕，头痛，呼吸困难。（见食入）	局部排气通风或呼吸防护	新鲜空气，休息，半直立体位，给予医疗护理
# 皮肤	可能被吸收！发红	防护手套，防护服	先用大量水冲洗，然后脱掉污染的衣服，再次冲洗，给予医疗护理
# 眼睛	发红，疼痛，眼睑肿胀，视力模糊，甚至永久性失明	安全护目镜，面罩或眼睛防护结合呼吸防护	先用大量水冲洗几分钟（如可能尽量摘除隐形眼镜），然后就医
# 食入	腹部疼痛，唇部或指甲发青，皮肤发青，倦睡，呼吸困难，气促，虚弱，惊厥	工作时不得进食、饮水或吸烟	漱口，用水冲服活性炭浆，给予医疗护理

泄漏处置	将泄漏物清扫进容器中。如果适当，首先润湿防止扬尘。小心收集残余物，然后转移到安全场所。不要使用锯末或其他可燃吸收剂吸收。不要让该化学品进入环境。个人防护用具：适用于有毒颗粒物的P3 过滤呼吸器
包装与标志	气密。不得与食品和饲料一起运输 欧盟危险性类别：T+符号 N 符号 标记：C R:23/24/25-43-50/53 S:1/2-28-36/37-45-60/61 联合国危险性类别：6.1 联合国包装类别：III 中国危险性类别：第 6.1 项毒性物质 中国包装类别：III
应急响应	运输应急卡：TEC（R）-61S1673-S 或 61GT2-III
储存	与强氧化剂、强酸、酸酐、食品和饲料分开存放。储存在阴暗处。严格密封
重要数据	物理状态、外观：白色至浅红色晶体。遇空气变暗 物理危险性：如果以粉末或颗粒形状与空气混合，可能发生粉尘爆炸 化学危险性：燃烧时，该物质分解生成氮氧化物有毒烟雾。该物质是一种强还原剂，与氧化剂激烈反应 职业接触限值：阈限值:0.1ppm（时间加权平均值）;A4（不能分类为人类致癌物）（美国政府工业卫生学家会议,2004 年）。最高容许浓度:$0.1mg/m^3$（可吸入粉尘）；H（皮肤吸收）；致癌物类别：B；妊娠风险等级：D（德国，2004 年） 接触途径：该物质可通过吸入、经皮肤和食入吸收到体内 吸入危险性：20℃时该物质蒸发不会或很缓慢地达到空气中有害污染浓度，但喷洒或扩散时快得多。 短期接触的影响：该物质刺激眼睛。吸入粉尘可能引起哮喘反应（见注解）。食入时，可能发现嘴和咽喉肿大。该物质可能对血液有影响，导致形成正铁血红蛋白。接触可能导致死亡 长期或反复接触的影响：反复或长期接触可能引起皮肤过敏。反复或长期吸入接触可能引起哮喘。该物质可能对肾有影响，导致肾损害
物理性质	沸点：267℃ 熔点：139~147℃ 相对密度（水=1）：1.1 水中溶解度：25℃时 4g/100mL 蒸气压：100℃时 144Pa	蒸气相对密度（空气=1）：3.7 闪点：156℃（闭杯） 自燃温度：400℃ 爆炸极限：在空气中 1.5%~?（体积）
环境数据	该物质对水生生物有极高毒性	
注解	根据接触程度，需定期进行医疗检查。哮喘症状常常几小时以后才变得明显，体力劳动使症状加重。因而休息和医学观察是必要的。有哮喘症状的人切勿再接触该物质。中毒时须采取必要的治疗措施。必须提供有指示说明的适当方法。未指明气味与职业接触限值之间的关系。用大量水冲洗污染的衣服（有着火的危险）。商品名称有：Benzofur D, Developer PF, Fourine D, Pelagon D, Orsin, Ursol-D 和 Vulkanox 4020	

IPCS
International
Programme on
Chemical Safety

本卡片由 IPCS 和 EC 合作编写 © 2004～2012

国际化学品安全卡

丙酸		ICSC 编号：0806

CAS 登记号： 79-09-4
RTECS 号： UE5950000
UN 编号： 1848
EC 编号： 607-089-00-0
中国危险货物编号： 1848

中文名称： 丙酸；乙基甲酸；甲基乙酸；乙烷羧酸
英文名称： PROPIONIC ACID; Ethylformic acid; Methylacetic acid; Propanoic acid; Ethanecarboxylic acid

分子量： 74.1　　　　　　　　　　　**化学式：** $C_3H_6O_2/CH_3CH_2COOH$

危害/接触类型	急性危害/症状	预防	急救/消防
火　灾	易燃的	禁止明火、禁止火花和禁止吸烟	干粉，抗溶性泡沫，雾状水，二氧化碳
爆　炸	高于 54℃时，可能形成爆炸性蒸气/空气混合物	高于 54℃时，密闭系统，通风和防爆型电气设备	着火时喷雾状水保持料桶等冷却
接　触		避免一切接触！	
# 吸入	灼烧感，咳嗽，气促，咽喉痛	通风，局部排气通风或呼吸防护	新鲜空气，休息，半直立体位，给予医疗护理
# 皮肤	皮肤烧伤，疼痛，水疱	防护手套，防护服	脱掉污染的衣服，用大量水冲洗皮肤或淋浴，给予医疗护理
# 眼睛	发红，疼痛，视力模糊，严重深度烧伤	面罩	先用大量水冲洗几分钟（如可能尽量摘除隐形眼镜），然后就医
# 食入	胃疼挛，灼烧感，恶心，咽喉痛，休克或虚脱，呕吐	工作时不得进食，饮水或吸烟	漱口，饮用 1～2 杯水，不要催吐。给予医疗护理
泄漏处置	尽量将泄漏液收集在可密闭容器中。用砂土或惰性吸收剂吸收残液并转移到安全场所。不要让该化学品进入环境。个人防护用具：化学防护服包括自给式呼吸器		
包装与标志	不得与食品和饲料一起运输 欧盟危险性类别：C 符号 标记：B　R:34　S:1/2-23-36-45 联合国危险性类别：8　　　联合国包装类别：III 中国危险性类别：第 8 类 腐蚀性物质　中国包装类别：III		
应急响应	运输应急卡：TEC（R）-642 美国消防协会法规：H3（健康危险性）；F2（火灾危险性）；R0（反应危险性）		
储存	与强氧化剂、强碱、食品和饲料分开存放。储存在没有排水管或下水道的场所		
重要数据	**物理状态、外观：** 无色油状液体，有刺鼻气味 **化学危险性：** 该物质是一种中强酸。与氧化剂和胺发生反应，有着火和爆炸危险。浸蚀许多金属，生成易燃/爆炸性气体氢（见卡片#0001） **职业接触限值：** 阈限值：10ppm，30mg/m³（美国政府工业卫生学家会议，1997 年）。最高容许浓度：10ppm，31mg/m³；最高限值种类：I(2)；妊娠风险等级：C（德国，2009 年） **接触途径：** 该物质可通过吸入其蒸气和食入吸收到体内 **吸入危险性：** 20℃时该物质蒸发可相当快地达到空气中有害污染浓度 **短期接触的影响：** 该物质腐蚀眼睛、皮肤和呼吸道		
物理性质	沸点：141℃ 熔点：-21℃ 相对密度（水=1）：0.99 水中溶解度：易溶 蒸气压：20℃时 390Pa 蒸气相对密度（空气=1）：2.6 蒸气/空气混合物的相对密度（20℃，空气=1）：1.01 闪点：54℃（闭杯）；57℃（开杯） 自燃温度：485℃ 爆炸极限：在空气中 2.1%～12%（体积） 辛醇/水分配系数的对数值：0.33		
环境数据	该物质对水生生物是有害的		
注解	商品名称有：Luprosil，Prozoin，Tenox P Grain Preservative 和 Tenox P		

IPCS
International Programme on Chemical Safety

UNEP

本卡片由 IPCS 和 EC 合作编写 © 2004～2012

国际化学品安全卡

鳞石英	ICSC 编号：0807

CAS 登记号：15468-32-3	中文名称：鳞石英；晶体硅石鳞石英；晶体二氧化硅鳞石英
RTECS 号：VV3350000	英文名称：TRIDYMITE; Crystalline silica, tridymite; Crystalline silicon dioxide, tridymite

分子量：60.1	化学式：SiO$_2$

危害/接触类型	急性危害/症状	预防	急救/消防
火 灾	不可燃		周围环境着火时，允许使用各种灭火剂
爆 炸			
接 触		防止粉尘扩散！	
# 吸入	咳嗽	局部排气通风或呼吸防护	
# 皮肤			
# 眼睛		安全护目镜或眼睛防护结合呼吸防护	
# 食入			

泄漏处置	把泄漏物清扫进容器中。如果适当，首先润湿防止扬尘。用大量水冲净残余物。个人防护用具：适用于有毒颗粒物的 P3 过滤呼吸器
包装与标志	
应急响应	
储存	

重要数据	物理状态、外观：无色或白色晶体 化学危险性：与强氧化剂发生反应，有着火和爆炸危险 职业接触限值：阈限值：0.05mg/m³（可呼吸粉尘）（美国政府工业卫生学家会议，1997 年）。最高容许浓度：致癌物类别：I（德国，2005 年） 接触途径：该物质可通过吸入吸收到体内 吸入危险性：20℃时蒸发可忽略不计，但扩散时可较快地达到空气中颗粒物有害浓度 长期或反复接触的影响：该物质可能对肺有影响，导致尘肺病（矽肺）。该物质可能是人类致癌物

物理性质	沸点：2230℃ 熔点：1703℃ 相对密度（水=1）：2.3 水中溶解度：不溶

环境数据	
注解	根据接触程度，需定期进行医学检查

IPCS
International
Programme on
Chemical Safety

本卡片由 IPCS 和 EC 合作编写 © 2004～2012

国际化学品安全卡

石英			ICSC 编号：0808

CAS 登记号：14808-60-7
RTECS 号：VV7330000

中文名称：石英；结晶二氧化硅；结晶硅石；硅（酸）酐
英文名称：QUARTZ; Crystalline silica, quartz; Crystalline silicon dioxide, quartz; Silicic anhydride

分子量：60.1　　　　　　　　　　　化学式：SiO_2

危害/接触类型	急性危害/症状	预防	急救/消防
火　灾	不可燃		周围环境着火时，各种灭火剂均可用
爆　炸			
接　触		防止粉尘扩散！避免一切接触！	
# 吸入	咳嗽	避免吸入粉尘。局部排气通风或呼吸防护	新鲜空气，休息
# 皮肤	发红	防护手套	冲洗，然后用水和肥皂清洗皮肤。
# 眼睛	发红。疼痛	安全护目镜，眼睛防护结合呼吸防护	用大量水冲洗（如可能尽量摘除隐形眼镜）
# 食入		工作时不得进食，饮水或吸烟	

泄漏处置	将泄漏物清扫进容器中，如果适当，首先润湿防止扬尘。用大量水冲净残余物。个人防护用具：适应于该物质空气中浓度的颗粒物过滤呼吸器
包装与标志	GHS 分类：信号词：危险 图形符号：健康危险 危险说明：吸入可能致癌；长期或反复吸入对肺造成损害
应急响应	
储存	
重要数据	物理状态、外观：无色，白色晶体 职业接触限值：阈限值：0.025mg/m³（可呼吸粉尘）；A2（可疑人类致癌物）（美国政府工业卫生学家会议，2010 年）。最高容许浓度：致癌物类别：1（德国，2009 年） 接触途径：该物质可通过吸入吸收到体内 吸入危险性：扩散时，可较快地达到空气中颗粒物有害浓度 短期接触的影响：可能引起机械刺激 长期或反复接触的影响：该物质可能对肺有影响，导致纤维变性(硅肺病)。该物质是人类致癌物
物理性质	沸点：2230℃ 熔点：1610℃ 相对密度（水=1）：2.6 水中溶解度：不溶
环境数据	
注解	根据接触程度，建议定期进行医学检查。不要将工作服带回家中

IPCS
International
Programme on
Chemical Safety

  UNEP

本卡片由 IPCS 和 EC 合作编写 © 2004～2012

国际化学品安全卡

方英石			ICSC 编号：0809

CAS 登记号：14464-46-1	中文名称：方英石；晶体硅石方英石；晶体二氧化硅方英石
RTECS 号：VV7325000	英文名称：CRISTOBALITE; Crystalline silica, cristobalite ; Crystalline silicon dioxide, cristobalite

分子量：60.1	化学式：SiO$_2$

危害/接触类型	急性危害/症状	预防	急救/消防
火 灾	不可燃		周围环境着火时，允许使用各种灭火剂
爆 炸			
接 触		防止粉尘扩散！	
# 吸入	咳嗽	局部排气通风或呼吸防护	
# 皮肤			
# 眼睛		安全护目镜或眼睛防护结合呼吸防护	
# 食入			
泄漏处置	把泄漏物清扫进容器中。如果适当，首先润湿防止扬尘。用大量水冲净残余物。个人防护用具：适用于有毒颗粒物的 P3 过滤呼吸器		
包装与标志			
应急响应			
储存			
重要数据	物理状态、外观：无色或白色晶体 化学危险性：与强氧化剂反应，有着火和爆炸危险 职业接触限值：阈限值：（可呼吸粉尘）0.025mg/m^3；A2（可疑人类致癌物）（美国政府工业卫生学家会议，2006 年）。最高容许浓度：致癌物类别：I（德国，2005 年） 接触途径：该物质可通过吸入吸收到体内 吸入危险性：20℃时蒸发可忽略不计，但扩散时可较快地达到空气中颗粒物有害浓度 长期或反复接触的影响：该物质可能对肺有影响，导致尘肺病（矽肺）。该物质是人类致癌物		
物理性质	沸点：2230℃ 熔点：1713℃ 相对密度（水=1）：2.3 水中溶解度：不溶		
环境数据			
注解	根据接触程度，需定期进行医学检查		

IPCS
International
Programme on
Chemical Safety

UNEP

本卡片由 IPCS 和 EC 合作编写 © 2004～2012

国际化学品安全卡

银			ICSC 编号：0810

CAS 登记号：7440-22-4	中文名称：银；C.I.77820
RTECS 号：VW3500000	英文名称：SILVER; Argentum; C.I. 77820

原子量：107.9		化学式：Ag	
危害/接触类型	**急性危害/症状**	**预防**	**急救/消防**
火灾	不可燃（粉末除外）		
爆炸			
接触		防止粉尘扩散！	
# 吸入		局部排气通风或呼吸防护	新鲜空气，休息
# 皮肤			用大量水冲洗皮肤或淋浴
# 眼睛		如果是粉末，安全护目镜或眼睛防护结合呼吸防护	先用大量水冲洗几分钟（如可能尽量摘除隐形眼镜），然后就医
# 食入		工作时不得进食、饮水或吸烟	

泄漏处置	将泄漏物清扫容器中。如果适当，首先润湿防止扬尘。小心收集残余物，然后转移到安全场所。不要让该化学品进入环境
包装与标志	
应急响应	
储存	与氨、过氧化氢浓溶液和强酸分开存放
重要数据	**物理状态、外观：**白色金属，接触到臭氧、硫化氢或硫变暗 **化学危险性：**与乙炔反应，生成撞击敏感的化合物。与酸反应，有着火危险。与浓过氧化氢溶液激烈反应，分解生成氧气。与氨接触时，可能生成干燥时有爆炸性化合物 **职业接触限值：**阈限值（金属）：0.1mg/m³（美国政府工业卫生学家会议，1997 年）。欧盟职业接触限值：0.1mg/m³（时间加权平均值）（欧盟，2000 年） **接触途径：**该物质可通过吸入和食入吸收到体内 **吸入危险性：**20℃时蒸发可忽略不计，但扩散时可较快地达到空气中颗粒物有害浓度 **短期接触的影响：**吸入大量金属银蒸气可能造成肺损害（肺水肿） **长期或反复接触的影响：**该物质可能使眼睛、鼻、喉和皮肤变蓝灰色（银质沉着病）
物理性质	沸点：2212℃ 熔点：962℃ 相对密度（水=1）：10.5 水中溶解度：不溶
环境数据	该物质可能对环境有危害，对水生生物应给予特别注意
注解	

IPCS
International
Programme on
Chemical Safety

本卡片由 **IPCS** 和 **EC** 合作编写 © 2004～2012

国际化学品安全卡

铬酸锌			ICSC 编号：0811

CAS 登记号：13530-65-9
RTECS 号：GB3290000
UN 编号：3288
EC 编号：024-007-00-3
中国危险货物编号：3288

中文名称：铬酸锌；氧化铬锌；四氧铬酸锌；铬酸锌盐（1:1）
英文名称：ZINC CHROMATE; Chromium zinc oxide; Zinc tetraoxychromate; Chromic acid, zinc salt (1:1)

分子量：181.4   化学式：$ZnCrO_4$

危害/接触类型	急性危害/症状	预防	急救/消防
火　灾	不可燃		周围环境着火时，允许使用各种灭火剂
爆　炸			
接　触		防止粉尘扩散！避免一切接触！	
# 吸入	咳嗽	局部排气通风或呼吸防护	新鲜空气，休息
# 皮肤		防护手套，防护服	脱去污染的衣服。冲洗，然后用水和肥皂清洗皮肤
# 眼睛	发红	护目镜	先用大量水冲洗几分钟（如可能尽量摘除隐形眼镜），然后就医
# 食入	腹部疼痛，腹泻，呕吐	工作时不得进食，饮水或吸烟。进食前洗手	漱口。催吐（仅对清醒病人！），给予医疗护理

泄漏处置	将泄漏物清扫进容器中。如果适当，首先润湿防止扬尘。不要让该化学品进入环境。个人防护用具：适用于该物质空气中浓度的颗粒物过滤呼吸器
包装与标志	不得与食品和饲料一起运输 欧盟危险性类别：T 符号 N 符号 标记：A， E R:45-22-43-50/53 S:53-45-60-61 联合国危险性类别：6.1　　　联合国包装类别：II 中国危险性类别：第 6.1 项 毒性物质 中国包装类别：II
应急响应	运输应急卡：TEC(R)-61G64b
储存	严格密封。与食品和饲料分开存放。储存在没有排水管或下水道的场所
重要数据	物理状态、外观：黄色晶体粉末 职业接触限值：阈限值：0.01mg/m³（以 Cr 计）（时间加权平均值），A1（确认的人类致癌物）（美国政府工业卫生学家会议，1999 年）。最高容许浓度：（以可吸入部分计）皮肤吸收；皮肤致敏剂；致癌物类别：1；致生殖细胞突变物类别：2；公布生物物质参考值（德国，2009 年） 接触途径：该物质可通过吸入其气溶胶和经食入吸收到体内 吸入危险性：20℃时蒸发可忽略不计，但扩散时可较快地达到空气中颗粒物有害浓度 短期接触的影响：吸入粉尘可能引起刺激作用 长期或反复接触的影响：反复或长期接触可能引起皮肤过敏。反复或长期吸入接触可能引起哮喘。反复或长期接触可能引起鼻溃疡。该物质是人类致癌物
物理性质	熔点：316℃ 密度：3.4g/cm³ 水中溶解度：不溶
环境数据	该物质对水生生物有极高毒性
注解	铬酸锌泛指各种商业铬酸锌和铬酸锌钾。它有几个 CAS 登记号。根据接触程度，建议定期进行医疗检查。商品名称有：颜料黄 36 和锌黄。不要将工作服带回家中

IPCS
International
Programme on
Chemical Safety

本卡片由 IPCS 和 EC 合作编写 © 2004~2012

国际化学品安全卡

乙烯酮			ICSC 编号：0812

| CAS 登记号：463-51-4 | | 中文名称：乙烯酮；酮乙烯 | |
| RTECS 号：OA7700000 | | 英文名称：KETENE; Carbomethene; Ethenone; Ketoethylene | |

| 分子量：42 | | 化学式：$C_2H_2O/CH_2=C=O$ | |

危害/接触类型	急性危害/症状	预防	急救/消防
火 灾	极易燃	禁止明火、禁止火花和禁止吸烟	干粉，二氧化碳。禁止用水
爆 炸	气体/空气混合物有爆炸性	密闭系统，通风，防爆型电气设备与照明	着火时喷雾状水保持钢瓶冷却，但避免该物质与水接触
接 触		严格作业环境管理！	
# 吸入	咳嗽，气促。症状可能推迟显现。（见注解）	通风，局部排气通风或呼吸防护	新鲜空气，休息，半直立体位，必要时进行人工呼吸，给予医疗护理
# 皮肤	发红	防护手套	脱掉污染的衣服，用大量水冲洗皮肤或淋浴
# 眼睛	发红，疼痛	安全护目镜，或眼睛防护结合呼吸防护	先用大量水冲洗几分钟（如可能尽量摘除隐形眼镜），然后就医
# 食入			
泄漏处置	撤离危险区域。向专家咨询！通风。个人防护用具：气密式化学防护服包括自给式呼吸器		
包装与标志			
应急响应			
储存	该物质不能储存或装运		
重要数据	**物理状态、外观：**无色气体，有特殊气味 **物理危险性：**气体比空气重，可能沿地面流动，可能造成远处着火 **化学危险性：**该物质可能容易聚合。与许多有机化合物激烈反应。与水反应生成乙酸。在乙醇和氨中发生分解 **职业接触限值：**阈限值:0.5ppm，$0.86mg/m^3$(时间加权平均值);1.5ppm，$2.6mg/m^3$（短期接触限值）（美国政府工业卫生学家会议1997年）。最高容许浓度：IIb(未制定标准，但可提供数据)(德国，2007年)。 **接触途径：**该物质可通过吸入吸收到体内 **吸入危险性：**容器漏损时，该气体迅速达到空气中有害浓度 **短期接触的影响：**该物质刺激眼睛、皮肤和呼吸道。吸入气体可能引起肺水肿（见注解）。影响可能推迟显现。需进行医学观察。见注解 **长期或反复接触的影响：**反复或长期接触肺可能受损伤，导致肺气肿和纤维化		
物理性质	**沸点：**−56℃ **熔点：**−150℃ **水中溶解度：**反应 **蒸气相对密度（空气=1）：**1.4 **闪点：**易燃气体		
环境数据			
注解	与灭火剂，例如水激烈反应。肺水肿症状常常几个小时以后才变得明显，体力劳动使症状加重。因而，休息和医学观察是必要的。应考虑由医生或医生指定人员立即采取适当吸入治疗		

IPCS
International
Programme on
Chemical Safety

   UNEP

本卡片由 IPCS 和 EC 合作编写 © 2004～2012

800

国际化学品安全卡

氢化锂			ICSC 编号：0813

CAS 登记号：7580-67-8　　　　　　　中文名称：氢化锂
RTECS 号：OJ6300000　　　　　　　　英文名称：LITHIUM HYDRIDE
UN 编号：1414
中国危险货物编号：1414

分子量：7.95　　　　　　　　　　　化学式：LiH

危害/接触类型	急性危害/症状	预防	急救/消防
火　灾	可燃的。在火焰中释放出刺激性或有毒烟雾（或气体）。许多反应可能引起火灾或爆炸	禁止明火。	惰性气体。特殊粉末、干砂土、禁用其他灭火剂。禁用含水灭火剂
爆　炸	微细分散的颗粒物在空气中形成爆炸性混合物	防止粉尘沉积、密闭系统、防止粉尘爆炸型电气设备和照明	
接　触		防止粉尘扩散！严格作业环境管理！	
# 吸入	咳嗽，恶心，呕吐，意识模糊，呼吸困难，灼烧感，气促，咽喉痛，症状可能推迟显现（见注解）	局部排气通风或呼吸防护	新鲜空气，休息，半直立体位，给予医疗护理
# 皮肤	发红，皮肤烧伤，水疱，疼痛	防护手套。	脱去污染的衣服，用大量水冲洗皮肤或淋浴，给予医疗护理
# 眼睛	发红，严重深度烧伤，疼痛，视力模糊	面罩，如为粉末，眼睛防护结合呼吸防护	先用大量水冲洗几分钟（如可能尽量摘除隐形眼镜），然后就医
# 食入	头晕，腹泻，腹部疼痛，灼烧感，休克或虚脱，震颤，抽搐。（另见吸入）	工作时不得进食，饮水或吸烟	漱口，给予医疗护理

泄漏处置	不要冲入下水道。将泄漏物清扫进容器中。小心收集残余物，然后转移到安全场所。化学防护服包括自给式呼吸器
包装与标志	气密。不易破碎包装，将易破碎包装放在不易破碎的密闭容器中 **联合国危险性类别：** 4.3　　　　　　　**联合国包装类别：** I **中国危险性类别：** 第 4.3 项 遇水放出易燃气体的物质 **中国包装类别：** I
应急响应	运输应急卡：TEC(R)-43G04 美国消防协会法规：H3（健康危险性）；F4（火灾危险性）；R2（反应危险性）；W（禁止用水）
储存	与强氧化剂分开存放。干燥。保存在惰性气体下
重要数据	**物理状态、外观：** 白色至浅灰色吸湿的各种形状固体，无气味。遇光时变暗 **物理危险性：** 以粉末或颗粒形状与空气混合，可能发生粉尘爆炸 **化学危险性：** 与空气接触时，该物质可能自燃。与氧化剂（卤代烃）、酸类和水激烈反应，生成易燃/爆炸性气体氢（见卡片#0001）。有水情况下生成氢氧化锂，有强腐蚀性。与高温表面或火焰接触时，该物质分解生成刺激性碱烟雾 **职业接触限值：** 阈限值：0.025mg/m³（时间加权平均值）（美国政府工业卫生学家会议，1999 年）。 最高容许浓度：IIb（未制定标准，但可提供数据）（德国，2007 年） **接触途径：** 该物质可通过吸入其气溶胶和经食入吸收到体内 **吸入危险性：** 20℃时蒸发可忽略不计，但可较快地达到空气中颗粒物有害浓度 **短期接触的影响：** 该物质腐蚀眼睛、皮肤和呼吸道。吸入气溶胶可能引起肺水肿。（见注解）
物理性质	**沸点：** 低于沸点在 850℃分解　　　　　**水中溶解度：** 反应 **熔点：** 680℃　　　　　　　　　　　　　**自燃温度：** 200℃ **相对密度（水=1）：** 0.76～0.77　　　　**爆炸极限：** 见注解
环境数据	
注解	与灭火剂，如水、二氧化碳、泡沫或卤代化合物，如四氯化碳激烈反应。肺水肿症状常常经过几个小时以后才变得明显，体力劳动使症状加重。因而休息和医学观察是必要的。应当考虑由医生或医生指定的人立即采取适当吸入治疗法。不要将工作服带回家中

IPCS
International
Programme on
Chemical Safety

UNEP

本卡片由 **IPCS** 和 **EC** 合作编写 © 2004～2012

国际化学品安全卡

异亚丙基丙酮		ICSC 编号：0814

CAS 登记号：141-79-7
RTECS 号：SB4200000
UN 编号：1229
EC 编号：606-009-00-1
中国危险货物编号：1229

中文名称：异亚丙基丙酮；4-甲基-3-戊烯-2-酮；甲基异丁烯基酮
英文名称：MESITYL OXIDE; 4-Methyl-3-penten-2-one; Methyl isobutenyl ketone

分子量：98.1　　　　　　　　　　　化学式：$C_6H_{10}O/(CH_3)_2CCHCOCH_3$

危害/接触类型	急性危害/症状	预防	急救/消防
火灾	易燃的	禁止明火、禁止火花和禁止吸烟	水成膜泡沫，抗溶性泡沫，干粉，二氧化碳
爆炸	高于 25℃时，可能形成爆炸性蒸气/空气混合物	高于 25℃时，密闭系统，通风和防爆型电气设备	着火时喷雾状水保持料桶等冷却
接触		严格作业环境管理！	
# 吸入	咳嗽，头痛，气促，头晕，迟钝，咽喉痛	通风，局部排气通风或呼吸防护	新鲜空气，休息，必要时进行人工呼吸，给予医疗护理
# 皮肤	可能被吸收，皮肤干燥，发红，疼痛。（见吸入）	防护手套（天然橡胶或氯丁橡胶；不能用聚氯乙烯）	脱掉污染的衣服，冲洗，然后用水和肥皂洗皮肤，给予医疗护理
# 眼睛	发红，疼痛	面罩	先用大量水冲洗几分钟（如可能尽量摘除隐形眼镜），然后就医
# 食入	胃痉挛。（见吸入）	工作时不得进食、饮水或吸烟	漱口，用水冲服活性炭浆，给予医疗护理

泄漏处置	通风。将泄漏液收集在可密闭容器中。用砂土或惰性吸收剂吸收残液并转移到安全场所。不要冲入下水道。个人防护用具：自给式呼吸器
包装与标志	欧盟危险性类别：Xn 符号　　R:10-20/21/22　　S:2-25 联合国危险性类别：3　联合国包装类别：III 中国危险性类别：第 3 类易燃液体 中国包装类别：III
应急响应	运输应急卡：TEC（R）-130 美国消防协会法规：H3（健康危险性）；F3（火灾危险性）；R0（反应危险性）
储存	耐火设备（条件）。与强氧化剂分开存放。阴凉场所。置于阴暗处
重要数据	物理状态、外观：无色黏稠液体，有特殊气味。久置变黑 化学危险性：该物质可能生成爆炸性过氧化物。与强氧化剂激烈反应。浸蚀许多塑料 职业接触限值：阈限值：15ppm、60mg/m³（时间加权平均值）；25ppm、100mg/m³（短期接触限值）（美国政府工业卫生学家会议，1997 年） 接触途径：该物质可通过吸入其蒸气、经皮肤和食入吸收到体内 吸入危险性：20℃时该物质蒸发，可相当快地达到空气中污染浓度 短期接触的影响：该物质刺激眼睛、皮肤和呼吸道。远超过职业接触限值接触时，可能导致神志不清。 长期或反复接触的影响：液体使皮肤脱脂。该物质可能对肝、肾和肺有影响
物理性质	沸点：130℃ 熔点：−41.5℃ 相对密度（水=1）：0.865 水中溶解度：20℃时 3.3g/100mL（适度溶解） 蒸气压：20℃时 1.2kPa 蒸气相对密度（空气=1）：3.4 蒸气/空气混合物的相对密度（20℃，空气=1）：1.03 闪点：25℃（闭杯） 自燃温度：340℃ 爆炸极限：在空气中 1.4%～7.2%（体积） 辛醇/水分配系数的对数值：1.7
环境数据	该物质对水生生物是有害的
注解	其它熔点：−59℃。饮用含酒精饮料增进有害影响。根据接触程度，需定期进行医疗检查。蒸馏前检验过氧化物，如有，使其无害化。

IPCS
International Programme on Chemical Safety

UNEP

本卡片由 **IPCS** 和 **EC** 合作编写 © 2004～2012

国际化学品安全卡

甲基异戊基（甲）酮			ICSC 编号：0815

CAS 登记号：110-12-3 RTECS 号：MP3850000 UN 编号：2302 EC 编号：606-026-00-4 中国危险货物编号：2302 分子量：114.2	中文名称：甲基异戊基（甲）酮；5-甲基-2-己酮；2-甲基-5-己酮 英文名称：METHYL ISOAMYL KETONE; 5-Methyl-2-hexanone; MIAK; 2-Methyl-5-hexanone 化学式：$C_7H_{14}O/CH_3CO(CH_2)_2CH(CH_3)_2$

危害/接触类型	急性危害/症状	预防	急救/消防
火　灾	易燃的	禁止明火、禁止火花和禁止吸烟	水成膜泡沫，抗溶性泡沫，干粉，二氧化碳
爆　炸	高于 36℃时，可能形成爆炸性蒸气/空气混合物	高于 36℃时，密闭系统，通风和防爆型电气设备	着火时喷雾状水保持料桶等冷却
接　触			
# 吸入	头痛，头晕，倦睡，咳嗽，呼吸困难，咽喉痛	通风，局部排气通风或呼吸防护	新鲜空气，休息，给予医疗护理
# 皮肤	皮肤干燥，发红	防护手套，防护服	先用大量水冲洗，然后脱去污染的衣服并再次冲洗，给予医疗护理
# 眼睛	发红	安全护目镜，或眼睛防护结合呼吸防护	先用大量水冲洗几分钟（如可能尽量摘除隐形眼镜），然后就医
# 食入	恶心。（另见吸入）	工作时不得进食、饮水或吸烟	漱口，不要催吐，给予医疗护理

泄漏处置	通风。尽量将泄漏液收集在可密闭容器中。用砂土或惰性吸收剂吸收残液并转移到安全场所。不要冲入下水道。个人防护用具：适用于有机气体和蒸气的过滤呼吸器
包装与标志	欧盟危险性类别：Xn 符号　R:10-20　S:2-23-24/25 联合国危险性类别：3　　　　联合国包装类别：III 中国危险性类别：第 3 类 易燃液体　中国包装类别：III
应急响应	运输应急卡：TEC（R）-30S2302 美国消防协会法规：H1（健康危险性）；F2（火灾危险性）；R0（反应危险性）
储存	耐火设备（条件）
重要数据	物理状态、外观：无色液体，有特殊气味 物理危险性：蒸气与空气充分混合，容易形成爆炸性混合物 化学危险性：与强氧化剂、强碱、胺和异氰酸酯激烈反应，有着火和爆炸危险。浸蚀某些塑料 职业接触限值：阈限值：50ppm（时间加权平均值）（美国政府工业卫生学家会议，2004 年）。最高容许浓度：10ppm，47mg/m³；最高限值种类：I（2）；妊娠风险等级：D（德国，2007 年） 接触途径：该物质可通过吸入其蒸气吸收到体内 吸入危险性：20℃时该物质蒸发相当慢地达到空气中有害污染浓度 短期接触的影响：该物质刺激眼睛、皮肤和呼吸道。该物质可能对肾有影响，导致肾损伤。高于职业接触限值接触时，可能导致意识降低 长期或反复接触的影响：反复或长期与皮肤接触可能引起皮炎
物理性质	沸点：144℃ 熔点：-74℃ 相对密度（水=1）：0.89 水中溶解度：20℃时 0.5g/100mL（微溶） 蒸气压：20℃时 0.6kPa 蒸气相对密度（空气=1）：3.9 蒸气/空气混合物的相对密度（20℃，空气=1）：1.02 闪点：36℃（闭杯） 自燃温度：191℃ 爆炸极限：在空气中 93℃时 1.0%～8.2%（体积） 辛醇/水分配系数的对数值：1.72（估算值）
环境数据	
注解	

IPCS
International
Programme on
Chemical Safety

本卡片由 IPCS 和 EC 合作编写 © 2004～2012

国际化学品安全卡

甲基丙基酮			ICSC 编号：0816

CAS 登记号：107-87-9
RTECS 号：SA7875000
UN 编号：1249
中国危险货物编号：1249

中文名称：甲基丙基酮；2-戊酮；乙基丙酮
英文名称：METHYL PROPYL KETONE; 2-Pentanone; Ethyl acetone; MPK

分子量：86.1   化学式：$C_5H_{10}O/CH_3(CH_2)_2COCH_3$

危害/接触类型	急性危害/症状	预防	急救/消防
火灾	高度易燃	禁止明火、禁止火花和禁止吸烟	抗溶性泡沫，干粉，二氧化碳
爆炸	蒸气/空气混合物有爆炸性	密闭系统，通风，防爆型电气设备与照明。防止静电荷积聚（例如通过接地）。不要使用压缩空气灌装、卸料或转运	着火时喷雾状水保持料桶等冷却
接触			
# 吸入	迟钝，倦睡，咳嗽，头晕，头痛，咽喉痛	通风，局部排气通风或呼吸防护	新鲜空气，休息，给予医疗护理
# 皮肤	皮肤干燥，发红	防护手套，防护服	脱掉污染的衣服，用大量水冲洗皮肤或淋浴
# 眼睛	发红，疼痛	安全护目镜，或眼睛防护结合呼吸防护	先用大量水冲洗几分钟（如可能尽量摘除隐形眼镜），然后就医
# 食入	腹痛，恶心。（另见吸入）	工作时不得进食、饮水或吸烟	漱口，不要催吐，给予医疗护理
泄漏处置	通风。将泄漏液收集在可密闭容器中。用砂土子或惰性吸收剂吸收残液并转移到安全场所。不要冲入下水道		
包装与标志	联合国危险性类别：3 联合国包装类别：II 中国危险性类别：第3类 易燃液体 中国包装类别：II		
应急响应	运输应急卡：TEC（R）-30G30 美国消防协会法规：H2（健康危险性）；F3（火灾危险性）；R0（反应危险性）		
储存	耐火设备（条件）		
重要数据	物理状态、外观：无色液体，有特殊气味 物理危险性：蒸气与空气充分混合，容易形成爆炸性混合物。由于流动、搅拌等，可能产生静电 化学危险性：与强氧化剂、强碱、胺和异氰酸酯激烈反应 职业接触限值：阈限值：200ppm，705mg/m³（时间加权平均值）；250ppm，881mg/m³（短期接触限值）（美国政府工业卫生学家会议，1997年）。最高容许浓度：IIb(未制定标准，但可提供数据)(德国，2007年) 接触途径：该物质可通过吸入其蒸气和食入吸收到体内 吸入危险性：20℃时该物质蒸发相当慢地达到空气中有害污染浓度 短期接触的影响：该物质刺激眼睛、皮肤和呼吸道。超过职业接触限值接触时，可能导致意识降低。 长期或反复接触的影响：反复或长期与皮肤接触可能引起皮炎		
物理性质	沸点：102℃ 熔点：-78℃ 相对密度（水=1）：0.8 水中溶解度：20℃时 4g/100mL（适度溶解） 蒸气压：20℃时 1.6kPa 蒸气相对密度（空气=1）：3.0 蒸气/空气混合物的相对密度（20℃，空气=1）：1.03 闪点：7℃（闭杯） 自燃温度：505℃ 爆炸极限：在空气中 1.5%～8.2%（体积） 辛醇/水分配系数的对数值：0.91		
环境数据			
注解			

IPCS
International
Programme on
Chemical Safety

UNEP

本卡片由 IPCS 和 EC 合作编写 © 2004～2012

国际化学品安全卡

硝基乙烷			ICSC 编号：0817

CAS 登记号：79-24-3	中文名称：硝基乙烷
RTECS 号：KI5600000	英文名称：NITROETHANE
UN 编号：2842	
EC 编号：609-035-00-1	
中国危险货物编号：2842	

分子量：75.1	化学式：$C_2H_5NO_2/CH_3CH_2NO_2$

危害/接触类型	急性危害/症状	预防	急救/消防
火　灾	易燃的。在火焰中释放出刺激性或有毒烟雾（或气体）	禁止明火、禁止火花和禁止吸烟。禁止与碱、可燃物质和氧化剂接触	干粉，泡沫，二氧化碳
爆　炸	高于 28℃时，可能形成爆炸性蒸气/空气混合物	高于 28℃时，密闭系统，通风和防爆型电气设备	着火时喷雾状水保持料桶等冷却。从掩蔽位置灭火
接　触			
# 吸入	咳嗽，头痛，头晕，气促，惊厥，神志不清，虚弱。（见食入）	通风，局部排气通风或呼吸防护	新鲜空气，休息，给予医疗护理
# 皮肤	发红。（见吸入）	防护手套	先用大量水冲洗，然后脱掉污染的衣服，再次冲洗。用大量水冲洗皮肤及淋浴
# 眼睛	发红	护目镜	首先用大量水冲洗几分钟（如可能尽量摘除隐形眼镜），然后就医
# 食入	咽喉痛，腹部疼痛，嘴唇或指甲发青，皮肤发青。（见吸入）	工作时不得进食、饮水或吸烟	漱口，给予医疗护理

泄漏处置	通风。移除全部引燃源。将泄漏液收集在可密闭容器中。用砂土或惰性吸收剂吸收残液并转移到安全场所。不要冲入下水道。不要使用锯末或其它可燃吸收剂吸收

包装与标志	欧盟危险性类别：Xn 符号　R:10-20/22　S:2-9-25-41 联合国危险性类别：3　　　联合国包装类别：III 中国危险性类别：第 3 类 易燃液体　中国包装类别：III

应急响应	运输应急卡：TEC（R）-30G36 美国消防协会法规：H1（健康危险性）；F3（火灾危险性）；R3（反应危险性）

储存	耐火设备（条件）。与可燃物质、还原物质和强氧化剂分开存放

重要数据	物理状态、外观：无色油状液体，有特殊气味 化学危险性：快速加热至高温时，可能发生爆炸。与无机强碱、酸或胺类和重金属氧化物化合，生成撞击敏感的化合物。燃烧时，该物质分解生成氮氧化物有毒烟雾。与碱、可燃物质、氧化剂反应，有着火和爆炸危险 职业接触限值：阈限值：100ppm，307mg/m^3（时间加权平均值）（美国政府工业卫生学家会议，1997年）。最高容许浓度：100ppm，310mg/m^3；最高限值种类：II(4)；妊娠风险等级：D(德国，2007 年) 接触途径：该物质可通过吸入其蒸气和食入吸收到体内 吸入危险性：20℃时该物质蒸发相当缓慢地达到空气中有害污染浓度 短期接触的影响：流泪。该物质刺激眼睛和呼吸道。该物质可能对血液有影响，导致发绀和形成正铁血红蛋白。高浓度接触时，可能导致意识降低。影响可能推迟显现。需进行医学观察

物理性质	沸点：114℃ 熔点：-50℃ 相对密度（水=1）：1.05 水中溶解度：20℃时 4.5g/100mL 蒸气压：20℃时 2.08kPa 蒸气相对密度（空气=1）：2.6	蒸气/空气混合物的相对密度（20℃，空气=1）：1.03 闪点：28℃ 自燃温度：414℃ 爆炸极限：在空气中 4.0%～?（体积） 辛醇/水分配系数的对数值：0.2

环境数据	

注解	着火时，待完全冷却后再去接近无损伤的容器。如果被胺、重金属、碱和酸污染，变成撞击敏感物质。根据接触程度，建议定期进行医疗检查。该物质中毒时需采取必要的治疗措施。必须提供有指示说明的适当方法

IPCS
International
Programme on
Chemical Safety

   UNEP

本卡片由 IPCS 和 EC 合作编写 © 2004～2012

国际化学品安全卡

二氟化氧			ICSC 编号：0818

CAS 登记号：7783-41-7
RTECS 号：RS2100000
UN 编号：2190
中国危险货物编号：2190

中文名称：二氟化氧；氟化氧；一氧化氟；一氧化二氟（钢瓶）
英文名称：OXYGEN DIFLUORIDE; Oxygen fluoride; Fluorine monoxide; Difluoride monoxide; (cylinder)

分子量：54.0　　　　　　　化学式：OF_2

危害/接触类型	急性危害/症状	预防	急救/消防
火　灾	不可燃，但可助长其他物质燃烧。许多反应可能引起火灾或爆炸。加热引起压力升高，容器有破裂危险		周围环境着火时：大型火灾：雾状水灭火；小型火灾：粉末灭火
爆　炸	有着火和爆炸危险。有火花引燃时，与水或水蒸汽的混合物发生猛烈爆炸		着火时，喷雾状水保持钢瓶冷却，但避免该物质与水接触。从掩蔽位置灭火
接　触		避免一切接触！	
# 吸入	咳嗽，头痛，呼吸困难，咽喉痛	密闭系统和通风	新鲜空气，休息。半直立体位。必要时进行人工呼吸。立即给予医疗护理
# 皮肤		见注解	脱去污染的衣服
# 眼睛	引起流泪	安全护目镜，或眼睛防护结合呼吸防护	先用大量水冲洗（如可能尽量摘除隐形眼镜）。给予医疗护理
# 食入		工作时不得进食，饮水或吸烟	

泄漏处置	撤离危险区域！向专家咨询！通风。个人防护用具：气密式化学防护服，包括自给式呼吸器
包装与标志	联合国危险性类别：2.3　　　联合国次要危险性：5.1 和 8 中国危险性类别：第 2.3 项 毒性气体 中国次要危险性：5.1 和 8 GHS 分类：警示词：危险 图形符号：火焰在圆环上-气瓶-骷髅和交叉骨 危险说明：氧化剂，可能导致或加剧燃烧；内含高压气体，遇热可能爆炸；吸入气体致命
应急响应	运输应急卡：TEC(R)-20G1TOC
储存	耐火设备（条件）。保存在通风良好的室内。与性质相互抵触的物质分开存放。见化学危险性。阴凉场所。干燥
重要数据	物理状态、外观：无色压缩气体，有特殊气味 物理危险性：该气体比空气重 化学危险性：该物质是一种强氧化剂，与可燃物质和还原性物质激烈反应。与许多非金属物质，如红磷、硼粉末及多孔物质，如二氧化硅、氧化铝和木炭发生反应。与蒸汽接触时，发生爆炸 职业接触限值：阈限值：0.05ppm（上限值）（美国政府工业卫生学家会议，2006 年）。最高容许浓度未制定标准 接触途径：该物质可通过吸入以有害数量吸收到体内 吸入危险性：容器漏损时，迅速达到空气中该气体的有害浓度 短期接触的影响：流泪。该物质刺激呼吸道。吸入该气体可能引起肺水肿(见注解)。略高于职业接触限值接触时，可能导致死亡
物理性质	沸点：-145℃ 熔点：-224℃ 水中溶解度：0℃时 6.8mL/100mL(缓慢反应) 蒸气相对密度（空气=1）：1.9
环境数据	
注解	不要将工作服带回家中。工作接触的任何时刻都不应超过职业接触限值。肺水肿症状常常经过几个小时以后才变得明显，体力劳动使症状加重。因而休息和医学观察是必要的。应当考虑由医生或医生指定的人员立即采取适当吸入治疗法

IPCS
International Programme on Chemical Safety

本卡片由 IPCS 和 EC 合作编写 © 2004～2012

国际化学品安全卡

戊硼烷			ICSC 编号：0819

CAS 登记号：19624-22-7　　　　中文名称：戊硼烷；戊硼烷（无水）
RTECS 号：RY8925000　　　　　　英文名称：PENTABORANE; Pentaboron nonahydride
UN 编号：1380
中国危险货物编号：1380

分子量：63.2　　　　　　　　　　化学式：B_5H_9

危害/接触类型	急性危害/症状	预防	急救/消防
火　灾	易燃的。在火焰中释放出刺激性或有毒烟雾（或气体）	禁止明火、禁止火花或禁止吸烟。禁止与卤素、卤代化合物和氧化剂接触	二氧化碳，特殊粉末，干砂土。禁用其他灭火剂
爆　炸	高于30℃时可能形成爆炸性蒸气/空气混合物	高于30℃时，密闭系统，通风和防爆型电气设备	着火时喷雾状水保持料桶等冷却，但避免该物质与水接触
接　触		避免一切接触！	
# 吸入	恶心，倦睡，头痛，头晕，惊厥，神志不清，虚弱。症状可能推迟显现。（见注解）	通风，局部排气通风或呼吸防护	新鲜空气，休息，必要时进行人工呼吸，给予医疗护理
# 皮肤	可能被吸收！发红。（见吸入）	防护手套，防护服	脱掉污染的衣服，用大量水冲洗皮肤或淋浴，给予医疗护理
# 眼睛	发红，疼痛	面罩或眼睛防护结合呼吸防护	先用大量水冲洗几分钟（如可能尽量摘除隐形眼镜），然后就医
# 食入	（另见吸入）	工作时不得进食、饮水或吸烟	漱口，催吐（仅对清醒病人），给予医疗护理
泄漏处置	撤离危险区域。向专家咨询！尽量将泄漏液收集在可密闭容器中。用砂土或惰性吸收剂吸收残液并转移到安全场所。个人防护用具：全套防护服，包括自给式呼吸器		
包装与标志	不易破碎包装，将易碎包装放在不易破碎的密闭容器中。不得与食品和饲料一起运输 联合国危险性类别：4.2　　　　联合国次要危险性：6.1 中国危险性类别：第4.2项 易于自燃的物质 中国次要危险性：第6.1项 毒性物质		
应急响应	运输应急卡：TEC（R）-42G11 美国消防协会法规：H4（健康危险性）；F4（火灾危险性）；R2（反应危险性）		
储存	耐火设备（条件）。与强氧化剂、卤素、食品和饲料分开存放。阴凉场所。干燥。在氮气下保存		
重要数据	物理状态、外观：无色液体，有刺鼻气味 物理危险性：蒸气比空气重 化学危险性：加热到150℃时，该物质缓慢分解，生成硼和易燃气体氢（见卡片#0001）。燃烧时，生成氧化硼有毒烟雾。与卤素、卤代化合物、油、油脂和氧化剂发生反应，有着火和爆炸危险。不纯物在空气中发生自燃 职业接触限值：阈限值：0.005ppm、0.013mg/m³（时间加权平均值）；0.015ppm、0.039mg/m³（短期接触限值）（美国政府工业卫生学家会议，1998 年）。最高容许浓度：0.005ppm，0.013mg/m³；最高限值种类：II(2)(德国，2007 年) 接触途径：该物质可通过吸入其蒸气、经皮肤和食入吸收到体内 吸入危险性：20℃时该物质蒸发，可迅速地达到空气中有害污染浓度 短期接触的影响：该物质严重刺激眼睛、皮肤和呼吸道。该物质可能对中枢神经系统和肝有影响，导致惊厥、酸中毒和肝损伤。远超过职业接触限值接触时，可能导致死亡。影响可能推迟显现。需进行医学观察		
物理性质	沸点：60℃ 熔点：-47℃ 相对密度（水=1）：0.6 水中溶解度：反应 蒸气压：20℃时 22.8kPa	蒸气相对密度（空气=1）：2.2 蒸气/空气混合物的相对密度（20℃，空气=1）：1.3 闪点：30℃（闭杯） 自燃温度：大约35℃ 爆炸极限：在空气中 0.42%～98%（体积）	
环境数据			
注解	与灭火剂哈龙激烈反应。有些症状要经过48h 以后才变得明显。超过接触限值时，气味警报不充分。不要将工作服带回家中		

IPCS
International
Programme on
Chemical Safety

本卡片由 IPCS 和 EC 合作编写 © 2004～2012

国际化学品安全卡

乙烯基环己烯二氧化物			ICSC 编号：0820

CAS 登记号：106-87-6
RTECS 号：RN8640000
UN 编号：2810
EC 编号：603-066-00-4
中国危险货物编号：2810

中文名称：乙烯基环己烯二氧化物；3-(环氧乙基)-7-氧杂二环(4,1,0)庚烷；1-环氧乙基-3,4-环氧环己烷；乙烯基环己烯二环氧化物
英文名称：VINYL CYCLOHEXENE DIOXIDE; 3-(Epoxyethyl)-7-oxabicyclo (4,1,0) heptane; 1-Epoxyethyl -3,4-epoxycyclohexane; Vinyl cyclohexene diepoxide

分子量：140.2

化学式：$C_8H_{12}O_2$

危害/接触类型	急性危害/症状	预防	急救/消防
火 灾	可燃的	禁止明火	干粉，抗溶性泡沫，雾状水，二氧化碳
爆 炸	与酸和碱接触，有着火和爆炸危险		
接 触		避免一切接触！	一切情况均向医生咨询！
# 吸入	咳嗽，咽喉痛，呼吸困难	通风，局部排气通风或呼吸防护	新鲜空气，休息，半直立体位，必要时进行人工呼吸，给予医疗护理
# 皮肤	可能被吸收！发红，疼痛，肿胀	防护手套，防护服	脱掉污染的衣服，冲洗，然后用水和肥皂洗皮肤，给予医疗护理
# 眼睛	发红，疼痛	面罩或眼睛防护结合呼吸防护	先用大量水冲洗几分钟（如可能尽量摘除隐形眼镜），然后就医
# 食入	（见吸入）	工作时不得进食、饮水或吸烟。进食前洗手	漱口，催吐（仅对清醒病人），给予医疗护理

泄漏处置	通风。尽量将泄漏液收集在可密闭容器中。用大量水冲净残余物。个人防护用具：全套防护服包括自给式呼吸器
包装与标志	不得与食品和饲料一起运输。 欧盟危险性类别：T 符号　　R:23/24/25-68　　S:1/2-23-24-45 联合国危险性类别：6.1 中国危险性类别：第 6.1 项毒性物质
应急响应	运输应急卡：TEC（R）-61GT1-III
储存	与食品和饲料、醇类、胺类和其它活泼氢化物分开存放。干燥。沿地面通风
重要数据	物理状态、外观：无色液体 化学危险性：与酸和碱接触时，该物质有着火和爆炸危险。燃烧时，生成辛辣的烟气和刺激性烟雾。与活泼氢化合物（例如醇类、胺类）发生反应 职业接触限值：阈限值：0.1ppm（时间加权平均值）（经皮）；A3（确认的动物致癌物，但未知与人类相关性）（美国政府工业卫生学家会议，2004 年）。最高容许浓度：皮肤吸收，致癌物类别：2（德国，2004 年） 接触途径：该物质可通过吸入、经皮肤和食入吸收到体内 吸入危险性：20℃时该物质蒸发，可迅速达到空气中有害污染浓度 短期接触的影响：该物质刺激眼睛、皮肤和呼吸道。吸入可能引起肺水肿（见注解）。高浓度接触时，可能导致死亡。影响可能推迟显现。需进行医学观察。见注解 长期或反复接触的影响：该物质可能对肾、卵巢和睾丸有影响，导致组织损伤。该物质可能是人类致癌物。动物实验表明，该物质可能对人类生殖有毒性影响
物理性质	沸点：227℃ 熔点：−55℃ 相对密度（水=1）：1.10 水中溶解度：20℃时 18.3g/100mL 蒸气压：20℃时 0.13kPa	蒸气相对密度（空气=1）：4.8 蒸气/空气混合物的相对密度（20℃，空气=1）：1.0 闪点：110℃（开杯） 自燃温度：393℃ 辛醇/水分配系数的对数值：1.3
环境数据	
注解	肺水肿症状常常经过几个小时以后才变得明显，体力劳动使症状加重。因而休息和医学观察是必要的。应当考虑由医生或医生指定的人员立即采取适当吸入治疗法。商品名称有：EP-206, ERLA-2270, ERLA-2271, UNOX Epoxide206, NCI-C60135 和 Chissonox-206

IPCS
International
Programme on
Chemical Safety

本卡片由 IPCS 和 EC 合作编写 © 2004～2012

国际化学品安全卡

杀鼠灵			ICSC 编号：0821

CAS 登记号：81-81-2 RTECS 号：GN4550000 UN 编号：3027 EC 编号：607-056-00-0 中国危险货物编号：3027 分子量：308.3	中文名称：杀鼠灵；3-(α-乙酰甲基苄基)-4-羟基香豆素；4-羟基-3-(3-氧代-1-苯基丁基)-2H-1-苯并吡喃-2-酮；(消旋)-4-羟基-3-(3-氧代-1-苯基丁基)香兰素 英文名称：WARFARIN; 3-(alpha-Acetonylbenzyl)-4-hydroxycoumarin; 4-Hydroxy-3-(3-oxo-1-phenylbutyl)-2H-1-benzopyran-2-one; (RS)-4-hydroxy-3-(3-oxo-1-phenylbutyl)coumarin 化学式：$C_{19}H_{16}O_4$

危害/接触类型	急性危害/症状	预防	急救/消防
火 灾	可燃的	禁止明火。禁止与强氧化剂接触	雾状水，泡沫，干粉，二氧化碳
爆 炸			
接 触		避免一切接触！防止粉尘扩散！	一切情况均向医生咨询！
# 吸入	咳血。尿中带血。皮下出血。意识模糊。症状可能推迟显现（见注解）	密闭系统	立即给予医疗护理
# 皮肤	易于吸收。（见吸入）	防护手套。防护服	脱去污染的衣服。（见注解）。冲洗，然后用水和肥皂清洗皮肤。立即给予医疗护理
# 眼睛		面罩，或如为粉末，眼睛防护结合呼吸防护	用大量水冲洗（如可能尽量摘除隐形眼镜）
# 食入	腹泻。恶心。呕吐。腹部疼痛。（另见吸入）	工作时不得进食，饮水或吸烟。进食前洗手	漱口，用水冲服活性炭浆，立即给予医疗护理
泄漏处置	将泄漏物清扫进可密闭容器中，如果适当，首先润湿防止扬尘。小心收集残余物，然后转移到安全场所。不要让该化学品进入环境。个人防护用具：化学防护服包括自给式呼吸器		
包装与标志	不易破碎包装，将易破碎包装放在不易破碎的密闭容器中。不得与食品和饲料一起运输 欧盟危险性类别：T 符号　标记：E　R:61-48/25-52/53　S:53-45-61 **联合国危险性类别：6.1　　　联合国包装类别：I** **中国危险性类别：第 6.1 项 毒性物质　中国包装类别：I** GHS 分类：信号词：危险 图形符号：骷髅和交叉骨-健康危险 危险说明：吞咽或吸入致命；接触皮肤有害；可能对生育能力或未出生婴儿造成伤害；对血液系统造成损害；长期或反复接触，对血液系统造成损害；对水生生物有害		
应急响应			
储存	与强氧化剂、食品和饲料分开存放。严格密封。储存在没有排水管或下水道的场所		
重要数据	物理状态、外观：无色至白色晶体粉末 化学危险性：与强氧化剂发生剧烈反应，有着火和爆炸的危险。加热时，该物质分解生成刺激性烟雾 职业接触限值：阈限值：0.1mg/m³，以气溶胶和蒸气计（时间加权平均值）（美国政府工业卫生学家会议，2010 年）。最高容许浓度：0.02mg/m³；最高限值种类：II（8），皮肤吸收，妊娠风险等级：B（德国，2010 年） 接触途径：该物质可通过吸入其气溶胶、经皮肤和经食入吸收到体内 吸入危险性：喷洒或扩散时，尤其是粉末可较快地达到空气中颗粒物有害浓度 短期接触的影响：该物质可能对血液有影响，导致出血。影响可能推迟显现。需进行医学观察。见注解。接触可能导致死亡 长期或反复接触的影响：该物质可能对血液有影响，导致出血。造成人类生殖或发育毒性		
物理性质	沸点：分解。 熔点：161℃ 相对密度（水=1）：1.4 水中溶解度：20℃时 0.0017g/100mL　（难溶）	蒸气压：20℃时可忽略不计 蒸气相对密度（空气=1）：10.6 蒸气/空气混合物的相对密度（20℃，空气=1）：1.00 辛醇/水分配系数的对数值：2.6	
环境数据	该物质对水生生物是有害的。该物质可能对环境有危害，对哺乳动物应给予特别注意。该物质在正常使用过程中进入环境。但是要特别注意避免任何额外的释放，例如通过不适当处置活动		
注解	商业上，杀鼠灵通常以水溶性钠盐（CAS 129-06-6）提供。上述物理性质是关于母体物质的。出血症状可能一或两天后变得明显。该物质中毒时，需采取必要的治疗措施；必须提供有指示说明的适当方法。不要将工作服带回家中。该 CAS 登记号适用于外消旋混合物；其他 CAS 登记号：5543-57-7（S-杀鼠灵），5543-58-8（R-杀鼠灵）		

IPCS
International
Programme on
Chemical Safety

本卡片由 IPCS 和 EC 合作编写 © 2004～2012

国际化学品安全卡

2-乙酰氧基苯甲酸			ICSC 编号：0822

CAS 登记号：50-78-2	中文名称：2-乙酰氧基苯甲酸；乙酰水杨酸；阿斯匹林
RTECS 号：VO0700000	英文名称：2-(ACETYLOXY) BENZOIC ACID; Acetylsalicylic acid; 2-Acetoxybenzoic acid; Aspirin
分子量：180.15	化学式：$C_9H_8O_4$/$CH_3COOC_6H_4COOH$

危害/接触类型	急性危害/症状	预防	急救/消防
火　灾	可燃的	禁止明火	干粉，雾状水，泡沫，二氧化碳
爆　炸	微细分散的颗粒物在空气中形成爆炸性混合物	防止粉尘沉积，密闭系统，防止粉尘爆炸型电气设备与照明	
接　触		防止粉尘扩散！	
# 吸入	咳嗽，咽喉痛	通风（如果没有粉末时）	新鲜空气，休息，给予医疗护理
# 皮肤	发红	防护手套	用大量水冲洗皮肤或淋浴，给予医疗护理
# 眼睛	发红，疼痛	安全护目镜	首先用大量水冲洗几分钟（如可能尽量摘除隐形眼镜），然后就医
# 食入	恶心，呕吐	工作时不得进食、饮水或吸烟	漱口，给予医疗护理
泄漏处置	将泄漏物清扫进容器中。如果适当，首先润湿防止扬尘。小心收集残余物，用大量水冲净残余物，然后转移到安全场所。个人防护用具：适用于有害颗粒物的 P2 过滤呼吸器		
包装与标志			
应急响应	运输应急卡：TEC（R）-61G12c		
储存	严格密封		
重要数据	物理状态、外观：无色至白色晶体或粉末，有特殊气味 物理危险性：如果以粉末或颗粒形式与空气混合，可能发生粉尘爆炸 化学危险性：水溶液是一种弱酸 职业接触限值：阈限值：5mg/m³（美国政府工业卫生学家会议，1997 年） 接触途径：该物质可通过吸入和食入吸收到体内 吸入危险性：20℃时蒸发可忽略不计，但扩散时可较快地达到空气中颗粒物有害浓度，尤其是粉末 短期接触的影响：该物质刺激眼睛、皮肤和呼吸道。大量食入时，该物质可能对血液和中枢神经系统有影响 长期或反复接触的影响：动物试验表明，该物质可能对人类生殖造成毒性影响		
物理性质	沸点：低于沸点在 140℃时分解 熔点：135℃ 密度：1.4g/cm³ 水中溶解度：15℃时 0.25g/100mL（微溶） 蒸气压：25℃约 0.004Pa 辛醇/水分配系数的对数值：1.19		
环境数据			
注解	商品名称有：Acenterine, Acesal, Acetol, Acetophen, Acetosal, Acetosalin, Acetylin, Acetylsal, Acisal, Acylpyrin, Asagran, Aspro, Asteric, Caprin, Duramax, Ecotrin, Empirin, Neuronika, Polopiryna, Rhodine, Salacetin 和 Xaxa		

IPCS
International Programme on Chemical Safety

UNEP

本卡片由 IPCS 和 EC 合作编写 © 2004～2012

国际化学品安全卡

烯丙胺			ICSC 编号：0823

CAS 登记号：107-11-9
RTECS 号：BA5425000
UN 编号：2334
EC 编号：612-046-00-4
中国危险货物编号：2334

分子量：57.1

中文名称：烯丙胺；3-氨基丙烯；2-丙烯基胺；2-丙烯-1-胺
英文名称：ALLYLAMINE; 3-Aminopropene; 2-Propenylamine; 2-Propene-1-amine

化学式：$C_3H_7N/CH_2CHCH_2NH_2$

危害/接触类型	急性危害/症状	预防	急救/消防
火 灾	高度易燃。在火焰中释放出刺激性或有毒烟雾（或气体）	禁止明火，禁止火花和禁止吸烟	雾状水，泡沫，干粉，二氧化碳
爆 炸	蒸气/空气混合物有爆炸性	密闭系统，通风，防爆型电气设备和照明。不要使用压缩空气灌装、卸料或转运	着火时，喷雾状水保持料桶等冷却
接 触		严格作业环境管理！	一切情况均向医生咨询！
# 吸入	咳嗽。咽喉痛。灼烧感。头痛。恶心。呼吸困难。呼吸短促。症状可能推迟显现（见注解）	通风，局部排气通风或呼吸防护	新鲜空气，休息。半直立体位。立即给予医疗护理
# 皮肤	可能被吸收！发红。疼痛。严重皮肤烧伤。可能被吸收！	防护手套。防护服。	先用大量水冲洗至少15min，然后脱去污染的衣服并再次冲洗。立即给予医疗护理
# 眼睛	引起流泪。发红。疼痛。视力模糊。严重烧伤。视力丧失	面罩，眼睛防护结合呼吸防护	用大量水冲洗（如可能尽量摘除隐形眼镜）。立即给予医疗护理
# 食入	口腔和咽喉烧伤。咽喉和胸腔有灼烧感。腹部疼痛。呕吐。腹泻。休克或虚脱	工作时不得进食，饮水或吸烟。进食前洗手	漱口。不要催吐。立即给予医疗护理

泄漏处置	撤离危险区域！向专家咨询！转移全部引燃源。将泄漏液收集在可密闭的容器中。用砂土或惰性吸收剂吸收残液，并转移到安全场所。不要让该化学品进入环境。个人防护用具：气密式化学防护服，包括自给式呼吸器
包装与标志	不易破碎包装，将易破碎包装放在不易破碎的密闭容器中。不得与食品和饲料一起运输 欧盟危险性类别：F 符号 T 符号 N 符号　　R:11-23/24/25-51/53　　S:1/2-9-16-24/25-45-61 联合国危险性类别：6.1　　联合国次要危险性：3　联合国包装类别：I 中国危险性类别：第6.1 毒性物质 中国次要危险性：第3 类 易燃液体 中国包装类别：I GHS 分类：信号词：危险 图形符号：火焰-腐蚀-骷髅和交叉骨-健康危险 危险说明：高度易燃液体和蒸气；吞咽会中毒；皮肤接触致命；吸入有毒；造成严重皮肤灼伤和眼睛损伤；可能造成呼吸刺激作用；对心脏造成损害；对水生生物有毒
应急响应	美国消防协会法规：H4（健康危险性）；F3（火灾危险性）；R1（反应危险性）
储存	注意收容灭火产生的废水。耐火设备(条件)。与强氧化剂、强酸、食品和饲料分开存放。严格密封。储存在没有排水管或下水道的场所
重要数据	物理状态、外观：无色至黄色液体，有刺鼻气味 物理危险性：蒸气比空气重，可能沿地面流动；可能造成远处着火 化学危险性：燃烧时该物质分解，生成含有氮氧化物的有毒烟雾。水溶液是一种中强碱。与强酸、氧化剂和氯发生剧烈反应。浸蚀金属铝、铜、锡、锌 职业接触限值：阈限值未制定标准。最高容许浓度未制定标准 接触途径：该物质可通过吸入其蒸气、经皮肤和经食入吸收到体内。各种接触途径均产生严重的局部影响 吸入危险性：20℃时，该物质蒸发相当快地达到空气中有害污染浓度 短期接触的影响：催泪剂。该物质腐蚀眼睛、皮肤和呼吸道。食入有腐蚀性。吸入可能引起肺水肿(见注解)。接触可能造成严重咽喉肿胀。该物质可能对心血管系统和神经系统有影响，导致心脏病和功能损伤。影响可能推迟显现。需进行医学观察 长期或反复接触的影响：反复或长期与皮肤接触可能引起皮炎。该物质可能对呼吸道和肺有影响，导致慢性炎症和功能损伤
物理性质	沸点：52～53℃ 熔点：-88℃ 相对密度（水=1）：0.8 水中溶解度：混溶 蒸气压：20℃时 26.3kPa 蒸气相对密度（空气=1）：2.0　　　　蒸气/空气混合物的相对密度（20℃，空气=1）：1.3 闪点：-29℃(闭杯) 自燃温度：371℃ 爆炸极限：空气中 2.2%～22%(体积) 辛醇/水分配系数的对数值：0.03
环境数据	该物质对水生生物是有毒的。强烈建议不要让该化学品进入环境
注解	不要将工作服带回家中。肺水肿症状常常经过几个小时以后才变得明显，体力劳动使症状加重。因而休息和医学观察是必要的

IPCS
International Programme on Chemical Safety

本卡片由 IPCS 和 EC 合作编写 © 2004～2012

国际化学品安全卡

邻氨基苯酚		ICSC 编号：0824

CAS 登记号：95-55-6	中文名称：邻氨基苯酚；2-氨基苯酚；2-氨基-1-羟基苯；邻羟基苯胺
RTECS 号：SJ4950000	英文名称：o-AMINOPHENOL; 2-Aminophenol; 2-Amino-1-hydroxybenzene;
UN 编号：2512	o-Hydroxyaniline
EC 编号：612-033-00-3	
中国危险货物编号：2512	

分子量：109.12	化学式：$C_6H_7NO/C_6H_4(OH)(NH_2)$

危害/接触类型	急性危害/症状	预防	急救/消防
火 灾	可燃的。在火焰中释放出刺激性或有毒烟雾（或气体）	禁止明火	抗溶性泡沫，二氧化碳，雾状水，干粉
爆 炸			
接 触		严格作业环境管理！	
# 吸入	见食入。嘴唇发青或指甲发青，皮肤发青，意识模糊，惊厥，咳嗽，头晕，头痛，呼吸困难，恶心，神志不清，症状可能推迟显现（见注解）	局部排气通风或呼吸防护	新鲜空气，休息，给予医疗护理
# 皮肤	可能被吸收！	防护手套，防护服	冲洗，然后用水和肥皂清洗皮肤
# 眼睛	发红	安全护目镜	首先用大量水冲洗几分钟（如可能尽量摘除隐形眼镜），然后就医
# 食入		工作时不得进食、饮水或吸烟	漱口，用水冲服活性炭浆。给予医疗护理

泄漏处置	不要让该化学品进入环境。将泄漏物清扫进可密闭容器中，如果适当，首先润湿防止扬尘。小心收集残余物，然后转移到安全场所。个人防护用具：适用于有毒颗粒物的P3过滤呼吸器。化学防护服
包装与标志	不要与食品和饲料一起运输 欧盟危险性类别：Xn 符号 R:20/22-68 S:2-28-36/37 联合国危险性类别：6.1 联合国包装类别：III 中国危险性类别：第 6.1 项毒性物质 中国包装类别：III
应急响应	运输应急卡：TEC(R)-61GT2-III 美国消防协会法规：H2（健康危险性）；F1（火灾危险性）；R2（反应危险性）
储存	储存在没有排水管或下水道的场所。严格密封。与氧化剂、食品和饲料分开存放
重要数据	物理状态、外观：无色至白色晶体。暴露于空气或遇光时变暗 化学危险性：加热时，该物质分解生成氮氧化物有毒烟雾。与氧化剂激烈反应，有着火和爆炸危险 职业接触限值：阈限值未制定标准。最高容许浓度未制定标准 接触途径：该物质可经食入，经皮肤和通过吸入其气溶胶吸收到体内 吸入危险性：扩散时可较快地达到空气中颗粒物有害浓度，尤其是粉末 短期接触的影响：该物质可能对血液有影响，导致形成正铁血红蛋白。影响可能推迟显现。需进行医学观察 长期或反复接触的影响：反复或长期接触可能引起皮肤过敏
物理性质	熔点：170～174℃（分解） 密度：1.3g/cm³ 水中溶解度：20℃时 1.7g/100mL 蒸气压：可忽略不计 蒸气相对密度（空气=1）：3.77 闪点：>175℃（闭杯） 自燃温度：190℃ 辛醇/水分配系数的对数值：0.62
环境数据	该物质可能对环境有危害，对水生生物应给予特别注意
注解	分解温度未见文献报道。根据接触程度，建议定期进行医疗检查。该物质中毒时需采取必要的治疗措施，必须提供有指示说明的适当方法

IPCS
International
Programme on
Chemical Safety

国际化学品安全卡

蒽			ICSC 编号：0825

CAS 登记号：120-12-7	中文名称：蒽
RTECS 号：CA9350000	英文名称：ANTHRACENE; Anthracin; Paranaphthalene
分子量：178.2	化学式：$C_{14}H_{10}/(C_6H_4CH)_2$

危害/接触类型	急性危害/症状	预防	急救/消防
火灾	可燃的	禁止明火	干粉、雾状水、泡沫、二氧化碳
爆炸	微细分散的颗粒物在空气中形成爆炸性混合物	防止粉尘沉积、密闭系统、防止粉尘爆炸型电气设备和照明	着火时，喷雾状水保持料桶等冷却
接触		防止粉尘扩散！	
# 吸入	咳嗽，咽喉痛	通风（如果没有粉末时），局部排气通风或呼吸防护	新鲜空气，休息，给予医疗护理
# 皮肤	发红	防护手套	脱去污染的衣服，冲洗，然后用水和肥皂清洗皮肤
# 眼睛	发红，疼痛	安全护目镜，面罩，如为粉末，眼睛防护结合呼吸防护	先用大量水冲洗几分钟（如可能尽量摘除隐形眼镜），然后就医
# 食入	腹部疼痛	工作时不得进食，饮水或吸烟	漱口，休息，给予医疗护理
泄漏处置	将泄漏物清扫进容器中。如果适当，首先润湿防止扬尘。小心收集残余物，然后转移到安全场所。不要让该化学品进入环境。个人防护用具：适用于有害颗粒物的 P2 过滤呼吸器		
包装与标志			
应急响应	美国消防协会法规：H0（健康危险性）；F1（火灾危险性）；R（反应危险性）		
储存	与强氧化剂分开放。严格密封		
重要数据	物理状态、外观：白色晶体或薄片 物理危险性：以粉末或颗粒形状与空气混合，可能发生粉尘爆炸 化学危险性：在强氧化剂的作用下，加热时该物质分解生成辛辣的有毒烟雾，有着火和爆炸危险 职业接触限值：阈限值未制定标准 接触途径：该物质可通过吸入吸收到体内 吸入危险性：20℃时蒸发可忽略不计，但可较快地达到空气中颗粒物有害浓度 短期接触的影响：该物质轻微刺激皮肤和呼吸道 长期或反复接触的影响：在紫外光的作用下，反复或长期与皮肤接触时，可能引起皮炎		
物理性质	沸点：342℃ 熔点：218℃ 密度：1.25～1.28g/cm³ 水中溶解度：20℃时 0.00013g/100mL 蒸气压：25℃时 0.08Pa 蒸气相对密度（空气=1）：6.15 闪点：121℃ 自燃温度：538℃ 爆炸极限：空气中 0.6%～?%（体积） 辛醇/水分配系数的对数值：4.5（计算值）		
环境数据	该物质对水生生物有极高毒性。该物质可能在水生环境中造成长期影响		
注解	商品名称有 Green oil 和 Tetra-olive N2G		

IPCS
International Programme on Chemical Safety

本卡片由 **IPCS** 和 **EC** 合作编写 © 2004～2012

国际化学品安全卡

谷硫磷			ICSC 编号：0826

CAS 登记号：86-50-0
RTECS 号：TE1925000
UN 编号：2783
EC 编号：015-039-00-9
中国危险货物编号：2783

中文名称：谷硫磷；*O,O*-二甲基 *S*-((4-氧代-11,2,3-苯并三嗪-3-(4*H*)-基)甲基)二硫代磷酸酯；*S*-3,4-二氢-4-氧代-1,2,3-苯并三嗪-3-基甲基)*O,O*-二甲基二硫代磷酸酯

英文名称：AZINPHOS-METHYL; Phosphorodithioic acid *O,O*-dimethyl *S*-((4-oxo-1,2,3-benzotriazin-3-(4*H*)-yl) methyl) ester; *S*-3,4-Dihydro-4-oxo-1,2,3-benzotriazin-3-ylmethyl) *O,O*-dimethylphosphorodithioate

分子量：317.3

化学式：$C_{10}H_{12}N_3O_3PS_2$

危害/接触类型	急性危害/症状	预防	急救/消防
火灾	可燃的。含有机溶剂的液体制剂可能是易燃的。在火焰中释放出刺激性或有毒烟雾（或气体）。	禁止明火	干粉，雾状水，泡沫，二氧化碳
爆炸			
接触		防止粉尘扩散！严格作业环境管理！避免青少年和儿童接触！	一切情况均向医生咨询！
# 吸入	头痛，瞳孔收缩，肌肉痉挛，过量流涎，出汗，恶心，眩晕，气喘，呼吸困难，惊厥，神志不清	通风（如果没有粉末时），局部排气通风或呼吸防护	新鲜空气，休息，必要时进行人工呼吸，给予医疗护理
# 皮肤	可能被吸收！（另见吸入）	防护手套，防护服	脱掉污染的衣服，冲洗，然后用水和肥皂洗皮肤，给予医疗护理
# 眼睛	视力模糊	如果为粉末，面罩或眼睛防护结合呼吸防护	首先用大量水冲洗几分钟（如可能易行，摘除隐形眼镜），然后就医
# 食入	胃痉挛，呕吐，腹泻，视力模糊。（另见吸入）	工作时不得进食、饮水或吸烟。进食前洗手	催吐（仅对清醒病人!），给予医疗护理
泄漏处置	不要冲入下水道。将泄漏物扫入有盖容器中。如果适当，首先湿润防止扬尘。小心收集残余物，然后转移到安全场所。个人防护用具：全套防护服包括自给式呼吸器		
包装与标志	不要与食品和饲料一起运输。严重污染海洋物质 欧盟危险性类别：T+符号 N 符号 R:24-26/28-43-50/53 S:1/2-28-36/37-45-60-61 联合国危险性类别：6.1 联合国包装类别：II 中国危险性类别：第 6.1 项 毒性物质 中国包装类别：II		
应急响应	运输应急卡：TEC(R)-61G41b		
储存	与食品和饲料分开存放。严格密封		
重要数据	物理状态、外观：无色晶体 化学危险性：加热到 200℃以上和燃烧时，该物质分解生成含氮氧化物、磷氧化物、硫氧化物的有毒和腐蚀性烟雾 职业接触限值：阈限值：0.2mg/m³（经皮），致敏剂，A4（不能分类为人类致癌物）；公布生物暴露指数（美国政府工业卫生学家会议，2005 年）。最高容许浓度：（可吸入粉尘）0.2mg/m³；最高限值种类：II（8）；皮肤吸收（德国，2007 年） 接触途径：该物质可通过吸入其气溶胶，经皮肤和食入吸收到体内 吸入危险性：20℃时蒸发可忽略不计，但喷洒或扩散时可较快地达到空气中颗粒物有害浓度，尤其是粉末 短期接触的影响：该物质可能对神经系统有影响，导致惊厥，呼吸衰竭。胆碱酯酶抑制剂。接触可能造成神志不清或死亡。影响可能推迟显现。需要进行医学观察 长期或反复接触的影响：该物质可能对神经系统有影响，导致惊厥，呼吸衰竭		
物理性质	熔点：73~74℃ 水中溶解度：不溶	蒸气压：20℃时，<0.001Pa 辛醇/水分配系数的对数值：2.75	
环境数据	该物质对水生生物有极高毒性。该物质可能对环境有危害，对蜜蜂应给予特别注意。避免在非正常使用情况下释放到环境中		
注解	原药为棕色蜡状固体。根据接触程度，建议定期进行医疗检查。急性中毒症状常常经过 30min 到 1~2h 以后才变得明显。该物质中毒时需采取必要的措施。必须提供有指示说明的适当方法。如果该物质由溶剂配制，可参考该溶剂的卡片。商业制剂中使用的载体溶剂可能改变其物理和毒理学性质。不要将工作服带回家中。商品名称有 Guthion 和 Gusathion M		

IPCS
International
Programme on
Chemical Safety

本卡片由 IPCS 和 EC 合作编写 © 2004~2012

国际化学品安全卡

硫酸钡			ICSC 编号：0827

CAS 登记号：7727-43-7
RTECS 号：CR0600000

中文名称：硫酸钡；钡白；人造重晶石粉
英文名称：BARIUM SULFATE; Barium sulphate; Blanc fixe; Artificial barite

分子量：233.43　　　　　　　　　化学式：BaSO$_4$

危害/接触类型	急性危害/症状	预防	急救/消防
火　灾	不可燃。在火焰中释放出刺激性或有毒烟雾（或气体）		周围环境着火时，允许使用各种灭火剂
爆　炸			
接　触		防止粉尘扩散！	
# 吸入		局部排气通风或呼吸防护	新鲜空气，休息
# 皮肤		防护手套	脱去污染的衣服，用大量水冲洗皮肤或淋浴
# 眼睛		安全护目镜	先用大量水冲洗几分钟（如可能尽量摘除隐形眼镜），然后就医
# 食入		工作时不得进食，饮水或吸烟	漱口
泄漏处置	将泄漏物清扫进容器中。如果适当，首先润湿防止扬尘。个人防护用具：适用于该物质空气中浓度的颗粒物过滤呼吸器		
包装与标志			
应急响应			
储存			
重要数据	**物理状态、外观：**无气味、无味道，白色或浅黄色晶体或粉末 **化学危险性：**与铝粉激烈反应 **职业接触限值：**阈限值：10mg/m³（时间加权平均值）（美国政府工业卫生学家会议，2004 年）。最高容许浓度：1.5mg/m³（以下呼吸道吸入部分计）；4mg/m³（以上呼吸道可吸入部分计）；妊娠风险等级：C（德国，2009 年） **接触途径：**该物质可通过吸入其气溶胶吸收到体内 **吸入危险性：**20℃时蒸发可忽略不计，但可较快地达到空气中颗粒物公害污染浓度 **长期或反复接触的影响：**反复或长期接触其粉尘颗粒，肺可能受损伤，导致钡尘肺（一种良性的肺尘病）		
物理性质	**熔点：**1600℃（分解） **密度：**4.5g/cm³ **水中溶解度：**不溶		
环境数据			
注解	在自然界以重晶石矿存在，也以重晶石形式存在		

IPCS
International
Programme on
Chemical Safety

本卡片由 **IPCS** 和 **EC** 合作编写 © 2004～2012

国际化学品安全卡

噻草平			ICSC 编号：0828

CAS 登记号：25057-89-0
RTECS 号：DK9900000
UN 编号：2588
EC 编号：613-012-00-1
中国危险货物编号：2588

中文名称：噻草平；3-异丙基苯并噻二嗪-4(3*H*)-酮-2,2-二氧化物
英文名称：BENTAZONE; Bentazon; Bendioxide; Benzothiadiazin-4(3*H*)-one,3-isopropyl,-2,2-dioxide

分子量：240.3　　　　　　　　化学式：C₁₀H₁₂N₂O₃S

危害/接触类型	急性危害/症状	预防	急救/消防
火　灾	含有机溶剂的液体制剂可能是易燃的。在火焰中释放出刺激性或有毒烟雾（或气体）		干粉，雾状水，泡沫，二氧化碳
爆　炸	如果制剂中含有易燃/爆炸性溶剂有着火和爆炸危险		
接　触		避免青少年和儿童接触！	
# 吸入		避免吸入微细粉尘和烟云。局部排气通风或呼吸防护	新鲜空气，休息，给予医疗护理
# 皮肤		防护手套	脱掉污染的衣服，冲洗，然后用水和肥皂洗皮肤
# 眼睛	发红。疼痛	护目镜	首先用大量水冲洗几分钟（如可能尽量摘除隐形眼镜)，然后就医
# 食入		工作时不得进食、饮水或吸烟	不要催吐，大量饮水，给予医疗护理

泄漏处置	不要冲入下水道。将泄漏物扫入容器中。小心收集残余物，然后转移到安全场所
包装与标志	不要与食品和饲料一起运输。 欧盟危险性类别：Xn 符号　R:22-26 S:2-24-37-61
应急响应	运输应急卡：TEC(R)-61G53c
储存	注意收容灭火产生的废水。与氧化剂、食品和饲料分开存放
重要数据	物理状态、外观：无色至黄白色结晶粉末，无气味 化学危险性：加热时，该物质分解生成硫氧化物、氮氧化物有毒烟雾。与强氧化剂反应，有着火和爆炸危险 职业接触限值：阈限值未制定标准。最高容许浓度未制定标准 接触途径：该物质可通过吸入和经食入吸收到体内 吸入危险性：20℃时蒸发可忽略不计，但喷洒或扩散时，可较快地达到空气中颗粒物有害浓度，尤其是粉末 短期接触的影响：该物质刺激眼睛
物理性质	沸点：低于沸点在200℃分解 熔点：137～139℃ 水中溶解度：不溶 蒸气压：20℃时<0.001Pa 辛醇/水分配系数的对数值：-0.46
环境数据	该物质可能对环境有危害，对水体、地下水、水生无脊椎动物应给予特别注意
注解	如果该物质用溶剂配制，可参考这些溶剂的卡片。商业制剂中使用的载体溶剂可能改变其物理和毒理学性质。商品名称有 Adagio, Basagran, Pledge

IPCS
International
Programme on
Chemical Safety

   UNEP

本卡片由 IPCS 和 EC 合作编写 © 2004～2012

国际化学品安全卡

邻苯二甲酸二异丁酯			ICSC 编号：0829

CAS 登记号：84-69-5
RTECS 号：TI1225000

中文名称： 邻苯二甲酸二异丁酯；苯二甲酸二异丁酯；1,2-苯二甲酸双（2-甲基丙基)酯；二（异丁基)-1,2-苯二甲酸酯；DIBP
英文名称： DIISOBUTYL PHTHALATE; Phthalic acic, diisobutyl ester; 1,2-Benzenedicarboxylic acid, bis-(2-methylpropyl)ester; Di(isobutyl)-1,2-benzenedicarboxylate; DIBP

分子量：278.4

化学式：$C_{16}H_{22}O_4$-$C_6H_4[CO_2CH_2CH(CH_3)_2]_2$

危害/接触类型	急性危害/症状	预防	急救/消防
火　灾	可燃的。在火焰中释放出刺激性或有毒烟雾（或气体）	禁止明火	雾状水，抗溶性泡沫，干粉，二氧化碳
爆　炸			
接　触		严格作业环境管理！避免孕妇接触！	
# 吸入		通风	新鲜空气，休息
# 皮肤		防护手套	冲洗，然后用水和肥皂清洗皮肤
# 眼睛		安全眼镜	用大量水冲洗（如可能尽量摘除隐形眼镜）
# 食入		工作时不得进食，饮水或吸烟	漱口
泄漏处置	将泄漏液收集在有盖的容器中。用砂土或惰性吸收剂吸收残液，并转移到安全场所		
包装与标志			
应急响应	运输应急卡：TEC(R)-90G01 美国消防协会法规：H1（健康危险性）；F1（火灾危险性）；R0（反应危险性）		
储存	与强氧化剂分开存放		
重要数据	物理状态、外观：无色黏稠液体 化学危险性：加热时，该物质分解生成刺激性烟雾。与强氧化剂发生反应 职业接触限值：阈限值未制定标准。最高容许浓度未制定标准 接触途径：该物质可通过皮肤吸收到体内 吸入危险性：20℃时，该物质蒸发相当慢地达到空气中有害污染浓度，但喷洒或扩散时要快得多 长期或反复接触的影响：动物实验表明，该物质可能造成人类生殖或发育毒性		
物理性质	沸点：320℃ 熔点：-37℃ 密度：1.04g/cm³ 水中溶解度：20℃时 0.002g/100mL（难溶） 蒸气压：20℃时 0.01Pa 蒸气相对密度（空气=1）：9.6 闪点：185℃（开杯） 自燃温度：423℃ 爆炸极限：空气中 0.4%（体积） 辛醇/水分配系数的对数值：4.11		
环境数据			
注解	商品名称为 Palatinol IC		

IPCS
International
Programme on
Chemical Safety

本卡片由 IPCS 和 EC 合作编写 © 2004～2012

国际化学品安全卡

邻苯二甲酸二异壬酯			ICSC 编号：0831

CAS 登记号：28553-12-0
RTECS 号：CZ3850000

中文名称：邻苯二甲酸二异壬酯；1,2-苯二甲酸二壬酯
英文名称：DIISONONYL PHTHALATE; 1,2-Benzenedicarboxylic acid, diisononyl ester; Phthalic acid, diisononyl ester

分子量：421.0　　　　　　　　　化学式：$C_{26}H_{42}O_4$

危害/接触类型	急性危害/症状	预防	急救/消防
火　灾	可燃的	禁止明火	干粉，抗溶性泡沫，雾状水，二氧化碳
爆　炸			
接　触		防止产生烟云！	
# 吸入		通风	
# 皮肤		防护手套	冲洗，然后用水和肥皂清洗皮肤
# 眼睛		安全眼镜	用大量水冲洗
# 食入		工作时不得进食，饮水或吸烟	

泄漏处置	将泄漏液收集在有盖的容器中。用砂土或惰性吸收剂吸收残液，并转移到安全场所
包装与标志	
应急响应	
储存	

重要数据	物理状态、外观：油状黏稠液体 职业接触限值：阈限值未制定标准 接触途径：该物质可通过吸入其气溶胶吸收到体内 吸入危险性：20℃时蒸发可忽略不计，但扩散时可较快地达到空气中颗粒物有害浓度 长期或反复接触的影响：在实验动物身上发现肿瘤，但是可能与人类无关
物理性质	沸点：在 0.7kPa 时 244～252℃ 熔点：-43℃ 相对密度（水=1）：0.98 水中溶解度：20℃时<0.01g/100mL（难溶） 蒸气压：20℃时<0.01Pa 闪点：221℃（闭杯） 自燃温度：380℃ 爆炸极限：空气中 0.4%～2.9%（体积） 辛醇/水分配系数的对数值：8.8
环境数据	
注解	其他熔点：在-40℃～-46℃之间。本卡片的建议也适用于1,2-苯二甲酸二烷基酯类（碳8～碳10）和富含碳9的1,2-苯二甲酸二烷基酯类（CAS登记号 68515-48-0）。商品名称为 DINP 1

IPCS
International
Programme on
Chemical Safety

本卡片由 IPCS 和 EC 合作编写 © 2004～2012

818

国际化学品安全卡

邻苯二甲酸二正庚酯			ICSC 编号：0832

CAS 登记号：3648-21-3	中文名称：邻苯二甲酸二正庚酯；1,2-苯二甲酸二庚酯；邻苯二甲酸二庚酯
RTECS 号：TI1090000	英文名称：DI-*n*-HEPTYL PHTHALATE; 1,2-Benzenedicarboxylic acid, diheptyl ester; Phthalic acid, diheptyl ester; Diheptyl phthalate

分子量：362.51	化学式：$C_{22}H_{34}O_4$

危害/接触类型	急性危害/症状	预防	急救/消防
火　灾	可燃的	禁止明火	雾状水，抗溶性泡沫，干粉，二氧化碳
爆　炸			
接　触			
# 吸入		通风	新鲜空气，休息
# 皮肤		防护手套	冲洗，然后用水和肥皂清洗皮肤
# 眼睛		安全眼镜	先用大量水冲洗几分钟（如可能尽量摘除隐形眼镜），然后就医
# 食入		工作时不得进食，饮水或吸烟	漱口。给予医疗护理
泄漏处置	将泄漏液收集在可密闭的容器中。用砂土或惰性吸收剂吸收残液，并转移到安全场所		
包装与标志			
应急响应			
储存			
重要数据	物理状态、外观：无气味无色液体 化学危险性：燃烧时，该物质分解生成刺激性烟雾 职业接触限值：阈限值未制定标准。最高容许浓度未制定标准 接触途径：该物质可通过吸入其气溶胶和经食入吸收到体内 吸入危险性：20℃时蒸发可忽略不计，但扩散时可较快地达到空气中颗粒物公害污染浓度		
物理性质	沸点：360℃ 相对密度（水=1）：0.99 蒸气压：20℃时 0.0002kPa 闪点：224℃（闭杯） 辛醇/水分配系数的对数值：7.6（估计值）		
环境数据			
注解	该物质对人体健康的影响数据不充分，因此应当特别注意		

IPCS
International
Programme on
Chemical Safety

本卡片由 **IPCS** 和 **EC** 合作编写 © 2004～2012

国际化学品安全卡

苄醇			ICSC 编号：0833

CAS 登记号：100-51-6	中文名称：苄醇；苯甲醇；α-羟基甲苯；苯基甲醇
RTECS 号：DN3150000	英文名称：BENZYL ALCOHOL; Benzenemethanol; Phenyl carbinol;
EC 编号：603-057-00-5	alpha-Hydroxytoluene; Benzoyl alcohol; Phenyl methanol

分子量：108.1	化学式：$C_7H_8O/C_6H_5CH_2OH$

危害/接触类型	急性危害/症状	预防	急救/消防
火 灾	可燃的	禁止明火	干粉、水成膜泡沫、泡沫、二氧化碳
爆 炸			
接 触			
# 吸入	咳嗽，头晕，头痛	通风	新鲜空气，休息，给予医疗护理
# 皮肤	发红	防护手套	脱去污染的衣服，先用大量水，然后脱去污染的衣服并再次冲洗
# 眼睛	发红	安全护目镜	先用大量水冲洗几分钟（如可能尽量摘除隐形眼镜），然后就医
# 食入	腹部疼痛，腹泻，倦睡，恶心，呕吐	工作时不得进食，饮水或吸烟	漱口，给予医疗护理

泄漏处置	将泄漏液收集在可密闭的容器中。用砂土或惰性吸收剂吸收残液，并转移到安全场所。个人防护用具：适用于有机气体和蒸气的过滤呼吸器
包装与标志	欧盟危险性类别：Xn 符号　R:20/22　S:2-26
应急响应	美国消防协会法规：H2（健康危险性）；F1（火灾危险性）；R0（反应危险性）
储存	与强氧化剂分开存放
重要数据	**物理状态、外观**：无色液体，有特殊气味 **化学危险性**：与强氧化剂发生反应。浸蚀某些塑料。燃烧时生成含一氧化碳有毒气体 **职业接触限值**：阈限值未制定标准。最高容许浓度：IIb（未制定标准，但可提供数据）（德国，2004 年） **接触途径**：该物质可通过吸入其蒸气和经食入吸收到体内 **吸入危险性**：未指明 20℃时该物质蒸发达到空气中有害浓度的速率 **短期接触的影响**：气溶胶刺激眼睛和皮肤。该物质可能对神经系统有影响 **长期或反复接触的影响**：反复或长期接触可能引起皮肤过敏
物理性质	沸点：205℃ 熔点：-15℃ 相对密度（水=1）：1.04 水中溶解度：4g/100mL 蒸气压：20℃时 13.2Pa 蒸气相对密度（空气=1）：3.7 蒸气/空气混合物的相对密度（20℃，空气=1）：1.0 闪点：93℃（闭杯） 自燃温度：436℃ 爆炸极限：空气中 1.3%~13%（体积） 辛醇/水分配系数的对数值：1.1
环境数据	该物质对水生生物是有毒的
注解	

IPCS
International Programme on Chemical Safety

本卡片由 IPCS 和 EC 合作编写 © 2004～2012

国际化学品安全卡

丁基苄基苯二甲酸酯			ICSC 编号：0834

CAS 登记号： 85-68-7
RTECS 号： TH9990000
UN 编号： 3082
EC 编号： 607-430-00-3
中国危险货物编号： 3082
分子量： 312.4

中文名称： 丁基苄基苯二甲酸酯；苄基丁基苯二甲酸酯；1,2-苯二甲酸丁基苯基甲酯
英文名称： BUTYL BENZYL PHTHALATE;Benzyl butylphalate; 1,2-Benzenedicarboxylic acid, butylphenylmethyl ester; BBP

化学式： $C_6H_4(COOCH_2C_6H_5)(COOC_4H_9)/C_{19}H_{20}O_4$

危害/接触类型	急性危害/症状	预防	急救/消防
火 灾	可燃的。在火焰中释放出刺激性或有毒烟雾（或气体）	禁止明火	抗溶性泡沫，干粉，二氧化碳。雾状水
爆 炸			
接 触	见长期或反复接触的影响	防止产生烟云！避免孕妇接触！	
# 吸入		通风，局部排气通风或呼吸防护	新鲜空气，休息
# 皮肤		防护手套	脱掉污染的衣服，冲洗，然后用水和肥皂洗皮肤
# 眼睛		安全眼镜	首先用大量水冲洗几分钟（如可能尽量摘除隐形眼镜），然后就医
# 食入		工作时不得进食、饮水或吸烟	漱口

泄漏处置	不要让该化学品进入环境。尽可能将泄漏液收集在可密闭的容器中。用砂土或惰性吸收剂吸收残液，并转移到安全场所。个人防护用具：适用于有机气体和蒸气的过滤呼吸器
包装与标志	海洋污染物 欧盟危险性类别：T 符号 N 符号 R：61-62-50/53 S：45-53-60-61 联合国危险性类别：9　　联合国包装类别：III 中国危险性类别：第 9 类杂项危险物质和物品　中国包装类别：III
应急响应	运输应急卡：TEC(R)-90GM6-III 美国消防协会法规：H1（健康危险性）；F1（火灾危险性）；R0（反应危险性）
储存	储存在没有排水管或下水道的场所。与强氧化剂分开存放
重要数据	物理状态、外观：无色油状液体 化学危险性：燃烧时，该物质分解生成有毒烟雾。与氧化剂发生反应 职业接触限值：阈限值未制定标准。最高容许浓度未制定标准 接触途径：该物质可通过吸入其气溶胶和经食入吸收到体内 吸入危险性：20℃时蒸发可忽略不计，但喷洒时可较快地达到空气中颗粒物有害浓度 长期或反复接触的影响：动物实验表明，该物质可能造成人类生殖或发育毒性
物理性质	沸点：370℃ 熔点：-35℃ 相对密度（水=1）：1.1 水中溶解度：0.71 mg/L（难溶） 蒸气压：20℃时可忽略不计 蒸气相对密度（空气=1）：10.8 闪点：198℃ 自燃温度：425℃ 辛醇/水分配系数的对数值：4.77
环境数据	该物质对水生生物有极高毒性。该化学品可能在鱼体内发生生物蓄积
注解	商品名称有：Saniticizer 160, Sicol 160, Unimoll BB 和 Palatinol BB

IPCS
International Programme on Chemical Safety

本卡片由 IPCS 和 EC 合作编写 © 2004～2012

国际化学品安全卡

乐杀螨			ICSC 编号：0835

CAS 登记号：485-31-4
RTECS 号：GQ5600000
UN 编号：2779
EC 编号：609-024-00-1
中国危险货物编号：2779

中文名称：乐杀螨；2-(1-甲基醛)-4,6-二硝基苯基 3-甲基-2-丁烯酸酯；2-(1-甲基丙基)-4,6-二硝基苯基-3,3-二甲基丙烯酸酯；甲基丙烯酸地乐酚
英文名称：BINAPACRYL; 2-(1-Methylpropyl)-4,6-dinitrophenyl 3-methyl-2-butenoate; 2-(1-Methylpropyl)-4,6-dinitrophenyl 3,3-dimethylacrylate; Dinoseb methacrylate

分子量：322.3

化学式：$C_{15}H_{18}N_2O_6$

危害/接触类型	急性危害/症状	预防	急救/消防
火　灾	可燃的。在火焰中释放出刺激性或有毒烟雾（或气体）。含有机溶剂的液体制剂可能是易燃的	禁止明火	干粉，雾状水，泡沫，二氧化碳
爆　炸			
接　触		防止粉尘扩散！避免青少年和儿童接触！	一切情况均向医生咨询！
# 吸入	头痛，气促，腹痛，腹泻，出汗，恶心，呕吐，虚弱	局部排气通风	新鲜空气，休息，必要时进行人工呼吸，给予医疗护理。见注解
# 皮肤	可能被吸收。（另见吸入）	防护手套，防护服	脱掉污染的衣服，冲洗，然后用水和肥皂洗皮肤，给予医疗护理
# 眼睛	发红	安全护目镜或面罩	先用大量水冲洗几分钟（如可能尽量摘除隐形眼镜），然后就医
# 食入	（见吸入）	工作时不得进食、饮水或吸烟。进食前洗手	催吐（仅对清醒病人！），给予医疗护理。见注解

泄漏处置	将泄漏物清扫进可密闭容器中。小心收集残余物，然后转移到安全场所。不要让该化学品进入环境。个人防护用具：适用于有毒颗粒物的 P3 过滤呼吸器
包装与标志	不得与食品和饲料一起运输。严重污染海洋物质 欧盟危险性类别：T 符号　N 符号　标记：E　R:61-21/22-50/53　S:53-45-60-61 联合国危险性类别：6.1 联合国包装类别：III 中国危险性类别：第 6.1 项毒性物质　中国包装类别：III
应急响应	运输应急卡：TEC9R）-61GT7-III
储存	注意收容灭火产生的废水。与食品和饲料分开存放。严格密封。保存在通风良好的室内
重要数据	物理状态、外观：无色晶体粉末 化学危险性：加热或燃烧时，该物质分解生成氮氧化物有毒烟雾。与水缓慢反应，生成有害的地乐酚 职业接触限值：阈限值未制定标准 接触途径：该物质可通过吸入其气溶胶、经皮肤和食入吸收到体内 吸入危险性：未指明 20℃时该物质蒸发达到空气中有害浓度的速率 短期接触的影响：该物质可能对代谢有影响，导致体温高和出汗。影响可能推迟显现。需要进行医学观察
物理性质	熔点：66～67℃ 相对密度（水=1）：1.2 水中溶解度：不溶 蒸气压：60℃时 0.013Pa
环境数据	该物质对水生生物有极高毒性
注解	乐杀螨是地乐酚的二甲基丙烯酸酯，它可代谢转变成地乐酚。其毒性是地乐酚造成的。商业制剂中使用的载体溶剂可能改变其物理和毒理学性质。商品名有：Acricid,Ambox,Endosan,Morocide 和 Niagara 9044。可参考卡片#0149（地乐酚）和卡片#0882（地乐酚乙酸酯）

IPCS
International
Programme on
Chemical Safety

   UNEP

本卡片由 IPCS 和 EC 合作编写 © 2004～2012

国际化学品安全卡

氧化硼			ICSC 编号：0836

CAS 登记号：1303-86-2	中文名称：氧化硼；三氧化硼；硼酐；三氧化二硼
RTECS 号：ED7900000	英文名称：BORON OXIDE; Boron trioxide; Boric anhydride; Boron sesquioxide

分子量：69.6	化学式：B_2O_3

危害/接触类型	急性危害/症状	预防	急救/消防
火 灾	不可燃		周围环境着火时，允许使用各种灭火剂
爆 炸			
接 触		防止粉尘扩散！	
# 吸入	咳嗽，咽喉痛	局部排气通风或呼吸防护	新鲜空气，休息
# 皮肤	发红	防护手套	脱掉污染的衣服，冲洗，然后用水和肥皂洗皮肤
# 眼睛	发红，疼痛	安全护目镜	先用大量水冲洗几分钟（如可能尽量摘除隐形眼镜），然后就医
# 食入	腹部疼痛，腹泻，恶心，呕吐	工作时不得进食、饮水或吸烟	漱口，给予医疗护理

泄漏处置	将泄漏物清扫进容器中。如果适当，首先润湿防止扬尘。小心收集残余物，然后转移到安全场所。个人防护用具：适用于惰性颗粒物的 P1 过滤呼吸器
包装与标志	
应急响应	
储存	干燥

重要数据	物理状态、外观：无色吸湿易碎的块状或坚硬白色晶体，无气味 化学危险性：与水缓慢反应，生成硼酸。有潮湿空气存在时，浸蚀金属 职业接触限值：阈限值：10mg/m³（时间加权平均值）（美国政府工业卫生学家会议，1995～1996 年）。 最高容许浓度：IIb（未制定标准，但可提供数据)(德国，2007 年）。 接触途径：该物质可通过吸入其气溶胶和食入吸收到体内 吸入危险性：20℃时蒸发可忽略不计，但扩散时可较快地达到空气中颗粒物有害浓度 短期接触的影响：该物质刺激眼睛、皮肤和呼吸道
物理性质	沸点：约 1860℃ 熔点：约 450℃ 相对密度（水=1）：1.8（非晶体）；2.46（晶体） 水中溶解度：适度溶解
环境数据	
注解	可参考卡片#0991（硼酸）

IPCS
International
Programme on
Chemical Safety

   UNEP

本卡片由 **IPCS** 和 **EC** 合作编写 © 2004～2012

国际化学品安全卡

三氟一溴甲烷			ICSC 编号：0837

CAS 登记号： 75-63-8
RTECS 号： PA5425000
UN 编号： 1009
中国危险货物编号： 1009

中文名称： 三氟一溴甲烷；三氟溴甲烷；氟碳-1301；溴氟仿（钢瓶）
英文名称： BROMOTRIFLUOROMETHANE; Trifluorobromomethane; Fluorocarbon-1301; Bromofluoroform(cylinder)

分子量： 148.9　　　　　　**化学式：** CBrF$_3$

危害/接触类型	急性危害/症状	预防	急救/消防
火　灾	不可燃。在火焰中释放出刺激性或有毒烟雾（或气体）。加热引起压力升高，容器有爆裂危险		周围环境着火时，允许使用各种灭火剂
爆　炸			着火时喷雾状水保持钢瓶冷却
接　触			
# 吸入	头晕，头痛，神志不清	通风	新鲜空气，休息，必要时进行人工呼吸，给予医疗护理
# 皮肤	与液体接触，发生冻伤	防护手套	冻伤时，用大量水冲洗，不要脱去衣服，给予医疗护理
# 眼睛	发红。见皮肤	安全护目镜或眼睛防护结合呼吸防护	先用大量水冲洗几分钟（如可能尽量摘除隐形眼镜），然后就医
# 食入			

泄漏处置	通风。切勿直接向液体上喷水。个人防护用具：化学防护服，包括自给式呼吸器
包装与标志	联合国危险性类别：2.2 中国危险性类别：第 2.2 项 非易燃无毒气体
应急响应	运输应急卡：TEC（R）-644
储存	如果在室内，耐火设备（条件）。阴凉场所
重要数据	**物理状态、外观：** 无色压缩液化气体 **物理危险性：** 蒸气比空气重，可能积聚在低层空间，造成缺氧 **化学危险性：** 与高温表面或火焰接触时，该物质分解生成溴化氢和氟化氢有毒烟雾。浸蚀塑料、橡胶和涂料 **职业接触限值：** 阈限值：1000ppm、6090mg/m^3（时间加权平均值）（美国政府工业卫生学家会议，1997 年）。最高容许浓度：1000ppm；6200mg/m^3；最高限值种类：II(8)；妊娠风险等级：C（德国，2007 年） **接触途径：** 该物质可通过吸入吸收到体内 **吸入危险性：** 容器漏损时，可迅速达到空气中该气体的有害浓度 **短期接触的影响：** 该物质刺激眼睛。液体迅速蒸发可能引起冻伤。该物质可能对中枢神经系统有影响
物理性质	沸点：−58℃ 熔点：−168℃ 相对密度（水=1）：1.5 水中溶解度：不溶 蒸气压：20℃时 1434kPa 蒸气相对密度（空气=1）：5.1 辛醇/水分配系数的对数值：1.86
环境数据	该物质可能对环境有危害，对臭氧层应给予特别注意
注解	空气中高浓度引起缺氧，有神志不清或死亡危险。进入污染的工作场所前，检验氧含量。转动泄漏钢瓶，使漏口朝上，防止液态气体逸出。商品名称有：Flugex 13B1, Freon 13B1, Halon 1301, Khladon 13B1 和 Refrigerant 13B1

IPCS
International
Programme on
Chemical Safety

本卡片由 IPCS 和 EC 合作编写 © 2004～2012